考试推荐用书

注册电气工程师执业资格考试 专业基础 考点剖析与真题详解

供配电 发输变电专业

主 编 龚 静

中国电力出版社
CHINA ELECTRIC POWER PRESS

内 容 提 要

本书介绍了注册电气工程师执业资格专业基础考试大纲要求的 4 章内容，包括电路与电磁场、模拟电子技术、数字电子技术和电气工程基础。本书依据考试大纲对考点进行剖析；对重要公式、结论等辅以作者自编的口诀、图表，便于读者迅速掌握；重点对 2005～2021 年（2015 年未考）真题进行解析，按照供配电和发输变电两个专业给予特别标注并给出历年真题的详细解答；针对不同的题目，给出万能模板、多种求解方法、解题捷径、易错选项分析等，以便读者能更快、更准确地掌握考试内容并了解考试规律和出题形式，做到从容应考。

本书是参加 2022 年注册电气工程师（供配电、发输变电专业）执业资格考试人员必备的参考书，特别适合注册电气工程师考生考前冲刺复习和检验复习效果。

图书在版编目（CIP）数据

2022 注册电气工程师执业资格考试专业基础考点剖析与真题详解. 供配电 发输变电专业 / 龚静主编. —北京：中国电力出版社，2022.3

ISBN 978-7-5198-6548-1

Ⅰ. ①2… Ⅱ. ①龚… Ⅲ. ①电气工程–资格考试–自学参考资料 Ⅳ. ①TM

中国版本图书馆 CIP 数据核字（2022）第 038934 号

出版发行：中国电力出版社
地　　址：北京市东城区北京站西街 19 号（邮政编码 100005）
网　　址：http://www.cepp.sgcc.com.cn
责任编辑：杨淑玲（010-63412602）
责任校对：黄　蓓　王海南　王小鹏
装帧设计：张俊霞
责任印制：杨晓东

印　　刷：北京雁林吉兆印刷有限公司
版　　次：2022 年 3 月第一版
印　　次：2022 年 3 月北京第一次印刷
开　　本：787mm×1092mm　16 开本
印　　张：33.25
字　　数：821 千字
定　　价：118.00 元

前　　言

注册电气工程师执业资格考试实行全国统一考试大纲，然而由于考试大纲涉及的知识点众多，并且参考人员多为在职人员，复习时间有限，本书旨在为广大参加注册电气工程师专业基础考试的考生提供一本权威、实用的复习书籍，在短时间之内能提高复习效率，快速提高应试能力和通过率，做到有的放矢。本书包含注册电气工程师执业资格专业基础考试大纲所规定的4章内容，即电路与电磁场、模拟电子技术、数字电子技术和电气工程基础。

本书作者有着多年注册电气工程师专业基础考试辅导培训经验，长期参与相应教材的编写工作，从事近20年电气工程领域的教学和科研工作，具有深厚的专业功底和丰富的教学经验。本书凝结了作者多年来的教学经验，以考试大纲为依据，对2005～2021年（2015年未考）真题进行统计分析，对于知识点复习应遵循“考什么就复习什么”的原则，针对性较强，突出实用性。每节均按照考试大纲要求及历年真题统计分析（供配电、发输变电）、重要知识点复习、供配电专业基础历年真题详解、发输变电专业基础历年真题详解4个层次进行编写。

本书的编写思路及创新之处有以下几个方面：

（1）目前市场上关于注册电气工程师专业基础考试的书籍大多是针对供配电专业方向的，然而发输变电和供配电专业的专业基础考试还是有差异的，尤其是近几年差异越来越大，本书将给出两个专业方向的历年真题详细解答。

（2）紧扣真题，考虑到历年真题在考试中的高重复性（原题的重复和知识点的重复），直接从历年考试真题入手来进行复习是最有效的，并针对真题进行知识点的讲解（个别真题仍沿用了原考题的电气符号和物理量符号），历年无考题的就从略，真正做到突出重点，够用实用。

（3）保证题目解答的正确性，书中有的题目给出多种求解方法，有的给出万能模板求解，有的给出解题捷径，有的给出易错选项分析等。按照考试大纲要求对考点进行分类统计，使得读者一看便知哪些是必考点，重点内容一目了然。

（4）在真题中讲解知识点，对重要公式（加灰底）、结论（加波浪线～～～）等内容，在书中做了特别标注，并辅以作者自编的很多口诀，以便于考生能更好更快地掌握。

本书特别适合2022年注册电气工程师（供配电、发输变电专业）执业资格考试专业基础备考之用，也可作为高校师生相关课程的辅导用书。

本书在编写过程中，得到了陈志新、王佳、刘辛国等专家教授的支持，还有周娟、杨淑玲、路玉珍、龚坚、姚钢、龚德忠、姚瑾秋的帮助和刘德利的关注，本书也是中国建设教育协会教育教学科研课题的资助项目的成果，在此一并表示感谢！

由于编者学识有限，加之时间仓促，不足之处恳请广大读者批评指正。有关本书的任何疑问、意见和建议，请加QQ（549525114）或发邮件至 gongjingdq@163.com 与编者进行讨论。扫描封底二维码可获得更多的考试资讯。

编者

2022年2月

目　　录

前言

第1章　电路与电磁场 …… 1
1.1　电路的基本概念和基本定律 …… 1
1.1.1　考试大纲要求及历年真题统计分析（供配电、发输变电） …… 1
1.1.2　重要知识点复习 …… 2
1.1.3 【供配电专业基础】历年真题详解 …… 3
1.1.4 【发输变电专业基础】历年真题详解 …… 12
1.2　电路的分析方法 …… 17
1.2.1　考试大纲要求及历年真题统计分析（供配电、发输变电） …… 17
1.2.2　重要知识点复习 …… 18
1.2.3 【供配电专业基础】历年真题详解 …… 22
1.2.4 【发输变电专业基础】历年真题详解 …… 41
1.3　正弦电流电路 …… 48
1.3.1　考试大纲要求及历年真题统计分析（供配电、发输变电） …… 48
1.3.2　重要知识点复习 …… 50
1.3.3 【供配电专业基础】历年真题详解 …… 55
1.3.4 【发输变电专业基础】历年真题详解 …… 98
1.4　非正弦周期电流电路 …… 114
1.4.1　考试大纲要求及历年真题统计分析（供配电、发输变电） …… 114
1.4.2　重要知识点复习 …… 115
1.4.3 【供配电专业基础】历年真题详解 …… 116
1.4.4 【发输变电专业基础】历年真题详解 …… 127
1.5　简单动态电路的时域分析 …… 130
1.5.1　考试大纲要求及历年真题统计分析（供配电、发输变电） …… 130
1.5.2　重要知识点复习 …… 131
1.5.3 【供配电专业基础】历年真题详解 …… 132
1.5.4 【发输变电专业基础】历年真题详解 …… 150
1.6　静电场 …… 155
1.6.1　考试大纲要求及历年真题统计分析（供配电、发输变电） …… 155
1.6.2　重要知识点复习 …… 157
1.6.3 【供配电专业基础】历年真题详解 …… 159
1.6.4 【发输变电专业基础】历年真题详解 …… 164
1.7　恒定电场 …… 166

1.7.1 考试大纲要求及历年真题统计分析（供配电、发输变电）……166
1.7.2 重要知识点复习……168
1.7.3 【供配电专业基础】历年真题详解……169
1.7.4 【发输变电专业基础】历年真题详解……171
1.8 恒定磁场……172
1.8.1 考试大纲要求及历年真题统计分析（供配电、发输变电）……172
1.8.2 重要知识点复习……173
1.8.3 【供配电专业基础】历年真题详解……174
1.8.4 【发输变电专业基础】历年真题详解……175
1.9 均匀传输线……176
1.9.1 考试大纲要求及历年真题统计分析（供配电、发输变电）……176
1.9.2 重要知识点复习……177
1.9.3 【供配电专业基础】历年真题详解……178
1.9.4 【发输变电专业基础】历年真题详解……180
第2章 模拟电子技术……184
2.1 半导体及二极管……184
2.1.1 考试大纲要求及历年真题统计分析（供配电、发输变电）……184
2.1.2 重要知识点复习……185
2.1.3 【供配电专业基础】历年真题详解……185
2.1.4 【发输变电专业基础】历年真题详解……188
2.2 放大电路基础……188
2.2.1 考试大纲要求及历年真题统计分析（供配电、发输变电）……188
2.2.2 重要知识点复习……190
2.2.3 【供配电专业基础】历年真题详解……194
2.2.4 【发输变电专业基础】历年真题详解……202
2.3 线性集成运算放大器和运算电路……205
2.3.1 考试大纲要求及历年真题统计分析（供配电、发输变电）……205
2.3.2 重要知识点复习……207
2.3.3 【供配电专业基础】历年真题详解……210
2.3.4 【发输变电专业基础】历年真题详解……222
2.4 信号处理电路……227
2.4.1 考试大纲要求及历年真题统计分析（供配电、发输变电）……227
2.4.2 重要知识点复习……228
2.4.3 【供配电专业基础】历年真题详解……229
2.4.4 【发输变电专业基础】历年真题详解……229
2.5 信号发生电路……229
2.5.1 考试大纲要求及历年真题统计分析（供配电、发输变电）……229
2.5.2 重要知识点复习……230
2.5.3 【供配电专业基础】历年真题详解……231

2.5.4 【发输变电专业基础】历年真题详解 …… 233
2.6 功率放大电路 …… 233
2.6.1 考试大纲要求及历年真题统计分析（供配电、发输变电） …… 233
2.6.2 重要知识点复习 …… 235
2.6.3 【供配电专业基础】历年真题详解 …… 235
2.6.4 【发输变电专业基础】历年真题详解 …… 235
2.7 直流稳压电源 …… 235
2.7.1 考试大纲要求及历年真题统计分析（供配电、发输变电） …… 235
2.7.2 重要知识点复习 …… 236
2.7.3 【供配电专业基础】历年真题详解 …… 237
2.7.4 【发输变电专业基础】历年真题详解 …… 238
第3章 数字电子技术 …… 240
3.1 数字电路基础知识 …… 240
3.1.1 考试大纲要求及历年真题统计分析（供配电、发输变电） …… 240
3.1.2 重要知识点复习 …… 241
3.1.3 【供配电专业基础】历年真题详解 …… 242
3.1.4 【发输变电专业基础】历年真题详解 …… 244
3.2 集成逻辑门电路 …… 245
3.2.1 考试大纲要求及历年真题统计分析（供配电、发输变电） …… 245
3.2.2 重要知识点复习 …… 245
3.2.3 【供配电专业基础】历年真题详解 …… 246
3.2.4 【发输变电专业基础】历年真题详解 …… 246
3.3 数字基础及逻辑函数化简 …… 246
3.3.1 考试大纲要求及历年真题统计分析（供配电、发输变电） …… 246
3.3.2 重要知识点复习 …… 248
3.3.3 【供配电专业基础】历年真题详解 …… 249
3.3.4 【发输变电专业基础】历年真题详解 …… 255
3.4 集成组合逻辑电路 …… 256
3.4.1 考试大纲要求及历年真题统计分析（供配电、发输变电） …… 256
3.4.2 重要知识点复习 …… 258
3.4.3 【供配电专业基础】历年真题详解 …… 259
3.4.4 【发输变电专业基础】历年真题详解 …… 267
3.5 触发器 …… 267
3.5.1 考试大纲要求及历年真题统计分析（供配电、发输变电） …… 267
3.5.2 重要知识点复习 …… 268
3.5.3 【供配电专业基础】历年真题详解 …… 268
3.5.4 【发输变电专业基础】历年真题详解 …… 269
3.6 时序逻辑电路 …… 269
3.6.1 考试大纲要求及历年真题统计分析（供配电、发输变电） …… 269

3.6.2 重要知识点复习 …… 271
3.6.3 【供配电专业基础】历年真题详解 …… 272
3.6.4 【发输变电专业基础】历年真题详解 …… 279
3.7 脉冲波形的产生 …… 280
3.7.1 考试大纲要求及历年真题统计分析（供配电、发输变电） …… 280
3.7.2 重要知识点复习 …… 281
3.7.3 【供配电专业基础】历年真题详解 …… 282
3.7.4 【发输变电专业基础】历年真题详解 …… 285
3.8 数模和模数转换 …… 285
3.8.1 考试大纲要求及历年真题统计分析（供配电、发输变电） …… 285
3.8.2 重要知识点复习 …… 287
3.8.3 【供配电专业基础】历年真题详解 …… 287
3.8.4 【发输变电专业基础】历年真题详解 …… 290
第 4 章 电气工程基础 …… 291
4.1 电力系统基本知识 …… 291
4.1.1 考试大纲要求及历年真题统计分析（供配电、发输变电） …… 291
4.1.2 重要知识点复习 …… 292
4.1.3 【供配电专业基础】历年真题详解 …… 294
4.1.4 【发输变电专业基础】历年真题详解 …… 298
4.2 电力线路、变压器的参数与等效电路 …… 301
4.2.1 考试大纲要求及历年真题统计分析（供配电、发输变电） …… 301
4.2.2 重要知识点复习 …… 303
4.2.3 【供配电专业基础】历年真题详解 …… 306
4.2.4 【发输变电专业基础】历年真题详解 …… 311
4.3 简单电网的潮流计算 …… 314
4.3.1 考试大纲要求及历年真题统计分析（供配电、发输变电） …… 314
4.3.2 重要知识点复习 …… 316
4.3.3 【供配电专业基础】历年真题详解 …… 318
4.3.4 【发输变电专业基础】历年真题详解 …… 329
4.4 无功功率平衡和电压调整 …… 336
4.4.1 考试大纲要求及历年真题统计分析（供配电、发输变电） …… 336
4.4.2 重要知识点复习 …… 337
4.4.3 【供配电专业基础】历年真题详解 …… 339
4.4.4 【发输变电专业基础】历年真题详解 …… 346
4.5 短路电流计算 …… 351
4.5.1 考试大纲要求及历年真题统计分析（供配电、发输变电） …… 351
4.5.2 重要知识点复习 …… 353
4.5.3 【供配电专业基础】历年真题详解 …… 356
4.5.4 【发输变电专业基础】历年真题详解 …… 384

4.6 变压器……397
4.6.1 考试大纲要求及历年真题统计分析（供配电、发输变电）……397
4.6.2 重要知识点复习……399
4.6.3 【供配电专业基础】历年真题详解……404
4.6.4 【发输变电专业基础】历年真题详解……411
4.7 感应电动机……416
4.7.1 考试大纲要求及历年真题统计分析（供配电、发输变电）……416
4.7.2 重要知识点复习……419
4.7.3 【供配电专业基础】历年真题详解……425
4.7.4 【发输变电专业基础】历年真题详解……431
4.8 同步电机……436
4.8.1 考试大纲要求及历年真题统计分析（供配电、发输变电）……436
4.8.2 重要知识点复习……438
4.8.3 【供配电专业基础】历年真题详解……442
4.8.4 【发输变电专业基础】历年真题详解……451
4.9 过电压及绝缘配合……456
4.9.1 考试大纲要求及历年真题统计分析（供配电、发输变电）……456
4.9.2 重要知识点复习……458
4.9.3 【供配电专业基础】历年真题详解……464
4.9.4 【发输变电专业基础】历年真题详解……470
4.10 断路器……478
4.10.1 考试大纲要求及历年真题统计分析（供配电、发输变电）……478
4.10.2 重要知识点复习……479
4.10.3 【供配电专业基础】历年真题详解……483
4.10.4 【发输变电专业基础】历年真题详解……485
4.11 互感器……487
4.11.1 考试大纲要求及历年真题统计分析（供配电、发输变电）……487
4.11.2 重要知识点复习……488
4.11.3 【供配电专业基础】历年真题详解……491
4.11.4 【发输变电专业基础】历年真题详解……496
4.12 直流电机……497
4.12.1 考试大纲要求及历年真题统计分析（供配电、发输变电）……497
4.12.2 重要知识点复习……498
4.12.3 【供配电专业基础】历年真题详解……502
4.12.4 【发输变电专业基础】历年真题详解……507
4.13 电气主接线……508
4.13.1 考试大纲要求及历年真题统计分析（供配电、发输变电）……508
4.13.2 重要知识点复习……510
4.13.3 【供配电专业基础】历年真题详解……511

4.13.4 【发输变电专业基础】历年真题详解……514
4.14 电气设备选择……515
4.14.1 考试大纲要求及历年真题统计分析（供配电、发输变电）……515
4.14.2 重要知识点复习……516
4.14.3 【供配电专业基础】历年真题详解……517
4.14.4 【发输变电专业基础】历年真题详解……520
参考文献……522

第1章　电路与电磁场

1.1　电路的基本概念和基本定律

1.1.1　考试大纲要求及历年真题统计分析（供配电、发输变电）

将历年真题按照考试大纲（下称大纲）的考点进行归类总结，详见表 1.1–1 和表 1.1–2（说明：1、2、3、4 道题分别对应 1、2、3、4 颗★，≥5道题对应 5 颗★）。需要说明的是，本章的考题往往是多个考试大纲的考点（下称大纲点）的综合运用，因此在归类统计时是以某一个大纲点为主进行统计的。

表 1.1–1　　供配电专业基础考试大纲要求及历年真题统计表

1.1　电路的基本概念和基本定律 考试大纲	2005	2006	2007	2008	2009	2010	2011	2012	2013	2014	2016	2017	2018	2019	2020	2021	汇总统计
1. 掌握电阻、独立电压源、独立电流源、受控电压源、受控电流源、电容、电感、耦合电感、理想变压器诸元件的定义、性质★★★★★	2	2			2	1			2					2		1	12★★★★★
2. 掌握电流、电压参考方向的概念★												1					1★
3. 熟练掌握基尔霍夫定律★★★★★	1	2	1	1		2	3	2	1		3	2	2		2		22★★★★★
汇总统计	3	4	1	1	2	3	3	2	3	0	3	3	2	2	2	1	35

表 1.1–2　　发输变电专业基础考试大纲要求及历年真题统计表

1.1　电路的基本概念和基本定律 考试大纲	2005（同供配电）	2006（同供配电）	2007（同供配电）	2008	2009	2010	2011	2012	2013	2014	2016	2017	2018	2019	2020	2021	汇总统计
1. 掌握电阻、独立电压源、独立电流源、受控电压源、受控电流源、电容、电感、耦合电感、理想变压器诸元件的定义、性质★★★★★	2	2		2	1	1			1		1	1		1	1		13★★★★★
2. 掌握电流、电压参考方向的概念																	0
3. 熟练掌握基尔霍夫定律★★★★★	1	1	1	2		2	3	1	1	1	2	2	1	1	2	1	22★★★★★
汇总统计	3	3	1	4	1	3	3	1	2	1	3	3	1	2	3	1	35

对比以上供配电专业基础和发输变电专业基础历年真题统计表，可看到：尽管两个专业方向不同，但专业基础考试的两个方向的侧重点几乎相同，见表 1.1–3。

表 1.1–3　　专业基础供配电、发输变电两个专业方向侧重点对比

1.1　电路的基本概念和基本定律	历年真题汇总统计	
考试大纲（取供配电、发输变电两个方向中多的★值标注）	供配电	发输变电
1. 掌握电阻、独立电压源、独立电流源、受控电压源、受控电流源、电容、电感、耦合电感、理想变压器诸元件的定义、性质★★★★★	12★★★★★	13★★★★★
2. 掌握电流、电压参考方向的概念	1	0
3. 熟练掌握基尔霍夫定律★★★★★	22★★★★★	22★★★★★
汇总统计	35	35

1.1.2　重要知识点复习

结合前面 1.1.1 节的历年真题统计分析（供配电、发输变电）结果，对“1.1 电路的基本概念和基本定律”部分的 1、3 大纲点进行深入总结，其他大纲点从略。

1. 掌握电阻、独立电压源、独立电流源、受控电压源、受控电流源、电容、电感、耦合电感、理想变压器诸元件的定义、性质★★★★★

考点一：功率的判断

关联参考方向的定义：电流 i 的参考方向从电压 u 参考方向的正流向负，则称为电压、电流为关联参考方向，如图 1.1–1 所示；反之，为非关联，如图 1.1–2 所示。注意它指的是 u、i 两个参考方向的关系，与元件无关。

图 1.1–1　u、i 关联　　　　图 1.1–2　u、i 非关联

吸收或发出功率的判断方法：

在电压、电流关联参考方向下，$p=ui$，$\begin{cases} p>0，则元件吸收电能 \\ p<0，则元件发出电能 \end{cases}$。

在电压、电流非关联参考方向下，$p=ui$，$\begin{cases} p>0，则元件发出电能 \\ p<0，则元件吸收电能 \end{cases}$。

捷径： 上述原则的记忆方法只需记住“u、i 关联时电阻吸收”即可。

考点二：串并联分压分流公式

串联：流过同一个电流就叫作串联。

并联：承受同一个电压就叫作并联。

图 1.1–3 所示为两电阻串联，图 1.1–4 所示为两电阻并联。

两电阻串联，等效电阻 $R_{eq}=R_1+R_2$；两电阻并联，等效电阻 $R_{eq}=\dfrac{R_1R_2}{R_1+R_2}$。

串联电路的分压公式是：$U_1=\dfrac{R_1}{R_1+R_2}U$，$U_2=\dfrac{R_2}{R_1+R_2}U$。

并联电路的分流公式是：$I_1=\dfrac{R_2}{R_1+R_2}I$，$I_2=\dfrac{R_1}{R_1+R_2}I$。

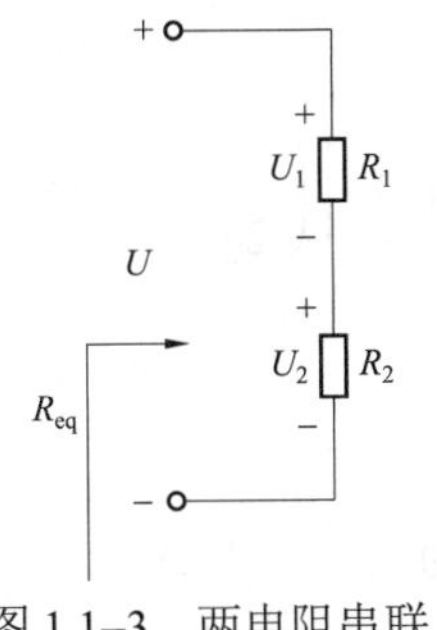

图 1.1–3　两电阻串联

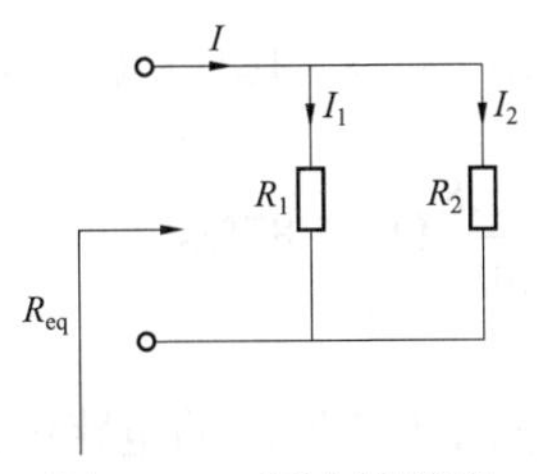

图 1.1–4　两电阻并联

2. 掌握电流、电压参考方向的概念

从上述历年真题统计的结果来看，尽管本考点没有单独出现过考题，但参考方向的概念在电路分析中却有着十分重要的作用，它是分析任何一道电路问题的基础。

参考方向可以任意指定，计算出的电压电流值若为正，则表示实际方向与参考方向一样；计算出的电压电流值若为负，则表示实际方向与参考方向相反，简记为“同正异负”。

3. 熟练掌握基尔霍夫定律★★★★★

基尔霍夫电流定律 KCL：在集总电路中，任何时刻，对任一节点，所有支路电流的代数和恒等于零，即有

$$\sum i = 0$$

基尔霍夫电压定律 KVL：在集总电路中，任何时刻，沿任一回路所有支路电压的代数和恒等于零，即有

$$\sum u = 0$$

1.1.3 【供配电专业基础】历年真题详解

【1. 掌握电阻、独立电压源、独立电流源、受控电压源、受控电流源、电容、电感、耦合电感、理想变压器诸元件的定义、性质】

1.（供 2005，发 2013）　如图 1.1–5 所示的电路中 ab 间的等效电阻与电阻 R_L 相等，则 R_L 为（　　）Ω。

A. 10　　B. 15　　C. 20　　D. $5\sqrt{10}$

分析：看图知道 $R_{ab} = 10 + 15//(10 + R_L) = 10 + \dfrac{15\times(10+R_L)}{15+10+R_L} = 10 + \dfrac{15\times(10+R_L)}{25+R_L}$，又由题意知 $R_{ab} = R_L$，所以有 $10 + \dfrac{15\times(10+R_L)}{25+R_L} = R_L \Rightarrow 250 + 10R_L + 150 + 15R_L = 25R_L + R_L^2 \Rightarrow R_L = 20\Omega$。

说明：2005 年与 2013 年考题一样，仅仅答案顺序变化了而已。

答案：C

2.（2006）　如图 1.1–6 所示的电路中的等效电阻 R_{ab} 应为（　　）Ω。

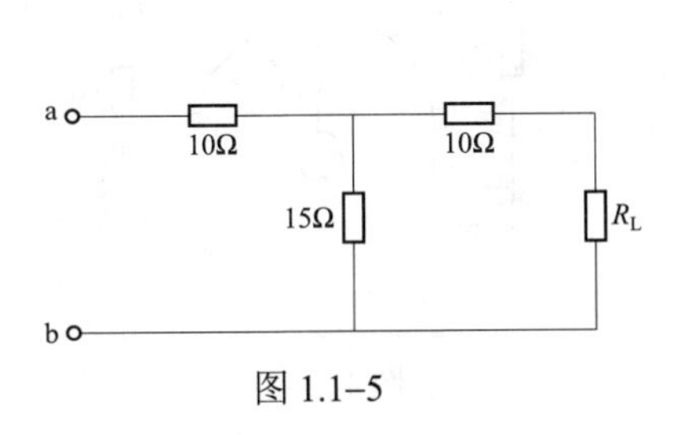

图 1.1–5

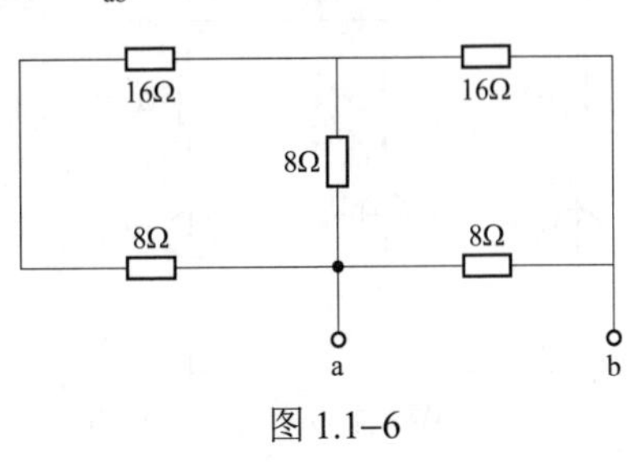

图 1.1–6

A. 5　　　　　　　B. 5.33　　　　　　　C. 5.87　　　　　　　D. 3.2

分析：$R_{ab}=\{[(16+8)//8+16]//8\}\Omega=[(24//8+16)//8]\,\Omega=\left[\left(\dfrac{24\times8}{24+8}+16\right)//8\right]\Omega=[(6+16)//8]\,\Omega=(22//8)\,\Omega=\dfrac{22\times8}{30}\Omega=5.87\Omega$。

答案：C

3.（2006）　如图 1.1–7 所示的电路中，电阻 R_L 应为（　　）Ω。

A. 18　　　　　　　B. 13.5　　　　　　　C. 9　　　　　　　D. 6

分析：为便于分析，标注电流 I_1、I_2、I_L 如图 1.1–8 所示。

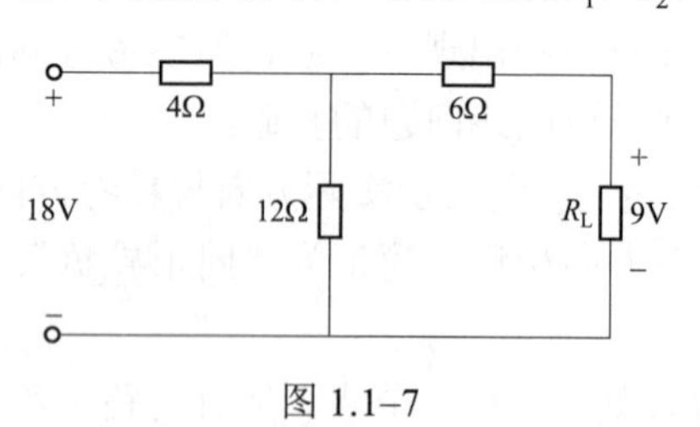

图 1.1–7

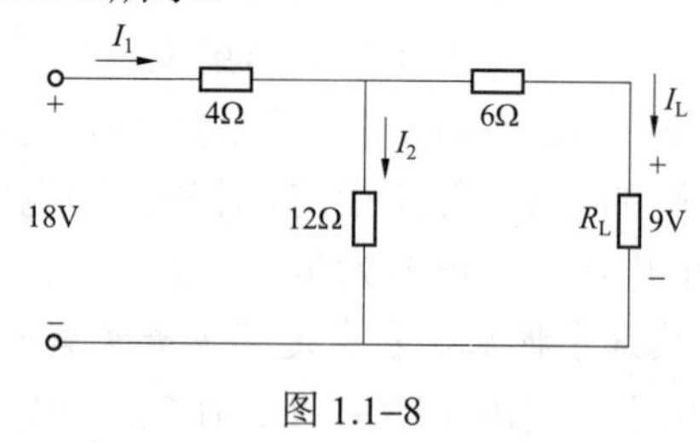

图 1.1–8

思路：$R_L=\dfrac{U_L}{I_L}$，现已知 $U_L=9V$，所以需要想办法求出 I_L。

依据 KVL，可得

$$4I_1+6I_L+9=18 \tag{1.1–1}$$

$$4I_1+12I_2=18 \tag{1.1–2}$$

将 $I_2=I_1-I_L$ 代入式（1.1–2），有

$$4I_1+12(I_1-I_L)=18 \tag{1.1–3}$$

式（1.1–1）、式（1.1–3）两式联立求解，$36I_L=18\Rightarrow I_L=0.5A$，故 $R_L=\dfrac{U_L}{I_L}=\dfrac{9}{0.5}\Omega=18\Omega$。

答案：A

4.（2009）　图 1.1–9 所示的电路中，6V 电压源发出的功率为（　　）W。

A. 2　　　　　　　B. 4　　　　　　　C. 6　　　　　　　D. −6

分析：要求功率，就要求 I_1，就要求 I_2，利用大回路的 KVL 可以解决。

如图 1.1–10 所示，列写 KVL 方程，有 $1\times I_2-2\times I_1+6-2=0$。又对节点①，运用 KCL，有 $I_1+1+I_2=0\Rightarrow I_2=-1-I_1$，将此式代入上面 KVL 方程中，得到 $(-1-I_1)-2I_1+4=0\Rightarrow I_1=1A$，故 6V 电压源发出的功率 $P=6V\times1A=6W$（U、I 非关联时，$P>0$ 则表示发出功率）。

答案：C

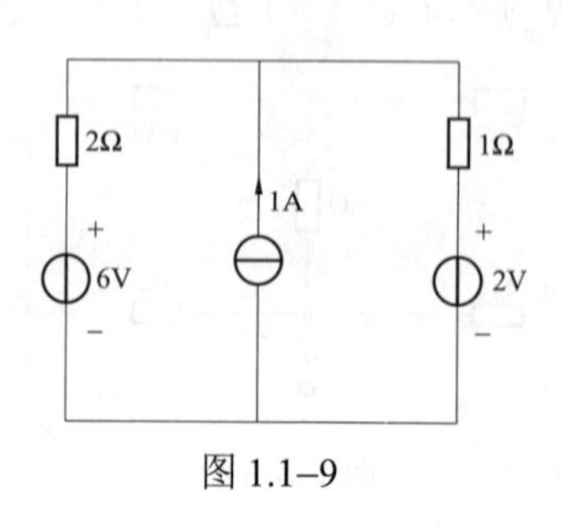

图 1.1–9

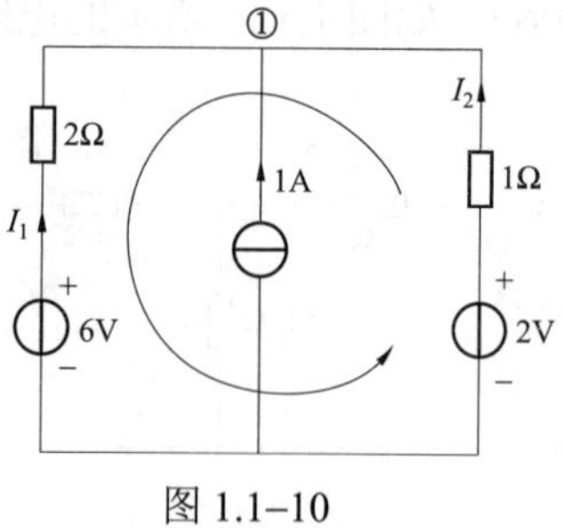

图 1.1–10

5.（2009） 图 1.1–11 所示电路中的电压 u 为（　　）V。

A. 49　　B. −49

C. 29　　D. −29

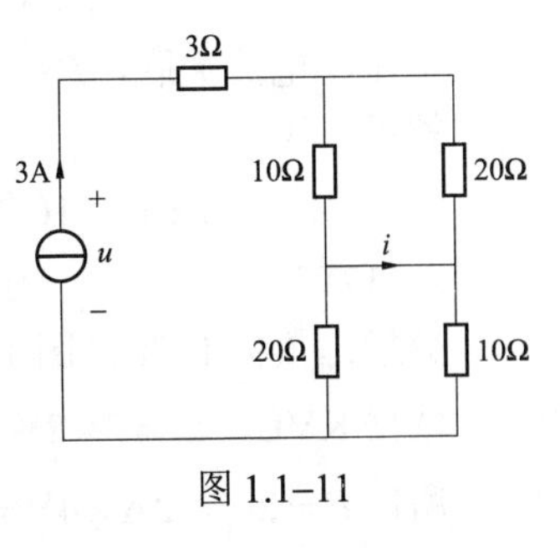

图 1.1–11

分析：题目所要求电压 u 为理想电流源两端的电压，需通过与之相关联的外部回路来求得。

图 1.1–12(b）中，$10\Omega//20\Omega=\dfrac{10\times20}{10+20}\Omega=\dfrac{20}{3}\Omega$。图 1.1–12（c）中，可知$u=3\text{A}\times\left(3+\dfrac{20}{3}+\dfrac{20}{3}\right)\Omega=49\text{V}$。

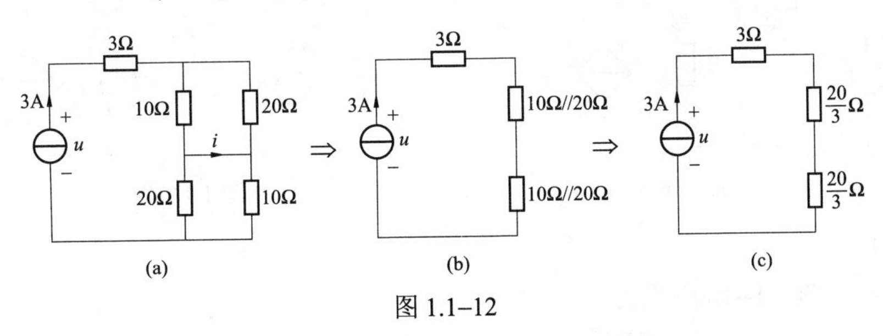

图 1.1–12

答案：A

6.（2010） 图 1.1–13 所示电路中，1A 电流源发出的功率为（　　）W。

A. 6　　B. −2　　C. 2　　D. −6

分析：如图 1.1–14 所示，对节点①，运用 KCL，知 I=1A+2A=3A。1A 电流源两端的电压$U=1\times I-1=1\Omega\times3\text{A}-1\text{V}=2\text{V}$，故 1A 电流源发出的功率$P=U\times1=2\text{V}\times1\text{A}=2\text{W}$（电压、电流非关联时，$P>0$ 则表示发出功率）。

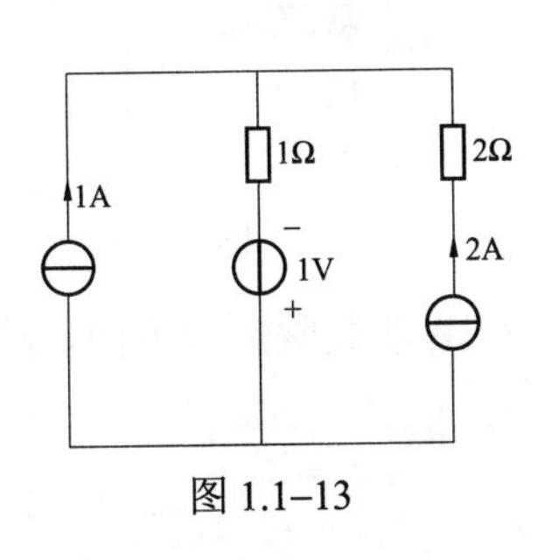

图 1.1–13

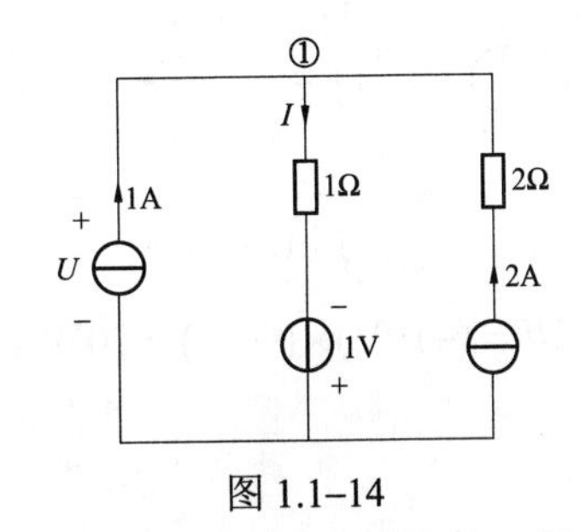

图 1.1–14

答案：C

7.（2013） 图 1.1–15 所示电路中$u=-2\text{V}$，则 3V 电压源发出的功率应为（　　）W。

A. 10　　B. 3

C. −10　　D. −3

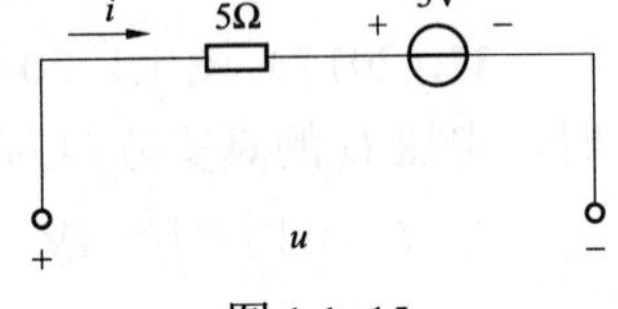

图 1.1–15

分析：标注电流 i 如图 1.1–15 所示。依据 KVL$\Rightarrow 5i+3=u\Rightarrow i=\dfrac{1}{5}(u-3)\text{A}=\dfrac{1}{5}(-2-3)\text{A}=-1\text{A}$，$P=3i=3\times(-1)\text{W}=-3\text{W}$。

电压、电流关联，$P<0$ 表示发出功率 3W。

答案：B

8.（2017） 图 1.1–16 所示独立电流源发出的功率为（　　）。

A. 12W　　B. 3W　　C. 8W　　D. −8W

分析：依据 KCL，图 1.1–17 中流过 2Ω 电阻的电流为（$2-0.5u$）。

依据 KVL，$u_1=3\times2+2\times(2-0.5u)=10-u=10\text{V}-2\times3\text{V}=4\text{V}$。

所以 $P=2u_1=2\text{A}\times4\text{V}=8\text{W}$。

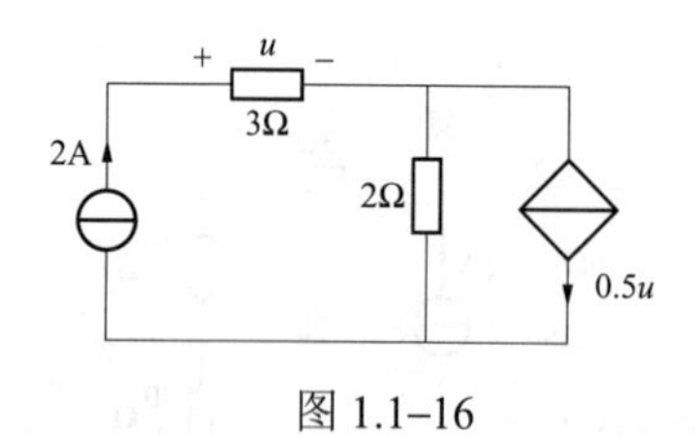

图 1.1–16

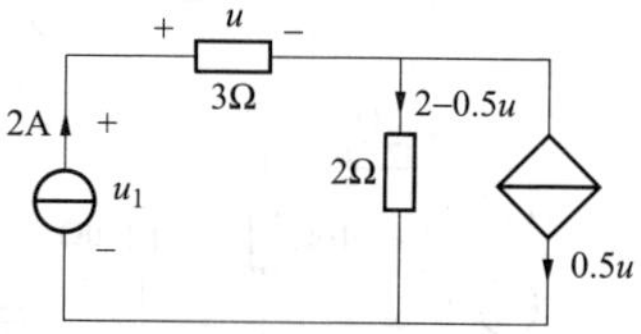

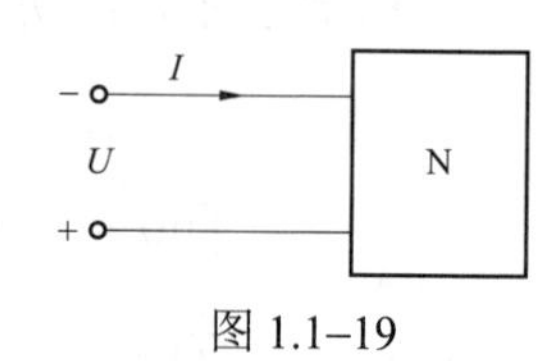
图 1.1–17

答案：C

9.（2019） 图 1.1–18 中受控源的功率是（　　）。

A. 24W　　B. 48W　　C. 72W　　D. 96W

分析：$I=\dfrac{12}{6}\text{A}=2\text{A}$，故 $P=12\times4I=12\text{V}\times8\text{A}=96\text{W}$。

答案：D

10.（2021） 电路如图 1.1–19 所示，$U=-10$V，$I=-2$A，则网络 N 的功率是（　　）。

A. 吸收 10W　　B. 发出 10W　　C. 吸收 20W　　D. 发出 20W

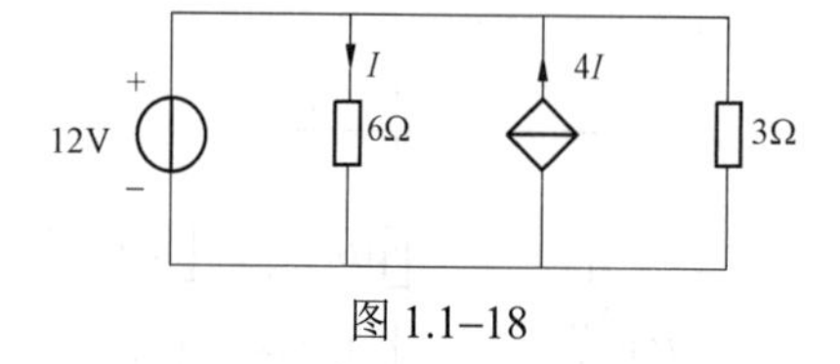

图 1.1–18

图 1.1–19

分析：$P=UI=(-10\text{V})\times(-2\text{A})=20\text{W}$，图中 U、I 为非关联参考方向，故表示发出 20W 功率。

答案：D

【2. 掌握电流、电压参考方向的概念】

11.（2017） 图 1.1–20 所示电路 $U=(5-9\text{e}^{-t/z})\text{V}, z>0$，则 $t=0$ 和 $t=\infty$ 时，电压 U 的真实方向为（　　）。

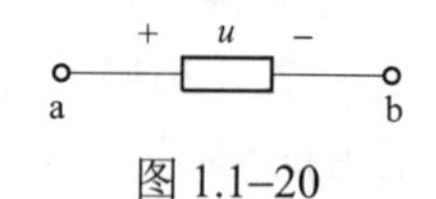

图 1.1–20

A. $t=0$ 时，U=4V，电位 a 高，b 低；$t=\infty$ 时，U=5V，电位 a 高，b 低

B. $t=0$ 时，U=−4V，电位 a 高，b 低；$t=\infty$ 时，U=5V，电位 a 高，b 低

C. $t=0$ 时，U=4V，电位 a 低，b 高；$t=\infty$ 时，U=5V，电位 a 高，b 低

D. $t=0$ 时，U=−4V，电位 a 低，b 高；$t=\infty$ 时，U=5V，电位 a 高，b 低

分析：$t=0$ 时，U=5V−9V=−4V，实际方向与所标参考方向相反，故电位 b 高，a 低。

$t=\infty$时，$U=5\text{V}-9^{-\infty}\text{V}=5\text{V}$，实际方向与所标参考方向相同，故电位 a 高，b 低。

答案：D

【3. 熟练掌握基尔霍夫定律】

12.（2006） 一电路的输出电压是 5V，接上 2kΩ的电阻后输出电压降到 4V，则内阻是（　　）kΩ。

A. 0.5　　B. 2　　C. 10　　D. 8

分析：依题意可以做出两个电路如图 1.1–21 所示，图 1.1–21（a）是空载时，图 1.1–21（b）是对应接上 2kΩ的电阻后。

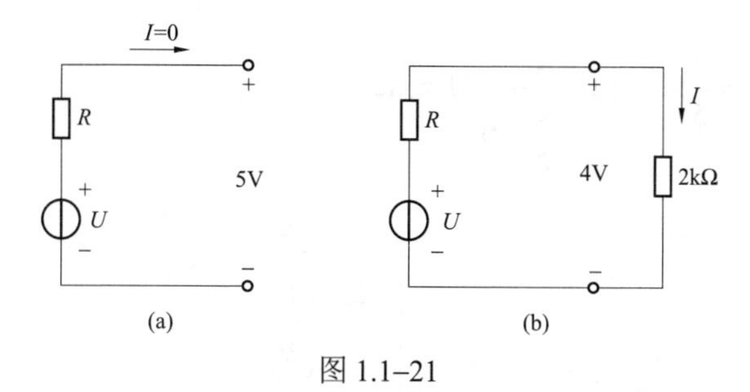

图 1.1–21

由图 1.1–21（a）知，$U=5\text{V}$；再由图 1.1–21（b）知，$I=\dfrac{4}{2k}=2\text{mA}$。

依据 KVL，$RI+4=U\Rightarrow R\times2\times10^{-3}+4=5\Rightarrow R=500\Omega=0.5\text{k}\Omega$。

答案：A

13.（2008） 如图 1.1–22 所示的电路中电流 I 为（　　）A。

A. 2　　B. –2　　C. 3　　D. –3

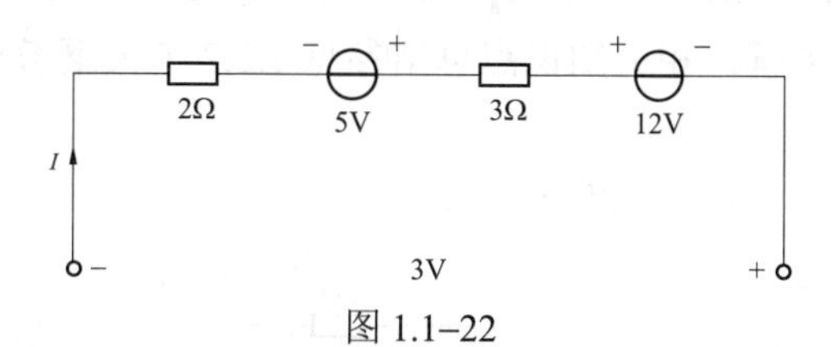

图 1.1–22

分析：与 2006 年、2007 年考题相似，仅仅参数变化而已。列写 KVL 方程，可得$(2+3)I-5+12+3=0\Rightarrow I=-2\text{A}$。

答案：B

14.（2010） 图 1.1–23 所示电路中的电流 i 为（　　）A。

A. –1　　B. 1

C. 2　　D. –2

分析：既然是要求线中所流过的电流 i，就不能再像前题一样并联处理了。为方便叙述，标注出节点 A、B、C、D 如图 1.1–23 所示。

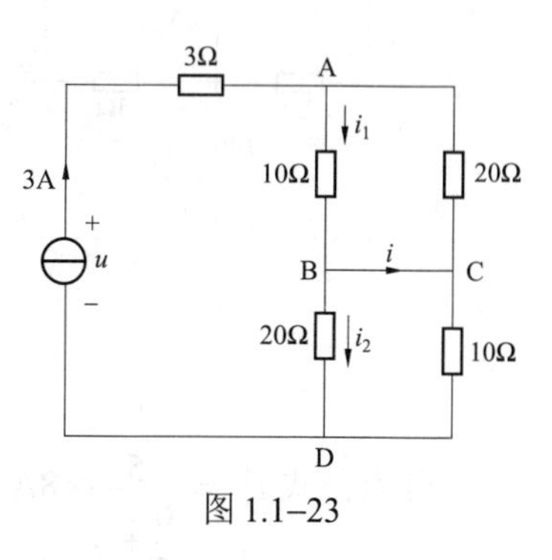

图 1.1–23

在节点 A，用分流公式，可得$i_1=\dfrac{20}{20+10}\times3\text{A}=2\text{A}$；在节点 D，用分流公式，可得

$i_2 = \dfrac{10}{20+10} \times 3\text{A} = 1\text{A}$；节点 B，依据 KCL，有 $i_1 = i + i_2 \Rightarrow i = i_1 - i_2 = (2-1)\text{A} = 1\text{A}$。

答案：B

15.（2010） 如图 1.1–24 所示的直流电路中的 I_{a} 为（　　）A。

A. 1　　　　B. 2

C. 3　　　　D. 4

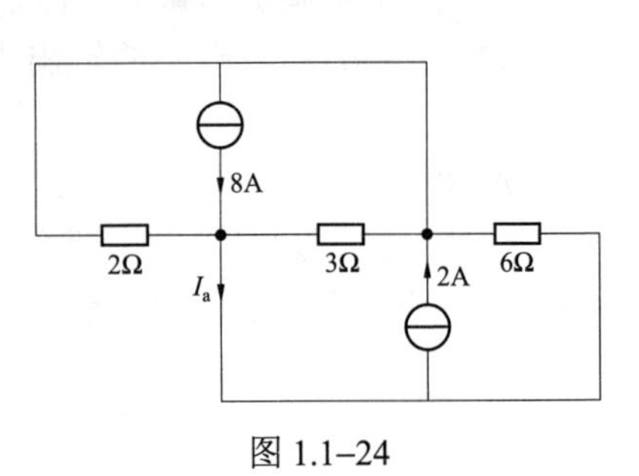

图 1.1–24

分析：方法 1，直接化简原电路如图 1.1–25 所示。

$$R_{\text{eq}} = 2\Omega // 3\Omega // 6\Omega = \frac{6}{5}\Omega // 6\Omega = \frac{\frac{6}{5} \times 6}{\frac{6}{5}+6}\Omega = 1\Omega$$

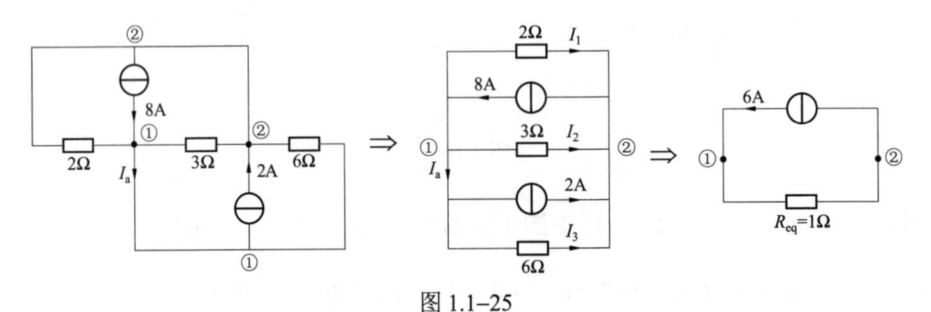

图 1.1–25

①、②间的电压 $U_{12} = 6 \times 1 = 6\text{V}$，$I_1 = \dfrac{U_{12}}{2} = \dfrac{6}{2}\text{A} = 3\text{A}$，$I_2 = \dfrac{U_{12}}{3} = \dfrac{6}{3}\text{A} = 2\text{A}$。

对节点①，运用 KCL，$-I_1 + 8 - I_2 - I_{\text{a}} = 0 \Rightarrow -3 + 8 - 2 - I_{\text{a}} = 0 \Rightarrow I_{\text{a}} = 3\text{A}$。

方法 2，用叠加定理求解，相关知识点总结参见 1.2.2 节大纲考点 4 的内容。

本题求解：

8A 电流源单独作用时（图 1.1–26）：

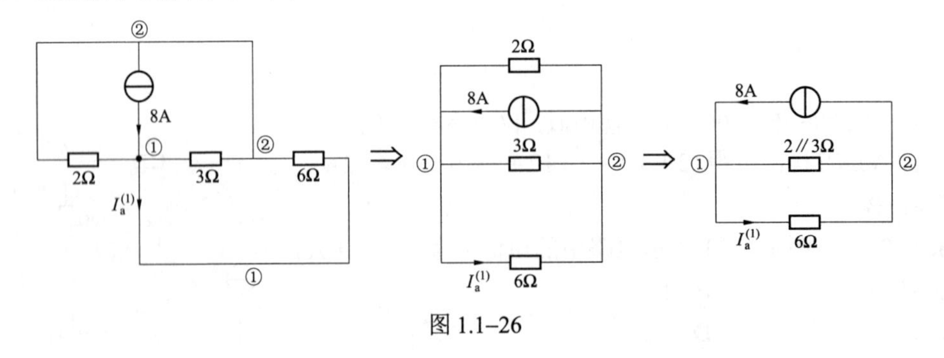

图 1.1–26

分流公式 $I_{\text{a}}^{(1)} = \dfrac{\frac{6}{5}}{\frac{6}{5}+6} \times 8\text{A} = \dfrac{6}{36} \times 8\text{A} = \dfrac{4}{3}\text{A}$。

2A 电流源单独作用时（图 1.1–27）

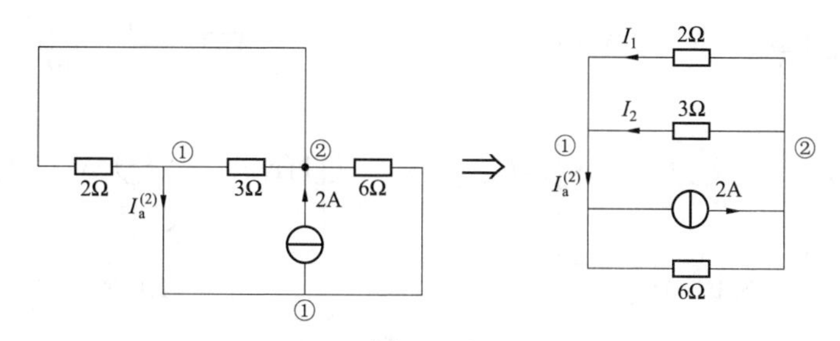

图 1.1–27

$$I_a^{(2)} = I_1 + I_2 = \frac{2\times(2//3//6)}{2}\text{A} + \frac{2\times(2//3//6)}{3}\text{A} = \frac{2}{2}\text{A} + \frac{2}{3}\text{A} = \frac{5}{3}\text{A}$$

两者叠加，故 $I_a = I_a^{(1)} + I_a^{(2)} = \frac{4}{3}\text{A} + \frac{5}{3}\text{A} = 3\text{A}$。

答案：C

16.（2011） 如图 1.1–28 所示的电路中，已知 $R_1 = 10\Omega$，$R_2 = 2\Omega$，$U_{s1} = 10\text{V}$，$U_{s2} = 6\text{V}$。电阻 R_2 两端的电压 U 为（　　）V。

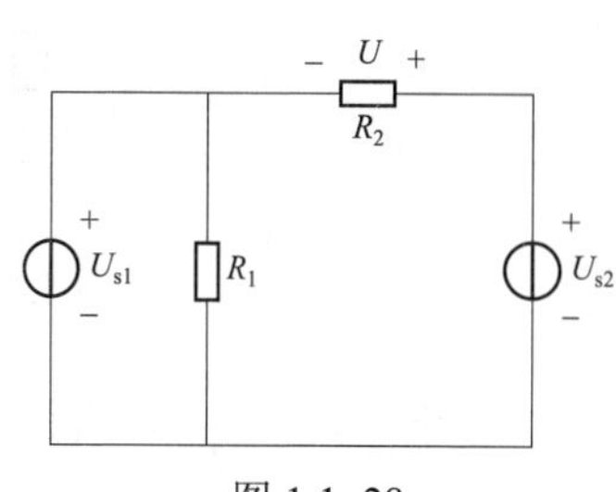

图 1.1–28

A. 4　　B. 2

C. −4　　D. −2

分析：依据 KVL，可得 $-U + 6 - 10 = 0 \Rightarrow U = -4\text{V}$。

注意：电阻 R_1、R_2 参数没有用上。

答案：C

17.（2011） 如图 1.1–29 所示的电路中，测得电压 $U_{s1} = 10\text{V}$，电流 I=10A。流过电阻 R 的电流 I_1 为（　　）A。

A. 3　　B. −3　　C. 6　　D. −6

分析：如图 1.1–30 所示，$I_2 = \frac{10}{5}\text{A} = 2\text{A}$，$I_3 = \frac{10}{2}\text{A} = 5\text{A}$。对节点①，运用 KCL，有 $I + I_1 = I_2 + I_3 \Rightarrow 10 + I_1 = (2+5)\text{A} \Rightarrow I_1 = -3\text{A}$。

答案：B

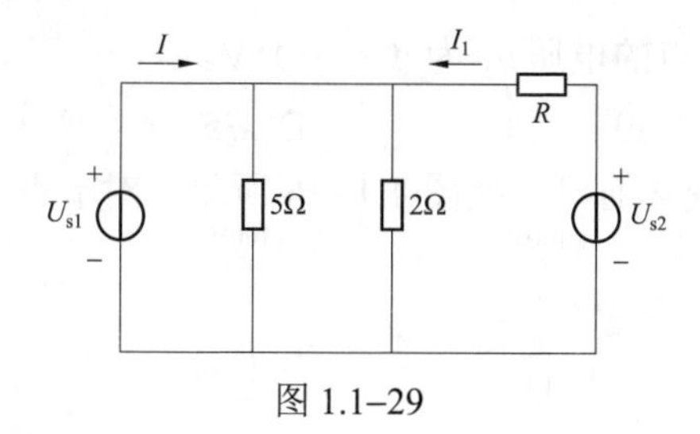

图 1.1–29

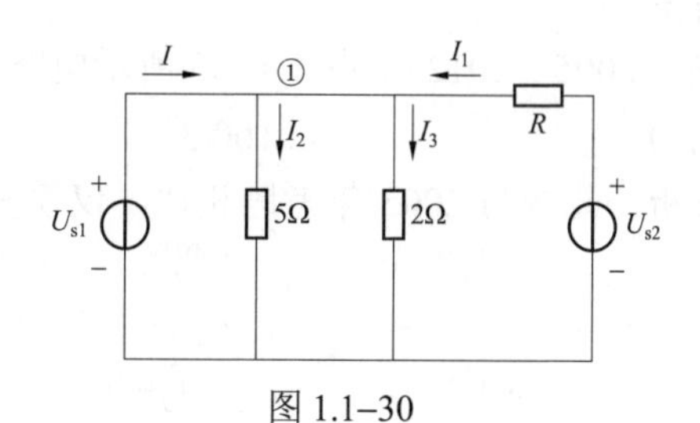

图 1.1–30

18.（供 2011，发 2011） 如图 1.1–31 所示的电路中，电流 I 为（　　）A。

A. −2　　B. 2　　C. −1　　D. 1

分析：对图 1.1–32 所示回路列写 KVL 方程，有 $2I + 1\times I_1 + 3I - 12 = 0$。对节点 a，依据 KCL 知 $I_1 = I + 6$，代入上式，可得 $2I + I + 6 + 3I - 12 = 0 \Rightarrow 6I = 6 \Rightarrow I = 1\text{A}$。

答案：D

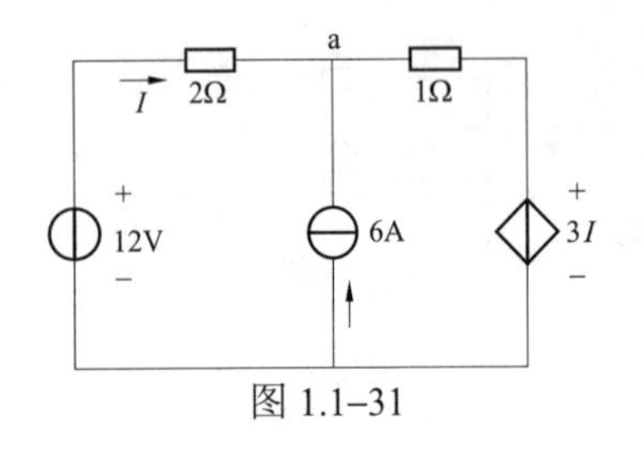

图 1.1–31

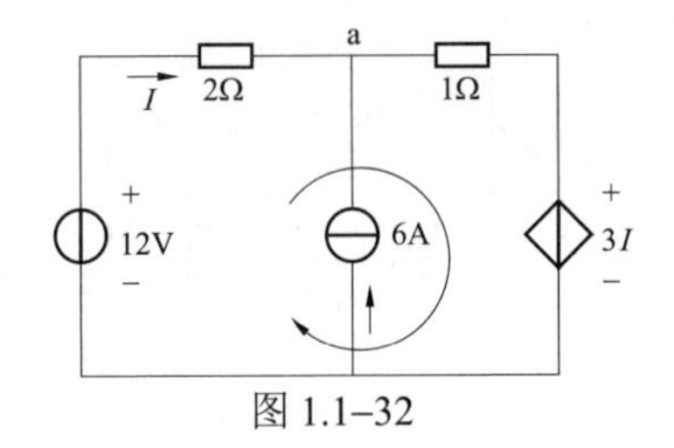

图 1.1–32

19.（2012） 如图 1.1–33 所示的电路中，电阻 R 为（　　）Ω。

A. 16　　　　B. 8　　　　C. 4　　　　D. 2

分析：此题与 2006 年考题相似，仅仅参数变化而已。为便于分析，标注电流 I_1、I_2、I_L 如图 1.1–34 所示。

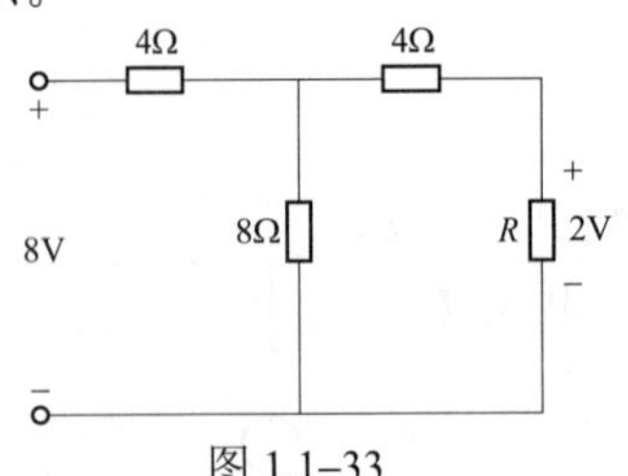

图 1.1–33

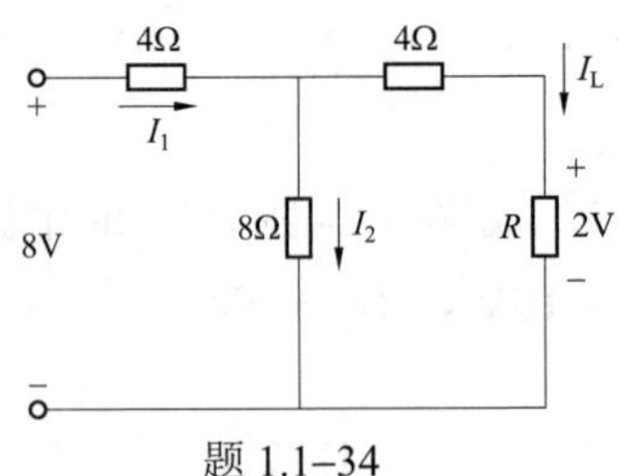

题 1.1–34

思路：$R_L=\dfrac{U_L}{I_L}$，现已知 $U_L=2V$，因此需要想办法求出 I_L。

依据 KVL，可得
$$4I_1+4I_L+2=8 \tag{1.1–4}$$
$$4I_1+8I_2=8 \tag{1.1–5}$$

将 $I_2=I_1-I_L$ 代入式（1.1–5），有
$$4I_1+8(I_1-I_L)=8 \tag{1.1–6}$$

式（1.1–4）、式（1.1–6）两式联立求解，消去 I_1，可得 $20I_L=10 \Rightarrow I_L=0.5A$，故 $R_L=\dfrac{U_L}{I_L}=\dfrac{2}{0.5}\Omega=4\Omega$。

答案：C

20.（2005、2012） 图 1.1–35 所示电路中 A 点的电压 u_A 为（　　）V。

A. 0　　　　B. 100/3　　　　C. 50　　　　D. 75

分析：此题与 2005 年考题相似，仅仅参数变化而已。如图 1.1–36 所示，对节点 A，列

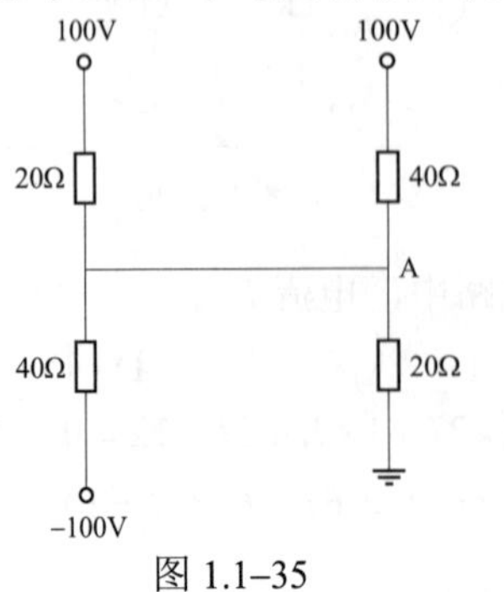

图 1.1–35

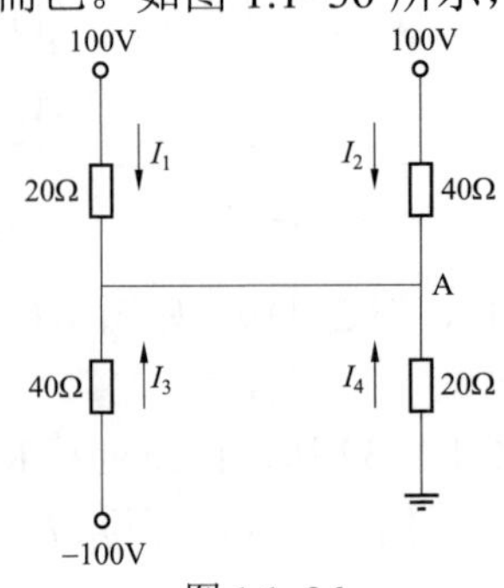

图 1.1–36

写 KCL 方程，有 $I_1+I_2+I_3+I_4=0$，设 A 点电压为 U_A，则 $\frac{100-U_A}{20}+\frac{100-U_A}{40}+\frac{-100-U_A}{40}+\frac{0-U_A}{20}=0 \Rightarrow U_A=\frac{100}{3}\text{V}$。

答案：B

21.（2013） 如图 1.1–37所示的电路中 $U=10\text{V}$，电阻均为 100Ω，则电路中的电流 I 应为（　　）A。

A. 1/14　　　B. 1/7　　　C. 14　　　D. 7

分析：方法 1，显然这是一个对称的电路结构，利用电路的对称性可知等效电阻为 $R_{eq}=2(100//100)\Omega+[100//100//(50+100+50)]\Omega=140\Omega$，故 $I=\frac{U}{R_{eq}}=\frac{10}{140}\text{A}=\frac{1}{14}\text{A}$。

方法 2，利用 KCL、KVL 求解，如图 1.1–38 所示。

KVL：$\frac{I}{2}R+I_1R-I_1R-\frac{I}{2}R=0$。

KVL：$\left(\frac{I}{2}-I_1\right)R-I_1R-2I_1R-I_1R=0 \Rightarrow \frac{1}{2}IR-5I_1R=0 \Rightarrow I_1=\frac{1}{10}I$。

KVL: $\frac{I}{2}R+\left(\frac{I}{2}-I_1\right)R+\frac{I}{2}R=U \Rightarrow \frac{3}{2}IR-I_1R=U \Rightarrow \frac{3}{2}IR-\frac{1}{10}IR=U \Rightarrow \frac{14}{10}IR=U \Rightarrow I=\frac{10}{14}\times\frac{10}{100}\text{A}=\frac{1}{14}\text{A}$。

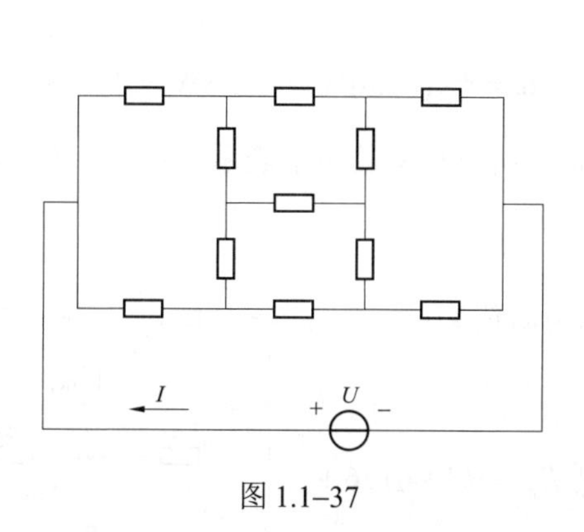

图 1.1–37

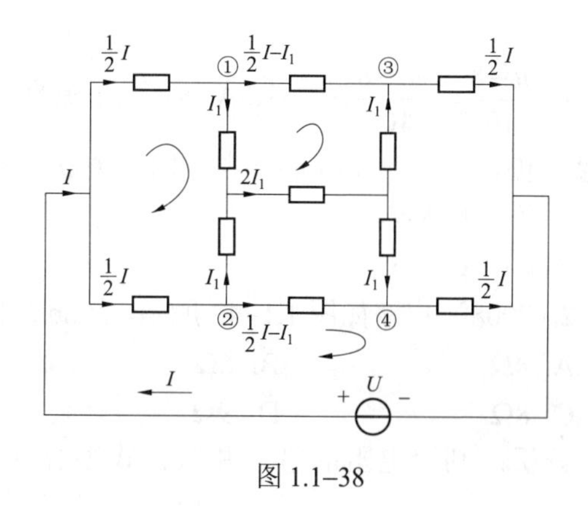

图 1.1–38

方法 3，利用 Y–△等效变换求出 R_{eq}，进而 $I=\frac{U}{R_{eq}}$ 即可。

答案：A

22.（供 2018，发 2020） 关于基尔霍夫电压定律，下面说法错误的是（　　）。

A. 适用于线性电路　　　B. 适用于非线性电路

C. 适用于电路中的任何一个节点　　　D. 适用于电路中的任何一个回路

分析：参见 1.1.2 节的第 3 点，KVL 与电路线性与否无关，选项 C 是 KCL 适用的情况。

答案：C

23.（2020） 电路如图 1.1–39 所示，若受控源 $2U_{AB}=\mu U_{AC}$，受控源 $0.4I_1=\beta I$，则 μ、β 分别为（　　）。

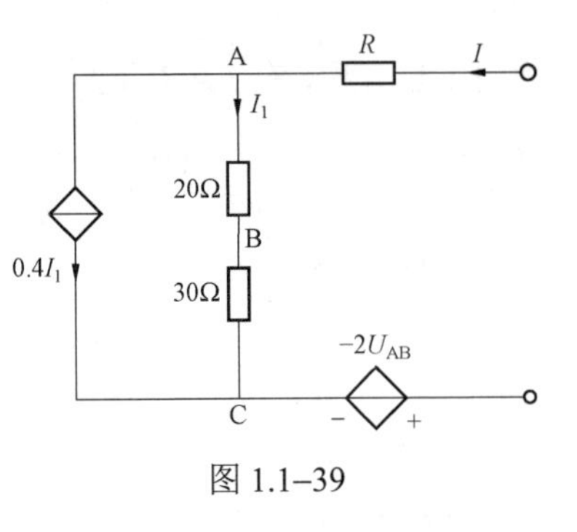

图 1.1–39

A. 0.8，2　　B. 1.2，2

C. 0.8，$\frac{2}{7}$　　D. 1.2，$\frac{2}{7}$

分析：$\begin{cases}2U_{AB}=2\times 20I_1\\ \mu U_{AC}=\mu\times 50I_1\end{cases}\Rightarrow \mu=0.8$，$\begin{cases}I=0.4I_1+I_1\\ 0.4I_1=\beta I\end{cases}\Rightarrow$ $\beta=\frac{2}{7}$。

答案：C

1.1.4 【发输变电专业基础】历年真题详解

【1. 掌握电阻、独立电压源、独立电流源、受控电压源、受控电流源、电容、电感、耦合电感、理想变压器诸元件的定义、性质】

1.（2008） 电路如图 1.1–40 所示，已知 $u=-8\text{V}$，则 8V 电压源发出的功率为（　　）。

A. 12.8W　　B. 16W　　C. −12.8W　　D. −16W

分析：为方便分析，标注出电流 i 的参考方向如图 1.1–41 所示。

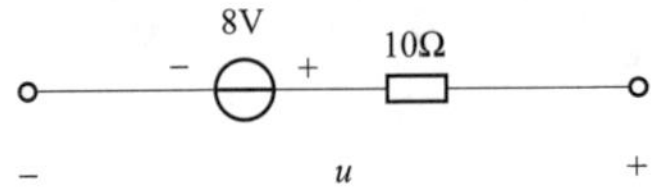

图 1.1–40

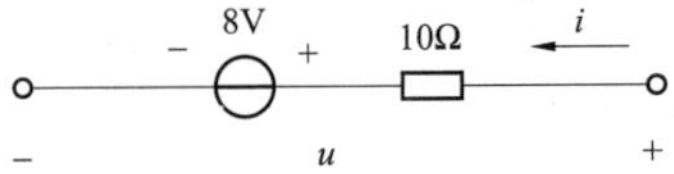

图 1.1–41

$i=\frac{u-8}{10}=\frac{-8-8}{10}\text{A}=-1.6\text{A}$，8V 电压源的功率 $P=8i=8\times(-1.6)\text{W}=-12.8\text{W}$。由于图 1.1–41 中所标电压 8V 与电流 i 的参考方向为关联参考方向，所以功率的负值表示 8V 电压源实际发出的功率为 12.8W。

答案：A

2.（2008） 电路如图 1.1–42 所示，求 ab 之间的电阻值为（　　）。

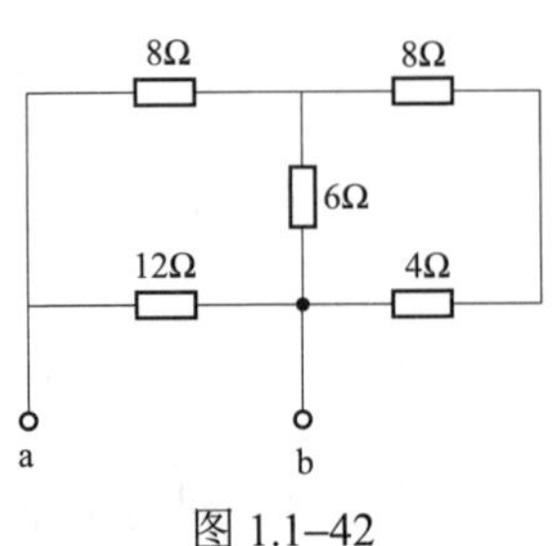

图 1.1–42

A. 4Ω　　B. 6Ω

C. 8Ω　　D. 9Ω

分析：利用电阻的串、并联公式很容易得到 $R_{ab}=[(8+4)//6+8]\Omega//12\Omega=(12//6+8)\Omega//12\Omega=\left(\frac{12\times 6}{18}+8\right)\Omega//12\Omega=(12//12)\Omega=6\Omega$。

答案：B

3.（2009） 图 1.1–43 所示电路中，2A 电流源发出的功率为（　　）。

A. −16W　　B. −12W　　C. 12W　　D. 16W

分析：如图 1.1–44 所示，对节点①，运用 KCL，知 $I=(3+2)\text{A}=5\text{A}$。

对回路列写 KVL 方程，得 2A 电流源两端的电压 $U=(2\times 2+1\times 5-1)\text{V}=8\text{V}$。故 2A 电流源发出的功率 $P=U\times 2=(8\times 2)\text{W}=16\text{W}$（电压、电流非关联时，$P>0$ 则表示发出功率）。

答案：D

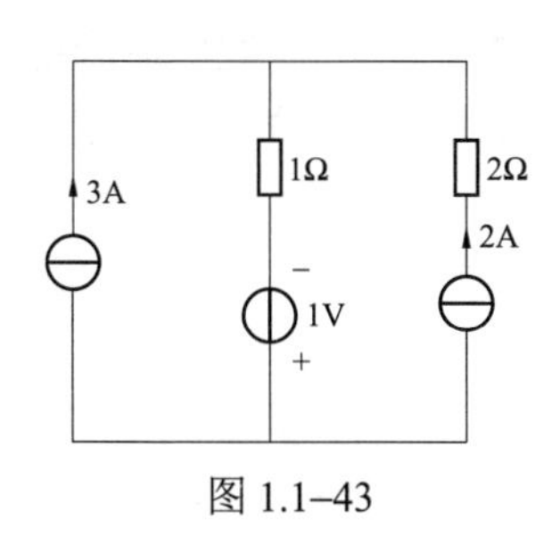

图 1.1–43

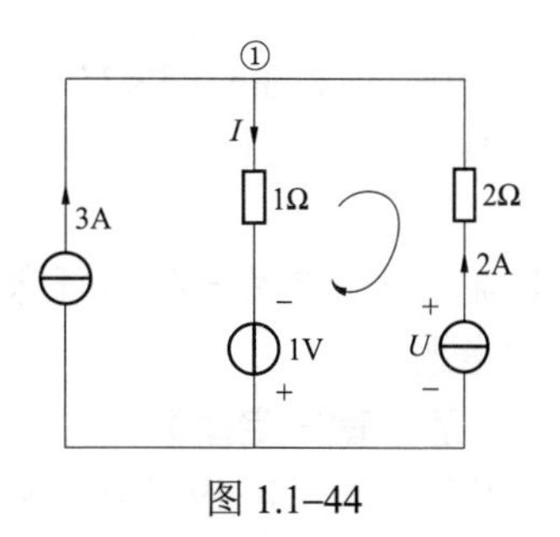

图 1.1–44

4.（2013） 图 1.1–45 所示电路中，$u=10\text{V}$，则 5V 电压源发出的功率为下列哪项数值？（　　）

A. 5W　　B. 10W　　C. –5W　　D. –10W

分析：$i=\dfrac{u-5}{5}=\dfrac{10-5}{5}\text{A}=1\text{A}$，对 5V 电压源来讲，图中所标电压、电流参考方向关联。$P=(5\times1)\text{W}=5\text{W}>0$，表示吸收功率，题目问的是发出功率，故应选–5W。

答案：C

5.（2017） 图 1.1–46 所示电路，1Ω 电阻消耗功率 P_1，3Ω 电阻消耗功率 P_2，则 P_1、P_2 分别为（　　）。

A. $P_1=-4\text{W}$，$P_2=3\text{W}$　　B. $P_1=4\text{W}$，$P_2=3\text{W}$

C. $P_1=-4\text{W}$，$P_2=-3\text{W}$　　D. $P_1=4\text{W}$，$P_2=-3\text{W}$

分析： $P_1=\dfrac{U^2}{R_1}=\dfrac{2^2}{1}\text{W}=4\text{W}$，$P_2=R_2I^2=3\times1^2\text{W}=3\text{W}$。

答案：B

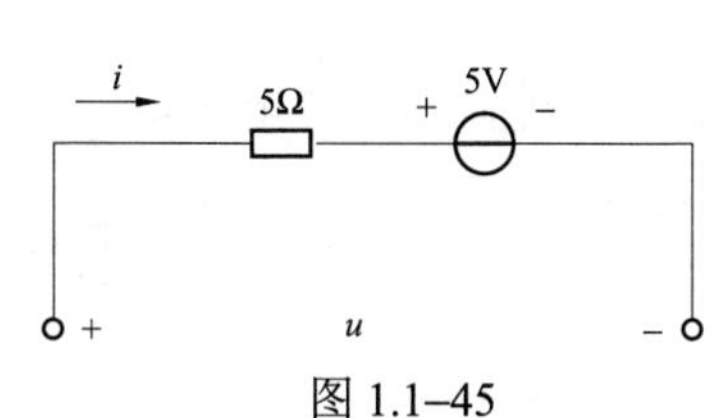

图 1.1–45

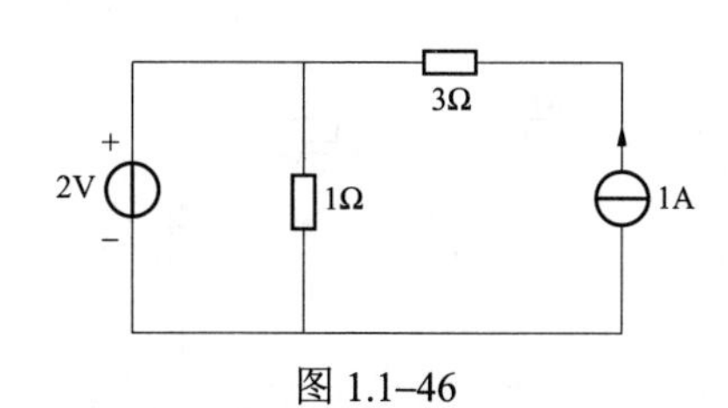

图 1.1–46

6.（2019） 图 1.1–47 所示电路中，受控源吸收的功率为（　　）。

A. –8W　　B. 8W　　C. 16W　　D. –16W

分析： $U_1=4\Omega\times1\text{A}=4\text{V}$，$P=1\times2U_1=2\times4\text{W}=8\text{W}$。

答案：B

7.（2020） 图 1.1–48 中受控电流源吸收的功率为（　　）。

A. –72W　　B. 72W　　C. 36W　　D. –36W

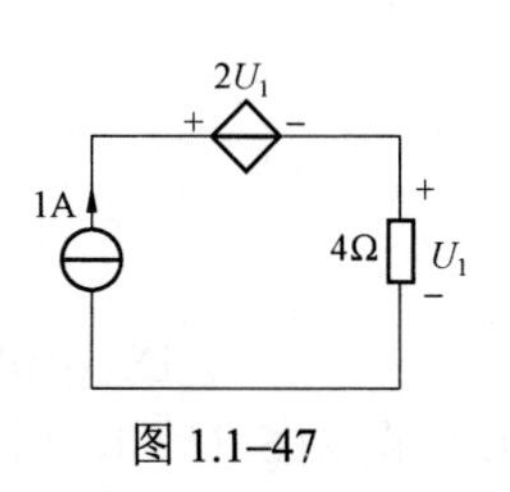

图 1.1–47

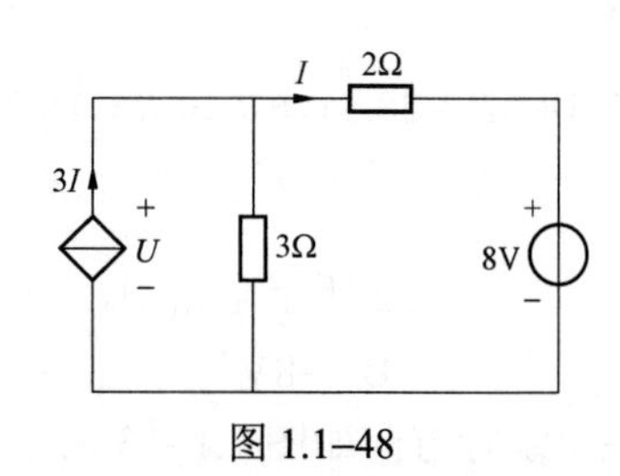

图 1.1–48

分析：依据 KVL，有 $2I+8=3\times2I$，故 $I=2\text{A}$，$U=3\times2I=12\text{V}$。受控电流源的功率 $P=3IU=3\times2\text{A}\times12\text{V}=72\text{W}$，因为图 1.1–48 中 U 与 I 为非关联参考方向，故表示发出 72W。

答案：A

【2. 掌握电流、电压参考方向的概念】

历年无单独考题，略。

【3. 熟练掌握基尔霍夫定律】

8.（2008）电路如图 1.1–49 所示，则电压 u_A 为（　　）。

A. 0.5V　　B. 0.4V

C. −0.5V　　D. −0.4V

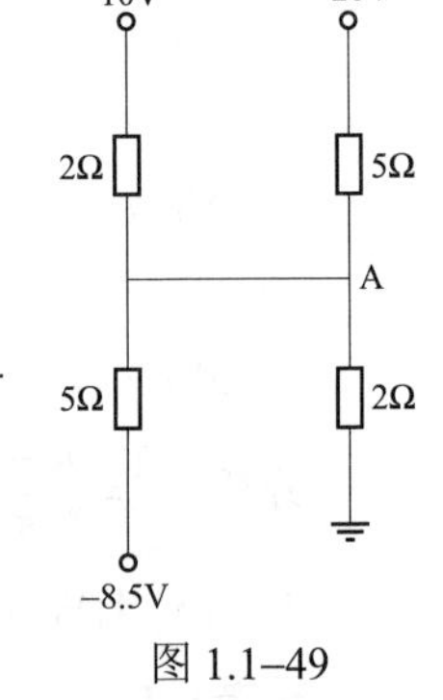

图 1.1–49

分析：对节点 A 列写 KCL 方程，得到 $\dfrac{10-u_A}{2}+\dfrac{-20-u_A}{5}+\dfrac{-8.5-u_A}{5}+\dfrac{0-u_A}{2}=0\Rightarrow u_A=-0.5\text{V}$。

答案：C

9.（2008）电路如图 1.1–50 所示，R 的值为（　　）。

A. 6Ω　　B. 9Ω　　C. 12Ω　　D. 18Ω

分析：为方便分析叙述，标注出电流参考方向和回路绕行方向如图 1.1–51 所示。

对大回路列写 KVL 方程，有

$$2I+(R+7.5)I_1=54 \tag{1.1–7}$$

又依据 KCL，知 $I=I_1+I_2$，代入式（1.1–7），得

$$2(I_1+I_2)+(R+7.5)I_1=54 \tag{1.1–8}$$

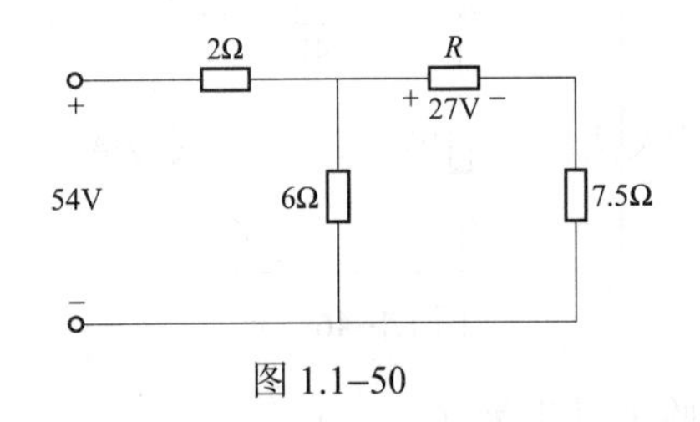

图 1.1–50

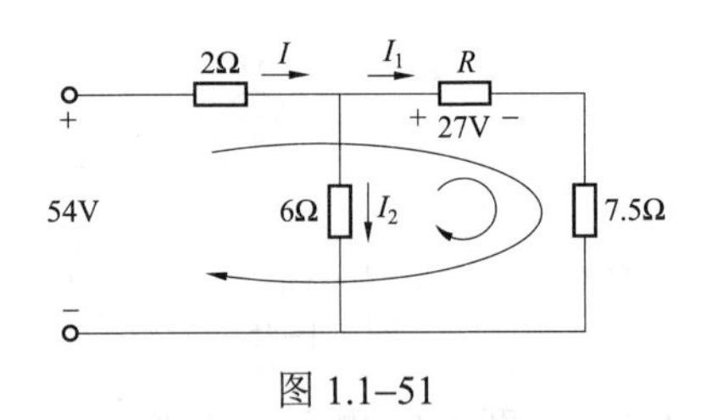

图 1.1–51

对小回路列写 KVL 方程，有 $(R+7.5)I_1=6I_2\Rightarrow I_2=\dfrac{(R+7.5)I_1}{6}$。代入式（1.1–8），得

$$2(I_1+I_2)+(R+7.5)I_1=54\Rightarrow\frac{(R+7.5)I_1}{3}+(R+9.5)I_1=54 \tag{1.1–9}$$

再将 $I_1=\dfrac{27}{R}$ 代入式（1.1–9），有 $\dfrac{(R+7.5)I_1}{3}+(R+9.5)I_1=54\Rightarrow\dfrac{R+7.5}{3}\times\dfrac{27}{R}+(R+9.5)\times\dfrac{27}{R}=54\Rightarrow R+7.5+3R+28.5=6R\Rightarrow R=18\Omega$。

答案：D

10.（2011） 图 1.1–52 所示电路中，电压 U 为（　　）。

A. 8V　　B. −8V　　C. 10V　　D. −10V

分析：标注出绕行方向如图 1.1–53 所示，依据 KVL 可得 $2+6-U=0$，所以 $U=8\text{V}$。

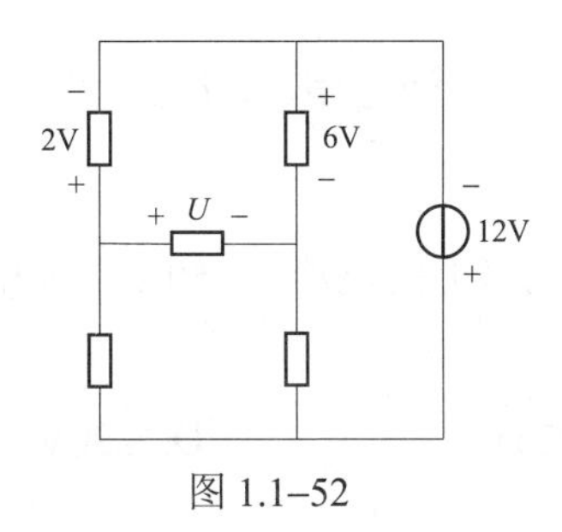

图 1.1–52

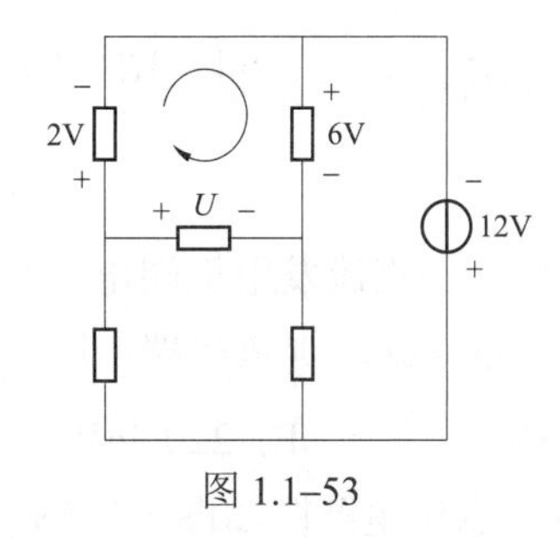

图 1.1–53

答案：A

11.（2011） 图 1.1–54 所示电路中，电流 I 为（　　）。

A. 13A　　B. −7A　　C. −13A　　D. 7A

分析：方法 1，反复多次运用 KCL，如图 1.1–55 所示，对节点①运用 KCL，有 $I_1=3\text{A}+4\text{A}-6\text{A}=1\text{A}$。

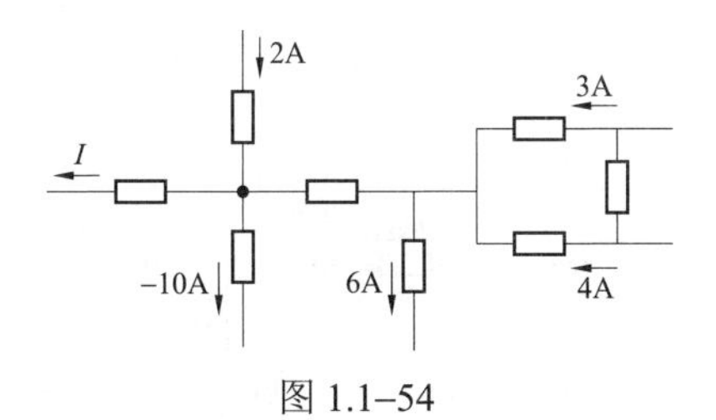

图 1.1–54

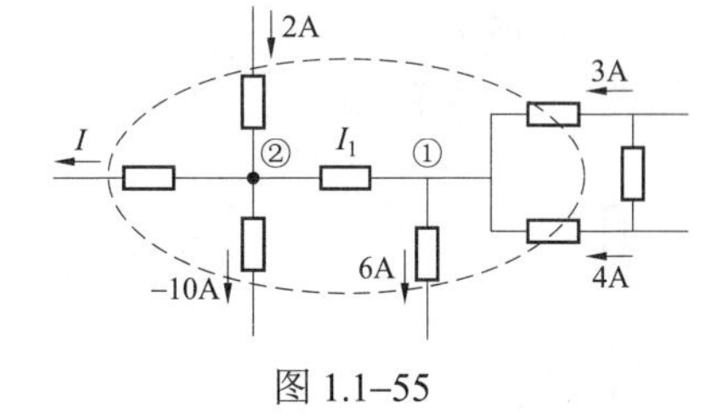

图 1.1–55

再对节点②运用 KCL，有 $I-10=2+I_1$，故有 $I=13\text{A}$。

方法 2，选取如图 1.1–55 中虚线椭圆所示的广义节点，KCL 仍然成立，故有 $I-2-3-4+6-10=0$，解得 $I=13\text{A}$。

答案：A

12.（2013） 图 1.1–56 所示电路中，电阻 R 应为下列哪项数值？（　　）

A. 18Ω　　B. 9Ω　　C. 6Ω　　D. 3Ω

分析：为方便分析，标注出电压、电流如图 1.1–57 所示。

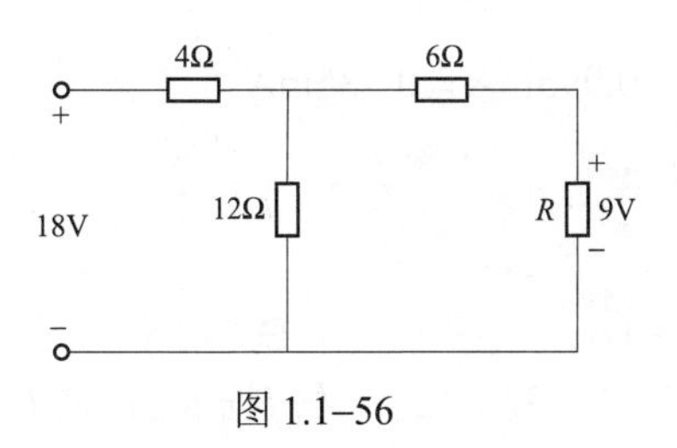

图 1.1–56

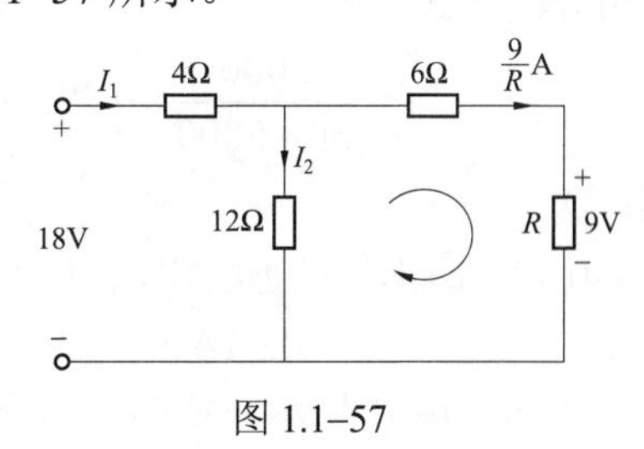

图 1.1–57

依据 KVL，可得 $6\times\dfrac{9}{R}+9=12I_2\Rightarrow I_2=\dfrac{1}{12}\left(\dfrac{54}{R}+9\right)=\dfrac{1}{4}\left(\dfrac{18}{R}+3\right)$。

依据 KCL，可得 $I_1=I_2+\dfrac{9}{R}=\dfrac{18}{4R}+\dfrac{3}{4}+\dfrac{9}{R}=\dfrac{54+3R}{4R}$。

由大回路 KVL 可得

$$4I_1+6\times\frac{9}{R}+9=18 \tag{1.1–10}$$

将上述I_1的值代入，有$\dfrac{54+3R}{R}+\dfrac{54}{R}=9 \Rightarrow 108+3R=9R \Rightarrow R=18\Omega$。

答案：A

13.（2014） 一直流发电机端电压$U_1=230\text{V}$，线路上的电流$I=50\text{A}$，输电线路每根导线的电阻$R=0.095\,4\Omega$，则负载端电压U_2为（　　）。

A. 225.23V　　B. 220.46V　　C. 225V　　D. 220V

分析：依题意作电路图如图 1.1–58 所示。

题中所说$R=0.095\,4\Omega$是每根导线的电阻值，而电源到负载，再由负载回电源应该有两个这样的电阻值，故$U_2=(230-0.095\,4\times2\times50)\text{V}=220.46\text{V}$。

答案：B

14.（2016） 图 1.1–59 所示电路中，电流I为（　　）。

A. 985mA　　B. 98.5mA　　C. 9.85mA　　D. 0.985mA

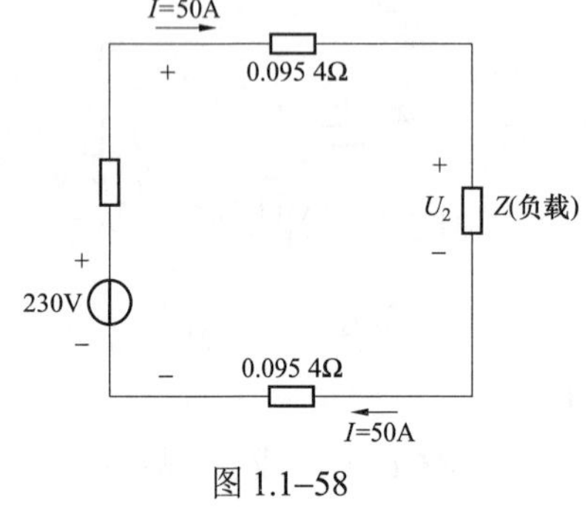

图 1.1–58

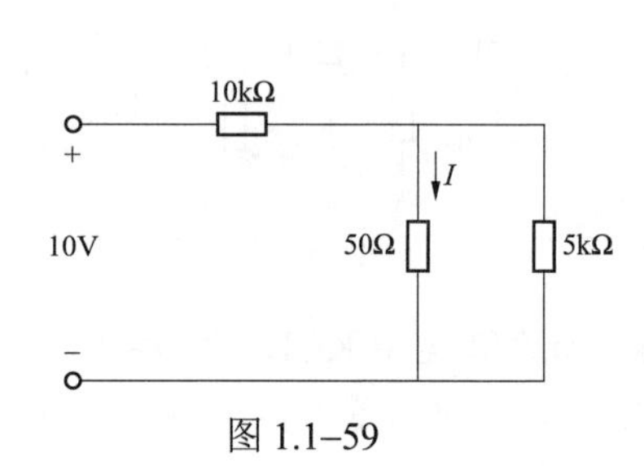

图 1.1–59

分析：端口总电流为

$$I_{总}=\frac{10}{10\,000+50\,//\,5000}\text{A}=\frac{10}{10\,000+\dfrac{50\times5000}{5050}}\text{A}=0.995\text{mA}$$

再利用分流公式可得

$$I=\frac{5000}{50+5000}\times0.995\text{mA}=\frac{5000}{5050}\times0.995\text{mA}=0.985\text{mA}$$

答案：D

15.（2016） 图 1.1–60 所示电路中，电流I为（　　）。

A. 2A　　B. 1A　　C. −1A　　D. −2A

分析：如图 1.1–61 所示，依据 KVL 得到$2I+1\times I'+3I=12$，又依据 KCL 知$I'=6+I$，代入上式有$2I+6+I+3I=12$，故$I=1\text{A}$。

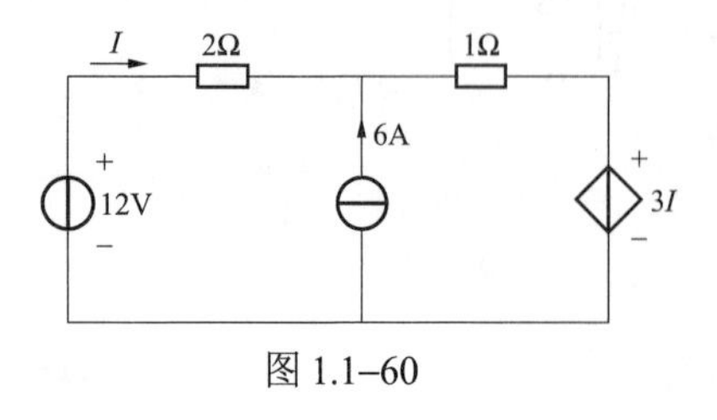

图 1.1–60

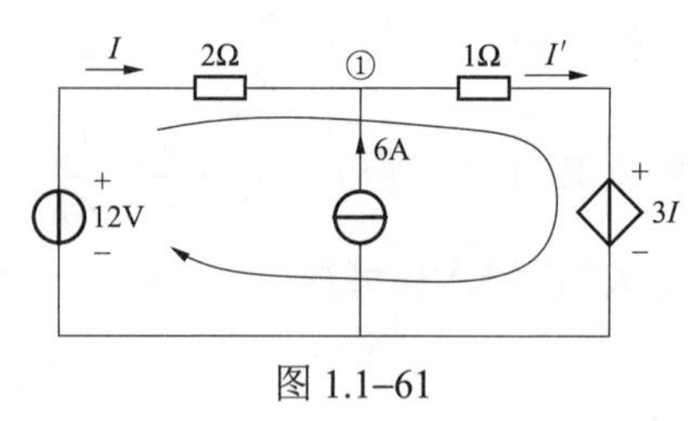

图 1.1–61

答案：B

16.（2019） 电路如图 1.1–62 所示，电路中的电流 I 等于（　　）。

A. −1A　　　　B. 1A　　　　C. −4A　　　　D. 4A

分析：依据 KVL，有 $1+2(1+I)-2I-4+I=0 \Rightarrow I=1\text{A}$。

答案：B

17.（2020） 图 1.1–63 中电流 I 为（　　）。

A. 1A　　　　B. 5A　　　　C. −5A　　　　D. −1A

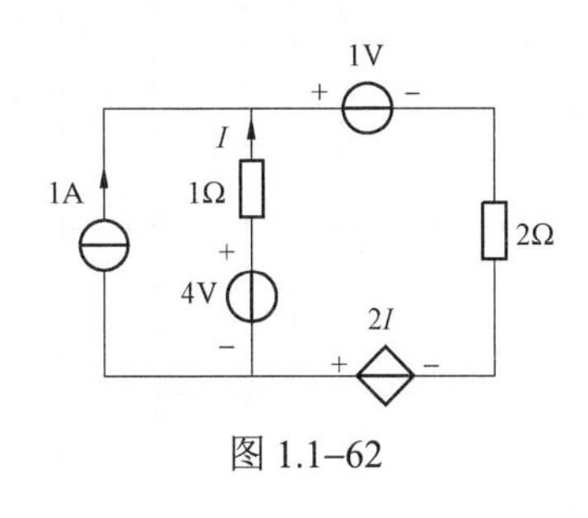

图 1.1–62

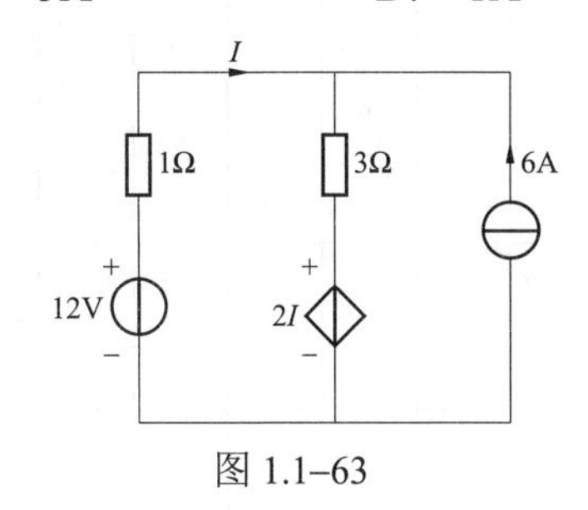

图 1.1–63

分析：$1\times I+3\times(I+6)+2I=12 \Rightarrow I=-1\text{A}$

答案：D

1.2　电路的分析方法

1.2.1　考试大纲要求及历年真题统计分析（供配电、发输变电）

历年真题按照考试大纲考点归类总结表 1.2–1 和表 1.2–2（说明：1、2、3、4 道题分别对应 1、2、3、4 颗★，≥5 道题对应 5 颗★）。

表 1.2–1　　　　供配电专业基础考试大纲及历年真题统计表

1.2 电路的分析方法 / 考试大纲	2005	2006	2007	2008	2009	2010	2011	2012	2013	2014	2016	2017	2018	2019	2020	2021	汇总统计
1. 掌握常用的电路等效变换方法★★★★							1			1		1	1				4★★★★
2. 熟练掌握节点电压方程的列写方法，并会求解电路方程★★★★★		1	1	2			1		1						1	2	9★★★★★
3. 了解回路电流方程的列写方法★★★★								1	1			1		1			4★★★★
4. 熟练掌握叠加定理、戴维南定理和诺顿定理★★★★★	1	1	2	5	1	1	1	3	2	2	3	1	1	3	3	2	32★★★★★
汇总统计	1	2	3	7	1	1	3	4	4	3	3	3	2	4	4	4	49

表 1.2–2　　　　　　　　　发输变电专业基础考试大纲及历年真题统计表

1.2　电路的分析方法 考试大纲	2005（同供配电）	2006（同供配电）	2007（同供配电）	2008	2009	2010	2011	2012	2013	2014	2016	2017	2018	2019	2020	2021	汇总统计
1. 掌握常用的电路等效变换方法★★												1		1		1	3★★★
2. 熟练掌握节点电压方程的列写方法，并会求解电路方程★★★★★		1	1	1			1		1				2		1	1	9★★★★★
3. 了解回路电流方程的列写方法★★★					1		1					1					3★★★
4. 熟练掌握叠加定理、戴维南定理和诺顿定理★★★★★	1	1	2	1	1	1	1	1	2	1	2	1	1	2	2	2	22★★★★★
汇总统计	1	2	3	2	2	1	3	1	3	1	2	3	3	3	3	4	37

对比以上供配电专业基础和发输变电专业基础历年真题统计表，可看到：尽管两个专业方向不同，但专业基础考试的两个方向的侧重点几乎相同，见表 1.2–3。

表 1.2–3　　　　　　专业基础供配电、发输变电两个专业方向侧重点对比

1.2　电路的分析方法	历年真题汇总统计	
考试大纲（取供配电、发输变电两个方向中多的★值标注）	供配电	发输变电
1. 掌握常用的电路等效变换方法★★★★	4★★★★	3★★★
2. 熟练掌握节点电压方程的列写方法，并会求解电路方程★★★★★	9★★★★★	9★★★★★
3. 了解回路电流方程的列写方法★★★★	4★★★★	3★★★
4. 熟练掌握叠加定理、戴维南定理和诺顿定理★★★★★	32★★★★★	22★★★★★
汇总统计	49	37

1.2.2　重要知识点复习

结合前面 1.2.1 节的历年真题统计分析（供配电、发输变电）结果，对“1.2 电路的分析方法”部分的 1、2、3、4 大纲点进行深入总结。

1. 掌握常用的电路等效变换方法

从上述历年真题统计结果来看，尽管本考点单独出题并不多，但这种等效变换的方法却常常应用在其他题目中，故此部分需熟练掌握的常用等效变换方法总结如下：

（1）Y–△联结变换公式（图 1.2–1 和图 1.2–2）：

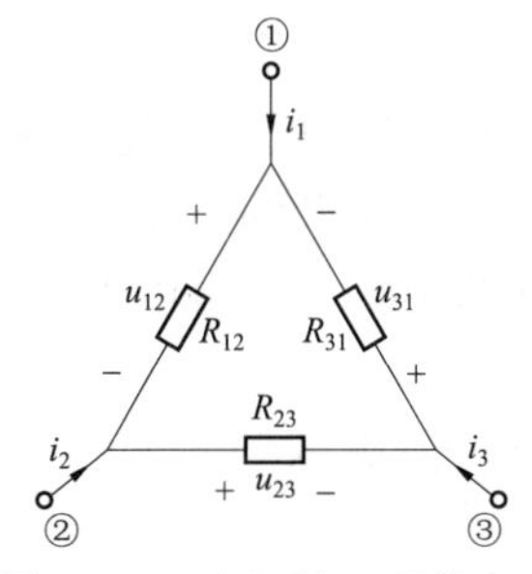

图 1.2–1　电阻的△联结

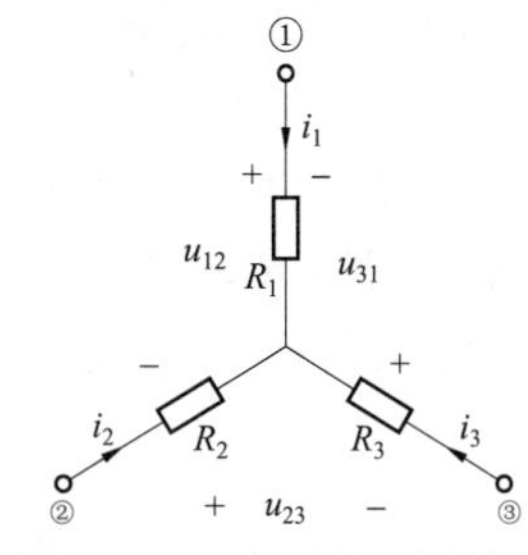

图 1.2–2　电阻的 Y 联结

$$\triangle \Rightarrow \mathrm{Y}: \begin{cases} R_1 = \dfrac{R_{12}R_{31}}{R_{12}+R_{23}+R_{31}} \\ R_2 = \dfrac{R_{12}R_{23}}{R_{12}+R_{23}+R_{31}} \\ R_3 = \dfrac{R_{23}R_{31}}{R_{12}+R_{23}+R_{31}} \end{cases}$$

简记为△⇒Y, Y 电阻$=\dfrac{\text{两夹臂电阻的乘积}}{\text{所有电阻之和}}$。

$$\mathrm{Y} \Rightarrow \triangle: \begin{cases} R_{12} = R_1 + R_2 + \dfrac{R_1R_2}{R_3} \\ R_{23} = R_2 + R_3 + \dfrac{R_2R_3}{R_1} \\ R_{31} = R_3 + R_1 + \dfrac{R_3R_1}{R_2} \end{cases}$$

简记为 Y⇒△，△电阻＝相邻两电阻的和$+\dfrac{\text{相邻两电阻的乘积}}{\text{对面电阻}}$。

特别的，当星形电路的 3 个电阻相等，即 $R_1 = R_2 = R_3 = R_{\mathrm{Y}}$，则等效三角形电路的电阻也相等，有 $R_{\triangle} = R_{12} = R_{23} = R_{31} = 3R_{\mathrm{Y}}$；反之，$R_{\mathrm{Y}} = \dfrac{1}{3}R_{\triangle}$。

（2）电源的等效变换：

电流源与电阻的并联⇔电压源与电阻的串联

电流源与电阻的并联如图 1.2–3（a）所示可以等效变换成电压源与电阻的串联如图 1.2–3（b）所示，注意掌握三个关键点：① 两图中 R 值不变；② i_{s} 的参考方向是由 u_{s} 的负极指向

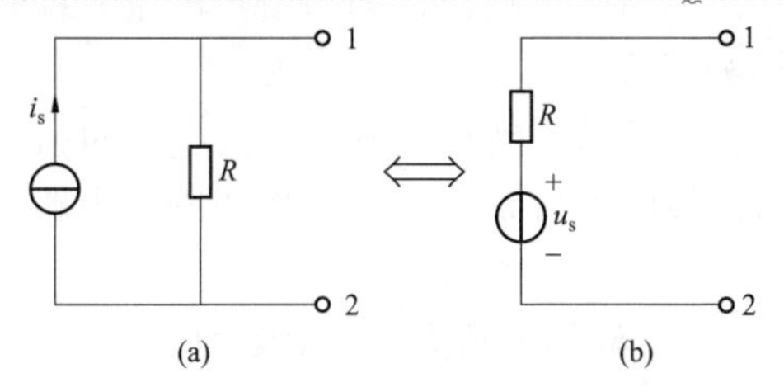

图 1.2–3　电源的等效

（a）电流源与电阻的并联；（b）电压源与电阻的串联

正极；③ 电压源的电压值是 $u_s=Ri_s$。

从外部性能等效的角度来看，任何一条支路（如图 1.2–4 中所示的电阻 R 或者电流源 I_s）与电压源 u_s 并联后，总可以用一个等效电压源替代，等效电压源的电压为 u_s；任何一条支路（如图 1.2–5 中所示的电阻 R 或者电压源 u_s）与电流源 i_s 串联后，总可以用一个等效电流源替代，等效电流源的电流为 i_s。

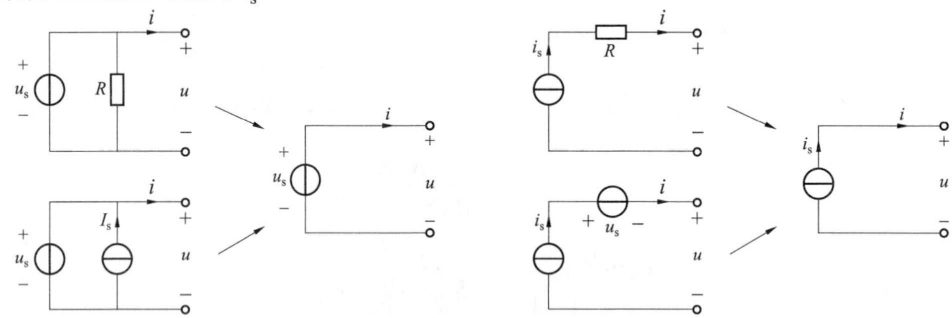

图 1.2–4　电压源与电阻的并联、与电流源的并联　　图 1.2–5　电流源与电阻的串联、与电压源的串联

2. 熟练掌握节点电压方程的列写方法，并会求解电路方程

“节点电压法”：任意选择电路中某一节点为参考节点，其他节点与此参考节点之间的电压称为节点电压，节点电压的参考极性均以参考节点处为负。节点电压法以节点电压为电路的独立变量，对于有 n 个节点的电路，共可列写 $n-1$ 个方程，以有 4 个节点的电路为例，列写出的节点电压方程如下所示

$$\begin{cases} G_{11}u_{n1}+G_{12}u_{n2}+G_{13}u_{n3}=i_{s11} \\ G_{21}u_{n1}+G_{22}u_{n2}+G_{23}u_{n3}=i_{s22} \\ G_{31}u_{n1}+G_{32}u_{n2}+G_{33}u_{n3}=i_{s33} \end{cases}$$

上式中，对角线元素 G_{11}、G_{22}、G_{33} 称为自导，它是连到相应节点的全部电导之和，恒为正值；非对角线元素称为互导，如 G_{12} 是连接节点 1 和节点 2 之间的电导，恒为负值；i_{s11}、i_{s22}、i_{s33} 分别表示电流源（和/或电压源）注入节点 1、2、3 的电流之和。

节点电压法的运用需要注意以下几点：

（1）对于只含独立电源的线性电阻电路列出的节点电压方程行列式是对称的。

（2）若电路中含有受控电流源，则暂时将受控电流源当作独立电流源处理，并把控制量用节点电压表示。

（3）若电路中有某些电压源支路，且这些电压源没有电阻与之串联，则引入电压源的电流作为变量，同时增加一个节点电压与电压源电压之间的约束关系。

（4）遇到电流源与电阻 R 的串联支路，在列写节点电压方程时，R 短路处理。

3. 了解回路电流方程的列写方法

“网孔电流法”：网孔电流法是以“网孔电流”作为电路的独立变量，它仅适用于平面电路。对于有 m 个网孔的电路，共可列写 m 个方程，以 3 网孔电路为例，列写出的网孔电流方程如下所示

$$\begin{cases} R_{11}i_{m1}+R_{12}i_{m2}+R_{13}i_{m3}=u_{s11} \\ R_{21}i_{m1}+R_{22}i_{m2}+R_{23}i_{m3}=u_{s22} \\ R_{31}i_{m1}+R_{32}i_{m2}+R_{33}i_{m3}=u_{s33} \end{cases}$$

上式中，对角线元素 R_{11}、R_{22}、R_{33} 称为自阻,即为对应网孔中所有电阻之和，当绕行的方向与网孔电流方向一致时，自阻恒为正值；非对角线元素称为互阻，以 R_{12} 为例，当通过网孔 1 和网孔 2 的公共电阻的两个网孔电流参考方向相同时，互阻取正值，反之取负值，简记为网孔电流方向“同正异负”；u_{s11} 网孔电流穿出电压源为正参考方向，则右边 u_s 电源电压取正，反之取负，简记为“看穿出”。

“网孔电流法”的运用需要注意以下几点：

（1）若电路中有电流源与电阻的并联组合，则等效变换成电压源与电阻的串联组合。

（2）对于受控电压源，暂时将受控电压源视为独立电压源，再把受控电压源的控制量用网孔电流表示。

（3）当电路中具有电流源且无电阻直接与之并联时，可以引入电流源的电压作为变量，同时增加一个电流源电流与网孔电流之间的约束关系。

4. *熟练掌握叠加定理、戴维南定理和诺顿定理*

此部分历年考题所占比重较大，考点主要集中在以下几个方面：

考点一：戴维南定理

戴维南定理指出：一个含独立电源、线性电阻和受控源的一端口，对外电路来说，可以用一个电压源和电阻的串联组合来等效置换，此电压源的电压等于一端口的开路电压，而电阻等于一端口的全部独立电源置零后的输入电阻。

戴维南等效电阻的求法总结如下：

（1）串并联化简法：适用于不含受控源的线性网络。

（2）开路–短路法：求出端口上的开路电压 u_{oc} 和短路电流 i_{sc}，则 $R_{eq}=\dfrac{u_{oc}}{i_{sc}}$。

（3）伏–安关系法：运用替代定理，可在待等效的含源线性网络端口用电压源（图 1.2–6）或电流源（图 1.2–7）替代，求得 $u-i$ 关系式，如 $u=ai+b$，而在图 1.2–8 中，$u=-R_{eq}i+u_{oc}$，故 $u_{oc}=b$，$R_{eq}=-a$。

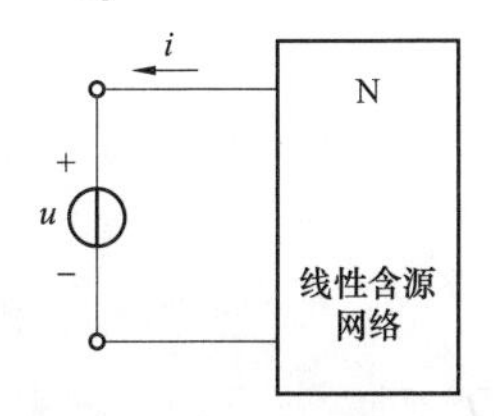

图 1.2–6　端口用电压源替代

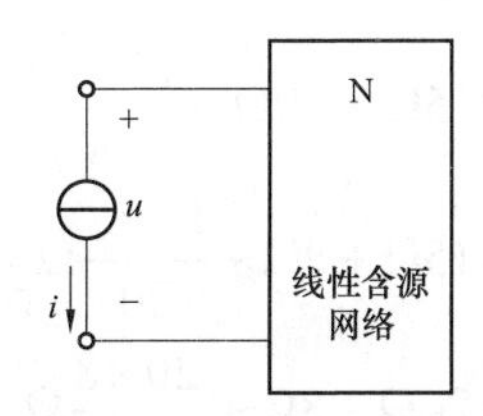

图 1.2–7　端口用电流源替代

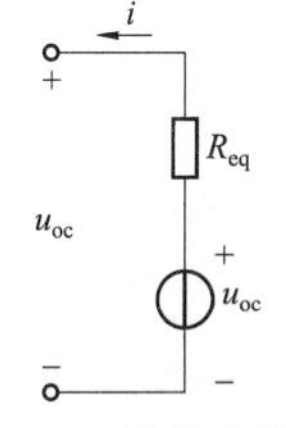

图 1.2–8　戴维南等效电路

（4）外加电源法：适用于一端口网络内部含有受控源的情况，在端口上施加电压 u，然后求出在该电压作用下的电流 i，则 $R_{eq}=\dfrac{u}{i}$。

考点二：求最大功率值

某一端口网络依据戴维南定理简化成如图 1.2–9 所示，推导可得到结论：

当 $R=R_{eq}$ 时，外接电阻能够获得最大功率，其值为 $p_{R\max}=\dfrac{u_{oc}^2}{4R_{eq}}$。

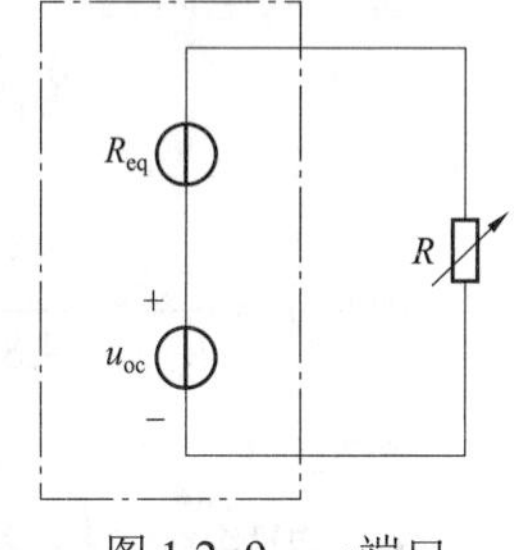

图 1.2–9　一端口网络的最大功率

考点三：叠加定理

叠加定理：在线性电阻电路中，任一支路电流或支路电压都是电路中各个独立电源单独作用时在该支路产生的电流或电压的叠加，线性电路的这一性质称为叠加定理。

叠加定理应用时需要注意以下几点：

（1）叠加定理适用于线性电路，不适用于非线性电路。

（2）叠加时，电路的连接以及电路所有电阻和受控源都不予变动。电压源不作用可用短路替代，电流源不作用可用开路替代。

（3）叠加时要注意电压、电流的参考方向。

（4）由于功率不是电流或电压的一次函数，所以不能用叠加定理来计算功率。

1.2.3 【供配电专业基础】历年真题详解

【1. 掌握常用的电路等效变换方法】

1.（供 2011，发 2016）如图 1.2–10 所示的电路中，已知 U_s=15V，R_1=15Ω，R_2=30Ω，R_3=20Ω，R_4=8Ω，R_5=12Ω，则电流 I 为（　　）A。

A. 2　　　　B. 1.5　　　　C. 1　　　　D. 0.5

分析：将 R_1、R_3、R_4 构成的星形联结等效变换成三角形联结 R_6、R_7、R_8，如图 1.2–11 所示，利用 Y ⇒△ 公式计算如下

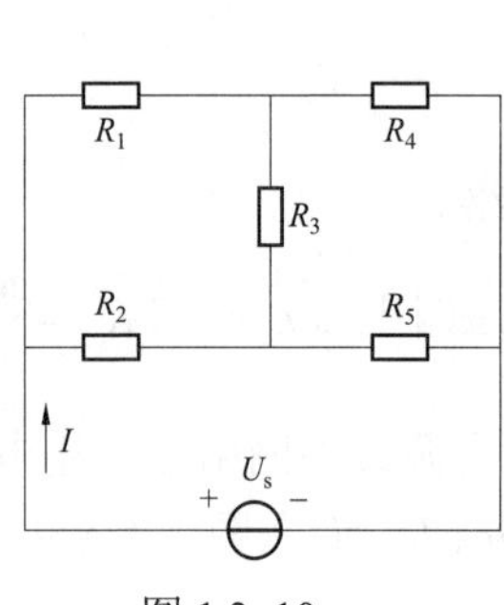

图 1.2–10

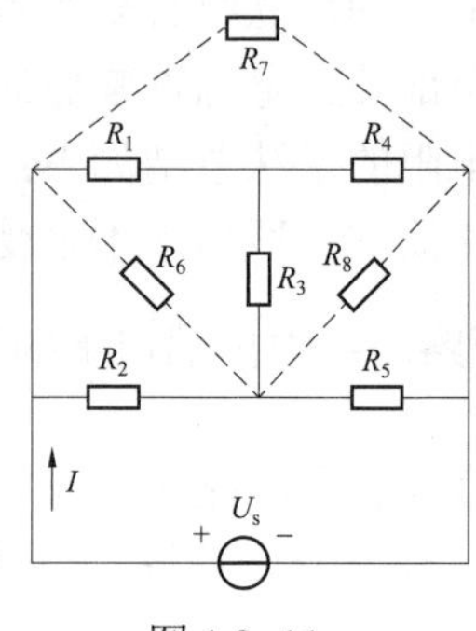

图 1.2–11

$$\begin{cases} R_6 = 15\Omega + 20\Omega + \dfrac{15\times 20}{8}\Omega = 72.5\Omega \\ R_7 = 15\Omega + 8\Omega + \dfrac{15\times 8}{20}\Omega = 29\Omega \\ R_8 = 20\Omega + 8\Omega + \dfrac{20\times 8}{15}\Omega = 38.67\Omega \end{cases}$$

总等效电阻为

$$\begin{aligned} R_{eq} &= (30//R_6 + 12//R_8)//R_7 = (30//72.5 + 12//38.67)\Omega//29\Omega \\ &= (21.22 + 9.158)\Omega//29\Omega = 14.836\,5\Omega \end{aligned}$$

所以 $I = \dfrac{U_s}{R_{eq}} = \dfrac{15}{14.836\,5}\text{A} = 1.011\text{A}$

答案：C

2.（2014）图 1.2–12 所示电路端口电压 U_{ab} 为（　　）。

A. 3V　　　　B. –3V　　　　C. 9V　　　　D. –9V

分析：利用电源的等效变换将 6Ω电阻与 1 A 电流源的并联支路等效变换成 6Ω电阻与 6 V 电压源的串联支路，如图 1.2–13 所示。显然，$U_{ab}=9V$。

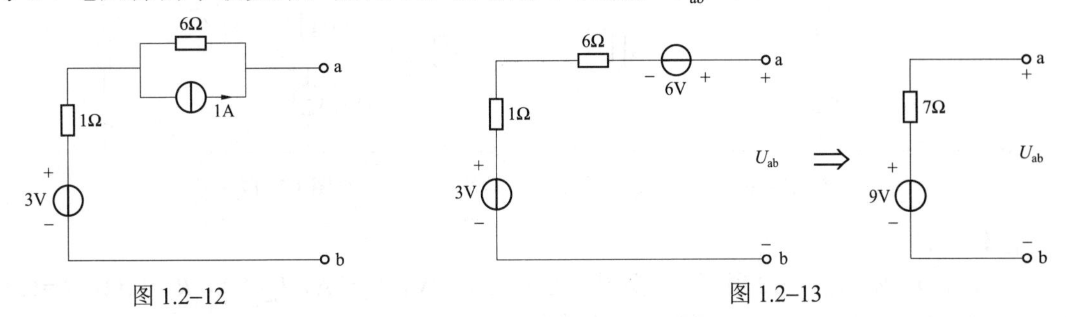

图 1.2–12　　图 1.2–13

答案：C

3.（2018）图 1.2–14 所示电路中，$R_1=R_2=R_3=R_4=R_5=3\Omega$，其 ab 端的等效电阻是（　　）。

A. 3Ω　　B. 4Ω　　C. 9Ω　　D. 6Ω

分析：R_1、R_2 并联，R_4 短接，故有 $R_{eq}=1.5\Omega//3\Omega+3\Omega=4\Omega$。

答案：B

【2. 熟练掌握节点电压方程的列写方法，并会求解电路方程】

4.（2006） 列写节点方程，如图 1.2–15 所示的部分电路中 BC 间的互导应为（　　）S。

A. 2　　B. –14　　C. 3　　D. –3

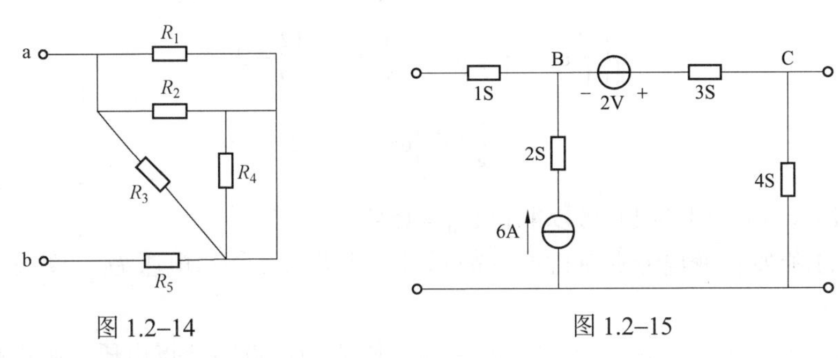

图 1.2–14　　图 1.2–15

分析：互导一定为负值，故可排除 A、C 选项。又根据互导的定义，显然连接节点 B 和节点 C 的电导为 3S，故互导为–3S。

答案：D

5.（2008） 列写节点方程时，如图 1.2–16 所示部分电路中 B 点的自导为（　　）S。

A. 9　　B. 10　　C. 13　　D. 8

分析：与 2007 年考题相似，仅仅参数变化而已，节点 B 的自导为 3S+5S＝8S。

注意：与 4A 电流源串联的 1S 电导须短路处理，不计算在自导内，因为节点电压方程的右边注入节点的电流部分已经用 4A 电流源表达了。

答案：D

6.（2008） 列写节点方程时，如图 1.2–17 所示部分电路中 B 点的注入电流为（　　）A。

A. 21　　B. –21　　C. 3　　D. –3

分析：将 5V 电压源与 5S 串联的支路等效变换成 25A 电流源与 5S 并联的支路，且电流源方向是从节点 B 流出的。故 B 点的注入电流为 4A–5×5A=–21A。

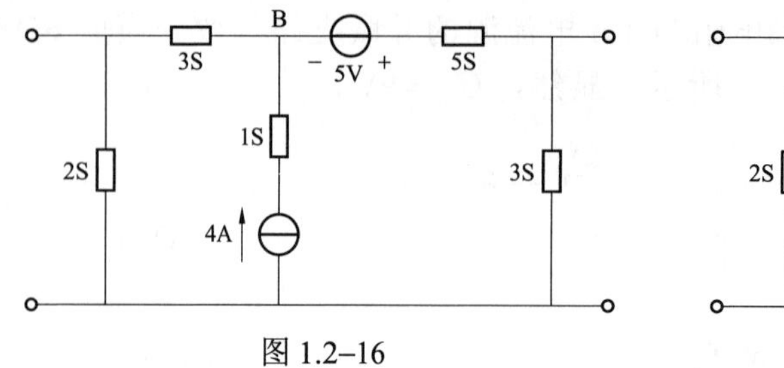

图 1.2–16

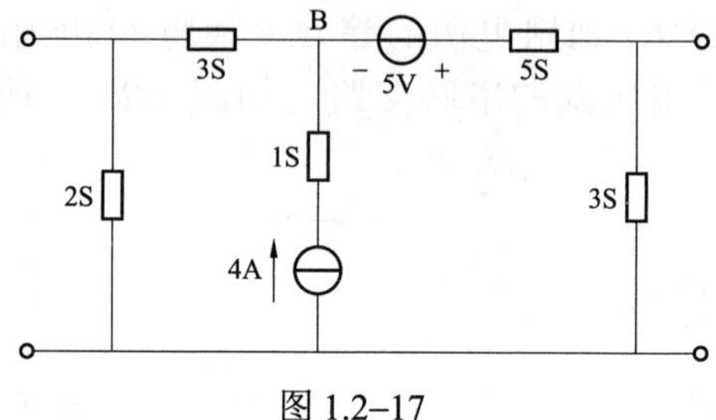

图 1.2–17

答案：B

7.（2011） 如图 1.2–18 所示的电路中，已知 U_s=12V，I_{s1}=2A，I_{s2}=8A，R_1=12Ω，R_2=6Ω，R_3=8Ω，R_4=4Ω。取节点③为参考节点，节点①的电压 U_{n1} 为（　　）V。

A. 15　　　B. 21　　　C. 27　　　D. 33

分析：显然用节点电压法求解，列写节点电压方程如下

$$\begin{cases}\left(\dfrac{1}{R_1}+\dfrac{1}{R_2}+\dfrac{1}{R_3}\right)U_{n1}-\dfrac{1}{R_3}U_{n2}=\dfrac{U_s}{R_1}+I_{s1}\\ -\dfrac{1}{R_3}U_{n1}+\left(\dfrac{1}{R_3}+\dfrac{1}{R_4}\right)U_{n2}=I_{s2}-I_{s1}\end{cases}$$

代入数值，有

$$\begin{cases}\left(\dfrac{1}{12}+\dfrac{1}{6}+\dfrac{1}{8}\right)U_{n1}-\dfrac{1}{8}U_{n2}=\dfrac{12}{12}+2 & (1.2\text{–}1)\\ -\dfrac{1}{8}U_{n1}+\left(\dfrac{1}{8}+\dfrac{1}{4}\right)U_{n2}=8-2 & (1.2\text{–}2)\end{cases}$$

式（1.2–1）×3+式（1.2–2）可以解得 $U_{n1}=15\text{V}$。

说明：2011 年发输变电专业基础同样的题目，要求节点②的电压 U_{n2}，答案为 U_{n2}=21V。

答案：A

8.（2013） 若如图 1.2–19 所示的电路中的电压值为该点的节点电压，则电路中的电流 I 应为（　　）A。

A. –2　　　B. 2　　　C. 0.875 0　　　D. 0.437 5

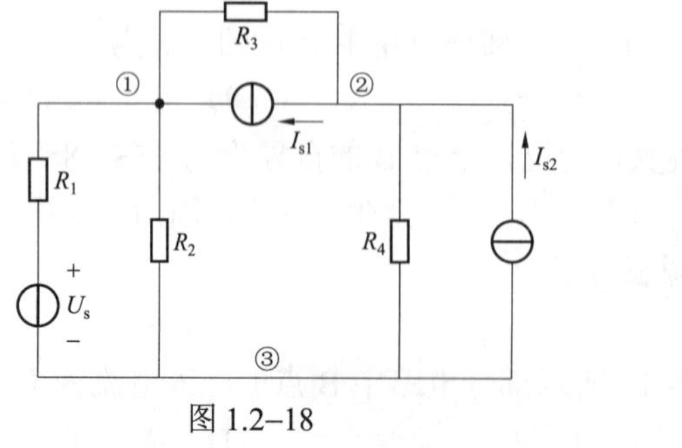

图 1.2–18

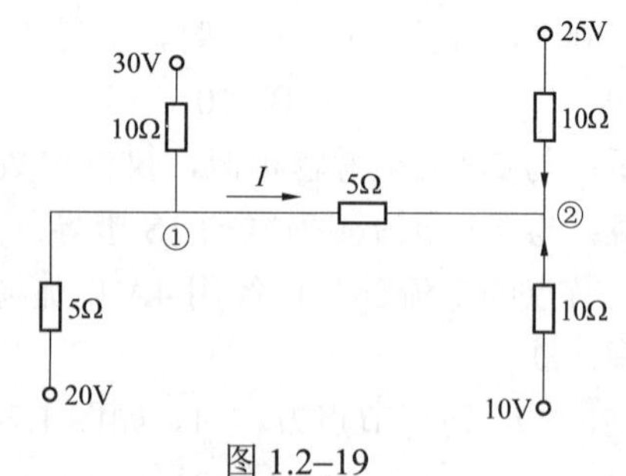

图 1.2–19

分析：既然告知了节点电压，显然用“节点电压法”求解最好。

本题求解：方法 1，利用“节点电压法”求解。

把已知的 4 个节点电压视为独立电压源的电流注入，列写节点电压方程如下

$$\begin{cases}\left(\frac{1}{10}+\frac{1}{5}+\frac{1}{5}\right)U_{n1}-\frac{1}{5}U_{n2}=\frac{20}{5}+\frac{30}{10} \\ -\frac{1}{5}U_{n1}+\left(\frac{1}{5}+\frac{1}{10}+\frac{1}{10}\right)U_{n2}=\frac{25}{10}+\frac{10}{10}\end{cases} \Rightarrow \begin{cases}U_{n1}=21.875\text{V} \\ U_{n2}=19.687\ 5\text{V}\end{cases}$$

所以$I=\frac{U_{n1}-U_{n2}}{5}=\frac{21.875-19.687\ 5}{5}\text{A}=0.437\ 5\text{A}$。

方法 2，设节点①、②的电压分别为U_1、U_2。

对节点①，运用 KCL $\frac{30-U_1}{10}+\frac{20-U_1}{5}=I$

对节点②，运用 KCL $\frac{U_2-25}{10}+\frac{U_2-10}{10}=I$

又 $\frac{U_1-U_2}{5}=I$

以上三式联立求解，可得$U_1=21.875\text{V}$，$U_2=19.687\ 5\text{V}$，$I=0.437\ 5\text{A}$。

答案：D

9.（2021） 节点电压为电路中各独立节点对参考点的电压，对只有 b 条支路 n 个节点的连通电路，列写独立节点电压方程的个数是（　　）。

A. $b-(n-1)$　　B. $n-1$　　C. $b-n$　　D. $n+1$

答案：B

10.（2021） 电路如图 1.2–20 所示，则节点 1 正确的节点电压方程为（　　）。

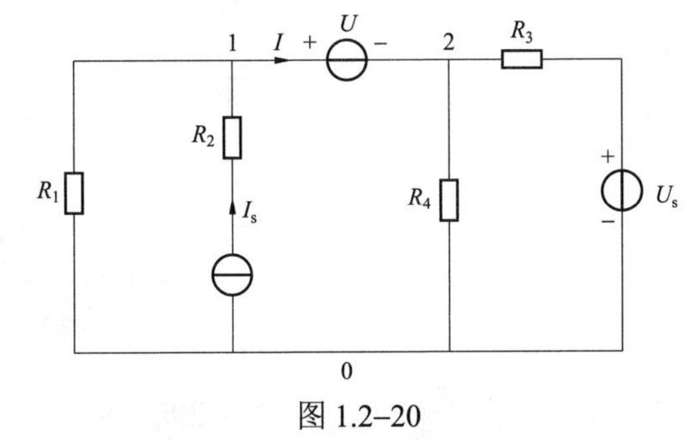

图 1.2–20

A. $\left(\frac{1}{R_1}+\frac{1}{R_2}\right)U_1=I_s-I$　　B. $\frac{1}{R_1}U_1=I_s-I$

C. $\frac{1}{R_1}U_1=I_s+I$　　D. $\left(\frac{1}{R_1}+\frac{1}{R_2}\right)U_1=I_s$

分析：电阻R_2与电流源I_s串联，在列写节点电压方程时，R_2做短路处理，故含有R_2的 A、D 选项首先排除。

答案：B

【3. 了解回路电流方程的列写方法】

11.（2012） 求如图 1.2–21 所示的电路中的 u 为（　　）V。

A. 100　　　　B. 75　　　　C. 50　　　　D. 25

分析：利用“网孔法”求解，如图 1.2–22 所示。

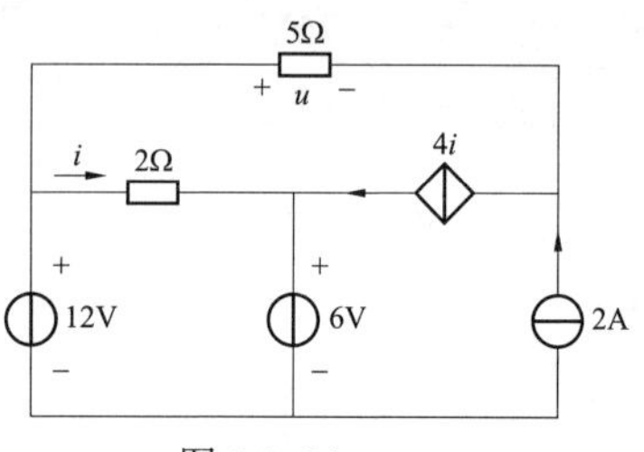

图 1.2–21

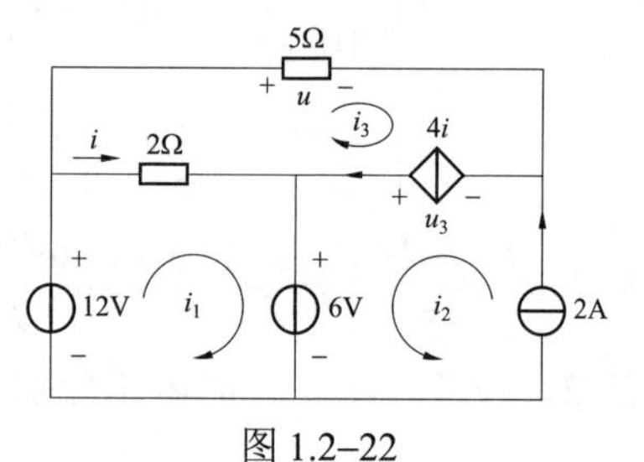

图 1.2–22

$$\begin{cases}2i_1-2i_3=12-6\\ i_2=2\text{A}\\ -2i_1+(2+5)i_3=u_3\\ i_3+i_2=4i\\ i=i_1-i_3\end{cases}\Rightarrow\begin{cases}i_1-i_3=3 & (1.2\text{–}3)\\ i_2=2\text{A}\\ -2i_1+7i_3=u_3\\ 4i_1-5i_3=2 & (1.2\text{–}4)\end{cases}$$

式（1.2–3）×4–式（1.2–4），$\Rightarrow i_3=10\text{A}\Rightarrow u=5i_3=(5\times10)\text{V}=50\text{V}$。

答案：C

12.（2013） 若如图 1.2–23 所示的电路中 i_s=1.2A 和 g=0.1S，则电路中的电压 u 应为（　　）V。

A. 3　　　　B. 6　　　　C. 9　　　　D. 12

分析：采用网孔电流法求解，标示出三个网孔电流方向如图 1.2–24 所示，受控源支路引入其两端电压的变量 u_1。

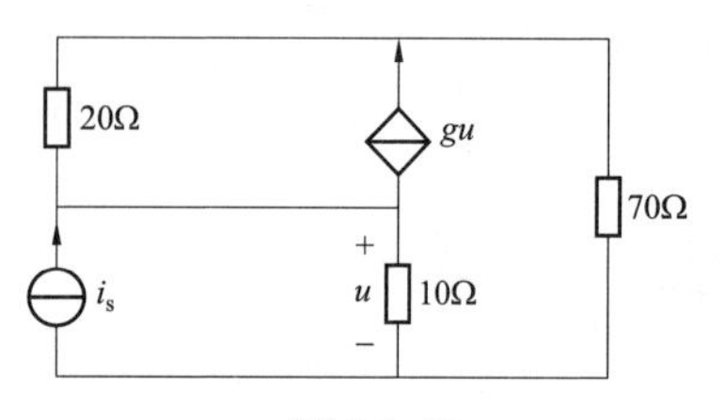

图 1.2–23

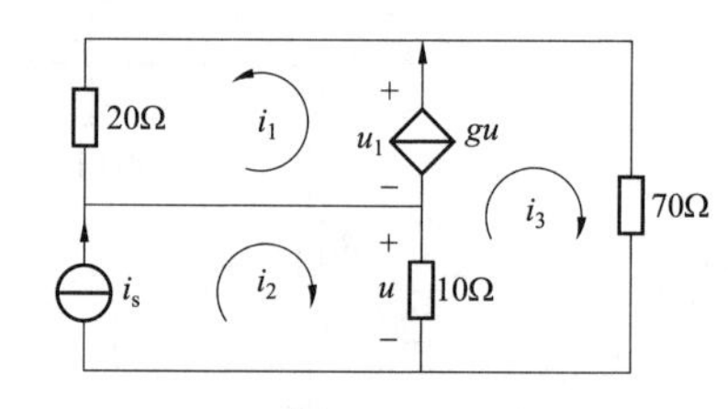

图 1.2–24

$$\begin{cases}20i_1=u_1\\ i_2=i_s=1.2\text{A}\\ -10i_2+(10+70)i_3=u_1\\ i_1+i_3=gu=0.1u\\ u=10(i_2-i_3)\end{cases}\Rightarrow\begin{cases}20i_1=u_1 & (1.2\text{–}5)\\ i_2=1.2 & (1.2\text{–}6)\\ 80i_3-12=u_1 & (1.2\text{–}7)\\ i_1+i_3=0.1u & (1.2\text{–}8)\\ 1.2-i_3=0.1u & (1.2\text{–}9)\end{cases}$$

将式（1.2–5）代入式（1.2–7），可得

$$80i_3-12=20i_1\Rightarrow20i_3-3=5i_1 \quad (1.2\text{–}10)$$

式（1.2–8）减去式（1.2–9），可得

$$i_1-1.2+2i_3=0\Rightarrow i_1=1.2-2i_3 \quad (1.2\text{–}11)$$

将式（1.2–11）代入式（1.2–10），可得 $20i_3-3=5\times(1.2-2i_3)\Rightarrow i_3=0.3\text{A}$，故 $u=10(i_2-i_3)=$

$[10\times(1.2-0.3)]\text{V}=9\text{V}$。

答案：C

13.（2017） 如图 1.2–25 所示，用 KVL 至少列几个等式，可以解出 I 值？（　　）

A. 1　　　　B. 2　　　　C. 3　　　　D. 4

分析：此题若用节点电压法，则只需要用 KCL 和 VCR，所用 KVL 方程数为 0。

用回路电流法来求解，首先确定一个树，树的选择包含如下几个条件：①包含电路的所有节点；②连通图；③无任何闭合回路。注意为方便计算，将电流源支路选为连支，对应所选的树如图 1.2–26 所示，列写出回路电流方程如下

$$\begin{cases} i_1=10\text{A} \\ i_2=5\text{A} \\ i_3=15\text{A} \\ 2i_1-4i_2-(3+4)i_3+(1+2+4+3)i_4=0 \\ I=i_4-i_3 \end{cases}$$

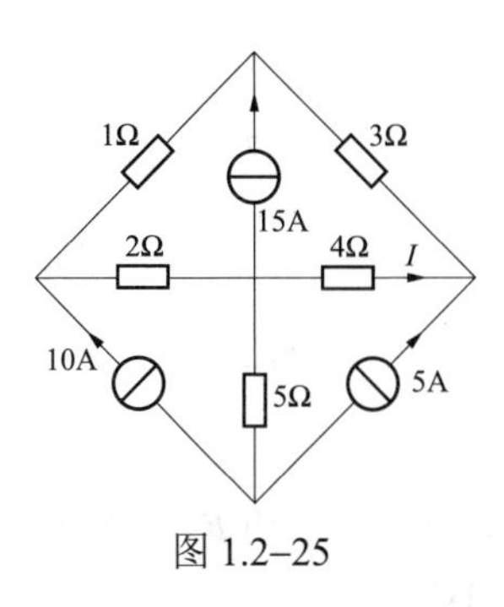

图 1.2–25

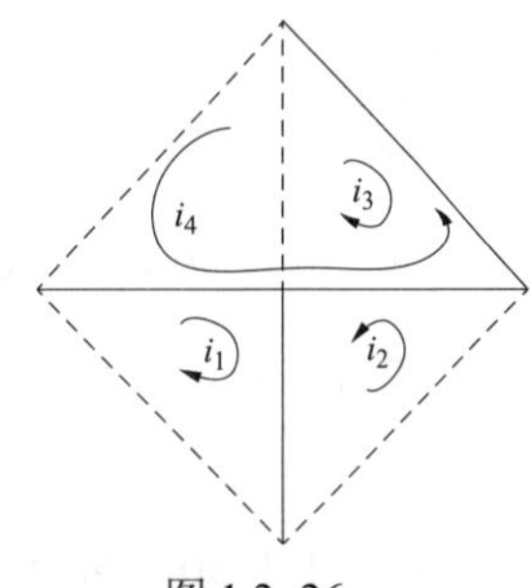

图 1.2–26

回路法所列独立 KVL 方程数为 $b-n+1=8-5+1=4$ 个（b 为支路数，n 为节点数），本题有 3 个独立电流源支路，所以需要的 KVL 方程数为 1 个。

答案：A

14.（2019） 图 1.2–27 所示电路中，其网孔电流方程为 $\begin{cases} 4I_1-3I_2=4 \\ -3I_1+9I_2=2 \end{cases}$，则 R 和 U_S 分别是（　　）。

A. 4Ω和 2V　　　　B. 4Ω和 6V　　　　C. 7Ω和–2V　　　　D. 7Ω和 2V

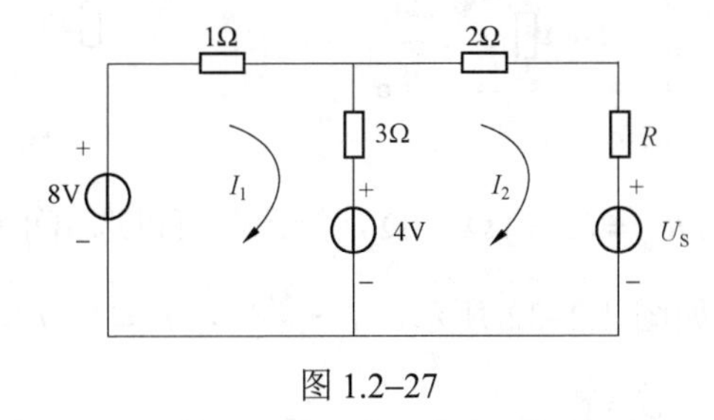

图 1.2–27

分析：参见 1.2.2 节重要知识点复习的第 3 点，列写出网孔电流方程如下

$$\begin{cases}(1+3)I_1-3I_2=8-4\\-3I_1+(3+2+R)I_2=4-U_S\end{cases}\Rightarrow\begin{cases}4I_1-3I_2=4\\-3I_1+(5+R)I_2=4-U_S\end{cases}$$

与题目所给的网孔电流方程相比较，可得

$$\begin{cases}5+R=9\\4-U_S=2\end{cases}\Rightarrow\begin{cases}R=4\Omega\\U_S=2\text{V}\end{cases}$$

答案：A

【4. 熟练掌握叠加定理、戴维南定理和诺顿定理】

15.（2005、2020） 如图 1.2–28 所示电路的戴维南等效电路参数 U_s 和 R_s 为（ ）。

A. 9V，2Ω　　B. 3V，4Ω　　C. 3V，6Ω　　D. 9V，6Ω

分析：将电流源置零，开路处理，电压源置零，短路处理，很容易得到戴维南等效电阻 $R_s=2\Omega+4\Omega=6\Omega$ 再来求开路电压 U_s，如图 1.2–29 所示。由 KCL 知，$I_1=5\text{A}-2\text{A}=3\text{A}$，由 KVL 知，$U_s=4I_1-3=(4\times3)\text{V}-3\text{V}=9\text{V}$。

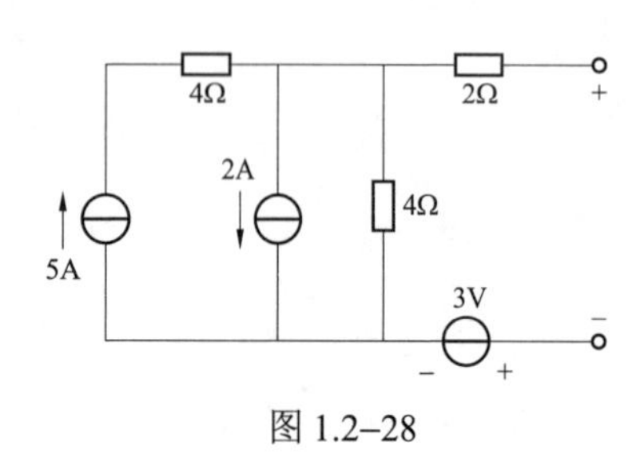

图 1.2–28

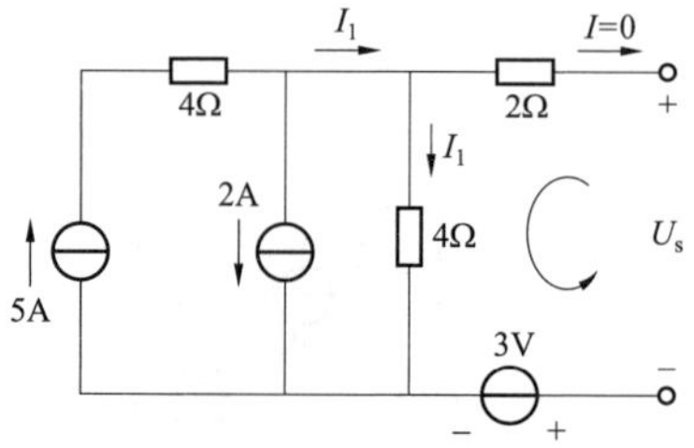

图 1.2–29

答案：D

16.（2006） 如图 1.2–30 所示电路的戴维南等效电路参数 U_{oc} 和 R_s 应为（ ）。

A. 3V，1.2Ω　　B. 3V，1Ω

C. 4V，14Ω　　D. 3.6V，1.2Ω

分析：将电流源置零，开路处理，电压源置零，短路处理，得图 1.2–31。

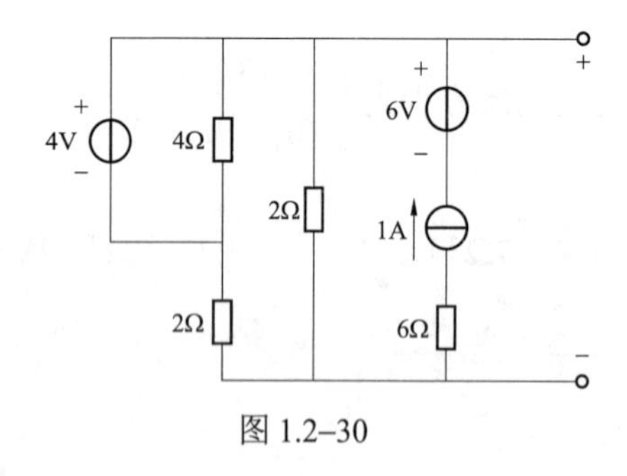

图 1.2–30

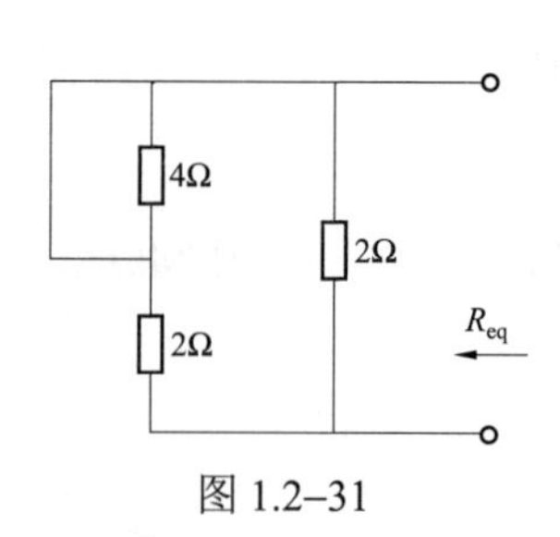

图 1.2–31

从而戴维南等效电阻为 $R_{eq}=(2//2)\,\Omega=1\Omega$，据此就可以选出正确答案为 B。

再来求开路电压 U_{oc}，如图 1.2–32 所示。$I_1=\dfrac{U_{oc}}{2}$，$I_2=1-I_1=1-\dfrac{U_{oc}}{2}$ 依据 KVL，可得

$$4+2I_2-U_{oc}=0\Rightarrow4+2\times\left(1-\frac{U_{oc}}{2}\right)-U_{oc}=0\Rightarrow6-2U_{oc}=0\Rightarrow U_{oc}=3\text{V}。$$

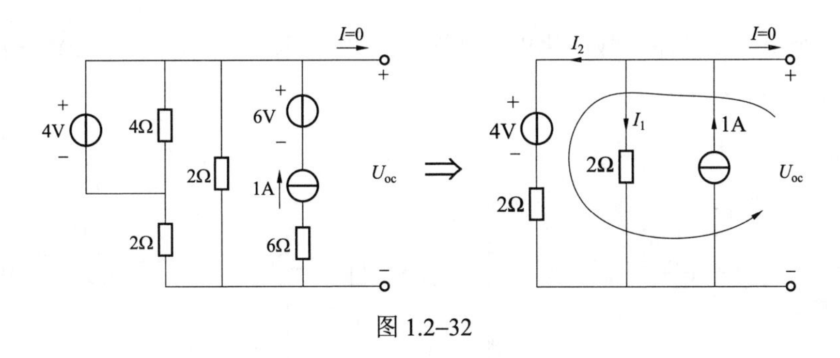

图 1.2–32

答案：B

17.（2007） 如图 1.2–33 所示电路中电压 u 是（　　）V。

A. 48　　　B. 24　　　C. 4.8　　　D. 8

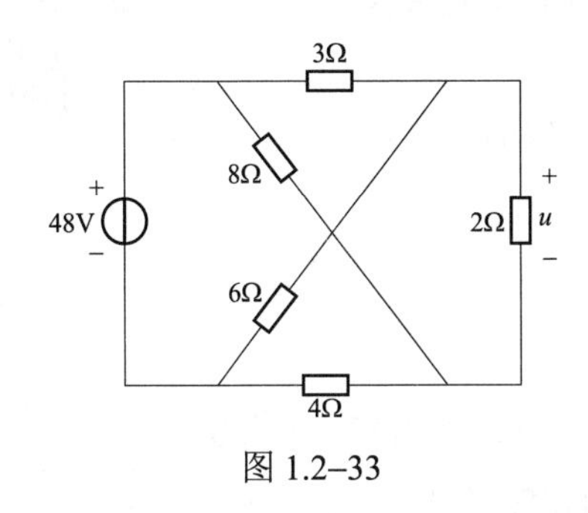

图 1.2–33

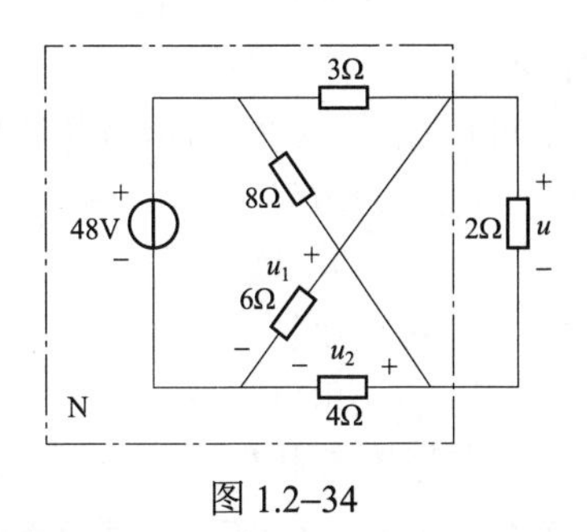

图 1.2–34

分析：如图 1.2–34 所示，对一端口网络 N 进行化简，做出其戴维南等效电路。

先求戴维南等效电阻，$R_{eq} = (6//3)\Omega + (8//4)\Omega = \dfrac{18}{9}\Omega + \dfrac{32}{12}\Omega = \dfrac{14}{3}\Omega$。

再求开路电压 U_{oc}，因为端口开路，所以 3Ω与 6Ω电阻串联共同承担48V 电压，由分压公式，6Ω电阻上的电压 $u_1 = \dfrac{6}{6+3} \times 48\text{V} = 32\text{V}$；同理，4Ω 电阻上的电压 $u_2 = \dfrac{4}{4+8} \times 48\text{V} = 16\text{V}$。故 $U_{oc} = u_1 - u_2 = 32\text{V} - 16\text{V} = 16\text{V}$。做出对应的戴维南等效电路如图 1.2–35 所示，故 $u = 2 \times \dfrac{16}{\dfrac{14}{3}+2}\text{V} = 4.8\text{V}$。

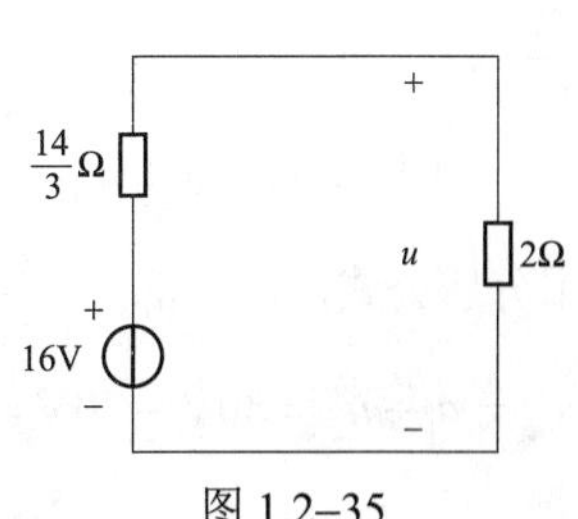

图 1.2–35

答案：C

18.（2007） 如图 1.2–36 所示电路的戴维南等效电路参数 U_s 和 R_s 为（　　）。

A. 8V，2Ω　　　B. 3V，1Ω

C. 4V，14Ω　　　D. 3.6V，1.2Ω

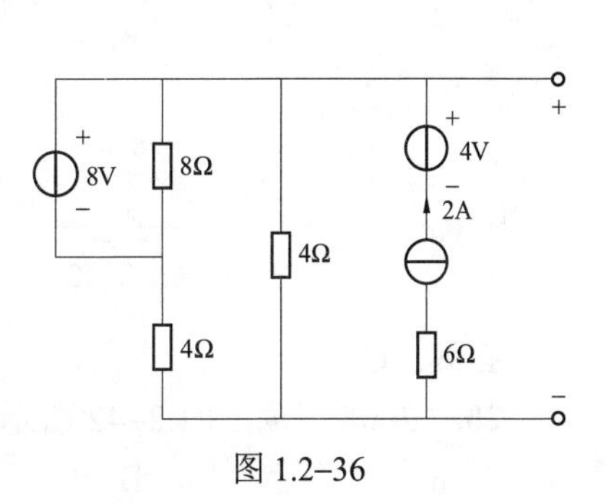

图 1.2–36

分析：（1）先求开路电压 U_s：利用电源的等效变换，对于 8V 电压源与 8Ω 电阻的并联支路，8Ω 电阻可以开路处理；2A 电流源与 4V 电压源、6Ω 电阻的串联支路。

可以简化为一个电流源支路。故简化电路如图 1.2–37 所示，可见$U_s=(4\times2)\text{V}=8\text{V}$，据此已经可以选出答案为选项 A。

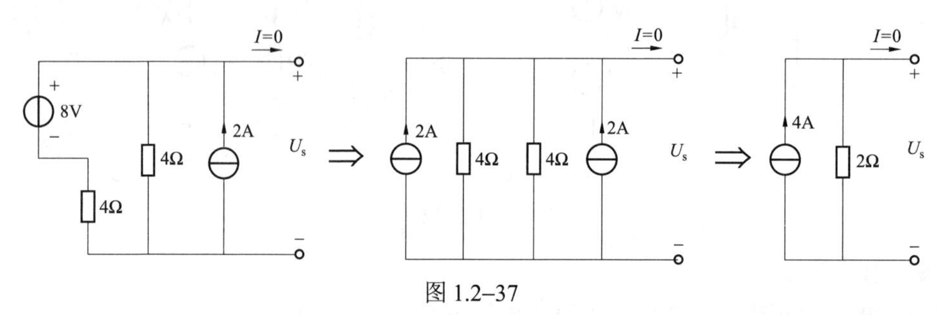

图 1.2–37

（2）再来求戴维南等效电阻R_s：将独立电压源短路、独立电流源开路，得到如图 1.2–38 所示简化电路，显然有$R_s=(4//4)\,\Omega=2\Omega$。

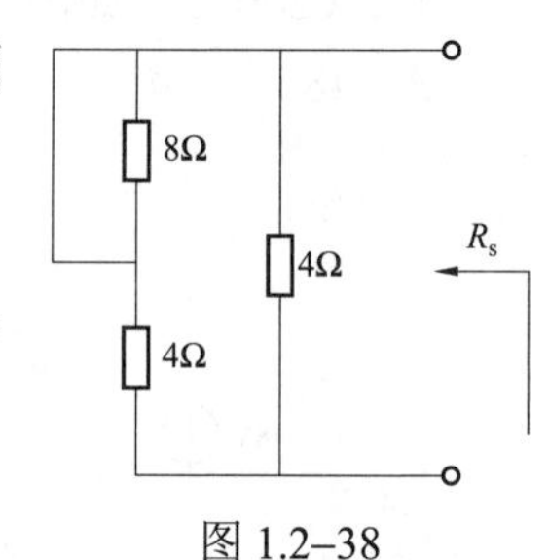

图 1.2–38

答案：A

19.（2008） 如图 1.2–39 所示的电路中 ab 端口的等效电路为（　　）。

A. 10V 与 2.93Ω串联

B. −10V 与 2.93Ω串联

C. 10V 与 2.9Ω串联

D. −10V 与 2.9Ω串联

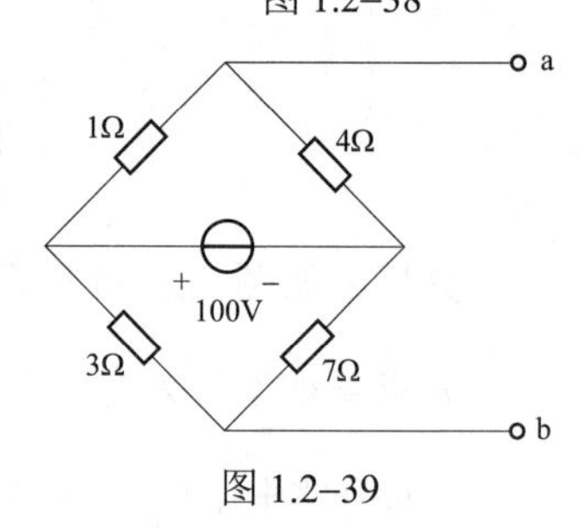

图 1.2–39

分析：先求等效电阻R_{eq}：将 ab 一端口的所有独立电源置零后的等效网络如图 1.2–40 所示，电压源置零，即用短路替代。

如图 1.2–41 所示求戴维南等效电阻。

显然，$R_{eq}=(1//4)\,\Omega+(3//7)\,\Omega=\dfrac{1\times4}{5}\Omega+\dfrac{3\times7}{10}\Omega=\dfrac{4}{5}\Omega+\dfrac{21}{10}\Omega=\dfrac{29}{10}\Omega=2.9\Omega$。

再来求开路电压u_{oc}：因为开路$i=0$，所以1Ω与4Ω电阻相当于串联，共同承受 100V 的电压，用分压公式，可得$u_1=\dfrac{4}{1+4}\times100\text{V}=80\text{V}$。同理，$7\Omega$电阻上的电压$u_2=\dfrac{7}{3+7}\times100\text{V}=70\text{V}$，故$u_{oc}=u_1-u_2=80\text{V}-70\text{V}=10\text{V}$。

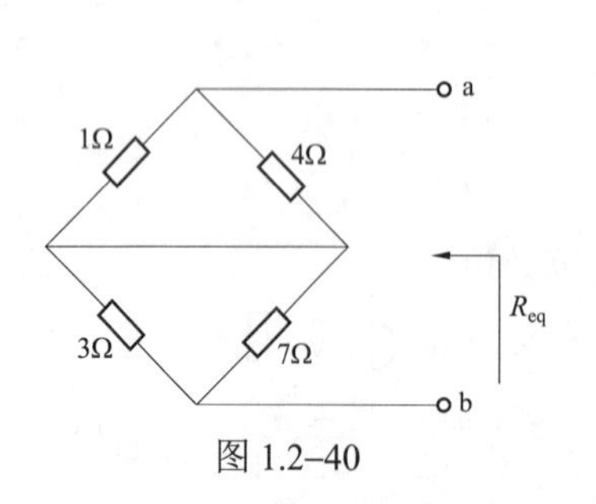

图 1.2–40

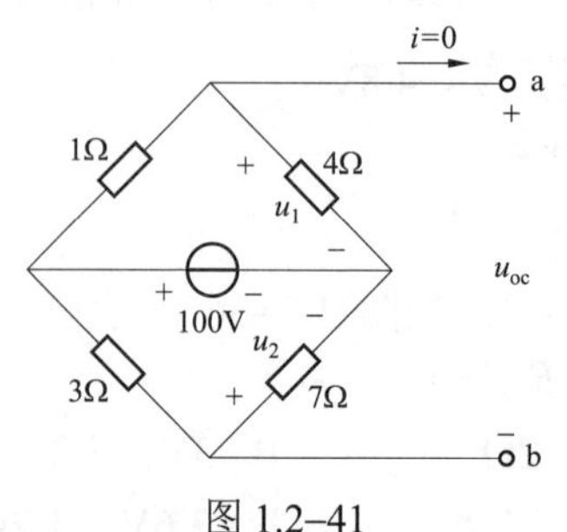

图 1.2–41

答案：C

20.（2008） 如图 1.2–42 所示电路的输入电阻为（　　）Ω。

A. 8　　　　B. 2　　　　C. 4　　　　D. 6

分析：对于一端口网络内部含有受控源的情况，等效电阻的求法一般采用“外加电源法”，如图 1.2–43 所示。

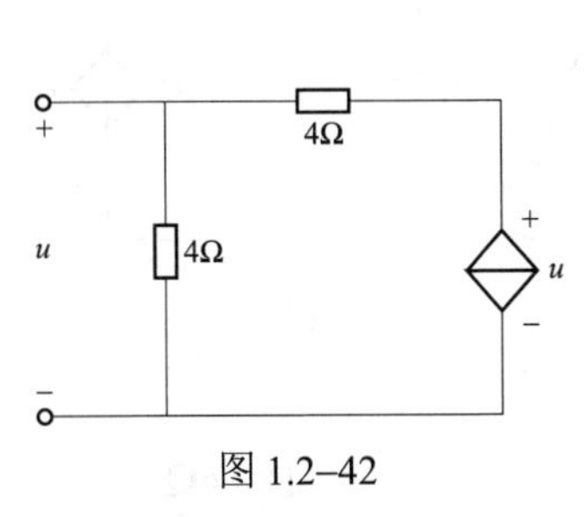

图 1.2–42

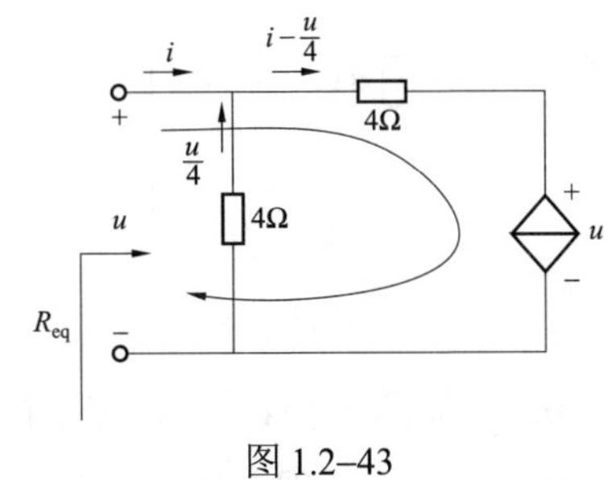

图 1.2–43

依据 KVL，可得 $4\left(i-\dfrac{u}{4}\right)+u-u=0 \Rightarrow 4i-u=0 \Rightarrow R_{eq}=\dfrac{u}{i}=4\Omega$。

答案：C

21.（2008） 如图 1.2–44 所示电路的输入电阻为（　　）Ω。

A. 3　　B. 6　　C. 4　　D. 1.5

分析：思路同前题，仍然采用“外加电源法”，需要找出端口电压 U 和 I_1 的关系，如图 1.2–45 所示。

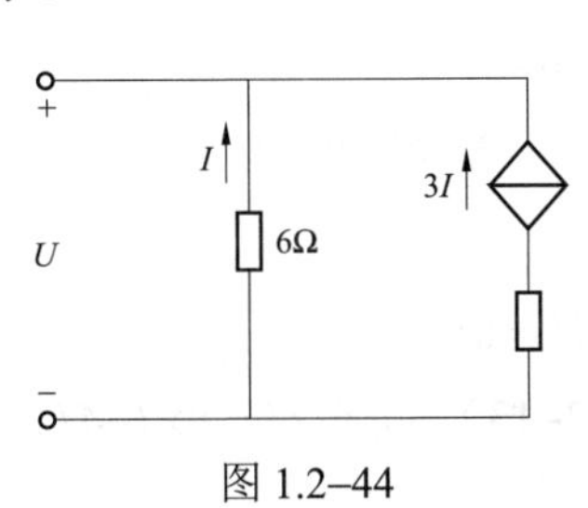

图 1.2–44

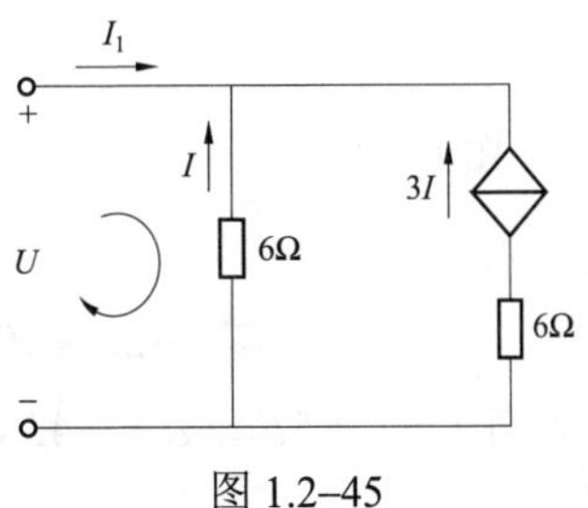

图 1.2–45

由 KCL 可知 $I_1=-(I+3I)=-4I$，由 KVL 可知 $U=-6I$，所以 $R_{eq}=\dfrac{U}{I_1}=\dfrac{U}{-4I}=\dfrac{-6I}{-4I}=\dfrac{3}{2}\Omega=1.5\Omega$。

答案：D

22.（2008） 如图 1.2–46 所示电路中的输入电阻为（　　）。

A. 2Ω　　B. 4Ω　　C. 8Ω　　D. −4Ω

分析：电路中含有受控源，故采用“外加电源法”来求输入电阻。如图 1.2–47 所示，端口外加电源 U_1，产生电流 I_1，只要求出两者的比值即可。

依据 KVL，有

$$4(I_1-I)+4I=U_1 \tag{1.2–12}$$

又 $I=\dfrac{U_1}{4}$，代入式（1.2–12），得 $4(I_1-I)+4I=U_1 \Rightarrow 4\left(I_1-\dfrac{U_1}{4}\right)+4\times\dfrac{U_1}{4}=U_1 \Rightarrow 4I_1-U_1+U_1=U_1 \Rightarrow U_1=4I_1$，故输入电阻 $R_{in}=\dfrac{U_1}{I_1}=4\Omega$。

答案：B

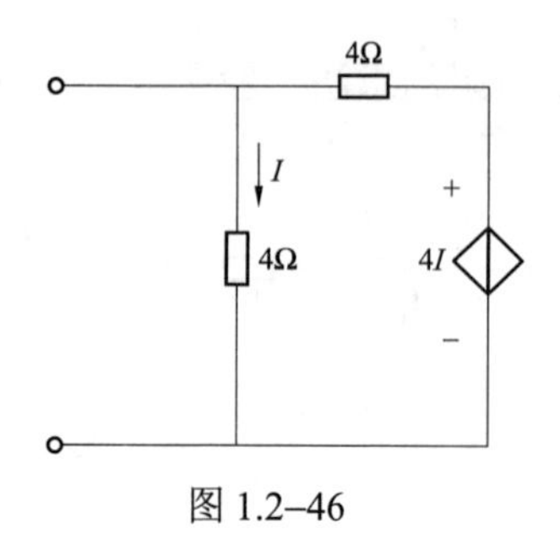

图 1.2–46

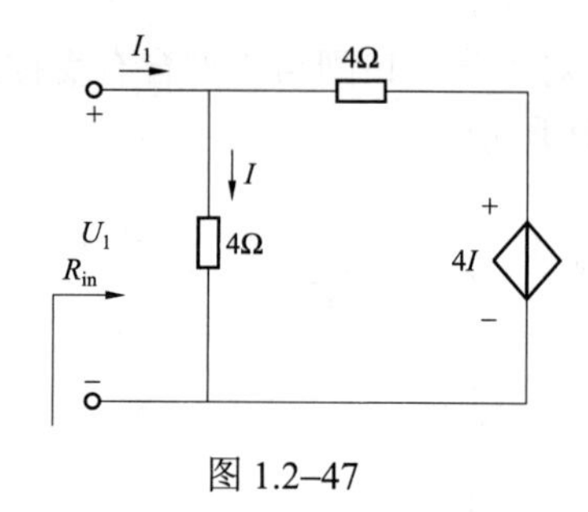

图 1.2–47

23.（2008） 如图 1.2–48 所示电路中的输入电阻为（　　）。

A. −32Ω　　B. 3Ω　　C. 10Ω　　D. 4Ω

分析：电路中含有受控源，故采用"外加电源法"来求输入电阻，如图 1.2–49 所示，端口外加电源U 。

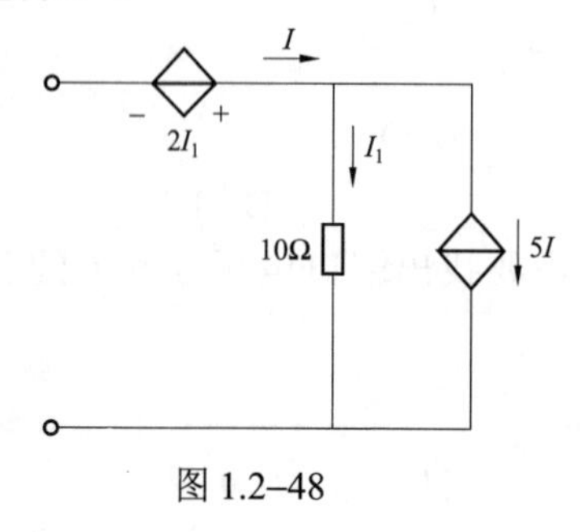

图 1.2–48

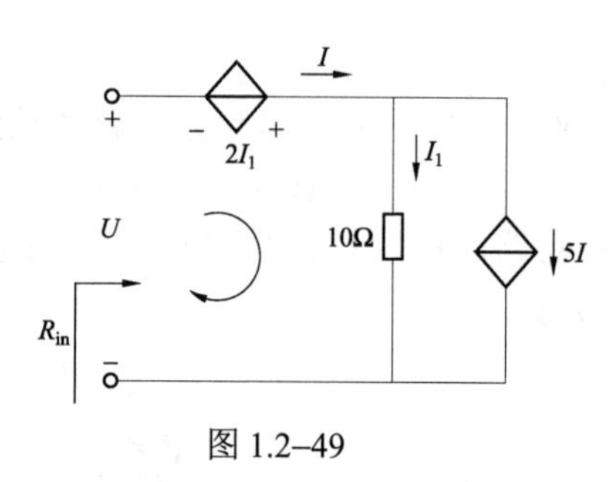

图 1.2–49

依据 KVL，有

$$-2I_1+10I_1-U=0 \Rightarrow U=8I_1 \qquad (1.2\text{–}13)$$

依据 KCL，有 $I=I_1+5I \Rightarrow I_1=-4I$ ，代入式（1.2–13），可得 $U=8\times(-4I)=-32I$ ，故输入电阻 $R_{in}=\dfrac{U}{I}=-32\Omega$ 。

答案：A

24.（2009） 如图 1.2–50 所示电路中，若 $u=0.5$V，$i=1$A，则 R 为（　　）Ω。

A. −1/3　　B. 1/3　　C. 1/2　　D. −1/2

分析：将一端口网络 N1 简化，如图 1.2–51 所示。

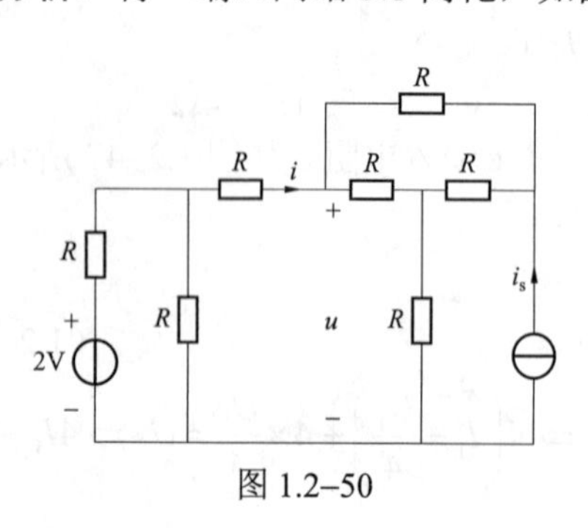

图 1.2–50

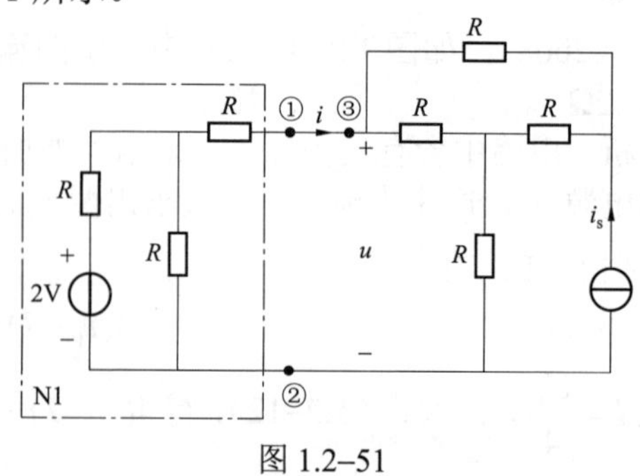

图 1.2–51

戴维南等效电阻为 $R_{eq}=R//R+R=\dfrac{R^2}{2R}+R=\dfrac{3}{2}R$ ，开路电压为 $U_{oc}=\dfrac{2}{R+R}\times R=1$V ，故原

电路图可以等效变换成图 1.2–52 所示。

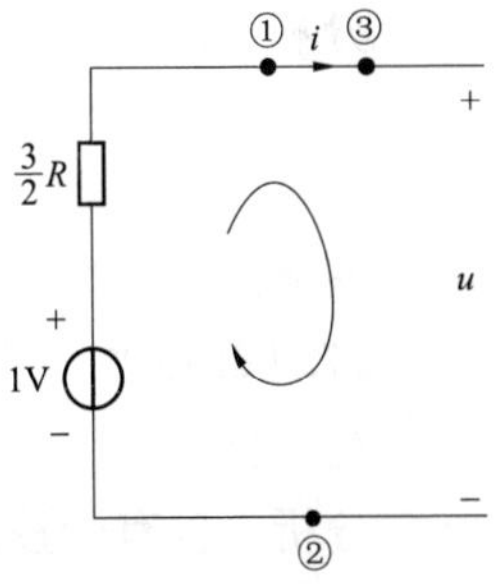

依据 KVL，可得 $\frac{3}{2}Ri+u-1=0 \Rightarrow \frac{3}{2}R\times1+0.5-1=0 \Rightarrow R=\frac{1}{3}\Omega$。

图 1.2–52

答案：B

25.（2010）如图 1.2–53 所示的电路中，若 $u=0.5\text{V}$，$i=1\text{A}$，$R=\frac{1}{3}\Omega$，则 i_s 为（　　）A。

A. –0.25　　B. 0.125　　C. –0.125　　D. 0.25

分析：将一端口网络 N2 简化，如图 1.2–54 所示。

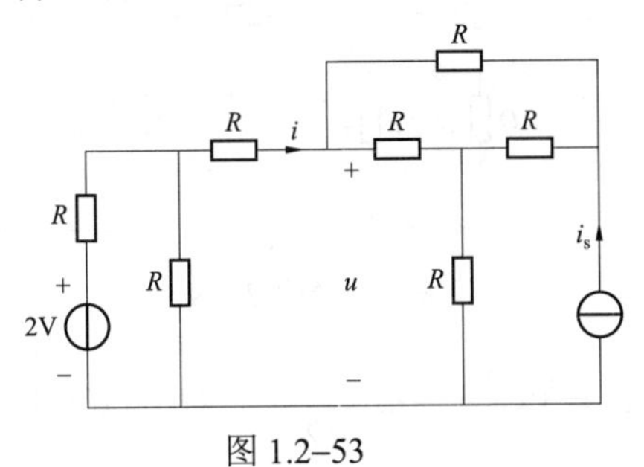

图 1.2–53

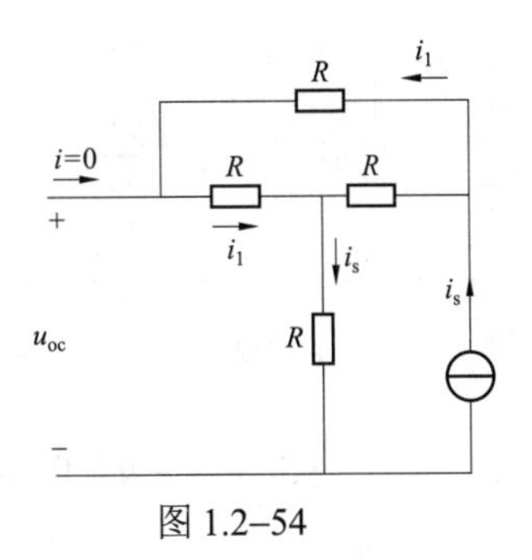

图 1.2–54

戴维南等效电阻为 $R_{eq}=(R+R)//R+R=2R//R+R=\frac{2R^2}{3R}+R=\frac{5}{3}R$。

再求开路电压 u_{oc}，如图 1.2–54 所示，$i_1=\frac{R}{R+2R}\times i_s=\frac{1}{3}i_s$，$u_{oc}=Ri_1+Ri_s=R\times\frac{1}{3}i_s+Ri_s=\frac{4}{3}Ri_s$。

右边一端口网络 N2 的戴维南等效电路如图 1.2–55 所示。

列写 KVL 方程，有

$$\frac{5}{3}Ri+\frac{4}{3}Ri_s=u \tag{1.2–14}$$

将具体数值代入式（1.2–14），得到 $\frac{5}{3}\times\frac{1}{3}\times1+\frac{4}{3}\times\frac{1}{3}\times i_s=0.5 \Rightarrow i_s=-0.125\text{A}$。

答案：C

26.（供 2011，发 2011）如图 1.2–56 所示电路中的电阻 R 阻值可变，R 为（　　）Ω时可获得最大功率。

A. 12　　B. 15　　C. 10　　D. 6

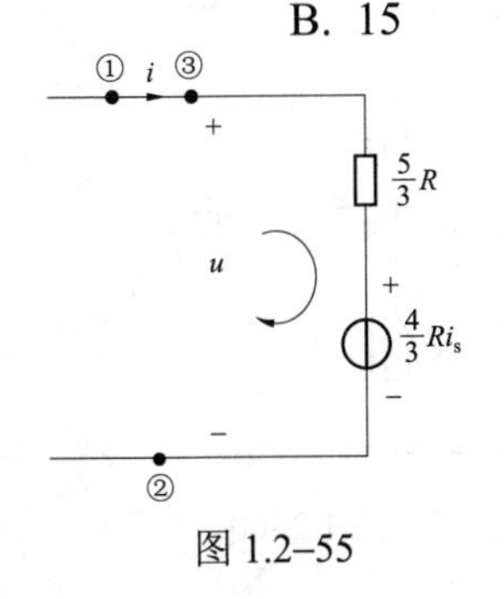

图 1.2–55

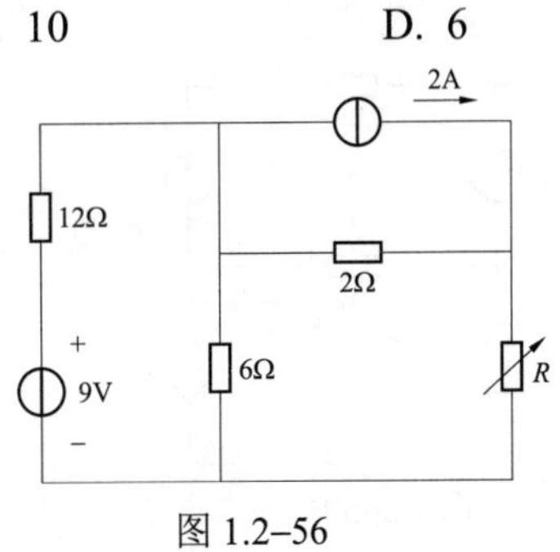

图 1.2–56

分析：由 1.2.2 节大纲考点 4 知识点总结知，当 $R=R_{\text{eq}}$ 时，外接电阻能够获得最大功率。

$$R_{\text{eq}}=2\Omega+(12//6)\Omega=2\Omega+\frac{12\times6}{18}\Omega=6\Omega$$

答案：D

27.（2012） 如图 1.2–57 所示电路的输入电阻 R_{in} 为（　　）Ω。

A. –11　　B. 11　　C. –12　　D. 12

分析：含有受控源的电路采用“外加电源法”求解，如图 1.2–58 所示，就是要想办法找到端口 u、i 的关系。

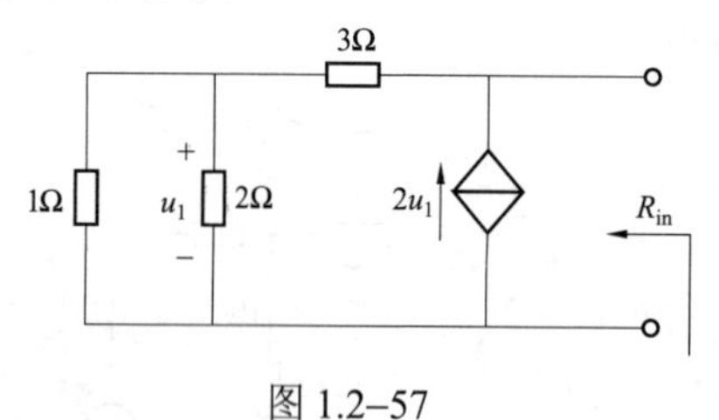

图 1.2–57

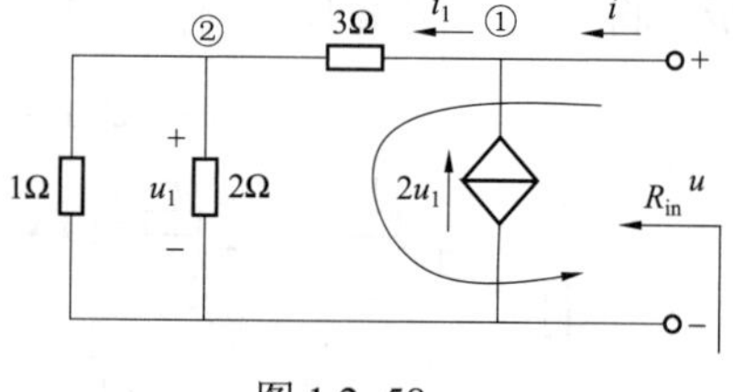

图 1.2–58

依据 KVL，可得 $3i_1+u_1-u=0\Rightarrow u=3i_1+u_1=3\times\frac{3}{2}u_1+u_1=\frac{11}{2}u_1$。对节点②由 KCL，可得 $\frac{u_1}{1}+\frac{u_1}{2}=i_1\Rightarrow i_1=\frac{3}{2}u_1$；对节点①由 KCL，可得

$$i+2u_1=i_1\Rightarrow i=i_1-2u_1 \tag{1.2–15}$$

将 $i_1=\frac{3}{2}u_1$ 代入式（1.2–15），可得 $i=i_1-2u_1=\frac{3}{2}u_1-2u_1=-\frac{1}{2}u_1$，所以 $R_{\text{eq}}=\frac{u}{i}=\frac{\frac{11}{2}u_1}{-\frac{1}{2}u_1}=$ -11Ω。

答案：A

28.（2012） 如图 1.2–59 所示电路中，当 R 电阻获得最大功率时，它的大小为（　　）Ω。

A. 2.5　　B. 7.5　　C. 4　　D. 5

分析：实际上就是要求出相应的戴维南等效电阻值。

由于题图中含有受控源，所以等效电阻采用“外加电源法”来求解，如图 1.2–60 所示。依据 KVL，可得

$$u=u_1+2(u_1+i)=3u_1+2i \tag{1.2–16}$$

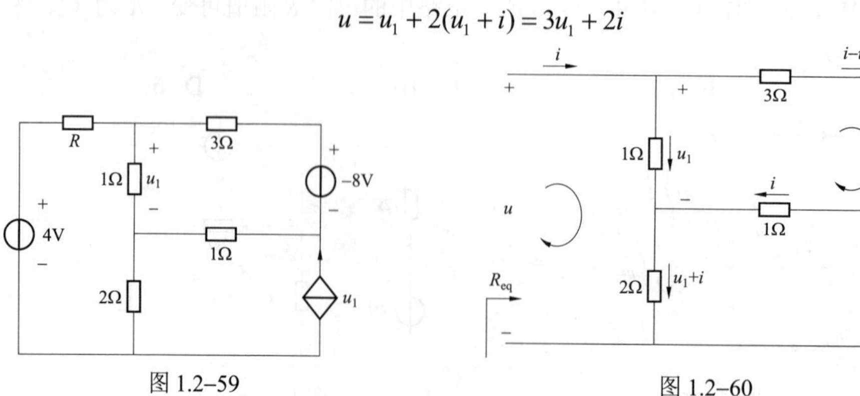

图 1.2–59　　图 1.2–60

依据 KVL，可得$3(i-u_1)+1\times i-u_1=0\Rightarrow 4i-4u_1=0\Rightarrow u_1=i$，代入式（1.2–16），得到$u=3i+2i=5i$。

所以$R_{eq}=\dfrac{u}{i}=5\Omega$。

答案：D

29.（2012） 如图 1.2–61 所示电路中，P 为无源线性电阻电路，当$u_1=15V$和$u_2=10V$时，$i_1=2A$；当$u_1=20V$和$u_2=15V$时，$i_1=2.5A$；当$u_1=20V$，$i_1=5A$时，u_2应为（　　）V。

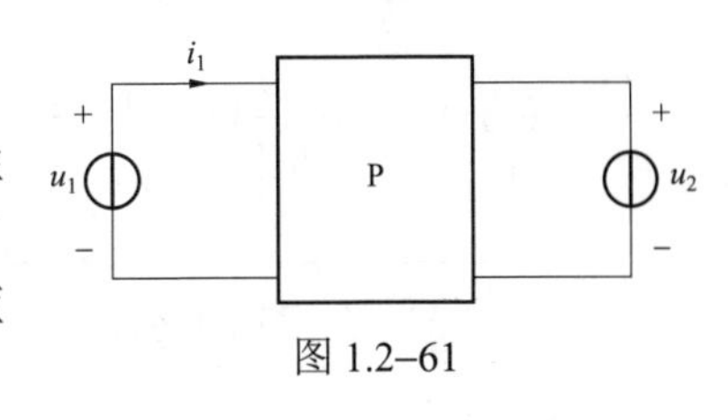

图 1.2–61

A. 10　　B. −10　　C. 12　　D. −12

分析：依据叠加定理，设

$$i_1=k_1u_1+k_2u_2 \tag{1.2–17}$$

由已知条件可得

$$\begin{cases}2=k_1\times15+k_2\times10\\2.5=k_1\times20+k_2\times15\end{cases}\Rightarrow\begin{cases}k_1=\dfrac{1}{5}\\k_2=-\dfrac{1}{10}\end{cases}$$

现在已知$u_1=20V$，$i_1=5A$，代入式（1.2–17），有$5=\dfrac{1}{5}\times20-\dfrac{1}{10}u_2\Rightarrow u_2=-10V$。

答案：B

30.（2013） 如图 1.2–62 所示的电路中，当 R 获得最大功率时，R 的大小应为（　　）Ω。

A. 7.5　　B. 4.5　　C. 5.2　　D. 5.5

分析：此题解题方法同前题，仍然是利用“外加电源法”求出戴维南等效电阻，如图 1.2–63 所示，依据 KVL，可得

$$\begin{cases}3i_1+5(i_1-i)=u\\3i_1-5i+10i=u\end{cases}\Rightarrow\begin{cases}8i_1-5i=u & (1.2–18)\\3i_1+5i=u & (1.2–19)\end{cases}$$

式（1.2–18）+式（1.2–19），得到$11i_1=2u$，所以$R_{eq}=\dfrac{u}{i_1}=\dfrac{11}{2}\Omega=5.5\Omega$。

答案：D

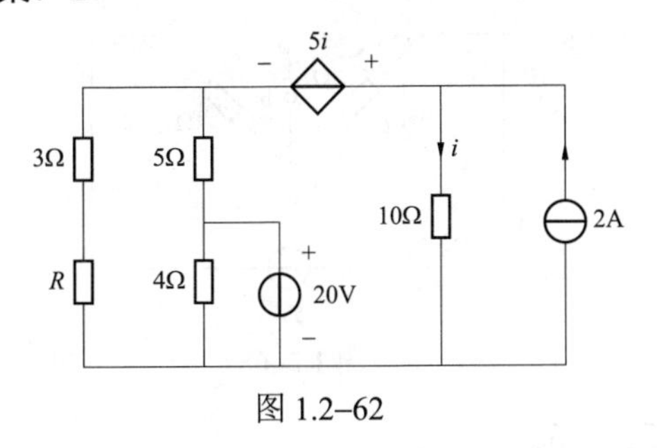

图 1.2–62

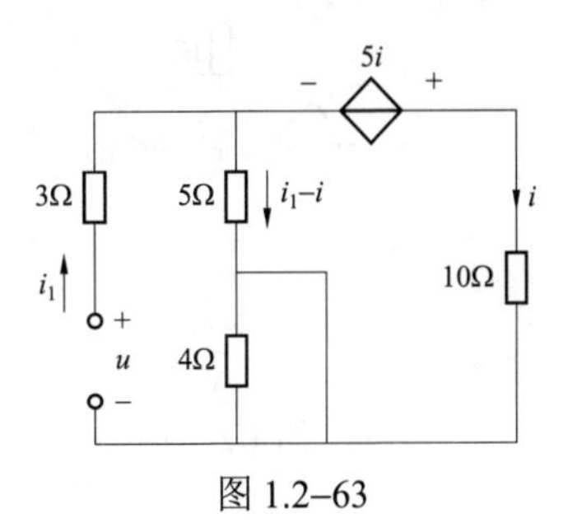

图 1.2–63

31.（2013） 如图 1.2–64 所示电路的戴维南等效电路参数U_{oc}应为（　　）V。

A. 35　　B. 15　　C. 3　　D. 9

分析：等效电路如图 1.2–65 所示，依据 KCL，有 $I_1 = 5\text{A} - 2\text{A} = 3\text{A}$，所以 $U_{oc} = 5I_1 = 5\Omega \times 3\text{A} = 15\text{V}$。

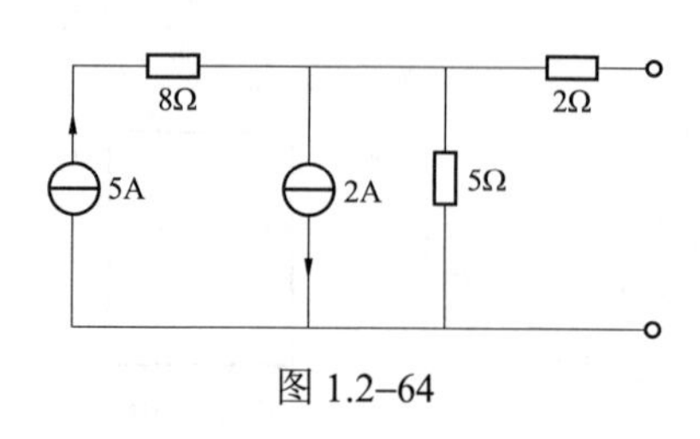

图 1.2–64

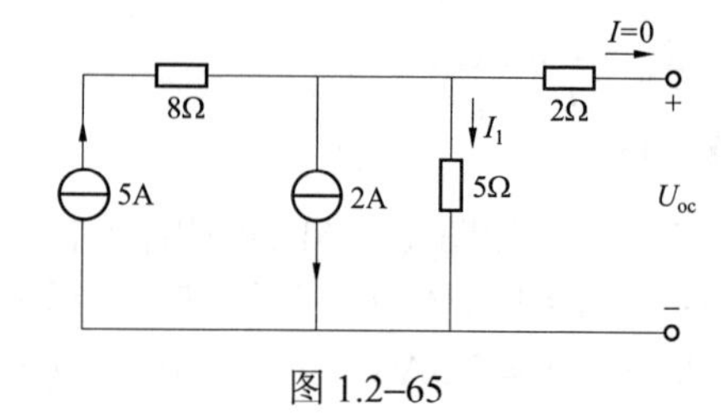

图 1.2–65

答案：B

32.（2014） 在图 1.2–66 所示电路中，当负载电阻 R 为何值时，能够获得最大功率？（　　）

A. 10Ω　　　B. 2Ω

C. 3Ω　　　D. 6Ω

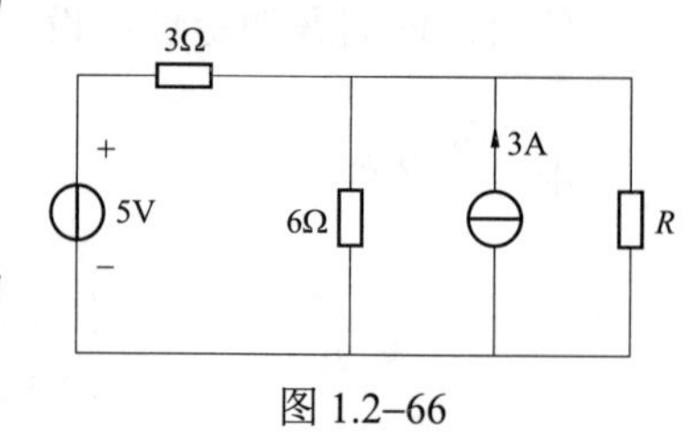

图 1.2–66

分析：5V 电压源短路，3A 电流源开路，等效电阻为 $R_{eq} = (3//6)\Omega = \frac{3\times 6}{3+6}\Omega = 2\Omega$。

答案：B

33.（2014） 如图 1.2–67 所示电路中，通过 1Ω 电阻的电流 I 为（　　）。

A. $-\frac{5}{29}\text{A}$　　B. $\frac{2}{29}\text{A}$　　C. $-\frac{2}{29}\text{A}$　　D. $\frac{5}{29}\text{A}$

分析：本题首先想到电桥平衡的概念，但是由判断可知 $2\times 4 \neq 3\times 5$，所以电桥不平衡，应利用戴维南定理求解。

（1）先求开路电压 U_{ab}，如图 1.2–68 所示。

利用分压公式，可求得 2Ω 电阻上的电压为 $U_1 = \frac{2}{2+5}\times 5\text{V} = \frac{10}{7}\text{V}$，3Ω 电阻上的电压为 $U_2 = \frac{3}{3+4}\times 5\text{V} = \frac{15}{7}\text{V}$。

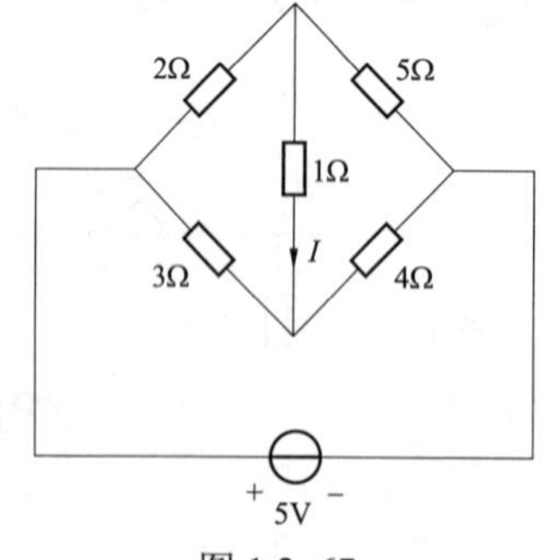

图 1.2–67

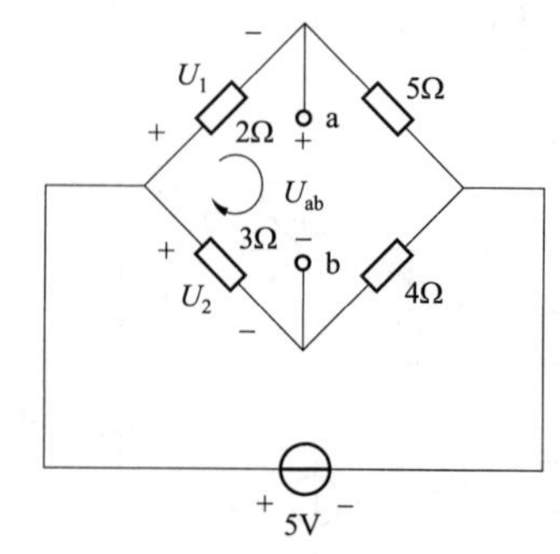

图 1.2–68

依据 KVL，得 $U_{ab} = -U_1 + U_2 = -\frac{10}{7}\text{V} + \frac{15}{7}\text{V} = \frac{5}{7}\text{V}$。

（2）再求戴维南等效电阻 R_{ab}，如图 1.2–69 所示。

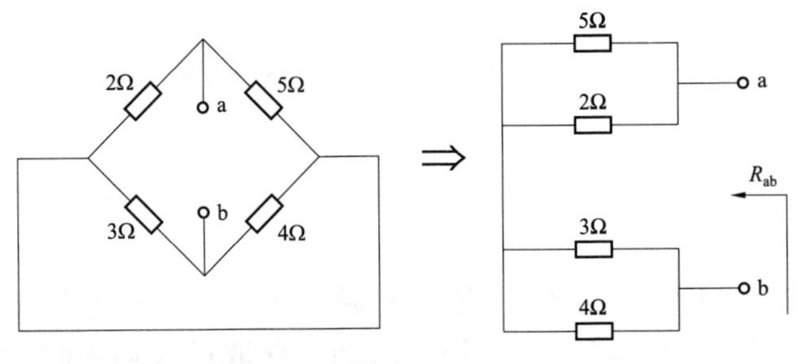

图 1.2–69

由化简图很容易知道 $R_{ab}=(2/\!/5)\Omega+(3/\!/4)\Omega=\dfrac{10}{7}\Omega+\dfrac{12}{7}\Omega=\dfrac{22}{7}\Omega$。

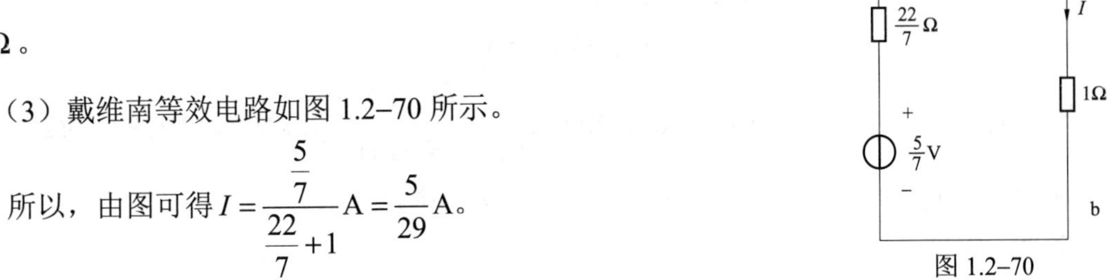

图 1.2–70

（3）戴维南等效电路如图 1.2–70 所示。

所以，由图可得 $I=\dfrac{\dfrac{5}{7}}{\dfrac{22}{7}+1}\text{A}=\dfrac{5}{29}\text{A}$。

答案：D

34.（2016） 图 1.2–71 所示电路中的电阻 R 值可变，当它获得最大功率时，R 的值为（　　）。

A. 2Ω　　B. 4Ω　　C. 6Ω　　D. 8Ω

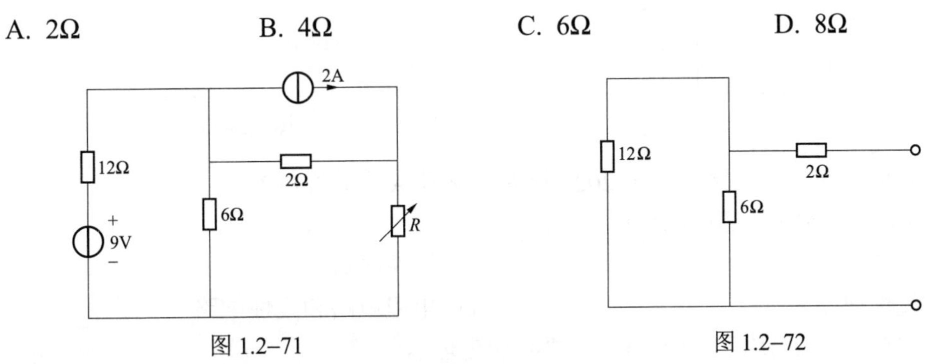

图 1.2–71　　图 1.2–72

分析：如图 1.2–72 所示，将网络内部独立电源置零，显然该一端口的戴维南等效电阻 $R_{eq}=(12/\!/6+2)\,\Omega=6\Omega$。当 R 等于一端口网络的戴维南等效电阻时，外接电阻 R 能获得最大功率。

答案：C

35.（2016） 图 1.2–73 所示电路为线性无源网络，当 $U_s=4\text{V}$，$I_s=0\text{V}$ 时，$U=3\text{V}$；当 $U_s=2\text{V}$，$I_s=1\text{A}$ 时，$U=-2\text{V}$；那么，当 $U_s=4\text{V}$，$I_s=4\text{A}$ 时，U 为（　　）。

A. −12V　　B. −11V

C. 11V　　D. 12V

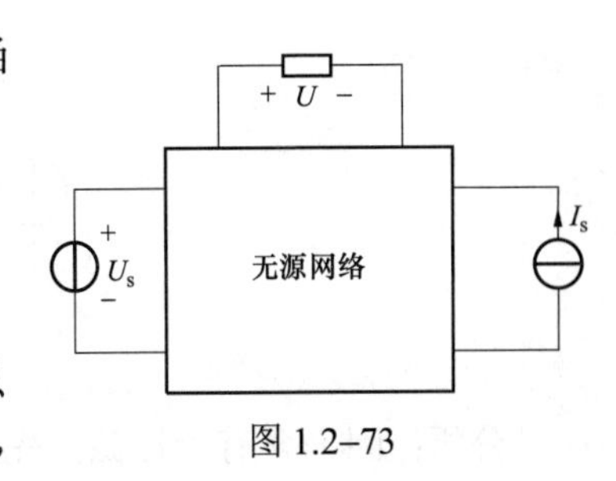

图 1.2–73

分析：因为图 1.2–73 所示电路为线性电路，故可以应用叠加定理来求解，设 $U=k_1U_s+k_2I_s$，根据已知数据，

得到 $\begin{cases}3=4k_1\\-2=2k_1+k_2\end{cases}\Rightarrow k_1=\dfrac{3}{4},k_2=-\dfrac{7}{2}$，所以当 $U_s=4\text{V}$，$I_s=4\text{A}$ 时，有 $U=k_1U_s+k_2I_s=\left(\dfrac{3}{4}\times4-\dfrac{7}{2}\times4\right)\text{V}=-11\text{V}$。

答案：B

36.（2016） 图 1.2–74 所示电路中，线性有源二端网络接有电阻 R，当 $R=3\Omega$ 时，$I=2\text{A}$；当 $R=1\Omega$ 时，$I=3\text{A}$。当电阻 R 从有源二端网络获取最大功率时，R 的阻值为（　　）。

A. 2Ω　　B. 3Ω　　C. 4Ω　　D. 6Ω

分析：依据戴维南定理，线性有源网络最终可以等效成一个电阻 R_{eq} 和开路电压 U_{oc} 的串联形式，如图 1.2–75 所示。列写 KVL 方程，有

$$U_{oc}=(R_{eq}+R)\times I \qquad (1.2\text{–}20)$$

将题目已知条件代入式（1.2–20），得到 $\begin{cases}U_{oc}=(R_{eq}+3)\times2\\U_{oc}=(R_{eq}+1)\times3\end{cases}\Rightarrow U_{oc}=12\text{V},R_{eq}=3\Omega$，当外接电阻 R 等于 R_{eq} 时，R 能从有源二端网络获取最大功率。

答案：B

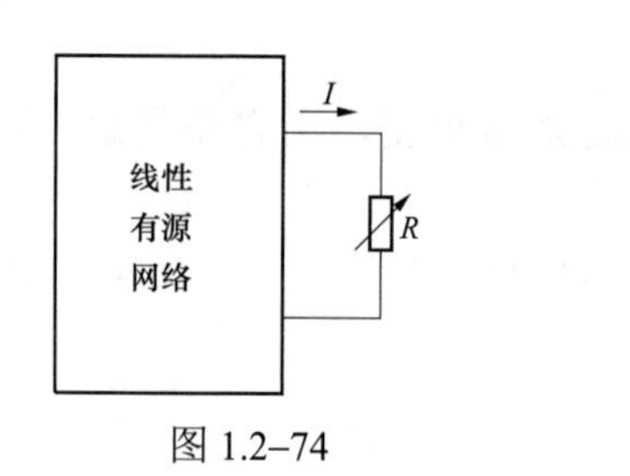

图 1.2–74

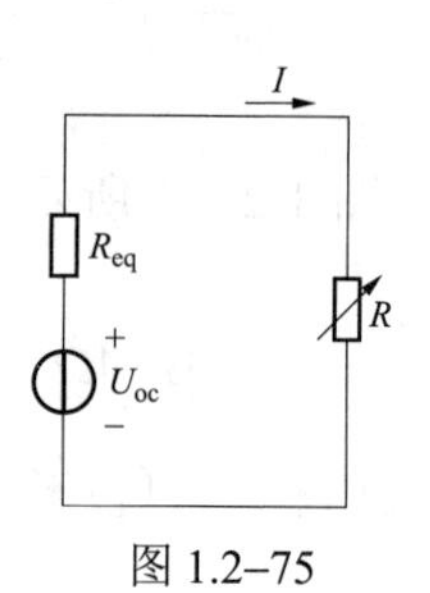

图 1.2–75

类似题 2020 年出现，区别在于 2020 年为求 R 获取的最大功率。

37.（2018） 叠加定理不适用于（　　）。

A. 电阻电路　　B. 线性电路

C. 非线性电路　　D. 电阻电路和线性电路

分析：参见 1.2.2 节第 4 点的考点三“叠加定理”。

答案：C

38.（2018） 图 1.2–76 所示电路中，已知 $U_s=6\angle0^\circ\text{V}$，负载 Z_L 能够获得的最大功率是（　　）。

A. 1.5W　　B. 3.5W　　C. 6.5W　　D. 8W

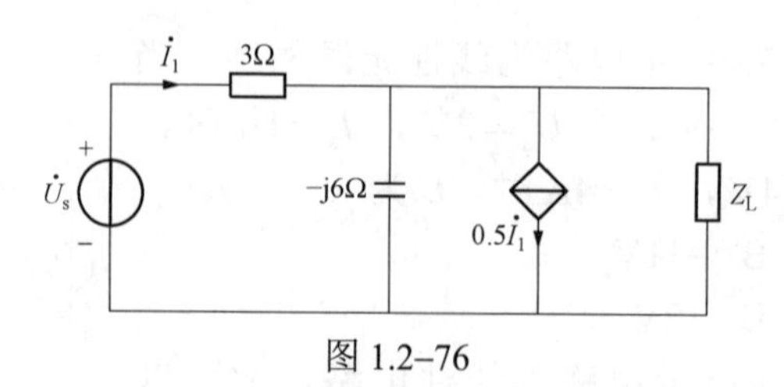

图 1.2–76

分析：因为含有受控源，先利用“外加电源法”求等效阻抗，如图 1.2–77 所示，可得

$$\dot{I}=0.5\dot{I}_1+\frac{\dot{U}}{-\mathrm{j}6}-\dot{I}_1 \tag{1.2–21}$$

又$\dot{U}=-3\dot{I}_1 \Rightarrow \dot{I}_1=-\frac{\dot{U}}{3}$，将$\dot{I}_1$代入式（1.2–21），可得$\dot{I}=\frac{1}{6}\dot{U}+\mathrm{j}\frac{1}{6}\dot{U}$，故$Z_{\mathrm{eq}}=\frac{\dot{U}}{\dot{I}}=(3-\mathrm{j}3)\Omega$。再求开路电压，如图 1.2–78 所示，$3\dot{I}_1+(-\mathrm{j}6)\times 0.5\dot{I}_1=\dot{U}_{\mathrm{s}} \Rightarrow \dot{I}_1=\frac{2}{1-\mathrm{j}}\mathrm{A}$，故$\dot{U}_{\mathrm{oc}}=-\mathrm{j}6\times 0.5\dot{I}_1=3\sqrt{2}\angle -45^\circ\mathrm{V}$，从而$P_{\max}=\frac{U_{\mathrm{oc}}^2}{4R_{\mathrm{eq}}}=\frac{(3\sqrt{2})^2}{4\times 3}\mathrm{W}=1.5\mathrm{W}$。

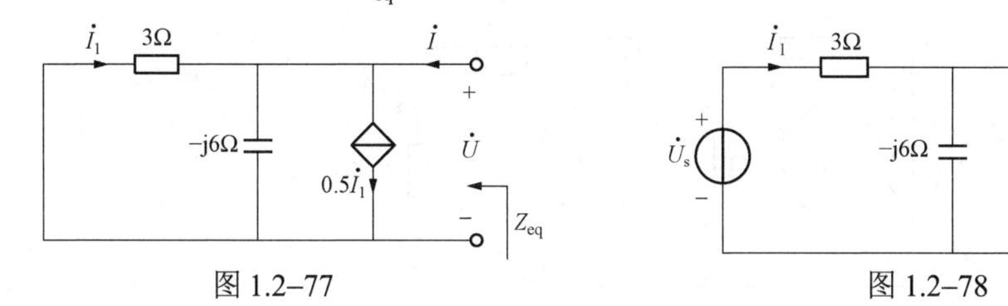

图 1.2–77

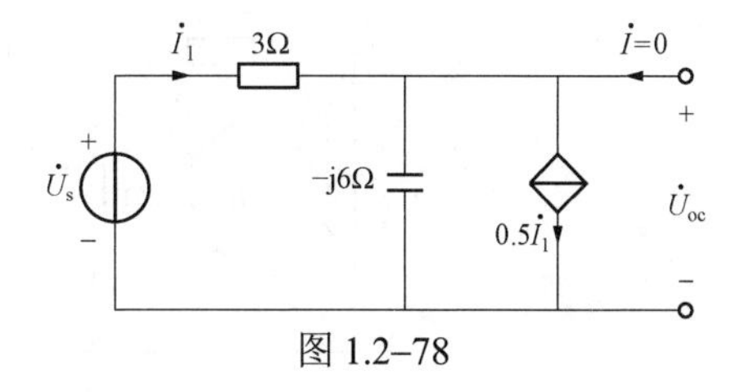

图 1.2–78

答案：A

39.（2019） 在线性电路中，下列说法错误的是（　　）。

A. 电流可以叠加　　　　　　　　　B. 电压可以叠加

C. 功率可以叠加　　　　　　　　　D. 电流和电压都可以叠加

分析：参见 1.2.2 节重要知识点复习的第 4 点。

答案：C

40.（2019） 电路如图 1.2–79 所示，已知当$R_{\mathrm{L}}=4\Omega$时，电流$I_{\mathrm{L}}=2\mathrm{A}$。若改变$R_{\mathrm{L}}$，使其获得最大功率，则$R_{\mathrm{L}}$和最大功率$P_{\max}$分别是（　　）。

A. 2Ω，24W　　B. 2Ω，18W　　C. 4Ω，18W　　D. 5Ω，4W

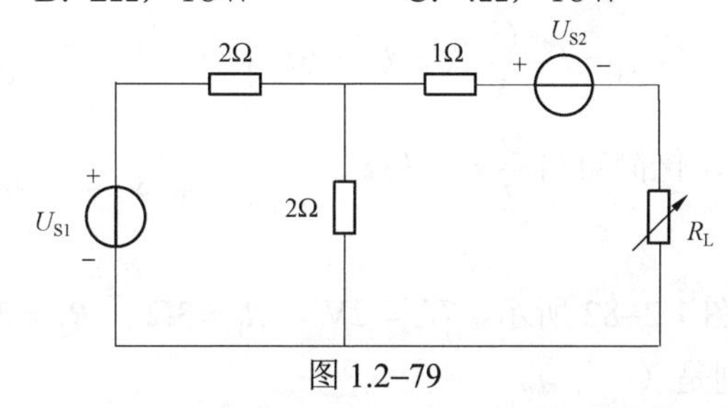

图 1.2–79

分析：依据图 1.2–80（a）求等效电阻，得$R_{\mathrm{eq}}=(2\,/\!/\,2)\Omega+1\Omega=2\Omega$。从图 1.2–80（b）依据 KVL 可得

$$U_{\mathrm{S1}}=4I',\quad U_{\mathrm{OC}}=-U_{\mathrm{S2}}+2I'=-U_{\mathrm{S2}}+2\times\frac{1}{4}U_{\mathrm{S1}}=\frac{1}{2}U_{\mathrm{S1}}-U_{\mathrm{S2}}。$$

本题与以往求最大功率题不同之处在于存在未知的电源电压值U_{S1}和U_{S2}，因此进一步根据图 1.2–80（c）列写网孔电流方程如下

$$\begin{cases}I_2=2\mathrm{A}\\(2+2)I_1-2I_2=U_{\mathrm{S1}}\\-2I_1+(2+1+4)I_2=-U_{\mathrm{S2}}\end{cases}\Rightarrow\begin{cases}4I_1-4=U_{\mathrm{S1}}\\-2I_1+14=-U_{\mathrm{S2}}\end{cases}\Rightarrow\frac{1}{2}U_{\mathrm{S1}}-U_{\mathrm{S2}}=12，故U_{\mathrm{OC}}=12\mathrm{V}。$$

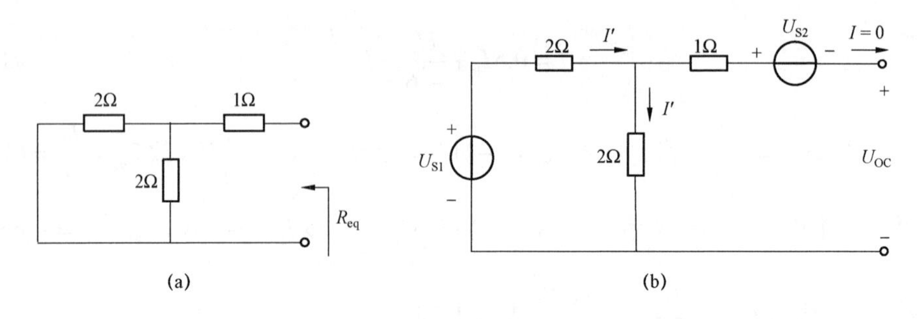

(a) (b)

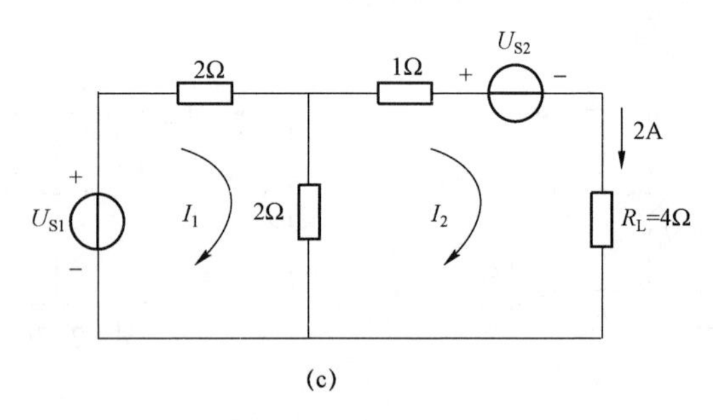

(c)

图 1.2–80

因此，当 $R_L = R_{eq} = 2\Omega$ 时，可获得最大功率 $P_{max} = \dfrac{U_{OC}^2}{4R_{eq}} = \dfrac{12^2}{4\times 2}\text{W} = 18\text{W}$。

答案：B

41.（2019） 电路如图 1.2–81 所示，其端口 ab 的输入电阻是（　　）。

A. −30Ω　　B. 30Ω

C. −15Ω　　D. 15Ω

分析：将 $I_1 = \dfrac{U}{5}$、$I_2 = I - I_1 = I - \dfrac{U}{5}$ 代入 $U = 6I_2 + 6U_1 = 6\left(I - \dfrac{U}{5}\right) + 6\times 2I_1$ 中，化简可得 $\dfrac{U}{I} = -30\Omega$。

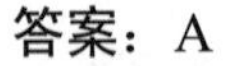

答案：A

图 1.2–81

42.（2021） 电路如图 1.2–82 所示，$U_s = 2\text{V}$，$R_1 = 3\Omega$，$R_2 = 2\Omega$，$R_3 = 0.8\Omega$，其诺顿等效电路中的 I_{sc} 和 R 分别是（　　）。

A. 2.5A，2Ω　　B. 0.2A，2Ω　　C. 0.3A，2.8Ω　　D. 0.4A，2Ω

分析：ab 端口短路如图 1.2–83 所示，则 $I = \dfrac{2}{3 + 2//0.8}\text{A} = \dfrac{14}{25}\text{A}$，故

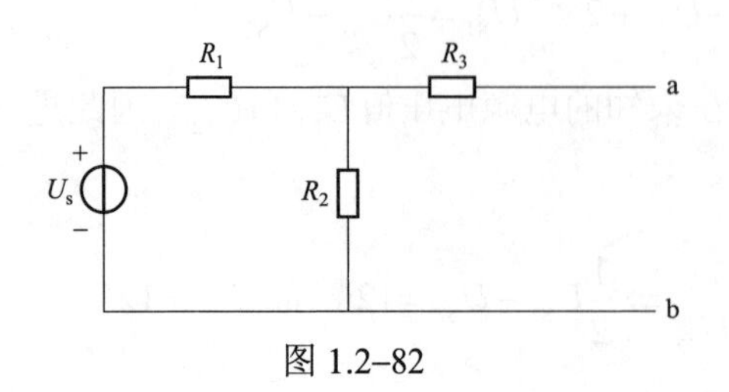

图 1.2–82

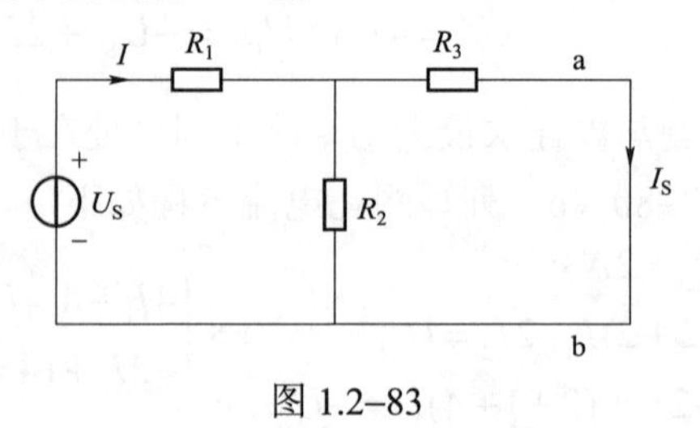

图 1.2–83

$$I_s = \frac{2}{2+0.8} \times I = 0.4\text{A}$$

$$R_{eq} = (3//2)\Omega + 0.8\Omega = 2\Omega$$

答案：D

43.（2021） 电路如图 1.2–84 所示，其端口 ab 的等效电阻是（　　）。

A. 1Ω　　　　B. 2Ω

C. 3Ω　　　　D. 5Ω

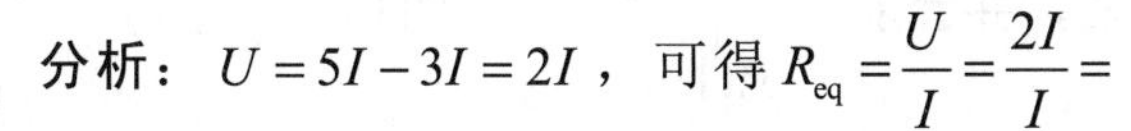

分析：$U = 5I - 3I = 2I$，可得 $R_{eq} = \frac{U}{I} = \frac{2I}{I} =$ 2Ω。

答案：B

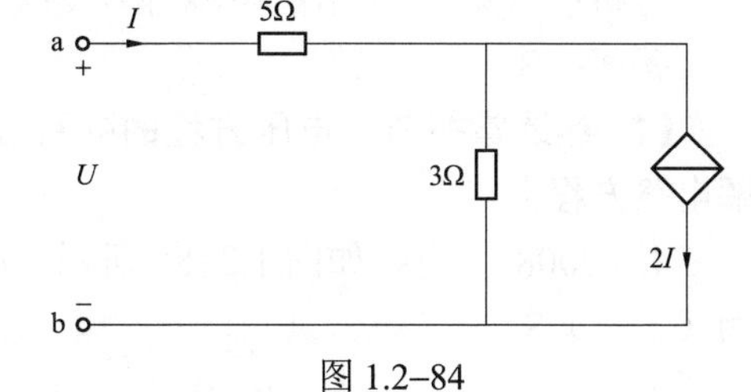

图 1.2–84

1.2.4 【发输变电专业基础】历年真题详解

【1. 掌握常用的电路等效变换方法】

1.（2017） 图 1.2–85 所示一端口电路中的等效电阻是（　　）。

A. $\frac{2}{3}\Omega$　　　　B. $\frac{21}{13}\Omega$　　　　C. $\frac{18}{11}\Omega$　　　　D. $\frac{45}{28}\Omega$

分析：进行星–三角等效变换，如图 1.2–86 所示。

$$R_{eq} = [(3//3)+(3//6)]\Omega//3\Omega = \left(1.5+\frac{3\times6}{3+6}\right)\Omega//3\Omega = 3.5\Omega//3\Omega = \frac{3.5\times3}{3.5+3}\Omega = \frac{21}{13}\Omega$$

答案：B

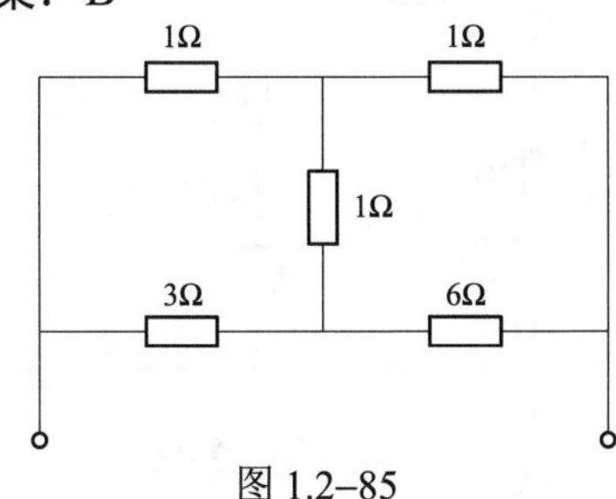

图 1.2–85

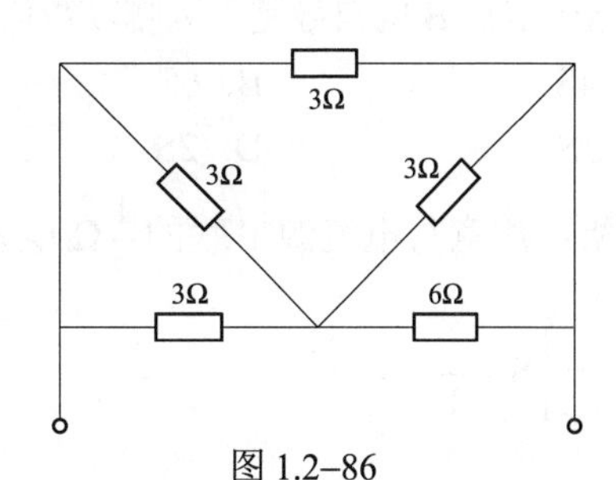

图 1.2–86

2.（2019） 对含有受控源的支路进行电源等效变换时，应该注意不要消去（　　）。

A. 电压源　　　　B. 控制量　　　　C. 电流源　　　　D. 电阻

答案：B

3.（2021） 电路如图 1.2–87 所示，ab 端的等效电源是（　　）。

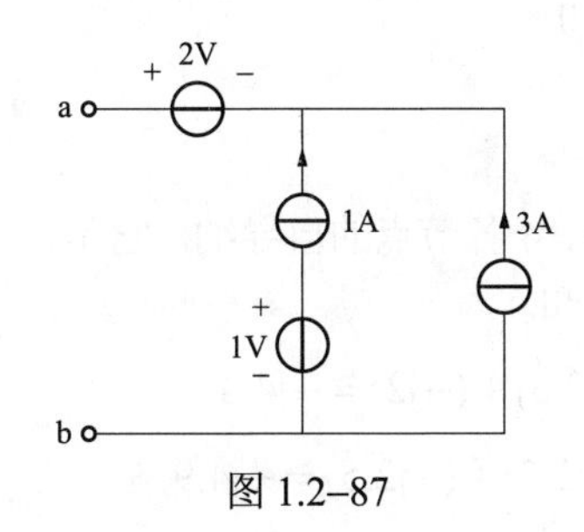

图 1.2–87

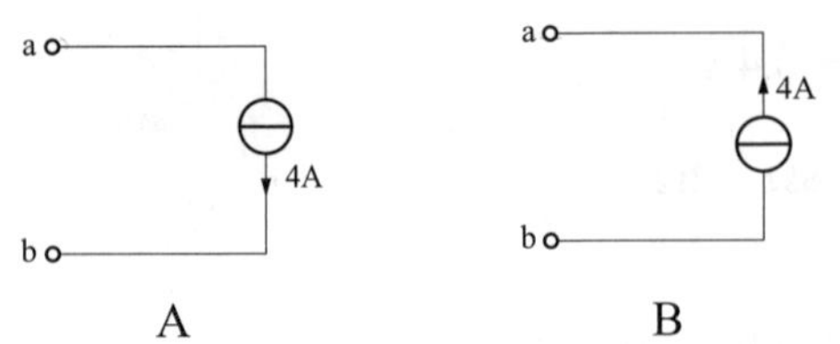

分析：参见 1.2.2 节的电源等效变换。

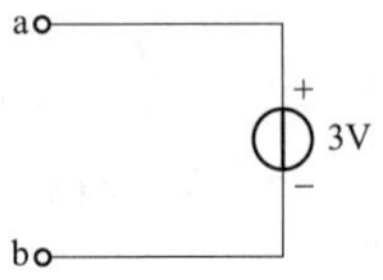

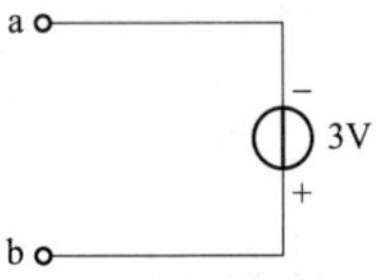

答案：B

【2. 熟练掌握节点电压方程的列写方法，并会求解电路方程】

4.（2008） 电路如图 1.2–88 所示，AB 间的互导为（　　）S。

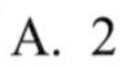

A. 2　　B. 0

C. 4　　D. 0.5

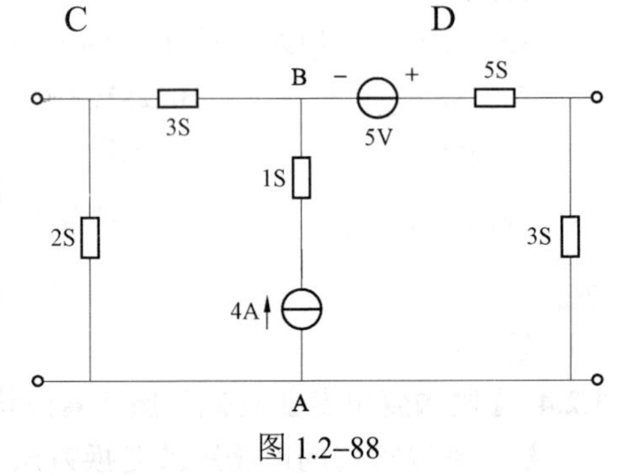

图 1.2–88

分析：同样的电路图，在 2008 年供配电专业基础的考试中是要求“电路中 B 点的自导”，而在发输变电专业基础的考试中是要求“AB 间的互导”。

特别注意：在列写节点电压方程时，与 4A 电流源串联的 1S 电导需短路处理，故 AB 间的互导为 0S。

答案：B

5.（2013） 列写节点电压方程时，图 1.2–89 所示部分电路中节点 B 的自导是下列哪项数值？（　　）

A. 4S　　B. 6S

C. 3S　　D. 2S

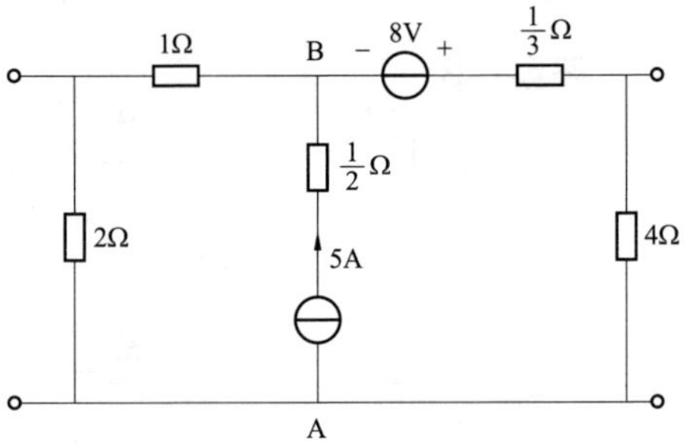

图 1.2–89

分析：注意与电流源串联的 $\frac{1}{2}\Omega$ 电阻不应计及在内，$Y_{BB}=\frac{1}{1}S+\frac{1}{\frac{1}{3}}S=4S$。

答案：A

6.（2018） 图 1.2–90 所示各支路参数为标幺值，则节点导纳 Y_{11}、Y_{22}、Y_{33}、Y_{44} 分别是（　　）。

A. –j4.4，–j4.9，–j14，–j10

B. –j2.5，–j2，–j14.45，–j10

C. j2.5，j2，j14.45，j10

D. j4.4，j4.9，j14，j10

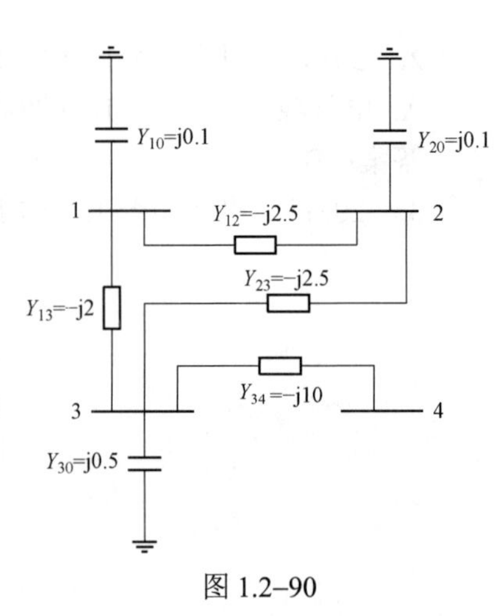

图 1.2–90

分析：题目要求的为 1、2、3、4 各节点的自导纳，它是连在相应节点上的所有支路导纳之和。

$$Y_{11}=Y_{10}+Y_{12}+Y_{13}=j0.1+(-j2.5)+(-j2)=-j4.4$$

$$Y_{22}=Y_{20}+Y_{12}+Y_{23}=j0.1+(-j2.5)+(-j2.5)=-j4.9$$

$$Y_{33}=Y_{30}+Y_{13}+Y_{23}+Y_{34}$$
$$=\mathrm{j}0.5+(-\mathrm{j}2)+(-\mathrm{j}2.5)+(-\mathrm{j}10)=-\mathrm{j}14$$
$$Y_{44}=Y_{34}=-\mathrm{j}10$$

答案：A

7.（2021） 电路如图 1.2–91 所示，如果 $I_3=1\mathrm{A}$，则 I_s 及其端电压 U 分别是（　　）。

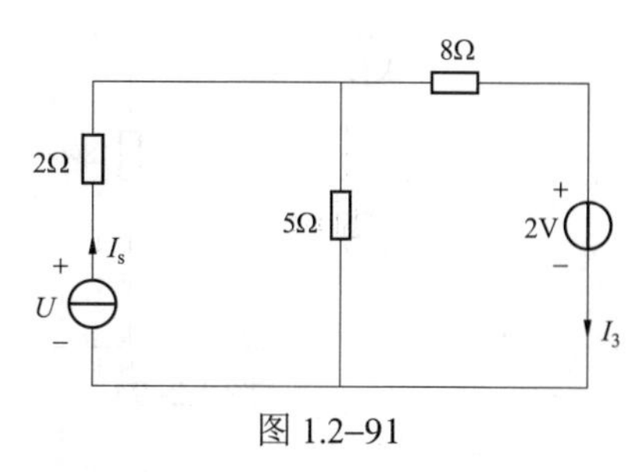

图 1.2–91

A. −3A，16V　　B. −3A，−16V

C. 3A，16V　　D. 3A，−16V

分析：
$$\left.\begin{aligned}&\left(\frac{1}{5}+\frac{1}{8}\right)u_{\mathrm{n1}}=I_s+\frac{2}{8}\\&I_s=\frac{1}{5}u_{\mathrm{n1}}+I_3\end{aligned}\right\}\Rightarrow u_{\mathrm{n1}}=10\mathrm{V},\ I_s=3\mathrm{A}$$
，又根据 $u_{\mathrm{n1}}=U-2I_s$，则 $U=16\mathrm{V}$。

答案：C

【3. 了解回路电流方程的列写方法】

8.（2009） 图 1.2–92 所示电路中 u 应为（　　）。

A. 18V　　B. 12V　　C. 9V　　D. 8V

分析：此题宜用网孔法来进行求解，标注出三个网孔电流 i_1、i_2、i_3 如图 1.2–93 所示，列写出网孔电流方程如下

$$\begin{cases}i_1=8\mathrm{A}\\-2i_1+(2+2+2)i_2-2i_3=-6\\-2i_1-2i_2+(2+2)i_3=-2i\\i=i_2\end{cases}\Rightarrow\begin{cases}i_1=8\mathrm{A}\\i=i_2=3\mathrm{A}\\i_3=4\mathrm{A}\end{cases}$$

再利用 KVL，得到 $u=2i+6+2i=6\mathrm{V}+(4\times3)\mathrm{V}=18\mathrm{V}$。

提示：此题还可以利用戴维南定理求解，方法灵活多样，请读者自行尝试。

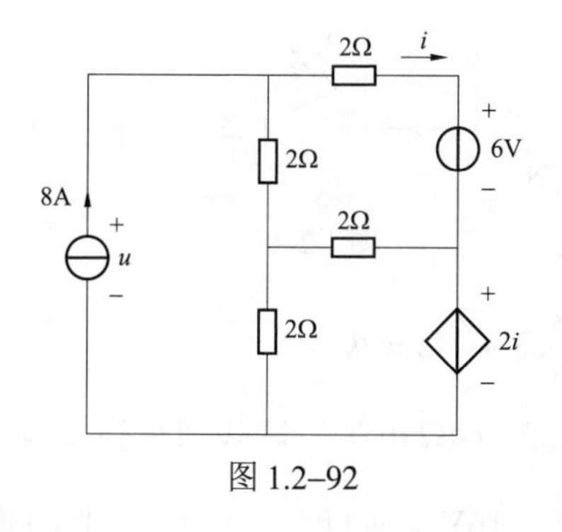

图 1.2–92

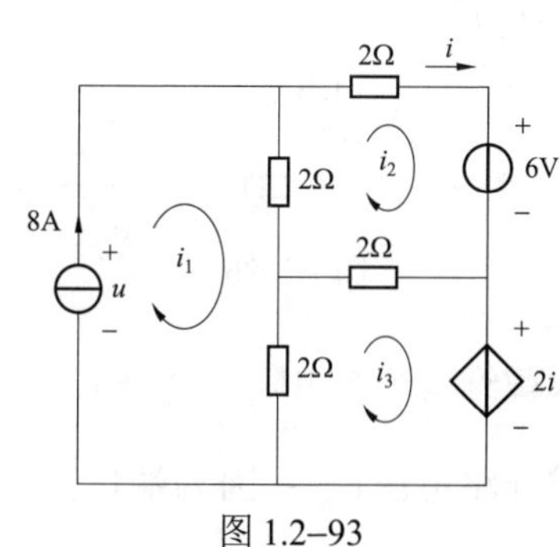

图 1.2–93

答案：A

9.（供 2011，发 2016） 图 1.2–94所示电路中，电流 I 为（　　）。

A. 3A　　B. −3A　　C. 2A　　D. −2A

分析：利用网孔法求解本题，标注出网孔电流 I_1、I_2 参考方向如图 1.2–95 所示，列写出网孔电流方程如下

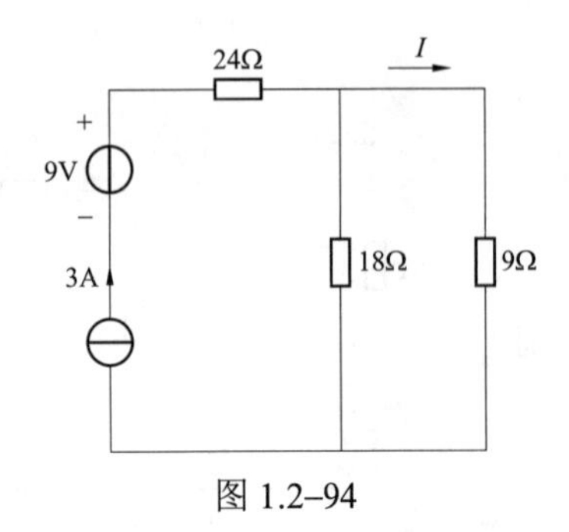

图 1.2−94

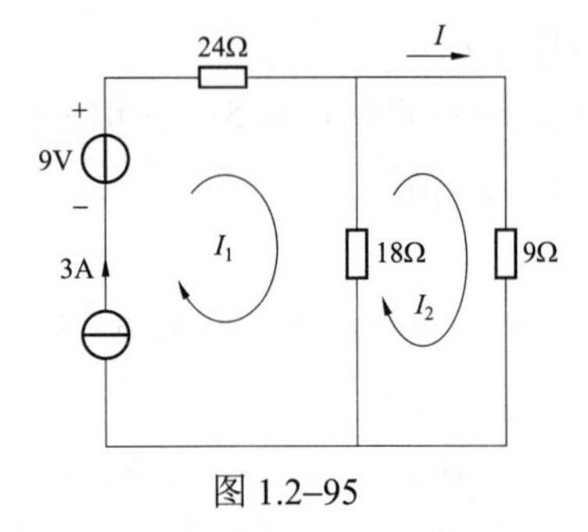

图 1.2−95

$$\begin{cases} I_1 = 3\text{A} \\ -18I_1 + (18+9)I_2 = 0 \end{cases} \Rightarrow \begin{cases} I_1 = 3\text{A} \\ I_2 = 2\text{A} \end{cases}$$

显然，$I = I_2 = 2\text{A}$。

捷径： 参见 1.2.2 节电源的等效变换知，电流源与电压源的串联可以等效为一个电流源，故可以直接利用分流公式，$I = \frac{18}{18+9} \times 3\text{A} = 2\text{A}$。

答案：C

【4. 熟练掌握叠加定理、戴维南定理和诺顿定理】

10.（2008） 图 1.2−96 所示电路中的戴维南等效电路参数 U_{oc} 和 R_{eq} 为（　　）。

A. 16V，2Ω　　B. 12V，4Ω　　C. 8V，4Ω　　D. 8V，2Ω

分析： 此题与 2007 年供配电专业基础考题很相似，仅仅电路参数变化而已。

如图 1.2−97 所示，对一端口网络 N 进行化简，求出其戴维南等效电路参数。

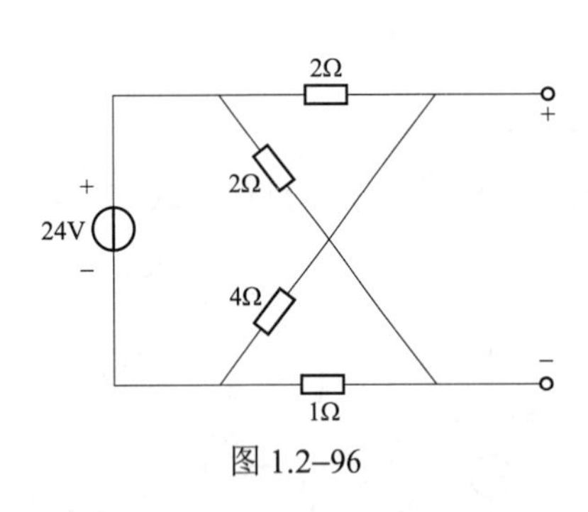

图 1.2−96

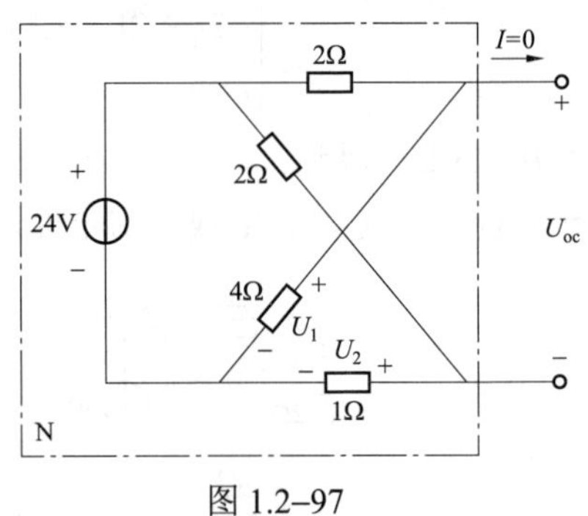

图 1.2−97

先求戴维南等效电阻：$R_{eq} = (2//4)\Omega + (2//1)\Omega = \frac{8}{6}\Omega + \frac{2}{3}\Omega = 2\Omega$。

再求开路电压 U_{oc}：因为端口开路 $I = 0$，所以 2Ω 与 4Ω 电阻串联共同承担 24V 电压，由分压公式，4Ω 电阻上的电压为 $U_1 = \frac{4}{4+2} \times 24\text{V} = 16\text{V}$。同理，1Ω 电阻上的电压为 $U_2 = \frac{1}{1+2} \times 24\text{V} = 8\text{V}$。$U_{oc} = U_1 - U_2 = 16\text{V} - 8\text{V} = 8\text{V}$。

答案：D

11.（2009） 如图 1.2−98 所示电路中，若 $u = 0.5\text{V}$，$i = 1\text{A}$，则 R 为（　　）Ω。

A. −1/3　　　　　B. 1/3

C. 1/2　　　　　D. −1/2

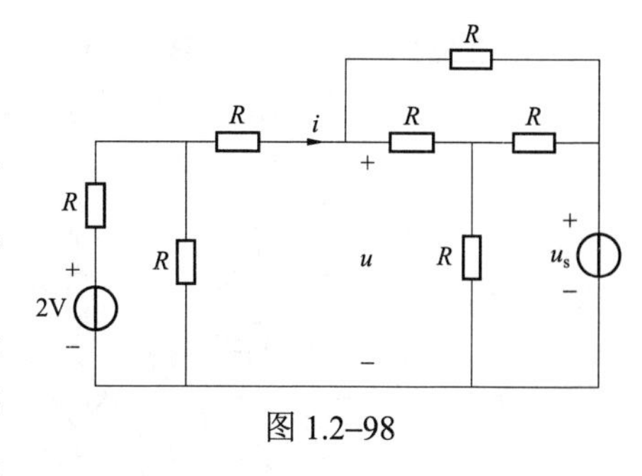

图 1.2–98

分析：此题与 2009 年供配电专业基础考题几乎一样，区别仅仅在于发输变电专业基础的考题将电流源 i_s 换成了电压源 u_s。

乍一看此题，u_s 值未知，似乎无法求解，但是实际上本题只需要对一端口网络 N1 求出其对应的戴维南等效电路即可，所以 u_s 的值是否知悉、外电路是 i_s 还是 u_s 并不影响 R 的值。求解方法同 2009 年供配电专业基础考题。

将一端口网络 N1 简化，如图 1.2–99 所示。戴维南等效电阻为 $R_{eq}=R//R+R=\dfrac{R^2}{2R}+R=\dfrac{3}{2}R$，开路电压为 $U_{oc}=\dfrac{2}{R+R}\times R=1\text{V}$，故原电路图可以等效变换成图 1.2–100所示。

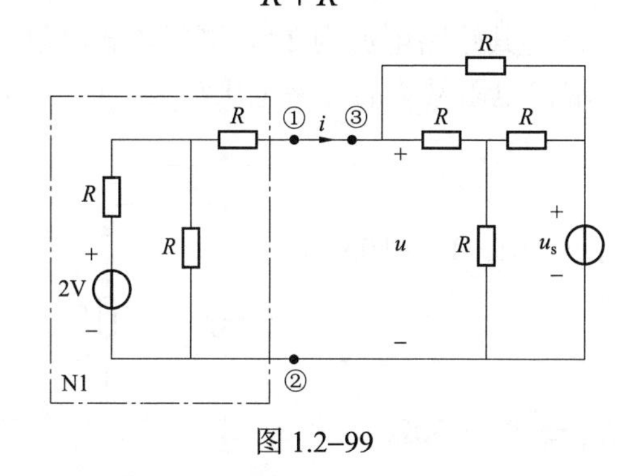

图 1.2–99

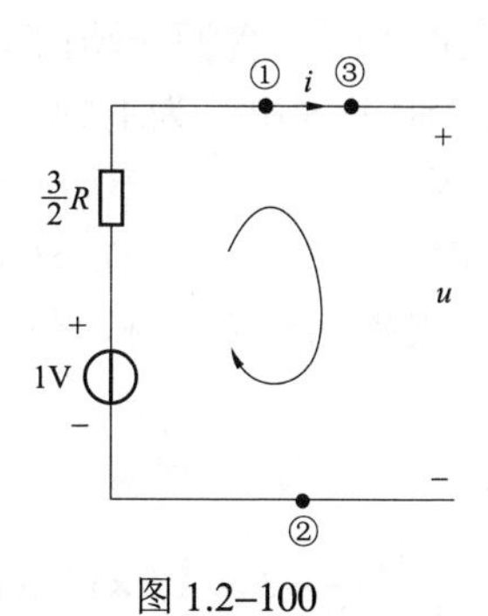

图 1.2–100

依据 KVL，可得 $\dfrac{3}{2}Ri+u-1=0\Rightarrow\dfrac{3}{2}R\times1+0.5-1=0\Rightarrow R=\dfrac{1}{3}\Omega$。

答案：B

12.（2013） 图 1.2–101所示电路的输入电阻为下列哪项数值？（　　）

A. 1.5Ω　　　　B. 3Ω　　　　C. 9Ω　　　　D. 2Ω

分析：含有受控源，采用外加电源法，如图 1.2–102 所示。

依据 KVL，可得 $3(I-I_1)+3I_1=U\Rightarrow 3I=U$，所以 $R_{in}=\dfrac{U}{I}=3\Omega$。

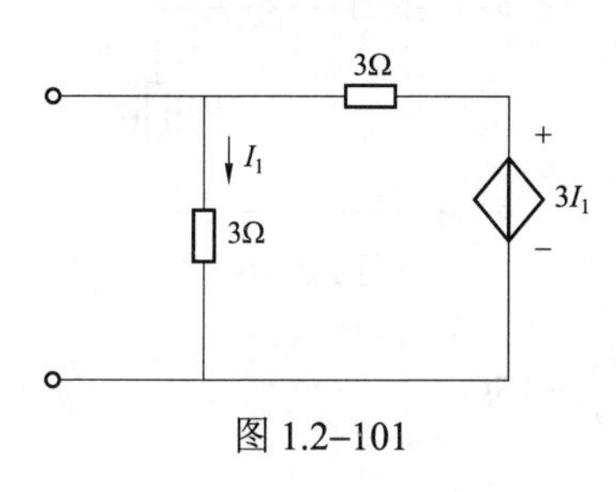

图 1.2–101

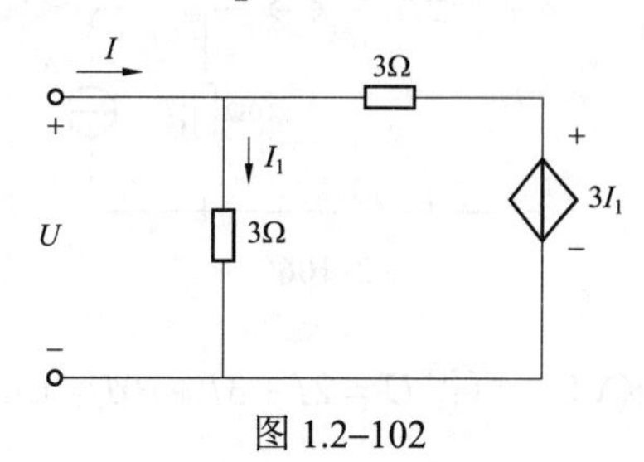

图 1.2–102

答案：B

13.（2013） 图 1.2–103 所示电路的输入电阻为下列哪项数值？（　　）

A. 2.5Ω　　B. −5Ω　　C. 5Ω　　D. 25Ω

分析：含有受控源，采用外加电源法，如图 1.2−104 所示。

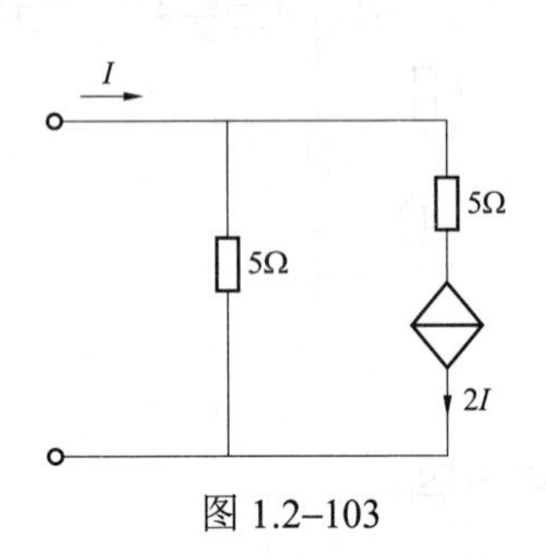

图 1.2−103

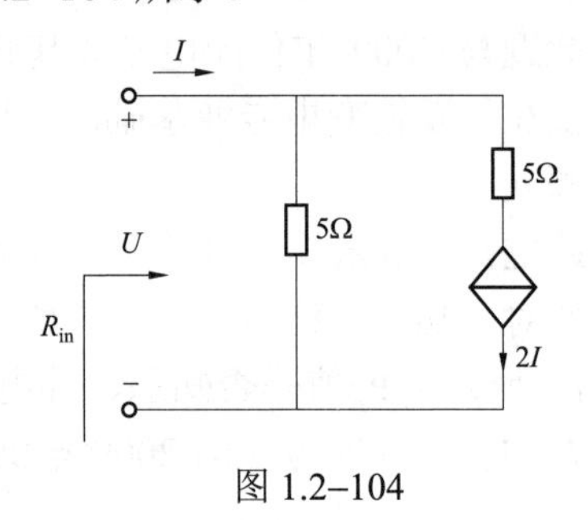

图 1.2−104

依据 KCL，可得 $I=\dfrac{U}{5}+2I\Rightarrow -5I=U\Rightarrow R_{in}=\dfrac{U}{I}=-5\Omega$。

答案：B

14.（2014） 一含源一端口电阻网络，测得其短路电流为 2A，测得负载电阻 $R=10\Omega$ 时，通过负载电阻 R 的电流为 1.5A。该含源一端口电阻网络的开路电压 U_{oc} 为（　　）。

A. 50V　　B. 60V

C. 70V　　D. 80V

分析：依据诺顿定理和题意做出电路图如图 1.2−105 所示。

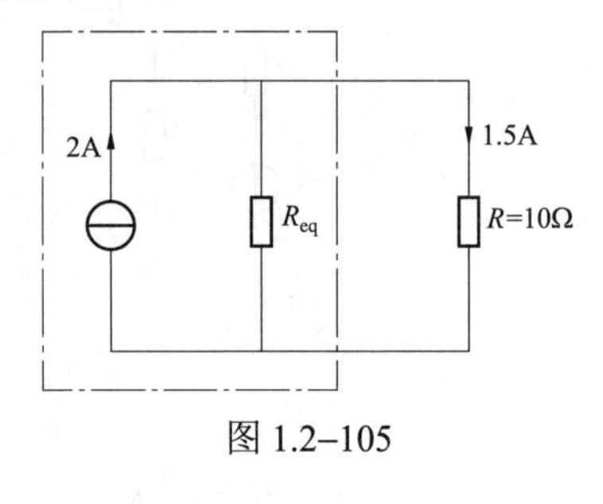

图 1.2−105

利用分流公式，可得

$$1.5=\frac{R_{eq}}{R_{eq}+R}\times 2\Rightarrow 1.5\times(R_{eq}+10)=2R_{eq}\Rightarrow R_{eq}=30\Omega$$

再利用电源等效变换原理，知

$$u_{oc}=2R_{eq}=(2\times 30)\text{V}=60\text{V}$$

答案：B

15.（2016） 图 1.2−106 所示电路，含源二端口的输入电阻为下列哪项数值？（　　）

A. 5Ω　　B. 10Ω　　C. 15Ω　　D. 20Ω

分析：采用外加电源法，并将独立电流源置零，开路处理，如图 1.2−107所示。

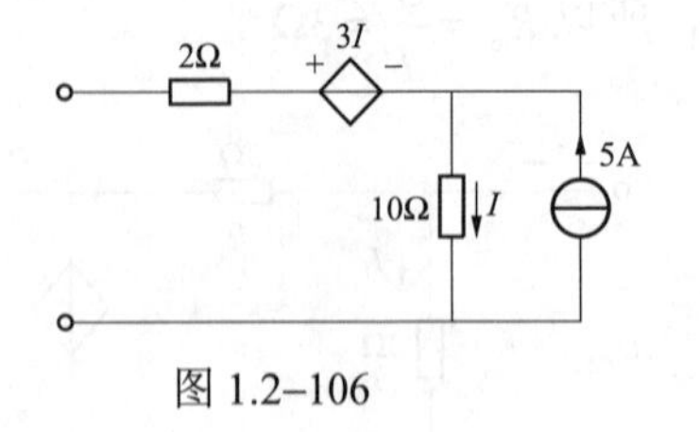

图 1.2−106

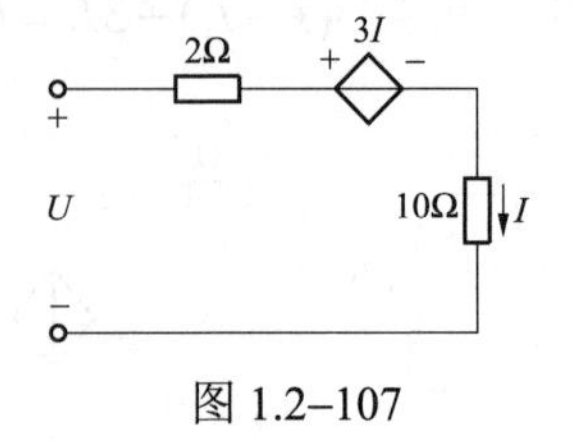

图 1.2−107

依据 KVL，可得 $U=2I+3I+10I=15I\Rightarrow R_{eq}=\dfrac{U}{I}=15\Omega$。

答案：C

16.（2017） 图 1.2−108 所示电路中 N 为纯电阻电路，已知当 U_s 为 5V 时，电阻 R 上电压 U 为 2V，则 U_s 为 7.5V 时，U 为（　　）。

A. 2V　　　　B. 3V　　　　C. 4V　　　　D. 5V

分析：因为 N 为纯电阻电路，所以题目所示 N 电路为一个线性电路，设$U=kU_s$，有$2=k\times 5\Rightarrow k=\dfrac{2}{5}=0.4$。

故当U_s为 7.5V 时，有$U=kU_s=0.4\times 7.5\text{V}=3\text{V}$。

答案：B

17.（2019） 电路如图 1.2–109 所示，则端口 ab 的输入电阻是（　　）。

A. 2Ω　　　　B. 4Ω　　　　C. 6Ω　　　　D. 8Ω

分析：列 KCL 方程，有

$$I=\frac{U_1}{1}+3I_1+I_1 \tag{1.2–22}$$

将$U_1=4I_1$代入式（1.2–22），故$I=8I_1$。

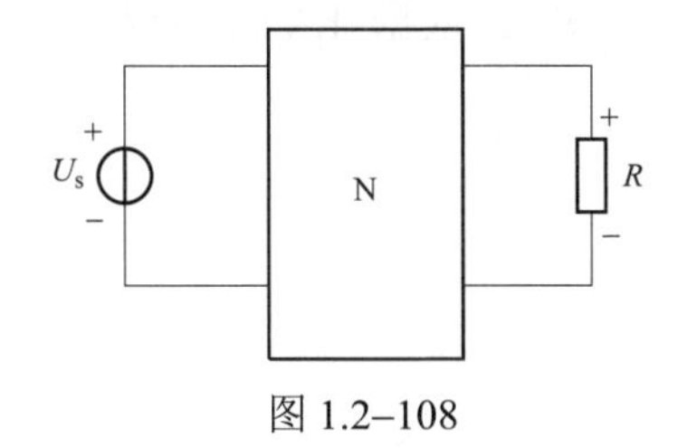

图 1.2–108

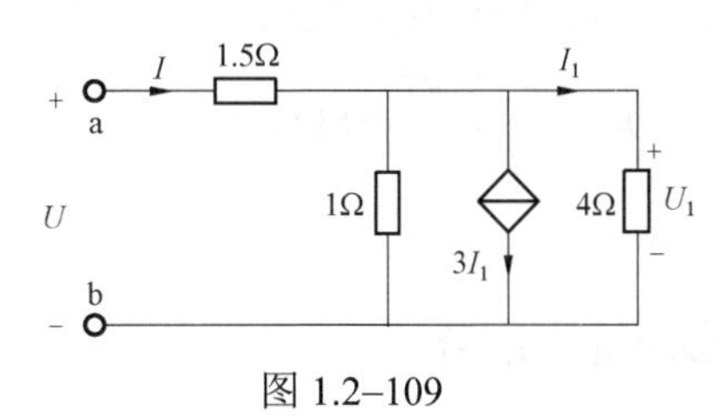

图 1.2–109

依据 KVL，有$U=1.5I+4I_1=1.5I+4\times\dfrac{1}{8}I=2I$，所以$R_{eq}=\dfrac{U}{I}=2\Omega$。

答案：A

18.（2019）电路如图 1.2–110 所示，若改变R_L，可使其获得最大功率，则R_L上获得的最大功率是（　　）。

A. 0.05W　　　　B. 0.1W　　　　C. 0.5W　　　　D. 0.025W

分析：先求戴维南等效电阻R_{eq}，如图 1.2–111 所示，可得

$$U=2I+2\times 3I=8I \tag{1.2–23}$$

又$I=I'-\dfrac{U}{2}$，代入式（1.2–23），可得$U=8\left(I'-\dfrac{U}{2}\right)\Rightarrow U=1.6I'\Rightarrow R_{eq}=\dfrac{U}{I'}=1.6\Omega$。

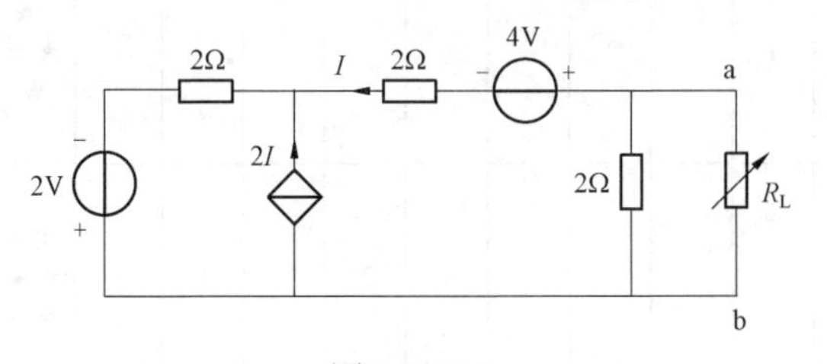

图 1.2–110

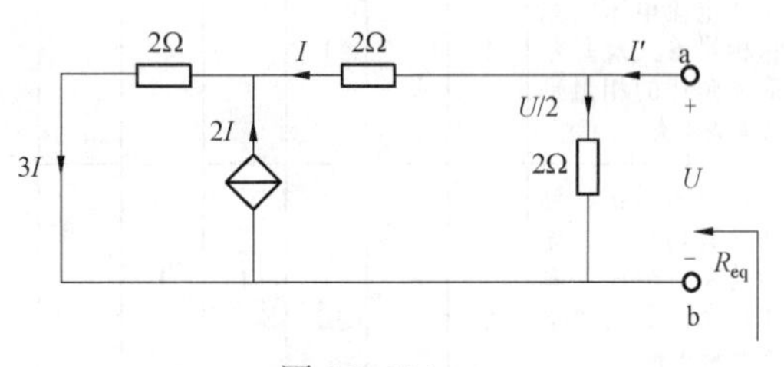

图 1.2–111

再求开路电压，如图 1.2–112 所示。依据 KVL，有$2\times 3I-2+2I+4+2I=0\Rightarrow I=-0.2\text{A}$。

从而$U_{OC}=-2I=0.4\text{V}$，故$P_{max}=\dfrac{U_{OC}^2}{4R_{eq}}=\dfrac{0.4^2}{4\times 1.6}\text{W}=0.025\text{W}$。

答案：D

19.（2021） 电路如图 1.2–113 所示，其戴维南等效电路的开路电压和等效电阻分别是（　　）。

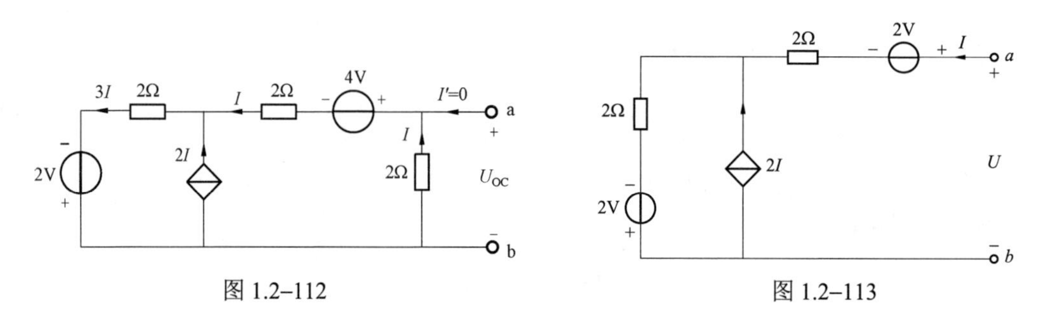

图 1.2–112　　　　图 1.2–113

A. 0V，8Ω　　　B. 0V，4Ω　　　C. 4V，8Ω　　　D. 4V，4Ω

分析：先求开路电压，此时 $I=0$，$U_{\mathrm{OC}}=2\mathrm{V}-2\mathrm{V}=0\mathrm{V}$。依据 KVL，有 $U=2+2I+2\times 3I-2=8I \Rightarrow R_{\mathrm{eq}}=\dfrac{U}{I}=\dfrac{8I}{I}=8\Omega$。

答案：A

1.3　正弦电流电路

1.3.1　考试大纲要求及历年真题统计分析（供配电、发输变电）

历年真题按照考试大纲考点归类总结见表 1.3–1 和表 1.3–2（说明：1、2、3、4 道题分别对应 1、2、3、4 颗★，≥5道题对应 5 颗★）。

表 1.3–1　　　　供配电专业基础考试大纲要求及历年真题统计表

1.3　正弦电流电路 考试大纲	2005	2006	2007	2008	2009	2010	2011	2012	2013	2014	2016	2017	2018	2019	2020	2021	汇总统计
1. 掌握正弦量的三要素和有效值★★★★★	1	1	1	1	1	1	1	1	1	1		1					11★★★★★
2. 掌握电感、电容元件电流电压关系的相量形式及基尔霍夫定律的相量形式★★★★	1		1					1	1							1	5★★★
3. 掌握阻抗、导纳、有功功率、无功功率、视在功率和功率因数的概念★★★★★			1	1	1				1		1	1	2	1	1		10★★★★★
4. 熟练掌握正弦电流电路分析的相量方法★★★★★	5	5	4	6	11	9	6	7	5	11	9	4	2	2	3	1	90★★★★★
5. 了解频率特性的概念																	0

续表

1.3 正弦电流电路 考试大纲	2005	2006	2007	2008	2009	2010	2011	2012	2013	2014	2016	2017	2018	2019	2020	2021	汇总统计
6. 熟练掌握三相电路中电源和负载的连接方式及相电压、相电流、线电压、线电流、三相功率的概念和关系★★★★★	1	1	1	1		3	1	1	1	1	2			1	1	1	16★★★★★
7. 熟练掌握对称三相电路分析的相量方法★★★★★					1	1				1	1	1				1	6★★★★★
8. 掌握不对称三相电路的概念★													1				1★
汇总统计	8	7	8	9	14	14	8	10	9	14	13	7	5	4	5	4	139

表 1.3–2　　发输变电专业基础考试大纲要求及历年真题统计表

1.3 正弦电流电路 考试大纲	2005（同供配电）	2006（同供配电）	2007（同供配电）	2008	2009	2010	2011	2012	2013	2014	2016	2017	2018	2019	2020	2021	汇总统计
1. 掌握正弦量的三要素和有效值★★★★★	1	1	1	1		1			1	1							7★★★★★
2. 掌握电感、电容元件电流电压关系的相量形式及基尔霍夫定律的相量形式★★★★★	1		1		1					1			1		1		6★★★★★
3. 掌握阻抗、导纳、有功功率、无功功率、视在功率和功率因数的概念★★★★★			1			1				1	1	1	2			1	8★★★★★
4. 熟练掌握正弦电流电路分析的相量方法★★★★★	5	5	4	2	6	9	8	6	3	6	3	3	2	2	1	2	67★★★★★
5. 了解频率特性的概念																	0
6. 熟练掌握三相电路中电源和负载的连接方式及相电压、相电流、线电压、线电流、三相功率的概念和关系★★★★★	1	1	1	2	1	1	1	1				1		1	1	1	13★★★★★

续表

1.3 正弦电流电路 考试大纲	2005（同供配电）	2006（同供配电）	2007（同供配电）	2008	2009	2010	2011	2012	2013	2014	2016	2017	2018	2019	2020	2021	汇总统计
7. 熟练掌握对称三相电路分析的相量方法★★★★★				1	1	2		1	1	1	1	1		2	2		13★★★★★
8. 掌握不对称三相电路的概念																	0
汇总统计	8	7	8	6	9	14	9	8	5	10	5	6	5	5	5	4	114

对比以上供配电专业基础和发输变电专业基础历年真题统计表，可看到：尽管两个专业方向不同，但专业基础考试的两个方向的侧重点几乎相同，见表 1.3–3。

表 1.3–3　　专业基础供配电、发输变电两个专业方向侧重点比较

1.3 正弦电流电路	历年真题汇总统计	
考试大纲（取供配电、发输变电两个方向中多的★值标注）	供配电	发输变电
1. 掌握正弦量的三要素和有效值★★★★★	11★★★★★	7★★★★★
2. 掌握电感、电容元件电流电压关系的相量形式及基尔霍夫定律的相量形式★★★★★	5★★★★★	6★★★★★
3. 掌握阻抗、导纳、有功功率、无功功率、视在功率和功率因数的概念★★★★★	10★★★★★	8★★★★★
4. 熟练掌握正弦电流电路分析的相量方法★★★★★	90★★★★★	67★★★★★
5. 了解频率特性的概念	0	0
6. 熟练掌握三相电路中电源和负载的连接方式及相电压、相电流、线电压、线电流、三相功率的概念和关系★★★★★	16★★★★★	13★★★★★
7. 熟练掌握对称三相电路分析的相量方法★★★★★	6★★★★★	13★★★★★
8. 掌握不对称三相电路的概念★	1★	0
汇总统计	139	114

1.3.2　重要知识点复习

结合前面 1.3.1 节的历年真题统计分析（供配电、发输变电）结果，对“1.3 正弦电流电路”部分的 1、2、3、4、6、7 大纲点深入总结，其他大纲点从略。

1. 掌握正弦量的三要素和有效值

以电流为例，设正弦电流$i = I_m \sin(\omega t + \varphi)$，则一个正弦量的三要素是指幅值$I_m$、角频率$\omega$和初相位$\varphi$，对一个正弦量来讲，幅值$I_m$和有效值$I$之间的关系为$I_m = \sqrt{2} I$。

2. 掌握电感、电容元件电流电压关系的相量形式及基尔霍夫定律的相量形式

R、L、C元件伏安关系时域和相量表达式总结见表 1.3–4。

表 1.3–4　　　　　　　　　　*R*、*L*、*C* 元件伏安关系时域和相量表达式

元件名称	时域模型		相量模型		相量图	说　明
	电路结构	伏安关系	电路结构	伏安关系		
R 电阻	$+$, $i(t)$, u_R, R, $-$	$U_R = Ri$ $i = \frac{1}{R}u$	$+$, $\dot{I}_R$, $\dot{U}_R$, R, $-$	$\dot{U}_R = R\dot{I}$ $\dot{I}_R = \frac{1}{R}\dot{U}_R$	$+j$, $\dot{U}_R$, $\dot{I}_R$, φ_i, φ_u, O, $+1$	（1）$u_R = Ri_R$ $\dot{U}_R = R\dot{I}_R$ $U_R = RI_R$ $\dot{U}_{Rm} = R\dot{I}_{Rm}$ （2）$\theta = \varphi_u - \varphi_i = 0$ 或 $\varphi_u = \varphi_i$
L 电感	$+$, $i(t)$, u_L, L, $-$	$u_L = L\frac{di}{dt}$ $i = \frac{1}{L}\int_{-\infty}^{t} u_L d\tau$	$+$, $\dot{I}_L$, $\dot{U}_L$, $j\omega L$, $-$	$\dot{U}_L = j\omega L\dot{I}$ $\dot{I}_L = \frac{\dot{U}_L}{j\omega L}$	$+j$, $\dot{U}_L$, $\dot{I}_L$, φ_i, O, $+1$	（1）$\dot{U}_L = j\omega L\dot{I}_L$ $U_L = \omega LI_L$ （2）$\theta = \varphi_u - \varphi_i = 90°$ 或 $\varphi_u = \varphi_i + 90°$
C 电容	$+$, $i(t)$, u_C, C, $-$	$i = C\frac{du_C}{dt}$ $u_C = \frac{1}{C}\int_{-\infty}^{t} i d\tau$	$+$, $\dot{I}_C$, $\dot{U}_C$, $\frac{1}{j\omega C}$, $-$	$\dot{I}_C = \frac{\dot{U}_C}{\frac{1}{j\omega C}}$ $\dot{U}_C = \frac{1}{j\omega C}\dot{I}$	$+j$, $\dot{I}_C$, $\dot{U}_C$, φ_u, O, $+l$	（1）$\dot{U}_C = -j\frac{1}{\omega C}\dot{I}_C$ $U_C = \frac{1}{\omega C}I_C$ （2）$\theta = \varphi_i - \varphi_u = 90°$ 或 $\varphi_i = \varphi_u + 90°$

在电压、电流关联参考方向下，牢记以下三个关系式：$\dot{U}_R = R\dot{I}_R$，$\dot{U}_L = j\omega L\dot{I}_L$，$\dot{U}_C = -j\frac{1}{\omega C}\dot{I}_C$。对于电阻 *R*，电压电流同相位；对于电感 *L*，电压超前电流 90°；对于电容 *C*，电流超前电压 90°。

3. 掌握阻抗、导纳、有功功率、无功功率、视在功率和功率因数的概念

如图 1.3–1 所示，当电压、电流取为关联参考方向时，有阻抗 $Z = \frac{\dot{U}}{\dot{I}} = |Z| \angle \varphi_Z = R + jX(\Omega)$；导纳 $Y = \frac{1}{Z} = \frac{\dot{I}}{\dot{U}} = G + jB(S)$。对应电压 $\dot{U}$、电流 $\dot{I}$ 的相量图如图 1.3–2 所示，则 $\dot{U}$ 和 $\dot{I}$ 的夹角即为功率因数角 φ。

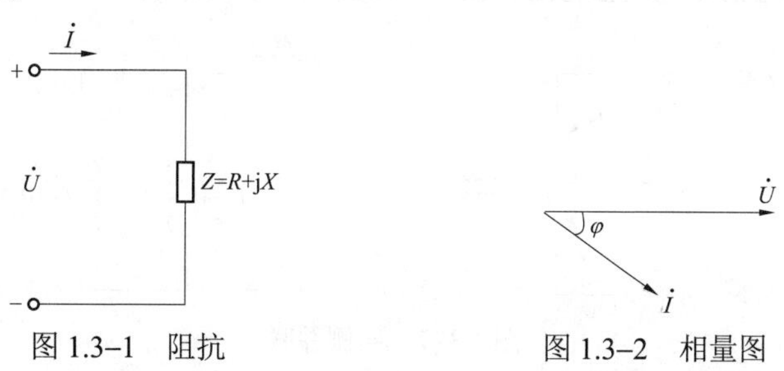

图 1.3–1　阻抗　　　　图 1.3–2　相量图

有功功率P(W)、无功功率Q(var)、视在功率S(VA)满足如下的功率三角形，定义$S=UI$，依据图 1.3–3 中的三角函数关系就有如下常用的公式，牢记功率三角形。$P=UI\cos\varphi$，$Q=UI\sin\varphi$，$\tan\varphi=\dfrac{Q}{P}$，$S=\sqrt{P^2+Q^2}$，功率因数$\cos\varphi=\dfrac{P}{S}$。

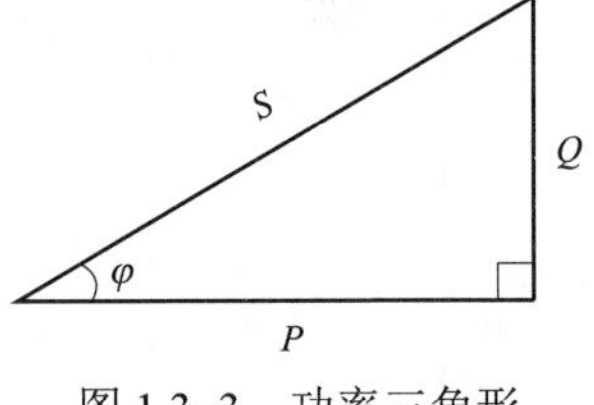

图 1.3–3　功率三角形

4. 熟练掌握正弦电流电路分析的相量方法

从前面 1.3.1 节的表统计结果可见，无论是供配电专业基础还是发输变电专业基础，本考点都占有极其重要的分量，但从历年考题分析来看，考点主要集中在以下几个方面（注意：对本部分考题一定要善于利用“相量图”来分析求解）：

考点一：谐振

含线性储能元件无独立电源的二端网络，在某一特定条件下，其端口呈现电阻性，即电压、电流同相位的现象称为谐振。如图 1.3–4 所示，若$\dfrac{\dot{U}}{\dot{I}}=R$，则$\dot{U}$、$\dot{I}$同相位，网络谐振了，因此判断谐振的方法就是：写出阻抗表达式，令虚部为 0，即为谐振条件。

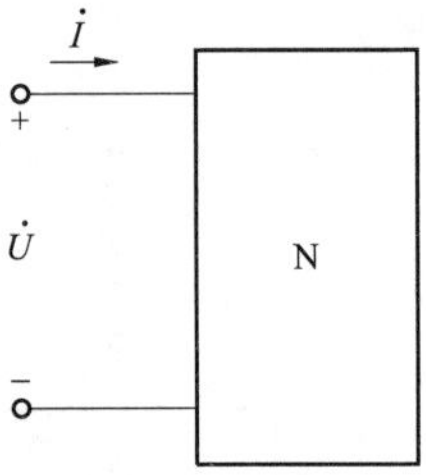

图 1.3–4　二端网络

以并联谐振为例：L、C的并联电路如图 1.3–5 所示，$\dot{I}_{\mathrm{L}}=\dfrac{\dot{U}}{\mathrm{j}X_{\mathrm{L}}}=\dfrac{\dot{U}}{\mathrm{j}\omega L}$，$\dot{I}_{\mathrm{C}}=\dfrac{\dot{U}}{-\mathrm{j}X_{\mathrm{C}}}=\dfrac{\dot{U}}{-\mathrm{j}\dfrac{1}{\omega C}}$，在$\dot{U}$一样的前提下，若$X_{\mathrm{L}}=X_{\mathrm{C}}$，则$I_{\mathrm{L}}=I_{\mathrm{C}}$，故$\dot{I}=\dot{I}_{\mathrm{L}}+\dot{I}_{\mathrm{C}}=0$，相量图如图 1.3–6 所示。

当$X_{\mathrm{L}}=X_{\mathrm{C}}$时，此时电路发生并联谐振，$\dot{I}=0$，$Z\to\infty$。

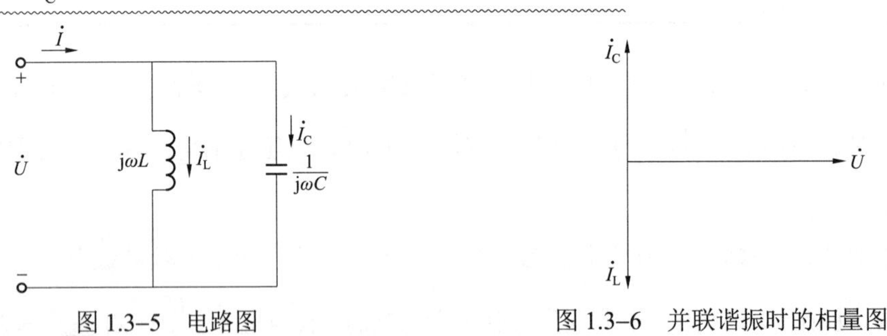

图 1.3–5　电路图　　　图 1.3–6　并联谐振时的相量图

考点二：互感

（1）去耦法。耦合电感的并联分“同侧并联”和“异侧并联”两种情况，按照“去耦法”分别做出去耦后的无互感等效电路如图 1.3–7 和图 1.3–8 所示。

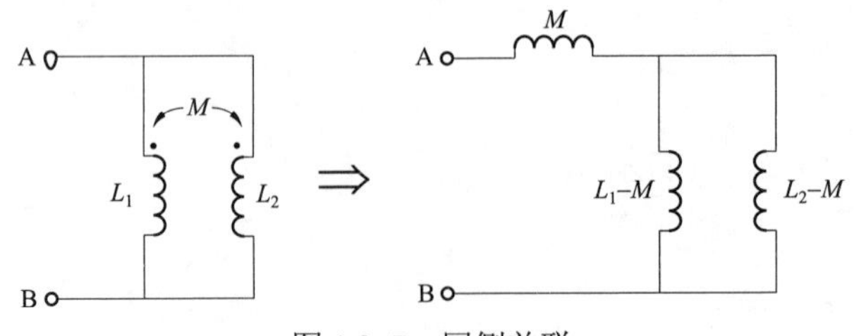

图 1.3–7　同侧并联

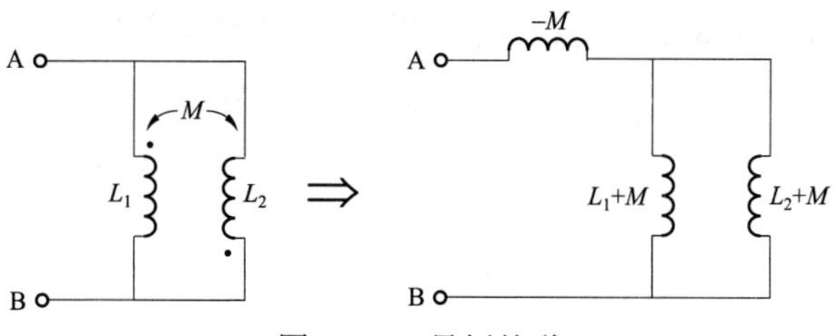

图 1.3–8　异侧并联

（2）两互感线圈的串接。

1）顺向串接时（图 1.3–9）：$\begin{cases} R_{eq} = R_1 + R_2 \\ L_{顺eq} = L_1 + L_2 + 2M \end{cases}$

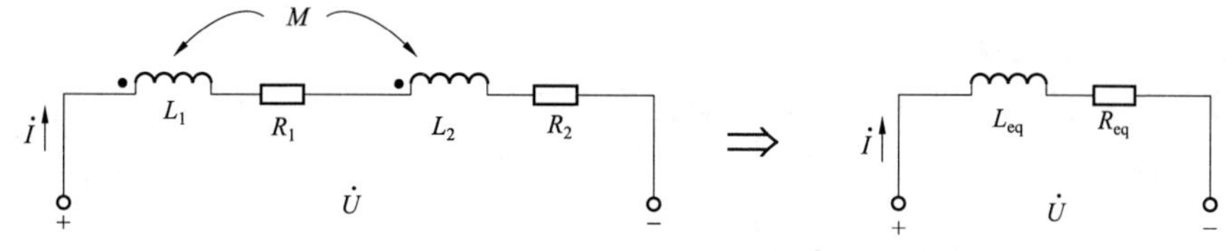

图 1.3–9　顺向串接

2）反向串接时（图 1.3–10）：$\begin{cases} R_{eq} = R_1 + R_2 \\ L_{反eq} = L_1 + L_2 - 2M \end{cases}$

综上，故有结论互感 $M = \dfrac{1}{4}(L_{顺} - L_{反})$。

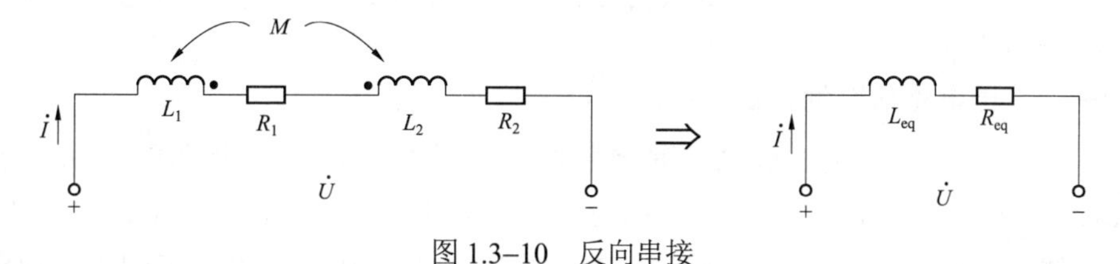

图 1.3–10　反向串接

考点三：最大功率传输

某一端口网络利用戴维南定理简化成如图 1.3–11 所示的电压源 $\dot{U}_{oc}$ 串联阻抗 Z_{eq} 的形式，外接负载阻抗 Z，推导可以得到如下结论：当 $Z = Z_{eq}^*$ 时，负载 Z 获得最大的功率值，该值为 $P_{max} = \dfrac{U_{oc}^2}{4R_{eq}}$。

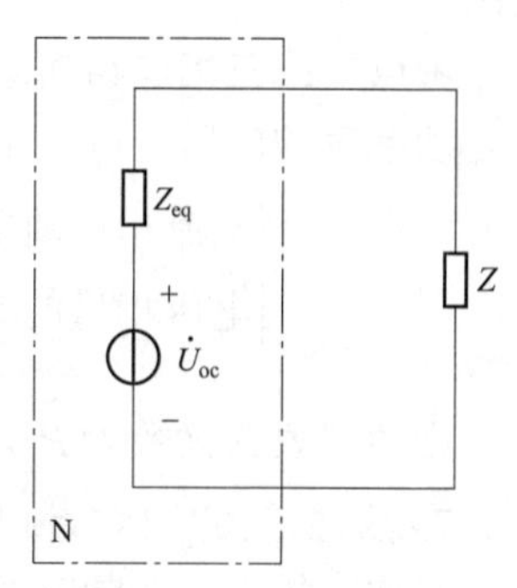

图 1.3–11　一端口网络求最大功率传输

考点四：功率因数 cosφ 提高

以图 1.3–12 所示电路图为例来进行说明。某感性负载 $R + \mathrm{j}\omega L$，流过的电流为 $\dot{I}_1$，功率因数为 $\cos\varphi_1$，为提高功率因数，在其两端并联电容 C，开关 S 闭合后，流过电容的电流为 $\dot{I}_2$，可见 $\dot{I} = \dot{I}_1 + \dot{I}_2$。并联电路以端电压 $\dot{U}$ 为基准参考相量，做出相量图如图 1.3–13 所示。显然，$\varphi_2 < \varphi_1$，所以 $\cos\varphi_2 > \cos\varphi_1$，并联电容后功率因数提高了。注意补偿前后有功功率不变，要

使功率因数从$\cos\varphi_1$提高到$\cos\varphi_2$，可推导得到需要补偿的容量为

$$Q_C = \omega CU^2 = P(\tan\varphi_1 - \tan\varphi_2)$$

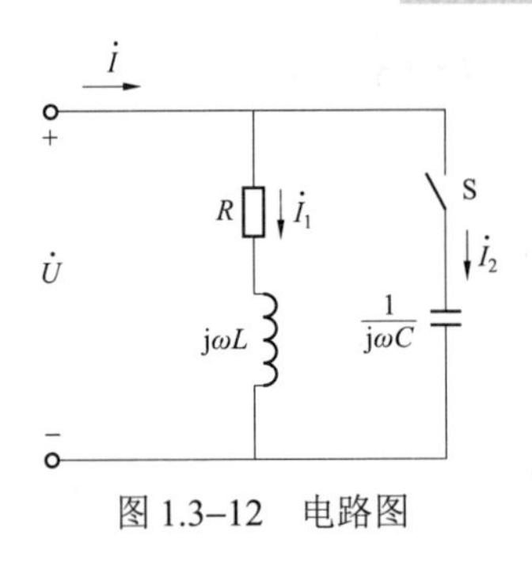

图 1.3–12 电路图

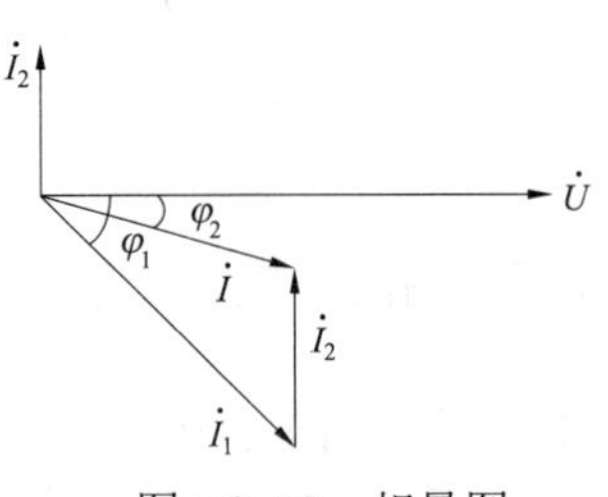

图 1.3–13 相量图

考点五：理想变压器

理想变压器的两个重要关系式，注意是在图 1.3–14 中标示电压电流参考方向下的。

$$\frac{u_1}{u_2} = n，\quad \frac{i_1}{i_2} = -\frac{1}{n}$$

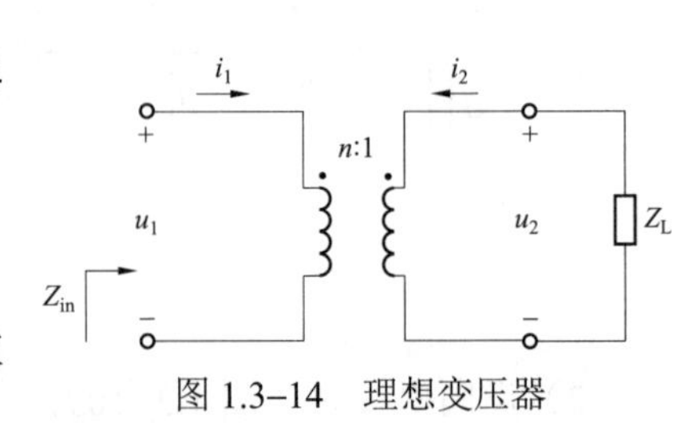

图 1.3–14 理想变压器

变压器还有变换阻抗的功能，如图 1.3–14 所示二次侧接负载阻抗Z_L，则一次侧的输入阻抗$Z_{in} = n^2 Z_L$。

5. 了解频率特性的概念

历年无考题，略。

6. 熟练掌握三相电路中电源和负载的连接方式及相电压、相电流、线电压、线电流、三相功率的概念和关系

考点一：三相电路功率的计算

对于三相电路，无论是△联结还是Y联结，只要“对称”，三相总的有功功率为$P = 3U_{相}I_{相}\cos\varphi = \sqrt{3}U_{线}I_{线}\cos\varphi$，其中$U_{相}$、$I_{相}$分别表示相电压、相电流有效值；$U_{线}$、$I_{线}$分别表示线电压、线电流有效值；$\varphi$为$U_{相}$超前$I_{相}$的阻抗角。并且 P、Q、S 三者间满足功率三角形的函数关系。

考点二：三相电路功率的测量

功率表的应用：以图 1.3–15 为例，当电压、电流参考方向满足这样的前提时：

$$\begin{cases}\text{电流相量的参考方向取为从同名端*流入}\dot{I}_A \\ \text{电压相量的参考方向取为同名端*字母在前，即为}\dot{U}_{BC}\text{而不是}\dot{U}_{CB}\end{cases}$$

则功率表的读数为$P = U_{BC}I_A\cos(\dot{U}_{BC}\hat{,}\dot{I}_A)$，式中$(\dot{U}_{BC}\hat{,}\dot{I}_A)$表示$\dot{U}_{BC}$与$\dot{I}_A$之间的相位差。

7. 熟练掌握对称三相电路分析的相量方法

对称三相电路，星形联结形式如图 1.3–16 所示，相电压和线电压的相量关系如图 1.3–17 所示。

显然，有关系式$\dot{U}_{AB} = \dot{U}_A - \dot{U}_B = \sqrt{3}\dot{U}_A\angle 30^\circ$，也即线电压幅值是相电压幅值的$\sqrt{3}$倍，且超前于相应的相电压 30°。另外，对称三相电路 Y 接线形式时，线电流等于相电流值。

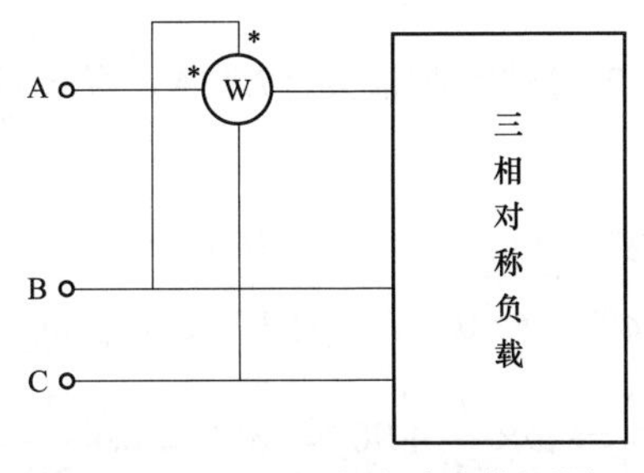

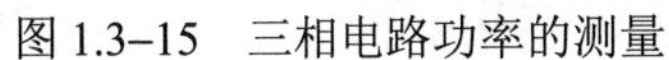
图 1.3–15 三相电路功率的测量

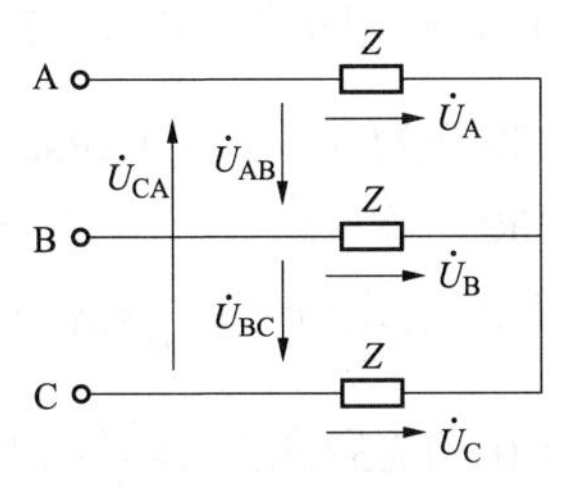

图 1.3–16 电路图

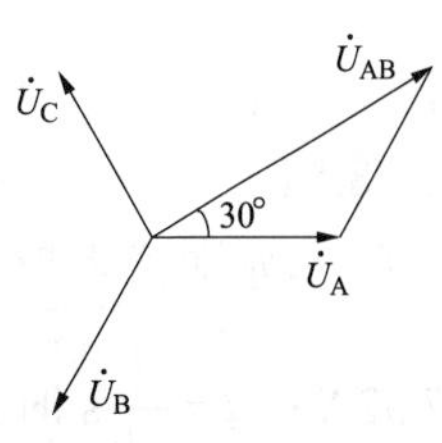

图 1.3–17 相量图

知识点补充：对称三相电路，三角形接线形式如图 1.3–18 所示，相电流和线电流的相量关系如图 1.3–19 所示。

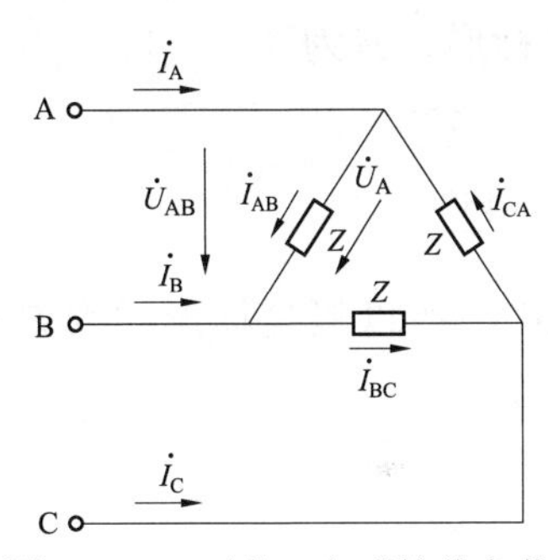

图 1.3–18 对称三角形接线负载

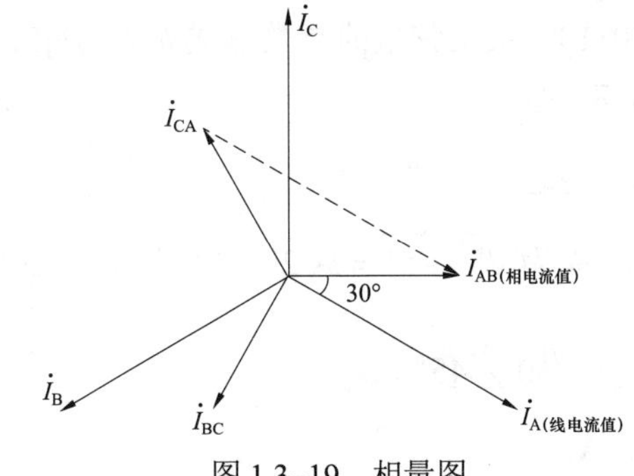

图 1.3–19 相量图

显然，有关系式 $\dot{I}_A = \dot{I}_{AB} - \dot{I}_{CA} = \sqrt{3}\dot{I}_{AB}\angle{-30^\circ}$，也即线电流幅值是相电流幅值的 $\sqrt{3}$ 倍，且滞后于相应的相电流 30°。

线电压 $\dot{U}_{AB}$ 与相电压 $\dot{U}_A$ 的关系是 $\dot{U}_{AB} = \dot{U}_A$，即对称三相电路△联结形式时，线电压等于相电压。

8. 掌握不对称三相电路的概念

需要注意的是，2018 年出现考题。

1.3.3 【供配电专业基础】历年真题详解

【1. 掌握正弦量的三要素和有效值】

1.（2009） 已知正弦电流的初相角为 30°，在 $t=0$ 时的瞬时值为 34.64A，经过 $\frac{1}{60}$s 后电流第一次下降为 0A，则其频率为（ ）Hz。

A. 25　　B. 50　　C. 314　　D. 628

分析： 设正弦电流 $i = I_m \sin(\omega t + \varphi)$。$t=0$ 时，有 $34.64 = I_m \sin 30^\circ \Rightarrow I_m = 69.28\text{A}$；$t = \frac{1}{60}\text{s}$ 时，有 $0 = 69.28\sin\left(\omega \times \frac{1}{60} + 30^\circ\right) \Rightarrow \omega \times \frac{1}{60} + 30^\circ = 180^\circ \Rightarrow \omega \times \frac{1}{60} = 150 \times \frac{\pi}{180} \Rightarrow \omega = 50\pi = 2\pi f \Rightarrow$ $f = 25\text{Hz}$。

答案： A

2006、2007 年类似考题出现，与本题的区别仅仅是已知参数略有不同。

2.（2010） 已知正弦电流的初相角为 90°，在 $t=0$ 时的瞬时值为 17.32A，经过 $\frac{1}{50}$s 后电流第一次下降为 0，则其角频率为（　　）rad/s。

A. 78.54　　B. 50　　C. 39.27　　D. 100

分析：同前题思路。设正弦电流 $i=I_m\sin(\omega t+\varphi)$。$t=0$ 时，有 $17.32=I_m\sin 90°\Rightarrow I_m=17.32\text{A}$；$t=\frac{1}{50}$s 时，有 $0=17.32\sin\left(\omega\times\frac{1}{50}+90°\right)\Rightarrow \omega\times\frac{1}{50}+90°=180°\Rightarrow \omega\times\frac{1}{50}=90\times\frac{\pi}{180}\Rightarrow \omega=25\pi=78.54\text{rad/s}$。

答案：A

3.（2011） 某正弦量的复数形式为 F=5+j5，其极坐标形式 F 为（　　）。

A. $\sqrt{50}\angle 45°$　　B. $\sqrt{50}\angle -45°$

C. $10\angle 45°$　　D. $10\angle -45°$

分析：模为 $\sqrt{5^2+5^2}=5\sqrt{2}$，角度为 $\arctan\left(\frac{5}{5}\right)=45°$，所以极坐标形式为 $F=5+\text{j}5=5\sqrt{2}\angle 45°=\sqrt{50}\angle 45°$。

答案：A

4.（2012） 已知正弦电流的初相角为 90°，在 $t=0$ 时的瞬时值为 17.32A，经过 0.5×10^{-3}s 后电流第一次下降为 0，则其频率为（　　）Hz。

A. 500　　B. 1000π　　C. 50π　　D. 1000

分析：设正弦电流 $i=I_m\sin(\omega t+\varphi)$。$t=0$ 时，有 $17.32=I_m\sin 90°\Rightarrow I_m=17.32\text{A}$；$t=0.5\times10^{-3}$s 时，有 $0=17.32\sin(\omega\times0.5\times10^{-3}+90°)\Rightarrow \omega\times0.5\times10^{-3}+90°=180°\Rightarrow \omega\times0.5\times10^{-3}=90\times\frac{\pi}{180}\Rightarrow \omega=1000\pi=2\pi f\Rightarrow f=500\text{Hz}$。

答案：A

5.（2013） 已知正弦电流的振幅为 10A，在 $t=0$ 时的瞬时值为 8.66A，经过 $\frac{1}{300}$s 后电流第一次下降为 0，则其初相角应为（　　）。

A. 70°　　B. 60°　　C. 30°　　D. 90°

分析：设正弦电流 $i=I_m\sin(\omega t+\varphi)$，$t=0$ 时，有 $8.66=10\sin\varphi\Rightarrow\varphi=60°$。

答案：B

6.（2014） 有两个交流电压源分别为 $u_1=3\sin(\omega t+53.4°)\text{V}$、$u_2=4\sin(\omega t-36.6°)\text{V}$，将两个电源串接在一起，则新的电压源最大幅值为（　　）。

A. 5V　　B. 6V　　C. 7V　　D. 8V

分析：将瞬时值形式用对应的相量形式来表示，则有

$u_1=3\sin(\omega t+53.4°)\text{V}\Rightarrow \dot{U}_1=3\angle 53.4°\text{V}$，$u_2=4\sin(\omega t-36.6°)\text{V}\Rightarrow \dot{U}_2=4\angle -36.6°\text{V}$

可见，$\dot{U}_1$、$\dot{U}_2$正好相差90°，做出相量图如图1.3–20所示。两个电源串接，所以$\dot{U}=\dot{U}_1+\dot{U}_2$。看相量图知道，$\dot{U}$、$\dot{U}_1$、$\dot{U}_2$三者正好构成一个封闭的直角三角形，故有

$$U=\sqrt{U_1^2+U_2^2}=\sqrt{3^2+4^2}\text{V}=5\text{V}$$

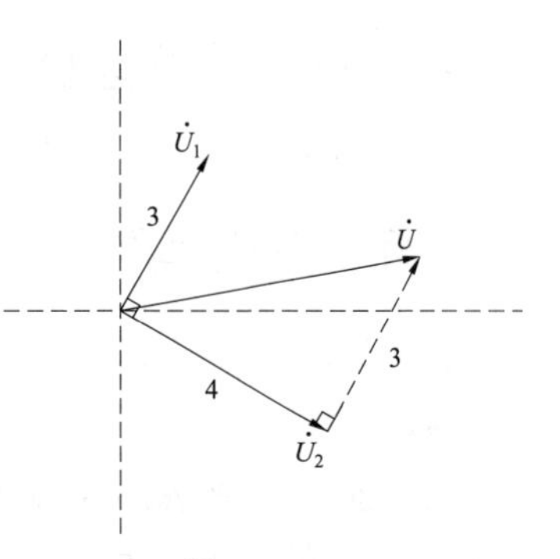

图1.3–20

答案：A

7.（2017） 正弦电压$u_1=100\cos(\omega t+30^\circ)$（V）对应的有效值为（　　）。

A. 100V　　B. $100/\sqrt{2}$V

C. $100\sqrt{2}$V　　D. 50V

分析：正弦量的幅值是其有效值的$\sqrt{2}$倍。

答案：B

8.（2017） 图1.3–21所示网络中，已知$i_1=3\sqrt{2}\cos(\omega t)$（A），$i_2=3\sqrt{2}\cos(\omega t+120^\circ)$（A），$i_3=4\sqrt{2}\cos(\omega t+60^\circ)$（A），则电流表读数（有效值）为（　　）。

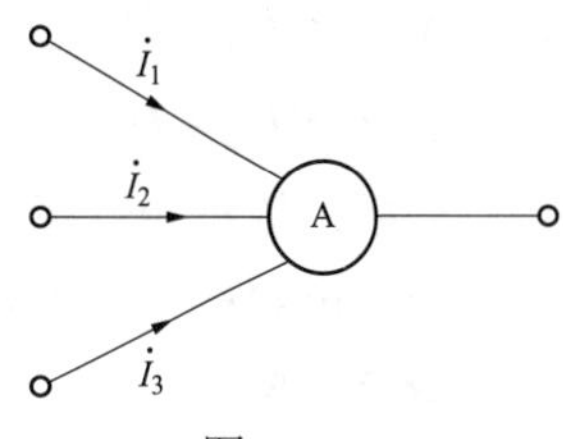

图1.3–21

A. 5A　　B. 7A　　C. 13A　　D. 1A

分析：$\dot{I}=\dot{I}_1+\dot{I}_2+\dot{I}_3=(3\angle 0^\circ+3\angle 120^\circ+4\angle 60^\circ)$A=[3+(−1.5+j2.598)+2+j2$\sqrt{3}$]A=(3.5+j6.062)A=7$\angle 60^\circ$A。

答案：B

【2. 掌握电感、电容元件电流电压关系的相量形式及基尔霍夫定律的相量形式】

9.（2005、2012） 正弦电流通过电容元件时，下列关系中（　　）是正确的。

A. $I_\text{m}=\text{j}\omega CU_\text{m}$　　B. $u_\text{C}=X_\text{C}i_\text{C}$　　C. $\dot{I}=\text{j}\dot{U}/X_\text{C}$　　D. $\dot{I}=C\dfrac{\text{d}\dot{U}}{\text{d}t}$

分析：选项A幅值关系错误，应该为$I_\text{m}=\omega CU_\text{m}$；选项B瞬时值关系应该为$i_\text{C}=C\dfrac{\text{d}u_\text{C}}{\text{d}t}$；选项C正确，为正弦量的相量表示法；选项D错误，相量非相量，瞬时值非瞬时值。

答案：C

10.（2007） 正弦电流通过电感元件时，下列关系正确的是（　　）。

A. $u_\text{L}=\omega Li$　　B. $\dot{U}_\text{L}=\text{j}X_\text{L}\dot{I}$　　C. $\dot{U}_\text{L}=L\dfrac{\text{d}\dot{I}}{\text{d}t}$　　D. $\varphi_\text{i}=\varphi_\text{u}+\dfrac{\pi}{2}$

分析：选项A错误，瞬时值不是瞬时值，相量不是相量；选项B正确；选项C错误，瞬时值表达式应该为$u_\text{L}=L\dfrac{\text{d}i_\text{L}}{\text{d}t}$；选项D对于电感元件，在电压、电流关联的参考方向下，应该是电压超前电流$\dfrac{\pi}{2}$，即$\varphi_\text{u}=\varphi_\text{i}+\dfrac{\pi}{2}$。

答案：B

11.（2013） 正弦电流通过电容元件时，电流$\dot{I}_C$应为（　　）。

A. $j\omega CU_m$　　　B. $j\omega C\dot{U}$　　　C. $-j\omega CU_m$　　　D. $-j\omega C\dot{U}$

分析：在电容元件电压、电流参考分向关联的前提下，有关系式$\dot{U}=-j\dfrac{1}{\omega C}\dot{I}_C$，所以$\dot{I}_C=j\omega C\dot{U}$。

答案：B

12.（2016） 在R、L串联的交流电路中，用复数形式表示时，总电压$\dot{U}$与电阻电压$\dot{U}_R$和电感电压$\dot{U}_L$的关系式为（　　）。

A. $\dot{U}=\dot{U}_R+\dot{U}_L$　　　B. $\dot{U}=\dot{U}_L-\dot{U}_R$

C. $\dot{U}=\dot{U}_R-\dot{U}_L$　　　D. $\dot{U}=\dot{U}_L\dot{U}_R$

分析：依据相量形式的KVL，显然选项A正确。

补充说明：本题严格来讲，应该给出参考方向才能判断。

答案：A

13.（2021） 电路如图1.3–22所示，已知$i_s=2\cos\omega t(\mathrm{A})$，电容$C$可调，如果电容增大，则电压表的读数（　　）。

A. 增大　　　B. 减小　　　C. 不变　　　D. 不确定

分析：因为$U_R=Ri_s$，故电压表的读数不变。

答案：C

【3. 掌握阻抗、导纳、有功功率、无功功率、视在功率和功率因数的概念】

14.（2008） 在如图1.3–23所示电路中，$u_s=100\sqrt{2}\sin(\omega t)(\mathrm{V})$，在电阻4Ω上的有功功率为100W，则电路的总功率因数为（　　）。

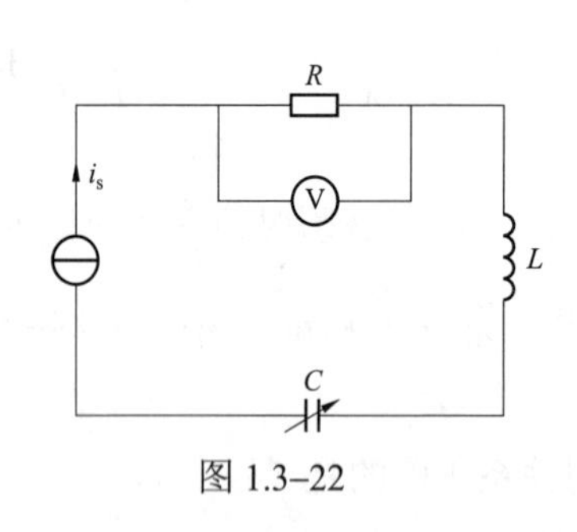

图 1.3–22

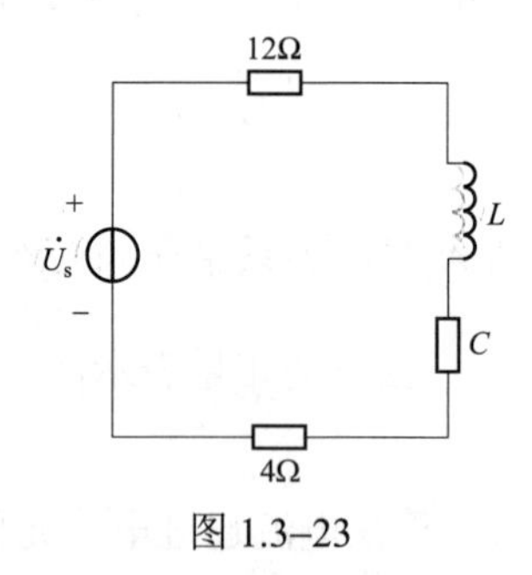

图 1.3–23

A. 0.6　　　B. 0.5　　　C. 0.8　　　D. 0.9

分析：由题目已知条件“电阻4Ω上的有功功率为100W”，可得$P_1=RI^2\Rightarrow 100=4I^2\Rightarrow I=5\mathrm{A}$。

这样电阻12Ω上的有功功率为$P_2=(12\times 5^2)\mathrm{W}=300\mathrm{W}$，

总有功功率为$P=P_1+P_2=100\mathrm{W}+300\mathrm{W}=400\mathrm{W}$。又$P=UI\cos\varphi\Rightarrow 400=100\times 5\times\cos\varphi\Rightarrow\cos\varphi=0.8$。

答案：C

15.（2007、2009） 在如图 1.3–24 所示电路中，$u_s = 30\sqrt{2}\sin(\omega t)(V)$，在电阻 10Ω上的有功功率为 10W，则电路的总功率因数为（　　）。

A. 1.0　　　　B. 0.6

C. 0.3　　　　D. 不能确定

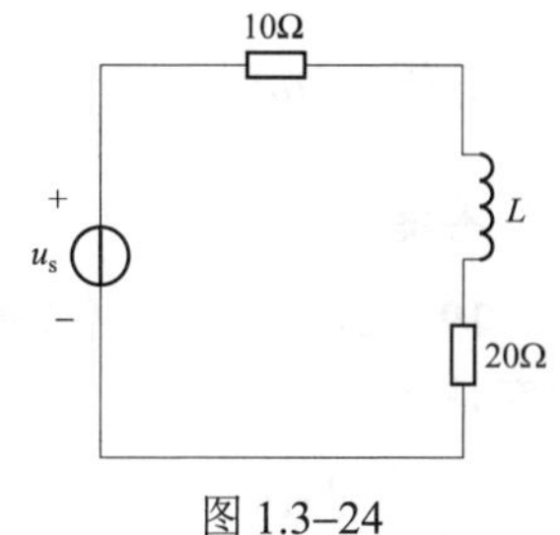

图 1.3–24

分析：方法 1，$P = RI^2 \Rightarrow 10 = 10I^2 \Rightarrow I = 1A$，设 $\dot{U}_s = 30\angle 0^\circ$ V，则 $\dot{I} = 1\angle -\varphi$ A，$I = \dfrac{U}{|Z|} = \dfrac{U}{\sqrt{30^2 + X_L^2}} \Rightarrow 1 = \dfrac{30}{\sqrt{30^2 + X_L^2}} \Rightarrow X_L = 0\Omega$，所以为一纯电阻电路，故 $\cos\varphi = 1$。

方法2，由题目已知条件“电阻 10Ω上的有功功率为 10W”，可得 $P_1 = RI^2 \Rightarrow 10 = 10I^2 \Rightarrow I = 1A$。这样电阻 20Ω上的有功功率为 $P_2 = (20\times 1^2)W = 20W$，总有功功率为 $P = P_1 + P_2 = 10W + 20W = 30W$。又 $P = UI\cos\varphi \Rightarrow 30 = 30\times 1\times\cos\varphi \Rightarrow \cos\varphi = 1.0$。

答案：A

16.（2013） 如图 1.3–25 所示电路中，$u_s = 50\sin\omega t(V)$，电阻15Ω 上的有功功率为 30W，则电路的功率因数应为（　　）。

A. 0.8　　　　B. 0.4

C. 0.6　　　　D. 0.3

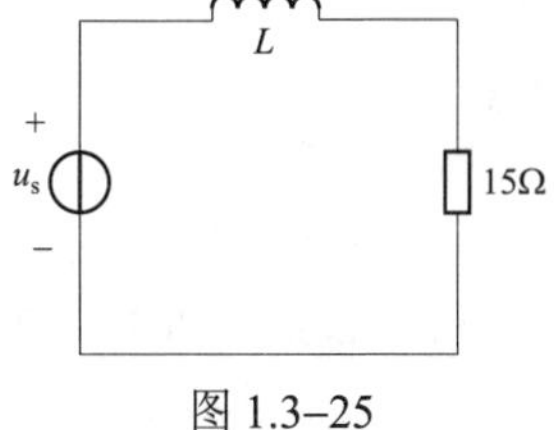

图 1.3–25

分析：$P = RI^2 \Rightarrow 30 = 15\times I^2 \Rightarrow I = \sqrt{2}A$，$|Z| = \dfrac{U}{I} = \dfrac{50/\sqrt{2}}{\sqrt{2}}\Omega = 25\Omega$。根据阻抗三角形，所以 $\cos\varphi = \dfrac{R}{|Z|} = \dfrac{15}{25} = 0.6$。

答案：C

17.（2016） 在 220V 的工频交流线路上并联有 20 只 40W（功率因数 $\cos\varphi = 0.5$）的荧光灯和 100 只 400W 的白炽灯，线路的功率因数 $\cos\varphi$ 为（　　）。

A. 0.999 4　　　　B. 0.988 8　　　　C. 0.978 8　　　　D. 0.950 0

分析：荧光灯组：$P_1 = 20\times 40W = 800W$，$Q_1 = 20\times 40\times\tan(\arccos 0.5)var = 1385.64var$。

白炽灯组：$P_2 = 100\times 400 = 40\,000W$，白炽灯可视为纯电阻故 $Q_2 = 0var$。

这样，$P = P_1 + P_2 = 800 + 40\,000 = 40\,800W$，$Q = Q_1 + Q_2 = 1385.64var$，$\cos\varphi = \dfrac{P}{\sqrt{P^2 + Q^2}} = \dfrac{40\,800}{\sqrt{40\,800^2 + 1385.64^2}} = 0.999\,4$。

答案：A

18.（2019） *RC* 串联电路，在角频率为1ω时，串联阻抗为$(4 - j3)\Omega$；角频率为3ω时，串联阻抗为（　　）。

A. $(4-\mathrm{j}3)\Omega$　　B. $(12-\mathrm{j}9)\Omega$

C. $(4-\mathrm{j}9)\Omega$　　D. $(4-\mathrm{j})\Omega$

分析：1ω时，$Z_{\mathrm{eq}}=R-\mathrm{j}\dfrac{1}{\omega C}=(4-\mathrm{j}3)\Omega$；$3\omega$时，$Z'_{\mathrm{eq}}=R-\mathrm{j}\dfrac{1}{3\omega C}=(4-\mathrm{j}1)\Omega$。

答案：D

19.（2020）电路如图 1.3–26 所示，已知电源电压$\dot{U}_{\mathrm{s}}=10\angle 0^\circ\mathrm{V}$，电压源发出的有功功率是（　　）。

A. $\dfrac{100}{3}\mathrm{W}$　　B. $\dfrac{200}{3}\mathrm{W}$

C. 24W　　D. 48W

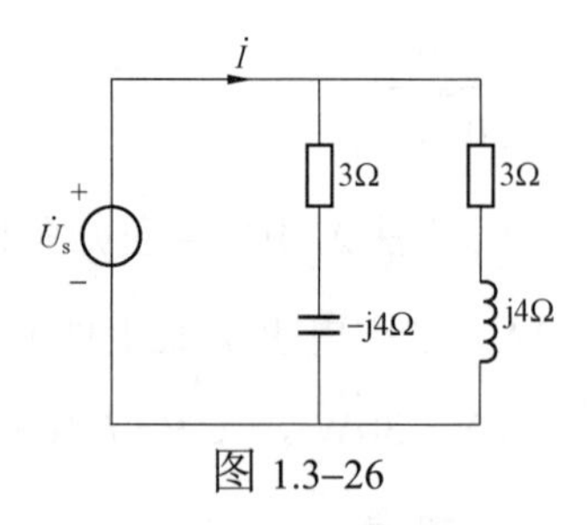

图 1.3–26

分析：$Z=(3+\mathrm{j}4)\ \Omega//(3-\mathrm{j}4)\ \Omega=\dfrac{25}{6}\Omega$，$P=UI\cos\varphi=10\times\dfrac{10}{\frac{25}{6}}\mathrm{W}=24\mathrm{W}$。

答案：C

【4. 熟练掌握正弦电流电路分析的相量方法】

20.（2005、2012、2013）电阻$R=3\mathrm{k}\Omega$、电感$L=4\mathrm{H}$和电容$C=1\mu\mathrm{F}$组成的串联电路。当电路发生振荡时，谐振角频率应为（　　）rad/s。

A. 375　　B. 500　　C. 331　　D. 750

分析：$\omega_0=\dfrac{1}{\sqrt{LC}}=\dfrac{1}{\sqrt{4\times1\times10^{-6}}}=\dfrac{10^3}{2}\mathrm{rad/s}=500\mathrm{rad/s}$。

本题$R=3\mathrm{k}\Omega$为多余条件。

答案：B

21.（2005、2008、2013）图 1.3–27 所示空心变压器 AB 间的输入阻抗为（　　）。

A. j15　　B. j5　　C. j1.25　　D. j11.25

分析：空心变压器是由两个绕在非铁磁材料制成的心子上并且具有互感的线圈组成。一般采用“去耦法”来求解。做出去耦后的无互感等效电路如图 1.3–28 所示。

$$R_{\mathrm{AB}}=[\mathrm{j}5+\mathrm{j}5//(\mathrm{j}10-\mathrm{j}20)]\Omega=[\mathrm{j}5+\mathrm{j}5//(-\mathrm{j}10)]\Omega=\left[\mathrm{j}5+\frac{\mathrm{j}5\times(-\mathrm{j}10)}{\mathrm{j}5-\mathrm{j}10}\right]\Omega=\mathrm{j}15\Omega$$

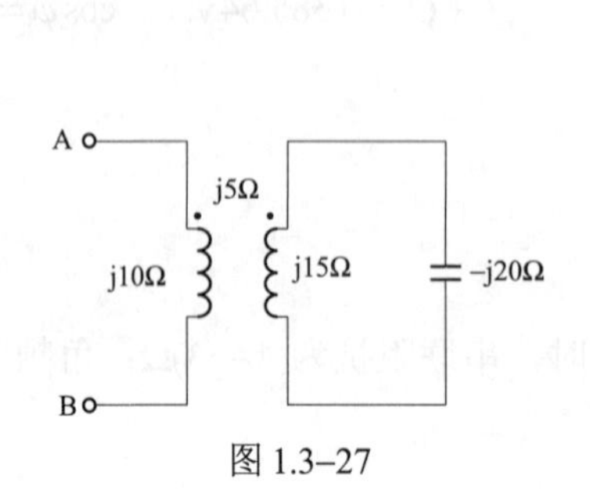

图 1.3–27

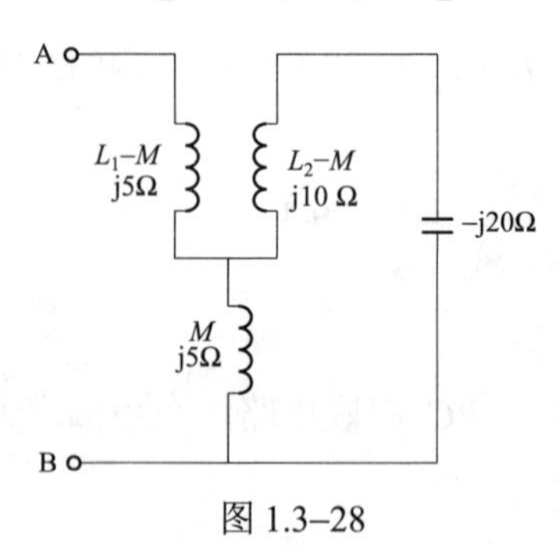

图 1.3–28

答案：A

22.（供 2005、2008，发 2013） 如图 1.3–29 所示的电路中，U=220V，f=50Hz，S 断开及闭合时电流 I 的有效值均为 0.5A，则感抗 X_{L} 为（　　）Ω。

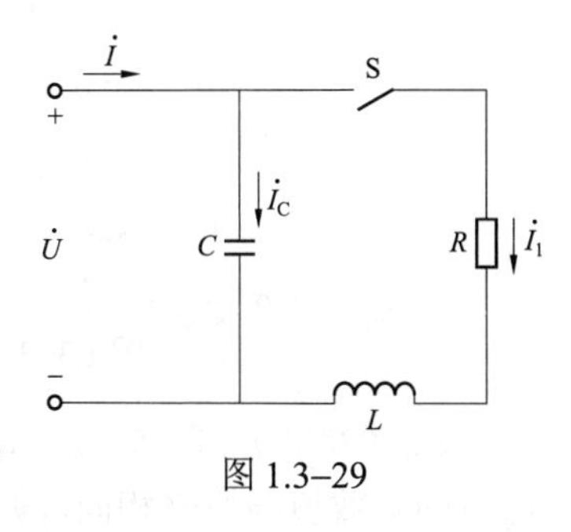

图 1.3–29

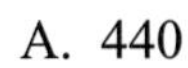

A. 440　　　　　　B. 220

C. 380　　　　　　D. 不能确定

分析：（1）S 断开时：$I_{\mathrm{C}}=\dfrac{U}{X_{\mathrm{C}}}\Rightarrow X_{\mathrm{C}}=\dfrac{U}{I_{\mathrm{C}}}=\dfrac{220}{0.5}\Omega=440\Omega$。

（2）S 闭合时：$|Z|=\dfrac{U}{I}=\dfrac{220}{0.5}=440$，又有

$$|Z|=|(R+\mathrm{j}X_{\mathrm{L}})//(-\mathrm{j}X_{\mathrm{C}})|=\left|\frac{(R+\mathrm{j}X_{\mathrm{L}})(-\mathrm{j}X_{\mathrm{C}})}{R+\mathrm{j}(X_{\mathrm{L}}-X_{\mathrm{C}})}\right|=\left|\frac{X_{\mathrm{L}}X_{\mathrm{C}}-\mathrm{j}RX_{\mathrm{C}}}{R+\mathrm{j}(X_{\mathrm{L}}-X_{\mathrm{C}})}\right|=440$$

$$\Rightarrow\left|\frac{X_{\mathrm{L}}-\mathrm{j}R}{R+\mathrm{j}(X_{\mathrm{L}}-440)}\right|=1\Rightarrow\frac{\sqrt{X_{\mathrm{L}}^2+R^2}}{\sqrt{R^2+(X_{\mathrm{L}}-440)^2}}=1$$

$$\Rightarrow X_{\mathrm{L}}^2+R^2=R^2+(X_{\mathrm{L}}-440)^2\Rightarrow X_{\mathrm{L}}^2=(X_{\mathrm{L}}-440)^2$$

$$\Rightarrow \pm X_{\mathrm{L}}=X_{\mathrm{L}}-440$$

取“+”，则有 $X_{\mathrm{L}}=X_{\mathrm{L}}-440\Rightarrow$ 错误；

取“−”，则有 $-X_{\mathrm{L}}=X_{\mathrm{L}}-440\Rightarrow X_{\mathrm{L}}$=220Ω。

故 $X_{\mathrm{L}}=220\Omega$。

注意：本题有 R、X_{L} 两个未知数，貌似 $|Z|=\dfrac{U}{I}=440$ 只有一个方程，无法求解两个未知数，从而很容易错选 D，实际上复数运算的实部、虚部是可以列写出两个方程的。

答案：B

23.（2005、2008） 如图 1.3–30 所示的正弦电流电路发生谐振时，电流表 A1、A2 的读数分别为 4A 和 3A，则电流表 A3 的读数为（　　）。

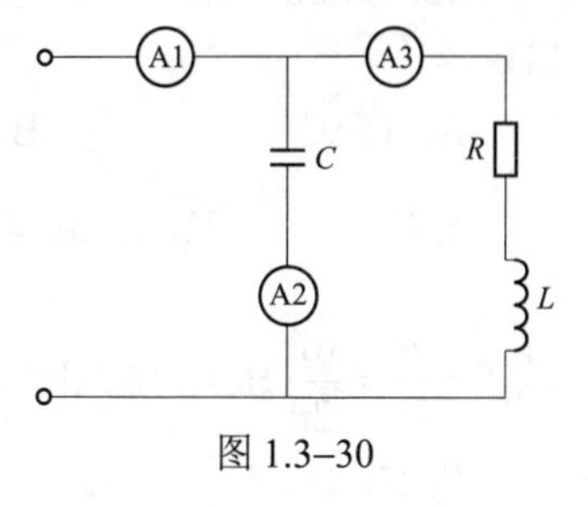

图 1.3–30

A. 1A　　　　　　B. 7A

C. 5A　　　　　　D. 不能确定

分析：注意这种类型的题目用“相量图”求解最简单。标注出各电流参考方向如图 1.3–31 所示，按照 $\dot{U}\to\dot{I}_1\to\dot{I}_2\to\dot{I}_3$ 的顺序做出相量图如图 1.3–32 所示。

注意电路谐振，则有 $\dot{U}$ 与 $\dot{I}_1$ 是同相位的。

依据 KCL，可得 $\dot{I}_1=\dot{I}_2+\dot{I}_3$，看相量图显然有 $I_3=\sqrt{{I_1}^2+{I_2}^2}=\sqrt{4^2+3^2}\mathrm{A}=5\mathrm{A}$。

答案：C

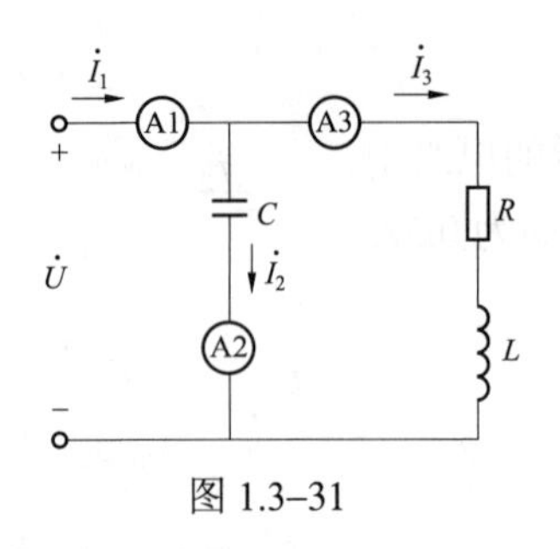

图 1.3–31

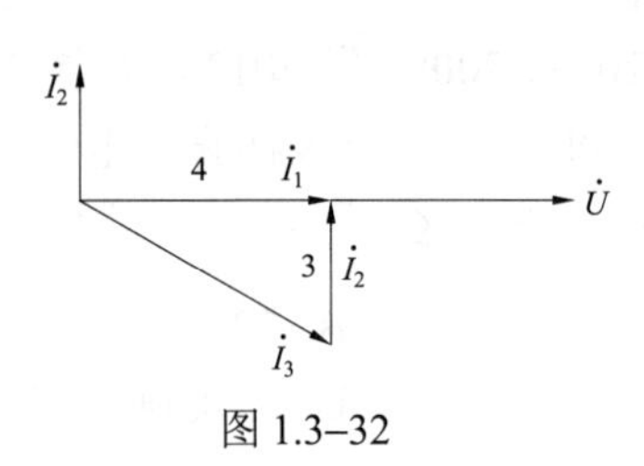

图 1.3–32

24.（2005） 在 R、L、C 串联电路中，$X_L=20\Omega$。若总电压维持不变，而将 L 短路，总电流的有效值与原来相同，则 X_C 应为（　　）Ω。

A. 40　　　B. 30　　　C. 10　　　D. 5

分析: 依题目做出 L 短路前电路图（图 1.3–33）和 L 短路后电路图（图 1.3–34）。$|Z_1|=\dfrac{U_1}{I_1}$，$|Z_2|=\dfrac{U_2}{I_2}$，由题意知道 $U_1=U_2$，$I_1=I_2$，所以 $|Z_1|=|Z_2|$。

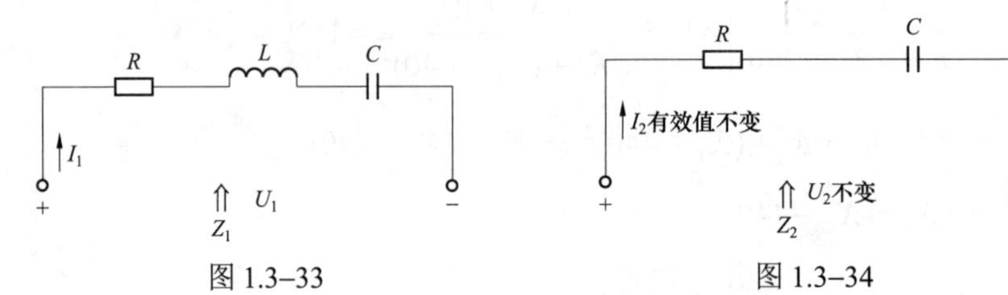

图 1.3–33

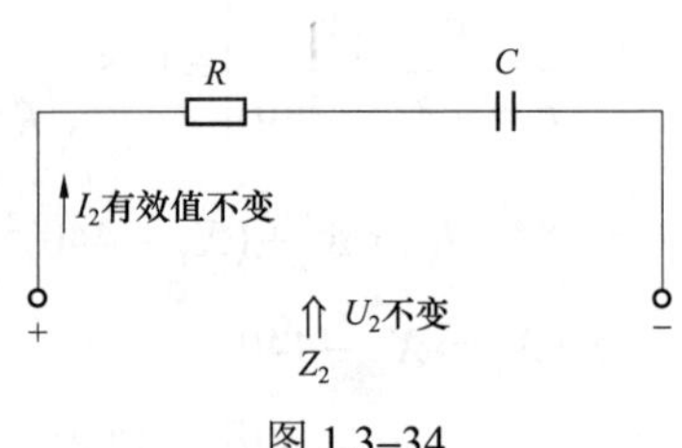

图 1.3–34

在图 1.3–33 中，有 $|Z_1|=|R+\mathrm{j}X_L-\mathrm{j}X_C|=\sqrt{R^2+(X_L-X_C)^2}$；

在图 1.3–33 中，有 $|Z_2|=|R-\mathrm{j}X_C|=\sqrt{R^2+{X_C}^2}$；

故 $\sqrt{R^2+(X_L-X_C)^2}=\sqrt{R^2+{X_C}^2}\Rightarrow(20-X_C)^2={X_C}^2\Rightarrow 20-X_C=\pm X_C$；

取“+”，有 $20-X_C=X_C\Rightarrow X_C=10\Omega$，取“−”，有 $20-X_C=-X_C$，显然不成立，错误。

答案： C

25.（2006、2007） 若电路中 $L=4\text{H}$，$C=25\text{pF}$ 时恰好有 $X_L=X_C$，则此时频率 f 为（　　）kHz。

A. 15.92　　　B. 16　　　C. 24　　　D. 36

分析： $X_L=X_C\Rightarrow\omega L=\dfrac{1}{\omega C}$，$\omega=\dfrac{1}{\sqrt{LC}}=\dfrac{1}{\sqrt{4\times25\times10^{-12}}}\text{rad/s}=\dfrac{1}{2\times5\times10^{-6}}\text{rad/s}=10^5\text{rad/s}$，

故 $f=\dfrac{\omega}{2\pi}=\dfrac{10^5}{2\pi}\text{Hz}=15.92\text{kHz}$。

答案： A

26.（2006、2007） 如图 1.3–35 所示的电路中，$L_1=L_2=10\text{H}$，$C=1000\mu\text{F}$，M 从 0 变到 8H 时，谐振角频率的变化范围是（　　）。

A. $10\sim\dfrac{10}{\sqrt{14}}\text{rad/s}$　　　B. $0\sim\infty\,\text{rad/s}$

C. 10～16.67rad/s　　　　　　　　　　　　D. 不能确定

分析：本题需掌握两个关键点，一是去耦法，二是 R、L、C 串联电路的谐振频率，即 $\omega L-\dfrac{1}{\omega C}=0\Rightarrow\omega_0=\dfrac{1}{\sqrt{LC}}$。做出去耦后的等效电路如图 1.3–36 所示。

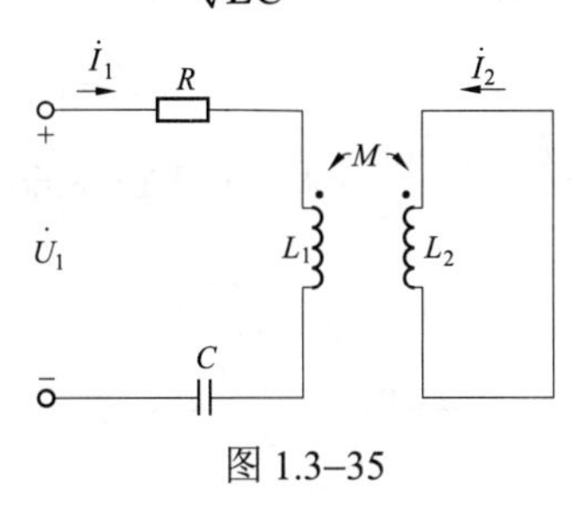

图 1.3–35

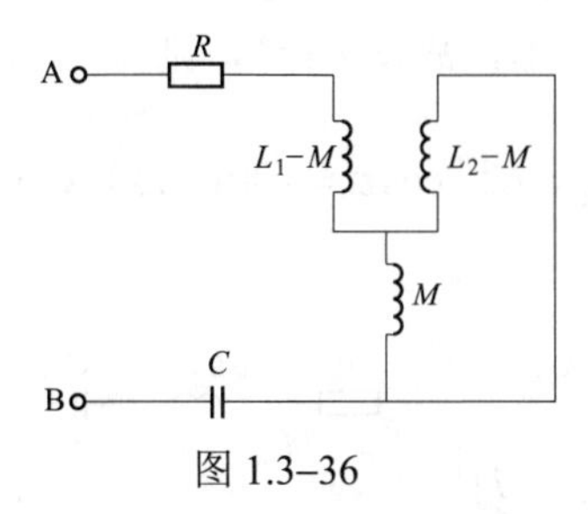

图 1.3–36

等效 $L_{eq}=[(L_2-M)//M]+(L_1-M)=\dfrac{(L_2-M)M}{L_2}+L_1-M=\dfrac{10M-M^2+100-10M}{10}=$

$\dfrac{100-M^2}{10}$，$\omega_0=\dfrac{1}{\sqrt{LC}}=\dfrac{1}{\sqrt{\dfrac{100-M^2}{10}\times1000\times10^{-6}}}=\dfrac{1}{\sqrt{\dfrac{100-M^2}{10^4}}}=\dfrac{100}{\sqrt{100-M^2}}$。

当 $M=0\text{H}$ 时，$\omega_0=10\text{rad/s}$。当 $M=8\text{H}$ 时，$\omega_0=\dfrac{100}{\sqrt{100-64}}\text{rad/s}=\dfrac{100}{6}\text{rad/s}=16.67\text{rad/s}$。

所以，谐振角频率的变化范围是10～16.67rad/s。

答案：C

27.（2006）　如图 1.3–37 所示的电路谐振频率为（　　）。

A. $\dfrac{1}{\sqrt{LC}}$　　　　B. $\dfrac{1}{2\sqrt{LC}}$

C. $\dfrac{2}{\sqrt{LC}}$　　　　D. $\dfrac{4}{\sqrt{LC}}$

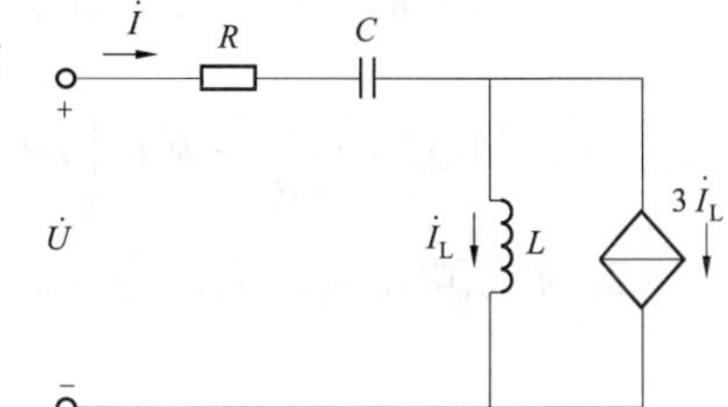

图 1.3–37

分析：电路发生谐振，说明 $\dot{U}$、$\dot{I}$ 同相位，即 $Z=\dfrac{\dot{U}}{\dot{I}}$ 呈现纯阻性。

依据 KVL，可得

$$\dot{U}=\left(R-\mathrm{j}\frac{1}{\omega C}\right)\dot{I}+\mathrm{j}\omega L\dot{I}_L \qquad (1.3\text{–}1)$$

依据 KCL，可得 $\dot{I}=\dot{I}_L+3\dot{I}_L\Rightarrow\dot{I}_L=\dfrac{1}{4}\dot{I}$。代入式（1.3–1），得 $\dot{U}=\left(R-\mathrm{j}\dfrac{1}{\omega C}\right)\dot{I}+\mathrm{j}\omega L\dot{I}_L=$ $\left(R-\mathrm{j}\dfrac{1}{\omega C}+\mathrm{j}\dfrac{\omega L}{4}\right)\dot{I}$。$\dot{U}$、$\dot{I}$ 同相位，说明虚部为 0，故有 $-\dfrac{1}{\omega C}+\dfrac{\omega L}{4}=0\Rightarrow\omega=\dfrac{2}{\sqrt{LC}}$。

答案：C

28.（2006、2016）　如图 1.3–38 所示的 R、L、C 串联电路中，若总电压 U、电容电压 U_C

以及 R、L 两端的电压 U_{RL} 均为 100V，且 $R=10\Omega$，则电流 I 应为（　　）A。

A. 10　　　　B. 8.66　　　　C. 5　　　　D. 5.77

分析：“相量图”分析是重点。串联支路一般以电流 $\dot{I}$ 为参考相量，即 $\dot{I}$ 的相位取为 0°，做出相量图如图 1.3–39 所示。由题意知 $U=U_C=U_{RL}=100\text{V}$，显然 U_{RL}、U_C、U 就构成了一个等边三角形，故 $\alpha=30°$，则

$$U_R=U_{RL}\cos\alpha=100\cos30°\text{V}=50\sqrt{3}\text{V}，\quad I=\frac{U_R}{R}=\frac{50\sqrt{3}}{10}\text{A}=5\sqrt{3}\text{A}=8.66\text{A}$$

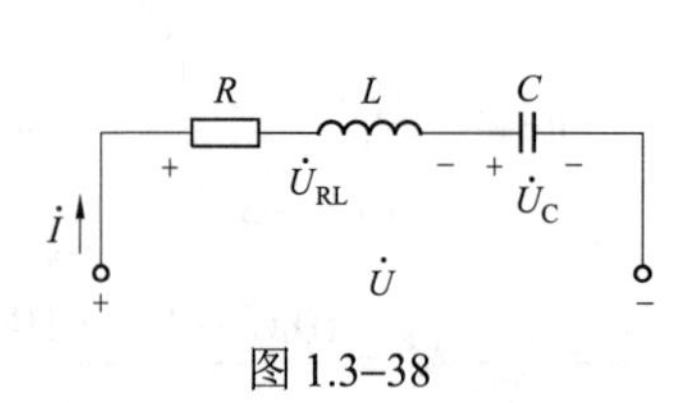

图 1.3–38

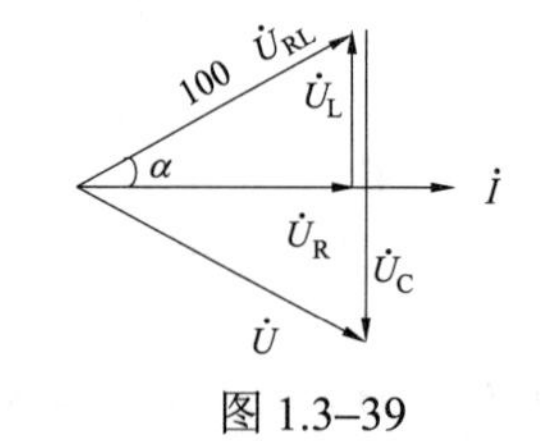

图 1.3–39

答案：B

29.（2007）R、L、C 串联电路中，在电容 C 上再并联一个电阻 R_1，则电路的谐振频率将（　　）。

A. 升高　　　　B. 降低

C. 不变　　　　D. 不确定

分析：依题意作电路图如图 1.3–40 所示。

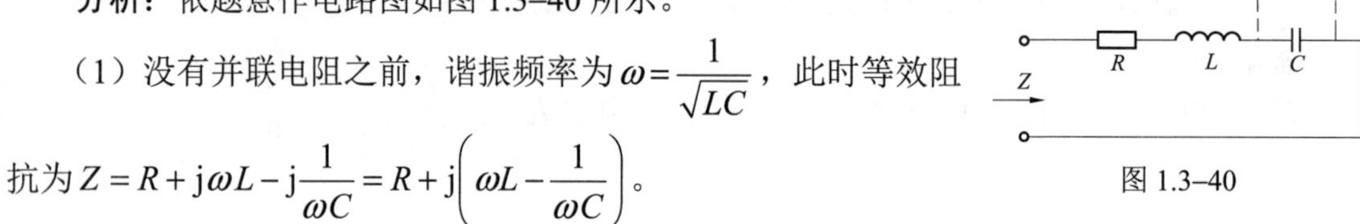

图 1.3–40

（1）没有并联电阻之前，谐振频率为 $\omega=\dfrac{1}{\sqrt{LC}}$，此时等效阻抗为 $Z=R+\mathrm{j}\omega L-\mathrm{j}\dfrac{1}{\omega C}=R+\mathrm{j}\left(\omega L-\dfrac{1}{\omega C}\right)$。

（2）并联电阻 R_1 之后，等效阻抗 Z' 为

$$Z'=R+\mathrm{j}\omega L+\left[R_1//\left(-\mathrm{j}\frac{1}{\omega C}\right)\right]=R+\mathrm{j}\omega L+\frac{R_1\times\left(-\mathrm{j}\dfrac{1}{\omega C}\right)}{R_1-\mathrm{j}\dfrac{1}{\omega C}}=R+\mathrm{j}\omega L+\frac{-\mathrm{j}\dfrac{R_1}{\omega C}\left(R_1+\mathrm{j}\dfrac{1}{\omega C}\right)}{R_1^2+\left(\dfrac{1}{\omega C}\right)^2}$$

$$=R+\mathrm{j}\omega L+\frac{\dfrac{R_1}{(\omega C)^2}-\mathrm{j}\dfrac{R_1^2}{\omega C}}{R_1^2+\left(\dfrac{1}{\omega C}\right)^2}=R+\mathrm{j}\omega L+\frac{R_1-\mathrm{j}R_1^2\omega C}{1+R_1^2\omega^2C^2}$$

$$=\left(R+\frac{R_1}{1+R_1^2\omega^2C^2}\right)+\mathrm{j}\left(\omega L-\frac{R_1^2\omega C}{1+R_1^2\omega^2C^2}\right)$$

此时谐振，则有

$$I_m[Z']=0\Rightarrow\omega L-\frac{R_1^2\omega C}{1+R_1^2\omega^2C^2}=0\Rightarrow\omega=\sqrt{\frac{R_1^2C-L}{LR_1^2C^2}}$$

需比较$\dfrac{1}{LC}$与$\dfrac{R_1^2C-L}{LR_1^2C^2}$的大小，即

$$\frac{1}{LC}-\frac{R_1^2C-L}{LR_1^2C^2}=\frac{R_1^2C-R_1^2C+L}{LR_1^2C^2}=\frac{1}{R_1^2C^2}>0\Rightarrow\frac{1}{LC}>\frac{R_1^2C-L}{LR_1^2C^2}$$

说明并联R_1后，谐振频率ω下降了。

答案：B

30.（2007） 若含有 R、L 的线圈与电容串联，线圈电压$U_{\rm RL}=100{\rm V}$，$U_{\rm C}=60{\rm V}$，总电压与电流同相，则总电压为（　　）V。

A. 20　　B. 40　　C. 80　　D. 58.3

分析：以电流$\dot{I}$为参考相量，做出对应的电路图（图 1.3–41）和相量图（图 1.3–42）。总电压$\dot{U}$与$\dot{I}$同相，意味着$U_{\rm L}=U_{\rm C}$，看相量图，$U_{\rm RL}$、$U_{\rm C}$、U 三者构成了一个直角三角形，所以，$U=\sqrt{U_{\rm RL}^2-U_{\rm C}^2}=\sqrt{100^2-60^2}{\rm V}=80{\rm V}$。

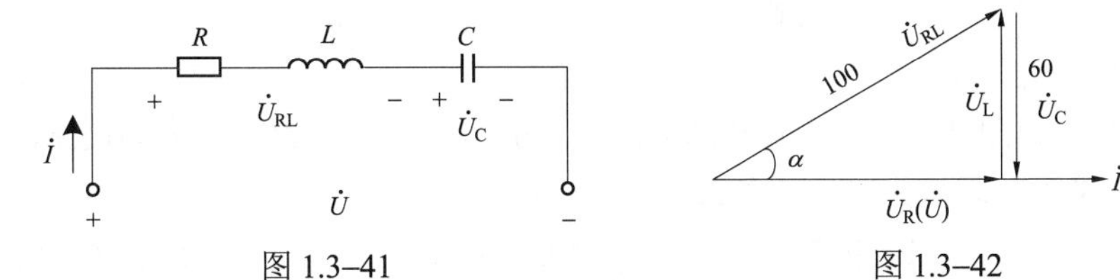

图 1.3–41

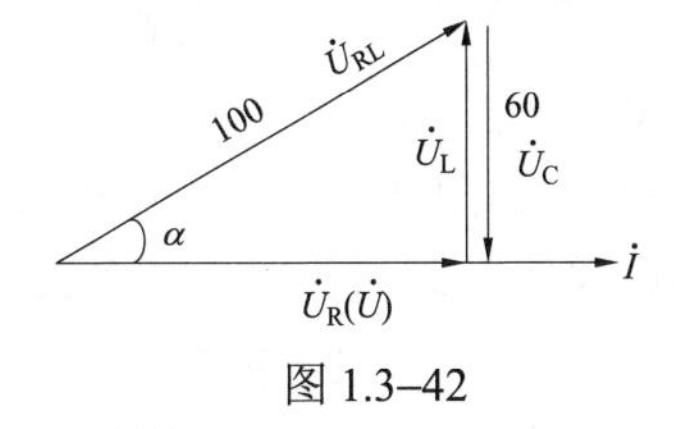

图 1.3–42

答案：C

31.（2008） 在 R、L、C 串联电路中，$X_{\rm C}=10\Omega$。若总电压保持不变而将 C 短路，总电流的有效值与原来相同，则$X_{\rm L}$为（　　）Ω。

A. 20　　B. 10　　C. 5　　D. 2.5

分析：依题目做出 C 短路前电路图（图 1.3–43）和 C 短路后电路图（图 1.3–44）。$|Z_1|=\dfrac{U_1}{I_1}$，$|Z_2|=\dfrac{U_2}{I_2}$，由题意知道$U_1=U_2$，$I_1=I_2$，所以$|Z_1|=|Z_2|$。

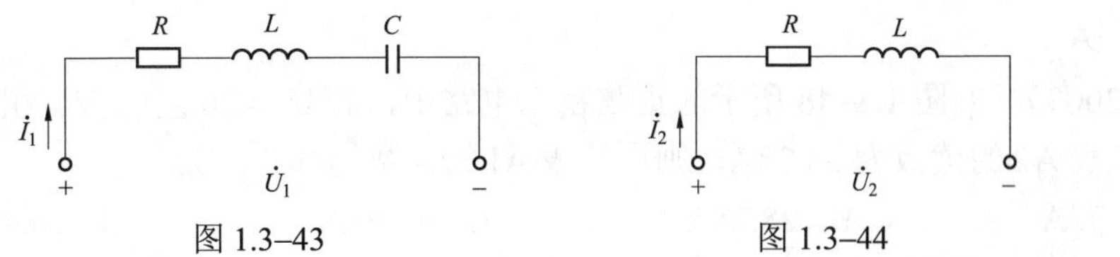

图 1.3–43

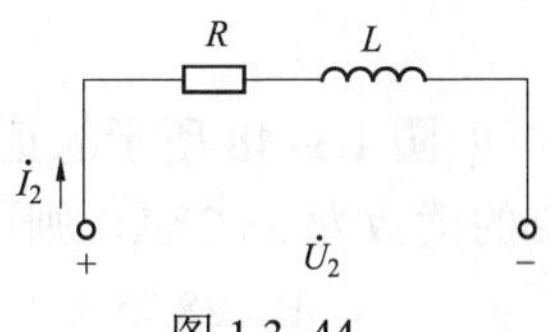

图 1.3–44

在图 1.3–43 中，有$|Z_1|=|R+{\rm j}X_{\rm L}-{\rm j}X_{\rm C}|=\sqrt{R^2+(X_{\rm L}-X_{\rm C})^2}$；在图 1.3–44 中，有$|Z_2|=|R+{\rm j}X_{\rm L}|=\sqrt{R^2+X_{\rm L}^2}$，故$\sqrt{R^2+(X_{\rm L}-X_{\rm C})^2}=\sqrt{R^2+X_{\rm L}^2}\Rightarrow X_{\rm L}-X_{\rm C}=\pm X_{\rm L}$。

取“+”，有$X_{\rm L}-X_{\rm C}=X_{\rm L}\Rightarrow X_{\rm C}=0$，错误；取“−”，有$X_{\rm L}-X_{\rm C}=-X_{\rm L}\Rightarrow 2X_{\rm L}=X_{\rm C}\Rightarrow X_{\rm L}=\dfrac{1}{2}X_{\rm C}=\dfrac{1}{2}\times10\Omega=5\Omega$。

答案：C

32.（2008） 如图 1.3–45 所示的电路发生谐振的条件是（　　）。

A. $R>\sqrt{\dfrac{L}{C}}$　　B. $R>2\sqrt{\dfrac{L}{C}}$　　C. $R<\sqrt{\dfrac{L}{C}}$　　D. $R<2\sqrt{\dfrac{L}{C}}$

分析：并联电路，用导纳求解更方便。

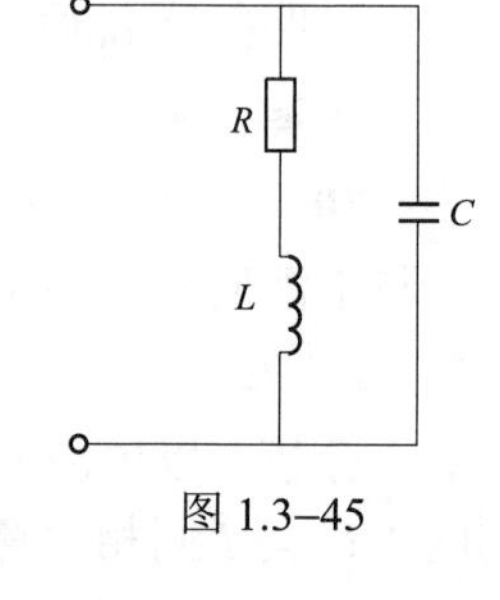

图 1.3–45

$$Y=\mathrm{j}\omega C+\frac{1}{R+\mathrm{j}\omega L}=\frac{\mathrm{j}\omega C(R+\mathrm{j}\omega L)+1}{R+\mathrm{j}\omega L}=\frac{1-\omega^2 LC+\mathrm{j}R\omega C}{R+\mathrm{j}\omega L}$$

$$=\frac{(1-\omega^2 LC+\mathrm{j}R\omega C)(R-\mathrm{j}\omega L)}{R^2+\omega^2L^2}=\frac{R+\mathrm{j}(\omega^3L^2C+R^2\omega C-\omega L)}{R^2+\omega^2L^2}$$

谐振 $\Rightarrow I_{\mathrm{m}}[Y]=0\Rightarrow\omega^3L^2C+R^2\omega C-\omega L=0\Rightarrow\omega^2L^2C+R^2C-L=0$

$$\Rightarrow\omega^2L^2C=L-R^2C\Rightarrow\omega^2=\frac{L-R^2C}{L^2C}>0$$

$$\Rightarrow L-R^2C>0\Rightarrow R<\sqrt{\frac{L}{C}}$$

答案：C

33.（2008） 如图 1.3–46 所示电路中，$L_1=0.1\mathrm{H}$，$L_2=0.2\mathrm{H}$，$M=0.1\mathrm{H}$，若电源频率是 50Hz，则电路等效阻抗为（　　）Ω。

A. j31.4　　B. j6.28　　C. –j31.4　　D. –j6.28

分析：题目所给电路属于“同侧并联”，做出去耦后的等效电路如图 1.3–47 所示，所以可得等效阻抗为$Z_{\mathrm{eq}}=\mathrm{j}\omega M+(\mathrm{j}0\ //\ \mathrm{j}0.1)=\mathrm{j}314\times0.1\Omega=\mathrm{j}31.4\Omega$。

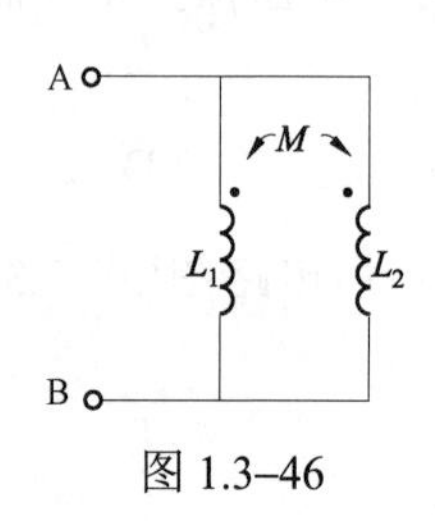

图 1.3–46

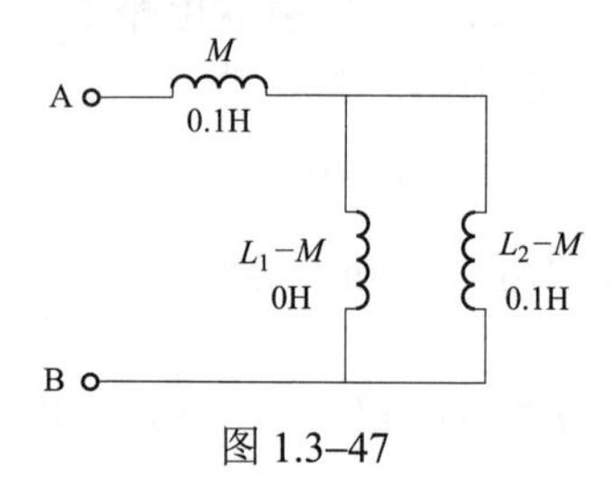

图 1.3–47

答案：A

34.（2009） 如图 1.3–48 所示的正弦稳态电路中，若$\dot{U}_{\mathrm{s}}=20\angle0^\circ\ \mathrm{V}$，电流表 A 读数为 40A，电流表 A2 的读数为 28.28A，则电流表 A1 的读数为（　　）。

A. 11.72A　　B. 28.28A　　C. 48.98A　　D. 15.28A

分析：利用相量图求解，为方便分析，标注出电压、电流参考方向如图 1.3–49 所示。设

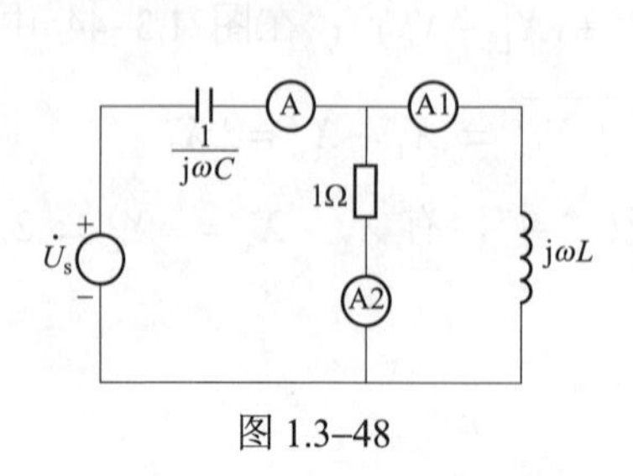

图 1.3–48

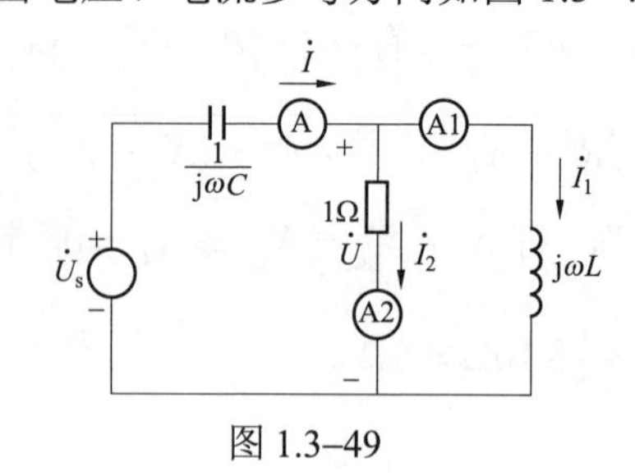

图 1.3–49

并联支路电压为$\dot{U}$，并以其为参考相量，依据KCL，可得$\dot{I}=\dot{I}_1+\dot{I}_2$，做出相量图如图1.3–50所示。显然$\dot{I}$、$\dot{I}_1$、$\dot{I}_2$构成了一个封闭的直角三角形，从而有$I_1=\sqrt{I^2-I_2^2}=\sqrt{40^2-28.28^2}\text{A}=28.29\text{A}$。

答案：B

35.（2009） 如图1.3–51所示的正弦稳态电路中，若电压表V读数为50V，电流表读数为1A，功率表读数为30W，则R应为（　　）。

A. 20Ω　　B. 25Ω　　C. 30Ω　　D. 10Ω

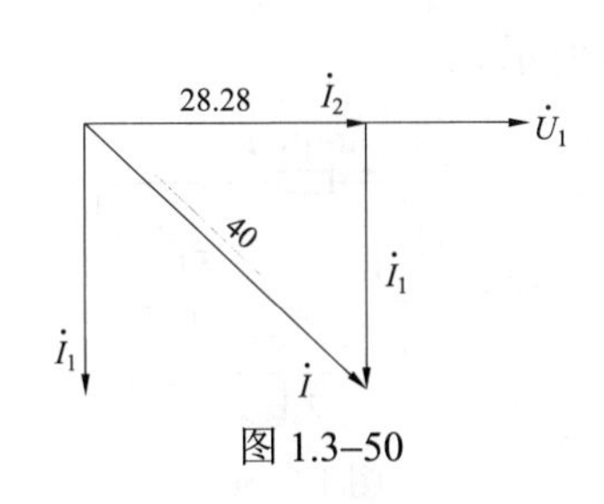

图 1.3–50

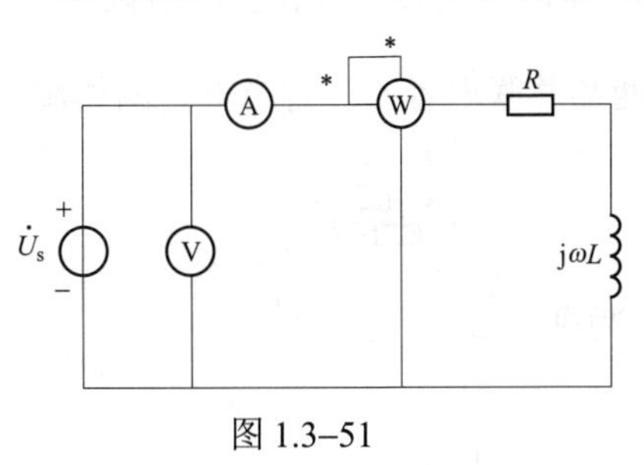

图 1.3–51

分析： $P=RI^2\Rightarrow 30=R\times 1^2\Rightarrow R=30\Omega$。

答案：C

36.（2009） 如图1.3–52所示的含耦合电感的正弦稳态电路，开关S断开时，$\dot{U}$为（　　）V。

A. $10\sqrt{2}\angle 45^\circ$　　B. $-10\sqrt{2}\angle 45^\circ$　　C. $10\sqrt{2}\angle 30^\circ$　　D. $-10\sqrt{2}\angle 30^\circ$

分析：开关S断开时的等效电路如图1.3–53所示。

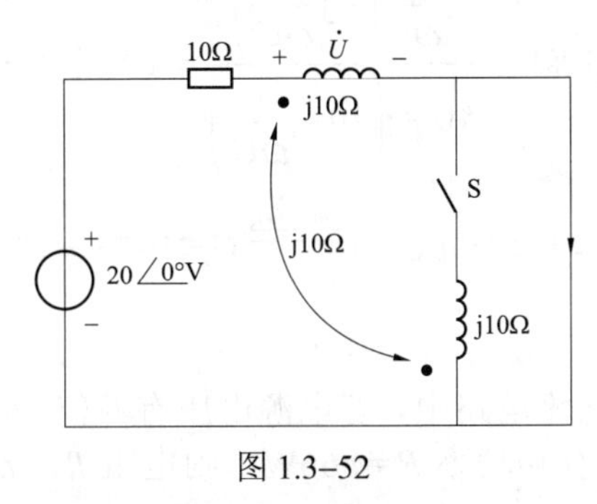

图 1.3–52

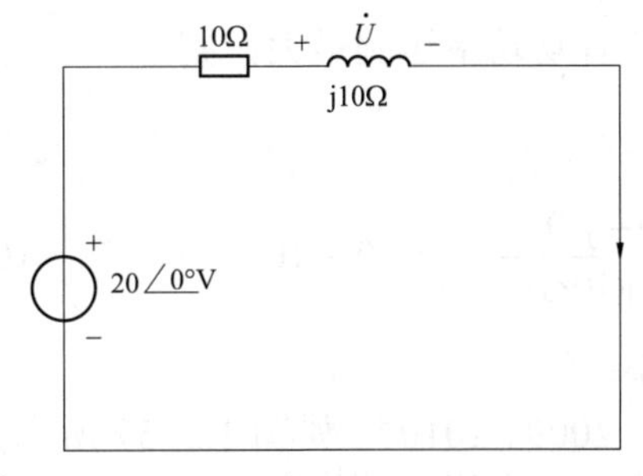

图 1.3–53

S断开⇒流过该支路的电流为0⇒也就不会在与其有互感的支路中产生互感电压了。运用分压公式$\dot{U}=\dfrac{\text{j}10}{10+\text{j}10}\times 20\angle 0^\circ\text{V}=\dfrac{\text{j}10(10-\text{j}10)}{200}\times 20\angle 0^\circ\text{V}=(10+\text{j}10)\text{V}=10\sqrt{2}\angle 45^\circ\text{V}$。

答案：A

37.（2009） 如图1.3–54所示正弦稳态电路角频率为1000rad/s，N为线性阻抗网络，其功率因数为0.707（感性），吸收的有功功率为500W，若要使N吸收的有功功率达到最大，则需在其两端并联的电容C应为（　　）μF。

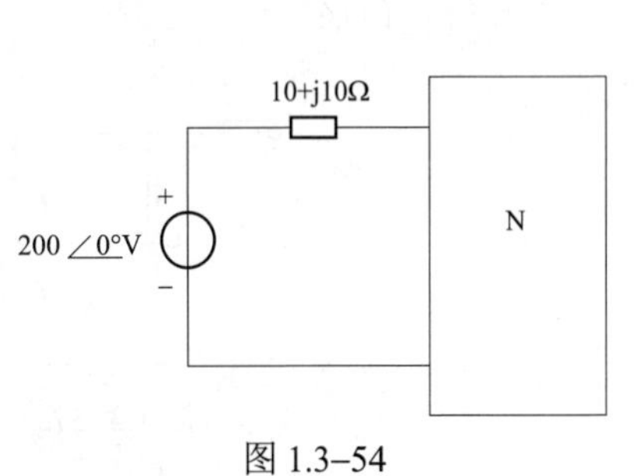

图 1.3–54

A. 50　　B. 75

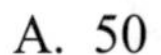

C. 100　　D. 125

分析：由 $\cos\varphi = 0.707$(感性) $\Rightarrow \varphi = 45^\circ$，依据阻抗三角形，知道 $\varphi = 45^\circ$ 意味着 $R = X$，所以可设 $Z_N = R + jR$，原题图即变为图 1.3–55。因此，$\dot{I} = \dfrac{\dot{U}}{Z} = \dfrac{200\angle 0^\circ}{(10+j10)+(R+jR)}\text{A} = \dfrac{200\angle 0^\circ}{\sqrt{2}(10+R)\angle 45^\circ}\text{A} = \dfrac{100\sqrt{2}}{10+R}\angle -45^\circ$ A。又根据功率有 $P = RI^2 = R\times\left(\dfrac{100\sqrt{2}}{10+R}\right)^2 = 500 \Rightarrow \left(\dfrac{R}{10+R}\right)^2 = \dfrac{1}{40} \Rightarrow R^2 - 20R + 100 = 0 \Rightarrow R = 10\Omega$，所以 $Z_N = R + jR = (10 + j10)\Omega$。

现在其两端并联电容 C，对应电路图如图 1.3–56 所示。

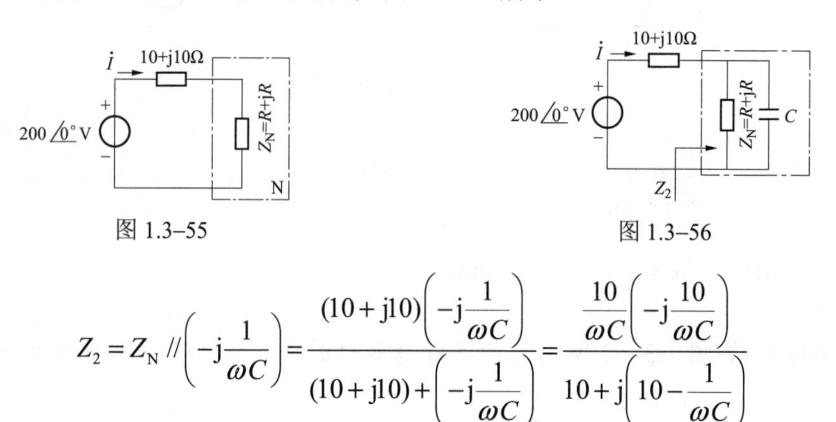

图 1.3–55　　　　图 1.3–56

$$Z_2 = Z_N // \left(-j\frac{1}{\omega C}\right) = \frac{(10+j10)\left(-j\dfrac{1}{\omega C}\right)}{(10+j10)+\left(-j\dfrac{1}{\omega C}\right)} = \frac{\dfrac{10}{\omega C}\left(-j\dfrac{10}{\omega C}\right)}{10+j\left(10-\dfrac{1}{\omega C}\right)}$$

要使有功功率达到最大，则 $Z_2 = \overset{*}{Z}_N = 10\Omega - j10\Omega$，$\dfrac{\dfrac{10}{\omega C}\left(-j\dfrac{10}{\omega C}\right)}{10+j\left(10-\dfrac{1}{\omega C}\right)} = 10 - j10 \xRightarrow{\text{上下同乘以}\omega C}$

$\dfrac{10-j10}{10\omega C + j(10\omega C - 1)} = 10 - j10 \Rightarrow 10\omega C + j(10\omega C - 1) = 1 \Rightarrow 10\omega C = 1 \xRightarrow{\omega=1000} C = 10^{-4}\text{F} = 100\mu\text{F}$。

答案：C

38.（2009、2010）如图 1.3–57 所示的正弦交流电路中，若电源电压有效值 U=100V，角频率为 ω，电流有效值 $I = I_1 = I_2$，电源提供的有功功率 $P = 866\text{W}$，则电阻 R、ωL 分别为（　　）。

A. 16Ω，15Ω　　B. 8Ω，1Ω　　C. 86.6Ω，10Ω　　D. 8.66Ω，5Ω

分析：利用 $I = I_1 = I_2$ 做出相量图如图 1.3–58 所示，其中 $\dot{I} = \dot{I}_1 + \dot{I}_2$，显然 I、I_1、I_2 构成一个等边三角形。

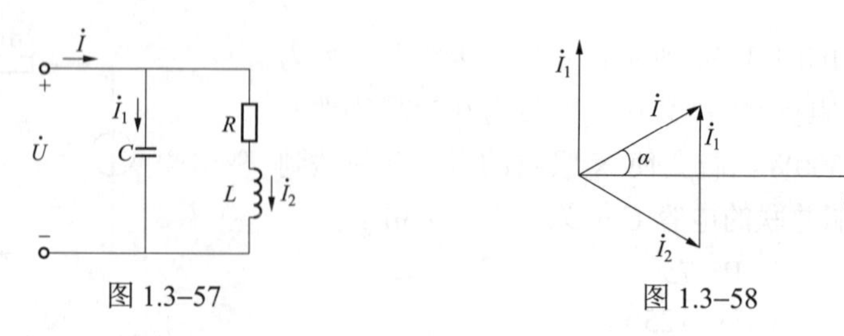

图 1.3–57　　　　图 1.3–58

设$\dot{U}=100\angle 0°$V，则$\dot{I}=I\angle 30°$A，$\dot{I}_1=I\angle 90°$A，$\dot{I}_2=I\angle -30°$ A。根据$P=UI\cos\varphi\Rightarrow 866=100I\cos(-30°)\Rightarrow I=10$A（$\varphi$为$\dot{U}$超前于$\dot{I}$的角度），又$R$上消耗的功率$P_R=RI_2^2\Rightarrow 866=R\times I^2\Rightarrow 866=R\times 10^2\Rightarrow R=8.66\Omega$，$|Z|=\dfrac{U}{I}=\dfrac{100}{10}=\sqrt{R^2+(\omega L)^2}=\sqrt{8.66^2+(\omega L)^2}\Rightarrow \omega L=5\Omega$。

答案：D

39.（2009、2020）如图1.3–59所示的正弦交流电路中，若$\dot{U}_s=20\angle 0°$V，ω=1000 rad/s，R=10 Ω，L=1mH，当L和C发生并联谐振时，C为（　　）μF。

A. 3000　　B. 2000

C. 1500　　D. 1000

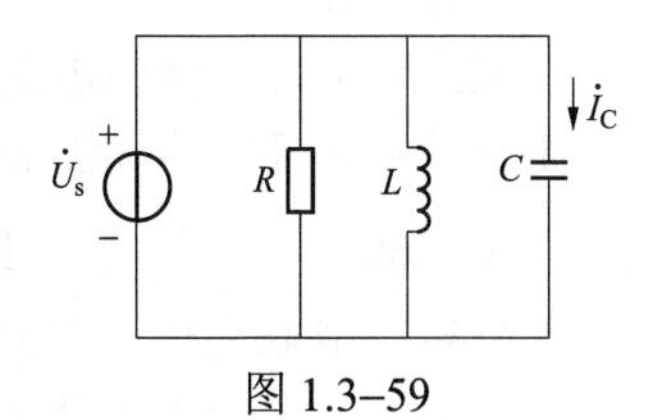

图1.3–59

分析：L和C并联谐振，则有$\omega L=\dfrac{1}{\omega C}\Rightarrow 1000\times 10^{-3}=\dfrac{1}{1000C}\Rightarrow C=1000\mu\text{F}$。

答案：D

40.（2009）如图1.3–60所示的电路中，若电流有效值$I=2$A，则有效值I_R为（　　）A。

A. $\sqrt{3}$　　B. $\sqrt{5}$　　C. $\sqrt{7}$　　D. $\sqrt{2}$

分析：为方便分析，标注出$\dot{I}_L$、$\dot{U}_R$的参考方向如图1.3–61所示。因为

$$\left.\begin{aligned}I_R&=\frac{U_R}{100}\\ I_L&=\frac{U_R}{\omega L}=\frac{U_R}{100}\end{aligned}\right\}\Rightarrow I_R=I_L$$

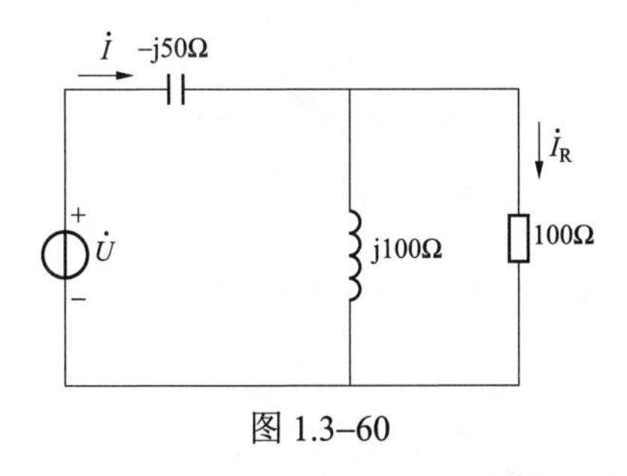

图1.3–60

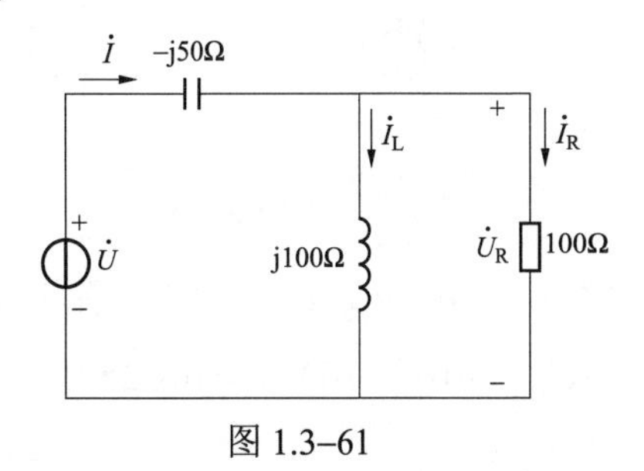

图1.3–61

$\dot{I}=\dot{I}_L+\dot{I}_R$，以$\dot{U}_R$为参考相量，做出相量图如图1.3–62所示。可见由$\dot{I}_R\dot{I}_L$和$\dot{I}$构成了一个等腰直角三角形。则$I^2=I_R^2+I_L^2=I_R^2+I_R^2\Rightarrow I_R^2=\dfrac{1}{2}I^2\Rightarrow I_R=\dfrac{1}{\sqrt{2}}I=\dfrac{1}{\sqrt{2}}\times 2\text{A}=\sqrt{2}\text{A}$。

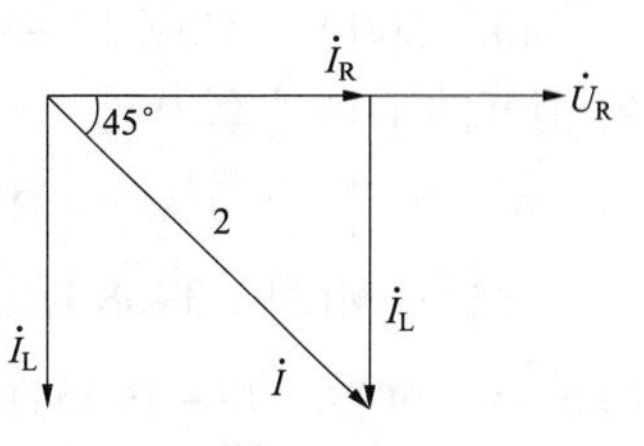

图1.3–62

答案：D

41.（2009）如图1.3–63所示的电路中，端口$1-1'$的开路电压为（　　）V。

A. $-5\sqrt{2}\angle 45°$　　B. $5\sqrt{2}\angle 45°$　　C. $-5\sqrt{2}\angle -45°$　　D. $5\sqrt{2}\angle -45°$

分析：采用去耦法，对应去耦后的等效电路如图1.3–64所示。再利用分压公式，可得$\dot{U}_{OC}=\dfrac{\text{j}3}{3+\text{j}3}\times 10\angle 0°\text{V}=\dfrac{\text{j}}{1+\text{j}}\times 10\angle 0°\text{V}=\dfrac{\text{j}(1-\text{j})}{2}\times 10\angle 0°\text{V}=(5+\text{j}5)\text{V}=5\sqrt{2}\angle 45°\text{V}$。

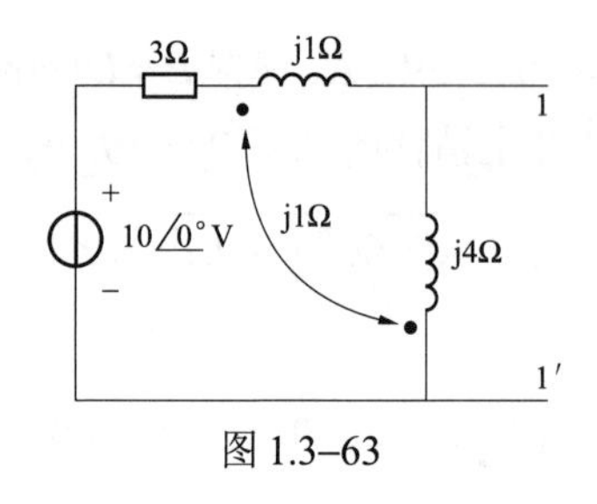

图 1.3–63

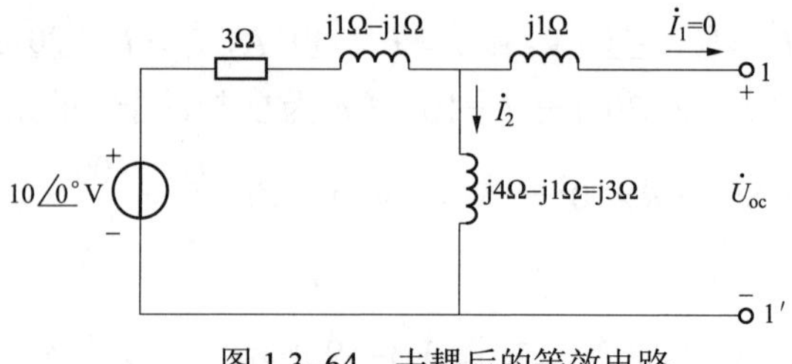

图 1.3–64　去耦后的等效电路

答案：B

42.（2009） 调整电源频率，当图 1.3–65 所示电路电流 i 的有效值达到最大值时，电容电压有效值为 160V，电源电压有效值为 10V，则线圈两端的电压 U_{RL} 为（　　）V。

A. 160　　　　B. $10\sqrt{257}$　　　　C. $10\sqrt{259}$　　　　D. $10\sqrt{255}$

分析：串联谐振：对 R、L、C 串联电路，在正弦激励下，当端口的电压相量 $\dot{U}$ 和电流相量 $\dot{I}$ 同相时，这一工作状态称为谐振。电流有效值

$$I=\frac{U_s}{|Z|}=\frac{U_s}{\sqrt{R^2+(X_L-X_C)^2}} \tag{1.3–2}$$

I 达到最大值，显然 $|Z|$ 应该最小，由式（1.3–2）知，此时 $X_L=X_C$，L、C 发生串联谐振，相当于短路。做出相量图如图 1.3–66 所示。

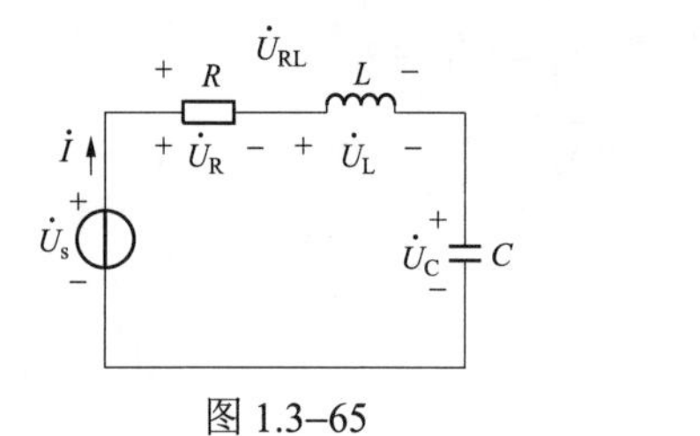

图 1.3–65

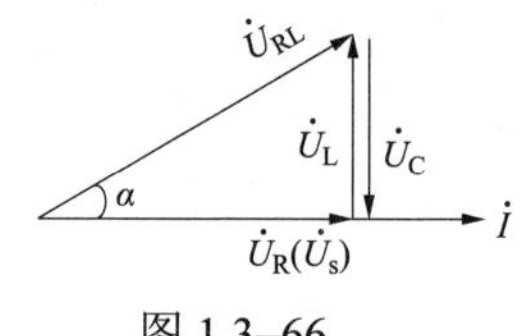

图 1.3–66

题目已知 $U_C=160\text{V}$，$U_s=10\text{V}$，看相量图知 U_{RL}、U_s、U_C 构成一个直角三角形，所以 $U_{RL}=\sqrt{U_s^2+U_C^2}=\sqrt{10^2+160^2}\text{V}=10\sqrt{257}\text{V}$。

答案：B

43.（2009） 如图 1.3–67 所示的正弦稳态电路中，若 $\dot{I}_s=10\angle 0^\circ\text{A}$，$\dot{I}=4\angle 60^\circ\text{A}$，则 Z_L 消耗的平均功率 P 为（　　）W。

A. 80　　　　B. 85　　　　C. 90　　　　D. 100

分析：如图 1.3–68 标注，依据 KCL，有 $\dot{I}_L=\dot{I}_s-\dot{I}=10\angle 0^\circ\text{A}-4\angle 60^\circ\text{A}=10\text{A}-4\times(0.5+\text{j}0.866)\text{A}=(8-\text{j}3.464)\text{A}=8.72\angle -23.4^\circ\text{A}$，$\dot{U}_L=20\dot{I}=20\times 4\angle 60^\circ\text{V}=80\angle 60^\circ\text{V}$。

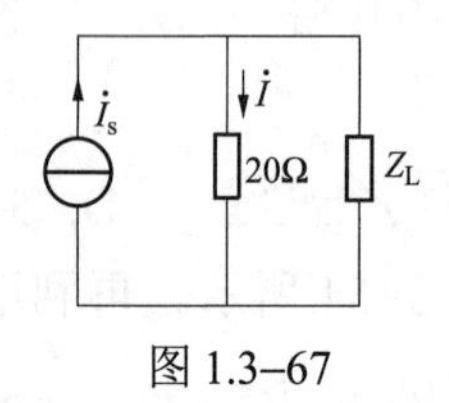

图 1.3–67

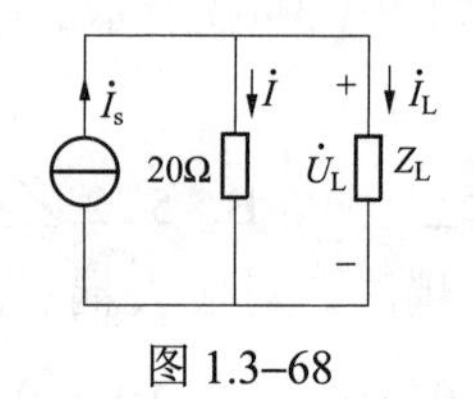

图 1.3–68

所以Z_L消耗的平均功率为$P=U_L I_L\cos\varphi_L=80\times 8.72\times\cos(60^\circ+23.4^\circ)\text{W}=80.18\text{W}$

答案：A

44.（2009） R、L、C串联电路中，在电感L上再并联一个电阻R_1，则电路的谐振频率将（　　）。

A. 升高　　B. 不能确定

C. 不变　　D. 降低

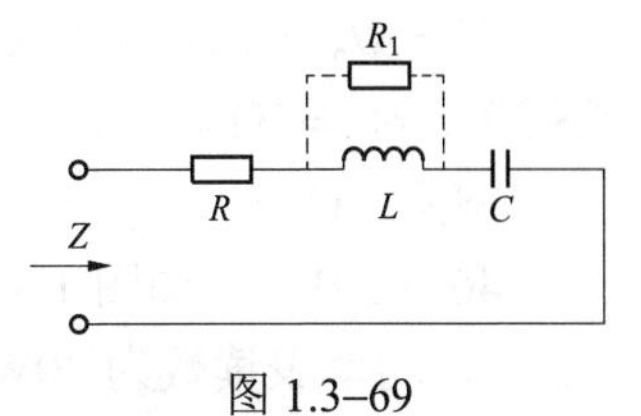

图 1.3–69

分析：依题意作电路图如图 1.3–69 所示。

（1）未并联电阻前，等效阻抗为$Z=R+\text{j}\omega L-\text{j}\dfrac{1}{\omega C}$，此时的谐振频率为$\omega=\dfrac{1}{\sqrt{LC}}$。

（2）L并联电阻R_1后，等效阻抗为

$$Z'=R-\text{j}\frac{1}{\omega C}+(R_1//\text{j}\omega L)=R-\text{j}\frac{1}{\omega C}+\frac{R_1+\text{j}\omega L}{R_1+\text{j}\omega L}=R-\text{j}\frac{1}{\omega C}+\frac{\text{j}R_1\omega L(R_1-\text{j}\omega L)}{R_1^{\,2}+\omega^2L^2}$$

$$=R-\text{j}\frac{1}{\omega C}+\frac{R_1\omega^2L^2+\text{j}R_1^{\,2}\omega L}{R_1^{\,2}+\omega^2L^2}=\left(R+\frac{R_1\omega^2L^2}{R_1^{\,2}+\omega^2L^2}\right)+\text{j}\left(\frac{R_1^{\,2}\omega L}{R_1^{\,2}+\omega^2L^2}-\frac{1}{\omega C}\right)$$

谐振，则意味着$I_{\text{m}}[Z']=0\Rightarrow\dfrac{R_1^{\,2}\omega L}{R_1^{\,2}+\omega^2L^2}-\dfrac{1}{\omega C}=0\Rightarrow\omega=\sqrt{\dfrac{R_1^{\,2}}{R_1^{\,2}LC-L^2}}$，需比较$\dfrac{1}{LC}$与$\dfrac{R_1^{\,2}}{R_1^{\,2}LC-L^2}$的大小。

$$\frac{R_1^{\,2}}{R_1^{\,2}LC-L^2}=\frac{1}{LC-\left(\dfrac{L}{R_1}\right)^2}>\frac{1}{LC}$$

所以，当L并联R_1后，谐振频率ω升高了。

答案：A

45.（2010） 如图 1.3–70 所示的正弦稳态电路中，若$\dot{U}_{\text{s}}=20\angle 0^\circ\ \text{V}$，电流表 A 读数为 40A，电流表 A2 的读数为 28.28A，则ωL为（　　）。

A. 2Ω　　B. 5Ω　　C. 1Ω　　D. 1.5Ω

分析：此考题在 2009 年曾经出现过，只不过 2009 年是要求电流值，2010 年是要求电抗值。利用相量图求解，为方便分析，标注出电压、电流参考方向如图 1.3–71 所示。

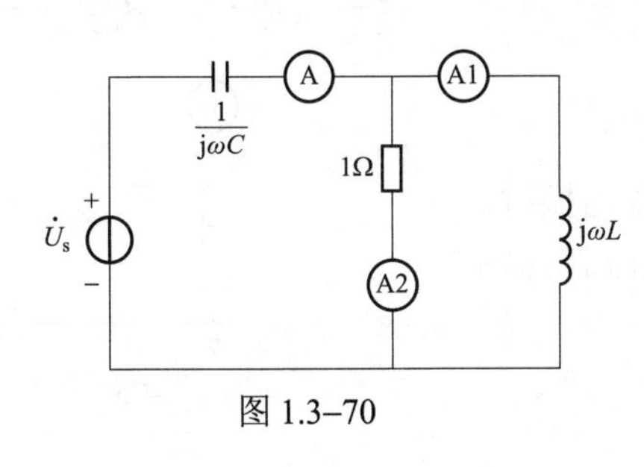

图 1.3–70

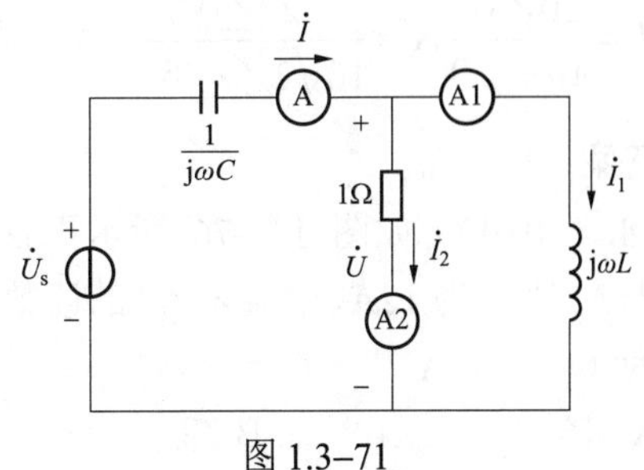

图 1.3–71

设并联支路电压为$\dot{U}$，并以其为参考相量，依据 KCL，可得$\dot{I}=\dot{I}_1+\dot{I}_2$，做出相量图如图 1.3–72 所示。显然$\dot{I}$、$\dot{I}_1$、$\dot{I}_2$构成了一个封闭的直角三角形，从而有$I_1=\sqrt{I^2-I_2^2}=\sqrt{40^2-28.28^2}\text{A}=28.29\text{A}$。

$U=RI_2=1\Omega\times28.28\text{A}=28.28\text{V}$，又$U=\omega LI_1\Rightarrow28.28=\omega L\times28.29\Rightarrow\omega L=1\Omega$。

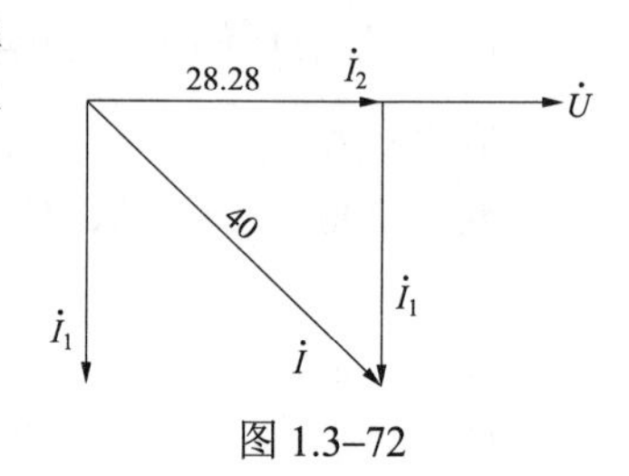

图 1.3–72

答案：C

46.（2010） 如图 1.3–73 所示的正弦稳态电路中，若电压表 V 读数为 50V，电流表读数为 1A，功率表读数为 30W，则ωL为（　　）。

A. 45Ω　　　B. 25Ω　　　C. 35Ω　　　D. 40Ω

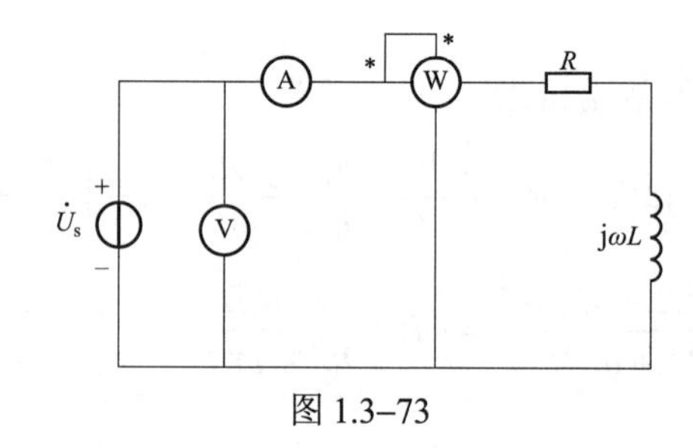

图 1.3–73

分析：$P=RI^2\Rightarrow30=R\times1^2\Rightarrow R=30\Omega$

$$|Z|\frac{U}{I}=\frac{50}{1}=50=\sqrt{R^2+(\omega L)^2}=\sqrt{30^2+(\omega L)^2}\Rightarrow\omega L=40\Omega$$

答案：D

47.（2010） 如图 1.3–74 所示的含耦合电感的正弦稳态电路，开关 S 断开时，$\dot{I}$为（　　）A。

A. $\sqrt{2}\angle45^\circ$　　　B. $\sqrt{2}\angle-45^\circ$　　　C. $\sqrt{2}\angle30^\circ$　　　D. $\sqrt{2}\angle30^\circ$

分析：S 断开后的等效电路如图 1.3–75 所示。

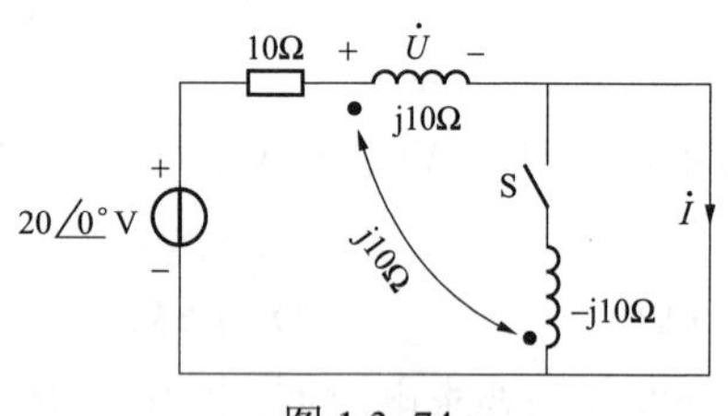

图 1.3–74

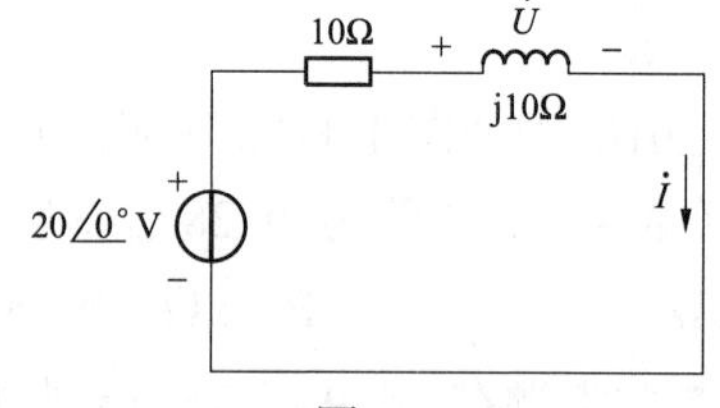

图 1.3–75

$$\dot{I}=\frac{20\angle0^\circ}{10+\text{j}10}\text{A}=\frac{20\angle0^\circ}{10\sqrt{2}\angle-45^\circ}\text{A}=\sqrt{2}\angle-45^\circ\ \text{A}$$

答案：B

48.（2010） 如图 1.3–76 所示正弦稳态电路发生谐振时，电流表 A1 读数为 12A，电流表 A2 的读数为 20A，则电流表 A3 的读数为（　　）A。

A. 16　　　B. 8

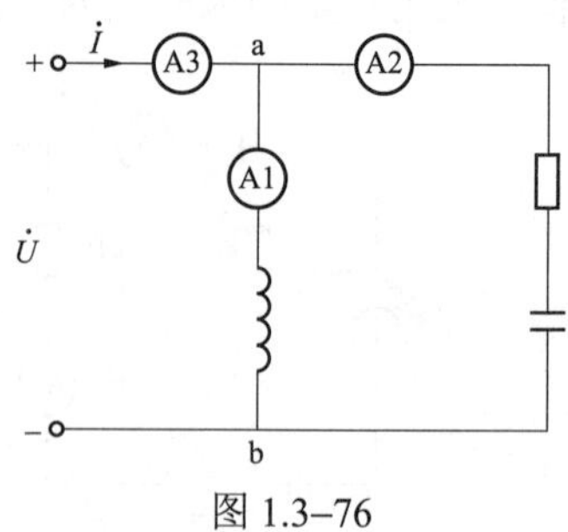

图 1.3–76

C. 4　　　　　　　　D. 2

分析：注意这种类型的题目用“相量图”求解最简单。标注出各电流参考方向如图 1.3–77 所示，按照$\dot{U} \to \dot{I} \to \dot{I}_1 \to \dot{I}_2$的顺序做出相量图如图 1.3–78 所示。

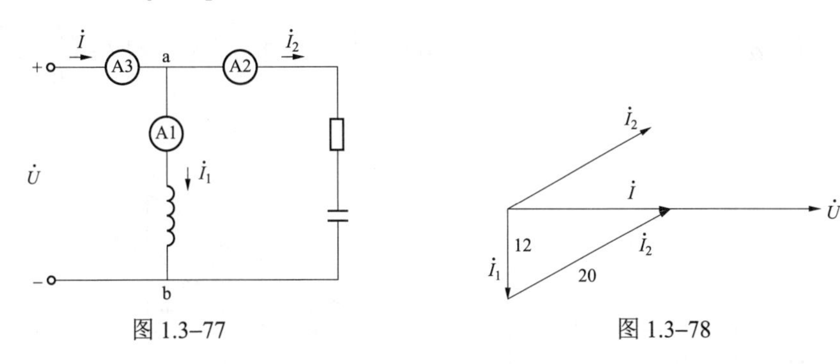

图 1.3–77　　　　　　　　图 1.3–78

电路谐振，则有$\dot{U}$与$\dot{I}$是同相位的。依据 KCL，可得$\dot{I} = \dot{I}_1 + \dot{I}_2$，看相量图显然有$I = \sqrt{I_2^{\ 2} - I_1^{\ 2}} = \sqrt{20^2 - 12^2}\text{A} = 16\text{A}$。

答案：A

49.（2010）　如图 1.3–79 所示的正弦稳态电路中，若$\dot{U}_s = 20\angle 0°$ V，$\omega = 1000\text{rad/s}$，$R = 10\Omega$，$L$=1mH。当$L$和$C$发生并联谐振时，$\dot{I}_C$应为（　　）A。

A. $20\angle -90°$　　　　B. $20\angle 90°$

C. 2　　　　　　　　D. 20

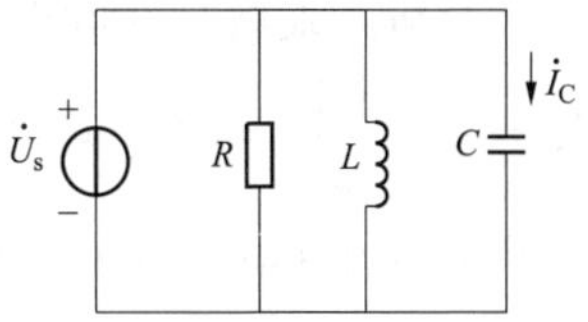

图 1.3–79

分析：$\omega L = \dfrac{1}{\omega C} \Rightarrow 1000 \times 10^{-3} = \dfrac{1}{1000C} \Rightarrow C = 1\text{mF}$，则

$\dot{I}_C = \text{j}\omega C\dot{U}_S = (\text{j}1000 \times 1 \times 10^{-3} \times 20\angle 0°)\,\text{A} = 20\angle 90°\ \text{A}$

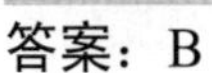
本题捷径：C的电流$\dot{I}_C$一定超前其电压$\dot{U}_S$ 90°，直接选 B。

答案：B

50.（2010）　如图 1.3–80 所示的正弦交流电路中，$u = 10\sin\omega t$V，$i = 2\sin\omega t$A，ω=1000rad/s，则无源二端网络 N 可以看作R和C串联，则R、C的数值应为（　　）。

A. 1Ω，1μF　　　　B. 1Ω，0.125μF

C. 4Ω，1μF　　　　D. 2Ω，1μF

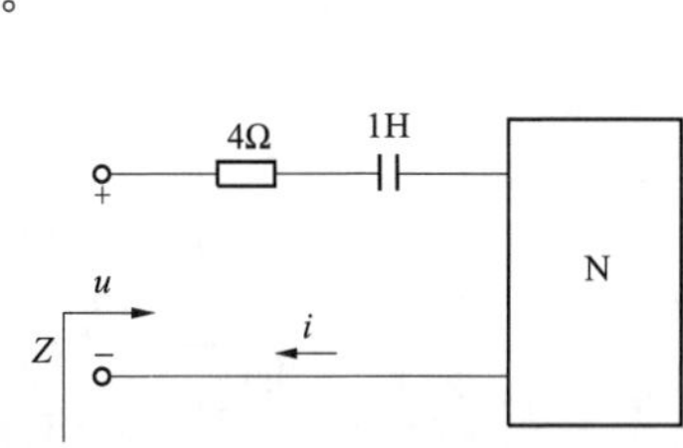

图 1.3–80

分析：$u = 10\sin\omega t(\text{V}) \Rightarrow \dot{U} = \dfrac{10}{\sqrt{2}}\angle 0°$ V，$i = 2\sin\omega t(\text{A})$

$\Rightarrow \dot{I} = \dfrac{2}{\sqrt{2}}\angle 0°$ A。可见$\dot{U}$、$\dot{I}$同相位，电路呈电阻性，即发生了串联谐振，这样就有

$$\omega L = \frac{1}{\omega C} \Rightarrow C = \frac{1}{\omega^2 L} = \frac{1}{1000^2 \times 1}\text{F} = 1\mu\text{F}，\quad Z = \frac{\dot{U}}{\dot{I}} = \frac{\frac{10}{\sqrt{2}}}{\frac{2}{\sqrt{2}}}\Omega = 5\Omega = R_{总} = 4\Omega + R \Rightarrow R = 1\Omega。$$

答案：A

51.（2010）在R、L、C串联电路中，若总电压U、电感电压U_L以及R、C两端的电压

U_{RC} 均为 400V，且 $R=50\Omega$，则电流 I 应为（　　）A。

A. 8　　B. 8.66　　C. 1.732　　D. 6.928

分析：做出对应的电路图（图 1.3–81）和相量图（图 1.3–82）。U 、U_{L} 、U_{RC} 构成一个等边三角形，所以 $\alpha=30^\circ$ 。由 $U_{\mathrm{R}}=U\cos\alpha=400\cos30^\circ\mathrm{V}=200\sqrt{3}\mathrm{V}$ ，得 $I=\dfrac{U_{\mathrm{R}}}{R}=\dfrac{200\sqrt{3}}{50}\mathrm{A}=4\sqrt{3}\mathrm{A}=6.928\mathrm{A}$ 。

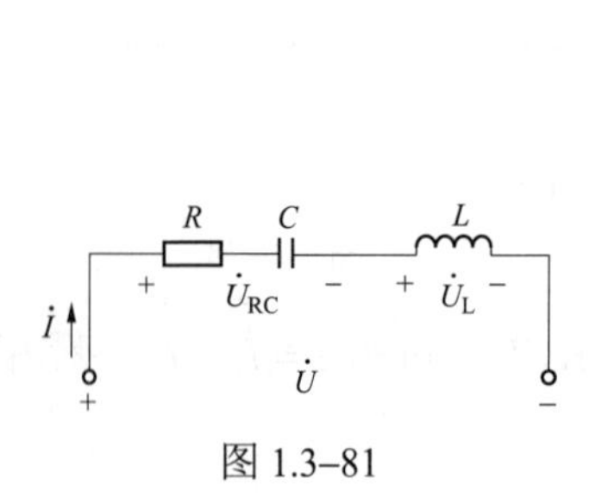

图 1.3–81

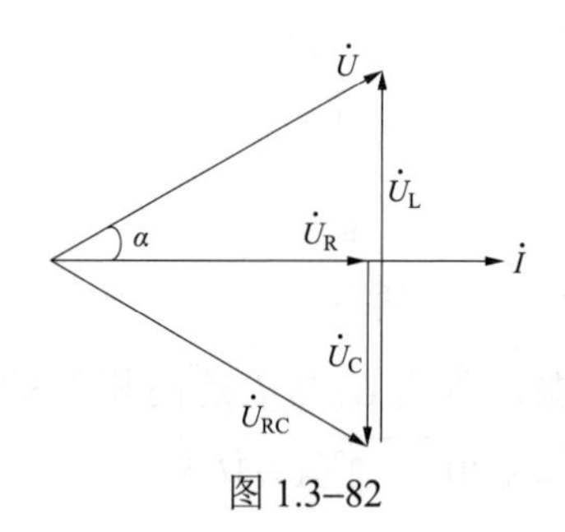

图 1.3–82

答案：D

52.（2010） 如图 1.3–83 所示的电路的谐振频率 f 为（　　）Hz。

A. 79.58　　B. 238.74　　C. 159.16　　D. 477.48

分析：求解方法同前题，不同之处在于本题是“并联谐振”，L、C 电路并联谐振时候有 $Y_{\mathrm{L}}=Y_{\mathrm{C}}\Rightarrow\dfrac{1}{\omega L}=\omega C$ ，从而可以推导出并联谐振频率为 $\omega_0=\dfrac{1}{\sqrt{LC}}$ 。首先做出相应的去耦等效电路如图 1.3–84 所示。其中，$L_1-M=8\mathrm{H}-2\mathrm{H}=6\mathrm{H}$ ，$L_2-M=1\mathrm{H}-2\mathrm{H}=-1\mathrm{H}$ ，所以 $L_{\mathrm{eq}}=[(-1)//2]\mathrm{H}+6\mathrm{H}=\dfrac{-1\times2}{1}\mathrm{H}+6\mathrm{H}=4\mathrm{H}$ 。

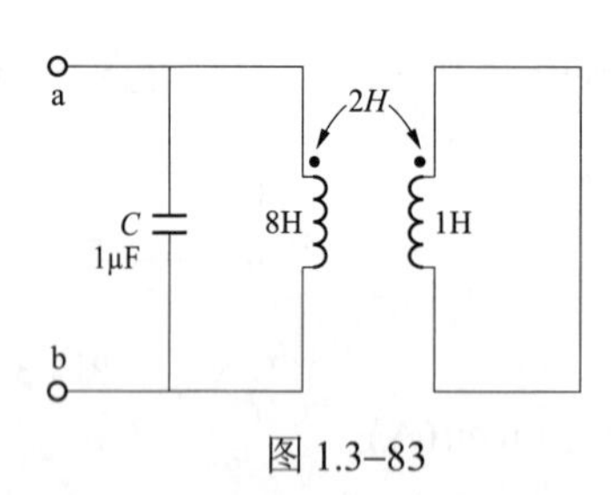

图 1.3–83

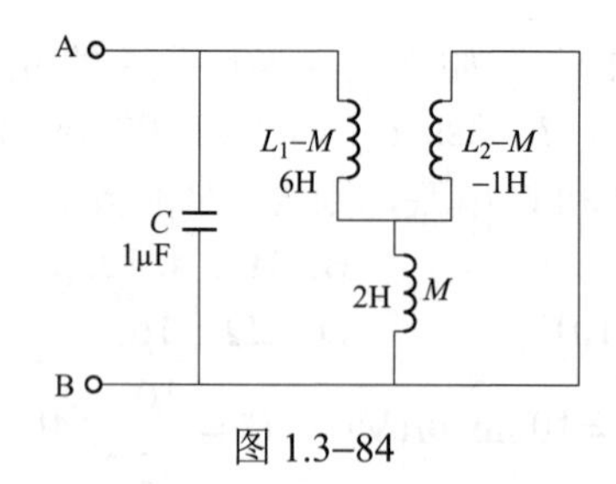

图 1.3–84

$$\omega_0=\frac{1}{\sqrt{L_{\mathrm{eq}}C}}=\frac{1}{\sqrt{4\times1\times10^{-6}}}\mathrm{rad/s}=\frac{10^3}{2}\mathrm{rad/s}=500\mathrm{rad/s}，则\ f=\frac{\omega_0}{2\pi}=\frac{500}{2\pi}\mathrm{Hz}=79.58\mathrm{Hz}。$$

答案：A

53.（供 2011，发 2011） 如图 1.3–85 所示电路中的 R、L 串联电路为荧光灯的电路模型。将此电路接于 50Hz 的正弦交流电压源上，测得端电压为 220V，电流为 0.4A，功率为 40W。如果要求将功率因数提高到 0.95，应给荧光灯并联的电容 C 为（　　）μF。

A. 4.29　　B. 3.29　　C. 5.29　　D. 1.29

分析：先求 φ_1，$P=RI^2 \Rightarrow 40=R\times0.4^2 \Rightarrow R=250\Omega$，$|Z|=\dfrac{U}{I}=\dfrac{220}{0.4}=\sqrt{R^2+X_L^2}=\sqrt{250^2+(\omega L)^2} \Rightarrow \omega L=489.9\Omega$。根据阻抗三角形，如图 1.3–86 所示，$\tan\varphi_1=\dfrac{\omega L}{R}=\dfrac{489.9}{250}=1.96$。又 $\cos\varphi_2=0.95 \Rightarrow \tan\varphi_2=\tan(\arccos0.95)=0.328\,7$，$C=\dfrac{1}{\omega U^2}\times P(\tan\varphi_1-\tan\varphi_2)=\dfrac{1}{314\times220^2}\times40\times(1.96-0.328\,7)\text{F}=4.29\mu\text{F}$。

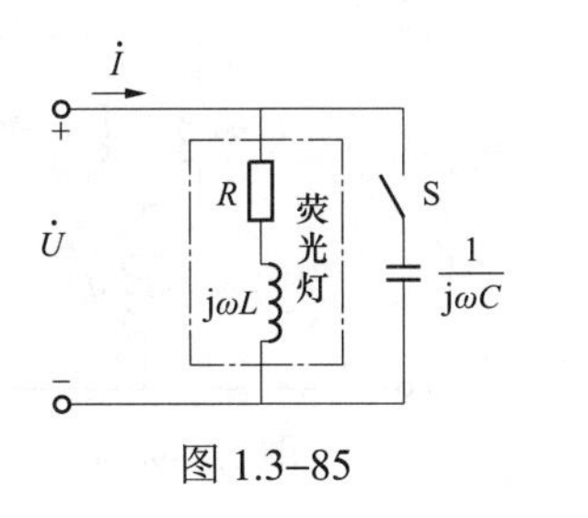

图 1.3–85

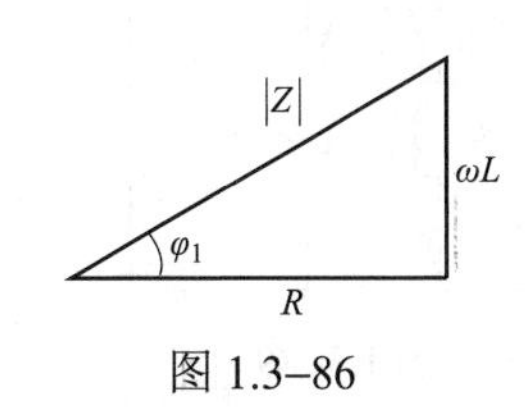

图 1.3–86

答案：A

54.（2011） 如图 1.3–87 所示的电路中的 R、L 串联电路为荧光灯的电路模型。将此电路接于 50Hz 的正弦交流电压源上，测得端电压为 220V，电流为 0.4A，功率为 40W。电路吸收的无功功率 Q 为（ ）var。

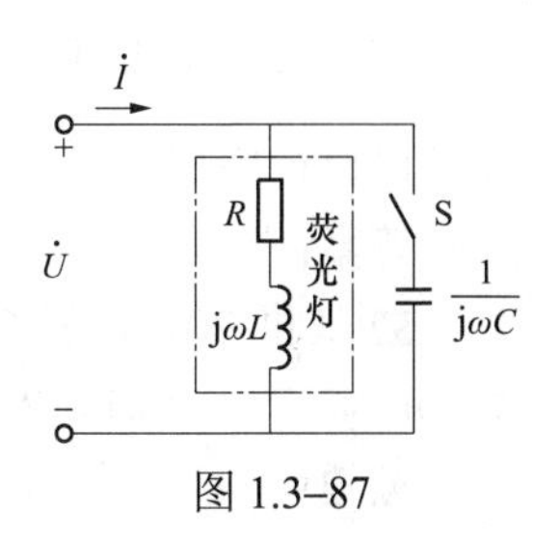

图 1.3–87

A. 76.5　　　　B. 78.4

C. 82.4　　　　D. 85.4

分析：$P=RI^2 \Rightarrow 40=R\times0.4^2 \Rightarrow R=250\Omega$，$|Z|=\dfrac{U}{I}=\dfrac{220}{0.4}=\sqrt{R^2+X_L^2}=\sqrt{250^2+(\omega L)^2} \Rightarrow \omega L=489.9\Omega$。根据阻抗三角形，有 $\tan\varphi_1=\dfrac{\omega L}{R}=\dfrac{489.9}{250}=1.96 \Rightarrow \varphi_1=63^\circ$，所以电路吸收的无功功率为 $Q=UI\sin\varphi_1=220\times0.4\times\sin63^\circ\text{var}=78.4\text{var}$。

答案：B

55.（供 2011、2016，发 2011） 如图 1.3–88 所示的正弦交流电路中，已知 $Z=10+\text{j}50\Omega$，$Z_1=400+\text{j}1000\Omega$。当 β 取（ ）时，$\dot{I}_1$ 和 $\dot{U}_s$ 的相位差为 90°。

图 1.3–88

A. −41　　　　B. 41

C. −51　　　　D. 51

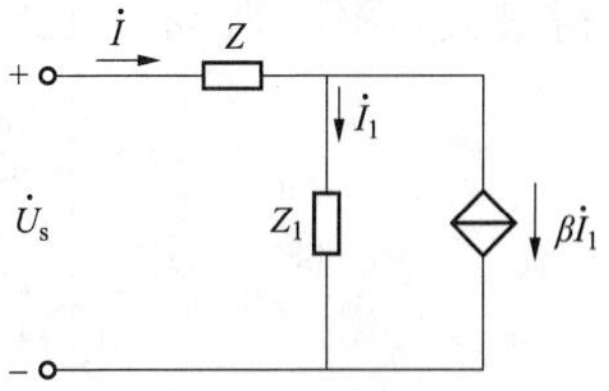

分析：依据 KVL，可得

$$Z\dot{I}+Z_1\dot{I}_1=\dot{U}_s \tag{1.3–3}$$

依据 KCL，可得 $\dot{I}=\dot{I}_1+\beta\dot{I}_1$，代入式（1.3–3），可得 $Z(\dot{I}_1+\beta\dot{I}_1)+Z_1\dot{I}_1=\dot{U}_s$，代入数值有

$$(10+\text{j}50)(1+\beta)+(400+\text{j}1000)=\frac{\dot{U}_s}{\dot{I}_1} \Rightarrow (10+10\beta+400)+\text{j}(50+50\beta+1000)=\frac{\dot{U}_s}{\dot{I}_1}$$

题目要求 $\dot{I}_1$ 和 $\dot{U}_s$ 的相位差为 90°，则实部为零，只有虚部，故 $10+10\beta+400=0 \Rightarrow \beta=-41$。

答案：A

56.（供 2011，发 2011） 如图 1.3–89 所示的含耦合电感的电路中，已知 $L_1 = 0.1\text{H}$，$L_2 = 0.4\text{H}$，$M = 0.12\text{H}$。ab 端的等效电感 L_{ab} 为（　　）H。

A. 0.064　　B. 0.062　　C. 0.64　　D. 0.62

分析：方法 1，“去耦法”，去耦后的等效电路如图 1.3–90 所示。$L_{ab} = (L_1 - M) + M // (L_2 - M) = (0.1 - 0.12)\text{H} + 0.12\text{H}//(0.4 - 0.12)\text{H} = -0.02\text{H} + \dfrac{0.12 \times 0.28}{0.12 + 0.28}\text{H} = 0.064\text{H}$。

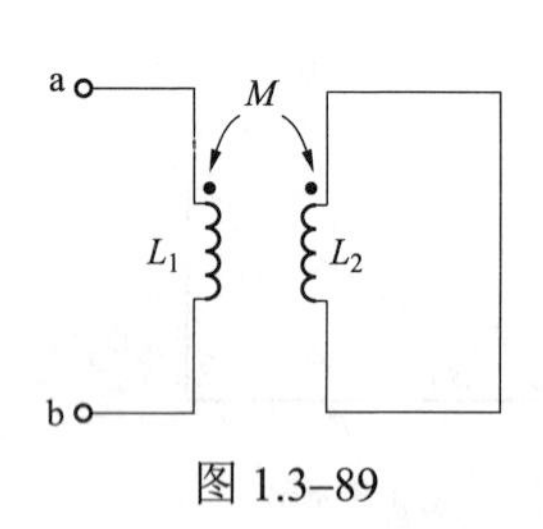

图 1.3–89

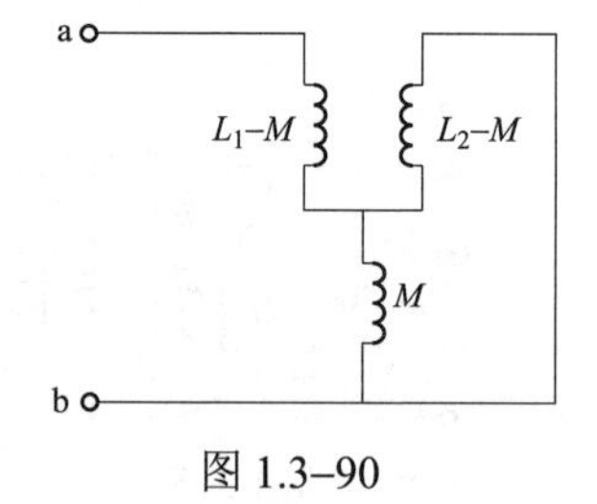

图 1.3–90

方法 2，不去耦，找出 a、b 端口电压、电流的关系，则 $Z = \dfrac{\dot{U}}{\dot{I}}$，即可确定 L_{ab} 的值，读者可以自行完成。

答案：A

57.（供 2011，发 2011） 如图 1.3–91 所示的电路中，n 为（　　）时，$R = 4\Omega$ 的电阻可以获得最大功率。

A. 2　　B. 7

C. 3　　D. 5

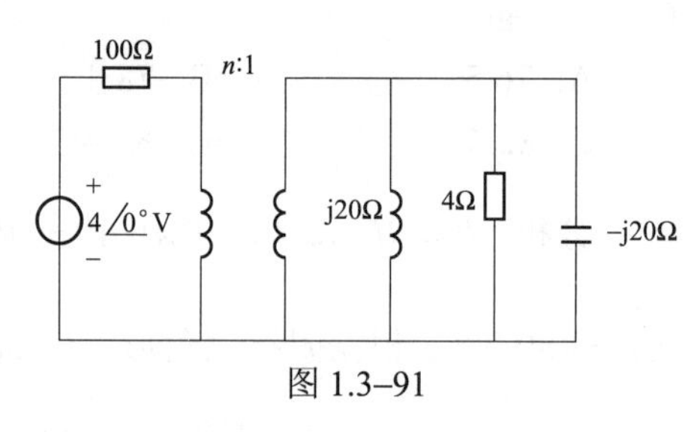

图 1.3–91

分析：二次侧的 j20Ω 电感与 −j20Ω 电容发生并联谐振，等效阻抗∞，可以直接开路，再利用变压器的变换阻抗特性，原电路图变成如图 1.3–92 所示，要获得最大功率，则 $4n^2 = 100 \Rightarrow n = 5$。

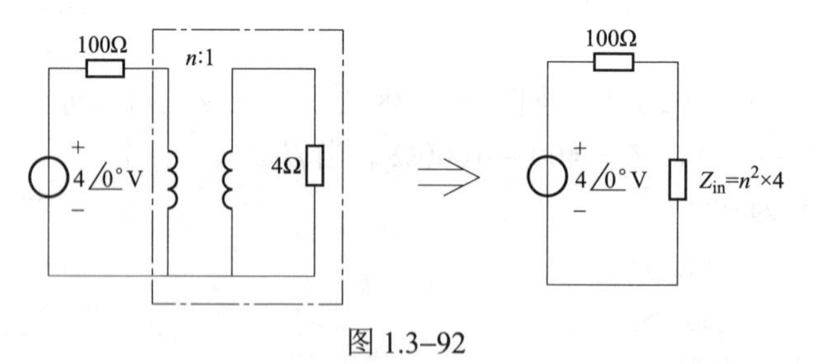

图 1.3–92

答案：D

58.（供 2011，发 2016） 如图 1.3–93 所示的正弦交流电路中，已知 $\dot{U}_s = 100\angle 0^\circ\ \text{V}$，$R = 10\Omega$，$X_L = 20\Omega$，$X_C = 30\Omega$。当负载 Z_L 为（　　）Ω 时，负载获得最大功率。

A. 8+j21　　B. 8−j21　　C. 8+j26　　D. 8−j26

分析：其实就是要求 a、b 左边一端口网络的戴维南等效阻抗，如图 1.3–94 所示。

$$Z_{eq}=R//jX_L-jX_C=\frac{R\times jX_L}{R+jX_L}-jX_C=\left(\frac{10\times j20}{10+j20}-j30\right)\Omega=(8-j26)\Omega$$

所以当 $Z_L=Z_{eq}^*=(8+j26)\Omega$ 时，负载获得最大功率值。

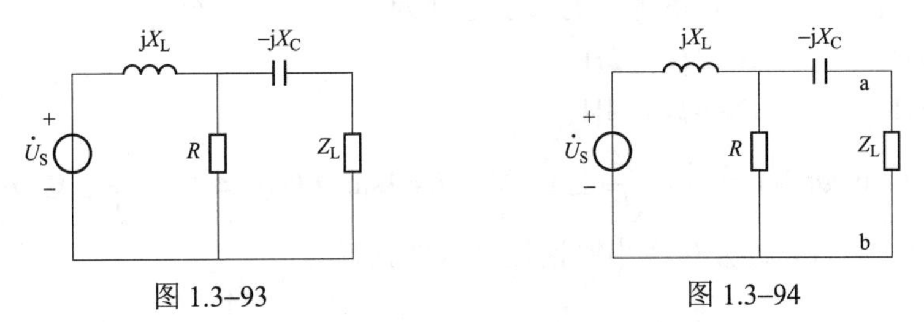

图 1.3–93　　　　图 1.3–94

答案：C

59.（2012）图 1.3–95 所示电路中，$\dot{U}_1$为（　　）V。

A. $5.76\angle 51.36^\circ$　　　　B. $5.76\angle 38.65^\circ$

C. $2.88\angle 51.36^\circ$　　　　D. $2.88\angle 38.64^\circ$

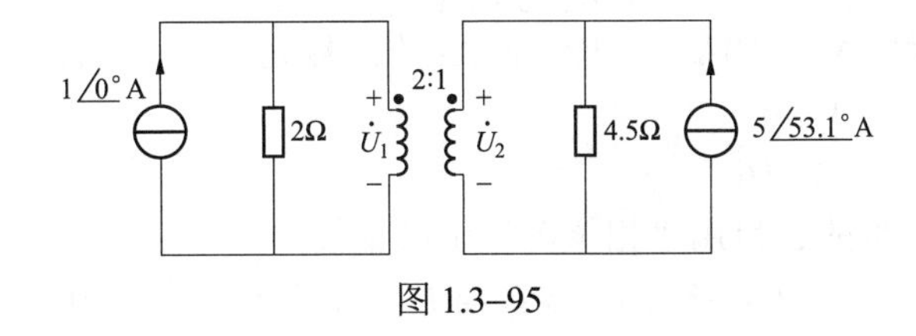

图 1.3–95

分析：参见理想变压器考点复习。

为方便求解，将变压器两侧的“电流源并电阻形式”变换成“电压源串电阻形式”。

依据电源间的等效变换，本题图可以等效变换成如图 1.3–96 所示。

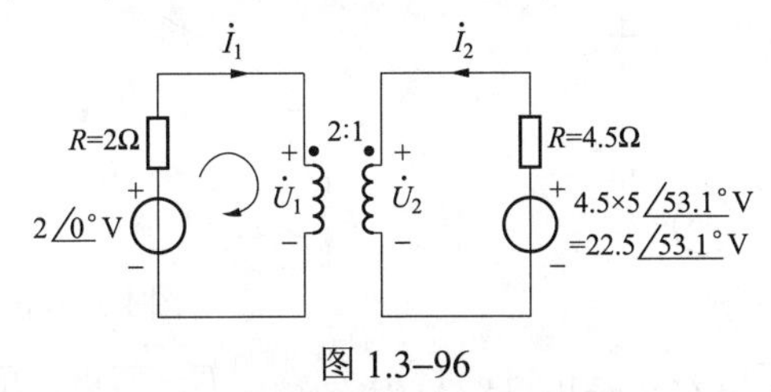

图 1.3–96

$\dot{U}_1$、$\dot{U}_2$、$\dot{I}_1$、$\dot{I}_2$四个未知数，利用变压器的电压比关系，可以写出

$$\dot{U}_1=2\dot{U}_2 \tag{1.3–4}$$

$$\dot{I}_1=-\frac{1}{2}\dot{I}_2 \tag{1.3–5}$$

又对左侧回路列写 KVL 方程，有

$$2\dot{I}_1+\dot{U}_1=2\angle 0^\circ \tag{1.3–6}$$

又对右侧回路列写 KVL 方程，有

$$4.5\dot{I}_2+\dot{U}_2=22.5\angle 53.1^\circ \tag{1.3–7}$$

式（1.3–4）～式（1.3–7）联立求解，得$\dot{U}_1=5.76\angle 38.65^\circ$ V 。

答案：B

60.（2012） 如图 1.3–97 所示电路中，$u=24\sin\omega t(\mathrm{V})$，$i=4\sin\omega t(\mathrm{A})$，$\omega$=2000 rad/s，则无源二端网络 N 可以看作电阻 R 和电感 L 相串联，则 R 和电感 L 的大小分别为（　　）。

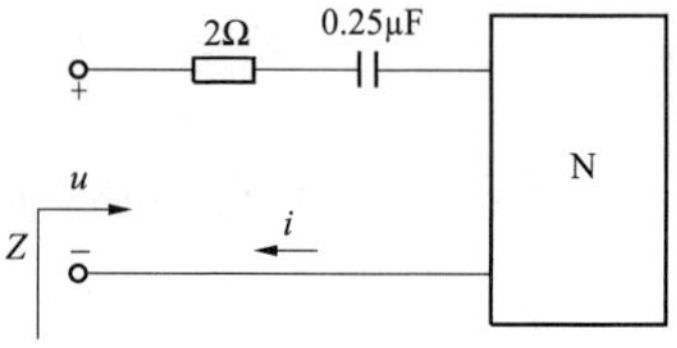

图 1.3–97

A. 1Ω，4H　　B. 2Ω，2H

C. 4Ω，1H　　D. 4Ω，4H

分析：$u=24\sin\omega t(\mathrm{V})\Rightarrow\dot{U}=\dfrac{24}{\sqrt{2}}\angle 0^\circ\ \mathrm{V}$，$i=4\sin\omega t(\mathrm{A})\Rightarrow\dot{I}=\dfrac{4}{\sqrt{2}}\angle 0^\circ\ \mathrm{A}$，可见 $\dot{U}$、$\dot{I}$ 同相位，电路呈电阻性，即发生了串联谐振，这样就有

$$\frac{1}{\omega C}=\omega L\Rightarrow L=\frac{1}{\omega^2 C}=\frac{1}{2000^2\times0.25\times10^{-6}}\mathrm{H}=1\mathrm{H},\quad R_{总}=\frac{\frac{24}{\sqrt{2}}}{\frac{4}{\sqrt{2}}}=6\Omega=2\Omega+R\Rightarrow R=4\Omega$$

答案：C

61.（2012） 已知图 1.3–98 中正弦电流电路发生谐振时，电流表 A2 和 A3 的读数分别为 6A 和 10A，则电流表 A1 的读数为（　　）A。

A. 4　　B. 8

C. $\sqrt{136}$　　D. 16

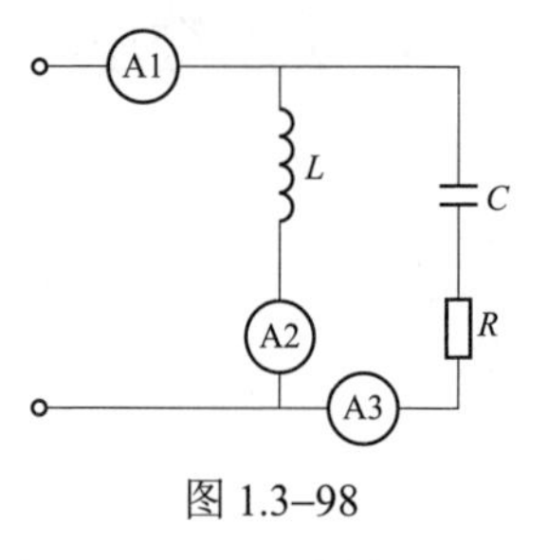

图 1.3–98

分析：注意这种类型的题目用“相量图”求解最简单。标注出各电流参考方向如图 1.3–99 所示，按照 $\dot{U}\to\dot{I}_1\to\dot{I}_2\to\dot{I}_3$ 的顺序做出相量图如图 1.3–100 所示。

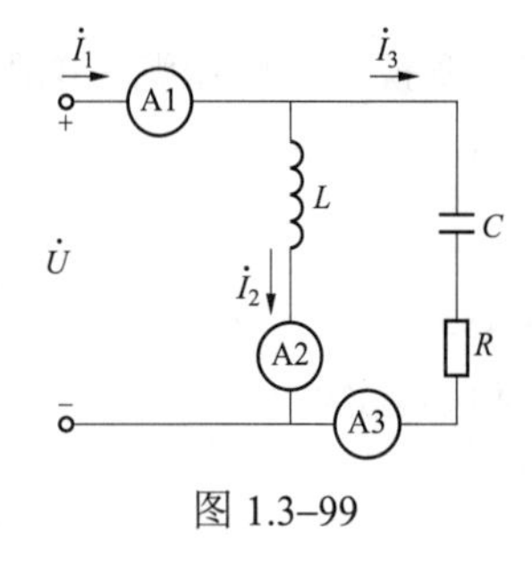

图 1.3–99

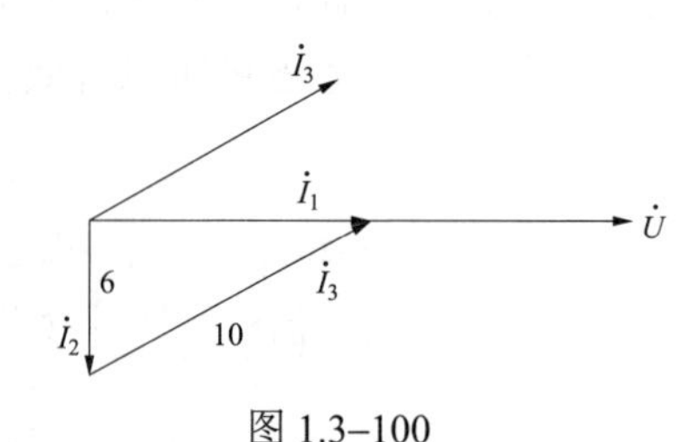

图 1.3–100

依据 KCL，可得 $\dot{I}_1=\dot{I}_2+\dot{I}_3$，看相量图显然有 $I_1=\sqrt{I_3^2-I_2^2}=\sqrt{10^2-6^2}\mathrm{A}=8\mathrm{A}$。

答案：B。

62.（2012） 如图 1.3–101 所示的正弦电流电路中，$L_1=L_2=10\mathrm{H}$，C=1000μF，M=6H 时，R=15Ω，电源的角频率 ω=10rad/s，则其入端阻抗 Z_{ab} 为（　　）Ω。

A. 36–j15　　B. 15–j36　　C. 36+j15　　D. 15+j36

分析：采用“去耦法”求解。做出相应的去耦等效电路如图 1.3–102 所示。

$$\begin{aligned}Z_{\mathrm{ab}}&=\mathrm{j}\omega[(L_2-M)//M]+\mathrm{j}\omega(L_1-M)+R-\mathrm{j}\frac{1}{\omega C}\\&=\mathrm{j}\times10[4//6]\Omega+\mathrm{j}10\times4\Omega+15\Omega-\mathrm{j}\frac{1}{10\times1000\times10^{-6}}\Omega\\&=\mathrm{j}24\Omega+\mathrm{j}40\Omega+15\Omega-\mathrm{j}100\Omega=15\Omega-\mathrm{j}36\Omega\end{aligned}$$

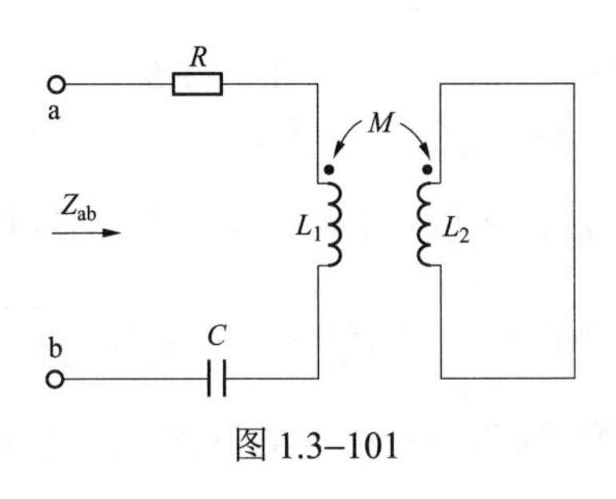

图 1.3–101

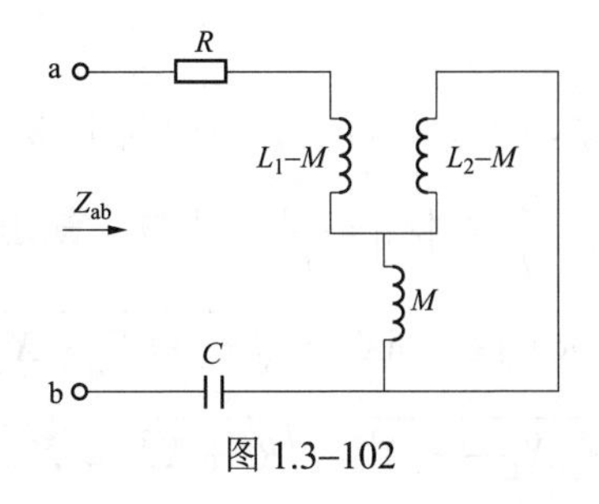

图 1.3–102

答案：B

63.（2012） 如图 1.3–103 所示 R、L、C 串联电路中，若总电压 U、电感电压 U_L 以及 R、C 两端的电压 U_{RC} 均为 150V，且 R=25Ω，则该串联电路中的电流 I 为（　　）A。

A. 6　　B. $3\sqrt{3}$　　C. 3　　D. 2

分析：以电流 $\dot{I}$ 为参考相量，即 $\dot{I}$ 的相位取为 0°，做出相量图如图 1.3–104 所示。

由题意知道 $U=U_L=U_{RC}=150\text{V}$，所以看相量图 U、U_L、U_{RC} 就构成了一个等边三角形，故 $\alpha=30°$，$U_R=U\cos\alpha=150\cos30°\text{V}=75\sqrt{3}\text{V}$，$I=\dfrac{U_R}{R}=\dfrac{75\sqrt{3}}{25}\text{A}=3\sqrt{3}\text{A}$。

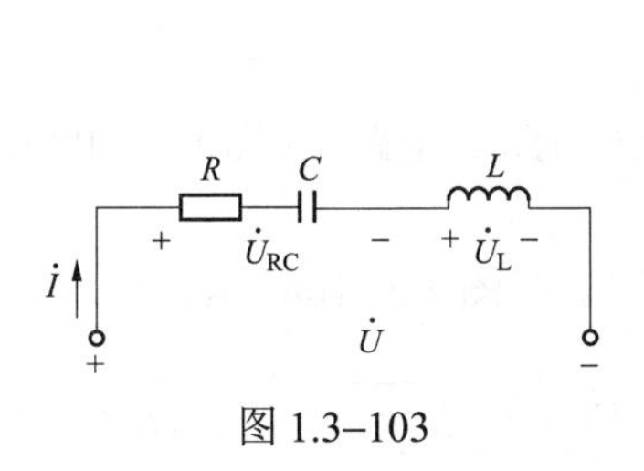

图 1.3–103

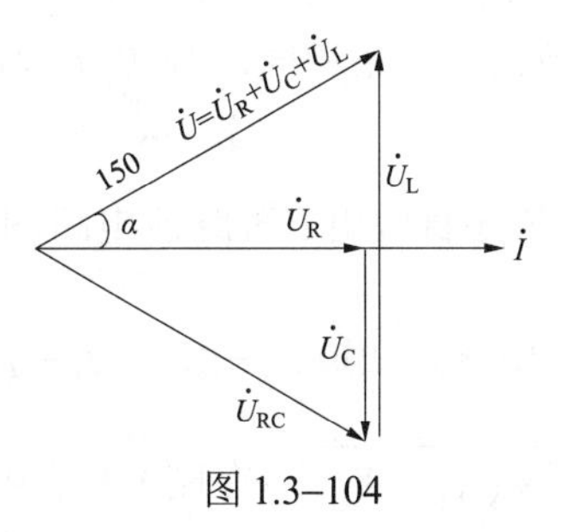

图 1.3–104

答案：B

64.（2012） 如图 1.3–105 所示电路的谐振角频率为（　　）。

A. $\dfrac{1}{2\sqrt{LC}}$　　B. $\dfrac{2}{\sqrt{LC}}$　　C. $\dfrac{1}{3\sqrt{LC}}$　　D. $\dfrac{3}{\sqrt{LC}}$

分析：依 据 KVL， 可 得

$$\dot{U}=\left(R-\text{j}\frac{1}{\omega C}\right)\dot{I}+\text{j}\omega L\dot{I}_L \tag{1.3–8}$$

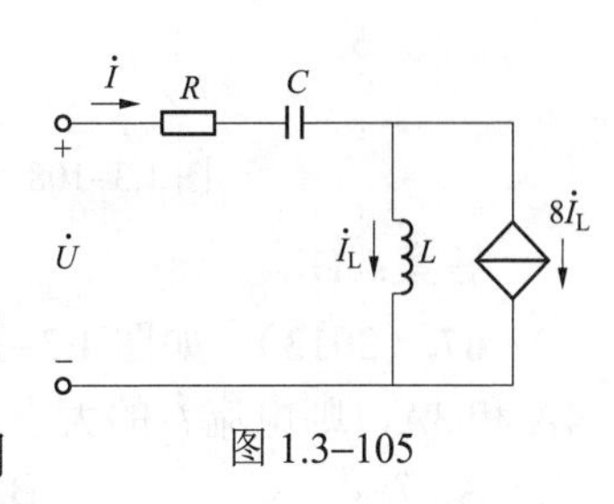

图 1.3–105

依据 KCL，可得 $\dot{I}=\dot{I}_L+8\dot{I}_L=9\dot{I}_L\Rightarrow\dot{I}_L=\dfrac{1}{9}\dot{I}$，代入式(1.3–8)，得到 $\dot{U}=\left(R-\text{j}\dfrac{1}{\omega C}\right)\dot{I}+\text{j}\omega L\dot{I}_L=\left(R-\text{j}\dfrac{1}{\omega C}+\text{j}\dfrac{\omega L}{9}\right)\dot{I}$。谐振，说明 $\dot{U}$、$\dot{I}$ 同相位，故虚部为 0，即 $-\dfrac{1}{\omega C}+\dfrac{\omega L}{9}=0\Rightarrow\omega_0=\dfrac{3}{\sqrt{LC}}$。

答案：D

65.（2012） R、L、C 串联电路中，$X_L=70\Omega$，若总电压保持不变而将电感 L 短路，总电流的有效值与原来相同，则 X_C 为（　　）Ω。

A. 70　　B. 35　　C. $35\sqrt{2}$　　D. 17.5

分析：依题目做出 L 短路前电路图（图 1.3–106）和 L 短路后电路图（图 1.3–107）。

$|Z_1|=\dfrac{U_1}{I_1}$，$|Z_2|=\dfrac{U_2}{I_2}$，由题意知道 $U_1=U_2$，$I_1=I_2$，所以 $|Z_1|=|Z_2|$。在图 1.3–106 中，有 $|Z_1|=|R+\mathrm{j}X_\mathrm{L}-\mathrm{j}X_\mathrm{C}|=\sqrt{R^2+(X_\mathrm{L}-X_\mathrm{C})^2}$。在图 1.3–107 中，有 $|Z_2|=|R-\mathrm{j}X_\mathrm{C}|=\sqrt{R^2+{X_\mathrm{C}}^2}$。故 $\sqrt{R^2+(X_\mathrm{L}-X_\mathrm{C})^2}=\sqrt{R^2+X_\mathrm{C}^2}\Rightarrow X_\mathrm{L}-X_\mathrm{C}=\pm X_\mathrm{C}$。取"+"，有 $X_\mathrm{L}-X_\mathrm{C}=X_\mathrm{C}\Rightarrow X_\mathrm{C}=\dfrac{1}{2}X_\mathrm{L}=\dfrac{1}{2}\times 70\Omega=35\Omega$；取"–"，有 $X_\mathrm{L}-X_\mathrm{C}=-X_\mathrm{C}\Rightarrow X_\mathrm{L}=0$，显然错误。

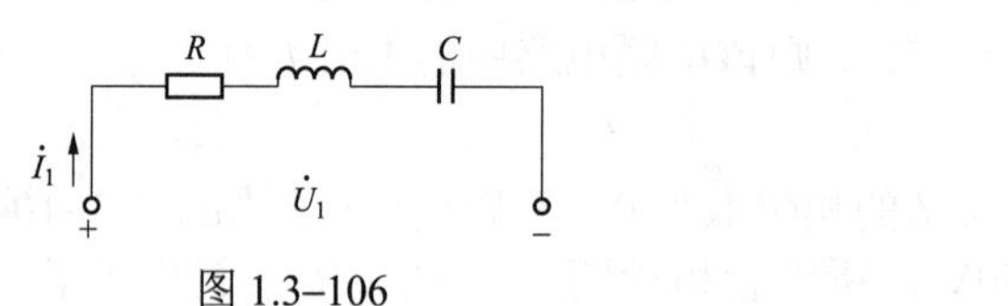

图 1.3–106

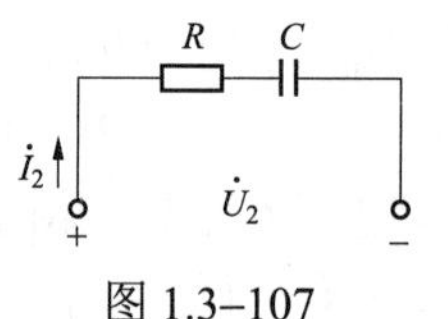

图 1.3–107

答案：B

66.（2013） 在 R、L、C 的串联电路中，$X_\mathrm{C}=10\Omega$。若总电压维持不变而将 L 短路，总电流的有效值与原来相同，则 X_L 应为（　　）Ω。

A. 30　　B. 40　　C. 5　　D. 20

分析：依题目做出 L 短路前电路图（图 1.3–108）和 L 短路后电路图（图 1.3–109）。$|Z_1|=\dfrac{U_1}{I_1}$，$|Z_2|=\dfrac{U_2}{I_2}$，由题意知道 $U_1=U_2$，$I_1=I_2$，所以 $|Z_1|=|Z_2|$。在图 1.3–108 中，有 $|Z_1|=|R+\mathrm{j}X_\mathrm{L}-\mathrm{j}X_\mathrm{C}|=\sqrt{R^2+(X_\mathrm{L}-X_\mathrm{C})^2}$；在图 1.3–109 中，有 $|Z_2|=|R-\mathrm{j}X_\mathrm{C}|=\sqrt{R^2+X_\mathrm{C}^2}$，故 $\sqrt{R^2+(X_\mathrm{L}-X_\mathrm{C})^2}=\sqrt{R^2+X_\mathrm{C}^2}\Rightarrow(X_\mathrm{L}-X_\mathrm{C})^2=X_\mathrm{C}^2\Rightarrow X_\mathrm{L}-X_\mathrm{C}=\pm X_\mathrm{C}$。取"+"，有 $X_\mathrm{L}-X_\mathrm{C}=X_\mathrm{C}\Rightarrow X_\mathrm{L}=2X_\mathrm{C}=2\times 10\Omega=20\Omega$；取"–"，有 $X_\mathrm{L}-X_\mathrm{C}=-X_\mathrm{C}$，显然不成立。

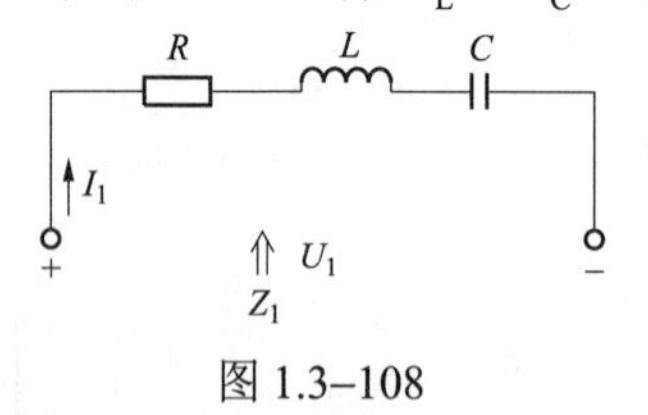

图 1.3–108

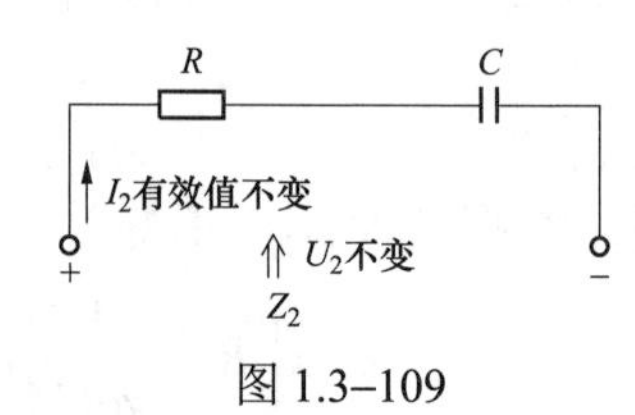

图 1.3–109

答案：D

67.（2013） 如图 1.3–110 所示的正弦电流电路发生谐振时，电流 $\dot{I}_1$ 和 $\dot{I}_2$ 的大小分别为 4A 和 3A，则电流 $\dot{I}_3$ 的大小应为（　　）A。

A. 7　　B. 1　　C. 5　　D. 0

分析：看到这种仅仅给出有效值大小的问题，一定借助"相量图"分析，这类型题最好"相量图"求解。

并联电路，以电压 $\dot{U}$ 为基准参考相量，相量图如图 1.3–111 所示。

$\dot{U}\xrightarrow{\text{谐振}}$则$\dot{I}_1$与$\dot{U}$同相位，做出 $\dot{I}_1\xrightarrow{\text{电容C的电流超前于电压}\dot{U}}$做出 $\dot{I}_2\xrightarrow{\dot{I}_3\text{感性负载滞后于电压}\dot{U}}\dot{I}_1$、$\dot{I}_2$、$\dot{I}_3$ 构成一个闭合的直角三角形，$\dot{I}_1=\dot{I}_2+\dot{I}_3$，$I_3=\sqrt{{I_2}^2+{I_1}^2}=\sqrt{3^2+4^2}\mathrm{A}=5\mathrm{A}$。

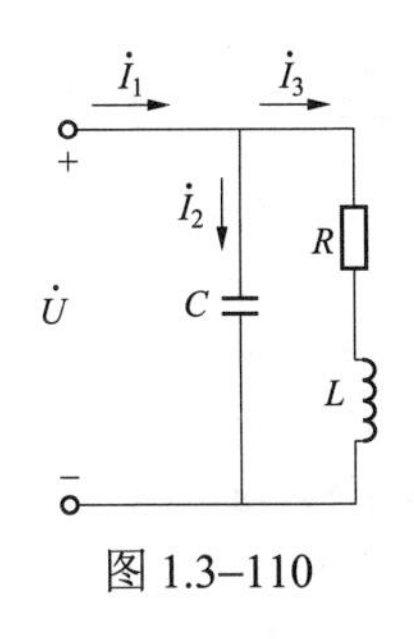

图 1.3–110

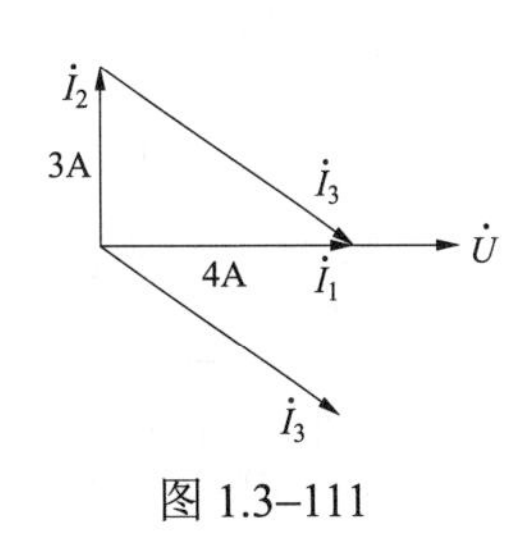

图 1.3–111

答案：C

68.（2013） R、L、C 串联电路中，在电容 C 上再并联一个电阻 R_1，则电路的谐振角频率应为（　　）。

A. $\sqrt{\dfrac{1}{LC}-\dfrac{1}{R_1^2C^2}}$　　B. $\sqrt{\dfrac{1}{R_1^2C^2}-\dfrac{1}{LC}}$　　C. $\sqrt{\dfrac{1}{LC}+\dfrac{1}{R_1^2C^2}}$　　D. $\sqrt{\dfrac{R_1}{LC}}$

分析：见第 64 页题 29（2007）分析推导，可得 $\omega=\sqrt{\dfrac{R_1^{\,2}C-L}{LR_1^{\,2}C^2}}=\sqrt{\dfrac{1}{LC}-\dfrac{1}{R_1^2C^2}}$。

答案：A

69.（2013） 如图 1.3–112 所示电路中，$u=12\sin\omega t(\mathrm{V})$，$i=2\sin\omega t(\mathrm{A})$，$\omega$=2000rad/s，则无源二端网络 N 可以看作电阻 R 和电容 C 相串联，则 R 和 C 的数值应为（　　）。

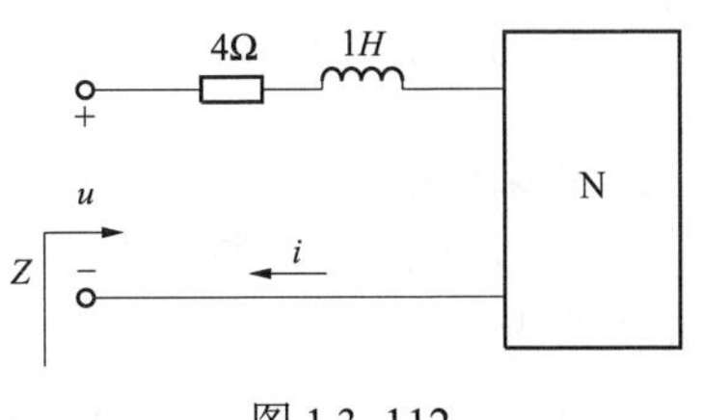

图 1.3–112

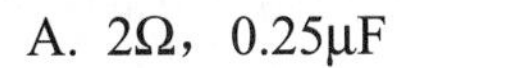

A. 2Ω，0.25μF　　B. 3Ω，0.125μF

C. 4Ω，0.250μF　　D. 4Ω，0.500μF

分析：此题与 2010 年考题图完全一样，仅仅电源参数变化了而已。$u=12\sin\omega t(\mathrm{V})\Rightarrow\dot{U}=\dfrac{12}{\sqrt{2}}\angle 0^\circ\mathrm{V}$，$i=2\sin\omega t(\mathrm{A})\Rightarrow\dot{I}=\dfrac{2}{\sqrt{2}}\angle 0^\circ\mathrm{A}$。可见 $\dot{U}$、$\dot{I}$ 同相位，电路呈电阻性，即发生了串联谐振，这样就有 $\omega L=\dfrac{1}{\omega C}\Rightarrow C=\dfrac{1}{\omega^2L}=\dfrac{1}{2000^2\times1}\mathrm{F}=0.25\mu\mathrm{F}$，

$$Z=\frac{\dot{U}}{\dot{I}}=\frac{\frac{12}{\sqrt{2}}}{\frac{2}{\sqrt{2}}}\Omega=6\Omega=R_{总}=4\Omega+R\Rightarrow R=2\Omega。$$

答案：A

70.（2014） 如图 1.3–113 所示 R、C 串联电路中，电容 $C=3.2\mu\mathrm{F}$，电阻 $R=100\Omega$，电源电压 $U=220\mathrm{V}$，$f=50\mathrm{Hz}$，则电容两端电压 U_{C} 与电阻两端电压 U_{R} 的比值为（　　）。

A. 10　　B. 15　　C. 20　　D. 25

分析：为方便分析，标注出电压、电流参考方向如图 1.3–114 所示。R、C 串联，流过同一个电流 $\dot{I}$，则

$$\dot{U}_{\mathrm{R}}=R\dot{I}\Rightarrow U_{\mathrm{R}}=RI=100I，\quad \dot{U}_{\mathrm{C}}=-\mathrm{j}\frac{1}{\omega C}\dot{I}\Rightarrow\quad U_{\mathrm{C}}=\frac{1}{\omega C}I=\frac{1}{2\pi\times50\times3.2\times10^{-6}}I=995.22I$$

所以 $\dfrac{U_{\mathrm{C}}}{U_{\mathrm{R}}}=\dfrac{995.22I}{100I}\approx10$。

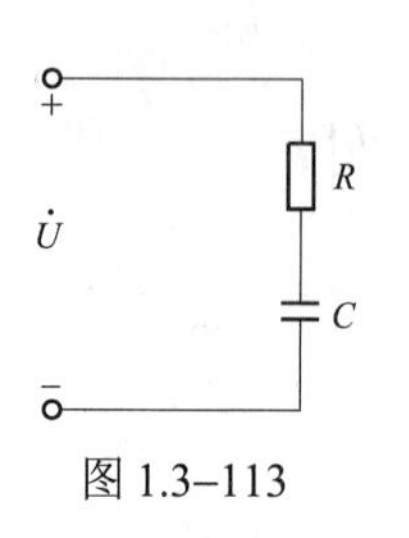

图 1.3–113

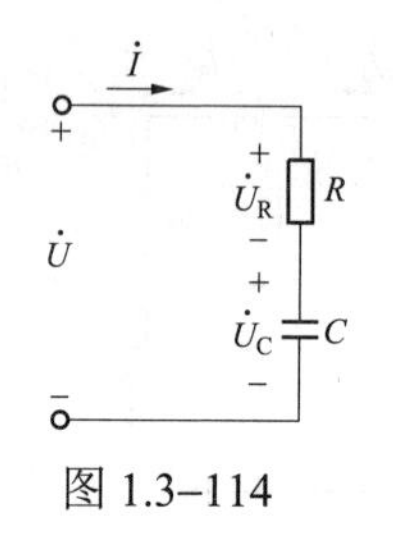

图 1.3–114

答案：A

71.（2014） 一电源输出电压为 220V，最大输出功率为 20kVA，当负载额定电压 $U=220\text{V}$，额定功率为 $P=4\text{kW}$，功率因数 $\cos\varphi=0.8$，则该电源最多可带负载的个数为（　　）。

A. 8　　B. 6　　C. 4　　D. 3

分析：关键点是根据单位判断是什么功率，牢记下面的功率三角形（图 1.3–115），注意常用的三角函数关系都成立，例如 $P=S\cos\varphi$，$Q=S\sin\varphi$，$\tan\varphi=\dfrac{Q}{P}$，$S=\sqrt{P^2+Q^2}$ 等。

设负载个数为 N，则 $4\times N/\cos\varphi\leqslant 20\Rightarrow N\leqslant\dfrac{1}{4}\times 20\cos\varphi\Rightarrow N\leqslant\dfrac{1}{4}\times 20\times 0.8\Rightarrow N\leqslant 4$。

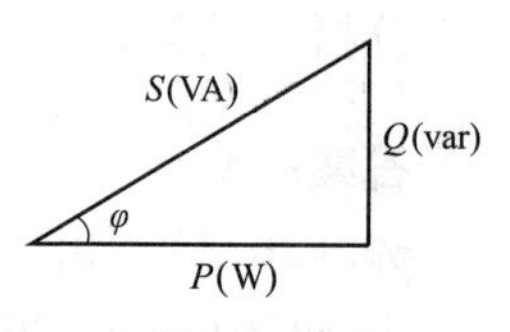

图 1.3–115

答案：C

72.（2014） 如图 1.3–116 所示电路中，当 $\omega^2 LC$ 为下列何值时，流过电阻 R 上的电流与 R 大小无关？（　　）

A. 2　　B. $\sqrt{2}$　　C. −1　　D. 1

分析：为方便分析，标注出电流参考方向如图 1.3–117 所示。

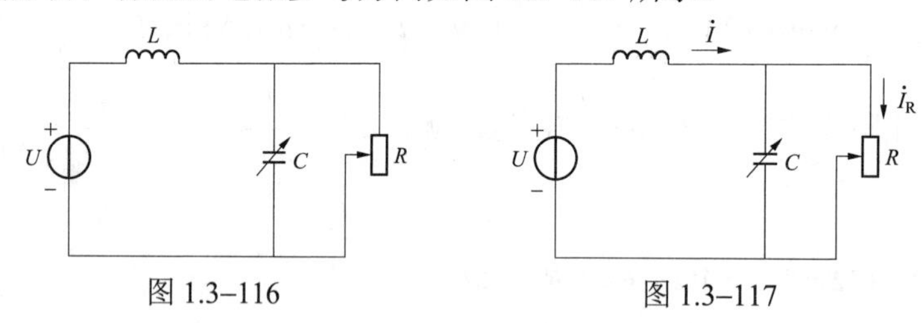

图 1.3–116　　图 1.3–117

$$\dot{I}_{\text{R}}=\frac{\dot{U}}{R\,//\left(-\text{j}\dfrac{1}{\omega C}\right)+\text{j}\omega L}\times\frac{-\text{j}\dfrac{1}{\omega C}}{R-\text{j}\dfrac{1}{\omega C}}=\frac{\dot{U}}{\dfrac{-\text{j}\dfrac{R}{\omega C}}{R-\text{j}\dfrac{1}{\omega C}}+\text{j}\omega L}\times\frac{-\text{j}}{R\omega C-\text{j}}$$

$$=\frac{-\text{j}\dot{U}}{\left(\dfrac{-\text{j}R}{R\omega C-\text{j}}+\text{j}\omega L\right)(R\omega C-\text{j})}=\frac{-\text{j}\dot{U}}{-\text{j}R+\text{j}\omega^2 LCR+\omega L}$$

$$=\frac{\dot{U}}{R-\omega^2 LCR+\text{j}\omega L}$$

显然，当$\omega^2 LC=1$时，上式变成$\dot{I}_R=\dfrac{\dot{U}}{j\omega L}$，此时$\dot{I}_R$与$R$大小无关。

答案：D

73.（2014） 一个线圈的电阻$R=60\Omega$，电感$L=0.2H$，若通过3A的直流电时，线圈的压降为（　　）。

A. 60V　　B. 120V　　C. 180V　　D. 240V

分析：依题意做出电路图如图1.3–118所示。在直流作用下，L相当于短路。

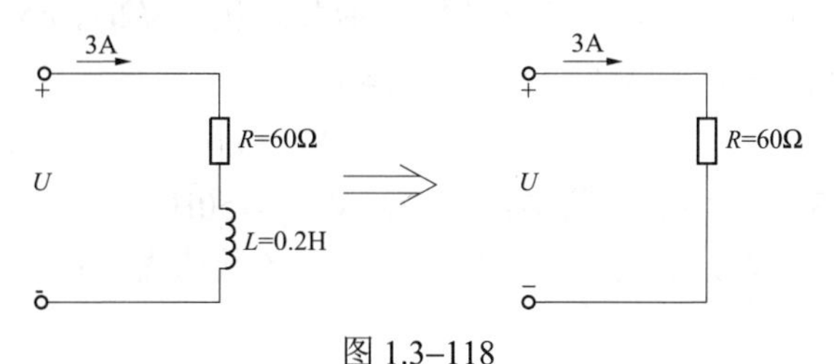

图1.3–118

所以$U=3\times 60V=180V$。

答案：C

74.（2014） 如图1.3–119所示，$R_1=3\Omega$，$L=2H$，$u=30\cos 2t(V)$，$i=5\cos 2t(A)$。确定方框内无源二端网络的等效元件为（　　）。

A. $R=3\Omega$，$C=\dfrac{1}{8}F$　　B. $R=4\Omega$，$C=\dfrac{1}{4}F$

C. $R=4\Omega$　　D. $C=\dfrac{1}{8}F$

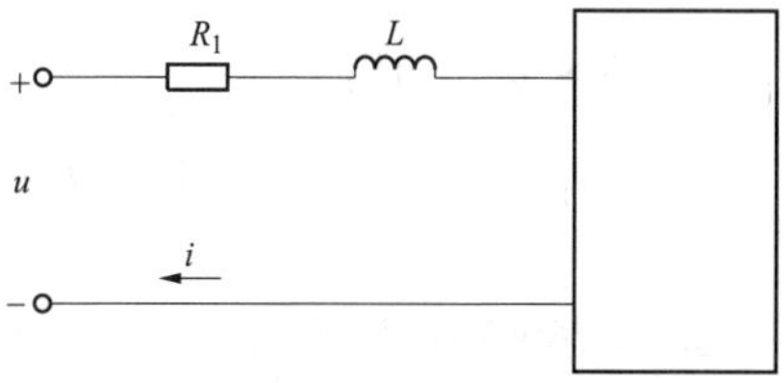

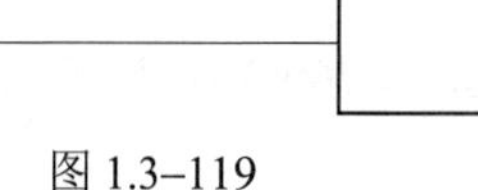

图1.3–119

分析：根据题目所给$u=30\cos 2t(V)$，$i=5\cos 2t(A)$表达式可见，u、i同相位，这说明该电路发生了谐振。

设方框内等效阻抗为$Z=R-j\dfrac{1}{\omega C}$，因为谐振，则$\omega L=\dfrac{1}{\omega C}$，则$C=\dfrac{1}{\omega^2 L}=\dfrac{1}{2^2\times 2}F=\dfrac{1}{8}F$，

由$\dfrac{U}{I}=R_1+R$，得$\dfrac{30}{5}=3+R\Rightarrow R=3\Omega$。

答案：A

75.（2014） 在图1.3–120所示电路中，$X_L=X_C=R$，则u超前i的相位为（　　）。

A. 0　　B. $\dfrac{\pi}{2}$　　C. $-\dfrac{3\pi}{4}$　　D. $\dfrac{\pi}{4}$

分析：为方便分析，标注出电压电流的参考方向如图1.3–121所示。

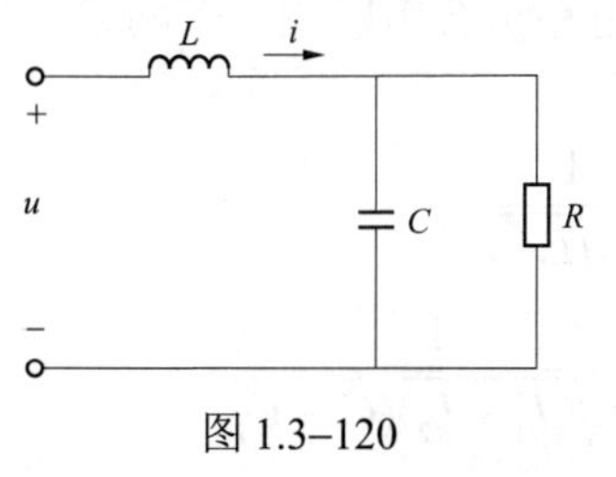

图1.3–120

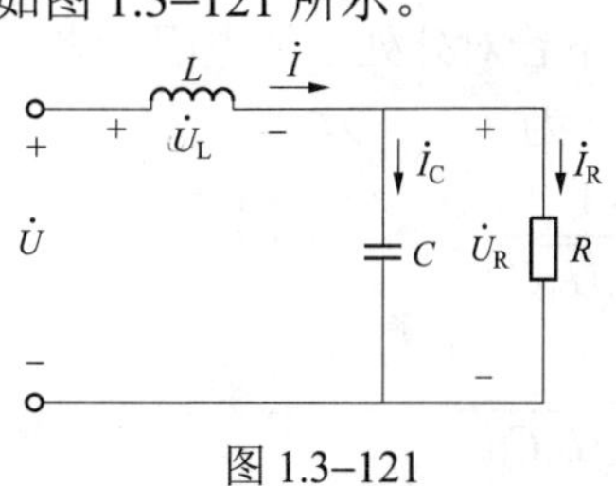

图1.3–121

设 RC 并联部分的电压为 $\dot{U}_R = U_R \angle 0° \text{V}$，则 $\dot{I}_R = \frac{\dot{U}_R}{R} = \frac{U_R}{R} \angle 0°$，$\dot{I}_C = \frac{\dot{U}_R}{-jX_C} = \frac{U_R}{X_C} \angle 90°$。因为题目已知 $R = X_C$，所以 $I_R = I_C$。

依据 KCL，可得 $\dot{I} = \dot{I}_R + \dot{I}_C = \frac{U_R}{R} \angle 0° + \frac{U_R}{X_C} \angle 90° = \frac{\sqrt{2}U_R}{R} \angle 45°$，$\dot{U}_L = jX_L \dot{I} = \frac{\sqrt{2}U_R X_L}{R} \angle 135° = \sqrt{2}U_R \angle 135°$；

依据 KVL，可得 $\dot{U} = \dot{U}_L + \dot{U}_R = \sqrt{2}U_R \angle 135° + U_R \angle 0° = \sqrt{2}U_R(\cos 135° + j\sin 135°) + U_R = jU_R = U_R \angle 90°$，对比 $\dot{U}$ 与 $\dot{I}$，显然 $\dot{U}$ 超前 $\dot{I}$ 为 45°。

答案：D

76.（2014） 图 1.3–122 所示电路中，U=380V，f=50Hz，如果 S 打开及闭合时电流表读数为 0.5A 不变，则 L 的数值为（　　）。

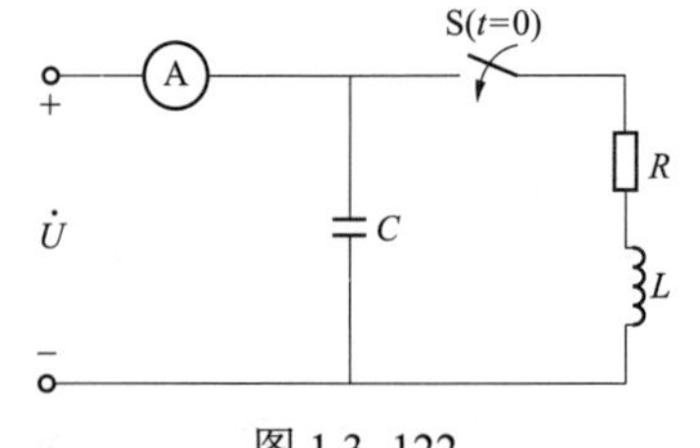

图 1.3–122

A. 0.8H　　　　B. 1.2H

C. 2.4H　　　　D. 1.8H

分析：（1）S 打开时：$Z = \frac{U}{I} = -jX_C$，由已知可知 $|Z| = \frac{U}{I} = \frac{380}{0.5}\Omega = 760\Omega$，所以 $X_C = 760\Omega$。

（2）S 闭合时：

$$Z = (R + jX_L)//(-jX_C) = \frac{(R + jX_L)(-jX_C)}{R + jX_L - jX_C} \qquad (1.3\text{–}9)$$

将 $X_C = 760\Omega$ 代入式（1.3–9），则得 $Z = \frac{-j760(R + jX_L)}{R + jX_L - j760}$，又 $|Z| = \frac{U}{I} = \frac{380}{0.5}\Omega = 760\Omega$，所以 $\left|\frac{-j760(R + jX_L)}{R + jX_L - j760}\right| = 760 \Rightarrow \frac{-j(R + jX_L)}{R + jX_L - j760} = \pm 1$。

取“+1”：$\frac{-j(R + jX_L)}{R + jX_L - j760} = 1 \Rightarrow -jR + X_L = R + jX_L - j760 \Rightarrow \begin{cases} R = X_L \\ -R = X_L - 760 \end{cases}$。由 $X_L = \omega L \Rightarrow 380 = 2\pi \times 50L \Rightarrow L = 1.21\text{H}$，故选项 B 正确。

取“−1”：$\frac{-j(R + jX_L)}{R + jX_L - j760} = -1 \Rightarrow -jR + X_L = -R - jX_L + j760 \Rightarrow \begin{cases} X_L = -R \\ -R = -X_L + 760 \end{cases} \Rightarrow \begin{cases} R = -380\Omega \\ X_L = 380\Omega \end{cases}$，$R$ 值错误。

答案：B

77.（2014） 由 R_1、L_1、C_1 组成的串联电路和由 R_2、L_2、C_2 组成的另一串联电路，在某一工作频率 f_1 下皆对外处于纯电阻状态，如果把上述两电路组合串联成一个网络，那么该网络的谐振频率 f 为（　　）。

A. $\frac{1}{2\pi\sqrt{L_1C_1}}$　　　　B. $\frac{1}{2\pi\sqrt{L_1C_2}}$

C. $\frac{1}{2\pi\sqrt{L_2C_1}}$　　　　D. $\frac{1}{2\pi\sqrt{(L_1 + L_2)(C_1 + C_2)}}$

分析：R、L、C 串联电路的谐振频率为 $f_0=\dfrac{1}{2\pi\sqrt{LC}}$。由题意，有 $f_1=\dfrac{1}{2\pi\sqrt{L_1C_1}}=\dfrac{1}{2\pi\sqrt{L_2C_2}}\Rightarrow$ $L_1C_1=L_2C_2$，依题意作电路图如图 1.3–123 所示。

$$R_{eq}=R_1+R_2，\ L_{eq}=L_1+L_2，\ C_{eq}=\frac{C_1C_2}{C_1+C_2}$$

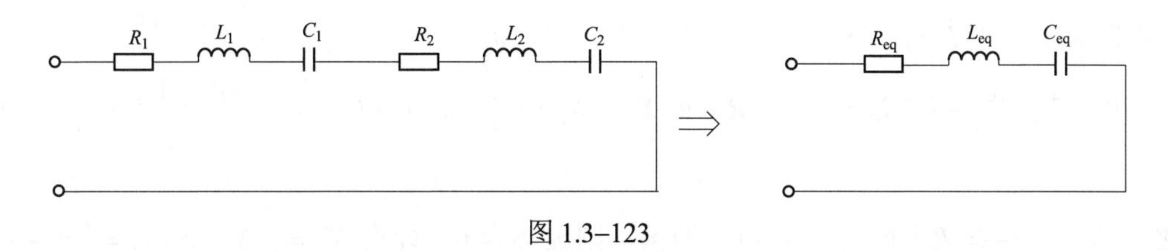

图 1.3–123

所以，合成的串联电路的谐振频率为 $f=\dfrac{1}{2\pi\sqrt{L_{eq}C_{eq}}}=\dfrac{1}{2\pi\sqrt{(L_1+L_2)\times\dfrac{C_1C_2}{C_1+C_2}}}=$ $\dfrac{1}{\sqrt{2\pi\times\dfrac{L_1C_1C_2+L_2C_1C_2}{C_1+C_2}}}$。因为 $L_1C_1=L_2C_2$，所以 $f=\dfrac{1}{\sqrt{2\pi\times\dfrac{L_1C_1(C_2+C_1)}{C_1+C_2}}}=\dfrac{1}{2\pi\sqrt{L_1C_1}}$。

答案：A

78.（2014） 图 1.3–124 所示理想变压器电路中，已知负载电阻 $R=\dfrac{1}{\omega C}$，则输入端电流 i 和输入端电压 u 间的相位差是（ ）。

A. $-\dfrac{\pi}{2}$　　B. $\dfrac{\pi}{2}$　　C. $-\dfrac{\pi}{4}$　　D. $\dfrac{\pi}{4}$

分析：利用变压器变换阻抗的原理，可得如图 1.3–125 所示等效电路。

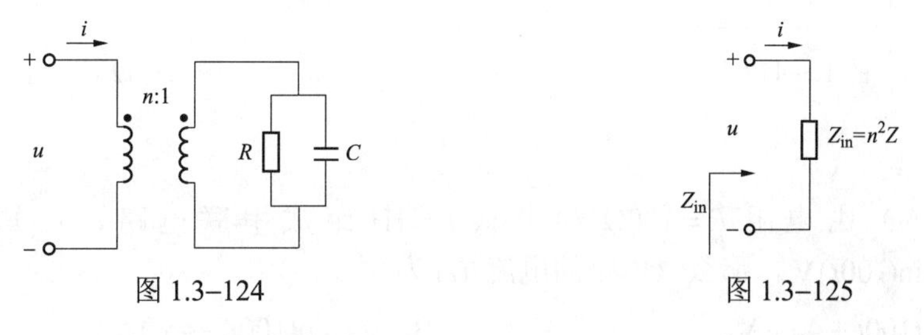

图 1.3–124　　图 1.3–125

$$Z=R//(-jX_C)=\frac{-jRX_C}{R-jX_C}=\frac{-jRX_C(R+jX_C)}{R^2+X_C^2}=\frac{RX_C^2-jR^2X_C}{R^2+X_C^2}$$

阻抗角 $\varphi=\arctan\left(\dfrac{-R^2X_C}{RX_C^2}\right)\overset{R=X_C}{=}\arctan(-1)=-45°$，归算到原边的等效阻抗 Z_{in} 幅值为原来的 n^2 倍，但相位关系不变。所以原边 u 超前 i 为 $-45°$，也即 i 超前 u 为 $45°$。

答案：D

79.（2014） 图 1.3–126 所示电路的谐振角频率为（ ）。

A. $\dfrac{1}{3\sqrt{LC}}$rad/s　　B. $\dfrac{1}{9\sqrt{LC}}$rad/s

C. $\dfrac{9}{\sqrt{LC}}$rad/s　　D. $\dfrac{3}{\sqrt{LC}}$rad/s

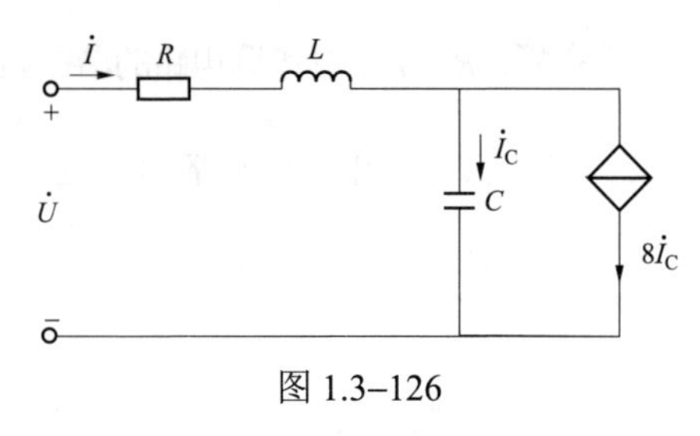

图 1.3–126

分析：依据 KVL，得

$$(R+\mathrm{j}X_L)\dot{I}-\mathrm{j}X_C\dot{I}_C=\dot{U} \qquad (1.3\text{–}10)$$

依据 KCL，得 $\dot{I}=\dot{I}_C+8\dot{I}_C=9\dot{I}_C$，代入式（1.3–10），可得 $(R+\mathrm{j}X_L)9\dot{I}_C-\mathrm{j}X_C\dot{I}_C=\dot{U}\Rightarrow 9R+\mathrm{j}(9X_L-X_C)=\dfrac{\dot{U}}{\dot{I}_C}$。由 $\dot{I}=9\dot{I}_C\Rightarrow\dot{I}_C=\dfrac{1}{9}\dot{I}\Rightarrow\dfrac{\dot{U}}{\frac{1}{9}\dot{I}}=9R+\mathrm{j}(9X_L-X_C)\Rightarrow\dfrac{\dot{U}}{\dot{I}}=R+\mathrm{j}\left(X_L-\dfrac{X_C}{9}\right)$，谐振，则虚部为 0，即有 $X_L=\dfrac{1}{9}X_C\Rightarrow\omega L=\dfrac{1}{9}\times\dfrac{1}{\omega C}\Rightarrow\omega=\dfrac{1}{3\sqrt{LC}}$rad/s。

答案：A

80.（2014） 图 1.3–127 所示空心变压器 ab 间的输入阻抗为（　　）。

A. j3Ω　　B. −j3Ω　　C. j4Ω　　D. −j4Ω

分析：做出去耦后的等效电路如图 1.3–128 所示，由图很容易得到 $Z=(\mathrm{j}3/\!/\mathrm{j}6)\Omega+\mathrm{j}1\Omega=\left(\dfrac{-18}{\mathrm{j}9}+\mathrm{j}1\right)\Omega=\mathrm{j}3\Omega$。

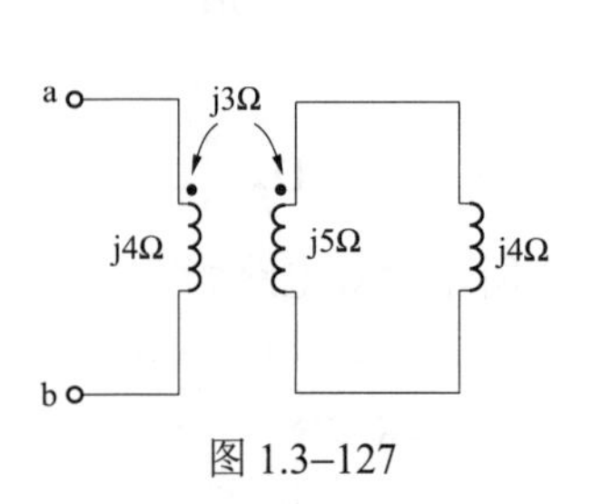

图 1.3–127

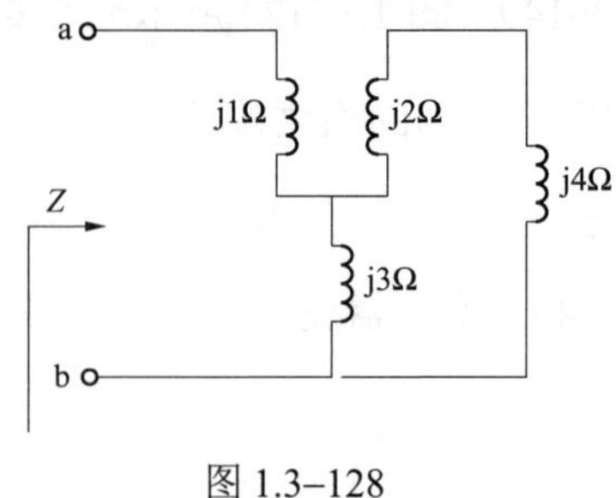

图 1.3–128

答案：A

81.（2016）由电阻 $R=100\Omega$ 和电感 $L=1\mathrm{H}$ 组成串联电路，已知电源电压为 $u_s(t)=100\sqrt{2}\sin(100t)\mathrm{V}$，那么该电路的电流 $i(t)$ 为（　　）。

A. $\sqrt{2}\sin(100t+45^\circ)\mathrm{A}$　　B. $\sqrt{2}\sin(100t-45^\circ)\mathrm{A}$

C. $\sin(100t+45^\circ)\mathrm{A}$　　D. $\sin(100t-45^\circ)\mathrm{A}$

分析：本题利用相量来求解，由题意 $\dot{U}_s=100\angle 0^\circ\mathrm{V}$，阻抗 $Z=R+\mathrm{j}\omega L=(100+\mathrm{j}100)\Omega$。该电路的电流为 $\dot{I}=\dfrac{\dot{U}_s}{Z}=\dfrac{100\angle 0^\circ}{100+\mathrm{j}100}\mathrm{A}=\dfrac{1\angle 0^\circ}{1+\mathrm{j}1}\mathrm{A}=\dfrac{1\angle 0^\circ}{\sqrt{2}\angle 45^\circ}\mathrm{A}=\dfrac{\sqrt{2}}{2}\angle -45^\circ\mathrm{A}$。

转换成瞬时值形式为 $i(t)=\dfrac{\sqrt{2}}{2}\times\sqrt{2}\sin(100t-45^\circ)\mathrm{A}=\sin(100t-45^\circ)\mathrm{A}$。

答案：D

82.（2016）由电阻 $R=100\Omega$ 和电容 $C=100\mu F$ 组成串联电路，已知电源电压为 $u_s(t)=100\sqrt{2}\cos(100t)V$，那么该电路的电流 $i(t)$ 为（　　）。

A. $\sqrt{2}\cos(100t-45°)A$　　　B. $\sqrt{2}\cos(100t+45°)A$

C. $\cos(100t-45°)A$　　　D. $\cos(100t+45°)A$

分析：本题利用相量来求解，由题意 $\dot{U}_s=100\angle 0°V$，

阻抗：$Z=R-j\dfrac{1}{\omega C}=\left(100-j\dfrac{1}{100\times100\times10^{-6}}\right)\Omega=(100-j100)\Omega$。

该电路的电流：$\dot{I}=\dfrac{\dot{U}_s}{Z}=\dfrac{100\angle 0°}{100-j100}A=\dfrac{1\angle 0°}{1-j1}A=\dfrac{1\angle 0°}{\sqrt{2}\angle -45°}A=\dfrac{\sqrt{2}}{2}\angle 45°A$。

转换成瞬时值形式：$i(t)=\dfrac{\sqrt{2}}{2}\times\sqrt{2}\cos(100t+45°)A=\cos(100t+45°)A$。

答案：D

83.（供 2016，发 2016）R、L 串联电路可以看成是荧光灯电路模型，将荧光灯接于 50Hz 的正弦交流电压源上，测得端电压为 220V，电流 0.4A，功率为 40W，那么，该荧光灯的等效电阻 R 的值为（　　）。

A. 250Ω　　B. 125Ω　　C. 100Ω　　D. 50Ω

分析：根据 $P=RI^2\Rightarrow 40=R\times0.4^2\Rightarrow R=250\Omega$。

答案：A

84.（2016）如图 1.3–129 所示的正弦交流电路中，已知 $\dot{U}_s=100\angle 0°V$，$R=10\Omega$，$X_L=20\Omega$，$X_C=30\Omega$。负载 Z_L 可变，它能获得的最大功率为（　　）。

A. 62.5W　　B. 52.5W　　C. 42.5W　　D. 32.5W

分析：此题与 2011 年考题相似，2011 年是要求获得最大功率时候的负载阻抗值，2016 年是要求获得的最大功率值。

如图 1.3–130 所示，a、b 左边一端口网络的戴维南等效阻抗。

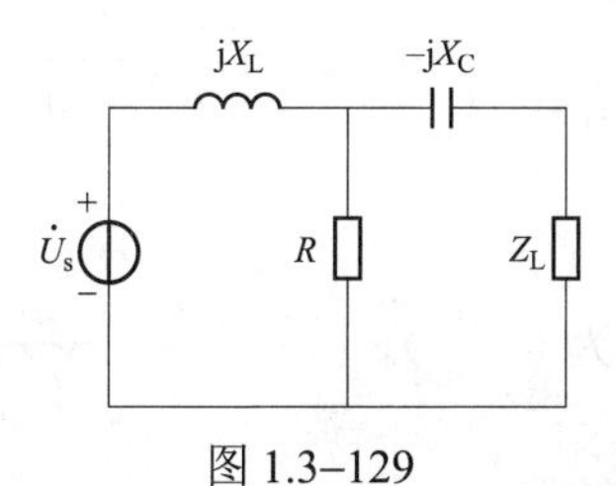

图 1.3–129

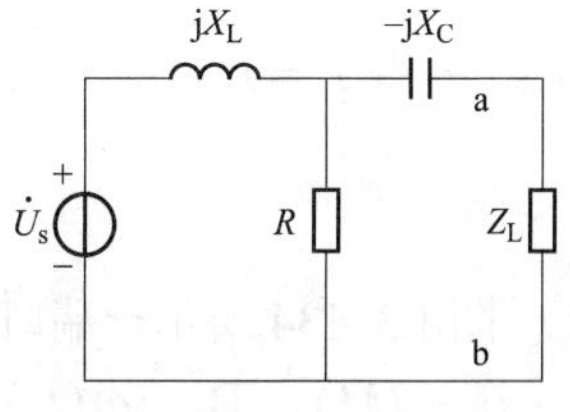

图 1.3–130

$$Z_{eq}=R\ //\ jX_L-jX_C=\frac{R\times jX_L}{R+jX_L}-jX_C=\left(\frac{10\times j20}{10+j20}-j30\right)\Omega=(8-j26)\Omega$$

再来求 ab 端口的开路电压

$$U_{oc}=\frac{R}{R+jX_L}\dot{U}_s=\frac{10}{10+j20}\times100\angle 0°V=44.72\angle -63.43°V$$

所以，当 $Z_L=Z_{eq}^*=(8+j26)\Omega$ 时，负载能获得最大功率值，该值为

$$P_{max}=\frac{U_{oc}^2}{4R_{eq}}=\frac{44.72^2}{4\times8}W=62.5W$$

答案：A

85.（2016） 某 R、L、C 串联电路的$L=3\text{mH}$，$C=2\mu\text{F}$，$R=0.2\Omega$。该电路的品质因数近似为（　　）。

A. 198.7　　B. 193.7　　C. 190.7　　D. 180.7

分析：R、L、C 串联电路的品质因数计算公式为$Q=\dfrac{1}{R}\sqrt{\dfrac{L}{C}}=\dfrac{1}{0.2}\sqrt{\dfrac{3\times10^{-3}}{2\times10^{-6}}}=193.7$。

答案：B

86.（2016） 如图 1.3–131 所示正弦电流电路发生谐振时，电流表 A2 和 A3 读数分别为 10A 和 20A，则电流表 A1 的读数为（　　）。

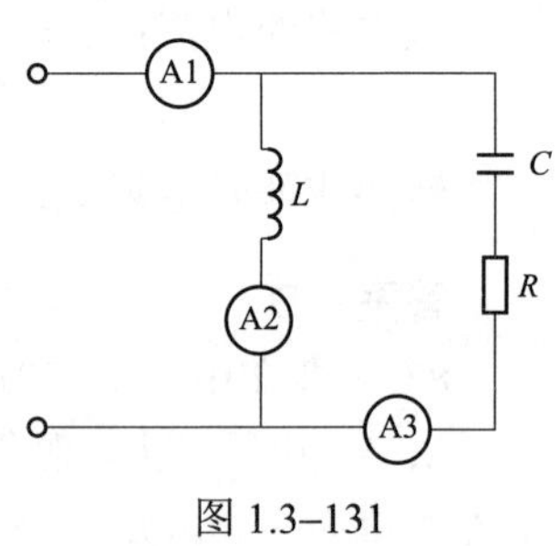

图 1.3–131

A. 10A　　B. 17.3A

C. 20A　　D. 30A

分析：注意这种类型的题目用“相量图”求解最简单。标注出各电流参考方向如图 1.3–132 所示，按照$\dot{U}\to\dot{I}_2\to\dot{I}_1\to\dot{I}_3=\dot{I}_1-\dot{I}_2$的顺序作出相量图如图 1.3–133 所示。注意电路谐振，则有$\dot{U}$与$\dot{I}_1$是同相位的。

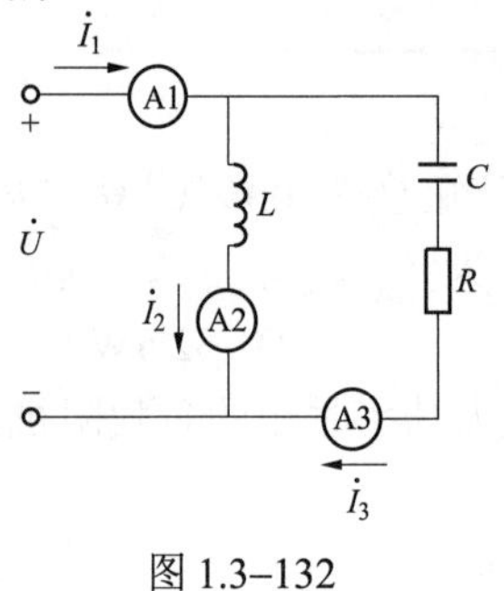

图 1.3–132

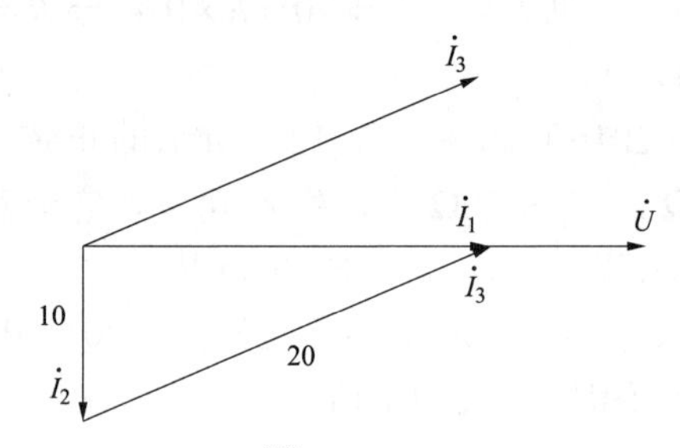

图 1.3–133

依据 KCL，可得$\dot{I}_1=\dot{I}_3-\dot{I}_2$，看相量图显然有$I_1=\sqrt{{I_3}^2-{I_2}^2}=\sqrt{20^2-10^2}\text{A}=17.32\text{A}\approx 17.3\text{A}$。

答案：B

87.（2017） 图 1.3–134 所示一端口电路的等效阻抗为（　　）。

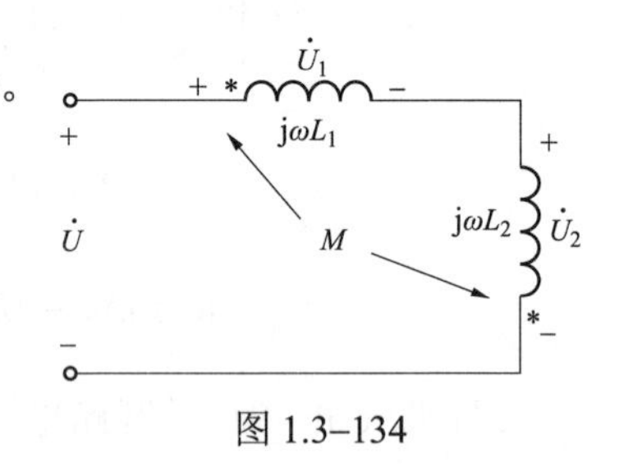

图 1.3–134

A. $\text{j}\omega(L_1+L_2+2M)$　　B. $\text{j}\omega(L_1+L_2-2M)$

C. $\text{j}\omega(L_1+L_2)$　　D. $\text{j}\omega(L_1-L_2)$

分析：参见 1.3.2 节考点二互感，图为反向串接，$L_{\text{eq}}=(L_1+L_2-2M)$。

答案：B

88.（2019） 用戴维南定理求图 1.3–135 所示电路的$\dot{I}$时，其开路电压$\dot{U}_{\text{OC}}$和等效阻抗 Z 分别是（　　）。

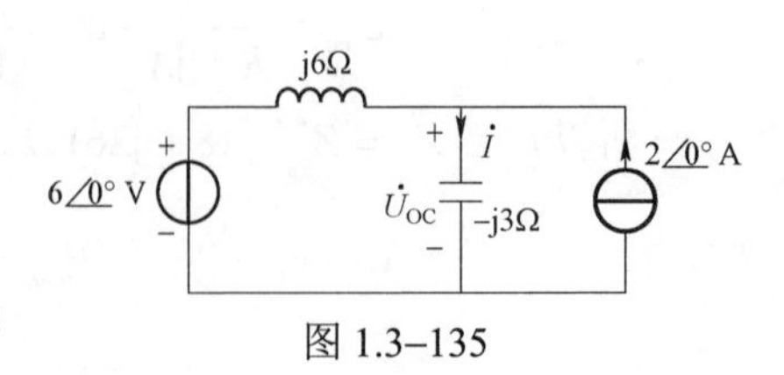

图 1.3–135

A. (6–j12)V，–j6Ω　　B. (6+j12)V，–j6Ω

C. (6–j12)V，j6Ω　　D. (6+j12)V，j6Ω

分析：等效阻抗$Z=\text{j}6\Omega$，开路电压$\dot{U}_{\text{OC}}=\text{j}6\times$

$2\angle 0^\circ \text{V} + 6\angle 0^\circ \text{V} = (6 + \text{j}12)\text{V}$。

答案：D

89.（2020） 下列电路中可能发生谐振的是（　　）。

A. 纯电阻电路　　B. RL 电路　　C. RC 电路　　D. RLC 电路

答案：D

90.（2021） 电路如图 1.3–136 所示，当并联电路 LC 发生谐振时，串联的 LC 电路也同时发生谐振，则串联电路 LC 的 L_1 为（　　）。

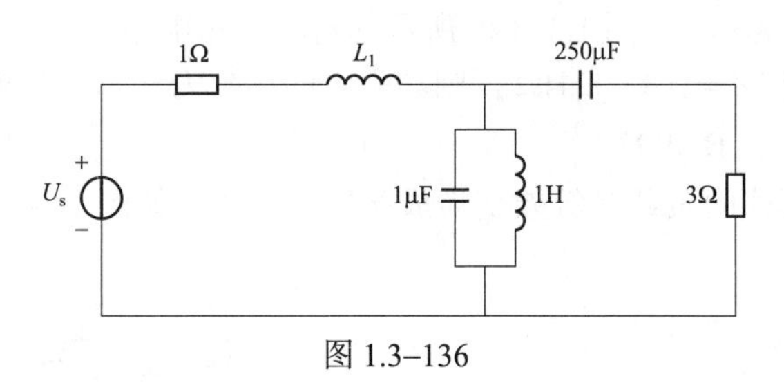

图 1.3–136

A. 250mH　　B. 250H　　C. 4H　　D. 4mH

分析：并联谐振，有 $\omega L = \dfrac{1}{\omega C} \Rightarrow \omega = \sqrt{\dfrac{1}{LC}} = \sqrt{\dfrac{1}{1 \times 1 \times 10^{-6}}}\text{rad/s} = 10^3\text{rad/s}$

串联谐振，有 $\omega L_1 = \dfrac{1}{\omega \times 250 \times 10^{-6}} \Rightarrow L_1 = \dfrac{1}{10^6 \times 250 \times 10^{-6}}\text{H} = 4\text{mH}$

答案：D

【5. 了解频率特性的概念】

历年无考题。

【6. 熟练掌握三相电路中电源和负载的连接方式及相电压、相电流、线电压、线电流、三相功率的概念和关系】

91.（2005、2008、2012） 三相对称三线制电路线电压为 380V，功率表接线如图 1.3–137 所示，三相电路各负载 $Z = R = 22\,\Omega$。此时功率表读数为（　　）W。

A. 3800　　B. 2200　　C. 0　　D. 6600

分析：参见三相电路功率的测量考点复习。为方便分析，标注出各电压、电流的参考方向如图 1.3–138 所示。

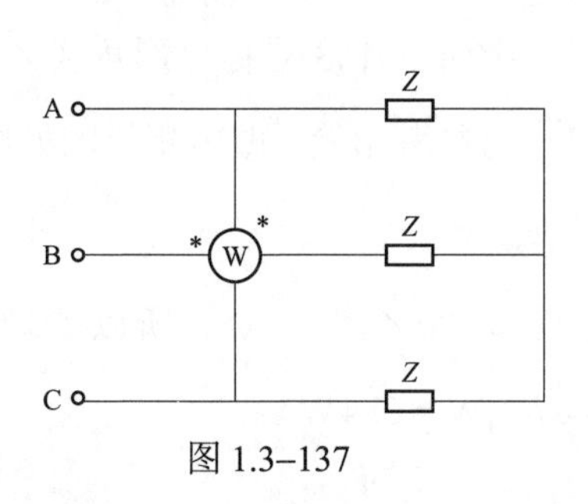

图 1.3–137

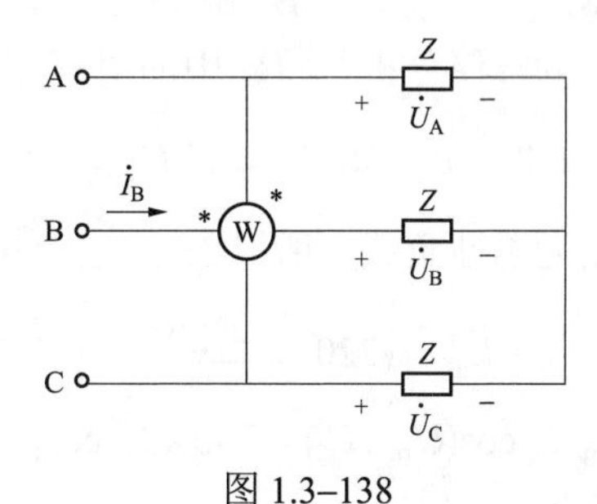

图 1.3–138

设$\dot{U}_A=\frac{380}{\sqrt{3}}\angle 0^\circ=220\angle 0^\circ$V，以$\dot{U}_A$为参考相量做出相量图如图1.3–139所示，则$\dot{I}_B=\frac{\dot{U}_B}{Z}=\frac{220\angle -120^\circ}{22}A=10\angle -120^\circ$A，看相量图知$\dot{U}_{AC}=380\angle -30^\circ$V。所以，可得

$$P=U_{AC}I_B\cos\varphi=380\times 10\cos[-30^\circ-(-120^\circ)]\text{W}=0\text{W}$$

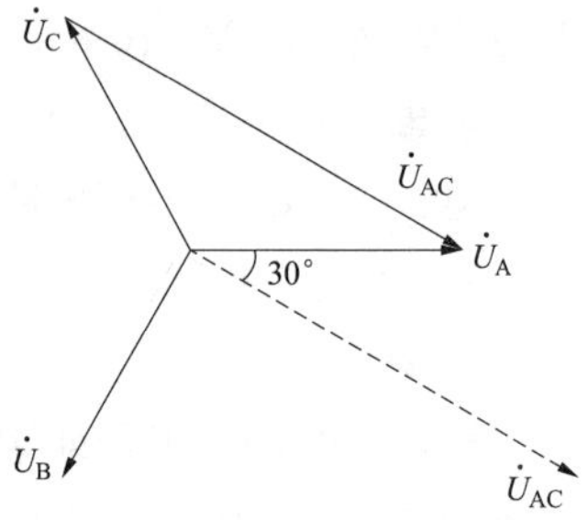

图1.3–139 电压相量图

答案：C

92.（供2006，发2008） 如图1.3–140所示的对称三相电路，线电压380V，每相阻抗$Z=(18+\text{j}24)\Omega$，则功率表的读数为（　　）W。

A. 5134　　B. 997　　C. 1772　　D. 7667

分析：把△接线形式的负载Z等效变换成Y接线形式，如图1.3–141所示。

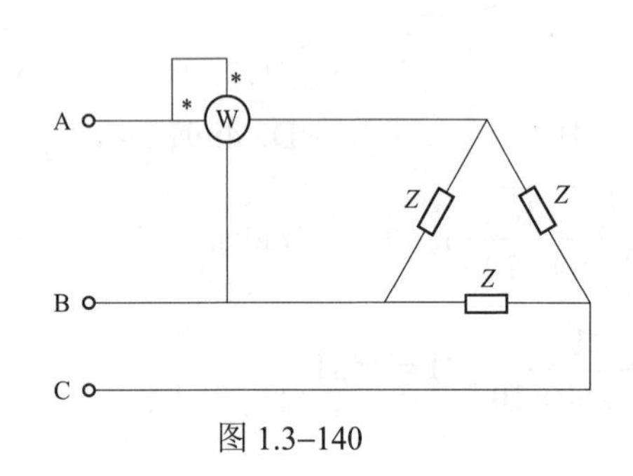

图1.3–140

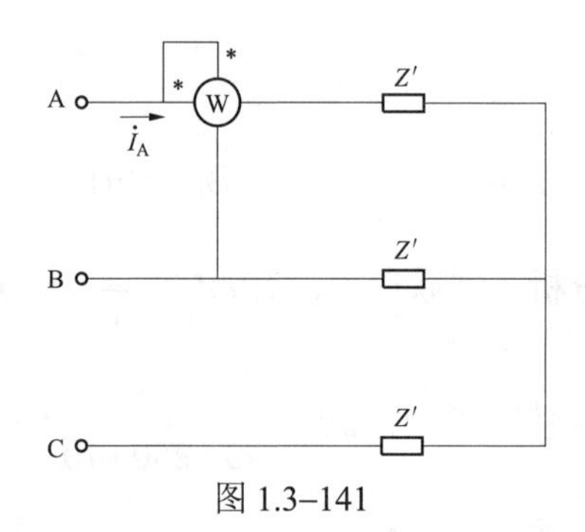

图1.3–141

则$Z'=\frac{1}{3}Z=\frac{1}{3}\times(18+\text{j}24)\Omega=(6+\text{j}8)\Omega$。设$\dot{U}_A=220\angle 0^\circ$V，则$\dot{U}_{AB}=380\angle 30^\circ$V，则

$$\dot{I}_A=\frac{\dot{U}_A}{Z'}=\frac{220\angle 0^\circ}{6+\text{j}8}\text{A}=\frac{220\angle 0^\circ}{10\angle 53.13^\circ}\text{A}=22\angle -53.13^\circ\text{A}$$

所以$P=U_{AB}I_A\cos(\dot{U}_{AB}\hat{,}\dot{I}_A)=380\times 22\cos(30^\circ+53.13^\circ)\text{W}=1000\text{W}$。

答案：B

93.（2007） 如图1.3–142所示的对称三相电路中，线电压为380V，线电流为3A，功率因数为0.8，则功率表读数为（　　）W。

A. 208　　B. 684　　C. 173　　D. 0

分析：为方便分析，将题中的“三相对称负载”用图1.3–143对称星形负载Z表示。

$\cos\varphi=0.8\Rightarrow\varphi=36.87^\circ$，设$\dot{U}_A=220\angle 0^\circ$，以$\dot{U}_A$为参考相量，做出相量图如图1.3–144所示。一般为感性负载，所以$\dot{I}_A=3\angle -36.87^\circ$A。

$\dot{U}_{BC}=\dot{U}_B-\dot{U}_C=(220\angle -120^\circ-220\angle -120^\circ)\text{V}=380\angle -90^\circ$V。所以，功率表的读数为$P=U_{BC}I_A\cos(\dot{U}_{BC}\hat{,}\dot{I}_A)=380\times 3\times\cos[-90^\circ-(-36.87^\circ)]\text{W}=684\text{W}$。

答案：B

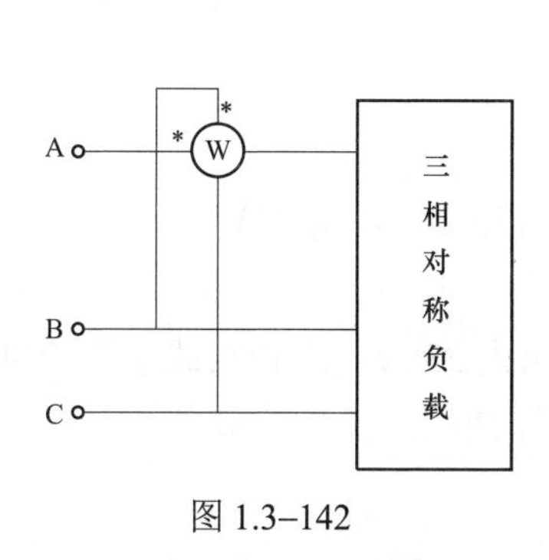

图 1.3–142

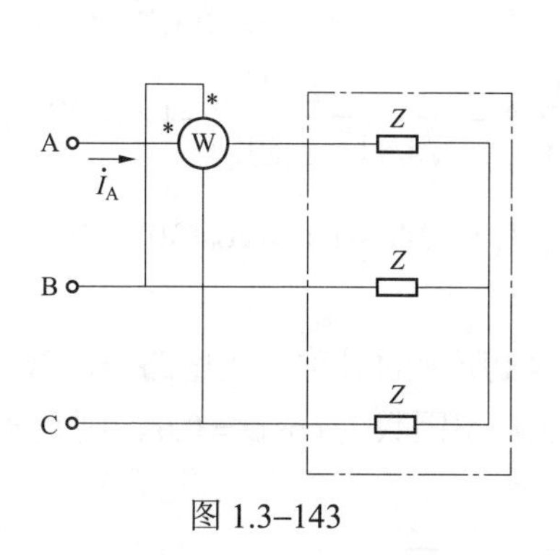

图 1.3–143

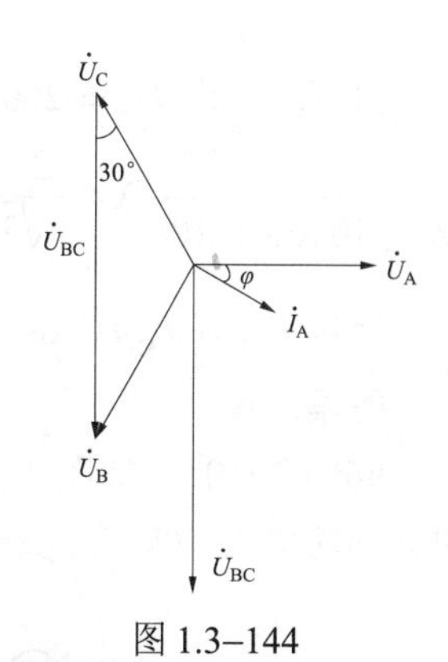

图 1.3–144

94.（2010） 如图 1.3–145 所示电路在开关 S 闭合时为三相对称电路，图中三个电流表的读数均为 30A，$Z=(10-\mathrm{j}10)\,\Omega$。开关 S 闭合时，三个负载 Z 的总无功功率为（　　）kvar。

A. −9　　B. 9　　C. 150　　D. −150

分析：为方便分析，标注出电压、电流的参考方向如图 1.3–146 所示。利用对称三相电路的无功功率计算公式$Q=3U_{相}I_{相}\sin\varphi=\sqrt{3}U_{线}I_{线}\sin\varphi$，式中$\varphi$为负载阻抗角。设线电流$I_{\mathrm{A}}=30\angle 0^{\circ}$A，则相电流

$$\dot{I}_{\mathrm{AB}}=\frac{\dot{I}_{\mathrm{A}}}{\sqrt{3}}\angle 30^{\circ}\,\mathrm{A}=\frac{30}{\sqrt{3}}\angle 30^{\circ}\,\mathrm{A}=10\sqrt{3}\angle 30^{\circ}\,\mathrm{A}$$

如图 1.3–146 中所示，线电压$\dot{U}_{\mathrm{AB}}$即负载的相电压

$$\begin{aligned}\dot{U}_{\mathrm{AB}}&=Z\dot{I}_{\mathrm{AB}}=(10-\mathrm{j}10)\times 10\sqrt{3}\angle 30^{\circ}\,\mathrm{V}\\&=10\sqrt{2}\angle -45^{\circ}\times 10\sqrt{3}\angle 30^{\circ}\,\mathrm{V}=100\sqrt{6}\angle -15^{\circ}\,\mathrm{V}\end{aligned}$$

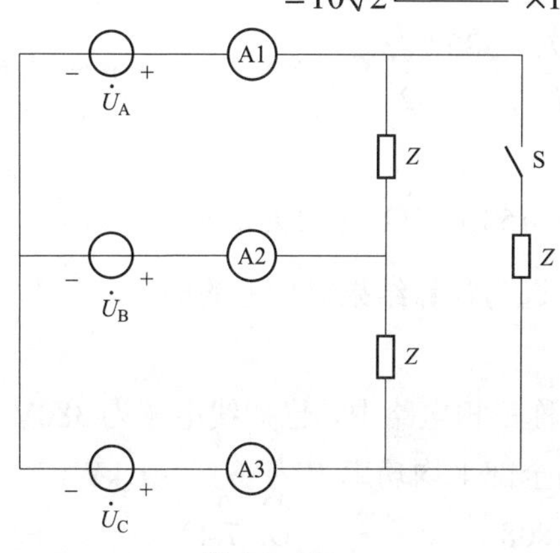

图 1.3–145

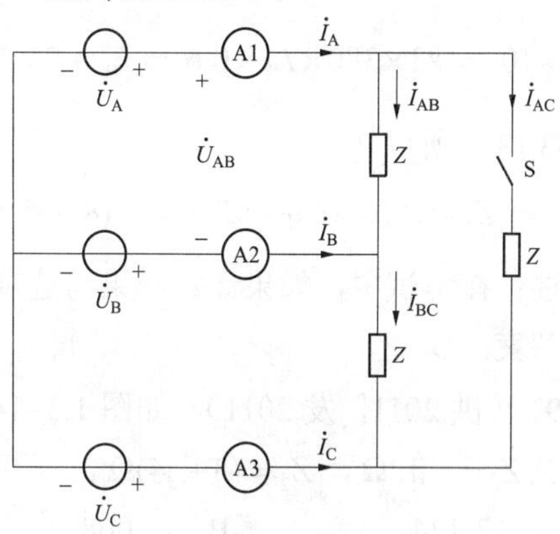

图 1.3–146

由$Z=10-\mathrm{j}10=10\sqrt{2}\angle -45^{\circ}\Rightarrow\varphi=-45^{\circ}$，故

$$Q=3U_{相}I_{相}\sin\varphi=3\times 100\sqrt{6}\times 10\sqrt{3}\sin(-15^{\circ}-30^{\circ})\,\mathrm{kvar}=-9\,\mathrm{kvar}$$

答案：A

95.（2010） 如图 1.3–147 所示的对称三相电路中，相电压为 200V，$Z=(100\sqrt{3}+\mathrm{j}100)\Omega$，功率表 W1 的读数为（　　）W。

A. $100\sqrt{3}$　　B. $200\sqrt{3}$　　C. $300\sqrt{3}$　　D. $400\sqrt{3}$

分析：设 $\dot{U}_A = 200\angle 0° \text{ V}$，则 $\dot{U}_{AB} = 200\sqrt{3}\angle 30° \text{ V} = 346.41\angle 30° \text{ V}$。则 $\dot{I}_A = \dfrac{\dot{U}_A}{Z} = \dfrac{200\angle 0°}{100\sqrt{3}+\text{j}100}\text{A} = \dfrac{2\angle 0°}{\sqrt{3}+\text{j}}\text{A} = \dfrac{2\angle 0°}{\sqrt{3+1}\angle 30°}\text{A} = 1\angle -30° \text{ A}$。

所以 $P_{W1} = U_{AB}I_A\cos(\dot{U}_{AB},\hat{\ }\dot{I}_A) = 346.41\times 1\times\cos(30°+30°)\text{W} = 173.2\text{W} = 100\sqrt{3}\text{W}$。

答案：A

96.（2010） 如图 1.3–148 所示的对称三相电路中，线电压为 380V，三相负载消耗的总的有功功率为 10kW。负载的功率因数为 $\cos\varphi = 0.6$，则负载 Z 的值为（　　）Ω。

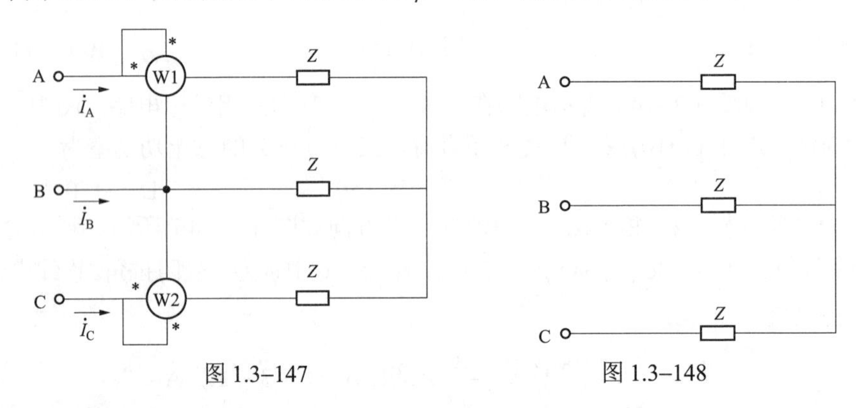

图 1.3–147　　图 1.3–148

A. 4.123+j6.931　　B. 5.198+j3.548

C. 5.198+j4.246　　D. 5.198+j6.931

分析：利用对称三相电路的功率计算公式 $P = 3U_{相}I_{相}\cos\varphi = \sqrt{3}U_{线}I_{线}\cos\varphi$，代入数值可得 $10\times 10^3 = \sqrt{3}\times 380\times I_{线}\times 0.6 \Rightarrow I_{线} = 25.32\text{A}$，$|Z| = \dfrac{U}{I} = \dfrac{380/\sqrt{3}}{25.32}\Omega = 8.665\Omega$，$\cos\varphi = 0.6 \Rightarrow \varphi = 53.13°$。所以

$$Z = |Z|\cos\varphi + \text{j}|Z|\sin\varphi = (8.665\times 0.6 + \text{j}8.665\sin 53.13°)\Omega = (5.199 + \text{j}6.932)\Omega$$

注：在考试中，如果计算结果与选项中不一致，选与计算结果最接近的即可。

答案：D

97.（供 2011，发 2011） 如图 1.3–149 所示的对称三相电路中，已知线电压为 380V，负载阻抗 $Z_1 = -\text{j}12\Omega$，$Z_2 = (3+\text{j}4)\Omega$，三相负载吸收的全部平均功率 P 为（　　）kW。

A. 17.424　　B. 13.068　　C. 5.808　　D. 7.424

分析：将三角形接法的 Z_1 等效变换成 Y 接法，并做出对应的一相等效电路如图 1.3–150 所示。

设 $\dot{U}_A = 220\angle 0° \text{V}$，则 $\dot{I}_A = \dfrac{\dot{U}_A}{Z_2 // \dfrac{Z_1}{3}} = \dfrac{220\angle 0°}{(3+\text{j}4)//(-\text{j}4)}\text{A} = \dfrac{220}{\dfrac{-\text{j}4\times(3+\text{j}4)}{3}}\text{A} = \dfrac{660}{16-\text{j}12}\text{A} = \dfrac{165}{4-\text{j}3}\text{A} = \dfrac{165}{5\angle -36.87°}\text{A} = 33\angle 36.87° \text{A}$。所以 $P = 3U_{相}I_{相}\cos\varphi = 3\times 220\times 33\cos(-36.87)\text{W} = 17\,424\text{W} = 17.424\text{kW}$，式中 φ 为相电压超前于相电流的阻抗角。

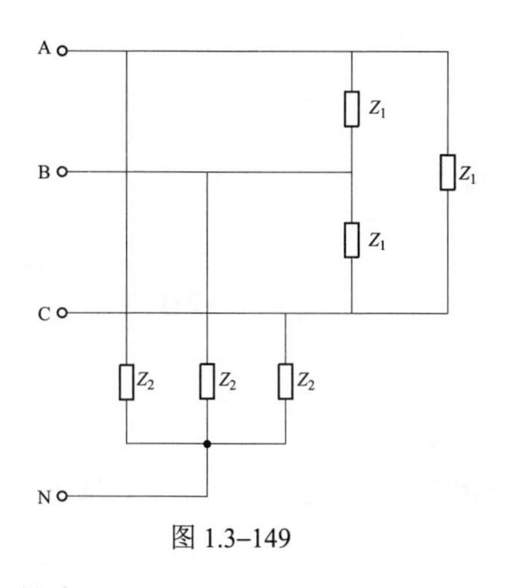

图 1.3–149

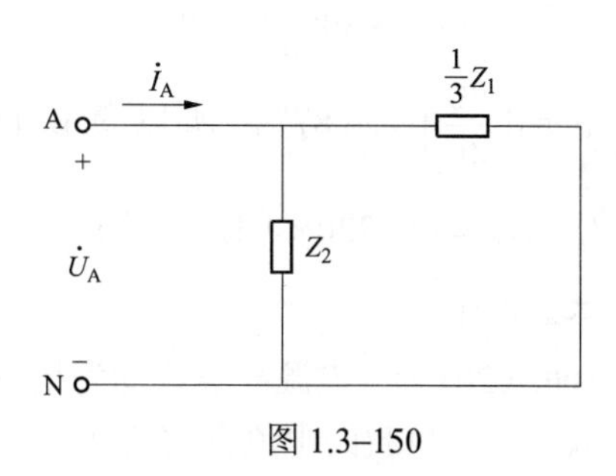

图 1.3–150

答案：A

98.（2013） 如图 1.3–151 所示的三相对称三线制电路中线电压为 380V，且各负载 $Z=44\,\Omega$，则功率表的读数应为

（　　）W。

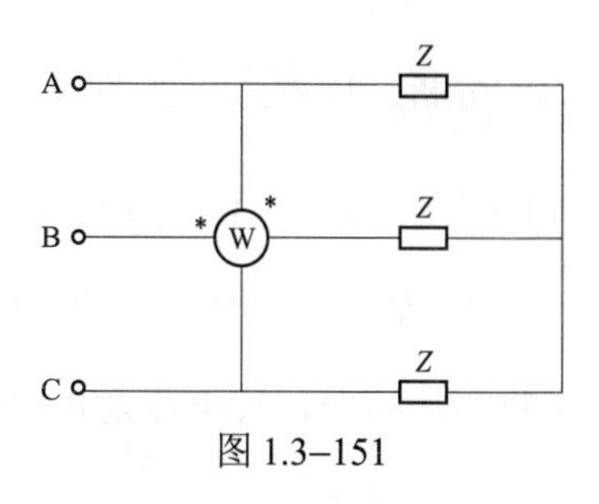

图 1.3–151

A. 0　　　　B. 2200

C. 6600　　　　D. 4400

分析：此题与前题 2005、2008、2012 年真题相似，仅仅变化在于将 Z 由原来题的 22Ω 变成了本题的 44Ω 。为方便分析，标注出各电压、电流的参考方向如图 1.3–152 所示。因为所接负载为阻值为 $44\,\Omega$ 的纯电阻，所以对于 B 相来说，相电压 $\dot{U}_B$ 与相电流 $\dot{I}_B$ 取图中关联参考方向的前提下，两者同相位，做出相量图如图 1.3–153 所示。

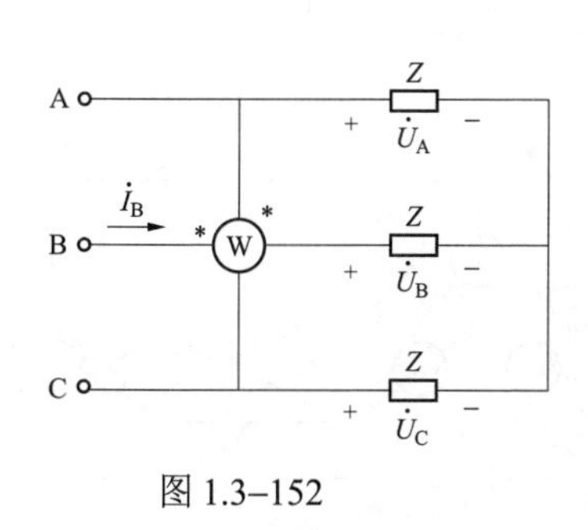

图 1.3–152

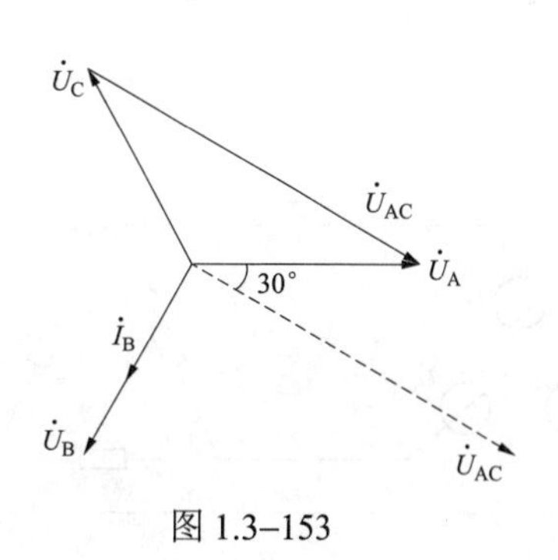

图 1.3–153

可见 $\dot{U}_{AC}$ 与 $\dot{I}_B$ 的相位差为 90°，所以功率表的读数为 $P=U_{AC}I_B\cos 90^\circ=0\text{W}$ 。

答案：A

99.（2014） 三个相等的负载 $Z=(40+\text{j}30)\,\Omega$，接成星形，其中点与电源中点通过阻抗为 $Z_N=(1+\text{j}0.9)\Omega$ 相连接，已知对称三相电源的线电压为 380V，则负载的总功率 P 为（　　）。

A. 1682.2W　　B. 2323.2W　　C. 1221.3W　　D. 2432.2W

分析：由于三相负载、三相电源均对称，所以中性线上无电流流过，即可不计及 Z_N，做出一相等效电路如图 1.3–154 所示。

相电压为 $\frac{380}{\sqrt{3}}\text{A}=220\text{V}$ ，$Z=(40+\text{j}30)\Omega$ ，所以 $I_{相}=\frac{220}{|Z|}=\frac{220}{\sqrt{40^2+30^2}}\text{A}=\frac{220}{50}\text{A}=4.4\text{A}$ ，负载阻抗角 $\varphi=\arctan\left(\frac{30}{40}\right)=36.87°$ 。所以负载的总功率为 $P_{总}=3U_{相}I_{相}\cos\varphi=(3\times220\times4.4\times\cos36.87°)\text{W}=2323.2\text{W}$ 。

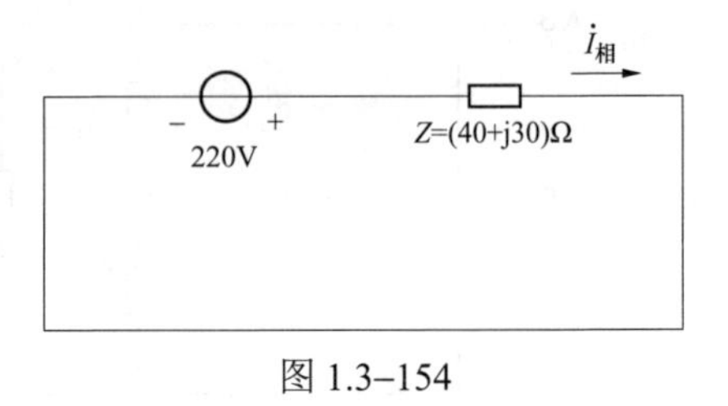

图 1.3–154

答案：B

100.（2019） 电源与负载均为星形联结的对称三相电路中，电源连接不变，负载改为三角形联结，则负载的电流有效值（　　）。

A. 增大　　B. 减小　　C. 不变　　D. 时大时小

分析：依题意可作图 1.3–155（a），显然 $I_1=\frac{U_A}{R}$；负载改为三角形联结后如图 1.3–155（b）所示，对图（b）进行△–Y等效变换，知 $R'=\frac{R}{3}$，由图 1.3–155（c）得 $I'=\frac{U_A}{R'}=\frac{3U_A}{R}=3I_1$，注意“等效”二字指的是“对外”等效，即图（b）和图（c）中的线电流是不变的，故 $I=I'=3I_1$。根据△接线中，线电流是相电流幅值的 $\sqrt{3}$ 倍，故有 $I_2=\frac{1}{\sqrt{3}}I=\frac{1}{\sqrt{3}}\times3I_1=\sqrt{3}I_1$，显然 $I_2>I_1$。

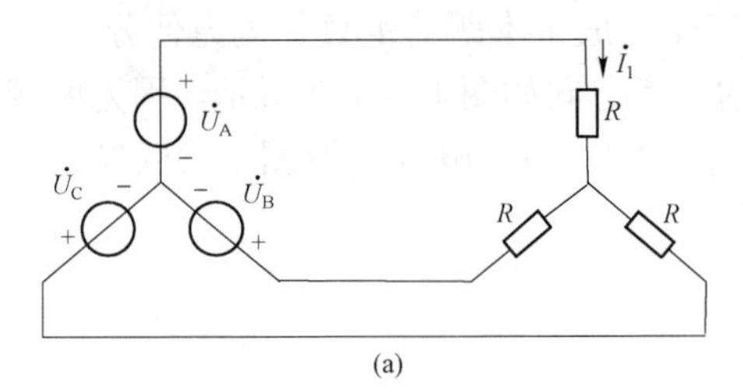

(a)

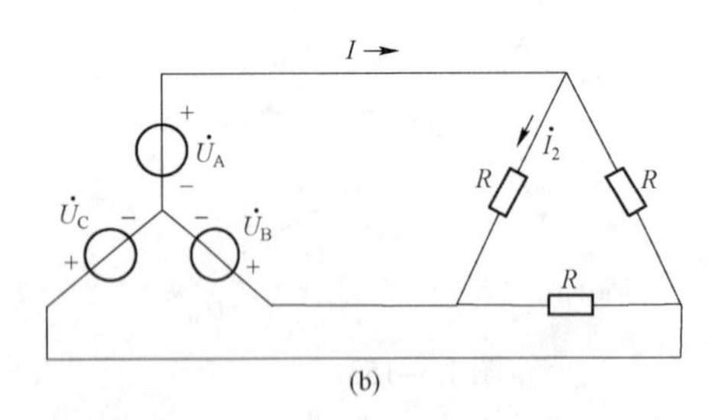

(b)

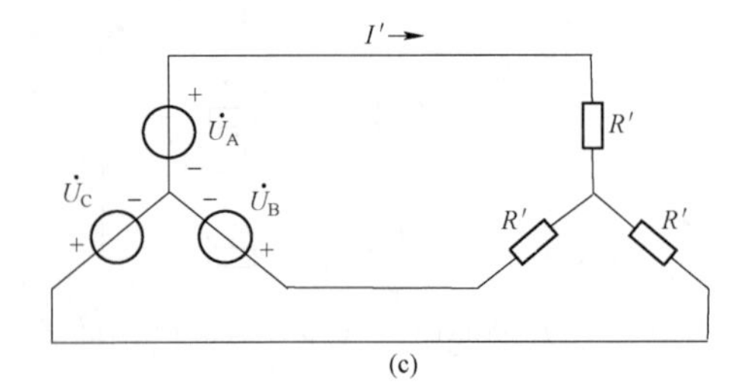

(c)

图 1.3–155

答案：A

101.（2021） 电路如图 1.3–156 所示，电路是对称三相三线制电路，负载为Y联结，线电压为 $U_l=380\text{V}$。若因故障 B 相断开，相当于 S 打开，则电压表的读数为（　　）。

A. 0V　　B. 190V

C. 220V　　D. 380V

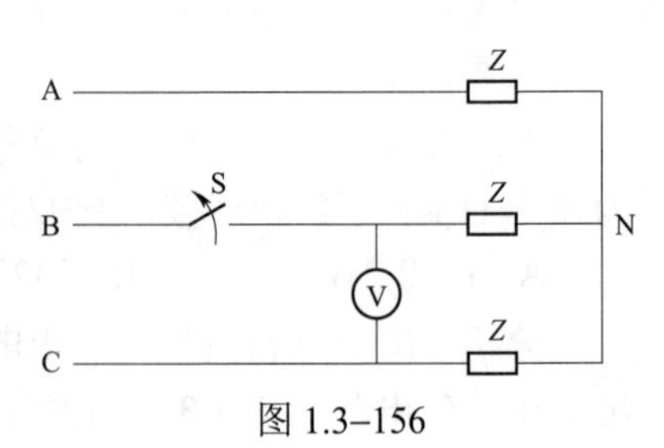

图 1.3–156

分析：S 打开，则流过 B 相阻抗 Z 的电流 $I=0$，所以电压表的读数实际为$U_{\rm CN}=\dfrac{1}{2}U_{\rm AC}=\dfrac{1}{2}\times 380{\rm V}=190{\rm V}$。

答案：B

【7. 熟练掌握对称三相电路分析的相量方法】

102.（2009） 如图 1.3–157 所示的三相对称电路中，相电压为 200V，$Z_1=Z_{\rm L}=(150-{\rm j}150)\Omega$，则$\dot{I}_{\rm A}$为（　　）。

A. $\sqrt{2}\angle 45^\circ$ A　　B. $\sqrt{2}\angle -45^\circ$ A　　C. $\dfrac{\sqrt{2}}{2}\angle 45^\circ$ A　　D. $-\dfrac{\sqrt{2}}{2}\angle 45^\circ$ A

分析：对负载阻抗Z_1进行△⇒Y变换，如图 1.3–158 所示，对①、②、③点以外的电路仍然是等效的，据此可求出$\dot{I}_{\rm A}$。

设 $\dot{U}_{\rm A}=200\angle 0^\circ$ V，则 $\dot{I}_{\rm A}=\dfrac{\dot{U}_{\rm A}}{Z_{\rm L}+\dfrac{1}{3}Z_1}=\dfrac{200\angle 0^\circ}{(150-{\rm j}150)+(50-{\rm j}50)}{\rm A}=\dfrac{200}{200-{\rm j}200}{\rm A}=\dfrac{1}{1-{\rm j}}{\rm A}=\dfrac{1}{\sqrt{2}\angle -45^\circ}{\rm A}=\dfrac{\sqrt{2}}{2}\angle 45^\circ{\rm A}$。

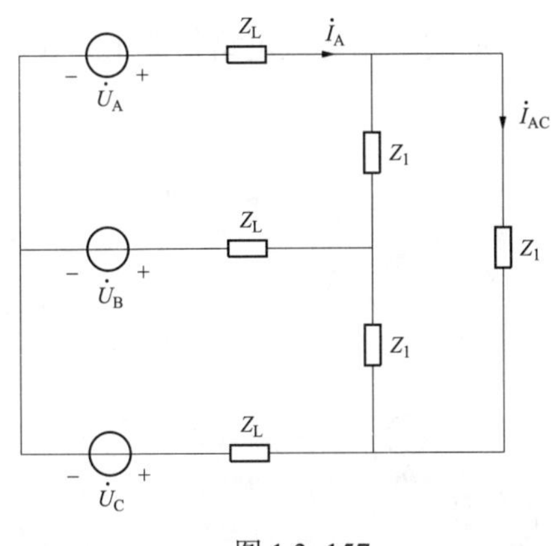

图 1.3–157

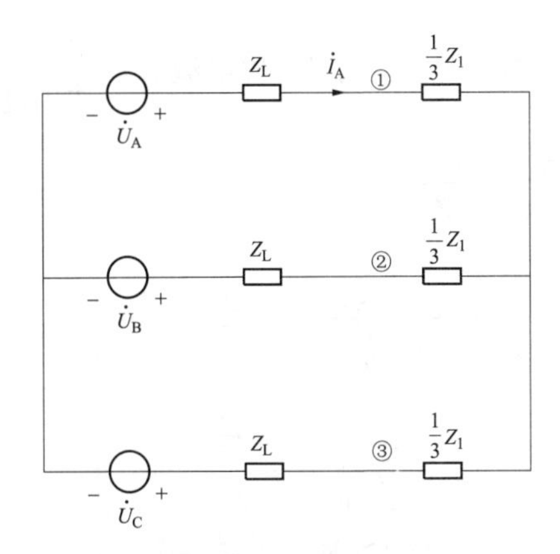

图 1.3–158

答案：C

103.（2010） 如图 1.3–159 所示的三相对称电路中，相电压为 200V，$Z_1=Z_{\rm L}=(150-{\rm j}150)\Omega$，则$\dot{I}_{\rm AC}$为（　　）A。

A. $\sqrt{2}\angle 45^\circ$　　B. $\sqrt{2}\angle -45^\circ$　　C. $\dfrac{\sqrt{6}}{6}\angle -15^\circ$　　D. $\dfrac{\sqrt{6}}{6}\angle 15^\circ$

分析：此题在 2009 年曾经出现过，2009 年是要求线电流$\dot{I}_{\rm A}$，2010 年则是要求相电流$\dot{I}_{\rm AC}$。为方便分析，标注出电流的参考方向如图 1.3–160 所示。设$\dot{U}_{\rm A}=200\angle 0^\circ$V，参见 2009 年真题解答，已求得$\dot{I}_{\rm A}=\dfrac{\sqrt{2}}{2}\angle 45^\circ{\rm A}\Rightarrow \dot{I}_{\rm AB}=\dfrac{1}{\sqrt{3}}\dot{I}_{\rm A}\angle 30^\circ=\dfrac{\sqrt{2}}{2\sqrt{3}}\angle 75^\circ{\rm A}$，$\dot{I}_{\rm CA}=\dot{I}_{\rm AB}\angle 120^\circ=$

$\dfrac{\sqrt{2}}{2\sqrt{3}}\angle 195^\circ$ A，$\dot{I}_{AC}=-\dot{I}_{CA}=\dfrac{\sqrt{2}}{2\sqrt{3}}\angle 195^\circ+180^\circ$ A $=\dfrac{\sqrt{6}}{6}\angle 15^\circ$ A。

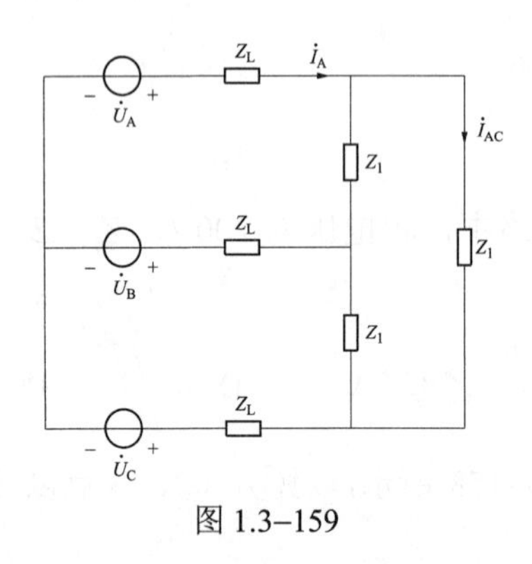

图 1.3–159

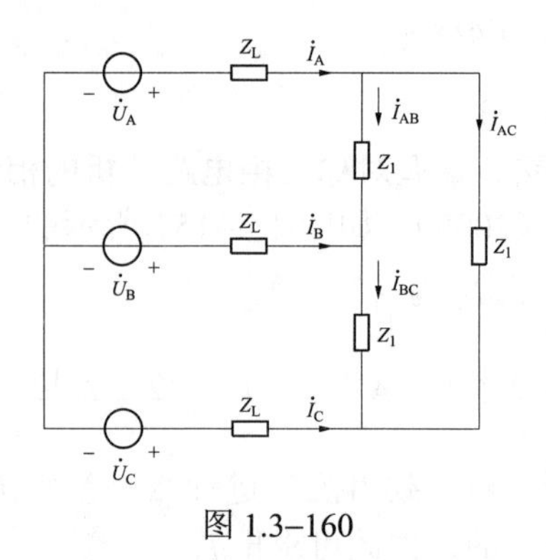

图 1.3–160

答案： D

104.（2014） 图 1.3–161 所示三相对称电路中，三相电源相电压有效值为 U，Z 为已知，则 $\dot{I}_1$ 为（　　）。

A. $\dfrac{\dot{U}_A}{Z}$　　　B. 0　　　C. $\dfrac{\sqrt{3}\dot{U}_A}{Z}$　　　D. $\dfrac{\dot{U}_A}{Z}\angle 120^\circ$

分析： 概念要清楚，相电流 $\dot{I}_1=\dfrac{\text{相电压}\dot{U}_A}{\text{相阻抗}Z}$。做出对应的单相等效电路如图 1.3–162 所示，所以有 $\dot{I}_1=\dfrac{\dot{U}_A}{Z}$。

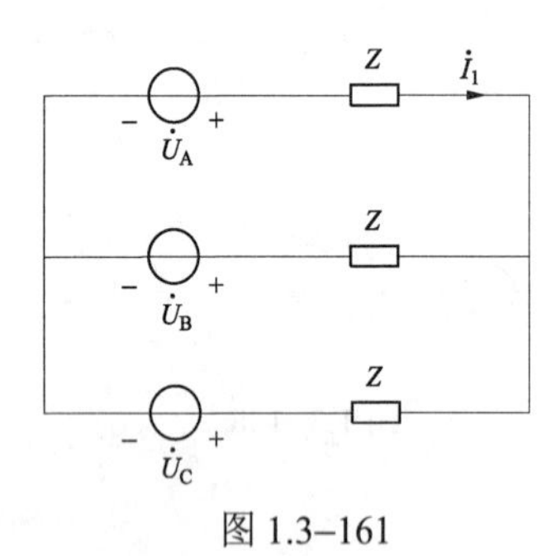

图 1.3–161

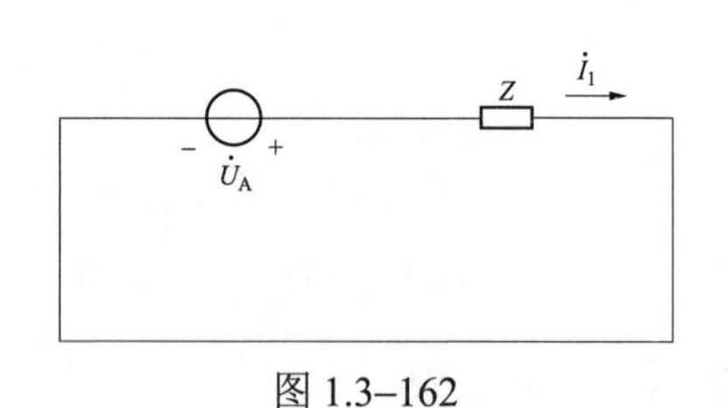

图 1.3–162

答案： 选 A。

105.（2016） 在对称三相电路中，已知每相负载电阻 $R=60\Omega$，与感抗 $X_L=80\Omega$ 串联而成，且三相负载是星形联结，电源的线电压为 $u_{AB}(t)=380\sqrt{2}\sin(314t+30^\circ)$V，则 A 相负载的线电流为（　　）。

A. $2.2\sqrt{2}\sin(314t+37^\circ)$A　　　B. $2.2\sqrt{2}\sin(314t-37^\circ)$A

C. $2.2\sqrt{2}\sin(314t-53^\circ)$A　　　D. $2.2\sqrt{2}\sin(314t+53^\circ)$A

分析： 由 $u_{AB}(t)=380\sqrt{2}\sin(314t+30^\circ)$V，得 $\dot{U}_{AB}=380\angle 30^\circ$V，所以 $\dot{U}_A=220\angle 0^\circ$V，

$$\dot{I}_{\mathrm{A}}=\frac{\dot{U}_{\mathrm{A}}}{Z}=\frac{220\angle 0^{\circ}}{60+\mathrm{j}80}\mathrm{A}=\frac{220\angle 0^{\circ}}{100\angle 53^{\circ}}\mathrm{A}=2.2\angle -53^{\circ}\ \mathrm{A}$$，写成瞬时值形式为

$$i_{\mathrm{A}}=2.2\sqrt{2}\sin(314t-53^{\circ})\mathrm{A}$$

答案：C

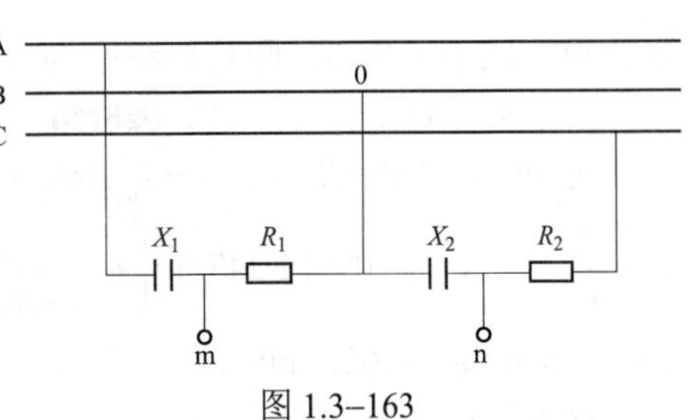

图 1.3–163

106.（2016）图 1.3–163 所示三相对称电路中，

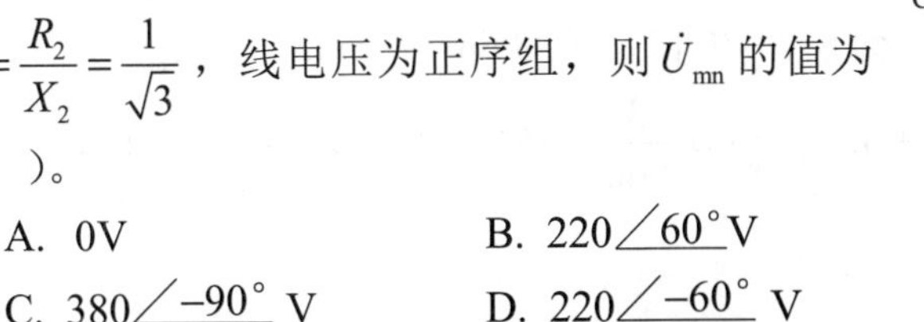

$\frac{X_1}{R_1}=\frac{R_2}{X_2}=\frac{1}{\sqrt{3}}$，线电压为正序组，则 $\dot{U}_{\mathrm{mn}}$ 的值为（　　）。

A. 0V　　　　B. $220\angle 60^{\circ}$V

C. $380\angle -90^{\circ}$ V　　　　D. $220\angle -60^{\circ}$ V

分析：一般设 $\dot{U}_{\mathrm{A}}=220\angle 0^{\circ}$V，将公共点 0 点看成 m、n 点的共同参考电位点，可得

$$\dot{U}_{\mathrm{m0}}=\dot{U}_{\mathrm{m}}-\dot{U}_{0}=\frac{R_1}{R_1-\mathrm{j}X_1}\dot{U}_{\mathrm{AB}}=\frac{\sqrt{3}}{\sqrt{3}-\mathrm{j}}\times 380\angle 30^{\circ}\mathrm{V}=\frac{3+\mathrm{j}\sqrt{3}}{4}\times 380\angle -30^{\circ}\ \mathrm{V}$$

$$=190\sqrt{3}\angle 60^{\circ}\mathrm{V}$$

$$\dot{U}_{\mathrm{n0}}=\dot{U}_{\mathrm{n}}-\dot{U}_{0}=\frac{-\mathrm{j}X_2}{R_2-\mathrm{j}X_2}\dot{U}_{\mathrm{CB}}=\frac{-\mathrm{j}\sqrt{3}}{1-\mathrm{j}\sqrt{3}}\times(-\dot{U}_{\mathrm{BC}})=\frac{-\mathrm{j}\sqrt{3}(1+\mathrm{j}\sqrt{3})}{4}\times(-380\angle -90^{\circ}\ )\mathrm{V}$$

$$=\frac{3-\mathrm{j}\sqrt{3}}{4}\times 380\angle 90^{\circ}\mathrm{V}=190\sqrt{3}\angle 60^{\circ}\mathrm{V}$$

$$\dot{U}_{\mathrm{mn}}=\dot{U}_{\mathrm{m0}}-\dot{U}_{\mathrm{n0}}=0\mathrm{V}$$

注意：必须熟练掌握 1.3.2 节知识点复习的第 7 点“对称三相电路的线、相值关系”，同时还必须特别注意参考方向。

答案：A

【8. 掌握不对称三相电路的概念】

107.（2018）电源对称 Y 联结、负载不对称的三相电路如图 1.3–164 所示，$Z_1=(150+\mathrm{j}75)\Omega$，$Z_2=75\Omega$，$Z_3=(45+\mathrm{j}45)\Omega$，电源相电压 220V，电源线电流 $\dot{I}_{\mathrm{A}}$ 等于（　　）。

A. $\dot{I}_{\mathrm{A}}=6.8\angle -85.95^{\circ}$ A

B. $\dot{I}_{\mathrm{A}}=5.67\angle -143.53^{\circ}$ A

C. $\dot{I}_{\mathrm{A}}=6.8\angle 89.95^{\circ}$ A

D. $\dot{I}_{\mathrm{A}}=5.67\angle 143.53^{\circ}$ A

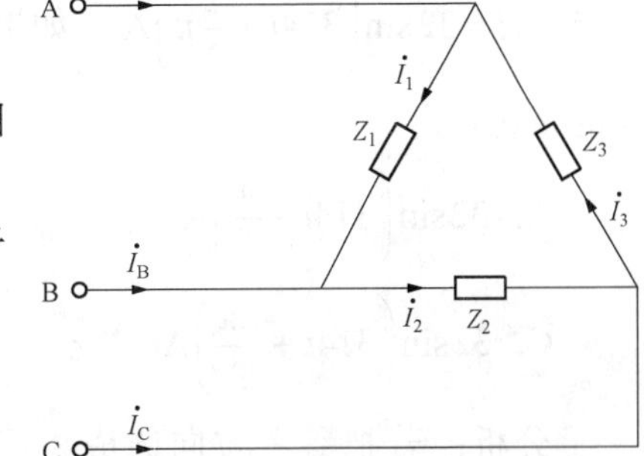

图 1.3–164

分析：设 $\dot{U}_{\mathrm{AB}}=380\angle 0^{\circ}$V，$\dot{U}_{\mathrm{BC}}=380\angle -120^{\circ}$V，$\dot{U}_{\mathrm{CA}}=380\angle 120^{\circ}$V，

$$\dot{I}_1=\frac{\dot{U}_{\mathrm{AB}}}{Z_1}=\frac{380\angle 0^{\circ}}{150+\mathrm{j}75}\mathrm{A}=2.266\angle -26.565^{\circ}\ \mathrm{A},\quad \dot{I}_3=\frac{\dot{U}_{\mathrm{CA}}}{Z_3}=\frac{380\angle 120^{\circ}}{45+\mathrm{j}45}\mathrm{A}=5.971\angle 75^{\circ}\mathrm{A}$$

故 $\dot{I}_{\mathrm{A}}=\dot{I}_1-\dot{I}_3=6.8\angle -85.95^{\circ}$A

注意：三相电路的相位关系是重点。

答案：A

1.3.4 【发输变电专业基础】历年真题详解

【1. 掌握正弦量的三要素和有效值】

1.（2008） 已知正弦电流的初相角为45°，在$t=0$时的瞬时值为8.66A，经过$\dfrac{3}{800}$s后，电流第一次下降为0，则其角频率为（　　）。

A. 785rad/s　　B. 628rad/s　　C. 50rad/s　　D. 100rad/s

分析： 设正弦电流$i=I_m\sin(\omega t+\varphi)$，$t=0$时，有$8.66=I_m\sin 45°\Rightarrow I_m=12.247\text{A}$；$t=\dfrac{3}{800}$s时，有$0=12.247\sin\left(\omega\times\dfrac{3}{800}+45°\right)\Rightarrow \omega\times\dfrac{3}{800}+45°=180°\Rightarrow \omega\times\dfrac{3}{800}=135\times\dfrac{\pi}{180}\Rightarrow$ $\omega=628.3\text{rad/s}\approx 628\text{rad/s}$。

答案： B

2.（2013） 已知正弦电流的初相角为60°，在$t=0$时刻的瞬时值为8.66A，经过$\dfrac{1}{300}$s后电流第一次下降为0，则其频率应为下列哪项数值？（　　）

A. 314Hz　　B. 50Hz　　C. 100Hz　　D. 628Hz

分析： 此题与供配电专业基础2009年考题相似。设$i=I_m\sin(\omega t+\varphi)=I_m\sin(\omega t+60°)$。当$t=0$时，$8.66=I_m\sin 60°\Rightarrow I_m=10\text{A}$。

当$t=\dfrac{1}{300}$s时，$i=0=10\sin(\omega t+60°)=10\sin\left(\dfrac{\omega}{300}+60°\right)\Rightarrow\dfrac{\omega}{300}+60°=180°\Rightarrow\dfrac{2\pi f}{300}=\dfrac{2\pi}{3}\Rightarrow f=100\text{Hz}$。

答案： C

3.（2014） 按照图1.3–165所示所选定的参考方向，电流i的表达式为$i=32\sin\left(314t+\dfrac{2}{3}\pi\right)$A，如果把参考方向选成相反的方向，则$i$的表达式为（　　）。

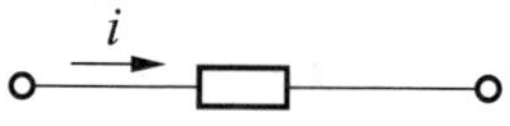

图 1.3–165

A. $32\sin\left(314t-\dfrac{\pi}{3}\right)$A　　B. $32\sin\left(314t-\dfrac{2\pi}{3}\right)$A

C. $32\sin\left(314t+\dfrac{2\pi}{3}\right)$A　　D. $32\sin(314t+\pi)$A

分析： 若把参考方向选成相反的方向，相量图如图1.3–166所示，则

$$i'=-i=-32\sin\left(314t+\frac{2}{3}\pi\right)\text{A}=32\sin\left(314t-\frac{\pi}{3}\right)\text{A}$$

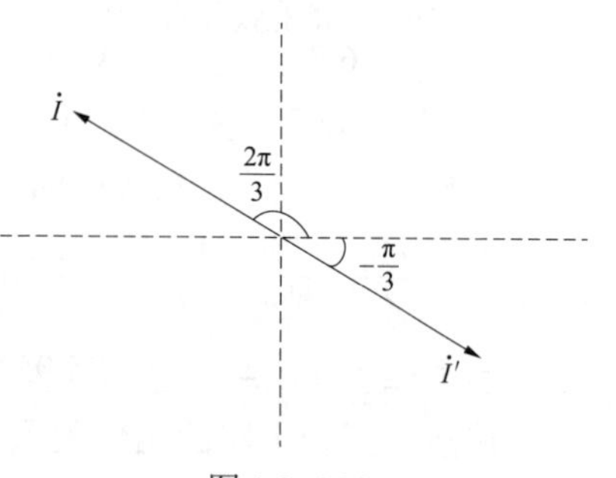

图 1.3–166

答案： A

【2. 掌握电感、电容元件电流电压关系的相量形式及基尔霍夫定律的相量形式】

4.（2009） 正弦电流通过电容元件时，下列关系中（　　）是正确的。

A. $U_C = \omega CI$　　B. $\dot{U}_C = -j\frac{1}{\omega C}\dot{I}$　　C. $\dot{U}_C = C\frac{d\dot{I}}{dt}$　　D. $\Psi_U = \Psi_I + \frac{\pi}{2}$

分析：选项 A 幅值关系错误，应该为$U_C = \frac{1}{\omega C}I$；选项 B 正确，为正弦量的相量表示法；选项 C 错误，瞬时值关系应该为$i_C = C\frac{du_C}{dt}$；选项 D 错误，相角关系应该为$\Psi_U = \Psi_I - \frac{\pi}{2}$。

答案：B

5.（2014）已知通过线圈的电流$i = 10\sqrt{2}\sin 314t(A)$，线圈的电感$L = 70mH$（电阻可以忽略不计）。设电流 i 和外施电压 u 的参考方向为关联方向，那么在$t = \frac{T}{6}$时刻的外施电压 u 为（　　）。

A. −310.8V　　B. −155.4V　　C. 155.4V　　D. 310.8V

分析：依题意作图如图 1.3–167 所示。

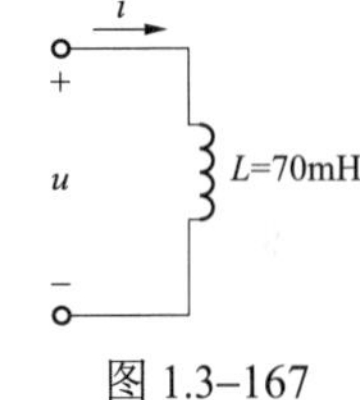

图 1.3–167

用相量计算：$i = 10\sqrt{2}\sin 314t \Rightarrow \dot{I} = 10\angle 0^\circ$ A，$\omega L = 314 \times 70 \times 10^{-3}\Omega = 21.98\Omega$，$\dot{U} = j\omega L\dot{I} = j21.98 \times 10\angle 90^\circ$ V=$219.8\angle 90^\circ$ V，写成瞬时值形式为$u = 219.8\sqrt{2}\sin(314t + 90^\circ)V$。$\omega = 314rad/s \Rightarrow f = 50Hz \Rightarrow T = \frac{1}{f} = 0.02s$。

当$t = \frac{T}{6}$时，有$u = 219.8\sqrt{2}\sin\left(314 \times \frac{0.02}{6} + \frac{\pi}{2}\right)V = 155.56V$。

答案：C

6.（2020）正弦稳态电路如图 1.3–168 所示，$u_s = 10\cos 2t(V)$，$R = 2\Omega$，L=1H，图中电流 i 与 u_s 的相位关系为（　　）。

A. i 滞后 u_s 90°　　B. i超前u_s 90°

C. i 滞后 u_s 45°　　D. i超前u_s 45°

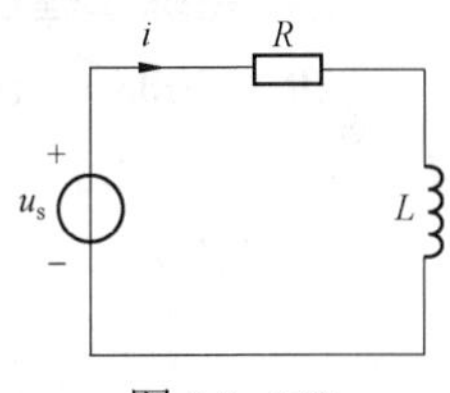

图 1.3–168

分析：在如图所示 i 与 u_s 关联参考方向下，对于感性负载 RL，i 滞后 u_s；又因为不是纯电感，故 90° 不对。

答案：C

【3. 掌握阻抗、导纳、有功功率、无功功率、视在功率和功率因数的概念】

7.（2014）已知某感性负载接在 220V、50Hz 的正弦电压上，测得其有功功率和无功功率各为 7.5kW 和 5.5kvar，其功率因数为（　　）。

A. 0.686　　B. 0.906　　C. 0.706　　D. 0.806

分析：利用功率三角形，$\cos\varphi = \frac{P}{\sqrt{P^2 + Q^2}} = \frac{7.5}{\sqrt{7.5^2 + 5.5^2}} = 0.806\,4 \approx 0.806$。

答案：D

8.（2017）图 1.3–169 所示 RLC 串联电路，已知$R = 60\Omega$，$L = 0.02H$，$C = 10\mu F$，正弦电压$u = 100\sqrt{2}\cos(10^3 t + 15^\circ)V$，则该电路视在功率为（　　）。

A. 60VA　　B. 80VA　　C. 100VA　　D. 160VA

分析：$u = 100\sqrt{2}\cos(10^3 t + 15^\circ)V \Rightarrow \dot{U} = 100\angle -15^\circ$ V

$$Z = R + \mathrm{j}\omega L - \mathrm{j}\frac{1}{\omega C} = \left(60 + \mathrm{j} \times 10^3 \times 0.02 - \mathrm{j}\frac{1}{10^3 \times 10 \times 10^{-6}}\right)\Omega$$

$$= (60 + \mathrm{j}20 - \mathrm{j}100)\Omega = (60 - \mathrm{j}80)\Omega$$

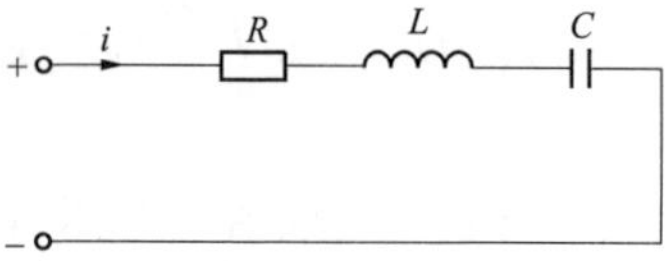

$$\dot{I} = \frac{\dot{U}}{Z} = \frac{100\angle 15^\circ}{60 - \mathrm{j}80}\mathrm{A} = \frac{100\angle 15^\circ}{100\angle -53.13^\circ}\mathrm{A} = 1\angle 68.13^\circ\mathrm{A}$$

$$S = UI = 100\mathrm{V} \times 1\mathrm{A} = 100\mathrm{VA}$$

图 1.3–169

答案：C

9.（2021） 正弦稳态电路如图 1.3–170 所示，已知 $\dot{U}_\mathrm{s} = 10\angle 45^\circ\mathrm{V}$ ，$R = \omega L = 10\Omega$ ，则功率表的读数是（　　）。

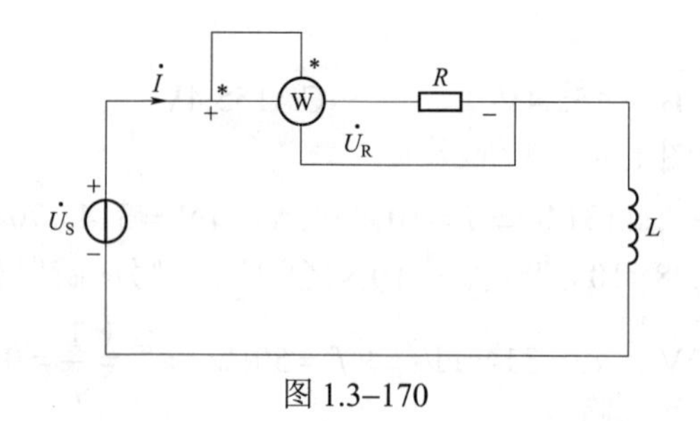

图 1.3–170

A. 2.5W　　B. 5W　　C. $5\sqrt{2}$W　　D. 10W

分析：题中功率表的读数实际就是 R 消耗的功率，即 $P_\mathrm{W} = P_\mathrm{R} = \frac{U_\mathrm{R}^2}{R} = \frac{(5\sqrt{2})^2}{10}\mathrm{W} = 5\mathrm{W}$ 。

答案：B

【4. 熟练掌握正弦电流电路分析的相量方法】

10.（2008） 已知 R、L、C 串联电路，如图 1.3–171 所示，总电压 $u = 100\sqrt{2}\sin\omega t$ ，$U_\mathrm{C} = 150\mathrm{V}$ ，$U_\mathrm{R} = 80\mathrm{V}$ ，则 U_RL 为（　　）。

A. 110V　　B. $50\sqrt{2}$V　　C. 120V　　D. 80V

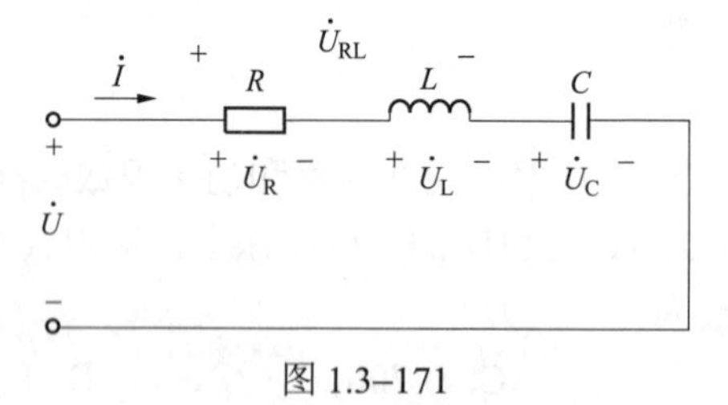

图 1.3–171

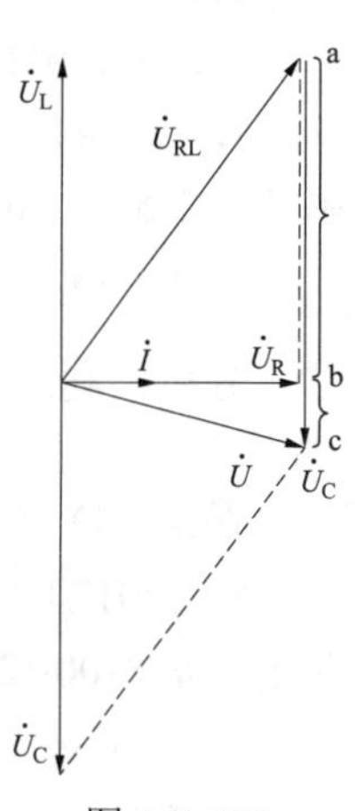

图 1.3–172

分析：此题显然要用“相量图”来求解。串联支路一般以电流 $\dot{I}$ 为参考相量，即 $\dot{I}$ 的相位取为 0°，做出相量图如图 1.3–172 所示。

由题意知 $U = 100\mathrm{V}$ ，$U_\mathrm{R} = 80\mathrm{V}$ ，勾股定理得 bc 的长 $bc = \sqrt{U^2 - U_\mathrm{R}^2} = \sqrt{100^2 - 80^2}\mathrm{V} = 60\mathrm{V}$ ，所以 ab 的长 $ab = ac - bc = U_\mathrm{C} - bc = 150\mathrm{V} - 60\mathrm{V} = 90\mathrm{V}$ 。再由 U_R、U_RL、ab 构成的直角三角形得到 $U_\mathrm{RL} = \sqrt{U_\mathrm{R}^2 + ab^2} = \sqrt{80^2 + 90^2}\mathrm{V} = 120\mathrm{V}$ 。

答案：C

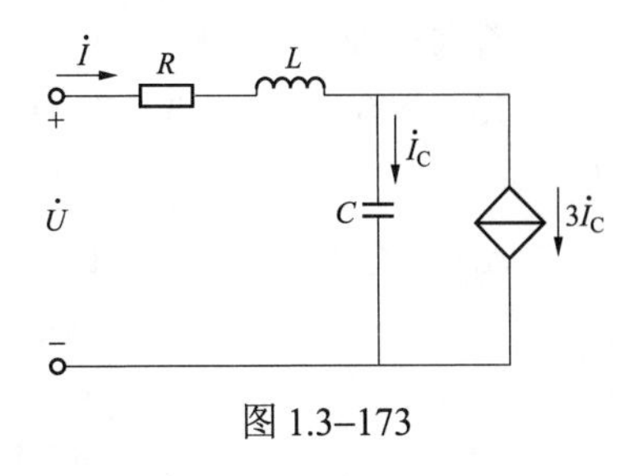

图 1.3–173

11.（2008） 已知 R、L、C 串并联电路如图 1.3–173 所示，求电路的谐振角频率为（　　）。

A. $\dfrac{1}{2\sqrt{LC}}$rad/s　　B. $\dfrac{2}{\sqrt{LC}}$rad/s

C. $\dfrac{4}{\sqrt{LC}}$rad/s　　D. $\dfrac{1}{4\sqrt{LC}}$rad/s

分析：此题与 2006 年考题极为相似，差别仅仅在于 L、C 互换了位置而已。电路发生谐振，说明 $\dot U$ 、$\dot I$ 同相位，即 $Z=\dfrac{\dot U}{\dot I}$ 呈现纯阻性。依据 KVL，可得

$$\dot U=(R+\mathrm{j}\omega L)\dot I-\mathrm{j}\frac{1}{\omega C}\dot I_C \tag{1.3–11}$$

依据 KCL，可得 $\dot I=\dot I_C+3\dot I_C\Rightarrow\dot I_C=\dfrac{1}{4}\dot I$，代入式（1.3–11），得

$$\dot U=(R+\mathrm{j}\omega L)\dot I-\mathrm{j}\frac{1}{\omega C}\dot I_C=(R+\mathrm{j}\omega L)\ \dot I-\mathrm{j}\frac{1}{\omega C}\times\frac{1}{4}\dot I=\left[R+\mathrm{j}\left(\omega L-\frac{1}{4\omega C}\right)\right]\dot I$$

$\dot U$ 、$\dot I$ 同相位，说明虚部为 0，故有 $\omega L-\dfrac{1}{4\omega C}=0\Rightarrow\omega=\dfrac{1}{2\sqrt{LC}}$。

答案：A

12.（2009） 如图 1.3–174 所示的正弦稳态电路中，电路发生谐振，若 $\dot U_s=20\angle 0^\circ$V，电流表 A 读数为 40A，电流表 A2 的读数为 28.28A，则 ωC 的值为（　　）。

A. 2S　　B. 0.5S　　C. 2.5S　　D. 1S

分析：此题与同年 2009 年供配电专业基础考题相似，区别在于供配电专业基础考题中是要求电流表 A1 的读数，而发输变电专业基础考题中则是要求 ωC 的值。利用相量图求解，为方便分析，在原电路图的基础上标注出电压、电流参考方向如图 1.3–175 所示。

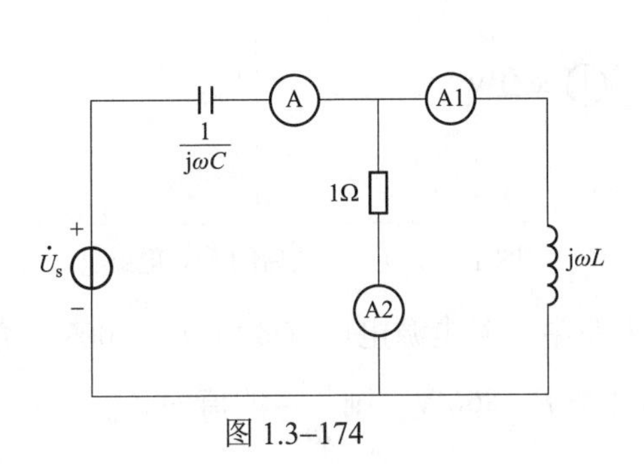

图 1.3–174

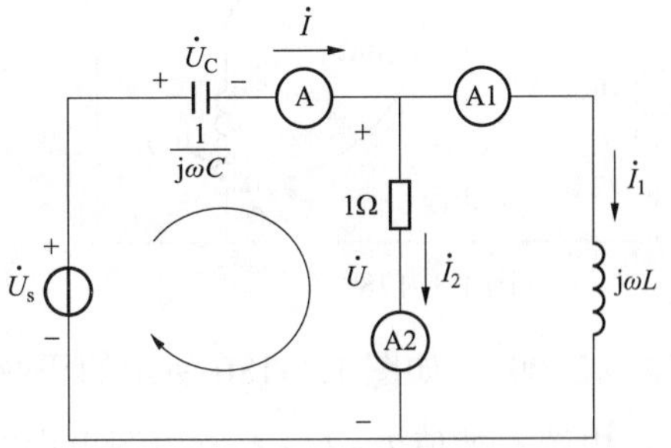

图 1.3–175

依据 KCL，有 $\dot I=\dot I_1+\dot I_2$，显然 $\dot I$、$\dot I_1$、$\dot I_2$ 构成了一个封闭的直角三角形，从而有 $I_1=\sqrt{I^2-I_2^2}=\sqrt{40^2-28.28^2}\,\mathrm{A}=28.29\mathrm{A}$，题目已知 $I_2=28.28\mathrm{A}$，故相量图 1.3–176 中所示角度为 45°。依据 KVL，有 $\dot U_s=\dot U_c+\dot U$，$\dot U_s$、$\dot U_c$、$\dot U$ 三者构成了一个直角等腰三角形，故 $U_C=U_s=20$，又 $U_C=\dfrac{1}{\omega C}I=\dfrac{40}{\omega C}$，所以求得 $\dfrac{40}{\omega C}=20\Rightarrow\omega C=2\mathrm{S}$。

答案：A

13.（2009） 图 1.3–177 所示电路为含耦合电感的正弦稳态电路，当开关 S 闭合时，$\dot{U}$ 为（　　）。

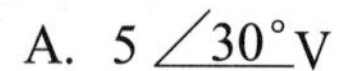

A. $5\angle 30^\circ$V　　B. $-5\angle 30^\circ$V　　C. 0V　　D. $10\angle 45^\circ$V

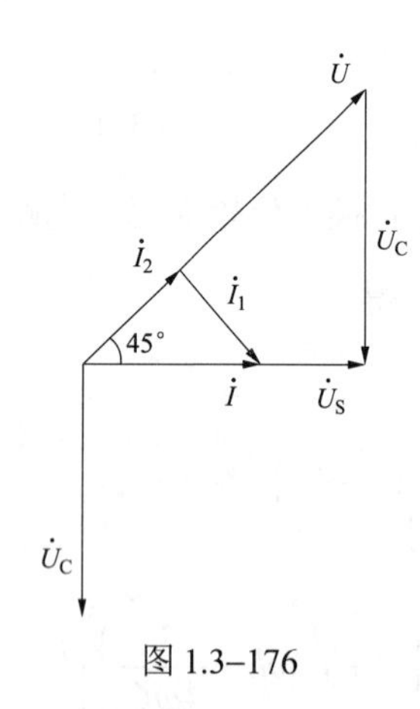

图 1.3–176

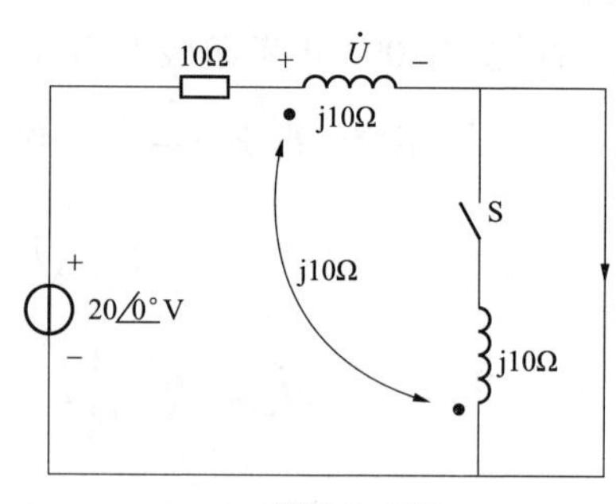

图 1.3–177

分析：两耦合电感属于“同侧并联”的情况，做出去耦后的等效电路。为能更好地说明去耦变换的等效指的是“对外等效”，特别在原电路图中标注出①、②、③，如图 1.3–178 所示，等效指的即是对①、②、③点之外的电路等效，故原电路中所要求的$\dot{U}$即为去耦后的等效电路（图 1.3–179）中的①、③之间的电压，即为①、②之间的电压，显然短接为 0V。

说明：完全一样的电路图，在 2009 年供配电专业基础考试中要求开关 S 断开时$\dot{U}$的值，在 2010 年供配电专业基础考试中要求开关 S 断开时$\dot{I}$的值。

答案：C

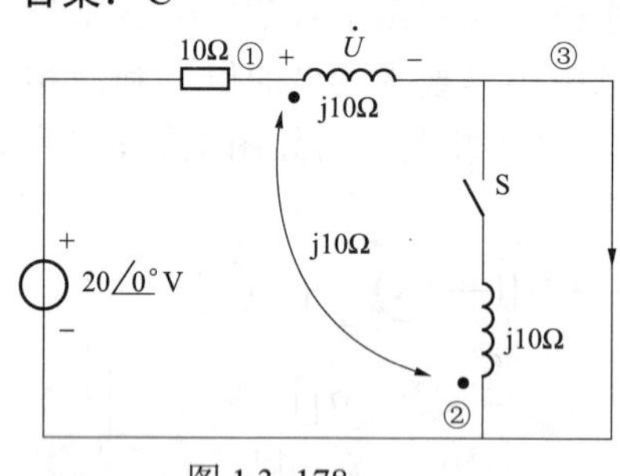

图 1.3–178

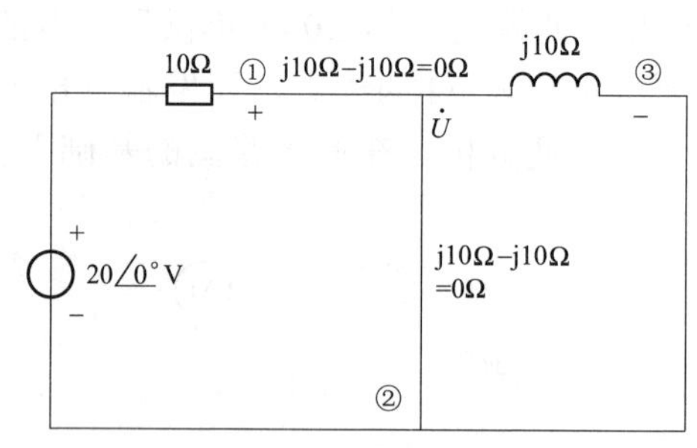

图 1.3–179　去耦后的等效电路

14.（2009） 如图 1.3–180 所示的正弦交流电路中，若电源电压有效值 $U=100$V，角频率为ω，电流有效值$I=I_1=I_2$，电源提供的有功功率 $P=866$W，则$\dfrac{1}{\omega C}$的值为（　　）。

A. 30Ω　　B. 25Ω　　C. 15Ω　　D. 10Ω

分析：一样的题目出现在 2009 年供配电专业基础的考试中，要求 R 的值，出现在 2010 年供配电专业基础的考试中，要求ωL的值，此处在 2009 年发输变电专业基础的考试中则是要求$\dfrac{1}{\omega C}$的值。利用$I=I_1=I_2$做出相量图如图 1.3–181 所示，其中$\dot{I}=\dot{I}_1+\dot{I}_2$，显然$I$、$I_1$、$I_2$构成一个等边三角形。

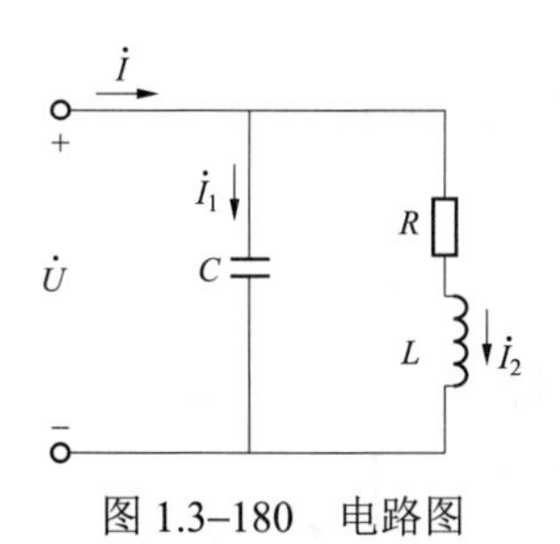

图 1.3–180　电路图

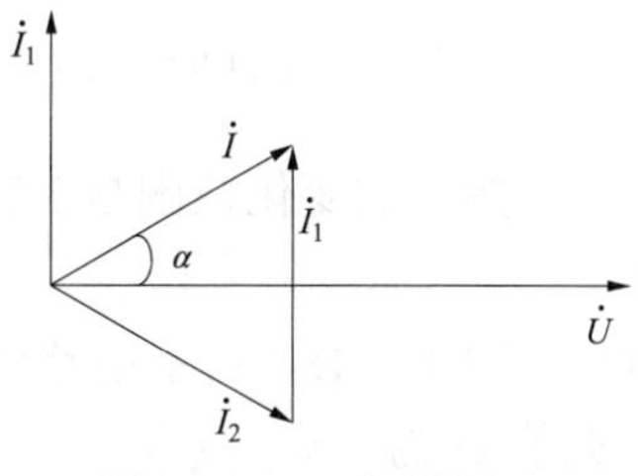

图 1.3–181　相量图

设$\dot{U}=100\angle 0^\circ$V，则$\dot{I}=I\angle 30^\circ$A，$\dot{I}_1=I\angle 90^\circ$A，$\dot{I}_2=I\angle -30^\circ$A

根据 $P=UI\cos\varphi \Rightarrow 866=100I\cos(-30^\circ)\Rightarrow I=10\text{A}$（$\varphi$ 为 $\dot{U}$ 超前于 $\dot{I}$ 的角度），从而 $\dot{I}_1=10\angle 90^\circ$A。所以$\dfrac{1}{\omega C}=\dfrac{U}{I_1}=\dfrac{100}{10}\Omega=10\Omega$。

答案：D

15.（2009）　若电路中 L=1H，C=100pF 时恰好 $X_\text{L}=X_\text{C}$，则此时角频率ω为（　　）。

A. 10^5rad/s　　B. 10^{10}rad/s　　C. 10^2rad/s　　D. 10^4rad/s

分析：$X_\text{L}=X_\text{C}\Rightarrow \omega L=\dfrac{1}{\omega C}\Rightarrow \omega=\dfrac{1}{\sqrt{LC}}=\dfrac{1}{\sqrt{1\times 100\times 10^{-12}}}\text{rad/s}=10^5\text{rad/s}$。

答案：A。

16.（2009）　如图 1.3–182 所示的电路中，$L_1=L_2=40\text{H}$，$C=4000\mu\text{F}$，M 从 0H 变到 10H 时，谐振角频率ω的变化范围是（　　）。

A. 10～16.67rad/s　　B. 0～∞rad/s

C. 2.50～2.58rad/s　　D. 不能确定

分析：此题与 2006 年和 2007 年的供配电专业基础考题相似，仅仅参数变化了而已。

本题求解：本题需掌握两个关键点：一是去耦法；二是求 R、L、C 串联电路的谐振频率，即 $\omega L-\dfrac{1}{\omega C}=0\Rightarrow \omega_0=\dfrac{1}{\sqrt{LC}}$。做出去耦后的等效电路如图 1.3–183 所示。

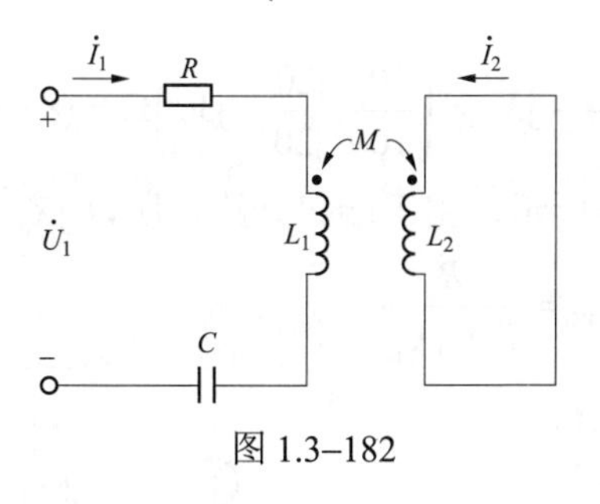

图 1.3–182

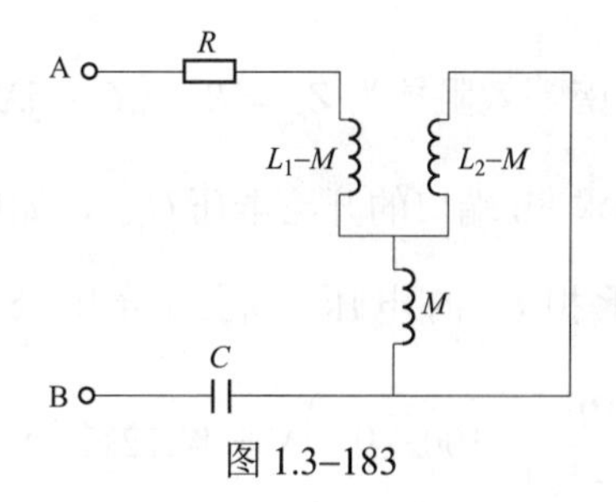

图 1.3–183

等效 $L_\text{eq}=[(L_2-M)//M]+(L_1-M)=\dfrac{(L_2-M)M}{L_2}+L_1-M=\dfrac{40M-M^2+1600-40M}{40}=\dfrac{1600-M^2}{40}$，$\omega_0=\dfrac{1}{\sqrt{LC}}=\dfrac{1}{\sqrt{\dfrac{1600-M^2}{40}\times 4000\times 10^{-6}}}=\dfrac{1}{\sqrt{\dfrac{1600-M^2}{10^4}}}=\dfrac{100}{\sqrt{1600-M^2}}$。当$M=0$H

时，$\omega_0 = 2.5\text{rad/s}$。当 $M = 10\text{H}$ 时，$\omega_0 = \dfrac{100}{\sqrt{1600-100}}\text{rad/s} = 2.58\text{rad/s}$。

所以，谐振角频率的变化范围是 $2.5 \sim 2.58\text{rad/s}$。

答案：C

17.（2009） 图 1.3–184 所示电路中，已知电流有效值 $I = 2\text{A}$，则有效值 U 为（　　）。

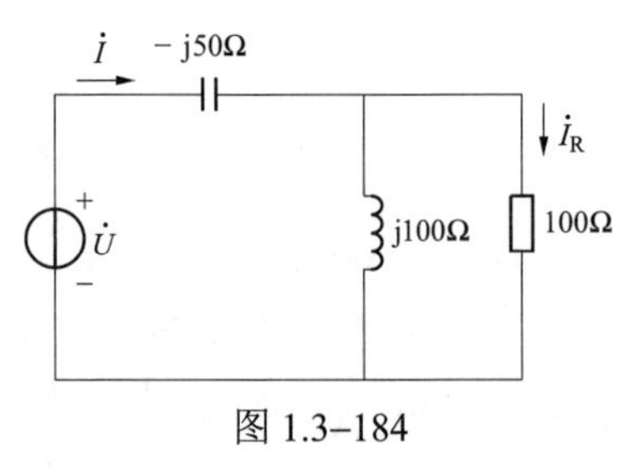

图 1.3–184

A. 200V　　B. 150V

C. 100V　　D. 50V

分析：一样的题目出现在同年 2009 年的供配电专业基础的考试中，只不过要求的是有效值 I_R，而此处要求的是有效值 U。图中已知了各阻抗参数值，故很容易求得 $Z = (-\text{j}50 + \text{j}100//100)\Omega = \left(-\text{j}50 + \dfrac{\text{j}100 \times 100}{100+\text{j}100}\right)\Omega = \left(\dfrac{\text{j}100}{1+\text{j}1} - \text{j}50\right)\Omega = 50\Omega$。因此，$U = ZI = (50 \times 2)\text{V} = 100\text{V}$。

答案：C

18.（2011） 如图 1.3–185 所示的正弦交流电路中，已知 $\dot{U}_\text{s} = 100\angle 0^\circ \text{A}$，$R = 10\Omega$，$X_\text{L} = 20\Omega$，$X_\text{C} = 30\Omega$。当负载 Z_L 取某一特定值时，它可以获得的最大功率 $P_{\max}$ 为（　　）。

A. 125W　　B. 150W　　C. 75.5W　　D. 62.5W

分析：此题与供配电专业基础 2011 年考题相似，供配电专业基础 2011 年考题是要求获得最大功率时候的负载阻抗值，此处是要求最大功率为多少。

需要求出 a、b 左边一端口网络的戴维南等效电路，如图 1.3–186 所示。

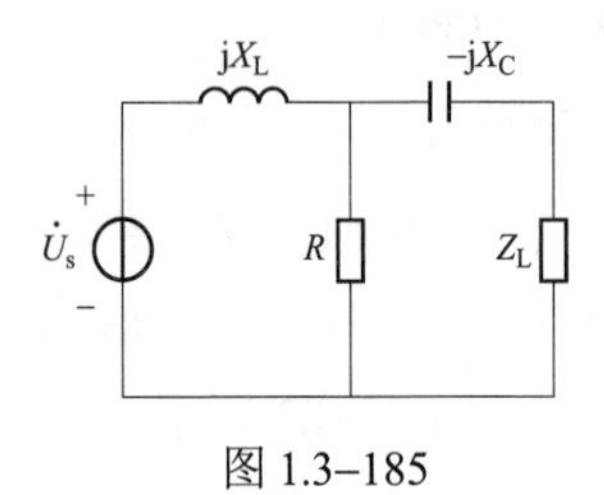

图 1.3–185

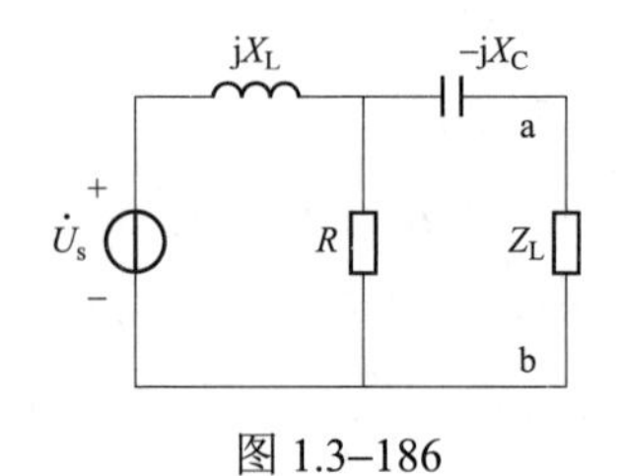

图 1.3–186

戴维南等效阻抗为 $Z_\text{eq} = R\ //\text{j}X_\text{L} - \text{j}X_\text{C} = \dfrac{R \times \text{j}X_\text{L}}{R+\text{j}X_\text{L}} - \text{j}X_\text{C} = \left(\dfrac{10\times\text{j}20}{10+\text{j}20} - \text{j}30\right)\Omega = (8-\text{j}26)\Omega$。

再来求 ab 端口的开路电压 U_OC，如图 1.3–187 所示，由于端口开路，所以 $\text{j}X_\text{L}$ 与 R 串联且共同承担 $\dot{U}_\text{s}$ 的电压，利用分压公式可得 $\dot{U}_\text{OC} = \dfrac{R}{R+\text{j}X_\text{L}}$，

$\dot{U}_\text{s} = \left(\dfrac{10}{10+\text{j}20} \times 100\angle 0^\circ\right)\text{V} = 44.72\angle 63.43^\circ \text{V}$。

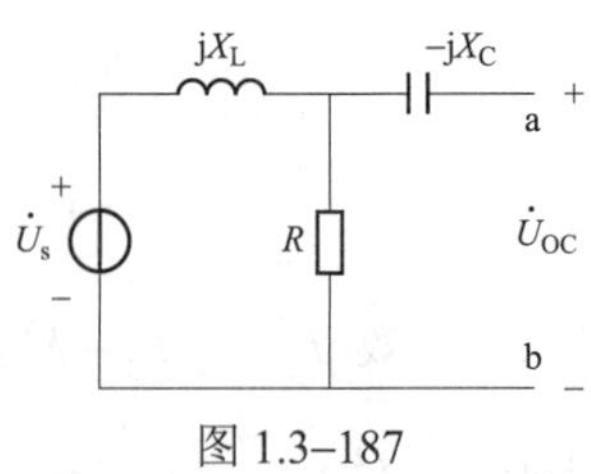

图 1.3–187

所以当 $Z_\text{L} = Z_\text{eq}^* = (8+\text{j}26)\Omega$ 时，负载获得最大功率为 $P_{\max} = \dfrac{U_\text{OC}^2}{4R_\text{eq}} = \dfrac{44.72^2}{4\times 8}\text{W} = 62.5\text{W}$。

答案：D

19.（2011） 在 R、L、C 串联谐振电路中，$R = 10\Omega$，$L = 20\text{mH}$，$C = 200\text{pF}$，电源电

压$U=10\text{V}$，电路的品质因数Q为（　　）。

A. 3　　B. 10　　C. 100　　D. 1000

分析：R、L、C串联谐振电路的品质因数为$Q=\dfrac{1}{R}\sqrt{\dfrac{L}{C}}=\dfrac{1}{10}\sqrt{\dfrac{20\times10^{-3}}{200\times10^{-12}}}=1000$。

答案：D

20.（2013） 如图 1.3–188 所示，理想空心变压器 ab 间的输入阻抗Z_{in}为下列哪项数值？（　　）

A. j20Ω　　B. −j20Ω　　C. j15Ω　　D. −j15Ω

分析：做出去耦后的等效电路如图 1.3–189 所示，很容易得到$Z_{\text{in}}=(-\text{j}10\,//\,\text{j}5)\Omega+\text{j}5\Omega=\dfrac{50}{-\text{j}5}\Omega+\text{j}5\Omega=\text{j}15\Omega$。

答案：C

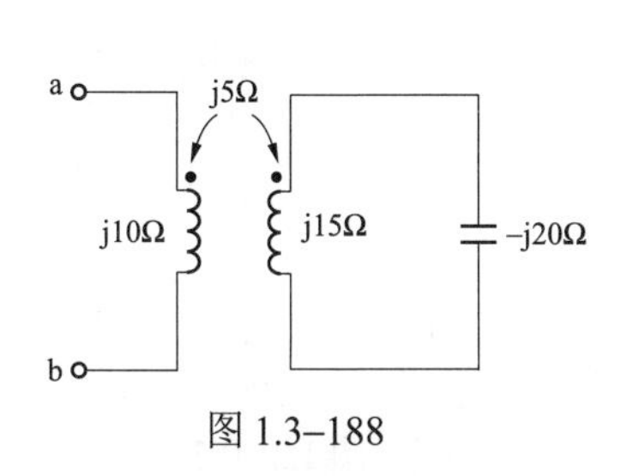

图 1.3–188

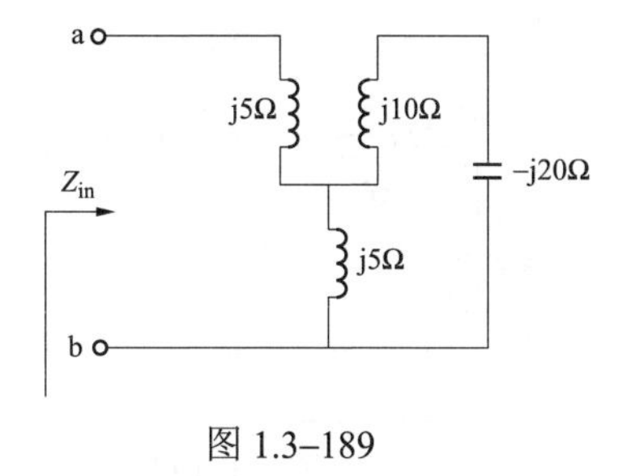

图 1.3–189

21.（2013） 在一个由R、L、C三个元件相串联的电路中，若总电压U、电容电压U_{C}及RL两端的电压U_{RL}均为 100V，且$R=10\Omega$，则电流I为下列哪项数值？（　　）

A. 10A　　B. 5A　　C. 8.66A　　D. 5.77A

分析：这种类型的题，最好的解题方法就是画出相量图，依题意做出电路图和对应的相量图如图 1.3–190 所示。

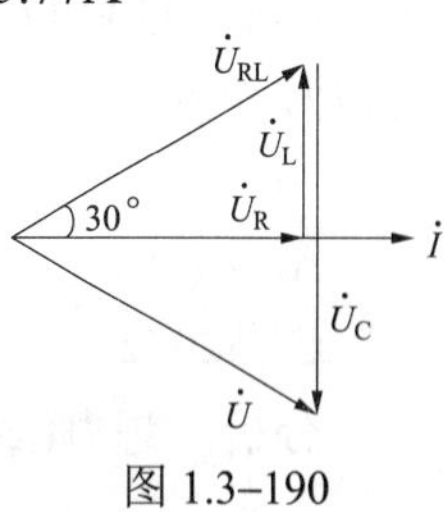

图 1.3–190

$\dot{U}_{\text{RL}}=\dot{U}_{\text{R}}+\dot{U}_{\text{L}}$，$\dot{U}=\dot{U}_{\text{RL}}+\dot{U}_{\text{C}}$。由题意知道$U=U_{\text{C}}=U_{\text{RL}}$，这说明$U$、$U_{\text{C}}$、$U_{\text{RL}}$三者构成一个等边三角形，且长度为100V，所以由$\dot{U}_{\text{RL}}$、$\dot{U}_{\text{R}}$、$\dot{U}_{\text{L}}$三者构成的直角三角形，很容易求得$U_{\text{R}}=U_{\text{RL}}\cos30^\circ=100\cos30^\circ\text{V}=86.6\text{V}$，故$I=\dfrac{U_{\text{R}}}{R}=\dfrac{86.6}{10}\text{A}=8.66\text{A}$。

答案：C

22.（2014） 电阻为4Ω和电感为 25.5mH 的线圈接到频率为 50Hz、电压有效值为 115V 的正弦电源上，通过线圈的电流的有效值为（　　）。

A. 12.85A　　B. 28.75A

C. 15.85A　　D. 30.21A

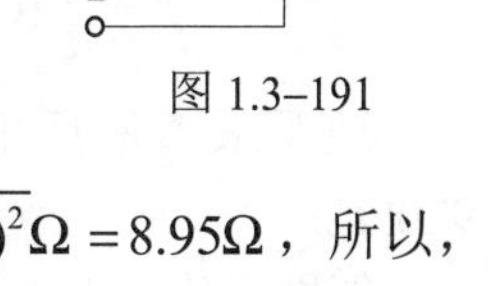

图 1.3–191

分析：依题意作图如图 1.3–191 所示。

$|Z|=\dfrac{U}{I}\Rightarrow I=\dfrac{U}{|Z|}=\dfrac{115}{|Z|}$，$|Z|=\sqrt{R^2+(\omega L)^2}=\sqrt{4^2+(314\times25.5\times10^{-3})^2}\Omega=8.95\Omega$，所以，

$I = \dfrac{115}{|Z|} = \dfrac{115}{8.95}\text{A} = 12.85\text{A}$ 。

答案：A

23.（2014） 在 R、L、C 串联电路中，总电压 u 可能超前电流 i，也可能滞后电流 i 一个相位角 φ，u 超前 i 一个角 φ 的条件是（　　）。

A. $L > C$　　B. $\omega^2 LC > 1$　　C. $\omega^2 LC < 1$　　D. $L < C$

分析：串联电路一般以电流 $\dot{I}$ 为参考相量，依题意做出电路图 1.3–192 和对应的相量图如图 1.3–193 所示。

依据 KVL，有 $\dot{U} = \dot{U}_R + \dot{U}_L + \dot{U}_C$，显然当 $U_C < U_L$ 时，总电压 $\dot{U}$ 将超前电流 $\dot{I}$ 一个相位角 φ，$U_C < U_L \Rightarrow \dfrac{1}{\omega C} I < \omega LI \Rightarrow \omega^2 LC > 1$。

答案：B

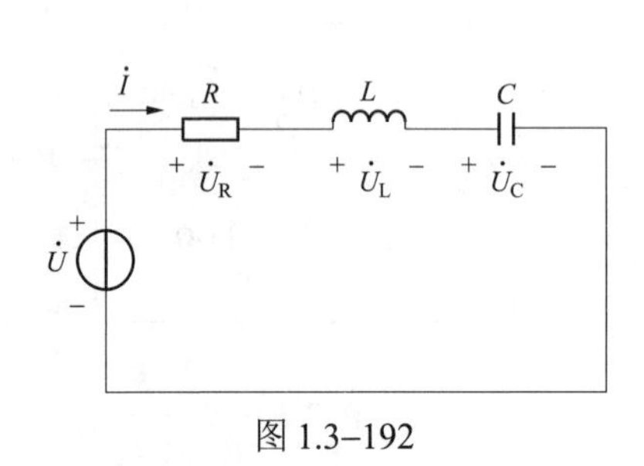

图 1.3–192

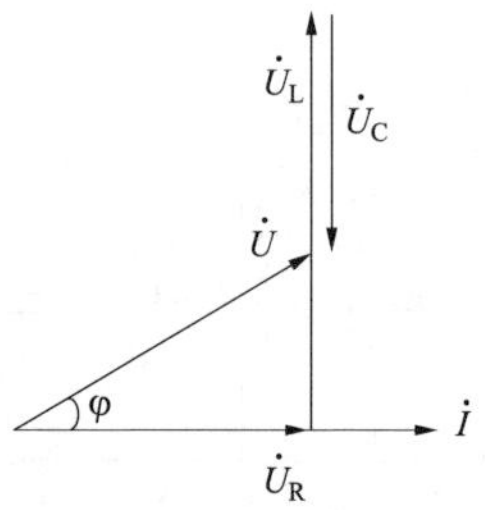

图 1.3–193

24.（2014） 某些应用场合中，常常欲使某一电流与某一电压的相位差为 90°，如图 1.3–194 所示电路中，如果 $Z_1 = (100 + \text{j}500)\Omega$，$Z_2 = (400 + \text{j}1000)\Omega$，当 R_1 取何值时，才可以使电流 $\dot{I}_2$ 与电压 $\dot{U}$ 的相位相差 90°？（$\dot{I}_2$ 滞后于 $\dot{U}$）（　　）

A. 460Ω　　B. 920Ω

C. 520Ω　　D. 260Ω

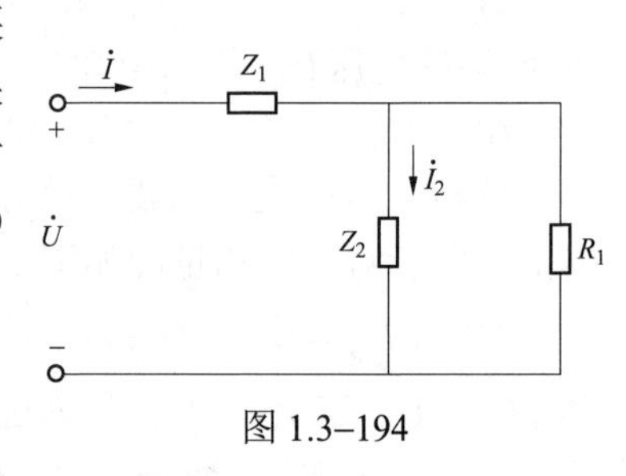

图 1.3–194

分析：想办法找出 $\dot{U}$ 与 $\dot{I}_2$ 的关系式。

$$\dot{I}_2 = \frac{R_1}{R_1 + Z_2}\dot{I} = \frac{R_1}{R_1 + Z_2} \times \frac{\dot{U}}{Z_1 + \dfrac{R_1 Z_2}{R_1 + Z_2}} = \frac{R_1}{R_1 + Z_2} \times \frac{(R_1 + Z_2)\dot{U}}{Z_1(R_1 + Z_2) + R_1 Z_2} = \frac{R_1}{Z_1(R_1 + Z_2) + R_1 Z_2}\dot{U}$$

$$= \frac{R_1 \dot{U}}{(100 + \text{j}500)(R_1 + 400 + \text{j}1000) + R_1(400 + \text{j}1000)} = \frac{R_1}{(500R_1 - 460\,000) + \text{j}(1500R_1 + 300\,000)}\dot{U}$$

所以，$\dfrac{\dot{U}}{\dot{I}} = \dfrac{1}{R_1}[(500R_1 - 460\,000) + \text{j}(1500R_1 + 300\,000)] = Z$ 。

现要求 $\dot{I}_2$ 滞后于 $\dot{U}$ 为 90°，则 Z 的阻抗角为 (+90°)，所以 $500R_1 - 460\,000 = 0 \Rightarrow R_1 = 920\Omega$。

答案：B

25.（2014） 某一供电线路的负载功率是 85kW，功率因数是 0.85（$\varphi>0$），已知负载两端的电压为 1000V，线路的电阻为0.5Ω，感抗为1.2Ω，则电源的端电压有效值为（　　）。

A. 1108V　　B. 554V　　C. 1000V　　D. 130V

分析： 负载功率 $P=U_Z I\cos\varphi \Rightarrow 85\times10^3=1000I\times0.85\Rightarrow I=100\text{A}$，则 $|Z_{负载}|=\dfrac{1000}{100}\Omega=10\Omega$，由 $\cos\varphi=0.85(\varphi>0)\Rightarrow\varphi=31.79^\circ$，所以 $Z_{负载}=10\angle 31.79^\circ\ \Omega=(8.5+\text{j}5.27)\Omega$。

$Z=(0.5+\text{j}1.2)\Omega+(8.5+\text{j}5.27)\Omega=(9+\text{j}6.47)\Omega=11.08\angle 35.71^\circ\ \Omega$，故电源的端电压有效值为$U=|Z|I=(11.08\times100)\text{V}=1108\text{V}$。

答案： A

26.（2014） 图 1.3–195 所示并联谐振电路，已知 $R=10\Omega$，$C=10.5\mu\text{F}$，$L=40\text{mH}$，则其谐振频率 f_0 为（　　）。

A. 1522Hz　　B. 761Hz

C. 121.1Hz　　D. 242.3Hz

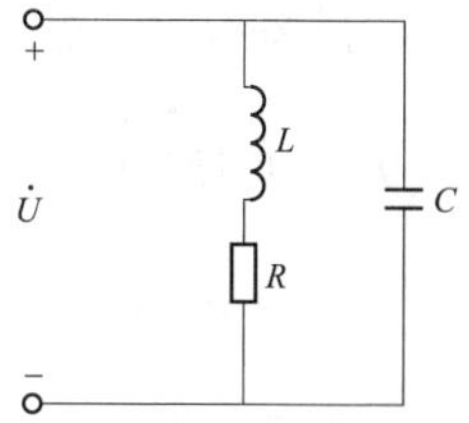

图 1.3–195

分析：（1）化简方法一：

$$Z=(R+\text{j}\omega L)\ //\left(-\text{j}\frac{1}{\omega C}\right)=\frac{(R+\text{j}\omega L)\left(-\text{j}\dfrac{1}{\omega C}\right)}{R+\text{j}\omega L-\text{j}\dfrac{1}{\omega C}}=\frac{\dfrac{L}{C}-\text{j}\dfrac{R}{\omega C}}{R+\text{j}\left(\omega L-\dfrac{1}{\omega C}\right)}=\frac{\omega L-\text{j}R}{\omega RC+\text{j}(\omega^2LC-1)}$$

$$=\frac{(\omega L-\text{j}R)[\omega RC-\text{j}(\omega^2LC-1)]}{(\omega RC)^2+(\omega^2LC-1)^2}=\frac{\omega^2RLC-\text{j}\omega L(\omega^2LC-1)-\text{j}\omega R^2C-R(\omega^2LC-1)}{(\omega RC)^2+(\omega^2LC-1)^2}$$

电路谐振$\Rightarrow Z$的虚部为$0\Rightarrow\dfrac{\omega L(\omega^2LC-1)+\omega R^2C}{(\omega RC)^2+(\omega^2LC-1)^2}=0\Rightarrow L(\omega^2LC-1)+R^2C=0$。

代入数值，可得

$$40\times10^{-3}(\omega^2\times40\times10^{-3}\times10.5\times10^{-6}-1)+10^2\times10.5\times10^{-6}=0\Rightarrow\omega=1522.65\text{rad/s}$$

（2）化简方法二：$Z=\dfrac{\dfrac{L}{C}-\text{j}\dfrac{R}{\omega C}}{R+\text{j}\left(\omega L-\dfrac{1}{\omega C}\right)}=\dfrac{|Z_1|\angle\varphi_1}{|Z_2|\angle\varphi_2}=|Z|\angle\varphi$，谐振$\Rightarrow Z$没有虚部$\Rightarrow$

$$\varphi=\varphi_1-\varphi_2=0^\circ\Rightarrow\varphi_1=\varphi_2\Rightarrow\tan\varphi_1=\tan\varphi_2\Rightarrow\frac{-\dfrac{R}{\omega C}}{\dfrac{L}{C}}=\frac{\omega L-\dfrac{1}{\omega C}}{R}\Rightarrow-\frac{R}{L}=\frac{\omega^2LC-1}{RC}\Rightarrow L(\omega^2LC-1)+$$

$R^2C=0\Rightarrow\omega=1522.65\text{rad/s}$。

注意： 千万别错选 A，因为题目要求的是 f，由$2\pi f=\omega$，得 $f=\dfrac{\omega}{2\pi}=\dfrac{1522.65}{2\pi}\text{Hz}\approx242.3\text{Hz}$。

答案： D

27.（2014） 通过测量流入有互感的两串联线圈的电流和功率和外施电压，能够确定两个线圈之间的互感，现在用 $U=220\text{V}$、$f=50\text{Hz}$ 的电源进行测量，当顺向串接时，

测得 $I=2.5\text{A}$，$P=62.5\text{W}$；当反向串接时，测得 $P=250\text{W}$。因此，两线圈的互感 M 为（　　）。

A. 42.85mH　　B. 45.29mH　　C. 88.21mH　　D. 35.49mH

分析：本题求解参见“两互感线圈的串接”的考点复习。

顺接时：$I=2.5\text{A}$，$P=62.5\text{W} \Rightarrow P=RI^2 \Rightarrow 62.5=R\times 2.5^2 \Rightarrow R=10\Omega$，$|Z_{顺}|=\dfrac{U}{I}=\dfrac{220}{2.5}=\sqrt{R^2+(\omega L_{顺})^2} \Rightarrow 88=\sqrt{10^2+(314L_{顺})^2} \Rightarrow L_{顺}=0.278\text{H}$。

反接时：$P=RI^2 \Rightarrow 250=10I^2 \Rightarrow I=5\text{A}$，$|Z_{反}|=\dfrac{U}{I}=\dfrac{220}{5}=\sqrt{R^2+(\omega L_{反})^2} \Rightarrow 44=\sqrt{10^2+(314L_{反})^2}$ $\Rightarrow L_{反}=0.136\text{H}$。

故 $M=\dfrac{1}{4}(L_{顺}-L_{反})=\dfrac{1}{4}\times(0.278-0.136)\text{mH}=35.5\text{mH}$。

答案：D

28.（2016、2020） 一电阻 $R=20\Omega$，电感 $L=0.25\text{mH}$ 和可变电容相串联，为了接收到某广播电台 560kHz 的信号，可变电容 C 应调至（　　）。

A. 153pF　　B. 253pF　　C. 323pF　　D. 353pF

分析：要接收信号好，就是要使得电路发生串联谐振，故

$$\omega L=\frac{1}{\omega C} \Rightarrow C=\frac{1}{\omega^2 L}=\frac{1}{(2\pi f)^2 L}=\frac{1}{(2\times 3.14\times 560\times 10^3)^2\times 0.25\times 10^{-3}}\text{F}=323\text{pF}$$

答案：C

29.（2016） 已知电流 $i_1(t)=15\sqrt{2}\sin(\omega t+45^\circ)\text{A}$，电流 $i_2(t)=10\sqrt{2}\sin(\omega t-30^\circ)\text{A}$，电流 $i_1(t)+i_2(t)$ 为下列哪项数值？（　　）

A. $20.07\sqrt{2}\sin(\omega t-16.23^\circ)\text{A}$　　B. $20.07\sqrt{2}\sin(\omega t+15^\circ)\text{A}$

C. $20.07\sqrt{2}\sin(\omega t+16.23^\circ)\text{A}$　　D. $20.07\sqrt{2}\sin(\omega t+75^\circ)\text{A}$

分析：借助相量图分析，可以初步排除选项 A 和 D。

此题显然要利用相量来求解。

$$\dot{I}_1(t)+\dot{I}_2(t)=15\angle 45^\circ\text{A}+10\angle -30^\circ\ \text{A}=(10.607+\text{j}10.607)\text{A}+(8.66-\text{j}5)\text{A}$$
$$=(19.267+\text{j}5.607)\text{A}=20.07\angle 16.225^\circ\text{A}$$

化成对应的瞬时值形式为 $i_1(t)+i_2(t)=20.07\sqrt{2}\sin(\omega t+16.23^\circ)\text{A}$。

答案：C

30.（2017） 图 1.3–196（a）所示正弦电路有理想电压表读数，则电容电压有效值为（　　）。

A. 10V　　B. 30V　　C. 40V　　D. 90V

分析：这类型题显然要借助画相量图来求解，串联支路，故一般选择电流 $\dot{I}$ 为参考相量。首先标注出电压、电流的参考方向如图 1.3–196（b）所示，对应的相量图如图 1.3–196（c）所示，$\dot{U}_2=\dot{U}_1+\dot{U}$。

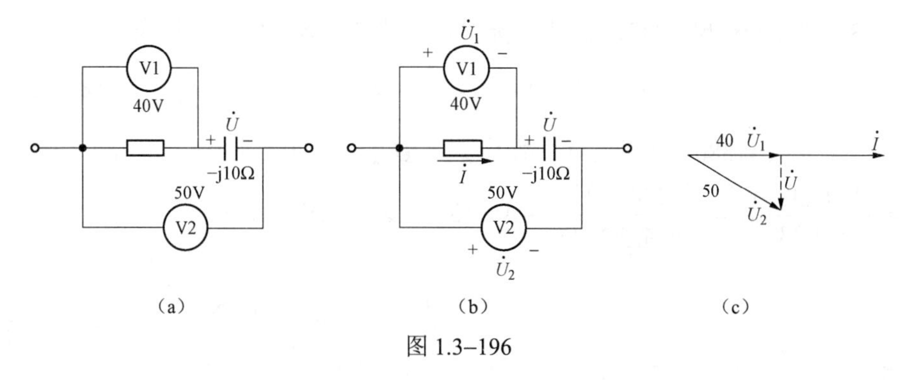

图 1.3–196

根据相量图，显然有$U=\sqrt{U_2^2-U_1^2}=\sqrt{50^2-40^2}\text{V}=30\text{V}$。

答案：B

31.（2019）电路如图 1.3–197 所示，则支路电流$\dot{I}_1$和$\dot{I}_2$分别是（　　）A。

A. $\dot{I}_1=1+\text{j}5, \dot{I}_2=1+\text{j}$　　B. $\dot{I}_1=1-\text{j}5, \dot{I}_2=1-\text{j}$

C. $\dot{I}_1=1-\text{j}5, \dot{I}_2=1+\text{j}$　　D. $\dot{I}_1=1+\text{j}5, \dot{I}_2=1-\text{j}$

分析：$(60+\text{j}60)\,//\,(-\text{j}20)\times\dot{I}_1=120\angle 0^\circ \Rightarrow \dot{I}_1=\ (1+\text{j}5)\text{A}$

$$(60+\text{j}60)\times\dot{I}_2=120\angle 0^\circ \Rightarrow \dot{I}_2=(1-\text{j})\text{A}$$

答案：D

32.（2021）电路如图 1.3–198 所示，U_s保持不变，发生串联谐振所满足的条件是（　　）。

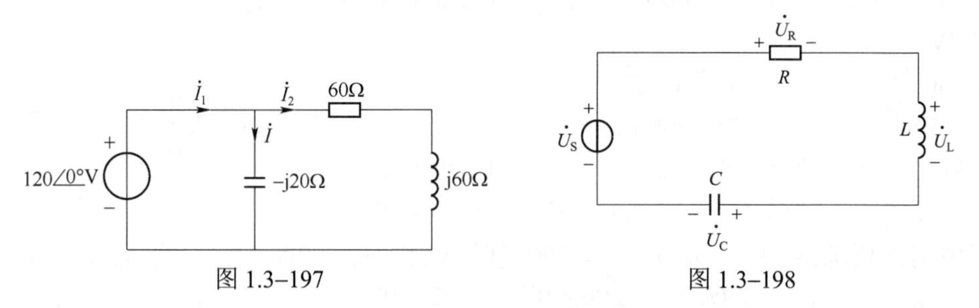

图 1.3–197　　图 1.3–198

A. $U_\text{L}=U_\text{C}$　　B. $U_\text{L}=-U_\text{C}$　　C. $I=0$　　D. $U_\text{s}\neq U_\text{R}$

分析：在图中所示参考方向下，串联谐振时，数值大小满足$U_\text{L}=U_\text{C}$，相量满足$\dot{U}_\text{L}=-\dot{U}_\text{C}$。

答案：A

【5. 了解频率特性的概念】

历年无考题，略。

【6. 熟练掌握三相电路中电源和负载的连接方式及相电压、相电流、线电压、线电流、三相功率的概念和关系】

33.（2008）　如图 1.3–199 所示，线电压为 380V，每相阻抗为$Z=(3+\text{j}4)\Omega$，图中功率表的读数为（　　）。

A. 766.7W　　B. 46 002W　　C. 23 001W　　D. 5134W

分析：此题与 2006 年考题极为相似，变化在于每相阻抗Z参数改变了，功率表的接线由

2006 年的 AB 变为 2008 年的 AC。把△接线形式的负载 Z 等效变换成 Y 接线形式，如图 1.3–200 所示。则 $Z'=\frac{1}{3}Z=\frac{1}{3}\times(3+\text{j}4)=(1+\text{j}1.33)\Omega$。设 $\dot{U}_{\text{A}}=220\angle 0^\circ\text{V}$，则 $\dot{U}_{\text{AB}}=380\angle 30^\circ\text{V}$，$\dot{U}_{\text{BC}}=380\angle -90^\circ\ \text{V}$，$\dot{U}_{\text{CA}}=380\angle 150^\circ\ \text{V}$，故 $\dot{U}_{\text{AC}}=-\dot{U}_{\text{CA}}=-380\angle 150^\circ\ \text{V}=380\angle -30^\circ\ \text{V}$。则 $\dot{I}_{\text{A}}=\frac{\dot{U}_{\text{A}}}{Z'}=\frac{220\angle 0^\circ}{1+\text{j}1.33}\text{A}=\frac{220\angle 0^\circ}{1.664\angle 53.06^\circ}\text{A}=132.21\angle -53.06^\circ\ \text{A}$。

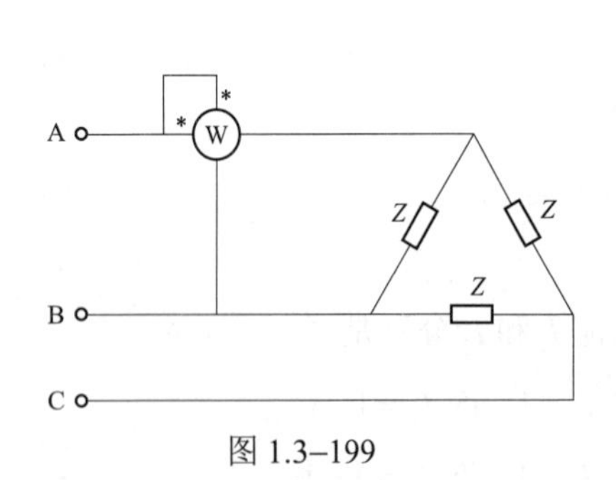

图 1.3–199

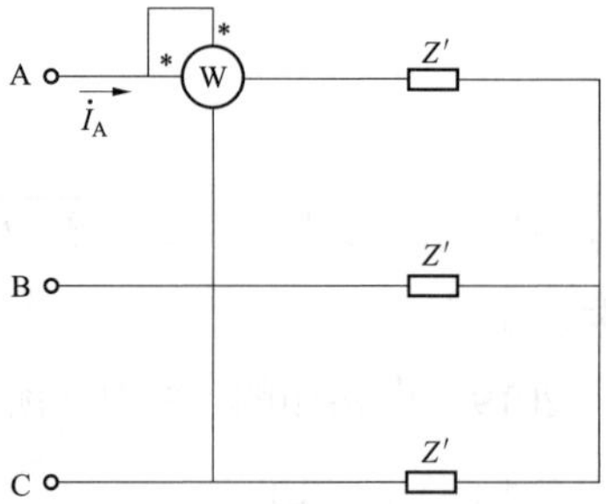

图 1.3–200

所以 $P=U_{\text{AC}}I_{\text{A}}\cos(\dot{U}_{\text{AC}},\hat{\ }\dot{I}_{\text{A}})=380\times132.21\times\cos(53.06^\circ-30^\circ)\text{W}=46\,225\text{W}$。

答案：B

34.（2009） 如图 1.3–201 所示的对称三相电路中，相电压为 200V，$Z=(100\sqrt{3}+\text{j}100)\Omega$，功率表 W2 的读数为（　　）W。

A. $50\sqrt{3}$　　B. $100\sqrt{3}$

C. $150\sqrt{3}$　　D. $200\sqrt{3}$

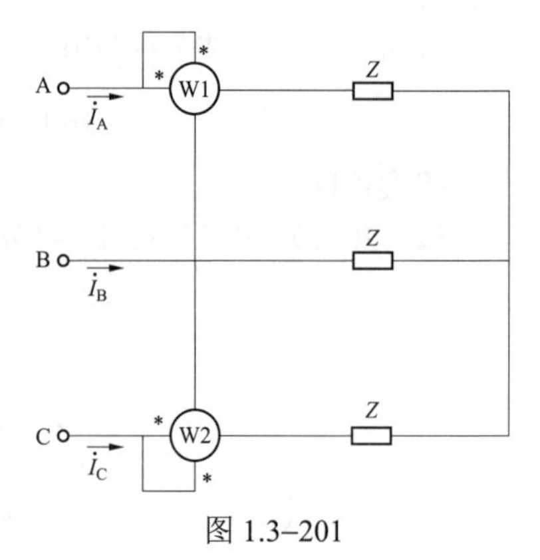

图 1.3–201

分析：一样的题目出现在 2010 年供配电专业基础的考试中，要求 W1 的读数，在 2009 年发输变电专业基础的考试中则是要求 W2 的读数。设 $\dot{U}_{\text{A}}=200\angle 0^\circ\ \text{V}$，则 $\dot{U}_{\text{BC}}=200\sqrt{3}\angle -90^\circ\ \text{V}$，$\dot{U}_{\text{CB}}=-\dot{U}_{\text{BC}}=200\sqrt{3}\angle 90^\circ\text{V}$，则 $\dot{I}_{\text{A}}=\frac{\dot{U}_{\text{A}}}{Z}=\frac{200\angle 0^\circ}{100\sqrt{3}+\text{j}100}\text{A}=\frac{2\angle 0^\circ}{\sqrt{3}+\text{j}}\text{A}=\frac{2\angle 0^\circ}{\sqrt{3+1}\angle 30^\circ}\text{A}=1\angle -30^\circ\ \text{A}$，$\dot{I}_{\text{C}}=\dot{I}_{\text{A}}\angle 120^\circ=1\angle 90^\circ\text{A}$。所以 $P_{\text{W2}}=U_{\text{CB}}I_{\text{C}}\cos(\dot{U}_{\text{BC}},\hat{\ }\dot{I}_{\text{C}})=200\sqrt{3}\times1\times\cos0^\circ\text{W}=200\sqrt{3}\text{W}$。

答案：D

35.（2017） 已知图 1.3–202 中 $Z=38\angle -30^\circ\ \Omega$，线电压 $\dot{U}_{\text{BC}}=380\angle -90^\circ\ \text{V}$，求线电流 $\dot{I}_{\text{A}}$ 是多少？（　　）

A. $5.77\angle 30^\circ$　　B. $5.77\angle 90^\circ$　　C. $17.32\angle 30^\circ$　　D. $17.32\angle 90^\circ$

分析：先进行△⇒Y，得图 1.3–203，其中 $Z'=\frac{1}{3}Z$。已知 $\dot{U}_{\text{BC}}=380\angle -90^\circ\ \text{V}$，可知

$$\dot{U}_{\text{B}}=\frac{380}{\sqrt{3}}\angle -90^\circ-30^\circ\ \text{V}=220\angle -120^\circ\ \text{V}。$$

所以，$\dot{U}_{\text{A}}=\dot{U}_{\text{B}}\angle 120^\circ=220\angle 0^\circ\text{V}$。

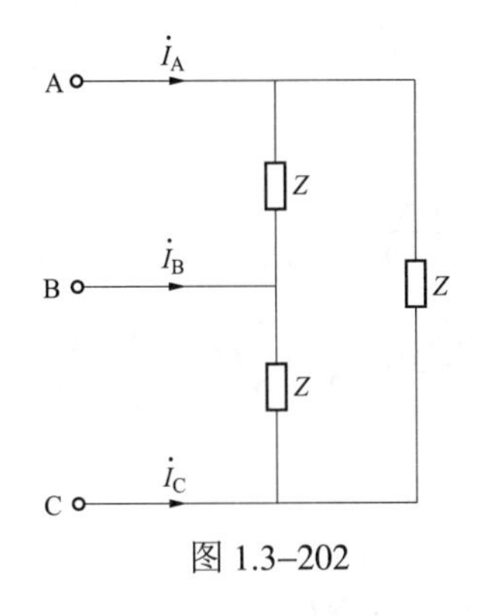

图 1.3–202

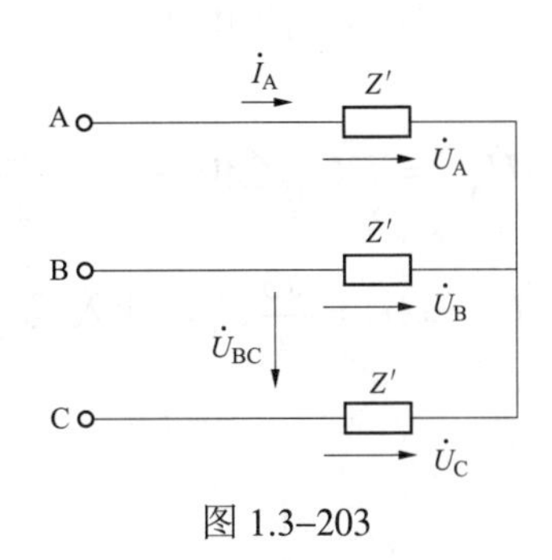

图 1.3–203

三相对称，借助单相等效电路分析，可得

$$\dot{I}_{\mathrm{A}}=\frac{\dot{U}_{\mathrm{A}}}{Z'}=\frac{220\angle 0^\circ}{\frac{1}{3}Z}=\frac{220\angle 0^\circ}{\frac{1}{3}\times 38\angle -30^\circ}\mathrm{A}=17.37\angle 30^\circ\mathrm{A}$$

答案： C

36.（2019） 三相负载作星形联结，接入对称的三相电源，负载线电压 U_{L} 与相电压 U_{P} 关系满足 $U_{\mathrm{L}}=\sqrt{3}U_{\mathrm{P}}$，成立的条件是三相负载（　　）。

A. 对称　　B. 都是电阻　　C. 都是电感　　D. 都是电容

答案： A

37.（2020） 如图 1.3–204 所示 Y–Y 对称三相电路中，原来电流表读数为 1A，当故障 A 相断开，即 S 打开后，则电流表读数为（　　）。

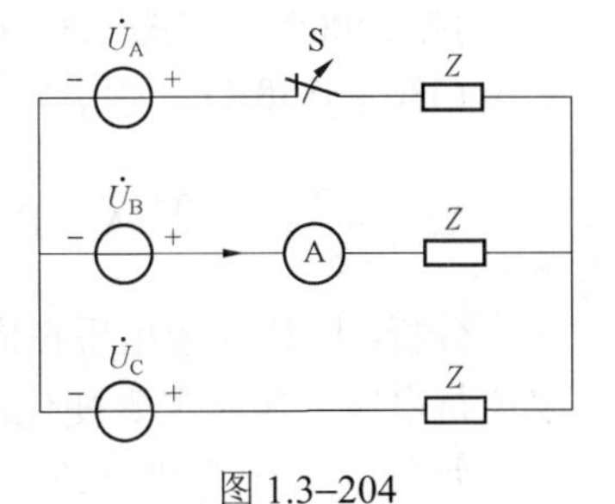

图 1.3–204

A. 1A　　B. $\sqrt{\frac{4}{3}}$A

C. $\frac{\sqrt{3}}{2}$A　　D. 0.5A

分析： 原来 1A 时，$I=\frac{U_{\mathrm{B}}}{|Z|}$。S 打开后，$I'=\frac{U_{\mathrm{BC}}}{|2Z|}=\frac{\sqrt{3}U_{\mathrm{B}}}{2|Z|}=\frac{\sqrt{3}}{2}$A。

答案： C

【7. 熟练掌握对称三相电路分析的相量方法】

38.（2008） 对称三相负载三角形联结，线电压 U_1，若端线上的一根熔丝熔断，则该熔丝两端的电压为（　　）。

A. U_1　　B. $\frac{U_1}{\sqrt{3}}$　　C. $\frac{U_1}{2}$　　D. $\frac{\sqrt{3}U_1}{2}$

分析： 依据题意作图如图 1.3–205 所示。

设 $\dot{U}_{\mathrm{A}}=U_{\mathrm{A}}\angle 0^\circ$V，则 $\dot{U}_{\mathrm{AB}}=\sqrt{3}U_{\mathrm{A}}\angle 30^\circ$V，$\dot{U}_{\mathrm{BC}}=\sqrt{3}U_{\mathrm{A}}\angle -90^\circ$V。因为出线熔丝熔断，所以有 $\dot{I}_{\mathrm{A'B'}}=\dot{I}_{\mathrm{C'A'}}=-\frac{\dot{U}_{\mathrm{BC}}}{2Z}=-\frac{\sqrt{3}U_{\mathrm{A}}\angle -90^\circ}{2Z}=\frac{\sqrt{3}U_{\mathrm{A}}\angle 90^\circ}{2Z}$，$\dot{U}_{\mathrm{A'B'}}=Z\,\dot{I}_{\mathrm{A'B'}}=Z\times\frac{\sqrt{3}U_{\mathrm{A}}\angle 90^\circ}{2Z}=$

$\dfrac{\sqrt{3}U_{\text{A}}\angle 90^\circ}{2}$，故熔丝两端的电压为

$$\dot{U}_{\text{AA}'}=\dot{U}_{\text{AB}}-\dot{U}_{\text{A}'\text{B}'}=\sqrt{3}U_{\text{A}}\angle 30^\circ-\frac{\sqrt{3}U_{\text{A}}\angle 90^\circ}{2}=\sqrt{3}U_{\text{A}}\left(\frac{\sqrt{3}}{2}+\text{j}\frac{1}{2}\right)-\text{j}\frac{\sqrt{3}U_{\text{A}}}{2}=\frac{3}{2}U_{\text{A}} \quad (1.3\text{–}12)$$

又$U_1=\sqrt{3}U_{\text{A}}\Rightarrow U_{\text{A}}=\dfrac{\sqrt{3}}{3}U_1$，代入式（1.3–12），得到$\dot{U}_{\text{AA}'}=\dfrac{3}{2}U_{\text{A}}=\dfrac{3}{2}\times\dfrac{\sqrt{3}}{3}U_1=\dfrac{\sqrt{3}}{2}U_1$。

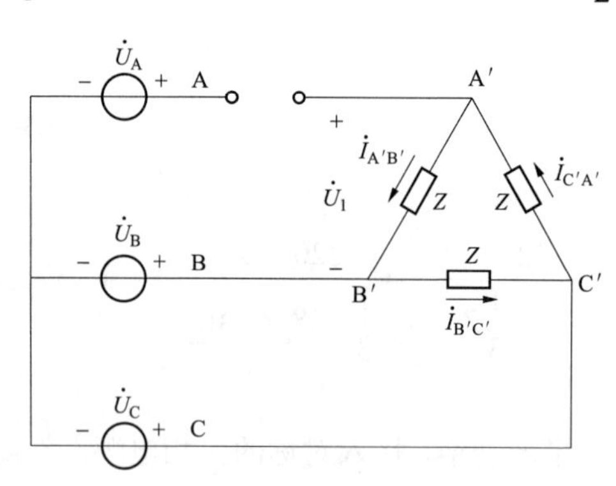

图 1.3–205

答案：D

39.（2009） 在图 1.3–206 所示对称三相电路中，若线电压为 380V，$Z_1=(110-\text{j}110)\,\Omega$，$Z_2=(330+\text{j}330)\Omega$，则$\dot{I}$为（ ）。

A. $-\dfrac{\sqrt{3}}{3}\angle -30^\circ$ A B. $-\dfrac{\sqrt{3}}{3}\angle 30^\circ$A C. $\dfrac{\sqrt{3}}{3}\angle 30^\circ$A D. $\dfrac{\sqrt{3}}{3}\angle -30^\circ$ A

分析：同样的题出现在同年 2009 年供配电专业基础的考试中，发输变电专业基础的考题仅仅是电压、阻抗参数变化而已。

对负载阻抗Z_2进行△⇒Y变换，如图 1.3–207 所示，对①、②、③点以外的电路仍然是等效的，据此可求出$\dot{I}_{\text{A}}$。

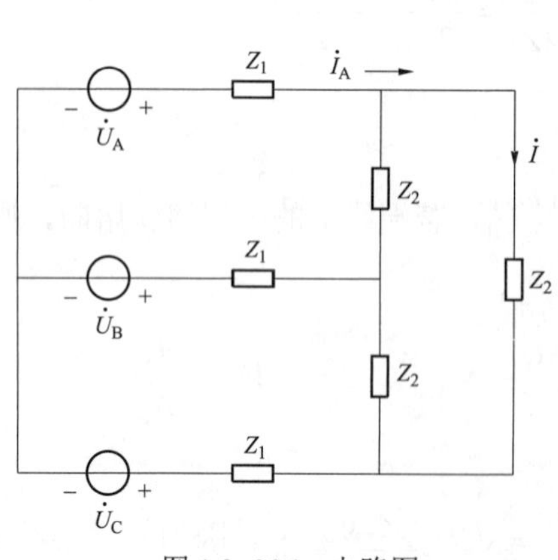

图 1.3–206 电路图

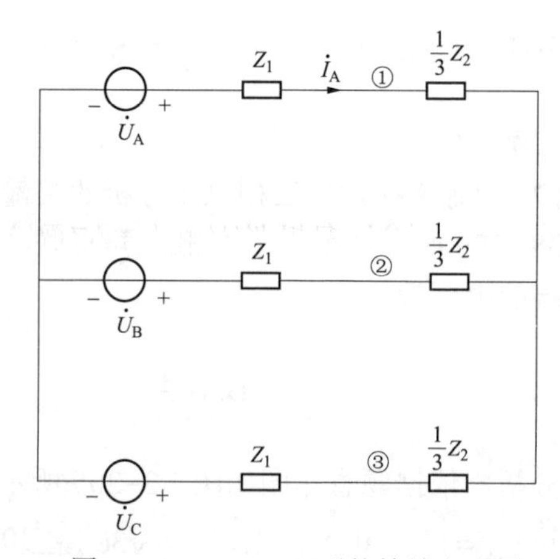

图 1.3–207 △⇒Y后的等效电路图

题目已知线电压为380V，设$\dot{U}_{\mathrm{A}}=220\angle 0^{\circ}\mathrm{V}$，则$\dot{I}_{\mathrm{A}}=\dfrac{\dot{U}_{\mathrm{A}}}{Z_1+\dfrac{1}{3}Z_2}=\dfrac{220\angle 0^{\circ}}{(110-\mathrm{j}110)+(110+\mathrm{j}110)}\mathrm{A}=$

$\dfrac{220\angle 0^{\circ}}{220}\mathrm{A}=1\angle 0^{\circ}\mathrm{A}$。根据三角形联结线电流和相电流的对应关系，可以直接写出$\dot{I}=$

$\dfrac{\dot{I}_{\mathrm{A}}}{\sqrt{3}}\angle -30^{\circ}=\dfrac{1}{\sqrt{3}}\angle -30^{\circ}\mathrm{A}=\dfrac{\sqrt{3}}{3}\angle -30^{\circ}\mathrm{A}$。

答案：D

40.（2013） 图 1.3–208 所示对称三相电路中，线电压为 380V，线电流为 3A，若功率表读数为 684W，则功率因数应该为下列哪项数值？（　　）

A. 0.6　　　　B. 0.8　　　　C. 0.7　　　　D. 0.9

分析：本题考三相功率的测量，此类型题在 2005、2008、2012 年供配电专业基础考试中多次出现。

题图中功率表读数为$P=U_{\mathrm{BC}}I_{\mathrm{A}}\cos(\dot{U}_{\mathrm{BC}}\hat{,}\dot{I}_{\mathrm{A}})$，代入已知数据，得到$684=380\times 3\cos(\dot{U}_{\mathrm{BC}}\hat{,}\dot{I}_{\mathrm{A}})\Rightarrow\cos(\dot{U}_{\mathrm{BC}}\hat{,}\dot{I}_{\mathrm{A}})=0.6\Rightarrow\varphi(\dot{U}_{\mathrm{BC}}\hat{,}\dot{I}_{\mathrm{A}})=\pm 53.13^{\circ}$。

注意：题目所要求的功率因数角应该是指负载的，即为负载的阻抗角，$\dot{U}_{\mathrm{A}}$超前$\dot{I}_{\mathrm{A}}$的角度。

以 A 相相电压$\dot{U}_{\mathrm{A}}$作为参考相量，做出相量图如图 1.3–209所示。

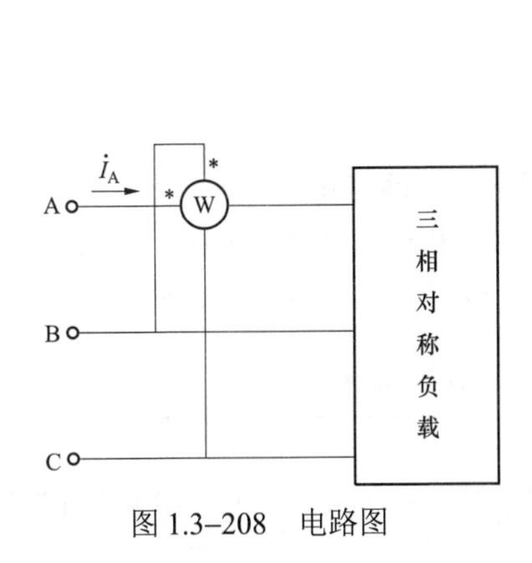

图 1.3–208　电路图

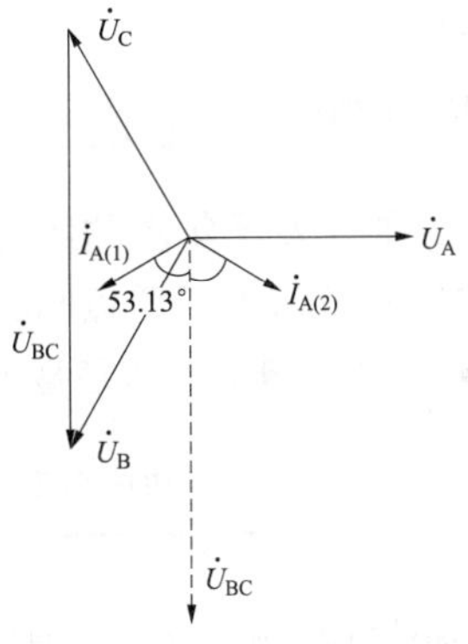

图 1.3–209　相量图

若取$\varphi(\dot{U}_{\mathrm{BC}}\hat{,}\dot{I}_{\mathrm{A(1)}})=+53.13^{\circ}$，则$\varphi(\dot{U}_{\mathrm{A}}\hat{,}\dot{I}_{\mathrm{A(1)}})=90^{\circ}+53.13^{\circ}=143.13^{\circ}$，故功率因数$\cos\varphi=\cos 143.13^{\circ}=-0.8$；若取$\varphi(\dot{U}_{\mathrm{BC}}\hat{,}\dot{I}_{\mathrm{A(2)}})=-53.13^{\circ}$，则$\varphi(\dot{U}_{\mathrm{A}}\hat{,}\dot{I}_{\mathrm{A(2)}})=90^{\circ}-53.13^{\circ}=36.87^{\circ}$，故功率因数$\cos\varphi=\cos 36.87^{\circ}=0.8$。

答案：B

41.（2019） 已知对称三相负载如图 1.3–210 所示，对称线电压 380V，则负载相电流为（　　）。

A. $\dot{I}_{\mathrm{A}}=\dfrac{220\angle 0^{\circ}}{Z}$，$\dot{I}_{\mathrm{B}}=\dfrac{220\angle -120^{\circ}}{Z}$，$\dot{I}_{\mathrm{C}}=\dfrac{220\angle 120^{\circ}}{Z}$

B. $\dot{I}_{\mathrm{A}}=\dfrac{380\angle 30^{\circ}}{Z}$，$\dot{I}_{\mathrm{B}}=\dfrac{380\angle -90^{\circ}}{Z}$，$\dot{I}_{\mathrm{C}}=\dfrac{380\angle 150^{\circ}}{Z}$

C. $\dot{I}_A = \dfrac{220\angle 0^\circ}{Z+Z_N}$，$\dot{I}_B = \dfrac{220\angle -120^\circ}{Z+Z_N}$，$\dot{I}_C = \dfrac{220\angle 120^\circ}{Z+Z_N}$

D. $\dot{I}_A = \dfrac{380\angle 30^\circ}{Z+Z_N}$，$\dot{I}_B = \dfrac{380\angle -90^\circ}{Z+Z_N}$，$\dot{I}_C = \dfrac{380\angle 150^\circ}{Z+Z_N}$

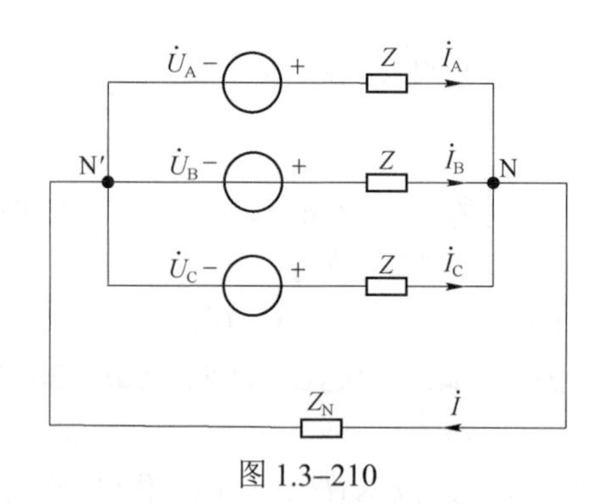

图 1.3–210

分析：因为三相对称，故中性线上$\dot{I}=0$，从而$\dot{U}_{NN'}=Z_N I=0V$。

答案：A

【8. 掌握不对称三相电路的概念】

历年无考题。

1.4 非正弦周期电流电路

1.4.1 考试大纲要求及历年真题统计分析（供配电、发输变电）

历年真题按照考试大纲考点归类总结见表 1.4–1 和表 1.4–2（说明：1、2、3、4 道题分别对应 1、2、3、4 颗★，≥5道题对应 5 颗★）。

表 1.4–1　　供配电专业基础考试大纲及历年真题统计表

1.4 非正弦周期电流电路 考试大纲	2005	2006	2007	2008	2009	2010	2011	2012	2013	2014	2016	2017	2018	2019	2020	2021	汇总统计
1. 了解非正弦周期量的傅里叶级数分解方法																	0
2. 掌握非正弦周期量的有效值、平均值和平均功率的定义和计算方法★★★				1			1			1							3★★★
3. 掌握非正弦周期电路的分析方法★★★★★	1	2	3	2	1	1	2	1	1		1				2	1	18★★★★★
汇总统计	1	2	3	3	1	1	3	1	1	1	1	0	0	0	2	1	21

表 1.4–2　　　　　　　　　发输变电专业基础考试大纲及历年真题统计表

1.4 非正弦周期电流电路 考试大纲	2005（同供配电）	2006（同供配电）	2007（同供配电）	2008	2009	2010	2011	2012	2013	2014	2016	2017	2018	2019	2020	2021	汇总统计
1. 了解非正弦周期量的傅里叶级数分解方法																	0
2. 掌握非正弦周期量的有效值、平均值和平均功率的定义和计算方法★★★★					1		1			1				1		1	5★★★★★
3. 掌握非正弦周期电路的分析方法★★★★★	1	1	3	1		1	1	1	1		1	1	1		1		14★★★★★
汇总统计	1	1	3	1	1	1	2	1	1	1	1	1	1	1	1	1	19

对比以上供配电专业基础和发输变电专业基础历年真题统计表，可看到：尽管两个专业方向不同，但专业基础考试的两个方向的侧重点几乎相同，见表 1.4–3。

表 1.4–3　　　　　　　专业基础供配电、发输变电两个专业方向侧重点对比

1.4 非正弦周期电流电路	历年真题汇总统计	
考试大纲（取供配电、发输变电两个方向中多的★值标注）	供配电	发输变电
1. 了解非正弦周期量的傅里叶级数分解方法	0	0
2. 掌握非正弦周期量的有效值、平均值和平均功率的定义和计算方法★★★★	3★★★	5★★★★★
3. 掌握非正弦周期电路的分析方法★★★★★	18★★★★★	14★★★★★
汇总统计	21	19

1.4.2 重要知识点复习

结合前面 1.4.1 节的历年真题统计分析（供配电、发输变电）结果，对“1.4 非正弦周期电流电路”部分的 2、3 大纲点深入总结，其他大纲点从略。

1. 了解非正弦周期量的傅里叶级数分解方法

历年无考题，略。

2. 掌握非正弦周期量的有效值、平均值和平均功率的定义和计算方法

非正弦周期电流的有效值等于恒定分量的平方与各次谐波有效值的平方之和的平方根，即 $I=\sqrt{I_0^2+I_1^2+I_2^2+\cdots}$，$U=\sqrt{U_0^2+U_1^2+U_2^2+\cdots}$；特别注意：非正弦周期电流的有效值绝不等于各次谐波有效值的直接相加，即 $I\neq I_0+I_1+I_2+\cdots$，$U\neq U_0+U_1+U_2+\cdots$。

只有同次谐波才能形成功率，所以非正弦周期电流的功率为 $P=U_0I_0+\sum_{k=1}^{\infty}U_kI_k\cos\varphi_k$。

3. 掌握非正弦周期电路的分析方法

（1）分别求出电源电压或电流的恒定分量以及各次谐波分量单独作用时的响应。对恒定分量，电容看作开路，电感看作短路；对各次谐波分量可以用相量法求解，注意感抗、容抗与频率有关。

（2）应用叠加定理，把前一步计算出的结果化成瞬时值形式后进行相加（因为表示不同频率正弦电流的相量直接相加是没有意义的），最终求得的响应是用时间函数表示的。

1.4.3 【供配电专业基础】历年真题详解

【1. 了解非正弦周期量的傅里叶级数分解方法】

历年无考题，略。

【2. 掌握非正弦周期量的有效值、平均值和平均功率的定义和计算方法】

1.（2008）某一端口网络的端电压$u=311\sin 314t\,(\text{V})$，流入的电流为$i=0.8\sin(314t-85^\circ)+0.25\sin(942t-105^\circ)(\text{A})$，该网络吸收的平均功率为（　　）W。

A. 20.9　　B. 10.84　　C. 40.18　　D. 21.68

分析： $P=U_1I_1\cos\varphi_1+U_3I_3\cos\varphi_3=\dfrac{311}{\sqrt{2}}\times\dfrac{0.8}{\sqrt{2}}\cos 85^\circ\text{W}+0\text{W}=10.842\text{W}$。

答案： B

2.（供 2011，发 2011）在 RC 串联电路中，已知外加电压 $u(t)=[20+90\sin\omega t+30\sin(3\omega t+50^\circ)+10\sin(5\omega t+10^\circ)](\text{V})$，电路中电流 $i(t)=[1.5+1.3\sin(\omega t+85.3^\circ)+6\sin(3\omega t+45^\circ)+2.5\times\sin(5\omega t-60.8^\circ)](\text{A})$，则电路的平均功率 P 为（　　）W。

A. 124.12　　B. 128.12

C. 145.28　　D. 134.28

分析：

$$\begin{aligned}P&=U_0I_0+U_1I_1\cos\varphi_1+U_3I_3\cos\varphi_3+U_5I_5\cos\varphi_5\\&=20\times1.5\text{W}+\frac{90}{\sqrt{2}}\times\frac{1.3}{\sqrt{2}}\cos(-85.3^\circ)\text{W}+\frac{30}{\sqrt{2}}\times\frac{6}{\sqrt{2}}\cos(50^\circ-45^\circ)\text{W}+\frac{10}{\sqrt{2}}\times\frac{2.5}{\sqrt{2}}\times\\&\quad\cos(10^\circ+60.8^\circ)\text{W}\\&=30\text{W}+4.793\text{W}+89.66\text{W}+4.11\text{W}=128.563\text{W}\end{aligned}$$

答案： B

3.（2014） 图 1.4–1 所示电路中，$u(t)=20+40\cos\omega t+14.1\cos(3\omega t+60^\circ)\,(\text{V})$，$R=16\,\Omega$，$\omega L=2\Omega$，$\dfrac{1}{\omega C}=18\Omega$，电路中的有功功率 P 为（　　）。

A. 122.85W　　B. 61.45W

C. 31.25W　　D. 15.65W

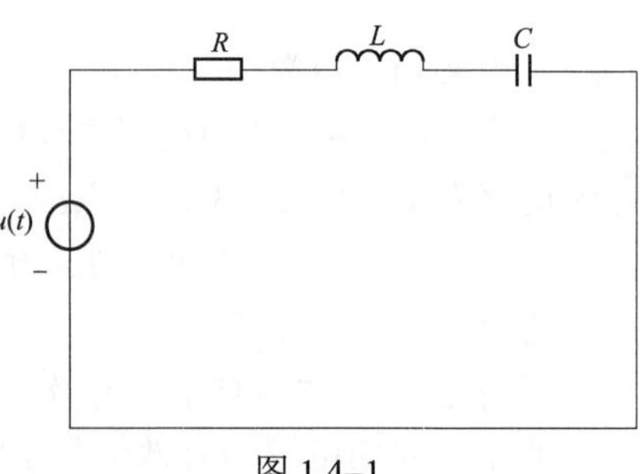

图 1.4–1

分析： 本题属于非正弦周期电流电路的考点。

（1）直流分量作用：因为电容 C 隔直，故此时 $I_0=0$，所以 $P=(20\times0)\text{W}=0\text{W}$。

（2） 基波分量作用：设

$$\dot{U}_1=\frac{40}{\sqrt{2}}\angle0^\circ\text{V},\quad Z_1=R+\text{j}\omega L-\text{j}\frac{1}{\omega C}=(16+\text{j}2-\text{j}18)\Omega=(16-\text{j}16)\Omega$$

$$\dot{I}_1=\frac{\dot{U}_1}{Z_1}=\frac{\frac{40}{\sqrt{2}}\angle 0^\circ}{16-\mathrm{j}16}\mathrm{A}=\frac{\frac{40}{\sqrt{2}}\angle 0^\circ}{16\sqrt{2}\angle -45^\circ}\mathrm{A}=\frac{5}{4}\angle 45^\circ\mathrm{A}$$

所以 $P_1=U_1I_1\cos\varphi_1=\frac{40}{\sqrt{2}}\times\frac{5}{4}\times\cos(-45^\circ)\mathrm{W}=25\mathrm{W}$。

（3）三次谐波分量作用：设 $\dot{U}_3=\frac{14.1}{\sqrt{2}}\angle 60^\circ\mathrm{V}$，$Z_3=R+\mathrm{j}3\omega L-\mathrm{j}\frac{1}{3\omega C}=(16+\mathrm{j}6-\mathrm{j}6)\Omega=16\Omega$，

$\dot{I}_1=\frac{\dot{U}_3}{Z_3}=\frac{\frac{14.1}{\sqrt{2}}\angle 60^\circ}{16}\mathrm{A}=0.623\angle 60^\circ\mathrm{A}$，所以 $P_3=U_3I_3\cos\varphi_3=\frac{14.1}{\sqrt{2}}\times 0.623\cos 0^\circ\mathrm{W}=6.21\mathrm{W}$。

综上，$P_{总}=P_0+P_1+P_3=0\mathrm{W}+25\mathrm{W}+6.21\mathrm{W}=31.21\mathrm{W}$。

答案：C

【3. 掌握非正弦周期电路的分析方法】

4.（2005、2013） 如图 1.4–2 所示的电路中，电压 u 含有基波和三次谐波，基波角频率为 10^4 rad/s。若要求 u_1 中不含基波分量而将 u 中的三次谐波分量全部取出，则 C_1 应为（　　）μF。

A. 2.5　　B. 1.25

C. 5　　D. 10

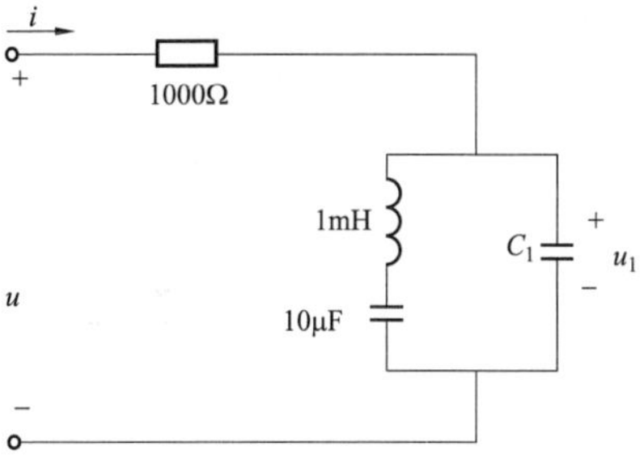

图 1.4–2

分析：（1）u_1 中不含基波分量 $\Rightarrow$ 1mH和10μF LC 支路对基波发生串联谐振 $Z_{LC}=0$，现在 $\omega L=10^4\times1\times10^{-3}\Omega=10\Omega$，$\frac{1}{\omega C}=\frac{1}{10^4\times10\times10^{-6}}\Omega=10\Omega$，显然图中所给 $L=1\mathrm{mH}$，$C=10\mu\mathrm{F}$ 的参数已经证明了 $\omega L=\frac{1}{\omega C}$ 这一点。

（2）u_1 将 u 中的三次谐波分量全部取出 $\Rightarrow$ 并联支路对三次谐波发生并联谐振 $\Rightarrow Z\to\infty\Rightarrow i=0\Rightarrow u_1=u\Rightarrow u_1$ 将 u 中的将三次谐波分量全部取出。

当三次谐波作用于电路时，并联支路的阻抗 $Z=\left(\mathrm{j}3\omega L-\mathrm{j}\frac{1}{3\omega C}\right)//\left(-\mathrm{j}\frac{1}{3\omega C_1}\right)=\left(\mathrm{j}30-\mathrm{j}\frac{10}{3}\right)//$

$$\left(-\mathrm{j}\frac{1}{3\times10^4C_1}\right)=\mathrm{j}\frac{80}{3}//\left(-\mathrm{j}\frac{1}{3\times10^4C_1}\right)=\frac{\mathrm{j}\frac{80}{3}\times\left(-\mathrm{j}\frac{1}{3\times10^4C_1}\right)}{\mathrm{j}\frac{80}{3}-\mathrm{j}\frac{1}{3\times10^4C_1}}=\frac{\frac{80}{9\times10^4C_1}}{\mathrm{j}\left(\frac{80}{3}-\frac{1}{3\times10^4C_1}\right)}=\mathrm{j}\frac{80}{3(1-80\times10^4C_1)}，$$

发生并联谐振，$Z\to\infty\Rightarrow1-80\times10^4C_1=0\Rightarrow C_1=\frac{1}{80\times10^4}\mathrm{F}=1.25\mu\mathrm{F}$。

另一种简易求法：要求 u_1 将 u 中的三次谐波全部取出 $\Rightarrow LC$ 并联支路发生谐振 $3\omega L=3\times10^4\times$

$10^{-3}\Omega=30\Omega$，$\dfrac{1}{3\omega C}=\dfrac{1}{3\times10^4\times10\times10^{-6}}\Omega=\dfrac{10}{3}\Omega$，所以1mH 与10μF 串联支路对三次谐波的总阻抗为 $\text{j}30\Omega-\text{j}\dfrac{10}{3}\Omega=\text{j}\dfrac{80}{3}\ \Omega$。$\text{j}\dfrac{80}{3}$ 与 C_1 发生并联谐振，$\dfrac{80}{3}=\dfrac{1}{3\omega C_1}\Rightarrow C_1=1.25\mu\text{F}$。

答案：B

5.（2006） 如图 1.4–3 所示的电路中，电压 $u=60(1+\sqrt{2}\cos\omega t+\sqrt{2}\cos2\omega t)$（V），$\omega L_1=100\Omega$，$\omega L_2=100\Omega$，$\dfrac{1}{\omega C_1}=400\Omega$，$\dfrac{1}{\omega C_2}=100\Omega$，则电流 i_1 的有效值 I_1 应为下列哪项数值？（　　）

A. 1.204A　　　　B. 0.45A　　　　C. 1.3A　　　　D. 1.9A

分析：由题目所给 u 的表达式可知电压 u 包含直流分量、基波分量、二次谐波分量，本题属于非正弦电流电路的考题。

（1）直流分量作用：C 开路 L 短路，对应电路图如图 1.4–4 所示。

$$I_{1(0)}=\frac{U_0}{100}=\frac{60}{60}\text{A}=1\text{A}$$

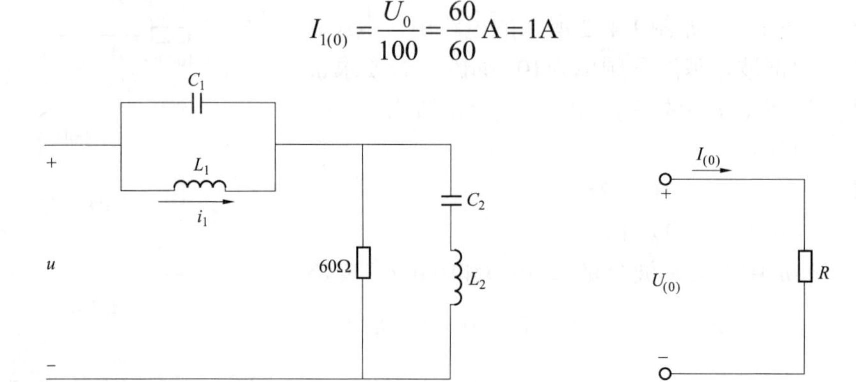

图 1.4–3　　　　图 1.4–4

（2）基波分量作用：对应电路图如图 1.4–5 所示。

$\omega L_2=100\Omega$，$\dfrac{1}{\omega C_2}=100\Omega$，所以 $\omega L_2=\dfrac{1}{\omega C_2}$，说明 L_2、C_2 串联支路发生谐振，可短路处理，简化后的电路图如图 1.4–6 所示。

$$\dot{I}_{1(1)}=\frac{\dot{U}_1}{\text{j}\omega L_1}=\frac{60\angle0^\circ}{\text{j}100}\text{A}=-\text{j}0.6\angle0^\circ\ \text{A}=0.6\angle-90^\circ\ \text{A}$$

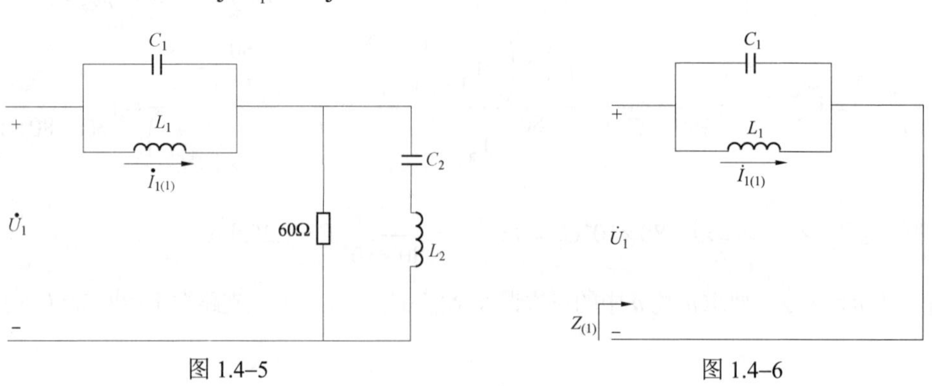

图 1.4–5　　　　图 1.4–6

（3）二次谐波作用：对应电路图如图 1.4–7 所示。

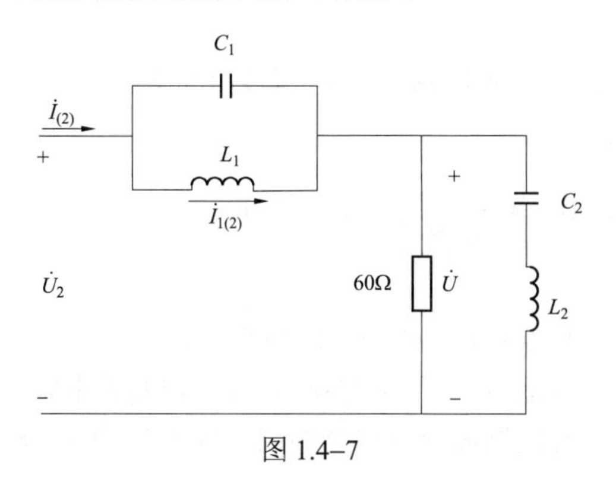

图 1.4–7

$2\omega L_1 = 200\Omega$，$\dfrac{1}{2\omega C_1} = \dfrac{1}{2} \times 400 = 200\Omega \Rightarrow L_1$、$C_1$ 并联支路发生谐振，开路处理，总电流 $\dot{I}_{(2)}$ 为零，但一定注意 L_1 支路的电流并不等于零。

因为 L_1、C_1 并联谐振 $\Rightarrow I_{(2)} = 0 \Rightarrow \dot{U} = 0$，依据 KVL，可得 $\mathrm{j}2\omega L_1 \dot{I}_{1(2)} = \dot{U}_{(2)}$，所以

$$I_{1(2)} = \frac{U_{(2)}}{2\omega L_1} = \frac{60}{2 \times 100}\mathrm{A} = 0.3\mathrm{A}$$

综上，$I_1 = \sqrt{I_{1(0)}^2 + I_{1(1)}^2 + I_{1(2)}^2} = \sqrt{1^2 + 0.6^2 + 0.3^2}\mathrm{A} = 1.204\mathrm{A}$ 。

答案：A

6.（2006） 如图 1.4–8 所示的电路中，当电压 $u(t) = 36 + 100\sin\omega t(\mathrm{V})$，电流 $i(t) = 4 + 4\sin\omega t(\mathrm{A})$ 时，其中 $\omega = 400\mathrm{rad/s}$，$R$ 为（　　）Ω 。

A. 4　　B. 9　　C. 20　　D. 250

分析：当直流分量单独作用时，电感 L 短路，电容 C 开路，等效电路如图 1.4–9 所示，$5 + R = \dfrac{36}{4} \Rightarrow R = 4\Omega$ 。

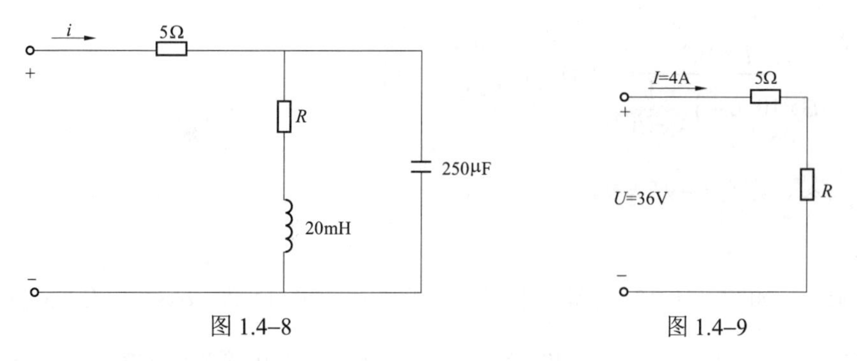

图 1.4–8　　图 1.4–9

答案：A

7.（2007） 如图 1.4–10 所示的电路中，电压 u 含有基波和三次谐波，基波角频率为 $10^4\mathrm{rad/s}$。若要求 u_1 中不含基波分量而将 u 中的三次谐波分量全部取出，则 C 应为（　　）μF 。

A. 10　　　　　　B. 30

C. 50　　　　　　D. 20

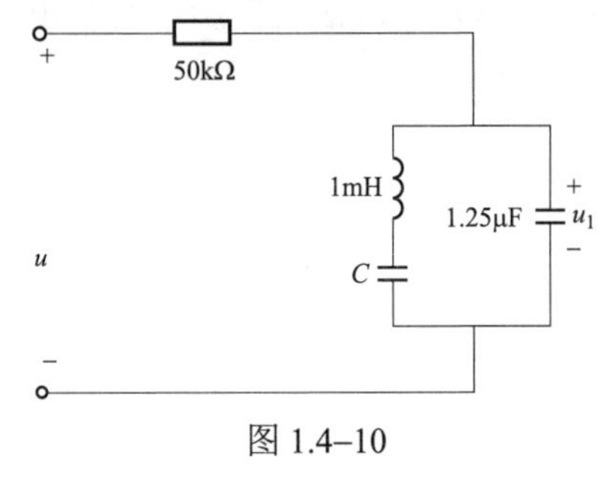

图 1.4–10

分析：u_1 中不含基波 ⇒ 1mH 电感与 C 对基波呈现短路，即发生串联谐振，所以

$$\omega L=\frac{1}{\omega C}\Rightarrow 10^4\times1\times10^{-3}=\frac{1}{10^4\times C}\Rightarrow C=10\mu\text{F}$$

答案：A

8.（2007） 如图 1.4–11 所示的电路中，输入电压 u 中含有三次和五次谐波分量，基波角频率为 1000 rad/s。若要求电阻 R 上的电压中没有三次谐波分量，R 两端电压与 u 的五次谐波分量完全相同，则 L 应为（　　）H。

A. $\dfrac{1}{9}$　　　　B. $\dfrac{1}{900}$　　　　C. 4×10^{-4}　　　　D. 1×10^{-3}

分析：为方便分析叙述，用点画线框标记 L、C 串并联电路阻抗为 Z，如图 1.4–12 所示。

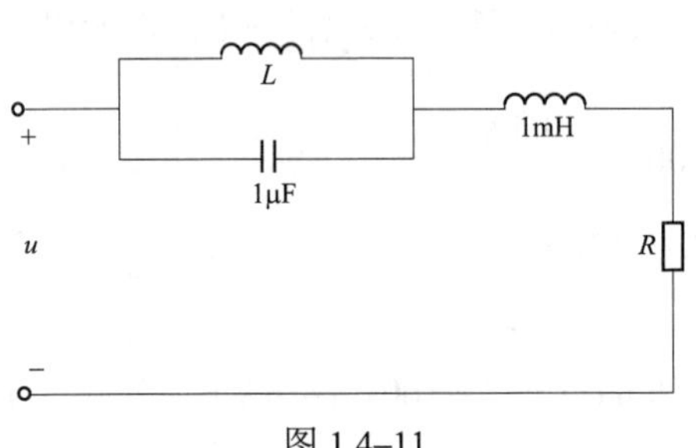

图 1.4–11

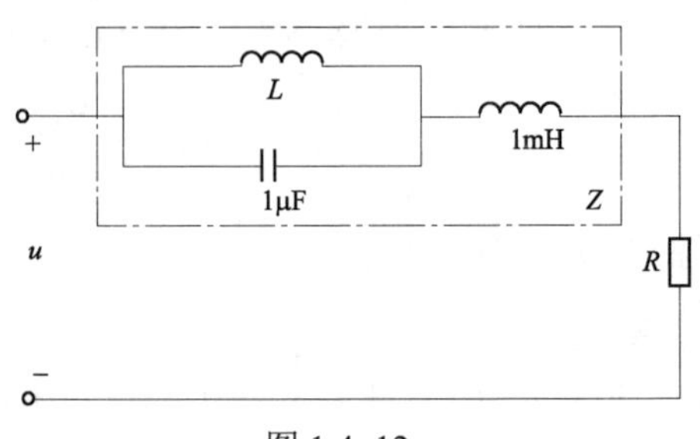

图 1.4–12

R 上的电压没有三次谐波分量 ⇒ $Z_{(3)}=\infty$，R 上的电压与 u 的五次谐波完全相同 ⇒ $Z_{(5)}=0$，所以

$$Z_{(3)}=\left[\text{j}3\omega L\,//\left(-\text{j}\frac{1}{3\omega C}\right)\right]+\text{j}3\omega\times10^{-3}=\left[\text{j}3\times10^3L\,//\left(-\text{j}\frac{1}{3\times10^3\times10^{-6}}\right)\right]+\text{j}3\omega\times10^{-3}$$

$$=\frac{L\times10^6}{\text{j}3\times10^3L-\text{j}\dfrac{1}{3\times10^{-3}}}+\text{j}3=\text{j}\left(\frac{3000L}{1-9L}+3\right)$$

$Z_{(3)}=\infty$，则有 $1-9L=0\Rightarrow L=\dfrac{1}{9}\text{H}$。

答案：A

9.（2007） 如图 1.4–13 所示的电路中，电压 $u=100\,(1+\sqrt{2}\cos\omega t+\sqrt{2}\cos2\omega t)$（V），$\omega L_1=100\,\Omega$，$\omega L_2=100\,\Omega$，$\dfrac{1}{\omega C_1}=400\Omega$，$\dfrac{1}{\omega C_2}=100\Omega$，则电流 i_1 的有效值 I_1 应为（　　）A。

A. 1.5　　　　B. 0.64　　　　C. 2.5　　　　D. 1.9

分析：本题求解：由题目所给 u 的表达式可知电压 u 包含直流分量、基波分量、二次谐波分量，本题属于非正弦电流电路的考题。此题与 2006 年考题相似，仅仅所给电压 u 的幅值参数变化了而已。

（1）直流分量作用：C 开路 L 短路，对应电路图如图 1.4–14 所示。

$$I_{1(0)}=\frac{U_0}{100}=\frac{100}{100}\text{A}=1\text{A}$$

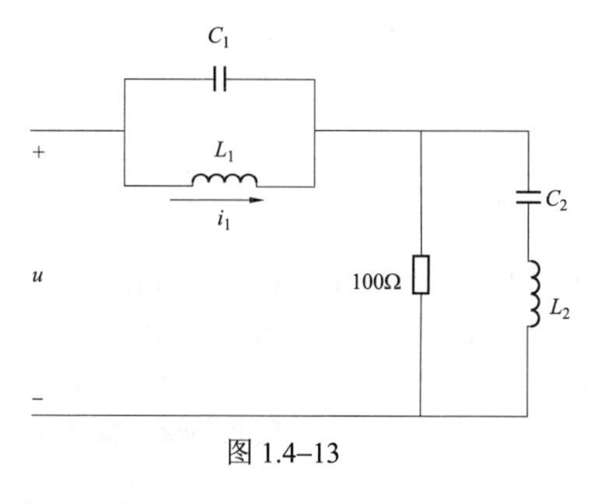

图 1.4–13

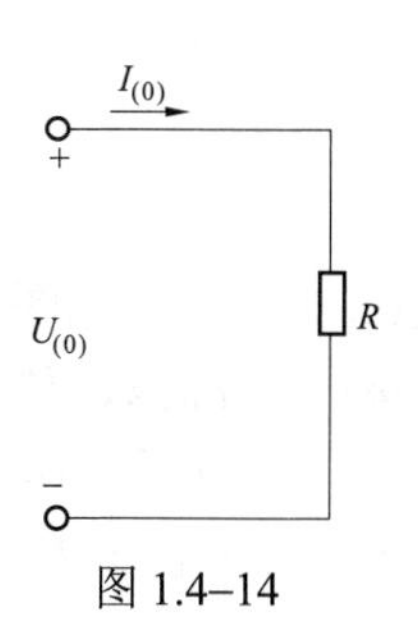

图 1.4–14

（2）基波分量作用：对应电路图如图 1.4–15 所示。

$\omega L_2=100\Omega$，$\dfrac{1}{\omega C_2}=100\Omega$，所示 $\omega L_2=\dfrac{1}{\omega C_2}$，说明 L_2、C_2 串联支路发生谐振，可短路处理,简化后的电路图如图 1.4–16 所示。

$$\dot{I}_{1(1)}=\frac{\dot{U}_1}{\text{j}\omega L_1}=\frac{100\angle 0^\circ}{\text{j}100}\text{A}=-\text{j}\angle 0^\circ\ \text{A}\ =1\angle -90^\circ\ \text{A}$$

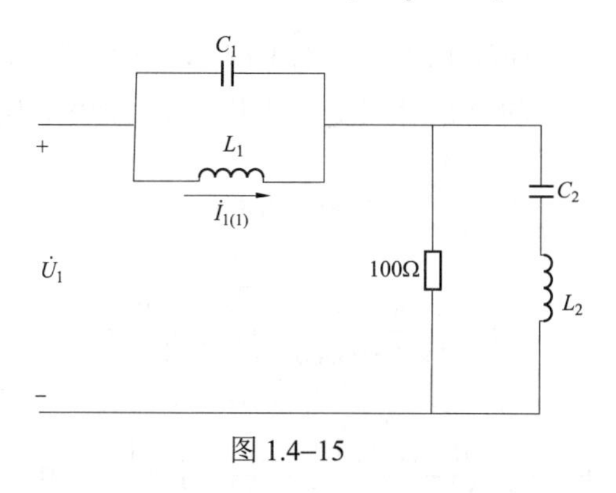

图 1.4–15

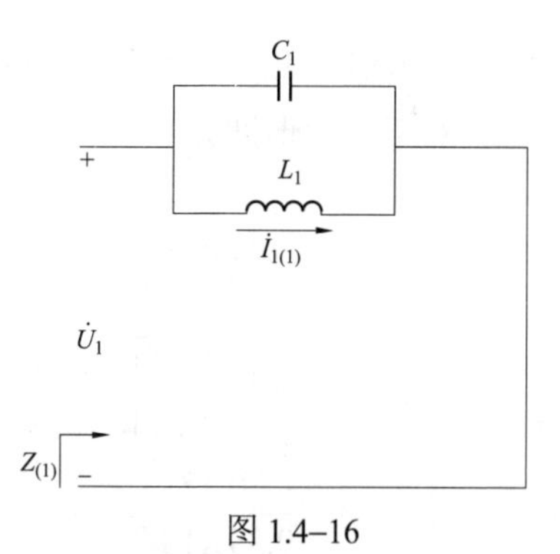

图 1.4–16

（3）二次谐波作用：对应电路图如图 1.4–17 所示。$2\omega L_1=200\Omega$，$\dfrac{1}{2\omega C_1}=\dfrac{1}{2}\times 400\Omega=200\Omega\Rightarrow L_1$、$C_1$ 并联支路发生谐振，开路处理，总电流 $\dot{I}_{(2)}$ 为零，但一定注意 L_1 支路的电流并不等于零。因为 L_1、C_1 并联谐振 $\Rightarrow I_{(2)}=0\Rightarrow \dot{U}=0$，依据 KVL，可得 $\text{j}2\omega L_1\dot{I}_{1(2)}=\dot{U}_{(2)}$，所以 $I_{1(2)}=\dfrac{U_{(2)}}{2\omega L_1}=\dfrac{100}{2\times 100}\text{A}=0.5\text{A}$。综上，$I_1=\sqrt{I_{1(0)}^2+I_{1(1)}^2+I_{1(2)}^2}=\sqrt{1^2+1^2+0.5^2}\text{A}=1.5\text{A}$。

答案：A

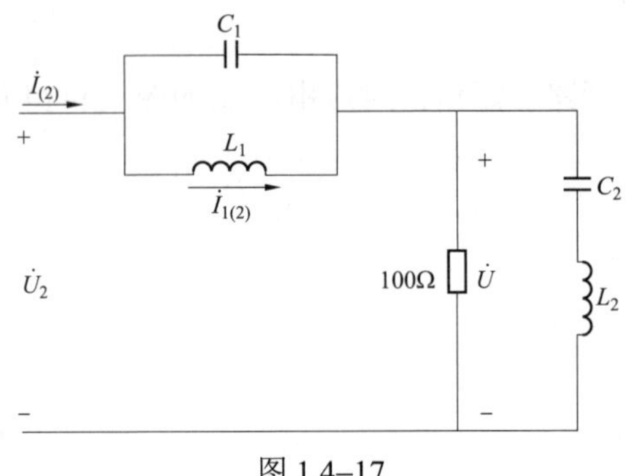

图 1.4–17

10.（2008、2011） 如图 1.4–18 所示的电路中，输入电压 $u_1=U_{1m}\sin\omega t+U_{3m}\sin 3\omega t$，如 $L=0.12\text{H}$，$\omega=314\,\text{rad/s}$，使输出电压 $u_2=U_{1m}\sin\omega t$，则 C_1 与 C_2 之值分别为（　　）。

A. 7.3μF，75μF　　B. 9.3μF，65μF　　C. 9.3μF，75μF　　D. 75μF，9.3μF

分析：为方便分析叙述，用点画线框标记 LC 串并联电路阻抗为 Z，如图 1.4–19 所示。

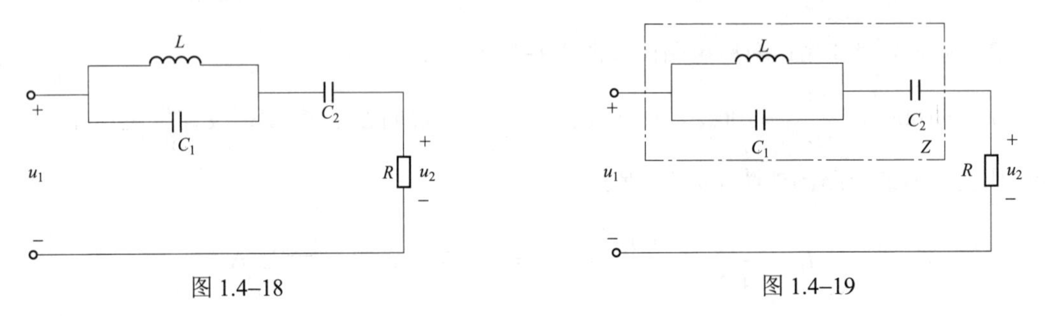

图 1.4–18　　　　　　　　　　图 1.4–19

题目要求输出电压 $u_2=U_{1m}\sin\omega t$，可见 u_2 只有基波，而没有三次谐波，这说明对于基波 $Z_{(1)}=0$，对于三次谐波 $Z_{(3)}=\infty$。由 $Z_{(3)}=\infty$，也即 L 和 C_1 的并联支路要发生并联谐振，所以

$$3\,\omega L=\frac{1}{3\omega C_1}\Rightarrow 3\times314\times0.12=\frac{1}{3\times314\times C_1}\Rightarrow C_1=9.39\mu\text{F}$$

$$Z_{(1)}=\left[\text{j}\omega L\,//\left(-\text{j}\frac{1}{\omega C_1}\right)\right]-\text{j}\frac{1}{\omega C_2}=\left[\text{j}314\times0.12\,//\left(-\text{j}\frac{1}{314\times9.39\times10^{-6}}\right)\right]-\text{j}\frac{1}{314C_2}$$

$$=\frac{\dfrac{0.12}{9.39\times10^{-6}}}{\text{j}\left(37.68-\dfrac{1}{314\times9.39\times10^{-6}}\right)}-\text{j}\frac{1}{314C_2}=\text{j}\frac{0.12\times314}{1-37.68\times314\times9.39\times10^{-6}}-\text{j}\frac{1}{314C_2}=0$$

解得 $C_2=75.13\mu\text{F}$。

答案：C

11.（2008） 三相发电机的三个绕组的相电动势为对称三相非正弦波，其中一相为 $e=300\sin\omega t+160\sin\left(3\omega t-\dfrac{\pi}{6}\right)+100\sin\left(5\omega t+\dfrac{\pi}{4}\right)+60\sin\left(7\omega t+\dfrac{\pi}{3}\right)+40\sin\left(9\omega t+\dfrac{\pi}{8}\right)(\text{V})$。如图 1.4–20 所示，如果将三相绕组接成三角形，则安培表 A 的读数为（　　）。（设每相绕组对基波的阻抗为 $Z=3\Omega+\text{j}1\,\Omega$）

A. 20.9A　　　　B. 26.9A

C. 127.3A　　　　D. 25.9A

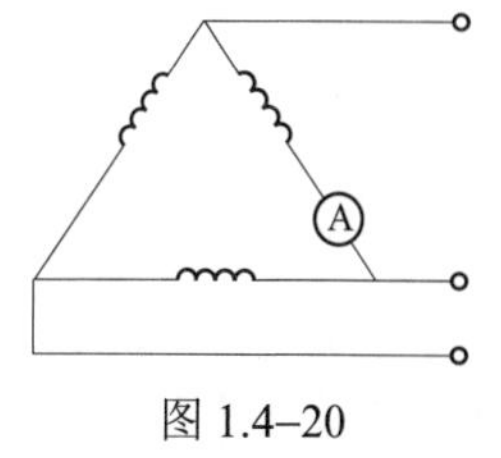

图 1.4–20

分析：由题目所给电压表达式可知，含有 1、3、5、7、9 次谐波，注意两点：一是题目已知的 Z 为△接法形成的阻抗，所以 $Z_Y=\frac{1}{3}Z_\triangle$；二是题目要求的安培表 A 的读数为相电流值，相、线之间有关系式 $I_{\triangle线}=\sqrt{3}I_{\triangle相}$。

（1）基波作用：$\dot{I}_{A(1)}=\frac{\dot{U}_{A(1)}}{Z_1}=\frac{\frac{300}{\sqrt{2}}\angle 0^\circ}{\frac{3+j1}{3}}A=\frac{150\sqrt{2}\angle 0^\circ}{1.054\angle -18.43^\circ}A=201.26\angle -18.43^\circ A$

（2）3 次谐波作用：$\dot{I}_{A(3)}=\frac{\dot{U}_{A(3)}}{Z_3}=\frac{\frac{160}{\sqrt{2}}\angle -\frac{\pi}{6}}{\frac{3+j3}{3}}A=\frac{80\sqrt{2}\angle -\frac{\pi}{6}}{\sqrt{2}\angle \frac{\pi}{4}}A=80\angle -75^\circ A$

（3）5 次谐波作用：$\dot{I}_{A(5)}=\frac{\dot{U}_{A(5)}}{Z_5}=\frac{\frac{100}{\sqrt{2}}\angle \frac{\pi}{4}}{\frac{3+j5}{3}}A=\frac{50\sqrt{2}\angle 45^\circ}{1.94\angle 59.04^\circ}A=36.45\angle -14.04^\circ A$

（4）7 次谐波作用：$\dot{I}_{A(7)}=\frac{\dot{U}_{A(7)}}{Z_7}=\frac{\frac{60}{\sqrt{2}}\angle \frac{\pi}{3}}{\frac{3+j7}{3}}A=\frac{30\sqrt{2}\angle \frac{\pi}{3}}{2.54\angle 66.8^\circ}A=16.7\angle -6.8^\circ A$

（5）9 次谐波：$\dot{I}_{A(9)}=\frac{\dot{U}_{A(9)}}{Z_9}=\frac{\frac{40}{\sqrt{2}}\angle \frac{\pi}{8}}{\frac{3+j9}{3}}A=\frac{20\sqrt{2}\angle \frac{\pi}{8}}{3.16\angle 71.57^\circ}A=8.95\angle -49.07^\circ A$。

则 $I_A=\sqrt{201.26^2+80^2+36.45^2+16.7^2+8.95^2}A=220.44A$。

上述求得的电流值 I_A 是根据 Y 联结等效电路求得的线电流，由于对于三角形联结，相电流即题图中安培表读数是线电流的 $\frac{1}{\sqrt{3}}$ 倍，故安培表的读数为 $\frac{220.44}{\sqrt{3}}A=127.27A$。

答案：C

12.（2009、2010） 如图 1.4–21 所示的电路中，若 $u_s(t)=10+15\sqrt{2}\cos(1000t+45^\circ)+20\sqrt{2}\cos(2000t-20^\circ)(V)$，$u(t)=15\sqrt{2}\cos(1000t+45^\circ)(V)$，$R=10\Omega$，$L_1=1mH$，$L_2=\frac{2}{3}mH$，则 C_1、C_2 应为（　　）。

A. 75μF，150μF　　　　B. 200μF，150μF

C. 250μF，200μF　　　　D. 250μF，500μF

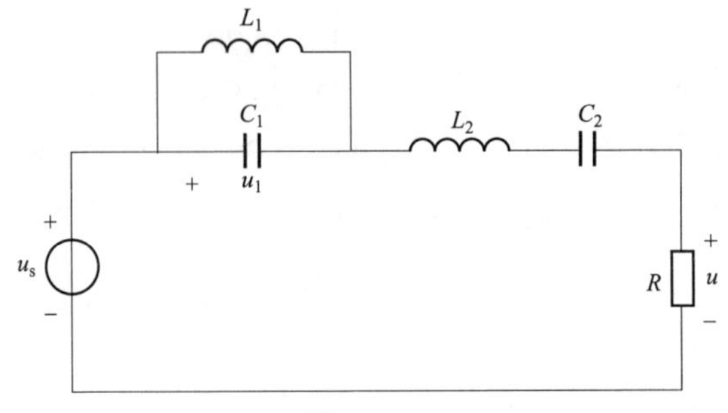

图 1.4–21

分析：一样的题目，2009 年要求 C_1 的值，2010 年要求 C_2 的值。由题知 $u(t)$ 上只有基波分量，这说明 L_1C_1 并联支路对二次谐波分量发生谐振，$Z_{(2)}=\infty$。

所以 $2000L_1=\dfrac{1}{2000C_1}\Rightarrow 2000\times10^{-3}=\dfrac{1}{2000C_1}\Rightarrow C_1=250\mu\text{F}$。对基波分量 $u(t)=u_s(t)$，这说明基波分量作用时，L_1、C_1、L_2、C_2 组成的电路 $Z=0$。

$$Z=\text{j}\omega L_1//\left(-\text{j}\frac{1}{\omega C_1}\right)+\text{j}\omega L_2-\text{j}\frac{1}{\omega C_2}=\frac{\dfrac{L_1}{C_1}}{\text{j}\left(\omega L_1-\dfrac{1}{\omega C_1}\right)}+\text{j}\omega L_2-\text{j}\frac{1}{\omega C_2}$$

$$=\frac{\text{j}\dfrac{10^{-3}}{2.5\times10^{-4}}}{\left(\dfrac{1}{1000\times2.5\times10^{-4}}-1000\times10^{-3}\right)}+\text{j}\frac{2}{3}-\text{j}\frac{1}{1000C_2}=\text{j}\frac{1}{0.75}+\text{j}\frac{2}{3}-\text{j}\frac{1}{1000C_2}=0$$

得到 $C_2=500\mu\text{F}$。

答案：D

13.（供 2011、发 2016） 如图 1.4–22 所示电路中，$R=10\Omega$，$L=0.05\text{H}$，$C=50\mu\text{F}$，电源电压为 $u(t)=20+90\sin\omega t+30\sin(3\omega t+45^\circ)(\text{V})$，电源的基波角频率 $\omega=314\text{rad/s}$。电路中的电流 $i(t)$ 为（　　）A。

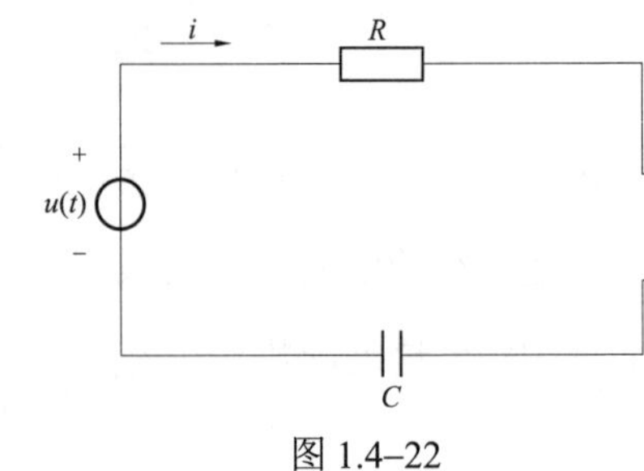

图 1.4–22

A. $1.3\sqrt{2}\sin(\omega t+78.2^\circ)-0.77\sqrt{2}\sin(3\omega t-23.9^\circ)$

B. $1.3\sqrt{2}\sin(\omega t+78.2^\circ)+0.77\sqrt{2}\sin(3\omega t-23.9^\circ)$

C. $1.3\sqrt{2}\sin(\omega t-78.2^\circ)-0.77\sqrt{2}\sin(3\omega t-23.9^\circ)$

D. $1.3\sqrt{2}\sin(\omega t+78.2^\circ)+0.77\sqrt{2}\sin(3\omega t+23.9^\circ)$

分析：（1）直流分量作用：$U_0(t)=20\text{V}$ 时，电容 C 相当于开路，故 $I_0(t)=0\text{A}$。

（2）基波分量作用：$R=10\Omega$，$\omega L=314\times0.05\Omega=15.7\Omega$，$\dfrac{1}{\omega \text{C}}=\dfrac{1}{314\times50\times10^{-6}}\Omega=63.69\Omega$，

$u_1(t)=90\sin\omega t\Rightarrow\dot{U}_1=90\angle0^\circ\text{V}$，$\dot{I}_1=\dfrac{\dot{U}_1}{Z_1}=\dfrac{90\angle0^\circ}{R+\text{j}\omega L-\text{j}\dfrac{1}{\omega C}}=\dfrac{90\angle0^\circ}{10+\text{j}15.7-\text{j}63.69}\text{A}=\dfrac{90\angle0^\circ}{10-\text{j}47.99}\text{A}=$

$\dfrac{90\angle 0^\circ}{49.02\angle -78.23^\circ}\text{A} = 1.836\angle -78.23^\circ\text{A}$ 转换成瞬时值形式为 $i_1(t) = 1.836\sin(\omega t + 78.23^\circ) = 1.3\sqrt{2}\sin(\omega t + 78.23^\circ)(\text{A})$。

（3）三次谐波分量作用：$R = 10\Omega, 3\omega L = 3\times 314\times 0.05\Omega = 47.1\Omega$，$\dfrac{1}{3\omega C} = \dfrac{1}{3\times 314\times 50\times 10^{-6}}\Omega = 21.23\Omega$， $u_3(t) = 30\sin(3\omega t + 45^\circ) \Rightarrow \dot{U}_3 = 30\angle 45^\circ\text{V}$， $\dot{I}_3 = \dfrac{\dot{U}_3}{Z_3} = \dfrac{30\angle 45^\circ}{R + \text{j}3\omega L - \text{j}\dfrac{1}{3\omega C}} = \dfrac{30\angle 45^\circ}{10 + \text{j}47.1 - \text{j}21.23}\text{A} = \dfrac{30\angle 45^\circ}{10 + \text{j}25.87}\text{A} = \dfrac{30\angle 45^\circ}{27.735\angle 68.87^\circ}\text{A} = 1.082\angle -23.87^\circ\text{A}$。转换成瞬时值形式为 $i_3(t) = 1.082\sin(3\omega t - 23.87^\circ) = 0.765\sqrt{2}\sin(3\omega t - 23.87^\circ)(\text{A})$。

综上，故电路中的电流 $i = I_0(t) + i_1(t) + i_3(t) = 1.3\sqrt{2}\sin(\omega t + 78.23^\circ) + 0.765\sqrt{2}\sin(3\omega t - 23.87^\circ)(\text{A})$。

答案：B

类似题 2020 年再次出现，仅只是把参数略做改变。

14.（2012） 如图 1.4–23 所示的电路中，若电压 $u(t) = 100\sqrt{2}\sin(10\,000t) + 30\sqrt{2}\sin(30\,000t)(\text{V})$，则 $u_1(t)$ 为（　　）V。

A. $30\sqrt{2}\sin(30\,000t)$　　B. $100\sqrt{2}\sin(10\,000t)$

C. $30\sqrt{2}\sin(30t)$　　D. $100\sqrt{2}\sin(10t)$

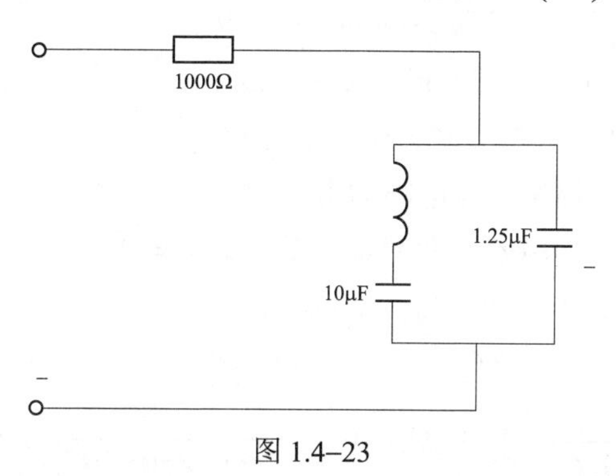

图 1.4–23

分析：根据电压 $u(t) = 100\sqrt{2}\sin(10\,000t) + 30\sqrt{2}\sin(30\,000t)(\text{V})$ 可知含有基波和三次谐波分量。

（1）基波单独作用时：1mH 电感对应的感抗为 $\omega L = 10^4\times 10^{-3}\Omega = 10\Omega$，10μF 电容对应的容抗为 $\dfrac{1}{\omega C} = \dfrac{1}{10^4\times 10\times 10^{-6}}\Omega = 10\Omega$，$\omega L = \dfrac{1}{\omega C} \Rightarrow$ 发生串联谐振 $\Rightarrow$ 相当于短路 $\Rightarrow u_{1(1)}(t) = 0\text{V}$。

（2）三次谐波单独作用时：$3\omega L = 3\times 10^4\times 10^{-3}\Omega = 30\Omega$，$\dfrac{1}{3\omega C} = \dfrac{1}{3\times 10^4\times 10\times 10^{-6}}\Omega = \dfrac{10}{3}\Omega$，$\dfrac{1}{3\times 10^4\times 1.25\times 10^{-6}}\Omega = \dfrac{80}{3}\Omega$，对应的等效电路如图 1.4–24 所示。

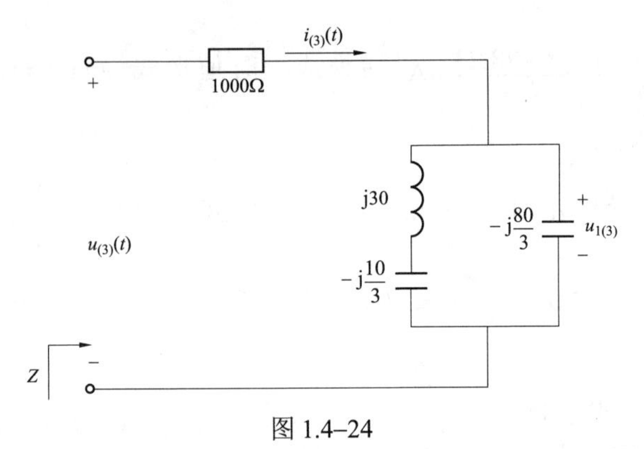

图 1.4–24

$Z=1000+\left(\mathrm{j}30-\mathrm{j}\frac{10}{3}\right)//\left(-\mathrm{j}\frac{80}{3}\right)=1000+\mathrm{j}\frac{80}{3}//\left(-\mathrm{j}\frac{80}{3}\right)=1000+\frac{\frac{80}{3}\times\frac{80}{3}}{0}=\infty$，可见 L、C 并联支路发生了谐振，所示$i_{(3)}=0$ A，故 $u_{1(3)}(t)=u_{(3)}(t)=30\sqrt{2}\sin(30\,000t)$ (V)。

综上，故 $u_1(t)=u_{1(0)}(t)+u_{1(3)}(t)=30\sqrt{2}\sin(30\,000t)$ (V)。

答案：A

15.（2016、2020） R、L、C 串联电路中，已知 $R=10\Omega$，$L=0.05\mathrm{H}$，$C=50\mu\mathrm{F}$，电源电压为 $u(t)=20+90\sin(314t)+30\sin(942t+45^\circ)\mathrm{V}$。该电路中的电流 $i(t)$ 为（　　）A。

A. $1.32\sin(314t-78.2^\circ)+0.77\sqrt{2}\sin(942t-23.9^\circ)$

B. $1.3\sqrt{2}\sin(314t+78.2^\circ)+0.77\sqrt{2}\sin(942t-23.9^\circ)$

C. $1.32\sin(314t+78.2^\circ)+0.77\sqrt{2}\sin(942t+23.9^\circ)$

D. $1.3\sqrt{2}\sin(314t-78.2^\circ)+0.77\sqrt{2}\sin(942t+23.9^\circ)$

分析：本题属于非正弦周期电流电路的考点。

（1）直流分量作用，因为电容 C 隔直流，故此时 $I_0=0$。

（2）基波分量作用：设 $\dot{U}_1=\frac{90}{\sqrt{2}}\angle 0^\circ$ V，则

$$Z_1=R+\mathrm{j}\omega L-\mathrm{j}\frac{1}{\omega C}=\left(10+\mathrm{j}314\times0.05-\mathrm{j}\frac{1}{314\times50\times10^{-6}}\right)\Omega=(10-\mathrm{j}48)\Omega,$$

$$\dot{I}_1=\frac{\dot{U}_1}{Z_1}=\frac{\frac{90}{\sqrt{2}}\angle 0^\circ}{10-\mathrm{j}48}\mathrm{A}=\frac{\frac{90}{\sqrt{2}}\angle 0^\circ}{49.03\angle -78.23^\circ}\mathrm{A}=1.3\angle 78.23^\circ\mathrm{A}$$

（3）三次谐波分量作用：设 $\dot{U}_3=\frac{30}{\sqrt{2}}\angle 45^\circ$ V，则

$$Z_3=R+\mathrm{j}3\omega L-\mathrm{j}\frac{1}{3\omega C}=\left(10+\mathrm{j}3\times314\times0.05-\mathrm{j}\frac{1}{3\times314\times50\times10^{-6}}\right)\Omega=(10+\mathrm{j}25.87)\Omega,$$

$$\dot{I}_3=\frac{\dot{U}_3}{Z_3}=\frac{\frac{30}{\sqrt{2}}\angle 45^\circ}{10+\mathrm{j}25.87}\mathrm{A}=\frac{\frac{30}{\sqrt{2}}\angle 45^\circ}{27.74\angle 68.9^\circ}\mathrm{A}=0.765\angle -23.9^\circ\mathrm{A}$$

所以，该电路中的电流 $i(t)$ 为：$i(t)=1.3\sqrt{2}\sin(314t+78.2^\circ)+0.77\sqrt{2}\sin(942t-23.9^\circ)$ (A)

答案：B

16.（2021） 电路如图 1.4–25 所示，已知 $i_s=10+5\cos 10t(\text{A})$，$R=1\Omega$，$L=0.1\text{H}$，则电压 $u_{ab}(t)$ 为（　　）。

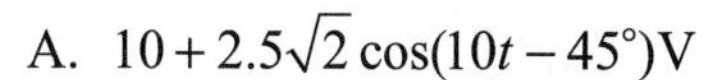

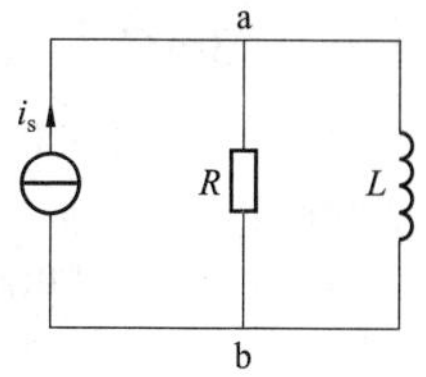

A. $10+2.5\sqrt{2}\cos(10t-45^\circ)\text{V}$

B. $10+2.5\sqrt{2}\cos(10t+45^\circ)\text{V}$

C. $2.5\sqrt{2}\cos(10t-45^\circ)\text{V}$

D. $2.5\sqrt{2}\cos(10t+45^\circ)\text{V}$

图 1.4–25

分析：（1）仅直流分量作用时：L 相当于短路，故 $u_{ab(1)}(t)=0\text{V}$。

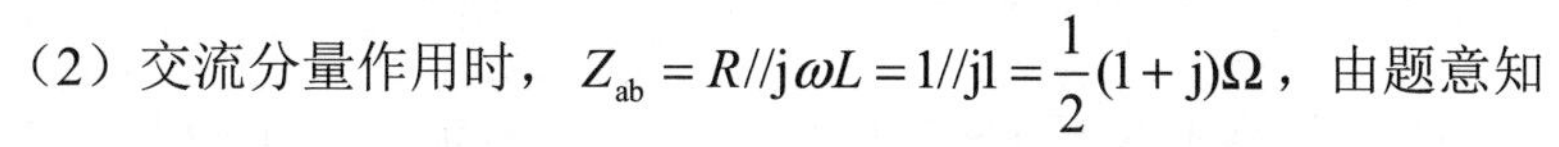

（2）交流分量作用时，$Z_{ab}=R//\text{j}\omega L=1//\text{j}1=\dfrac{1}{2}(1+\text{j})\Omega$，由题意知

$$\dot{I}_{s(2)}=5\angle 0^\circ\ \text{A}$$

$$\dot{U}_{ab(2)}=Z_{ab}\dot{I}_{s(2)}=\frac{1}{2}(1+\text{j})\times 5\angle 0^\circ\ \text{V}=2.5\sqrt{2}\angle 45^\circ\ \text{V}$$

$$u_{ab(2)}(t)=2.5\sqrt{2}\cos(10t+45^\circ)\text{V}$$

综上，$u_{ab}(t)=u_{ab(1)}(t)+u_{ab(2)}(t)=2.5\sqrt{2}\cos(10t+45^\circ)\text{V}$。

答案：D

1.4.4 【发输变电专业基础】历年真题详解

【1. 了解非正弦周期量的傅里叶级数分解方法】

历年无考题。

【2. 掌握非正弦周期量的有效值、平均值和平均功率的定义和计算方法】

1.（2009） 图 1.4–26 所示电路中非正弦周期电路，若 $U_s(t)=100+50\sqrt{2}\cos(1000t+45^\circ)+50\sqrt{2}\times\cos(3000t-20^\circ)$ (V)，$R=10\Omega$，$L_1=1\text{H}$，$C_1=1\mu\text{F}$，$C_2=125\text{nF}$，则电阻 R 吸收的平均功率 P 为（　　）。

A. 200W　　B. 250W

C. 150W　　D. 300W

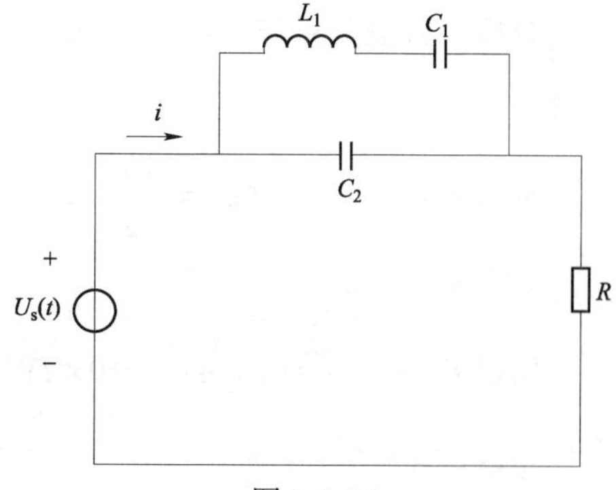

图 1.4–26

分析：本题属于非正弦周期电流电路的考点。

（1）直流分量作用：因为电容 C_1、C_2 隔直，故此时 $I_0=0$，所以 $P=U_0I_0=(100\times 0)\text{W}=0\text{W}$。

（2）基波分量作用：设 $\dot{U}_1=50\angle 45^\circ\text{V}$，$L_1$、$C_1$、$C_2$ 并联部分的阻抗为：

$$Z_{\text{并}1}=\left(\text{j}\omega L_1-\text{j}\frac{1}{\omega C_1}\right)//\left(-\text{j}\frac{1}{\omega C_2}\right)=\left(\text{j}1000-\text{j}\frac{1}{1000\times 10^{-6}}\right)\Omega//\left(-\text{j}\frac{1}{1000\times 125\times 10^{-9}}\right)\Omega=0\Omega,$$

$\dot{I}_1=\dfrac{\dot{U}_1}{Z_{\text{并}1}+R}=\dfrac{50\angle 45^\circ}{0+10}\text{A}=5\angle 45^\circ\text{A}$，所以 $P_1=U_1I_1\cos\varphi_1=(50\times 5\times\cos 0^\circ)\text{W}=250\text{W}$。

（3）三次谐波分量作用：设 $\dot{U}_3 = 50\angle{-20^\circ}$ V，L_1、C_1、C_2 并联部分的阻抗为 $Z_{并3} = \left(\mathrm{j}3\omega L_1 - \mathrm{j}\dfrac{1}{3\omega C_1}\right) // \left(-\mathrm{j}\dfrac{1}{3\omega C_2}\right) = \left(\mathrm{j}3000 - \mathrm{j}\dfrac{1}{3000\times10^{-6}}\right)\Omega // \left(-\mathrm{j}\dfrac{1}{3000\times125\times10^{-9}}\right)\Omega = \mathrm{j}\dfrac{8000}{3}\Omega // \left(-\mathrm{j}\dfrac{8000}{3}\right)\Omega = \dfrac{\mathrm{j}\dfrac{8000}{3}\times\left(-\mathrm{j}\dfrac{8000}{3}\right)}{\mathrm{j}\dfrac{8000}{3} - \mathrm{j}\dfrac{8000}{3}}\Omega = \infty\ \Omega$。

$\dot{I}_1 = \dfrac{\dot{U}_3}{Z_{并3} + R} = \dfrac{50\angle{-20^\circ}}{\infty}\mathrm{A} = 0\mathrm{A}$，所以 $P_3 = U_3 I_3 \cos\varphi_3 = 0\mathrm{W}$。

综上，电阻 R 吸收的平均功率 P 为 $P_{总} = P_0 + P_1 + P_3 = 0\mathrm{W} + 250\mathrm{W} + 0\mathrm{W} = 250\mathrm{W}$。

答案：B

2.（2014） 已知某一端口网络的电压 $u = 311\sin 314t\,(\mathrm{V})$，若流入的电流为 $i = 0.8\times\sin(314t - 85^\circ) + 0.25\sin(942t - 105^\circ)\,(\mathrm{A})$。该网络吸收的平均功率为（　　）。

A. 5.42W　　B. 10.84W　　C. 6.87W　　D. 9.88W

分析：$P = \dfrac{311}{\sqrt{2}}\times\dfrac{0.8}{\sqrt{2}}\cos[0^\circ - (-85^\circ)]\mathrm{W} = 10.842\mathrm{W} \approx 10.84\mathrm{W}$。

答案：B

3.（2019）电路如图 1.4–27 所示，$u = (10 + 20\cos\omega t)\mathrm{V}$，$R_\mathrm{L} = \omega L = 5\Omega$，则电路的功率为（　　）。

A. 20W　　B. 40W

C. 80W　　D. 10W

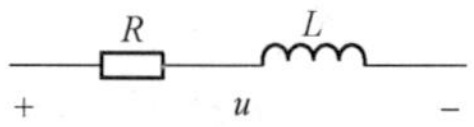

图 1.4–27

分析：直流分量作用：$U_0 = 10\mathrm{V}$，电感 L 短路，$I_0 = \dfrac{U_0}{R} = \dfrac{10}{5}\mathrm{A} = 2\mathrm{A}$。

基波分量作用：设 $\dot{U}_1 = \dfrac{20}{\sqrt{2}}\angle{0^\circ}\mathrm{V}$，$Z_1 = R + \mathrm{j}\omega L = (5 + \mathrm{j}5)\Omega$，则 $\dot{I}_1 = \dfrac{\dot{U}_1}{Z_1} = \dfrac{\dfrac{20}{\sqrt{2}}\angle{0^\circ}}{5 + \mathrm{j}5}\mathrm{A} = 2\angle{-45^\circ}\mathrm{A}$。

所以 $P = U_0 I_0 + U_1 I_1 \cos\varphi_1 = 10\times2\mathrm{W} + \dfrac{20}{\sqrt{2}}\times2\times\cos45^\circ\,\mathrm{W} = 40\mathrm{W}$。

答案：B

【3. 掌握非正弦周期电路的分析方法】

4.（2008） 电路如图 1.4–28 所示，电压 u 含有基波和三次谐波，基波的角频率为 $10^4\mathrm{rad/s}$，若要求 u_1 不含有基波分量而将 u 中的三次谐波分量全部取出，则电感 L 应为（　　）。

A. 2.5mH　　B. 5mH

C. 2mH　　D. 1mH

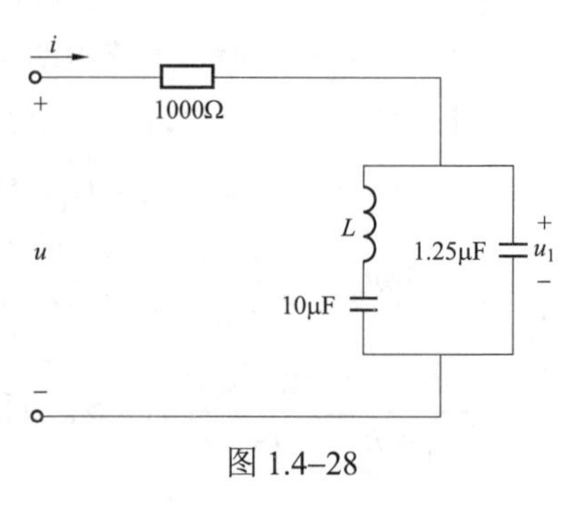

图 1.4–28

分析：此题与 2005 年、2013 年真题相似，仅仅已知量和待求量变化了而已，2005 年、2013 年真题是已知电感值要求电容，此处是已知电容值要求电感。

（1）u_1 中不含基波分量 $\Rightarrow$ L 和 $10\mu F$ 的 LC 支路对基波发生串联谐振 $Z_{LC}=0$，现在 $\omega L=10^4\times L=10^4 L$，$\dfrac{1}{\omega C}=\dfrac{1}{10^4\times 10\times 10^{-6}}\Omega=10\Omega$，$Z_{LC}=0\Rightarrow\ \omega L=\dfrac{1}{\omega C}\ \Rightarrow\ 10^4 L=10\ \Rightarrow$ $L=1\text{mH}$。

故选项 D 正确。

（2）u_1 将 u 中的三次谐波分量全部取出 $\Rightarrow$ 并联支路对三次谐波发生并联谐振 $\Rightarrow Z\to\infty\Rightarrow$ $i=0\Rightarrow u_1=u\Rightarrow$ u_1 将 u 中的将三次谐波分量全部取出。当三次谐波作用于电路时，并联支路的阻抗为

$$Z=\left(\text{j}3\omega L-\text{j}\frac{1}{3\omega C}\right)//\left(-\text{j}\frac{1}{3\omega C_1}\right)=\left(\text{j}30-\text{j}\frac{10}{3}\right)\Omega//\left(-\text{j}\frac{1}{3\times 10^4\times 1.25\times 10^{-6}}\right)\Omega$$
$$=\text{j}\frac{80}{3}\Omega//\left(-\text{j}\frac{1}{3.75\times 10^{-2}}\right)\Omega=\text{j}\frac{80}{3}\Omega//\left(-\text{j}\frac{80}{3}\right)\Omega=\infty\Omega$$

显然参数已经满足了要求。

答案：D

5.（2013） 图 1.4–29 所示电路中电压 u 含有基波和三次谐波，基波角频率为 10^4rad/s，若要求 u_1 中不含有基波分量而将 u 中三次谐波分量全部取出，则电感 L 和电容 C 为下列哪项数值？（　　）

A. 1mH，2 μF　　B. 1mH，1.25 μF

C. 2mH，2.5 μF　　D. 1mH，2.5 μF

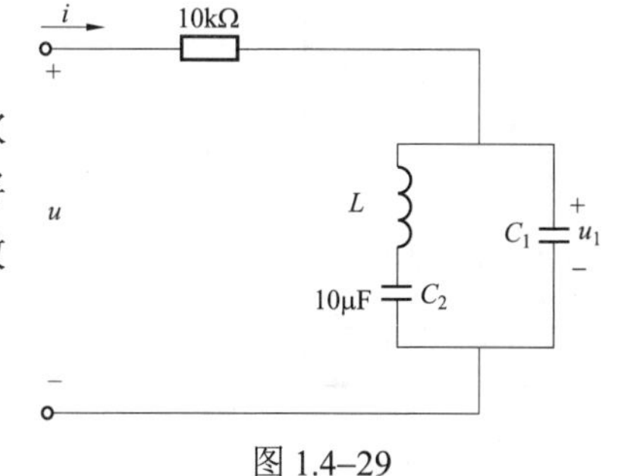

图 1.4–29

分析：此题与 2005 年供配电专业基础考题相似。

（1）要求 u_1 中不含基波分量，则 L、C_2 发生串联谐振，从而有 $\omega L=\dfrac{1}{\omega C_2}\Rightarrow L=\dfrac{1}{\omega^2 C_2}=$ $\dfrac{1}{10^8\times 10\times 10^{-6}}\text{H}=1\text{mH}$。

（2）u_1 要将三次谐波全部取出，则发生并联谐振。并联部分的阻抗为（注意阻抗需按三次谐波进行计算）

$$Z=\left(\text{j}3\omega L-\text{j}\frac{1}{3\omega C_2}\right)//\left(-\text{j}\frac{1}{3\omega C_1}\right)=\frac{\left(\text{j}3\omega L-\text{j}\frac{1}{3\omega C_2}\right)\left(-\text{j}\frac{1}{3\omega C_1}\right)}{\text{j}3\omega L-\text{j}\frac{1}{3\omega C_2}-\text{j}\frac{1}{3\omega C_1}}=\frac{\frac{L}{C_1}-\frac{1}{9\omega^2 C_1 C_2}}{\text{j}\left(30-\frac{10}{3}-\frac{1}{3\omega C_1}\right)}$$
$$=\text{j}\frac{\frac{1}{9\omega^2 C_1 C_2}-\frac{L}{C_1}}{\frac{80}{3}-\frac{1}{3\omega C_1}}=\text{j}\frac{\frac{1}{9000C_1}-\frac{10^{-3}}{C_1}}{\frac{80}{3}-\frac{1}{30\,000C_1}}\xlongequal{\text{上下同乘以}90\,000C_1}\text{j}\frac{10-90}{24\times 10^5 C_1-3}$$

发生并联谐振，则 $Z\to\infty$，所以，有 $24\times 10^5 C_1-3=0\Rightarrow C_1=\dfrac{3}{24\times 10^5}\text{F}=\dfrac{10^{-5}}{8}\text{F}=\dfrac{10^{-6}}{0.8}\text{F}=$

1.25μF。

答案：B

1.5 简单动态电路的时域分析

1.5.1 考试大纲要求及历年真题统计分析（供配电、发输变电）

历年真题按照考试大纲考点归类总结见表 1.5–1 和表 1.5–2（说明：1、2、3、4 道题分别对应 1、2、3、4 颗★，≥5 道题对应 5 颗★）。

表 1.5–1　　供配电专业基础考试大纲及历年真题统计表

1.5 简单动态电路的时域分析 考试大纲	2005	2006	2007	2008	2009	2010	2011	2012	2013	2014	2016	2017	2018	2019	2020	2021	汇总统计
1. 掌握换路定则并能确定电压、电流的初始值★★★★★	1	1	2				2	1	2			1	1	1	1	2	15★★★★★
2. 熟练掌握一阶电路分析的基本方法★★★★★	1	1	1	1	2	2	2	3	2	2	2	1	1	1	2	1	25★★★★★
3. 了解二阶电路分析的基本方法★★★★★		1	2	1	2	1	1	1						1			10★★★★★
汇总统计	2	3	5	2	4	3	5	5	4	2	2	2	2	3	3	3	50

表 1.5–2　　发输变电专业基础考试大纲及历年真题统计表

1.5 简单动态电路的时域分析 考试大纲	2005（同供配电）	2006（同供配电）	2007（同供配电）	2008	2009	2010	2011	2012	2013	2014	2016	2017	2018	2019	2020	2021	汇总统计
1. 掌握换路定则并能确定电压、电流的初始值★★★★★	1	1	2	1			2							1			8★★★★★
2. 熟练掌握一阶电路分析的基本方法★★★★★	1	1	1	1	1	1	1	4	2	1	2	2	1	1	2	2	24★★★★★
3. 了解二阶电路分析的基本方法★★★★★		1	2			1			1	1			1	1		1	9★★★★★
汇总统计	2	3	5	2	1	2	3	4	3	2	2	2	2	3	2	3	41

对比以上供配电专业基础和发输变电专业基础历年真题统计表，可看到：尽管两个专业方向不同，但专业基础考试的两个方向的侧重点几乎相同，见表 1.5–3。

表 1.5–3　　专业基础供配电、发输变电两个专业方向侧重点比较

1.5　简单动态电路的时域分析	历年真题汇总统计	
考试大纲（取供配电、发输变电两个方向中多的★值标注）	供配电	发输变电
1. 掌握换路定则并能确定电压、电流的初始值★★★★★	15★★★★★	8★★★★★
2. 熟练掌握一阶电路分析的基本方法★★★★★	25★★★★★	24★★★★★
3. 了解二阶电路分析的基本方法★★★★★	10★★★★★	9★★★★★
汇总统计	50	41

1.5.2　重要知识点复习

结合前面 1.5.1 节的历年真题统计分析（供配电、发输变电）结果，对“1.5 简单动态电路的时域分析”部分的 1、2、3 大纲点深入总结。

1. 掌握换路定则并能确定电压、电流的初始值

考点一：一般情况下初始值的计算方法

含有动态（储能）元件的电路称为动态电路。

由任何原因引起的电路结构与电路元件参数的改变，统称为换路。在分析动态电路时，通常将换路时刻取为 t=0，换路前的最后瞬间记为$t=0_-$，换路后的初始瞬间记为$t=0_+$。

“换路定则”总结如下：

（1）电容：当流过电容 C 中的电流$i_C(t)$为有限值时，则在换路瞬间，电容 C 两端的电压 $u_C(t)$ 不会突变，即有$u_C(0_+)=u_C(0_-)$。

（2）电感：当加在电感 L 两端的电压$u_L(t)$为有限值时，则在换路瞬间，电感 L 中的电流 $i_L(t)$ 不会突变，即有$i_L(0_+)=i_L(0_-)$。

初始值的确定：

（1）独立初始值：$u_C(0_+)$、$i_L(0_+)$可以利用换路定律由$t=0_-$时刻的值得到。

（2）非独立初始值：除$u_C(0_+)$、$i_L(0_+)$以外的其他所有初始值为非独立初始值，其值一般依据“0_+等效电路”得到。“0_+等效电路”的绘制注意以下三点：① 开关已经动作；② 电容用电压源代替，其电压值为$u_C(0_+)$，电感用电流源代替，其电流值为$i_L(0_+)$；③ 独立电源取其$t=0_+$时刻的值。

考点二：特殊情况下初始值的计算方法

电容电压发生强迫跃变的电路。

若换路后的电路中有纯电容或仅由电容及电压源构成的闭合回路时，换路瞬间电容电压可能发生强迫跃变，跃变与否可由 KVL 判断。如图 1.5–1（a）所示电路，由C_1、C_2、C_3所构成的纯电容回路，图 1.5–1（b）中由C_1、C_2、$U_m\varepsilon(t)$所构成的闭合回路。

此考点在历年考题中多次出现，对于电容电压发生强迫跃变的电路，不能再利用换路定律，所以需要引起特别注意。

2. 熟练掌握一阶电路分析的基本方法

本大纲点最重要的就是要熟练掌握“三要素法”。

能用一阶线性常微分方程来描述的电路称为一阶（线性）电路。一阶电路的全响应$f(t)$可用三要素法求解。

如一阶电路在直流激励下，三要素法的公式为

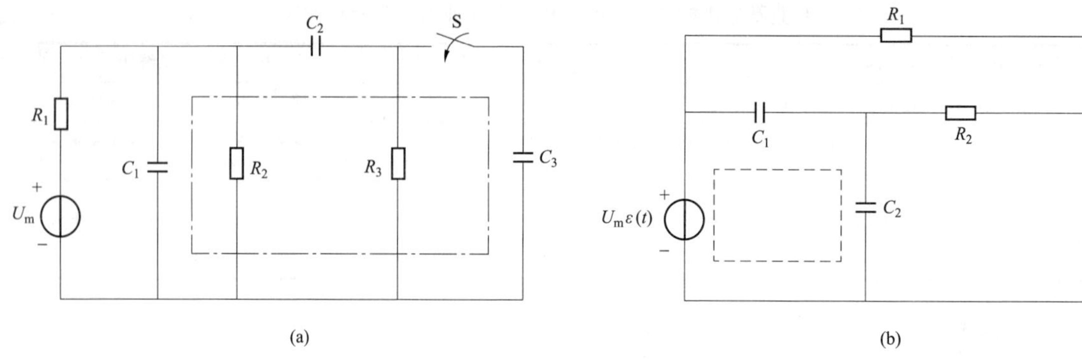

图 1.5–1　电容电压发生强迫跃变的电路

$$f(t)=f(\infty)+[f(0_+)-f(\infty)]e^{-\frac{t}{\tau}}$$

此式表明，只要求得 $f(0_+)$、$f(\infty)$、τ 这三个要素，就可以直接写出直流激励下的一阶电路的全响应，这种方法称为三要素法。

$f(\infty)$ 可以由换路后的稳态电路求出；$f(0_+)$ 可以由 $t=0_+$ 时刻的等效电路求得；τ 为时间常数，对 RC 电路，其时间常数为 $\tau=R_{eq}C$，对 RL 电路，其时间常数为 $\tau=\dfrac{L}{R_{eq}}$，式中 R_{eq} 为从储能元件两端看进去的电阻网络的等效电阻。

若一阶电路在正弦激励下，则三要素法的公式为

$$f(t)=f_\infty(t)+[f(0_+)-f_\infty(0_+)]e^{-\frac{t}{\tau}}$$

上式中，$f_\infty(0_+)$ 是 $t=0_+$ 时稳态响应的初始值。

注意：以上三要素法的公式只适用于一阶电路，只要是求解一阶电路的响应，均可以用三要素法，例如一阶电路的零输入响应和零状态响应均可用三要素法。

3. 了解二阶电路分析的基本方法

R、L、C 串联的二阶电路的零输入响应分析，记住以下结论：① 当 $R>2\sqrt{\dfrac{L}{C}}$ 时，属于非振荡放电，过阻尼状态；② 当 $R<2\sqrt{\dfrac{L}{C}}$ 时，属于振荡放电，欠阻尼状态；③ 当 $R=2\sqrt{\dfrac{L}{C}}$ 时，属于临界情况，仍属于非振荡性质。

1.5.3 【供配电专业基础】历年真题详解

【1. 掌握换路定则并能确定电压、电流的初始值】

1.（2006）如图 1.5–2 所示的电路中，$i_L(0_-)=0A$，在 $t=0$ 时闭合开关 S 后，$t=0_+$ 时 $\dfrac{di_L}{dt}$ 应为（　　）。

A. 0　　B. U_s/R　　C. U_s/L　　D. U_s

分析： $t=0_+$ 时的 $\dfrac{di_L}{dt}$ 量属于非独立初始条件，需用 $t=0_+$ 时等效电路来求得，做出相应的 $t=0_+$ 时等效电路如图 1.5–3 所示。$i_L(0_+)=i_L(0_-)=0A$，所以 $u_L(0_+)=U_s$，又 $u_L(0_+)=$

$L\dfrac{\mathrm{d}i_{\mathrm{L}}}{\mathrm{d}t}\Big|_{t=0_+}$，所以，$\dfrac{\mathrm{d}i_{\mathrm{L}}}{\mathrm{d}t}\Big|_{t=0_+}=\dfrac{u_{\mathrm{L}}(0_+)}{L}=\dfrac{U_{\mathrm{s}}}{L}$。

答案：C

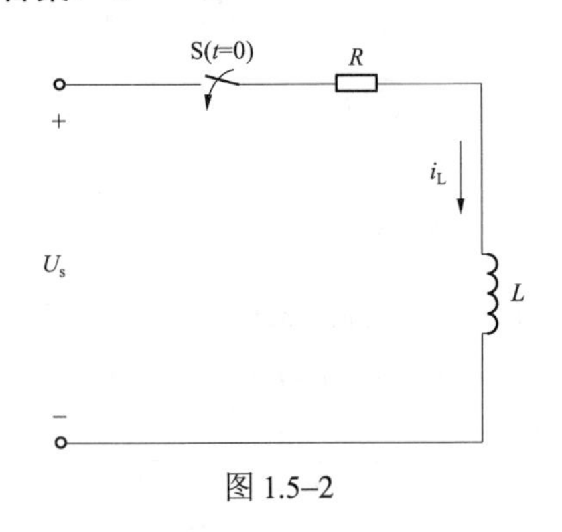

图 1.5–2

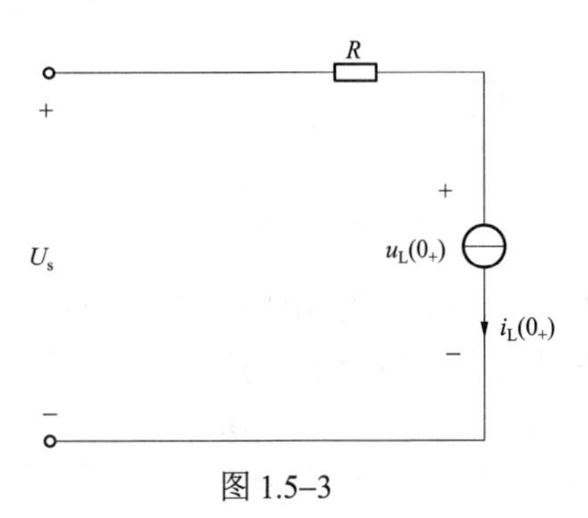

图 1.5–3

2.（2007，2013） 如图 1.5–4 所示的电路中，$t=0$时闭合开关 S，$u_{\mathrm{C1}}(0_-)=u_{\mathrm{C2}}(0_-)=0\mathrm{V}$，则$u_{\mathrm{C1}}(0_+)$等于（　　）V。

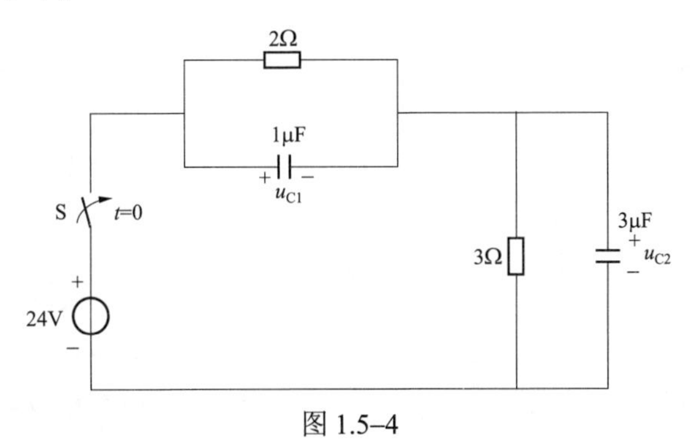

图 1.5–4

A. 6　　　　B. 18　　　　C. 4　　　　D. 0

分析：参见重要知识点复习的大纲 1 点的“特殊情况下初始值的计算方法”。换路后，开关 S 闭合，存在仅由电容及电压源构成的闭合回路，所以电容电压会发生强迫跃变。电容C_1、C_2共同承担 24V 的电源电压，利用电容的分压公式，可得$u_{\mathrm{C1}}(0_+)=\dfrac{C_2}{C_1+C_2}\times 24=\dfrac{3}{1+3}\times 24\mathrm{V}=18\mathrm{V}$。

答案：B

3.（供 2011，发 2011） 如图 1.5–5 所示的电路中，$U_{\mathrm{s}}=6\mathrm{V}$，$R_1=1\Omega$，$R_2=2\Omega$，$R_3=4\Omega$，开关闭合前电路处于稳态，$t$=0 时开关 S 闭合。$t=0_+$时，$U_{\mathrm{C}}(0_+)$为（　　）V。

A. –6　　　　B. 6　　　　C. –4　　　　D. 4

分析：做出$t=0_$时的等效电路如图 1.5–6 所示，由于是直流电源作用，所以电容C相当于开路，$t=0_$时开关 S 仍然为打开状态。利用分压公式，可得$u_{\mathrm{C}}(0_-)=\dfrac{2}{1+2}\times 6\mathrm{V}=4\mathrm{V}$。再根据换路定律，所以$u_{\mathrm{C}}(0_+)=u_{\mathrm{C}}(0_-)$=4V。

答案：D

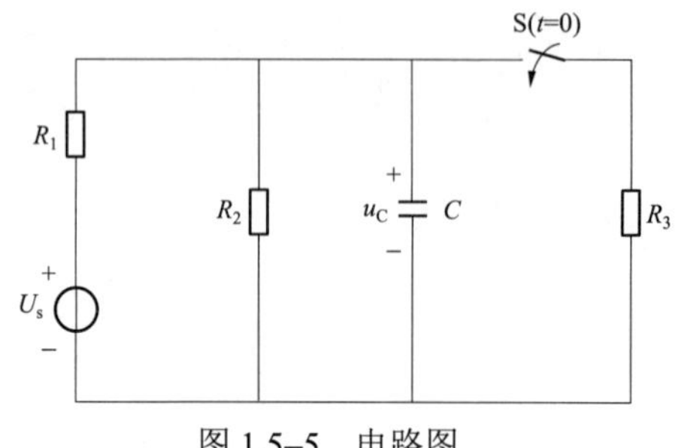

图 1.5–5 电路图

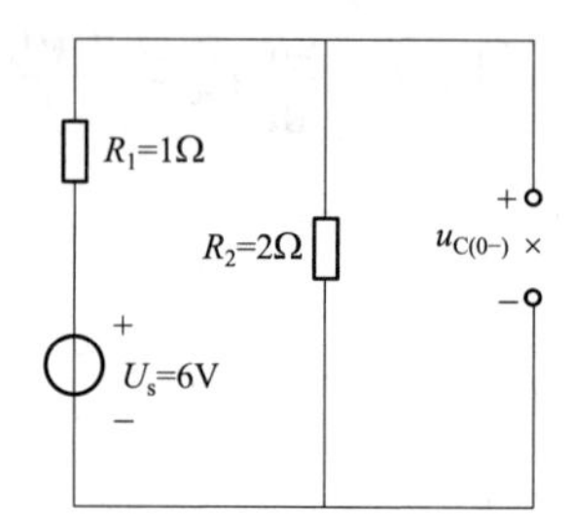

图 1.5–6 $t=0_-$时刻的等效电路

4.（供 2011，发 2011） 如图 1.5–7 所示的电路中，$U_s=10\text{V}$，$R_1=3\Omega$，$R_2=2\Omega$，$R_3=2\Omega$，开关 S 闭合前电路处于稳态，$t=0$ 时开关 S 闭合。$t=0_+$时，$i_L(0_+)$为（　　）A。

A. 2　　　　B. −2　　　　C. 2.5　　　　D. −2.5

分析：做出$t=0_-$时的等效电路如图 1.5–8 所示，由于是直流电源作用，所以电感 L 相当于短路，$t=0_-$时开关 S 仍然为打开状态。由图 1.5–8 很容易得到$i_L(0_-)=\dfrac{10}{3+2}\text{A}=2\text{A}$，再根据换路定律，所以$i_L(0_+)=i_L(0_-)=2\text{A}$。

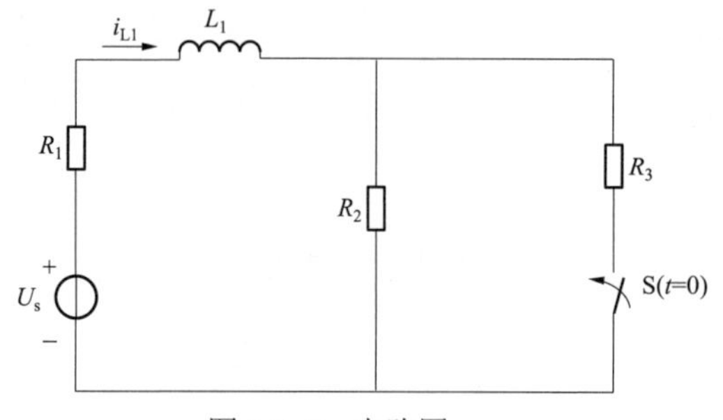

图 1.5–7 电路图

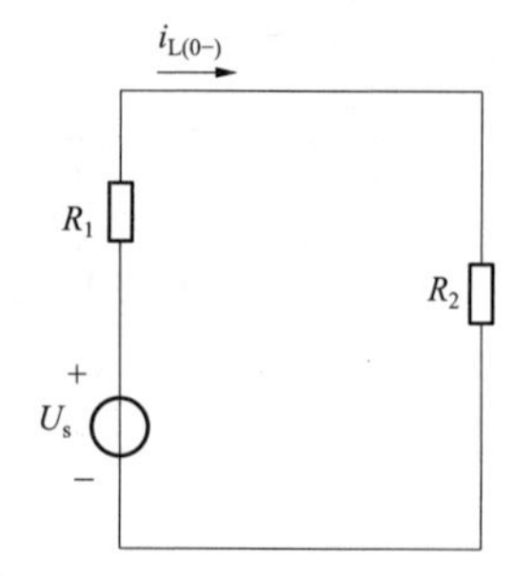

图 1.5–8 $t=0_-$时刻的等效电路

答案：A

5.（2012） 如图 1.5–9 所示的电路原已稳定，$t=0$ 时断开开关 S，则$u_{C1}(0_+)$为（　　）V。

A. 10　　　　B. 15　　　　C. 20　　　　D. 25

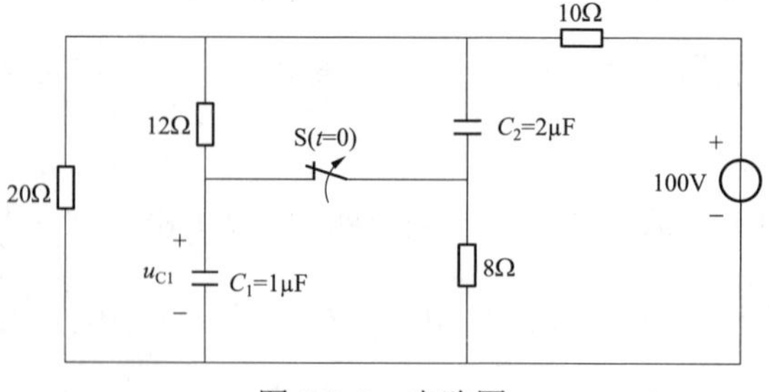

图 1.5–9 电路图

分析：此题与 2007 年、2005 年考题相似，仅仅是给定参数值变化而已。做出$t=0_-$时的等效电路如图 1.5–10 所示，由于是直流电源作用，所以电容 C 相当于开路，$t=0_-$时开关 S 仍然为闭合状态。由图可见，节点①、③之间的电阻 $R_{①③}=[(12+8)//20]\Omega=10\Omega$。

利用分压公式，节点①、③之间的电压 $U_{①③}=\dfrac{10}{10+10}\times100\text{V}=50\text{V}$，再用分压公式有

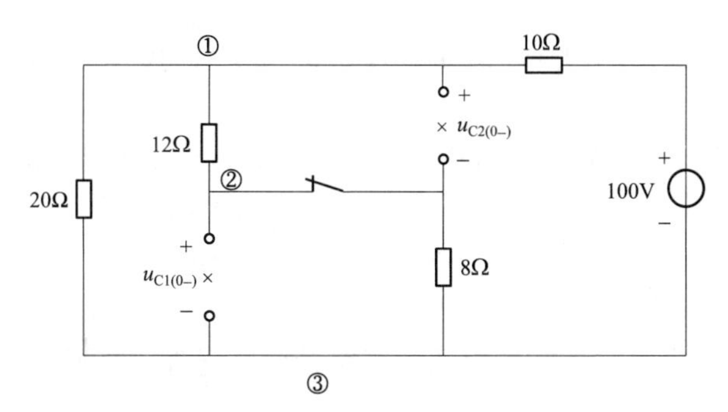

图 1.5–10　$t=0_-$ 时刻的等效电路

$u_{C1}(0_-)=U_{②③}=\dfrac{8}{12+8}U_{①③}=\dfrac{8}{20}\times 50\text{V}=20\text{V}$，依据换路定律，所以 $u_{C1}(0_+)=u_{C1}(0_-)=20\text{V}$。

答案：C

6.（2013）如图 1.5–11 所示的电路中，$u_C(0_-)=0$，在 $t=0$ 时闭合开关 S 后，$t=0_+$ 时刻 $i_C(0_+)$ 应为（　　）A。

A. 3　　B. 6　　C. 2　　D. 18

分析：$u_C(0_+)$ 和 $i_L(0_+)$ 属于独立初始值，可根据 $t=0_-$ 时电路依换路定律求得，但题目要求的 $i_C(0_+)$ 属于非独立初始条件，需通过 $t=0_+$ 时等效电路来求得。依据换路定律有 $u_C(0_+)=u_C(0_-)=0\text{V}$，故 $t=0_+$ 时电容 C 相当于短路。做出 $t=0_+$ 时等效电路如图 1.5–12 所示。显然有 $i_C(0_+)=\dfrac{6}{2}\text{A}=3\text{A}$。

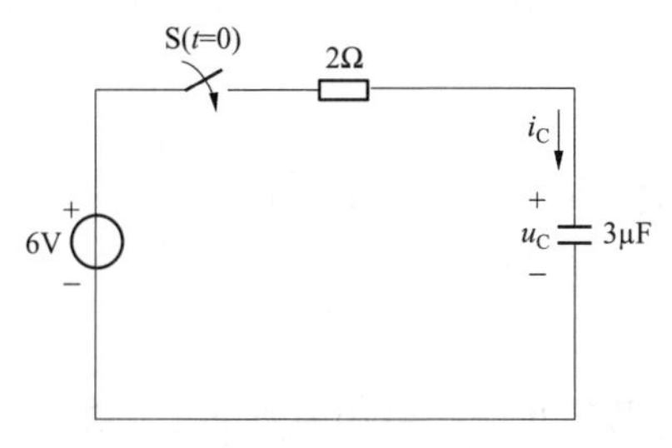

图 1.5–11　电路图

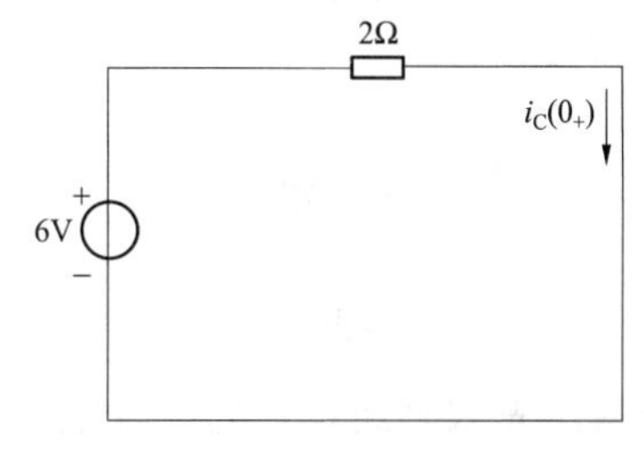

图 1.5–12　0_+ 等效电路

答案：A

7.（2018）图 1.5–13 所示电路，$t=0$ 时，开关 S 由 1 扳向 2，在 $t\leqslant 0$ 时电路已经达到稳态，电感和电容元件的初始值 $i(0_+)$ 和 $u_C(0_+)$ 分别是（　　）。

A. 4A，20V　　B. 4A，15V　　C. 3A，20V　　D. 3A，15V

分析：作出 $t=0_-$ 时的等效电路如图 1.5–14 所示。$i(0_-)=\dfrac{24}{1+5}\text{A}=4\text{A}$，$u_C(0_-)=\dfrac{5}{1+5}\times$

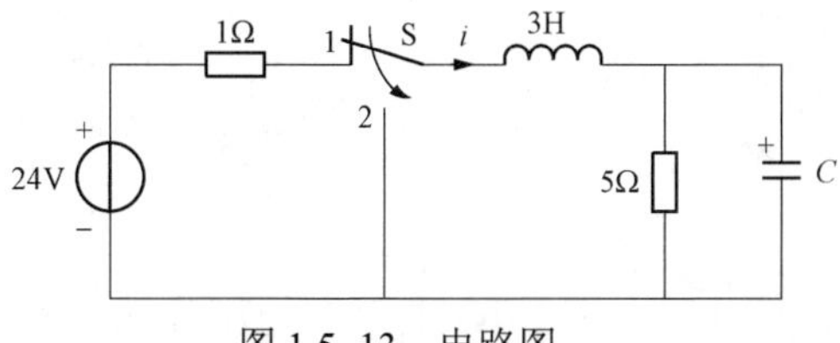

图 1.5–13　电路图

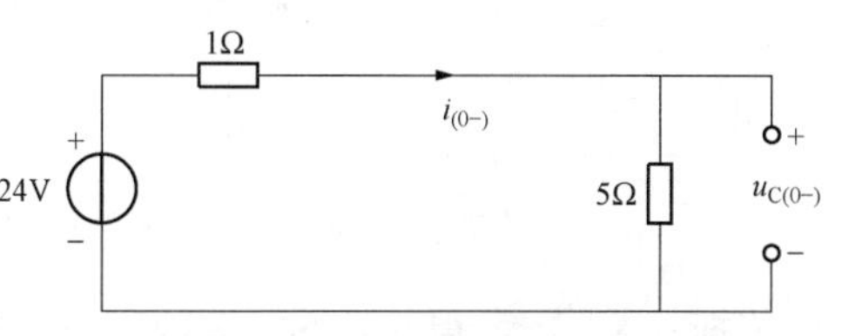

图 1.5–14　$t=0_-$ 时刻的等效电路

$24\text{V}=20\text{V}$。根据换路定律，$i(0_+)=i(0_-)=4\text{A}$，$u_C(0_+)=u_C(0_-)=20\text{V}$。

答案：A

8.（2019） 在直流 RC 电路换路过程中，关于电容，以下描述正确的是（　　）。

A. 电压不能突变　　　　B. 电压可以突变

C. 电流不能突变　　　　D. 电压为零

答案：A

9.（2021） 在动态电路中，初始电压等于零的电容元件，接通电源，$t=0_+$ 时，电容元件相当于（　　）。

A. 开路　　B. 短路　　C. 理想电压源　　D. 理想电流源

分析：根据换路定律，$u_C(0_+)=u_C(0_-)=0\text{V}$，故相当于短路。

答案：B

10.（2021） 电路如图 1.5–15 所示，已处于稳态，$t=0\text{s}$ 时开关打开，U_s 为直流稳压源，则电流的初始储能（　　）。

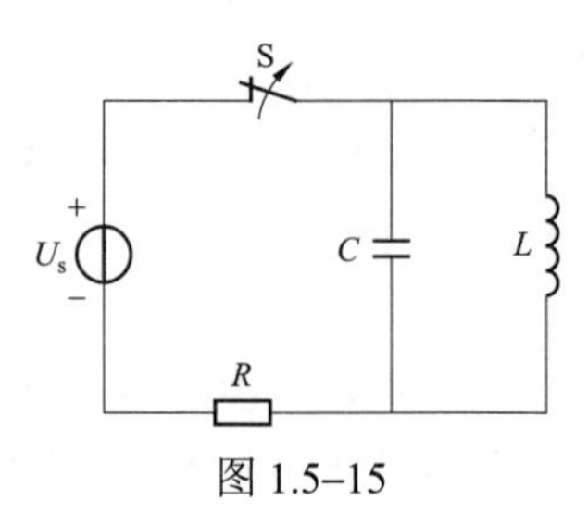

图 1.5–15

A. 在 C 中　　B. 在 L 中

C. 在 C 和 L 中　　D. 在 R 和 C 中

分析：外加直流电源时，C 开路，L 短路，C 两端电压为 0V，而 L 中有电流流过。

答案：B

【2. 熟练掌握一阶电路分析的基本方法】

11.（2005） 如图 1.5–16 所示的电路 $u_{C1}(0_-)=u_{C2}(0_-)=0\text{V}$，当 $t=0$ 时闭合开关 S 后，u_{C1} 为（　　）。

A. $12e^{-\frac{t}{\tau}}\text{V}$，$\tau=3\mu\text{s}$　　B. $(12-8e^{-\frac{t}{\tau}})\text{V}$，$\tau=3\mu\text{s}$

C. $8e^{-\frac{t}{\tau}}\text{V}$，$\tau=3\mu\text{s}$　　D. $8(1-e^{-\frac{t}{\tau}})\text{V}$，$\tau=3\mu\text{s}$

分析：先来判断是否为一阶电路？题图中有两个电容元件，但还需判断它们是否独立？为方便分析，标注出电压、电流的参考方向如图 1.5–17 所示。

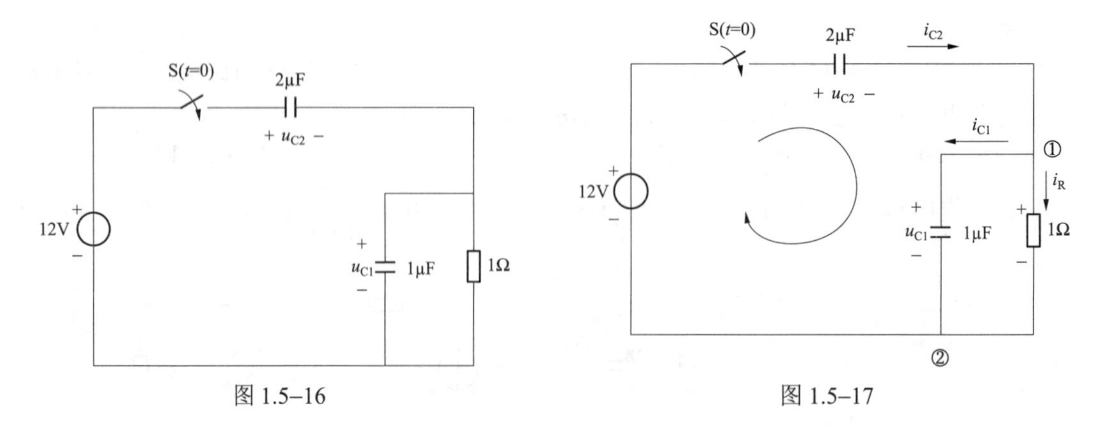

图 1.5–16　　　　图 1.5–17

依据 KVL，可得 $u_{C1}+u_{C2}=12 \Rightarrow u_{C2}=12-u_{C1}$，$u_{C1}$ 也等于 1Ω 电阻上的压降。又 $i_{C1}=$

$C_1\dfrac{\mathrm{d}u_{C1}}{\mathrm{d}t}$，$i_{C2}=C_2\dfrac{\mathrm{d}u_{C2}}{\mathrm{d}t}$，依据 KCL，可得 $i_R=i_{C2}-i_{C1}=C_2\dfrac{\mathrm{d}u_{C2}}{\mathrm{d}t}-C_1\dfrac{\mathrm{d}u_{C1}}{\mathrm{d}t}=C_2\dfrac{\mathrm{d}(12-u_{C1})}{\mathrm{d}t}-C_1\dfrac{\mathrm{d}u_{C1}}{\mathrm{d}t}=-(C_1+C_2)\dfrac{\mathrm{d}u_{C1}}{\mathrm{d}t}$；依据 KVL，可得 $u_{C2}+Ri_R=12\Rightarrow(12-u_{C1})-R(C_1+C_2)\dfrac{\mathrm{d}u_{C1}}{\mathrm{d}t}=12$。

整理可得 $R(C_1+C_2)\dfrac{\mathrm{d}u_{C1}}{\mathrm{d}t}+u_{C1}=0$，显然此一阶方程对应的为一阶电路，故本题可以用三要素法来求解。

注意：u_{C1} 强迫跃变，所以 $u_{C1}(0_+)=\dfrac{2}{1+2}\times12\mathrm{V}=8\mathrm{V}$；将 12V 直流电压源置零，即短接，从①、②端口看进去，C_1、C_2 两电容并联，故等效电路 $C_{eq}=C_1+C_2$。$\tau=R(C_1+C_2)=1\times(1+2)\mathrm{s}=3\times10^{-6}\mathrm{s}=3\mu\mathrm{s}$。当 $t=\infty$ 时，电容对电阻放电，故 $u_{C1}(\infty)=0\mathrm{V}$。综上，运用三要素法公式，得到 $u_{C1}(t)=u_{C1}(\infty)+[u_{C1}(0_+)-u_{C1}(\infty)]\mathrm{e}^{-\frac{t}{\tau}}=0+(8-0)\mathrm{e}^{-\frac{10^6}{3}t}=8\mathrm{e}^{-\frac{t}{\tau}}$。

答案：C

12.（2006、2007） 如图 1.5–18 所示的电路中，$u_{C1}(0_-)=10\mathrm{V}$，$u_{C2}(0_-)=0\mathrm{V}$，当 $t=0$ 时闭合开关 S 后，u_{C1} 应为（　　）。（以下各式中 $\tau=10\mu\mathrm{s}$）

A. $6.67\left(1-\mathrm{e}^{-\frac{t}{\tau}}\right)\mathrm{V}$　　B. $10\mathrm{e}^{-\frac{t}{\tau}}\mathrm{V}$　　C. $10\left(1-\mathrm{e}^{-\frac{t}{\tau}}\right)\mathrm{V}$　　D. $\left(6.67+3.33\mathrm{e}^{-\frac{t}{\tau}}\right)\mathrm{V}$

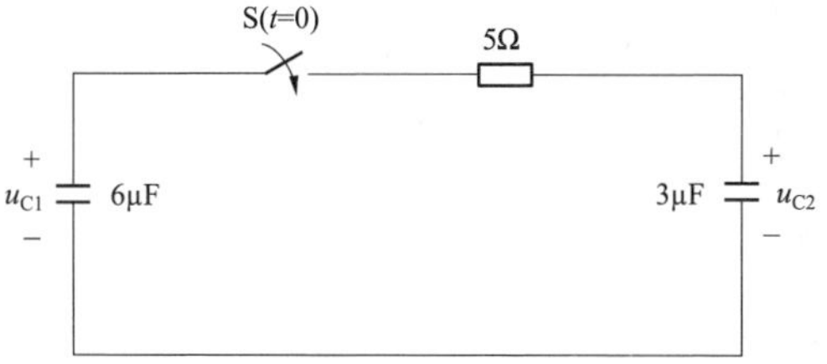

S(t=0)　5Ω　u_{C1}　6μF　3μF　u_{C2}

图 1.5–18

分析：两电容 C_1、C_2 串联（图 1.5–19），等效电容 $\dfrac{1}{C_{eq}}=\dfrac{1}{C_1}+\dfrac{1}{C_2}$；两电容 C_1、C_2 并联（图 1.5–20），等效电容 $C_{eq}=C_1+C_2$。

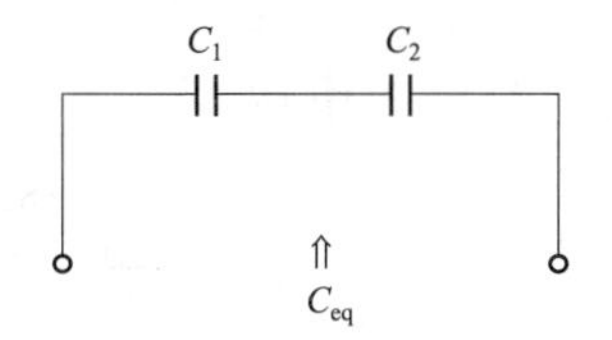

图 1.5–19　两电容 C_1、C_2 串联

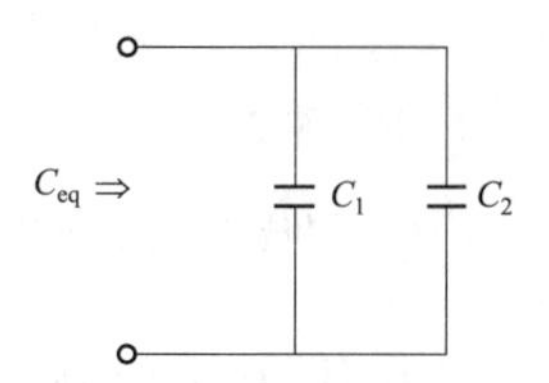

图 1.5–20　两电容 C_1、C_2 并联

本题电路图中虽有两个电容，但因为两电容串联，可简化为一个，故仍然为一阶电路，可用三要素法求解。

（1）求初始值 $u_{C1}(0_+)$：$u_{C1}(0_+)=u_{C1}(0_-)=10\mathrm{V}$，$u_{C2}(0_+)=u_{C2}(0_-)=0\mathrm{V}$。

（2）求时间常数 τ：C_1、C_2 并联，$\dfrac{1}{C_{eq}}=\dfrac{1}{C_1}+\dfrac{1}{C_2}\Rightarrow\dfrac{1}{C_{eq}}=\dfrac{1}{6}+\dfrac{1}{3}\Rightarrow C_{eq}=2\mu\mathrm{F}$，所以 $\tau=$

$C_{eq}R = 2\times10^{-6}\times5\text{s} = 10\mu\text{s}$。

（3）求 $u_{C1}(\infty)$：换路后，C_1 经 R 向 C_2 充电，电荷在两个电容上重新分配，但电容上的电荷总量不变，根据某时刻的电荷 $q(t)=Cu(t)$，故有 $C_1u_{C1}(0_+)+C_2u_{C2}(0_+)=C_1u_{C1}(\infty)+C_2u_{C2}(\infty)$ 当 $t=\infty$ 到达稳态时，$u_{C1}(\infty)=u_{C2}(\infty)$，故代入数值，有 $6\times10+3\times0=6u_{C1}(\infty)+3u_{C1}(\infty)\Rightarrow$ $u_{C1}(\infty)=\dfrac{60}{9}\text{V}=6.67\text{V}$，综上，$u_{C1}(t)=u_{C1}(\infty)+[u_{C1}(0_+)-u_{C1}(\infty)]\text{e}^{-\frac{t}{\tau}}6.67+(10-6.67)\text{e}^{-\frac{t}{\tau}}=$ $(6.67+3.33\text{e}^{-\frac{t}{\tau}})\text{V}$。

补充说明本题易错之处：因为电路中存在电阻，电容对电阻放电，所以当 $t=\infty$ 时，$u_{C1}(\infty)=0\text{V}$。故 $u_{C1}(t)=0+(10-0)\text{e}^{-\frac{t}{\tau}}=10\text{e}^{-\frac{t}{\tau}}$，选项 B 错误。

答案：D

13.（2008） 如图 1.5–21 所示的电路中，$i_L(0_-)=0$，在 $t=0$ 时闭合开关 S 后，i_L 应为（　　）。（以下各式中 $\tau=1\times10^{-6}\text{s}$）

A. $10^{-2}(1-\text{e}^{-\frac{t}{\tau}})\text{A}$　　B. $10^{-2}\text{e}^{-\frac{t}{\tau}}\text{A}$　　C. $10(1-\text{e}^{-\frac{t}{\tau}})\text{A}$　　D. $10\text{e}^{-\frac{t}{\tau}}\text{A}$

分析：一阶电路采用三要素法求解。

（1）求初始值：依据换路定律可得 $i_L(0_+)=i_L(0_-)=0\text{A}$。

（2）求时间常数：$\tau=\dfrac{L}{R}=\dfrac{1\times10^{-3}}{1\times10^{3}}\text{s}=1\mu\text{s}$。

（3）求稳态值：$t=\infty$ 时，在直流 10V 电源作用下，L 相当于开路，等效电路如图 1.5–22 所示。$i_{L(\infty)}=\dfrac{10}{10^3}\text{A}=0.01\text{A}$。

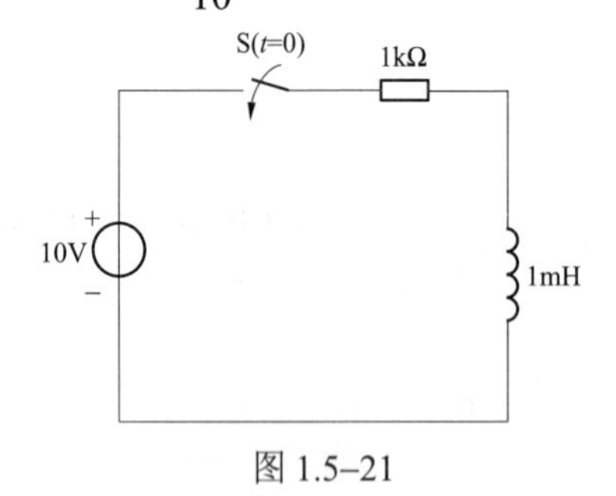

图 1.5–21

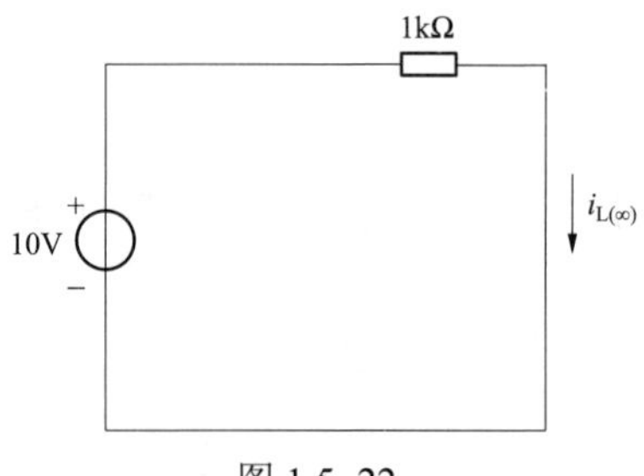

图 1.5–22

综上，将上述结果代入三要素公式，有

$$i_L(t)=i_L(\infty)+[i_L(0_+)-i_L(\infty)]\text{e}^{-\frac{t}{\tau}}$$

$$=0.01\text{A}+(0-0.01)\text{e}^{-10^6t}\text{A}=10^{-2}(1-\text{e}^{-\frac{t}{\tau}})\text{A}。$$

答案：A

14.（2009） 如图 1.5–23 所示的电路原已稳定，$t=0$ 时闭合开关 S 后，则 $i_L(t)$ 为（　　）。

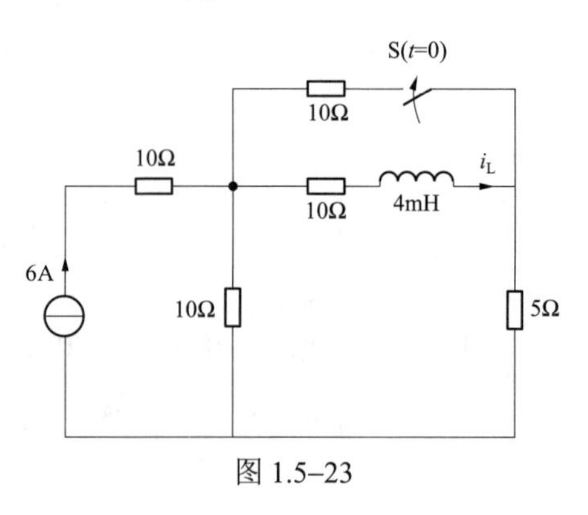

图 1.5–23

A. $1.5-0.9\text{e}^{-4000t}\text{A}$　　B. $0.9+1.5\text{e}^{-t}\text{A}$

C. 0　　　　　　　　　　　　D. $1.5+0.9e^{-4000t}$A

分析：一阶电路采用三要素法求解。

（1）求初始值：做出 $t=0_-$ 时刻的等效电路如图 1.5–24 所示。利用分流公式，可得 $i_L(0_-)=\dfrac{10}{10+10+5}\times 6A=2.4A$，依据换路定律，所以 $i_L(0_+)=i_L(0_-)=2.4A$。

（2）求稳态值：$t=\infty$ 时的稳态电路如图 1.5–25 所示。列写节点电压方程

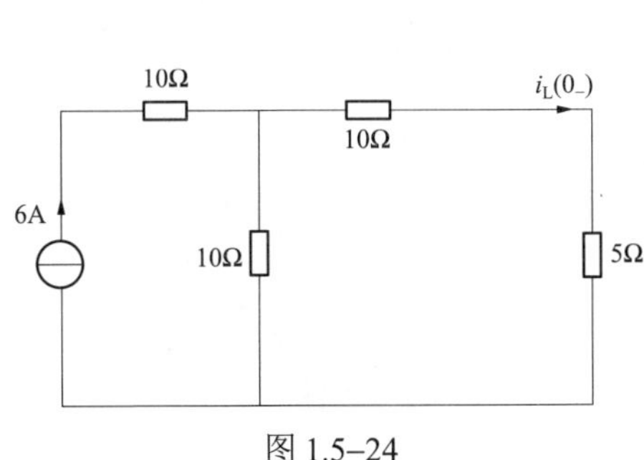

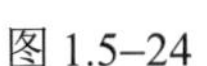

图 1.5–24

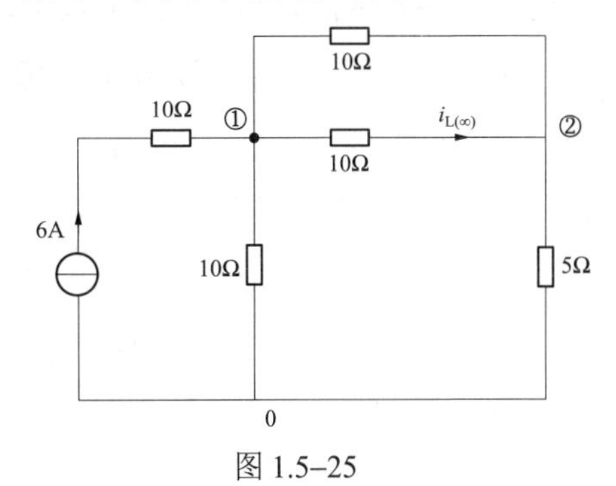

图 1.5–25

$$\begin{cases}\left(\dfrac{1}{10}+\dfrac{1}{10}+\dfrac{1}{10}\right)u_{n1}+\dfrac{1}{5}u_{n2}=6\\ -\dfrac{1}{5}u_{n1}+\left(\dfrac{1}{10}+\dfrac{1}{10}+\dfrac{1}{5}\right)u_{n2}=0\end{cases}\Rightarrow\begin{cases}u_{n1}=30V\\ u_{n2}=15V\end{cases}\Rightarrow i_{L(\infty)}=\frac{u_{n1}-u_{n2}}{10}=\frac{30-15}{10}A=1.5A$$

（3）求时间常数τ：R_{eq} 为从储能元件两端看进去，将独立电源置零后，网络的等效电路，如图 1.5–26 所示。$R_{eq}=[(10+5)\,//\,10]\Omega+10\Omega=\dfrac{15\times 10}{15+10}\Omega+10\Omega=16\Omega$，所以，$\tau=\dfrac{L}{R_{eq}}=\dfrac{4\times 10^{-3}}{16}s=\dfrac{10^{-3}}{4}s$。

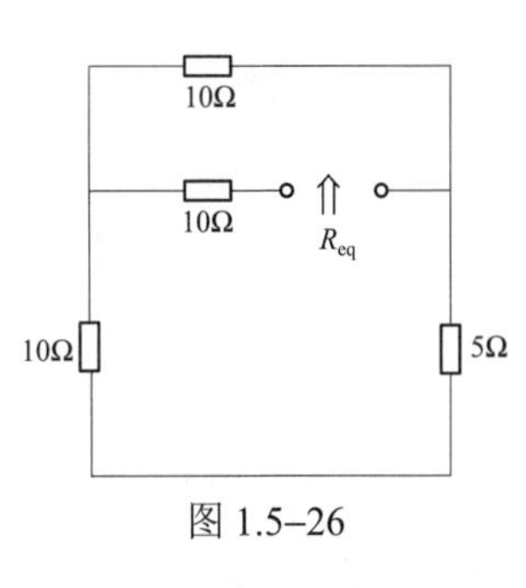

图 1.5–26

综上，将以上计算结果代入三要素公式，得到 $i_L(t)=i_L(\infty)+[i_L(0_+)-i_L(\infty)]e^{-\frac{t}{\tau}}=1.5A+(2.4-1.5)e^{-4000t}A=1.5A+0.9e^{-4000t}A$。

答案：D

15.（2009、2010） 如图 1.5–27 所示的电路中，电路原已达稳态，设 $t=0$ 时开关 S 打开，则开关 S 断开后的电容电压 $u(t)$、电感电流 $i(t)$为（　　）。

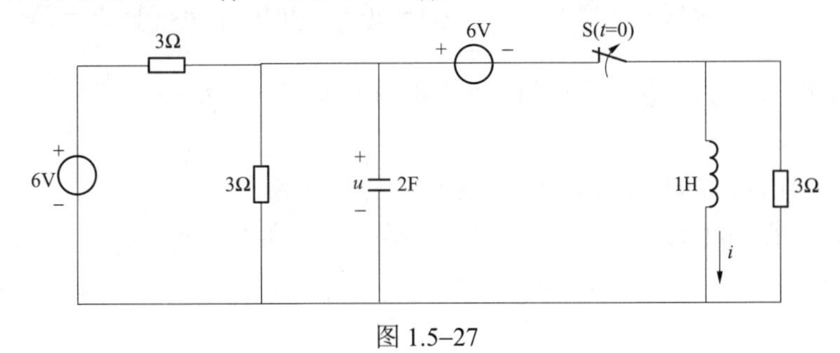

图 1.5–27

A. $(3+3e^{-\frac{t}{3}})V$，$-2e^{-3t}A$　　　　B. $(3-3e^{-\frac{t}{3}})V$，$2e^{-3t}A$

C. $-3e^{-\frac{t}{3}}$V，$-3e^{-\frac{t}{3}}$V　　　　D. $3e^{-\frac{t}{3}}$V，$3e^{-\frac{t}{3}}$A

分析：本题图中虽含有两个储能元件 C 和 L，但当开关 S 打开后，原电路就被分成左、右两个一阶电路，所以仍然可以用“三要素”法来求解。

（1）求初始值：做出 $t=0\_$ 时等效电路如图 1.5–28 所示。$i_{R_2}(0_-)=\frac{6}{3}\text{A}=2\text{A}$，依据 KVL 得 $3i_{R_1}(0_-)+6=6\Rightarrow i_{R_1}(0_-)=0\text{A}$。节点①，依据 KCL 得 $i_{R_1}(0_-)=i_{R_2}(0_-)+i(0_-)\Rightarrow i(0_-)=-2\text{A}$，$u(0_-)=6\text{V}$，依据换路定律有 $u(0_+)=u(0_-)=6\text{V}$。

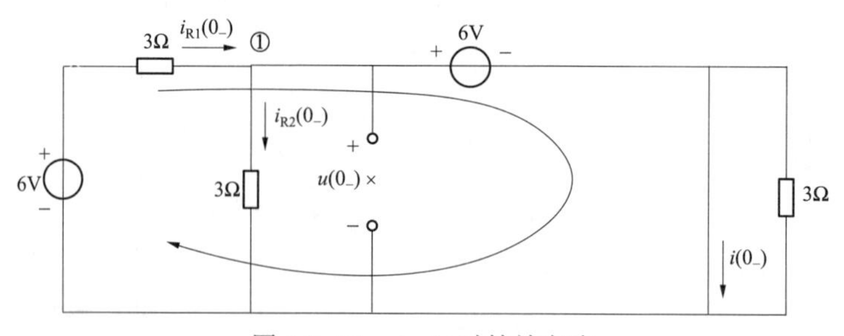

图 1.5–28　$t=0\_$ 时等效电路

（2）求稳态值：$t=\infty$ 时稳态电路如图 1.5–29 所示。$u(\infty)=\frac{3}{3+3}\times 6\text{V}=3\text{V}$，$i(\infty)=0\,\text{A}$。

（3）求时间常数 τ：相应的等效电路如图 1.5–30 所示。

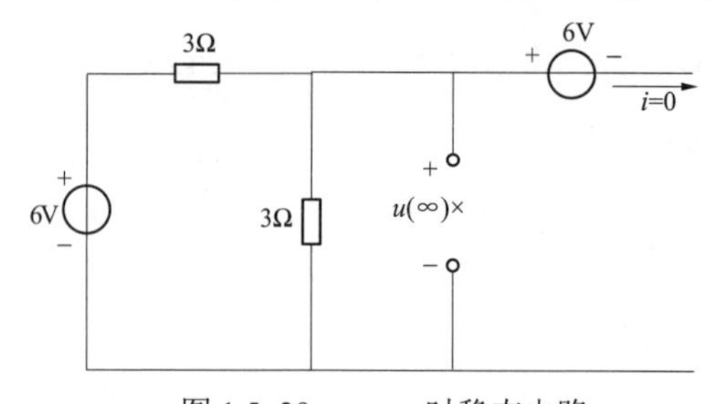

图 1.5–29　$t=\infty$ 时稳态电路

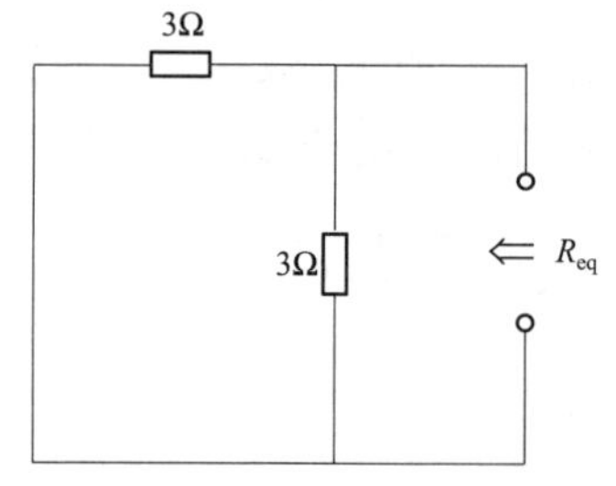

图 1.5–30　求 R_{eq} 的等效电路

$$R_{eq}=3//3=1.5\Omega\text{，所以}\tau_1=R_{eq}C=1.5\times 2=3\text{s；}\quad \tau_2=\frac{L}{R}=\frac{1}{3}\text{s}$$

综上，将以上计算结果代入三要素公式：$u(t)=u(\infty)+[u(0_+)-u(\infty)]e^{-\frac{t}{\tau_1}}=3\text{V}+(6-3)e^{-\frac{t}{3}}\text{V}=(3+3e^{-\frac{t}{3}})\text{V}$。$i(t)=u(\infty)+[i(0_+)-i(\infty)]e^{-\frac{t}{\tau_2}}=0\text{A}+(-2-0)e^{-3t}\text{A}=-2e^{-3t}\text{A}$。

答案：A

16.（2010、2013） 如图 1.5–31 所示的电路原已进入稳态，t=0 时闭合开关 S 后，$u_L(t)$ 为（　　）V，$i_L(t)$ 应为（　　）A。

A. $-3e^{-t}$，$4-3e^{-10t}$　　　　B. $3e^{-t}$，$4-3e^{-t}$

C. 0，0　　　　D. $1+3e^{-t}$，$4+3e^{-t}$

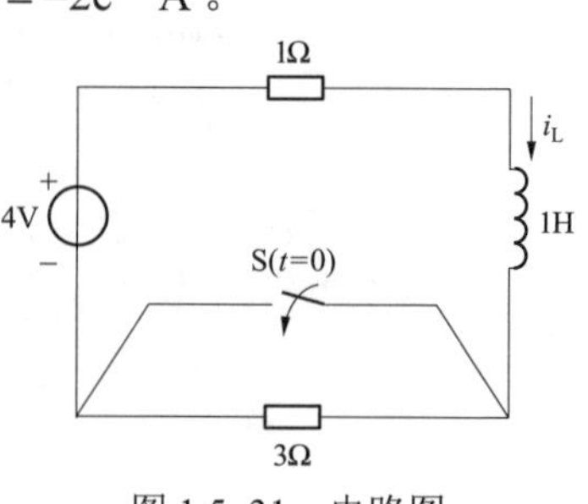

图 1.5–31　电路图

分析：一样的题目，2010 年是要求 $u_L(t)$，2013 年是要求 $i_L(t)$。一阶电路用“三要素”法求解。

（1）求初始值：做出 $t=0\_$ 时等效电路如图 1.5–32 所示。显然 $i_{\mathrm{L}}(0\_)=\dfrac{4}{1+3}\mathrm{A}=1\mathrm{A}$ 再依据换路定律，所以 $i_{\mathrm{L}}(0_{+})=i_{\mathrm{L}}(0\_)=1\mathrm{A}$ 。

（2）求稳态值：$t=\infty$ 时稳态电路如图 1.5–33 所示。$t=\infty$ 时，$i_{\mathrm{L}}(\infty)=\dfrac{4}{1}\mathrm{A}=4\mathrm{A}$ 。

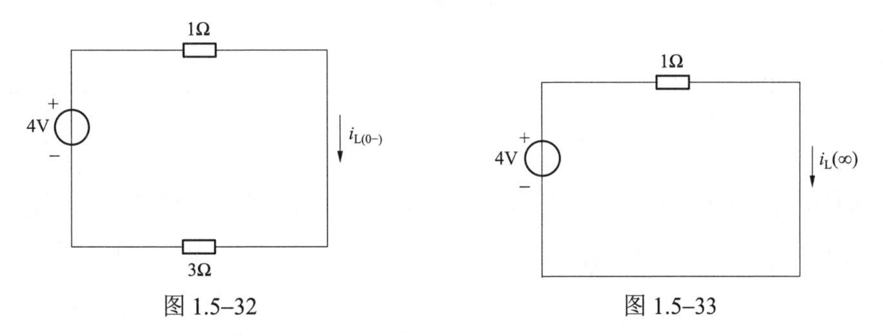

图 1.5–32　　　　图 1.5–33

（3）求时间常数 τ：$\tau=\dfrac{L}{R}=\dfrac{1}{1}=1\mathrm{s}$。

综上，将以上计算结果代入三要素公式，可得

$$i_{\mathrm{L}}(t)=i_{\mathrm{L}}(\infty)+[i_{\mathrm{L}}(0_{+})-i_{\mathrm{L}}(\infty)]\mathrm{e}^{-\frac{t}{\tau}}=4\mathrm{A}+(1-4)\mathrm{e}^{-t}\mathrm{A}=4\mathrm{A}-3\mathrm{e}^{-t}\mathrm{A}$$

$$u_{\mathrm{L}}(t)=L\frac{\mathrm{d}i_{\mathrm{L}}(t)}{\mathrm{d}t}=1\times3\mathrm{e}^{-t}\mathrm{V}=3\mathrm{e}^{-t}\mathrm{V}$$

答案：B

17.（供 2011，发 2011） 如图 1.5–34 所示的电路中，开关 S 闭合前电路已处于稳态，$t=0$ 时开关 S 闭合。开关闭合后的 $u_{\mathrm{C}}(t)$ 为（　　）V。

A. $16-6\mathrm{e}^{\frac{t}{2.4}\times10^{2}}$　　B. $16-6\mathrm{e}^{-\frac{t}{2.4}\times10^{2}}$　　C. $16+6\mathrm{e}^{\frac{t}{2.4}\times10^{2}}$　　D. $16+6\mathrm{e}^{-\frac{t}{2.4}\times10^{2}}$

图 1.5–34

分析：（1）求初始值：做出 $t=0\_$ 时刻等效电路如图 1.5–35 所示。$t=0\_$ 时，由图显然有 $u_{\mathrm{C}}(0\_)=10\mathrm{V}$ ，根据换路定律可得 $u_{\mathrm{C}}(0_{+})=u_{\mathrm{C}}(0\_)=10\mathrm{V}$ 。

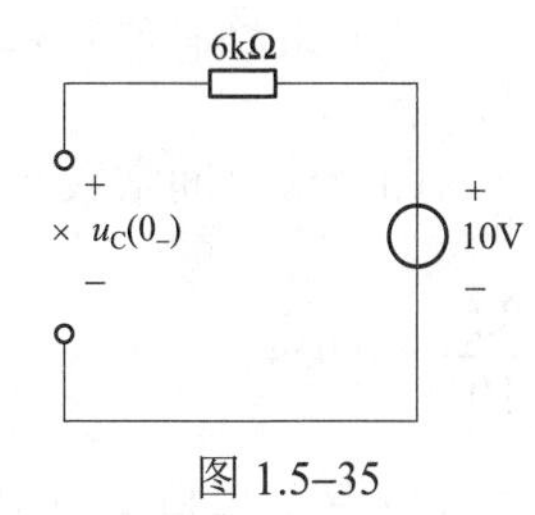

图 1.5–35

（2）求稳态值：$t=\infty$ 时稳态电路如图 1.5–36 所示。$t=\infty$ 时，$i=\dfrac{20-10}{4+6}\mathrm{mA}=1\mathrm{mA}$ ，$u_{\mathrm{C}}(\infty)=20\mathrm{V}-4\times10^{3}\times1\times10^{-3}\mathrm{V}=16\mathrm{V}$ 。

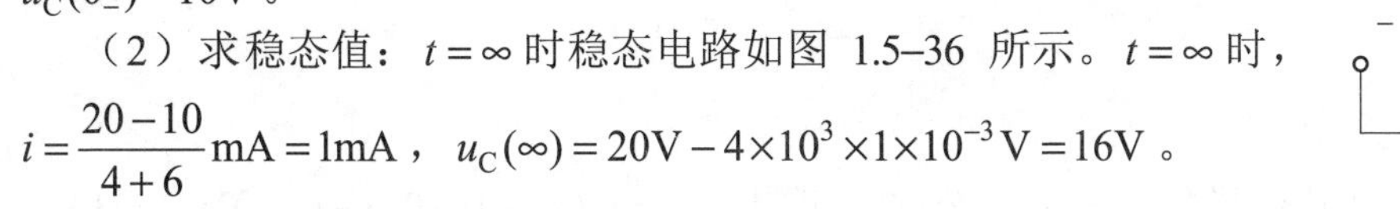

（3）求时间常数 τ 。求 R_{eq} 的等效电路如图 1.5–37 所示。$R_{\mathrm{eq}}=(4\,//\,6)\mathrm{k}\Omega=\dfrac{4\times6}{4+6}\mathrm{k}\Omega=$

$2.4\text{k}\Omega$，$\tau = R_{\text{eq}}C = 2.4\times10^3\times10\times10^{-6}\text{s} = 0.024\text{s}$ 。

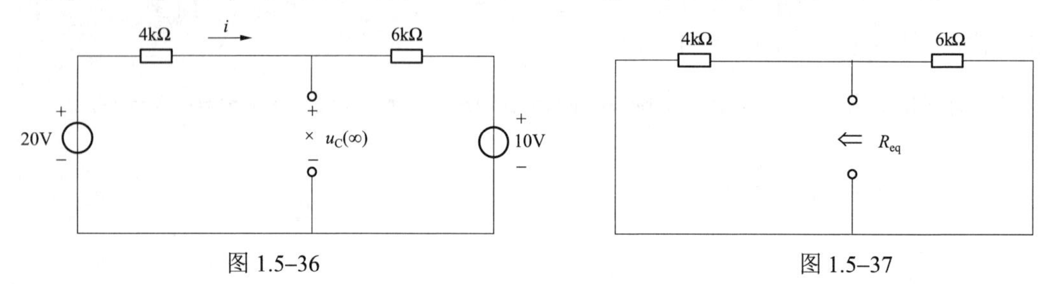

图 1.5–36　　　　图 1.5–37

综上，将以上计算结果代入三要素公式，可得 $u_C(t) = u_C(\infty) + [u_C(0_+) - u_C(\infty)]e^{-\frac{t}{\tau}} = 16\text{V} + (10-16)e^{-\frac{t}{2.4}\times10^2} = (16-6e^{-\frac{t}{2.4}\times10^2})\text{V}$ 。

答案：B

18.（供 2011，发 2016） 如图 1.5–38 所示的电路中，换路前已处于稳定状态，在 $t=0$ 时开关 S 打开，开关 S 打开后的电流 $i_L(t)$ 为（　　）A。

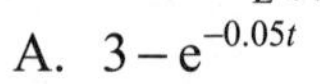

A. $3-e^{-0.05t}$　　　B. $3+e^{-0.05t}$

C. $3+e^{-20t}$　　　D. $3-e^{-20t}$

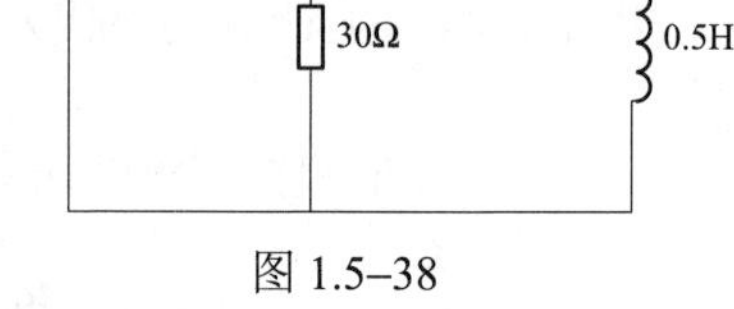

图 1.5–38

分析：（1）求初始值：做出 $t=0_-$ 时等效电路如图 1.5–39 所示。$t=0$ 时，$i_L(0_-) = \dfrac{30}{30 // 10}\text{A} = \dfrac{30}{\frac{30\times10}{40}}\text{A} = 4\text{A}$，依据换路定律有 $i_L(0_+) = i_L(0_-) = 4\text{A}$ 。

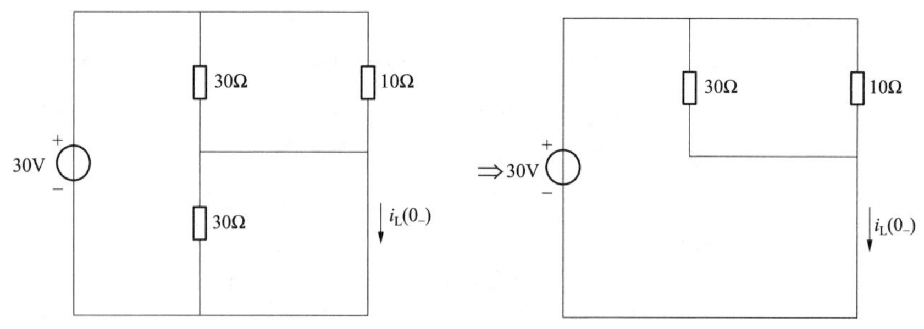

图 1.5–39　$t=0_-$ 时刻等效电路

（2）求稳态值：$t=\infty$ 时稳态电路如图 1.5–40 所示。$t=\infty$ 时，$i_{L(\infty)} = \dfrac{30}{10}\text{A} = 3\text{A}$ 。

（3）求时间常数 τ：求 R_{eq} 的等效电路如图 1.5–41 所示。显然 $R_{\text{eq}} = 10\Omega$，所以 $\tau = \dfrac{L}{R_{\text{eq}}} = \dfrac{0.5}{10}\text{s} = 0.05\text{s}$ 。

综上，将以上计算结果代入三要素公式，可得 $i_L(t) = i_L(\infty) + [i_L(0_+) - i_L(\infty)]e^{-\frac{t}{\tau}} = 3\text{A} + (4-3)e^{-\frac{t}{0.05}}\text{A} = (3+e^{-20t})\text{A}$ 。

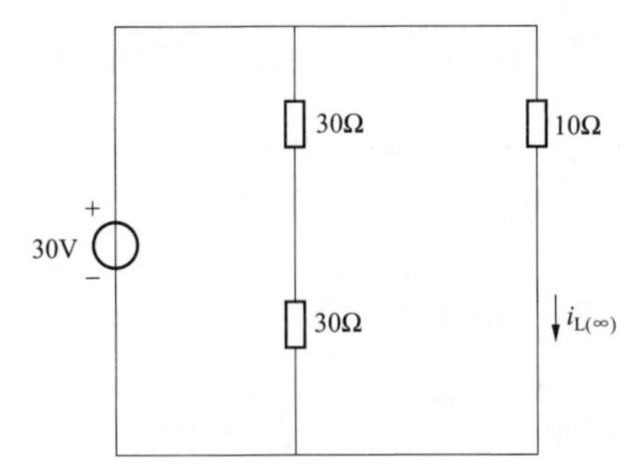

图 1.5–40　$t=\infty$ 时稳态电路

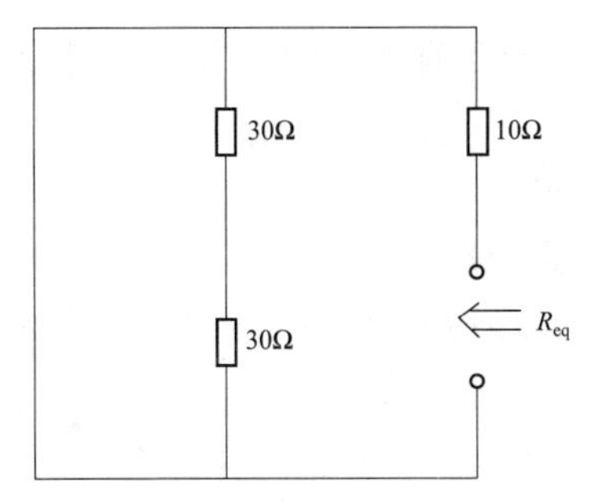

图 1.5–41　求 R_{eq} 的等效电路

答案：C

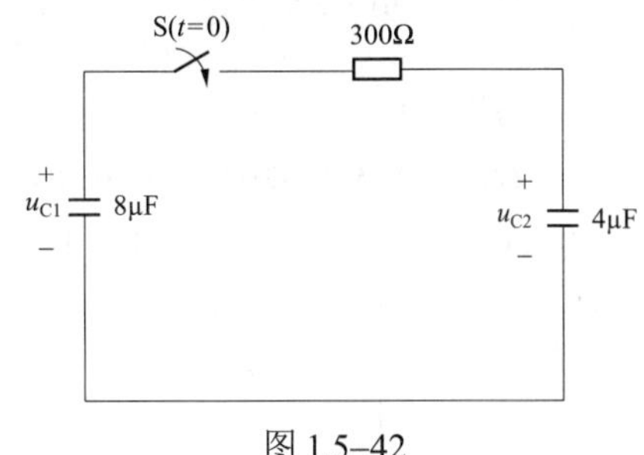

图 1.5–42

19.（2012）如图 1.5–42 所示的电路中，$u_{C1}(0_-)=15V$，$u_{C2}(0_-)=6V$，当 $t=0$ 时闭合开关 S 后，$u_{C1}(t)$ 为（　　）V。

A. $12+3e^{-1.25\times10^3 t}$　　B. $2+12e^{-1.25\times10^3 t}$

C. $15+6e^{-1.25\times10^3 t}$　　D. $6+15e^{-1.25\times10^3 t}$

分析：题图中虽然含有两个储能元件 C_1、C_2，但两者串联，最后推导出的电路方程仍为一阶微分方程，故仍为一阶电路，可用"三要素"法求解。

（1）求初始值：根据题目已知条件和换路定律知 $u_{C1}(0_+)=u_{C1}(0_-)=15V$，$u_{C2}(0_+)=u_{C2}(0_-)=6V$。

（2）求时间常数 τ：两电容 C_1、C_2 串联，等效的电容 C_{eq} 为 $\frac{1}{C_{eq}}=\frac{1}{C_1}+\frac{1}{C_2}\Rightarrow C_{eq}=\frac{C_1C_2}{C_1+C_2}=\frac{8\times4}{8+4}\mu F=\frac{8}{3}\mu F$，所以 $\tau=RC_{eq}=300\times\frac{8}{3}\mu s=800\mu s$。

（3）求稳态值 $u_{C1}(\infty)$：因为电容上电荷总量不变，故有 $C_1u_{C1}(\infty)+C_2u_{C2}(\infty)=C_1u_{C1}(0_+)+C_2u_{C2}(0_+)$，又 $u_{C1}(\infty)=u_{C2}(\infty)$，$\Rightarrow 8u_{C1}(\infty)+4u_{C1}(\infty)=8\times15+4\times6\Rightarrow u_{C1}(\infty)=12V$ 综上，将以上计算结果代入三要素公式，可得 $u_{C1}(t)=u_{C1}(\infty)+[u_{C1}(0_+)-u_{C1}(\infty)]e^{-\frac{t}{\tau}}=12V+(15-12)e^{-\frac{10^6 t}{800}}V=(12+3e^{-1.25\times10^3 t})V$。

答案：A

20.（2012）如图 1.5–43 所示电路的时间常数为（　　）ms。

A. 2.5　　B. 2　　C. 1.5　　D. 1

分析：将独立电压源置零，用短路暂代，从储能元件 L 两端看进去的等效网络如图 1.5–44

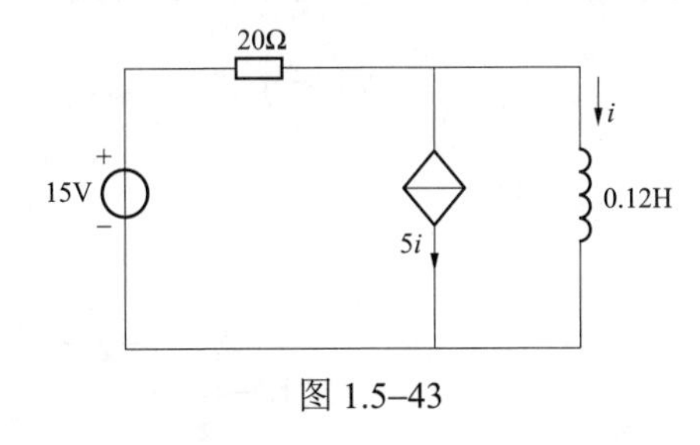

图 1.5–43

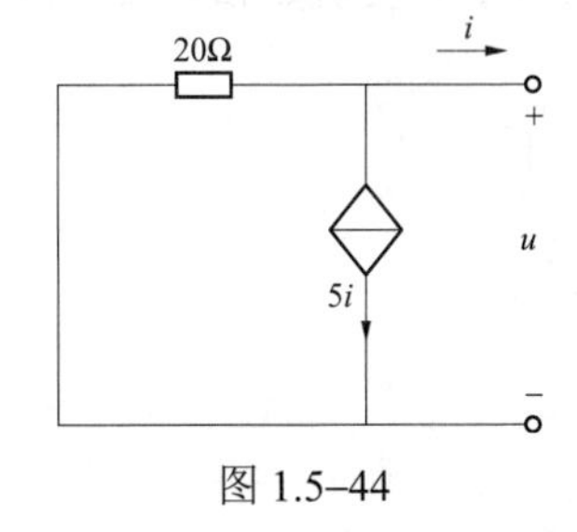

图 1.5–44

所示，由于含有受控源，所以其对应的等效电阻可用外加电源法来求得。依据 KCL，可得 $i+5i+\frac{u}{20}=0 \Rightarrow \frac{u}{i}=-120 \Rightarrow R_{eq}=-\frac{u}{i}=120\Omega$，故 $\tau=\frac{L}{R_{eq}}=\frac{0.12}{120}\text{s}=1\text{ms}$。

答案：D

21.（2012） 如图 1.5–45 所示的电路中 $i_L(0_-)=0$，在 $t=0$ 时闭合开关 S 后，电感电流 $i_L(t)$ 为（　　）A。

A. 75　　B. $75t$　　C. $3000t$　　D. 3000

分析：$u_L(t)=\frac{di_L(t)}{dt} \Rightarrow i_L(t)=\int_0^t \frac{u_L(t)}{L}dt=\int_0^t \frac{15}{5\times10^{-3}}dt=3000t$。

答案：C

22.（2013） 如图 1.5–46 所示电路的时间常数 τ 应为（　　）ms。

A. 16　　B. 4　　C. 2　　D. 8

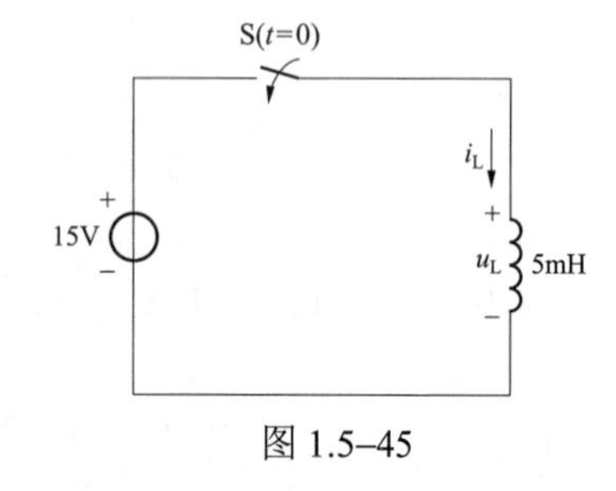

图 1.5–45

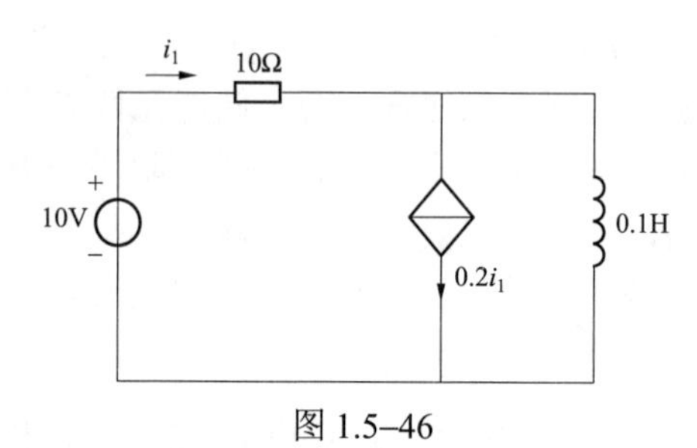

图 1.5–46

分析：依据 KCL，可得

$$\begin{cases} i+i_1=0.2i_1 \\ i_1=-\frac{u}{10} \end{cases} \Rightarrow \begin{cases} i_1=-\frac{1}{0.8}i \\ i_1=-\frac{u}{10} \end{cases}$$

将上式代入下式，可得 $-\frac{i}{0.8}=-\frac{u}{10} \Rightarrow R_{eq}=\frac{u}{i}=\frac{10}{0.8}\Omega=12.5\Omega$，所以 $\tau=\frac{L}{R_{eq}}=\frac{0.1}{12.5}\text{s}=8\text{ms}$。

答案：D

23.（2014） 图 1.5–47 所示电路中，$L=10\text{H}$，$R_1=10\Omega$，$R_2=100\Omega$。将电路开关 S 闭合后直至稳态，那么在这段时间内电阻 R_2 上消耗的焦耳热为（　　）。

A. 110J　　B. 220J　　C. 440J　　D. 880J

分析：（1）求初始值：做出 $t=0_+$ 时等效电路如图 1.5–48 所示。依据换路定律，有

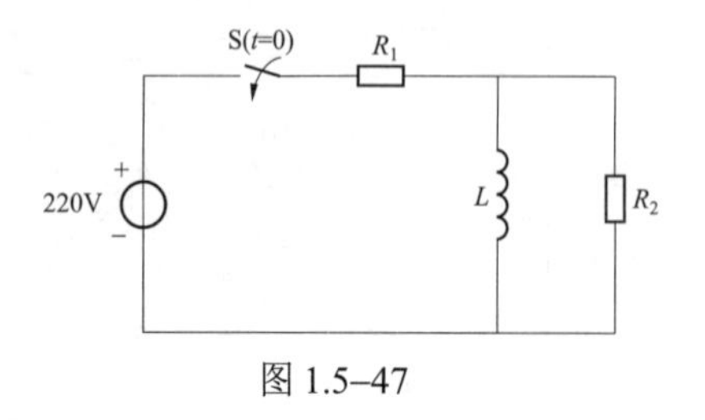

图 1.5–47

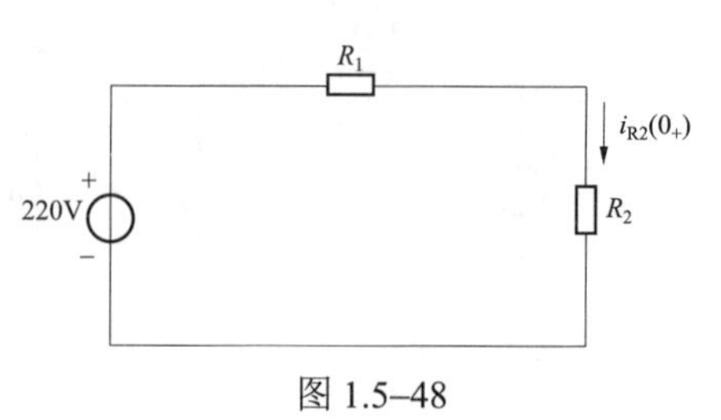

图 1.5–48

$i_L(0_+)=i_L(0_-)=0\text{A}$，所以 $t=0_+$ 时 L 相当于开路，由图知 $i_{R2}(0_+)=\dfrac{220}{10+100}\text{A}=2\text{A}$。

（2）求稳态值：$t=\infty$ 时稳态电路如图 1.5–49 所示。当 $t=\infty$ 时，在直流电源的作用下，L 相当于短路，由图知道 $i_{R2}(\infty)=0\text{A}$。

（3）求时间常数 τ：

$$R_{eq}=R_1 // R_2=(10 // 100)\Omega=\frac{10\times100}{10+100}\Omega=\frac{100}{11}\Omega$$

所以 $$\tau=\frac{L}{R_{eq}}=\frac{10}{\frac{100}{11}}\text{s}=\frac{11}{10}\text{s}=1.1\text{s}$$

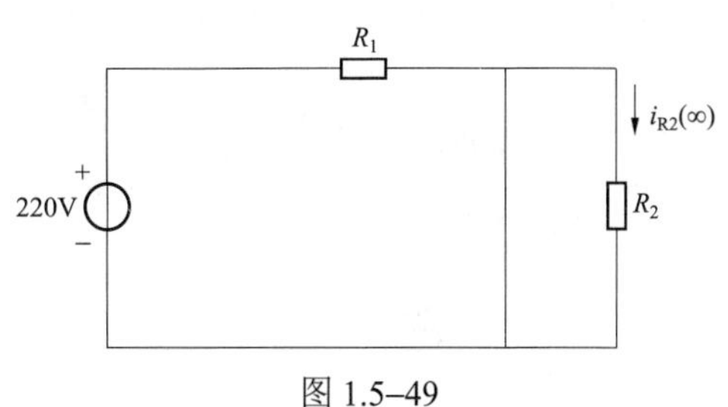

图 1.5–49

综上，将以上计算结果代入三要素公式，可得

$i_{R2}(t)=0\text{A}+(2-0)e^{-\frac{t}{1.1}}\text{A}=2e^{-\frac{t}{1.1}}\text{A}$。

故从开关S闭合后直至稳态，电阻 R_2 上消耗的焦耳热为 $W=\int_{0+}^{\infty}R_2 i_{R2}^2\text{d}t=\int_{0+}^{\infty}100\times\left(2e^{-\frac{t}{1.1}}\right)^2\text{d}t=$ $\int_{0+}^{\infty}400e^{-\frac{2t}{1.1}}\text{d}t=400\times\left(-\frac{1.1}{2}\right)\times e^{-\frac{2t}{1.1}}\Big|_{0+}^{\infty}=0\text{J}+400\times\frac{1.1}{2}\text{J}=200\text{J}$。

答案： B

24.（2014） 图 1.5–50 所示电路中，当 S 闭合后电容电压 $u_{C2}(t)$ 的表达式为（　　）。

A. $(2-e^{-10^3t})\text{V}$　　B. $(2+e^{-10^3t})\text{V}$　　C. $\left(1-\frac{1}{2}e^{-10^3t}\right)\text{V}$　　D. $\left(1+\frac{1}{2}e^{-10^3t}\right)\text{V}$

分析： 尽管题图中有两个储能元件 C_1、C_2，但由于两者是并联，所以简化后的电路方程仍为一阶微分方程，故可以用三要素法求解。

（1）求初始值 $u_{C2}(0_+)$：根据 $t=0_-$ 时，知 $u_{C1}(0_-)=2\text{V}$，$u_{C2}(0_-)=0\text{V}$。

注意：此处 $u_{C2}(0_+)\neq u_{C2}(0_-)$，$u_{C2}$ 会发生强迫跃变，依据电荷总量不变，有 $C_1u_{C1}(0_-)+C_2u_{C2}(0_-)=C_1u_{C1}(0_+)+C_2u_{C2}(0_+)$。又 $t=0_+$ 时，$u_{C1}(0_+)=u_{C2}(0_+)$，代入数值，推得 $5\times2+5\times0=5u_{C1}(0_+)+5u_{C1}(0_+)$，所以 $u_{C1}(0_+)=1\text{V}$。

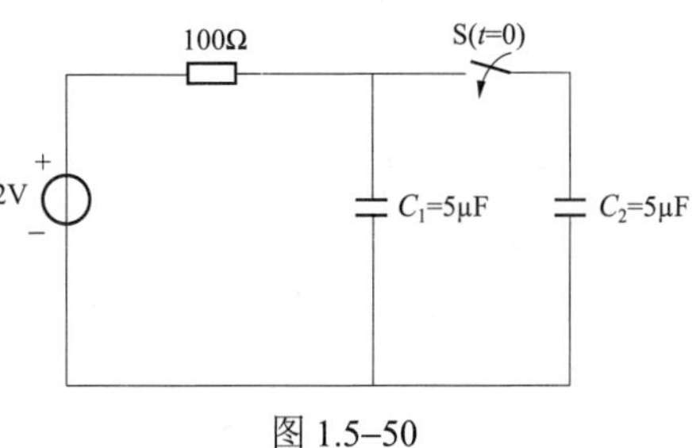

图 1.5–50

（2）求稳态值：当 $t=\infty$ 时，由图知，2V 电源给电容充电，最终 $u_{C2}(\infty)=2\text{V}$。

（3）求时间常数 τ：$C_{eq}=C_1+C_2=5+5=10\mu\text{F}$，所以 $\tau=RC_{eq}=100\times10\times10^{-6}=10^{-3}\text{s}$。

综上，将以上计算结果代入三要素公式，可得 $u_{C2}(t)=u_{C2}(\infty)+[u_{C2}(0_+)-u_{C2}(\infty)]e^{-\frac{t}{\tau}}=$ $2\text{V}+(1-2)e^{-\frac{t}{10^{-3}}}\text{V}=(2-e^{-1000t})\text{V}$。

答案： A

25.（2016） 如图 1.5–51 所示，已知 $U_{C(0-)}=6\text{V}$，t=0 时将开关 S 闭合，$t\geqslant0$ 时电流 $i(t)$ 为（　　）A。

A. $-6e^{-4\times10^3t}$　　B. $-6\times10^{-3}e^{-4\times10^3t}$　　C. $6e^{-4\times10^3t}$　　D. $6\times10^{-3}e^{-4\times10^3t}$

分析：此题为一阶电路的零输入响应，关键是要求出等效电阻 R_{eq}，由于含有受控源，故采用外加电源法。如图 1.5–52 所示，列写 KVL 方程，得 $u=-6000\times\left(i+\dfrac{u}{2000}\right)+2000i$，化简整理得 $u=-1000i$，故 $R_{eq}=-\dfrac{u}{i}=1000\Omega\Rightarrow\tau=R_{eq}C=1000\times0.25\times10^{-6}\text{s}=0.25\times10^{-3}\text{s}$。

$$i(t)=-\frac{U_C(0_+)}{R_{eq}}e^{-\frac{t}{\tau}}=-\frac{6}{1000}e^{-\frac{t}{\tau}}\text{A}=-6\times10^{-3}e^{-\frac{t}{0.25\times10^{-3}}}\text{A}=-6\times10^{-3}e^{-4\times10^{3}t}\text{A}$$

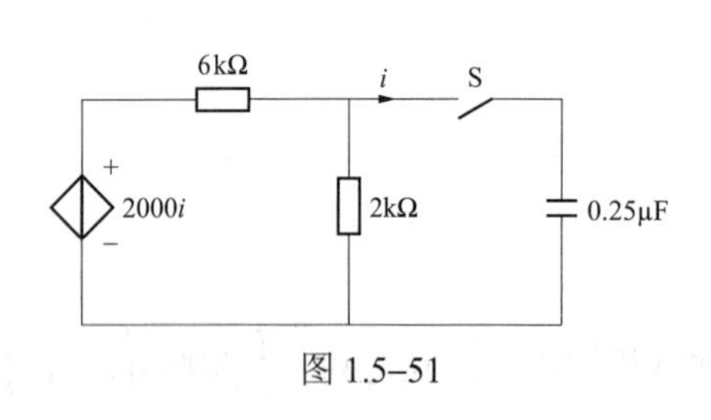

图 1.5–51

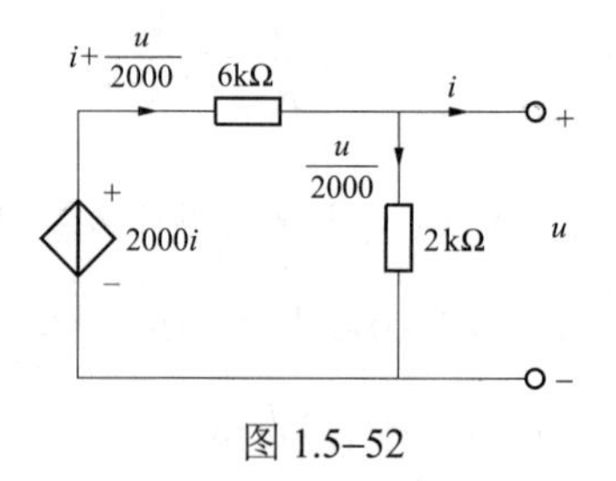

图 1.5–52

答案：B

26.（2016） 如图 1.5–53 所示，激励源为冲激电流源，则电容 C 的零状态响应 $u_C(t)$ 为（　　）。

A. 10^7-4e^{-2t}V　　B. 10^7V　　C. 10^7+4e^{-2t}V　　D. 10^8V

分析：冲激函数 $\delta(t)$ 是一种奇异函数，当冲激强度为 1 时，称为单位冲激函数，其定义如下，对应的波形如图 1.5–54 所示。

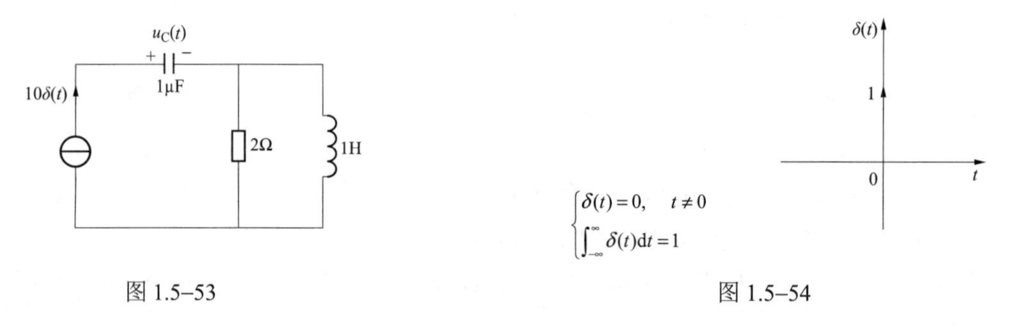

图 1.5–53　　图 1.5–54

由于冲激电流源仅仅在 0_- 到 0_+ 作用于电容，所以电容两端的电压为 $u_C(t)=u_C(0_-)+\dfrac{1}{C}\int_{0-}^{t}10\delta(t)dt$。

当 $t=0_+$ 时，$u_C(0_+)=u_C(0_-)+\dfrac{1}{C}\int_{0-}^{0+}10\delta(t)dt=u_C(0_-)+\dfrac{10}{C}=\dfrac{10}{10^{-6}}\text{V}=10^7\text{V}$。

注意：当冲激电流流过电容时，电容电压可以出现跃变，跃变的幅度等于电流的冲击量除以电容 C。若电容中没有冲激电流流过，则电容电压不能跃变，满足换路定律，即 $u_C(0_+)=u_C(0_-)$。

当 $t>0_+$ 时，冲激量消失，电流源相当于开路，电容极板上的电荷量不再变化，电容电压保持 10^7V。

答案：B

27.（2017） 暂态电路 3 要素不包含（　　）。

A. 待求量的原始值　　B. 待求量的初始值

C. 时间常数　　D. 任一特征值

分析：参见 1.5.2 节三要素法的公式。

答案：A

28.（2017） 若一阶电路的时间常数为 3s，则零输入响应换路后经过 3s 后衰减为初始值的（　　）。

A. 50%　　B. 75%　　C. 13.5%　　D. 36.8%

分析：RC 零输入响应 $u=U_0\mathrm{e}^{-\frac{t}{\tau}}$，$t=3\mathrm{s}$ 时，$u=U_0\mathrm{e}^{-\frac{t}{\tau}}=U_0\mathrm{e}^{-\frac{3}{3}}=U_0\mathrm{e}^{-1}=0.3679U_0=36.8\%U_0$。

答案：D

29.（2018）图 1.5–55 所示电路中，$t=0$ 时，开关由 1 扳向 2，在 $t<0$ 时电路已经达到稳态，$t\geqslant 0$ 时电容的电压 $u_{\mathrm{C}}(t)$ 是（　　）。

A. $(12-20\mathrm{e}^{-t})\mathrm{V}$　　B. $(12+20\mathrm{e}^{-t})\mathrm{V}$　　C. $(-8+4\mathrm{e}^{-t})\mathrm{V}$　　D. $(8+20\mathrm{e}^{-t})\mathrm{V}$

分析：$u_{\mathrm{C}(0+)}=u_{\mathrm{C}(0-)}=-8\mathrm{V}$。

根据图 1.5–56，可得 $U=4I+4i_1+2i_1=10I\Rightarrow R_{\mathrm{eq}}=\dfrac{U}{I}=10\Omega\Rightarrow\tau=R_{\mathrm{eq}}C=10\times0.1\mathrm{s}=1\mathrm{s}$。

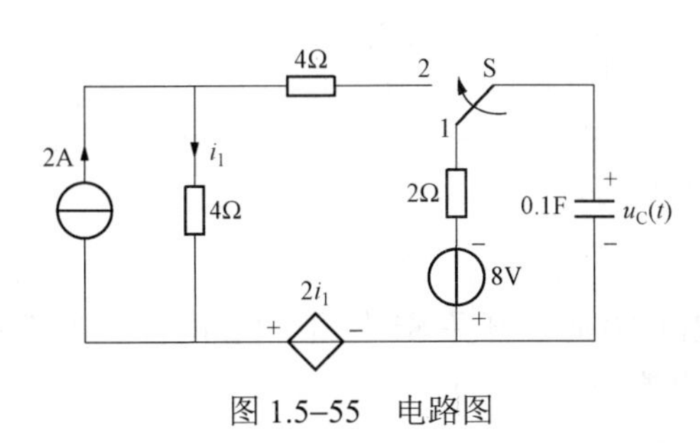

图 1.5–55　电路图

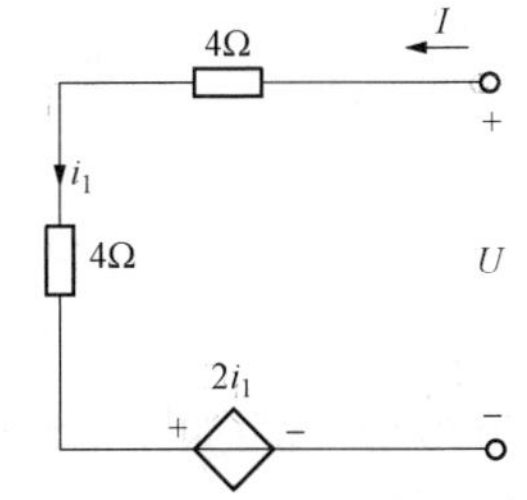

图 1.5–56　求 R_{eq} 等效电路

根据图 1.5–57，$t=\infty$ 时，电容 C 相当于开路，故 $i_1=2\mathrm{A}$，$u_{\mathrm{C}}(\infty)=4i_1+2i_1=12\mathrm{V}$，因此，

$u_{\mathrm{C}}(t)=u_{\mathrm{C}}(\infty)+[u_{\mathrm{C}(0+)}-u_{\mathrm{C}}(\infty)]\mathrm{e}^{-\frac{t}{\tau}}=[12+(-8-12)\mathrm{e}^{-t}]\mathrm{V}=(12-20\mathrm{e}^{-t})\mathrm{V}$。

答案：A

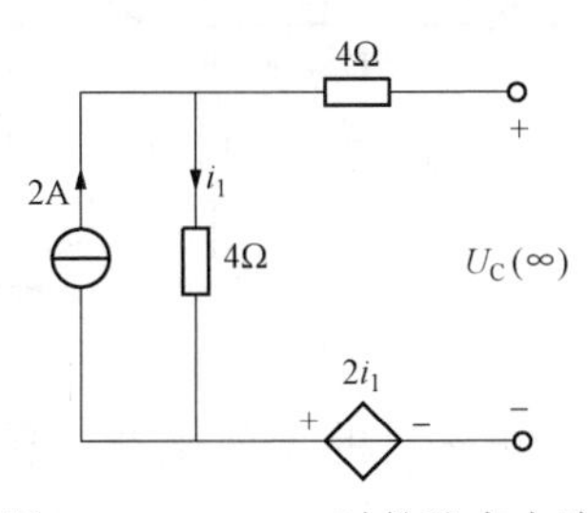

图 1.5–57　$t=\infty$ 时的稳态电路

30.（2019） 电路如图 1.5–58 所示，换路前电路已经达到稳态，已知 $U_{\mathrm{C}(0\_)}=0\mathrm{V}$，则换路后的电容电压 $U_{\mathrm{C}}(t)$ 为（　　）。

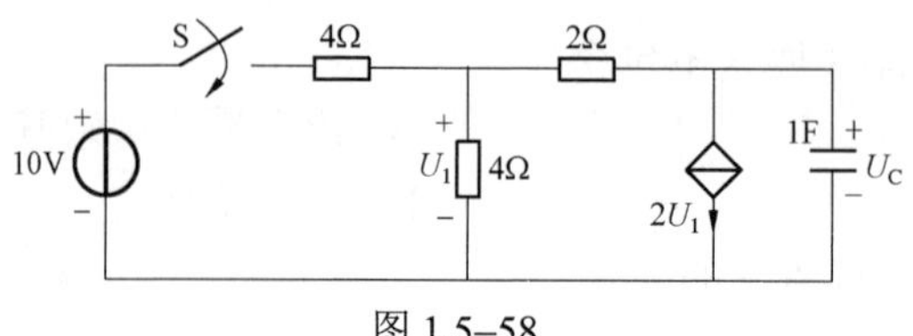

图 1.5–58

A. $-3(1-e^{-1.25t})$V　　B. $-3e^{-1.25t}$V　　C. $3e^{-1.25t}$V　　D. $3(1-e^{-1.25t})$V

分析：$t\to\infty$时的电路如图 1.5–59 所示，有

$$4I+U_1=10 \tag{1.5–1}$$

将$I=2U_1+\dfrac{U_1}{4}=\dfrac{9U_1}{4}$代入式（1.5–1），可得$U_1=1\text{V}$，故$U_{C(\infty)}=-2\times2U_1+U_1=-3\text{V}$。

又$U_{C(0+)}=U_{C(0-)}=0\text{V}$，按三要素法有$U_C(t)=U_{C(\infty)}+(U_{C(0+)}-U_{C(\infty)})e^{-\frac{t}{\tau}}=-3+(0+3)e^{-\frac{t}{\tau}}=-3(1-e^{-\frac{t}{\tau}})$。

捷径：不用求τ即可确定正确答案。

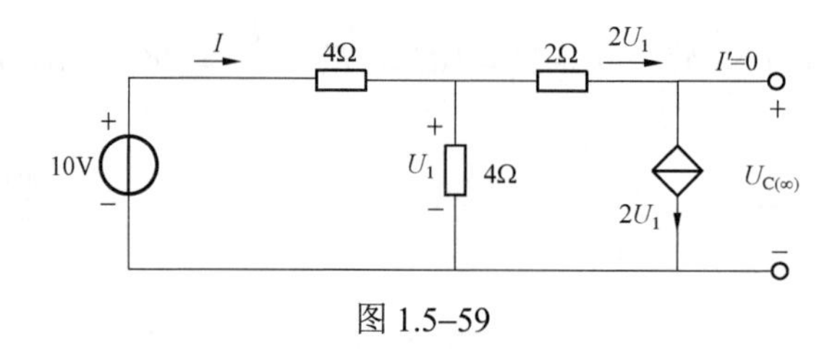

图 1.5–59

答案：A

31.（2020） 电路如图 1.5–60 所示，当$t=0$时，开关 S1 打开，S2 闭合，在开关动作前电路已经达到稳态。$t\geqslant0$时，通过电感的电流是（　　）。

A. $3(1+e^{-\frac{t}{0.3}})$A　　B. $3(1-e^{-\frac{t}{0.3}})$A

C. $(3-7e^{-\frac{t}{0.3}})$A　　D. $(3+7e^{-\frac{t}{0.3}})$A

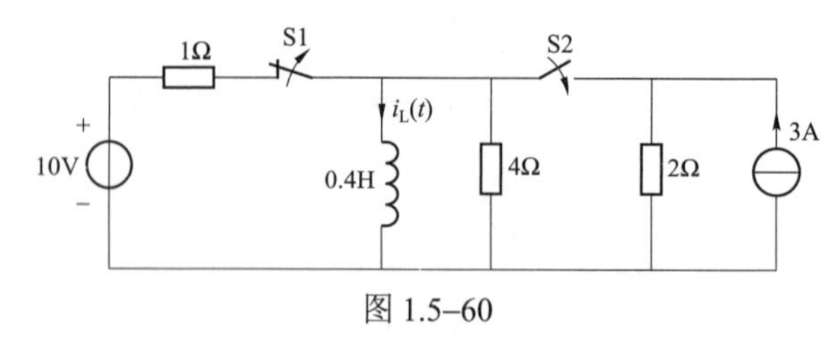

图 1.5–60

分析：依据下面的$t=0_$时和$t=\infty$时的等效电路（图 1.5–61 和图 1.5–62），可求得$i_L(0_)=10\text{A}$，$i_L(\infty)=3\text{A}$，故$i_L(t)=i_{L(\infty)}+(i_{L(0+)}-i_{L(\infty)})e^{-\frac{t}{\tau}}=3+7e^{-\frac{t}{\tau}}$。

捷径：不用算出τ。

答案：D

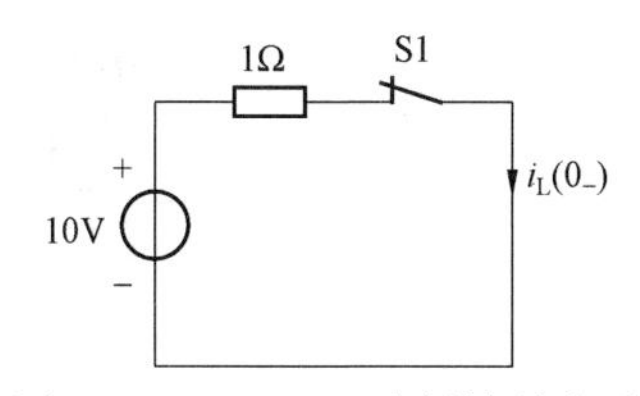

图 1.5–61　$t=0_-$ 时刻等效电路

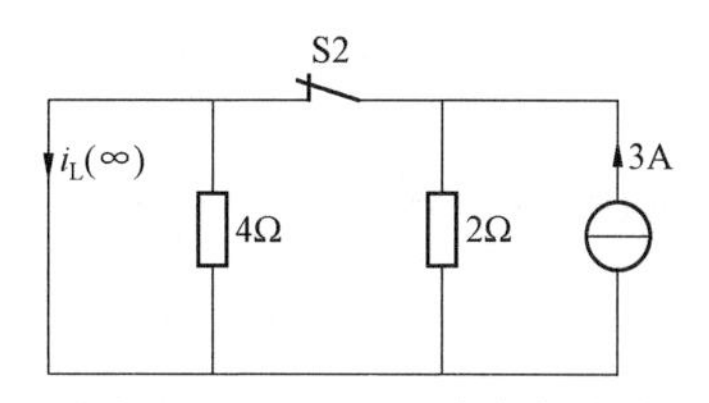

图 1.5–62　$t=\infty$ 时稳态电路

32.（2021）　电路如图 1.5–63 所示，已知 $i_L(0_-)=2\text{A}$，在 $t=0$ 时合上开关 S，则电感两端的电压 $u_L(t)$ 为（　　）。

A. $-16e^{-t}$V　　B. $16e^{-t}$V　　C. $-16e^{-2t}$V　　D. $16e^{-2t}$V

分析：如图 1.5–64 所示，有 $u=3i+(i+0.5u)\Rightarrow R_{eq}=\dfrac{u}{i}=8\Omega$，故 $\tau=\dfrac{L}{R}=\dfrac{4}{8}=0.5\text{s}$。

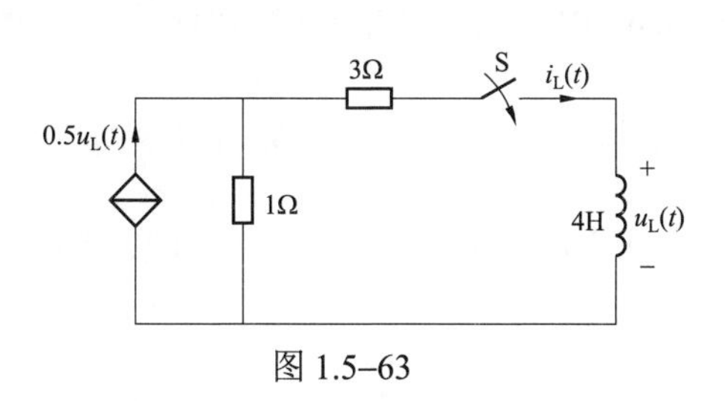

图 1.5–63

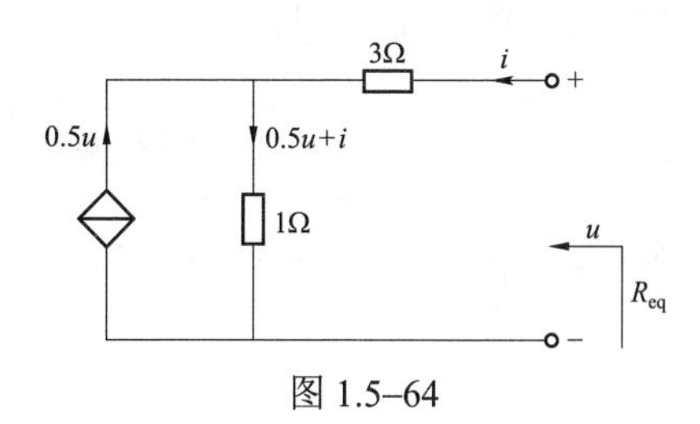

图 1.5–64

从图 1.5–63 中可知，为无源网，故 $i_L(\infty)=0\text{A}$，依据换路定则，有 $i_L(0_+)=i_L(0_-)=2\text{A}$。代入三要素公式，得 $i_L(t)=i_L(\infty)+[i_L(0_+)-i_L(\infty)]e^{-\frac{t}{\tau}}=0\text{A}+[2-0]e^{-\frac{t}{0.5}}\text{A}=2e^{-2t}\text{A}$。

因此，$u_L(t)=L\dfrac{di_L(t)}{dt}=-16e^{-2t}\text{V}$。

答案：C

【3. 了解二阶电路分析的基本方法】

33.（2006）在 $R=4\text{k}\Omega$、$L=4\text{H}$、$C=1\mu\text{F}$ 三个元件串联的电路中，电路的暂态属于（　　）。

A. 振荡　　B. 非振荡　　C. 临界振荡　　D. 不能确定

分析：$2\sqrt{\dfrac{L}{C}}=2\sqrt{\dfrac{4}{10^{-6}}}\Omega=4000\Omega$，又 $R=4000\Omega$，所以 $R=2\sqrt{\dfrac{L}{C}}$ 属临界振荡。

答案：C

34.（2007）在 $R=9\text{k}\Omega$、$L=9\text{H}$、$C=1\mu\text{F}$ 三个元件串联的电路中，电路的暂态属于（　　）。

A. 振荡　　B. 非振荡　　C. 临界振荡　　D. 不能确定

分析：$2\sqrt{\dfrac{L}{C}}=2\sqrt{\dfrac{9}{10^{-6}}}\Omega=6000\Omega$，又 $R=9000\Omega$，所以 $R>2\sqrt{\dfrac{L}{C}}$，属于非振荡性质。

答案：B

35.（2009）　已知图 1.5–65所示二阶动态电路的过渡过程是欠阻尼，则电容 C 应小于（　　）F。

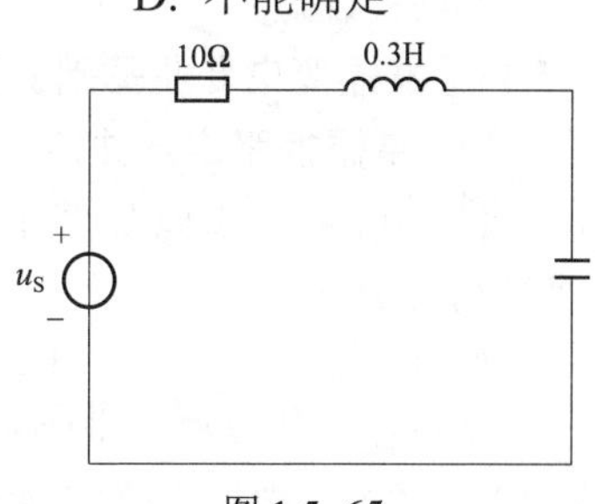

图 1.5–65

A. 0.012　　　　B. 0.024　　　　C. 0.036　　　　D. 0.048

分析：题目已知欠阻尼，所以就有 $R<2\sqrt{\dfrac{L}{C}}$ ， $R<2\sqrt{\dfrac{L}{C}} \Rightarrow 10<2\sqrt{\dfrac{0.3}{C}} \Rightarrow C<\dfrac{0.3}{25} \Rightarrow$ $C<0.012\text{F}$ 。

答案：A

36.（2009）在 $R=9\text{k}\Omega$ 、$L=36\text{H}$ 、$C=1\mu\text{F}$ 三个元件串联的电路中，电路的暂态属于（　　）。

A. 非振荡　　　　B. 振荡　　　　C. 临界振荡　　　　D. 不能确定

分析：$2\sqrt{\dfrac{L}{C}}=2\sqrt{\dfrac{36}{10^{-6}}}\Omega=12\,000\Omega$ ，又 $R=9000\Omega$ ，所以 $R<2\sqrt{\dfrac{L}{C}}$ ，属于振荡性质。

答案：选 B。

37.（2010） 在 $R=17\text{k}\Omega$ 、 $L=4.23\text{H}$ 、 $C=0.47\mu\text{F}$ 三个元件串联的电路中，电路的暂态属于（　　）。

A. 非振荡　　　　B. 临界振荡　　　　C. 振荡　　　　D. 不能确定

分析：$2\sqrt{\dfrac{L}{C}}=2\sqrt{\dfrac{4.23}{0.47\times10^{-6}}}\text{k}\Omega=6\text{k}\Omega$ ，又 $R=17\text{k}\Omega$ ，所以 $R>2\sqrt{\dfrac{L}{C}}$ ，属于非振荡性质。

答案：A

38.（2011） 如图 1.5–66 所示的电路中，换路前已达稳态，在 $t=0$ 时开关 S 打开，欲使电路产生临界阻尼响应，R 应取（　　）。

A. 3.16Ω　　　　B. 6.33Ω

C. 12.66Ω　　　　D. 20Ω

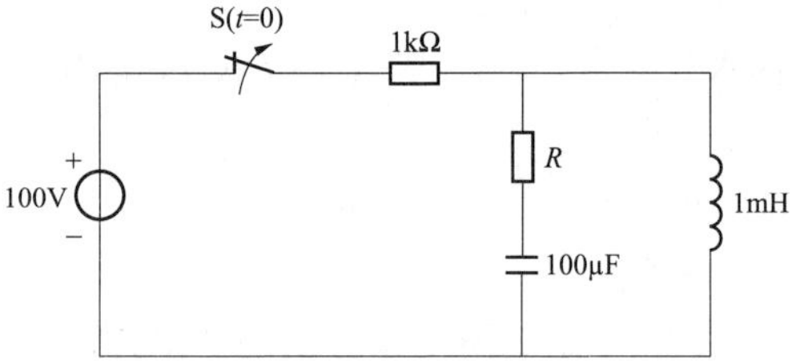

图 1.5–66

分析：临界阻尼响应 $\Rightarrow$ 则 $R=2\sqrt{\dfrac{L}{C}} \Rightarrow$

$R=2\sqrt{\dfrac{10^{-3}}{100\times10^{-6}}}\Omega=2\sqrt{10}\Omega=6.32\Omega$ 。

答案：B

39.（2019）RLC 串联电路中， $R=2\sqrt{\dfrac{L}{C}}$ 的特点是（　　）。

A. 非振荡衰减过程，过阻尼　　　　B. 振荡衰减过程，欠阻尼

C. 临界非振荡过程，临界阻尼　　　　D. 无振荡衰减过程，无阻尼

分析：参见 1.5.2 节重要知识点复习。

答案：C

1.5.4 【发输变电专业基础】历年真题详解

【1. 掌握换路定则并能确定电压、电流的初始值】

1.（2008） 电路如图 1.5–67 所示，当 $t=0$ 时，闭合开关 S，有 $U_1(0_+)=U_2(0_+)=0\text{V}$ ，则 $U_1(0_+)$ 为（　　）。

A. 1.5V　　　　B. 6V　　　　C. 3V　　　　D. 2.5V

分析：$U_1(0_+)$ 属于非独立初始值，需要用“0_+ 等效电路”得到，显然 $t=0\_$ 时有 $i_{L1}(0_-)=i_{L2}(0_-)=0\text{A}$ ，根据换路定律有 $i_{L1}(0_+)=i_{L1}(0_-)=0\text{A}$ ， $i_{L2}(0_+)=i_{L2}(0_-)=0\text{A}$ ，做出 $t=0_+$ 时的

等效电路如图 1.5–68 所示。依据分压公式显然有$U_1(0_+)=\dfrac{5}{5+10}\times 9\text{V}=3\text{V}$。

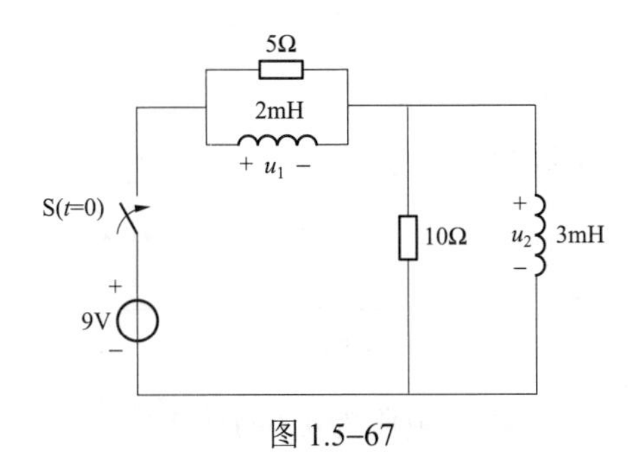

图 1.5–67

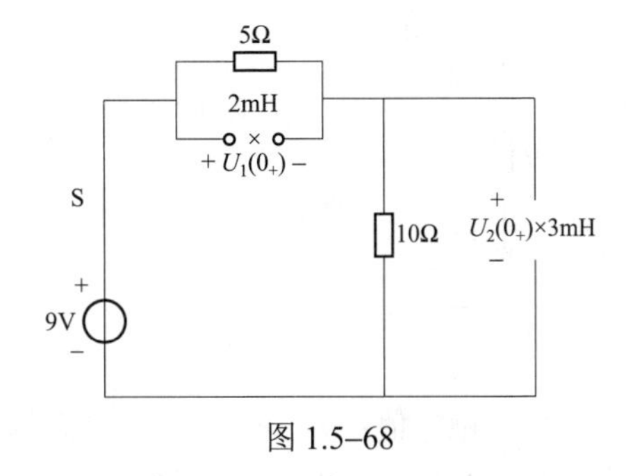

图 1.5–68

答案：C

2.（2019） 某一电路发生突变，如开关突然通断，参数的突然变化及其突发意外事故或干扰统称为（　　）。

A. 短路　　B. 断路　　C. 换路　　D. 通路

答案：C

【2. 熟练掌握一阶电路分析的基本方法】

3.（2008） 电路如图 1.5–69 所示，求电路的时间常数为（　　）。

A. 10ms　　B. 5ms　　C. 8ms　　D. 12ms

分析：先求R_{eq}，其值为从储能元件（本题为电容）两端看进去的等效电阻，如图 1.5–70 所示，因为含有受控源，故采用外加电源法来求解R_{eq}。对节点①，依据 KCL，有$i=0.2I-I=-0.8I$；依据 KVL，有$u=-100I$。从而$R_{eq}=\dfrac{u}{i}=\dfrac{-100I}{-0.8I}=125\Omega$，因此电路的时间常数$\tau=R_{eq}C=125\times 40\times 10^{-6}\text{s}=5\text{ms}$。

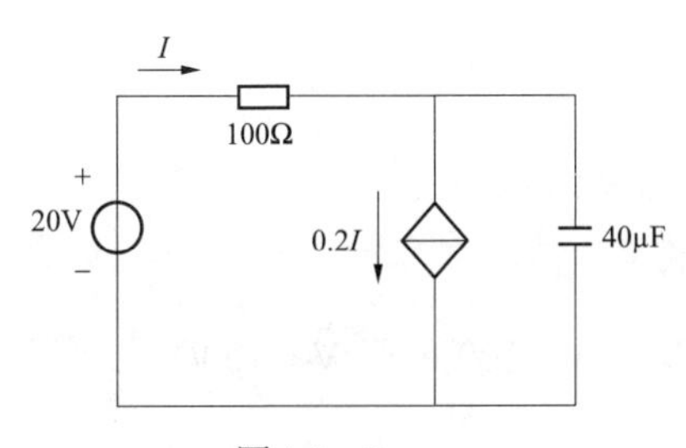

图 1.5–69

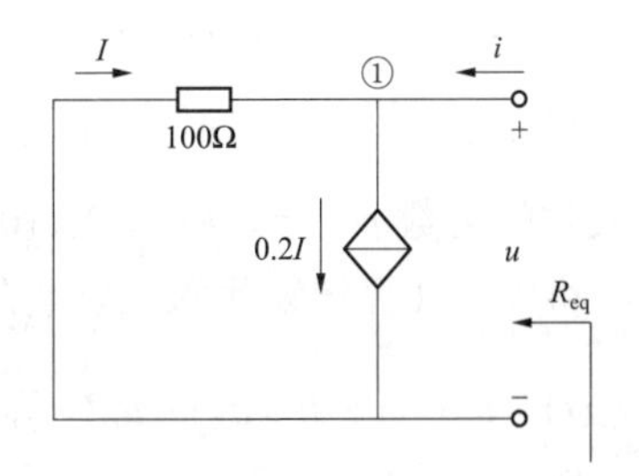

图 1.5–70　求R_{eq}的等效网络图

答案：B

4.（2009） 图 1.5–71 所示电路中，开关 S 闭合前电路为稳态，$t=0$时开关 S 闭合，则$t>0$时电容电压$u_C(t)$为（　　）V。

A. $3(1+e^{-10t})$　　B. $5(1+e^{-10t})$　　C. $5(1-e^{-10t})$　　D. $3(1-e^{-10t})$

分析：一阶电路采用“三要素法”进行求解。

（1）求初始值：$u_C(0_-)=0\text{V}$，依据换路定律可得$u_C(0_+)=u_C(0_-)=0\text{V}$。

（2）求时间常数：R_{eq}为从储能元件两端看进去，将独立电源置零后，网络的等效电路，如图 1.5–72 所示，显然 $R_{eq}=1\Omega$，故 $\tau=R_{eq}C=1\times0.1\text{s}=0.1\text{s}$。

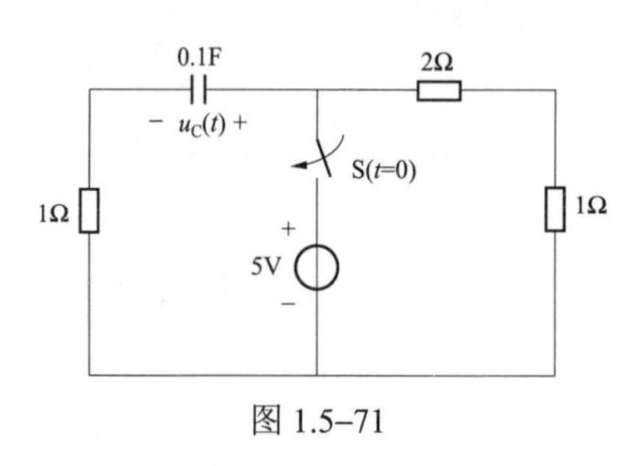

图 1.5–71

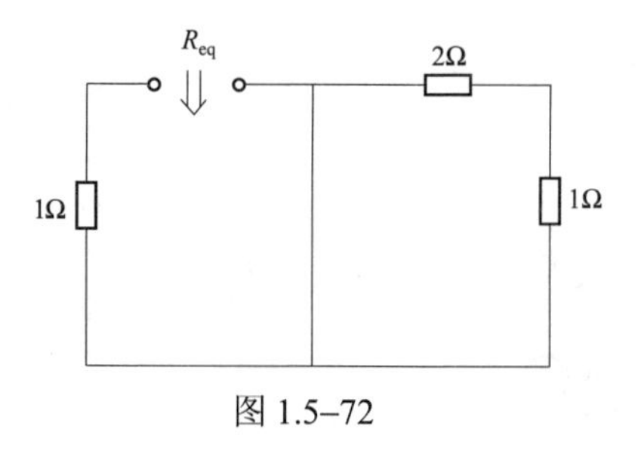

图 1.5–72

（3）求稳态值：$t=\infty$ 时，在直流 5V 电源作用下，电容 C 电压为 $u_C(\infty)=5\text{V}$。

综上，将上述结果代入三要素公式，有

$$u_C(t)=u_C(\infty)+[u_C(0_+)-u_C(\infty)]\text{e}^{-\frac{t}{\tau}}=5\text{V}+(0-5)\ \text{e}^{-\frac{t}{0.1}}\text{V}=5(1-\text{e}^{-10t})\text{V}$$

答案：C

5.（2013） 图 1.5–73 所示电路中，$u_C(0_-)=0\text{V}$，$t=0$ 时闭合开关 S，$u_C(t)$ 为下列哪项数值？（　　）

A. $50(1+\text{e}^{-100t})\text{V}$　　B. $100\text{e}^{-100t}\text{V}$　　C. $100(1+\text{e}^{-100t})\text{V}$　　D. $100(1-\text{e}^{-100t})\text{V}$

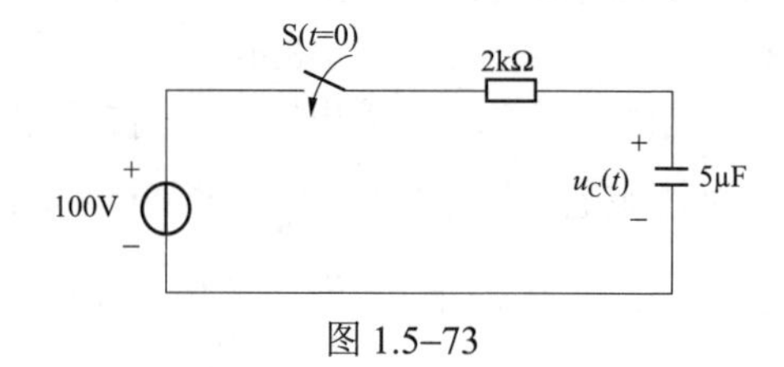

图 1.5–73

分析：一阶电路用“三要素法”求解。

（1）求初始值：依据换路定律有 $u_C(0_+)=u_C(0_-)=0\text{V}$。

（2）求稳态值：当 $t=\infty$时，$u_C(\infty)=100\text{V}$。

（3）求时间常数 τ：$\tau=RC=2\times10^3\times5\times10^{-6}\text{s}=10^{-2}\text{s}$。

综上，将以上计算结果代入三要素公式，可得

$$u_C(t)=u_C(\infty)+[u_C(0_+)-u_C(\infty)]\text{e}^{-\frac{t}{\tau}}=100\text{V}+\ (0-100)\text{e}^{-\frac{t}{10^{-2}}}\text{V}=100(1-\text{e}^{-100t})\text{V}$$

答案：D

6.（2020） 图 1.5–74 所示电路中，$i_L(0_-)=0\text{A}$，t=0 时闭合开关 S，$i_L(t)$ 为下列哪项数值？（　　）

A. $12.5(1+\text{e}^{-1000t})\text{A}$　　B. $12.5(1-\text{e}^{-1000t})\text{A}$

C. $25(1+\text{e}^{-1000t})\text{A}$　　D. $25(1-\text{e}^{-1000t})\text{A}$

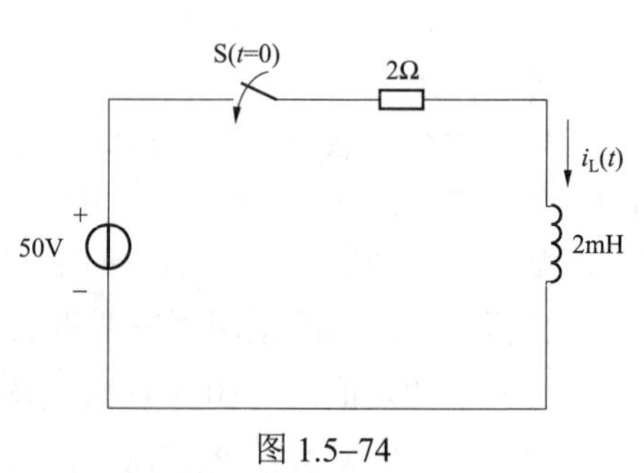

图 1.5–74

分析：（1）求初始值：依据换路定律有 $i_L(0_+)=i_L(0_-)=0\text{A}$。

（2）求稳态值：$i_L(\infty)=\dfrac{50}{2}\text{A}=25\text{A}$。

（3）求时间常数τ：$\tau=\dfrac{L}{R}=\dfrac{2\times10^{-3}}{2}\text{s}=10^{-3}\text{s}$。

综上，将以上计算结果代入三要素公式，可得

$$i_{\rm L}(t)=i_{\rm L}(\infty)+[i_{\rm L}(0_+)-i_{\rm L}(\infty)]{\rm e}^{-\frac{t}{\tau}}=25\text{A}+(0-25){\rm e}^{-\frac{t}{10^{-3}}}\text{A}=25(1-{\rm e}^{-1000t})\text{A}$$

答案：D

7.（2014） 把$R=20\Omega$、$C=400\mu\text{F}$的串联电路接到$u=220\sqrt{2}\sin314t(\text{V})$的正弦电压上，接通后电路中的电流$i$为（　　）A。

A. $10.22\sqrt{2}\sin(314t+21.7^\circ)-5.35{\rm e}^{-125t}$　　B. $10.22\sqrt{2}\sin(314t-21.7^\circ)-5.35{\rm e}^{-125t}$

C. $10.22\sqrt{2}\sin(314t+21.7^\circ)+5.35{\rm e}^{-125t}$　　D. $10.22\sqrt{2}\sin(314t-21.7^\circ)+5.35{\rm e}^{-125t}$

分析：一阶电路用“三要素”法求解。注意本题不是直流电源作用而是交流电源作用。

（1）求初始值：依据换路定律，有$u_{\rm C}(0_+)=u_{\rm C}(0_-)=0\text{V}$。

0_+等效电路，$u(0_+)=220\sqrt{2}\sin0^\circ\text{V}=0\text{V}$，所以$i(0_+)=0\text{A}$。

（2）求稳态值：当$t=\infty$时，达到正弦稳态，用相量求解。

$$\dot{I}=\frac{\dot{U}}{R-{\rm j}\dfrac{1}{\omega C}}=\frac{220\angle0^\circ}{20-{\rm j}\dfrac{1}{314\times400\times10^{-6}}}\text{A}=10.22\angle21.7^\circ\text{A}$$

写成瞬时值形式为：$i(\infty)=10.22\sqrt{2}\sin(314t+21.7^\circ)\text{A}$

$$i_\infty(0_+)=10.22\sqrt{2}\sin21.7^\circ\text{A}=5.344\text{A}$$

（3）求时间常数τ：$\tau=RC=20\times400\times10^{-6}\text{s}=8\text{ms}$。

综上，将以上计算结果代入三要素公式，可得

$$\begin{aligned}i(t)&=i_\infty(t)+[i(0_+)-i_\infty(0_+)]{\rm e}^{-\frac{t}{\tau}}=10.22\sqrt{2}\sin(314t+21.7^\circ)\text{A}+(0-5.344){\rm e}^{-\frac{t}{\tau}}\text{A}\\&=10.22\sqrt{2}\sin(314t+21.7^\circ)\text{A}-5.344{\rm e}^{-125t}\text{A}\end{aligned}$$

答案：A

8.（2017） 图1.5–75所示电路以端口电压为激励，以电容电压为响应时属于（　　）。

A. 高通滤波电路　　B. 带通滤波电路

C. 低通滤波电路　　D. 带阻滤波电路

答案：C

9.（2019） 图1.5–76示电路中，开关S在$t=0$时打开，在$t\geqslant0_+$后电容电压$u_{\rm C}(t)$为（　　）V。

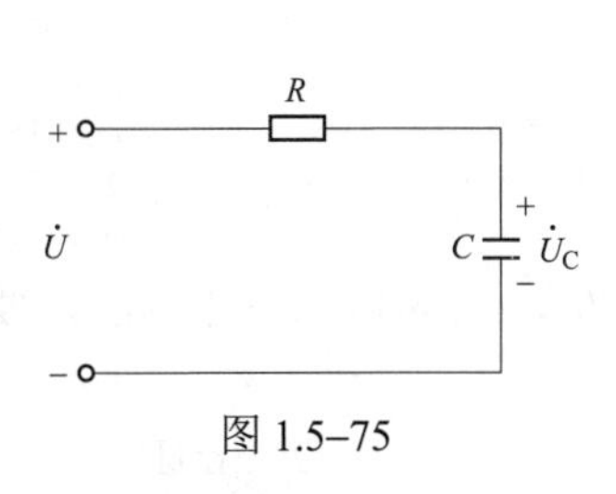

图1.5–75

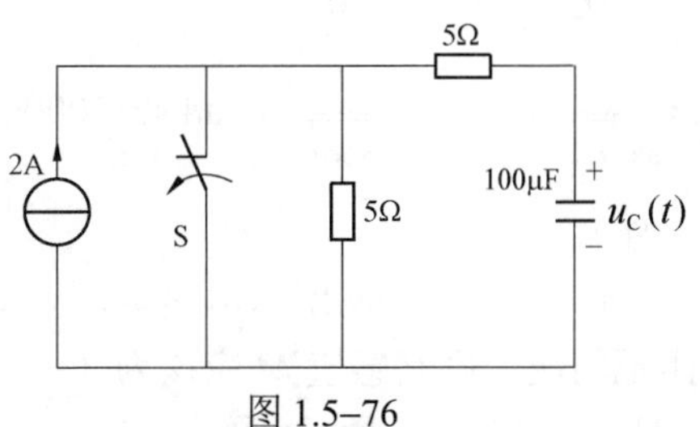

图1.5–76

A. $10e^{-1000t}$　　B. $10(1+e^{-1000t})$　　C. $10(1-e^{-1000t})$　　D. $10(1-e^{-100t})$

分析：$u_{C(0+)}=u_{C(0-)}=0V$，$R_{eq}=5\Omega+5\Omega=10\Omega$，从而$\tau=R_{eq}C=10\times100\times10^{-6}s=10^{-3}s$，$u_{C(\infty)}=5\Omega\times2A=10V$，所以

$$u_C(t)=u_{C(\infty)}+[u_{C(0+)}-u_{C(\infty)}]e^{-\frac{t}{\tau}}=10V+(0-10)e^{-\frac{t}{0.001}}V=10(1-e^{-1000t})V$$

答案：C

10.（2020）一阶电路的时间常数与（　　）电路元件有关。

A. 电阻和动态元件　　B. 电阻和电容

C. 电阻和电感　　D. 电感和电容

答案：A

11.（2021）电路如图 1.5–77 所示，$t=0$时开关 S 闭合，则换路后的$u_C(t)$等于（　　）。

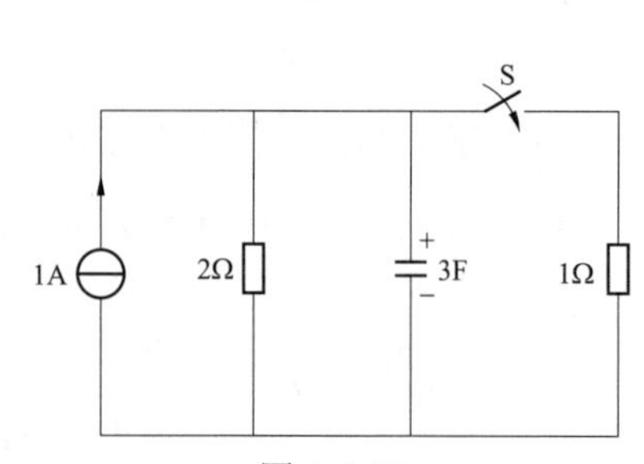

图 1.5–77

A. $\frac{2}{3}e^{-0.5t}V$　　B. $\frac{2}{3}(1-e^{-0.5t})V$

C. $\left(\frac{2}{3}+\frac{4}{3}e^{-0.5t}\right)V$　　D. $\left(\frac{2}{3}+\frac{4}{3}e^{-t}\right)V$

分析：$t=0_-$时，$u_{c(0-)}=2V$，根据换路定则，有$u_{c(0+)}=u_{c(0-)}=2V$。

求稳态值：$u_{c(\infty)}=1\times(2//1)V=\frac{2}{3}V$。

求时间常数：$R_{eq}=(2//1)\Omega=\frac{2}{3}\Omega$，$\tau=R_{eq}C=\frac{2}{3}\times3s=2s$。

故$u_{c(t)}=u_{c(\infty)}+[u_{c(0+)}-u_{c(\infty)}]e^{-\frac{t}{\tau}}=\frac{2}{3}V+\left[2-\frac{2}{3}\right]e^{-\frac{t}{2}}V=\frac{2}{3}+\frac{4}{3}e^{-0.5t}V$。

答案：C

【3. 了解二阶电路分析的基本方法】

12.（2013）在一个由$R=1k\Omega$、$L=2H$和$C=0.5\mu F$三个元件相串联的电路，则该电路在振荡过程中的谐振角频率为下列哪项数值？（　　）

A. $250\sqrt{5}$rad/s　　B. 1000rad/s　　C. $500\sqrt{5}$rad/s　　D. 750rad/s

分析：$2\sqrt{\frac{L}{C}}=2\sqrt{\frac{2}{0.5\times10^{-6}}}\Omega=4000\Omega$，$R=1000\Omega$，所以$R<2\sqrt{\frac{L}{C}}$，属振荡放电，振荡角频率$\omega_0=\frac{1}{\sqrt{LC}}=\frac{1}{\sqrt{2\times0.5\times10^{-6}}}rad/s=1000rad/s$。

答案：B

13.（2014）图 1.5–78 所示电路中，$R=2\Omega$，$L_1=L_2=0.1mH$，$C=100\mu F$，要使电路达到临界阻尼情况，则互感值M应该为（　　）。

A. 1mH　　B. 2mH　　C. 0mH　　D. 3mH

分析：去耦后的等效电路如图 1.5–79 所示。

$$L_{\text{eq}}=(L_2-M)//M+(L_1-M)=\frac{(L_2-M)M}{L_2}+L_1-M=\frac{L_2M-M^2+L_1L_2-ML_2}{L_2}=\frac{L_1L_2-M^2}{L_2}$$

临界阻尼的条件是

$$R=2\sqrt{\frac{L_{\text{eq}}}{C}}\Rightarrow 2=2\sqrt{\frac{L_1L_2-M^2}{L_2}\times\frac{1}{100\times10^{-6}}}\Rightarrow\frac{0.1\times10^{-3}\times0.1\times10^{-3}-M^2}{0.1\times10^{-3}}\times10^4=1\Rightarrow M=0\text{mH}$$

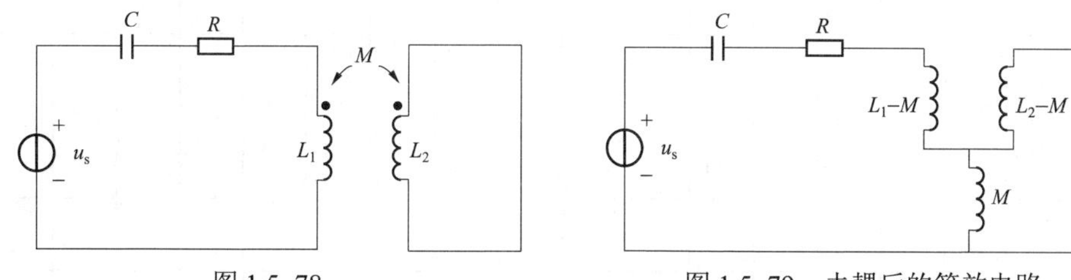

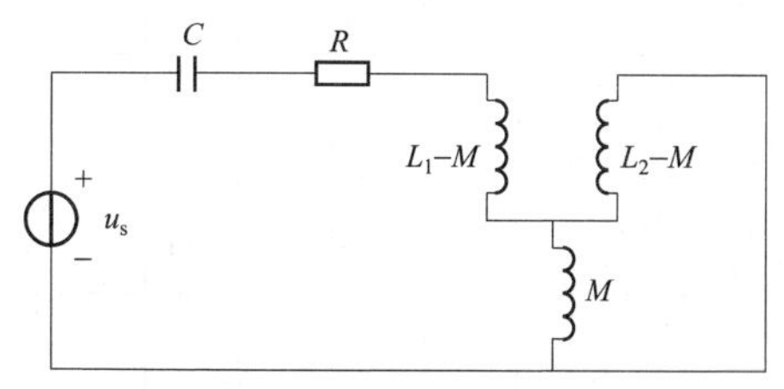

图 1.5–78

图 1.5–79　去耦后的等效电路

答案：C

14.（2016）一个 RLC 串联电路中，$C=1\mu\text{F}$，$L=1\text{H}$，当 R 小于（　　）时，放电过程是振荡性质的？

A. 1000Ω　　B. 2000Ω　　C. 3000Ω　　D. 4000Ω

分析：$2\sqrt{\dfrac{L}{C}}=2\sqrt{\dfrac{1}{1\times10^{-6}}}\,\Omega=2000\Omega$。当 $R<2\sqrt{\dfrac{L}{C}}$，属振荡放电。

答案：B

15.（2019）对于二阶电路，用来求解动态输出响应的方法是（　　）。

A. 三要素法　　B. 相量法　　C. 相量图法　　D. 微积分法

分析：一阶电路的响应用三要素法分析，正弦稳态电路的分析利用相量法。

答案：D

16.（2021）已知某二阶电路的微分方程为 $\dfrac{\text{d}^2u}{\text{d}t^2}+8\dfrac{\text{d}u}{\text{d}t}+12u=0$，则该电路的响应性质是（　　）。

A. 无阻尼振荡　　B. 衰减振荡　　C. 非振荡　　D. 振荡发散

分析：对应的特征方程为 $p^2+8p+12=0$，因为 $b^2-4ac=8^2-4\times1\times12=16>0$，从而方程有两个不相等的实数根，故为过阻尼非振荡放电过程。

答案：C

1.6　静电场

1.6.1　考试大纲要求及历年真题统计分析（供配电、发输变电）

历年真题按照考试大纲考点归类总结见表 1.6–1 和表 1.6–2（说明：1、2、3、4 道题分别对应 1、2、3、4 颗★，≥5 道题对应 5 颗★）。

表 1.6–1　　　　供配电专业基础考试大纲及历年真题统计表

1.6　静电场 考试大纲	2005	2006	2007	2008	2009	2010	2011	2012	2013	2014	2016	2017	2018	2019	2020	2021	汇总统计
1. 掌握电场强度、电位的概念★★★★★			1		1	1	1	1	2	2	1		2	3	2	1	18★★★★★
2. 了解应用高斯定律计算具有对称性分布的静电场问题★★★	1			1			1										3★★★
3. 了解静电场边值问题的镜像法和电轴法，并能掌握几种典型情形的电场计算★				1													1★
4. 了解电场力及其计算																	0
5. 掌握电容和部分电容的概念，了解简单形状电极结构电容的计算★★★★			1		1			1					1				4★★★★
汇总统计	1	0	2	2	2	1	2	2	2	2	1	0	3	3	2	1	26

表 1.6–2　　　　发输变电专业基础考试大纲及历年真题统计表

1.6　静电场 考试大纲	2005（同供配电）	2006（同供配电）	2007（同供配电）	2008	2009	2010	2011	2012	2013	2014	2016	2017	2018	2019	2020	2021	汇总统计
1. 掌握电场强度、电位的概念★★★★★			1	1	2	1	2	2	2	1	1	1	2	2	2	1	21★★★★★
2. 了解应用高斯定律计算具有对称性分布的静电场问题★★	1				1												2★★
3. 了解静电场边值问题的镜像法和电轴法，并能掌握几种典型情形的电场计算★★				1				1									2★★
4. 了解电场力及其计算																	0
5. 掌握电容和部分电容的概念，了解简单形状电极结构电容的计算★★★★			1						1		1		1				4★★★★
汇总统计	1	0	2	2	3	1	2	3	3	1		1	3	2	2	1	29

对比以上供配电专业基础和发输变电专业基础历年真题统计表，可看到：尽管两个专业方向不同，但专业基础考试的两个方向的侧重点几乎相同，见表 1.6–3。

表 1.6–3　　专业基础供配电、发输变电两个专业方向侧重点对比

1.6　静电场	历年真题汇总统计	
考试大纲（取供配电、发输变电两个方向中多的★值标注）	供配电	发输变电
1. 掌握电场强度、电位的概念★★★★★	18★★★★★	21★★★★★
2. 了解应用高斯定律计算具有对称性分布的静电场问题★★★	3★★★	2★★
3. 了解静电场边值问题的镜像法和电轴法，并能掌握几种典型情形的电场计算★★	1★	2★★
4. 了解电场力及其计算	0	0
5. 掌握电容和部分电容的概念，了解简单形状电极结构电容的计算★★★★	4★★★★	4★★★★
汇总统计	26	29

1.6.2　重要知识点复习

结合前面 1.6.1 节的历年真题统计分析（供配电、发输变电）结果，对“1.6 静电场”部分的 1、2、3、5 大纲点深入总结，其他大纲点从略。

1. 掌握电场强度、电位的概念

考点一：圆柱形电场强度的计算问题。

在圆柱形电缆中，内外柱面间的场强为 $E(r)=\dfrac{\tau}{2\pi\varepsilon r}e_{\mathrm{r}}$，当外加电压为 U 时，则

$$U=\int_a^b E(r)\mathrm{d}r=\int_a^b \frac{\tau}{2\pi\varepsilon r}e_{\mathrm{r}}\mathrm{d}r=\frac{\tau}{2\pi\varepsilon}\ln r\Big|_a^b=\frac{\tau}{2\pi\varepsilon}\times(\ln b-\ln a)$$
$$=\frac{\tau}{2\pi\varepsilon}\ln\frac{b}{a}\Rightarrow\frac{\tau}{2\pi\varepsilon}=\frac{U}{\ln\dfrac{b}{a}}\Rightarrow E(r)=\frac{U}{r\ln\dfrac{b}{a}}e_{\mathrm{r}}$$

考点二：均匀带电球体的电场。

已知 q、R，计算均匀带电球体的电场。

当 $r<R$ 时（图 1.6–1），$\Phi_{\mathrm{e}}=\oint \boldsymbol{E}\cdot\mathrm{d}\boldsymbol{S}=E4\pi r^2$，$\sum q_i=\dfrac{q}{\frac{4}{3}\pi R^3}\dfrac{4}{3}\pi r^3$，$E4\pi r^2=\dfrac{1}{\varepsilon_0}\dfrac{qr^3}{R^3}$，

$E=\dfrac{qr}{4\pi\varepsilon_0 R^3}$。

当 $r>R$ 时（图 1.6–2），$\Phi_{\mathrm{e}}=\oint \boldsymbol{E}\cdot\mathrm{d}\boldsymbol{S}=E4\pi r^2=\dfrac{q}{\varepsilon_0}$，$E=\dfrac{q}{4\pi\varepsilon_0 r^2}$。

综上，有如图 1.6–3 所示的图形。

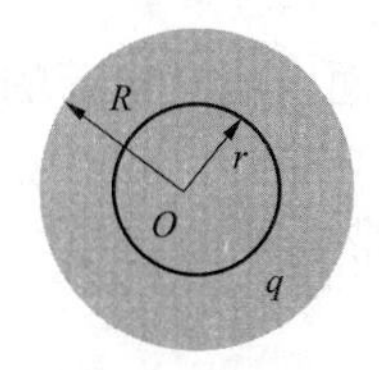

图 1.6–1　当 $r<R$ 时

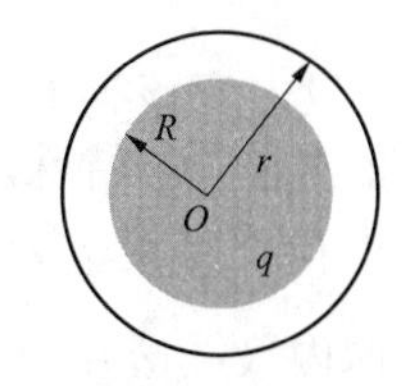

图 1.6–2　当 $r>R$ 时

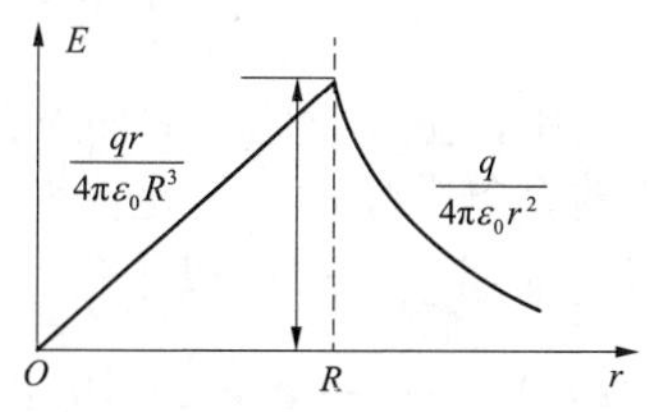

图 1.6–3　均匀带电球体的电场

考点三：均匀带电球面电场。

均匀带电球面电场中的电势分布如图 1.6–4 所示（设半径 R，带电量 q）。由高斯定理得

$$E=\begin{cases}\dfrac{q}{4\pi\varepsilon_0 r^2} & (r>R)\\ 0 & (r<R)\end{cases}$$

（1）球面外（$r>R$）：沿半径方向积分，则 P 点的电势为

$$V_{外}=\int_r^{\infty}\boldsymbol{E}_{外}\cdot \mathrm{d}\boldsymbol{r}=\int_r^{\infty}E_{外}\mathrm{d}r=\int_r^{\infty}\frac{q}{4\pi\varepsilon_0 r^2}\mathrm{d}r=\frac{q}{4\pi\varepsilon_0 r}$$

（2）球面内（$r<R$）：由于球内外场强分布不同，积分必须分段进行，即

$$V_{内}=\int_r^{\infty}\boldsymbol{E}\cdot \mathrm{d}\boldsymbol{r}=\int_r^{R}\boldsymbol{E}_{内}\cdot \mathrm{d}\boldsymbol{r}+\int_R^{\infty}\boldsymbol{E}_{外}\cdot \mathrm{d}\boldsymbol{r}=\int_r^{R}0\cdot \mathrm{d}r+\int_R^{\infty}\frac{q}{4\pi\varepsilon_0 r^2}\mathrm{d}r=\frac{q}{4\pi\varepsilon_0 R}$$

综上，均匀带电球面电场的电势（图 1.6–5）：

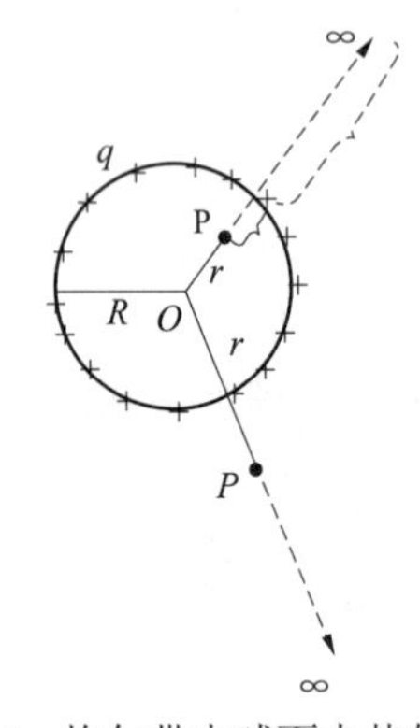

图 1.6–4　均匀带电球面电势的计算

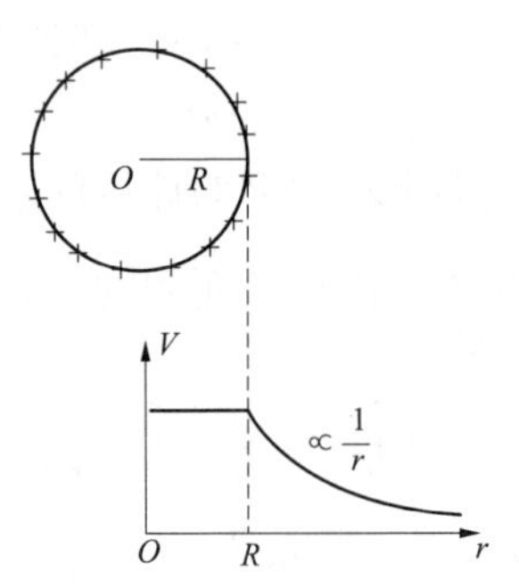

图 1.6–5　均匀带电球面的电场

（1）球面外的电势=电量集中于球心处的点电荷的电势。

（2）球面内是等势区，球面是等势面。

$$V=\begin{cases}\dfrac{q}{4\pi\varepsilon_0 r} & (r\geqslant R)\\ \dfrac{q}{4\pi\varepsilon_0 R} & (r\leqslant R)\end{cases}$$

2. 了解应用高斯定律计算具有对称性分布的静电场问题

相对于观察者静止且电荷量不随时间变化的电荷周围引起的电场称为静电场。

高斯通量定理：如果在无限大真空的电场中，作一包围自由电荷的闭合曲面 S，则由该闭合曲面 S 穿出的 E 通量为 $\oint_S \boldsymbol{E}\cdot \mathrm{d}\boldsymbol{S}=\dfrac{1}{\varepsilon_0}\int_V \rho \mathrm{d}V$，这个式子所表明的关系可以叙述如下：在真空静电场中，由任意闭合曲面 S 穿出的 E 通量，应该等于该闭合曲面内所有电荷的代数和除以真空的介电常数 ε_0。这是高斯通量定理在真空中的特殊形式。

利用高斯通量定理可以求得半径为 a，电荷面密度为 σ 的均匀带电球面的电场。球外（$r>a$）：$E(r)=\dfrac{q}{4\pi\varepsilon_0 r^2}e_{\mathrm{r}}$，式中 $q=4\pi a^2\sigma$。球内（$r<a$）：$E=0$。

3. 了解静电场边值问题的镜像法和电轴法，并能掌握几种典型情形的电场计算

镜像法是求解静电场问题的一种间接方法，它巧妙地应用唯一性定理，使某些看来棘手复杂的问题很容易得到解决。应用该方法时，首先把原来具有边界的场域空间看成是一个无限大的均匀空间，然后以所要分析的场域外一个或几个虚拟的等效电荷代替原场域边界上分布电荷的作用，使场的边界条件保持不变，从而保持被研究的场不变，由于等效电荷有时处于镜像位置，故这种方法称为镜像法。

4. 了解电场力及其计算

历年无考题，略。

5. 掌握电容和部分电容的概念，了解简单形状电极结构电容的计算

几个公式需要记住：平板电容 $C=\dfrac{\varepsilon S}{d}=\dfrac{Q}{U}$，电场强度 $E=\dfrac{U}{d}$，电场力 $F=QE$ 。

以上公式中，各符号含义 ε 为极板间介质的介电常数；S 为极板面积；d 为极板间的距离。

1.6.3 【供配电专业基础】历年真题详解

【1. 掌握电场强度、电位的概念】

1.（供 2007、2009、2010，发 2018） 一个高压同轴圆柱电缆，外导体的内半径为 b，内导体的半径为 a，其值可以自由选定。若 b 固定，要使半径为 a 的内导体表面上电场强度最小，b 与 a 的比值应该是（　　）。

A. e　　B. 2　　C. 3　　D. 4

分析：此题属于圆柱形电场强度的计算问题。

现已知 b 固定，因此将 $r=a$ 代入圆柱形电场强度计算式 $E(r)=\dfrac{U}{r\ln\dfrac{b}{a}}e_{\mathrm{r}}$ 中，并令 $\dfrac{\mathrm{d}E(a)}{\mathrm{d}a}=0$，

$$\frac{\mathrm{d}E(a)}{\mathrm{d}a}=0\Rightarrow\frac{\mathrm{d}\left(\dfrac{U}{a\ln\dfrac{b}{a}}\right)}{\mathrm{d}a}=0\Rightarrow-\frac{U}{a^2\left(\ln\dfrac{b}{a}\right)^2}\times\frac{\mathrm{d}\left(a\ln\dfrac{b}{a}\right)}{\mathrm{d}a}=0$$

$$\Rightarrow-\frac{1}{a^2\left(\ln\dfrac{b}{a}\right)^2}\left[\ln\frac{b}{a}+a\times\frac{a}{b}\times b\times\left(-\frac{1}{a^2}\right)\right]=0$$

$$\Rightarrow-\frac{1}{a^2\left(\ln\dfrac{b}{a}\right)^2}\left(\ln\frac{b}{a}-1\right)=0\Rightarrow\ln\frac{b}{a}-1=0$$

$$\Rightarrow\ln\frac{b}{a}=1\Rightarrow\frac{b}{a}=\mathrm{e}$$

答案：A

2.（供 2011、2012、2018，发 2011） 无限大真空中一半径为 a 的球，内部均匀分布有体电荷，电荷总量为 q。在 $r>a$ 的球外，任一点 r 处电场强度的大小 E 为（　　）V/m。

A. $\dfrac{q}{4\pi\varepsilon_0 a}$ B. $\dfrac{q}{4\pi\varepsilon_0 a^2}$ C. $\dfrac{q}{4\pi\varepsilon_0 r}$ D. $\dfrac{q}{4\pi\varepsilon_0 r^2}$

分析：本题求解参见“均匀带电球体的电场”知识点复习。

答案：D

3.（供 2013、发 2011） 在真空中，相距为 a 的两无限大均匀带电平板，面电荷密度分别为 $+\sigma$ 和 $-\sigma$。该两带电平板间的电位差 U 应为（ ）。

A. $\dfrac{\sigma a^2}{\varepsilon_0}$ B. $\dfrac{\sigma a}{\varepsilon_0}$ C. $\dfrac{\varepsilon_0 a}{\sigma}$ D. $\dfrac{\sigma a}{\varepsilon_0^2}$

分析：两带电平板间为匀强电场，其电场强度大小为 $E=\dfrac{\sigma}{\varepsilon_0}$，故两带电平板间的电位差为 $U=Ea=\dfrac{\sigma a}{\varepsilon_0}$。

答案：B

4.（2014） 在真空中，电荷体密度为 ρ 的电荷均匀分布在半径为 a 的整个球体积中，球内的介电常数为 ε_0，则在球体中心处的电场强度 E 为（ ）。

A. $\dfrac{\rho}{3\varepsilon_0}$ B. 0 C. $\dfrac{\rho a}{3\varepsilon_0}$ D. $\dfrac{\rho a^2}{3\varepsilon_0}$

分析：参见“均匀带电球体的电场分布”知识点复习。

当 $r<R$ 时，$E=\dfrac{qr}{4\pi\varepsilon_0 R^3}$；当 $r>R$ 时，

$$E=\frac{q}{4\pi\varepsilon_0 r^2} \tag{1.6-1}$$

电荷总量 $q=\rho\times\dfrac{4\pi a^3}{3}$，代入式（1.6-1），得到 $E=\dfrac{qr}{4\pi\varepsilon_0 R^3}=\dfrac{\rho\times\dfrac{4\pi a^3}{3}r}{4\pi\varepsilon_0 a^3}=\dfrac{\rho r}{3\varepsilon_0}(r\leqslant a)$，在球体中心处，即 $r=0$，故 $E=\dfrac{\rho r}{3\varepsilon_0}=0$。

答案：B

5.（2014）在真空中，一导体平面中的某点处电场强度为 $\boldsymbol{E}=0.70e_x-0.35e_y-1.00e_z\,(\text{V/m})$，设该点的场强与导体表面外法线相量一致，此点的电荷面密度为（ ）C/m^2。

A. -0.65×10^{-12} B. 0.65×10^{-12} C. -11.24×10^{-12} D. 11.24×10^{-12}

分析：由题可知电场强度的模 $|E|=\sqrt{0.70^2+0.35^2+1^2}\text{V/m}=1.27\text{V/m}$，该点的电荷面密度 $\rho=\varepsilon_0 E=8.854\times10^{-12}\times1.27\text{C/m}^2=11.24\times10^{-12}\,\text{C/m}^2$。

答案：D

6.（2016） 在真空中，半径为 R 的均匀带电球面，面密度为 σ，球心处的电场强度为（ ）V/m。

A. $\dfrac{\sigma}{\varepsilon_0}$ B. $\sigma\varepsilon_0$ C. $\dfrac{\sigma}{2\varepsilon_0}$ D. 0

分析：参见 1.6.2 节的考点三总结：利用高斯通量定理可以求得半径为 a，电荷面密度为 σ 的均匀带电球面的电场。

球外（$r>a$）：$E(r)=\dfrac{q}{4\pi\varepsilon_0 r^2}e_{\rm r}$，式中 $q=4\pi a^2\sigma$。球内（$r<a$）：$E=0{\rm V/m}$。

答案：D

7.（2019） 电力线的方向是指向（　　）。

A. 电位增加的方向　　B. 电位减小的方向

C. 电位相等的方向　　D. 和电位无关

分析：方向是从高电位指向低电位。

答案：B

8.（2019） 研究宏观电磁场现象的理论基础是（　　）。

A. 麦克斯韦方程组　　B. 安培环路定理

C. 电磁感应定律　　D. 高斯通量定理

答案：A

【2. 了解应用高斯定律计算具有对称性分布的静电场问题】

9.（2005、2008、2011、发 2009） 两半径为 a 和 b（$a<b$）的同心导体球面间电位差为 U_0，问：若 b 固定，要使半径为 a 的球面上电场强度最小，a 与 b 的比值应为（　　）。

A. 1/3　　B. 1/e　　C. 1/2　　D. 1/4

分析：此题考球形导体的电场强度。现已知同心圆内外球面施加电压 U_0，则同心圆球内（$a<r<b$）电场对称，其电场强度为 $E(r)=\dfrac{q}{4\pi\varepsilon r^2}e_{\rm r}$，则 $U_0=\int_a^b E{\rm d}r=\int_a^b\dfrac{q}{4\pi\varepsilon r^2}e_{\rm r}{\rm d}r=\dfrac{q}{4\pi\varepsilon}\times\dfrac{1}{r}\Big|_b^a=\dfrac{q}{4\pi\varepsilon}\times\left(\dfrac{1}{a}-\dfrac{1}{b}\right)\Rightarrow\dfrac{q}{4\pi\varepsilon}=U_0\dfrac{1}{\left(\dfrac{1}{a}-\dfrac{1}{b}\right)}=U_0\dfrac{ab}{b-a}$，所以

$$E(r)=\frac{q}{4\pi\varepsilon r^2}e_{\rm r}=U_0\frac{ab}{b-a}\times\frac{1}{r^2}e_{\rm r}\ (a<r<b) \tag{1.6–2}$$

现在已知 b 固定，U_0 也不变，问 a 为多少时 $E(r)$ 最小，将 $r=a$ 代入式（1.6–2），并令 $\dfrac{{\rm d}E(a)}{{\rm d}a}=0$，$\dfrac{{\rm d}E(a)}{{\rm d}a}=0\Rightarrow\dfrac{{\rm d}\left(\dfrac{U_0ab}{b-a}\bullet\dfrac{1}{a^2}\right)}{{\rm d}a}=0\Rightarrow U_0b\times\dfrac{{\rm d}\left[\dfrac{1}{a(b-a)}\right]}{{\rm d}a}=0\Rightarrow-\dfrac{U_0b}{a^2(b-a)^2}\times(b-2a)=0\Rightarrow b-2a=0\Rightarrow\dfrac{a}{b}=\dfrac{1}{2}$。故当 $\dfrac{a}{b}=\dfrac{1}{2}$ 时，$E(a)$ 取最小值，即半径为 a 的球面上电场强度最小。

答案：C

【3. 了解静电场边值问题的镜像法和电轴法，并能掌握几种典型情形的电场计算】

10.（2008） 一半径为 R 的金属半球，置于真空中的一无限大接地导电平板上，在球外有一点电荷 q，位置如图 1.6–6 所示。在用镜像法计算点电荷 q 受力时，需放置镜像电荷的数目为（　　）个。

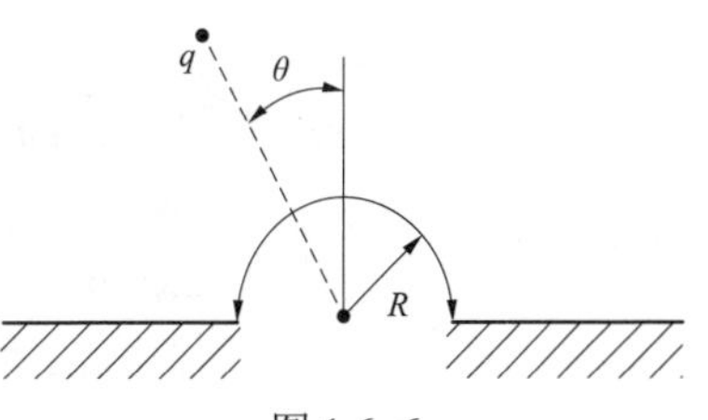

图 1.6–6

A. 4　　　　B. 3　　　　C. 2　　　　D. 无限多

分析：设电荷 q 和导体平面法线所在的平面为 xz 平面，如图 1.6–7 所示。先作电荷 q 对导体平面 xz 平面的镜像电荷 $-q$（$-x$，0，$-z$），其次作 q 对球面的镜像 q' 为 $q'=-(R/\sqrt{x^2+z^2})q$，q' 位于原点 O 与电荷 q 的连线上，且与原点的距离为 $d'=R^2/\sqrt{x^2+z^2}$，最后作镜像电荷 q' 对 xy 平面的镜像 $-q'$。

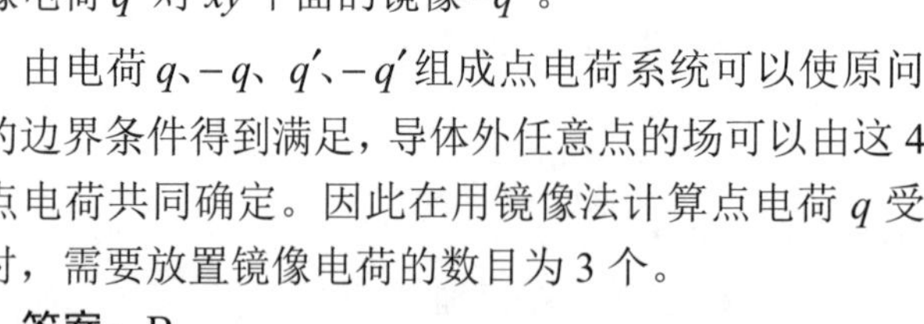

由电荷 q、$-q$、q'、$-q'$ 组成点电荷系统可以使原问题的边界条件得到满足，导体外任意点的场可以由这 4 个点电荷共同确定。因此在用镜像法计算点电荷 q 受力时，需要放置镜像电荷的数目为 3 个。

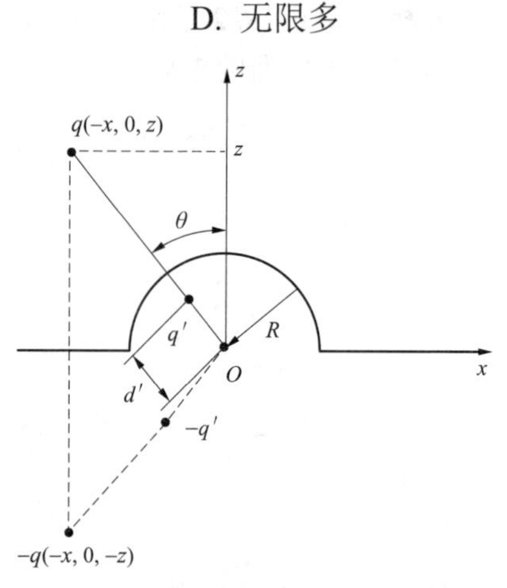

图 1.6–7

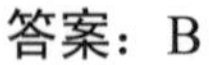

答案：B

【4. 了解电场力及其计算】

历年无考题，略。

【5. 掌握电容和部分电容的概念，了解简单形状电极结构电容的计算】

11.（2007） 在一个圆柱形电容器中，置有两层同轴的圆柱体，其内导体的半径为 2cm，外导体的内半径为 8cm，内、外两绝缘层的厚度分别为 2cm 和 4cm。内、外导体间的电压为 150V（以外导体为电位参考点）。设有一根薄的金属圆柱片放在两层绝缘体之间，为了使两层绝缘体内的最大电场强度相等，金属圆柱片的电位应为（　　）V。

A. 100　　　　B. 250　　　　C. 667　　　　D. 360

分析：依据题意如图 1.6–8 所示，设金属圆柱片的电位为 φ（电位参考点取在外导体上），则

$$\varphi=\frac{\tau_2}{2\pi\varepsilon_2}\ln\frac{c}{b} \quad (1.6\text{–}3)$$

由于内导体与金属圆柱片间的电压为 $U_0=\dfrac{\tau_1}{2\pi\varepsilon_1}\ln\dfrac{b}{a}$，已知内外导体间的电压为 150V，则 $150-\varphi=U_0$，即

$$150-\varphi=\frac{\tau_1}{2\pi\varepsilon_1}\ln\frac{b}{a} \quad (1.6\text{–}4)$$

图 1.6–8

联立式（1.6–3）和式（1.6–4），得

$$\tau_1=\frac{2\pi\varepsilon_1(150-\varphi)}{\ln\dfrac{b}{a}},\ \tau_2=\frac{2\pi\varepsilon_2\varphi}{\ln\dfrac{c}{b}} \quad (1.6\text{–}5)$$

由于 $E_1=\dfrac{\tau_1}{2\pi\varepsilon_1 r},E_2=\dfrac{\tau_2}{2\pi\varepsilon_2 r}$，所示最大电场强度出现在 $r=a$ 时，有 $E_{1\max}=\dfrac{\tau_1}{2\pi\varepsilon_1 a}$；出现在 $r=b$ 时，有 $E_{2\max}=\dfrac{\tau_2}{2\pi\varepsilon_2 b}$。欲使 $E_{1\max}=E_{2\max}$，则

$$\frac{\tau_1}{2\pi\varepsilon_1 a}=\frac{\tau_2}{2\pi\varepsilon_2 b} \quad (1.6\text{–}6)$$

联立式（1.6–5）和式（1.6–6），可得$\frac{150-\varphi}{a\ln\frac{b}{a}}=\frac{\varphi}{b\ln\frac{c}{b}}\Rightarrow\frac{150-\varphi}{2\ln 2}=\frac{\varphi}{4\ln 2}$，则金属圆柱片的电位为$\varphi=100\text{V}$。

答案：A

12.（2009） 在一个圆柱形电容器中，置有两层同轴的绝缘体，其内导体的半径为3cm，外导体的内半径为 12cm，内、外两绝缘层的厚度分别为 3cm 和 6cm。内、外导体间的电压为 270V（以外导体为电位参考点）。设有一很薄的金属圆柱片放在两层绝缘体之间，为了使两层绝缘体内的最大电场强度相等，金属圆柱片的电位应为（　　）V 。

A. 60　　B. 90　　C. 150　　D. 180

分析：与 2007 年供配电专业基础考题相似，仅仅已知条件的参数变化了而已。

依据题意如图 1.6–9 所示。设金属圆柱片的电位为φ（电位参考点取在外导体上），则

$$\varphi=\frac{\tau_2}{2\pi\varepsilon_2}\ln\frac{c}{b} \quad (1.6\text{–}7)$$

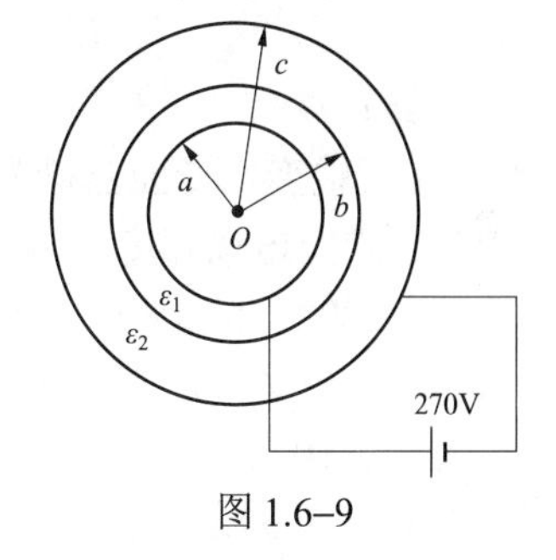

图 1.6–9

由于内导体与金属圆柱片间的电压为$U_0=\frac{\tau_1}{2\pi\varepsilon_1}\ln\frac{b}{a}$，已知内外导体间的电压为270V，则$270-\varphi=U_0$，即

$$270-\varphi=\frac{\tau_1}{2\pi\varepsilon_1}\ln\frac{b}{a} \quad (1.6\text{–}8)$$

联立式（1.6–7）和式（1.6–8），得

$$\tau_1=\frac{2\pi\varepsilon_1(270-\varphi)}{\ln\frac{b}{a}},\tau_2=\frac{2\pi\varepsilon_2\varphi}{\ln\frac{c}{b}} \quad (1.6\text{–}9)$$

由于$E_1=\frac{\tau_1}{2\pi\varepsilon_1 r},E_2=\frac{\tau_2}{2\pi\varepsilon_2 r}$，所以最大电场强度出现在 $r=a$ 时，有$E_{1\max}=\frac{\tau_1}{2\pi\varepsilon_1 a}$；出现在 $r=b$ 时，有$E_{2\max}=\frac{\tau_2}{2\pi\varepsilon_2 b}$。

欲使$E_{1\max}=E_{2\max}$，则

$$\frac{\tau_1}{2\pi\varepsilon_1 a}=\frac{\tau_2}{2\pi\varepsilon_2 b} \quad (1.6\text{–}10)$$

联立式（1.6–9）和式（1.6–10），可得$\frac{270-\varphi}{a\ln\frac{b}{a}}=\frac{\varphi}{b\ln\frac{c}{b}}\Rightarrow\frac{270-\varphi}{3\ln 2}=\frac{\varphi}{6\ln 2}$，则金属圆柱片的电位为$\varphi=180\text{V}$。

答案：D

13.（供 2012，发 2008） 平板电容器，保持板上电荷量不变，充电后切断电源。当板间距离变为2d 时，两板间的力为（　　）。

A. F　　B. $F/2$　　C. $F/4$　　D. $F/8$

分析：牢记知识点复习的几个常用公式。

由$d \Rightarrow 2d$，依据$C=\dfrac{\varepsilon S}{d}$，则有$C \Rightarrow C'=\dfrac{1}{2}C$，再依据$C=\dfrac{Q}{U}$，题目已知$Q$不变，则有$U \Rightarrow U'=2U$；由$d \Rightarrow 2d$，$U \Rightarrow U'=2U$，依据$E=\dfrac{U}{d}$可知$E$不变；由$d \Rightarrow 2d$，$Q$不变、$E$不变，依据$F=QE$可知$F$不变。

答案：A

14.（2016）长度为1m，内外导体半径分别为$R_1=5\text{cm}$，$R_2=10\text{cm}$的圆柱形电容器中间的非理想电解质的电导率为$\gamma=10^{-9}\text{S/m}$，该圆柱形电容器的漏电导G为（　　）。

A. $4.35\times10^{-9}\text{S/m}$　B. $9.70\times10^{-9}\text{S/m}$　C. $4.53\times10^{-9}\text{S/m}$　D. $9.06\times10^{-9}\text{S/m}$

分析：记住圆柱形电容器的漏电导的计算公式即可。电容器的漏电导是指导体之间的漏电流与电位差的比值大小，G求解如下

$$G=\frac{I}{U}=\frac{2\pi\gamma l}{\ln(R_2/R_1)}=\frac{2\pi\times10^{-9}\times1}{\ln(10/5)}\text{S/m}=9.065\times10^{-9}\text{S/m}$$

答案：D

1.6.4 【发输变电专业基础】历年真题详解

【1. 掌握电场强度、电位的概念】

1.（2009）一平板电容器中的电介质为真空，两极板距离为$d=10^{-3}\text{m}$，若真空的击穿场强为$3\times10^{6}\text{V/m}$，那么在该电容器上所施加的电压应该小于（　　）。

A. $3\times10^{4}\text{V}$　B. $3\times10^{3}\text{V}$　C. $3\times10^{2}\text{V}$　D. 30V

分析：根据公式$U=Ed=3\times10^{6}\times10^{-3}\text{V}=3\times10^{3}\text{V}$。

答案：B

2.（2013）对于高压同轴电缆，为了在外导体尺寸固定不变（半径b=定植）与外加电压不变（U_0=定值）的情况下，使介质得到最充分的利用，则内导体半径a的最佳尺寸应为外导体半径b的倍数是（　　）。

A. $\dfrac{1}{\pi}$　B. $\dfrac{1}{3}$　C. $\dfrac{1}{2}$　D. $\dfrac{1}{\text{e}}$

分析：要使介质得到最充分的利用，其实也就是要内导体表面电场强度最小。求解过程详见2007年供配电专业基础考题分析。

答案：D

3.（2013）真空中有一均匀带电球表面，半径为R，电荷总量为q，则球心处的电场强度大小应该为下列哪项数值？（　　）

A. $\dfrac{q}{4\pi\varepsilon R^2}$　B. $\dfrac{q}{4\pi\varepsilon R}$　C. $\dfrac{q^2}{4\pi\varepsilon R^2}$　D. 0

分析：本题求解：参见“均匀带电球面的电场”知识点复习。设有一半径为R，均匀带电Q的球面，求球面内外任意点的电场强度。

（1）当$0<r<R$，有$E=0\text{V}$。

（2）当$r>R$，有$E=\dfrac{Q}{4\pi\varepsilon_0 r^2}$。

综上，如图1.6–10所示。

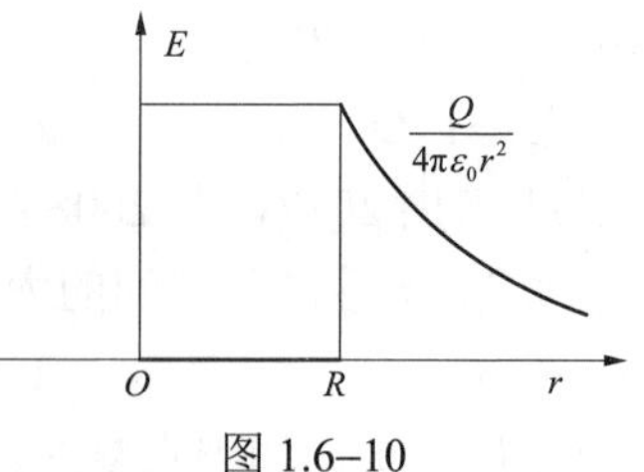

图1.6–10

答案：D

4.（2014） 一圆柱形电容器，外导体的内半径为 2cm，其间介质的击穿场强为 200kV/cm，若其内导体的半径可以自由选择，则电容器能承受的最大电压为（　　）。

A. 284kV　　B. 159kV　　C. 252kV　　D. 147kV

分析：设 a、b 分别为内导体半径和外导体的内半径，则同轴线内外导体间电场强度为 $E=\dfrac{U}{a\ln\dfrac{b}{a}}\Rightarrow U=Ea\ln\dfrac{b}{a}$，当 $\dfrac{b}{a}=\mathrm{e}$ 时，同轴线获得最高耐压，所以

$$U=Ea\ln\frac{b}{a}=Eb\frac{1}{\dfrac{b}{a}}\ln\frac{b}{a}=Eb\frac{1}{\mathrm{e}}=200\times2\times\frac{1}{\mathrm{e}}\mathrm{kV}=147.17\mathrm{kV}$$

答案：D

5.（2019） 静电荷是指（　　）。

A. 相对静止量值恒定的电荷　　B. 绝对静止量值随时间变化的电荷

C. 绝对静止量值恒定的电荷　　D. 相对静止量值随时间变化的电荷

答案：A

6.（2019） 在静电场中，电场强度小的地方，其电位通常（　　）。

A. 更高　　B. 更低　　C. 接近于 0　　D. 不确定

分析：电位与电场强度没有直接关系。

答案：D

7.（2021） 电场强度是（　　）。

A. 描述电场对电荷有作用力性质的物理量

B. 描述电场对所有物体有作用力性质的物理量

C. 描述电荷运动的物理量

D. 以上都不对

分析：依据电场强度的定义，放入电场中某一点的电荷受到的电场力与它的电量的比值叫该点的电场强度，记为 $E=\dfrac{F}{q}$。

答案：A

【2. 了解应用高斯定律计算具有对称性分布的静电场问题】

8.（2009） 无限长同轴圆柱面，半径分别为 a 和 b（$b>a$），每单位长度上的电荷，内柱为 q，外柱为 $-q$，已知两圆柱面间的电解质为真空，则两带电圆柱面间的电压 U 为（　　）。

A. $\dfrac{q}{2\pi\varepsilon_0}\ln\dfrac{a}{b}$　　B. $\ln\dfrac{b}{a}$　　C. $\dfrac{q}{2\pi\varepsilon_0}$　　D. $\dfrac{q}{2\pi\varepsilon_0}\ln\dfrac{b}{a}$

分析：由高斯定理知电场强度为 $E=\dfrac{q}{2\pi\varepsilon_0 r}$，故两带电圆柱面间的电压为

$$U=\int_a^b E\mathrm{d}r=\int_a^b\frac{q}{2\pi\varepsilon_0 r}\mathrm{d}r=\frac{q}{2\pi\varepsilon_0}\ln r\Big|_a^b=\frac{q}{2\pi\varepsilon_0}\ln\frac{b}{a}$$

答案：D

【3. 了解静电场边值问题的镜像法和电轴法，并能掌握几种典型情形的电场计算】

9.（2008） 如图 1.6–11 所示，有一个夹角为30°的半无限大导电平板接地，其内有一点电荷 q。若用镜像法计算其间的电荷分布，需要镜像电荷的个数为（　　）。

A. 12　　　　B. 11

C. 6　　　　D. 3

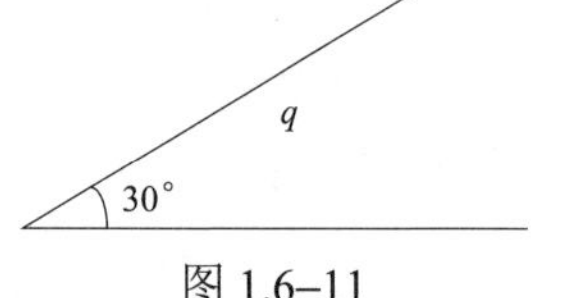

图 1.6–11

分析：此题与 2012 年供配电专业基础考题一样。无线大导电二面角的角度为φ时，用镜像法分析电荷分布时，镜像电荷个数为$\dfrac{360°}{\varphi}-1$。在本题中，$\varphi=30°$代入计算得到$\dfrac{360°}{\varphi}-1=\dfrac{360°}{30°}-1=11$。

答案：B

【4. 了解电场力及其计算】

历年无考题，略。

【5. 掌握电容和部分电容的概念，了解简单形状电极结构电容的计算】

10.（2013） 介质为空气的一平板电容器，板间距离为 d，与电压 U_0 连接时，两板间的相互作用力为 F，断开电源后，将距离压缩至 $\dfrac{d}{2}$，则两板间的相互作用力为下列哪项数值？（　　）

A. F　　　　B. $2F$　　　　C. $4F$　　　　D. $\sqrt{2}F$

分析：此题与 2012 年供配电专业基础考题相似，已知参数变化而已。

几个公式需要记住：电容$C=\dfrac{\varepsilon S}{d}=\dfrac{Q}{U}$，电场强度$E=\dfrac{U}{d}$，电场力$F=QE$。

由$d\Rightarrow\dfrac{d}{2}$，依据$C=\dfrac{\varepsilon S}{d}$，则有$C\Rightarrow C'=2C$，再依据$C=\dfrac{Q}{U}$，题目已知$Q$不变，则有$U\Rightarrow U'=\dfrac{1}{2}U$；由$d\Rightarrow\dfrac{d}{2}$，$U\Rightarrow U'=\dfrac{1}{2}U$，依据$E=\dfrac{U}{d}$可知$E$不变；由$d\Rightarrow\dfrac{d}{2}$，$Q$不变、$E$不变，依据$F=QE$可知$F$不变。

答案：A

1.7　恒定电场

1.7.1　考试大纲要求及历年真题统计分析（供配电、发输变电）

历年真题按照考试大纲考点归类总结见表 1.7–1 和见表 1.7–2（说明：1、2、3、4 道题分别对应 1、2、3、4 颗★，≥5 道题对应 5 颗★）。

表 1.7–1　　　　**供配电专业基础考试大纲及历年真题统计表**

1.7　恒定电场 考试大纲	2005	2006	2007	2008	2009	2010	2011	2012	2013	2014	2016	2017	2018	2019	2020	2021	汇总统计
1. 掌握恒定电流、恒定电场、电流密度的概念															1		1

续表

1.7 恒定电场 考试大纲	2005	2006	2007	2008	2009	2010	2011	2012	2013	2014	2016	2017	2018	2019	2020	2021	汇总统计
2. 掌握微分形式的欧姆定律、焦耳定律、恒定电场的基本方程和分界面上的衔接条件，能正确地分析和计算恒定电场问题																1	1★
3. 掌握电导和接地电阻的概念，并能计算几种典型接地电极系统的接地电阻★★★★★	1	1	1	1	1	2		1		1	2	1	1				13★★★★★
汇总统计	1	1	1	1	1	2	0	1	0	1	2	1	1	0	1	1	15

表 1.7–2　　发输变电专业基础考试大纲及历年真题统计表

1.7 恒定电场 考试大纲	2005（同供配电）	2006（同供配电）	2007（同供配电）	2008	2009	2010	2011	2012	2013	2014	2016	2017	2018	2019	2020	2021	汇总统计
1. 掌握恒定电流、恒定电场、电流密度的概念															1	1	2★★
2. 掌握微分形式的欧姆定律、焦耳定律、恒定电场的基本方程和分界面上的衔接条件，能正确地分析和计算恒定电场问题																	0
3. 掌握电导和接地电阻的概念，并能计算几种典型接地电极系统的接地电阻★★★★★	1	1	1	1		1	1		1	1	1	1	1				11★★★★★
汇总统计	1	1	1	1		1	1				1	1	1	0	1	1	13

对比以上供配电专业基础和发输变电专业基础历年真题统计表，可看到：尽管两个专业方向不同，但专业基础考试的两个方向的侧重点几乎相同，见表 1.7–3。

表 1.7–3　　专业基础供配电、发输变电两个专业方向侧重点对比

1.7 恒定电场	历年真题汇总统计	
考试大纲（取供配电、发输变电两个方向中多的★值标注）	供配电	发输变电
1. 掌握恒定电流、恒定电场、电流密度的概念★★	1★	2★★
2. 掌握微分形式的欧姆定律、焦耳定律、恒定电场的基本方程和分界面上的衔接条件，能正确地分析和计算恒定电场问题★	1★	0
3. 掌握电导和接地电阻的概念，并能计算几种典型接地电极系统的接地电阻★★★★★	13★★★★★	11★★★★★
汇总统计	15	13

1.7.2 重要知识点复习

结合前面 1.7.1 节的历年真题统计分析（供配电、发输变电）结果，对“1.7 恒定电场”部分的 3 大纲点深入总结，其他大纲点从略。

1. 掌握恒定电流、恒定电场、电流密度的概念

略。

2. 掌握微分形式的欧姆定律、焦耳定律、恒定电场的基本方程和分界面上的衔接条件，能正确地分析和计算恒定电场问题

3. 掌握电导和接地电阻的概念，并能计算几种典型接地电极系统的接地电阻

考点一：接地电阻值计算

接地的方法是将金属导体埋入地中，并通过接地线与需要接地的设备连接，这种埋入地中直接和大地接触的金属导体叫作接地体。接地体对地的电压和流入地中的电流的比值叫作接地电阻。

常见的两种接地极的接地电阻值计算公式如下：

① 深埋球形接地体（图 1.7–1）：$R=\dfrac{1}{4\pi a\gamma}$。② 浅埋半球形接地体（图 1.7–2）：$R=\dfrac{1}{2\pi a\gamma}$。

上式中，γ 是土壤的电导率，a 是球形接地体的半径。

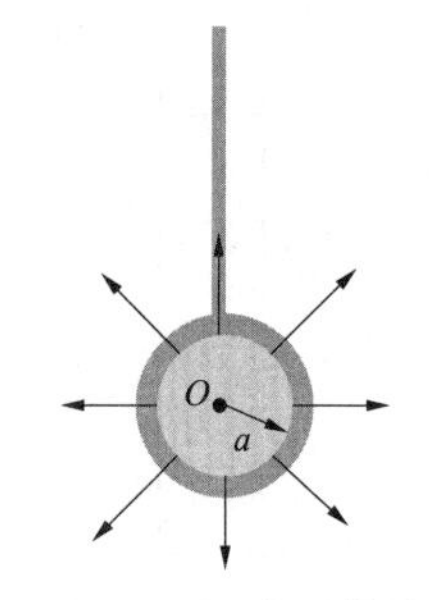

图 1.7–1 深埋球形接地体

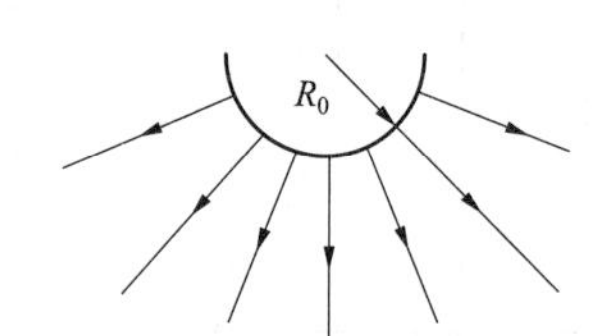

图 1.7–2 浅埋半球形接地体

考点二：跨步电压

在电力系统中的接地体附近，由于接地电阻的存在，当有大电流在土壤中流动时，就可能使地面上行走的人的两足之间的电压（跨步电压）很高，当超过安全值时，会达到对人致命的程度，将跨步电压超过安全值达到对生命产生危险程度的范围称为危险区。

先来分析半球形接地体附近地面上的电位分布，然后确定危险区的半径。半球的半径为 a，如图 1.7–2 所示。

如果由接地体流入大地的电流为 I，则在距球心 $x(x\geqslant a)$ 处的电流密度为 $J=\dfrac{I}{2\pi x^2}$，电场强度为 $E=\dfrac{J}{\gamma}=\dfrac{I}{2\pi\gamma x^2}$，电位为 $\varphi(x)=\int_x^{\infty}\dfrac{I}{2\pi\gamma x^2}\,\mathrm{d}x=\dfrac{I}{2\pi\gamma x}$，电位分布曲线如图 1.7–3 所示。

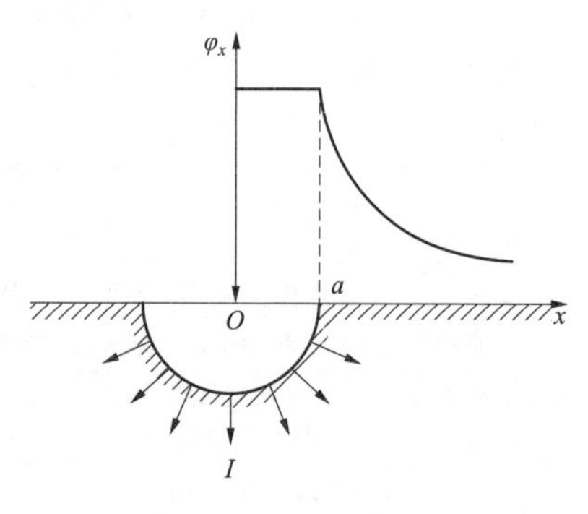

图 1.7–3 跨步电压

设地面上 A、B 两点之间的距离为 b，等于人的两脚的跨步距离。令人所处位置 A 点与接地体中心的距离为 l，接

地体中心与 B 点相距（$l-b$），则跨步电压为

$$U_{BA}=\int_{l-b}^{l}\frac{I}{2\pi\gamma x^2}\mathrm{d}x=\frac{I}{2\pi\gamma}\left(\frac{1}{l-b}-\frac{1}{l}\right)$$

若对人体有危险的临界电压为U_0，当$U_{BA}=U_0$时，A 点就成为危险区的边界。即危险区是以 O 为中心，以 l 为半径的圆面积区域。由$U_0=\frac{I}{2\pi\gamma}\left(\frac{1}{l-b}-\frac{1}{l}\right)\approx\frac{Ib}{2\pi\gamma l^2}$，可得$l=\sqrt{\frac{Ib}{2\pi\gamma U_0}}$。

1.7.3 【供配电专业基础】历年真题详解

【1. 掌握恒定电流、恒定电场、电流密度的概念】

历年无考题，略。

【2. 掌握微分形式的欧姆定律、焦耳定律、恒定电场的基本方程和分界面上的衔接条件，能正确地分析和计算恒定电场问题】

1.（2021） 导电媒质中的功率损耗反映的电路定律是（　　）。

A. 电荷守恒定律　　B. 焦耳定律

C. 基尔霍夫电压定律　　D. 欧姆定律

答案：B

【3. 掌握电导和接地电阻的概念，并能计算几种典型接地电极系统的接地电阻】

2.（2005、2006、2008） 有一个紧靠地面的半球形接地体，其半径为 0.5m，土壤的电导率$\gamma=10^{-2}\text{S/m}$。则此接地体的接地电阻为（　　）Ω。

A. 31.84　　B. 7.96　　C. 63.68　　D. 15.92

分析：记住公式即可，半球形接地体接地电阻公式$R=\frac{1}{2\pi a\gamma}=\frac{1}{2\pi\times0.5\times10^{-2}}\Omega=31.83\Omega$。

答案：A

3.（2007） 一半球形接地系统，已知其接地电阻为 100Ω，土壤的电导率$\gamma=10^{-2}\text{S/m}$，设有短路电流 500A 从该接地体流入地中，有人正以 0.6m 的步距向此接地系统前进，前足距接地体中心 2m，则跨步电压为（　　）V。

A. 512　　B. 624　　C. 728　　D. 918

分析：由已知条件有$b=0.6\text{m}$，$x=2\text{m}$，$I=500\text{A}$，则跨步电压为

$$U=\int_x^{x+b}\frac{I}{2\pi\gamma r^2}\mathrm{d}r=-\frac{I}{2\pi\gamma r}\bigg|_x^{x+b}=\frac{I}{2\pi\gamma}\left(\frac{1}{x}-\frac{1}{x+b}\right)=\frac{500}{2\pi\times10^{-2}}\times\left(\frac{1}{2}-\frac{1}{2+0.6}\right)\text{V}=918.20\text{V}$$

答案：D

4.（2009） 一半球形接地系统，已知其接地电阻为 300Ω，土壤的电导率$\gamma=10^{-2}\text{S/m}$，设有短路电流 100A 从该接地体流入地中，有人正以 0.6m 的步距向此接地系统前进，前足距接地体中心 4m，则跨步电压近似为（　　）V。

A. 104　　B. 26　　C. 78　　D. 52

分析：与 2007 年供配电专业基础考题相似，仅仅参数变化了而已。

本题求解：由已知条件有$b=0.6\text{m}$，$x=4\text{m}$，$I=100\text{A}$，则跨步电压为

$$U=\int_x^{x+b}\frac{I}{2\pi\gamma r^2}\mathrm{d}r=-\frac{I}{2\pi\gamma r}\bigg|_x^{x+b}=\frac{I}{2\pi\gamma}\left(\frac{1}{x}-\frac{1}{x+b}\right)=\frac{100}{2\pi\times10^{-2}}\times\left(\frac{1}{4}-\frac{1}{4+0.6}\right)\text{V}=51.9\text{V}$$

答案：D

5.（2010） 一半径为 1m 的半球导体球当作接地电极深埋于地下，其平面部分与地面相重合，土壤的电导率 $\gamma = 10^{-2}\text{S/m}$ 。则此接地体的接地电阻为（　　）Ω。

A. 15.92　　B. 7.96　　C. 63.68　　D. 31.84

分析：与 2005、2006、2008 供配电专业基础考题相似，仍然是求半球形接地体的接地电阻，代入公式，有

$$R = \frac{1}{2\pi a\gamma} = \frac{1}{2\pi \times 1 \times 10^{-2}}\Omega = 15.92\Omega$$

答案：A

6.（2010） 球形电容器的内半径 $R_1 = 5\text{cm}$ ，外半径 $R_2 = 10\text{cm}$ 。若介质的电导率 $\gamma = 10^{-10}\text{S/m}$，则该球形电容器的漏电导为（　　）S。

A. 0.2×10^{-9}　　B. 0.15×10^{-9}　　C. 0.126×10^{-9}　　D. 0.10×10^{-9}

分析：本题思路：$\left.\begin{matrix} E \Rightarrow J \Rightarrow I \\ E \Rightarrow U \end{matrix}\right\} \Rightarrow G = \dfrac{I}{U}$。设电容内导体球带电荷 q，由高斯定理可得介质中的电场强度为 $E(r) = \dfrac{q}{4\pi\varepsilon_0 r^2}$ $(R_1 < r < R_2)$，介质中的电流密度为 $J = \gamma E(r) = \dfrac{\gamma q}{4\pi\varepsilon_0 r^2}$ ，总的漏电流 $I = \int_S J\text{d}S = J \times 4\pi r^2 = \dfrac{\gamma q}{\varepsilon_0}$ ，两导体间的电位差为 $U = \int_{R_1}^{R_2} E(r)\text{d}r = \dfrac{q}{4\pi\varepsilon_0}\left(\dfrac{1}{R_1} - \dfrac{1}{R_2}\right)$，电容器的漏电导为 $G = \dfrac{I}{U} = \dfrac{4\pi\gamma}{\left(\dfrac{1}{R_1} - \dfrac{1}{R_2}\right)} = \dfrac{4\pi\gamma}{\left(\dfrac{1}{0.05} - \dfrac{1}{0.1}\right)}\text{S} = 0.126\times10^{-9}\text{S}$ 。

答案：C

7.（2012） 有一个紧靠地面的半球形接地体，其半径为 0.5m，土壤的电导率 $\gamma = 10^{-1}\text{S/m}$ 。则此接地体的接地电阻为（　　）Ω。

A. 3.184　　B. 7.96　　C. 6.368　　D. 1.592

分析：$R = \dfrac{1}{2\pi a\gamma} = \dfrac{1}{2\pi \times 0.5 \times 10^{-1}}\Omega = 3.184\Omega$ 。

答案：A

8.（2015） 一半球形接地体系统，已知其接地电阻为 100Ω，土壤的电导率为 $\gamma = 10^{-2}\text{S/m}$ ，设有短路电流 250A 从该接地体流入地中，有人正以 0.6m 的步距向此接地体系统前进且其后足距接地体中心 2m，则跨步电压为（　　）。

A. 852.62V　　B. 512.62V　　C. 356.56V　　D. 326.62V

分析：由已知条件有 $b = 0.6\text{m}$ ， $x = 2\text{m} - 0.6\text{m} = 1.4\text{m}$ ， $I = 250\text{A}$ ，则跨步电压为 $U = \int_x^{x+b} \dfrac{I}{2\pi\gamma r^2}\text{d}r = -\dfrac{I}{2\pi\gamma r}\Big|_x^{x+b} = \dfrac{I}{2\pi\gamma}\left(\dfrac{1}{x} - \dfrac{1}{x+b}\right) = \dfrac{250}{2\pi\times10^{-2}}\times\left(\dfrac{1}{1.4} - \dfrac{1}{2}\right)\text{V} = 852.62\text{V}$ 。

需要特别注意的是：本题已知条件中是“后足”距接地体中心 2m，步距为 0.6m，所以前足距接地体为 2m − 0.6m = 1.4m。

答案：A

9.（2017） 一半径为 0.5m 导体球作接地电阻，深埋地下，电导率 $\gamma = 10^{-2}\text{S/m}$ ，则接地

电阻为（　　）。

A. 7.96　　B. 15.92　　C. 31.84　　D. 63.68

分析：深埋球形接地体 $R=\frac{1}{4\pi\alpha\gamma}=\frac{1}{4\pi\times0.5\times10^{-2}}\Omega=15.92\Omega$。

此题 2018 年将半径变为 1m，其他不变，再次出现。

答案：B

1.7.4 【发输变电专业基础】历年真题详解

【1. 掌握恒定电流、恒定电场、电流密度的概念】

1.（2020） 下面能反映恒定电场中电流连续性的是（　　）。

A. 欧姆定律　　B. 电荷守恒定律

C. 基尔霍夫电压定律　　D. 焦耳定律

答案：B

2.（2021） 恒定电场是指电场恒定，不会随着以下哪种情况变化而发生改变？（　　）

A. 位置改变　　B. 时间变化　　C. 温度变化　　D. 压力变化

分析：空间各点的电流密度不随时间变化而变化，就是恒定电场。

答案：B

【2. 掌握电导和接地电阻的概念，并能计算几种典型接地电极系统的接地电阻】

3.（2008）有一个紧靠地面的半球形接地体，其半径为 0.8m，土壤的电导率 $\gamma=10^{-2}$S/m。则此接地体的接地电阻为（　　）Ω。

A. 5.78　　B. 10.11　　C. 19.9　　D. 40.32

分析：$R=\frac{1}{2\pi a\gamma}=\frac{1}{2\pi\times0.8\times10^{-2}}\Omega=19.89\Omega\approx19.9\Omega$。

答案：C

4.（2011） 有一个深埋地下的球形接地体，其半径为 0.5m，土壤的电导率 $\gamma=10^{-2}$S/m。则此接地体的接地电阻为（　　）Ω。

A. 31.84　　B. 7.96　　C. 63.68　　D. 15.92

分析：深埋球形接地体 $R=\frac{1}{4\pi a\gamma}=\frac{1}{4\pi\times0.5\times10^{-2}}\Omega=15.92\Omega$。

答案：D

5.（2013） 一个半径为 0.5m 的导体球当作接地电极深埋于地下，土壤的电导率为 10^{-2}S/m，则此接地体的接地电阻应为下列哪项数值？（　　）

A. 7.96Ω　　B. 15.92Ω　　C. 37.84Ω　　D. 63.68Ω

分析：与 2011 年考题类似。深埋球形接地电极的接地电阻为 $R=\frac{1}{4\pi\gamma r}=\frac{1}{4\pi\times10^{-2}\times0.5}\Omega=15.92\Omega$。

答案：B

6.（2014） 半球形电极位置靠近一直面深的悬崖，如图 1.7–4 所示，若 $R=0.3$m，$h=10$m，土壤的电导率 $\gamma=10^{-2}$S/m，该半球形电极的接地电阻为（　　）。

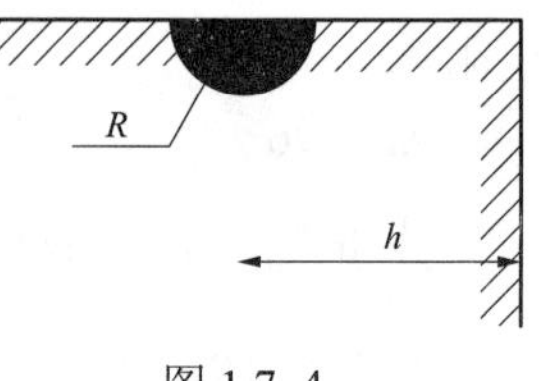

图 1.7–4

A. 53.84Ω　　　　　B. 53.12Ω

C. 53.98Ω　　　　　D. 53.05Ω

分析：假想有另一镜像半球布置，左半球单独作用时的接地电阻为 $R_{左}=2\times\dfrac{1}{4\pi\gamma R}=\dfrac{2}{4\pi\times10^{-2}\times0.3}\Omega=53.05\Omega$，引起的电位为 $\varPhi_{左}=IR_{左}=53.05I$；在右半球电流的单独作用下，其电位为 $\varPhi_{右}=IR_{右}=I\dfrac{1}{2\pi\gamma(2h)}=\dfrac{I}{2\pi\times10^{-2}\times(2\times10)}=0.79I$。总电位 $\varPhi=\varPhi_{左}+\varPhi_{右}=53.05I+0.79I=53.84I$。

所以接地电阻为 $R=\dfrac{\varPhi}{I}=\dfrac{53.84I}{I}=53.84\Omega$。

答案：A

7.（2016）一个由钢条组成的接地体系统，已知其接地电阻为 100Ω，土壤的电导率 $\gamma=10^{-2}$S/m，设有短路电流 500A 从钢条流入地中，有人正以 0.6m 的步距向此接地体系统前进，前足距钢条中心 2m，则跨步电压为（　　）。（可将接地体系统用一等效的半球形接地器代替之）

A. 420.2V　　　B. 520.2V　　　C. 918.2V　　　D. 1020.2V

分析：参见 1.7.2 节“考点二：跨步电压”的计算公式，可得

$$U_{BA}=\int_{l-b}^{l}\frac{I}{2\pi\gamma x^2}dx=\frac{I}{2\pi\gamma}\left(\frac{1}{l-b}-\frac{1}{l}\right)=\frac{500}{2\times3.14\times10^{-2}}\times\left(\frac{1}{2}-\frac{1}{2.6}\right)V=918.67V$$

答案：C

1.8　恒定磁场

1.8.1　考试大纲要求及历年真题统计分析（供配电、发输变电）

历年真题按照考试大纲考点归类总结见表 1.8–1 和表 1.8–2（说明：1、2、3、4 道题分别对应 1、2、3、4 颗★，≥5 道题对应 5 颗★）。

表 1.8–1　　供配电专业基础考试大纲及历年真题统计表

1.8 恒定磁场 考试大纲	2005	2006	2007	2008	2009	2010	2011	2012	2013	2014	2016	2017	2018	2019	2020	2021	汇总统计
1. 掌握磁感应强度、磁场强度及磁化强度的概念★★★★★												1	2	2	1	2	8★★★★★
2. 了解恒定磁场的基本方程和分界面上的衔接条件，并能应用安培环路定律正确分析和求解具有对称性分布的恒定磁场问题★							1										1★
3. 了解自感、互感的概念，了解几种简单结构的自感和互感的计算★									1								1★

续表

1.8　恒定磁场 考试大纲	2005	2006	2007	2008	2009	2010	2011	2012	2013	2014	2016	2017	2018	2019	2020	2021	汇总统计
4. 了解磁场能量和磁场力的计算方法																	0
汇总统计	0	0	0	0	0	0	1	0	1	0	0	1	2	2	1	2	10

表 1.8–2　　发输变电专业基础历年真题统计表

1.8　恒定磁场 考试大纲	2005（同供配电）	2006（同供配电）	2007（同供配电）	2008	2009	2010	2011	2012	2013	2014	2016	2017	2018	2019	2020	2021	汇总统计
1. 掌握磁感应强度、磁场强度及磁化强度的概念★★★★											1	1	1	1	1	2	7★★★★★
2. 了解恒定磁场的基本方程和分界面上的衔接条件，并能应用安培环路定律正确分析和求解具有对称性分布的恒定磁场问题★★							1						1				2★★
3. 了解自感、互感的概念，了解几种简单结构的自感和互感的计算																	0
4. 了解磁场能量和磁场力的计算方法★														1			1★
汇总统计	0	0	0	0	0	0	1	0	0	0	1	1	2	2	1	2	10

对比以上供配电专业基础和发输变电专业基础历年真题统计表，可看到：尽管两个专业方向不同，但专业基础考试的两个方向的侧重点几乎相同，见表 1.8–3。

表 1.8–3　　专业基础供配电、发输变电两个专业方向侧重点对比

1.8　恒定磁场	历年真题汇总统计	
考试大纲（取供配电、发输变电两个方向中多的★值标注）	供配电	发输变电
1. 掌握磁感应强度、磁场强度及磁化强度的概念★★★★★	8★★★★★	7★★★★★
2. 了解恒定磁场的基本方程和分界面上的衔接条件，并能应用安培环路定律正确分析和求解具有对称性分布的恒定磁场问题★★	1★	2★★
3. 了解自感、互感的概念，了解几种简单结构的自感和互感的计算★	1★	0
4. 了解磁场能量和磁场力的计算方法★	0	1★
汇总统计	10	10

1.8.2　重要知识点复习

结合前面 1.8.1 节的历年真题统计分析（供配电、发输变电）结果可见，本节内容在历年考题中所占比重很小，对“1.8 恒定磁场”部分的相应大纲点做简要复习。

1. 掌握磁感应强度、磁场强度及磁化强度的概念

无限长直线真空中某点的磁感应强度 B 为

$$B=\frac{\mu_0 I}{2\pi\rho}$$

式中：μ_0 是真空中的磁导率，$\mu_0=4\pi\times10^{-7}\mathrm{H/m}$；$I$ 是导体中的电流；ρ 是场点到导线的垂直距离。

2. 了解恒定磁场的基本方程和分界面上的衔接条件，并能应用安培环路定律正确分析和求解具有对称性分布的恒定磁场问题

考点：安培环路定律

在真空的磁场中，沿任意闭合回路 l 对 $\boldsymbol{B}$ 的线积分，等于真空的磁导率乘以该回路所限定的面积上穿过的电流代数和，即 $\oint_l \boldsymbol{B}\cdot \mathrm{d}\boldsymbol{l}=\mu_0\sum_{k=1}^{n}I_k$，这就是真空中安培环路定律的积分形式。式中 I_k 的正负取决于电流方向与积分回路的绕行方向是否符合右手螺旋关系，如果电流方向与回路存在右螺旋关系，I 为正，反之 I 为负。

3. 了解自感、互感的概念，了解几种简单结构的自感和互感的计算

自感 L 定义为线圈的自感磁链 ψ_{m} 与其励磁电流 I 的比值，即 $L=\frac{\psi_{\mathrm{m}}}{I}$。

由回路 1 的电流 I_1 所产生而与回路 2 相交链的磁链 ψ_{m21} 称为互感磁链，它和 I_1 成正比，即 $M_{21}=\frac{\psi_{\mathrm{m21}}}{I_1}$，式中 M_{21} 为回路 1 对回路 2 的互感。

4. 了解磁场能量和磁场力的计算方法

左手定则：伸开左手，大拇指与四指垂直，且与手掌在同一平面内，让磁感线垂直穿入掌心，并使四指指向电流方向，大拇指的指向就是电流所受磁场力的方向。

1.8.3 【供配电专业基础】历年真题详解

【1. 掌握磁感应强度、磁场强度及磁化强度的概念】

1.（2017、2018） 真空中，无限长直线电流 I=500A，距离 1m 处的磁感应强度 B 为（　　）T。

A. 0.5×10^{-4}　　B. 1×10^{-4}　　C. 2×10^{-4}　　D. 4×10^{-4}

分析： $B=\frac{\mu_0 I}{2\pi\rho}=\frac{4\pi\times10^{-7}\times500}{2\pi\times1}\mathrm{T}=1\times10^{-4}\mathrm{T}$。

答案： B

2.（2019） 在磁路中，与电路中的电流相对应的物理量是（　　）。

A. 磁通　　B. 磁场　　C. 磁动势　　D. 磁流

答案： A

3.（2021） 电磁波的波形是（　　）。

A. 横波　　B. 纵波

C. 既是纵波也是横波　　D. 上述均不是

分析： 电磁波的电场方向、磁场方向和传播方向三者相互垂直，故是横波。

答案： A

【2. 了解恒定磁场的基本方程和分界面上的衔接条件，并能应用安培环路定律正确分析和求解具有对称性分布的恒定磁场问题】

4.（供 2011，发 2011） 内半径为 a，外半径为 b 的导电管，中间填充空气，流过直流电流 I。在 $\rho < a$ 的区域中，磁场强度 H 为（　　）A/m。

A. $\dfrac{I}{2\pi\rho}$　　B. $\dfrac{\mu_0 I}{2\pi\rho}$　　C. 0　　D. $\dfrac{I(\rho^2-a^2)}{2\pi(b^2-a^2)\rho}$

分析：若以轴心为圆心，任意半径为ρ的圆上磁场强度 H 相等，由安培环路定律 $\oint_l \boldsymbol{H}\cdot \mathrm{d}\boldsymbol{l}=\sum_{k=1}^{n} I_k$，可得：当 $a<\rho<b$ 时，$H=\dfrac{I(r^2-a^2)}{2\pi(b^2-a^2)r}$；当 $b<\rho$ 时，$H=\dfrac{I}{2\pi\rho}$；当 $\rho<a$ 时，$H=0$A/m。

答案：C

【3. 了解自感、互感的概念，了解几种简单结构的自感和互感的计算】

5.（2013） 一无损耗同轴电缆，其内导体半径为 a，外导体的内半径为 b，内外导体间介质的磁导率为μ，介电常数为ε。该同轴电缆单位长度的外电感 L_0 应为（　　）。

A. $\dfrac{2\pi\mu}{\ln\dfrac{b}{a}}$　　B. $\dfrac{2\pi\varepsilon}{\ln\dfrac{b}{a}}$　　C. $\dfrac{2\pi}{\varepsilon}\ln\dfrac{b}{a}$　　D. $\dfrac{\mu}{2\pi}\ln\dfrac{b}{a}$

分析：设同轴电缆通以电流 I，由安培环路定律可得，内外导体间磁感应强度为 $B=\dfrac{\mu I}{2\pi r}$，则 l 长度的同轴电缆磁通量为 $\varPhi_{\mathrm{m}}=\int B\mathrm{d}s=\int_a^b \dfrac{\mu I}{2\pi r}l\mathrm{d}r=\dfrac{\mu Il}{2\pi}\ln\dfrac{b}{a}$，相应自感系数为 $L=\dfrac{\varPhi_{\mathrm{m}}}{I}=\dfrac{\mu l}{2\pi}\ln\dfrac{b}{a}$，单位长度的自感为 $L_0=\dfrac{L}{l}=\dfrac{\mu}{2\pi}\ln\dfrac{b}{a}$。

答案：D

【4. 了解磁场能量和磁场力的计算方法】

历年无考题，略。

1.8.4 【发输变电专业基础】历年真题详解

【1. 掌握磁感应强度、磁场强度及磁化强度的概念】

1.（2019，2021） 图 1.8–1 所示是一个简单的电磁铁，能使得磁场变得更强的方式是（　　）。

A. 将导线在钉子上绕更多圈　　B. 用一个更小的电源

C. 将电源正负极接反　　D. 将钉子移除

答案：A

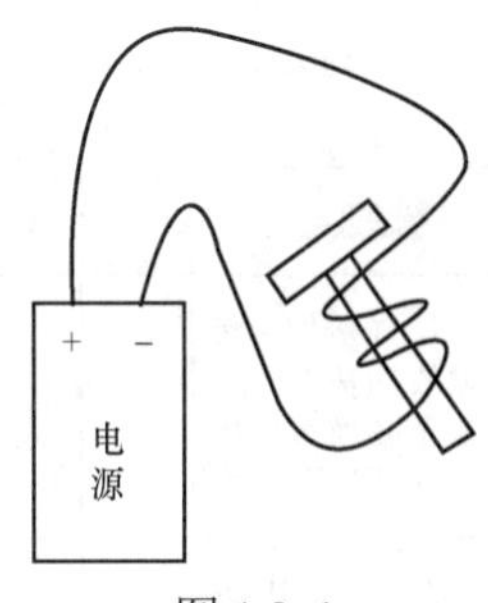

图 1.8–1

2.（2020） 恒定磁场的散度等于（　　）。

A. 磁荷密度　　B. 矢量磁位

C. 零　　D. 磁荷密度与磁导率之比

答案：C

【2. 了解恒定磁场的基本方程和分界面上的衔接条件，并能应用安培环路定律正确分析和求解具有对称性分布的恒定磁场问题】

注：此处考题列在了 1.8.3 节中。

【3. 了解自感、互感的概念，了解几种简单结构的自感和互感的计算】

历年无考题，略。

【4. 了解磁场能量和磁场力的计算方法】

3.（2019） 在方向朝西的磁场中有一条电流方向朝北的带电导线，导线的受力为（　　）。

A. 向下的力　　B. 向上的力　　C. 向西的力　　D. 不受力

分析：利用左手定则判定。

答案：B

1.9 均匀传输线

1.9.1 考试大纲要求及历年真题统计分析（供配电、发输变电）

历年真题按照考试大纲考点归类总结见表 1.9–1 和表 1.9–2（说明：1、2、3、4 道题分别对应 1、2、3、4 颗★，≥5 道题对应 5 颗★）。

表 1.9–1　　供配电专业基础考试大纲及历年真题统计表

1.9 均匀传输线 / 考试大纲	2005	2006	2007	2008	2009	2010	2011	2012	2013	2014	2016	2017	2018	2019	2020	2021	汇总统计
1. 了解均匀传输线的基本方程和正弦稳态分析方法																	0
2. 了解均匀传输线特性阻抗和阻抗匹配的概念★★★★★	1	1	2	1	1	1	1		1	1	1		1	1		1	15★★★★★
汇总统计	1	1	2	1	1	1	1	0	1	1	2	0	1	1	0	1	15

表 1.9–2　　发输变电专业基础考试大纲及历年真题统计表

1.9 均匀传输线 / 考试大纲	2005（同供配电）	2006（同供配电）	2007（同供配电）	2008	2009	2010	2011	2012	2013	2014	2016	2017	2018	2019	2020	2021	汇总统计
1. 了解均匀传输线的基本方程和正弦稳态分析方法																	0
2. 了解均匀传输线特性阻抗和阻抗匹配的概念★★★★★				2	3	2	2	2	2	1	2	2	1		1	1	21★★★★★
汇总统计	0	0	0	2	3	2	2	2	2	1	2	2	1	0	1	1	21

对比以上供配电专业基础和发输变电专业基础历年真题统计表，可看到：尽管两个专业方向不同，但专业基础考试的两个方向的侧重点几乎相同，见表 1.9–3。

表 1.9–3　　　　专业基础供配电、发输变电两个专业方向侧重点对比

1.9　均匀传输线	历年真题汇总统计	
考试大纲（取供配电、发输变电两个方向中多的★值标注）	供配电	发输变电
1. 了解均匀传输线的基本方程和正弦稳态分析方法	0	0
2. 了解均匀传输线特性阻抗和阻抗匹配的概念★★★★★	15★★★★★	21★★★★★
汇总统计	15	21

1.9.2　重要知识点复习

结合前面 1.9.1 节的历年真题统计分析（供配电、发输变电）结果，对“1.9 均匀传输线”部分的 2 大纲点深入总结，其他大纲点从略。

1. 了解均匀传输线的基本方程和正弦稳态分析方法

历年无考题，略。

2. 了解均匀传输线特性阻抗和阻抗匹配的概念

如果导体的截面以及导体间的几何距离处处相同，则称为均匀传输线。

考点一：入端阻抗

传输线入端阻抗定义为，输入端的电压相量和电流相量的比值，记作 Z_{in}。推导可得

$$Z_{in}=Z_0\frac{Z_L+jZ_0\tan\frac{2\pi}{\lambda}l}{Z_0+jZ_L\tan\frac{2\pi}{\lambda}l}$$

可见，入端阻抗除了和传输线的特性阻抗 Z_0 及工作频率有关外，还和传输线的长度 l 及终端负载 Z_L 有关。

考点二：阻抗匹配

在很多情况下，传输线的终端接有一个集总参数的负载 Z_L，当负载 Z_L 与特性阻抗 Z_0 相等时，称为传输线工作在匹配状态。这时，传输线上没有反射波，只有入射波，从能量的观点来看，这时从电源端送往负载的能量全部被负载吸收，显然，在匹配状态下，传输线的效率最高。另外，对传送信号而言，不匹配所产生的反射波还会使信号失真。因此，在实际中，传输线被用来传输电磁功率和信息时，总是希望负载与传输线的特性阻抗匹配。

在历年考题中，最常见的考点就是 $\lambda/4$ 阻抗变换器。

可以将 1/4 波长的无损耗线串联在主传输线（设它的特性阻抗为 Z_{01}）和负载 Z_L 之间，使负载 Z_L 和主传输线的特性阻抗 Z_{01} 相匹配，所以把接入的这一段 1/4 波长线称为 $\lambda/4$ 阻抗变换器，将 $l=\lambda/4$ 代入，得到 $Z_{in}=Z_0\frac{Z_L+jZ_0\tan\frac{2\pi}{\lambda}l}{Z_0+jZ_L\tan\frac{2\pi}{\lambda}l}=Z_0\frac{Z_L+jZ_0\tan\frac{\pi}{2}}{Z_0+jZ_L\tan\frac{\pi}{2}}\overset{\text{上下同除以}\tan\frac{\pi}{2}}{=}\frac{Z_0^2}{Z_L}$。令 $Z_{in}=Z_{01}$，便可以使负载 Z_L 经过一段 1/4 波长的无损耗线和特性阻抗为 Z_0 的主传输线处于匹配状态。这样，可求得 1/4 波长的无损耗线的特性阻抗应为

$$Z_0=\sqrt{Z_{01}Z_L}$$

1.9.3 【供配电专业基础】历年真题详解

【1. 了解均匀传输线的基本方程和正弦稳态分析方法】

历年无考题，略。

【2. 了解均匀传输线特性阻抗和阻抗匹配的概念】

1.（供 2005，发 2008） 无限长无损耗传输线上任意处的电压在相位上超前电流的角度为（　　）。

A. 90°　　B. –90°　　C. 0°　　D. 某一固定角度

分析：无损耗传输线的特性阻抗为一实数，即反映为一纯电阻，故电压、电流同相位，因此无限长无损耗传输线上任意处的电压在相位上超前电流的角度为0°。

答案：C

2.（2007） 电阻为 300Ω 的信号源通过特性阻抗为 36Ω的传输线向 25Ω的电阻性负载供电，为达到匹配的目的，在传输线与负载间插入一段长度为$\lambda/4$的无损传输线，该线的特性阻抗应为（　　）Ω。

A. 30　　B. 150　　C. 20　　D. 70

分析：此题与供 2006 年、发 2013 年供配电专业基础考题相似，仅仅已知参数变化了而已。$Z_0=\sqrt{Z_{01}Z_L}=\sqrt{36\times25}\Omega=30\Omega$。

答案：A

3.（2007、2008） 终端短路的无损耗传输线长度为波长的倍数为（　　）时，其入端阻抗的绝对值不等于特性阻抗。

A. 1/8　　B. 3/8　　C. 1/2　　D. 5/8

分析：终端短路，则$Z_L=0$，这时从始端观测的输入阻抗为$Z_{in}=Z_0\dfrac{Z_L+jZ_0\tan\dfrac{2\pi}{\lambda}l}{Z_0+jZ_L\tan\dfrac{2\pi}{\lambda}l}\overset{Z_L=0}{=}jZ_0\tan\dfrac{2\pi}{\lambda}l$。现要求$|Z_{in}|\neq Z_0\Rightarrow\left|\tan\dfrac{2\pi}{\lambda}l\right|\neq1$，各选项分析如下：

选项 A：$\dfrac{l}{\lambda}=\dfrac{1}{8}\Rightarrow\lambda=8l\Rightarrow\tan\dfrac{2\pi}{8l}l=\tan\dfrac{\pi}{4}=1$。

选项 B：$\dfrac{l}{\lambda}=\dfrac{3}{8}\Rightarrow l=\dfrac{3}{8}\lambda\Rightarrow\tan\dfrac{2\pi}{\lambda}\cdot\dfrac{3}{8}\lambda=\tan\dfrac{3\pi}{4}=-1$。

选项 C：$\dfrac{l}{\lambda}=\dfrac{1}{2}\Rightarrow\lambda=2l\Rightarrow\tan\dfrac{2\pi}{2l}l=\tan\pi=0$。

选项 D：$\dfrac{l}{\lambda}=\dfrac{5}{8}\Rightarrow l=\dfrac{5}{8}\lambda\Rightarrow\tan\dfrac{2\pi}{\lambda}\cdot\dfrac{5}{8}\lambda=\tan\dfrac{5\pi}{4}=1$。

显然，只有选项 C 满足要求。

答案：C

4.（2009） 内阻抗为 250Ω的信号源通过特性阻抗为 75Ω的传输线向 300Ω的电阻性负载供电，为达到匹配的目的，在传输线与负载间插入一段长度为$\lambda/4$的无损传输线，该线的特性阻抗应为（　　）Ω。

A. 150　　B. 375　　C. 250　　D. 187.5

分析：此类考题已经反复多次出现，须熟练掌握。$Z_0=\sqrt{Z_{01}Z_L}=\sqrt{75\times300}\Omega=150\Omega$。

答案：A

5.（供2010、2013，发2008、2014） 终端开路的无损耗传输线长度为波长的倍数为(　　)时，其入端阻抗的绝对值不等于特性阻抗。

A. 11/8　　B. 1/2　　C. 7/8　　D. 5/8

分析：此题与供配电专业基础2007、2008年考题相似，2007、2008年考题是已知终端短路的情况，此处是已知终端开路的情况。

终端开路，则 $Z_L=\infty$，这时从始端观测的输入阻抗为 $Z_{in}=Z_0\dfrac{Z_L+jZ_0\tan\frac{2\pi}{\lambda}l}{Z_0+jZ_L\tan\frac{2\pi}{\lambda}l}\overset{Z_L=\infty}{\underset{\text{上下同除以}Z_L}{=}}$

$Z_0\dfrac{1+0}{0+j\tan\frac{2\pi}{\lambda}l}=\dfrac{Z_0}{j\tan\frac{2\pi}{\lambda}l}=-jZ_0\cot\dfrac{2\pi}{\lambda}l$。现要求 $|Z_{in}|\neq Z_0\Rightarrow\left|\cot\dfrac{2\pi}{\lambda}l\right|\neq1$，各选项分析如下：

选项A：$\dfrac{l}{\lambda}=\dfrac{11}{8}\Rightarrow l=\dfrac{11}{8}\lambda\Rightarrow\cot\dfrac{2\pi}{\lambda}\cdot\dfrac{11}{8}\lambda=\cot\dfrac{11\pi}{4}=-1$。

选项B：$\dfrac{l}{\lambda}=\dfrac{1}{2}\Rightarrow l=\dfrac{1}{2}\lambda\Rightarrow\cot\dfrac{2\pi}{\lambda}\cdot\dfrac{1}{2}\lambda=\cot\pi=\infty$。

选项C：$\dfrac{l}{\lambda}=\dfrac{7}{8}\Rightarrow l=\dfrac{7}{8}\lambda\Rightarrow\cot\dfrac{2\pi}{\lambda}\cdot\dfrac{7}{8}\lambda=\cot\dfrac{7\pi}{4}=-1$。

选项D：$\dfrac{l}{\lambda}=\dfrac{5}{8}\Rightarrow l=\dfrac{5}{8}\lambda\Rightarrow\cot\dfrac{2\pi}{\lambda}\cdot\dfrac{5}{8}\lambda=\cot\dfrac{5\pi}{4}=1$。

显然，只有选项B满足要求。

答案：B

6.（2011） 一特性阻抗为 $Z_0=50\Omega$ 无损耗传输线经由另一长度 $l=0.105\lambda$（λ 为波长），特性阻抗为 Z_{02} 的无损耗传输线达到与 $Z_L=(40+j10)\,\Omega$ 的负载匹配，应取 Z_{02} 为（　　）Ω。

A. 38.75　　B. 77.5　　C. 56　　D. 66

分析：$Z_{in}=Z_{02}\dfrac{Z_L+jZ_{02}\tan\frac{2\pi}{\lambda}l}{Z_{02}+jZ_L\tan\frac{2\pi}{\lambda}l}=Z_{02}\dfrac{Z_L+jZ_{02}\tan\frac{2\pi}{\lambda}\times0.105\lambda}{Z_{02}+jZ_L\tan\frac{2\pi}{\lambda}\times0.105\lambda}=Z_{02}\dfrac{Z_L+jZ_{02}\times0.775\,7}{Z_{02}+jZ_L\times0.775\,7}$。

阻抗匹配，即有 $Z_{in}=Z_0$，故有 $Z_{02}\dfrac{Z_L+jZ_{02}\times0.775\,7}{Z_{02}+jZ_L\times0.775\,7}=50$。将 $Z_L=(40+j10)\Omega$ 代入上式，得到 $Z_{02}=38.78\Omega$。

答案：A

7.（2016） 一幅值为 U 的无限长直角波作用于空载长输电线路，线路末端节点出现的最大电压为（　　）。

A. 0　　B. U　　C. $2U$　　D. $4U$

分析：参考“（3）行波的折射和反射”中的公式即可。本题中末端空载，末端节点上的电压值$u_{2q}=2u_{1q}=2U$。

答案：C

8.（2016）一波阻抗$Z=50\Omega$的无损耗线，周围电介质的物理参数$\varepsilon_r=2.26$、$\mu_r=1$，接有$R=1\Omega$的负载，当$f=100\text{MHz}$时，线长为$\lambda/4$，该线几何长度L为（　　）。

A. 0.75m　　B. 0.5m　　C. 7.5m　　D. 5m

分析：电磁波的传播速度为$v=\dfrac{1}{\sqrt{\mu\varepsilon}}$，当波导中为真空时，$v=\dfrac{1}{\sqrt{\mu_0\varepsilon_0}}=3\times10^8\text{m/s}$，即通常所说的光速。由题意，得$v=\dfrac{1}{\sqrt{\mu\varepsilon}}=\dfrac{1}{\sqrt{\mu_r\mu_0\varepsilon_r\varepsilon_0}}=\dfrac{1}{\sqrt{1\times2.26}}\times3\times10^8\text{m/s}=2\times10^8\text{m/s}$。

再根据电磁波的波速v、波长λ和频率f的关系式$v=\lambda f$，有$2\times10^8=\lambda\times100\times10^6\Rightarrow\lambda=2\text{m}$。

故线长$L=\lambda/4=2\text{m}/4=0.5\text{m}$。

答案：B

9.（2018） 无损耗传输线的原参数为$L_0=1.3\times10^{-3}\text{H/km}$，$C_0=8.6\times10^{-9}\text{F/km}$，欲使该线路工作在匹配状态，则终端应接多大的负载（　　）Ω。

A. 289　　B. 389　　C. 489　　D. 589

分析：无损耗传输线的特性阻抗为$Z_0=\sqrt{\dfrac{L_0}{C_0}}=\sqrt{\dfrac{1.3\times10^{-3}}{8.6\times10^{-9}}}\Omega=389\Omega$。

答案：B

1.9.4 【发输变电专业基础】历年真题详解

【1. 了解均匀传输线的基本方程和正弦稳态分析方法】

历年无考题，略。

【2. 了解均匀传输线特性阻抗和阻抗匹配的概念】

1.（2009） 终端短路的无损耗传输线的长度为波长的（　　）倍时，入端阻抗的绝对值不等于其特性阻抗。

A. 9/8　　B. 7/8　　C. 3/2　　D. 5/8

分析：与供配电 2007、2008 年考题相似。终端短路，则$Z_L=0\Omega$，这时从始端观测的输入阻抗为$Z_{in}=Z_0\dfrac{Z_L+jZ_0\tan\frac{2\pi}{\lambda}l}{Z_0+jZ_L\tan\frac{2\pi}{\lambda}l}\overset{Z_L=0}{=}jZ_0\tan\dfrac{2\pi}{\lambda}l$。现要求$|Z_{in}|\neq Z_0\Rightarrow\left|\tan\dfrac{2\pi}{\lambda}l\right|\neq1$，各选项分析如下：

选项 A：$\dfrac{l}{\lambda}=\dfrac{9}{8}\Rightarrow l=\dfrac{9}{8}\lambda\Rightarrow\tan\dfrac{2\pi}{\lambda}\cdot\dfrac{9}{8}\lambda=\tan\dfrac{9\pi}{4}=1$。

选项 B：$\dfrac{l}{\lambda}=\dfrac{7}{8}\Rightarrow l=\dfrac{7}{8}\lambda\Rightarrow\tan\dfrac{2\pi}{\lambda}\cdot\dfrac{7}{8}\lambda=\tan\dfrac{7\pi}{4}=-1$。

选项 C：$\dfrac{l}{\lambda}=\dfrac{3}{2}\Rightarrow l=\dfrac{3}{2}\Rightarrow\tan\dfrac{2\pi}{\lambda}\cdot\dfrac{3}{2}\lambda=\tan3\pi=0$。

选项 D：$\dfrac{l}{\lambda}=\dfrac{5}{8}\Rightarrow l=\dfrac{5}{8}\lambda\Rightarrow\tan\dfrac{2\pi}{\lambda}\cdot\dfrac{5}{8}\lambda=\tan\dfrac{5\pi}{4}=1$。

显然，只有选项 C 满足要求。

答案：C

2.（2009） 有一段特性阻抗 $Z_0 = 500\Omega$ 的无损耗均匀传输线，当其终端短路时，测得始端的入端阻抗为 250Ω 的感抗，该传输线上的传输的电磁波的波长为 λ，则该传输线的长度为（　　）。

A. $7.4\times10^{-2}\lambda$　　B. $7.4\times10^{-1}\lambda$　　C. λ　　D. 0.5λ

分析：终端短路，则 $Z_L = 0$，这时从始端观测的输入阻抗为 $Z_{in} = Z_0 \dfrac{Z_L + jZ_0 \tan\dfrac{2\pi}{\lambda}l}{Z_0 + jZ_L \tan\dfrac{2\pi}{\lambda}l} \overset{Z_L=0}{=} jZ_0 \tan\dfrac{2\pi}{\lambda}l$，将题目已知参数代入左式，可得 $250 = 500\times\tan\dfrac{2\pi}{\lambda}l \Rightarrow l = 7.4\times10^{-2}\lambda$。

答案：A

3.（2009） 某架空线，可看成无损耗的均匀传输线，已知特性阻抗 $Z_0 = 500\Omega$，线长 $l = 7.5\text{m}$，现始端施以正弦电压，其有效值 $U = 100\text{V}$，频率为 f=15MHz，终端接以容抗为 $x = 500\Omega$ 的电容器，那么其入端阻抗为（　　）。

A. 500Ω　　B. 0Ω　　C. $\infty\Omega$　　D. 250Ω

分析：根据波长与频率的关系，可得波长 $\lambda = \dfrac{v}{f} = \dfrac{3\times10^8}{15\times10^6}\text{m} = 20\text{m}$，则

$$Z_{in} = Z_0 \frac{Z_L + jZ_0 \tan\frac{2\pi}{\lambda}l}{Z_0 + jZ_L \tan\frac{2\pi}{\lambda}l} \overset{Z_L=-j500}{=} 500\times\frac{-j500 + j500\tan\frac{2\pi}{20}\times7.5}{500 + j(-j500)\tan\frac{2\pi}{20}\times7.5}\Omega = 500\times\frac{-j + j(-1)}{1 + j(-j)(-1)}\Omega = \infty\Omega$$

注意：如果代入的是 $Z_L = 500\Omega$，则计算得到 $Z_{in} = 500\Omega$，这样会错选 A。

答案：C

4.（2011） 一特性阻抗为 $Z_0 = 50\Omega$ 无损耗传输线经由另一长度 $l = 0.25\lambda$（λ 为波长），特性阻抗为 Z_{02} 的无损耗传输线达到与 $Z_L = 100\Omega$ 的负载匹配，应取 Z_{02} 为（　　）Ω。

A. 38.75　　B. 80　　C. 71　　D. 66

分析：$Z_{in} = Z_{02}\dfrac{Z_L + jZ_{02}\tan\dfrac{2\pi}{\lambda}l}{Z_{02} + jZ_L\tan\dfrac{2\pi}{\lambda}l} = Z_{02}\dfrac{Z_L + jZ_{02}\tan\dfrac{2\pi}{\lambda}\times0.25\lambda}{Z_{02} + jZ_L\tan\dfrac{2\pi}{\lambda}\times0.25\lambda} = \dfrac{{Z_{02}}^2}{Z_L}$。

阻抗匹配，即有 $Z_{in} = Z_0$，故有 $\dfrac{Z_{02}^2}{Z_L} = 50$。将 $Z_L = 100\Omega$ 代入上式，得到 $Z_{02} = 70.71\Omega \approx 71\Omega$。

答案：C

5.（2011） 一条长度为 $\lambda/4$ 的无损耗传输线，特性阻抗为 $Z_L = R_L + jX_L$，其输入阻抗相当于一电阻 R 与电容 X 并联，其数值为（　　）。

A. $R_L Z_0$和$X_L Z_0$　　B. $\dfrac{Z_0^2}{X_L}$和$\dfrac{Z_0^2}{R_L}$　　C. $\dfrac{Z_0^2}{R_L}$和$\dfrac{Z_0^2}{X_L}$　　D. $R_L Z_0^2$和$X_L Z_0^2$

分析：输入阻抗为

$$Z_{in}=Z_0\frac{Z_L+jZ_0\tan\frac{2\pi}{\lambda}l}{Z_0+jZ_L\tan\frac{2\pi}{\lambda}l}\overset{l=\lambda/4}{=}Z_0\frac{Z_L+jZ_0\tan\frac{2\pi}{\lambda}\cdot\frac{\lambda}{4}}{Z_0+jZ_L\tan\frac{2\pi}{\lambda}\cdot\frac{\lambda}{4}}$$

$$=Z_0\frac{Z_L+jZ_0\tan\frac{\pi}{2}}{Z_0+jZ_L\tan\frac{\pi}{2}}\overset{上下同除以\tan\frac{\pi}{2}}{=}\frac{Z_0^{\ 2}}{Z_L}$$

输入导纳为$Y_{in}=\frac{1}{Z_{in}}=\frac{Z_L}{Z_0^{\ 2}}=\frac{R_L+X_L}{Z_0^{\ 2}}=\frac{R_L}{Z_0^{\ 2}}+j\frac{X_L}{Z_0^{\ 2}}=Y_1+jY_2$，电导$Y_1$对应的电阻为$R=\frac{1}{Y_1}=\frac{Z_0^{\ 2}}{R_L}$，电纳$Y_2$对应的容抗为$X=\frac{1}{Y_2}=\frac{Z_0^{\ 2}}{X_L}$。

答案：C

6.（2013） 一特性阻抗$Z_0=75\Omega$的无损耗传输线，其长度为1/8波长，且终端短路，则该传输线的入端阻抗应该为下列哪项数值？（　　）

A. $-j75\Omega$　　B. $j75\Omega$　　C. 75Ω　　D. -75Ω

分析：由题意知，$l=\frac{\lambda}{8}$，终端短路说明$Z_L=0\Omega$，则

$$Z_{in}=Z_0\frac{Z_L+jZ_0\tan\frac{2\pi}{\lambda}l}{Z_0+jZ_L\tan\frac{2\pi}{\lambda}l}=75\times\frac{0+j75\tan\frac{2\pi}{\lambda}\cdot\frac{\lambda}{8}}{75+0}\Omega=j75\Omega$$

答案：B

7.（2014） 特性阻抗$Z_0=150\Omega$的传输线通过长度为$\lambda/4$，特性阻抗为Z_1的无损耗线接向250Ω的负载，当Z_1取（　　）时，可使负载和特性阻抗为150Ω的传输线相匹配。

A. 200Ω　　B. 193.6Ω　　C. 400Ω　　D. 100Ω

分析：$Z_1=\sqrt{Z_0Z_L}=\sqrt{150\times250}\Omega=193.65\Omega$。

答案：B

8.（2016） 特性阻抗Z_0=100Ω，长度为λ/8的无损耗线，输出端接有负载Z_L=(200+j300)Ω，输入端接有内阻为100Ω，电压为$500\angle0^\circ$V的电源，传输线输入端的电压为（　　）。

A. $372.68\angle-26.565^\circ$V　　B. $372.68\angle26.565^\circ$V

C. $-372.68\angle26.565^\circ$V　　D. $-372.68\angle-26.565^\circ$V

分析：参见1.9.2节“考点一：入端阻抗”的计算公式，有

$$Z_{in}=Z_0\frac{Z_L+jZ_0\tan\frac{2\pi}{\lambda}l}{Z_0+jZ_L\tan\frac{2\pi}{\lambda}l}=100\times\frac{(200+j300)+j100\times\tan\left(\frac{2\pi}{\lambda}\times\frac{\lambda}{8}\right)}{100+j(200+j300)\times\tan\left(\frac{2\pi}{\lambda}\times\frac{\lambda}{8}\right)}=100\times\frac{(200+j300)+j100}{100+j(200+j300)}\Omega$$

$$=100\times\frac{200+j400}{-200+j200}\Omega=100\times\frac{1+j2}{-1+j}\Omega=100\times\frac{(1+j2)(-1-j)}{(-1+j)(-1-j)}\Omega=100\times(1+j2)\times(-1-j)\times\frac{1}{2}\Omega$$

$$=50(1-j3)\Omega$$

利用分压公式，可得传输线输入端的电压为

$$\dot{U}_{\text{in}} = \frac{50(1-\text{j}3)}{100+50(1-\text{j}3)} \times 500\angle 0^\circ\ \text{V} = \frac{1-\text{j}3}{3-\text{j}3} \times 500\text{V} = 372.68\angle -26.565^\circ\ \text{V}$$

答案：A

9.（2016） 输电线路单位长度阻抗Z_l，导纳为Y_l，长度为l，传播系数为γ，波阻抗Z_C为（　　）。

A. $Z_l \sinh \gamma l$　　B. $\sqrt{Z_l / Y_l}$　　C. $\sqrt{Z_l Y_l}$　　D. $Z_l \cosh \gamma l$

分析：Z_C为线路的特征阻抗或称为波阻抗，其值为$Z_C = \sqrt{Z_l / Y_l}$，记住公式即可。

答案：B

10.（2016） 图 1.9–1 所示已知一幅值 1000kV 的直流电压源在 $t=0$s 时刻合闸于波阻抗 $Z=200\Omega$、300km 长的空载架空线路传播，传播速度为 300km/ms，下列哪项为线路中点的电压波形？（　　）

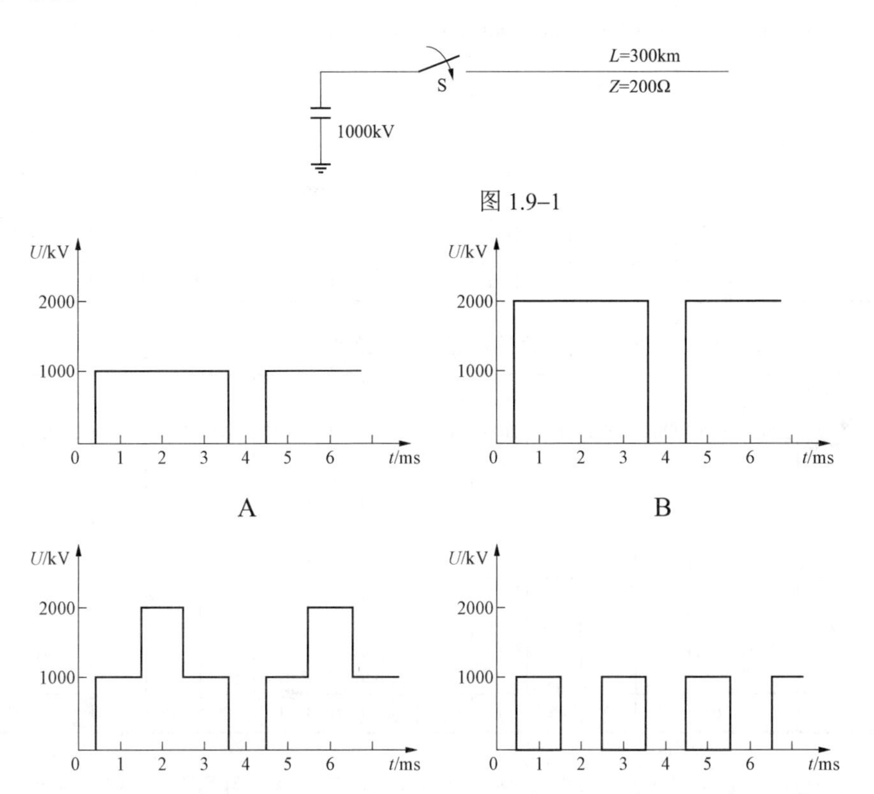

分析：经过$t = \frac{L}{v} = \frac{300/2}{300}\text{s} = 0.5\text{s}$入射波到达线路中点，对应电压幅值为 1000kV。

由于空载，所以线路末端会形成波的全反射，再经过$t = \frac{L}{v} = \frac{150+150}{300}\text{s} = 1\text{s}$，即$t=1.5\text{s}$时反射波到达线路中点，此时电压幅值为入射波与反射波两者的叠加，即 1000kV+1000kV=2000kV。

答案：C

第2章 模拟电子技术

2.1 半导体及二极管

2.1.1 考试大纲要求及历年真题统计分析（供配电、发输变电）

历年真题按照考试大纲考点归类总结见表 2.1–1 和表 2.1–2（说明：1、2、3、4 道题分别对应 1、2、3、4 颗★，≥5 道题对应 5 颗★）。

表 2.1–1 供配电专业基础考试大纲及历年真题统计表

2.1 半导体及二极管 考试大纲	2005	2006	2007	2008	2009	2010	2011	2012	2013	2014	2016	2017	2018	2019	2020	2021	汇总统计
1. 掌握二极管和稳压管特性、参数★★★★★	1	2		1		1					1	1		1	1	1	10★★★★★
2. 了解载流子、扩散、漂移；PN 结的形成及单向导电性★									1								1★
汇总统计	1	2	0	1	0	1	0	1	1	0	0	1	0	1	1	1	11

表 2.1–2 发输变电专业基础考试大纲及历年真题统计表

2.1 半导体及二极管 考试大纲	2005（同供配电）	2006（同供配电）	2007	2008	2009	2010	2011	2012	2013	2014	2016	2017	2018	2019	2020	2021	汇总统计
1. 掌握二极管和稳压管特性、参数★★★★★	1	2			1			1				1		1	1	1	9★★★★★
2. 了解载流子、扩散、漂移；PN 结的形成及单向导电性																	0
汇总统计	1	2	0	0	1	0	0	1	0	0	0	1	0	1	1	1	9

对比以上供配电专业基础和发输变电专业基础历年真题统计表，可看到：尽管两个专业方向不同，但专业基础考试的两个方向的侧重点几乎相同，见表 2.1–3。

表 2.1–3 专业基础供配电、发输变电两个专业方向侧重点比较

2.1 半导体及二极管	历年真题汇总统计	
考试大纲（取供配电、发输变电两个方向中多的★值标注）	供配电	发输变电
1. 掌握二极管和稳压管特性、参数★★★★★	10★★★★★	9★★★
2. 了解载流子、扩散、漂移；PN 结的形成及单向导电性★	1★	0
汇总统计	11	9

2.1.2 重要知识点复习

结合前面 2.1.1 节的历年真题统计分析（供配电、发输变电）结果，对“2.1 半导体及二极管”部分的 1 大纲点深入总结，其他大纲点从略。

1. 掌握二极管和稳压管特性、参数

稳压管一定要工作在反向击穿的状态，电源电压一定要大于它的击穿电压，它才能工作。

二极管电路导通截止的“假定断路法”：先假定待判断二极管为断路，画出等效电路图，求出断点电压 u。对于理想二极管，若 $u>0$，则二极管导通，可以短路处理；若 $u<0$，则二极管截止，可以开路处理。若电路中有两个二极管，分析的原则是先假定两个二极管都断路，计算两个二极管的外加电压，哪一个外加正向电压高，哪一个先导通，导通后二极管会影响余下的二极管是否导通，需要根据等效电路另外分析。

2. 了解载流子，扩散，漂移；PN 结的形成及单向导电性

略。

2.1.3 【供配电专业基础】历年真题详解

【1. 掌握二极管和稳压管特性、参数】

1.（2005） 在如图 2.1–1 所示电路中，已知 $u_i=1V$，硅稳压管 VD_Z 的稳定电压为 6V，正向导通压降为 0.6V，运放为理想运放，则输出电压 u_o 为（　　）。

A. 6V　　B. –6V　　C. –0.6V　　D. 0.6V

分析： $\left.\begin{array}{l}\text{根据“虚断”}\Rightarrow i_-=i_+=0\\ \text{根据“虚短”}\Rightarrow u_-=u_+=-i_+R_2=0\end{array}\right\}\Rightarrow$ 本电路实际上是一个简单的单门限电压比较器。

若 $u_i>0V$，则运放输出 u_o' 为负的饱和电压 $-u_{o(sat)}$，即 $u_o'=-u_{o(sat)}$；

若 $u_i<0V$，则运放输出 u_o' 为正的饱和电压 $+u_{o(sat)}$，即 $u_o'=+u_{o(sat)}$。

现在 $u_i=1V>0V$，故 VD_Z 将正向导通，考虑到 u_o 的参考方向与 VD_Z 正向导通的 0.6V 电压方向相反，故 $u_o=-0.6V$（图 2.1–2，注意参考方向）。

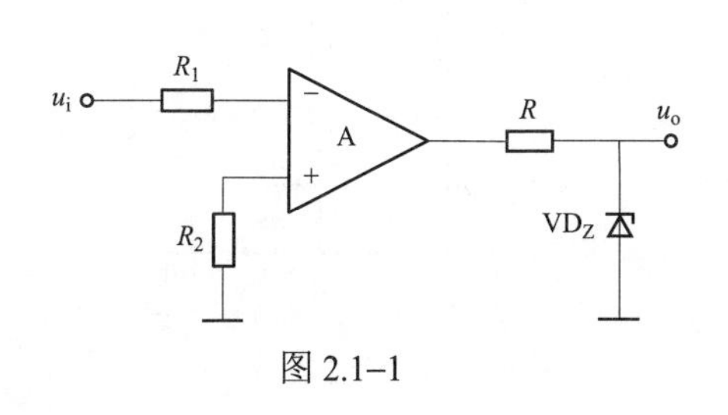

图 2.1–1

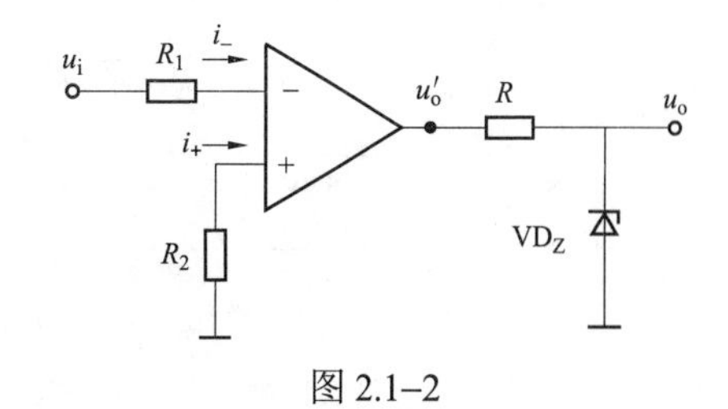

图 2.1–2

答案： C

2.（供 2006、发 2009） 图 2.1–3 所示电路中，设 VD_{Z1} 的稳定电压为 7V，VD_{Z2} 的稳定电压为 13V，则电压 U_{AB} 等于（　　）V。

A. 0.7　　B. 7

C. 13　　D. 20

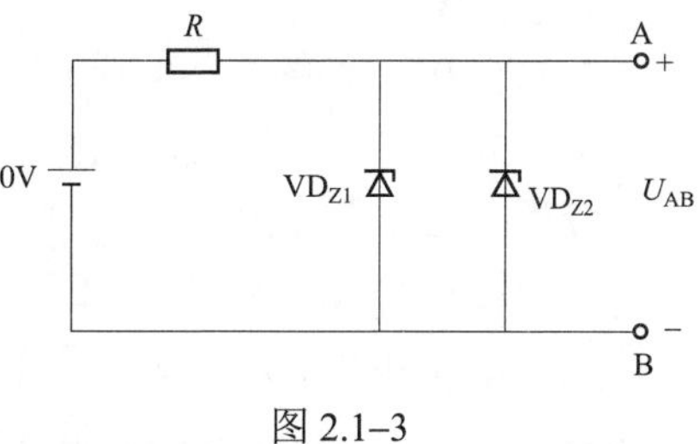

图 2.1–3

分析： 由于 VD_{Z1} 的稳定电压 7V＜VD_{Z2} 的稳定电压 13V，故 VD_{Z1} 先反向击穿，VD_{Z2} 截止，从而可知 $U_{AB}=7V$。

答案：B

3.（2006） 如图 2.1–4 所示电路，当 u_2 为正弦波时，图中理想二极管在一个周期内导通的电角度为（　　）。

A. 0°　　B. 90°　　C. 180°　　D. 120°

分析：由于二极管是理想的，所以无正向导通压降，根据二极管的单向导电性，当 $u_2>0$ 时，VD1、VD3 导通，VD2、VD4 截止；当 $u_2<0$ 时，VD2、VD4 导通，VD1、VD3 截止。故在一个周期内，二极管的导通角为 180°，如图 2.1–5 所示。

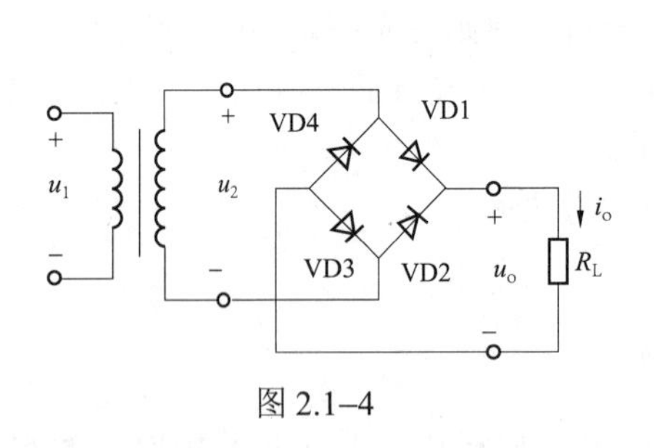

图 2.1–4

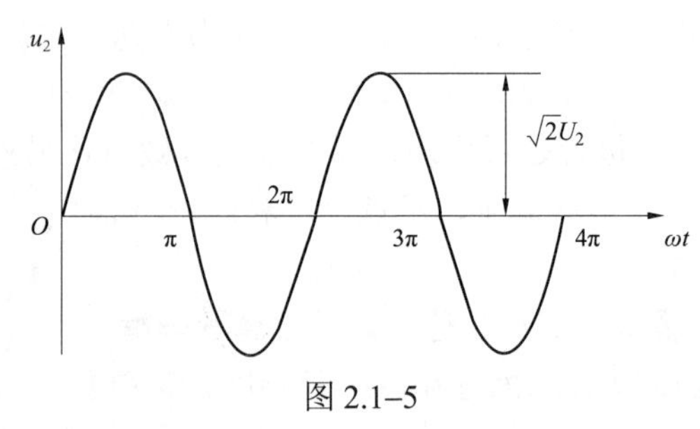

图 2.1–5

答案：C

4.（2008） 在图 2.1–6 所示电路中，设二极管正向导通时的电压降为 0.7V，则电压 U_a 为（　　）V。

A. 0.7　　B. 0.3　　C. −5.7　　D. −11.4

分析：先来求 a 点电位，以判断二极管 VD 能否导通，如图 2.1–7 所示。

$$I=\frac{5.7+5.7}{2.7+3}\text{mA}=2\text{mA}\text{，}\ U_a=3\times10^3\times I-5.7=3\times10^3\times2\times10^{-3}\text{V}-5.7\text{V}=0.3\text{V}$$

显然二极管 VD 截止，故选 B。

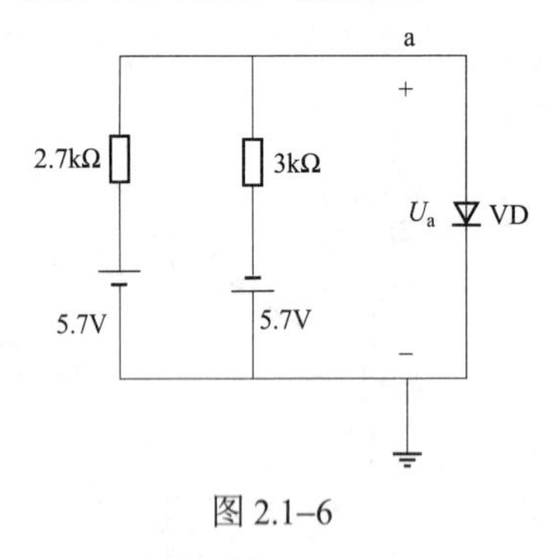

图 2.1–6

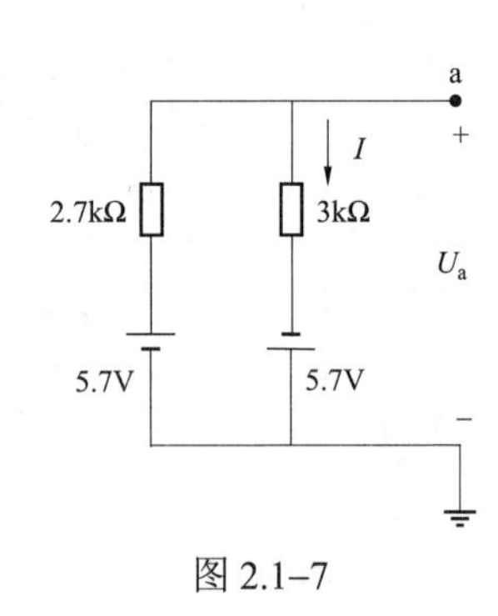

图 2.1–7

答案：B

5.（2010） 设图 2.1–8 所示电路中的二极管性能理想，则电压 U_{AB} 为（　　）V。

A. −5　　B. −15　　C. 10　　D. 25

分析：为便于分析，标注①、②、③、④点如图 2.1–9 所示。

从电路图可见，VD1、VD2 的阳极①、②是等电位的，而以 B 为参考点的话，VD1 的阴极电位即③点电位为 0，VD2 的阴极电位即④点电位为−15V，显然，VD2 将优先导通，这样 $U_{VD1\ ①③}$= −15V，从而 VD1 截止，电路图变成图 2.1–10 所示，这样 $I=\frac{10+15}{2}\text{mA}=12.5\text{mA}$，故$U_{AB}=10-RI=10V-2\times10^3\times12.5\times10^{-3}V=-15V$。

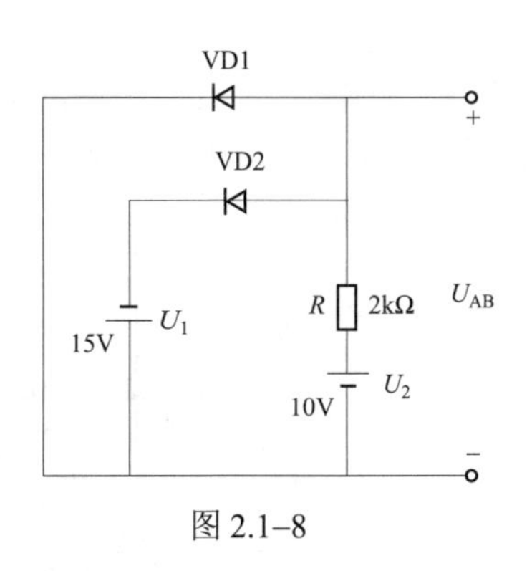

图 2.1–8

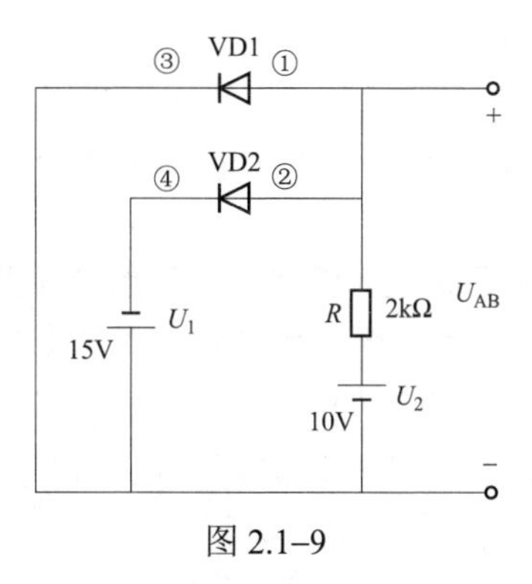

图 2.1–9

答案：B

6.（2012） 图 2.1–11 所示电路中，设二极管为理想元件，当$u_1=150V$时，u_2为（　　）V。

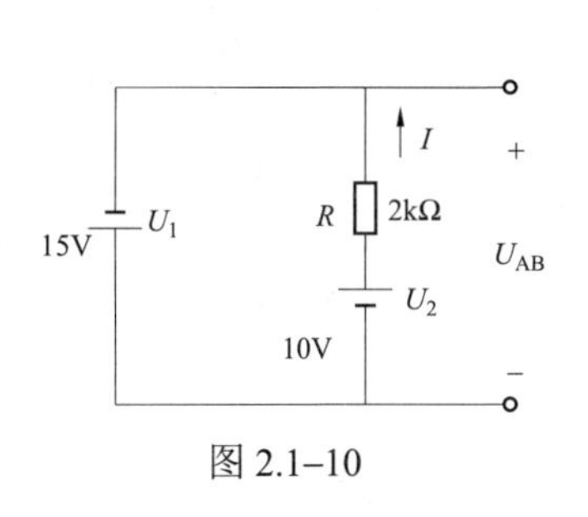

图 2.1–10

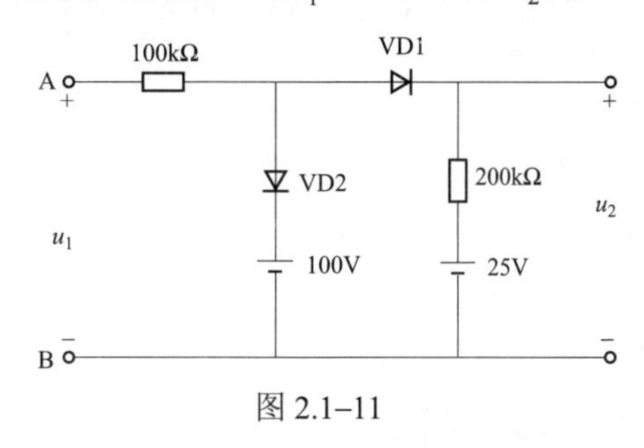

图 2.1–11

A. 25　　B. 75　　C. 100　　D. 150

分析：如图电位分析可知，VD1、VD2 均为正向偏置，均导通，故$u_2=100V$。

答案：C

7.（2019，2021） 图 2.1–12 所示电路中二极管为硅管，则电路输出电压U_O为（　　）。

A. 10V　　B. 3V　　C. 0.7V　　D. 3.7V

分析：参见 2.1.2 节知识点复习，先假定两个二极管都断路，画出等效电路如图 2.1–13 所示。VD2 先导通，$U_O=U_{VD1}+3\Rightarrow U_{VD1}=0.7V-3V=-2.3V$，VD1 承受反向电压，截止，故$U_O$为 VD2 的正向导通压降 0.7V。

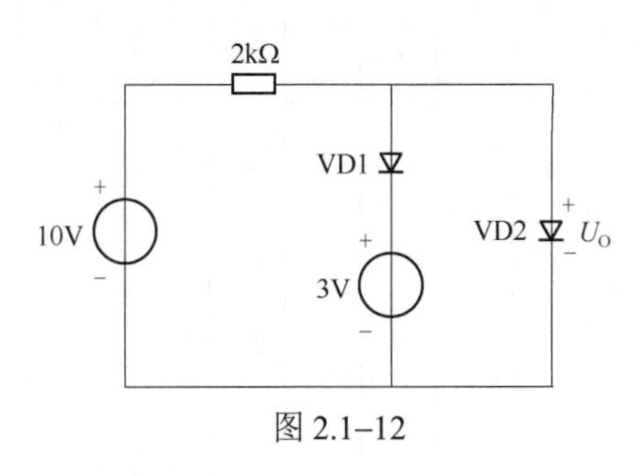

图 2.1–12

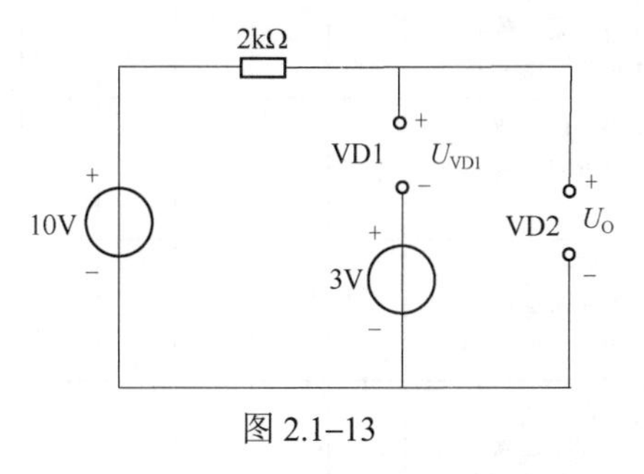

图 2.1–13

答案：C

【2. 了解载流子，扩散，漂移；PN 结的形成及单向导电性】

8.（2013） N 型半导体和 P 型半导体所呈现的电性分别为（　　）。

A. 正电，负电　　B. 负电，正电　　C. 负电，负电　　D. 中性，中性

分析：无论是 N 型半导体还是 P 型半导体，其整体对外保持电中性。

答案：D

2.1.4 【发输变电专业基础】历年真题详解

【掌握二极管和稳压管特性、参数】

1.（2019） 电路如图 2.1–14 所示，设 VD1 是硅管，VD2 是锗管，则 AB 两端之间的电压 U_{AB} 为（　　）V。

A. 0.7　　B. 3

C. 0.3　　D. 3.3

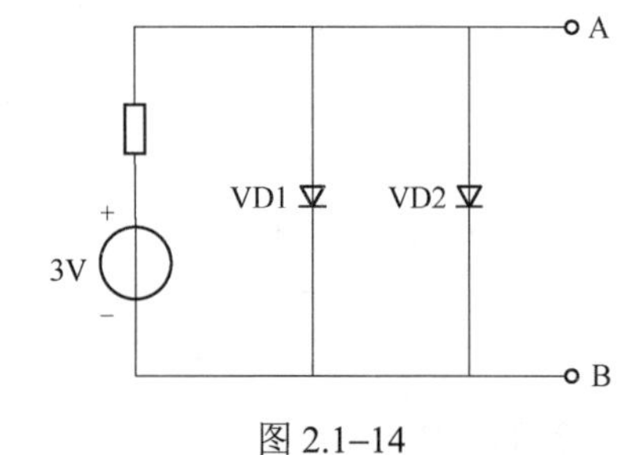

图 2.1–14

分析：因为硅管的门限电压约 0.5V 大于锗管的门限电压约 0.1V，故图中锗管 VD2 将先导通，其正向导通压降为 0.3V，而硅管 VD1 仍处于截止状态，所以 $U_{AB}=0.3V$。

答案：C

2.（2020） 图 2.1–15 中二极管理想，则 u_o 值为（　　）。

A. −6V　　B. −12V

C. 6V　　D. 12V

答案：C

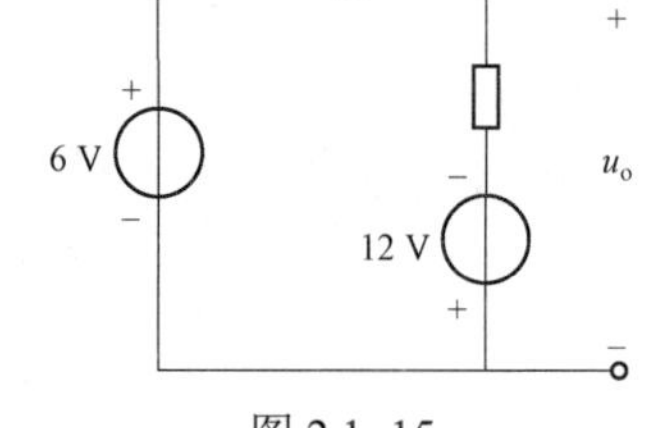

图 2.1–15

2.2 放大电路基础

2.2.1 考试大纲要求及历年真题统计分析（供配电、发输变电）

历年真题按照考试大纲考点归类总结见表 2.2–1 和表 2.2–2（说明：1、2、3、4 道题分别对应 1、2、3、4 颗★，≥5 道题对应 5 颗★）。

表 2.2–1　　供配电专业基础考试大纲及历年真题统计表

2.2 放大电路基础 考试大纲	2005	2006	2007	2008	2009	2010	2011	2012	2013	2014	2016	2017	2018	2019	2020	2021	汇总统计
1. 掌握基本放大电路、静态工作点、直流负载和交流负载线★★★★★			1	1	2		1			1			1	1	1	1	10★★★★★
2. 掌握放大电路的基本的分析方法★★★★★	1	1	1						1			1	1			1	7★★★★★
3. 了解放大电路的频率特性和主要性能指标★★				1		1											2★★
4. 了解反馈的概念、类型及极性；电压串联型负反馈的分析计算★★★★★	2		1	1	1	2	1	1	1	1	1			1	1		14★★★★★

续表

2.2　放大电路基础 考试大纲	2005	2006	2007	2008	2009	2010	2011	2012	2013	2014	2016	2017	2018	2019	2020	2021	汇总统计
5. 了解正负反馈的特点；其他反馈类型的电路分析；不同反馈类型对性能的影响；自激的原因及条件																	0
6. 了解消除自激的方法，去耦电路																	0
汇总统计	3	1	3	3	3	3	2	1	2	2	1	1	2	2	2	2	33

表 2.2–2　　　　　　　　发输变电专业考试大纲及基础历年真题统计表

2.2　放大电路基础 考试大纲	2005（同供配电）	2006（同供配电）	2007	2008	2009	2010	2011	2012	2013	2014	2016	2017	2018	2019	2020	2021	汇总统计
1. 掌握基本放大电路、静态工作点、直流负载和交流负载线★★★★			1			1			1					1		1	5★★★★★
2. 掌握放大电路的基本的分析方法★★★★★	1	1		1				2		1	1		1		1	1	10★★★★★
3. 了解放大电路的频率特性和主要性能指标★★★					1			1			1						3★★★
4. 了解反馈的概念、类型及极性；电压串联型负反馈的分析计算★★★★★	2		1	1	1	1	1	1		1		1	1				11★★★★★
5. 了解正负反馈的特点；其他反馈类型的电路分析；不同反馈类型对性能的影响；自激的原因及条件																	0
6. 了解消除自激的方法，去耦电路																	0
汇总统计	3	1	2	2	2	2	1	4	1	2	2	1	2	1	1	2	29

对比以上供配电专业基础和发输变电专业基础历年真题统计表，可看到：尽管两个专业方向不同，但专业基础考试的两个方向的侧重点几乎相同，见表 2.2–3。

表 2.2–3　　　　　　　　专业基础（供配电、发输变电）两个专业方向侧重点比较

2.2　放大电路基础	历年真题汇总统计	
考试大纲（取供配电、发输变电两个方向中多的★值标注）	供配电	发输变电
1. 掌握基本放大电路、静态工作点、直流负载和交流负载线★★★★★	10★★★★★	5★★★★
2. 掌握放大电路的基本的分析方法★★★★★	7★★★★★	10★★★★★

续表

2.2　放大电路基础	历年真题汇总统计	
考试大纲（取供配电、发输变电两个方向中多的★值标注）	供配电	发输变电
3. 了解放大电路的频率特性和主要性能指标★★★	2★★	3★★★
4. 了解反馈的概念、类型及极性；电压串联型负反馈的分析计算★★★★★	14★★★★★	11★★★★★
5. 了解正负反馈的特点；其他反馈类型的电路分析；不同反馈类型对性能的影响；自激的原因及条件	0	0
6. 了解消除自激的方法，去耦电路	0	0
汇总统计	33	29

2.2.2 重要知识点复习

结合前面 2.2.1 节的历年真题统计分析（供配电、发输变电）结果，对“2.2 放大电路基础”部分的 1、2、3、4 大纲点深入总结，其他大纲点从略。

1. 掌握基本放大电路、静态工作点、直流负载和交流负载线

考点一：给定电压判断晶体管类型。

方法一：差值 0.7/0.3 以判断硅锗，假设 NPN 再看集电结电压。

第一步：先找 0.7V 或者 0.3V。晶体管工作在放大区，所以发射结正偏，不是 0.7V 就是 0.3V。若为 0.7V，则判断为硅管；若为 0.3V，则判断为锗管。

第二步：假设是 NPN 型的，因工作在放大区，则集电结要反向电压，若是，则假设正确；反之则为 PNP 型的。

方法二：差值 0.7/0.3 以判断硅锗，再以另一端电压大小判定。

第一步：同上。

第二步：找出差值为 0.7V 的两端，另一端电压若大于差值为 0.7V 的两端的电压，则一定为 NPN 型的；另一端电压若小于差值为 0.7V 的两端的电压，则一定为 PNP 型的。其原因是对于 NPN 管，集电极 C 电压是最高的，PNP 管集电极 C 电压是最低的（简记为 NC 高 PC 低）。

考点二：晶体管输出特性，尤其是工作在放大区的特征。

晶体管输出特性四个区的划分及特点总结见表 2.2–4。

表 2.2–4　　晶体管输出特性四个分区的划分及特点

分区	各结偏置情况	特　点	输出特性曲线
截止区	发射结、集电结均反偏	$I_C \approx 0$	对应输出特性曲线 $i_B = 0$ 以下的区域
放大区	发射结正偏、集电结反偏	$I_C \approx \beta I_B$	输出特性曲线基本水平稍有上翘
饱和区	发射结、集电结均正偏	$U_{CE} = U_{CES}$，I_C 基本不受 I_B 控制	对应输出特性曲线的起始陡峭部分
击穿区	随着 u_{CE} 的不断增大，加在集电结上的反压 u_{CB} 随之增大，当 u_{CB} 增大到一定值时，集电结发生反向击穿，造成集电极电流 i_C 剧增		

牢记：晶体管处于放大工作状态，要求发射结加正向电压（即正偏），集电结加反向电压（即反偏），总结为“放大–发正集反”。

考点三：静态工作点、直流负载和交流负载线的应用。

基本电路图如图 2.2–1 所示，求静态工作点 Q 的三个常用公式。

$$I_{BQ}=\frac{U_{CC}-U_{BE}}{R_B}\approx\frac{U_{CC}}{R_B}，\quad I_{CQ}=\beta I_{BQ}，\quad U_{CEQ}=U_{CC}-R_C I_{CQ}$$

直流负载线方程：$u_{CE}=V_{CC}-i_C R_C$。

交流负载线有两个特点：一是它必须通过静态工作点 Q；二是其斜率为 $-\frac{1}{R_L'}$。

交流负载线方程：$u_{CE}=V_{CEQ}+I_{CQ}R_L'-i_C R_L'$。

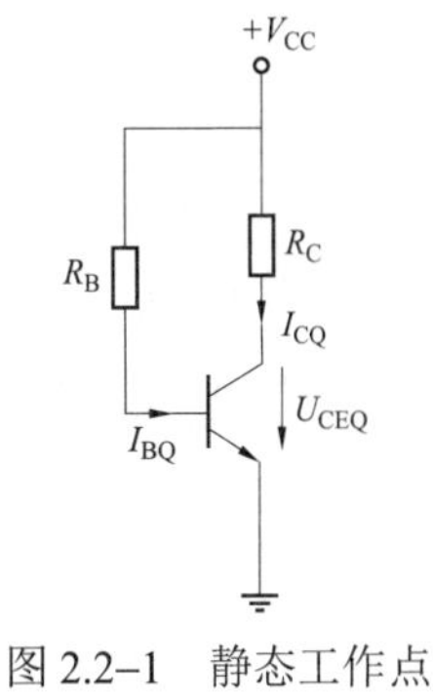

图 2.2–1　静态工作点

2. 掌握放大电路的基本的分析方法

考点一：晶体管工作状态的判断。

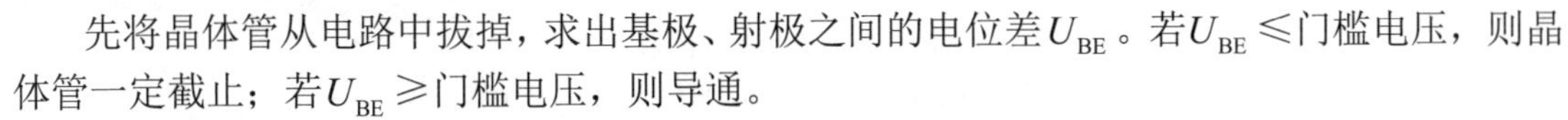

先将晶体管从电路中拔掉，求出基极、射极之间的电位差 U_{BE}。若 U_{BE} ≤门槛电压，则晶体管一定截止；若 U_{BE} ≥门槛电压，则导通。

若晶体管实际的基极电流 I_B >临界饱和基极电流 I_{BS}，则饱和导通；

若晶体管实际的基极电流 I_B <临界饱和基极电流 I_{BS}，则放大导通。

考点二：静态工作点对波形失真的影响分析。

如果静态工作点 Q 设置过高，I_{CQ} 较大，而 V_{CEQ} 较小，如图 2.2–2 所示，则晶体管的工作点会在交流信号 i_b 正半周峰值附近的部分时间内进入饱和区，引起 i_c、v_{CE} 及 v_{ce} 的波形失真，这种由工作点进入饱和区引起的失真称为饱和失真。由于从 Q 点移动到 Q′ 点的范围小于从 Q 点移动到 Q″ 点的范围，所以最大不失真输出电压的幅值受到饱和失真的限制。

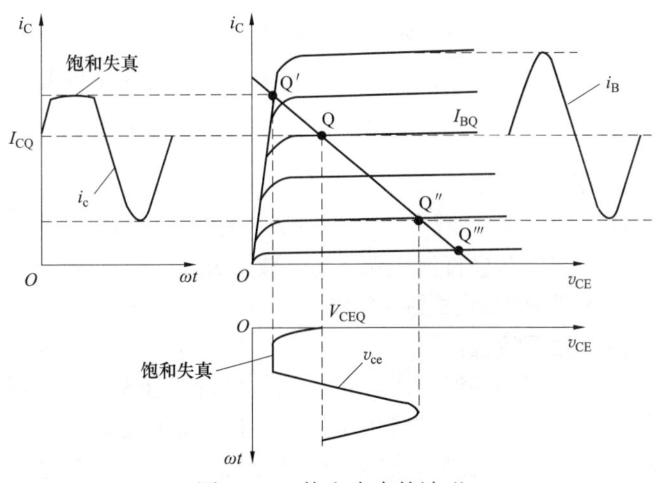

图 2.2–2　饱和失真的波形

如果静态工作点 Q 设置过低，如图 2.2–3 所示，则晶体管会在交流信号 v_{be} 负半周峰值附近的部分时间内进入截止区，使 i_B 的波形出现失真，同时在输出特性曲线中，由于 I_{CQ} 较小，而 V_{CEQ} 较大，也使 i_c、v_{CE} 及 v_{ce} 的波形出现失真，这种由于工作点过低而进入截止区引起的失真称为截止失真。同样此时的最大不失真输出电压的幅值将受到截止失真的限制。

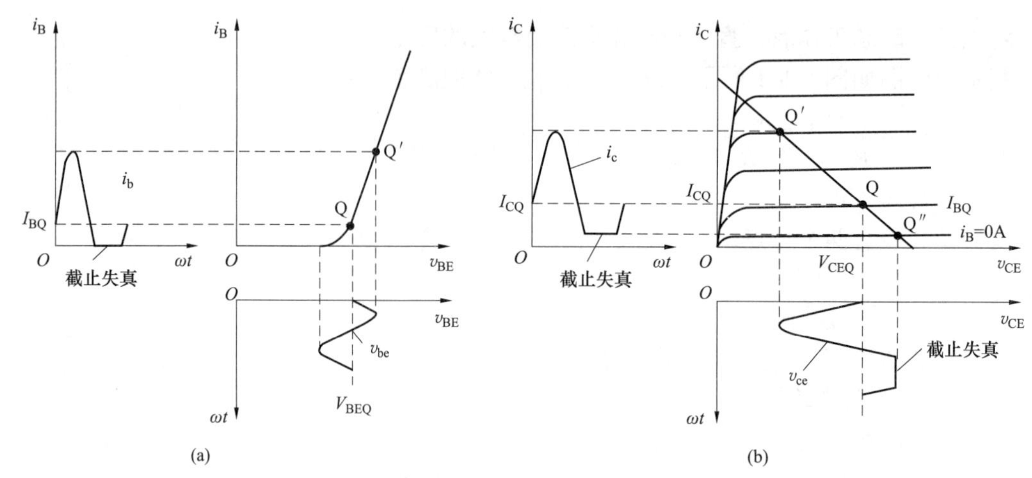

图 2.2–3　截止失真的波形

（a）输入特性的截止失真；（b）输出特性的截止失真

注意：如果 Q 点的位置设置合理，但输入信号 v_s 的幅值过大时，输出信号 v_0 也会产生失真，而且饱和失真和截止失真可能会同时出现。

为避免上述的非线性失真，应将 Q 点设置在输出交流负载线的中点，这样可得到输出电压的最大动态范围。

重要结论：① 如果使用正电源（NPN 管），输出电压 u_{CE} 的波形，顶部削平为截止失真，底部削平为饱和失真；② 如果使用负电源（PNP 管），输出电压 u_{CE} 的波形，顶部削平为饱和失真，底部削平为截止失真；饱和、截止失真的判断依据总结如下，设 U_{CES} 为晶体管的饱和压降，则有

$U_{CEQ}-U_{CES}<V_{CC}-U_{CEQ}$ 时，输入信号增大时电路首先出现饱和失真；

$U_{CEQ}-U_{CES}>V_{CC}-U_{CEQ}$ 时，输入信号增大时电路首先出现截止失真；

$U_{CEQ}-U_{CES}=V_{CC}-U_{CEQ}$ 时，电路的最大不失真输出电压最大。

考点三：消除失真的方法总结。

消除饱和失真方法：增大 R_B，减小 R_C，减小β，增大 V_{CC}。

消除截止失真方法：增大基极直流电源 V_{BB}，减小 R_B。

3. 了解放大电路的频率特性和主要性能指标

考点一：放大电路的频率特性。

在输入信号电压幅值比较小的情况下，可以把晶体管在静态工作点附近小范围内的特性曲线近似地用直线代替，这时可把晶体管用小信号线性模型代替，从而将由晶体管组成的放大电路当成线性电路来处理，这就是微变等效电路分析方法，需要注意的是，使用这种分析方法的条件是放大电路的输入信号为低频小信号。

由于放大电路中存在着耦合电容、旁路电容以及晶体管中存在结电容，它们的值会随着输入信号频率的变化而变化，因此，放大电路对不同频率的信号具有不同的放大能力。增益和相移的大小因频率变化而变化的特性，称为放大电路的频率响应特性，在具体分析时，可将信号频率划分为三个区域：低频段、中频段和高频段。

考点二：参数指标

在历年考题中常出现的参数指标有 I_{CBO}、P_{CM}、I_{CM}、$U_{(BR)CEO}$，先弄清楚它们的含义。

（1）I_{CBO} 称为集电极–基极反向饱和电流，是指发射极开路时，集电极和基极间的反向饱和电流。

（2）P_{CM}：集电极最大允许功耗，是指集电结允许功率损耗的最大值，其大小主要决定于允许的集电结结温，锗管最高允许结温为 70℃，硅管可达 150℃，超过这个值，管子的性能变坏，甚至烧毁管子。

（3）I_{CM}：集电极最大允许电流，当集电极电流 I_C 超过一定值时，晶体管的 β 值要下降，当 β 值下降到正常值的 2/3 时的集电极电流，称为集电极最大允许电流。因此在使用晶体管时，I_C 超过 I_{CM} 时并不一定会使晶体管损坏，但 β 值将逐渐降低。

（4）$U_{(BR)CEO}$：集电极–发射极反向击穿电压，是指基极开路时，集电极–发射极之间允许施加的最高反向电压。

4. 了解反馈的概念、类型及极性；电压串联型负反馈的分析计算

考点一：反馈的判断及特征。

反馈的判断：
- 正、负反馈的判断——瞬时极性法
- 电压、电流反馈的判断——输出电压短路法
- 串联、并联反馈的判断——输入节点法

把输出电压短路，若反馈没有了，就是电压反馈；否则若还有，则一定是电流反馈。

看输入端和输出端连接的反馈网络有没有公共节点，若有就是并联反馈，反之没有则为串联反馈。

对于输入电阻 R_i，串联反馈使之增加，并联反馈使之减小；

对于输出电阻 R_o，电流反馈使之增加，电压反馈使之减小。

考点二：负反馈放大电路的增益。

负反馈放大电路的组成框图如图 2.2–4 所示，可知，开环增益为 $A=\dfrac{x_o}{x_{id}}$；反馈网络的反馈系数为 $F=\dfrac{x_f}{x_o}$；闭环增益为 $A_f=\dfrac{x_o}{x_i}=\dfrac{x_o}{x_{id}+x_f}=\dfrac{x_o}{\dfrac{x_o}{A}+Fx_o}=\dfrac{A}{1+AF}$。

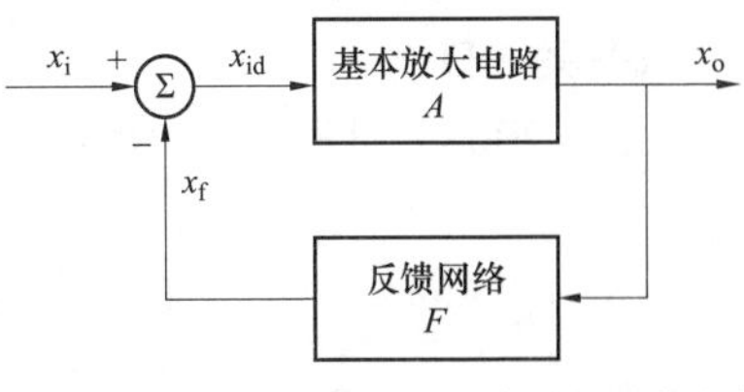

图 2.2–4　负反馈放大电路的组成框图

上式闭环增益两边对 A 求导数得 $\dfrac{dA_f}{dA}=\dfrac{A}{(1+AF)^2}$，再除以 $A_f=\dfrac{A}{1+AF}$ 并整理得 $\dfrac{dA_f}{A_f}=\dfrac{1}{1+AF}\cdot\dfrac{dA}{A}$。此式表明：引入负反馈后，闭环增益的相对变化量 $\dfrac{dA_f}{A_f}$ 为开环增益的相对变化量 $\dfrac{dA}{A}$ 的 $\dfrac{1}{1+AF}$ 倍，即闭环增益的稳定性比无反馈时提高了（$1+AF$）倍。

5. 了解正负反馈的特点；其他反馈类型的电路分析；不同反馈类型对性能的影响；自激的原因及条件

历年无考题，略。

6. 了解消除自激的方法，去耦电路

历年无考题，略。

2.2.3 【供配电专业基础】历年真题详解

【1. 掌握基本放大电路、静态工作点、直流负载和交流负载线】

1.（2007） 在某放大电路中，测得晶体管各电极对“地”的电压分别为 6V/9.8V/10V，由此可判断该晶体管为（　　）。

A. NPN 硅管　　B. NPN 锗管　　C. PNP 硅管　　D. PNP 锗管

分析：此类题为常考题型，必须掌握。

本题求解：按照“重要知识点复习”1 大纲点的方法 1 来求解，方法 2 此处略，读者可以自行分析。

第一步：三数相减中得不到 0.7V，而只有 10V−9.8V=0.2V，故可以判断不是硅管而是锗管。

第二步：假设是 NPN 型的，分析过程如图 2.2−5 所示，结果假设错误，故应该为 PNP 型，验证正确，如图 2.2−6 所示。

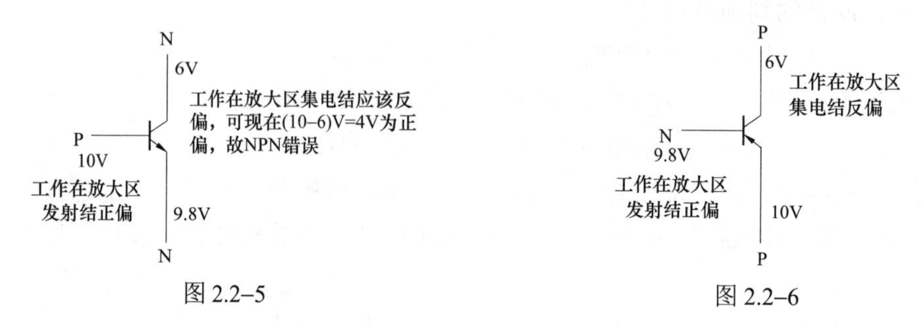

图 2.2−5　　　　图 2.2−6

综上，故为 PNP 型的锗管。

2018 年给定参数度为−2V、−6V、−2.6V，同类型题再次出现，正确判断为 PNP 型硅管。

答案：D

2.（2008） 图 2.2−7 所示电路中，图中各电容对交流可以视为短路，具有电压放大作用的电路是（　　）。

A. 图（a）　　B. 图（b）　　C. 图（c）　　D. 图（d）

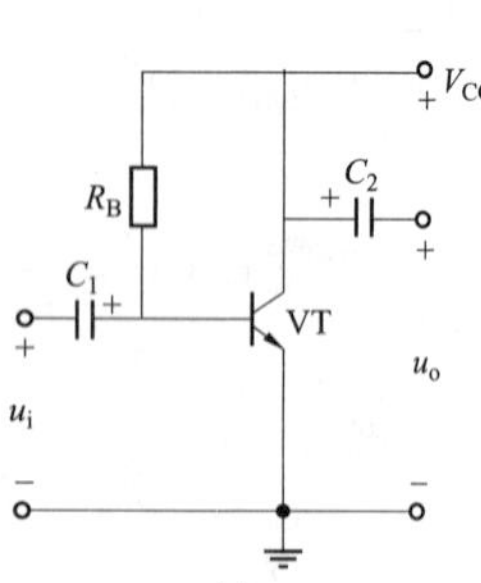
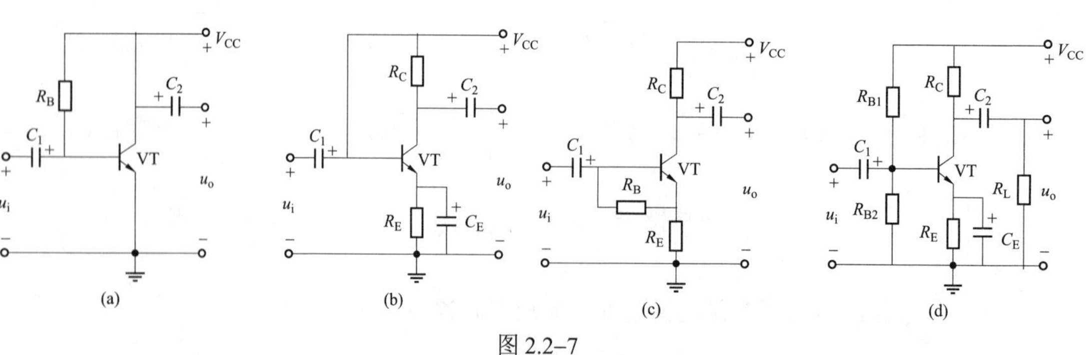

图 2.2−7

分析：设置有合适的静态工作点是三极管放大的前提条件。

选项 A 缺少集电极电阻 R_C；选项 B 缺少基极偏置电阻 R_B；选项 C 发射结没有直流偏置电压；选项 D 正确。

答案：D

3.（2009）某晶体管三个电极的静态电流分别为0.06mA、3.66mA、3.6mA，则该管的β为（　　）。

A. 60　　　B. 61　　　C. 100　　　D. 50

分析：晶体管的电流分配关系为$I_E = I_C + I_B$，$I_C = \beta I_B$，故$\beta = \dfrac{I_C}{I_B} = \dfrac{3.6}{0.06} = 60$。

答案：A

4.（2009）　由两只晶体管组成的复合管电路如图2.2–8所示，已知VT1、VT2管的电流放大系数分别为β_1和β_2，那么复合管子的电流放大系数β约为（　　）。

A. β_1　　　B. β_2　　　C. $\beta_1+\beta_2$　　　D. $\beta_1\beta_2$

分析：为便于分析，标注出各个电流如图2.2–9所示。

$$I_{E1} = (1+\beta_1)I_{B1}，\quad I_{C2} = \beta_2 I_{B2} = \beta_2 I_{E1} = \beta_2(1+\beta_1)I_{B1} = (\beta_2+\beta_1\beta_2)I_{B1} \approx \beta_1\beta_2 I_{B1}$$

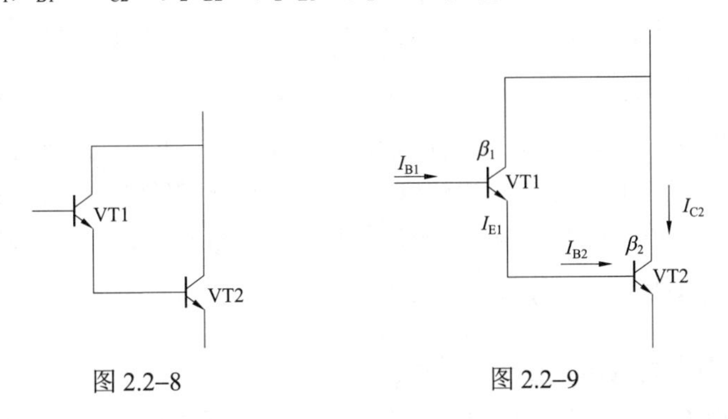

图2.2–8　　　　图2.2–9

答案：D

5.（2011）　晶体管电路如图2.2–10所示，已知各晶体管的$\beta = 50$，那么晶体管处于放大工作状态的电路是（　　）。

A. 图（a）　　　B. 图（b）　　　C. 图（c）　　　D. 图（d）

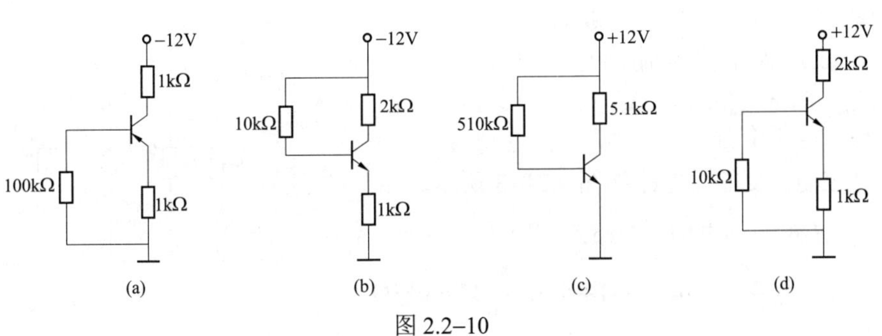

图2.2–10

分析：图（a）：$U_{BE} = 0 \Rightarrow$晶体管截止。

图（b）：$U_B < U_E \Rightarrow$发射结反偏$\Rightarrow$不在放大区。

图（c）：$U_B > U_E \Rightarrow$发射结正偏。再深入求解一下：$I_{BQ} = \dfrac{12}{510}\text{mA} = 0.0235\text{mA}$，$U_{CEQ} = 12 - \beta I_{BQ} \times 5.1\times10^3 = 12\text{V} - 50\times0.0235\times10^{-3}\times5.1\times10^3\text{V} = 6\text{V} \Rightarrow U_C > U_B \Rightarrow$集电结反偏。

图（d）：$U_{BE}=0V\Rightarrow$晶体管截止。

答案：C

6.（2014） 放大电路如图 2.2–11 所示，晶体管的输出特性和交、直流负载线如图 2.2–12 所示，已知$U_{BE}=0.6V$，$r_{bb'}=300\,\Omega$，试求在输出电压不产生失真的条件下，最大输入电压的峰值为（　　）。

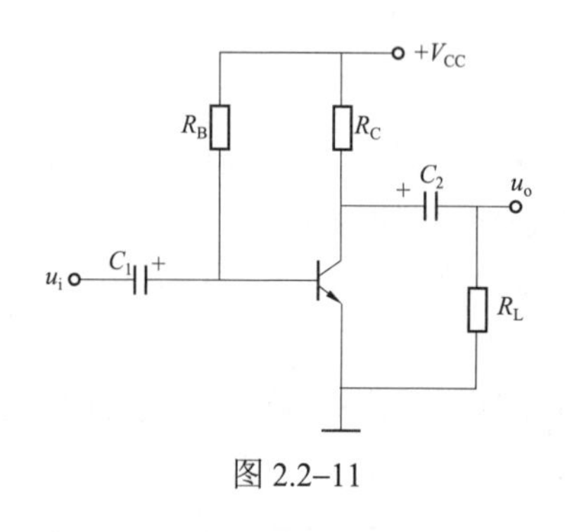

图 2.2–11

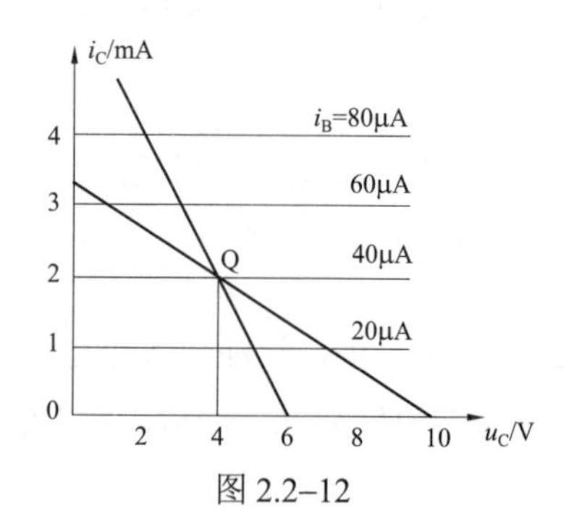

图 2.2–12

A. 78mV　　B. 62mV　　C. 38mV　　D. 18mV

分析：（1）求出静态工作点 Q。直流负载线（$u_{CE}=V_{CC}-i_CR_C$）与特性曲线的交点即为静态工作点 Q 点，据此可确定 Q 点的电压电流值。读图可知，直流负载线（$u_{CE}=V_{CC}-i_CR_C$）与横坐标轴的交点即为V_{CC}的值，故$V_{CC}=10V$，静态电流$I_{BQ}=40\mu A$，$I_{CQ}=2mA$，管压降$U_{CEQ}=4V$。

（2）求出电流放大系数β。$\beta=\dfrac{I_{CQ}}{I_{BQ}}=\dfrac{2mA}{40\mu A}=50$。

（3）求出最大不失真输出电压的幅度U_{om}。

交流负载线方程为$u_{CE}=V_{CEQ}+I_{CQ}R_L'-i_CR_L'$，故交流负载线与横轴的交点为（$V_{CEQ}+I_{CQ}R_L'$，0），其中$R_L'=R_C/\!/R_L$，$V_{CEQ}+I_{CQ}R_L'=4+2\times10^{-3}\times R_L'=6\Rightarrow R_L'=1k\Omega$。

不产生截止失真，最大不失真输出电压的幅度为$U_{om1}=I_{CQ}R_L'=2\times10^{-3}\times1\times10^3V=2V$；不产生饱和失真，最大不失真输出电压的幅度为$U_{om2}=U_{CEQ}-U_{CES}=4V-1V=3V$，式中 U_{CES}表示晶体管的临界饱和压降，一般取为 1V。

综上，故最大不失真输出电压的幅度为$U_{om}=\min\{U_{om1},U_{om2}\}=\min\{2,3\}=2V$。

（4）求出电压增益A_u。

做出对应的微变等效电路如图 2.2–13 所示。

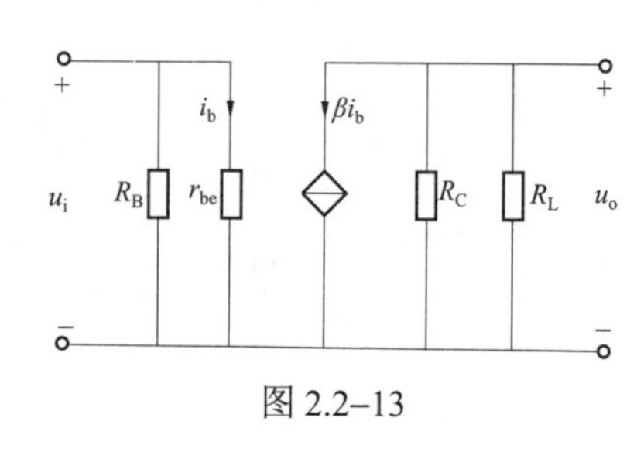

图 2.2–13

$$I_{EQ}=I_{BQ}+I_{CQ}\approx I_{CQ}=2mA$$

$$r_{be}=r_{bb'}+(1+\beta)\frac{26}{I_{EQ}}=300\Omega+(1+50)\times\frac{26}{2}\Omega=963\Omega$$

电压增益：$A_u=\dfrac{u_o}{u_i}=\dfrac{-\beta i_b(R_C/\!/R_L)}{i_br_{be}}=\dfrac{-\beta(R_C/\!/R_L)}{r_{be}}=\dfrac{-50\times1\times10^3}{963}=-51.92$

（5）求出在输出电压不产生失真的条件下，最大输入电压的峰值为$U_{im}=\left|\dfrac{U_{om}}{A_u}\right|=$

$\frac{2}{51.92}\text{V}=38\text{mV}$。

答案：C

7.（2017） 如图 2.2–14 所示，已知 Z_1、Z_2 的击穿电压分别是 5V、7V，正向导通压降是 0.7V，那么 u_o 为（　　）。

A. 7V　　B. 7.7V

C. 5V　　D. 5.7V

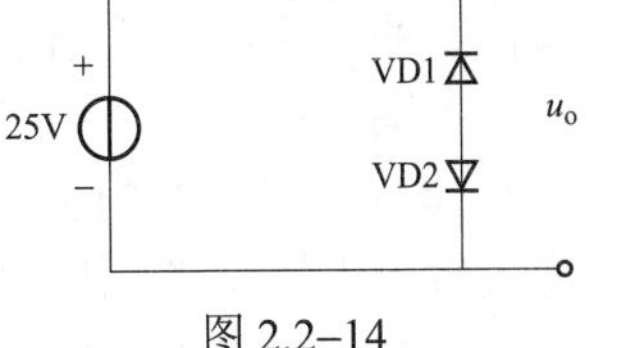

图 2.2–14

分析：VD1 先击穿，VD2 正向导通，$u_o=5\text{V}+0.7\text{V}=5.7\text{V}$

答案：D

8.（2021） 设某晶体管三个极的电位分别是 $U_E=-3\text{V}$，$U_B=-2.3\text{V}$，$U_C=6.5\text{V}$，则该管是（　　）。

A. PNP 型锗管　　B. NPN 型锗管　　C. PNP 型硅管　　D. NPN 型硅管

分析：参见 2.2.2 节“考点一”复习。因为−3V 与−2.3V 相差 0.7V，故为硅管。又有 6.5＞−3，6.5＞−2.3，故为 NPN 型。

答案：D

注意：类似题仅将给定参数改变后，近年多次考到。

【2. 掌握放大电路的基本的分析方法】

9.（2005、2006、2013） 一基本共射放大电路如图 2.2–15 所示，已知 $V_{CC}=12\text{V}$，$R_B=1.2\text{M}\Omega$，$R_C=2.7\text{k}\Omega$，晶体管的 $\beta=100$，且已经测得 $r_{be}=2.7\text{k}\Omega$。若输入正弦电压有效值为 27mV，则用示波器观察到的输出电压波形为（　　）。

A. 正弦波　　B. 顶部削平的失真了的正弦波

C. 底部削平的失真了的正弦波　　D. 顶部和底部都削平的梯形波

分析：方法一：判断失真情况需要考虑电路静态工作点的设置，求静态工作点的过程如下（常用计算公式 3 个），相应电路图如图 2.2–16 所示。

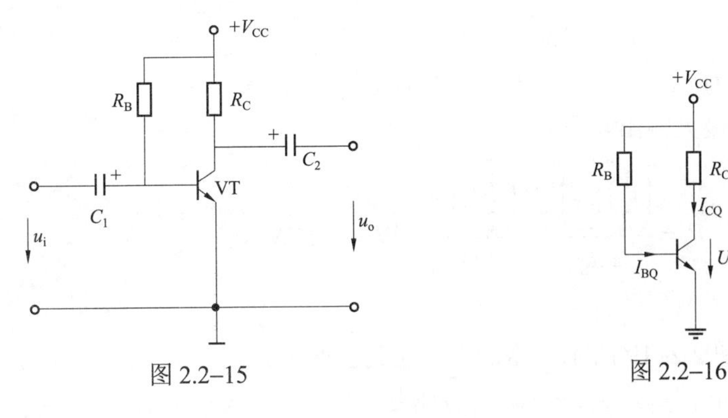

图 2.2–15　　图 2.2–16

$$I_{BQ}=\frac{V_{CC}-U_{BE}}{R_B}\approx\frac{V_{CC}}{R_B}=\frac{12}{1.2\times10^6}\text{A}=10\mu\text{A}$$

$$I_{CQ}=\beta I_{BQ}=100\times10\times10^{-6}\text{A}=1\text{mA}$$

$$U_{CEQ}=U_{CC}-R_CI_{CQ}=12\text{V}-2.7\times10^3\times1\times10^{-3}\text{V}=9.3\text{V}$$

$$U_{CEQ}-U_{CES}=9.3\text{V}-0.7\text{V}=8.6\text{V}$$

$$V_{CC}-U_{CEQ}=12V-9.3V=2.7V$$

显然，8.6V＞2.7V，故输入信号增大时电路将首先出现截止失真。

题目图中为使用正电源的NPN管，故输出电压u_o顶部被削平，选项B正确。

本题捷径： 同样先求得静态工作点，得到$I_{BQ}=10\mu A$，可见此电流很小，直观判断进入晶体管的截止区，将出现顶部被削平的截止失真。

答案：B

10.（2007，2021） 一放大电路如图2.2–17所示，当逐渐增大输入电压u_i的幅度时，输出电压u_o波形首先出现顶部被削平的现象，为了消除这种失真应该采取的措施是（　　）。

A. 减小R_C　　B. 减小R_B

C. 减小V_{CC}　　D. 换用β小的管子

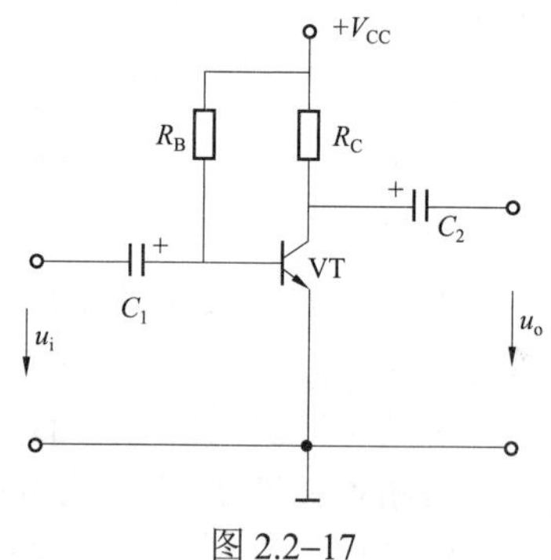

图2.2–17

分析：顶部被削平说明出现了截止失真，这是由于工作点设置得太低造成的。原因：I_C太小⇒故需要增大I_C⇒I_B增大，根据$I_{BQ}=\frac{V_{CC}}{R_B}$⇒$R_B$减小或$V_{CC}$增加。

选项A：减小R_C，R_C一般不调，因为R_C是负载的一部分，所以一般是调节R_B以适应电路。

选项B：正确。

选项C：错误。

选项D：$I_{CQ}=\beta I_{BQ}$，若减小β⇒I_{CQ}减小，显然错误。

答案：B

11.（2017） 如图2.2–18所示，已知$R_L=8\Omega$，则下列功放的输出功率是（　　）W。

A. 9　　B. 4.5

C. 2.75　　D. 2.25

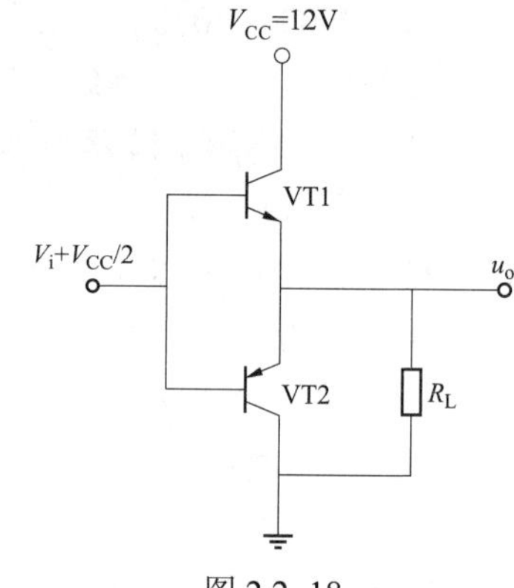

图2.2–18

分析：该电路为一个单电源互补对称电路，若忽略管子的饱和压降U_{CES}，其最大输出功率为

$$P_o=\frac{\left(\frac{1}{2}V_{CC}\right)^2}{2R_L}=\frac{\left(\frac{1}{2}\times 12\right)^2}{2\times 8}W=2.25W$$

答案：D

12.（2018）如图2.2–19所示电路加入电压为正弦波，电压放大倍数$A_{u1}=u_{o1}/u_i$，$A_{u2}=u_{o2}/u_i$分别是（　　）。

A. $A_{u1}\approx 1$，$A_{u2}\approx 1$

B. $A_{u1}\approx -1$，$A_{u2}\approx -1$

C. $A_{u1}\approx -1$，$A_{u2}\approx 1$

D. $A_{u1}\approx 1$，$A_{u2}\approx -1$

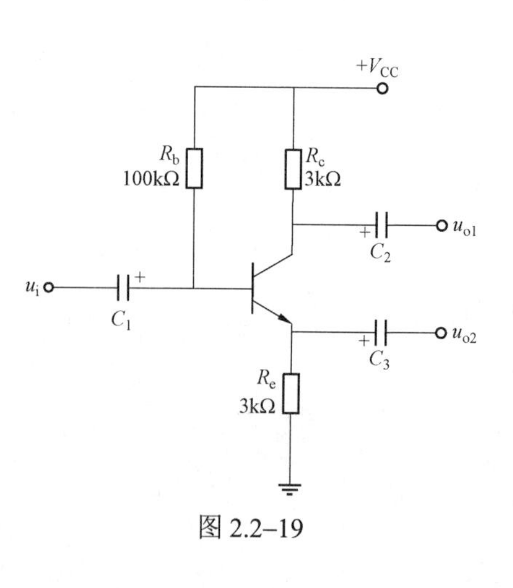

图2.2–19

分析：捷径：正负判断即可。从u_{o1}输出，为共射极

放大电路，u_i 与 u_{o1} 反相，故 $A_{u1}<0$；从 u_{o2} 输出，为共集极放大电路，u_i 与 u_{o2} 同相，故 $A_{u2}>0$。

答案：C

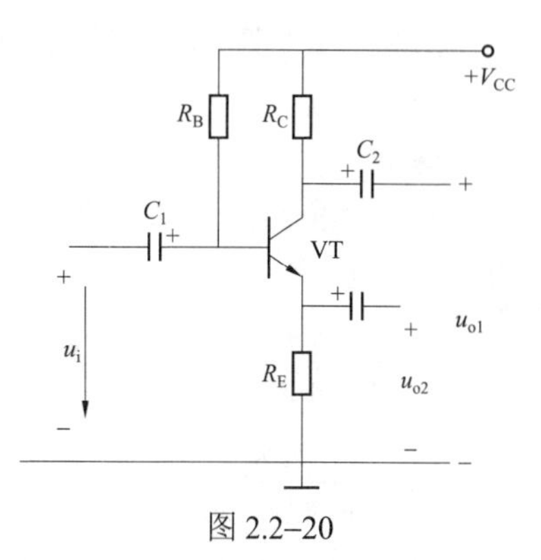

图 2.2–20

13.（2021）如图 2.2–20 所示放大电路，已知 $U_{CC}=12V$，$R_C=2k\Omega$，$R_E=21k\Omega$，$R_B=300k\Omega$，$r_{be}=1k\Omega$，$\beta=50$。电路有两个输出端。试求电压放大倍数 A_{u1} 和 A_{u2}，输出电阻 r_{01} 和 r_{02} 分别是（　　）。

A. $A_{u1}=0.97$，$A_{u2}=-0.99$，$r_{01}=2k\Omega$，$r_{02}=21k\Omega$

B. $A_{u1}=-0.97$，$A_{u2}=0.99$，$r_{01}=21k\Omega$，$r_{02}=2k\Omega$

C. $A_{u1}=-0.97$，$A_{u2}=0.99$，$r_{01}=2k\Omega$，$r_{02}=21k\Omega$

D. $A_{u1}=0.97$，$A_{u2}=-0.99$，$r_{01}=21k\Omega$，$r_{02}=2k\Omega$

捷径：该共射极放大电路的电压放大倍数 A_{u1} 应为负值，故可排除选项 A、D。

答案：C

【3. 了解放大电路的频率特性和主要性能指标】

14.（2008）在温度 20℃时某晶体管的 $I_{CBO}=2\mu A$，那么温度是 60℃时 I_{CBO} 约为（　　）μA。

A. 4　　B. 8　　C. 16　　D. 32

分析：I_{CBO} 值很小，受温度的影响大，温度每升高 10℃，I_{CBO} 约增加一倍。设 T_1、T_2 温度下的集电极–基极反向饱和电流分别为 $I_{CBO(T1)}$、$I_{CBO(T2)}$，则两者之间的关系为 $I_{CBO(T2)}=I_{CBO(T1)}\times 2^{(T_2-T_1)/10}$，则 $I_{CBO(T2)}=I_{CBO(T1)}\times 2^{(T_2-T_1)/10}=2\times 2^{(60-20)/10}=2\times 2^4\mu A=32\mu A$。

答案：D

15.（2010） 某晶体管的极限参数 $P_{CM}=150mW$，$I_{CM}=100mA$，$U_{(BR)CEO}=30V$。若晶体管的工作电压分别为 U_{CE}=10V 和 U_{CE}=1V 时，则其最大允许工作电流分别为（　　）。

A. 15mA，100mA　　B. 10mA，100mA

C. 150mA，100mA　　D. 15mA，10mA

分析：题目中最大允许工作电流此处是指 I_{CM}，可以利用公式 $P_{CM}=I_C U_{CE}$ 来求取 I_C。

（1）当 U_{CE}=10V 时，$I_C=\dfrac{P_{CM}}{U_{CE}}=\dfrac{150}{10}mA=15mA<I_{CM}=100mA$，故能够正常工作。

（2）当 U_{CE}=1V 时，$I_C=\dfrac{P_{CM}}{U_{CE}}=\dfrac{150}{1}mA=150mA>I_{CM}=100mA$，这种情况是不允许的，故此时允许的最大工作电流应为 I_{CM}，即 100mA。

综上，选项 A 正确。

说明：题中 $U_{(BR)CEO}$ 条件未用。

答案：A

【4. 了解反馈的概念、类型及极性；电压串联型负反馈的分析计算】

16.（供 2005、2008，发 2011） 为了稳定输出电压，提高输入电阻，放大电路应该引入的负反馈是（　　）。

A. 电压串联　　B. 电压并联

C. 电流串联　　D. 电流并联

分析：要提高输入电阻 R_i ⇒ 采用串联反馈 ⇒ 排除选项 B 和 D；要稳定输出电压 ⇒ 采用电压反馈。综上，选项 A 正确。2008 年考题仅答案顺序有变化。

答案：A

17.（2007） 某负反馈放大电路的组成框图如图 2.2–21 所示，则电路的总闭环增益 $\dot{A}_f = \dot{X}_o / \dot{X}_i$ 等于（　　）。

A. $\dfrac{\dot{A}_1\dot{A}_2}{1+\dot{A}_1\dot{A}_2\dot{F}_1}$　　B. $\dfrac{\dot{A}_1\dot{A}_2}{1+\dot{A}_1\dot{A}_2\dot{F}_1\dot{F}_2}$

C. $\dfrac{\dot{A}_1\dot{A}_2}{1+\dot{A}_1\dot{F}_1+\dot{A}_2\dot{F}_2}$　　D. $\dfrac{\dot{A}_1\dot{A}_2}{1+\dot{A}_1\dot{A}_2\dot{F}_1+\dot{A}_2\dot{F}_2}$

分析：各量如图 2.2–22 中所标识，很容易知道，$\dot{X}_o = \dot{A}_2[(\dot{X}_i - \dot{F}_1\dot{X}_o)\dot{A}_1 - \dot{F}_2\dot{X}_o] = \dot{A}_1\dot{A}_2\dot{X}_i - \dot{A}_1\dot{A}_2\dot{F}_1\dot{X}_o - \dot{A}_2\dot{F}_2\dot{X}_o \Rightarrow (1+\dot{A}_1\dot{A}_2\dot{F}_1+\dot{A}_2\dot{F}_2)\dot{X}_o = \dot{A}_1\dot{A}_2\dot{X}_i \Rightarrow \dot{A}_f = \dfrac{\dot{X}_o}{\dot{X}_i} = \dfrac{\dot{A}_1\dot{A}_2}{1+\dot{A}_1\dot{A}_2\dot{F}_1+\dot{A}_2\dot{F}_2}$。

答案：D

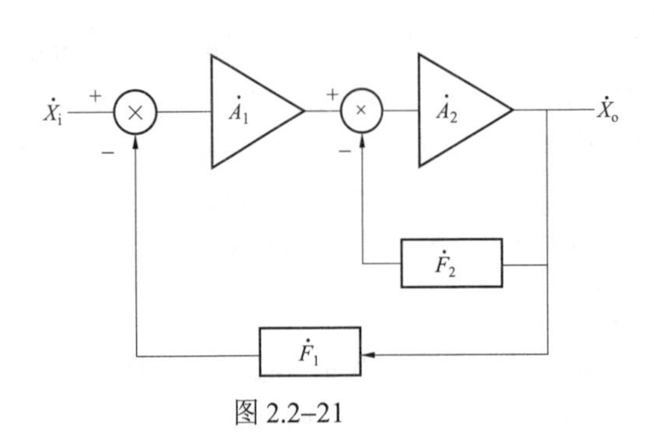

图 2.2–21

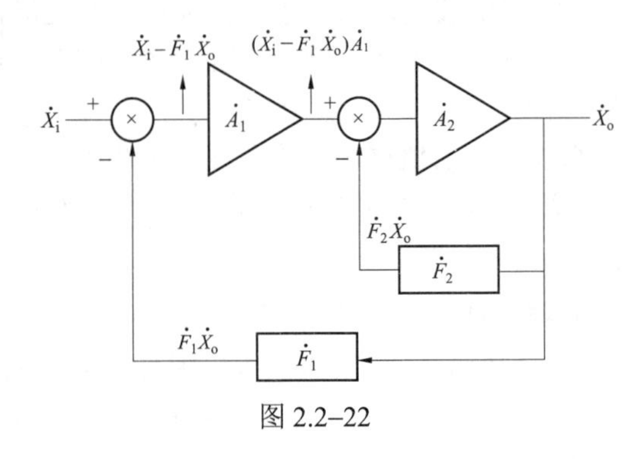

图 2.2–22

18.（供 2009、2010，发 2009） 在图 2.2–23 所示电路中，为使输出电压稳定，应该引入的反馈是（　　）。

A. 电压并联负反馈

B. 电流并联负反馈

C. 电压串联负反馈

D. 电流串联负反馈

分析：要使输出电压稳定 ⇒ 引入电压负反馈，故排除 B 和 D；看电路图，显然输入端和输出端的反馈网络的连接有公共节点 ⇒ 故为并联反馈；综上，为电压并联负反馈。

答案：A

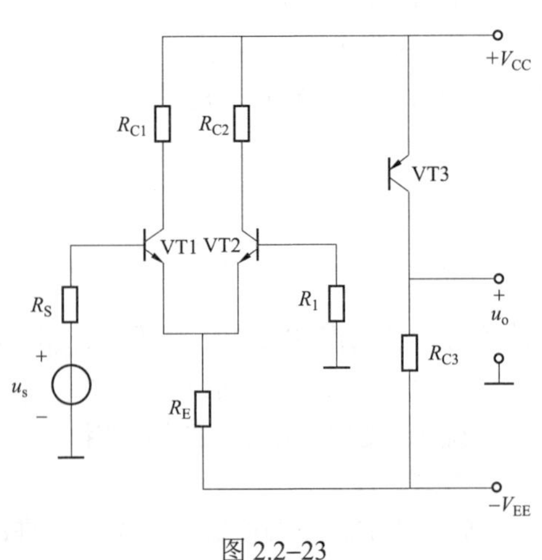

图 2.2–23

19.（2010） 某反馈电路的闭环增益 $A_f = 20\text{dB}$，$\dfrac{\Delta A}{A} = 10\%$，$\dfrac{\Delta A_f}{A_f} = 0.1\%$，则 A 和 F 应为（　　）。

A. 100，0.009　　B. 1000，0.01　　C. 100，0.01　　D. 1000，0.099

分析：根据 $\frac{\mathrm{d}A_{\mathrm{f}}}{A_{\mathrm{f}}}=\frac{1}{1+AF}\cdot\frac{\mathrm{d}A}{A}\Rightarrow 0.1\%=\frac{1}{1+AF}\times 10\%\Rightarrow 1+AF=100$，又闭环增益 $A_{\mathrm{f}}=\frac{A}{1+AF}\Rightarrow 20\mathrm{dB}=\frac{A}{1+AF}\Rightarrow 10=\frac{A}{1+AF}\Rightarrow A=10\times 100=1000$。

将 $A=1000$ 代入 $1+AF=100$，可求得 $F=0.099$。

答案：D

20.（2011） 负反馈所能抑制的干扰和噪声是（　　）。

A. 反馈环内的干扰和噪声　　B. 反馈环外的干扰和噪声

C. 输入信号所包含的干扰和噪声　　D. 输出信号所包含的干扰和噪声

分析：负反馈只能减小反馈环内产生的失真，如果输入信号本身就存在失真，负反馈则无能为力。

答案：A

21.（2014） 由集成运放组成的放大电路如图 2.2–24 所示，反馈类型为（　　）。

A. 电流串联负反馈　　B. 电流并联负反馈

C. 电压串联负反馈　　D. 电压并联负反馈

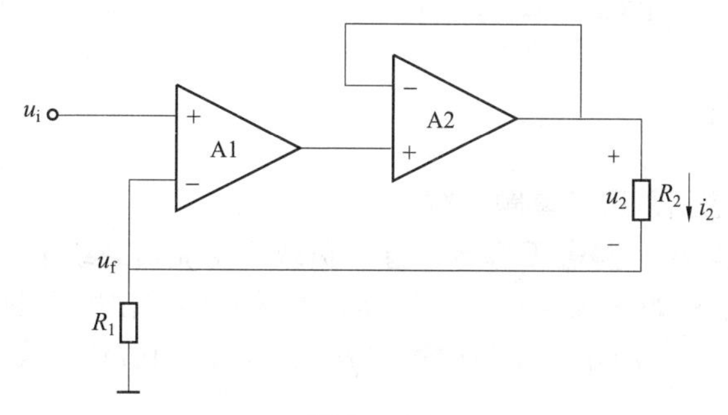

图 2.2–24

分析：从题图中可以看到，反馈信号与输入信号分别接至放大电路的不同输入端，引入的是串联反馈；采用“输出电压短路法”来判断是电压还是电流反馈。令 $R_2=0$ 短路，则 $u_2=0\mathrm{V}$，但电流 $i_2\neq 0$，故 $u_{\mathrm{f}}=R_1 i_2\neq 0$，即反馈量仍然存在，故该电路中引入的是电流反馈。

答案：A

22.（2012） 电流负反馈的作用为（　　）。

A. 稳定输出电流，降低输出电阻

B. 稳定输出电流，提高输出电阻

C. 稳定输出电压，降低输出电阻

D. 稳定输入电流，提高输出电阻

分析：电流负反馈的重要特点是能够稳定输出电流，如针对图 2.2–25 的电流反馈，当图中的 x_{i} 大小保持一定，由于负载电阻 R_{L} 增加而引起输出电流 i_0 减小时，该电路能够自动进行如图 2.2–26 所示调节过程。

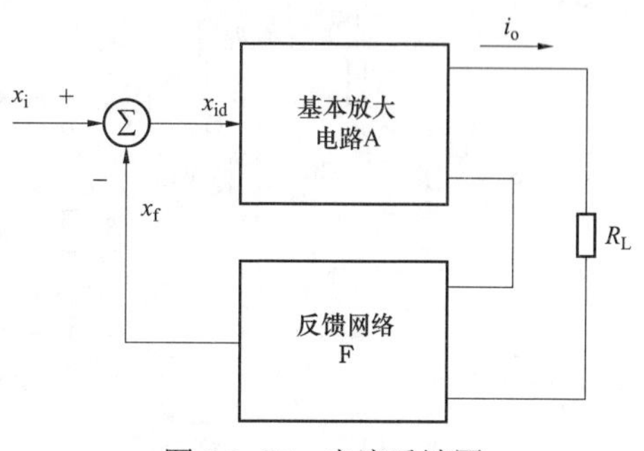

图 2.2–25　电流反馈图

$R_L\uparrow$ $\beta\downarrow$ → $i_o\downarrow$ → $x_f(=Fi_o)\downarrow$ $\xrightarrow{x_i\text{一定时}}$ $x_{id}(=x_i-x_f)\uparrow$ → $i_o\uparrow$

图 2.2–26

对于输出电阻，电流反馈使之增加，简单说明如下：如果将反馈放大电路的输出端口等效为一个信号源，引入电流负反馈将使输出电流更稳定，其效果相当于放大电路的输出更趋向于一恒流源，等效的信号源内阻（输出电阻）更大。

答案：B

23.（2016） 电路的闭环增益为 40dB 时，基本放大电路增益变化为 10%，反馈放大器的闭环增益相应变化 1%，此时电路的开环增益为（　　）。

A. 40dB　　B. 60dB　　C. 80dB　　D. 100dB

分析：参见 2.2.2 节“考点二：负反馈放大电路的增益”。

闭环增益为 40dB，$20\lg\dfrac{A}{1+AF}=40\text{dB}\Rightarrow\dfrac{A}{1+AF}=100$，现题目已知$\dfrac{\Delta A}{A}=0.1$，$\dfrac{\Delta F}{F}=0.01$，代入$\dfrac{\Delta F}{F}=\dfrac{1}{1+AF}\dfrac{\Delta A}{A}$中，有$0.01=\dfrac{1}{1+AF}0.1\Rightarrow 1+AF=10$，从而$A=1000$，所以电路的开环增益为$20\lg 1000=60\text{dB}$。

答案：B

2.2.4 【发输变电专业基础】历年真题详解

【1. 掌握基本放大电路、静态工作点、直流负载和交流负载线】

1.（2013） 放大电路如图 2.2–27（a）所示，晶体管的输出特性曲线以及放大电路的交、直流负载线如图 2.2–27（b）所示，设晶体管的$\beta=50$，$U=0.7\text{V}$，放大电路的电压放大倍数A_u为（　　）。

A. −102.6　　B. −85.2　　C. −77.9　　D. −53

分析：（1）求出静态工作点 Q。直流负载线（$u_{CE}=V_{CC}-i_CR_C$）与特性曲线的交点即为静态工作点 Q 点，据此可确定 Q 点的电压电流值。读图可知，直流负载线（$u_{CE}=V_{CC}-i_CR_C$）与横坐标轴的交点即为V_{CC}的值，故$V_{CC}=10\text{V}$，静态电流$I_{BQ}=40\mu\text{A}$，$I_{CQ}=2\text{mA}$，$U_{CEQ}=5\text{V}$。

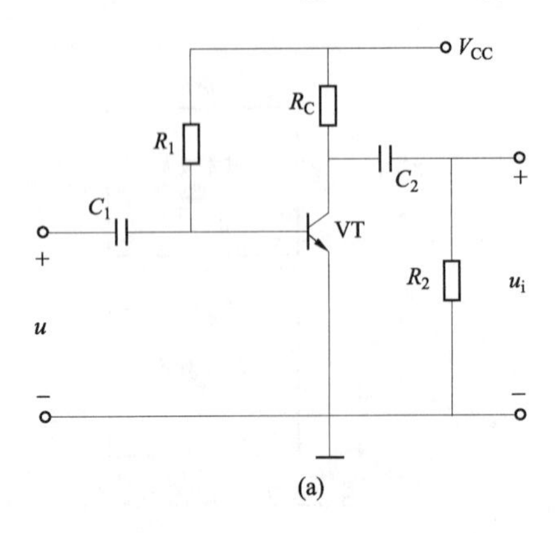

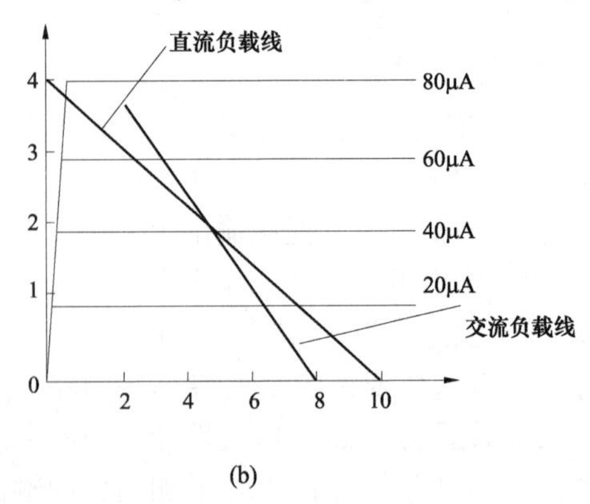

图 2.2–27

(2) 求出电流放大系数 β。$\beta=\dfrac{I_{\mathrm{CQ}}}{I_{\mathrm{BQ}}}=\dfrac{2\mathrm{mA}}{40\mu\mathrm{A}}=50$。

(3) 交流负载线方程为 $u_{\mathrm{CE}}=U_{\mathrm{CEQ}}+I_{\mathrm{CQ}}R_{\mathrm{L}}'-i_{\mathrm{C}}R_{\mathrm{L}}'$，交流负载线与横轴的交点为（$U_{\mathrm{CEQ}}+I_{\mathrm{CQ}}R_{\mathrm{L}}'$，0），其中 $R_{\mathrm{L}}'=R_{\mathrm{C}}//R_{\mathrm{L}}$，$U_{\mathrm{CEQ}}+I_{\mathrm{CQ}}R_{\mathrm{L}}'=5+2\times10^{-3}\times R_{\mathrm{L}}'=8\Rightarrow R_{\mathrm{L}}'=1.5\mathrm{k}\Omega$。

(4) 求出电压增益 A_{u}。做出对应的微变等效电路如图 2.2–28 所示。

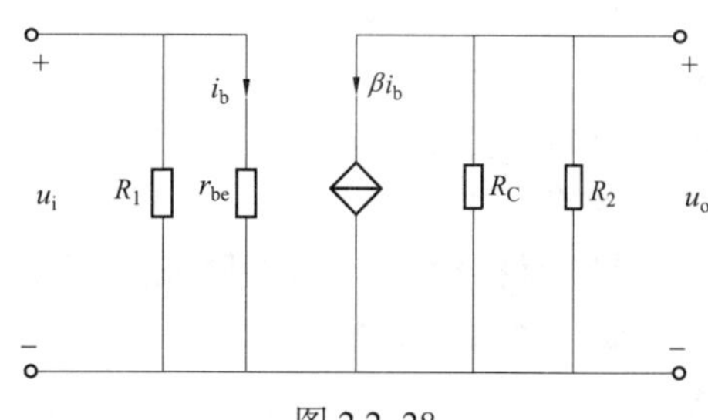

图 2.2–28

$$I_{\mathrm{EQ}}=I_{\mathrm{BQ}}+I_{\mathrm{CQ}}\approx I_{\mathrm{CQ}}=2\mathrm{mA}$$

$$r_{\mathrm{be}}=r_{\mathrm{bb'}}+(1+\beta)\frac{26}{I_{\mathrm{EQ}}}=300\Omega+(1+50)\times\frac{26}{2}\Omega=963\Omega$$

电压增益 $A_{\mathrm{u}}=\dfrac{u_{\mathrm{o}}}{u_{\mathrm{i}}}=\dfrac{-\beta i_{\mathrm{b}}(R_{\mathrm{C}}//R_{\mathrm{L}})}{i_{\mathrm{b}}r_{\mathrm{be}}}=\dfrac{-\beta(R_{\mathrm{C}}//R_{\mathrm{L}})}{r_{\mathrm{be}}}=\dfrac{-50\times1.5\times10^{3}}{963}=-77.9$

答案： C

2.（2016） 电路如图 2.2–29 所示，若更换晶体管，使 β 由 50 变为 100，则电路的电压放大倍数约为（　　）。

A. 原来值的 1/2　　B. 原来的值　　C. 原来值的 2 倍　　D. 原来值的 4 倍

分析： 做出对应的微变等效电路如图 2.2–30 所示，电压放大倍数为

$$A_{\mathrm{u}}=\frac{u_{\mathrm{o}}}{u_{\mathrm{i}}}=\frac{-\beta i_{\mathrm{b}}(R_{\mathrm{C}}//R_{\mathrm{L}})}{i_{\mathrm{b}}r_{\mathrm{be}}}=\frac{-\beta(R_{\mathrm{C}}//R_{\mathrm{L}})}{r_{\mathrm{be}}}$$

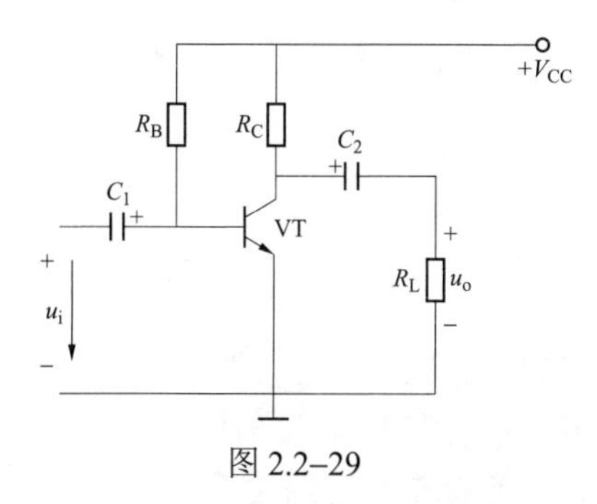

图 2.2–29

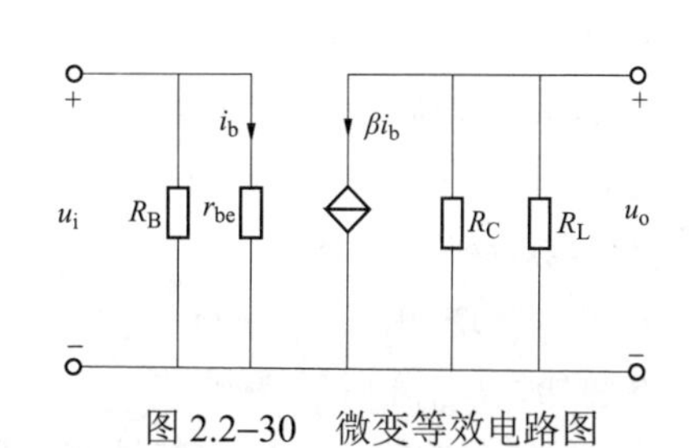

图 2.2–30　微变等效电路图

显然，若 β 由 50 变为 100，相应的电压放大倍数 A_{u} 将变为原来的 2 倍。

答案： C

3.（2017） 已知图中 $U_{\mathrm{BE}}=0.7\mathrm{V}$，判断图 2.2–31（a）（b）的状态分别是（　　）。

A. 放大、饱和　　B. 截止、饱和

C. 截止、放大　　D. 放大、放大

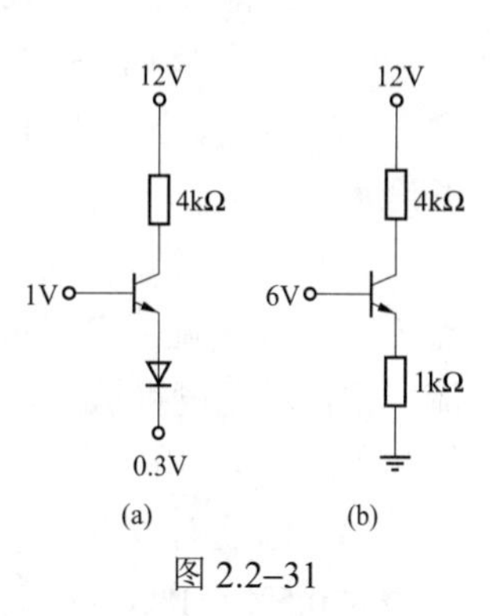

图 2.2–31

分析： 图 2.2–31（a）：二极管的阴极电位 0.3V，故发射结反偏；12V、1V 说明集电结反偏，所以工作在截止区。

图 2.2–31（b）：1kΩ 电阻可保证电路的流通性，$U_{BE}=0.7V$，故发射结正偏；12V、6V 说明集电结反偏，所以工作在放大区。

答案：C

【2. 掌握放大电路的基本的分析方法】

4.（2014） 电路如图 2.2–32 所示，晶体管 VT 的 $\beta=50$，$r_{bb'}=300\Omega$，$U_{BE}=0.7V$，结电容可以忽略。$R_s=0.5k\Omega$，$R_B=300k\Omega$，$R_C=4k\Omega$，$R_L=4k\Omega$，$C_1=C_2=10\mu F$，$U_{CC}=12V$，$C_L=1600pF$。放大电路的电压放大倍数 $A_u=u_o/u_i$ 为（　　）。

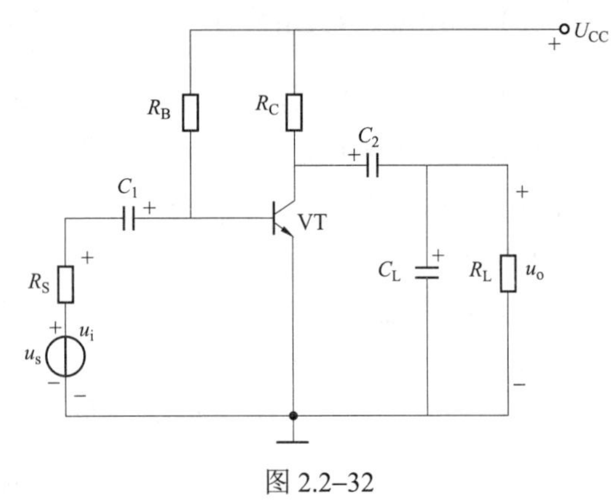

图 2.2–32

A. 67.1　　　　B. 101

C. −67.1　　　　D. −101

分析：$I_{BQ}=\dfrac{U_{CC}-U_{BE}}{R_B}=\dfrac{12-0.7}{300}mA=37.67\mu A$，$I_{CQ}=\beta I_{BQ}=50\times37.67\mu A=1.88mA$，$I_{EQ}\approx I_{CQ}=1.88mA$。

再求 r_{be}，$r_{be}=r_{bb'}+r_{b'e}=r_{bb'}+(1+\beta)\dfrac{26}{I_{EQ}}=300\Omega+(1+50)\times\dfrac{26}{1.88}\Omega=1005.3\Omega\approx1k\Omega$，$R_i=R_B//r_{be}=(300//1)k\Omega\approx1k\Omega$，$A_u=u_o/u_i=-\dfrac{R_i}{R_S+R_i}\times\dfrac{\beta(R_C//R_L)}{r_{be}}=-\dfrac{1}{0.5+1}\times\dfrac{50\times(4//4)}{1}=-66.7$。

捷径：选项 A、B 为正值，故首先就可以排除。

相似题 2018、2019、2020 年再次出现，区别仅仅是给定的参数不同而已。

答案：C

【3. 了解放大电路的频率特性和主要性能指标】

5.（2009、2016） 晶体管的参数受到温度影响较大，当温度升高时，晶体管的β、I_{CBO}、U_{BE}的变化情况为（　　）。

A. β和 I_{CBO} 增加，U_{BE} 减小　　　　B. β和 U_{BE} 减小，I_{CBO} 增加

C. β增加，I_{CBO} 和 U_{BE} 减小　　　　D. β、I_{CBO} 和 U_{BE} 都增加

分析：晶体管的输入、输出特性和主要参数都和温度有着密切的关系。

（1）温度对 U_{BE} 影响：温度升高时，晶体管输入特性曲线将向左移，说明在 I_B 相同的条件下，U_{BE} 将减小。U_{BE} 随温度变化的规律与二极管正向导通电压随温度变化的规律一样，即温度每升高 1℃，U_{BE} 减小 2～2.5mV。

（2）温度对 I_{CBO} 的影响：温度升高时，晶体管输出特性曲线向上移动，这是因为反向电流 I_{CBO} 及 I_{CEO} 随温度升高而增大的缘故。集电结的反向饱和电流 I_{CBO} 和二极管的反向饱和电流一样，对温度很敏感，温度每升高 10℃，I_{CBO} 约增加一倍。穿透电流 I_{CEO} 随温度变化的规律与 I_{CBO} 大致相同。

（3）温度对 β 的影响：晶体管的电流放大倍数 β 随温度升高而增大，温度每升高 1℃，β 值增大 0.5%～1%，在输出特性曲线图上，表现为各条曲线间的距离随温度升高而增大。

综上所述，温度升高后，随着U_{BE}下降，I_B将有所上升，且β值也随温度增大而增大，二者均使集电极电流增大，这是使用晶体管必须注意的问题。

本题求解：当温度升高时，晶体管的β增加，I_{CBO}增大，U_{BE}减小。

答案：A

【4. 了解反馈的概念、类型及极性；电压串联型负反馈的分析计算】

6.（2014） 电路如图 2.2–33 所示，电路的反馈类型为（　　）。

A. 电压串联负反馈

B. 电压并联负反馈

C. 电流串联负反馈

D. 电流并联负反馈

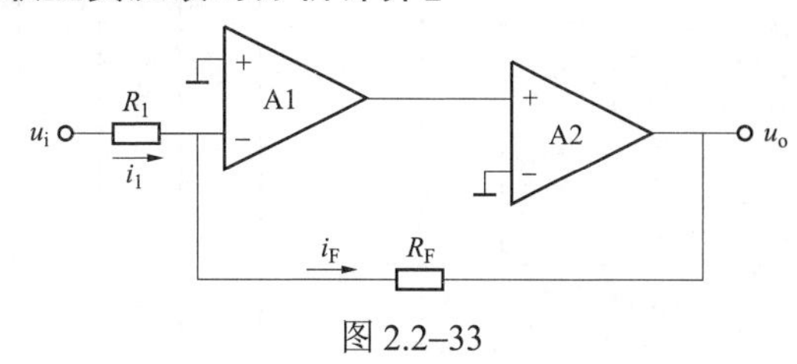

图 2.2–33

分析：反馈信号$i_F=-\dfrac{u_o}{R_F}$，随输出电压的变化而改变，若输出电压$u_o=0V$，则反馈信号也就不存在了，故此电路为电压反馈。从题图中可以看到输入输出端连接的反馈网络是有公共节点的，故为并联反馈。综上，该电路为电压并联负反馈。

答案：B

2.3　线性集成运算放大器和运算电路

2.3.1　考试大纲要求及历年真题统计分析（供配电、发输变电）

历年真题按照考试大纲考点归类总结见表 2.3–1 和表 2.3–2（说明：1、2、3、4 道题分别对应 1、2、3、4 颗★，≥5 道题对应 5 颗★）。

表 2.3–1　　　　供配电专业基础考试大纲及历年真题统计表

2.3　线性集成运算放大器和运算电路 考试大纲	2005	2006	2007	2008	2009	2010	2011	2012	2013	2014	2016	2017	2018	2019	2020	2021	汇总统计
1. 掌握放大电路的计算；了解典型差动放大电路的工作原理；差模、共模、零漂的概念，静态及动态的分析计算，输入输出相位关系；集成组件参数的含义★★★★★	1	1					2		1	1	1	1	1				9★★★★★
2. 掌握集成运放的特点及组成；了解多级放大电路的耦合方式；零漂抑制原理；了解复合管的正确接法及等效参数的计算；恒流源作有源负载和偏置电路																	0
3. 了解多级放大电路的频响																	0

续表

2.3 线性集成运算放大器和运算电路 考试大纲	2005	2006	2007	2008	2009	2010	2011	2012	2013	2014	2016	2017	2018	2019	2020	2021	汇总统计
4. 掌握理想运放的虚短、虚地、虚断概念及其分析方法；反相、同相、差动输入比例器及电压跟随器的工作原理、传输特性；积分微分电路的工作原理★★★★★	1	1	1	2	1	1	2	1		1	4	1	2	2	2	2	24★★★★★
5. 掌握实际运放电路的分析；了解对数和指数运算电路工作原理，输入输出关系；乘法器的应用（平方、均方根、除法）																	0
6. 了解模拟乘法器的工作原理★★★						1				1	1						3★★★
汇总统计	2	2	1	2	1	2	4	1	1	3	6	2	3	2	2	2	36

表 2.3–2　　发输变电专业基础考试大纲及历年真题统计表

2.3 线性集成运算放大器和运算电路 考试大纲	2005（同供配电）	2006（同供配电）	2007	2008	2009	2010	2011	2012	2013	2014	2016	2017	2018	2019	2020	2021	汇总统计
1. 掌握放大电路的计算；了解典型差动放大电路的工作原理；差模、共模、零漂的概念，静态及动态的分析计算，输入输出相位关系；集成组件参数的含义★★★★★	1	1			1		1				2	1	1				8★★★★
2. 掌握集成运放的特点及组成；了解多级放大电路的耦合方式；零漂抑制原理；了解复合管的正确接法及等效参数的计算；恒流源作有源负载和偏置电路																	0
3. 了解多级放大电路的频响																	0
4. 掌握理想运放的虚短、虚地、虚断概念及其分析方法；反相、同相、差动输入比例器及电压跟随器的工作原理、传输特性；积分微分电路的工作原理★★★★★	1	1	1	2	1		1		4	1	1	1		2	2	2	20★★★★★

续表

2.3 线性集成运算放大器和运算电路 考试大纲	2005（同供配电）	2006（同供配电）	2007	2008	2009	2010	2011	2012	2013	2014	2016	2017	2018	2019	2020	2021	汇总统计
5. 掌握实际运放电路的分析；了解对数和指数运算电路工作原理，输入输出关系；乘法器的应用（平方、均方根、除法）																	0
6. 了解模拟乘法器的工作原理																	0
汇总统计	2	2	1	2	2	0	2	0	4	1	3	2	1	2	2	2	28

对比以上供配电专业基础和发输变电专业基础历年真题统计表，可看到：尽管两个专业方向不同，但专业基础考试的两个方向的侧重点几乎相同，见表 2.3–3。

表 2.3–3　　专业基础供配电、发输变电两个专业侧重点比较

2.3 线性集成运算放大器和运算电路	历年真题汇总统计	
考试大纲（取供配电、发输变电两个方向中多的★值标注）	供配电	发输变电
1. 掌握放大电路的计算；了解典型差动放大电路的工作原理；差模、共模、零漂的概念，静态及动态的分析计算，输入输出相位关系；集成组件参数的含义★★★★★	9★★★★★	8★★★★★
2. 掌握集成运放的特点及组成；了解多级放大电路的耦合方式；零漂抑制原理；了解复合管的正确接法及等效参数的计算；恒流源作有源负载和偏置电路	0	0
3. 了解多级放大电路的频响	0	0
4. 掌握理想运放的虚短、虚地、虚断概念及其分析方法；反相、同相、差动输入比例器及电压跟随器的工作原理、传输特性；积分微分电路的工作原理★★★★★	24★★★★★	20★★★★★
5. 掌握实际运放电路的分析；了解对数和指数运算电路工作原理，输入输出关系；乘法器的应用（平方、均方根、除法）	0	0
6. 了解模拟乘法器的工作原理★★★	3★★★	0
汇总统计	36	28

2.3.2 重要知识点复习

结合前面 2.3.1 节的历年真题统计分析（供配电、发输变电）结果，对“2.3 线性集成运算放大器和运算电路”部分的 1、4、6 考试大纲点深入总结，其他考试大纲点从略。

1. 掌握放大电路的计算；了解典型差动放大电路的工作原理；差模、共模、零漂的概念，静态及动态的分析计算，输入输出相位关系；集成组件参数的含义★★★★★

共模信号相当于两个输入端信号中相同的部分，差模信号相当于两个输入端信号中不同的部分。为了综合反映差分式放大电路对共模信号和差模信号放大能力的差异，常用共模抑

制比来衡量，其定义为差模信号电压增益 A_{vd} 与共模信号电压增益 A_{vc} 之比的绝对值，即 $K_{CMR}=\left|\frac{A_{vd}}{A_{vc}}\right|$。

此部分考题基本都是以计算题的形式出现，详见后面真题讲解。

2. 掌握集成运放的特点及组成；了解多级放大电路的耦合方式；零漂抑制原理；了解复合管的正确接法及等效参数的计算；恒流源作有源负载和偏置电路

历年无考题，略。

3. 了解多级放大电路的频响

历年无考题，略。

4. 掌握理想运放的虚短、虚地、虚断概念及其分析方法；反相、同相、差动输入比例器及电压跟随器的工作原理，传输特性；积分微分电路的工作原理★★★★★

理想运放的电路符号如图 2.3–1 所示，对于工作在线性区的理想运放，可以推导出以下两条重要结论："虚短"即 $u_-=u_+$；"虚断"即 $i_-=i_+$。这是两条极其重要的结论，在历年运放的考题中，几乎都是灵活运用这两条原则来求解问题的。

常考的几种基本运放电路介绍如下：

（1）单值电压比较电路：由运放组成的单值电压比较电路如图 2.3–2 所示，两个输入量分别施加于运放的两个不同输入端，其中一个是参考电压 u_R，一个是输入信号 u_i。当 $u_i>u_R$ 时，则 $u_o=-u_{o(sat)}$；当 $u_i<u_R$ 时，则 $u_o=+u_{o(sat)}$（$u_{o(sat)}$ 为运放的饱和输出电压）。

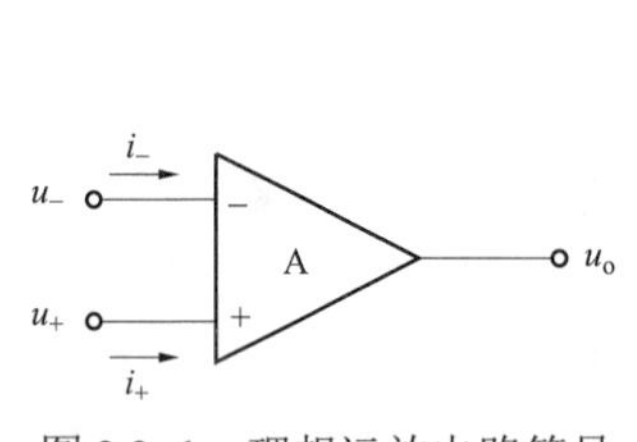

图 2.3–1　理想运放电路符号

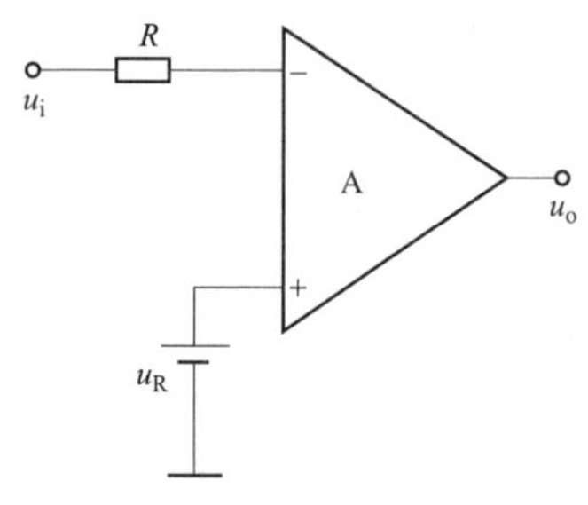

图 2.3–2　单值电压比较电路

（2）差动放大电路：差动放大器能有效抑制零点漂移，其基本电路结构如图 2.3–3 所示。由"虚断"$\Rightarrow i_1=i_3, i_2=i_4$，由"虚短"$\Rightarrow u_+=u_-$，据图列写方程有 $\frac{u_--u_o}{R_2}=\frac{u_1-u_-}{R_1}\Rightarrow u_+=\frac{R_2}{R_1+R_2}u_2\Rightarrow u_o=\frac{R_2}{R_1}(u_2-u_1)$。

（3）反相比例运算电路：反相比例运算电路如图 2.3–4 所示，由"虚断"$\Rightarrow i_p=i_N=0$，由"虚短"$\Rightarrow u_p=u_N=0$，节点 N 称为"虚地"。由 $i_i=i_F\Rightarrow\frac{u_i-u_N}{R}=\frac{u_N-u_o}{R_f}\Rightarrow u_o=-\frac{R_f}{R}u_i$。

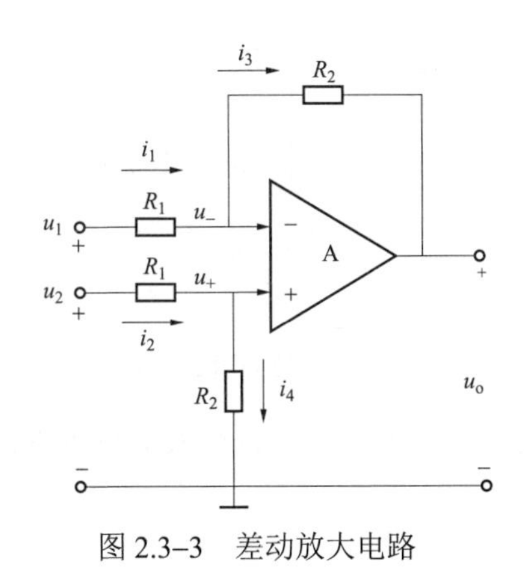

图 2.3–3　差动放大电路

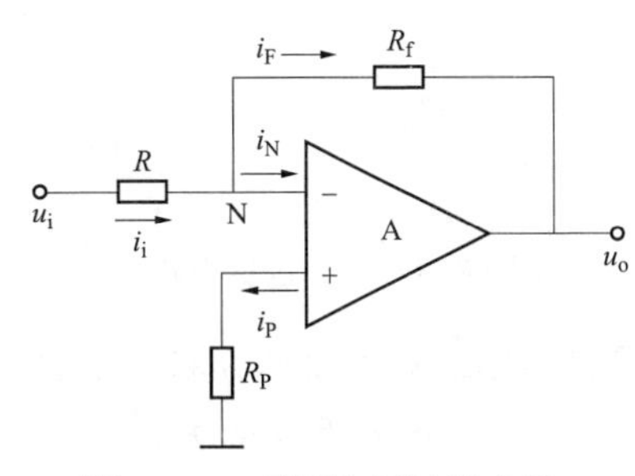

图 2.3–4　反相比例运算电路

（4）同相比例运算电路：同相比例运算电路如图 2.3–5 所示，由“虚断”$\Rightarrow i_R = i_F \Rightarrow$ $\dfrac{u_N}{R} = \dfrac{u_o - u_N}{R_f}$，由“虚短”$\Rightarrow u_N = u_p = u_i$，代入前式，可得 $u_o = \left(1 + \dfrac{R_f}{R}\right) u_i$，这表明 u_o 与 u_i 同相，且比例系数≥1。

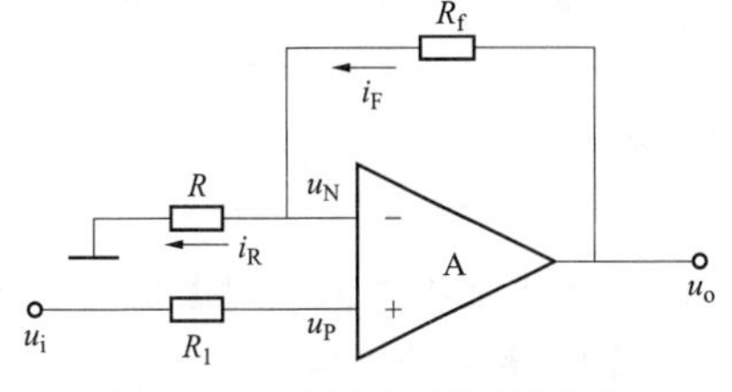

图 2.3–5　同相比例运算电路

（5）比例运算电路（图 2.3–6）：$u_o = -\dfrac{R_f}{R} u_i$。

（6）加法运算电路（图 2.3–7）：$u_o = -R_f \left(\dfrac{u_{i1}}{R_1} + \dfrac{u_{i2}}{R_2} + \dfrac{u_{i3}}{R_3} \right)$。

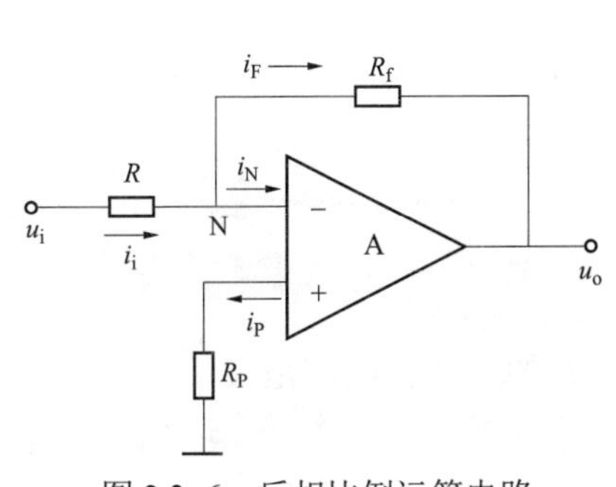

图 2.3–6　反相比例运算电路

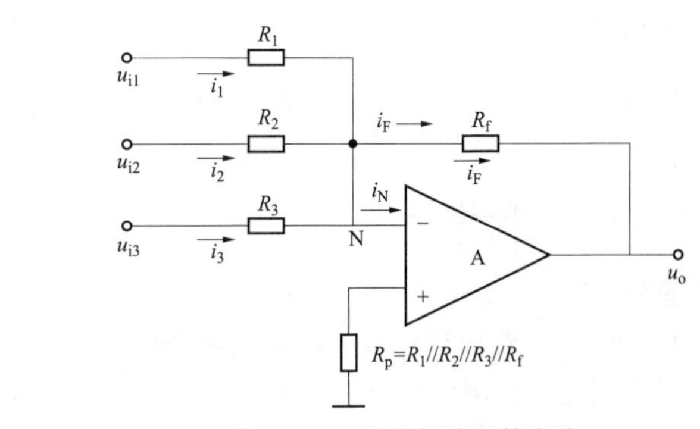

图 2.3–7　反相加法运算电路

（7）积分运算电路（图 2.3–8）：$u_o = -\dfrac{1}{RC} \int u_i \mathrm{d}t$。

（8）微分运算电路（图 2.3–9）：$u_o = -RC \dfrac{\mathrm{d}u_i}{\mathrm{d}t}$。

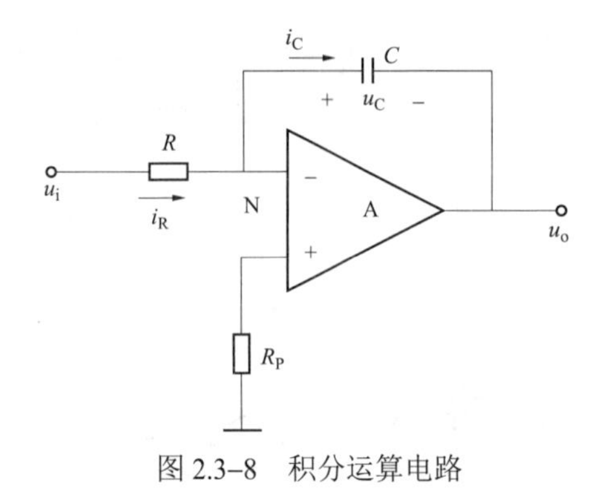

图 2.3–8　积分运算电路

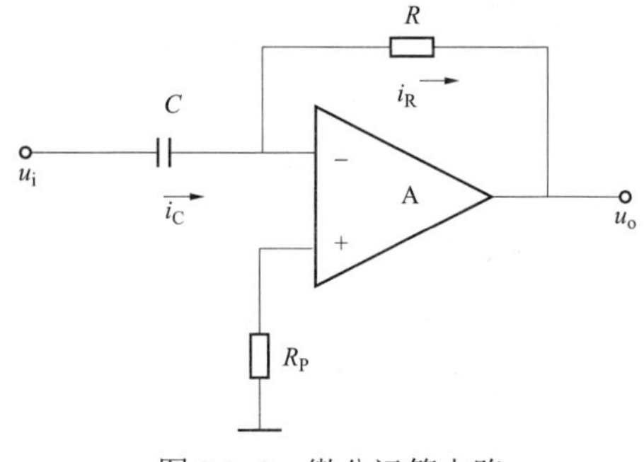

图 2.3–9　微分运算电路

5. 掌握实际运放电路的分析；了解对数和指数运算电路工作原理，输入输出关系；乘法器的应用（平方、均方根、除法）

历年无考题，略。

6. 了解模拟乘法器的工作原理★★

“模拟乘法器”是实现两个模拟信号相乘运算的非线性电子器件，模拟乘法器的符号如图 2.3–10 所示，输出电压和两个输入电压的乘积成比例，即 $u_o = ku_xu_y$，其中 k 为乘积系数，当 $k > 0$ 时，称为同相乘法器，当 $k < 0$ 时，称为反相乘法器。

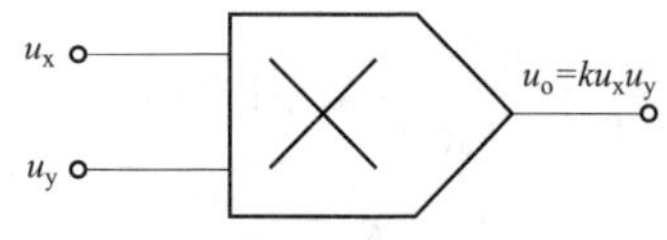

图 2.3–10　模拟乘法器

2.3.3 【供配电专业基础】历年真题详解

【1. 掌握放大电路的计算；了解典型差动放大电路的工作原理；差模、共模、零漂的概念，静态及动态的分析计算，输入输出相位关系；集成组件参数的含义】

1.（2005） 同一差动放大电路中，采用（　　）方式使得共模抑制比 K_{CMR} 最大。

A. 单端输入　　B. 双端输入　　C. 单端输出　　D. 双端输出

分析：差分式放大电路当采用双端输出时的共模电压增益 $A_{vc}=0$，简单推导如下：在共模输入电压作用下，即 $u_{i1}=u_{i2}=u_{ic}$ 时，因为电路对称，所以由 u_{ic} 引起的电压变化几乎相同，所以双端输出的电压为 $u_{oc}=u_{oc1}-u_{oc2}\approx 0\text{V}$，即双端输出时的共模电压增益 $A_{uc}=\dfrac{u_{oc}}{u_{ic}}=\dfrac{u_{oc1}-u_{oc2}}{u_{ic}}\approx 0$，可见此时 $K_{CMR}=\left|\dfrac{A_{ud}}{A_{uc}}\right|\approx\infty$。

答案：D

2.（2006） 集成运算放大器输入级采用差动放大电路的主要目的应是（　　）。

A. 稳定放大倍数　　B. 克服温漂　　C. 提高输入阻抗　　D. 扩展频带

分析：温度变化产生的漂移可以等效为共模信号，差分式放大电路有高的差模增益和低的共模增益，正是利用其对差模信号和共模信号放大能力的差异，以实现对信号的放大和对漂移的抑制，因此共模抑制比 K_{CMR} 越大，则差分式放大电路的输出信号与输出漂移的比率就越大，这样就为信号的后续放大提供了良好条件，所以差分式放大电路特别适合用作多级直接耦合放大电路的输入级。

答案：B

3.（供 2011，发 2009、2011） 某双端输入、单端输出的差分放大电路的差模电压放大倍数为 200，当两个输入端并接 $u_i=1V$ 的输入电压时，输出电压 $\Delta u_o=100mV$。那么，该电路的共模电压放大倍数和共模抑制比分别为（　　）。

A. −0.1，200　　B. −0.1，2000　　C. −0.1，−200　　D. −1，2000

分析：先求共模电压放大倍数，是指共模输出电压与共模输入电压之比，也就是单边电路的电压增益，由题意知 $|A_{uc}|=\left|\dfrac{\Delta u_o}{u_i}\right|=\left|\dfrac{100\times10^{-3}}{1}\right|=0.1$，再求共模抑制比 $K_{CMR}=\left|\dfrac{A_{ud}}{A_{uc}}\right|=\left|\dfrac{200}{0.1}\right|=2000$。

答案：B

4.（2011） 运放有同相、反相和差分三种输入方式，为了使集成运算放大器既能放大差模信号，又能抑制共模信号，应采用（　　）方式。

A. 同相输入　　B. 反相输入

C. 差分输入　　D. 任何一种输入方式

分析：略

答案：C

5.（2013） 如图 2.3–11 所示电路，图中 R_W 为调零电位器（计算时可设滑动端在 R_W 的中间），且已知 VT1、VT2 均为硅管，$U_{BE1}=U_{BE2}=0.7V$，$\beta_1=\beta_2=60$。电路的差模电压放大倍数为（　　）。

A. −102　　B. −65.4　　C. −50.7　　D. −45.6

分析：第一步：先求静态工作点 Q 点。

画直流通路的原则：① 电容 C 开路；② 电感 L 短路；③ 交流电压源短路；④ 交流电流源开路。

按照上述原则绘制出直流通路如图 2.3–12 所示，注意电路两边是完全对称的。

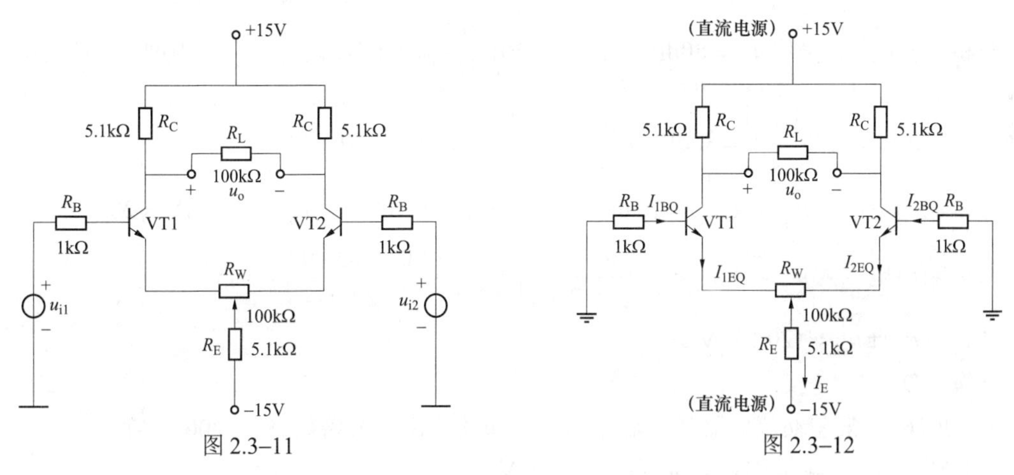

图 2.3–11　　图 2.3–12

对图 2.3–11 中左边电路列写 KVL 方程，有 $R_BI_{1BQ}+U_{1BEQ}+I_{1EQ}\times\dfrac{R_W}{2}+R_EI_E-15=0$。又 $I_{1BQ}=\dfrac{I_{1EQ}}{1+\beta_1}$，$U_{1BEQ}\approx0.7V$，$I_E=I_{1EQ}+I_{2EQ}=2I_{1EQ}$，代入上式，可得 $R_B\dfrac{I_{1EQ}}{1+\beta_1}+0.7+I_{1EQ}\times\dfrac{R_W}{2}+R_E\times2I_{1EQ}-15=0$。$10^3\times\dfrac{I_{1EQ}}{1+60}+0.7+I_{1EQ}\times\dfrac{100}{2}+5.1\times10^3\times2I_{1EQ}-15=0\Rightarrow I_{1EQ}=1.393mA$。

故 $r_{1be}=200+(1+\beta_1)\dfrac{26}{I_{1EQ}}=200\Omega+(1+60)\dfrac{26}{1.393}\Omega=1338\Omega$ 。

第二步：画交流等效电路，其原则是：① 电容 C 开路；② 电感 L 短路；③ 直流电源短路处理。差模输入时，左半边交流小信号等效电路如图 2.3–13 所示。

差模电压放大倍数为 $A_{ud}=\dfrac{u_{o1}}{u_{I1}}=\dfrac{\left(R_C//\dfrac{1}{2}R_L\right)(-\beta i_b)}{(R_B+r_{be})i_b+\dfrac{1}{2}R_W(1+\beta)i_b}=\dfrac{(5.1//50)\times10^3\times(-60)}{(1+1.338)\times10^3+50\times(1+60)}=$ -51.54 。

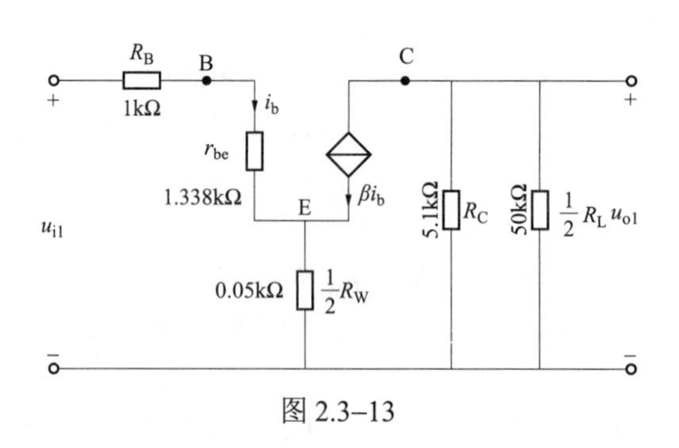

图 2.3–13

答案：C

6.（2014） 某差动放大器从双端输出，已知其差模放大倍数 $A_{ud}=80\text{dB}$，当 $u_{i1}=1.001\text{V}$，$u_{i2}=0.999\text{V}$，$k_{CMR}=80\text{dB}$ 时，u_o 为（　　）V。

A. 2±1　　B. 1±0.1　　C. 10±1　　D. 20±1

分析：差模放大倍数 $A_{ud}=80\text{dB}$，即 $A_{ud}=20\lg\left|\dfrac{U_o}{U_i}\right|=80\text{dB}\Rightarrow A_{ud}=\dfrac{U_o}{U_i}=10^{\frac{80}{20}}=10^4=10\,000$。

又 $k_{CMR}=80\text{dB}\Rightarrow 20\lg\left|\dfrac{A_{ud}}{A_{uc}}\right|=80\text{dB}\Rightarrow\dfrac{A_{ud}}{A_{uc}}=10^{\frac{80}{20}}=10^4=10\,000$，故 $A_{uc}=1$。

差模输出电压为 $u_{od}=A_{ud}u_{id}=10\,000\times(u_{i1}-u_{i2})=10\,000\times(1.001-0.999)\text{V}=20\text{V}$ 。

共模输出电压为 $u_{oc}=A_{uc}u_{ic}=1\times\left(\dfrac{u_{i1}+u_{i2}}{2}\right)=1\times\left(\dfrac{1.001+0.999}{2}\right)\text{V}=1\text{V}$ 。

故 $u_o=u_{od}\pm u_{oc}=(20\pm1)\ \text{V}$ 。

答案：D

7.（2016） 某差动放大器从单端输出，已知其差模放大倍数 $A_{ud}=200$，当 $u_{i1}=1.095\text{V}$，$u_{i2}=1.055\text{V}$，$k_{CMR}=60\text{dB}$ 时，u_o 为（　　）V。

A. 10±1.85　　B. 8±1.85　　C. 10±2.15　　D. 8±0.215

分析：2014 年考过一道从双端输出的题目，2016 年考的是单端输出的情况。差分放大电路有两种输出方式，即单端输出和双端输出，无论哪种输出方式，输出信号总是等于差模输入信号和共模输入信号分别经放大电路放大后的叠加。

$$k_{CMR}=60\text{dB}\Rightarrow 20\lg\left|\frac{A_{ud}}{A_{uc}}\right|=60\text{dB}\Rightarrow\frac{A_{ud}}{A_{uc}}=10^{\frac{60}{20}}\text{倍}=10^3\text{倍}=1000\text{倍}$$

已知差模放大倍数 $A_{ud}=200$，故 $A_{uc}=0.2$。

差模输出电压为：$u_{od}=A_{ud}u_{id}=200\times(u_{i1}-u_{i2})=200\times(1.095-1.055)\text{V}=8\text{V}$。

共模输出电压为：$u_{oc}=A_{uc}u_{ic}=0.2\times\left(\dfrac{u_{i1}+u_{i2}}{2}\right)=0.2\times\left(\dfrac{1.095+1.055}{2}\right)\text{V}=0.215\text{V}$。

故 $u_o=u_{od}\pm u_{oc}=(8\pm0.215)\text{V}$。

答案：D

【2. 掌握集成运放的特点及组成；了解多级放大电路的耦合方式；零漂抑制原理；了解复合管的正确接法及等效参数的计算；恒流源作有源负载和偏置电路】

历年无考题，略。

【3. 了解多级放大电路的频响】

历年无考题，略。

【4. 掌握理想运放的虚短、虚地、虚断概念及其分析方法；反相、同相、差动输入比例器及电压跟随器的工作原理，传输特性；积分微分电路的工作原理】

8.（2005） 基本运算放大器中的“虚地”概念只在（　　）电路中存在。

A. 比较器　　B. 差动放大器

C. 反相比例放大器　　D. 同相比例放大器

分析：参见 2.3.2 节重要知识点复习的大纲第 4 点相关电路图分析。

选项 A：单值电压比较电路显然只有当 $u_R=0\text{V}$ 时，才会有“虚地”。选项 B：没有“虚地”。选项 C：反相比例运算电路如图 2.3–6 所示，由“虚断” $\Rightarrow i_p=i_N=0\text{A}$，由“虚短” $\Rightarrow u_p=u_N=0\text{V}$，节点 N 称为“虚地”。选项 D：没有“虚地”。

答案：C

9.（2007） 如图 2.3–14 所示的理想运算放大器电路，已知 $R_1=1\text{k}\Omega$，$R_2=R_4=R_5=10\text{k}\Omega$，电源电压 15V，$u_i=1\text{V}$，则 u_o 应为（　　）V。

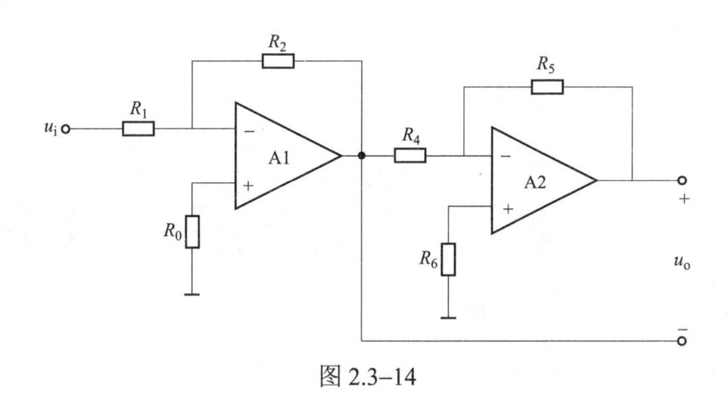

图 2.3–14

A. 20　　B. 15　　C. 10　　D. 5

分析：先来复习一下“反相比例运算电路”，如图 2.3–15 所示。通过推导，可以得到 $u_o=-\dfrac{R_f}{R}u_i$。很明显，题目所给图 A1、A2 分别都是反相比例运算电路，直接用公式

$$u_{o-}=-\frac{R_2}{R_1}u_i=-\frac{10}{1}u_i=-10u_i \tag{2.3–1}$$

$$u_{o+}=-\frac{R_5}{R_4}u_{o-}=-\frac{10}{10}u_{o-}=-u_{o-} \tag{2.3-2}$$

将式（2.3–1）代入式（2.3–2），得

$$u_{o+}=-u_{o-}=-(-10u_i)=10u_i \tag{2.3-3}$$

式（2.3–3）–式（2.3–1），得到 $u_{o+}-u_{o-}=20u_i \Rightarrow u_o=20u_i \overset{u_i=1V}{=} 20V$。

答案：A

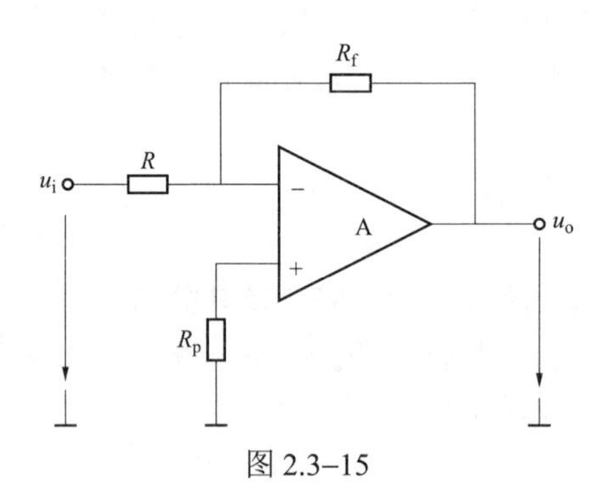

图 2.3–15

10.（2008） 某放大电路如图 2.3–16 所示，设各集成运算放大器都具有理想特性，该电路的中频电压放大倍数 $A_{um}=\frac{\dot{U}_o}{\dot{U}_1}$ 为（　　）。

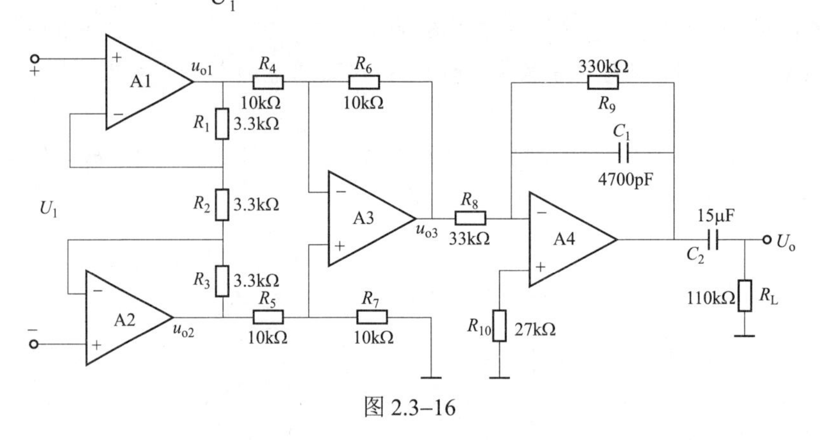

图 2.3–16

A. 30　　　B. –30　　　C. –3　　　D. 10

分析：$A_{um}=\frac{\dot{U}_o}{\dot{U}_1}=-3\times\left(-\frac{R_9}{R_8}\right)=30$。

答案：A

11.（供 2009、2016，发 2013） 理想运放如图 2.3–17 所示，若 $R_1=5k\Omega$，$R_2=20k\Omega$，$R_3=10k\Omega$，$R_4=50k\Omega$，$u_{i1}-u_{i2}=0.2V$，则输出电压 u_o 为（　　）V。

A. –4　　　B. 4　　　C. –40　　　D. 40

分析：对 A2，由“虚断”“虚地”可得 $u_o'=-\frac{R_3}{R_4}u_o=-\frac{10}{50}u_o=-\frac{1}{5}u_o=-0.2u_o$。

设电流 i_1 如图 2.3–18 所示，对 A1 由“虚断”可得

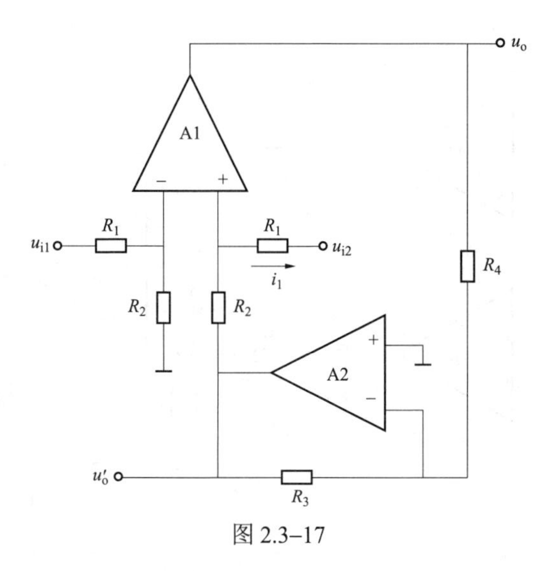

图 2.3–17

$$i_1=\frac{u_o'-u_{i2}}{R_2+R_1}\Rightarrow u_{A1+}=R_1i_1+u_{i2}=R_1\times\frac{u_o'-u_{i2}}{R_2+R_1}+u_{i2}=\frac{5}{25}\times(-0.2u_o-u_{i2})+u_{i2}=0.8u_{i2}-0.04u_o$$

$$u_{A1-}=\frac{u_{i1}}{R_1+R_2}\times R_2=\frac{20}{5+20}\times u_{i1}=0.8u_{i1}$$

再由“虚短”，可得

$$u_{A1+}=u_{A1-}\Rightarrow 0.8u_{i2}-0.04u_o=0.8u_{i1}\Rightarrow 0.8(u_{i2}-u_{i1})=0.04u_o\Rightarrow 0.8\times(-0.2)=0.04u_o\Rightarrow u_o=-4\text{V}$$

答案：A

12.（供 2006、2010，发 2011） 在图 2.3–18 所示电路中，A 为理想运算放大器，三端集成稳压器的 2、3 端之间的电压用 U_{REF} 表示，则电路的输出电压可表示为（　　）。

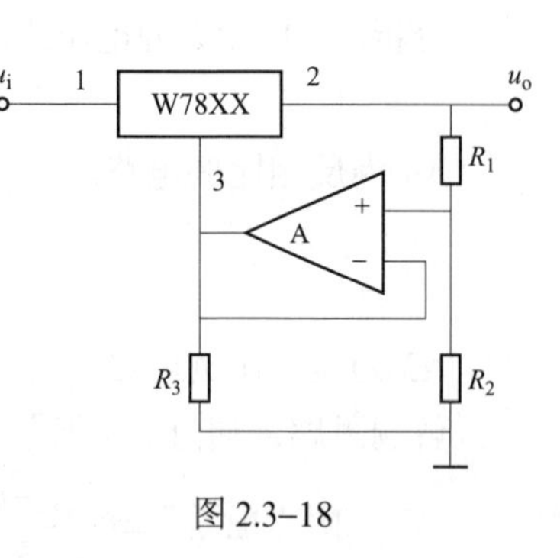

图 2.3–18

A. $U_o=(U_i+U_{REF})\dfrac{R_2}{R_1}$

B. $U_o=U_i\dfrac{R_2}{R_1}$

C. $U_o=U_{REF}\left(1+\dfrac{R_2}{R_1}\right)$

D. $U_o=U_{REF}\left(1+\dfrac{R_1}{R_2}\right)$

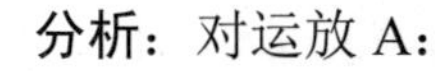

分析：对运放 A：

$$\left.\begin{aligned}&\text{虚短}\Rightarrow U_{REF}=U_{23}=U_{R1}\\&\text{虚断}\Rightarrow U_{R1}=\frac{R_1}{R_1+R_2}U_o\end{aligned}\right\}\Rightarrow U_{REF}=\frac{R_1}{R_1+R_2}U_o\Rightarrow U_o=\left(1+\frac{R_2}{R_1}\right)U_{REF}$$

答案：C

13.（供 2011，发 2009） 电路如图 2.3–19 所示，设运算放大器有理想的特性，则输出电压 u_o 为（　　）。

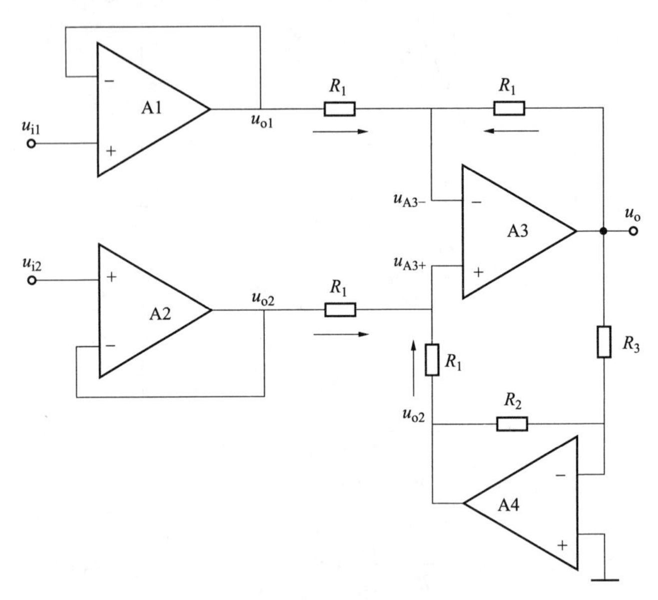

图 2.3–19

A. $\dfrac{R_3}{R_2+R_3}\dfrac{u_{i1}+u_{i2}}{2}$　　B. $\dfrac{R_3}{R_2+R_3}(u_{i1}+u_{i2})$

C. $\dfrac{R_3}{R_2+R_3}(u_{i1}-u_{i2})$　　D. $\dfrac{R_3}{R_2+R_3}(u_{i2}-u_{i1})$

分析：A1、A2 为电压跟随器，由“虚短”可得

$$u_{o1}=u_{i1}，\ u_{o2}=u_{i2} \tag{2.3–4}$$

A4 为反相比例电路。

$$u_{o4}=-\frac{R_2}{R_3}u_o \tag{2.3–5}$$

A3 为差分比例电路。

解题思路：通过 A3 想办法将 u_{o4} 用答案选项的量替代。

$$\left.\begin{aligned}&\text{由“虚断”}\Rightarrow\frac{u_{o2}-u_{A3+}}{R_1}=-\frac{u_{o4}-u_{A3+}}{R_1}\Rightarrow u_{A3+}=\frac{1}{2}(u_{o2}+u_{o4})\\&\text{同理}\Rightarrow\frac{u_{o1}-u_{A3-}}{R_1}=-\frac{u_{o}-u_{A3-}}{R_1}\Rightarrow u_{A3-}=\frac{1}{2}(u_{o1}+u_{o})\end{aligned}\right\}\overset{\text{虚短}}{\Rightarrow}u_{A3+}=u_{A3-}$$

$\Rightarrow\dfrac{1}{2}(u_{o2}+u_{o4})=\dfrac{1}{2}(u_{o1}+u_o)$，将之前的式（2.3–4）和式（2.3–5）代入，得

$$u_{i2}-\frac{R_2}{R_3}u_o=u_{i1}+u_o\Rightarrow u_{i2}-u_{i1}=\left(1+\frac{R_2}{R_3}\right)u_o\Rightarrow u_o=\frac{R_3}{R_2+R_3}(u_{i2}-u_{i1})$$

答案：D

14.（2011）电路如图 2.3–20 所示，其中运算放大器 A 的性能理想，若 $u_i=\sqrt{2}\sin\omega t$（V），那么，电路的输出功率 P_o=（　　）W。

A. 6.25　　　　　　　B. 12.5

C. 20.25　　　　　　D. 25

分析：由虚短$\Rightarrow u_{A-}=0V$。

由虚断$\Rightarrow \dfrac{u_i-u_{A-}}{R_1}=-\dfrac{u_o-u_{A-}}{R_2}\Rightarrow u_o=-\dfrac{R_2}{R_1}u_i$

$$=-\frac{100}{10}u_i=-10u_i=-10\sqrt{2}\sin\omega t\text{（V）}。$$

则电路的输出功率为$P_o=\dfrac{U_o^2}{R}=\dfrac{10^2}{8}W=12.5W$。

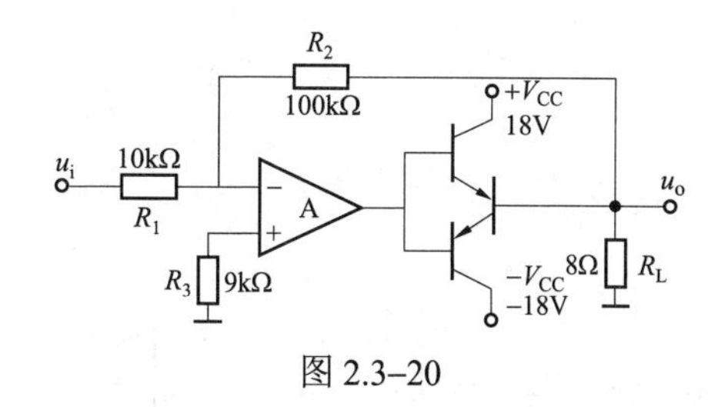

图 2.3–20

答案：B

15.（供 2012，发 2008）　由理想运放组成的放大电路如图 2.3–21 所示，若$R_1=R_3=1k\Omega$，$R_2=R_4=10k\Omega$，该电路的电压放大倍数$A_u=\dfrac{u_o}{u_{i1}-u_{i2}}$为（　　）。

A. −5　　　　　　　B. −10

C. 5　　　　　　　D. 10

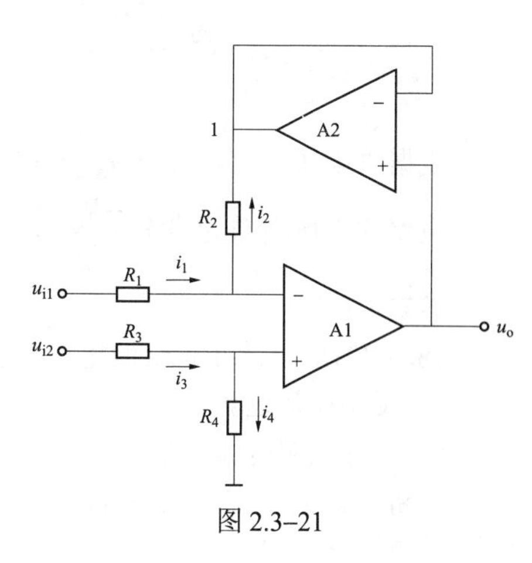

图 2.3–21

分析：为方便分析，标注电流i_1、i_2、i_3、i_4如图 2.3–22 所示。

由 A2 虚短知，图中“1”点电位为$u_1=u_o$。

由 A1 虚断得

$$i_1=i_2\Rightarrow\frac{u_{i1}-u_{A1-}}{R_1}=\frac{u_{A1-}-u_o}{R_2}\Rightarrow u_{i1}-u_{A1-}=0.1(u_{A1-}-u_O)\Rightarrow u_{i1}+0.1u_o=1.1u_{A1-}\quad(2.3\text{–}6)$$

同理，得

$$i_3=i_4\Rightarrow\frac{u_{I2}-u_{A1+}}{R_3}=\frac{u_{A1+}}{R_4}\Rightarrow u_{i2}-u_{A1+}=0.1u_{A1+}\Rightarrow u_{i2}=1.1u_{A1+}\quad(2.3\text{–}7)$$

对 A1 由虚短，可得$u_{A1+}=u_{A1-}$，根据式（2.3–6）和式（2.3–7），故有$u_{i1}+0.1u_o=u_{i2}\Rightarrow$ $0.1u_o=u_{i2}-u_{i1}\Rightarrow A_u=\dfrac{u_o}{u_{i1}-u_{i2}}=-10$。

答案：B

16.（2014）　欲将正弦波电压移相+90°，可选用的电路为（　　）。

A. 比例运算电路　　B. 加法运算电路　　C. 积分运算电路　　D. 微分运算电路

分析：详见 2.3.2 节重要知识点复习的大纲第 4 点的电路图。

选项 A 比例运算电路：$u_o=-\dfrac{R_f}{R}u_i$。选项 B 加法运算电路：$u_o=-R_f\left(\dfrac{u_{i1}}{R_1}+\dfrac{u_{i2}}{R_2}+\dfrac{u_{i3}}{R_3}\right)$。

选项 C 积分运算电路：$u_o=-\dfrac{1}{RC}\int u_i dt$。选项 D 微分运算电路：$u_o=-RC\dfrac{du_i}{dt}$。

答案：C

17.（2016）图 2.3–22 所示电路的电压增益表达式为（　　）。

A. $-\dfrac{R_1}{R_f}$　　B. $-\dfrac{R_1}{R_f+R_1}$　　C. $-\dfrac{R_f}{R_1}$　　D. $-\dfrac{R_f+R_1}{R_1}$

分析：标注电流i_1、i_2，如图2.3–23所示。

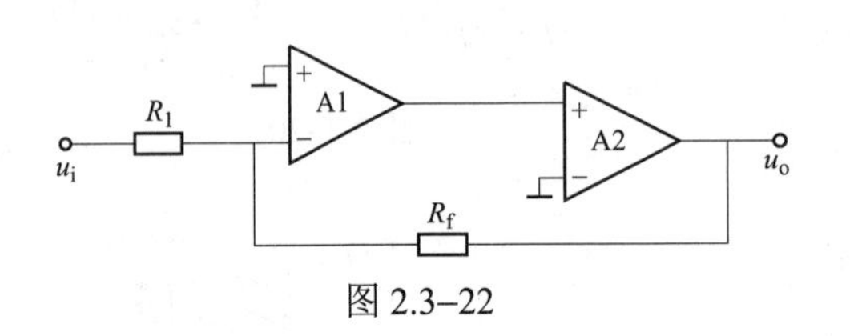

图2.3–22

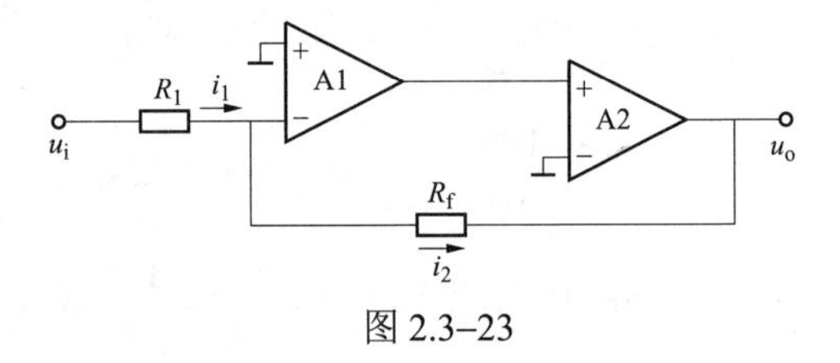

图2.3–23

根据“虚短”，有$u_{A1-}=u_{A1+}=0V$，故$u_i=R_1i_1$，$u_0=-R_fi_2$。

电路的电压增益为$\dfrac{u_0}{u_i}=\dfrac{-R_fi_2}{R_1i_1}$，又根据“虚断”，有$i_1=i_2$，故$\dfrac{u_0}{u_i}=\dfrac{-R_f}{R_1}$。

答案：C

18.（2016） 欲在正弦波电压上叠加一个直流量，应选用的电路为（　　）。

A. 反相比例运算电路　　B. 同相比例运算电路

C. 差分比例运算电路　　D. 同相输入求和运算电路

分析：参见2.3.2节常考基本运放电路介绍，本题显然要用求和电路来实现叠加功能。

答案：D

19.（2017） 如图2.3–24所示，求下列运放的放大倍数U_o/U_i是（　　）。

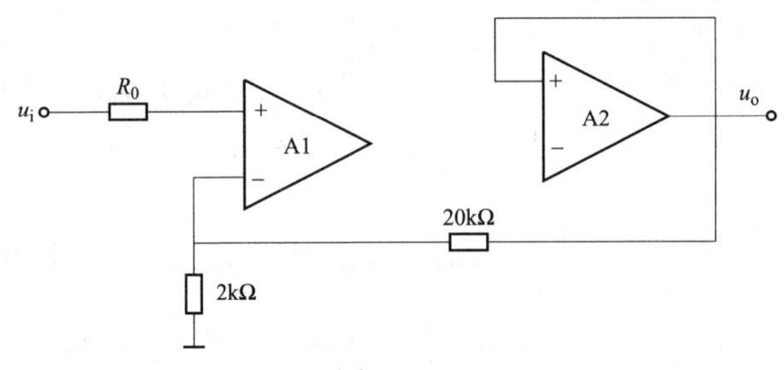

图2.3–24

A. 10　　B. −10　　C. 11　　D. −11

分析：依据“虚断”，有$U_{A1+}=U_1$；依据“虚短”，有$U_{A1-}=U_{A1+}=U_1$；再根据分压公式，可得

$$\frac{U_o}{U_i}=\frac{20+2}{2}=11$$

答案：C

20.（2019） 图2.3–25所示电路中，若$R_{F1}=R_1$，$R_{F2}=R_2$，$R_3=R_4$，则u_{i1}、u_{i2}的关系是（　　）。

A. $u_o=u_{i1}+u_{i2}$　　B. $u_o=u_{i2}-u_{i1}$　　C. $u_o=2u_{i1}+u_{i2}$　　D. $u_o=u_{i1}-u_{i2}$

分析：为便于描述，在原题图中标注出i_2、i_3、i_4、i_{F2}、u_+、u_-，如图2.3–25所示。

针对前一部分电路，依据反相比例运算电路，可得$u_{o1}=-\dfrac{R_{F1}}{R_1}u_{i1}=-u_{i1}$。

针对后一部分电路，由“虚断”，有 $i_2=i_{F2}$， $i_3=i_4 \Rightarrow \dfrac{u_{o1}-u_-}{R_2}=\dfrac{u_- -u_o}{R_{F2}}$ 。

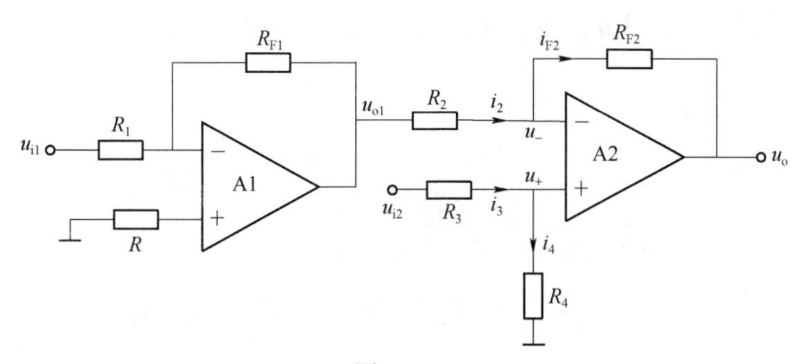

图 2.3–25

又由“虚短”，有 $u_+=u_-$，则 $\dfrac{u_{o1}-u_+}{R_2}=\dfrac{u_+-u_o}{R_{F2}}$ 。

又 $u_+=\dfrac{R_4}{R_3+R_4}u_{i2}=\dfrac{1}{2}u_{i2}$，则 $u_{o1}-\dfrac{1}{2}u_{i2}=\dfrac{1}{2}u_{i2}-u_o \Rightarrow u_{o1}=u_{i2}-u_o$ 。

由已知 $u_{o1}=-u_{i1}$，得 $u_o=u_{i1}+u_{i2}$ 。

答案：A

21.（2020） 如图 2.3–26 所示电路中，输出电压 u_o 为（　　）。

A. $3u_i$　　　　B. $-3u_i$　　　　C. u_i　　　　D. $-u_i$

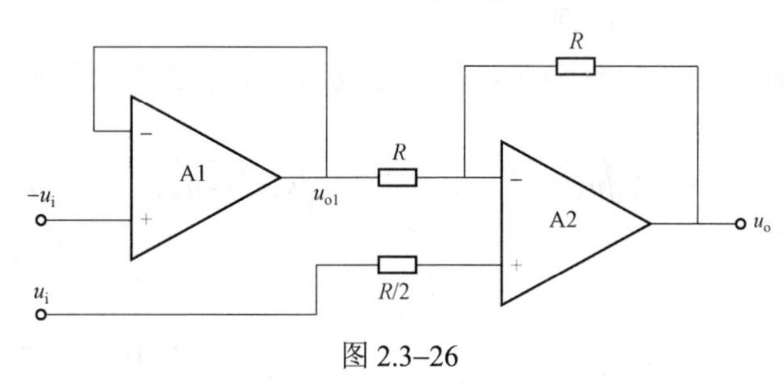

图 2.3–26

分析：“虚短” $\Rightarrow u_{o1}=-u_i$； 又 $\dfrac{u_{o1}-u_i}{R}=\dfrac{u_i-u_o}{R}$，故 $u_o=3u_i$ 。

答案：A

22.（2021） 图 2.3–27 所示电路是利用两个运算放大器组成的具有较高输入电阻的差分放大电路，则 u_0 与 u_{i1}、u_{i2} 的运算关系是（　　）。

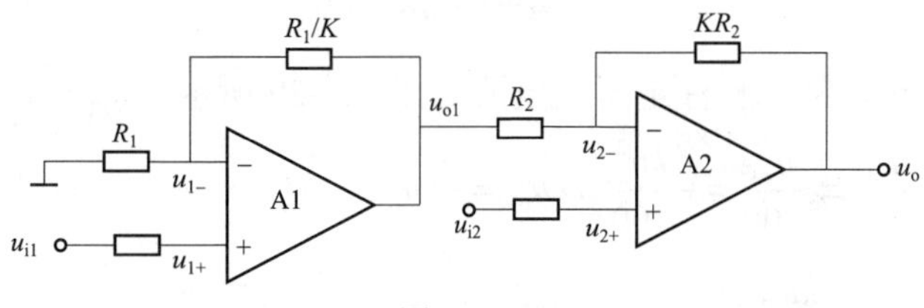

图 2.3–27

A. $u_0=(1+K)(u_{i2}+u_{i1})$　　B. $u_0=(1+K)(u_{i2}-u_{i1})$

C. $u_0=(1+K)(u_{i1}-u_{i2})$　　D. $u_0=(1-K)(u_{i2}+u_{i1})$

分析：为便于描述，标注u_{1+}、u_{1-}、u_{2+}、u_{2-}如图 2.3－27 所示。

$$\left.\begin{aligned}&u_{i1}=u_{1+}\\&u_{1+}=u_{1-}\\&u_{1-}=\frac{R_1}{R_1+R_1/K}u_{o1}=\frac{KR_1}{R_1+KR_1}u_{o1}\end{aligned}\right\}\Rightarrow u_{o1}=\frac{R_1+KR_1}{KR_1}u_{i1}$$

同理：$u_{i2}-u_{o1}=\frac{R_2}{R_2+KR_2}(u_o-u_{o1})$，将上面的$u_{o1}$代入左式，有

$$u_{i2}-\frac{R_1+KR_1}{KR_1}u_{i1}=\frac{R_2}{R_2+KR_2}\left[u_o-\frac{R_1+KR_1}{KR_1}u_{i1}\right]$$

化简得到$u_0=(1+K)(u_{i2}-u_{i1})$。

答案：B

【5. 掌握实际运放电路的分析；了解对数和指数运算电路工作原理，输入输出关系；乘法器的应用（平方、均方根、除法）】

历年无考题，略。

【6. 了解模拟乘法器的工作原理】

23.（2010） 电路如图 2.3–28 所示，集成运放和模拟乘法器均为理想元件，模拟乘法器的乘积系数$k>0$，u_o应该为（　　）。

A. $\sqrt{u_{i1}^2+u_{i2}^2}$　　B. $k\sqrt{u_{i1}^2+u_{i2}^2}$　　C. $\sqrt{k(u_{i1}^2+u_{i2}^2)}$　　D. $\sqrt{ku_{i1}u_{i2}}$

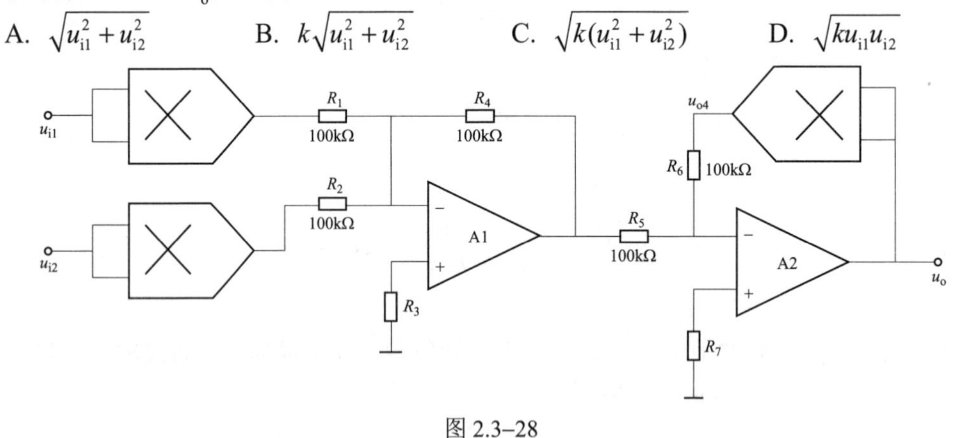

图 2.3–28

分析：为便于分析，补充标注电压、电流如图 2.3–29 所示。$u_{o1}=ku_{i1}^2$，$u_{o2}=ku_{i2}^2$。

对 A2 虚断$\Rightarrow\frac{u_{o3}}{R_5}=-\frac{u_{o4}}{R_6}\Rightarrow\frac{u_{o3}}{100}=-\frac{ku_o^2}{100}\Rightarrow u_{o3}=-ku_o^2$。

对 A1 虚断$\Rightarrow i=i_2=\frac{u_{o2}}{R_2}=\frac{ku_{i2}^2}{100}$。

对节点①，列写 KCL 方程，有 $i_1+i+i_4=0$，注意 $u_{A1-}=0$，又 $i_1=\dfrac{u_{o1}}{R_1}$，$i_4=\dfrac{u_{o3}}{R_4}$，代入前式可得

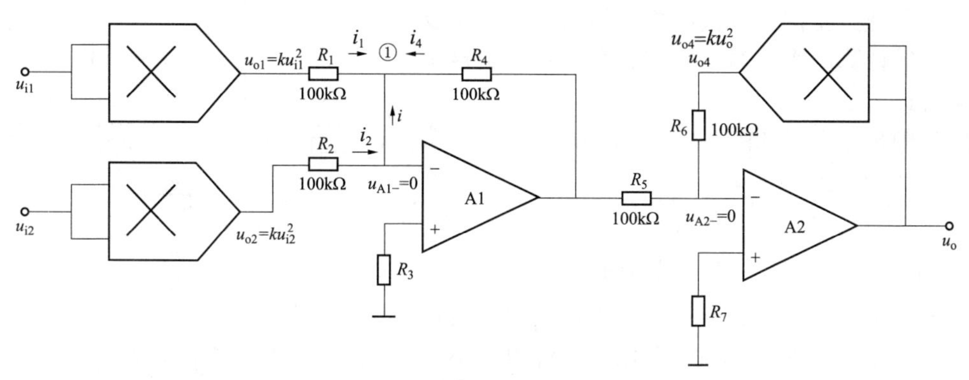

图 2.3–29

$$\frac{u_{o1}}{R_1}+\frac{ku_{i2}^2}{100}+\frac{u_{o3}}{R_4}=0\Rightarrow\frac{ku_{i1}^2}{100}+\frac{ku_{i2}^2}{100}+\frac{-ku_o^2}{100}=0$$

$$\Rightarrow u_{i1}^2+u_{i2}^2=u_o^2\Rightarrow u_o=\sqrt{u_{i1}^2+u_{i2}^2}$$

答案：A

24.（2014） 设图 2.3–30 所示电路中模拟乘法器（$k>0$）和运算放大器均为理想器件，该电路所实现的功能为（　　）。

A. 乘法　　　　B. 除法

C. 加法　　　　D. 减法

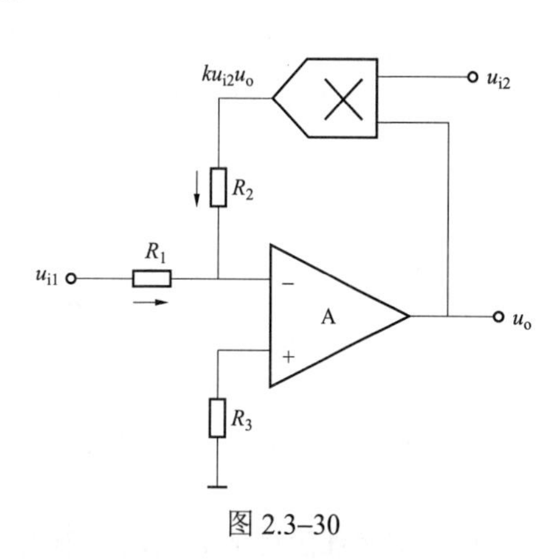

图 2.3–30

分析：虚断 $\Rightarrow u_{A+}=0V$，虚短 $\Rightarrow u_{A-}=0V$，$\dfrac{u_{i1}}{R_1}=-\dfrac{ku_{i2}u_o}{R_2}\Rightarrow u_o=-\dfrac{R_2u_{i1}}{R_1ku_{i2}}=-\dfrac{R_2}{R_1k}\times\dfrac{u_{i1}}{u_{i2}}$，故为除法。

答案：B

25.（2016） 图 2.3–31 所示模拟乘法器（$K>0$）和运算放大器构成除法运算电路，输出电压 $u_0=-\dfrac{1}{K}\bullet\dfrac{u_{i1}}{u_{i2}}$，以下哪种输入电压组合可以满足要求？（　　）

A. u_{i1} 为正，u_{i2} 任意

B. u_{i1} 为负，u_{i2} 任意

C. u_{i1}、u_{i2} 均为正

D. u_{i1}、u_{i2} 均为负

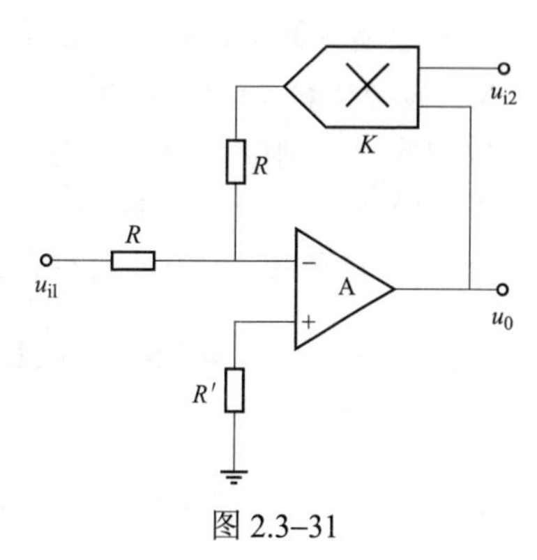

图 2.3–31

分析：只有 $u_{i2}>0V$，运放处于负反馈状态，电路才能正常工作。

答案：C

2.3.4 【发输变电专业基础】历年真题详解

【1. 掌握放大电路的计算；了解典型差动放大电路的工作原理；差模、共模、零漂的概念，静态及动态的分析计算，输入输出相位关系；集成组件参数的含义】

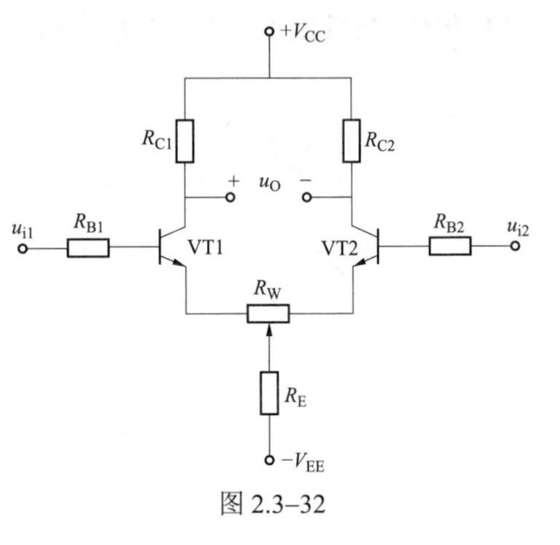

图 2.3–32

1.（2016） 电路如图 2.3–32 所示，其中电位器 R_W 的作用是（　　）。

A. 提高 K_{CMR}　　　　B. 调零

C. 提高 $|A_{ud}|$　　　　D. 减小 $|A_{ud}|$

分析：零点漂移（简称零漂）是指当放大电路输入信号为零时，由于受温度变化、电源电压不稳等因素的影响，使静态工作点发生变化，并被逐级放大和传输，导致电路输出端电压偏移原初始值而上下漂动的现象，在零漂现象严重的情况下，会使得有效信号淹没，放大电路不能正常工作。调整 R_W 的触点位置可以实现抑制零漂的作用，故 R_W 也称为调零电位器。

答案：B

2.（2016） 电路如图 2.3–32 所示，参数满足 $R_{C1}=R_{C2}=R_C$，$R_{B1}=R_{B2}=R_B$，$\beta_1=\beta_2=\beta$，$r_{be1}=r_{be2}=r_{be}$，电位器滑动端调在中点，则该电路的差模输入电阻 R_{id} 为（　　）。

A. $2(R_B+r_{be})$　　　　B. $\frac{1}{2}\left[R_B+r_{be}+(1+\beta)\frac{R_W}{2}\right]$

C. $\frac{1}{2}\left[R_B+r_{be}+(1+\beta)\frac{R_W}{2}+2(1+\beta)R_E\right]$　　　　D. $2(R_B+r_{be})+(1+\beta)R_W$

分析：对于一个差分式放大电路，无论是双端输出还是单端输出，双端输入的差模输入电阻是相同的，其值为 $R_{id}=2(R_B+r_{be})$。

答案：A

【4. 掌握理想运放的虚短、虚地、虚断概念及其分析方法；反相、同相、差动输入比例器及电压跟随器的工作原理，传输特性；积分微分电路的工作原理】

3.（发 2008） 电路如图 2.3–33 所示，如果放大器是理想运行的，直流输入电压满足理想运放的要求，则电路的输出电压 U_o 为（　　）。

A. 15V　　　　B. 18V　　　　C. 22.5V　　　　D. 30V

分析：此题与 2010 年供配电专业基础考题相似，虚短 $\Rightarrow U_{R1}=U_{23}=15\text{V}$，虚断 $\Rightarrow$ $U_{R2}=\frac{1}{2}U_{R1}=\frac{1}{2}\times15\text{V}=7.5\text{V}$，故 $U_o=U_{R1}+U_{R2}=15\text{V}+7.5\text{V}=22.5\text{V}$。

答案：C

4.（2013） 图 2.3–34 所示电路的电压增益表达式为（　　）。

A. $-R_1/R_F$　　　　B. $R_1/(R_F+R_1)$

C. $-R_F/R_1$　　　　D. $-(R_F+R_1)/R_1$

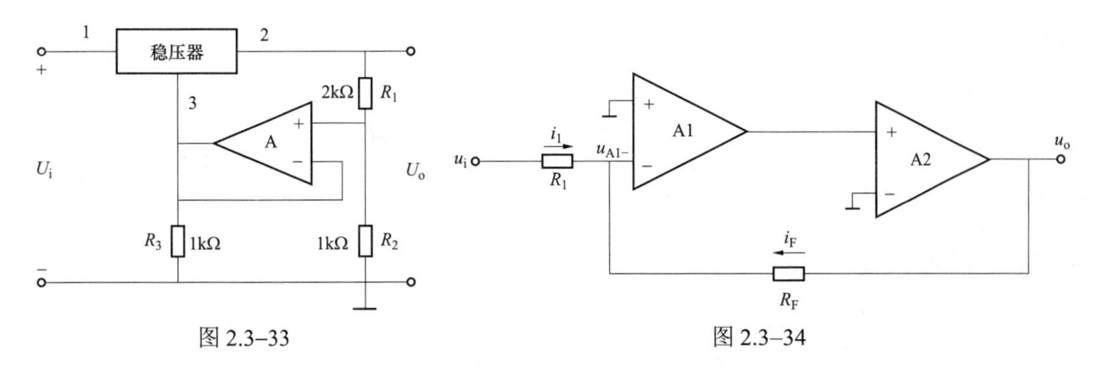

图 2.3−33　　　　　　　　　　　　　　图 2.3−34

分析：为便于分析，在题图中标示出电压、电流。

$$\left.\begin{array}{l}\text{对}A_1\text{依据“虚短”}\Rightarrow u_{A1-}=0\text{V}\Rightarrow i_1=\dfrac{u_i-u_{A1-}}{R_1}=\dfrac{u_i}{R_1}\\ i_F=\dfrac{u_o-u_{A1-}}{R_F}=\dfrac{u_o}{R_F}\\ \text{对}A_1\text{依据“虚断”}\Rightarrow i_1=-i_F\end{array}\right\}\Rightarrow\frac{u_i}{R_1}=-\frac{u_0}{R_F}\Rightarrow A=\frac{u_o}{u_i}=-\frac{R_F}{R_1}$$

答案：C

5.（2013） 欲在正弦波电压上叠加一个直流量，应选用的电路为（　　）。

A. 反相比例运算电路　　　　　　　　B. 同相比例运算电路

C. 差分比例运算电路　　　　　　　　D. 同相输入求和运算电路

分析：参见 2014 年供配电专业基础考试的第 27 题，各基本运算电路的结构。显然本题应该选择加法求和运算电路。

答案：D

6.（2013、2016） 电路如图 2.3−35 所示，已知 $R_1=R_2$，$R_3=R_4=R_5$，且运放的性能均为理想，则 $A_u=\dfrac{U_o}{U_1}$ 的表达式为（　　）。

A. $-\dfrac{j\omega R_2C}{1+j\omega R_2C}$　　B. $\dfrac{j\omega R_2C}{1+j\omega R_2C}$　　C. $-\dfrac{j\omega R_3C}{1+j\omega R_3C}$　　D. $\dfrac{j\omega R_3C}{1+j\omega R_3C}$

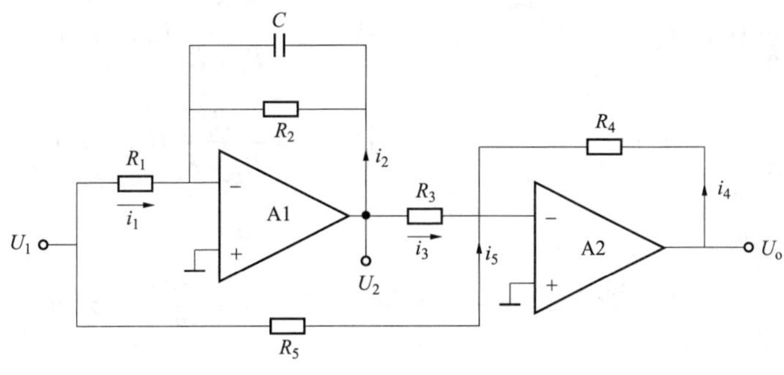

图 2.3−35

分析：为方便分析，标注出电流 $i_1\sim i_5$ 如题图所示。

$$\left.\begin{aligned}&\text{A1依据“虚短”}\Rightarrow U_{\text{A1}-}=U_{\text{A1}+}=0\text{V}\\&i_1=\frac{U_1-U_{\text{A1}-}}{R_1}=\frac{U_1}{R_1}\\&i_2=(U_2-U_{\text{A1}-})\left(\text{j}\omega C_2+\frac{1}{R_2}\right)=\frac{1+R_2\text{j}\omega C_2}{R_2}U_2\\&\text{A1依据“虚断”}\Rightarrow i_1=-i_2\end{aligned}\right\}\Rightarrow\frac{U_1}{R_1}=-\frac{1+R_2\text{j}\omega C_2}{R_2}U_2\Rightarrow U_2=-\frac{R_2}{R_1(1+R_2\text{j}\omega C_2)}U_1$$

$$\left.\begin{aligned}&\text{A2依据“虚短”}\Rightarrow U_{\text{A2}-}=U_{\text{A2}+}=0\text{V}\\&i_3=\frac{U_2-U_{\text{A2}-}}{R_3}=\frac{U_2}{R_3}\\&i_4=\frac{U_\text{o}-U_{\text{A2}-}}{R_4}=\frac{U_\text{o}}{R_4}\\&i_5=\frac{U_1-U_{\text{A2}-}}{R_5}=\frac{U_1}{R_5}\\&\text{A2依据“虚断”}\Rightarrow i_3+i_4+i_5=0\end{aligned}\right\}\Rightarrow\frac{U_2}{R_3}+\frac{U_\text{o}}{R_4}+\frac{U_1}{R_5}=0 \qquad (2.3\text{–}9)$$

将式（2.3–8）代入式（2.3–9），可得

$$-\frac{R_2}{R_3R_1(1+R_2\text{j}\omega C_2)}U_1+\frac{U_\text{o}}{R_4}+\frac{U_1}{R_5}=0\Rightarrow\frac{U_\text{o}}{R_4}=\left[\frac{R_2}{R_3R_1(1+R_2\text{j}\omega C_2)}-\frac{1}{R_5}\right]U_1$$

$$\Rightarrow\frac{U_\text{o}}{U_1}=\left[\frac{R_2}{R_3R_1(1+R_2\text{j}\omega C_2)}-\frac{1}{R_5}\right]R_4$$

利用已知条件$R_1=R_2$，$R_3=R_4=R_5$化简，得到

$$\frac{U_\text{o}}{U_1}=\left[\frac{R_2}{R_3R_1(1+R_2\text{j}\omega C_2)}-\frac{1}{R_5}\right]R_4=-\frac{R_2\text{j}\omega C_2}{1+R_2\text{j}\omega C_2}=-\frac{\text{j}\omega R_2C}{1+\text{j}\omega R_2C}$$

答案：A

7.（2014） 电路如图2.3–36所示，其中A1、A2、A3、A4均为理想运放，输出电压u_o与输入电压u_{i1}、u_{i2}的关系式为（　　）。

A. $u_\text{o}=\dfrac{R_3}{R_2+R_3}(u_{\text{i2}}-u_{\text{i1}})$　　B. $u_\text{o}=\dfrac{R_3}{R_1+R_2}(u_{\text{i2}}-u_{\text{i1}})$

C. $u_\text{o}=\dfrac{R_1}{R_2+R_3}(u_{\text{i2}}+u_{\text{i1}})$　　D. $u_\text{o}=\dfrac{R_1}{R_2+R_3}(u_{\text{i2}}-u_{\text{i1}})$

分析：$\left.\begin{aligned}&i_1=\frac{u_{\text{i1}}-u_{\text{A3}-}}{R_1}\\&i_2=\frac{u_\text{o}-u_{\text{A3}-}}{R_1}\end{aligned}\right\}\text{“虚断”}\Rightarrow i_1=-i_2\Rightarrow\frac{u_{\text{i1}}-u_{\text{A3}-}}{R_1}=-\frac{u_\text{o}-u_{\text{A3}-}}{R_1}\Rightarrow 2u_{\text{A3}-}=u_{\text{i1}}+u_\text{o}$

A4 虚短 $\Rightarrow u_{A4-}=0V \Rightarrow i_3=\dfrac{u_o}{R_3}$；A4 虚断 $\Rightarrow i_4=i_3=\dfrac{u_o}{R_3}$；A3 虚断 $\Rightarrow i_6=i_5=\dfrac{u_{i2}-u_{A3-}}{R_1}$；

A3 虚短，列写 KCL 方程，并将之前求得的电流值代入化简，可得

$$R_1 i_2+R_1 i_6-R_2 i_4-R_3 i_3=0 \Rightarrow (u_o-u_{A3-})+(u_{i2}-u_{A3-})-\frac{R_2}{R_3}u_o-u_o=0$$

$$\Rightarrow u_o+u_{i2}-2u_{A3-}-\frac{R_2+R_3}{R_3}u_o=0 \Rightarrow u_o+u_{i2}-u_{i1}-u_o-\frac{R_2+R_3}{R_3}u_o=0 \Rightarrow u_o=\frac{R_3}{R_2+R_3}(u_{i2}-u_{i1})$$

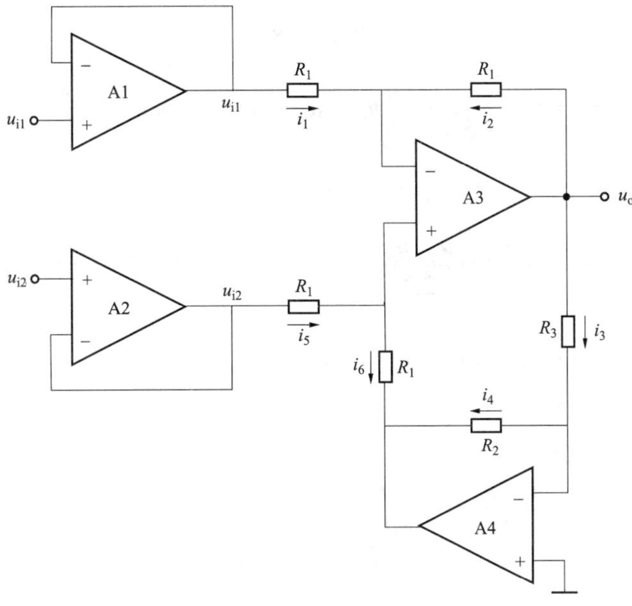

图 2.3–36

答案：A

8.（2016） 电路如图 2.3–37 所示，已知运放性能理想，其最大的输出电流为 15mA，最大的输出电压幅值为 15V，设晶体管 VT1、VT2 的性能完全相同，$\beta=60$，$|U_{BE}|=0.7V$，$R_L=10\Omega$，那么，电路的最大不失真输出功率为（　　）。

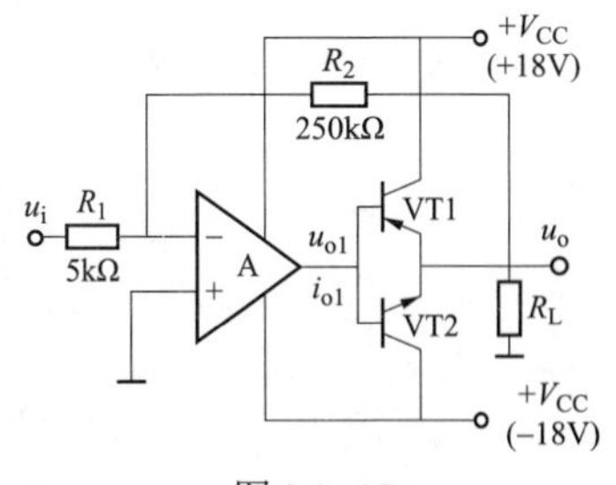

图 2.3–37

A. 4.19W　　　　B. 11.25W

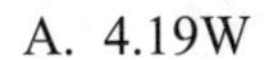

C. 16.2W　　　　D. 22.5W

分析：当输入信号足够大时，最大不失真输出功率只与互补对称功率放大电路有关，而与比例放大电路无关，故 $P_O=\dfrac{V_{CC}^2}{2R_L}=\dfrac{18^2}{2\times10}W=16.2W$

答案：C

9.（2019） 电路如图 2.3–38 所示，当 $u_i=0.6V$ 时输出电压 $u_o=$（　　）。

A. 16.6V　　　　B. 6.6V　　　　C. 10V　　　　D. 6V

分析：为便于说明，标注 u_{1+}、u_{1-}、u_{o1}、u_{o2}、u_{3+}、u_{3-}，如图 2.3–38 所示。

$$u_{1-}=\frac{R}{R+4R}u_{o1}=\frac{1}{5}u_{o1}, \quad u_{1+}=\frac{4R}{R+4R}u_i=\frac{4}{5}u_i$$

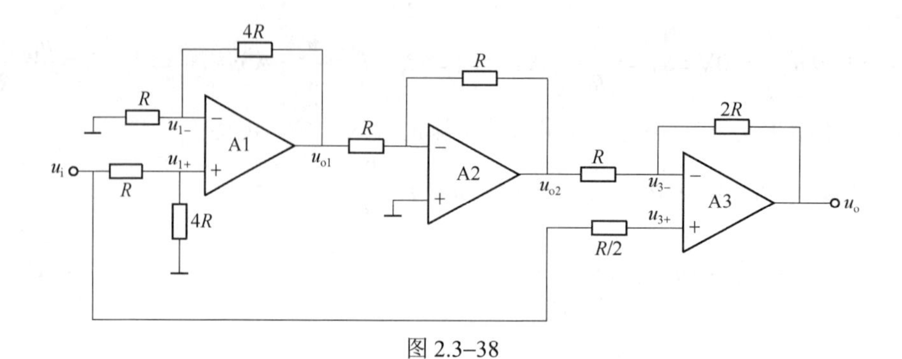

图 2.3–38

依据“虚短”，有 $u_{1-}=u_{1+}\Rightarrow\dfrac{1}{5}u_{o1}=\dfrac{4}{5}u_i\Rightarrow u_{o1}=4u_i$，又 $u_{o2}=-u_{o1}=-4u_i$；

依据“虚断”，有 $\dfrac{u_{o2}-u_{3-}}{R}=\dfrac{u_{3-}-u_o}{2R}$， $u_i=u_{3+}$，又 $u_{3+}=u_{3-}$。

从而 $\dfrac{u_{o2}-u_i}{R}=\dfrac{u_i-u_o}{2R}\Rightarrow\dfrac{-5u_i}{R}=\dfrac{u_i-u_o}{2R}\Rightarrow u_o=11u_i=11\times0.6\text{V}=6.6\text{V}$。

答案：B

10.（2020）图 2.3–39 所示电路中，输出电压 u_o 为(　　)。

A. u_i　　B. $-2u_i$

C. $-u_i$　　D. $2u_i$

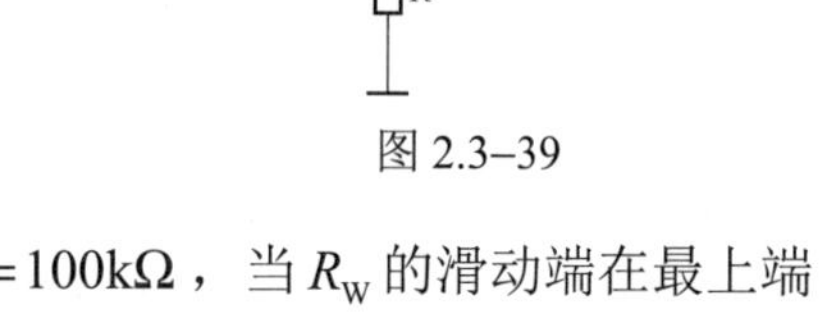

图 2.3–39

分析：由“虚断”，有 $\dfrac{u_i-u_-}{R}=\dfrac{u_--u_o}{2R}$， $\dfrac{u_i-u_+}{2R}=\dfrac{u_+}{R}$。

由“虚短”，有 $u_-=u_+$。

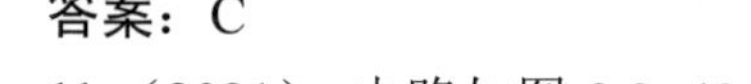

答案：C

11.（2021） 电路如图 2.3–40 所示，$R=10\text{k}\Omega$，$R_F=100\text{k}\Omega$，当 R_W 的滑动端在最上端时，若 $u_{i1}=10\text{mV}$，$u_{i2}=20\text{mV}$，则输出电压 $u_o=$（　　）。

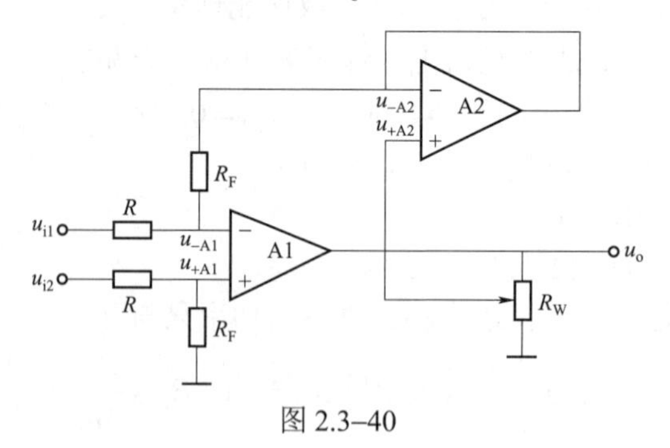

图 2.3–40

A. $u_o=4\text{V}$　　B. $u_o=100\text{mV}$　　C. $u_o=-100\text{mV}$　　D. $u_o=0.4\text{V}$

分析：为便于描述，标注 u_{+A1}、u_{-A1}、u_{+A2}、u_{-A2} 如图 2.3－40 所示。当 R_W 的滑动端在最上端时，$u_o=u_{+A2}=u_{-A2}$。

虚断，有 $u_{+A1}=\dfrac{R_F}{R+R_F}u_{i2}=\dfrac{100}{10+100}\times20\text{mV}=\dfrac{200}{11}\text{mV}$。

虚短，有 $u_{-\mathrm{A1}}=u_{+\mathrm{A1}}\Rightarrow \dfrac{u_{\mathrm{i1}}-u_{-\mathrm{A1}}}{10}=\dfrac{u_{-\mathrm{A1}}-u_{-\mathrm{A2}}}{100}\Rightarrow u_{\mathrm{i1}}-u_{-\mathrm{A1}}=\dfrac{1}{10}u_{-\mathrm{A1}}-\dfrac{1}{10}u_{\mathrm{o}}\Rightarrow u_{\mathrm{o}}=100\mathrm{mV}$。

答案：B

2.4 信号处理电路

2.4.1 考试大纲要求及历年真题统计分析（供配电、发输变电）

历年真题按照考试大纲考点归类总结见表 2.4–1 和表 2.4–2（说明：1、2、3、4 道题分别对应 1、2、3、4 颗★，≥5 道题对应 5 颗★）。

表 2.4–1　　供配电专业基础考试大纲及历年真题统计表

2.4 信号处理电路 考试大纲	2005	2006	2007	2008	2009	2010	2011	2012	2013	2014	2016	2017	2018	2019	2020	2021	汇总统计
1. 了解滤波器的概念、种类及幅频特性；比较器的工作原理、传输特性和阈值，输入、输出波形关系																	0
2. 了解一阶和二阶低通滤波器电路的分析；主要性能，传递函数，带通截止频率，电压比较器的分析法；检波器、采样保持电路的工作原理★					1												1★
3. 了解高通、低通、带通电路与低通电路的对偶关系、特性																	0
汇总统计	0	0	0	0	1	0	0	0	0	0	0	0	0	0	0	0	1

表 2.4–2　　发输变电专业基础考试大纲及历年真题统计表

2.4 信号处理电路 考试大纲	2005（同供配电）	2006（同供配电）	2007	2008	2009	2010	2011	2012	2013	2014	2016	2017	2018	2019	2020	2021	汇总统计
1. 了解滤波器的概念、种类及幅频特性；比较器的工作原理、传输特性和阈值，输入、输出波形关系																	0
2. 了解一阶和二阶低通滤波器电路的分析；主要性能，传递函数，带通截止频率，电压比较器的分析法；检波器、采样保持电路的工作原理★													1				1★
3. 了解高通、低通、带通电路与低通电路的对偶关系、特性																	0
汇总统计	0	0	0	0	0	0	0	0	0	0	0	0	1	0	0	0	1

将以上供配电专业基础和发输变电专业基础历年真题统计表汇总见表 2.4–3，可见，本节内容在历年考题中所占比重是很小的，甚至在历年发输变电专业基础的考试中从来没有出现过考题。

表 2.4–3　　专业基础供配电、发输变电两个专业方向侧重点对比

2.4　信号处理电路	历年真题汇总统计	
考试大纲（取供配电、发输变电两个方向中多的★值标注）	供配电	发输变电
1. 了解滤波器的概念、种类及幅频特性；比较器的工作原理、传输特性和阈值，输入、输出波形关系	0	0
2. 了解一阶和二阶低通滤波器电路的分析；主要性能，传递函数，带通截止频率，电压比较器的分析法；检波器、采样保持电路的工作原理★	1★	1★
3. 了解高通、低通、带通电路与低通电路的对偶关系、特性	0	0
汇总统计	1	1

2.4.2　重要知识点复习

结合前面 2.4.1 节的历年真题统计分析（供配电、发输变电）结果，对“2.4 信号处理电路”部分的第 2 大纲点进行总结，其他大纲点从略。

1. 了解滤波器的概念、种类及幅频特性；比较器的工作原理、传输特性和阈值，输入、输出波形关系

历年无考题，略。

2. 了解一阶和二阶低通滤波器电路的分析；主要性能，传递函数，带通截止频率，电压比较器的分析法；检波器、采样保持电路的工作原理

输出电压与输入电压的比值称为滤波器的传递函数，记作 $A_u(s)=\dfrac{U_o(s)}{U_i(s)}$，允许通过的信号频率范围称为通带，被阻止的信号频率范围称为阻带，通带和阻带的界限频率称为截止频率。

以“同相输入的一阶低通滤波电路”为例说明，如图 2.4–1 所示。

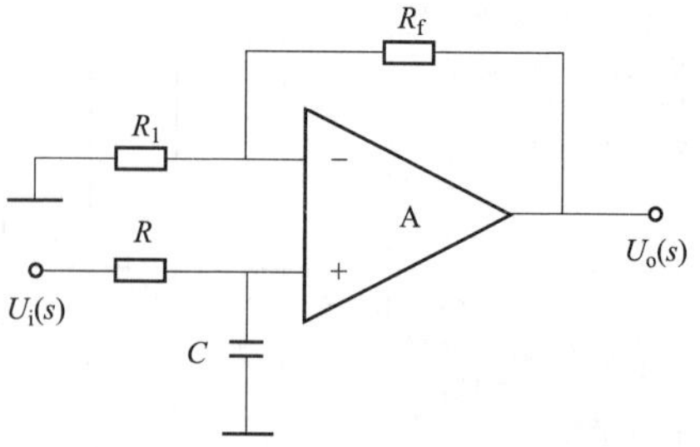

图 2.4–1

其传递函数为 $A_u(s)=\dfrac{U_o(s)}{U_i(s)}=\left(1+\dfrac{R_f}{R_1}\right)\dfrac{1}{1+sRC}$，用 $j\omega$ 取代 s，令 $f_0=\dfrac{1}{2\pi RC}$，则电压增益为 $A_u(s)=\dfrac{U_o(s)}{U_i(s)}=\left(1+\dfrac{R_f}{R_1}\right)\dfrac{1}{1+j\dfrac{f}{f_0}}$，式中，$f_0$ 为截止频率，通带电压增益为 $A_{up}=1+\dfrac{R_f}{R_1}$。

3. 了解高通、低通、带通电路与低通电路的对偶关系、特性

历年无考题，略。

2.4.3 【供配电专业基础】历年真题详解

【2. 了解一阶和二阶低通滤波器电路的分析；主要性能，传递函数，带通截止频率，电压比较器的分析法；检波器、采样保持电路的工作原理】

（2009） 某滤波器的传递函数为 $A(s)=\dfrac{1}{1+RCs}\left(1+\dfrac{R_2}{R_1}\right)$，该滤波器的通带增益和截止角频率分别为（　　）。

A. $1+\dfrac{R_2}{R_1}$，RC　　B. $1+\dfrac{R_2}{R_1}$，$\dfrac{1}{RC}$　　C. $\dfrac{R_2}{R_1}$，$\dfrac{1}{RC}$　　D. $\dfrac{R_2}{R_1}$，RC

分析：本题已知的传递函数为 $A(s)=\dfrac{1}{1+RCs}\left(1+\dfrac{R_2}{R_1}\right)$，参见 2.4.2 节重要知识点复习的 2 大纲点内容，比较可知，通带增益为 $1+\dfrac{R_2}{R_1}$，截止角频率为 $\dfrac{1}{RC}$。

答案：B

2.4.4 【发输变电专业基础】历年真题详解

历年无考题，略。

2.5 信号发生电路

2.5.1 考试大纲要求及历年真题统计分析（供配电、发输变电）

历年真题按照考试大纲考点归类总结见表 2.5–1 和表 2.5–2（说明：1、2、3、4 道题分别对应 1、2、3、4 颗★，≥5 道题对应 5 颗★）。

表 2.5–1　　供配电专业基础考试大纲及历年真题统计表

2.5 信号发生电路 考试大纲	2005	2006	2007	2008	2009	2010	2011	2012	2013	2014	2016	2017	2018	2019	2020	2021	汇总统计
1. 掌握产生自激振荡的条件，*RC* 型文氏电桥式振荡器的起振条件，频率的计算；*LC* 型振荡器的工作原理、相位关系；了解矩形、三角波、锯齿波发生电路的工作原理，振荡周期计算★★★★★					1			1	1	1		1	1				6★★★★★
2. 了解文氏电桥式振荡器的稳幅措施；石英晶体振荡器的工作原理；各种振荡器的适用场合；压控振荡器的电路组成，工作原理，振荡频率估算，输入、输出关系★★		1	1														2★★
汇总统计	0	1	1	0	1	0	0	1	1	1	0	1	1	0	0	0	8

表 2.5–2　　　　　　　　发输变电专业基础考试大纲及历年真题统计表

2.5　信号发生电路 考试大纲	2005（同供配电）	2006（同供配电）	2007	2008	2009	2010	2011	2012	2013	2014	2016	2017	2018	2019	2020	2021	汇总统计
1. 掌握产生自激振荡的条件，*RC* 型文氏电桥式振荡器的起振条件，频率的计算；*LC* 型振荡器的工作原理、相位关系；了解矩形、三角波、锯齿波发生电路的工作原理，振荡周期计算																	0
2. 了解文氏电桥式振荡器的稳幅措施；石英晶体振荡器的工作原理；各种振荡器的适用场合；压控振荡器的电路组成，工作原理，振荡频率估算，输入、输出关系★★		1												1			2★★
汇总统计	0	1	0	0	0	0	0	0	0	0	0	0	0	1	0	0	2

将以上供配电专业基础和发输变电专业基础历年真题统计表汇总见表 2.5–3，可见，本节内容在历年考题中所占比重是较小的。

表 2.5–3　　　　　专业基础（供配电、发输变电）两个专业方向侧重点对比

2.5　信号发生电路	历年真题汇总统计	
考试大纲（取供配电、发输变电两个方向中多的★值标注）	供配电	发输变电
1. 掌握产生自激振荡的条件，*RC* 型文氏电桥式振荡器的起振条件，频率的计算；*LC* 型振荡器的工作原理、相位关系；了解矩形、三角波、锯齿波发生电路的工作原理，振荡周期计算★★★★★	6★★★★★	0
2. 了解文氏电桥式振荡器的稳幅措施；石英晶体振荡器的工作原理；各种振荡器的适用场合；压控振荡器的电路组成，工作原理，振荡频率估算，输入、输出关系★★	2★★	2★★
汇总统计	8	2

2.5.2　重要知识点复习

结合前面 2.5.1 节的历年真题统计分析（供配电、发输变电）结果，对“2.5 信号发生电路”部分的 1、2 大纲点深入总结，其他大纲点从略。

1. 掌握产生自激振荡的条件，*RC* 型文氏电桥式振荡器的起振条件，频率的计算；LC 型振荡器的工作原理、相位关系；了解矩形、三角波、锯齿波发生电路的工作原理，振荡周期计算

考点一：占空比可调的矩形波输出电路，根据占空比大小确定输出波形。

考点二：正弦波发生器 A_u 值的确定。

考点三： 电容三点式 LC 型正弦波振荡电路的振荡频率为 $f_0=\dfrac{1}{2\pi\sqrt{L\left(\dfrac{C_1C_2}{C_1+C_2}\right)}}$。

2. 了解文氏电桥式振荡器的稳幅措施；石英晶体振荡器的工作原理；各种振荡器的适用场合；压控振荡器的电路组成，工作原理，振荡频率估算，输入、输出关系

文氏桥振荡电路如图 2.5–1 所示。这个电路由两部分组成，即放大电路 $\dot{A}_u$ 和选频网络 $\dot{F}_u$。$\dot{A}_u$ 为集成运放所组成的电压串联负反馈放大电路，具有输入阻抗高和输出阻抗低的特点。$\dot{F}_u$ 则由 Z_1 和 Z_2 组成，同时兼作正反馈网络，由图 2.5–1 可知，Z_1、Z_2 和 R_1、R_f 正好形成一个四臂电桥，电桥的对角线顶点接到放大电路的两个输入端，桥式振荡电路的名称由此而来。

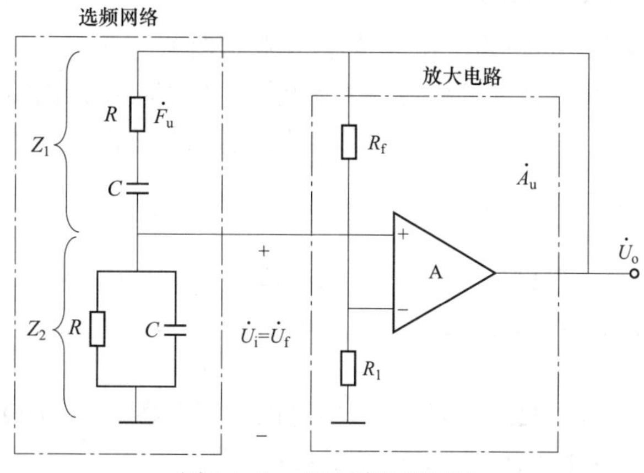

图 2.5–1　文氏桥振荡电路

2.5.3 【供配电专业基础】历年真题详解

【1. 掌握产生自激振荡的条件，RC 型文氏电桥式振荡器的起振条件，频率的计算；LC 型振荡器的工作原理、相位关系；了解矩形、三角波、锯齿波发生电路的工作原理，振荡周期计算】

1.（2009） 电路如图 2.5–2 所示，如果 R 的抽头在中间，则输出波形正确的是图 2.5–3 中（　　）。

A. 图（a）　　B. 图（b）　　C. 图（c）　　D. 图（d）

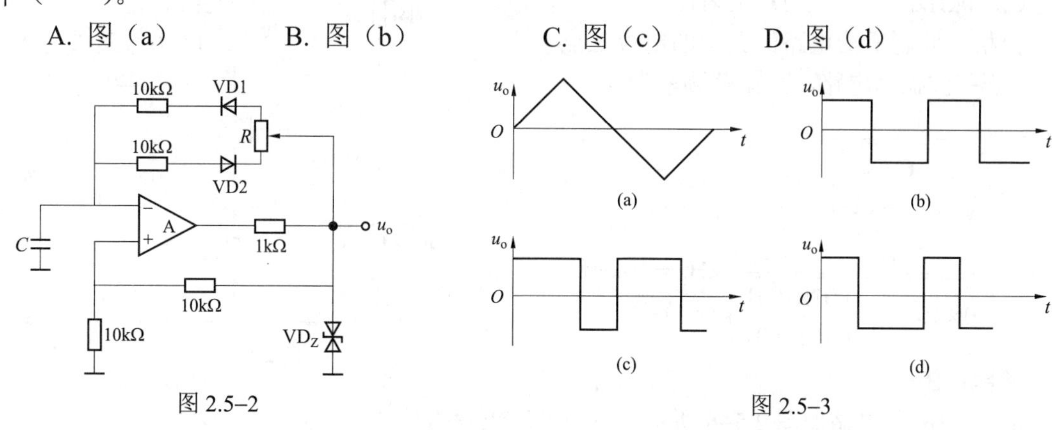

图 2.5–2　　图 2.5–3

分析：该电路为占空比可以调节的矩形波输出电路。当u_o为正时，VD1 导通，而 VD2 截止，正向充、放电时间常数为R_1C；当u_o为负时，VD1 截止，而 VD2 导通，反向充、放电时间常数为R_2C；现在由于R的抽头在中间位置，故占空比为 50%，输出方波。

答案：B

2.（2013、2017） 电路如图 2.5–4 所示，设运放是理想器件，电阻$R_1 = 10\text{k}\Omega$，为使该电路能产生正弦波，则要求R_F为（　　）。

A. $R_F = 10\text{k}\Omega + 4.7\text{k}\Omega$（可调）

B. $R_F = 100\text{k}\Omega + 4.7\text{k}\Omega$（可调）

C. $R_F = 18\text{k}\Omega + 4.7\text{k}\Omega$（可调）

D. $R_F = 4.7\text{k}\Omega + 4.7\text{k}\Omega$（可调）

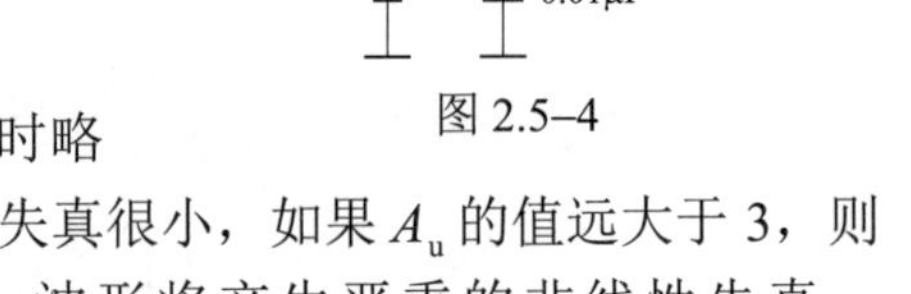

图 2.5–4

分析：适当调整负反馈的强弱，使A_u的值在起振时略大于 3 时，达到稳幅，$A_u = 3$，其输出波形为正弦波，失真很小，如果A_u的值远大于 3，则因振幅的增长，致使放大器件工作在非线性区域，波形将产生严重的非线性失真。$A_u = 1 + \dfrac{R_F}{R_1} = 1 + \dfrac{R_F}{10} \geqslant 3 \Rightarrow R_F \geqslant 20\text{k}\Omega$。

选项 A：$R_F = 10\text{k}\Omega + 4.7\text{k}\Omega$（可调），其最大值为$14.7\text{k}\Omega < 20\text{k}\Omega$，故错误。

选项 B：$R_F = 100\text{k}\Omega + 4.7\text{k}\Omega$（可调）$\gg 20\text{k}\Omega$，这意味着$A_u$的值远远大于 3，将会出现非线性失真。

选项 C：$R_F = 18\text{k}\Omega + 4.7\text{k}\Omega$（可调），显然可以调节为略大于$20\text{k}\Omega$，正确。

选项 D：$R_F = 4.7\text{k}\Omega + 4.7\text{k}\Omega$（可调）$< 20\text{k}\Omega$，错误。

答案：C

3.（2014） 某通用示波器中的时间标准振荡电路如图 2.5–5 所示，图中L_1是高频消弧装置，C_4是去耦电容，该电路的振荡频率为（　　）。

A. 5kHz　　　　B. 10kHz

C. 20kHz　　　D. 32kHz

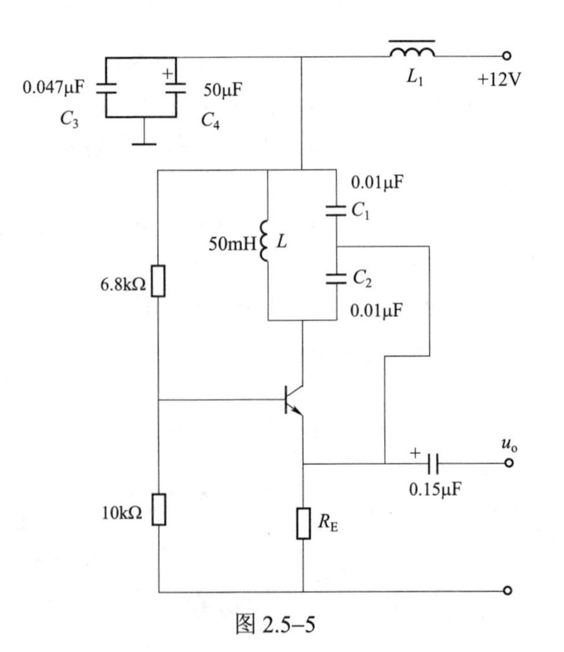

图 2.5–5

分析：此题所给电路为典型的电容三点式 LC 正弦波振荡电路，其振荡频率为

$$f_0 = \frac{1}{2\pi\sqrt{L\left(\dfrac{C_1C_2}{C_1+C_2}\right)}} = \frac{1}{2\pi\times\sqrt{50\times10^{-3}\times\left(\dfrac{0.01\times0.01}{0.01+0.01}\right)}}\text{kHz} = 10\text{kHz}$$

答案：B

4.（2016） 电路如图 2.5–6 所示，下列说法正确的是（　　）。

A. 能输出 159Hz 的正弦波

B. 能输出 159Hz 的方波

C. 能输出 159Hz 的三角波

D. 不能输出任何波形

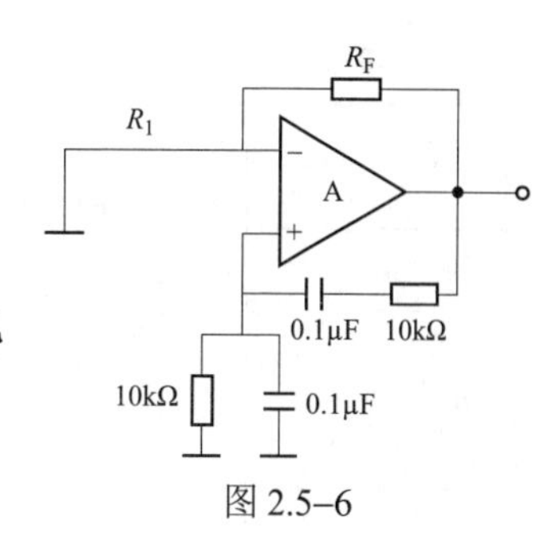

图 2.5–6

分析：此题与 2007 年考题很相似。这是一个典型的文氏电桥式正弦波发生器电路，电路的固有振荡频率为

$$f_0=\frac{1}{2\pi RC}=\frac{1}{2\pi\times10\times10^3\times0.1\times10^{-6}}\text{Hz}=159\text{Hz}$$

答案：A

【2. 了解文氏电桥式振荡器的稳幅措施；石英晶体振荡器的工作原理；各种振荡器的适用场合；压控振荡器的电路组成，工作原理，振荡频率估算，输入、输出关系】

5.（2007） 文氏电桥式正弦波发生器电路如图 2.5–7 所示，电路的振荡频率 f_0 约为（　　）Hz。

A. 1590　　　　B. 10 000

C. 100　　　　D. 0.1

分析：电路的固有振荡频率为

$$f_0=\frac{1}{2\pi RC}=\frac{1}{2\pi\times10\times10^3\times0.01\times10^{-6}}\text{Hz}=1591\text{Hz}$$

答案：A

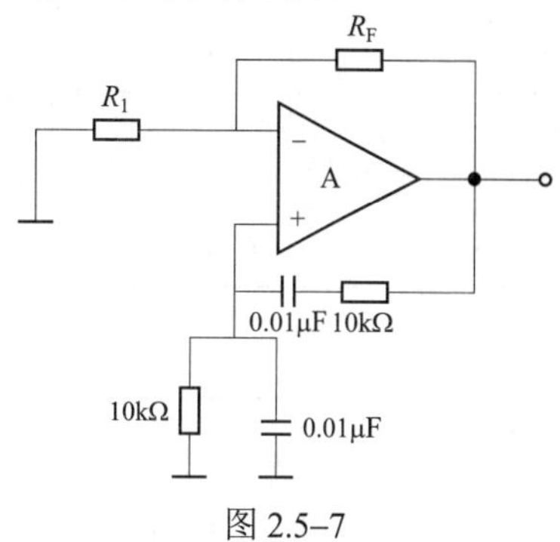

图 2.5–7

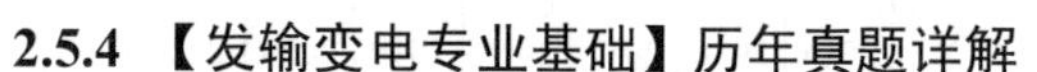

2.5.4 【发输变电专业基础】历年真题详解

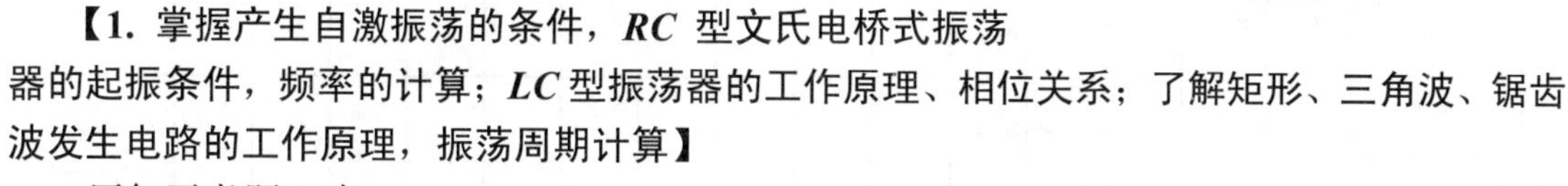

【1. 掌握产生自激振荡的条件，*RC* 型文氏电桥式振荡器的起振条件，频率的计算；*LC* 型振荡器的工作原理、相位关系；了解矩形、三角波、锯齿波发生电路的工作原理，振荡周期计算】

历年无考题，略。

【2. 了解文氏电桥式振荡器的稳幅措施；石英晶体振荡器的工作原理；各种振荡器的适用场合；压控振荡器的电路组成，工作原理，振荡频率估算，输入、输出关系】

（2019） 图 2.5–8 所示 RC 振荡电路，若减小振荡频率，应该（　　）。

A. 减小 C　　　　B. 增大 R

C. 增大 R_1　　　　D. 减小 R_2

分析：文氏电桥式正弦波发生器，电路的固有振荡频率为 $f_0=\dfrac{1}{2\pi RC}$，要 f_0 减小，则需增大 R。

答案：B

图 2.5–8

2.6 功率放大电路

2.6.1 考试大纲要求及历年真题统计分析（供配电、发输变电）

历年真题按照考试大纲考点归类总结见表 2.6–1 和表 2.6–2（说明：1、2、3、4 道题分别对应 1、2、3、4 颗★，≥5 道题对应 5 颗★）。

表 2.6–1　　　　　　　　供配电专业基础考试大纲及历年真题统计表

2.6　功率放大电路 考试大纲	2005	2006	2007	2008	2009	2010	2011	2012	2013	2014	2016	2017	2018	2019	2020	2021	汇总统计
1. 掌握功率放大电路的特点；了解互补推挽功率放大电路的工作原理，输出功率和转换功率的计算																	0
2. 掌握集成功率放大电路的内部组成；了解功率管的选择、晶体管的几种工作状态																	0
3. 了解自举电路；功放管的发热																	0
汇总统计	0	0	0	0	0	0	0	0	0	0	0	0	0	0	0	0	0

表 2.6–2　　　　　　　　发输变电专业基础考试大纲及历年真题统计表

2.6　功率放大电路 考试大纲	2005（同供配电）	2006（同供配电）	2007	2008	2009	2010	2011	2012	2013	2014	2016	2017	2018	2019	2020	2021	汇总统计
1. 掌握功率放大电路的特点；了解互补推挽功率放大电路的工作原理，输出功率和转换功率的计算																	0
2. 掌握集成功率放大电路的内部组成；了解功率管的选择、晶体管的几种工作状态																	0
3. 了解自举电路；功放管的发热																	0
汇总统计	0	0	0	0	0	0	0	0	0	0	0	0	0	0	0	0	0

将以上供配电专业基础和发输变电专业基础历年真题统计表汇总见表 2.6–3，可见，本节内容在历年供配电专业基础的考试和发输变电专业基础的考试中都从来没有出现过考题。

表 2.6–3　　　　　　专业基础供配电、发输变电两个专业方向侧重点对比

2.6　功率放大电路	历年真题汇总统计	
考试大纲（取供配电、发输变电两个方向中多的★值标注）	供配电	发输变电
1. 掌握功率放大电路的特点；了解互补推挽功率放大电路的工作原理，输出功率和转换功率的计算	0	0
2. 掌握集成功率放大电路的内部组成；了解功率管的选择、晶体管的几种工作状态	0	0
3. 了解自举电路；功放管的发热	0	0
汇总统计	0	0

2.6.2　重要知识点复习

由于两个方向上历年都没有出现过考题，所以知识点的复习也省略。

2.6.3　【供配电专业基础】历年真题详解

历年无考题，略。

2.6.4　【发输变电专业基础】历年真题详解

历年无考题，略。

2.7　直流稳压电源

2.7.1　考试大纲要求及历年真题统计分析（供配电、发输变电）

历年真题按照考试大纲考点归类总结见表 2.7–1 和表 2.7–2（说明：1、2、3、4 道题分别对应 1、2、3、4 颗★，≥5 道题对应 5 颗★）。

表 2.7–1　　　　　　供配电专业基础考试大纲及历年真题统计表

2.7　直流稳压电源	2005	2006	2007	2008	2009	2010	2011	2012	2013	2014	2016	2017	2018	2019	2020	2021	汇总统计
考试大纲																	
1. 掌握桥式整流及滤波电路的工作原理、电路计算；串联型稳压电路工作原理，参数选择，电压调节范围，三端稳压块的应用★★★★★			1					1	1			1		1		1	6★★★★★
2. 了解滤波电路的外特性；硅稳压管稳压电路中限流电阻的选择																	0
3. 了解倍压整流电路的原理；集成稳压电路工作原理及提高输出电压和扩流电路的工作原理																	0
汇总统计	0	0	1	0	0	0	0	1	1	0	0	1	0	1	0	1	6

表 2.7–2　　　　　　　　发输变电专业基础考试大纲及历年真题统计表

2.7　直流稳压电源 考试大纲	2005（同供配电）	2006（同供配电）	2007	2008	2009	2010	2011	2012	2013	2014	2016	2017	2018	2019	2020	2021	汇总统计
1. 掌握桥式整流及滤波电路的工作原理、电路计算；串联型稳压电路工作原理，参数选择，电压调节范围，三端稳压块的应用★★★★										1		1	1	1		1	5★★★★★
2. 了解滤波电路的外特性；硅稳压管稳压电路中限流电阻的选择																	0
3. 了解倍压整流电路的原理；集成稳压电路工作原理及提高输出电压和扩流电路的工作原理																	0
汇总统计	0	0	0	0	0	0	0	0	0	1	0	1	1	1	0	1	5

将以上供配电专业基础和发输变电专业基础历年真题统计表汇总见表 2.7–3，可见，本节内容在历年考题中所占比重是较小的，两个方向上的考点也几乎一样。

表 2.7–3　　　　　　专业基础供配电、发输变电两个专业方向侧重点对比

2.7　直流稳压电源	历年真题汇总统计	
考试大纲（取供配电、发输变电两个方向中多的★值标注）	供配电	发输变电
1. 掌握桥式整流及滤波电路的工作原理、电路计算；串联型稳压电路工作原理，参数选择，电压调节范围，三端稳压块的应用★★★★★	6★★★★★	5★★★★
2. 了解滤波电路的外特性；硅稳压管稳压电路中限流电阻的选择	0	0
3. 了解倍压整流电路的原理；集成稳压电路工作原理及提高输出电压和扩流电路的工作原理	0	0
汇总统计	6	5

2.7.2　重要知识点复习

结合前面 2.7.1 节的历年真题统计分析（供配电、发输变电）结果，对“2.7 直流稳压电源”部分的 1 大纲点深入总结，其他大纲点从略。

1. 掌握桥式整流及滤波电路的工作原理、电路计算；串联型稳压电路工作原理，参数选择，电压调节范围，三端稳压块的应用

考点一：桥式整流电路

桥式整流电路将交流输入电压变为脉动直流电，但其中含有大量的纹波电压，为了获得较为平滑的直流电压，必须在整流电路的后面连接滤波电路，滤除交流成分。

结论：对于全桥整流电路，加上电容滤波后，当整流电路的内阻很小，且放电时间常数

满足下式：放电时间常数为$\tau = R_L C \geqslant (3\sim5)\dfrac{T}{2}$，$T$ 为电源交流电压的周期，则输出电压U_o与输入电压U_2的关系约为$U_o = (1.1\sim1.2)U_2$，其中U_2为有效值。

考点二：三端集成稳压器

固定电压输出三端集成稳压器，分为正电压输出（W78××）和负电压输出（W79××）两个系列，型号后面的两位数字表示输出电压值，即输出端与公共端之间的电压值。这类集成稳压器的产品封装只有输入端、输出端和公共端三个引线端，其图形符号如图 2.7–1 所示。

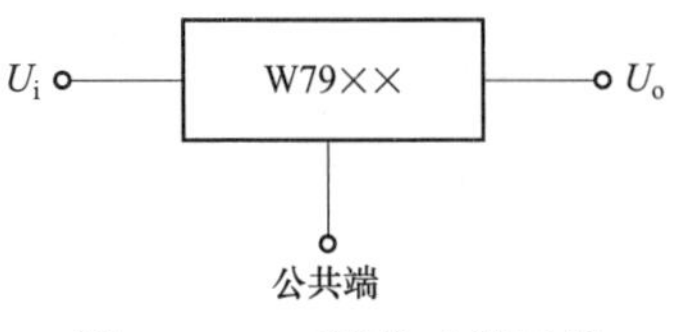

图 2.7–1　三端集成稳压器

2.7.3 【供配电专业基础】历年真题详解

【1. 掌握桥式整流及滤波电路的工作原理、电路计算；串联型稳压电路工作原理，参数选择，电压调节范围，三端稳压块的应用】

1.（2007、2013） 图 2.7–2 所示桥式整流电容滤波电路中，若二极管具有理想的特性，那么，当$u_2 = 10\sqrt{2}\sin 314t$（V），$R_L = 10\text{k}\Omega$，$C = 50\mu\text{F}$ 时，U_o 约为（　　）。

A. 9V　　B. 10V　　C. 12V　　D. 14.14V

分析：放电时间常数为$\tau = R_L C = 10\times10^3\times50\times10^{-6} = 0.5$，$\dfrac{T}{2} = \dfrac{1}{2}\times\dfrac{2\pi}{\omega} = \dfrac{1}{2}\times\dfrac{2\pi}{314} = 0.01$，$(3\sim5)\dfrac{T}{2} = (3\sim5)\times0.01 = 0.03\sim0.05$。可见，$\tau = R_L C \geqslant (3\sim5)\dfrac{T}{2}$，故输出电压$U_o$与输入电压$U_2$的关系约为$U_o = (1.1\sim1.2)U_2 = (1.1\sim1.2)\times10\text{V} = 11\sim12\text{V}$。

答案：C

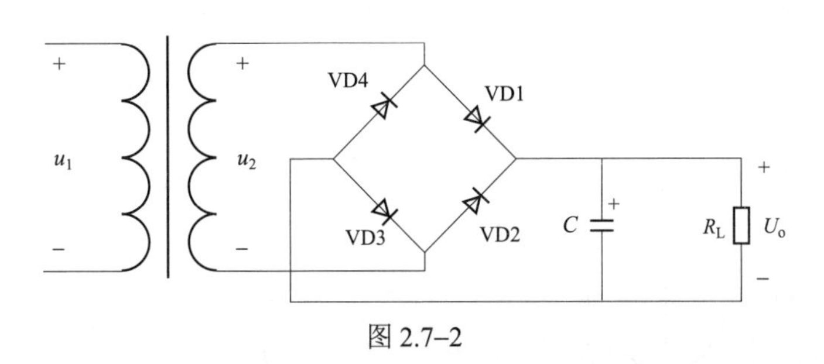

图 2.7–2

2.（2012） 某串联反馈型稳压电路如图 2.7–3 所示，图中输入直流电压$U_I = 24\text{V}$，调整管 VT1 和误差放大管 VT2 的U_{BE}均等于 0.7V，稳压管的稳定电压U_Z等于 5.3V，输出电压U_o的变化范围为（　　）。

A. 6～24V　　B. 12～18V　　C. 6～18V　　D. 6～12V

分析：输出电压$U_o = \dfrac{R_1 + R_W + R_2}{R_2 + R'_W}$，$U_{REF} = \dfrac{R_1 + R_W + R_2}{R_2 + R'_W}\times(5.3+0.7)$。当$R_W$动端在最上端时，$R'_W = 1\text{k}\Omega$，输出电压最小，为$U_o = \dfrac{3+1+2}{2+1}\times6\text{V} = 12\text{V}$；当$R_W$动端在最下端时，$R'_W = 0\text{k}\Omega$，输出电压最大，为$U_o = \dfrac{3+1+2}{2+0}\times6\text{V} = 18\text{V}$ 综上，故变化范围为 12～18V。

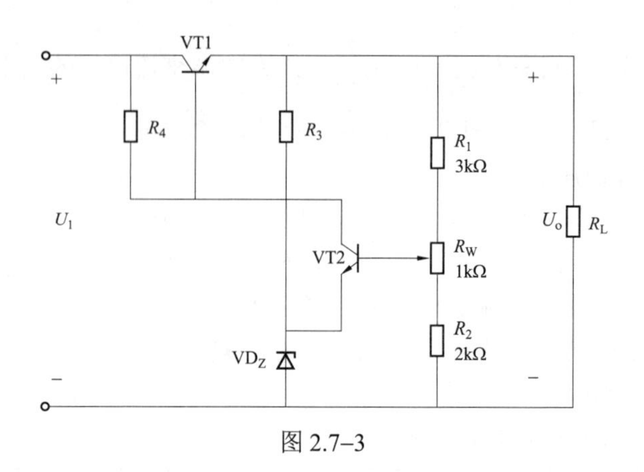

图 2.7–3

答案：B

3.（供 2019、2021，发 2019） 电路如图 2.7–4 所示，已知 $u_2 = 25\sqrt{2}\sin\omega t(\mathrm{V})$，$R_L = 200\Omega$，计算输出电压的平均值 U_o，流过负载的平均电流 I_o，流过整流二极管的平均电流 I_D 分别是（　　）。

A. $U_o = 35\mathrm{V}$，$I_o = 100\mathrm{mA}$，$I_D = 75\mathrm{mA}$　　B. $U_o = 30\mathrm{V}$，$I_o = 150\mathrm{mA}$，$I_D = 100\mathrm{mA}$

C. $U_o = 35\mathrm{V}$，$I_o = 75\mathrm{mA}$，$I_D = 150\mathrm{mA}$　　D. $U_o = 30\mathrm{V}$，$I_o = 150\mathrm{mA}$，$I_D = 75\mathrm{mA}$

分析：相似题 2007、2013 年出现过，2019 年已知参数略有变动后，相似题型再次出现。

捷径： $I_o = \dfrac{U_o}{R_L} = \dfrac{U_o}{200}$，据此可以排除 A、C 选项。因为每个二极管都只有在半个周期内工作，所以二极管平均电流 $I_D = \dfrac{1}{2}I_o = 75\mathrm{mA}$。

答案：D

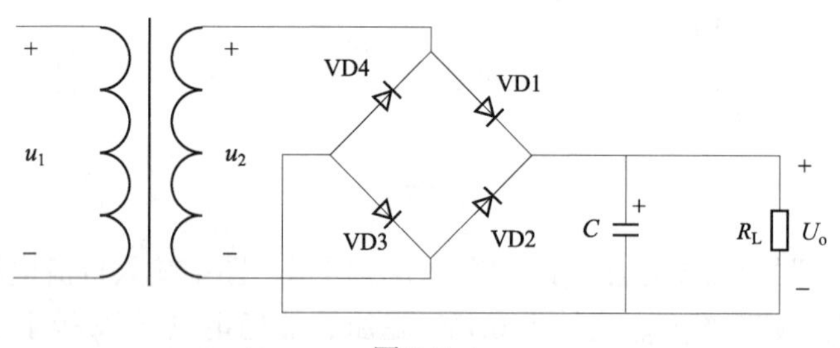

图 2.7–4

2.7.4 【发输变电专业基础】历年真题详解

【1. 掌握桥式整流及滤波电路的工作原理、电路计算；串联型稳压电路工作原理，参数选择，电压调节范围，三端稳压块的应用】

1.（2014） 电路如图 2.7–5 所示，已知 $I_W = 3\mathrm{mA}$，U_1 足够大，C_1 是容量较大的电解电容，输出电压 U_o =（　　）。

A. 15V　　B. 22.5V　　C. 30V　　D. 33.36V

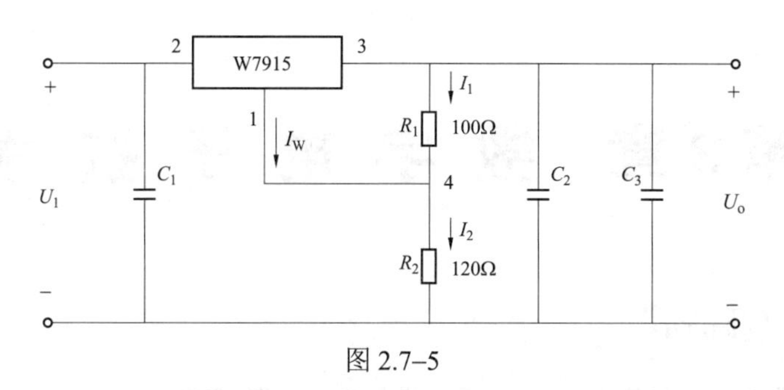

图 2.7–5

分析：为便于分析，在原题图中标示出电流I_1、I_2和节点 1～4。根据 W7915 的型号特征，知道输出电压$U_{31}=15\text{V}$，$I_1=\dfrac{U_{31}}{R_1}=\dfrac{15}{100}\text{A}=0.15\text{A}=150\text{mA}$。对节点 4 运用 KCL，有

$$I_2=I_1+I_W=150\text{mA}+3\text{mA}=153\text{mA}$$

$$U_o=R_1I_1+R_2I_2=[100\times(150)+120\times(153)]\times10^{-3}\text{V}=33.36\text{V}$$

答案：D

2.（2017） 如图 2.7–6 所示，R_W不为 0Ω，忽略电流I_W，则U_o=（　　）。

A. $\dfrac{12R_L}{R_W}$　　B. $-\dfrac{12R_L}{R_W}$　　C. $\dfrac{12R_W}{R_L}$　　D. $-\dfrac{12R_W}{R_L}$

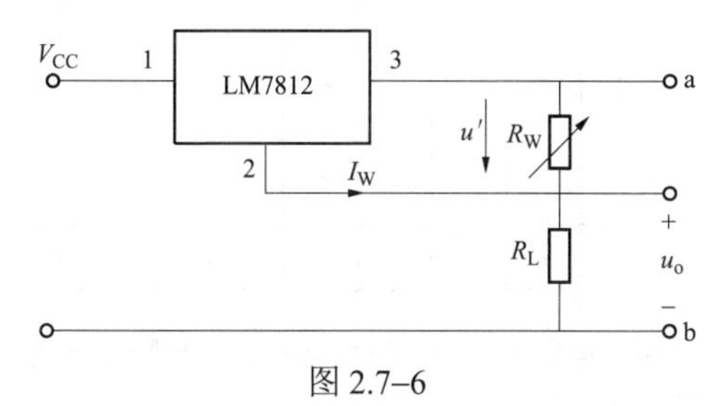

图 2.7–6

分析：LM7812 是三端集成稳压器，型号后面的两位数字表示输出电压值，故输出电压$u'=12\text{V}$。忽略电流I_W，即可认为$I_W=0\text{A}$，所以$\dfrac{u'}{R_W}=\dfrac{u_o}{R_L}\Rightarrow u_o=\dfrac{u'}{R_W}\times R_L=\dfrac{12R_L}{R_W}$。

答案：A

第3章 数字电子技术

3.1 数字电路基础知识

3.1.1 考试大纲要求及历年真题统计分析（供配电、发输变电）

历年真题按照考试大纲考点归类总结，见表 3.1–1 和表 3.1–2（说明：1、2、3、4 道题分别对应 1、2、3、4 颗★，≥5 道题对应 5 颗★）。

表 3.1–1　　供配电专业基础考试大纲及历年真题统计表

3.1 数字电路基础知识 考试大纲	2005	2006	2007	2008	2009	2010	2011	2012	2013	2014	2016	2017	2018	2019	2020	2021	汇总统计
1. 掌握数字电路的基本概念																	0
2. 掌握数制和码制★★★★	1				1					1	1						4★★★★
3. 掌握半导体器件的开关特性																	0
4. 掌握三种基本逻辑关系及其表达方式★	1																1★
汇总统计	2	0	0	0	1	0	0	0	0	1	1	0	0	0	0	0	5

表 3.1–2　　发输变电专业基础考试大纲及历年真题统计表

3.1 数字电路基础知识 考试大纲	2005（同供配电）	2006（同供配电）	2007	2008	2009	2010	2011	2012	2013	2014	2016	2017	2018	2019	2020	2021	汇总统计
1. 掌握数字电路的基本概念																	0
2. 掌握数制和码制★★★★	1					1				1			1				4★★★★
3. 掌握半导体器件的开关特性																	0
4. 掌握三种基本逻辑关系及其表达方式★★	1								1						1		3★★★
汇总统计	2	0	0	0	0	1	0	0	1	1	0	0	1	0	1	0	7

对比以上供配电专业基础和发输变电专业基础历年真题统计表，可看到：尽管两个专业方向不同，但专业基础考试的两个方向的侧重点几乎相同，见表 3.1–3。

表 3.1–3　　　　专业基础供配电、发输变电两个专业方向的侧重点对比

3.1　数字电路基础知识	历年真题汇总统计	
考试大纲（取供配电、发输变电两个方向中多的★值标注）	供配电	发输变电
1. 掌握数字电路的基本概念	0	0
2. 掌握数制和码制★★★★	4★★★★	4★★★★
3. 掌握半导体器件的开关特性	0	0
4. 掌握三种基本逻辑关系及其表达方式★★	1★	3★★★
汇总统计	5	7

3.1.2　重要知识点复习

结合前面 3.1.1 节的历年真题统计分析（供配电、发输变电）结果，对“3.1 数字电路基础”知识部分的 2、4 大纲点深入总结，其他大纲点从略。

1. 掌握数字电路的基本概念

历年无考题，略。

2. 掌握数制和码制

考点一：十进制数转换成二进制数。

十进制 ⇒ 二进制基本方法介绍：

整数部分的转换：“除 2 取余法”直到商为 0 为止。用目标数制的基数（$R=2$）去除十进制数，第一次相除所得余数为目的数的最低位 K_0，将所得商再除以基数，反复执行上述过程，直到商为“0”，所得余数为目的数的最高位 K_{n-1}。显然，第一次除出来余数为 1，则原来的十进制数为奇数，第一次除出来余数为 0，则原来的十进制数为偶数。

举例：$(81)_{10}=(1010001)_2$

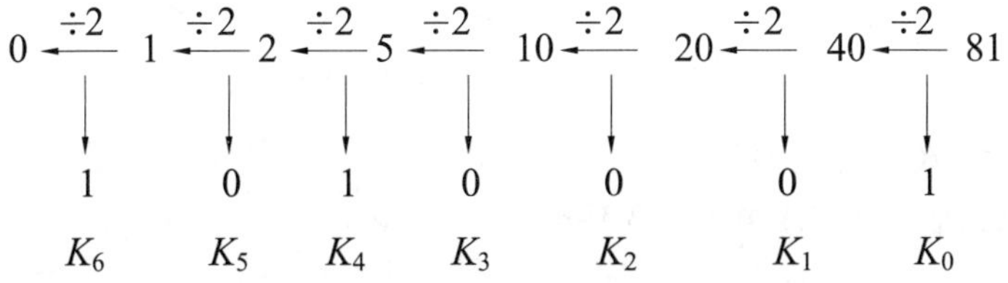

$$0 \xleftarrow{\div 2} 1 \xleftarrow{\div 2} 2 \xleftarrow{\div 2} 5 \xleftarrow{\div 2} 10 \xleftarrow{\div 2} 20 \xleftarrow{\div 2} 40 \xleftarrow{\div 2} 81$$

1	0	1	0	0	0	1
K_6	K_5	K_4	K_3	K_2	K_1	K_0

小数部分的转换：“乘 2 取整法”直到小数部分为 0 或满足要求的精度。小数乘以目标数制的基数（$R=2$），第一次相乘结果的整数部分为目的数的最高位 K_{-1}，将其小数部分再乘基数依次记下整数部分，反复进行下去，直到小数部分为“0”，或满足要求的精度为止。

举例：$(0.65)_{10}=(0.10100)_2$，要求精度为小数五位。

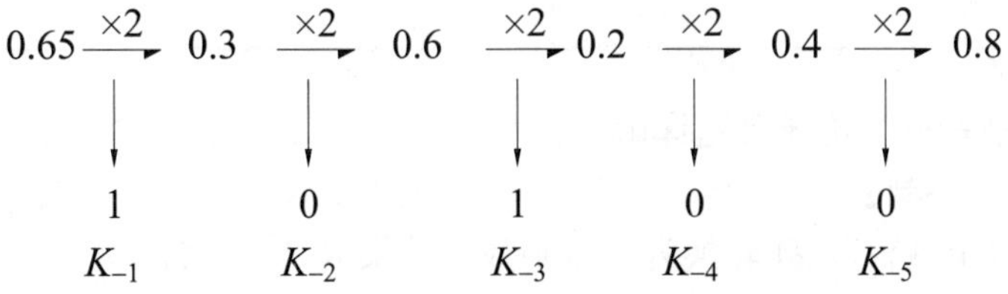

$$0.65 \xrightarrow{\times 2} 0.3 \xrightarrow{\times 2} 0.6 \xrightarrow{\times 2} 0.2 \xrightarrow{\times 2} 0.4 \xrightarrow{\times 2} 0.8$$

1	0	1	0	0
K_{-1}	K_{-2}	K_{-3}	K_{-4}	K_{-5}

综上，$(81.65)_{10}=(1\,010\,001.101\,00)_2$。

考点二：BCD码与十进制数之间的相互转换。

将十进制数的 0～9 这十个数字用 4 位二进制数表示的代码，称为二–十进制编码（Binary–Coded–Decimal），简称 BCD 码。其中 8421BCD 码是最常用的一种 BCD 码，也是常考的一种 BCD 码。它是用 4 位自然二进制数的前 10 种组合，即 0000～1001 来编码 0～9 这十个数字。

举例说明：将十进制数 $(892.37)_D$ 转换成 8421BCD 码。

解答：在 BCD 码中，一位十进制数要用 4 位二进制代码来表示，当需要表示多位十进制数时，则需要对每一位十进制数进行编码。

$$(892.37)_D=(1000\ 1001\ 0010.\ 0011\ 0111)_{8421BCD}$$

考点三：补码

补码＝符号位+尾数部分

符号位：0 表示正数，1 表示负数。

尾数部分：正数的补码和它的原码相同；负数的补码将原码的数值位逐位求反，再在最低位上加 1 得到。

3. 掌握半导体器件的开关特性

历年无考题，略。

4. 掌握三种基本逻辑关系及其表达方式

三种最基本的逻辑关系是指“与、或、非”，相应的逻辑运算符号如图 3.1–1 所示，图中上边一行是目前国家标准规定的符号，下面一行是常见于国外一些资料上的符号。

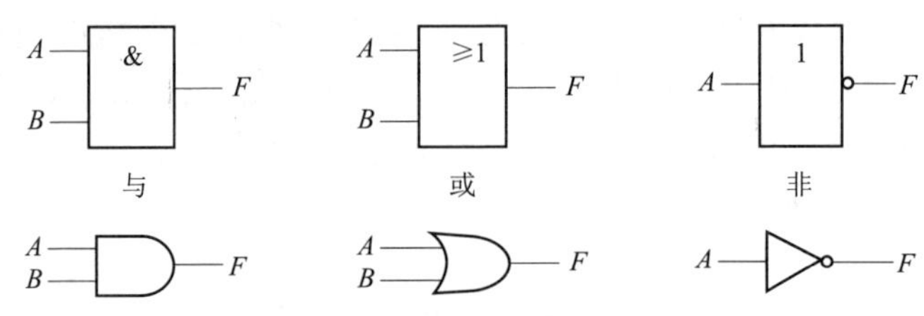

图 3.1–1　与、或、非逻辑运算符号

对逻辑变量 A、B 进行运算时，“与、或、非”运算依次可以写成 $F=AB$、$F=A+B$、$F=\overline{A}$，相应的真值表见表 3.1–4～表 3.1–6。

表 3.1–4　与逻辑运算真值表

A	B	F
0	0	0
0	1	0
1	0	0
1	1	1

表 3.1–5　或逻辑运算真值表

A	B	F
0	0	0
0	1	1
1	0	1
1	1	1

表 3.1–6　非逻辑运算真值表

A	F
0	1
1	0

3.1.3 【供配电专业基础】历年真题详解

【2. 掌握数制和码制】

1.（2005）　将十进制数 24 转换为二进制数，结果为（　　）。

A. 10100　　　　B. 10010　　　　C. 11000　　　　D. 100100

分析： 十进制 ⇒ 二进制，整数部分的转换："除 2 取余法"直到商为 0 为止。具体计算过程如下所示。

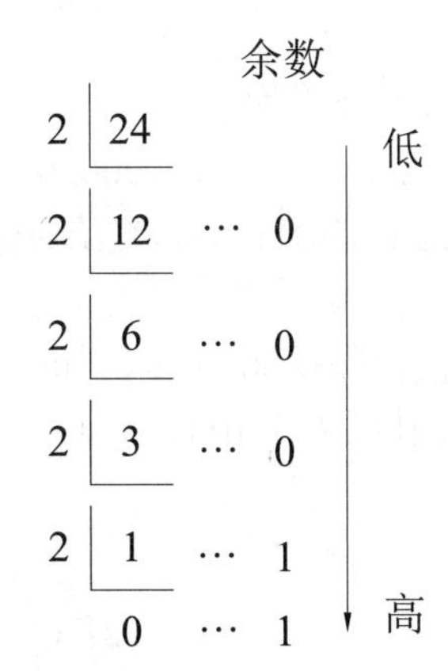

故有 $(24)_{10}=(11\,000)_2$。

答案： C

2.（2009）$(1000)_{8421BCD}+(0110)_{8421BCD}$ 应为（　　）。

A. $(14)_O$　　　　B. $(14)_H$　　　　C. $(10100)_{8421BCD}$　　　　D. $(1110)_{8421BCD}$

分析： 本题考 BCD 码与十进制数的转换。

$(1000)_{8421BCD}=(8)_{10}$

$(0110)_{8421BCD}=(6)_{10}$

故 $(1000)_{8421BCD}+(0110)_{8421BCD}=(8)_{10}+(6)_{10}=(14)_{10}$

根据不同字母所表示不同进制的含义（10 进制 D、二进制 B、16 进制 H、8 进制 O），可判断选项 A、B 错误。

选项 C：$(10100)_{8421BCD}=(1\,0100)_{8421BCD}=(14)_{10}$

选项 D：$(1110)_{8421BCD}$ 无法转换。

答案： C

3.（2014）十进制数 89 的 8421BCD 码为（　　）。

A. 10001001　　　　B. 1011001　　　　C. 1100001　　　　D. 01001001

分析： $(8)_{10}=(1000)_{8421BCD}$，$(9)_{10}=(1001)_{8421BCD}$，故 $(89)_{10}=(10001001)_{8421BCD}$。

答案： A

4.（2016）八进制数 $(234)_8$ 转化为十进制数为（　　）。

A. 224　　　　B. 198　　　　C. 176　　　　D. 156

分析： $(234)_8=2\times8^2+3\times8^1+4\times8^0=(156)_{10}$

答案： D

【4. 掌握三种基本逻辑关系及其表达方式】

5.（2005）数字系统中，有三种最基本的逻辑关系，这些逻辑关系的常用表达式为（　　）。

A. 真值表　　　　B. 逻辑式　　　　C. 符号图　　　　D. A、B 和 C

分析： 三种最基本的逻辑关系是指"与、或、非"，逻辑问题的表达式有语言表达、真值表、逻辑函数、逻辑图、卡诺图、波形图，一般常用的是第 2、3、4 种。

答案：D

3.1.4 【发输变电专业基础】历年真题详解

【2. 掌握数制和码制】

1.（2014） 二进制数（–1101）$_2$的补码为（　　）。

A. 11101　　B. 01101　　C. 00010　　D. 10011

分析：负数的补码求法：符号位为 1，其余位为该数绝对值的原码按位取反；然后整个数加 1。本题因为给定数是负数，则符号位为“1”。

$$1101 \Rightarrow \text{数值位取反}0010 \Rightarrow \text{再加}1 \Rightarrow 0011$$

考虑符号位，所以（–1101）$_2$的补码为 10011。

答案：D

2.（2018） 下列数最大的是（　　）。

A. $(101101)_B$　　B. $(42)_D$　　C. $(2F)_H$　　D. $(51)_O$

分析：统一化为十进制再进行比较：$(101101)_B = 2^5 + 2^3 + 2^2 + 2^0 = 45$；$(42)_D = 42$；$(2F)_H = 2\times16^1 + 15\times16^0 = 47$；$(51)_O = 5\times8^1 + 1\times8^0 = 41$。

答案：C

【4. 掌握三种基本逻辑关系及其表达方式】

3.（2013）“或非”逻辑运算结果为“1”的条件为（　　）。

A. 该或项的变量全部为“0”　　B. 该或项的变量全部为“1”

C. 该或项的变量至少一个为“1”　　D. 该或项的变量至少一个为“0”

分析：方法 1，设某或非运算式为$Y = \overline{A+B+C}$，则

选项 A：若 $A=0$，$B=0$，$C=0$，则 $Y = \overline{0} = 1$。

选项 B：若 $A=1$，$B=1$，$C=1$，则 $Y = \overline{1+1+1} = \overline{1} = 0$，错误。

选项 C：若 $A=1$，$B=0$，$C=0$，则 $Y = \overline{1+0+0} = \overline{1} = 0$，错误。

选项 D：若 $A=0$，$B=1$，$C=1$，则 $Y = \overline{0+1+1} = \overline{1} = 0$，错误。

显然选项 A 正确。

方法 2，倒推法：“或非”要为 1 ⇒ “或”为 0 ⇒ 则必定全部为 0，故答案选 A。

答案：A

4.（2016） 若 $A = B \oplus C$，则下列正确的式子为（　　）。

A. $B = A \oplus C$　　B. $B = \overline{A \oplus C}$　　C. $B = AC$　　D. $B = A + C$

分析：各表达式对应的真值表分别如下所示。

$A = B \oplus C$

B	C	A
0	0	0
0	1	1
1	0	1
1	1	0

$B = A \oplus C$

A	C	B
0	0	0
0	1	1
1	0	1
1	1	0

$B = \overline{A \oplus C}$

A	C	B
0	0	1
0	1	0
1	0	0
1	1	1

$B = AC$

A	C	B
0	0	0
0	1	0
1	0	0
1	1	1

$B = A + C$

A	C	B
0	0	0
0	1	1
1	0	1
1	1	1

答案：A

5.（2020） 若$Y = A\overline{B} + AC = 1$，则有（　　）。

A. ABC=001　　B. ABC=110　　C. ABC=100　　D. ABC=011

答案：C

3.2　集成逻辑门电路

3.2.1　考试大纲要求及历年真题统计分析（供配电、发输变电）

历年真题按照考试大纲考点归类总结见表 3.2–1 和表 3.2–2（说明：1、2、3、4 道题分别对应 1、2、3、4 颗★，≥5 道题对应 5 颗★）。

表 3.2–1　　供配电专业基础考试大纲及历年真题统计表

3.2 集成逻辑门电路 考试大纲	2005	2006	2007	2008	2009	2010	2011	2012	2013	2014	2016	2017	2018	2019	2020	2021	汇总统计
1. 掌握 TTL 集成逻辑门电路的组成和特性★			1														1★
2. 掌握 MOS 集成门电路的组成和特性																	0
汇总统计	0	0	1	0	0	0	0	0	0	0	0	0	0	0	0	0	1

表 3.2–2　　发输变电专业基础考试大纲及历年真题统计表

3.2 集成逻辑门电路 考试大纲	2005（同供配电）	2006（同供配电）	2007	2008	2009	2010	2011	2012	2013	2014	2016	2017	2018	2019	2020	2021	汇总统计
1. 掌握 TTL 集成逻辑门电路的组成和特性★★★			1					1					1				3★★★
2. 掌握 MOS 集成门电路的组成和特性																	0
汇总统计	0	0	1	0	0	0	0	1	0	0	0	0	1	0	0	0	3

对比以上供配电专业基础和发输变电专业基础历年真题汇总统计表，可看到：本节内容在两个方向的专业基础考试中所占比重都极小，仅仅在 2007 年出现过一道题目见表 3.2–3。

表 3.2–3　　专业基础供配电、发输变电两个专业方向侧重点对比

3.2 集成逻辑门电路	历年真题汇总统计	
考试大纲（取供配电、发输变电两个方向中多的★值标注）	供配电	发输变电
1. 掌握 TTL 集成逻辑门电路的组成和特性★★★	1★	3★★★
2. 掌握 MOS 集成门电路的组成和特性	0	0
汇总统计	1	3

3.2.2　重要知识点复习

结合前面 3.2.1 节的历年真题统计分析（供配电、发输变电）结果，对“3.2 集成逻辑门电路”部分的 1 大纲点进行总结，其他大纲点从略。

1. 掌握 TTL 集成逻辑门电路的组成和特性

三态逻辑门除常有的逻辑 0 和逻辑 1 两个工作状态外，还有第三种状态，叫作高阻抗状态或者叫悬浮状态，在这个状态下，输出端没有连接到电路上，三态输出门有一个额外的输入端，通常叫作“使能”输入端或者“禁止”输入端，把输出端置于高阻状态。

2. 掌握 MOS 集成门电路的组成和特性

历年无考题，略。

3.2.3 【供配电专业基础】历年真题详解

【1. 掌握 TTL 集成逻辑门电路的组成和特性】

（供 2007，发 2007、2018） 若干个三态逻辑门的输出端连接在一起，能实现的逻辑功能是（　　）。

A. 线与　　　　B. 无法确定　　　　C. 数据驱动　　　　D. 分时传送数据

分析：在计算机中，三态门有很重要的应用，把几个三态门的输出连接在一起就形成了一条总线，三态门输出使能的控制电路必须确保在任何时间只有一个三态门有使能输出，其他三态门都处于禁止的高阻状态。在总线上只有单个三态门被使能输出，即选通，才能传送逻辑电平（高或低），这样就实现了数据的分时传送功能。

答案：D

3.2.4 【发输变电专业基础】历年真题详解

考题与供配电专业基础一样。

3.3 数字基础及逻辑函数化简

3.3.1 考试大纲要求及历年真题统计分析（供配电、发输变电）

历年真题按照考试大纲考点归类总结见表 3.3–1 和表 3.3–2（说明：1、2、3、4 道题分别对应 1、2、3、4 颗★，≥5 道题对应 5 颗★）。

表 3.3–1　　供配电专业基础考试大纲及历年真题统计表

3.3 数字基础及逻辑函数化简 考试大纲	2005	2006	2007	2008	2009	2010	2011	2012	2013	2014	2016	2017	2018	2019	2020	2021	汇总统计
1. 掌握逻辑代数基本运算关系																	0
2. 了解逻辑代数的基本公式和原理																	0
3. 了解逻辑函数的建立和四种表达方法及其相互转换★									1								1★
4. 了解逻辑函数的最小项和最大项及标准与或式																	0
5. 了解逻辑函数的代数化简方法★★★★★					2	1	1	1		2	1	1	1	1	1	1	13★★★★★
6. 了解逻辑函数的卡诺图画法、填写及化简方法★★★★★			1	1		1	1	1	1			1					7★★★★★
汇总统计	0	0	1	1	2	2	2	2	2	2	1	2	1	1	1	1	21

表 3.3–2　　　　　　发输变电专业基础考试大纲及历年真题统计表

3.3　数字基础及逻辑函数化简 考试大纲	2005（同供配电）	2006（同供配电）	2007	2008	2009	2010	2011	2012	2013	2014	2016	2017	2018	2019	2020	2021	汇总统计
1. 掌握逻辑代数基本运算关系																	0
2. 了解逻辑代数的基本公式和原理																	0
3. 了解逻辑函数的建立和四种表达方法及其相互转换																	0
4. 了解逻辑函数的最小项和最大项及标准与或式																	0
5. 了解逻辑函数的代数化简方法★★★★★					1			1	1	1	1	1	1	1	2	1	11★★★★★
6. 了解逻辑函数的卡诺图画法、填写及化简方法★★★★			1	1	1							1					4★★★★
汇总统计	0	0	1	1	2	0	0	1	1	1	1	2	1	1	2	1	15

统计说明：由于大纲第 2 点“了解逻辑代数的基本公式和原理”是大纲第 5 点“逻辑函数的代数化简”的基础，大纲第 4 点“逻辑函数的最小项和最大项”是大纲第 6 点“卡诺图”的基础，所以在统计时是以考题的综合出现形式来填表的，都分别归在了大纲 5、6 点中，因此结果显示就是前面 4 项几乎无考题，但相关基础知识点的内容复习也将在大纲 5、6 点中体现。

对比以上供配电专业基础和发输变电专业基础历年真题统计表，可看到：本节内容在供配电专业基础的考试中比在发输变电专业基础的考试中所占比重要大，但两个方向的考题侧重点几乎一样（表 3.3–3）。

表 3.3–3　　　　专业基础供配电、发输变电两个专业方向侧重点对比

3.3　数字基础及逻辑函数化简	历年真题汇总统计	
考试大纲（取供配电、发输变电两个方向中多的★值标注）	供配电	发输变电
1. 掌握逻辑代数基本运算关系	0	0
2. 了解逻辑代数的基本公式和原理	0	0
3. 了解逻辑函数的建立和四种表达方法及其相互转换★	1★	0
4. 了解逻辑函数的最小项和最大项及标准与或式	0	0
5. 了解逻辑函数的代数化简方法★★★★★	13★★★★★	11★★★★★
6. 了解逻辑函数的卡诺图画法、填写及化简方法★★★★★	7★★★★★	4★★★★
汇总统计	21	15

3.3.2 重要知识点复习

结合前面 3.3.1 节的历年真题统计分析（供配电、发输变电）结果，对“3.3 数字基础及逻辑函数化简”部分的 5、6 大纲点深入总结，其他大纲点从略。

1. 掌握逻辑代数基本运算关系

历年无考题，略。

2. 了解逻辑代数的基本公式和原理

历年无考题，略。

3. 了解逻辑函数的建立和四种表达方法及其相互转换

历年无考题，略。

4. 了解逻辑函数的最小项和最大项及标准与或式

历年无考题，略。

5. 了解逻辑函数的代数化简方法

熟练掌握逻辑代数的运算公式和规则，归纳总结如下：

公理：$0\cdot 0=0$，$0\cdot 1=1\cdot 0=0$，$1\cdot 1=1$，$0+0=0$，$0+1=1+0=1$，$1+1=1$

交换律：$A\cdot B=B\cdot A$，$A+B=B+A$

结合律：$(A\cdot B)\cdot C=A\cdot(B\cdot C)$，$(A+B)+C=A+(B+C)$

分配律：$A\cdot(B+C)=A\cdot B+A\cdot C$，$A+B\cdot C=(A+B)\cdot(A+C)$

0–1 律：$A\cdot 0=0$，$A+1=1$

自等律：$A\cdot 1=A$，$A+0=A$

互补律：$A\cdot\overline{A}=0$，$A+\overline{A}=1$

重叠律：$A\cdot A=A$，$A+A=A$

反演律：$\overline{A\cdot B}=\overline{A}+\overline{B}$，$\overline{A+B}=\overline{A}\cdot\overline{B}$

还原律：$\overline{\overline{A}}=A$

合并律：$A\cdot B+A\cdot\overline{B}=A$，$(A+B)\cdot(A+\overline{B})=A$

吸收律：$A+A\cdot B=A+B$，$A\cdot(A+B)=A$

消因律：$A+\overline{A}\cdot B=A+B$，$A\cdot(\overline{A}+B)=A\cdot B$

包含律：$A\cdot B+\overline{A}\cdot C+B\cdot C=A\cdot B+\overline{A}\cdot C$，$(A+B)(\overline{A}+C)(B+C)=(A+B)(\overline{A}+C)$

提醒容易出错之处：$A\cdot(1+B)=A\cdot 1=A$，但 $A\cdot(1+B)\neq A+AB$。

6. 了解逻辑函数的卡诺图画法、填写及化简方法

最小项：n 个变量的逻辑函数中，包括全部 n 个变量的乘积项（每个变量必须而且只能以原变量或反变量的形式出现一次）。n 个变量有 2^n 个最小项，记作 m_i，其中 i 表示最小项编号，各输入变量取值看成二进制数，对应的十进制数。以 3 变量为例说明，3 个变量有（8 个）最小项，见表 3.3–4 所示。

表 3.3–4　　逻辑函数表

最小项	$\overline{A}\overline{B}\overline{C}$	$\overline{A}\overline{B}C$	$\overline{A}B\overline{C}$	$\overline{A}BC$	$A\overline{B}\overline{C}$	$A\overline{B}C$	$AB\overline{C}$	ABC
二进制数	000	001	010	011	100	101	110	111
十进制数	0	1	2	3	4	5	6	7
编号	m_0	m_1	m_2	m_3	m_4	m_5	m_6	m_7

卡诺图就是将逻辑上相邻的最小项变为几何位置上相邻的方格图，做到逻辑相邻和几何相邻的一致。二、三、四变量的卡诺图如图 3.3–1～图 3.3–3 所示。

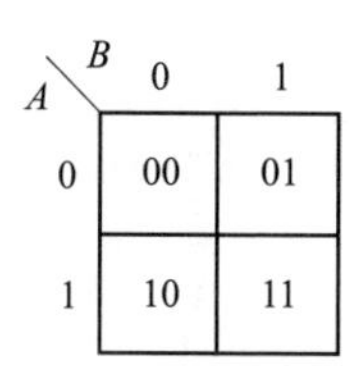

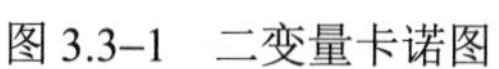

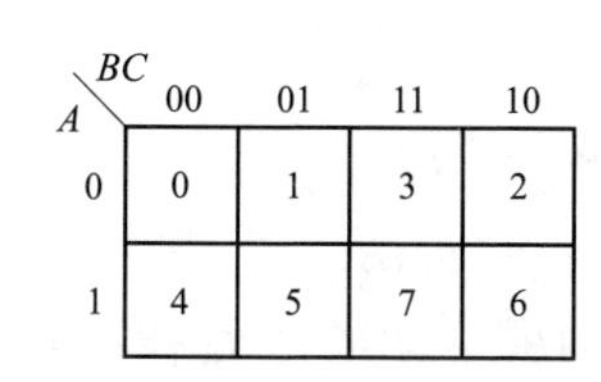

图 3.3–2　三变量卡诺图

AB \ CD	00	01	11	10
00	0	1	3	2
01	4	5	7	6
11	12	13	15	14
10	8	9	11	10

图 3.3–3　四变量卡诺图

用卡诺图化简逻辑函数的步骤如下：

（1）将逻辑函数写成最小项表达式。

（2）按照最小项表达式填写卡诺图，凡式中存在的最小项，其对应方格填 1，其余方格填 0。

（3）找出为 1 的相邻最小项，画一个包围圈，每个包围圈含 2^n 个方格，写出每个包围圈的乘积项。

（4）将所有包围圈对应的乘积项相加。

简记为："画方格、由题标 1、合并、化简"四步走。

注意画包围圈的原则：

（1）包围圈内的方格数必定是 2^n 个，其中 $n=0,1,2,3,\cdots$。

（2）相邻方格包括上、下底相邻，左、右边相邻和四个角两两相邻。

（3）同一个方格可以被不同的包围圈重复包围，但新增包围圈中一定要有新的方格，否则该包围圈为多余。

（4）包围圈内的方格数要尽可能多，包围圈的数目要尽可能少。

一个包围圈对应一个乘积项，包围圈越大，所得乘积项中的变量越少，包围圈个数越少，乘积项个数也越少，得到的与–或表达式最简。

3.3.3 【供配电专业基础】历年真题详解

【3. 了解逻辑函数的建立和四种表达方法及其相互转换】

1.（2013） 电路如图 3.3–4 所示，若用 $A=1$ 和 $B=1$ 代表开关在向上位置，$A=0$ 和 $B=0$ 代表开关在向下的位置，以 $L=1$ 代表灯亮，$L=0$ 代表灯灭，则 L 与 A、B 的逻辑函数表达式为（　　）。

A. $L=A\odot B$　　B. $L=A\oplus B$　　C. $L=AB$　　D. $L=A+B$

分析：输入变量为 A、B，输出变量为 L，列真值表见表 3.3–5。故 $L=\overline{A}B+A\overline{B}=A\oplus B$。

表 3.3–5　　真　值　表

A	B	L
0	0	0
0	1	1
1	0	1
1	1	0

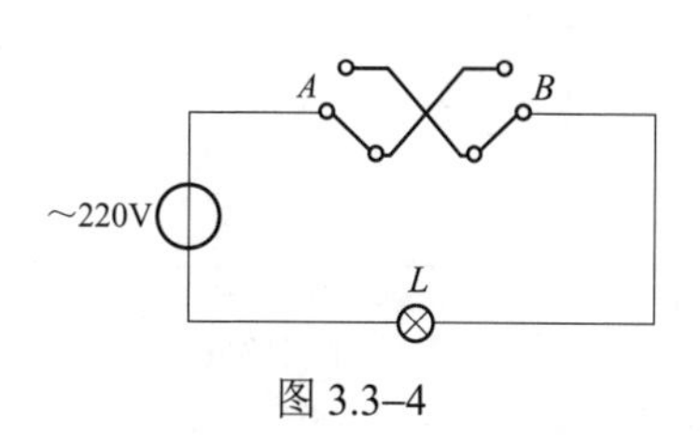

图 3.3–4

答案：B

【5. 了解逻辑函数的代数化简方法】

2.（2009） 函数 $L=A(B\odot C)+A(B+C)+A\overline{B}\overline{C}+\overline{A}\overline{B}C$ 的最简与或式为（　　）。

A. $A+B\overline{C}$　　B. $A\overline{B}C$　　C. $A+BC$　　D. $A+\overline{B}C$

分析：方法 1，逻辑函数化简。

$$
\begin{aligned}
L&=A(B\odot C)+A(B+C)+A\overline{B}\overline{C}+\overline{A}\overline{B}C\\
&=A(\overline{B}\overline{C}+BC)+AB+AC+A\overline{B}\overline{C}+\overline{A}\overline{B}C\\
&=A\overline{B}\overline{C}+ABC+AB+AC+A\overline{B}\overline{C}+\overline{A}\overline{B}C\text{[分配律：}A(B+C)=AB+AC\text{]}\\
&=A(\overline{B}\overline{C}+BC+B+C+\overline{B}\overline{C})+\overline{A}\overline{B}C\text{(反演律：}\overline{B}\overline{C}=\overline{B+C}\text{)}\\
&=A(\overline{B+C}+BC+B+C+\overline{B}\overline{C})+\overline{A}\overline{B}C\text{(交换律：}A+B=B+A\text{)}\\
&=A(\overline{B+C}+B+C+BC+\overline{B}\overline{C})+\overline{A}\overline{B}C\text{(互补率：}A+\overline{A}=1\text{)}\\
&=A(1+BC+\overline{B}\overline{C})+\overline{A}\overline{B}C\text{(0-1律：}1+A=1\text{)}\\
&=A\cdot 1+\overline{A}\overline{B}C\text{(自等律：}A\cdot 1=A\text{)}\\
&=A+\overline{A}\overline{B}C\text{(消因律：}A+\overline{A}B=A+B\text{)}\\
&=A+\overline{B}C
\end{aligned}
$$

方法 2，利用卡诺图法化简。

$$
\begin{aligned}
L&=A(B\odot C)+A(B+C)+A\overline{B}\overline{C}+\overline{A}\overline{B}C\\
&=A(\overline{B}\overline{C}+BC)+AB+AC+A\overline{B}\overline{C}+\overline{A}\overline{B}C\\
&=A\overline{B}\overline{C}+ABC+AB+AC+A\overline{B}\overline{C}+\overline{A}\overline{B}C\ \text{[分配律：}A(B+C)=AB+AC\text{]}
\end{aligned}
$$

据此画卡诺图如图 3.3–5 所示，化简卡诺图可得 $L=A+\overline{B}C$。

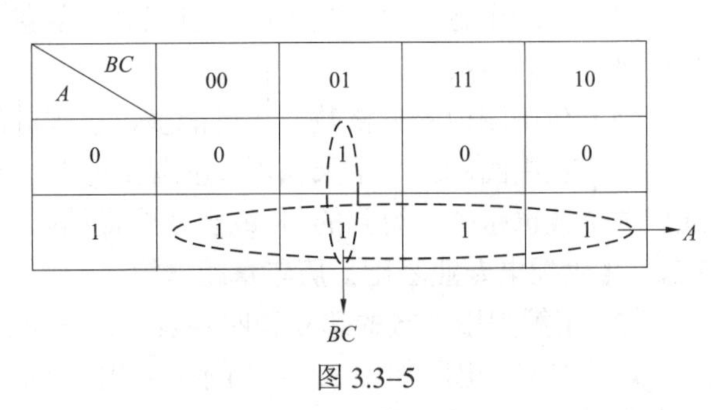

图 3.3–5

答案：D

3.（供 2009，发 2020） 图 3.3–6 所示电路实现（　　）的逻辑功能。

A. 两变量与非　　B. 两变量或非

C. 两变量与　　D. 两变量异或

分析：方法 1，依据题目所给逻辑图，标注出相应的逻辑关系如图 3.3–7 所示。进而可写出相应的逻辑关系表达式为：

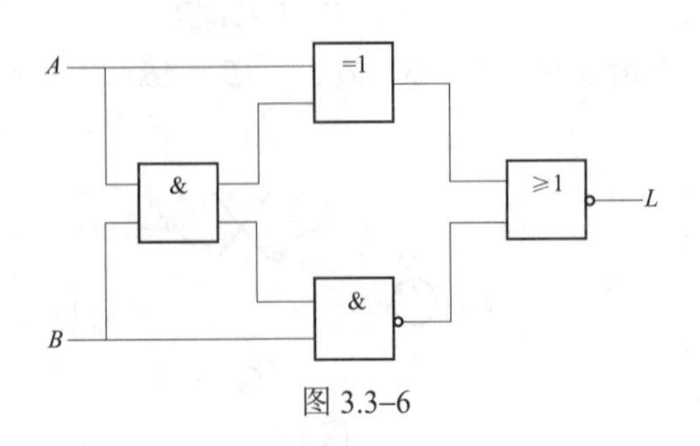

图 3.3–6

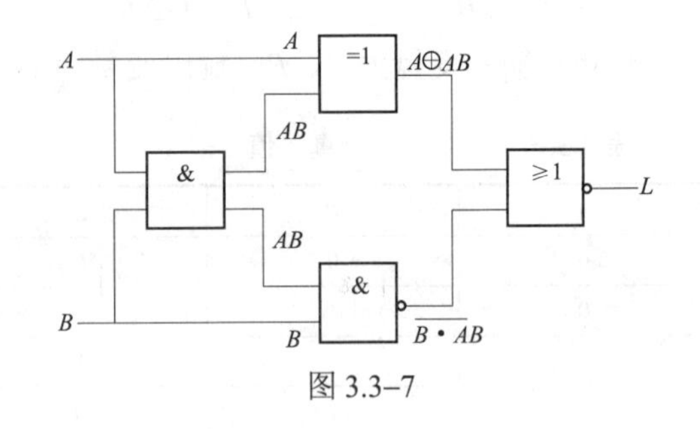

图 3.3–7

$$
\begin{aligned}
L &= \overline{A \oplus AB + \overline{B \cdot AB}} \\
&= \overline{\overline{A} \cdot AB + A \cdot \overline{AB} + \overline{B \cdot AB}} && (A \oplus AB = \overline{A} \cdot AB + A \cdot \overline{AB}) \\
&= \overline{A \cdot \overline{AB} + \overline{B} + \overline{AB}} && (\overline{A} \cdot A = 0\text{和}\overline{B \cdot AB} = \overline{B} + \overline{AB}) \\
&= \overline{A \cdot (\overline{A} + \overline{B}) + \overline{B} + (\overline{A} + \overline{B})} && (\text{两次运用}\overline{AB} = \overline{A} + \overline{B}) \\
&= \overline{A \cdot \overline{A} + A \cdot \overline{B} + \overline{B} + \overline{A}} && (\overline{B} + \overline{B} = \overline{B}) \\
&= \overline{A \cdot \overline{B} + \overline{B} + \overline{A}} && (A \cdot \overline{A} = 0) \\
&= \overline{A \cdot \overline{B} + \overline{B \cdot A}} && (\overline{B} + \overline{A} = \overline{B \cdot A}) \\
&= \overline{A \cdot \overline{B}} \cdot \overline{\overline{B \cdot A}} && (\text{运用}\overline{A + B} = \overline{A} \cdot \overline{B}) \\
&= \overline{A \cdot \overline{B}} \cdot B \cdot A && (\text{运用}\overline{\overline{A}} = A) \\
&= (\overline{A} + B) \cdot BA && (\text{运用}\overline{AB} = \overline{A} + \overline{B}) \\
&= \overline{A} \cdot BA + B \cdot BA && (\text{运用分配律}) \\
&= \overline{A} \cdot AB + BA && (BA = AB\text{和}B \cdot B = B) \\
&= AB && (\overline{A} \cdot A = 0, 0 \cdot B = 0)
\end{aligned}
$$

方法 2，列真值表（死方法），见表 3.3–6。可见，$L = AB$。方法二更简单易行。

答案：C

4.（2010） 图 3.3–8 所示电路实现（　　）的逻辑功能。

表 3.3–6　　　　真　值　表

A	B	L
0	0	0
0	1	0
1	0	0
1	1	1

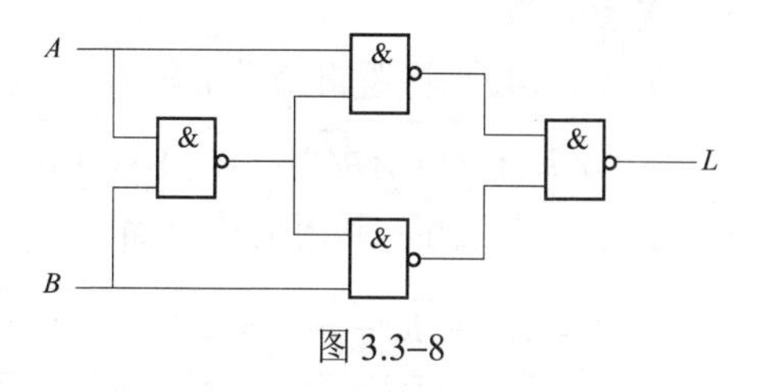

图 3.3–8

A. 两变量异或　　　B. 两变量与非　　　C. 两变量或非　　　D. 两变量与

分析：方法 1，由于答案选项所给关系较为简单，故直接利用真值表（表 3.3–7）来推算。可见 $L = A \oplus B$。

方法 2，依据题目所给逻辑图，标注出相应的逻辑关系如图 3.3–9 所示。进而可写出相应的逻辑关系表达式为：

表 3.3–7　　　　真　值　表

A	B	L
0	0	0
0	1	1
1	0	1
1	1	0

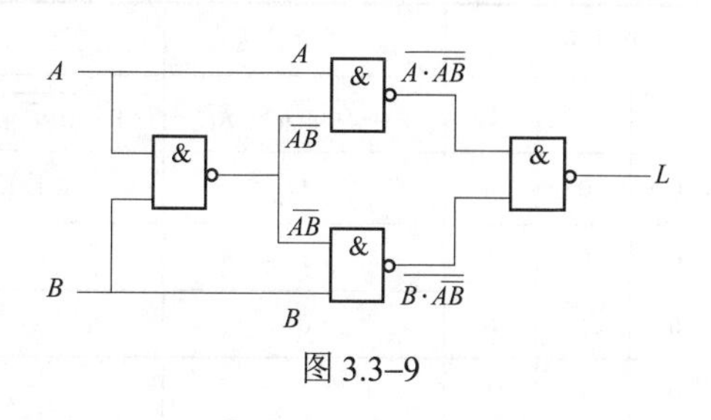

图 3.3–9

$$L=\overline{\overline{A\cdot\overline{AB}}\cdot\overline{B\cdot\overline{AB}}}=\overline{\overline{A\cdot\overline{AB}}}+\overline{\overline{B\cdot\overline{AB}}}=A\cdot\overline{AB}+B\cdot\overline{AB}=A\cdot(\overline{A}+\overline{B})+B\cdot(\overline{A}+\overline{B})$$

$$=A\cdot\overline{A}+A\cdot\overline{B}+B\cdot\overline{A}+B\cdot\overline{B}=A\cdot\overline{B}+B\cdot\overline{A}=A\cdot\overline{B}+\overline{A}\cdot B=A\oplus B$$

答案：A

5.（2011） 下列逻辑关系中，不正确的项是（　　）。

A. $A\overline{B}+\overline{A}B=\overline{AB+\overline{A}\,\overline{B}}$　　B. $A(\overline{A}+B)=AB$

C. $\overline{AB}=\overline{A+B}$　　D. $\overline{A}+\overline{B}=\overline{AB}$

分析：选项A：右边$=\overline{AB+\overline{A}\,\overline{B}}=\overline{AB}\cdot\overline{\overline{A}\,\overline{B}}=(\overline{A}+\overline{B})\cdot(A+B)=(\overline{A}+\overline{B})\cdot A+(\overline{A}+\overline{B})\cdot B=$ $\overline{A}A+\overline{B}A+\overline{A}B+\overline{B}B=\overline{B}A+\overline{A}B=A\overline{B}+\overline{A}B=$左边，选项A正确。

选项B：左边$=A(\overline{A}+B)=A\overline{A}+AB=AB=$右边，选项B正确。

选项C：左边$=\overline{AB}=\overline{A}+\overline{B}$，右边$=\overline{A+B}=\overline{A}\cdot\overline{B}$，左边$\neq$右边，故选项C错误。

选项D：右边$=\overline{AB}=\overline{A}+\overline{B}=$左边，选项D正确。

答案：C

6.（发2009，供2012） 已知$F=\overline{ABC+CD}$，下列使$F=0$的取值为（　　）。

A. $ABC=011$　　B. $BC=11$　　C. $CD=10$　　D. $BCD=111$

分析：$F=\overline{ABC+CD}$，要使$F=0$，则一定有$ABC+CD=1$。

选项A：$ABC=011\Rightarrow ABC+CD=011+CD=0+CD=CD$，错误。

选项B：$BC=11\Rightarrow ABC+CD=A11+CD=A+CD$，错误。

选项C：$CD=10\Rightarrow ABC+CD=ABC+10=ABC+0=ABC$，错误。

选项D：$BCD=111\Rightarrow ABC+CD=A11+11=A+1=1$，正确。

答案：D

7.（2014） 将逻辑函数$Y=AB+\overline{A}C+\overline{B}\,\overline{C}$化为与或非形式，为（　　）。

A. $Y=\overline{\overline{A}B\overline{C}+\overline{A\overline{B}C}}$　　B. $Y=\overline{\overline{\overline{A}B\overline{C}}+A\overline{B}C}$　　C. $Y=\overline{\overline{A}B+A\overline{B}C}$　　D. $Y=\overline{\overline{A}B\overline{C}+A\overline{B}C}$

分析：方法1，利用公式化简。

$$Y=AB+\overline{A}C+\overline{B}\,\overline{C}=\overline{\overline{AB+\overline{A}C+\overline{B}\,\overline{C}}}=\overline{\overline{AB}\cdot\overline{\overline{A}C}\cdot\overline{\overline{B}\,\overline{C}}}=\overline{(\overline{A}+\overline{B})\cdot(A+\overline{C})\cdot(B+C)}$$

$$=\overline{(\overline{A}A+\overline{A}\,\overline{C}+\overline{B}A+\overline{B}\,\overline{C})\cdot(B+C)}=\overline{\overline{A}\,\overline{C}B+\overline{A}\,\overline{C}C+\overline{B}AB+\overline{B}AC+\overline{B}\,\overline{C}B+\overline{B}\,\overline{C}C}$$

$$=\overline{\overline{A}\,\overline{C}B+\overline{B}AC}=\overline{\overline{A}B\overline{C}+A\overline{B}C}$$

方法2，利用卡诺图化简，请读者自行完成。

方法3，真值表法（表3.3–8）。

表3.3–8　　　　**真 值 表 法**

逻辑变量			题目所给表达式	选项A	选项B	选项C	选项D
A	B	C	$Y=AB+\overline{A}C+\overline{B}\,\overline{C}$	$Y=\overline{\overline{A}B\overline{C}+\overline{A\overline{B}C}}$	$Y=\overline{\overline{\overline{A}B\overline{C}}+A\overline{B}C}$	$Y=\overline{\overline{A}B+A\overline{B}C}$	$Y=\overline{\overline{A}B\overline{C}+A\overline{B}C}$
0	0	0	1	0错误	0错误	1	1
0	0	1	1			1	1
0	1	0	0			0	0
0	1	1	1			0错误	1

续表

逻辑变量			题目所给表达式	选项 A	选项 B	选项 C	选项 D
A	B	C	$Y=AB+\bar{A}C+\bar{B}\bar{C}$	$Y=\overline{\bar{A}B\bar{C}+\overline{A\bar{B}C}}$	$Y=\overline{\overline{\bar{A}B\bar{C}}+A\bar{B}C}$	$Y=\overline{\bar{A}B+A\bar{B}C}$	$Y=\overline{\bar{A}B\bar{C}+A\bar{B}C}$
1	0	0	1				1
1	0	1	0				0
1	1	0	1				1
1	1	1	1				1

答案：D

8.（2014）已知条件 $ABC+ABD+ACD+BCD=0$，将函数 $Y=(A\bar{B}+B)C\bar{D}+\overline{(A+B)(\bar{B}+C)}$ 化为最简与或逻辑形式为（　　）。

A. $Y=\bar{A}+\bar{B}+\bar{C}$　　B. $Y=\bar{A}+B+C$　　C. $Y=\bar{A}B\bar{C}$　　D. $Y=\bar{A}B+C$

分析：由已知条件 $ABC+ABD+ACD+BCD=0$，可知 $ABC=0$，$ABD=0$，$ACD=0$，$BCD=0$。

$$
\begin{aligned}
Y&=(A\bar{B}+B)C\bar{D}+\overline{(A+B)(\bar{B}+C)}=(A+B)C\bar{D}+\overline{(A+B)}+\overline{(\bar{B}+C)}=AC\bar{D}+BC\bar{D}+\bar{A}\,\bar{B}+B\bar{C}\\
&=AC\bar{D}+\bar{A}\,\bar{B}+B(\bar{C}+\bar{D})=AC\bar{D}+\bar{A}\,\bar{B}+B\bar{C}+B\bar{D}+B\bar{B}=AC\bar{D}+\bar{A}\,\bar{B}+B(\bar{C}+\bar{D}+\bar{B})\\
&=AC\bar{D}+\bar{A}\,\bar{B}+B\overline{BCD}=AC\bar{D}+\bar{A}\,\bar{B}+B=AC\bar{D}+\bar{A}+B=C\bar{D}+\bar{A}+B\\
&=C\bar{D}+\bar{A}+B+ACD=C\bar{D}+\bar{A}+B+CD=\bar{A}+B+C
\end{aligned}
$$

答案：B

9.（2016）$L=A\bar{B}C+\bar{A}BC+ABC+AC(DEF+DEG)$ 化为最简结果是（　　）。

A. $AC+\bar{A}BC$　　B. $AC+BC$　　C. ABC　　D. AC

分析：

$$
\begin{aligned}
L&=A\bar{B}C+\bar{A}BC+ABC+AC(DEF+DEG)\\
&=A\bar{B}C+ABC+\bar{A}BC+AC(DEF+DEG)\quad(\text{运用}A+B=B+A)\\
&=AC(\bar{B}+B)+\bar{A}BC+AC(DEF+DEG)\quad[\text{运用}AB=BA\text{和}A(B+C)=AB+AC]\\
&=AC+\bar{A}BC+AC(DEF+DEG)\quad(\text{运用}\bar{B}+B=1)\\
&=AC+AC(DEF+DEG)+\bar{A}BC\quad(\text{运用}A+AB=A)\\
&=AC+\bar{A}BC\quad(\text{运用消因律}A+\bar{A}B=A+B)\\
&=C(A+B)\\
&=AC+BC
\end{aligned}
$$

注意：必须熟记并灵活应用 3.3.2 节逻辑代数的运算公式。

答案：B

10.（2018）下列逻辑式中，正确的逻辑公式是（　　）。

A. $A+B=\overline{\bar{A}\cdot\bar{B}}$　　B. $A+B=\overline{AB}$　　C. $A+B=\overline{\bar{A}+\bar{B}}$　　D. $A+B=AB$

分析：根据反演律，选项 A 右边 $\overline{\bar{A}\cdot\bar{B}}=\overline{\overline{A+B}}=A+B$；选项 B 右边 $\overline{AB}=\bar{A}+\bar{B}\neq A+B$；选项 C 右边 $\overline{\bar{A}+\bar{B}}=\overline{\overline{AB}}=AB\neq A+B$。

答案：A

【6. 了解逻辑函数的卡诺图画法、填写及化简方法】

11.（供 2007、发 2007） 用卡诺图简化具有无关项的逻辑函数时，若用圈“1”法，在包围圈内的×和包围圈外的×分别按（　　）处理。

A. 1，1　　B. 1，0　　C. 0，0　　D. 无法确定

分析：用圈“1”法，在包围圈内的×用 1 表示，在包围圈外的×用 0 表示。

答案：B

12.（供 2008、发 2008）已知逻辑函数 $L=\overline{A}B\overline{D}+\overline{B}\,\overline{C}D+\overline{A}\,\overline{B}D$ 的简化表达式为 $L=B\oplus D$，该函数至少有（　　）个无关项。

A. 1　　B. 2　　C. 3　　D. 4

分析： $L=\overline{A}B\overline{D}+\overline{B}\,\overline{C}D+\overline{A}\,\overline{B}D$ 对应的卡诺图如图 3.3–10 所示。

简化表达式 $L=B\oplus D=\overline{B}D+B\overline{D}$ 对应的卡诺图如图 3.3–11 所示。

AB \ CD	00	01	11	10
00		1	1	
01	1			1
11				
10		1		

图 3.3–10

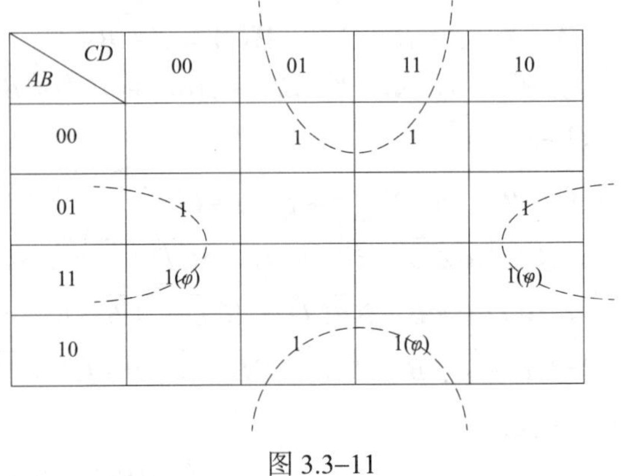

AB \ CD	00	01	11	10
00		1	1	
01	1			1
11	1(φ)			1(φ)
10		1	1(φ)	

图 3.3–11

显然至少有 3 个无关项。

答案：C

13.（2010） 逻辑函数 $L=\sum(0,1,2,3,4,6,8,9,10,11,12,14)$ 的最简与–或式为（　　）。

A. $L=\overline{B}\bullet\overline{D}$　　B. $L=\overline{B}+\overline{D}$

C. $L=\overline{BD}$　　D. $L=\overline{B+D}$

分析：由题意知为四个变量，用卡诺图化简如图 3.3–12 所示，知 $L=\overline{B}+\overline{D}$。

答案：B

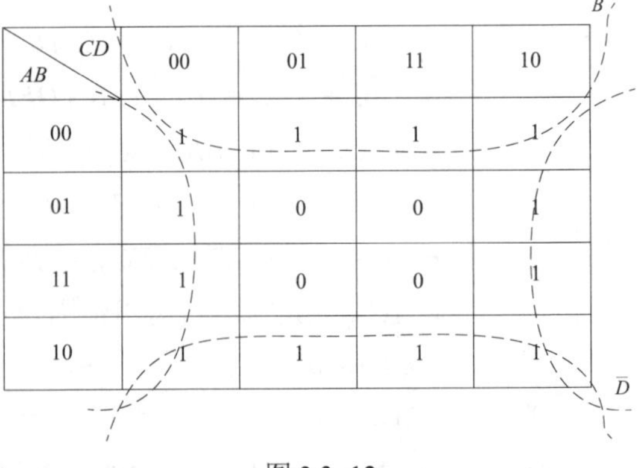

AB \ CD	00	01	11	10
00	1	1	1	1
01	1	0	0	1
11	1	0	0	1
10	1	1	1	1

图 3.3–12

14.（2011） 已知用卡诺图化简逻辑函数 $L=\overline{A}\,\overline{B}C+A\overline{B}\,\overline{C}$ 的结果是 $L=A\oplus C$，那么，该逻辑函数的无关项至少有（　　）个。

A. 2　　B. 3　　C. 4　　D. 5

分析： $L=\overline{A}\,\overline{B}C+A\overline{B}\,\overline{C}$ 对应的卡诺图如图 3.3–13 所示。

简化表达式 $L=A\oplus C=\overline{A}C+A\overline{C}$ 对应的卡诺图如图 3.3–14 所示。

故无关项 φ 至少有 2 个。

答案：A

BC \ A	00	01	11	10
0		1		
1	1			

图 3.3–13

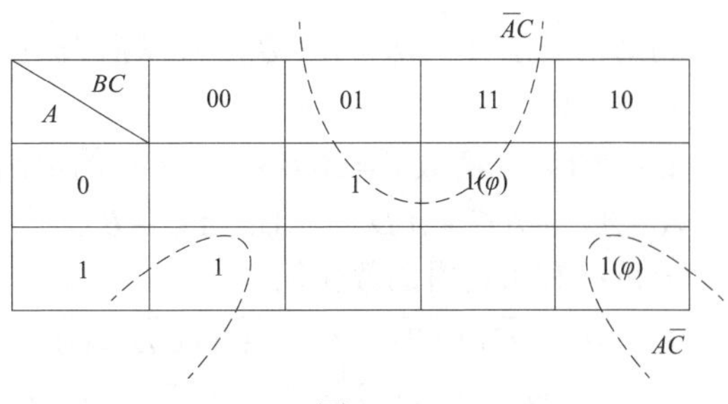

图 3.3–14

15.（供 2012、2013，发 2009） 逻辑函数 $Y(A,B,C,D)=\sum m(0,1,2,3,4,6,8)+\sum d(10,11,12,13,14)$ 的最简与–或表达式为（　　）。

A. $\overline{A}\,\overline{B}C+\overline{A}D$　　B. $\overline{A}\,\overline{B}+\overline{D}$　　C. $A\overline{B}+D$　　D. $A+D$

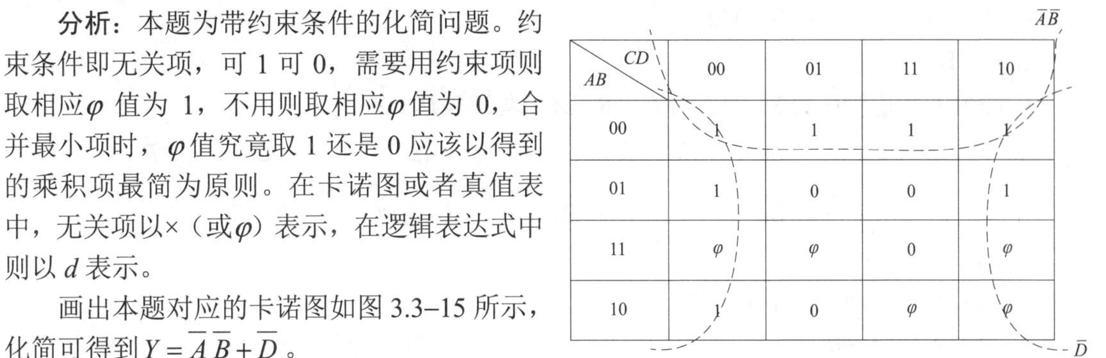

图 3.3–15

分析：本题为带约束条件的化简问题。约束条件即无关项，可 1 可 0，需要用约束项则取相应φ 值为 1，不用则取相应φ值为 0，合并最小项时，φ值究竟取 1 还是 0 应该以得到的乘积项最简为原则。在卡诺图或者真值表中，无关项以×（或φ）表示，在逻辑表达式中则以 d 表示。

画出本题对应的卡诺图如图 3.3–15 所示，化简可得到 $Y=\overline{A}\,\overline{B}+\overline{D}$。

答案：B

16.（2017） 逻辑函数 $P(A,B,C)=\sum m(3,5,6,7)$，则简化为（　　）。

A. $BC+AC$　　B. $C+AB$

C. $B+A$　　D. $BC+AC+AB$

分析：画出对应的卡诺图如图 3.3–16 所示。

简化为 $BC+AC+AB$。

答案：D

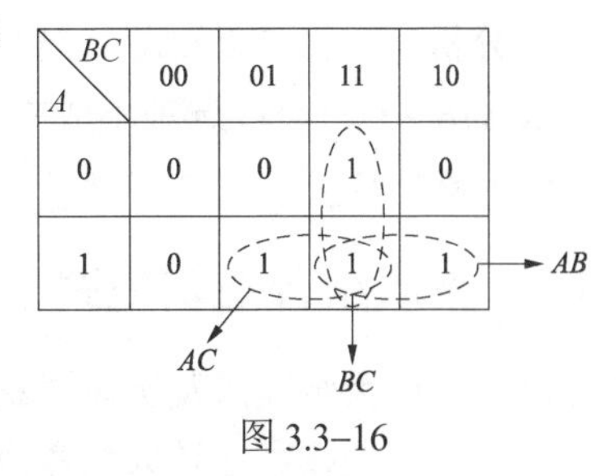

图 3.3–16

3.3.4 【发输变电专业基础】历年真题详解

【5. 了解逻辑函数的代数化简方法】

1.（2013）逻辑函数 $L=A\overline{B}C+\overline{A}BC+ABC+AC(DEF+DEG)$ 的最简化简结果为（　　）。

A. $AC+\overline{A}BC$　　B. $AC+BC$　　C. AB　　D. BC

分析：逻辑函数的化简如下

$$L=A\overline{B}C+\overline{A}BC+ABC+AC(DEF+DEG)=AC(\overline{B}+B)+\overline{A}BC+AC(DEF+DEG)$$

$$\overset{\overline{B}+B=1}{=}AC+\overline{A}BC+AC(DEF+DEG)$$

利用吸收法公式 $A+AB=A$，消去多余的项 AB，根据代入规则，A、B 可以是任何一个复杂的逻辑式。

$$AC+\overline{A}BC=(A+\overline{A}B)C$$

利用消去法 $A+\overline{A}B=A+B$ ，可以消去多余的因子，$(A+B)C=AC+BC$ 。

答案：B

2.（2014） 函数 $Y=A(B+C)+CD$ 的反函数 $\overline{Y}$ 为（　　）。

A. $\overline{A}\,\overline{C}+\overline{B}\,\overline{C}+\overline{A}\,\overline{D}$　　B. $\overline{A}\,\overline{C}+\overline{B}\,\overline{C}$　　C. $\overline{A}\,\overline{C}+B\overline{C}+\overline{A}\,\overline{D}$　　D. $\overline{A}\,\overline{C}+\overline{B}\,\overline{C}+AD$

分析：利用逻辑函数化简。

$$\overline{Y}=\overline{A(B+C)+CD}=\overline{A(B+C)}\bullet\overline{CD}=(\overline{A}+\overline{(B+C)})\bullet\overline{CD}=(\overline{A}+\overline{B}\bullet\overline{C})\bullet\overline{CD}$$

$$=\overline{A}\bullet\overline{CD}+\overline{B}\bullet\overline{C}\bullet\overline{CD}=\overline{A}(\overline{C}+\overline{D})+\overline{B}\bullet\overline{C}\bullet(\overline{C}+\overline{D})=\overline{A}\,\overline{C}+\overline{A}\,\overline{D}+\overline{B}\,\overline{C}+\overline{B}\,\overline{C}\,\overline{D}$$

$$\overset{A+AB=A}{=}\overline{A}\,\overline{C}+\overline{A}\,\overline{D}+\overline{B}\,\overline{C}=\overline{A}\,\overline{C}+\overline{B}\,\overline{C}+\overline{A}\,\overline{D}$$

答案：A

3.（2018） 函数 $Y=\overline{A}B+AC$，欲使 $Y=1$，则 ABC 的取值组合是（　　）。

A. 000　　B. 010　　C. 100　　D. 001

答案：B

4.（2019） 逻辑函数 $Y=AB+\overline{A}C+\overline{B}C$ 最简与或表达式是（　　）。

A. $Y=AB+C$　　B. $Y=\overline{A}B+C$　　C. $Y=A\overline{B}+C$　　D. $Y=\overline{A}\,\overline{B}+C$

分析：$Y=AB+\overline{A}C+\overline{B}C\overset{\text{分配律}}{=}AB+(\overline{A}+\overline{B})C\overset{\text{反演律}}{=}AB+\overline{AB}C\overset{\text{消因律}}{=}AB+C$

答案：A

5.（2020） 下列等式不成立的是（　　）。

A. $A+\overline{A}B=A+B$　　B. $(A+B)(A+C)=A+BC$

C. $AB+\overline{A}C+BC=AB+BC$　　D. $A\overline{B}+\overline{A}\overline{B}+AB+\overline{AB}=1$

分析：参见3.3.2公式，A选项依据消因律，B选项依据分配律，D选项 $A\overline{B}+\overline{A}\overline{B}+AB+\overline{AB}=(A+\overline{A})\overline{B}+1=1$。C选项不成立。

答案：C

3.4　集成组合逻辑电路

3.4.1　考试大纲要求及历年真题统计分析（供配电、发输变电）

历年真题按照考试大纲考点归类总结见表 3.4–1 和表 3.4–2（说明：1、2、3、4 道题分别对应 1、2、3、4 颗★，≥5 道题对应 5 颗★）。

表 3.4–1　　供配电专业基础考试大纲及历年真题统计表

3.4 集成组合逻辑电路 考试大纲	2005	2006	2007	2008	2009	2010	2011	2012	2013	2014	2016	2017	2018	2019	2020	2021	汇总统计
1. 掌握组合逻辑电路输入输出的特点																	0
2. 了解组合逻辑电路的分析、设计方法及步骤★★★★★	1			2						1			1	2	2	2	11★★★★★

续表

3.4 集成组合逻辑电路 考试大纲	2005	2006	2007	2008	2009	2010	2011	2012	2013	2014	2016	2017	2018	2019	2020	2021	汇总统计
3. 掌握编码器、译码器、显示器、多路选择器及多路分配器的原理和应用★★								1						1			2★★
4. 掌握加法器、数码比较器、存储器、可编程逻辑阵列的原理和应用★★★★★	1		1		1	1	1	1	1			1					8★★★★★
汇总统计	2	0	1	2	1	1	1	2	1	1	0	1	1	3	2	2	21

表 3.4–2　　发输变电专业基础考虑大纲及历年真题统计表

3.4 集成组合逻辑电路 考试大纲	2005（同供配电）	2006（同供配电）	2007	2008	2009	2010	2011	2012	2013	2014	2016	2017	2018	2019	2020	2021	汇总统计
1. 掌握组合逻辑电路输入输出的特点																	0
2. 了解组合逻辑电路的分析、设计方法及步骤★★★★★	1		1	1	1								2	1	1	3	11★★★★★
3. 掌握编码器、译码器、显示器、多路选择器及多路分配器的原理和应用★														1			1★
4. 掌握加法器、数码比较器、存储器、可编程逻辑阵列的原理和应用★★★	1		1				1										3★★★
汇总统计	2	0	2	1	1	0	1	0	0	0	0	0	2	2	1	3	15

对比以上供配电专业基础和发输变电专业基础历年真题统计表，可看到：尽管两个专业方向不同，但专业基础考试的两个方向的侧重点几乎相同，见表 3.4–3。

表 3.4–3　　专业基础供配电、发输变电两个专业方向侧重点对比

3.4 集成组合逻辑电路	历年真题汇总统计	
考试大纲（取供配电、发输变电两个方向中多的★值标注）	供配电	发输变电
1. 掌握组合逻辑电路输入输出的特点	0	0
2. 了解组合逻辑电路的分析、设计方法及步骤★★★★★	11★★★★★	11★★★★★
3. 掌握编码器、译码器、显示器、多路选择器及多路分配器的原理和应用★★	2★★	1★
4. 掌握加法器、数码比较器、存储器、可编程逻辑阵列的原理和应用★★★★★	8★★★★★	3★★★
汇总统计	21	15

3.4.2 重要知识点复习

结合前面 3.4.1 节的历年真题统计分析（供配电、发输变电）结果，对“3.4 集成组合逻辑电路”部分的 2、3、4 大纲点深入总结，其他大纲点从略。

1. 掌握组合逻辑电路输入输出的特点

组合逻辑电路中，任意时刻的输出仅仅取决于该时刻的输入，与电路原来的状态无关，也就是说，它是“即入即出”型逻辑电路，没有记忆功能，不能保持输入信号变化前的状态。

2. 了解组合逻辑电路的分析、设计方法及步骤

组合逻辑电路分析的“三步走”方法：写表达式 $\Rightarrow$ 列真值表 $\Rightarrow$ 功能分析 。

（1）写表达式：从逻辑电路图逐级写出输出对输入的逻辑函数式，最终得到输入、输出关系的逻辑函数表达式，并用公式法或卡诺图法化简。

（2）列真值表：由最简逻辑函数表达式列出真值表，将各种输入状态下的输出状态值求出。

（3）功能分析：依据真值表归纳出电路的逻辑功能。

3. 掌握编码器、译码器、显示器、多路选择器及多路分配器的原理和应用

此大纲点在历年考题中只在 2012 年出现过一道考题，主要是考 3–8 线译码器 74LS138。

3–8 线译码器 74LS138 的电路符号如图 3.4–1 所示，其中 A_1～A_3 为输入端，二进制编码 0～7 依次对应 8 个输出；S_1、$\overline{S}_2$、$\overline{S}_3$ 为使能端，三者与逻辑关系，当 $S_1=1$并且$\overline{S}_2=\overline{S}_3=0$ 时，进行译码，否则禁止译码，输出均为 1；$\overline{Y}_0$～$\overline{Y}_7$ 为输出端，低电平有效，译码状态下，相应输出端为 0。举例，若 $A_1A_2A_3=000\Rightarrow\overline{Y}_0\Rightarrow$ 低电平有效故 $\overline{Y}_0=0$，其余$\overline{Y}_1$～$\overline{Y}_7$均为1 。74LS138 的真值表见表 3.4–4。

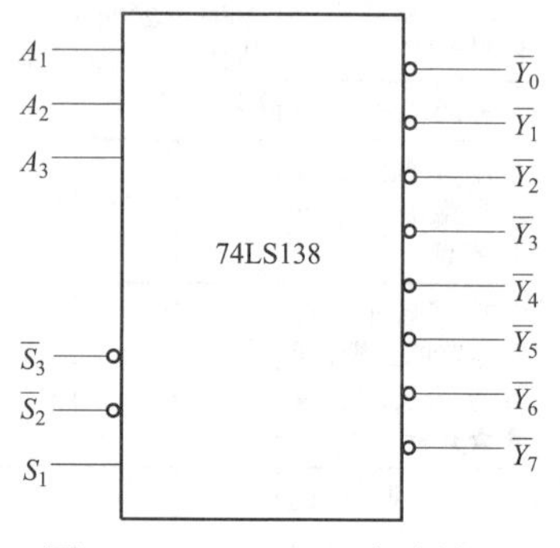

图 3.4–1　74LS138 电路符号

表 3.4–4　　74LS138 的真值表

输入						输出							
S_1	$\overline{S}_2$	$\overline{S}_3$	A_3	A_2	A_1	$\overline{Y}_7$	$\overline{Y}_6$	$\overline{Y}_5$	$\overline{Y}_4$	$\overline{Y}_3$	$\overline{Y}_2$	$\overline{Y}_1$	$\overline{Y}_0$
0	×	×	×	×	×	1	1	1	1	1	1	1	1
×	1	×	×	×	×	1	1	1	1	1	1	1	1
×	×	1	×	×	×	1	1	1	1	1	1	1	1
1	0	0	0	0	0	1	1	1	1	1	1	1	0
1	0	0	0	0	1	1	1	1	1	1	1	0	1
1	0	0	0	1	0	1	1	1	1	1	0	1	1
1	0	0	0	1	1	1	1	1	1	0	1	1	1
1	0	0	1	0	0	1	1		0	1	1	1	1
1	0	0	1	0	1	1	1	0	1	1	1	1	1
1	0	0	1	1	0	1	0	1	1	1	1	1	1
1	0	0	1	1	1	0	1	1	1	1	1	1	1

4. 掌握加法器、数码比较器、存储器、可编程逻辑阵列的原理和应用

考点一：存储器片数的求解。

在实际应用中，常以字数和字长的乘积表示存储器的容量，即存储器容量（位）=字数（字）×字长（位/字），存储器的容量越大，意味着能存储的数据越多。

考点二：可编程逻辑阵列

可编程逻辑阵列PLA（Programmable Logic Array），其主要电路是一个“与”阵列和一个“或”阵列，配上输入和输出电路组成。PLA中常见的符号如图3.4–2～图3.4–4所示。电路图中“●”表示硬连接，无符号表示断开状态，“×”表示编程连接。

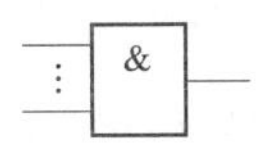

图3.4–2　PLA的与门符号

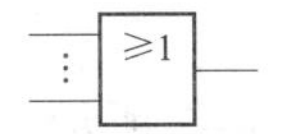

图3.4–3　PLA的或门符号

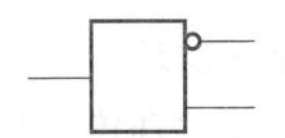

图3.4–4　PLA的输入缓冲器符号

3.4.3 【供配电专业基础】历年真题详解

【2. 了解组合逻辑电路的分析、设计方法及步骤】

1.（2005）　逻辑电路如图3.4–5所示，其逻辑功能的正确描述是（　　）。

A. 裁判功能，且A为主线　　　　B. 三变量表决功能

C. 当$A=1$时，B或C为1，输出为1　　　　D. 当$C=1$时，A或B为1，输出为1

分析：分析逻辑电路功能的“三步走”方法：写表达式⇒真值表⇒功能分析。

本题求解：

（1）写表达式：$L=\overline{\overline{AB}\cdot\overline{BC}\cdot\overline{AC}}=\overline{\overline{AB}\cdot\overline{BC}}+\overline{\overline{AC}}=AB+BC+AC$

（2）列真值表（表3.4–5）。

（3）功能分析：由真值表可见，只有当A、B、C三人中有≥2人投赞成票时，输出L才为1，故实现的功能为三变量表决器。

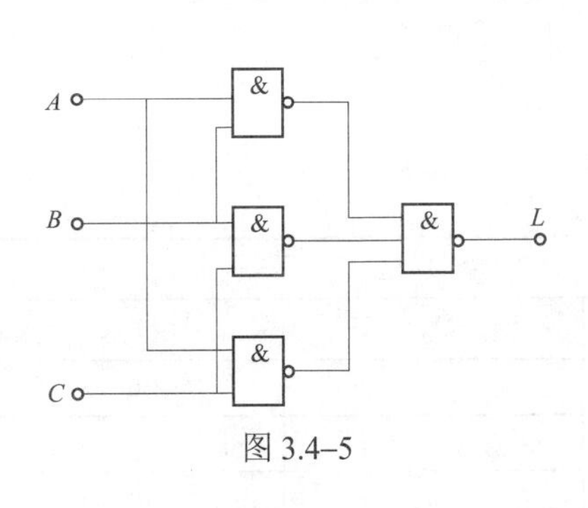

图3.4–5

表3.4–5　　　　真　值　表

A	B	C	L
0	0	0	0
0	0	1	0
0	1	0	0
0	1	1	1
1	0	0	0
1	0	1	1
1	1	0	1
1	1	1	1

答案：B

2.（供2008，发2008）　一组合电路，A、B是输入端，L是输出端，输入、输出波形如图3.4–6所示，则L的逻辑表达式是（　　）。

A. $L=\overline{A+B}$　　　B. $L=\overline{AB}$　　　C. $L=\overline{A\oplus B}$　　　D. $L=A\oplus B$

分析：本题是已知输入、输出波形，要求逻辑表达式。

第一步：根据题目所给波形图，列真值表（表3.4–6）。

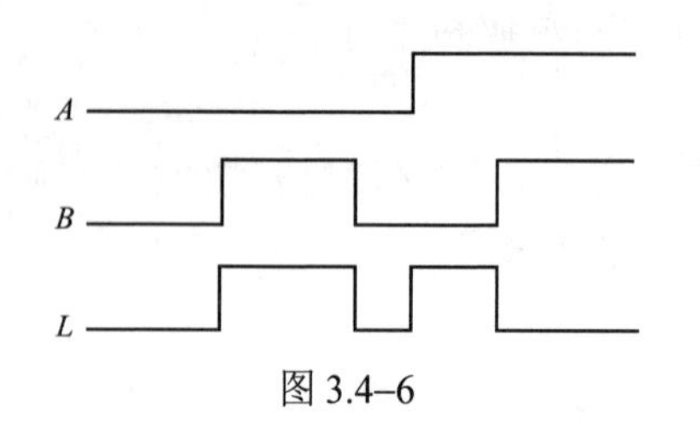

图 3.4–6

表 3.4–6　　真　值　表

A	B	L
0	0	0
0	1	1
1	0	1
1	1	0

第二步：对于变量 A、B，凡是取 1 值的用原变量表示，取 0 值的用反变量表示，故 $L=\overline{A}B+A\overline{B}=A\oplus B$ 。

答案：D

3.（供 2008，发 2007） 电路如图 3.4–7 所示，该电路能实现的功能是（　　）。

A. 减法器　　B. 加法器　　C. 比较器　　D. 译码器

分析：此题分析方法同前题，仍然按照“三步走”的思路来求解。

（1）写表达式。图中“与或非”门逻辑关系如图 3.4–8 所示。

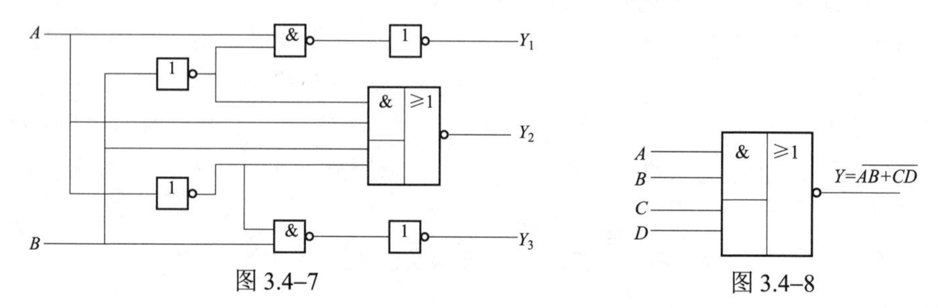

图 3.4–7　　图 3.4–8

$$\begin{cases} Y_1=A\overline{B} \\ Y_2=\overline{\overline{B}A+B\overline{A}}=\overline{\overline{B}A}\bullet\overline{B\overline{A}}=(B+\overline{A})\bullet(\overline{B}+A)=B\overline{B}+BA+\overline{A}\overline{B}+\overline{A}A=AB+\overline{A}\overline{B} \\ Y_3=\overline{A}B \end{cases}$$

（2）列真值表（表 3.4–7）。

表 3.4–7　　真　值　表

输　入		输　出		
A	B	Y_1	Y_2	Y_3
0	0	0	1	0
0	1	0	0	1
1	0	1	0	0
1	1	0	1	0

（3）功能分析。

从真值表可见：

$$\begin{cases} 若A=B，则Y_2=1 \\ 若A<B，则Y_3=1 \\ 若A>B，则Y_1=1 \end{cases}\Rightarrow 故该电路为比较器。$$

答案：C

4.（2014） 图 3.4–9 所示电路实现的功能为（　　）。

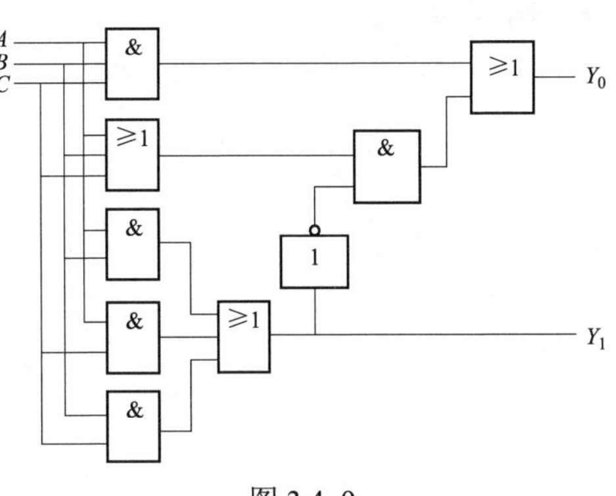

图 3.4–9

A. 全加器　　　　B. 全减器

C. 比较器　　　　D. 乘法器

分析：仍然按照“三步走”的思路来求解。

（1）写表达式。由题图可以写出输出 Y_0、Y_1 的表达式为

$$Y_1=(AB+AC+BC)\text{，}Y_0=ABC+(A+B+C)\bullet\overline{(AB+AC+BC)}=ABC+(A+B+C)\bullet\overline{Y_1}$$

（2）列真值表（表 3.4–8）。

表 3.4–8　　　　**真　值　表**

A	B	C	Y_1	Y_0
0	0	0	0	0
0	0	1	0	1
0	1	0	0	1
0	1	1	1	0
1	0	0	0	1
1	0	1	1	0
1	1	0	1	0
1	1	1	1	1

（3）功能分析。从上面显然知道，电路实现的功能为全加器，Y_1 为进位位，Y_0 为和位。

答案：A

5.（2017） 图 3.4–10 中，函数 Y 的表达式是（　　）。

A. $Y=A+B+\overline{AB}$　　B. $Y=AB+\overline{AB}$　　C. $Y=(\overline{A}+B)(A+\overline{B})$　　D. $Y=\overline{A}B+A\overline{B}$

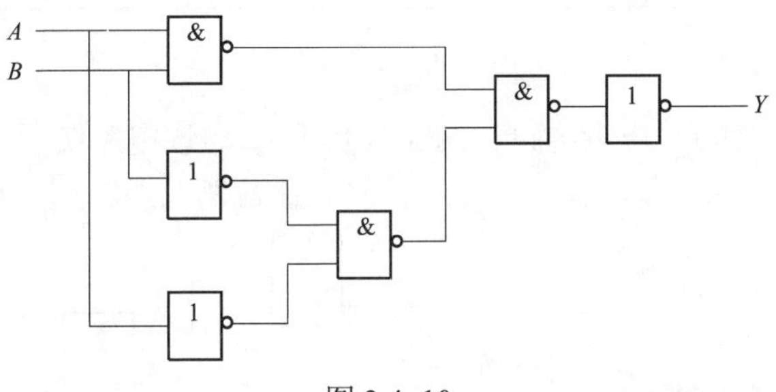

图 3.4–10

分析： $Y=\overline{AB}\bullet\overline{\overline{A}\,\overline{B}}=\overline{AB}\bullet(\overline{\overline{A}}+\overline{\overline{B}})=\overline{AB}\bullet(A+B)=(\overline{A}+\overline{B})(A+B)=\overline{A}A+\overline{A}B+\overline{B}A+\overline{B}B=\overline{A}B+A\overline{B}$

答案：D

6.（2018） 图 3.4–11 所示组合逻辑电路，对于输入变量 A、B、C，输出函数 Y_1 和 Y_2 两

者不相等组合是（　　）。

A. $ABC=00\times$　　B. $ABC=01\times$　　C. $ABC=10\times$　　D. $ABC=11\times$

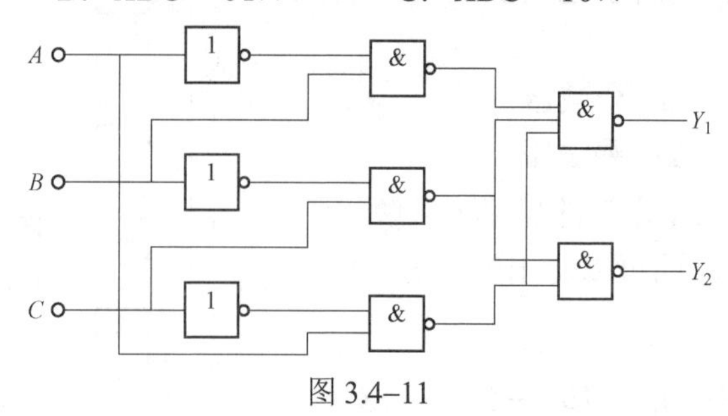

图 3.4–11

分析：$Y_1=\overline{\overline{\overline{A}B}\cdot\overline{\overline{B}C}\cdot\overline{A\overline{C}}}=\overline{(A+\overline{B})(B+\overline{C})(\overline{A}+C)}=\overline{A+\overline{B}}+\overline{(B+\overline{C})(\overline{A}+C)}$，$Y_2=\overline{\overline{\overline{B}C}\cdot\overline{A\overline{C}}}=\overline{(B+\overline{C})(\overline{A}+C)}$。

当 $ABC=01\times$ 时，$\overline{A+\overline{B}}=1$，从而 $Y_1\neq Y_2$。

答案：B

7.（2019） 图 3.4–12 所示波形是某种组合电路的输入、输出波形，则该电路的逻辑表达式为（　　）。

A. $Y=AB+\overline{A}\overline{B}$　　B. $Y=AB+\overline{A}B$

C. $Y=A\overline{B}+\overline{A}B$　　D. $Y=\overline{A}\overline{B}+\overline{A}+B$

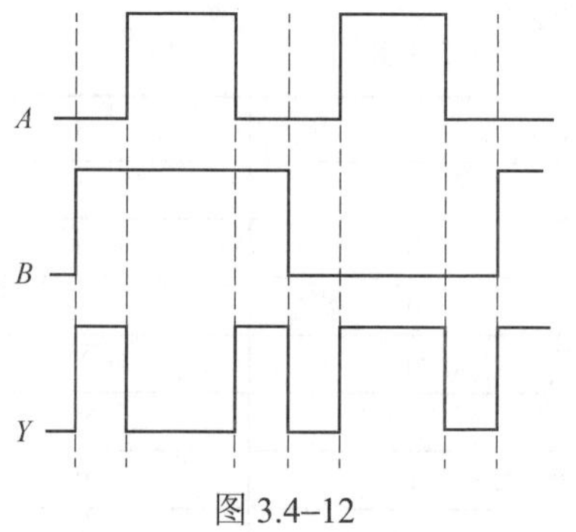

图 3.4–12

分析：根据题目所给输入输出波形，列出真值表见表 3.4–9，显然 $Y=\overline{A}B+A\overline{B}=A\oplus B$。

表 3.4–9　　**真　值　表**

A	B	Y
0	1	1
1	1	0
0	0	0
1	0	1

答案：C

8.（供 2019，发 2019） 逻辑电路如图 3.4–13 所示，该电路实现的逻辑功能是（　　）。

A. 编码器　　B. 译码器　　C. 计数器　　D. 半加器

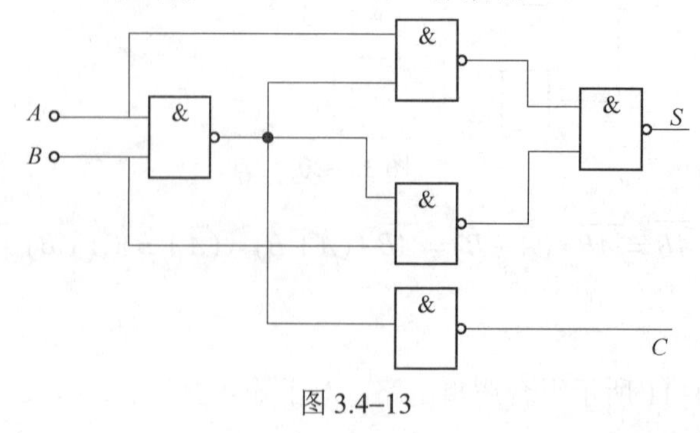

图 3.4–13

分析：$S=\overline{\overline{A\bullet\overline{AB}}\bullet\overline{B\bullet\overline{AB}}}=A\bullet\overline{AB}+B\bullet\overline{AB}=A\bullet(\overline{A}+\overline{B})+B\bullet(\overline{A}+\overline{B})=A\overline{B}+B\overline{A}$，对应真值表见表 3.4–10。

表 3.4–10 **真 值 表**

A	B	S	C
0	0	0	0
0	1	1	0
1	0	1	0
1	1	0	1

显然这实现了半加器的功能，半加器是指对两个输入数据位相加，输出一个结果位和进位。

答案：D

9.（2021） 测得某逻辑门输入 A、B 和输出 F 的波形如图 3.4–14 所示，则 F 的表达式是（　　）。

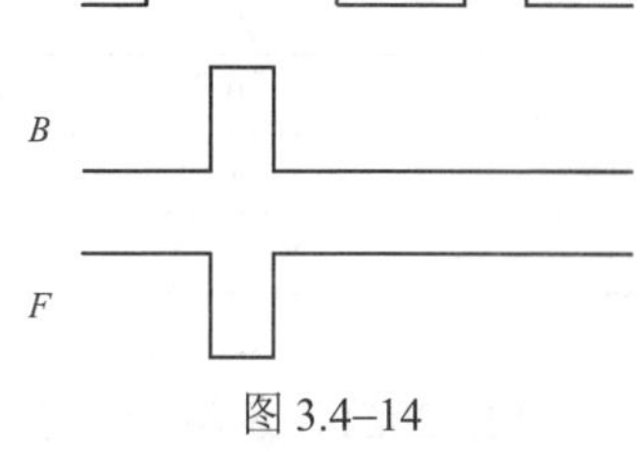

图 3.4–14

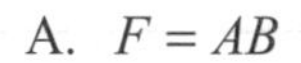

A. $F=AB$　　　　B. $F=\overline{AB}$

C. $F=A\oplus B$　　　D. $F=A+B$

分析：根据题目所给波形图，列真值表 3.4–11，显然，$F=\overline{AB}$。

表 3.4–11 **真 值 表**

A	B	F
0	0	1
1	0	1
1	1	0

答案：B

10.（2021） 图 3.4–15 所示逻辑电路的逻辑功能是（　　）。

A. 半加器　　B. 比较器　　C. 同或门　　D. 异或门

分析：依题目所给逻辑图，标注出相应逻辑关系如图 3.4–16 所示，进而可写出逻辑关系表达式为 $Y=\overline{(A+B)(\overline{A}+\overline{B})}=\overline{A+B}+\overline{(\overline{A}+\overline{B})}=\overline{A}\overline{B}+AB$

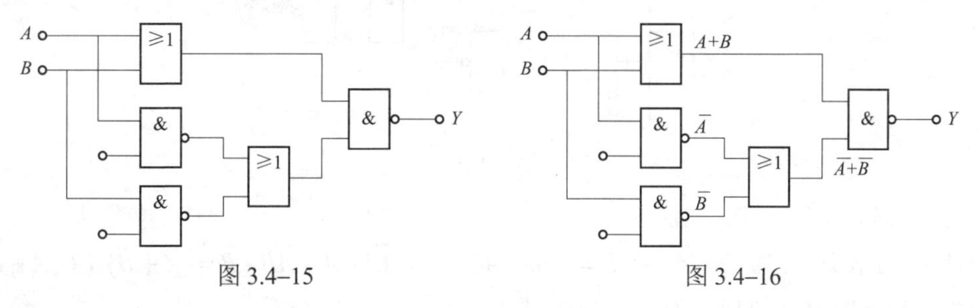

图 3.4–15　　　　图 3.4–16

答案：C

11.（发 2021）测得某逻辑门输入 A、B 和输出 Y 的波形如图 3.4–17 所示，则 Y 的逻辑式是（　　）。

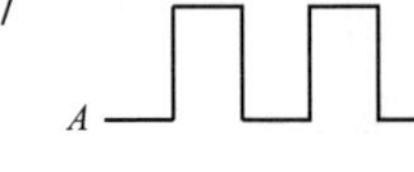

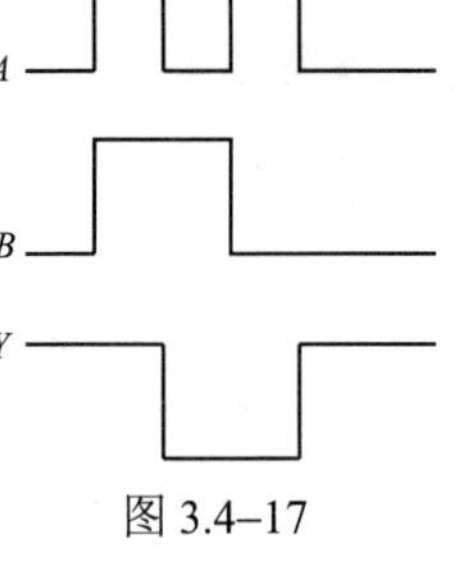

图 3.4–17

A. $Y=A+B$

B. $Y=AB$

C. $Y=\overline{AB}$

D. $Y=A\odot B$

分析：根据图 3.4–17 所示波形图，列出真值表 3.4–12，因此 $Y=\overline{A}\,\overline{B}+AB$。

答案：D

表 3.4–12　　**真 值 表**

A	B	Y
0	0	1
0	1	0
1	0	0
1	1	1

12.（2021）逻辑图和输入 A、B 的波形如图 3.4–18 所示，输出 Y 为“1”的时刻应是（　　）。

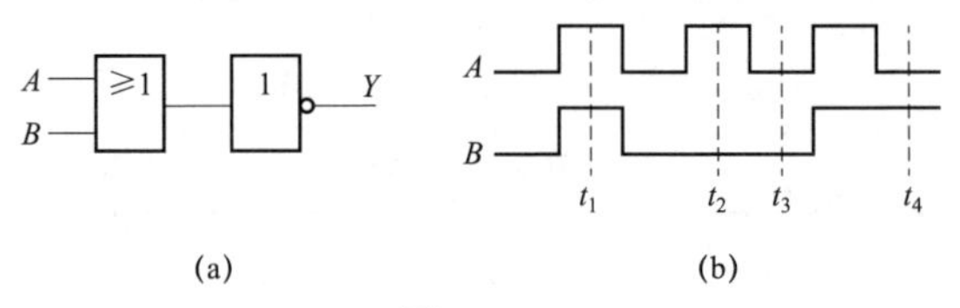

图 3.4–18

A. t_1　　B. t_2　　C. t_3　　D. t_4

分析：根据逻辑图 3.4–18（a）写出 Y 的表达式为 $Y=\overline{A+B}$。t_1 时刻，$Y_1=\overline{1+1}=0$；t_2 时刻，$Y_2=\overline{1+0}=0$；t_3 时刻，$Y_3=\overline{0+0}=1$；t_4 时刻，$Y_4=\overline{0+1}=0$。

答案：C

13.（2021） 逻辑电路如图 3.4–19 所示，其实现的逻辑功能是（　　）。

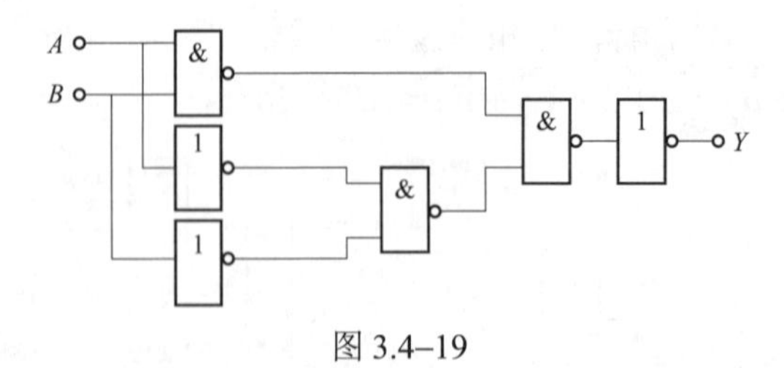

图 3.4–19

A. 比较器　　B. 加法器　　C. 与非门　　D. 异或门

分析：写表达式为 $Y=\overline{AB}\bullet\overline{\overline{A}\,\overline{B}}=\overline{AB}\bullet(A+B)=\overline{AB}\bullet A+\overline{AB}\bullet B=(\overline{A}+\overline{B})A+(\overline{A}+\overline{B})B=\overline{B}A+\overline{A}B$。列真值表 3.4–13，显然为异或门。

答案：D

表 3.4–13　　　　　　　　　　　　　真　值　表

A	B	Y
0	0	0
0	1	1
1	0	1
1	1	0

【3. 掌握编码器、译码器、显示器、多路选择器及多路分配器的原理和应用】

14.（2012） 由 3–8 线译码器 74LS138 构成的逻辑电路如图 3.4–20 所示，该电路能实现的逻辑功能为（　　）。

A. 8421BCD 码检测及四舍五入

B. 全减器

C. 全加器

D. 比较器

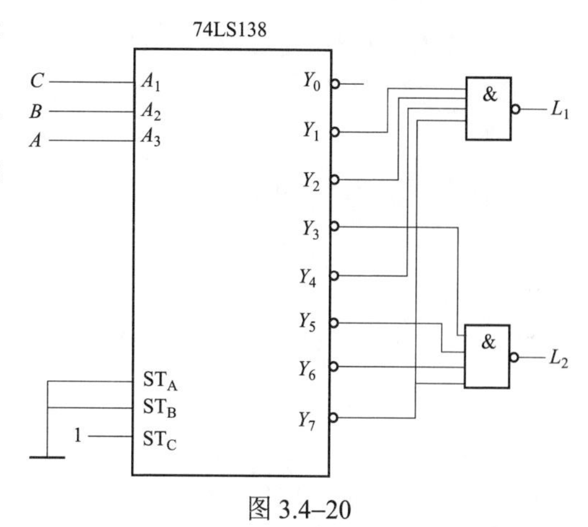

图 3.4–20

分析：3–8 线译码器 74LS138 的基本知识点参见重要知识点复习的 3 大纲点。

列真值表（表 3.4–14），再分析功能。

表 3.4–14　　　　　　　　　　　　　真　值　表

输　入			译码器输出								$L_1=\overline{Y_1Y_2Y_4Y_7}$	$L_2=\overline{Y_3Y_5Y_6Y_7}$
A（A_3）	B（A_2）	C（A_1）	Y_7	Y_6	Y_5	Y_4	Y_3	Y_2	Y_1	Y_0	L_1	L_2
0	0	0	1	1	1	1	1	1	1	0	0	0
0	0	1	1	1	1	1	1	1	0	1	1	0
0	1	0	1	1	1	1	1	0	1	1	1	0
0	1	1	1	1	1	1	0	1	1	1	0	1
1	0	0	1	1	1	0	1	1	1	1	1	0
1	0	1	1	1	0	1	1	1	1	1	0	1
1	1	0	1	0	1	1	1	1	1	1	0	1
1	1	1	0	1	1	1	1	1	1	1	1	1

由真值表可见题目所给电路实现了全加器的功能，L_1 相当于全加器的和，L_2 相当于全加器的进位，用一个一位二进制全加器就可以实现该功能。

答案：C

【4. 掌握加法器、数码比较器、存储器、可编程逻辑阵列的原理和应用】

15.（2005、2009、2017） 一个具有 13 位地址输入和 8 位 I/O 端的存储器，其存储容量为（　　）。

A. 8K×8　　B. 13×8K

C. 13K×8　　D. 64 000 位

分析：13 位地址输入对应的地址码总数为$2^{13}=8192=8\times1024=8\text{K}$。I/O 端口采集的数据为 8 位，即存储单元位数为 8 位。

故存储总容量为 8K×8。

答案：A

16.（供 2007，发 2007） 要用 256×4 的 RAM 扩展成 4×8RAM，需要选用此种 256×4RAM 的片数为（　　）。

A. 8　　B. 16　　C. 32　　D. 64

分析：$片数N=\dfrac{4\text{K}\times8}{256\times4}片\overset{1\text{K}=1024}{=}\dfrac{4\times1024\times8}{256\times4}片=32片$

答案：C

17.（2010） 要扩展成 8K×8RAM，需选用此种 512×4 的 RAM 的数量为（　　）片。

A. 8　　B. 16　　C. 32　　D. 64

分析：$片数N=\dfrac{8\text{K}\times8}{512\times4}\overset{1\text{K}=1024}{=}\dfrac{8\times1024\times8}{512\times4}片=32片$。

答案：C

18.（供 2011、2012，发 2011） 要获得 32K×8RAM，需要用 4K×4 的 RAM 的片数为（　　）。

A. 8　　B. 16　　C. 32　　D. 64

分析：$片数N=\dfrac{32\text{K}\times8}{4\text{K}\times4}片=16片$

答案：B

19.（2013） PLA 编程后的阵列图如图 3.4–21 所示，该函数实现的逻辑功能为（　　）。

A. 多数表决器　　B. 乘法器　　C. 减法器　　D. 加法器

分析：根据题目所给电路图，可写出表达式

$$\begin{cases}Y_1=\overline{A}\overline{B}C+\overline{A}B\overline{C}+A\overline{B}\overline{C}+ABC\\Y_2=\overline{A}BC+A\overline{B}C+AB\end{cases}$$

（1）先化简。

$$Y_1=\overline{A}\overline{B}C+\overline{A}B\overline{C}+A\overline{B}\overline{C}+ABC=\overline{A}(B\oplus C)+A(B\odot C)=\overline{A}(B\oplus C)+A(\overline{B\oplus C})=A\oplus B\oplus C$$

$$Y_2=\overline{A}BC+A\overline{B}C+AB$$

（2）再写出真值表（表 3.4–12）。

（3）最后分析功能：从真值表可见，该电路实现全加器的功能，Y_1为全加器的和，Y_2为全加器向高位的进位。

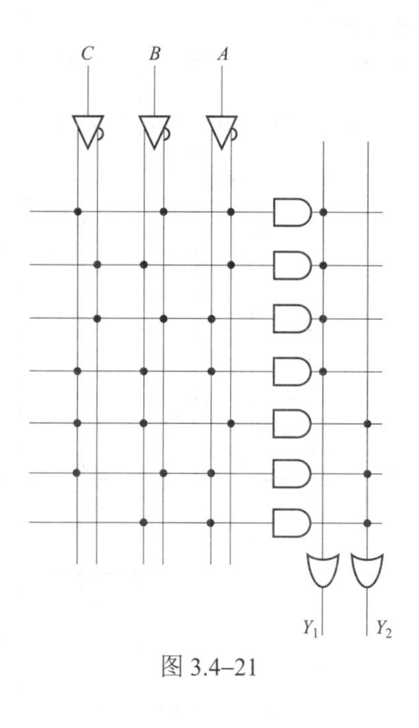

图 3.4–21

表 3.4–15　　真　值　表

输　入			输　出	
A	B	C	Y_1	Y_2
0	0	0	0	0
0	0	1	1	0
0	1	0	1	0
0	1	1	0	1
1	0	0	1	0
1	0	1	0	1
1	1	0	0	1
1	1	1	1	1

答案：D

3.4.4 【发输变电专业基础】历年真题详解

详见供配电历年真题详解。

3.5 触发器

3.5.1 考试大纲要求及历年真题统计分析（供配电、发输变电）

历年真题按照考试大纲考点归类总结见表 3.5–1 和表 3.5–2（说明：1、2、3、4 道题分别对应 1、2、3、4 颗★，≥5 道题对应 5 颗★）。

表 3.5–1　　供配电专业基础考试大纲及历年真题统计表

3.5　触发器 考试大纲	2005	2006	2007	2008	2009	2010	2011	2012	2013	2014	2016	2017	2018	2019	2020	2021	汇总统计
1. 了解 RS、D、JK、T 触发器的逻辑功能、电路结构及工作原理★		1											1				2★★
2. 了解 RS、D、JK、T 触发器的触发方式、状态转换图（时序图）																1	1★
3. 了解各种触发器逻辑功能的转换																	0
4. 了解 CMOS 触发器结构和工作原理																	0
汇总统计	0	1	0	0	0	0	0	0	0	0	0	0	1	0	0	1	3

表 3.5–2　　发输变电专业基础考试大纲及历年真题统计表

3.5　触发器 考试大纲	2005（同供配电）	2006	2007	2008	2009	2010	2011	2012	2013	2014	2016	2017	2018	2019	2020	2021	汇总统计
1. 了解 RS、D、JK、T 触发器的逻辑功能、电路结构及工作原理★★		1									1			1	1	1	5★★★★★
2. 了解 RS、D、JK、T 触发器的触发方式、状态转换图（时序图）																	0
3. 了解各种触发器逻辑功能的转换																	0
4. 了解 CMOS 触发器结构和工作原理																	0
汇总统计	0	1	0	0	0	0	0	0	0	0	1	0	0	1	1	1	5

对比以上供配电专业基础和发输变电专业基础历年真题统计表，可以看到：在两个专业方向上，本节内容都极少“单独出题”（表 3.5–3），往往是与 3.6 节的时序逻辑电路综合在一起出题。

表 3.5–3　　专业基础供配电、发输变电两个专业方向侧重点对比

3.5　触发器	历年真题汇总统计	
考试大纲（取供配电、发输变电两个方向中多的★值标注）	供配电	发输变电
1. 了解 RS、D、JK、T 触发器的逻辑功能、电路结构及工作原理★★★★	2★★	5★★★★★
2. 了解 RS、D、JK、T 触发器的触发方式、状态转换图（时序图）	1★	0
3. 了解各种触发器逻辑功能的转换	0	0
4. 了解 CMOS 触发器结构和工作原理	0	0
汇总统计	3	5

3.5.2　重要知识点复习

结合前面 3.5.1 节的历年真题统计分析（供配电、发输变电）结果，由于历年考题极少，故对“3.5 触发器”部分的复习从略。

3.5.3　【供配电专业基础】历年真题详解

【1. 了解 RS、D、JK、T 触发器的逻辑功能、电路结构及工作原理】

1.（供 2006，发 2006、2016） JK 触发器的特性方程为（　　）。

A. $Q^{n+1}=J\overline{Q^n}+\overline{K}Q^n$　　B. $Q^{n+1}=D$

C. $Q^{n+1}=\overline{R}Q^n+S$　　D. $Q^{n+1}=JQ^n+K\overline{Q^n}$

分析：牢记公式即可。

答案：A

2.（2021） 图 3.5–1 所示逻辑电路，在 CP 脉冲作用下，当 A=“0”、R=“0”时，RS 触发器的功能是（　　）。

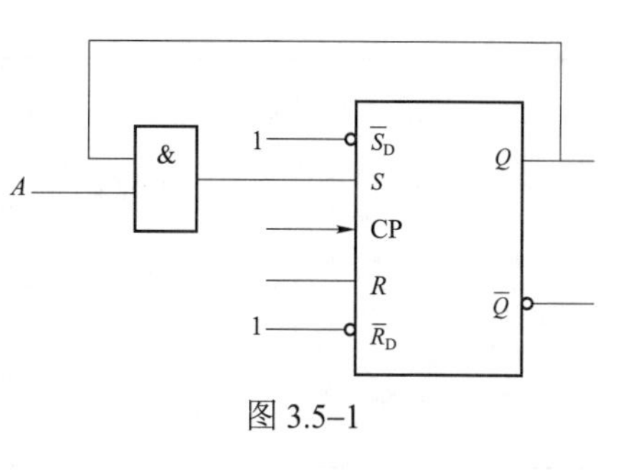

图 3.5–1

A. 保持原状态　　B. 置“1”

C. 置“0”　　D. 计数状态

分析：$A=0 \Rightarrow S=0$，$R=0 \Rightarrow$ 保持原状态 。

答案：A

【2. 了解 RS、D、JK、T 触发器的触发方式、状态转换图（时序图）】

3.（2019，2021）逻辑电路如图 3.5–2 所示，当 A=“0”、B=“1”时，CP 脉冲连续来到后，D 触发器（　　）。

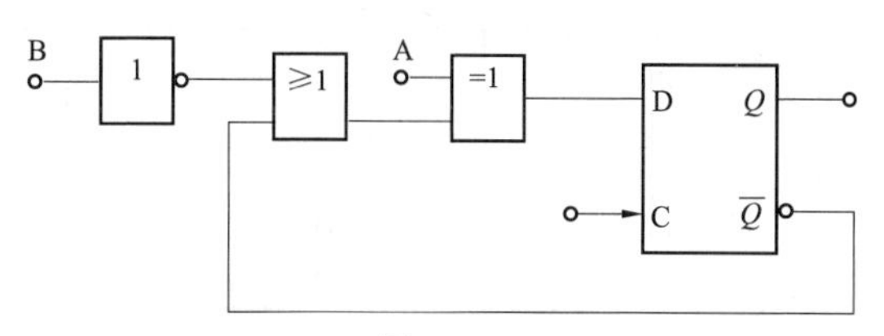

图 3.5–2

A. 具有计数功能　B. 保持原状态　C. 置“0”　D. 置“1”

分析：由题目逻辑电路可写出驱动方程为 $D = A \oplus (\overline{B} + \overline{Q^n}) = 0 \oplus \overline{Q^n} = \overline{Q^n}$，又根据 D 触发器的特征方程为 $Q^{n+1} = D$，有 $Q^{n+1} = \overline{Q^n}$，从而 D 触发器具有计数功能。

答案：A

3.5.4 【发输变电专业基础】历年真题详解

详见供配电专业基础真题。

3.6 时序逻辑电路

3.6.1 考试大纲要求及历年真题统计分析（供配电、发输变电）

历年真题按照考试大纲考点归类总结见表 3.6–1 和表 3.6–2（说明：1、2、3、4 道题分别对应 1、2、3、4 颗★，≥5 道题对应 5 颗★）。

表 3.6–1　　供配电专业基础考试大纲及历年真题统计表

3.6 时序逻辑电路 考试大纲	2005	2006	2007	2008	2009	2010	2011	2012	2013	2014	2016	2017	2018	2019	2020	2021	汇总统计
1. 掌握时序逻辑电路的特点及组成																	0
2. 了解时序逻辑电路的分析步骤和方法，计数器的状态转换表、状态转换图和时序图的画法；触发器触发方式不同时对不同功能计数器的应用连接★★★★★	1		1				1		1	1	1		2	1	1	1	11★★★★★

续表

3.6 时序逻辑电路 考试大纲	2005	2006	2007	2008	2009	2010	2011	2012	2013	2014	2016	2017	2018	2019	2020	2021	汇总统计
3. 掌握计数器的基本概念、功能及分类★								1									1★
4. 了解二进制计数器（同步和异步）逻辑电路的分析★★★★★				1	1	1	1	1				1	1	1	1		9★★★★★
5. 了解寄存器和移位寄存器的结构、功能和简单应用★			1														1★
6. 了解计数型和移位寄存器型顺序脉冲发生器的结构、功能和分析应用																	0
汇总统计	1	0	2	1	1	1	2	2	1	1	1	1	3	2	2	1	22

表 3.6–2　　发输变电专业基础考试大纲及历年真题统计表

3.6 时序逻辑电路 考试大纲	2005（同供配电）	2006（同供配电）	2007（同供配电）	2008	2009	2010	2011	2012	2013	2014	2016	2017	2018	2019	2020	2021	汇总统计
1. 掌握时序逻辑电路的特点及组成																	0
2. 了解时序逻辑电路的分析步骤和方法，计数器的状态转换表、状态转换图和时序图的画法；触发器触发方式不同时对不同功能计数器的应用连接★★★★★	1		1			1		2		2		1				1	9★★★★★
3. 掌握计数器的基本概念、功能及分类★									1								1★
4. 了解二进制计数器（同步和异步）逻辑电路的分析★★★★★				1	1		1			1	1		1	1	1		8★★★★★
5. 了解寄存器和移位寄存器的结构、功能和简单应用★★			1								1						2★★
6. 了解计数型和移位寄存器型顺序脉冲发生器的结构、功能和分析应用																	0
汇总统计	1	0	2	1	1	1	1	2	1	3	2	1	1	1	1	1	20

对比以上供配电专业基础和发输变电专业基础历年真题统计表，可看到：尽管两个专业

方向不同，但专业基础考试的两个方向的侧重点几乎相同，见表 3.6–3。

表 3.6–3　　专业基础供配电、发输变电两个专业方向侧重点对比

3.6　时序逻辑电路	历年真题汇总统计	
考试大纲（取供配电、发输变电两个方向中多的★值标注）	供配电	发输变电
1. 掌握时序逻辑电路的特点及组成	0	0
2. 了解时序逻辑电路的分析步骤和方法，计数器的状态转换表、状态转换图和时序图的画法；触发器触发方式不同时对不同功能计数器的应用连接★★★★★	11★★★★★	9★★★★★
3. 掌握计数器的基本概念、功能及分类★	1★	1★
4. 了解二进制计数器（同步和异步）逻辑电路的分析★★★★★	9★★★★★	8★★★★★
5. 了解寄存器和移位寄存器的结构、功能和简单应用★★	1★	2★★
6. 了解计数型和移位寄存器型顺序脉冲发生器的结构、功能和分析应用	0	0
汇总统计	22	20

3.6.2　重要知识点复习

结合前面 3.6.1 节的历年真题统计分析（供配电、发输变电）结果，对“3.6 时序逻辑电路”部分的各大纲点复习如下：

1. 掌握时序逻辑电路的特点及组成

时序逻辑电路是指在任何时刻，一个逻辑电路的输出不仅取决于该时刻逻辑电路的输入，而且与该电路过去输入的逻辑信号有关，也就是说，时序逻辑电路必须包含具有记忆功能的触发器。

2. 了解时序逻辑电路的分析步骤和方法，计数器的状态转换表、状态转换图和时序图的画法；触发器触发方式不同时对不同功能计数器的应用连接

同步时序逻辑电路的分析一般按照以下步骤进行：

（1）根据给定的时序逻辑电路图写出下列各逻辑方程：电路的输出方程、各触发器的驱动方程、将驱动方程代入相应触发器的特性方程进而求出状态方程。

（2）根据状态方程和输出方程，列出状态表，画出状态图或时序图。

（3）确定电路的逻辑功能，一般用文字详细描述。

异步时序逻辑电路的分析方法和同步时序逻辑电路的分析方法有所不同，主要是由于二者在电路结构上有所区别，异步时序逻辑电路有多个时钟 CP，或者利用前级触发器的输出作为后级触发器的时钟。每次电路发生翻转时，并不是所有的触发器都有时钟信号，只有那些有时钟信号的触发器才需要用特性方程计算次态，而没有时钟信号的触发器将保持原来的状态不变。

3. 掌握计数器的基本概念、功能及分类

本大纲点在历年考题中仅仅出现过一道考题，详见真题分析。

4. 了解二进制计数器（同步和异步）逻辑电路的分析

用集成计数器构成任意进制计数器：

设集成计数器的模为 M，要构成任意进制计数器的模为 N。如果 $M>N$，则只需要一个模 M 集成计数器即可，如果 $M<N$，则要用多个模 N 计数器来构成。

（1）$M>N$ 的情况：构成任意进制计数器通常有反馈清零法和反馈置数法两种。

反馈清零法适用于有清零输入端的集成计数器，其基本思想是：利用计数过程中的某一

状态产生清零信号即 $\overline{CR}=0$，使得电路立即返回到 0000 状态，清零后，清零信号随即为无效状态即 $\overline{CR}=1$，电路又从 0000 开始计数，这样，就跳过了原集成计数器的 $M-N$ 个状态，使电路转变为 N 进制计数器。

反馈置数法：适用于具有预置数功能的集成计数器，其基本思想是：在其计数过程中，利用它的某一个状态使置数端为低电平，在下一个 CP 脉冲有效沿到来时，数据输入端的状态就会置入计数器，置入数据使预置端为 1 后，计数器就从被置入的状态开始重新计数，这样，就会跳过一些状态，构成小于 M 的 N 进制计数器。

（2）$M<N$ 的情况：在这种情况下，构成 N 进制计数器必须用两个以上的集成计数器，主要有整体反馈清零和整体反馈置数两种方法，这两种方法与（1）介绍的在原理上相似，不同之处是首先要将两个以上的集成计数器级联，然后进行多个集成计数器整体反馈清零或反馈置数，跳过多余的状态，以构成所需要的 N 进制计数器。

5. 了解寄存器和移位寄存器的结构、功能和简单应用

本大纲点在历年考题中仅仅出现过一道考题，考到的是环形移位寄存器，简单复习如下：

以一个 4 位 4 状态环形计数器为例，其电路图如图 3.6–1 所示。环形计数器利用时序中的每一个状态，触发器输出高电平编码，按图示那样首尾相接，设给第一个触发器 FF_0 预置 1，其他触发器置为 0，初始状态为 1000，则不断输入时钟信号时电路的状态将按 1000→0100→0010→0001→1000 的顺序循环变化，因此用电路的不同状态能够表示输入时钟信号的数目，也可以作为时钟信号脉冲的计数器。

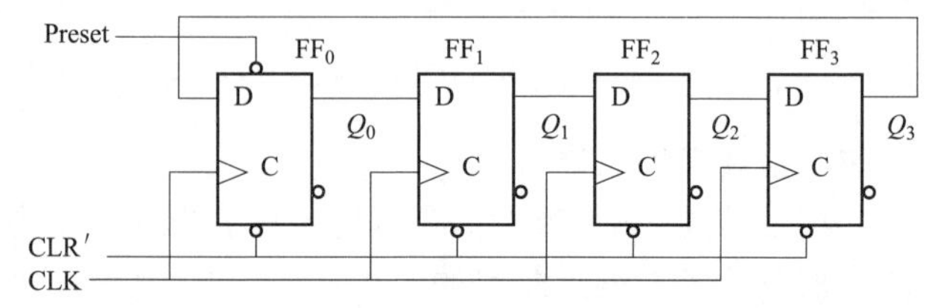

图 3.6–1　环形计数器电路

环形计数器的突出优点是电路结构简单，而且在有效循环的每个状态只包含一个 1（或 0）时，可以直接以各个触发器输出端表示电路的一个状态，不需要另外加译码电路。它的主要缺点是没有充分利用电路的状态，用 n 位移位寄存器组成的环形计数器只用了 n 个状态，而电路总共有 2^n 个状态，这是一种浪费。

6. 了解计数型和移位寄存器型顺序脉冲发生器的结构、功能和分析应用

历年无考题，略。

3.6.3 【供配电专业基础】历年真题详解

【2. 了解时序逻辑电路的分析步骤和方法，计数器的状态转换表、状态转换图和时序图的画法；触发器触发方式不同时对不同功能计数器的应用连接】

1.（2005） 某时序电路的状态图如图 3.6–2 所示，说明其为（　　）。

A. 五进制计数器　　B. 六进制计数器

C. 环形计数器　　D. 移位寄存器

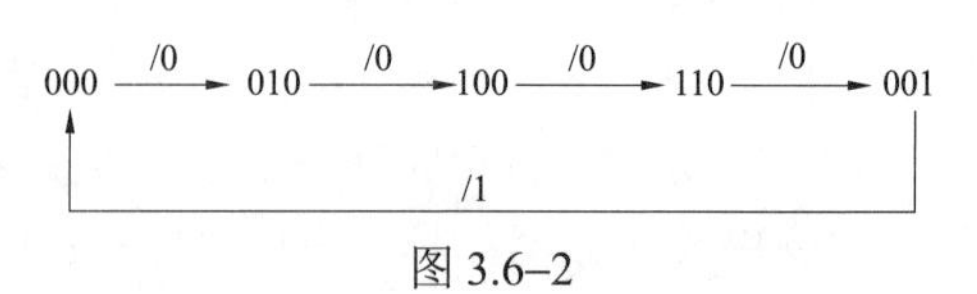

图 3.6–2

分析：

选项 A：不重复的 5 种状态完成一次循环，为五进制计数器。

选项 B：错误。

选项 C：环形计数器的状态为 000、001、010、011、100、101、110。

选项 D：移位寄存器是每来一个脉冲，状态向右或向左移一位，从 000 到 010 的状态变化就可看出显然不是移位寄存器，故选项 D 错误。

答案：A

2.（供 2007，发 2007） 某时序电路如图 3.6–3 所示，其中 R_A、R_B 和 R_S 均为 8 位移位寄存器，其余电路分别为全加器和 D 触发器，则该电路具有（　　）。

A. 实现两组 8 位二进制串行乘法功能　　B. 实现两组 8 位二进制串行除法功能

C. 实现两组 8 位二进制串行加法功能　　D. 实现两组 8 位二进制串行减法功能

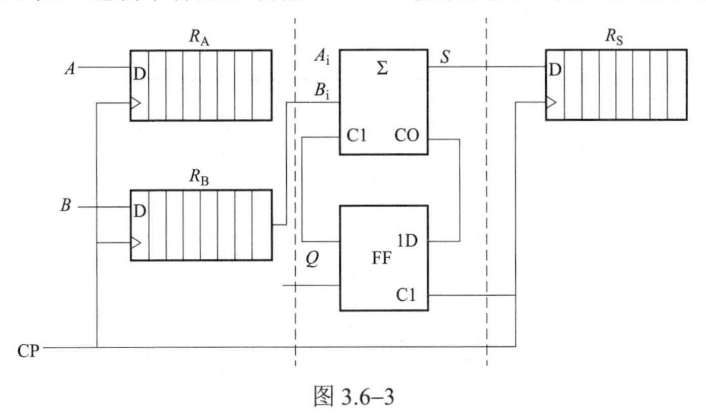

图 3.6–3

分析：电路可看成由三部分组成。

第一部分：将 A、B 两组 8 位二进制数据在 CP 作用下逐位存入寄存器 R_A 和 R_B。

第二部分：R_A、R_B 的最低位作为全加器的两个加数输入，产生相应的和输出 S 和进位输出 CO，来一个脉冲后，R_A、R_B 的次低位进入全加器的输入端，同时将之前最低位相加产生的进位通过 D 触发器输入全加器的 C1 端，三者一并相加。随着下一脉冲的到来，不断重复上述过程。

第三部分：移位寄存器 R_s 保存 8 位全加和。

故该电路实现了两组 8 位二进制串行加法功能。

答案：C

3.（2011） 电路如图 3.6–4 所示，该电路完成的功能是（　　）。

A. 8 位并行加法器　　B. 8 位串行加法器

C. 4 位并行加法器　　D. 4 位串行加法器

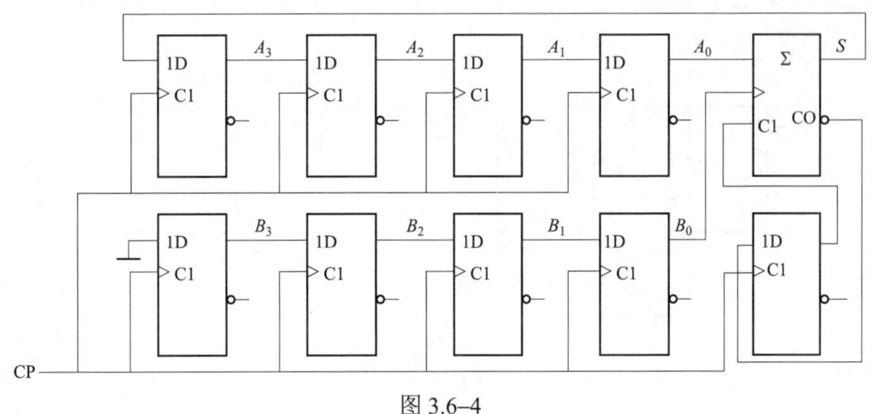

图 3.6–4

分析：前两题均为组合逻辑电路的功能分析，本题不同的是，为时序逻辑电路，图中以D触发器为电路基本单元。

知识点介绍：

全加器：完成被加数、加数和来自低位的进位相加的电路称为全加器。一位全加器的图形符号和真值表见图3.6–5和表3.6–4，其中A_i和B_i分别为第i位的加数和被加数，C_{i-1}为低位进位，S_i为本位相加的和数，C_i为向邻近高位的进位数。

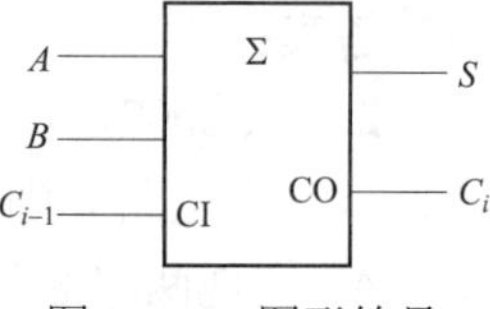

图3.6–5　图形符号

表3.6–4　　**全加器真值表**

输入			输出	
A_i	B_i	C_{i-1}	S_i	C_i
0	0	0	0	0
0	0	1	1	0
0	1	0	1	0
0	1	1	0	1
1	0	0	1	0
1	0	1	0	1
1	1	0	0	1
1	1	1	1	1

本题求解：图中有一个全加器，完成两个加数$A(A_3A_2A_1A_0)$和$B(B_3B_2B_1B_0)$的求和运算，为4位，故可以排除选项A和选项B。全加器的和S送到加数A的最高位，同时将加数A和加数B由高位向低位传递，经过4个脉冲后，完成4位加法运算，因此电路是一个4位串行加法器。

答案：D

4.（供2013，发2014、2019）　在图3.6–6所示电路中，当开关A、B、C分别闭合时，电路所实现的功能分别为（　　）。

A. 8、4、2进制加法计数器　　　B. 16、8、4进制加法计数器

C. 4、2进制加法计数器　　　　D. 16、8、2进制加法计数器

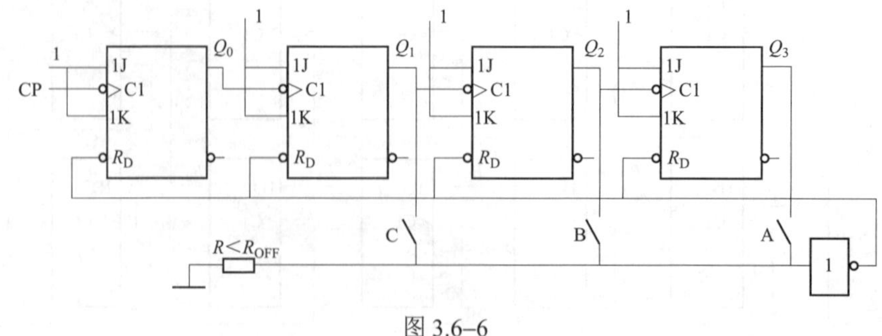

图3.6–6

分析：若 $Q=1$，则立刻清零。图中 JK 触发器的 $J=K=1$，在每个 CP 时钟的下降沿，输出状态翻转一次。2014 年发输变电专业基础考题仅答案顺序不同。

答案：A

5.（2014、2018、2020、2021）如图 3.6–7 所示异步时序电路，该电路的逻辑功能是（　　）。

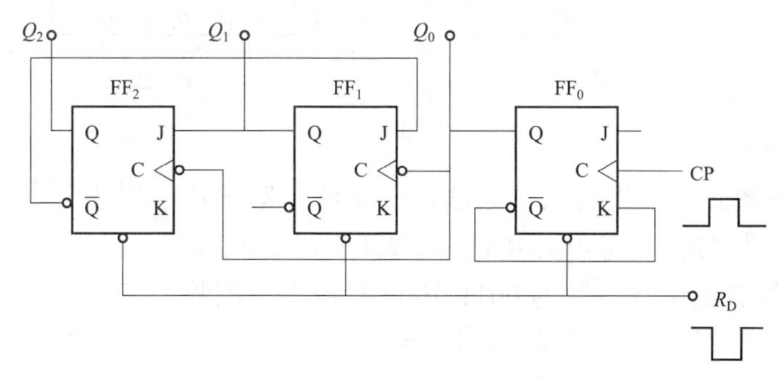

图 3.6–7

A. 同步八进制加法计数器　　B. 异步八进制减法计数器

C. 异步六进制加法计数器　　D. 异步六进制减法计数器

分析：由 JK 触发器的特征方程 $Q^{n+1}=J\overline{Q^n}+\bar{K}Q^n$，该电路实现了以下 6 种状态的循环转换：$001\rightarrow010\rightarrow011\rightarrow100\rightarrow101\rightarrow000$（循环返回 001）

答案：C

【3. 掌握计数器的基本概念、功能及分类】

6.（供 2012，发 2013） 图 3.6–8 所示电路中 Z 点的频率为（　　）。

A. 5Hz　　B. 10Hz　　C. 20Hz　　D. 25Hz

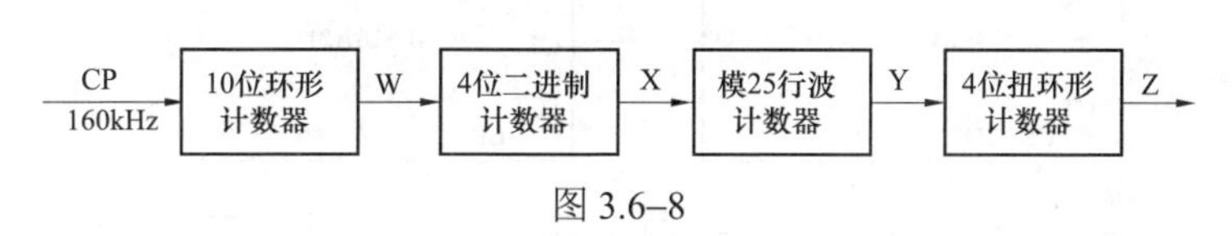

图 3.6–8

分析：10 位环形计数器即为 10 分频器，本题输入 CP 为 160kHz，故 W 点的频率为 160kHz/10＝16kHz；4 位二进制计数器的特点是 $0000\rightarrow0001\rightarrow0010\rightarrow0011\rightarrow0100\rightarrow\cdots\rightarrow1111$，显然 4 位二进制计数器为 16 分频，故 X 点的频率为 16kHz/16＝1kHz；模 25 行波计数器为 25 分频器，故 Y 点的频率为 1kHz/25＝40Hz；4 为扭环形计数器的特点是 $0000\rightarrow0001\rightarrow0011\rightarrow0111\rightarrow1111\rightarrow1110\rightarrow1100\rightarrow1000$，显然 4 位扭环形计数器为 8 分频，故 Z 点的频率为 40Hz/8＝5Hz。2013 年发输变电专业基础考题仅答案顺序不同。

答案：A

【4. 了解二进制计数器（同步和异步）逻辑电路的分析】

7.（供 2008，发 2012） 由 4 位二进制同步计数器 74LS163 构成的逻辑电路如图 3.6–9 所示，该电路的逻辑功能为（　　）。

A. 同步 256 进制计数器　　B. 同步 243 进制计数器

C. 同步 217 进制计数器　　D. 同步 196 进制计数器

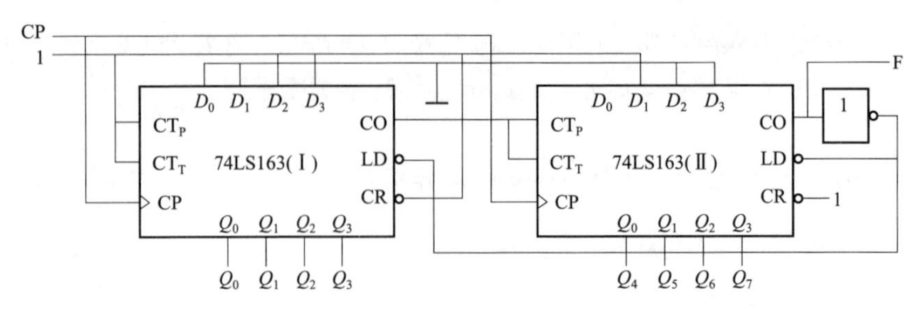

图 3.6–9

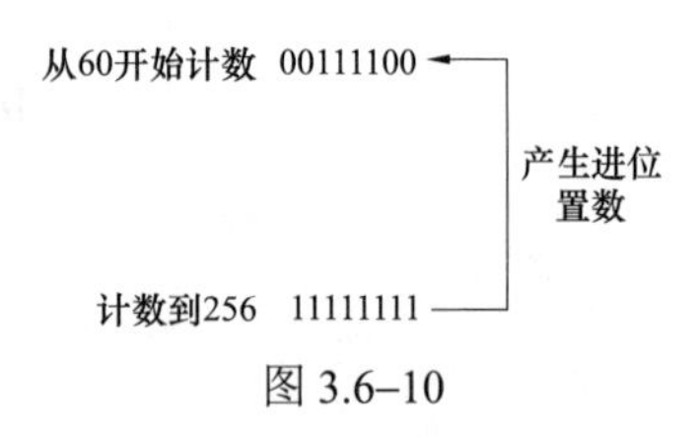

图 3.6–10

分析：看电路图知，采用反馈置数法，低 4 位由第一片 74LS163（Ⅰ）置数为 1100，高 4 位由第二片 74LS163（Ⅱ）置数为 0011，这样综合起来预置数为 00111100（对应十进制数 60），两片 74LS163 级联后，最多会有$16^2 = 256$个状态，当 74LS163（Ⅱ）的进位 CO 为 1，经过非门使得 74LS163（Ⅰ）和 74LS163（Ⅱ）的$\overline{LD} = 0$，从而重新置入数据 00111100，并从此开始计数，显然跳过了 60 个状态，也即该计数器的模为 256–60＝196，故为 196 进制计数器，用图表示如图 3.6–10 所示。

答案：D

8.（2009） 同步十进制加法器 74LS161 构成的电路如图 3.6–11 所示，74LS161 的功能表见表 3.6–5，该电路可完成的功能为（　　）分频。

A. 40　　B. 60　　C. 80　　D. 100

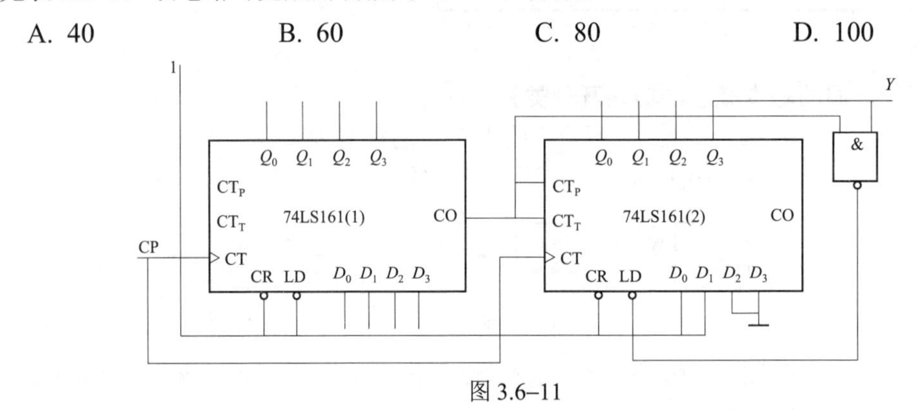

图 3.6–11

表 3.6–5　　**74LS161 的功能表**

CP	$\overline{CR}$	$\overline{LD}$	CT$_P$	CT$_T$	工作状态
↑	0	×	×	×	清零
↑	1	0	×	×	预置数
×	1	1	0	×	保持
×	1	1	×	0	保持
↑	1	1	1	1	计数

分析：由电路图可知，第一片 74LS161（1）其进位输出高电平 1 时，对$\overline{CR}$进行清零，所以 74LS161（1）有 0000～1001 共 10 个状态，为十进制计数器。当$Q_3 = 1$时，第二片 74LS161（2）对$\overline{LD}$进行置数时置入 0011，所以 74LS161（2）计数有 0011～1000 共 6 个状态，为六进

制计数器。两级串联构成 60 进制计数器。

答案：B

9.（2010）全同步十六进制加法集成计数器 74LS163 构成电路如图 3.6–12 所示。74LS163 的功能表见表 3.6–6，该电路完成的功能为（　　）分频。

A. 256　　B. 240　　C. 208　　D. 200

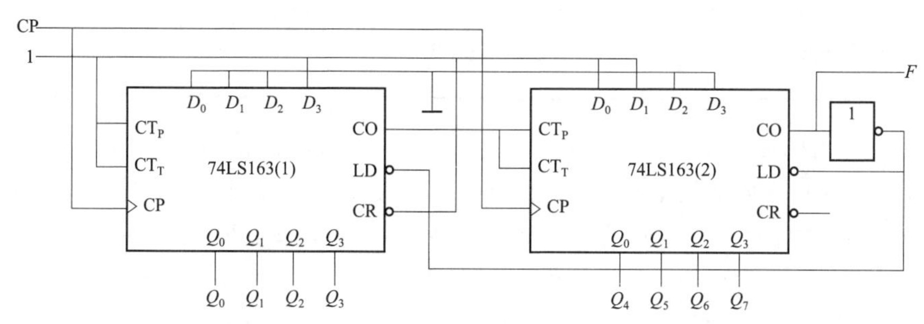

图 3.6–12

表 3.6–6　　74LS163 的功能表

CP	$\overline{CR}$	$\overline{LD}$	CT_P	CT_T	工作状态
↑	0	×	×	×	清零
↑	1	0	×	×	预置数
×	1	1	0	×	保持
×	1	1	×	0	保持
↑	1	1	1	1	计数

分析：74LS163 具有同步清零功能，根据电路图可知，当数据输入端所加数据为 00111000（对应十进制数为 56）时，该电路开始计数，也即跳过了 56 个状态，又两片 74LS163 级联后，最多可能有 $16^2=256$ 个状态，故该计数器的模为 256−56＝200，为 200 进制计数器，因而实现了 200 分频功能。

答案：D

10.（供 2011，发 2011） 74LS161 的功能表见表 3.6–7，图 3.6–13 所示电路的分频比（即 Y 与 CP 的频率之比）为（　　）。

A. 1:63　　B. 1:60　　C. 1:96　　D. 1:256

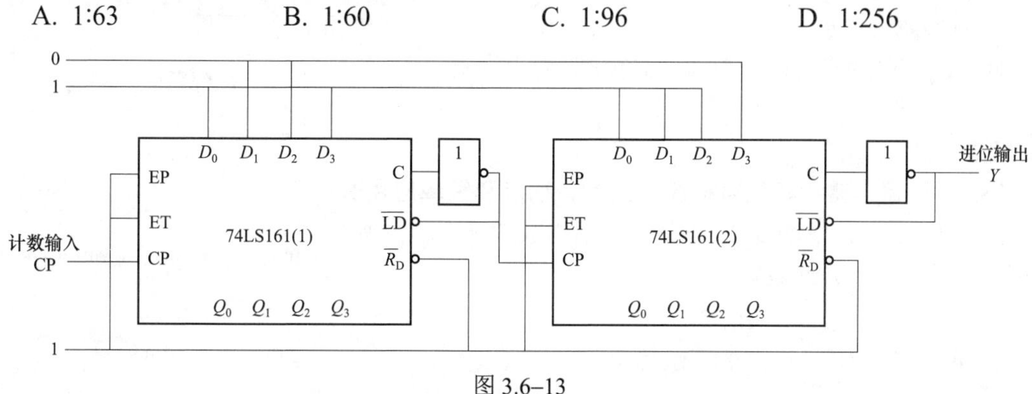

图 3.6–13

表 3.6–7　　　　　　　　　　　　**74LS161 的功能表**

CP	$\overline{R}_D$	$\overline{LD}$	EP	ET	工作状态
×	0	×	×	×	置零
↑	1	0	×	×	预置数
×	1	1	0	1	保持
×	1	1	×	0	保持（但 C=0）
↑	1	1	1	1	计数

分析：当 74LS161（1）的进位输出 C 输出 1 时候，经过非门使得 $\overline{LD}=0$，置入数据 1001，所以 74LS161（1）的计数是从 1001（对应十进制数 9）开始，到 1111（对应十进制数 16）结束，共有 16–9＝7 种状态，故为 7 进制计数器。用图说明如图 3.6–14 所示。

同理，74LS161（2）当 $\overline{LD}=0$ 时，置入数据 0111，所以 74LS161（2）的计数是从 0111（对应十进制数 7）开始，到 1111（对应十进制数 16）结束，共有 16–7＝9 种状态，故为 9 进制计数器。用图说明如图 3.6–15 所示。

图 3.6–14　　　　　　　　图 3.6–15

两片串联起来，故构成 7×9＝63 进制计数器，即进位输出 Y 的频率为 CP 频率的 1/63。

答案：A

11.（2019、2020）　图 3.6–16 所示电路，集成计数器 74LS160 在 $M=1$ 和 $M=0$ 时，其功能分别为（　　）。

A. $M=1$ 时为六进制计数器，$M=0$ 时为八进制计数器

B. $M=1$ 时为八进制计数器，$M=0$ 时为六进制计数器

C. $M=1$ 时为十进制计数器，$M=0$ 时为八进制计数器

D. $M=1$ 时为六进制计数器，$M=0$ 时为十进制计数器

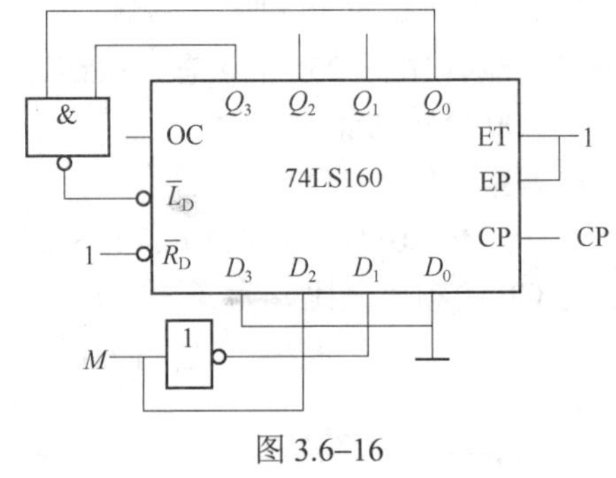

图 3.6–16

答案：A

【5. 了解寄存器和移位寄存器的结构、功能和简单应用】

12.（供 2007，发 2007）　n 位寄存器组成的环形移位寄存器可以构成（　　）计数器。

A. n　　　　B. 2^n

C. 4^n　　　　D. 无法确定

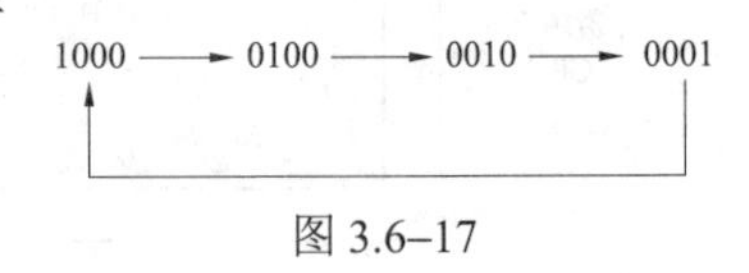

图 3.6–17

分析：n 位移位寄存器可以计 n 个数，以 4 位环形移位计数器为例，其右移的规律是如图 3.6–17 所示。

答案：A

3.6.4 【发输变电专业基础】历年真题详解

【2. 了解时序逻辑电路的分析步骤和方法，计数器的状态转换表、状态转换图和时序图的画法；触发器触发方式不同时对不同功能计数器的应用连接】

1.（2014、2019） 图 3.6–18 所示电路中，当开关 A、B、C 均断开时，电路的逻辑功能为（　　）。

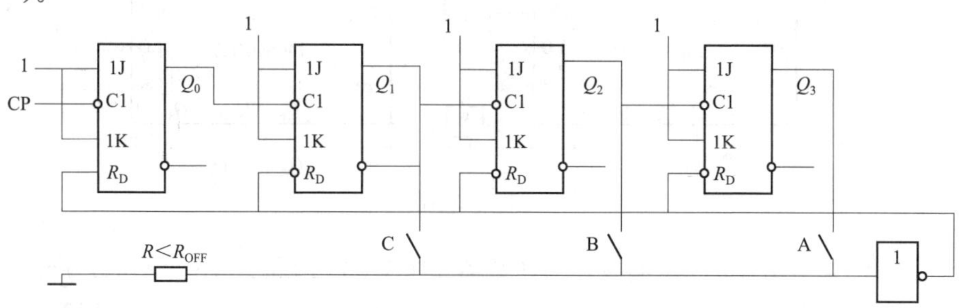

图 3.6–18

A. 8 进制加法计数　　　　B. 10 进制加法计数

C. 16 进制加法计数　　　　D. 10 进制减法计数

分析：四个 JK 触发器串联后构成一个异步计数器，每个 CP 的下降沿，触发器计数，输出翻转一次。

答案：C

2. 同 3.6.3 中第 4 题。

3.（2016） 图 3.6–19 所示电路的逻辑功能是（　　）。

A. 四位二进制加法器　　　　B. 四位二进制减法器

C. 四位二进制加/减法器　　　　D. 四位二进制比较器

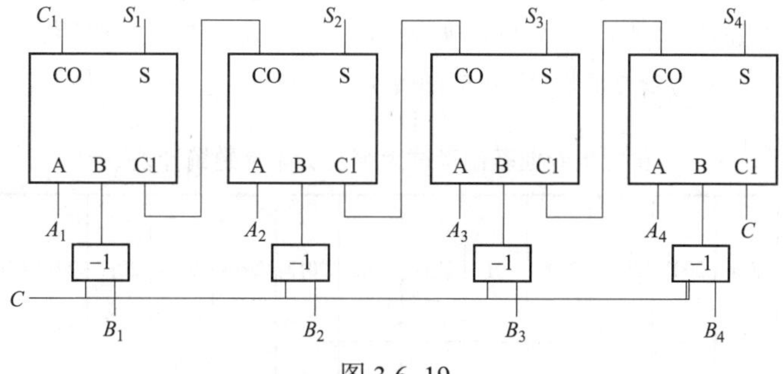

图 3.6–19

分析：该电路实现四位二进制减法器功能。

答案：B

【3. 掌握计数器的基本概念、功能及分类】

4. 同 3.6.3 中第 6 题。

【4. 了解二进制计数器（同步和异步）逻辑电路的分析】

5.（2014） 图 3.6–20 所示电路中，计数器 74LS163 构成电路的逻辑功能为（　　）。

A. 同步 84 进制加法计数　　B. 同步 73 进制加法计数

C. 同步 72 进制加法计数　　D. 同步 32 进制加法计数

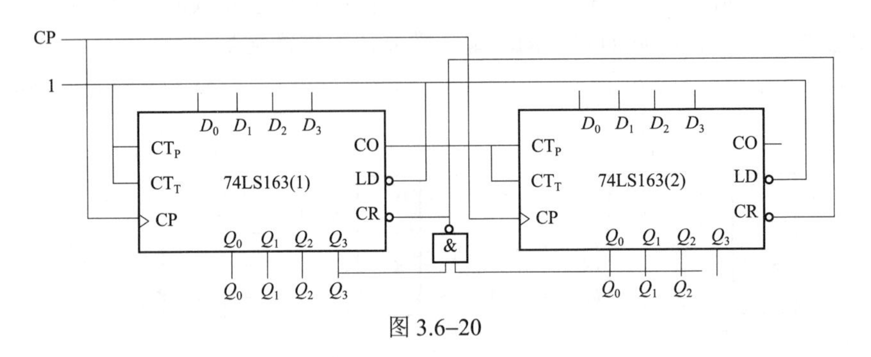

图 3.6–20

分析：注意 74LS163 是同步清零。当计数器 74LS163（1）每计 16 个数时，产生进位，使得 74LS163（2）计数一次，由电路图可知，本题采用“反馈清零法”，当 74LS163（2）的 $Q_2=1$ 和 74LS163（1）的 $Q_3=1$，即计数到 $4\times16+8=72$ 时，计数器清零。

答案：C

6.（2017、2018、2020） 采用中规模加法计数器 74LS161 构成的计数器电路如图 3.6–21 所示，该电路的进制为（　　）。

A. 十一进制　　B. 十二进制

C. 八进制　　D. 十进制

答案：D

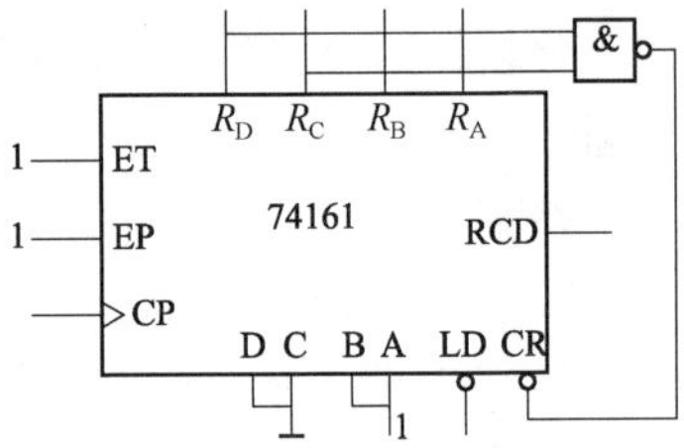

图 3.6–21

3.7 脉冲波形的产生

3.7.1 考试大纲要求及历年真题统计分析（供配电、发输变电）

历年真题按照考试大纲考点归类总结见表 3.7–1 和表 3.7–2（说明：1、2、3、4 道题分别对应 1、2、3、4 颗★，≥5 道题对应 5 颗★）。

表 3.7–1　　供配电专业基础考试大纲及历年真题统计表

3.7 脉冲波形的产生 考试大纲	2005	2006	2007	2008	2009	2010	2011	2012	2013	2014	2016	2017	2018	2019	2020	2021	汇总统计
1. 了解 TTL 与非门多谐振荡器、单稳态触发器、施密特触发器的结构、工作原理、参数计算和应用★★★★★		2	1			1			1		1	1					7★★★★★
汇总统计	0	2	1	0	0	1	0	0	1	0	1	1	0	0	0	0	7

表 3.7–2　　　　　　　　发输变电专业基础考试大纲及历年真题统计表

3.7 脉冲波形的产生 考试大纲	2005（同供配电）	2006（同供配电）	2007	2008	2009	2010	2011	2012	2013	2014	2016	2017	2018	2019	2020	2021	汇总统计
1. 了解 TTL 与非门多谐振荡器、单稳态触发器、施密特触发器的结构、工作原理、参数计算和应用★★★★★		2	1		1	1			1		1	1	1		1		10★★★★★
汇总统计	0	2	1	0	1	1	0	0	1	0	1	1	1	0	1	0	10

对比以上供配电专业基础和发输变电专业基础历年真题统计表，可看到：尽管两个专业方向不同，但专业基础考试的两个方向的侧重点几乎相同，见表 3.7–3。

表 3.7–3　　　　　　供配电、发输变电专业基础两个专业方向侧重点对比

3.7 脉冲波形的产生	历年真题汇总统计	
考试大纲（取供配电、发输变电两个方向中多的★值标注）	供配电	发输变电
1. 了解 TTL 与非门多谐振荡器、单稳态触发器、施密特触发器的结构、工作原理、参数计算和应用★★★★★	7★★★★★	10★★★★★
汇总统计	7	10

3.7.2　重要知识点复习

结合前面 3.7.1 节的历年真题统计分析（供配电、发输变电）结果，对“3.7 脉冲波形的产生”部分的大纲点复习如下：

考点一：用 555 组成的多谐振荡器

555 定时器外接电阻 R_1、R_2 和电容 C 构成的多谐振荡器如图 3.7–1 所示。

工作原理：接通电源后，V_{CC} 通过 R_1、R_2 对电容 C 充电，充电时间常数为 $(R_1+R_2)C$，电容 C 的电压 u_C 按照指数规律上升，当 u_C 上升到 $\dfrac{2V_{CC}}{3}$，u_o 为低电平；然后电容 C 通过 R_2 放电，放电时间常数为 R_2C，u_C 按指数规律下降；当 u_C 下降到 $\dfrac{V_{CC}}{3}$ 时，u_o 翻转为高电平，V_{CC} 又通过 R_1、R_2 对电容 C 充电。如此周而复始，于是在电路的输出端就得到一个周期性的矩形波（图 3.7–2）。

振荡周期和频率的计算：

t_1 是电容器 C 放电所需的时间：$t_1 = R_2C\ln 2 \approx 0.7R_2C$。

t_2 是 u_C 由 $\dfrac{V_{CC}}{3}$ 上升到 $\dfrac{2V_{CC}}{3}$ 所需要的时间：$t_2 = (R_1+R_2)C\ln 2 \approx 0.7(R_1+R_2)C$。

所以振荡周期：$T = t_1 + t_2 \approx 0.7R_2C + 0.7(R_1+R_2)C = 0.7(R_1+2R_2)C$。

振荡频率：$f = \dfrac{1}{T} = \dfrac{1}{0.7(R_1+2R_2)C} = \dfrac{1.43}{(R_1+2R_2)C}$。

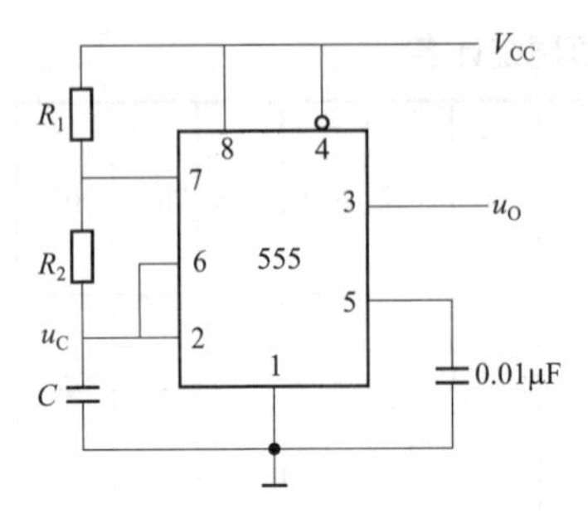

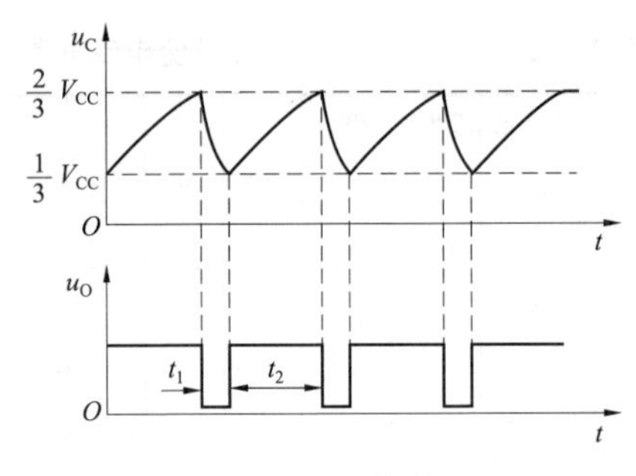

图 3.7–1　多谐振荡器电路图

图 3.7–2　工作波形

考点二：用施密特触发器构成的多谐振荡器

由于施密特触发器具有两个不同的阈值电压，如果能使其输入电压在V_{T+}、V_{T-}之间反复变化，就可以在输出端得到矩形波。将施密特触发器的输出端经过 RC 积分电路接回其输入端，即可实现上述功能，由施密特触发器构成的多谐振荡器如图 3.7–3 所示。设在电源接通瞬间，电容 C 的初始电压为零，输出电压u_o为高电平，u_o通过电阻 R 对电容 C 充电，当u_C达到V_{T+}时，施密特触发器翻转，u_o由高电平跳变为低电平。此后，电容 C 又开始放电，u_C下降，当它下降到V_{T-}时，电路又发生翻转，u_o又由低电平跳变为高电平，C 又被重新充电，如此周而复始，于是，在电路的输出端就得到了矩形波，u_C和u_o的波形如图 3.7–4 所示。

由上述分析可得　　$T_1 = RC\ln\dfrac{V_{DD}-V_{T-}}{V_{DD}-V_{T+}}$，$T_2 = RC\ln\dfrac{V_{T+}}{V_{T-}}$。

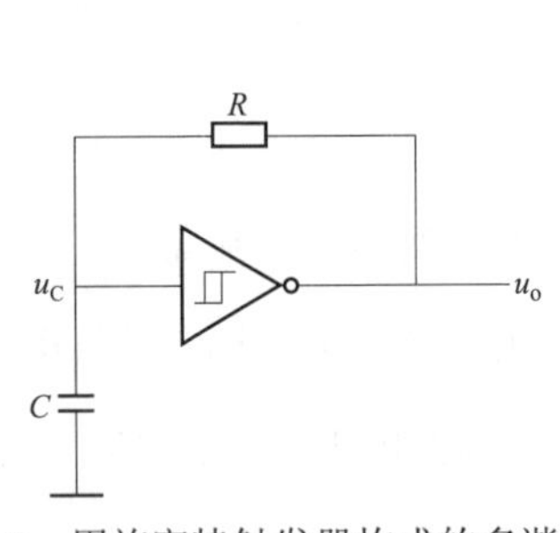

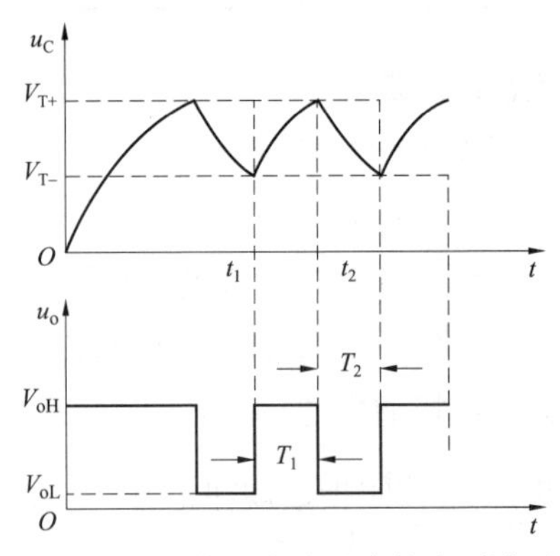

图 3.7–3　用施密特触发器构成的多谐振荡器

图 3.7–4　左图电路对应的电压波形

故振荡周期$T = T_1 + T_2 = RC\ln\dfrac{V_{DD}-V_{T-}}{V_{DD}-V_{T+}} + RC\ln\dfrac{V_{T+}}{V_{T-}} = RC\ln\left(\dfrac{V_{DD}-V_{T-}}{V_{DD}-V_{T+}}\times\dfrac{V_{T+}}{V_{T-}}\right)$。

3.7.3 【供配电专业基础】历年真题详解

【1. 了解 TTL 与非门多谐振荡器、单稳态触发器、施密特触发器的结构、工作原理、参数计算和应用】

1.（2006） 能提高计时精度的元件是（　　）。

A. 施密特　　B. 双稳态　　C. 单稳态　　D. 多谐振荡器

分析：振荡器是数字钟的核心，振荡器的稳定度和振荡频率的精确度决定了数字钟的计时精度。

答案：D

2.（2006） 用 50 个与非门组成的环形多谐振荡器如图 3.7–5 所示，设每个门的平均传输时间 $t_{pd}=20\mu s$，试求振荡周期 T 为多少？（　　）

A. 20ms　　B. 2ms　　C. 40ms　　D. 4ms

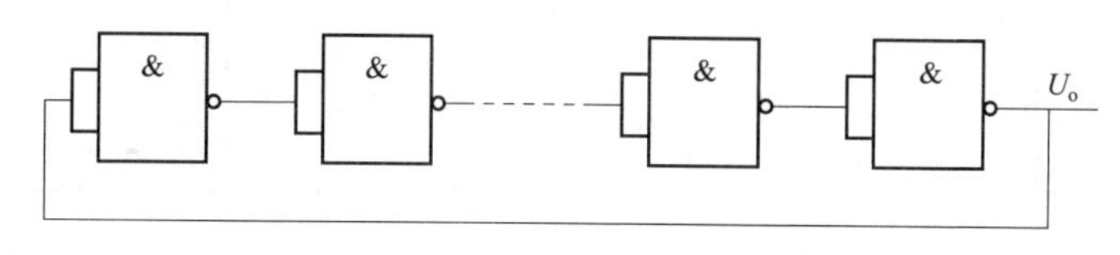

图 3.7–5

分析：题目已知每个门的平均传输时间 $t_{pd}=20\mu s$，50 个门的传输时间就为 $nt_{pd}=50\times20\mu s$，振荡周期为 $T=2nt_{pd}=2\times50\times20\mu s=2ms$。

答案：B

3.（供 2007，发 2007） 由 555 定时器构成的多谐振荡器如图 3.7–6 所示，已知 $R_1=33k\Omega$，$R_2=27k\Omega$，$C=0.083\mu F$，$V_{CC}=15V$。图所示电路的振荡频率 f_0 约为（　　）Hz。

A. 286　　B. 200

C. 127　　D. 140

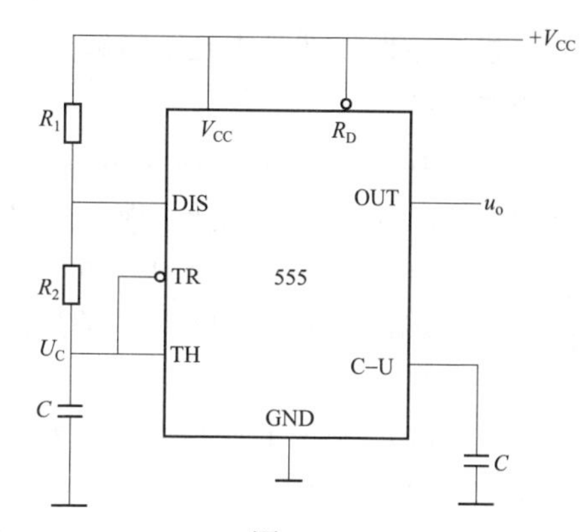

图 3.7–6

分析：由表 3.7–4 可知，振荡频率 $f_0=\dfrac{1.43}{(R_1+2R_2)C}=\dfrac{1.43}{(33+2\times27)\times0.083\times10^{-3}}Hz=198Hz$。

表 3.7–4　　真 值 表

TH	$\overline{TR}$	$\overline{R}_D$	OUT	DIS
×	×	L	L	导通
$>2V_{CC}/3$	$>V_{CC}/3$	H	L	导通
$<2V_{CC}/3$	$>V_{CC}/3$	H	不变	不变
×	$<V_{CC}/3$	H	H	截止

答案：B

4.（2010） 图 3.7–7 所示电路为用 555 定时器组成的开机延时电路，若给定 $C=25\mu F$，$R=91k\Omega$，$V_{CC}=12V$，常闭开关 S 断开后经过延时时间为（　　）s，u_o 才能跳变为高电平。

A. 1.59　　B. 2.5

C. 1.82　　D. 2.275

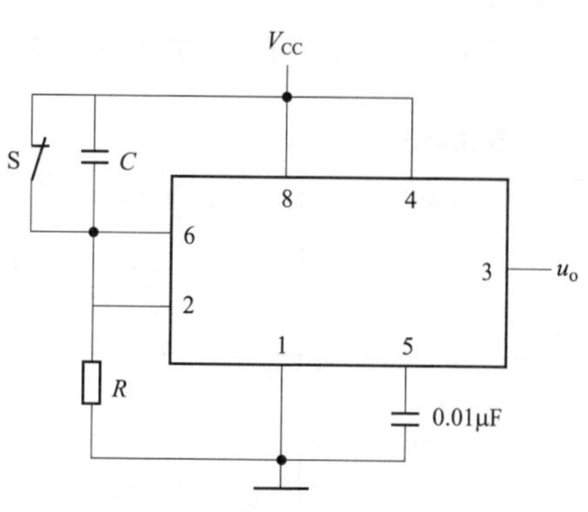

图 3.7–7

分析：$t=RC\ln3=91\times10^3\times25\times10^{-6}\times1.1s=2.5s$。

答案：B

5.（供 2013，发 2009） CMOS 集成施密特触发器组成的电路如图 3.7–8 所示，该施密特触发器的电压传输特性曲线如图 3.7–9 所示，该电路的功能为（　　）。

A. 双稳态触发器　　B. 单稳态触发器　　C. 多谐振荡器　　D. 三角波发生器

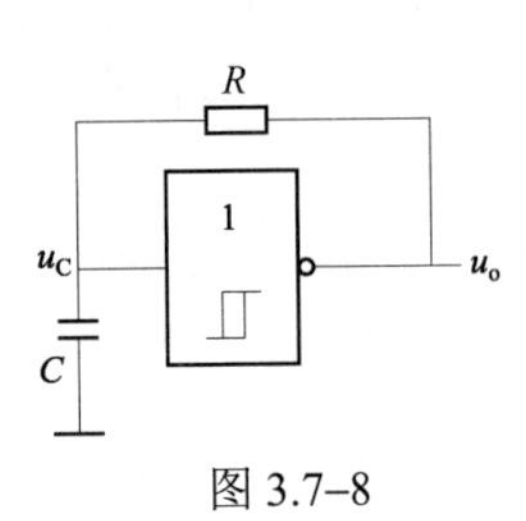

图 3.7–8

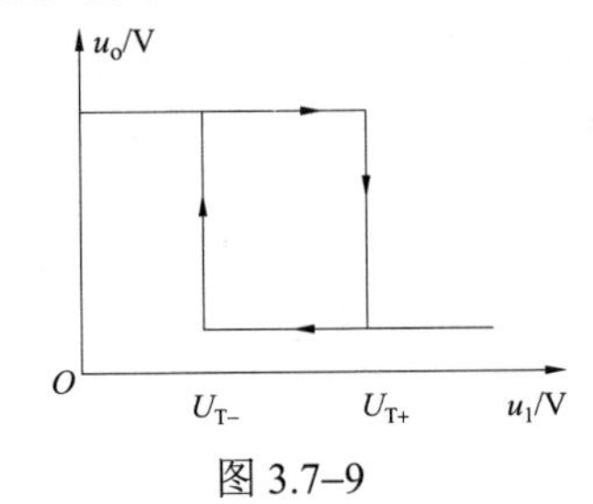

图 3.7–9

分析：本题显然是由施密特触发器构成的多谐振荡器，详见大纲点复习内容。

答案：C

6.（2016） 由 CMOS 与非门组成的单稳态触发器，如图 3.7–10 所示，已知：$R = 51\text{k}\Omega$，$C = 0.01\mu\text{F}$，电源电压 $V_{DD} = 10\text{V}$，在触发信号作用下输出脉冲的宽度为（　　）。

A. 1.12ms　　B. 0.70ms　　C. 0.56ms　　D. 0.35ms

分析：输出脉冲的宽度 $\tau = 0.7RC = 0.7 \times 51\,000 \times 0.01 \times 10^{-6}\text{s} = 357 \times 10^{-6}\text{s} = 0.357\text{ms}$。

答案：D

7.（2017） 555 定时器构成的多谐振荡器如图 3.7–11 所示，若 $R_1 = 2R_2$，则输出矩形波的占空比为（　　）。

A. $\frac{1}{2}$　　B. $\frac{1}{3}$　　C. $\frac{2}{3}$　　D. $\frac{3}{4}$

图 3.7–10

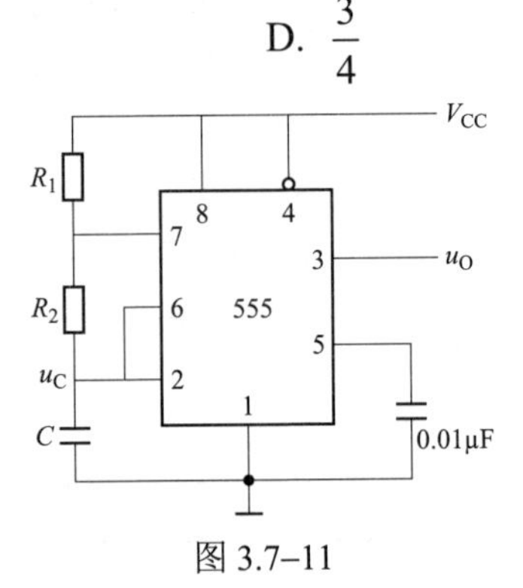

图 3.7–11

555 定时器的功能表见表 3.7–5。

表 3.7–5　　555 定时器功能表

R_D（④脚）	U_{TH}（⑥脚）	U_{TL}（②脚）	U_O（③脚）	VT（⑦脚）
0	×	×	0	导通
1	$>\frac{2}{3}V_{CC}$	$>\frac{1}{3}V_{CC}$	0	导通
1	$<\frac{2}{3}V_{CC}$	$>\frac{1}{3}V_{CC}$	保持	保持
1	$<\frac{2}{3}V_{CC}$	$<\frac{1}{3}V_{CC}$	1	截止
1	$>\frac{2}{3}V_{CC}$	$<\frac{1}{3}V_{CC}$	1	截止

分析：占空比$q\%=\dfrac{R_1}{R_1+R_2}=\dfrac{2R_2}{2R_2+R_2}=\dfrac{2}{3}$

答案：C

3.7.4 【发输变电专业基础】历年真题详解

【1. 了解 TTL 与非门多谐振荡器、单稳态触发器、施密特触发器的结构、工作原理、参数计算和应用】

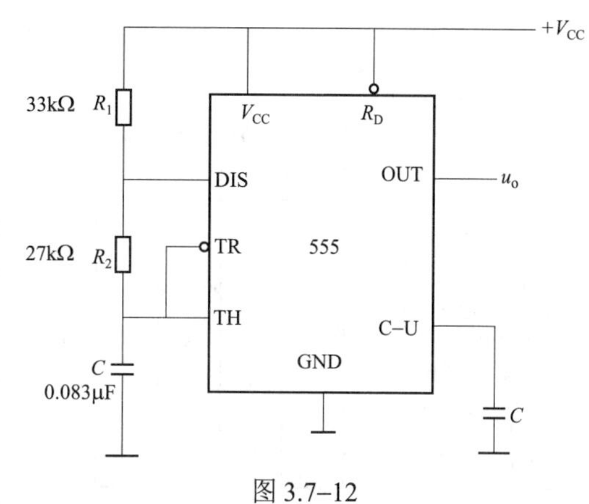

图 3.7–12

1.（2013） 由 555 定时器组成的脉冲发生电路如图 3.7–12 所示，电路的振荡频率为（　　）。

A. 200Hz　　B. 400Hz

C. 1000Hz　　D. 2000Hz

分析：本题中，看图可知$R_1=33\text{k}\Omega$，$R_2=27\text{k}\Omega$，$C=0.083\mu\text{F}$，故电路的振荡频率为

$$f=\frac{1.43}{(R_1+2R_2)C}=\frac{1.43}{(33\times10^3+2\times27\times10^3)\times0.083\times10^{-6}}\text{Hz}=198\text{Hz}。$$

答案：A

2.（2016） 利用 CMOS 集成施密特触发器组成的多谐振荡器如图 3.7–13 所示，设施密特触发器的上、下限阈值电平分别为$U_{T+}=\frac{2}{3}V_{DD}$、$U_{T-}=\frac{1}{3}V_{DD}$，则电路的振荡周期约为（　　）。

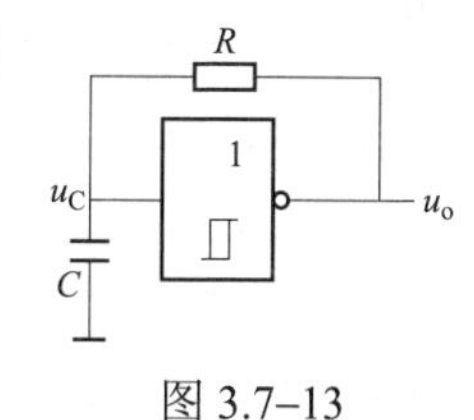

图 3.7–13

A. 0.7RC　　B. 1.1RC

C. 1.4RC　　D. 2.2RC

分析：参见 3.7.2 节“考点二：多谐振荡器”要点复习。

$$振荡周期\ T=RC\ln\left(\frac{V_{DD}-V_{T-}}{V_{DD}-V_{T+}}\times\frac{V_{T+}}{V_{T-}}\right)=RC\ln\left(\frac{V_{DD}-\frac{1}{3}V_{DD}}{V_{DD}-\frac{2}{3}V_{DD}}\times\frac{\frac{2}{3}V_{DD}}{\frac{1}{3}V_{DD}}\right)=RC\ln4=1.39RC。$$

答案：C

3.（2018） 由 555 定时器组成的单稳态触发器，其输出脉冲宽度取决于（　　）。

A. 电源电压　　B. 触发信号幅度

C. 触发信号宽度　　D. 外接R、C的数值

答案：D

4.（2020） 为了将正弦信号转换成与之频率相同的脉冲信号，可采用（　　）。

A. 多谐振荡器　　B. 施密特触发器　　C. 移位寄存器　　D. 顺序脉冲发电器

答案：B

3.8 数模和模数转换

3.8.1 考试大纲要求及历年真题统计分析（供配电、发输变电）

历年真题按照考试大纲考点归类总结见表 3.8–1 和表 3.8–2（说明：1、2、3、4 道题分别对应 1、2、3、4 颗★，≥5道题对应 5 颗★）。

表 3.8–1　　供配电专业基础考试大纲及历年真题统计表

3.8　数模和模数转换 考试大纲	2005	2006	2007	2008	2009	2010	2011	2012	2013	2014	2016	2017	2018	2019	2020	2021	汇总统计
1. 了解逐次逼近和双积分模数转换工作原理；R—2R网络数模转换工作原理；模数和数模转换器的应用场合★★★★	1	1		1	1	1	1	1	1	1	1					1	11★★★★★
2. 掌握典型集成数模和模数转换器的结构																	0
3. 了解采样保持器的工作原理																	0
汇总统计	1	1	0	1	1	1	1	1	1	1	1	0	0	0	0	1	11

表 3.8–2　　发输变电专业基础考试大纲及历年真题统计表

3.8　数模和模数转换 考试大纲	2005（同供配电）	2006（同供配电）	2007	2008	2009	2010	2011	2012	2013	2014	2016	2017	2018	2019	2020	2021	汇总统计
1. 了解逐次逼近和双积分模数转换工作原理；R—2R网络数模转换工作原理；模数和数模转换器的应用场合★★★★	1	1		1			1	1	1			1		1			8★★★★★
2. 掌握典型集成数模和模数转换器的结构																	0
3. 了解采样保持器的工作原理																	0
汇总统计	1	1	0	1	0	0	1	1	1	0	0	1	0	1	0	0	8

对比以上供配电专业基础和发输变电专业基础历年真题统计表，可看到：尽管两个专业方向不同，但专业基础考试的两个方向的侧重点几乎相同，见表 3.8–3。

表 3.8–3　　　　　　专业基础供配电、发输变电两个专业方向侧重点对比

3.8　数模和模数转换	历年真题汇总统计	
考试大纲（取供配电、发输变电两个方向中多的★值标注）	供配电	发输变电
1. 了解逐次逼近和双积分模数转换工作原理；R—2R 网络数模转换工作原理；模数和数模转换器的应用场合★★★★★	11★★★★★	8★★★★★
2. 掌握典型集成数模和模数转换器的结构	0	0
3. 了解采样保持器的工作原理	0	0
汇总统计	11	8

3.8.2　重要知识点复习

结合前面 3.8.1 节的历年真题统计分析（供配电、发输变电）结果，对“3.8 数模和模数转换”部分的 1 大纲点深入总结，其他大纲点从略。

1. 了解逐次逼近和双积分模数转换工作原理；R—2R 网络数模转换工作原理；模数和数模转换器的应用场合

输出数字量的计算公式为$D=\frac{2^n}{U_{REF}}u_i=\frac{1}{U_{REF}/2^n}u_i=\frac{u_i}{U_{LSB}}$，式中$u_i$为输入电压模拟量值。

记住数–模转换的公式，D/A 转换器输出模拟量与数字量之间的一般关系式为

$$u_o=-\frac{U_{REF}}{2^n}\sum_{i=0}^{n-1}(D_i\times 2^i)$$

分辨率是指 A/D 转换器能分辨的模拟输入信号的最小变化量或最小量化单位，其定义为 D/A 转换器输出模拟电压可能被分离的等级数，输入数字量位数越多，输出电压可分离的等级数越多，分辨率越高，用$1/2^n\times U_{REF}$表示，这里U_{REF}表示满量程输入电压。在实际应用中，往往用输入数字量的位数表示 D/A 转换器的分辨率。n 位 D/A 转换器的分辨率表示为

$$分辨率=\frac{U_{LSB}}{U_m}=\frac{1}{2^n-1}$$

式中：U_{LSB}为最小输出电压；U_m为最大输出电压。

例如，A/D 转换器的输出为 10 位二进制数，最大输入信号为 5V，那么这个转换器的输出应能区分出输入信号的最小差异为$5V/2^{10}=4.88mV$。

2. 掌握典型集成数模和模数转换器的结构

历年无考题，略。

3. 了解采样保持器的工作原理

历年无考题，略。

3.8.3 【供配电专业基础】历年真题详解

【1. 了解逐次逼近和双积分模数转换工作原理；R—2R 网络数模转换工作原理；模数和数模转换器的应用场合】

1.（2005）　与逐次渐进 ADC 比较，双积分 ADC 的特点为（　　）。

A. 转换速度快，抗干扰能力强　　　　B. 转换速度慢，抗干扰能力强

C. 转换速度高，抗干扰能力差　　　　　　D. 转换速度低，抗干扰能力差

分析：双积分 A/D 转换器的突出优点是工作性能稳定，抗干扰能力尤其是抗工频干扰能力强，但其转换速度慢，一般需要几毫秒～几十毫秒。

答案：B

2.（供 2006、2008、2009，发 2008）一片 12 位 ADC 的最小分辨电压为 1.2mV，采用四舍五入的量化方法，若输入电压为 4.387V，则输出数字量为（　　）。

A. E47H　　　B. E48H　　　C. E49H　　　D. E50H

分析：利用输出数字量的计算公式 $D=\frac{2^n}{U_{\mathrm{REF}}}u_{\mathrm{i}}=\frac{1}{U_{\mathrm{REF}}/2^n}u_{\mathrm{i}}=\frac{u_{\mathrm{i}}}{U_{\mathrm{LSB}}}$，有 $D=\frac{2^n}{V_{\mathrm{REF}}}u_{\mathrm{i}}=\frac{4.387}{1.2\times10^{-3}}=(3656)_{10}$。将答案选项值的 16 进制数转换成 10 进制数如下：

选项 A：$(\mathrm{E47})_{\mathrm{H}}=14\times16^2+4\times16^1+7\times16^0=(3655)_{10}$，错误。

选项 B：$(\mathrm{E48})_{\mathrm{H}}=14\times16^2+4\times16^1+8\times16^0=(3656)_{10}$，正确。

选项 C：$(\mathrm{E49})_{\mathrm{H}}=14\times16^2+4\times16^1+9\times16^0=(3657)_{10}$，错误。

选项 D：$(\mathrm{E50})_{\mathrm{H}}=14\times16^2+5\times16^1+0\times16^0=(3664)_{10}$，错误。

答案：B

3.（2010、2016）若一个 8 位 ADC 的最小量化电压为 19.6mV，当输入电压为 4.0V 时，输出数字量为（　　）。

A. $(11001001)_{\mathrm{B}}$　　　B. $(11001000)_{\mathrm{B}}$　　　C. $(10001100)_{\mathrm{B}}$　　　D. $(11001100)_{\mathrm{B}}$

分析：此题同前题，$D=\frac{u_{\mathrm{i}}}{U_{\mathrm{LSB}}}=\frac{4}{19.6\times10^{-3}}=204.08\approx(204)_{10}=(11001100)_{\mathrm{B}}$。按照“除 2 取余法”将十进制数 204 化成二进制数，过程如下：

除数	商		余数	
2	204			低
2	102	……	0	
2	51	……	0	
2	25	……	1	
2	12	……	1	
2	6	……	0	
2	3	……	0	
2	1	……	1	
	0	……	1	高

答案：D

4.（2011）如图 3.8–1 所示电路是用 D/A 转换器和运算放大器组成的可变增益放大器，DAC 的输出 $u=-D_{\mathrm{n}}U_{\mathrm{REF}}/255$，它的电压放大倍数 $A_{\mathrm{u}}=u_{\mathrm{o}}/u_{\mathrm{i}}$ 可由输入数字量 D_{n} 来设定。当

D_n取（01）$_H$和（EF）$_H$时，A_u分别为（　　）。

A. 1，25.6　　B. 1，25.5　　C. 256，1　　D. 255，1

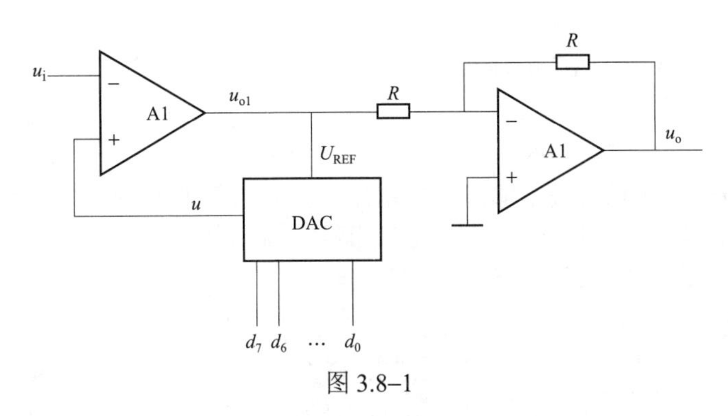

图 3.8–1

分析：方法 1，直接推导计算法。对运放 A1，用虚短知$u_i=u=-D_nU_{REF}/255$，$u_{o1}=U_{REF}$，且经过电阻 R 接入运放 A2 的反相输入端，故有$u_o=-u_{o1}=-U_{REF}$，所以

$$A_u=u_o/u_i=\frac{-U_{REF}}{-D_nU_{REF}/255}=\frac{255}{D_n}$$

当$D_n=(01)_H$时，$A_u=\frac{255}{(01)_H}=\frac{255}{1}=255$；

当$D_n=(EF)_H$时，$A_u=\frac{255}{(EF)_H}=\frac{255}{14\times16+15\times16^0}=\frac{255}{239}\approx1.067$。

方法 2，排除法。

$$\left.\begin{aligned}u_o&=-U_{REF}\\u_o&=A_uu_i\end{aligned}\right\}\Rightarrow U_{REF}=-A_uu_i$$

当$D_n=(01)_H$时，对于选项 A、B，$A_u=1$，则有$U_{REF}=-u_i$。

$u=-D_nU_{REF}/255=-\frac{U_{REF}}{255}=\frac{u_i}{255}$，根据虚短$u=u_i$，故 A、B 选项错误。

对于选项 C，$A_u=256$，则有$U_{REF}=-256u_i$。

当$D_n=(01)_H=1$时，有$u=-D_nU_{REF}/255=-\frac{U_{REF}}{255}=\frac{256}{255}u_i$，与$u=u_i$矛盾，

显然，当$D_n=(01)_H=1$时，若$A_u=255$，则$u=u_i$，故选 D。

答案：D

5.（2012） 8 位 D/A 转换器，当输入数字量 10000000 时输出电压为 5V，若输入为 10001000，输出电压为（　　）V。

A. 5.44　　B. 5.76　　C. 6.25　　D. 6.84

分析：利用 D/A 的数–模转换公式$u_o=-\frac{U_{REF}}{2^n}\sum_{i=0}^{n-1}(D_i\times2^i)$求解本题。

输入为 10000000→5V，代入上式，$5=-\frac{U_{REF}}{2^8}\times(1\times2^7)\Rightarrow U_{REF}=-10\text{V}$；

则输入为 10001000 时，$u_o=-\frac{-10}{2^8}\times(1\times2^7+1\times2^3)\text{V}=5.3125\text{V}$。

答案：A

6.（2013） 一片 8 位 DAC 的最小输出电位增量为 0.02V，当输入为 11001011 时，输出电压为（　　）。

A. 2.62　　　B. 4.06　　　C. 4.82　　　D. 5.00

分析：8 位 D/A 转换器的最小输出电压增量即是数字量 00000001 对应的模拟电压值，或数字量每增加一个单位，输出模拟电压的增加量。输入代码 11001101 对应的模拟电压为 $u_o=0.02\times(2^7+2^6+2^3+2^1+2^0)\text{V}=0.02\times203\text{V}=4.06\text{V}$。

答案：B

7.（2014） 如果要对输入二进制数码进行 D/A 转换，要求输出电压能分辨 2.5mV 的变化量，最大输出电压要达到 10V，应该选择 D/A 转换器的位数为（　　）。

A. 14 位　　　B. 13 位　　　C. 12 位　　　D. 10 位

分析：将题目给定数值代入分辨率公式，分辨率 $=\frac{U_{LSB}}{U_m}=\frac{1}{2^n-1}$，得到 $\frac{2.5\times10^{-3}}{10}=\frac{1}{2^n-1}\Rightarrow n\approx12$。

答案：C

8.（2021） 要对 250 条信息编码，则二进制代码至少需要（　　）。

A. 6 位　　　B. 7 位　　　C. 8 位　　　D. 9 位

分析：$2^8=256$。

答案：C

3.8.4 【发输变电专业基础】历年真题详解

【1. 了解逐次逼近和双积分模数转换工作原理；R—2R 网络数模转换工作原理；模数和数模转换器的应用场合】

1.（2013） 如果将一个最大幅度为 5.1V 的模拟信号转换为数字信号，要求输入每变化 20mV，输出信号的最低位（LSB）发生变化，选用的 ADC 至少应为（　　）。

A. 6 位　　　B. 8 位　　　C. 10 位　　　D. 12 位

分析：利用分辨率公式 $\frac{U_{LSB}}{U_m}=\frac{1}{2^n-1}\Rightarrow\frac{20\times10^{-3}}{5.1}=\frac{1}{2^n-1}\Rightarrow2^n=256\Rightarrow n=8$，即选用的 ADC 至少应该为 8 位。

答案：B

2.（2019） 权电阻网络 D/A 转换器中，若取 $U_{REF}=5\text{V}$，则当输入数字量为 $d_3d_2d_1d_0=1101$ 时，输出电压为（　　）V。

A. −4.0625　　　B. −0.8125　　　C. 4.0625　　　D. 0.8125

分析：参见 3.8.2 节公式，有

$$u_o=-\frac{U_{REF}}{2^n}\sum_{i=0}^{n-1}(D_i\times2^i)=\frac{-5}{2^4}(1\times2^3+1\times2^2+0\times2^1+1\times2^0)\text{V}=-4.0625\text{V}$$

答案：A

第4章 电气工程基础

4.1 电力系统基本知识

4.1.1 考试大纲要求及历年真题统计分析（供配电、发输变电）

历年真题按照考试大纲考点归类总结见表 4.1–1 和表 4.1–2（说明：1、2、3、4 道题分别对应 1、2、3、4 颗★，≥5 道题对应 5 颗★）。

表 4.1–1　　　　供配电专业基础考试大纲及历年真题统计表

4.1 电力系统基本知识 考试大纲	2005	2006	2007	2008	2009	2010	2011	2012	2013	2014	2016	2017	2018	2019	2020	2021	汇总统计
1. 了解电力系统运行特点和基本要求★★★	1			1			1										3★★★
2. 掌握电能质量的各项指标★★★		1	1		1												3★★★
3. 了解电力系统中各种接线方式及特点																	0
4. 掌握我国规定的网络额定电压与发电机、变压器等设备的额定电压★★★★★	1		1		1	1	1					1		1	1	1	9★★★★★
5. 了解电力网络中性点运行方式及对应的电压等级★★★★★	1	1	1	1	1		3	2	1	1	1		1	1	1	1	17★★★★★
汇总统计	3	2	3	2	3	1	5	2	1	1	1	1	1	2	2	2	32

表 4.1–2　　　　发输变电专业基础考试大纲及历年真题统计表

4.1 电力系统基本知识 考试大纲	2005（同供配电）	2006（同供配电）	2007（同供配电）	2008	2009	2010	2011	2012	2013	2014	2016	2017	2018	2019	2020	2021	汇总统计
1. 了解电力系统运行特点和基本要求★★★	1			1							1		1		1		5★★★★
2. 掌握电能质量的各项指标★★★★★		1	1		1								2				5★★★★★
3. 了解电力系统中各种接线方式及特点																	0
4. 掌握我国规定的网络额定电压与发电机、变压器等设备的额定电压★★★★★	1		1	1	1	1	1		2	1		1	1	1		2	14★★★★
5. 了解电力网络中性点运行方式及对应的电压等级★★★★★		1	1	1	1	1	1			1	1	1		1	1	2	13★★★★
汇总统计	2	2	3	3	3	2	2	0	2	2	2	2	4	2	2	4	37

对比以上供配电专业基础和发输变电专业基础历年真题统计表，可看到：尽管两个专业方向不同，但专业基础考试的两个方向的侧重点几乎相同，见表 4.1–3。

表 4.1–3　　专业基础供配电、发输变电两个方向侧重点对比

4.1　电力系统基本知识	历年真题汇总统计	
考试大纲（取供配电、发输变电两个方向中多的★值标注）	供配电	发输变电
1. 了解电力系统运行特点和基本要求★★★★★	3★★★	5★★★★★
2. 掌握电能质量的各项指标★★★★★	3★★★	5★★★★★
3. 了解电力系统中各种接线方式及特点	0	0
4. 掌握我国规定的网络额定电压与发电机、变压器等设备的额定电压★★★★★	9★★★★★	14★★★★★
5. 了解电力网络中性点运行方式及对应的电压等级★★★★★	17★★★★★	13★★★★★
汇总统计	32	37

4.1.2　重要知识点复习

结合前面 4.1.1 节的历年真题统计分析（供配电、发输变电）结果，对“4.1 电力系统基本知识”部分的 4、5 大纲点深入总结，其他大纲点简单介绍。

1. 了解电力系统运行特点和基本要求★★★

由生产、输送、分配、消费电能的发电机、变压器、电力线路、各种用电设备联系在一起组成的统一整体就是电力系统。

电力系统运行有如下三个主要特点：重要性、快速性、同时性。

基于以上特点，对电力系统的运行提出了如下八个字的要求：可靠、优质、经济、环保，其中摆在第一位的是“可靠”。

2. 掌握电能质量的各项指标★★★

衡量电能质量的指标是电压、频率和波形。其中衡量电压的有电压偏移和电压波动闪变，衡量波形的有谐波和三相不对称度，衡量频率的有频率偏差。此大纲点用词尽管用的是“掌握”，但从专业基础的历年考题来看，只是考了最基本的概念，并没有出更多深层次的题目，应该是放在专业里面再去考。

3. 了解电力系统中各种接线方式及特点

历年无考题，略。

4. 掌握我国规定的网络额定电压与发电机、变压器等设备的额定电压★★★★★

此部分额定电压确定的原则必须牢记！

说明：电力系统额定电压如无特殊说明，均为线电压，目前我国现行的电压等级 U_N 主要有 3kV、6kV、10kV、35kV、110kV、220kV、330kV、500kV、1000kV。

（1）用电设备的额定电压：负荷是用电设备，其额定电压就是标准中的用电设备额定电压 U_N。

（2）线路的额定电压：线路的额定电压与用电设备额定电压 U_N 相同，因此选用电力线路额定电压时只能选用国家规定的电压级。

（3）发电机的额定电压：　发电机的额定电压一般比同级电网的额定电压高出 5%，即取 $1.05U_N$，这是因为发电机一般都位于线路首端，需要补偿线路上的电压损失。

（4）变压器的额定电压：

说明：以下变压器一、二次侧的确定是以电能传输的方向来定的，电能首先到达的那侧，即接收功率侧为一次侧，后到达的那侧即输出功率侧为二次侧。

1）变压器一次侧额定电压：变压器一次侧额定电压按照“接谁同谁”的原则确定，即一次侧接线路则取线路额定电压 U_N，一次侧接发电机则取发电机额定电压 $1.05U_N$。

2）变压器二次侧额定电压：变压器二次侧额定电压通常取 $1.1U_N$，其中 5%用于补偿变压器满载供电时，一、二次绕组上的电压损失；另外 5%用于补偿线路上的电压损失。但在以下两种情况下变压器二次侧额定电压取 $1.05U_N$，一是变压器漏抗较小（变压器的短路电压百分值 $u_k\%<7.5$），二是变压器二次侧直接与用电设备相连。

3）关于分接头的补充说明：为了调节电压，双绕组变压器的高压侧绕组和三绕组变压器的高、中压侧绕组都设有几个分接头供选择使用。变压器的额定变比是指主抽头额定电压之比；实际变比是指实际所接分接头的额定电压之比。

5. 了解电力网络中性点运行方式及对应的电压等级★★★★★

此部分历年考题较多，且有一些需要变通灵活应用的题目，故需要理解复习，切勿死记。

此部分考题主要集中在以下三个方面：

（1）中性点接地方式及适用情况。中性点运行方式主要分两类，即中性点直接接地和中性点不接地。

直接接地系统供电可靠性低，因这种系统中一相接地时，出现了除中性点外的另一个接地点，构成了短路回路，接地相电流很大，为了防止设备损坏，必须迅速切除接地相甚至三相。

不接地系统供电可靠性高，但对绝缘水平的要求也高。因这种系统中一相接地时，不构成短路回路，接地相电流电流不大，不必切除接地相，但这时非接地相的对地电压却升高为相电压的 $\sqrt{3}$ 倍。在电压等级较高的系统中，绝缘费用在设备总价格中占相当大的比重，降低绝缘水平带来的经济效益很显著，一般就采用中性点直接接地方式。反之，在电压等级较低的系统中，一般就采用中性点不接地方式以提高供电可靠性。在我国，110kV 及以上的系统中性点直接接地，35kV 及以下的系统中性点不接地。两种中性点接地方式的比较见表 4.1–4。

表 4.1–4　　中性点接地方式比较

接地方式	中性点直接接地系统	中性点不直接接地系统
别称	大电流接地系统	小电流接地系统
可靠性比较	低	高
电流电压比较	大电流	高电压
适于电压等级	高（110kV 及其以上）	低（35kV 及其以下）

（2）配电网的单相接地故障。35kV 及其以下的配电系统一般采用中性点不直接接地方式，其单相接地故障率最高，也是历年考试常考的考点。简单网络接线示意图如图 4.1–1 所示，在 A 相发生单相接地故障以后，向量关系如图 4.1–2 所示，各相对地的电压变为：$\dot{U}_{A-D}=0$；$\dot{U}_{B-D}=\dot{E}_B-\dot{E}_A=\sqrt{3}\dot{E}_A e^{-j150^\circ}$；$\dot{U}_{C-D}=\dot{E}_C-\dot{E}_A=\sqrt{3}\dot{E}_A e^{-j150^\circ}$。可见，发生单相接地故障以后，非故障相的对地电压将升高为原来相电压的 $\sqrt{3}$ 倍。

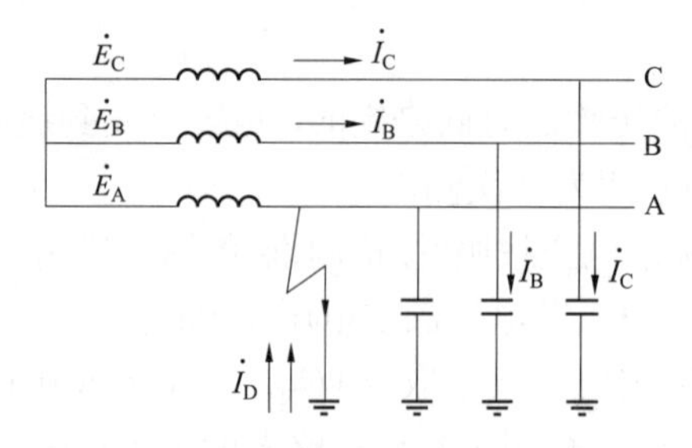

图 4.1–1 简单网络接线示意图

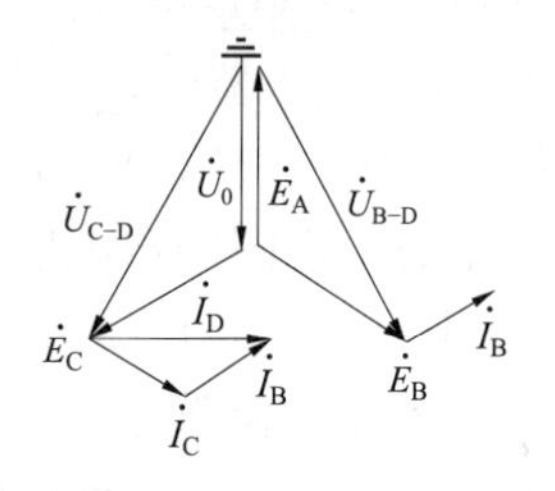

图 4.1–2 A 相接地时的相量图

（3）消弧线圈的作用。对 3～35kV 网络，当容性电流超过下列数值时，中性点应该装设消弧线圈。

3～6kV 网络　　30A

10kV 网络　　20A

35kV 网络　　10A

消弧线圈的作用就是产生感性电流分量，与接地点容性电流分量相抵消，减小接地点电流，提高供电可靠性。根据消弧线圈的电感电流对电容电流的补偿程度的不同，可以有完全补偿 $I_L = I_C$、欠补偿 $I_L < I_C$ 和过补偿 $I_L > I_C$ 三种补偿方式。完全补偿会产生很高的谐振过电压，所以实际运行中不能采用。欠补偿不能避免谐振问题的发生，如当某个元件被切除或发生故障而跳闸，则电容电流就会减小，这时很可能出现 $I_L = I_C$。过补偿不可能发生串联谐振的过电压问题，同时考虑到系统的进一步发展，因此实践中一般采用过补偿方式。

4.1.3 【供配电专业基础】历年真题详解

【1. 了解电力系统运行特点和基本要求】

1.（供 2005、2011，发 2020） 目前我国电能的主要输送方式是下列哪种？（　　）

A. 直流　　B. 单相交流　　C. 三相交流　　D. 多相交流

分析：注意题目中说的是“主要”输送方式，当然是三相交流。

答案：C

2.（2008） 对电力系统的基本要求是（　　）。

A. 在优质前提下，保证安全，力求经济

B. 在经济前提下，保证安全，力求经济

C. 在安全前提下，保证质量，力求经济

D. 在降低网损情况下，保证一类用户供电

分析：可靠、优质、经济、环保这四个基本要求中，摆在第一位的是“可靠性”，题中 C 选项“在安全的前提下”与这一要求最接近。选项 D 降低网损实际上也是经济要求的体现。

答案：C

【2. 掌握电能质量的各项指标】

3.（供 2006、2007、2009，发 2009） 衡量电能质量的指标是（　　）。

A. 电压、频率　　B. 电压、频率、网损率

C. 电压、波形、频率　　D. 电压、频率、不平衡度

分析：牢记衡量电能质量的指标是：电压、频率和波形。

答案：C

【4. 掌握我国规定的网络额定电压与发电机、变压器等设备的额定电压】

4.（2005） 电力系统接线如图 4.1–3 所示，各级电网的额定电压示于图中，发电机 G、变压器 T1、T2、T3 额定电压分别为下列哪组？（　　）

A. G：10.5kV，T1：10.5/121kV，T2：110/38.5kV，T3：35/6.3kV

B. G：10kV，T1：10/121kV，T2：121/35kV，T3：35/6kV

C. G：11kV，T1：11/110kV，T2：110/38.5kV，T3：35/6.6kV

D. G：10.5kV，T1：10.5/110kV，T2：121/35kV，T3：35/6kV

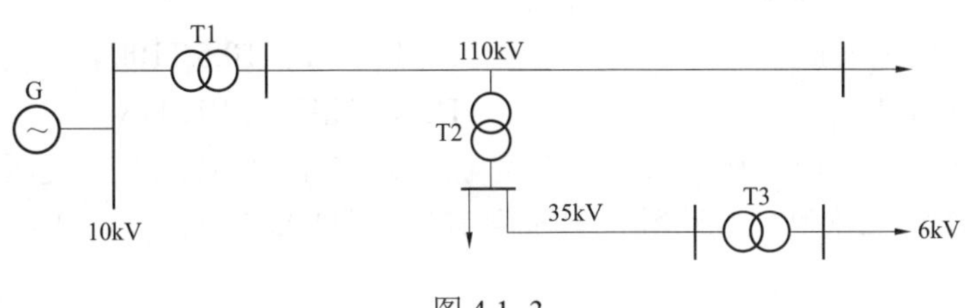

图 4.1–3

分析：参见第 4 点大纲复习内容。发电机额定电压为$1.05U_{\mathrm{N}}=10.5\mathrm{kV}$，故排除 B 和 C 选项。变压器 T1：一次侧额定电压接发电机同发电机，也为 10.5kV，二次侧额定电压比同级电网额定电压高 10%，即应取$1.1U_{\mathrm{N}}=1.1\times110\mathrm{kV}=121\mathrm{kV}$，故排除 D 选项。

答案：A

（发 2021）变压器 T2 工作于+2.5%抽头，则 T1、T2 的实际变比为（　　）。

A. 2.857，3.182　B. 0.087，3.182　C. 0.087，2.929　D. 3.143，2.929

分析：T1：$k_{\mathrm{T1}}=\dfrac{10.5}{121}=0.087$；T2：$k_{\mathrm{T2}}=\dfrac{110\times1.025}{38.5}=2.929$。

答案：C

5.（2007） 电力系统的部分接线如图 4.1–4 所示，各级电网的额定电压示于图中，设变压器 T1 工作于+2.5%的抽头，T2 工作于主抽头，T3 工作于–5%抽头，这些变压器的实际变比是（　　）。

A. T1：10.5/124.025kV，T2：110/38.5kV，T3：33.25/11kV

B. T1：10.5/121kV，T2：110/38.5kV，T3：36.575/10kV

C. T1：10.5/112.75kV，T2：110/35kV，T3：37.5/11kV

D. T1：10.5/115.5kV，T2：110/35kV，T3：37.5/11kV

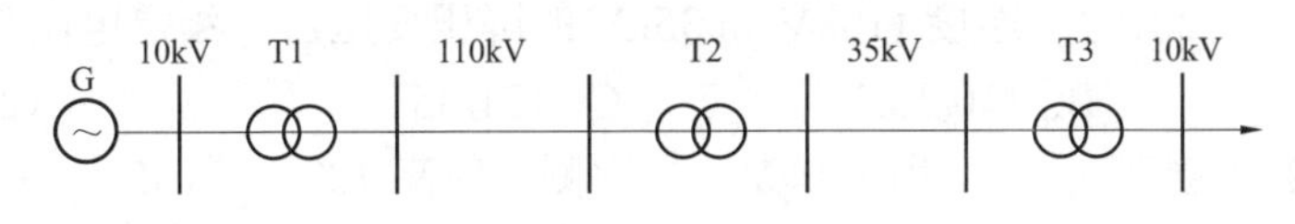

图 4.1–4　电力系统的部分接线

分析：T1：$\dfrac{10.5}{110\times1.1\times1.025}=\dfrac{10.5}{124.025}$；T2：$\dfrac{110}{35\times1.1}=\dfrac{110}{38.5}$；T3：$\dfrac{35\times0.95}{10\times1.1}=\dfrac{33.25}{11}$。

答案：A

6.（2009） 变压器一次侧接 110kV 线路，二次侧接 10kV 线路，该变压器分接头工作在+2.5%，则实际电压比为（　　）。

A. 110kV/10kV　　　　B. 112.75kV/11kV

C. 112.75kV/10.5kV　　　　D. 121kV/11kV

分析：先确定额定变比为 110kV/11kV，再根据分接头工作在+2.5%，确定实际变比为 $\frac{110\times1.025}{11}=\frac{112.75}{11}$。

答案：B

7.（2010） 发电机接入 10kV 网络，变压器一次侧接发电机，二次侧接 110kV 线路，发电机和变压器的额定电压分别为（　　）。

A. 10.5kV，10.5/121kV　　　　B. 10.5kV，10.5/110kV

C. 10kV，10/110kV　　　　D. 10.5kV，10/121kV

分析：发电机的额定电压比同级电网额定电压高 5%，即 10.5kV；变压器一次侧接发电机同发电机 10.5kV，二次侧比线路额定电压高 10%，即 $1.1\times110\text{kV}=121\text{kV}$。

答案：A

8.（2011） 电力系统接线如图 4.1–5 所示，各级电网的额定电压示于图中，发电机、变压器 T1、T2 的额定电压分别为（　　）。

A. G：10.5kV，T1：10.5/242kV，T2：220/38.5kV

B. G：10kV，T1：10/242kV，T2：242/35kV

C. G：10.5kV，T1：10.5/220kV，T2：220/38.5kV

D. G：10.5kV，T1：10.5/242kV，T2：220/35kV

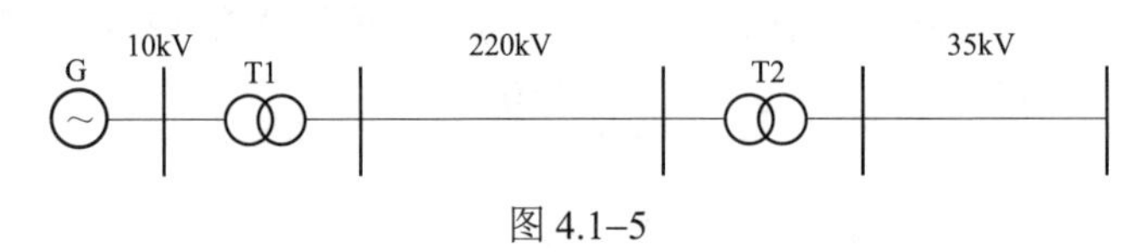

图 4.1–5

分析：发电机额定电压为 $1.05U_\text{N}=10.5\text{kV}$，故排除 B 选项。

变压器 T1：一次侧额定电压接发电机同发电机，也为 10.5kV，二次侧额定电压比同级电网额定电压高 10%，即应取 $1.1U_\text{N}=1.1\times220\text{kV}=242\text{kV}$，故排除 C 选项。

变压器 T2：一次侧额定电压接线路同线路，也为 220kV，二次侧额定电压比同级电网电压高 10%，即应取 $1.1U_\text{N}=1.1\times35\text{kV}=38.5\text{kV}$，故排除 D 选项。

答案：A

9.（供 2017，发 2018） 连接 110kV 和 35kV 的降压变压器，额定电压是（　　）。

A. 110/35　　B. 110/38.5　　C. 121/35　　D. 121/38.5

分析：一次侧"接谁同谁"，为 110kV；二次侧一般高 10%，为 $35\times1.1\text{kV}=38.5\text{kV}$

答案：B

【5. 了解电力网络中性点运行方式及对应的电压等级】

10.（供 2005、2011、2021，发 2008、2009） 中性点绝缘的 35kV 系统发生单相接地短路时，其故障处的非故障相的相电压为（　　）。

A. 35kV　　B. 38.5kV　　C. 110kV　　D. 115kV

分析：特别注意 35kV 是个线电压。也就是说，正常运行时候非故障相的相电压实际为

$\frac{35}{\sqrt{3}}$kV，当系统发生单相接地短路后，非故障相的相电压会升高为原来的$\sqrt{3}$倍，即$\frac{35}{\sqrt{3}}\times\sqrt{3}\text{kV}=35\text{kV}$。

答案：A

11.（2006） 我国110kV电力系统中性点的接地方式为（　　）。

A. 直接接地　B. 不接地　C. 经消弧线圈接地　D. 经电阻接地

分析：参见第5点大纲复习内容，110kV系统采用直接接地方式。

答案：A

12.（2007、2013） 我国35kV及容性电流大的电力系统中性点常采用（　　）。

A. 直接接地　B. 不接地　C. 经消弧线圈接地　D. 经小电阻接地

分析：注意题目中特别指出“容性电流大”，故需要装设消弧线圈。

答案：C

13.（供2008、2018，发2016） 在中性点绝缘系统发生单相接地故障时，非故障相相电压（　　）。

A. 保持不变　B. 升高$\sqrt{2}$倍　C. 升高$\sqrt{3}$倍　D. 为零

分析：此题与2005年考题相似，只是换了一个说法而已。

答案：C

14.（2009） 35kV及以下中性点不接地配电系统可以带单相接地故障运行的原因是（　　）。

A. 设备绝缘水平低　B. 过电压幅值低　C. 短路电流小　D. 设备造价低

分析：最根本的原因是因为系统中性点不接地，发生单相接地后就只有故障一个接地点，电流构不成回路，故电流很小，因此可以带故障运行一段时间。又由于非故障相电压会较之前升高$\sqrt{3}$倍，这属于工频过电压的一种，因此A、B说法欠妥。

答案：C

15.（2011） 我国电力系统中性点直接接地方式一般用在下列哪种及以上网络中（　　）。

A. 110kV　B. 10kV　C. 35kV　D. 220kV

分析：参见第5点大纲复习内容，110kV系统采用直接接地方式。此题与2006年考题相似，只是反着问而已。

答案：A

16.（2011） 中性点非有效接地配电系统中性点加装消弧线圈是为了（　　）。

A. 增大系统零序阻抗　B. 提高继电保护的灵敏性

C. 补偿接地短路电流　D. 增大电源的功率因数

分析：参见第5点大纲复习内容中的（3）消弧线圈的作用，就是产生感性电流分量，与接地点容性电流分量相抵消，减小接地点电流，提高供电可靠性。其他均为干扰选项。

答案：C

17.（2012） 我国110kV及以上系统中性点接地方式一般为（　　）。

A. 中性点直接接地　B. 中性点绝缘　C. 经小电阻接地　D. 经消弧线圈接地

分析：2006年曾经考过。

答案：A

18.（2012） 交流超高压中性点有效接地系统中，部分变压器中性点采用不接地方式运行是为了（　　）。

A. 降低中性点绝缘水平　　B. 减小系统短路电流

C. 减少系统零序阻抗　　D. 降低系统过电压水平

分析：理论上超高压系统中性点应该采用直接接地方式，在这里部分不接地运行，那就要想到中性点不接地运行最大的好处就是电流构不成通路，接地电流小，故选 B。选项 A：由接地变成不接地，绝缘水平显然是提高了的，故 A 错误。选项 C：中性点变成不接地后，零序电流无法通过中性线流通，零序阻抗相当于无穷大，故 C 错误。选项 D：中性点不接地的缺点就是单相接地故障时，非故障相电压会升高 $\sqrt{3}$ 倍，出现过电压，故 D 错误。

答案：B

19.（2014） 以下关于高压厂用电系统中性点接地方式描述不正确的是（　　）。

A. 接地电容电流小于 10A 的高压厂用电系统中可以采用中性点不接地的运行方式

B. 中性点经高阻接地的运行方式适用于接地电容电流小于 10A，且为了降低间歇性弧光接地过电压水平的情况

C. 大型机组高压厂用电系统接地电容电流大于 10A 的情况下，应采用中性点经消弧线圈接地的运行方式

D. 为了便于寻找接地故障点，对于接地电容电流大于 10A 的高压厂用电系统，普遍采用中性点直接接地的运行方式

分析：对于接地电容电流大于 10A 的高压厂用电系统，应采用中性点经消弧线圈接地，以补偿过大的接地电流使之减小，若采用直接接地，只会使得接地电流更大，显然错误。

答案：D

20.（2016） 当 35kV 及以下系统采用中性点经消弧线圈接线方式运行时，消弧线圈的补偿度应该选择为（　　）。

A. 全补偿　　B. 过补偿

C. 欠补偿　　D. 以上都可以

答案：B

21.（2019） 中性点绝缘系统发生单相短路时，中性点对地电压为（　　）。

A. 升高为相电压　　B. 升高为相电压的 2 倍

C. 升高为相电压的 $\sqrt{3}$ 倍　　D. 为零

分析：注意考察的是中性点对地电压，不是以往经常考的非故障相对地电压。

答案：A

4.1.4 【发输变电专业基础】历年真题详解

【1. 了解电力系统运行特点和基本要求】

1.（2008、2012、2018） 电力系统是由（　　）组成。

A. 发电—输电—供电（配电）　　B. 发电—变电—输电—变电

C. 发电—变电—输电　　D. 发电—变电—输电—变电—供电（配电）

分析：由生产、输送、分配、消费电能的发电机、变压器、电力线路、各种用电设备联系在一起组成的统一整体就是电力系统。

答案：D

【2. 掌握电能质量的各项指标】

2.（2018） 大容量系统中频率的允许偏差范围是（　　）。

A. 60.1　　B. 50.3　　C. 49.9　　D. 59.9

答案：C

3.（2018） 系统负荷 4000MW，正常运行 f=50Hz，若发电出力减少 200MW，系统频率运行在 48Hz，则系统负荷的频率调节效应系数是（　　）。

A. 2　　B. 1000　　C. 100　　D. 0.04

分析：负荷的频率调节效应系数 $K_{\mathrm{L}}=\dfrac{\Delta P_{\mathrm{L}}}{\Delta f}$，单位是 MW/Hz。式中：$\Delta P_{\mathrm{L}}$ 为负荷的有功功率变化量；Δf 为频率的偏移量。$K_{\mathrm{L}}=\dfrac{\Delta P_{\mathrm{L}}}{\Delta f}=\dfrac{200}{50-48}\mathrm{MW/Hz}=100\mathrm{MW/Hz}$。

答案：C

【3. 掌握我国规定的网络额定电压与发电机、变压器等设备的额定电压】

4.（2008） 电力系统的部分接线如图 4.1–6 所示，各电压级的额定电压已标明在图中，则 G、T1、T2、T3 各电气设备的额定电压表述正确的是（　　）。

A. G：10.5　T1：10.5/242　T2：220/121/11　T3：110/38.5

B. G：10　T1：10/242　T2：220/110/11　T3：110/35

C. G：10.5　T1：10.5/220　T2：220/110/11　T3：110/38.5

D. G：10.5　T1：10.5/242　T2：220/110/11　T3：110/38.5

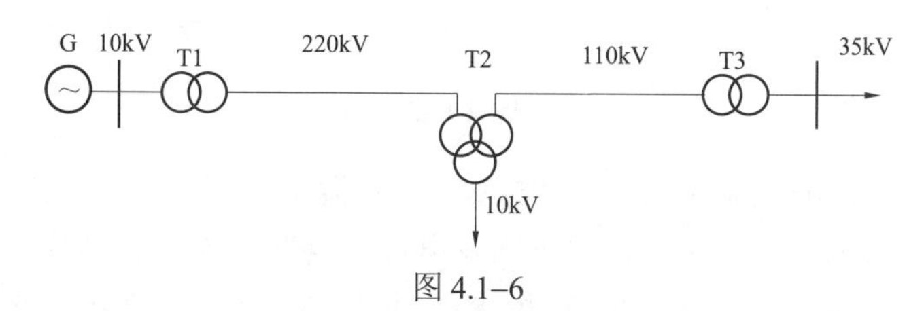

图 4.1–6

分析：发电机额定电压为$1.05U_{\mathrm{N}}=10.5\mathrm{kV}$，故排除 B 选项。

变压器 T1：一次侧额定电压接发电机同发电机，也为 10.5kV，二次侧额定电压比同级电网额定电压高 10%，即应取$1.1U_{\mathrm{N}}=1.1\times220\mathrm{kV}=242\mathrm{kV}$，故排除 C 选项。

变压器 T2：一次侧额定电压接线路同线路，也为 220kV，二次侧额定电压比同级电网电压高 10%，即应取$1.1U_{\mathrm{N}}=1.1\times110\mathrm{kV}=121\mathrm{kV}$，故排除 D 选项。

答案：A

5.（2009） 发电机与 10kV 母线相接，变压器一次侧接发电机，二次侧接 220kV 线路，该变压器分接头工作在+2.5%，其实际变比为（　　）。

A. 10.5/220kV　　B. 10.5/225.5kV　　C. 10.5/242kV　　D. 10.5/248.05kV

分析：额定变比为 10.5/242kV；分接头设在变压器高压侧，故实际变比为$\dfrac{10.5}{242\times1.025}=\dfrac{10.5}{248.05}$。

答案：D

6.（2011） 一台降压变压器的变比是 220/38.5kV，则低、高压侧接入电压为（　　）。

A. 38.5kV 和 220kV　　B. 35kV 和 242kV

C. 38.5kV 和 242kV　　D. 35kV 和 220kV

分析：此题为一道反推题。降压变压器能量是从高压侧（一次侧）传到低压侧（二次侧），故按照一次侧“接谁同谁”的原则很容易知道高压侧额定电压与线路额定电压一样，为 220kV。二次侧所接线路额定电压应该为 38.5/1.1kV=35kV。

答案：D

7.（2013） 电力系统接线如图 4.1–7 所示，各级电网的额定电压示于图中，发电机、变压器 T1、T2、T3、T4 的额定电压分别为（　　）。

A. G：10.5kV，T1：10.5/363kV，T2：363/121kV，T3：330/242kV，T4：110/35kV

B. G：10.5kV，T1：10/363kV，T2：330/121kV，T3：330/242kV，T4：110/35kV

C. G：10.5kV，T1：10.5/363kV，T2：330/121kV，T3：330/242kV，T4：110/38.5kV

D. G：10kV，T1：10.5/330kV，T2：330/220kV，T3：330/110kV，T4：110/35kV

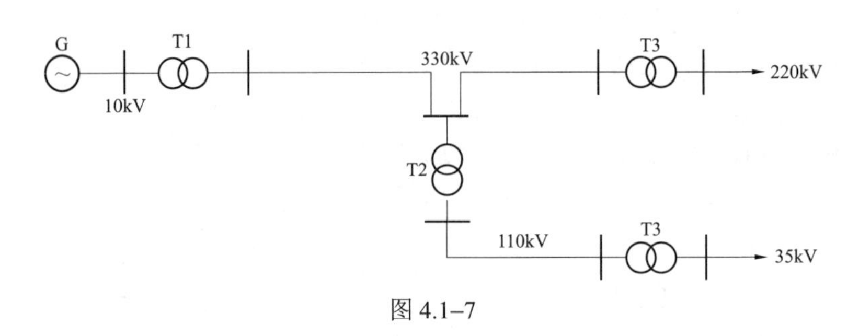

图 4.1–7

分析：发电机额定电压为$1.05U_{\mathrm{N}}=10.5\mathrm{kV}$，故排除 D 选项。

变压器 T1：一次侧额定电压接发电机同发电机，也为$10.5\mathrm{kV}$，故排除 B 选项。

变压器 T2：一次侧额定电压接线路同线路，也为$330\mathrm{kV}$，故排除 A 选项。

答案：C

8.（2013） SF–31500/110±2×2.5%变压器当分接头位置在+2.5%位置时，分接头电压为（　　）。

A. 112.75kV　　B. 121kV　　C. 107.25kV　　D. 110kV

分析：$110\times(1+2.5\%)\mathrm{kV}=112.75\mathrm{kV}$。

答案：A

9.（2014、2021） 发电机与 10kV 母线相接，变压器一次侧接发电机，二次侧接 110kV 线路，发电机与变压器额定电压分别为（　　）。

A. 10.5kV，10/110kV　　B. 10kV，10/121kV

C. 10.5kV，10.5/121kV　　D. 10kV，10.5/110kV

分析：发电机额定电压为$1.05U_{\mathrm{N}}=10.5\mathrm{kV}$，故排除 B 和 D 选项。变压器一次侧额定电压接发电机同发电机，也为 10.5kV，故排除 A 选项。

答案：C

【5. 了解电力网络中性点运行方式及对应的电压等级】

10.（2011、2020） 中性点直接接地的系统是用于（　　）。

A. 10kV 以上　　B. 35kV 以上

C. 110kV 以上　　D. 220kV 以上

分析：此题与供配电专业基础 2006 年考题相同。参见第 5 点大纲复习内容，110kV 系统采用直接接地方式。

答案：C

11.（2014） 以下关于中性点经消弧线圈接地系统的描述，正确的是（　　）。

A. 不论采用欠补偿或过补偿，原则上都不会发生谐振，但实际运行中消弧线圈多采用欠补偿方式，不允许采用过补偿方式

B. 实际电力系统中多采用过补偿为主的运行方式，只有某些特殊情况下，才允许短时间以欠补偿方式运行

C. 实际电力系统中多采用全补偿运行方式，只有某些特殊情况下，才允许短时间以过补偿或欠补偿方式运行

D. 过补偿、欠补偿及全补偿方式均无发生谐振的风险，能满足电力系统运行的需要，设计时可根据实际情况选择适当的运行方式

分析：参见第 5 点大纲复习内容的（3），全补偿会产生谐振过电压，欠补偿有可能产生谐振过电压，实际运行中采用的是过补偿方式。

答案：B

12.（2016） 电力系统的一次调频为（　　）。

A. 调速器自动调整的有差调节　　B. 调频器自动调整的有差调节

C. 调速器自动调整的无差调节　　D. 调频器自动调整的无差调节

分析：电力系统的一次调频由调速器完成，为有差调节，一般用于限制周期较短、幅度较小的负荷变动引起的频率偏移。二次调频由调频器完成，可以实现无差调节，适用于负荷变动周期长、幅度大的调频任务。

答案：A

13.（2021） 我国 35kV 系统采用中性点经消弧线圈接地方式，要求其电容电流超过（　　）。

A. 30A　　B. 20A　　C. 10A　　D. 50A

分析：对 3～60kV 网络，容性电流超过下列数值时，中性点应装设消弧线圈：3～6kV 网络，30A；10kV 网络，20A；35～60kV 网络，10A。

答案：C

4.2 电力线路、变压器的参数与等效电路

4.2.1 考试大纲要求及历年真题统计分析（供配电、发输变电）

历年真题按照考试大纲考点归类总结见表 4.2–1 和表 4.2–2（说明：1、2、3、4 道题分别对应 1、2、3、4 颗★，≥5 道题对应 5 颗★）。

表 4.2–1　　　　　　　供配电专业基础考试大纲及历年真题统计表

4.2　电力线路、变压器的参数与等效电路 考试大纲	2005	2006	2007	2008	2009	2010	2011	2012	2013	2014	2016	2017	2018	2019	2020	2021	汇总统计
1.了解输电线路四个参数所表征的物理意义及输电线路的等效电路★★★★★				1	1					1	2	1					6★★★★★
2. 了解应用普通双绕组、三绕组变压器空载与短路试验数据计算变压器参数及制定其等效电路★★★★★	2	1	1						1		0		1	1	1	3	11★★★★★
3. 了解电网等效电路中有名值和标幺值参数的简单计算★★★★	1							1	1		4				1		5★★★★
汇总统计	3	1	1	1	1	0	0	1	2	1	2	2	1	1	2	3	22

表 4.2–2　　　　　　　发输变电专业基础考试大纲及历年真题统计表

4.2　电力线路、变压器的参数与等效电路 考试大纲	2005（同供配电）	2006（同供配电）	2007（同供配电）	2008	2009	2010	2011	2012	2013	2014	2016	2017	2018	2019	2020	2021	汇总统计
1. 了解输电线路四个参数所表征的物理意义及输电线路的等效电路★★★★★					1	1		3	2	1	1	1			1		11★★★★★
2. 了解应用普通双绕组、三绕组变压器空载与短路试验数据计算变压器参数及制定其等效电路★★★★★	2	1	1	1							1		1		1	2	10★★★★★
3. 了解电网等效电路中有名值和标幺值参数的简单计算★★★★★	1			1			1						1	1		1	6★★★★★
汇总统计	3	1	1	2	1	1	1	3	2	1	2	1	2	1	2	3	27

对比以上供配电专业基础和发输变电专业基础历年真题统计表，可看到：尽管两个专业方向不同，但专业基础考试的两个方向的侧重点几乎相同，见表 4.2–3。

表 4.2–3　　专业基础供配电发输变电两个专业方向侧重点之比

4.2　电力线路、变压器的参数与等效电路	历年真题汇总统计	
考试大纲（取供配电、发输变电两个方向中多的★值标注）	供配电	发输变电
1. 了解输电线路四个参数所表征的物理意义及输电线路的等效电路★★★★★	6★★★★★	11★★★★★
2. 了解应用普通双绕组、三绕组变压器空载与短路试验数据计算变压器参数及制定其等效电路★★★★★	11★★★★★	10★★★★★
3. 了解电网等效电路中有名值和标幺值参数的简单计算★★★★★	5★★★★★	6★★★★★
汇总统计	22	27

4.2.2　重要知识点复习

结合前面 4.2.1 节的历年真题统计分析（供配电、发输变电）结果，可以看到，对“4.2 电力线路、变压器的参数与等效电路”这一部分，大纲要求的三点均有考题分布，需要特别说明的是，本章的第 3 大纲点参数和标幺值计算将是后面章节的基础，往往也是糅合在第 3、4、5 章中去出题，因而本章单独出题的题量总表汇总来看并不多，但却是必须掌握的知识点。下面将对各大纲点一一介绍。

1. 了解输电线路四个参数所表征的物理意义及输电线路的等效电路★★★★★

此部分的常考点总结为如下两点：

（1）参数的物理意义。

电阻：电阻是反映线路通过电流时产生的有功功率损失效应的参数。

电抗：电抗是反映载流导线产生的磁场效应的参数。

单导线线路的电抗计算公式为

$$x_1 = 0.144\,5\lg\frac{D_m}{r} + 0.015\,7$$

式中：x_1为导线单位长度的电抗，Ω/km；r为导线的半径，mm；D_m为三根导线间的几何均距，mm，当三相导线间的距离分别为D_{ab}、D_{bc}、D_{ca}时，其几何均距$D_m = \sqrt[3]{D_{ab}D_{bc}D_{ca}}$。

电导：电导是反映线路带电时绝缘介质中产生泄漏电流及导线附近空气游离而产生有功功率损失的参数。

电纳：电纳是反映带电导线周围电场效应的参数。

单导线线路的电纳计算公式为

$$b_1 = \frac{7.58}{\lg\frac{D_m}{r}} \times 10^{-6}$$

式中：b_1为导线单位长度的电纳值，S/km；D_m、r含义同前面电抗计算式。

（2）分裂导线。分裂导线的采用改变了导线周围的磁场分布，等效地增大了导线半径，从而减小了导线电抗。

分裂导线线路电抗计算公式为

$$x_1 = 0.144\,5\lg\frac{D_m}{r_{eq}} + \frac{0.015\,7}{n}$$

式中：r_{eq} 为等效半径，$r_{eq}=\sqrt[n]{r(d_{12}d_{13}\cdots d_{1n})}$，$n$ 为每相的分裂根数，r 为每根导体的半径，$d_{12},d_{13},\cdots,d_{1n}$ 为某根导体与其余 $n-1$ 根导体间的距离。

分裂导线的采用也改变了导线周围的电场分布，等效地增大了导线半径，从而增大了每相导线的电纳。

分裂导线线路电纳的计算只需要将导线半径 r 用等效半径 r_{eq} 替代即可，公式为 $b_1=\dfrac{7.58}{\lg\dfrac{D_m}{r_{eq}}}\times10^{-6}$。

另外，在第 3 章潮流计算中还常用到Π形等效电路，其等效电路图如图 4.2–1 所示。在Π形等效电路中，除串联的线路总阻抗 $Z=R+jX$ 外，还将线路的总导纳 $Y=jB$ 各分一半，分别并联在线路的始、末端。

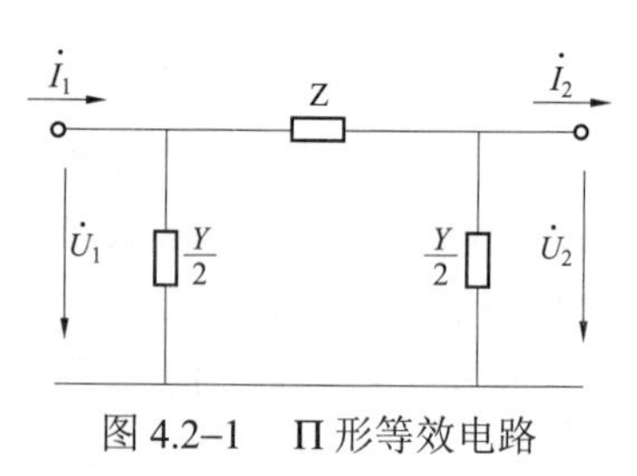

图 4.2–1　Π形等效电路

2. 了解应用普通双绕组、三绕组变压器空载与短路试验数据计算变压器参数及制定其等效电路★★★★★

（1）普通双绕组变压器

$$R_T=\frac{\Delta P_k U_N^2}{1000S_N^2},\quad X_T=\frac{u_k\%}{100}\cdot\frac{U_N^2}{S_N},\quad G_T=\frac{\Delta P_0}{1000U_N^2},\quad B_T=\frac{I_0\%}{100}\cdot\frac{S_N}{U_N^2}$$

式中：R_T 为变压器一次、二次绕组的总电阻，Ω；X_T 为变压器一次、二次绕组的总电抗，Ω；G_T 为变压器的电导，S；B_T 为变压器的电纳，S；ΔP_k 为变压器额定短路损耗，kW；$u_k\%$ 为变压器的短路电压百分数；ΔP_0 为变压器的空载损耗，kW；$I_0\%$ 为变压器的空载电流百分数；U_N 为变压器的额定电压，kV；S_N 为变压器的额定容量，MVA。

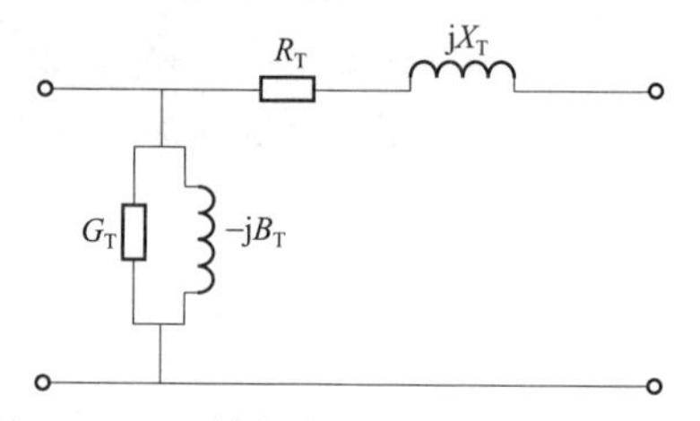

图 4.2–2　双绕组变压器的Γ形等效电路

说明 3 点：① 公式中 ΔP_k 和 S_N 为三相的功率值；② 所计算出的 R_T 为某一相的值；③ U_N 为线电压，且参数归算到哪一侧就用哪一侧的额定电压。

等效电路如图 4.2–2 所示。

（2）三绕组变压器。电阻的计算分三步走：

第一步：$\Delta P_{k12}=\Delta P'_{k12}\left(\dfrac{S_N}{S_{2N}}\right)^2$，$\Delta P_{k23}=\Delta P'_{k23}\left[\dfrac{S_N}{\min(S_{2N},S_{3N})}\right]^2$，$\Delta P_{k31}=\Delta P'_{k31}\left(\dfrac{S_N}{S_{3N}}\right)^2$

第二步：$\Delta P_{k1}=\dfrac{\Delta P_{k12}+\Delta P_{k31}-\Delta P_{k23}}{2}$，$\Delta P_{k2}=\dfrac{\Delta P_{k12}+\Delta P_{k23}-\Delta P_{k31}}{2}$，

$$\Delta P_{k3}=\frac{\Delta P_{k23}+\Delta P_{k31}-\Delta P_{k12}}{2}$$

第三步：$R_{T1}=\dfrac{\Delta P_{k1}U_N^2}{1000S_N^2}$，$R_{T2}=\dfrac{\Delta P_{k2}U_N^2}{1000S_N^2}$，$R_{T3}=\dfrac{\Delta P_{k3}U_N^2}{1000S_N^2}$

说明：若变压器三个绕组的额定容量都相等，则只需后两步，否则需先对工厂提供的试验值 $\Delta P'_{k12}$、$\Delta P'_{k23}$、$\Delta P'_{k31}$ 按照第一步进行换算。

电抗的计算两步走：

第一步：$u_{k1}\% = \dfrac{u_{k12}\% + u_{k31}\% - u_{k23}\%}{2}$，$u_{k2}\% = \dfrac{u_{k12}\% + u_{k23}\% - u_{k31}\%}{2}$，

$$u_{k3}\% = \frac{u_{k23}\% + u_{k31}\% - u_{k12}\%}{2}$$

第二步：$X_{T1} = \dfrac{u_{k1}\%}{100} \cdot \dfrac{U_N^2}{S_N}$，$X_{T2} = \dfrac{u_{k2}\%}{100} \cdot \dfrac{U_N^2}{S_N}$，$X_{T3} = \dfrac{u_{k3}\%}{100} \cdot \dfrac{U_N^2}{S_N}$

说明：无论变压器各绕组的容量比如何，都只需要两步。

导纳的计算公式同双绕组变压器，参见前面公式。

等效电路如图 4.2–3 所示。

3. 了解电网等效电路中有名值和标幺值参数的简单计算★★★

$$标幺值 = \frac{实际有名值（具有单位）}{基准值（与实际值同单位）}$$

基准值的选取一般选定 S_B、U_B，再由选定的 S_B、U_B，按下面公式求得 I_B、Z_B。

$$I_B = \frac{S_B}{\sqrt{3}U_B}, Z_B = \frac{U_B}{\sqrt{3}I_B} = \frac{U_B^2}{S_B}$$

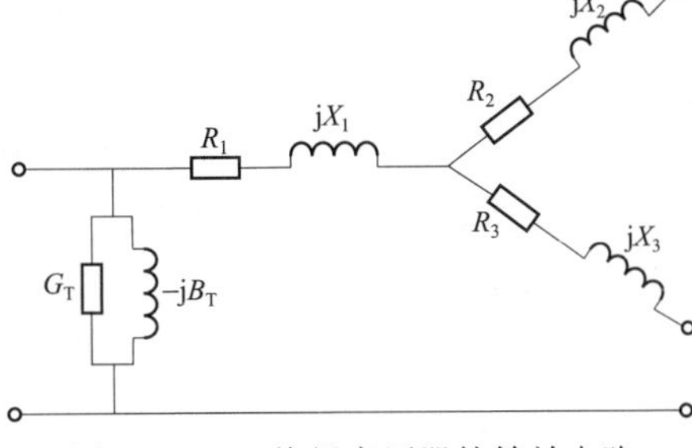

图 4.2–3　三绕组变压器的等效电路

S_B 一般可取某一整数，U_B 一般取电网的平均额定电压，它与第 1 章电网的额定电压 U_N 之间的关系为 U_{av}=1.05U_N，具体值见表 4.2–4。

表 4.2–4　　**与额定电压对应的平均额定电压**　　（kV）

额定电压 U_N	3	6	10	35	110	220	330	500
平均额定电压 U_N	3.15	6.3	10.5	37	115	230	345	525

运用上述 Z_B 的公式，可计算得各常见元件的标幺值如下：

变压器：$x_{T*} = \dfrac{u_k\%}{100} \times \dfrac{U_N^2}{S_N} / \dfrac{U_B^2}{S_B} = \dfrac{u_k\%}{100} \times \dfrac{S_B}{S_N}$

线路：$x_{l*} = x_1 \times l / \dfrac{U_B^2}{S_B}$

电抗器：$x_{R*} = \dfrac{X_R\%}{100} \times \dfrac{U_N}{\sqrt{3}I_N} \times \dfrac{S_B}{U_B^2}$

在历年考题中，还常常考到不同基准值的标幺值之间的变换问题，其本质核心还是标幺值的定义。

例如给定发电机在其额定基准下的电抗标幺值为 X_{*N}，则在选定的 S_B、U_B 基准下其标幺值 X_{*B} 为

$$X_{B*}=\frac{X}{X_B}=\frac{X_{N*}X_N}{X_B}=\frac{X_{N*}\dfrac{U_N^2}{S_N}}{\dfrac{U_B^2}{S_B}}=X_{N*}\left(\frac{U_N}{U_B}\right)^2\frac{S_B}{S_N} \tag{4.2–1}$$

在最近几年，还考到了多电压级电网中参数的有名值的归算问题，具体公式如下

$$R=R'(k_1k_2k_3\cdots)^2,\quad X=X'(k_1k_2k_3\cdots)^2$$

$$G=G'\left(\frac{1}{k_1k_2k_3\cdots}\right)^2,\quad B=B'\left(\frac{1}{k_1k_2k_3\cdots}\right)^2$$

$$U=U'(k_1k_2k_3\cdots),\quad I=I'\left(\frac{1}{k_1k_2k_3\cdots}\right)$$

式中 k_1、k_2、k_3 ——变压器的变比，取目标/待归算；

R'、X'、G'、B'、U'、I' ——归算前电阻、电抗、电导、电纳、电压、电流的值；

R、X、G、B、U、I ——归算后电阻、电抗、电导、电纳、电压、电流的值。

4.2.3 【供配电专业基础】历年真题详解

【1. 了解输电线路四个参数所表征的物理意义及输电线路的等效电路】

1.（2008） 为了描述架空线路传输电能的物理现象，一般用电阻来反映输电线路的热效应，用电容来反映输电线路的（　　）。

A. 电场效应　　B. 磁场效应　　C. 电晕现象　　D. 泄漏现象

分析：参见前面大纲第 1 点的复习内容参数的物理意义，电容是反映带电导线周围电场效应的参数。

答案：A

2.（供 2009，发 2009、2020） 反映输电线路的磁场效应的参数为（　　）。

A. 电抗　　B. 电阻　　C. 电容　　D. 电导

分析：参见前面大纲第 1 点的复习内容参数的物理意义，电抗是反映载流导线产生磁场效应的参数。

答案：A

3.（2014） 当输电线路采用分裂导线时，与普通导线相比，输电线路单位长度的电抗、电容值的变化为（　　）。

A. 电抗变大，电容变小　　B. 电抗变大，电容变大

C. 电抗变小，电容变小　　D. 电抗变小，电容变大

分析：分裂导线的采用，改变了导线周围的磁场分布，等效地增大了导线半径，$x=0.1445\lg\frac{D_m}{r_{eq}}+\frac{0.0157}{n}$，从而减小了导线电抗。分裂导线的采用，也改变了导线周围的电场分布，等效地增大了导线半径，$b=\frac{7.58}{\lg\frac{D_m}{r_{eq}}}\times10^{-6}$，从而增大了每相导线的电纳。

答案：D

4.（2017） 架空输电线路等值参数中表征消耗有功功率的是（　　）。

A. 电阻、电导　　B. 电导、电纳　　C. 电纳、电阻　　D. 电导、电感

分析：参见 4.2.2 节第 1 点。

答案：A

【2. 了解应用普通双绕组、三绕组变压器空载与短路试验数据计算变压器参数及制定其等效电路】

5.（2005、2006） 在电力系统分析和计算中，功率和阻抗一般分别是指下列哪组？（　　）

A. 一相功率，一相阻抗　　B. 三相功率，一相阻抗

C. 三相功率，三相阻抗　　D. 三相功率，一相等效阻抗

分析：参见前面大纲第 2 点复习内容双绕组变压器参数计算，公式下面的三点说明①②③。

答案：D

6.（供 2005，发 2008） 变压器的 S_{TN}(kVA)、U_{TN}(kV) 及试验数据 $U_k\%$ 已知，求变压器 X_T 的公式为下列哪项？（　　）

A. $X_T = \dfrac{U_k\%}{100}\dfrac{U_{TN}^2}{S_{TN}^2}\times 10^{-3}\Omega$　　B. $X_T = \dfrac{U_k\%}{100}\dfrac{U_{TN}^2}{S_{TN}}\times 10^{3}\Omega$

C. $X_T = \dfrac{U_k\%}{100}\dfrac{S_{TN}^2}{U_{TN}^2}\times 10^{-3}\Omega$　　D. $X_T = \dfrac{U_k\%}{100}\dfrac{S_{TN}}{U_{TN}^2}\times 10^{3}\Omega$

分析：熟记变压器电抗计算公式，如下（注意仅仅 S_N 的单位不同）：

$X_T = \dfrac{U_k\%}{100}\bullet\dfrac{U_N^2}{S_N}\times 10^3$，式中 U_N 取 kV，S_N 取 kVA。

$X_T = \dfrac{U_k\%}{100}\bullet\dfrac{U_N^2}{S_N}$，式中 U_N 取 kV，S_N 取 MVA。

答案：B

7.（供 2007，发 2020） 某三相三绕组自耦变压器，S_{TN}=90MVA，额定电压为 220/121/38.5kV，容量比 100/100/50，实测的短路试验数据如下：$P'_{k(1-2)}=333\text{kW}$，$P'_{k(1-3)}=265\text{kW}$，$P'_{k(2-3)}=277\text{kW}$（1、2、3 分别代表高、中、低压绕组，上标“′”表示未归算到额定容量），三绕组变压器归算到低压侧等效电路中的 R_{T1}、R_{T2}、R_{T3} 分别为（　　）。

A. 1.990Ω，1.583Ω，1.655Ω　　B. 0.026Ω，0.035Ω，0.168Ω

C. 0.850Ω，1.140Ω，5.480Ω　　D. 0.213Ω，0.284 Ω，1.370Ω

分析：电阻的计算分三步走：

第一步：$P_{k(1-2)} = P'_{k(1-2)}\times\left(\dfrac{S_N}{S_{2N}}\right)^2 = 333\times\left(\dfrac{90}{90}\right)^2\text{kW} = 333\text{kW}$

$$P_{k(2-3)} = P'_{k(2-3)}\times\left[\dfrac{S_N}{\min(S_{2N},S_{3N})}\right]^2 = 277\times\left(\dfrac{90}{45}\right)^2\text{kW} = 1108\text{kW}$$

$$P_{k(3-1)} = P'_{k(3-1)}\times\left(\dfrac{S_N}{S_{3N}}\right)^2 = 265\times\left(\dfrac{90}{45}\right)^2\text{kW} = 1060\text{kW}$$

第二步：$P_{k1}=\frac{1}{2}\times(333+1060-1108)\text{kW}=142.5\text{kW}$

$$P_{k2}=\frac{1}{2}\times(333+1108-1060)\text{kW}=190.5\text{kW}$$

$$P_{k3}=\frac{1}{2}\times(1108+1060-333)\text{kW}=917.5\text{kW}$$

第三步：$R_{T1}=\frac{P_{k1}}{1000}\times\frac{U_N^2}{S_N^2}=\frac{142.5}{1000}\times\frac{38.5^2}{90^2}\Omega=0.026\Omega$

$$R_{T2}=\frac{P_{k2}}{1000}\times\frac{U_N^2}{S_N^2}=\frac{190.5}{1000}\times\frac{38.5^2}{90^2}\Omega=0.035\Omega$$

$$R_{T3}=\frac{P_{k3}}{1000}\times\frac{U_N^2}{S_N^2}=\frac{917.5}{1000}\times\frac{38.5^2}{90^2}\Omega=0.168\Omega$$

答案：B

8.（2013） 在电力系统分析和计算中，功率、电压和阻抗一般分别是指（　　）。

A. 一相功率、相电压、一相阻抗　　B. 三相功率、线电压、一相等效阻抗

C. 三相功率、线电压、三相阻抗　　D. 三相功率、相电压、一相等效阻抗

分析：此题与 2005 年、2006 年考题相似，不同之处在于多增加了一个电压的判断，参见前面大纲第 2 点复习内容双绕组变压器参数计算，公式下面的三点说明①②③。

答案：B

9.（2016） 高压输电线路与普通电缆相比，其电抗和电容变化是（　　）。

A. 电抗变大，电容变大　　B. 电抗变小，电容变大

C. 电抗变大，电容变小　　D. 电抗变小，电容变小

分析：输电线路的电抗一般大于电缆的电抗值，而电缆的电容又大于输电线路的电容值。

答案：C

10.（2018） 某双绕组变压器的额定容量为 20 000kVA，短路损耗为 $\Delta P_k=130\text{kW}$，额定变比为 220kV/11kV，则归算到高压侧等效电阻为（　　）。

A. 15.73Ω　　B. 0.039Ω　　C. 0.016Ω　　D. 39.32Ω

分析：$R_T=\frac{\Delta P_k U_N^2}{1000 S_N^2}=\frac{130\times220^2}{1000\times20^2}\Omega=15.73\Omega$

答案：A

11.（2019） 一容量为 63 000kVA 的双绕组变压器，额定电压为 $(121\pm2\times2.5\%)$ kV，短路电压百分数 $u_k\%=10.5$，若变压器运行在−2.5%分接头，基准功率为 100MVA，变压器两侧基准电压分别取 110kV 和 10kV，则归算到高压侧的电抗标幺值为（　　）。

A. 0.192　　B. 192　　C. 0.405　　D. 405

分析：$x_T=\frac{u_k\%}{100}\times\frac{U_N^2}{S_N}\times\frac{S_B}{U_B^2}=\frac{10.5}{100}\times\frac{121^2}{63}\times\frac{100}{110^2}=0.2$

答案：A

12.（2021） 图 4.2–4 所示电力网络，其中变压器铭牌参数为：负载损耗 $\Delta P_S=276\text{kW}$，

短路电压百分数$U_k\%=10.5$，$S_N=40\,000$kVA，归算到高压侧的变压器电阻、电抗参数为（　　）。

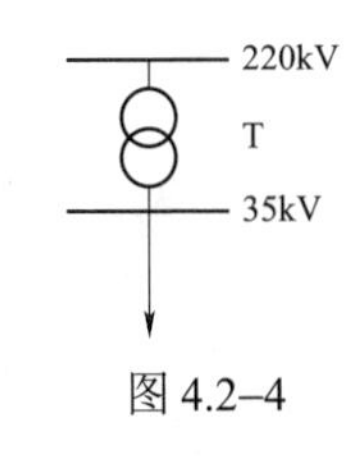

图 4.2–4

A. 7.08Ω，73.53Ω　　B. 12.58Ω，26.78Ω

C. 9.56Ω，121.58Ω　　D. 8.349Ω，127.05Ω

分析：$R_T=\dfrac{\Delta P_s}{1000}\times\dfrac{U_N^2}{S_N^2}=\dfrac{276}{1000}\times\dfrac{220^2}{40^2}\Omega=8.349\Omega$

$$x_T=\frac{u_k\%}{100}\times\frac{U_N^2}{S_N}=\frac{10.5}{100}\times\frac{220^2}{40}\Omega=127.05\Omega$$

答案：D

【3. 了解电网等效电路中有名值和标幺值参数的简单计算】

13.（2005） 某网络中的参数如图 4.2–5所示，取 S_B=100MVA，用近似计算法计算得到的各元件标幺值为（　　）。

A. $X''_{d*}=0.5$，$X_{T1*}=0.333$，$X_{L*}=0.302$，$X_{T2*}=0.333$，$X_{R*}=0.698$

B. $X''_{d*}=0.5$，$X_{T1*}=0.35$，$X_{L*}=0.302$，$X_{T2*}=0.33$，$X_{R*}=0.698$

C. $X''_{d*}=0.15$，$X_{T1*}=3.33$，$X_{L*}=0.302$，$X_{T2*}=3.33$，$X_{R*}=0.769$

D. $X''_{d*}=0.5$，$X_{T1*}=0.33$，$X_{L*}=0.364$，$X_{T2*}=0.33$，$X_{R*}=0.769$

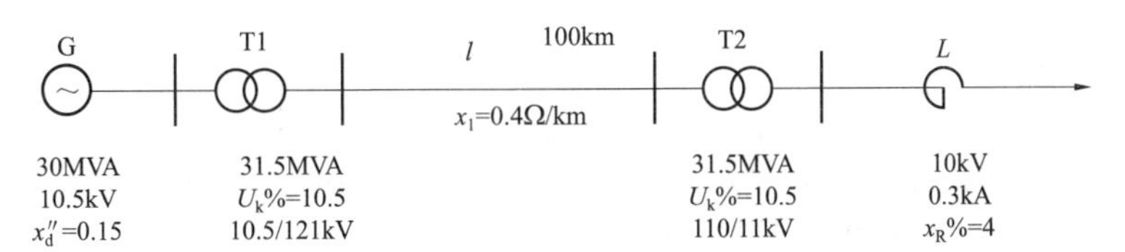

图 4.2–5　某网络接线图

分析：近似计算取$U_B=U_{av}$，即$U_{B1}=10.5$kV，$U_{B2}=115$kV，$U_{B3}=10.5$kV。

$$x''_{d*}=x''_d\times\frac{U_N^2}{S_N}/\frac{U_B^2}{S_B}=0.15\times\frac{10.5^2}{30}\times\frac{100}{10.5^2}=0.5$$

$$x_{T1*}=\frac{u_k\%}{100}\times\frac{U_N^2}{S_N}/\frac{U_B^2}{S_B}=\frac{u_k\%}{100}\times\frac{S_B}{S_N}=\frac{10.5}{100}\times\frac{100}{31.5}=0.333$$

$$x_{l*}=x_1\times l/\frac{U_B^2}{S_B}=0.4\times100\times\frac{100}{115^2}=0.302$$

$$x_{T2*}=\frac{u_k\%}{100}\times\frac{S_B}{S_N}=\frac{10.5}{100}\times\frac{100}{31.5}=0.333$$

$$x_{L*}=\frac{X_R\%}{100}\times\frac{U_N}{\sqrt{3}I_N}\times\frac{S_B}{U_B^2}=\frac{4}{100}\times\frac{10}{\sqrt{3}\times0.3}\times\frac{100}{10.5^2}=0.698$$

对应的标幺值等效电路如图 4.2–6 所示。

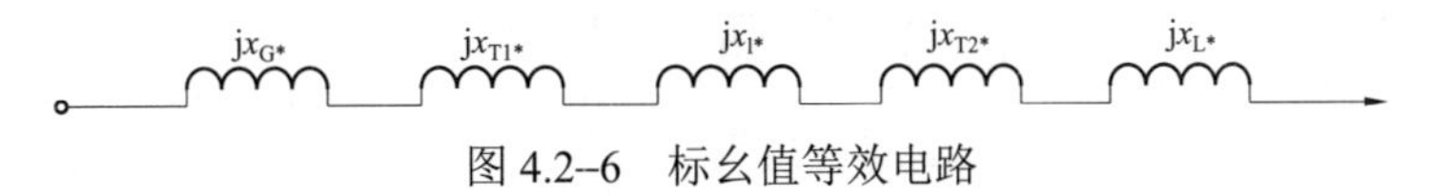

图 4.2–6　标幺值等效电路

答案：A

14.（供 2012，发 2011） 电力系统采用标幺值计算时，当元件的额定容量、额定电压为 S_N、U_N，系统统一基准容量、基准电压为 S_B、U_B，设某阻抗原标幺值为 $Z_{(N)*}$，则该阻抗统一基准 Z_*为（　　）。

A. $Z_* = \left(Z_{*(N)} \times \dfrac{S_N}{U_B^2}\right) \times \dfrac{U_N^2}{S_B}$　　B. $Z_* = \left(Z_{*(N)} \times \dfrac{U_N^2}{S_N}\right) \times \dfrac{S_B}{U_B^2}$

C. $Z_* = \left(Z_{*(N)} \times \dfrac{U_N}{S_N^2}\right) \times \dfrac{S_B^2}{U_B}$　　D. $Z_* = \left(Z_{*(N)} \times \dfrac{S_N^2}{U_N}\right) \times \dfrac{U_B}{S_B^2}$

分析：此题考不同基准下标幺值的换算，核心是标幺值的定义，参见式（4.2–1）。

答案：B

15.（2013） 下列网络中的参数如图 4.2–7 所示，用近似计算法计算得到的各元件标幺值为下列哪项数值？（　　）（取 $S_B = 100\text{MVA}$）

A. $x_d'' = 0.15$，$x_{T1*} = 0.333$，$x_{l*} = 0.090\,7$，$x_{T2*} = 0.333$，$x_{R*} = 0.698$

B. $x_d'' = 0.5$，$x_{T1*} = 0.35$，$x_{l*} = 0.099\,2$，$x_{T2*} = 0.33$，$x_{R*} = 0.873$

C. $x_d'' = 0.467$，$x_{T1*} = 0.333$，$x_{l*} = 0.151$，$x_{T2*} = 0.35$，$x_{R*} = 0.873$

D. $x_d'' = 0.5$，$x_{T1*} = 0.3$，$x_{l*} = 0.364$，$x_{T2*} = 0.3$，$x_{R*} = 0.698$

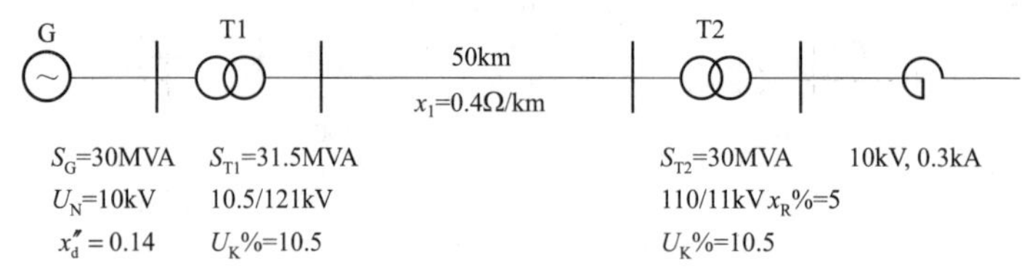

图 4.2–7

分析：参见大纲第 3 点的复习内容。

捷径：（1）对比 A、B、C、D 四个答案，其中 G、T1、T2、XR 这四个元件答案均不唯一，只有线路 L 四个答案都不相同，因此只需要计算线路 L 的标幺值即可，即 $x_{l*} = x_1 \times \dfrac{l}{\dfrac{U_B^2}{S_B}} = 0.4 \times 50 \times \dfrac{100}{115^2} = 0.151$，得到正确答案为 C。

（2）需要说明的是，$x_{G*} = x_d'' \times \dfrac{\dfrac{U_N^2}{S_N}}{\dfrac{U_B^2}{S_B}} = 0.14 \times \dfrac{10^2}{30} \times \dfrac{100}{10.5^2} = 0.423$，但是近似计算时候其实取 $U_B = U_N$，故 $x_{G*} = x_d'' \times \dfrac{\dfrac{U_N^2}{S_N}}{\dfrac{U_B^2}{S_B}} = x_d'' \times \dfrac{S_B}{S_N} = 0.14 \times \dfrac{100}{30} = 0.467$。

答案：C

16.（2017） 标幺制中，导纳基准表示为（　　）。

A. $\dfrac{U^2}{S}$　　B. $\dfrac{S}{U^2}$　　C. $\dfrac{S}{U}$　　D. $\dfrac{U}{S}$

分析： $Z_B = \dfrac{U^2}{S} \Rightarrow Y_B = \dfrac{1}{Z_B} = \dfrac{S}{U^2}$。

答案： B

17.（2021） 图 4.2–8 所示电路中，参数已注明，取基准值 100MVA，用近似计算法得发电机及变压器 T1 的电抗标幺值为（　　）。

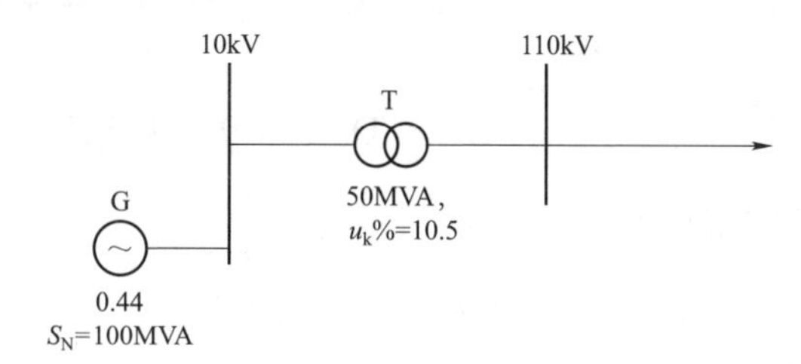

图 4.2–8

A. 0.67，0.21　　B. 0.44，0.21　　C. 0.44，0.56　　D. 0.15，0.5

分析：
$$x_T = \frac{u_k\%}{100} \times \frac{S_B}{S_N} = \frac{10.5}{100} \times \frac{100}{50} = 0.21$$
$$x_G = 0.44 \times \frac{S_B}{S_N} = 0.44 \times \frac{100}{100} = 0.44$$

答案： B

4.2.4 【发输变电专业基础】历年真题详解

【1. 了解输电线路四个参数所表征的物理意义及输电线路的等效电路】

1.（2012） 高电压长距离输电线路常采用分裂导线，其目的是（　　）。

A. 改变导线周围磁场分布，增加等效半径，减小线路电抗

B. 改变导线周围电场分布，减小等效半径，减小线路电抗

C. 改变导线周围磁场分布，增加等效半径，增大线路电抗

D. 改变导线周围电场分布，减小等效半径，增大线路电抗

分析： 电抗是反映载流导线产生的磁场效应的参数。分裂导线的采用改变了导线周围的磁场分布，等效地增大了导线半径，从而减小了导线电抗。

答案： A

2.（2012） 超特高压输电线路采用分裂导线目的之一是（　　）。

A. 减小导线电容　　B. 减小线路雷击概率

C. 增加导线机械强度　　D. 提高线路输送容量

分析： 选项 A：分裂导线的电容 $C = \dfrac{0.0241}{\lg \dfrac{D_{eq}}{r_{eq}}} \times 10^{-6}\,\text{F/km}$，式中 D_{eq} 为各相分裂导线重心间的几何均距，r_{eq} 为一相导线组的等效半径，对于二分裂导线 $r_{eq} = \sqrt{rd}$；由于分裂间距 d 比

单导线半径 r 大得多，所以 $r_{eq}>r$，故分裂导线的电容 C 比单导线大，显然选项 A 错误。

选项 B：线路雷击概率与分裂导线间无直接关联。

选项 C：分裂导线的采用改变了导线周围的电磁场的分布，相当于“等效增大”了导线半径，所以分裂导线本身并没有增加导线机械强度。

选项 D：与单导线相比，分裂导线使得输电线路的电感减小、电容增大，使其对交流电的波阻抗减小，提高了线路的输电能力。

答案：D

3.（2013） 三相输电线路的单位长度等效电抗参数计算公式为（　　）。

A. $x_1 = 0.144\,5\ln\dfrac{D_m}{r} + \dfrac{\mu_r}{2}$　　B. $x_1 = 1.445\ln\dfrac{D_m}{r_{eq}} + \dfrac{\mu_r}{2}$

C. $x_1 = 1.445\lg\dfrac{D_m}{r} + \dfrac{\mu_r}{2}$　　D. $x_1 = 0.144\,5\lg\dfrac{D_m}{r} + \dfrac{\mu_r}{2}$

分析：三相架空线路的电抗为

$$x_1 = 2\pi f\left(4.6\lg\frac{D_m}{r} + \frac{\mu_r}{2}\right)\times 10^{-4}$$

式中：x_1 为导线单位长度的电抗，Ω/km；r 为导线的半径，mm 或 cm；μ_r 为导线材料的相对磁导率，对铝、铜等，$\mu_r = 1$；f 为交流电的频率，Hz；D_m 为几何均距，mm 或 cm；如将 $f = 50\text{Hz}$、$\mu_r = 1$ 代入上式，又可得 $x_1 = 0.144\,5\lg\dfrac{D_m}{r} + 0.015\,7$。

答案：D

4.（2013） 长距离输电线路的稳态方程为（　　）。

A. $\dot{U}_1 = \dot{U}_2\sinh\gamma l + Z_c\dot{I}_2\text{conh}\gamma l, \dot{I}_1 = \dfrac{\dot{U}_2}{Z_c}\sinh\gamma l + \dot{I}_2\text{conh}\gamma l$

B. $\dot{U}_1 = \dot{U}_2\text{conh}\,\gamma l + Z_c\dot{I}_2\sinh\gamma l, \dot{I}_1 = \dfrac{Z_c}{\dot{U}_2}\sinh\gamma l + \dot{I}_2\text{conh}\gamma l$

C. $\dot{U}_1 = \dot{U}_2\text{conh}\,\gamma l + Z_c\dot{I}_2\sinh\gamma l, \dot{I}_1 = \dfrac{\dot{U}_2}{Z_c}\sinh\gamma l + \dot{I}_2\text{conh}\gamma l$

D. $\dot{U}_1 = \dot{U}_2\sinh\gamma l + Z_c\dot{I}_2\text{conh}\gamma l, \dot{I}_1 = \dfrac{\dot{U}_2}{Z_c}\text{conh}\,\gamma l + \dot{I}_2\sinh\gamma l$

分析：在电力系统分析计算中，一般只考虑电力线路两端的电压和电流（对应于不同变电所的母线电压和线路电流），对线路中间电压和电流并不着重研究，输电线路两端电压 $\dot{U}_1$、$\dot{U}_2$、电流 $\dot{I}_1$、$\dot{I}_2$ 关系是 $\dot{U}_1 = \dot{U}_2\cosh\gamma l + Z_c\dot{I}_2\sinh\gamma l, \dot{I}_1 = \dfrac{\dot{U}_2}{Z_c}\sinh\gamma l + \dot{I}_2\cosh\gamma l$。若 z_1、y_1 分别表示单位长度线路的阻抗和导纳，$z_1 = r_1 + jx_1$，$y_1 = g_1 + jb_1$，则上式中 $\gamma = \sqrt{z_1 y_1}$ 称为线路传播系数，$Z_c = \sqrt{z_1 / y_1}$ 称为线路特性阻抗，l 为线路长度。

原题 C 选项给定的答案有误，应该将 conh 改为 cosh。

答案：C

5.（2014） 输电线路电气参数电阻和电导反映输电线路的物理现象分别为（　　）。

A. 电晕现象和热效应　　B. 热效应和电场效应

C. 电场效应和磁场效应　　D. 热效应和电晕现象

分析：参见前面大纲第 1 点的复习内容参数的物理意义，电阻是反映线路通过电流时产生的有功功率损失效应的参数，电导是反映线路带电时绝缘介质中产生泄漏电流及导线附近空气游离而产生有功功率损失的参数。

答案：D

【2. 了解应用普通双绕组、三绕组变压器空载与短路试验数据计算变压器参数及制定其等效电路】

6.（2016） 已知变压器铭牌参数，确定变压器电抗 X_T 的计算公式为（　　）。

A. $\dfrac{I_0\%S_{TN}}{100U_N^2}$　　B. $\dfrac{U_k\%U_N^2}{100S_{TN}}$　　C. $\dfrac{U_k\%U_N}{100S_{TN}}$　　D. $\dfrac{U_k\%U_N}{100S_{TN}}$

分析：参见 4.2.2 节双绕组变压器核心公式，必须牢记！

答案：B

7.（2018） 有一台 SFL1–20000/110 型变压器接入 35kV 网络供电，铭牌参数为：短路损耗 $\Delta P_k=135\text{kW}$，短路电压百分数 $u_k\%=10.5$，空载损耗 $\Delta P_0=22\text{kW}$，空载电流百分数 $I_k\%=0.8$，$S_N=20\,000\text{kVA}$。归算到高压侧的变压器参数为（　　）。

A. 4.08Ω，63.53Ω　B. 12.58Ω，26.28Ω　C. 4.08Ω，12.58Ω　D. 12.58Ω，63.53Ω

分析：$R_T=\dfrac{\Delta P_k U_N^2}{1000S_N^2}=\dfrac{135\times110^2}{1000\times20^2}\Omega=4.08\Omega$，$x_T=\dfrac{u_k\%U_N^2}{100S_N}=\dfrac{10.5\times110^2}{100\times20}\Omega=63.53\Omega$

答案：A

8.（2021） 双绕组变压器短路试验和空载试验可以获得的参数依次为（　　）。

A. 电阻，电抗，电容，电导　　B. 电阻，电抗，电导，电纳

C. 电导，电纳，电阻，电抗　　D. 电阻，电导，电抗，电纳

分析：短路试验$\Rightarrow \Delta P_k,u_k\%\Rightarrow R_T,X_T$；空载试验$\Rightarrow \Delta P_0,I_0\%\Rightarrow G_T,B_T$。

答案：B

9.（2021） 一台 220/121/10.5kV 三相三绕组自耦变压器，额定容量 100MVA，容量比为 100/100/100，实测的短路试验数据如下，其中 1、2、3 分别代表高中低绕组，上标′表示未归算到额定容量，$u'_{k(1-2)}\%=12.5$，$u'_{k(1-3)}\%=12$，$u'_{k(2-3)}\%=10.5$，则三绕组变压器归算至 220kV 侧的等效电路中的 x_{T1}、x_{T2}、x_{T3} 分别为（　　）。

A. 3.630，11.38，44.47　　B. 36.30，11.38，44.47

C. 0.1815，0.569，2.223　　D. 33.88，26.62，24.20

捷径：4 个选项中只有 x_{T1} 完全不同，故仅对 x_{T1} 进行计算。

$$u_{k1}\%=\frac{1}{2}[u_{k(1-2)}\%+u_{k(1-3)}\%-u_{k(2-3)}\%]=\frac{1}{2}[12.5+12-10.5]=7$$

$$x_{T1}=\frac{u_{k1}\%}{100}\times\frac{U_N^2}{S_N}=\frac{7}{100}\times\frac{220^2}{100}\Omega=33.88\Omega$$

答案：D

【3. 了解电网等效电路中有名值和标幺值参数的简单计算】

10.（2008） 如图 4.2–9 所示的简单电力系统，元件参数在图中标出，用标幺值表示该电力系统等效电路（功率基准值取 S_B=30MVA），下面哪个选项是正确的？（　　）

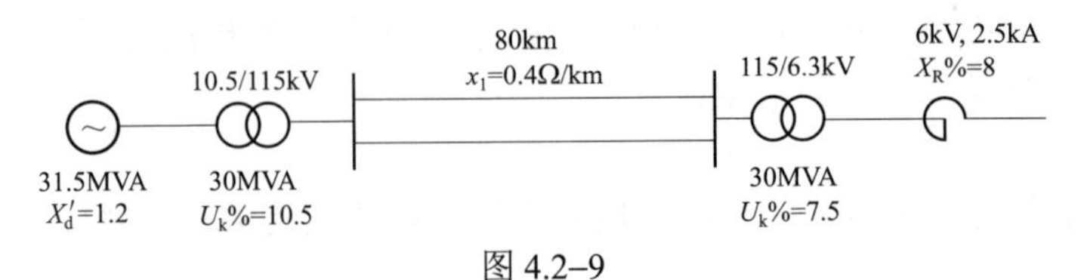

图 4.2–9

A. $X'_{d*}=1.143$，$X_{T1*}=0.105$，$X_{L*}=0.0725$，$X_{T2*}=0.075$，$X_{R*}=0.0838$

B. $X'_{d*}=0.5$，$X_{T1*}=0.35$，$X_{L*}=0.302$，$X_{T2*}=0.33$，$X_{R*}=0.698$

C. $X'_{d*}=1.143$，$X_{T1*}=10.5$，$X_{L*}=0.364$，$X_{T2*}=7.5$，$X_{R*}=0.769$

D. $X'_{d*}=1.143$，$X_{T1*}=0.105$，$X_{L*}=0.0363$，$X_{T2*}=0.075$，$X_{R*}=0.0838$

分析：$X'_{d*}=X'_d\times\frac{U_N^2}{S_N}/\frac{U_B^2}{S_B}=1.2\times\frac{10.5^2}{31.5}\times\frac{30}{10.5^2}=1.143$

$$X_{T1*}=\frac{U_k\%}{100}\times\frac{U_N^2}{S_N}/\frac{U_B^2}{S_B}=\frac{U_k\%}{100}\times\frac{S_B}{S_N}=\frac{10.5}{100}\times\frac{30}{30}=0.105$$

$$X_{L*}=0.5\times x_1\times l/\frac{U_B^2}{S_B}=0.5\times0.4\times80\times\frac{30}{115^2}=0.036$$

$$X_{T2*}=\frac{U_k\%}{100}\times\frac{S_B}{S_N}=\frac{7.5}{100}\times\frac{30}{30}=0.075$$

$$X_{R*}=\frac{X_R\%}{100}\times\frac{U_N}{\sqrt{3}I_N}\times\frac{S_B}{U_B^2}=\frac{8}{100}\times\frac{6}{\sqrt{3}\times2.5}\times\frac{30}{6.3^2}=0.0838$$

对应的标幺值等效电路如图 4.2–10 所示。

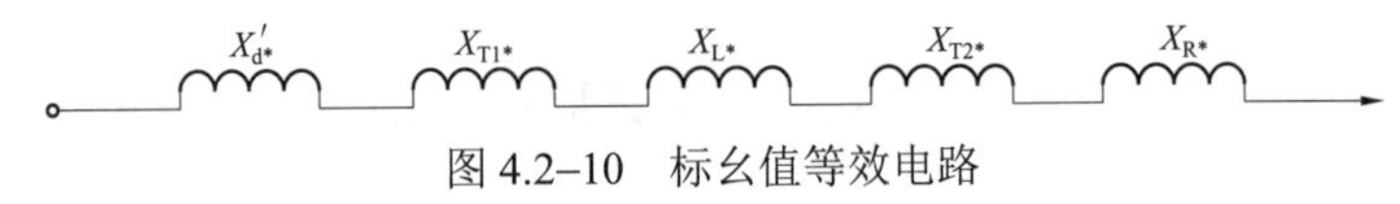

图 4.2–10　标幺值等效电路

答案：D

11.（2018）电压基准值为 10kV，发电机端电压标幺值为 1.05，发电机机端电压为（　　）。

A. 11kV　　B. 10.5kV　　C. 9.5kV　　D. 11.5kV

分析：有名值 = 标幺值 × 基准值 = 1.05×10kV = 10.5kV 。

答案：B

12.（2019）发电机与 10kV 线路连接，以发电机端电压为基准值，则线路电压标幺值为（　　）。

A. 1　　B. 1.05　　C. 0.905　　D. 0.952

分析：线路电压标幺值为 10/10.5=0.952。

答案：D

4.3 简单电网的潮流计算

4.3.1 考试大纲要求及历年真题统计分析（供配电、发输变电）

历年真题按照考试大纲考点归类总结见表 4.3–1 和表 4.3–2（说明：1、2、3、4 道题分别对应1、2、3、4颗★，≥5道题对应5颗★）。

表4.3–1　　供配电专业基础考试大纲及历年真题统计表

4.3 简单电网的潮流计算 考试大纲	2005	2006	2007	2008	2009	2010	2011	2012	2013	2014	2016	2017	2018	2019	2020	2021	汇总统计
1. 了解电压降落、电压损耗、功率损耗的定义★★★★★		2	1	2	2	3	1	1		2	0	1	1	1	1	1	19★★★★★
2. 了解已知不同点的电压和功率情况下的潮流简单计算方法★★★★★	1	1		2	1			1	1		2	1	1	1	2	1	15★★★★★
3. 了解输电线路中有功功率、无功功率的流向与功角、电压幅值的关系★★								1	1							1	3★★
4. 了解输电线路的空载与负载运行特性★★★★★	1	1	1			1	1	1	1	2				1			10★★★★★
汇总统计	2	4	2	4	3	4	2	4	3	4	2	2	2	3	3	3	47

表4.3–2　　发输变电专业基础考试大纲及历年真题统计表

4.3 简单电网的潮流计算 考试大纲	2005（同供配电）	2006（同供配电）	2007（同供配电）	2008	2009	2010	2011	2012	2013	2014	2016	2017	2018	2019	2020	2021	汇总统计
1. 了解电压降落、电压损耗、功率损耗的定义★★★★★		2	1	1	1	1	1	1		2		1	1		1		13★★★★★
2. 了解已知不同点的电压和功率情况下的潮流简单计算方法★★★★★	1	1		1	1	2		1	1	1	1	1	1	1	1	1	15★★★★★
3. 了解输电线路中有功功率、无功功率的流向与功角、电压幅值的关系★★★						1		1						1			3★★★
4. 了解输电线路的空载与负载运行特性★★★★★	1	1	1	2	1	1	1	1	1	1		1		2	1	1	16★★★★★
汇总统计	2	4	2	4	3	5	2	4	2	4	1	3	2	4	3	2	47

对比以上供配电专业基础和发输变电专业基础历年真题统计表，可看到：尽管两个专业方向不同，但专业基础考试的两个方向的侧重点几乎相同，见表4.3–3。

表 4.3–3　　　　　　专业基础供配电、发输变电两个专业方向侧重点对比

4.3　简单电网的潮流计算	历年真题汇总统计	
考试大纲（取供配电、发输变电两个方向中多的★值标注）	供配电	发输变电
1. 了解电压降落、电压损耗、功率损耗的定义★★★★★	19★★★★★	13★★★★★
2. 了解已知不同点的电压和功率情况下的潮流简单计算方法★★★★★	15★★★★★	15★★★★★
3. 了解输电线路中有功功率、无功功率的流向与功角、电压幅值的关系★★★	3★★★	3★★★
4. 了解输电线路的空载与负载运行特性★★★★★	10★★★★★	16★★★★★
汇总统计	47	47

4.3.2　重要知识点复习

结合前面 4.3.1 节的历年真题统计分析（供配电、发输变电）结果，可以看到，在历年考题中“4.3 简单电网的潮流计算”这部分的题量还是很大的，且 1、2、4 大纲点均有较多的题目出现，3 大纲点在最近两年反复出题，也在兴起，因此，对于本章 1、2、3、4 各大纲点的知识均需要掌握。下面一一进行介绍。

1. 了解电压降落、电压损耗、功率损耗的定义★★★★★

此部分的公式相当重要，必须牢记!!

（1）电压降落。电压降落是指线路首末两端电压的相量差 $\dot{U}_1-\dot{U}_2$，如图 4.3–1 所示，若末端负荷为 $P+\mathrm{j}Q$，线路阻抗为 $R+\mathrm{j}X$，则电压降落的计算公式如下，它包括两个分量 $\Delta\dot{U}$ 和 $\delta\dot{U}$，分别称为电压降落的纵分量和横分量。

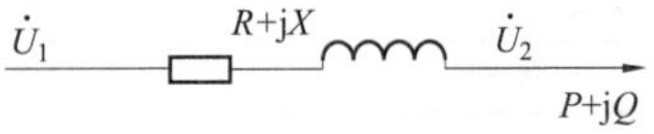

图 4.3–1　简单输电系统

$$\dot{U}_1-\dot{U}_2=\Delta\dot{U}+\mathrm{j}\delta\dot{U}=\frac{PR+QX}{U_2}+\mathrm{j}\frac{PX-QR}{U_2} \tag{4.3–1}$$

式（4.3–1）的运用注意 3 点：① 功率用三相的，电压用线电压；② 功率和电压是对应同一端的值；③ 功率 P、Q 一定是流过阻抗 R、X 的功率值。

相应的相量图如图 4.3–2 所示，从而可计算得到首端电压 $\dot{U}_1$ 的有效值和相位角是

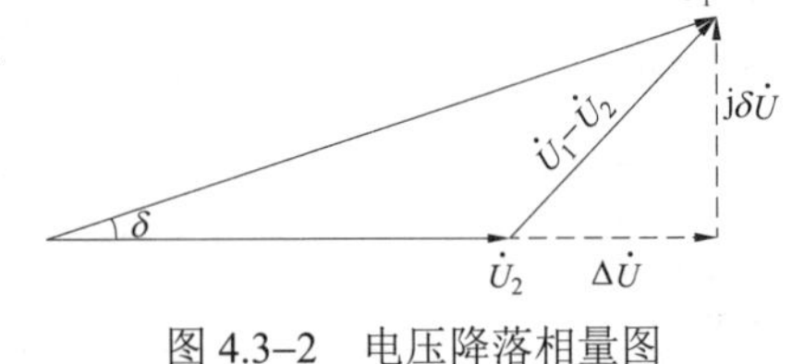

图 4.3–2　电压降落相量图

$$U_1=\sqrt{(U_2+\Delta U)^2+\delta U^2},\delta=\arctan\frac{\delta U}{U_2+\Delta U} \tag{4.3–2}$$

（2）电压损耗。电压损耗是指线路首末两端电压的数值差 $U_1–U_2$，它是一个标量。

（3）电压偏移。电压偏差（移）是指实际电压偏离其额定电压的百分数，即 $U\%=\dfrac{U-U_{\mathrm{N}}}{U_{\mathrm{N}}}\times100\%$。

（4）功率损耗。

1）线路功率损耗的计算。图 4.3–1 所示系统，阻抗 $R+\mathrm{j}X$ 上的功率损耗 S_{loss} 计算公式为

$$S_{\mathrm{loss}}=P_{\mathrm{loss}}+\mathrm{j}Q_{\mathrm{loss}}=\frac{P^2+Q^2}{U_2^2}R+\mathrm{j}\frac{P^2+Q^2}{U_2^2}X=\frac{P^2+Q^2}{U_2^2}(R+\mathrm{j}X) \tag{4.3–3}$$

式中，P_{loss}、Q_{loss} 是分别对应线路参数 R 和 X 的有功、无功损耗。

2）变压器功率损耗的计算。变压器的有功损耗

$$\Delta P_{\text{T}} = \Delta P_0 + \Delta P_{\text{k}}\left(\frac{S_{\text{C}}}{S_{\text{N}}}\right)^2 \tag{4.3–4}$$

式中：ΔP_{T} 为变压器有功损耗，kW；ΔP_0 为变压器空载有功损耗，kW；ΔP_{k} 为变压器短路有功损耗，kW；S_{C} 为变压器上通过的计算视在功率，kVA；S_{N} 为变压器的额定视在功率，kVA。

变压器的无功损耗

$$\Delta Q_{\text{T}} = S_{\text{N}}\left[\frac{I_0\%}{100} + \frac{u_{\text{k}}\%}{100}\left(\frac{S_{\text{C}}}{S_{\text{N}}}\right)^2\right] \tag{4.3–5}$$

式中：ΔQ_{T} 为变压器无功损耗，kvar；$I_0\%$ 为变压器空载电流百分值；$u_{\text{k}}\%$ 为变压器短路电压百分数；S_{C}、S_{N} 含义同式（4.3–2）。

2. *了解已知不同点的电压和功率情况下的潮流简单计算方法*★★★★★

本大纲点除供配电专业基础 2012 年和发输变电专业基础 2009 年考过两道已知不同端电压功率的题以及发输变电专业基础 2014 年考过一道环网循环功率的题外，其他考题均是已知同一端末端的电压功率的潮流计算问题，如图 4.3–3 所示。

潮流计算
- 开式网络
  - 已知同一端电压和功率（考题居多）
  - 已知不同端电压和功率（2009年、2012年）
- 闭式网络（2014年）

图 4.3–3

（1）已知同一点电压和功率，如已知末端功率和末端电压的情况。

计算思路：总结为从已知功率、电压端，利用式（4.3–1）～式（4.3–3）由末端往首端齐头并进逐段求解功率和电压，计算过程如图 4.3–4 所示。

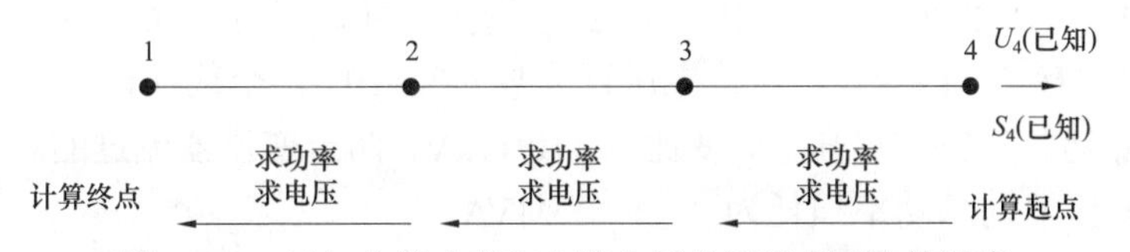

图 4.3–4　已知末端功率和末端电压求解开式网络的潮流

（2）已知不同点电压和功率，例如已知末端功率和首端电压的情况。

计算思路：总结为“一来、二去”共两步来逼近需求解的网络功率和电压分布。“一来”即假设全网电压均为线路额定电压，用已知功率端的功率和假设的额定电压由末端往首端推算功率；“二去”即从已知电压的节点开始，用前一步推得的功率和已知电压节点的电压，由首端往末端推算电压。计算过程如图 4.3–5 所示。

（3）循环功率的问题。当变比不等的两台变压器并联运行时，由于变压器变比不等将会导致循环功率 $\dot{S}_{\text{C}}$，其计算公式为 $\dot{S}_{\text{C}} = \dfrac{U_{\text{B}} \times \Delta U}{\overset{*}{Z}_{\Sigma}}$。此时变压器的实际功率分布是由变压器变比

相等且供给实际负荷时的功率分布与不计负荷仅因变比不同而引起的循环功率叠加而成。

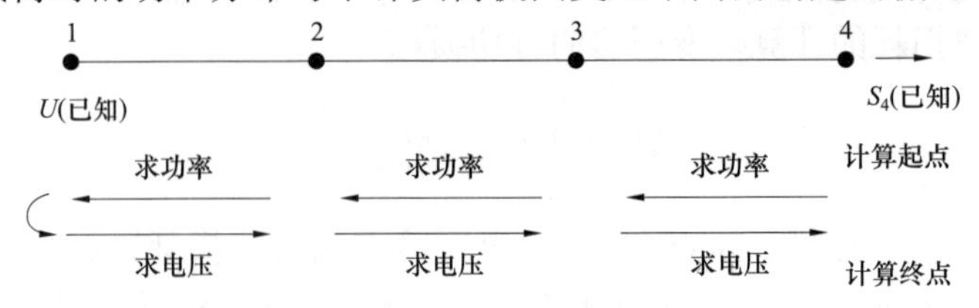

图 4.3–5　已知末端功率和首端电压求解开式网络的潮流

3. 了解输电线路中有功功率、无功功率的流向与功角、电压幅值的关系★★

输电线路中有功功率 $P=\dfrac{U_1U_2}{X}\sin\delta$，式中 δ 为线路首端电压 $\dot{U}_1$ 超前末端电压 $\dot{U}_2$ 的相位角。可见，输电线路中有功功率的流向主要由两端节点电压的相位决定，有功功率是从电压相位超前的一端流向滞后的一端。

输电线路中无功功率 $Q=\dfrac{(U_1\cos\delta-U_2)U_2}{X}\approx\dfrac{(U_1-U_2)U_2}{X}$，可见，输电线路中无功功率的流向主要由两端节点电压的幅值决定，无功功率是由幅值高的一端流向低的一端。

4. 了解输电线路的空载与负载运行特性★★★★★

当输电线路空载时，可推得首端电压 $\dot{U}_1$ 与末端电压 $\dot{U}_2$ 的关系式

$\dot{U}_1=U_2-\dfrac{B}{2}U_2X+\mathrm{j}\dfrac{B}{2}U_2R$，式中，$R$、$X$、$B$ 分别对应线路的电阻、电抗和电纳。

考虑到高压线路一般所采用的导线截面较大，所以上式中忽略线路电阻，即认为 $R=0$，又由于线路 Π 形等效电路的电纳是容性，即 $B>0$，故由上式知道 $U_1<U_2$。这说明高压输电线路空载时，线路末端的电压将高于始端电压，此称为“末端电压升高现象”。

引起线路末端电压升高的本质原因是线路对地的容性效应，解决措施是在线路末端并联电抗器。

4.3.3 【供配电专业基础】历年真题详解

【1. 了解电压降落、电压损耗、功率损耗的定义】

1.（供 2007，发 2020） 某变电所有 2 台变压器并联运行，每台变压器的额定容量为 31.5MVA，短路损耗 P_k=148kW，短路电压百分数 $u_k\%$=10.5，空载损耗 P_0=40kW，空载电流 I0%=0.8。变压器运行在额定电压下，变比为 110/11kV，两台变压器流过的总功率为（40+j30）MVA，则两台变压器的总功率损耗为（　　）MVA。

A. 0.093+j2.336　　B. 0.372+j9.342

C. 0.186+j4.167　　D. 0.268+j4.671

分析：$\Delta P_\mathrm{T}=\Delta P_0+\Delta P_\mathrm{k}\left(\dfrac{S_\mathrm{C}}{S_\mathrm{N}}\right)^2=40\mathrm{kW}+148\times\left(\dfrac{25}{31.5}\right)^2\mathrm{kW}=133\mathrm{kW}$

$2\Delta P_\mathrm{T}=2\times133\mathrm{kW}=266\mathrm{kW}=0.266\mathrm{MW}$

$\Delta Q_\mathrm{T}=S_\mathrm{N}\left[\dfrac{I_0\%}{100}+\dfrac{u_\mathrm{k}\%}{100}\left(\dfrac{S_\mathrm{C}}{S_\mathrm{N}}\right)^2\right]=31.5\times\left[\dfrac{0.8}{100}+\dfrac{10.5}{100}\times\left(\dfrac{25}{31.5}\right)^2\right]\mathrm{Mvar}=2.335\mathrm{Mvar}$

$2\Delta Q_\mathrm{T}=2\times2.335\mathrm{Mvar}=4.67\mathrm{Mvar}$

答案：D

2.（2008） 已知变压器额定容量、额定电压及变压器实验数据，当变压器在额定电压下通过功率为 S 时，变压器的有功功率损耗的计算公式为（　　）。

A. $\Delta P = \dfrac{P_k}{1000}$　　　　B. $\Delta P = \dfrac{P_k}{1000} \times \left(\dfrac{S}{S_{TN}}\right)^2$

C. $\Delta P = 3 \times \dfrac{P_k}{1000} \times \left(\dfrac{S}{S_{TN}}\right)^2$　　　　D. $\Delta P = \dfrac{P_k}{1000} \times \left(\dfrac{U_{TN}}{S_{TN}}\right)^2$

分析：记住公式即可。变压器的有功损耗 $\Delta P_T = \Delta P_0 + \Delta P_k \left(\dfrac{S_C}{S_N}\right)^2$。

本题所问的“变压器的有功功率损耗”其实是指变压器短路有功损耗，选项 B 中的除以 1000 实际是将 kW 的单位换算成电力系统常习惯的 MW 的单位而已。

答案：B

3.（2009） 元件两端电压的相角差主要取决于通过元件的（　　）。

A. 电压降落　　B. 有功功率　　C. 无功功率　　D. 电压降落的纵分量

分析：电压降落的公式为 $\dot{U}_1 - \dot{U}_2 = \Delta U + j\delta U = \dfrac{PR + QX}{U} + j\dfrac{PX - QR}{U}$，由此可见，元件两端的电压幅值差主要由电压降落的纵分量 ΔU 决定，电压的相角差则由横分量 δU 决定，高压输电线路参数中，电抗要比电阻大得多，作为极端的情况，令 $R = 0$，便得 $\Delta U = \dfrac{QX}{U}$，$\delta U = \dfrac{PX}{U}$，这说明 ΔU 主要是因传输无功功率 Q 而产生，也主要受线路中流过的无功功率 Q 的影响，δU 主要是因传输有功功率 P 而产生，也主要受线路中流过的有功功率 P 的影响。

答案：B

4.（2009） 两台相同变压器在额定功率 S_{TN}、额定电压下并联运行，其总有功损耗为（　　）。

A. $2 \times \left(\dfrac{P_0}{1000} + \dfrac{P_k}{1000}\right)$　　　　B. $\left(\dfrac{P_0}{1000} + \dfrac{P_k}{1000}\right) \times \dfrac{1}{2}$

C. $2 \times \dfrac{P_0}{1000} + \dfrac{1}{2} \times \dfrac{P_k}{1000}$　　　　D. $\dfrac{1}{2} \times \dfrac{P_0}{1000} + 2 \times \dfrac{P_k}{1000}$

分析：$2 \times \Delta P_T = 2 \times \left[\Delta P_0 + \Delta P_k \left(\dfrac{\frac{1}{2} S_C}{S_{TN}}\right)^2\right] = 2 \times \Delta P_0 + \dfrac{1}{2} \times \Delta P_k \times \left(\dfrac{S_C}{S_{TN}}\right)^2 \overset{S_C = S_{TN}}{=} 2 \times \Delta P_0 + \dfrac{1}{2} \times \Delta P_k$

选项中的除以 1000 实际是将 kW 的单位换算成电力系统常习惯的 MW 的单位而已。

答案：C

5.（2010、2019、2021） 电力系统电压降和电压损耗的定义分别为（　　）。

A. $U_1 - U_2, \dot{U}_1 - \dot{U}_2$　　　　B. $\dot{U}_1 - \dot{U}_2, |\dot{U}_1 - \dot{U}_2|$

C. $\dot{U}_1 - \dot{U}_2, |\dot{U}_1| - |\dot{U}_2|$　　　　D. $|\dot{U}_1| - |\dot{U}_2|, \dot{U}_1 - \dot{U}_2$

分析：电压降落是指线路首末两端电压的相量差$\dot{U}_1-\dot{U}_2$，它是一个相量；电压损耗是指线路首末两端电压的数值差U_1-U_2，它是一个标量。

答案：C

6.（2010、2018） 高压电网线路中流过的无功功率主要影响线路两端的（　　）。

A. 电压相位　　B. 电压幅值　　C. 有功损耗　　D. 电压降落的横分量

分析：电压降落的公式为$\dot{U}_1-\dot{U}_2=\Delta U+\mathrm{j}\delta U=\dfrac{PR+QX}{U}+\mathrm{j}\dfrac{PX-QR}{U}$，由此可见，元件两端的电压幅值差主要由电压降落的纵分量ΔU决定，高压输电线路参数中，电抗要比电阻大得多，作为极端的情况，令$R=0$，便得$\Delta U=\dfrac{QX}{U}$，这说明ΔU主要是因传输无功功率Q而产生，也主要受线路中流过的无功功率Q的影响。

答案：B

7.（2010） 降低网络损耗的主要措施之一是（　　）。

A. 增加线路中传输的无功功率　　B. 减少线路中传输的有功功率

C. 增加线路中传输的有功功率　　D. 减少线路中传输的无功功率

分析：潮流计算的两个核心公式是

$$\Delta\dot{U}=\Delta U+\mathrm{j}\delta U=\frac{PR+QX}{U_2}+\mathrm{j}\frac{PX-QR}{U_2},\quad \Delta\dot{S}=\frac{P^2+Q^2}{U^2}(R+\mathrm{j}X)$$

显然增加Q、增加P只会使得损耗增大，故排除A、C选项。选项B减少P，由于发电机是电力系统唯一的有功功率电源，负载所需要的有功功率必须从发电厂输送得来，所以减少P其实就意味着甩负荷。选项D正确：减少Q会使得损耗降低，电力系统中无功功率电源很多，实际中无功遵循“分层分区就地平衡”的原则，以减少线路中传输的无功功率从而降低网络损耗。

答案：D

8.（2011） 电力系统电压降计算公式为（　　）。

A. $\dfrac{P_iX+Q_iR}{U_i}+\mathrm{j}\dfrac{P_iR-Q_iX}{U_i}$　　B. $\dfrac{P_iX-Q_iR}{U_i}+\mathrm{j}\dfrac{P_iR+Q_iX}{U_i}$

C. $\dfrac{Q_iR+P_iX}{U_i}+\mathrm{j}\dfrac{P_iR-Q_iX}{U_i}$　　D. $\dfrac{P_iR+Q_iX}{U_i}+\mathrm{j}\dfrac{P_iX-Q_iR}{U_i}$

分析：熟记潮流计算的电压降落的核心公式，参见式（4.2–1）。

答案：D

9.（2012、2018） 电力系统电压降定义为（　　）。

A. $\mathrm{d}\dot{U}=\dot{U}_1-\dot{U}_2$　　B. $\mathrm{d}\dot{U}=|\dot{U}_1-\dot{U}_2|$

C. $\mathrm{d}\dot{U}=\dfrac{\dot{U}_1-\dot{U}_2}{U_N}$　　D. $\mathrm{d}U=\dfrac{U_1-U_2}{U_N}$

分析：电压降落是指线路首末两端电压的相量差$\dot{U}_1-\dot{U}_2$。

答案：A

10.（2014）某线路始端电压为$\dot{U}_1=230.5\angle 12.5^\circ$ kV，末端电压为$\dot{U}_2=220.9\angle 15.0^\circ$ kV，线路首末端的电压偏移分别为（　　）。

A. 5.11%，0.71%　B. 4.77%，0.41%　C. 3.21%，0.32%　D. 2.75%，0.21%

分析：按照电压偏移的定义 $\Delta U\%=\dfrac{U-U_{\mathrm{N}}}{U_{\mathrm{N}}}\times100\%$；线路首端的电压偏移 $\Delta U_1\%=\dfrac{U_1-U_{\mathrm{N}}}{U_{\mathrm{N}}}\times100\%=\dfrac{230.5-220}{220}\times100\%=4.77\%$；线路末端的电压偏移 $\Delta U_2\%=\dfrac{U_2-U_{\mathrm{N}}}{U_{\mathrm{N}}}\times100\%=\dfrac{220.9-220}{220}\times100\%=0.41\%$。电压偏移的计算与电压相位角无关。

答案：B

11.（2014）　两台相同变压器其额定功率为 20MVA，负荷功率为 18MVA，在额定电压下运行，每台变压器空载损耗为 22kW，短路损耗 135kW，两台变压器总有功损耗为（　　）。

A. 1.829MW　B. 0.191MW　C. 0.098 7MW　D. 0.259 8MW

分析：此题与 2009 年考题相似。两台变压器总有功损耗为

$$2\times\Delta P_{\mathrm{T}}=2\times\left[\Delta P_0+\Delta P_{\mathrm{k}}\left(\frac{S_{\mathrm{C}}}{S_{\mathrm{TN}}}\right)^2\right]=2\times\left[22+135\times\left(\frac{18/2}{20}\right)^2\right]\mathrm{MW}=0.098\,7\mathrm{MW}$$

答案：C

12.（2016）　n 台额定功率为 S_{N} 的变压器在额定电压下并联运行，已知变压器铭牌参数，通过额定功率时，n 台变压器的总有功损耗为（　　）。

A. $\dfrac{nP_0}{1000}+\dfrac{1}{n}\dfrac{P_{\mathrm{k}}}{1000}$　B. $n\left(\dfrac{P_0}{1000}+\dfrac{P_{\mathrm{k}}}{1000}\right)$

C. $\dfrac{1}{n}\left(\dfrac{P_0}{1000}+\dfrac{P_{\mathrm{k}}}{1000}\right)$　D. $\dfrac{1}{n}\left(\dfrac{P_0}{1000}+n\dfrac{P_{\mathrm{k}}}{1000}\right)$

分析：此题与 2009 年真题很相似，2009 年题目已知的是 2 台，此题已知的是 n 台。变压器的总有功损耗为

$$n\times\Delta P_{\mathrm{T}}=n\times\left[\Delta P_0+\Delta P_{\mathrm{k}}\left(\frac{\frac{1}{n}S_{\mathrm{C}}}{S_{\mathrm{TN}}}\right)^2\right]=n\times\Delta P_0+n\times\frac{1}{n^2}\times\Delta P_{\mathrm{k}}\left(\frac{S_{\mathrm{C}}}{S_{\mathrm{TN}}}\right)^2\overset{S_{\mathrm{C}}=S_{\mathrm{TN}}}{=}n\Delta P_0+\frac{1}{n}\Delta P_{\mathrm{k}}$$

选项中的除以 1000 实际是将 kW 的单位换算成电力系统常习惯的 MW 的单位而已。

答案：A

13.（2017）　线路末端的电压偏移是指（　　）。

A. 线路始末两端电压的相量差　B. 线路始末两端电压的数量差

C. 线路末端电压与额定电压之差　D. 线路末端空载时与负载时电压之差

分析：参见 4.3.2 节关于电压降落、电压损耗、电压偏移的定义。

答案：C

【2. 了解已知不同点的电压和功率情况下的潮流简单计算方法】

14.（供 2005，发 2020）　输电线路等效电路如图 4.3–6 所示，已知末端功率和电压，$\dot{S}_2=(11.77+\mathrm{j}5.45)\mathrm{MVA}$，$\dot{U}_2=110\angle0^\circ\,\mathrm{kV}$，图中所示的始端功率 $\dot{S}_1$ 和始端电压 $\dot{U}_1$ 为下列哪组数值？（　　）

A. $112.24\angle 0.58°$，(11.95+j5.45)MVA　B. $112.14\angle 0.62°$，(11.95+j4.30)MVA

C. $112.14\angle 0.62°$，(11.95+j5.45)MVA　D. $112.24\angle 0.58°$，(11.77+j4.30)MVA

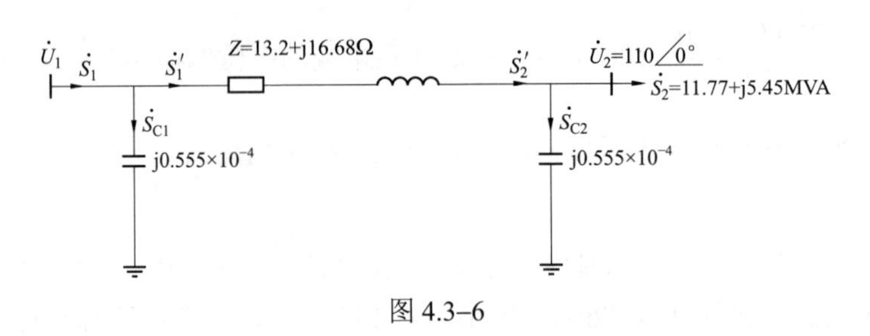

图 4.3–6

分析：此题为已知同一端电压和功率（均是末端），要求首端电压和功率，属于最常见情况。

$$\dot{S}_{C2}=-j0.555\times10^{-4}\times110^2\text{MWA}=-j0.67155\text{MVA}$$

$$\dot{S}_2'=\dot{S}_2+S_{C2}=(11.77+j5.45)\text{MWA}-j\,0.67155\text{MWA}=(11.77+j4.77845)\text{MVA}$$

$$\Delta\dot{S}_Z=\frac{P^2+Q^2}{U^2}\times(R+jX)=\frac{11.77^2+4.77845^2}{110^2}\times(13.2+j16.68)\text{MVA}$$
$$=(0.176+j0.2224)\text{MVA}$$

线路 Z 上的电压降落为

$$\Delta U=\frac{P_2'R+Q_2'X}{U_2}=\frac{11.77\times13.2+4.77845\times16.68}{110}\text{kV}=2.137\text{kV}$$

$$\delta U=\frac{P_2'X-Q_2'R}{U_2}=\frac{11.77\times16.68-4.77845\times13.2}{110}\text{kV}=1.2113\text{kV}$$

$$U_1=\sqrt{(U_2+\Delta U)^2+\delta U^2}=\sqrt{(110+2.137)^2+1.2113^2}\text{kV}=112.14\text{kV}$$

$$\delta=\arctan\frac{\delta U}{U_2+\Delta U}=\arctan\frac{1.2113}{110+2.137}=0.619°$$

因此，$\dot{U}_1=112.14\angle 0.619°\text{kV}$

$$\dot{S}_{C1}=-j0.555\times10^{-4}\times U_1^2=-j0.555\times10^{-4}\times112.14^2\text{MVA}=-j0.698\text{MVA}$$

$$\dot{S}_1=\dot{S}_2'+\Delta\dot{S}_Z+\dot{S}_{C1}$$
$$=[(11.77+j4.77845)+(0.176+j0.2224)-j0.698]\text{MVA}$$
$$=[(11.946+j5.00085)-j0.698]\text{MVA}=(11.946+j4.30285)\text{MVA}$$

答案：B

15.（供 2006、2008，发 2008）　变压器等效电路及参数如图 4.3–7 所示，已知末端电压 $\dot{U}_2=112\angle 0°$ kV，末端负荷功率 $\dot{S}_2=(50+j20)$ MVA，变压器的始端电压 $\dot{U}_1$ 为（　　）。

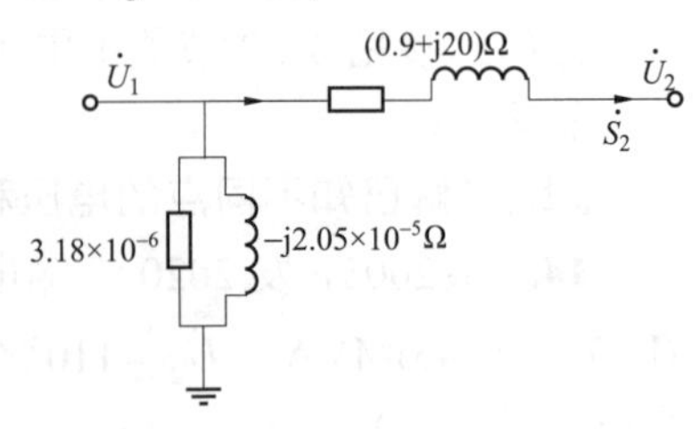

图 4.3–7　变压器等效电路

A. $116.3\angle 4.32°$ kV

B. $112.24\angle 4.5^\circ$ kV

C. $114.14\angle 4.62^\circ$ kV

D. $116.3\angle 1.32^\circ$ kV

分析：$\dot{U}_1=\dot{U}_2+\Delta\dot{U}+\mathrm{j}\delta\dot{U}=\dot{U}_2+\dfrac{PR+QX}{U_2}+\mathrm{j}\dfrac{PX-QR}{U_2}=\left(112+\dfrac{50\times 0.9+20\times 20}{112}+\right.$ $\left.\mathrm{j}\dfrac{50\times 20-20\times 0.9}{112}\right)\mathrm{kV}=(115.973+\mathrm{j}\,8.768)\mathrm{kV}=116.3\angle 4.32^\circ\ \mathrm{kV}$。

★注意：由于只需要求电压，所以题目图 4.3–7 中已知的对地导纳支路的参数用不上。

答案：A

16.（2008）某 110kV 输电线路的等效电路如图 4.3–8 所示，已知$\dot{U}_2=112\angle 0^\circ$ kV，$\dot{S}_2=(100+\mathrm{j}20)\mathrm{MVA}$，则线路的串联支路的功率损耗为（　　）MVA。

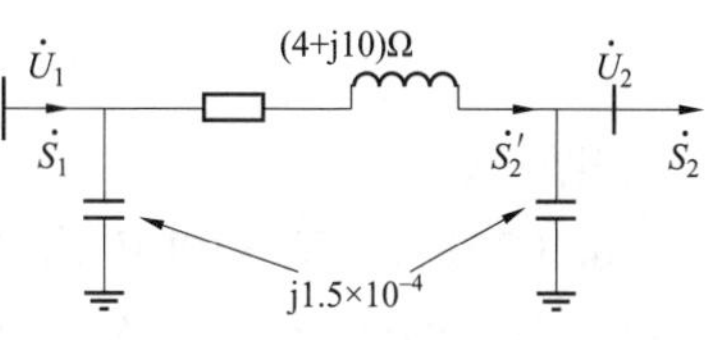

图 4.3–8　某 110kV 输电线路的等效电路

A. 3.415+j14.739　　B. 6.235+j8.723　　C. 5.461+j8.739　　D. 3.294+j8.234

分析：$\dot{S}_2'=\dot{S}_2-\Delta Q_C=\dot{S}_2-\mathrm{j}\omega CU^2=[(100+\mathrm{j}20)-\mathrm{j}1.5\times 10^{-4}\times 112^2]\mathrm{MVA}$
$=(100+\mathrm{j}18.118\,4)\mathrm{MVA}$

$$\Delta \boldsymbol{S}=\frac{100^2+18.118\,4^2}{112^2}\times(4+\mathrm{j}10)\mathrm{MVA}=(3.293+\mathrm{j}\,8.234)\mathrm{MVA}$$

★注意：① 对地电容功率的计算：公式和极性；② 注意求 $\Delta\boldsymbol{S}$ 时 P、Q 代流过 R、X 的功率。

答案：D

17.（2009） 输电线路等效电路及参数如图 4.3–9所示，已知末端电压$\dot{U}_2=110\angle 0^\circ$ kV，末端负荷 $\dot{S}_2=(15+\mathrm{j}13)\mathrm{MVA}$，始端功率 $\dot{S}_1$ 为（　　）。

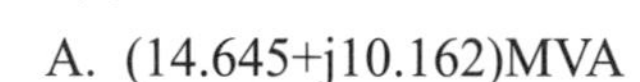

A. (14.645+j10.162)MVA

B. (18.845+j10.162)MVA

C. (15.645+j11.162)MVA

D. (20.165+j7.216)MVA

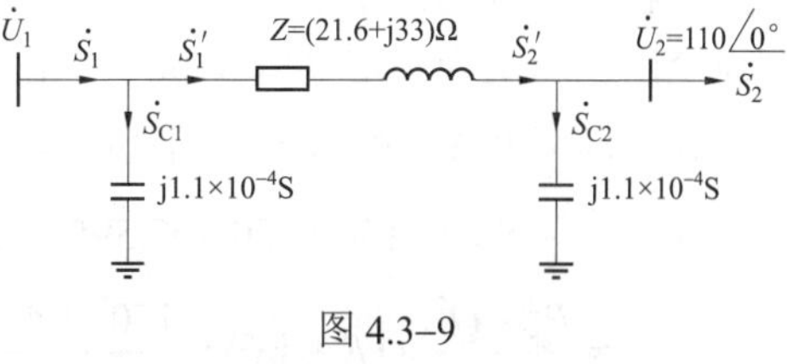

图 4.3–9

分析：本题为开式网已知同一端（末端）的 S 和 U 的情况，只需要由末端往首端推 S 和 U 即可。

$\dot{S}_{\mathrm{C2}}=-\mathrm{j}1.1\times 10^{-4}\times 110^2=-\mathrm{j}1.331\mathrm{MVA}$

$\dot{S}_2'=\dot{S}+S_{\mathrm{C2}}=[(15+\mathrm{j}13)-\mathrm{j}1.331]\mathrm{MVA}=(15+\mathrm{j}11.669)\mathrm{MVA}$

$\Delta\dot{S}_Z=\dfrac{P^2+Q^2}{U^2}\times(R+\mathrm{j}X)=\dfrac{15^2+11.669^2}{110^2}\times(21.6+\mathrm{j}33)\mathrm{MVA}=(0.644\,7+\mathrm{j}0.985)\mathrm{MVA}$

$\dot{S}_1'=\dot{S}_2'+\Delta\dot{S}_Z=[(15+\mathrm{j}11.669)+(0.644\,7+\mathrm{j}0.985)]\mathrm{MVA}=(15.644\,7+\mathrm{j}12.654)\mathrm{MVA}$

$\Delta U=\dfrac{P_2'R+Q_2'X}{U_2}=\dfrac{15\times 21.6+11.669\times 33}{110}\mathrm{kV}=6.446\,15\mathrm{kV}$

$$\delta U=\frac{P_2'X-Q_2'R}{U_2}=\frac{15\times 33-11.669\times 21.6}{110}\text{kV}=2.208\ 63\text{kV}$$

$$U_1=\sqrt{(U_2+\Delta U)^2+\delta U^2}=\sqrt{(110+6.446\ 15)^2+2.208\ 63^2}\text{kV}=116.467\ 1\text{kV}$$

$$\delta=\arctan\frac{\delta U}{U_2+\Delta U}=\arctan\frac{2.208\ 63}{110+6.446\ 15}=1.086\ 6^{\circ}$$

因此，$$\dot{U}_1=116.467\ 1\angle 1.086\ 6^{\circ}\text{kV}$$

$$\dot{S}_1=\dot{S}_1'+\dot{S}_{C1}=[(15.644\ 7+\text{j}12.654)-\text{j}1.1\times 10^{-4}\times 116.467\ 1^2]\text{MVA}$$
$$=(15.644\ 7+\text{j}11.162)\text{MVA}$$

答案：C

18.（2012） 某 330kV 输电线路的等效电路如图 4.3–10 所示，已知 $\dot{U}_1=363\angle 0^{\circ}\text{kV}$，$\dot{S}_2=(150+\text{j}50)\text{MVA}$，线路始端功率 $\dot{S}_1$ 及末端电压 $\dot{U}_2$ 为（　　）。

A. (146.7+j57.33) MVA，$330.88\angle 4.3^{\circ}$ kV

B. (146.7+j60.538) MVA，$353.25\angle 2.49^{\circ}$ kV

C. (152.34+j60.538) MVA，$330.88\angle 4.3^{\circ}$ kV

D. (152.34+j42.156) MVA，$353.25\angle -2.49^{\circ}$ kV

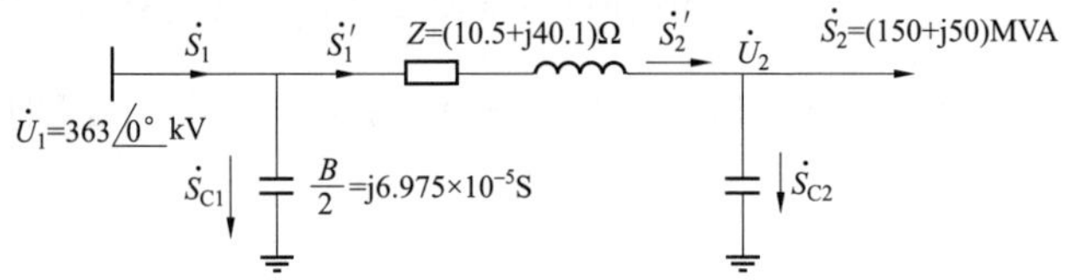

$\dot{S}_1$　$\dot{S}_1'$　Z=(10.5+j40.1)Ω　$\dot{S}_2'$　$\dot{U}_2$　$\dot{S}_2$=(150+j50)MVA
$\dot{U}_1=363\angle 0^{\circ}$ kV　$\dot{S}_{C1}$　$\frac{B}{2}$=j6.975×10⁻⁵S　$\dot{S}_{C2}$

图 4.3–10

分析：此题为已知不同端的功率和电压的情况，需要采用“一来二去”的计算方法。先假设全网电压均为额定电压 330kV，由末往首推算功率。

$$\dot{S}_{C2}=-\text{j}6.975\times 10^{-5}\times 330^2\text{MVA}=-\text{j}7.595\ 775\text{MVA}$$

$$\dot{S}_2'=\dot{S}_2+S_{C2}=(150+\text{j}50-\text{j}7.595\ 775)\text{MVA}=(150+\text{j}42.404\ 225)\text{MVA}$$

$$\Delta\dot{S}_Z=\frac{P^2+Q^2}{U^2}\times(R+\text{j}X)=\frac{150^2+42.404\ 225^2}{330^2}\times(10.5+\text{j}40.1)\text{MVA}$$
$$=(2.342\ 8+\text{j}8.947\ 24)\text{MVA}$$

$$\dot{S}_1'=\dot{S}_2'+\Delta\dot{S}_Z=(150+\text{j}42.404\ 225)\text{MVA}+(2.3428+\text{j}8.947\ 24)\text{MVA}$$
$$=(152.342\ 8+\text{j}51.351\ 465)\text{MVA}$$

再由首往末推算电压：

$$\Delta U=\frac{P_1'R+Q_1'X}{U_1}=\frac{152.342\ 8\times 10.5+51.351\ 465\times 40.1}{363}\text{kV}=10.079\ 3\text{kV}$$

$$\delta U=\frac{P_1'X-Q_1'R}{U_1}=\frac{152.342\ 8\times 40.1-51.351\ 465\times 10.5}{363}\text{kV}=15.343\ 68\text{kV}$$

$$U_2=\sqrt{(U_1-\Delta U)^2+\delta U^2}=\sqrt{(363-10.079\,3)^2+15.343\,68^2}\text{kV}=353.254\text{kV}$$

$$\delta=-\arctan\frac{\delta U}{U_1-\Delta U}=-\arctan\frac{15.343\,68}{363-10.079\,3}=-2.489^\circ$$

因此，$\dot{U}_2=353.254\angle{-2.489^\circ}\text{kV}$。

对应相量图如图 4.3–11 所示。

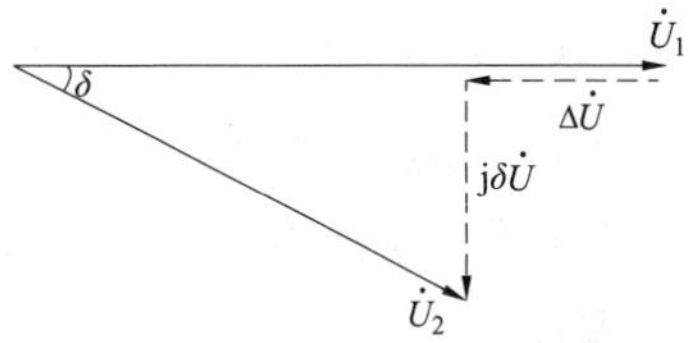

图 4.3–11

线路始端功率为

$$\dot{S}_1=\dot{S}_1'+\dot{S}_{C1}$$
$$=[(152.342\,8+\text{j}51.351\,465)+(-\text{j}6.975\times10^{-5}\times363^2)]\text{MVA}$$
$$=(152.342\,8+\text{j}42.16)\ \text{MVA}$$

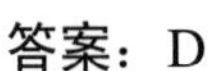

答案：D

19.（2013） 某 330kV 输电线路的等效电路如图 4.3–12 所示，已知 $\dot{U}_1=330\angle{0^\circ}\text{kV}$，$\dot{S}_2=(150+\text{j}20)\ \text{MVA}$，线路始端功率 $\dot{S}_1$ 及首端电压 $\dot{U}_1$ 为（　　）。

A. $\dot{S}_1=(154.582+\text{j}42.864)\ \text{MVA}$，$\dot{U}_2=328.8\angle{3.49^\circ}\ \text{kV}$

B. $\dot{S}_1=(154.582+\text{j}42.864)\ \text{MVA}$，$\dot{U}_2=335.8\angle{-3.49^\circ}\ \text{kV}$

C. $\dot{S}_1=(154.582-\text{j}42.864)\ \text{MVA}$，$\dot{U}_2=335.8\angle{3.49^\circ}\ \text{kV}$

D. $\dot{S}_1=(154.582-\text{j}42.864)\ \text{MVA}$，$\dot{U}_2=328.8\angle{-3.49^\circ}\ \text{kV}$

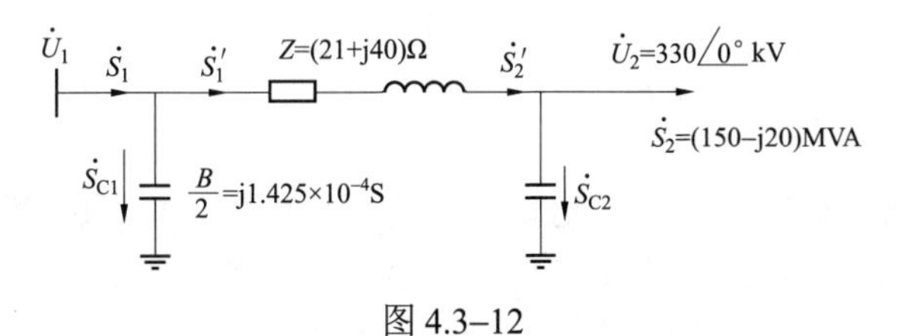

图 4.3–12

分析：此题为已知同一端（末端功率和末端电压）的情况，由末往首逐渐推算功率和电压即可，比较简单。

$$\dot{S}_{C2}=-\text{j}1.425\times10^{-4}\times330^2=-\text{j}15.52\text{MVA}$$

$$\dot{S}_2'=\dot{S}_2+S_{C2}=[(150-\text{j}20)-\text{j}15.52]\text{MVA}=(150-\text{j}35.52)\ \text{MVA}$$

$$\Delta\dot{S}_Z=\frac{P^2+Q^2}{U^2}\times(R+\text{j}X)=\frac{150^2+35.52^2}{330^2}\times(21+\text{j}40)\text{MVA}=(4.582+\text{j}8.728)\text{MVA}$$

$$\dot{S}_1'=\dot{S}_2'+\Delta\dot{S}_Z=[(150-\text{j}35.52)+(4.582+\text{j}8.728)]\text{MVA}=(154.582-\text{j}26.792)\text{MVA}$$

$$\Delta U=\frac{P_2'R+Q_2'X}{U_2}=\frac{150\times21-35.52\times40}{330}\text{kV}=5.24\text{kV}$$

$$\delta U=\frac{P_2'X-Q_2'R}{U_2}=\frac{150\times40+35.52\times21}{330}\text{kV}=20.44\text{kV}$$

$$U_1=\sqrt{(U_2+\Delta U)^2+\delta U^2}=\sqrt{(330+5.24)^2+20.44^2}\text{kV}=335.86\text{kV}$$

$$\delta = \arctan\frac{\delta U}{U_2+\Delta U} = \arctan\frac{20.44}{330+5.24} = 3.489^\circ$$

因此，$\dot{U}_1 = 335.86\angle 3.489^\circ \text{kV}$

$$\dot{S}_{C1} = -\text{j}1.425\times10^{-4}\times335.86^2\,\text{MVA} = -\text{j}16.074\text{MVA}$$

$$\dot{S}_1 = \dot{S}_1' + \dot{S}_{C1} = [(154.582-\text{j}26.792)+(-\text{j}16.074)]\text{MVA} = (154.582-\text{j}42.866)\text{MVA}$$

答案：C

20.（2021） 500kV、10/0.4kV 的变压器，归算到高压侧的阻抗为 $Z_T = 1.72\Omega + 3.42\Omega$，当负载接到变压器低压侧，负载的功率因数为 0.8 滞后时，归算到变压器低压侧的电压为（　　）。

A. 400V　　B. 378V　　C. 393V　　D. 380V

分析：$P = 500\times0.8\text{kW} = 400\text{kW}$，$Q = P\tan\varphi = 300\text{kvar}$

$$\Delta U = \frac{PR+QX}{U} = \frac{400\times1.72+300\times3.42}{10}\text{V} = 171.4\text{V}$$

$$\delta U = \frac{PX-QR}{U} = \frac{400\times3.42-300\times1.72}{10}\text{V} = 85.2\text{V}$$

$$U_2' = \sqrt{(10\,000-171.4)^2+85.2^2}\,\text{V} = 9829\text{V}$$

归算到低压侧，有 $U_2 = U_2'\times\frac{0.4}{10} = 9829\times\frac{0.4}{10}\text{V} = 393\text{V}$

答案：C

【3. 了解输电线路中有功功率、无功功率的流向与功角、电压幅值的关系】

21.（2012） 在忽略输电线路电阻和电导的情况下，输电线路电抗为 X，输电线路电纳为 B，线路传输功率与两端电压的大小及其相位差 θ 之间的关系为（　　）。

A. $P = \frac{U_1U_2}{B}\sin\theta$　　B. $P = \frac{U_1U_2}{X}\cos\theta$

C. $P = \frac{U_1U_2}{X}\sin\theta$　　D. $P = \frac{U_1U_2}{B}\cos\theta$

分析：参见式（4.2–1）。

答案：C

22.（2013） 某高压电网线路两端电压分布如图 4.3–13 所示，则有（　　）。

A. $P_{ij}>0$，$Q_{ij}>0$　　B. $P_{ij}<0$，$Q_{ij}<0$

C. $P_{ij}>0$，$Q_{ij}<0$　　D. $P_{ij}<0$，$Q_{ij}>0$

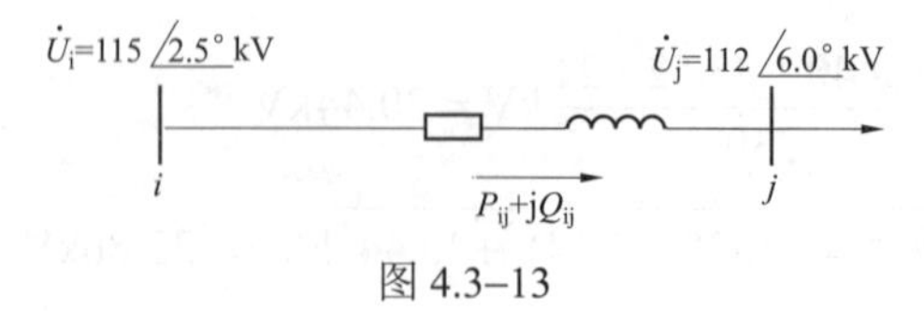

图 4.3–13

分析：参见第 3 点大纲复习内容的结论：有功功率是从电压相位超前的一端流向滞后的一端，无功功率是从幅值高的一端流向幅值低的一端。

答案：D

【4. 了解输电线路的空载与负载运行特性】

23.（供 2005，发 2019） 如图 4.3–14 所示系统中，已知 220kV 线路的参数为 R=16.9Ω，X=83.1Ω，$B=5.79\times10^{-4}$S，当线路（220kV）两端开关都断开时，两端母线电压分别为 242kV 和 220kV，开关 A 合上时，开关 B 断口两端的电压差为（　　）。

A. 22kV　　B. 34.20kV　　C. 27.95kV　　D. 5.40kV

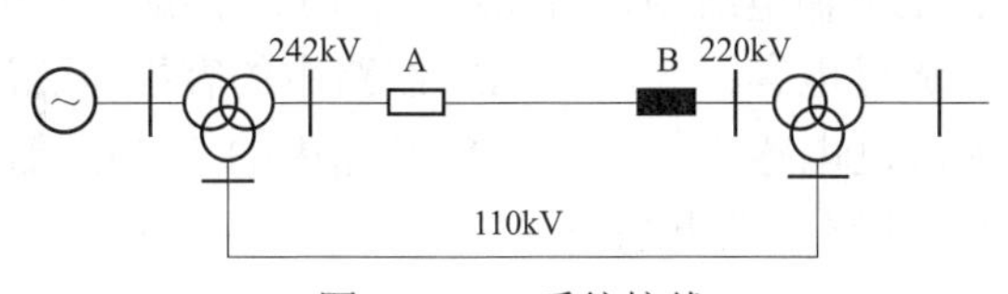

图 4.3–14　系统接线

分析：本题目最终的问题是开关 B 断开，所以此题实际是考空载时线路末端电压升高这一知识点。

根据式$\dot{U}_1=U_2-\frac{B}{2}U_2X+\mathrm{j}\frac{B}{2}U_2R$，将题目已知条件代入，可得

$$242=U_2-\frac{1}{2}\times5.79\times10^{-4}\times U_2\times83.1+\mathrm{j}\frac{1}{2}\times5.79\times10^{-4}\times U_2\times16.9\Rightarrow U_2=247.95\text{kV}$$

故开关 B 断口两端的电压差为 247.95kV–220kV＝27.95kV。

答案：C

24.（供 2006、2010，发 2008、2013、2019） 高压线末端电压升高常用办法是在线路末端加（　　）。

A. 并联电抗器　　B. 串联电抗器　　C. 并联电容器　　D. 串联电容器

分析：搞清楚高压线末端电压升高的本质原因是线路对地导纳支路的影响，即对地的容性效应导致，所以排除 C、D。选项 B 串联电抗器会使得线路阻抗增加，进而网络损耗增加，显然错误。

答案：A

25.（2011） 一条 220kV 的单回路空载线路，长 200km，线路参数为$r_1=0.18\Omega/\text{km}$，$x_1=0.415\Omega/\text{km}$，$b_1=2.86\times10^{-6}\text{s}/\text{km}$，线路受端电压为 242kV，线路送端电压为（　　）。

A. 236.26kV　　B. 242.2kV　　C. 220.35kV　　D. 230.6kV

分析：此题考空载时，线路末端电压升高这一知识点。根据式

$$\dot{U}_1=U_2-\frac{B}{2}U_2X+\mathrm{j}\frac{B}{2}U_2R$$

$$=\left(242-\frac{1}{2}\times2.86\times10^{-6}\times200\times242\times0.415\times200+\mathrm{j}\frac{1}{2}\times2.86\times10^{-6}\times200\times242\times0.18\times200\right)\text{kV}$$

$$=236.26\angle0.6^\circ\text{kV}$$

2007 年出过一道类似的题，解题方法与此题相同。

答案：A

26.（2012） 电力系统在高压网线路中并联电抗器的作用为（　　）。

A. 提高线路输电功率极限

B. 增加输电线路电抗

C. 抑制线路轻（空）载时末端电压升高

D. 补偿线路无功，提高系统电压

分析：此题考点对应大纲第 4 点内容，实为考线路空载特性，相似题已经在 2006 年、2010 年出现过。

答案：C

27.（2014） 高电压长距离输电线路，当线路空载时，末端电压升高，其原因是（　　）。

A. 线路中的容性电流流过电容

B. 线路中的容性电流流过电感

C. 线路中的感性电流流过电感

D. 线路中的感性电流流过电容

分析：当线路空载时，线路末端电纳中的功率属容性，它们在线路阻抗上流动将使得末端电压高于始端电压。

答案：B

28.（2014） 已知 220kV 线路的参数为$R=31.5\Omega$，$X=58.5\Omega$，$B/2=2.168\times10^{-4}\mathrm{S}$，线路空载时，线路末端母线电压为 $225\angle 0^\circ$ kV，线路始端电压为（　　）。

A. $222.15\angle 0.396^\circ$ kV

B. $227.85\angle 0.39^\circ$ kV

C. $222.15\angle -0.396^\circ$ kV

D. $227.85\angle -0.39^\circ$ kV

分析：与同年 2014 年发输变电专业基础第 42 题题型完全一样，只是参数改变了一下而已。

依据空载线路电压公式$\dot{U}_1=U_2-\dfrac{B}{2}U_2X+\mathrm{j}\dfrac{B}{2}U_2R$，将题目已知条件代入，可得

$$\begin{aligned}\dot{U}_1&=(225-2.168\times10^{-4}\times225\times58.5+\mathrm{j}2.168\times10^{-4}\times225\times31.5)\mathrm{kV}\\&=(222.15+\mathrm{j}1.536\,6)\mathrm{kV}\\&=222.15\angle 0.396^\circ\mathrm{kV}\end{aligned}$$

捷径：本题相比发输变电专业基础考题更好直接判断。当线路末端空载时，始端电压幅值应该低于末端电压幅值，即应小于 225kV，故排除选项 B、D。

关于相位角度，看公式$\dot{U}_1=U_2-\dfrac{B}{2}U_2X+\mathrm{j}\dfrac{B}{2}U_2R$，实部$U_2-\dfrac{B}{2}U_2X>0$，虚部$\dfrac{B}{2}U_2R>0$，所以当以末端电压$\dot{U}_2$为参考相量时，$\dot{U}_1$的相角一定为正，故直接选 A。

从功率角度看，有功功率将从线路首端流向末端，空载时无负载功率，有功功率将转换成线路电阻上的热能，而有功功率是从相位超前端流向相位滞后端，所以当以末端电压$\dot{U}_2$为参考相量时，$\dot{U}_1$的相角为正值，故直接选 A。

答案：A

29.（供 2017，发 2021） 110kV 输电线路参数$r=0.21\Omega/\mathrm{km}$，$x=0.4\Omega/\mathrm{km}$，$b/2=2.79\times10^{-6}\mathrm{s/km}$，线路长度$l=100\mathrm{km}$，线路空载，线路末端电压为 120kV 时，线路始端的电压充电功率为（　　）。

A. $118.66\angle 0.339^\circ$kV，7.946Mvar

B. $121.36\angle 0.332^\circ$kV，8.035Mvar

C. $121.34\angle{-0.332^\circ}$ kV，8.035Mvar　　D. $118.66\angle{-0.339^\circ}$ kV，7.946Mvar

捷径： 空载末端电压升高，所以始端电压一定小于 120kV，故可以排除选项 B、C。

有功功率是从电压相位超前流向电压相位滞后，所以始端电压相位角应该为正值，故可以排除选项 D。

答案：A

4.3.4 【发输变电专业基础】历年真题详解

【1. 了解电压降落、电压损耗、功率损耗的定义】

1.（2009） n 台相同变压器在额定功率 S_{TN}，额定电压下并联运行，其总无功损耗为（　　）。

A. $n\times\left(\dfrac{I_0\%}{100}+\dfrac{U_k\%}{100}\right)S_{TN}$　　B. $\left(\dfrac{1}{n}\times\dfrac{I_0\%}{100}+n\times\dfrac{U_k\%}{100}\right)S_{TN}$

C. $\left(\dfrac{I_0\%}{100}+\dfrac{U_k\%}{100}\right)\dfrac{S_{TN}}{n}$　　D. $\left(n\times\dfrac{I_0\%}{100}+\dfrac{1}{n}\times\dfrac{U_k\%}{100}\right)S_{TN}$

分析： 一台变压器的无功损耗计算公式为

$$\Delta Q_T = S_{TN}\left[\frac{I_0\%}{100}+\frac{u_k\%}{100}\left(\frac{S_C}{S_{TN}}\right)^2\right] \tag{4.3–1}$$

现 n 台变压器共同承担 S_{TN} 的负荷功率，所以每台变压器所带负荷功率就为 $S_C=\dfrac{S_{TN}}{n}$，代入式（4.3–1），可得

$$\Delta Q_{Tn}=n\times\left\{S_{TN}\left[\frac{I_0\%}{100}+\frac{U_k\%}{100}\left(\frac{\frac{1}{n}S_{TN}}{S_{TN}}\right)^2\right]\right\}=n\times\left[S_{TN}\left(\frac{I_0\%}{100}+\frac{U_k\%}{100}\times\frac{1}{n^2}\right)\right]$$

$$=\left(n\times\frac{I_0\%}{100}+\frac{1}{n}\times\frac{U_k\%}{100}\right)S_{TN}$$

答案：D

2.（2011） 电压降计算公式为（　　）。

A. $\dfrac{P_iX+Q_iX}{U_i}+j\dfrac{P_iR-Q_iX}{U_i}$　　B. $\dfrac{P_iX-Q_iR}{U_i}+j\dfrac{P_iR+Q_iX}{U_i}$

C. $\dfrac{Q_iR+P_iX}{U_i}+j\dfrac{P_iR-Q_iX}{U_i}$　　D. $\dfrac{P_iR+Q_iX}{U_i}+j\dfrac{P_iX-Q_iR}{U_i}$

分析： 参见式（4.2–1），熟记潮流计算的核心公式。

答案：D

3.（2012） 电力系统电压偏移计算公式为（　　）。

A. $\Delta\dot{U}=|\dot{U}_1-\dot{U}_2|$　　B. $\Delta U=U_1-U_2$

C. $\Delta\dot{U}=\dot{U}_1-\dot{U}_2$　　D. $\Delta U=\dfrac{U_1-U_N}{U_N}$

分析： 电压偏移是指实际电压偏离其额定电压的百分数，即 $U\%=\dfrac{U-U_N}{U_N}\times100\%$。

答案：D

4.（2014） 某线路两端母线电压分别为$\dot{U}_1 = 230.5\angle 12.5^\circ$kV和$\dot{U}_2 = 220.9\angle 10.0^\circ$kV，线路的电压降落为（　　）。

A. 13.76kV　　B. 11.6kV

C. $13.76\angle 59.96^\circ$kV　　D. $11.6\angle 30.45^\circ$kV

分析：线路电压降落是指线路首末端电压的相量差，故

$\Delta\dot{U} = \dot{U}_1 - \dot{U}_2 = 230.5\angle 12.5^\circ\text{kV} - 220.9\angle 10.0^\circ\text{kV} = 13.7\angle 56.9^\circ\text{kV}$。

答案：C

5.（2014） 两台相同变压器其额定功率为31.5MVA，在额定功率、额定电压下并联运行，每台变压器空载损耗294kW，短路损耗1005kW，两台变压器总有功损耗为（　　）。

A. 1.299MW　　B. 1.091MW

C. 0.649MW　　D. 2.157MW

分析：$\Delta P_T = \Delta P_0 + \Delta P_k \left(\dfrac{S_C}{S_N}\right)^2 = 294 + 1005 \times \left(\dfrac{\frac{1}{2}S_N}{S_N}\right)^2 = 545.25\text{kW}$

$$2\Delta P_T = 2 \times 545.25\text{kW} = 1.091\text{MW}$$

答案：B

【2. 了解已知不同点的电压和功率情况下的潮流简单计算方法】

6.（2009） 一辐射性网络电源侧电压为112kV，线路和变压器归算到高压侧的数据标在图4.3–15中，末端负荷为$S_2 = (50 + \text{j}24)$MVA，变电所高压母线电压$\dot{U}_A$为（　　）。

A. $115\angle 10^\circ$ kV　　B. $98.01\angle -1.2^\circ$ kV

C. $108.24\angle 2.5^\circ$ kV　　D. $102.7\angle -3.935^\circ$ kV

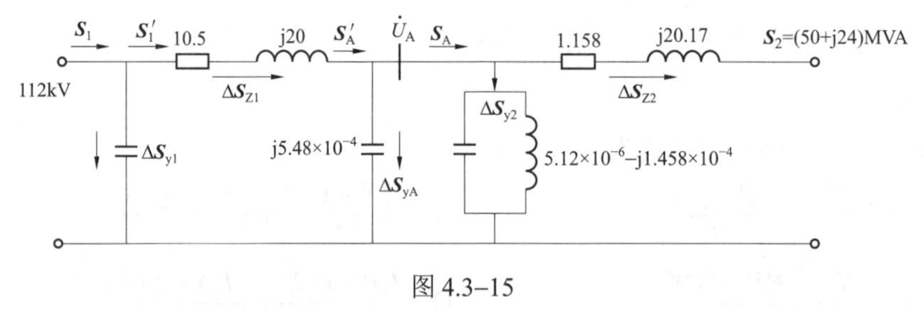

图4.3–15

分析：此题为已知不同端电压和功率［首端电源电压112kV和末端负载功率$S_2 = (50 + \text{j}24)$MVA］的情况，需要按照"一来二去"的方法进行计算。

首先假设全网电压均为额定电压110kV，由末往首推算功率。

$$\Delta \boldsymbol{S}_{Z2} = \frac{50^2 + 24^2}{110^2} \times (1.158 + \text{j}20.17)\text{MVA} = (0.2944 + \text{j}5.1275)\text{MVA}$$

$$\Delta \boldsymbol{S}_{y2} = (5.12 \times 10^{-6} - \text{j}1.458 \times 10^{-4}) \times 110^2\,\text{MVA} = (0.062 - \text{j}1.764)\text{MVA}$$

$$\begin{aligned}\boldsymbol{S}_A &= \boldsymbol{S}_2 + \Delta\boldsymbol{S}_{Z2} + \Delta\boldsymbol{S}_{y2} = [(50 + \text{j}24) + (0.294\,4 + \text{j}5.127\,5) + (0.062 - \text{j}1.764)]\text{MVA} \\ &= (50.356\,4 + \text{j}27.363\,5)\text{MVA}\end{aligned}$$

$$\Delta \boldsymbol{S}_{yA}=-\mathrm{j}5.48\times10^{-4}\times110^2\,\mathrm{MVA}=-\mathrm{j}6.630\,8\mathrm{MVA}$$

$$\boldsymbol{S}'_{A}=\boldsymbol{S}_{A}+\Delta\boldsymbol{S}_{yA}=[(50.356\,4+\mathrm{j}27.363\,5)-\mathrm{j}6.630\,8]\mathrm{MVA}=(50.356\,4+\mathrm{j}20.732\,7)\mathrm{MVA}$$

$$\Delta\boldsymbol{S}_{Z1}=\frac{50.356\,4^2+20.732\,7^2}{110^2}\times(10.5+\mathrm{j}20)\mathrm{MVA}=(2.573\,5+\mathrm{j}4.902)\mathrm{MVA}$$

$$\begin{aligned}\boldsymbol{S}'_{1}=\boldsymbol{S}'_{A}+\Delta\boldsymbol{S}_{Z1}&=[(50.356\,4+\mathrm{j}20.732\,7)+(2.573\,5+\mathrm{j}4.902)]\mathrm{MVA}\\&=(52.929\,9+\mathrm{j}25.634\,7)\mathrm{MVA}\end{aligned}$$

再利用已知的首端电压和前面计算得到的功率，由首往末推算电压降落，电压相量图如图 4.3–16 所示。

Z_1 上的电压降落纵、横分量分别为

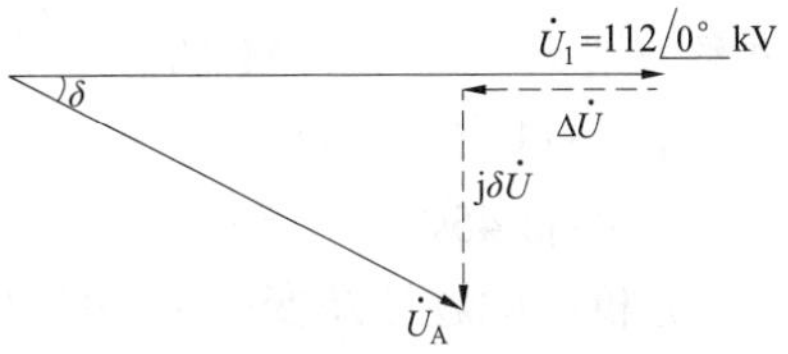

$$\Delta U=\frac{52.929\,9\times10.5+25.634\,7\times20}{112}\mathrm{kV}=9.539\,8\mathrm{kV}$$

$$\delta U=\frac{52.929\,9\times20-25.634\,7\times10.5}{112}\mathrm{kV}=7.048\,5\mathrm{kV}$$

$$U_A=\sqrt{(112-9.539\,8)^2+7.048\,5^2}\,\mathrm{kV}=102.7\mathrm{kV}$$

$$\delta=-\arctan\frac{7.048\,5}{112-9.539\,8}=-3.935^\circ$$

图 4.3–16

所以 $\dot{U}_A=102.7\angle-3.935^\circ\ \mathrm{kV}$

答案：D

7.（2012） 网络及参数如图 4.3–17 所示，已知末端电压为 $10.5\angle0^\circ$ kV，线路末端功率为 $\dot{S}_2=(4-\mathrm{j}3)\mathrm{MVA}$，始端电压和线路始端功率为（　　）。

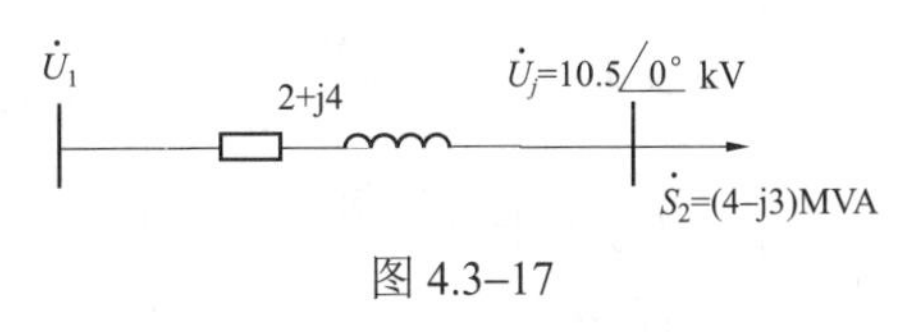

图 4.3–17

A. $\dot{U}_1=10.33\angle11.724^\circ$ kV，$\dot{S}_1=(4.45-\mathrm{j}3.91)\mathrm{MVA}$

B. $\dot{U}_1=11.01\angle10.99^\circ$ kV，$\dot{S}_1=(3.55+\mathrm{j}2.09)\mathrm{MVA}$

C. $\dot{U}_1=10.33\angle11.724^\circ$ kV，$\dot{S}_1=(4.45-\mathrm{j}2.09)\mathrm{MVA}$

D. $\dot{U}_1=11.01\angle10.99^\circ$ kV，$\dot{S}_1=(4.45-\mathrm{j}3.91)\mathrm{MVA}$

分析：本题属于简单电网潮流计算中已知同一端电压和功率的情况，由末往首推算即可。

$$\Delta\dot{S}=\frac{4^2+(-3)^2}{10.5^2}\times(2+\mathrm{j}4)\mathrm{MVA}=(0.4535+\mathrm{j}0.907)\mathrm{MVA}$$

线路始端功率为：$\dot{S}_1=\dot{S}_2+\Delta\dot{S}=(4-\mathrm{j}3)\mathrm{MVA}+(0.453\,5+\mathrm{j}0.907)\mathrm{MVA}=(4.453\,5-\mathrm{j}2.093)\mathrm{MVA}$

$$\Delta U=\frac{4\times2+(-3)\times4}{10.5}\mathrm{kV}=-0.381\mathrm{kV}，\quad \delta U=\frac{4\times4-(-3)\times2}{10.5}\mathrm{kV}=2.095\mathrm{kV}$$

$$U_1=\sqrt{(U_2+\Delta U)^2+\delta U^2}=\sqrt{(10.5-0.381)^2+2.095^2}\,\mathrm{kV}=10.33\mathrm{kV}$$

$$\delta=\arctan\frac{\delta U}{U_2+\Delta U}=\arctan\frac{2.095}{10.5-0.381}=11.7^\circ$$

所以 $\dot{U}_1=10.33\angle11.7^\circ\mathrm{kV}$。

捷径： 依据“无功功率是从电压幅值高的一端流向电压幅值低的一端”，可以直接判断 U_1 的幅值低于 U_2，即 U_1<10.5kV，排除 B、D 选项。再依据 $\Delta\dot{S}=\dfrac{P^2+Q^2}{U^2}\times(R+\mathrm{j}X)$，又图 4.3–17 中线路阻抗为 $2+\mathrm{j}4$，故可以肯定 $\Delta\dot{S}$ 的实部、虚部均大于零，首端功率 $\dot{S}_1=\dot{S}_2+\Delta\dot{S}=(4-\mathrm{j}3)+\Delta\dot{S}$，显然 $\dot{S}_1$ 的实部大于 4，而虚部大于–3，这样比较 A、C 选项，得到 C 正确。

答案： C

8.（2014） 图 4.3–18 所示一环网，已知两台变压器归算到高压侧的电抗均为 12.1Ω，T1 的实际变比 110/10.5kV，T2 的实际变比 110/11kV，两条线路在本电压级下的电抗均为 5Ω，已知低压母线 B 电压为 10kV，不考虑功率损耗，流过变压器 T1 和变压器 T2 的功率分别为（　　）MVA。

A. 5+j3.45，3+j2.56　　　　B. 5+j2.56，3+j3.45

C. 4+j3.45，4+j2.56　　　　D. 4+j2.56，4+j3.45

分析： 此题涉及变比不等的两台变压器并联运行时的功率分布问题，考虑由于变压器变比不等而导致的循环功率，做出相应的等效电路如图 4.3–19所示，参数均归算至低压侧进行计算。此时变压器的实际功率分布是由变压器变比相等且供给实际负荷时的功率分布与不计负荷仅因变比不同而引起的循环功率叠加而成。

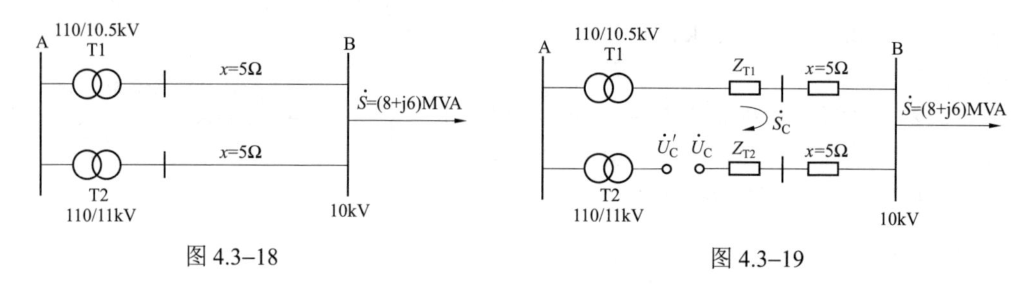

图 4.3–18　　　　　　　　图 4.3–19

（1）假设两台变压器变比相同，计算其功率分布，因为两台变压器电抗相等，故

$$\dot{S}_{\mathrm{LD1}}=\dot{S}_{\mathrm{LD2}}=\frac{1}{2}\dot{S}=\frac{1}{2}\times(8+\mathrm{j}6)\mathrm{MVA}=(4+\mathrm{j}3)\mathrm{MVA}$$

（2）求循环功率 $\dot{S}_{\mathrm{C}}$，假设循环功率方向如图中所示顺时针方向，$\Delta\dot{U}=\dot{U}_{\mathrm{C}}-\dot{U}'_{\mathrm{C}}=\dot{U}'_{\mathrm{C}}\times\dfrac{110}{11}\times\dfrac{10.5}{110}-\dot{U}'_{\mathrm{C}}=\left(\dfrac{10.5}{11}-1\right)\dot{U}'_{\mathrm{C}}$。不考虑功率损耗，故 $\dot{U}'_{\mathrm{C}}$=10kV，代入可得 $\Delta\dot{U}=\left(\dfrac{10.5}{11}-1\right)\times$ $10\mathrm{kV}=-0.454\,5\mathrm{kV}$

故循环功率为

$$\dot{S}_{\mathrm{C}}=\frac{U_{\mathrm{B}}\times\Delta U}{Z^*_{\Sigma}}=\frac{10\times(-0.454\,5)}{\left[\mathrm{j}12.1\times\left(\dfrac{10.5}{110}\right)^2+\mathrm{j}12.1\times\left(\dfrac{11}{110}\right)^2+\mathrm{j}5+\mathrm{j}5\right]^*}\mathrm{MVA}$$

$$=\frac{-4.545}{-\mathrm{j}10.231}\mathrm{MVA}=-\mathrm{j}0.44\mathrm{MVA}$$

（3）计算两台变压器的实际功率分布

$$\dot{S}_{T1} = \dot{S}_{LD1} + \dot{S}_C = [(4 + j3) + (-j0.44)]MVA = (4 + j2.56)MVA$$

$$\dot{S}_{T2} = \dot{S}_{LD2} + \dot{S}_C = [(4 + j3) - (-j0.44)]MVA = (4 + j3.44)MVA$$

答案：D

9.（2016） 有一台三绕组降压变压器额定电压为525/230/66kV，变压器等效电路参数及功率标在图4.3–20中（均为标幺值，$S_B = 100MVA$），低压侧空载，当$\dot{U}_2 = 1.0\angle -9.53^\circ$时，流入变压器高压侧功率$\dot{S}_1$及$\dot{U}_1$的实际电压为下列哪项数值？（　　）

A. $(86 + j51.6)MVA$，$527.6\angle 8.89^\circ$ kV

B. $(86.7 + j63.99)MVA$，$541.8\angle 5.78^\circ$ kV

C. $(86 + j51.6)MVA$，$527.6\angle -8.89^\circ$ kV

D. $(86.7 + j63.99)MVA$，$541.8\angle -5.78^\circ$ kV

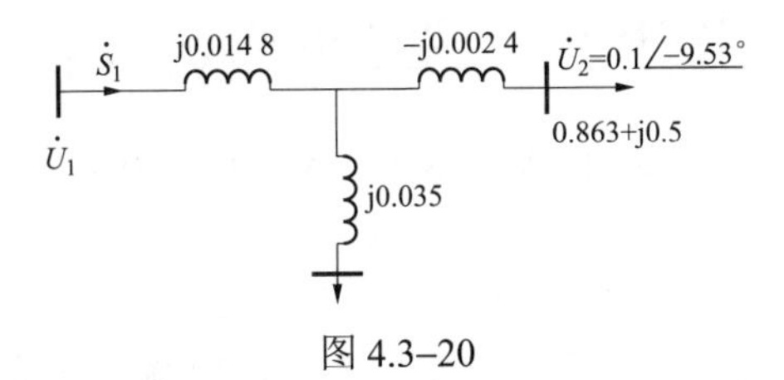

图 4.3–20

分析：因为低压侧空载，所以流过阻抗j0.035的电流为零，故$\Delta Z = j0.0148 - j0.0024 = j0.0124$

$$\dot{U}_1 = \dot{U}_2 + \Delta\dot{U} = 1.0\angle -9.53^\circ + \frac{PR + QX}{U_2} + j\frac{PX - QR}{U_2}$$

$$= (0.9862 - j0.1656) + \frac{0.5 \times 0.0124}{1.0} + j\frac{0.863 \times 0.0124}{1.0}$$

$$= 0.9924 - j0.1549$$

$$= 1.004\angle -8.87^\circ$$

化成有名值为：$U_1 = 1.004 \times 525kV = 527.1kV$

$$\dot{S}_1 = (0.863 + j0.5) + \Delta\dot{S} = (0.863 + j0.5) + \frac{0.863^2 + 0.5^2}{1^2} \times j0.0124 = 0.863 + j0.5123$$

化成有名值为：$\dot{S}_1 = (0.863 + j0.5123) \times 100MVA = (86.3 + j51.23)MVA$

答案：C

捷径：给定的选项中功率有相同的，而电压四个选项值均不同，所以，只需要计算出电压就可以选出正确答案。

10.（2018） 额定电压110kV的辐射型电网各段阻抗及负荷如图4.3–21所示，已知电源A的电压为121kV，若不计电压降落横分量，则B点电压为（　　）。

A. 105.507kV　　B. 107.363kV　　C. 110.452kV　　D. 103.401kV

分析：此题为已知不同端电压（A点电压）、功率（B、C点功率）的情况，故首先假设全网电压均为额定电压110kV，由末端往首端推算功率。为方便描述，在题图中标注出各功率如图4.3–22所示。

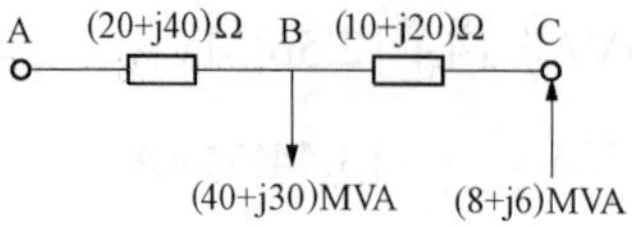

图 4.3–21 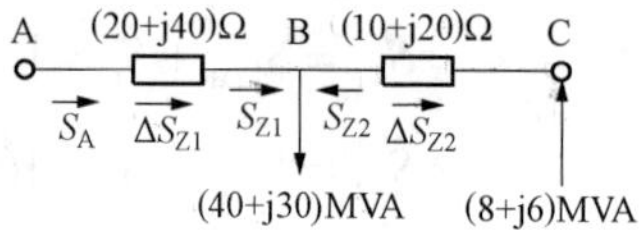　　　　　　　　　　图 4.3–22

$$\Delta S_{Z2}=\frac{8^2+6^2}{110^2}\times(10+\mathrm{j}20)\mathrm{MVA}=(0.082\,6+\mathrm{j}0.165)\mathrm{MVA}$$

$$S_{Z2}=(8+\mathrm{j}6)-\Delta S_{Z2}=(8+\mathrm{j}6)\mathrm{MVA}-(0.082\,6+\mathrm{j}0.165)\mathrm{MVA}=(7.917\,4+\mathrm{j}5.835)\mathrm{MVA}$$

$$S_{Z1}=(40+\mathrm{j}30)-S_{Z2}=(40+\mathrm{j}30)\mathrm{MVA}-(7.9174+\mathrm{j}5.835)\mathrm{MVA}=(32.082\,6+\mathrm{j}24.165)\mathrm{MVA}$$

$$\Delta S_{Z1}=\frac{32.082\,6^2+24.165^2}{110^2}\times(20+\mathrm{j}40)\mathrm{MVA}=(2.666+\mathrm{j}5.333)\mathrm{MVA}$$

$$S_{A}=S_{Z1}+\Delta S_{Z1}=(32.082\,6+\mathrm{j}24.165)\mathrm{MVA}+(2.666+\mathrm{j}5.333)\mathrm{MVA}=(34.748\,6+\mathrm{j}29.498)\mathrm{MVA}$$

再由求得的功率和已知的 A 点电压由首端往末端推算电压：

$$\Delta U_{AB}=\frac{34.748\,6\times20+29.498\times40}{121}\mathrm{kV}=15.495\mathrm{kV}$$

故 B 点电压 $U_B=U_A-\Delta U_{AB}=121\mathrm{kV}-15.495\mathrm{kV}=105.505\mathrm{kV}$ 。

答案：A

仅将已知参数值略有变化后，相似题 2019 再次出现。

【3. 了解输电线路中有功功率、无功功率的流向与功角、电压幅值的关系】

11.（2012） 在高压网中有功功率和无功功率的流向为（　　）。

A. 有功功率和无功功率均从电压相位超前端流向电压相位滞后端

B. 有功功率从高电压端流向低电压端，无功功率从相位超前端流向相位滞后端

C. 有功功率从电压相位超前端流向相位滞后端，无功功率从高电压端流向低电压端

D. 有功功率和无功功率均从高电压端流向低电压端

分析：参见第 3 点大纲复习内容的结论：有功功率是从电压相位超前的一端流向滞后的一端；无功功率是由幅值高的一端流向低的一端。

答案：C

12.（2019） 高压电网中，有功功率的流向是（　　）。

A. 从电压高端向低端流动　　　　B. 从电压低端向高端流动

C. 电压超前向电压滞后流动　　　D. 电压滞后向电压超前流动

分析：参见 4.3.2 节知识点复习。

答案：C

【4. 了解输电线路的空载与负载运行特性】

13.（2008） 如图 4.3–23 所示的简单电力系统，已知 220kV 系统参数 $R=19.65\Omega$ ， $X=59.40\Omega$ ， $B=48.35\times10^{-5}\mathrm{S}$ ，发电机高压侧母线电压为 225kV，当线路空载时 B 母线实际电压为（　　）。

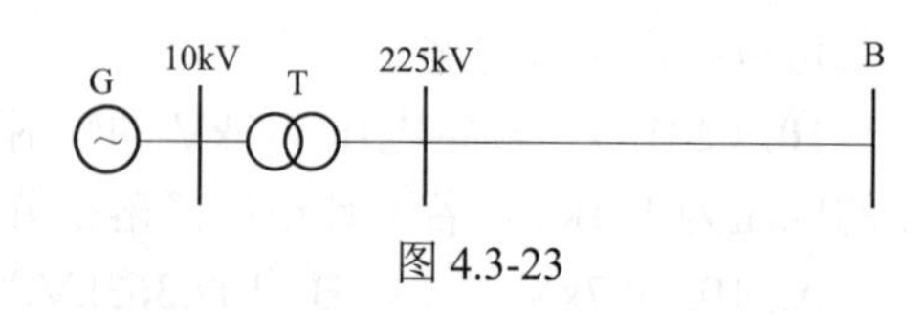

图 4.3-23

A. $229.718\angle0.23^\circ$ kV　　　　B. $225\angle0^\circ$ kV

C. $228.28\angle-0.276^\circ$ kV　　　D. $220.5\angle5^\circ$ kV

分析：根据公式$\dot{U}_1 = U_2 - \frac{B}{2}U_2X + \mathrm{j}\frac{B}{2}U_2R$

$$225 = U_2 - \frac{1}{2}\times 48.35\times 10^{-5}\times U_2\times 59.40 + \mathrm{j}\frac{1}{2}\times 48.35\times 10^{-5}\times U_2\times 19.65$$

$$\Rightarrow U_2 = 228.28\angle -0.276^\circ \mathrm{kV}$$

答案：C

14.（2009） 高电压长距离输电线路，当末端空载时，末端电压与始端电压相比，会有下列哪种现象？（　　）

A. 末端电压比始端电压低　　　　B. 末端电压比始端电压高

C. 末端电压等于始端电压　　　　D. 不确定

分析：高电压长距离输电线路，当末端空载时，由于末端线路对地的电容效应将导致末端电压高于始端电压。

答案：B

15.（2012） 线路空载运行时，由于输电线路充电功率的作用，使线路末端电压高于始端电压，其升高幅度与输电线路长度的关系和抑制电压升高的方法分别为（　　）。

A. 线性关系，在线路末端并联电容器　　B. 平方关系，在线路末端并联电容器

C. 平方关系，在线路末端并联电抗器　　D. 线性关系，在线路末端并联电抗器

分析：输电线路空载，首端电压U_1与末端电压U_2之间的关系为$U_1 - U_2 = -\frac{bxl^2}{2}U_2$。

答案：C

16.（2013） 在图4.3–24系统中，已知220kV线路的参数为$R = 31.5\Omega$，$X = 58.5\Omega$，$B/2 = 2.168\times 10^{-4}\mathrm{S}$，线路始端母线电压为$223\angle 0^\circ$ kV，线路末端电压为（　　）。

A. $225.9\angle -0.4^\circ$ kV

B. $235.1\angle -0.4^\circ$ kV

C. $225.9\angle 0.4^\circ$ kV

D. $235.1\angle 0.4^\circ$ kV

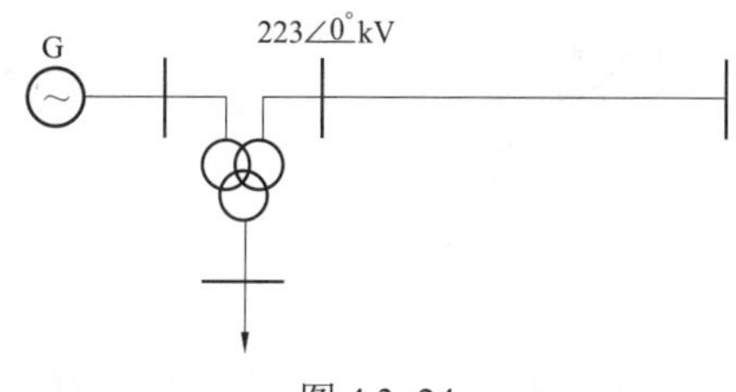

图4.3–24

分析：由公式$\dot{U}_1 = U_2 - \frac{B}{2}U_2X + \mathrm{j}\frac{B}{2}U_2R$，将题目已知参数代入，得到$233\angle 0^\circ = (1 - 2.168\times 10^{-4}\times 58.5 + \mathrm{j}2.168\times 10^{-4}\times 31.5)U_2$，从而可以求得$\dot{U}_2 = 225.9\angle -0.4^\circ$ kV。

捷径：左边有G电源，所以有功P肯定是从该条线路的左向右传输，又根据P是从电压相位超前流向电压相位滞后，故可以判断U_2的相位应该滞后于U_1的相位，故相角肯定为负值，这样可以排除答案C和D。

答案：A

17.（2014） 已知500kV线路的参数为$r_1 = 0$，$x_1 = 0.28\Omega/\mathrm{km}$，$g_1 = 0$，$b_1 = 4\times 10^{-6}\mathrm{S/km}$，线路末端电压为575kV，当线路空载，线路长度为400km时，线路始端电压为（　　）。

A. 550.22kV　　B. 500.00kV　　C. 524.20kV　　D. 525.12kV

分析：依据空载线路电压公式$\dot{U}_1 = U_2 - \frac{B}{2}U_2X + \mathrm{j}\frac{B}{2}U_2R$，将题目已知条件代入，可得$\dot{U}_1 = 575\mathrm{kV} - \frac{1}{2}\times4\times10^{-6}\times400\times575\times0.28\times400\mathrm{kV} + \mathrm{j}\frac{1}{2}\times4\times10^{-6}\times400\times575\times0\mathrm{kV} = 575\mathrm{kV} - 51.52\mathrm{kV} = 523.48\mathrm{kV}$。

答案：C

4.4 无功功率平衡和电压调整

4.4.1 考试大纲要求及历年真题统计分析（供配电、发输变电）

历年真题按照考试大纲考点归类总结见表 4.4–1 和表 4.4–2（说明：1、2、3、4 道题分别对应 1、2、3、4 颗★，≥5 道题对应 5 颗★）。

表 4.4–1　　供配电专业基础考试大纲及历年真题统计表

4.4 无功功率平衡和电压调整 考试大纲	2005	2006	2007	2008	2009	2010	2011	2012	2013	2014	2016	2017	2018	2019	2020	2021	汇总统计
1. 了解无功功率平衡概念及无功功率平衡的基本要求★						1									1	1	3★★★
2. 了解系统中各无功电源的调节特性★★★					1							2					3★★★
3. 了解利用电容器进行补偿调压的原理与方法★★★★★	1		1		1		1				1		1	1			7★★★★★
4. 了解变压器分接头进行调压时，分接头的选择计算★★★★★		1		1		1		1	1	1		1	1	1	1		10★★★★★
汇总统计	1	1	1	1	2	2	1	1	1	1	1	3	2	2	2	1	23

表 4.4–2　　发输变电专业基础考试大纲及历年真题统计表

4.4 无功功率平衡和电压调整 考试大纲	2005（同供配电）	2006（同供配电）	2007	2008	2009	2010	2011	2012	2013	2014	2016	2017	2018	2019	2020	2021	汇总统计
1. 了解无功功率平衡概念及无功功率平衡的基本要求																	0
2. 了解系统中各无功电源的调节特性★									1								1★
3. 了解利用电容器进行补偿调压的原理与方法★★★★★	1		1				1	1	1		2	1	1		1		10★★★★★
4. 了解变压器分接头进行调压时，分接头的选择计算★★★★★		1		1	1	1				1		1		1	1	1	9★★★★★
汇总统计	1	1	1	1	1	1	1	1	2	1	2	2	1	1	2	1	20

对比以上供配电专业基础和发输变电专业基础历年真题统计表，可看到：尽管两个专业方向不同，但专业基础考试的两个方向的侧重点几乎相同，见表 4.4–3。

表 4.4–3　　专业基础供配电、发输变电两个专业方向侧重点对比

4.4　无功功率平衡和电压调整	历年真题汇总统计	
考试大纲（取供配电、发输变电两个方向中多的★值标注）	供配电	发输变电
1. 了解无功功率平衡概念及无功功率平衡的基本要求★★	3★★★	0
2. 了解系统中各无功电源的调节特性★★★	3★★★	1★
3. 了解利用电容器进行补偿调压的原理与方法★★★★★	7★★★★★	10★★★★★
4. 了解变压器分接头进行调压时，分接头的选择计算★★★★★	10★★★★★	9★★★★★
汇总统计	23	20

4.4.2　重要知识点复习

结合前面 4.4.1 节的历年真题统计分析（供配电、发输变电）结果，可以看到，在历年考题中“4.4 无功功率平衡和电压调整”这部分历年考题多以计算题形式出现，每年基本在 1 道题，且计算主要集中在考电容补偿和分接头选择，即大纲第 3、4 点，下面将重点介绍大纲的第 3、4 点，其他点从略。

1. 了解无功功率平衡概念及无功功率平衡的基本要求

电力系统中无功电源所发出的无功功率应与系统中的无功负荷及无功损耗相平衡，同时还应有一定的无功功率备用电源。允许合理的无功功率电源配置是保证电压合理的关键，应尽量避免通过电网元件大量的传送无功功率，无功功率按照“分层分区就地平衡”的原则进行补偿容量的分配。

2. 了解系统中各无功电源的调节特性

无功功率负荷和无功功率损耗主要有异步电动机、变压器、线路三类。

无功功率电源主要有发电机、同步调相机、电容器、静止无功补偿器、静止无功发生器五类。

注意：发电机是系统唯一的有功功率电源，又是最基本的无功功率电源。

下面来分析电压调整的基本原理，以图 4.4–1 为例，由图可知，用户端电压 U_b 为

$$U_b = (U_G k_1 - \Delta U)/k_2 = \left(U_G k_1 - \frac{PR+QX}{U}\right)/k_2$$

式中，k_1、k_2 分别为升压和降压变压器的变比，R 和 X 分别为变压器和线路的总电阻和总电抗。

由上式可见，为了调整用户端电压 U_b 可以采取以下措施：

（1）调节励磁电流以改变发电机机端电压 VG。

（2）适当选择变压器的变比 k_1、k_2。

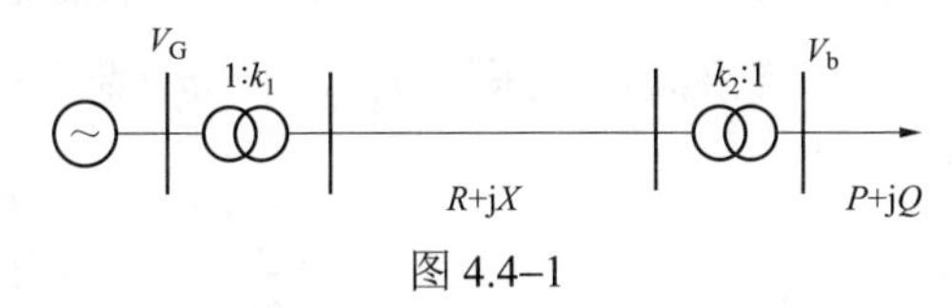

图 4.4–1

（3）改变线路的参数 X（线路串联电容）。

（4）改变无功功率 Q 的分布。

3. 了解利用电容器进行补偿调压的原理与方法

图 4.4–2 所示为一简单电力网，供电点电压 $\dot{U}_1$ 和负荷功率 $\dot{S}_2$ 已给定，负荷点电压不符合要求，拟在负荷端点采用并联电容发出一定的无功以改善其电压状况，如图 4.4–3 所示。

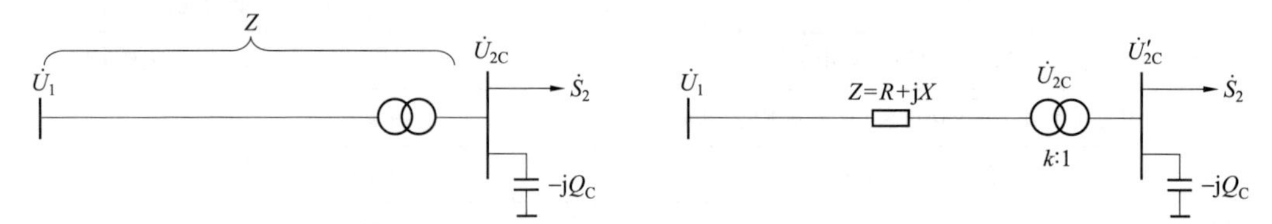

图 4.4–2　并联 C 补偿调压系统图　　　　图 4.4–3　并联 C 补偿调压等效电路

一般分“三步走”来求解这类问题：

第一步：求出补偿前最大、最小负荷时末端低压母线归算到高压侧的电压 $U'_{2\max}$、$U'_{2\min}$。

$$U'_{2\max}=U_1-\frac{P_{\max}R+Q_{\max}X}{U_1}，\ U'_{2\min}=U_1-\frac{P_{\min}R+Q_{\min}X}{U_1}$$

第二步：按最小负荷无补偿确定变压器的分接头电压。

对电容器，按最小负荷时全部退出，最大负荷时全部投入的原则选择变压器的变比，即在最小负荷时确定变压器变比，有

$$k=U_{\mathrm{f}}/U_{2\mathrm{N}}=U'_{2\min}/U_{2\min} \tag{4.4–1}$$

式中：U_{f} 为分接头电压；$U_{2\mathrm{N}}$ 为变压器低压侧额定电压；$U_{2\min}$ 为用户所要求的低压母线电压。根据计算结果，选取最接近的分接头。

第三步：求得最大负荷时所需要的无功补偿容量，即

$$Q_{\mathrm{C}}=kU_{2\mathrm{C}\max}(kU_{2\mathrm{C}\max}-U'_{2\max})/X \tag{4.4–2}$$

式中，$U_{2\mathrm{C}\max}$ 为所要求的最大负荷时低压母线电压。

4. 了解变压器分接头进行调压时，分接头的选择计算

在历年考题中，除 2014 年考过一道升压变压器的分接头选择外，其余均是考的降压变压器分接头选择的问题，故将以后者为重点复习。

降压变压器分接头的选择计算分“三步走”。强调：切勿死记公式，重点在于理解其基本思路！

第一步：求最大、最小负荷时对应的分接头电压 $U_{\mathrm{f}\max}$、$U_{\mathrm{f}\min}$。

某降压变压器如图 4.4–4 所示，其对应的等效电路如图 4.4–5 所示，图 4.4–4 中变比为 $1:k$ 的变压器可视为一理想变压器，即它仅仅表示变比的变化，其阻抗已经归算至高压侧，为 $R+\mathrm{j}X$，已知最大负荷时，高压侧实际电压为 U_1，低压侧要求的电压为 U_2，归算到高压侧的变压器电压损耗为 ΔU_{T}，低压绕组额定电压为 $U_{2\mathrm{N}}$，所带负荷 $\dot{S}=P+\mathrm{j}Q$。

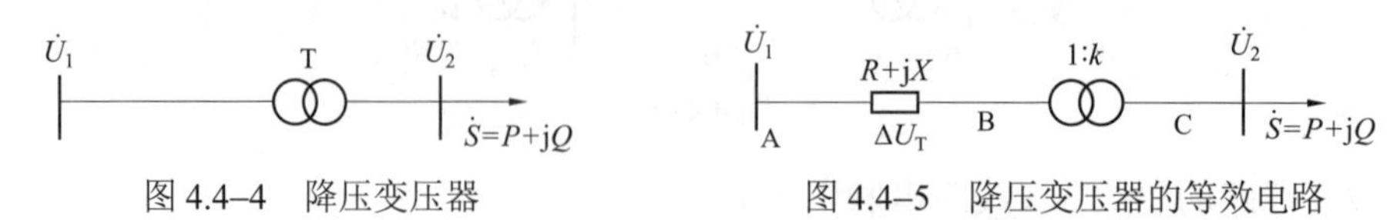

图 4.4–4　降压变压器　　　　图 4.4–5　降压变压器的等效电路

图 4.4–5 中，B 点电压为$(U_1-\Delta U_T)$，再将其归算至低压侧 C 点，即有

$$(U_1-\Delta U_T)k=U_2 \Rightarrow (U_1-\Delta U_T)\times\frac{U_{2N}}{U_{fmax}}=U_2 \tag{4.4–3}$$

故最大负荷时变压器高压侧分接头电压

$$U_{fmax}=(U_1-\Delta U_T)\times\frac{U_{2N}}{U_2}=\left(U_1-\frac{PR+QX}{U_1}\right)\times\frac{U_{2N}}{U_2} \tag{4.4–4}$$

同理，可求得最小负荷时变压器高压侧分接头电压U_{fmin}。

第二步：求平均值，找出最接近的分接头。

普通变压器分接头的转换只能在停电情况下进行，故求平均值

$$U_f=\frac{1}{2}(U_{fmax}+U_{fmin}) \tag{4.4–5}$$

根据U_f选择一个最接近的分接头。

第三步：校验。

最后根据所选取的分接头校验在最大和最小负荷时低压母线的实际电压是否满足要求。

4.4.3 【供配电专业基础】历年真题详解

【1. 了解无功功率平衡概念及无功功率平衡的基本要求】

1.（2010） 电力系统的频率主要取决于（　　）。

A. 系统中的有功功率平衡　　B. 系统中的无功功率平衡

C. 发电机的调速器　　D. 系统的无功补偿

分析：选项 C 发电机的调速器是调整频率的一种有效手段，电力系统的频率是否稳定与系统中电源发出的有功和负载需要的有功是否平衡有着密切的关系。而电力系统的运行电压水平取决于系统无功功率的平衡，充足的无功电源备用是保证电力系统电压的前提。

答案：A

2.（2020、2021） 在大负荷时升高电压，小负荷时降低电压的调压方式，称为（　　）。

A. 逆调压　　B. 顺调压　　C. 常调压　　D. 不确定

答案：A

【2. 了解系统中各无功电源的调节特性】

3.（2009） 电力系统的有功功率电源是（　　）。

A. 发电机　　B. 变压器　　C. 调相机　　D. 电容器

分析：A

答案：发电机是电力系统“唯一的”有功功率电源。

4.（2017） 电力系统中最基本的无功功率电源是（　　）。

A. 调相机　　B. 电容器　　C. 静止补偿器　　D. 同步发电机

分析：四个选项均为系统的无功功率电源，但最基本的还是发电机。

答案：D

【3. 了解利用电容器进行补偿调压的原理与方法】

5.（2007） 一条 110kV 供电线路，输送有功功率为 22MW，功率因数为 0.74，现装设串联电容器以使末端电压从 109kV 提高为 115kV，为达到此目的选用标准单相电容器，其中

$U_G=0.66\text{kV}$，Q_{GN} 为 40kVA，则需装电容器的总容量为（　　）Mvar。

A. 1.20　　B. 3.60　　C. 6.00　　D. 2.88

分析：线路串联电容补偿调压属于改变线路参数调压措施，其不同于在末端并联电容的无功补偿调压措施。

$$P=22\text{MW}，\ \cos\varphi=0.74\Rightarrow Q=P\tan\varphi=22\times\tan(\arccos 0.74)=20\text{Mvar}$$

$$\Delta U-\Delta U_C=(U_{首}-109)-(U_{首}-115)=115\text{kV}-109\text{kV}=6\text{kV}$$

$$X_C=\frac{U_1(\Delta U-\Delta U_C)}{Q_1}=\frac{110\times(115-109)}{20}\Omega=33\Omega$$

每个电容器的额定电流为 $I_{GN}=\dfrac{Q_{GN}}{U_G}=\dfrac{40}{0.66}\text{A}=60.606\text{A}$。

该线路通过的最大负荷电流为 $I_{C\max}=\dfrac{P}{\sqrt{3}U\cos\varphi}=\dfrac{22}{\sqrt{3}\times110\times0.74}\text{kA}=0.156\text{kA}$。

设 m 为所需并联的电容器台数，则 $m\geqslant\dfrac{I_{C\max}}{I_{NC}}=\dfrac{156}{60.606}$台$=2.574$台，故取 $m=3$ 台。

设 n 为所需串联的电容器台数，则 $n\geqslant\dfrac{I_{C\max}X_c}{U_{NG}}=\dfrac{156\times33}{0.66\times10^3}$台$=7.8$台，故取 $n=8$ 台。

三相总共需要的电容器台数为 $3mn=3\times3\times8$台$=72$台。

故三相需要的电容器总容量为 $Q_C=3mn\times Q_{GN}=72\times40\text{kvar}=2.88\text{Mvar}$。

每个电容器的电抗为 $X_{NC}=\dfrac{U_{NC}}{I_{NC}}=\dfrac{0.66\times10^3}{60.606}\Omega=10.89\Omega$。

实际的补偿容抗为 $X_C=\dfrac{8\times X_{NC}}{3}=\dfrac{8\times10.89}{3}\Omega=29.04\Omega$。

答案：D

6.（供 2009，发 2007）输电系统如图 4.4–6 所示，假设首端电压为 118kV，末端电压固定在 11kV，变压器容量为 11.5MVA，额定电压为 $(110\pm2\times2.5\%)\text{kV}/11\text{kV}$，忽略电压降的横分量及功率损耗，最大负荷时电压降是 4.01kV，最小负荷时电压降是 3.48kV，则低压侧母线要求恒调压时末端需并联的电容器容量为（　　）。

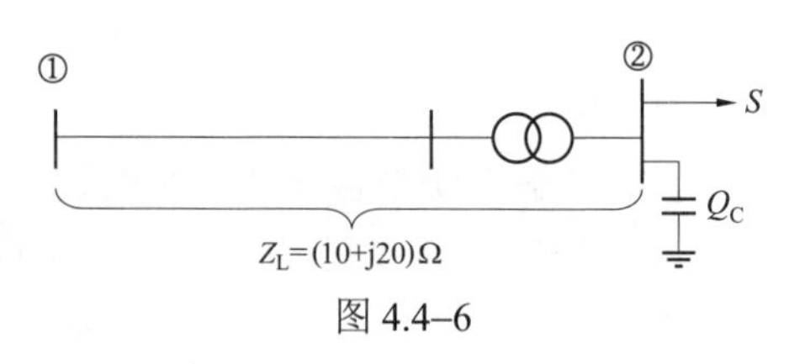

图 4.4–6

A. 15.21Mvar　　B. 19.19Mvar　　C. 1.521Mvar　　D. 8.72Mvar

分析：（1）补偿前末端低压母线归算到高压侧的电压

$$U'_{2\max}=U_1-\Delta U_{\max}=118\text{kV}-4.01\text{kV}=113.99\text{kV}$$
$$U'_{2\min}=U_1-\Delta U_{\min}=118\text{kV}-3.48\text{kV}=114.52\text{kV}$$

（2）按最小负荷无补偿确定变压器的分接头电压

$$U_f=\frac{U_{2N}U'_{2\min}}{U_{2\min}}=\frac{11\times114.52}{11}\text{kV}=114.52\text{kV}$$

选择一个最接近的分接头电压 115.5kV，即+5%分接头，由此可确定变压器的变比为

$k=\dfrac{115.5}{11}=10.5$。

（3）求补偿容量

$$Q_C=\frac{U_{2C\max}}{X}\left(U_{2C\max}-\frac{U'_{2\max}}{k}\right)k^2=\frac{11}{20}\times\left(11-\frac{113.99}{10.5}\right)\times10.5^2\,\text{Mvar}=8.72\text{Mvar}$$

答案：D

7.（2011） 简单的电力系统接线如图 4.4–7 所示，母线 A 电压保持 116kV，变压器低压母线 C 要求恒调压，电压保持 10.5kV，满足以上要求时接在母线 C 上的电容器容量 Q_c 及变压器 T 的电压比分别是（　　）。

A. 8.76Mvar，115.5/10.5kV　　B. 8.44Mvar，112.75/11kV

C. 9.76Mvar，121/11kV　　D. 9.96Mvar，121/10.5kV

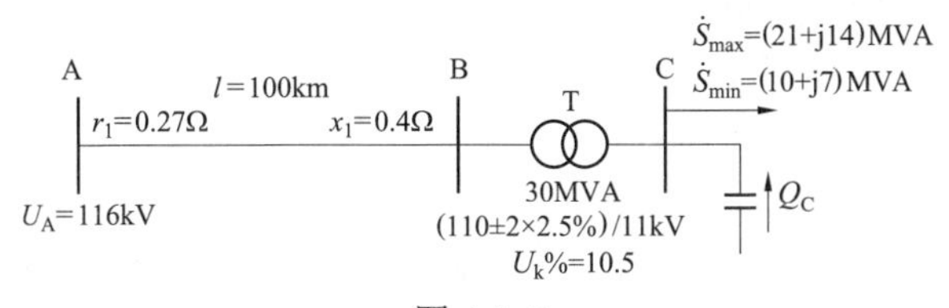

图 4.4–7

分析：$Z_1=R_1+jX_1=(r_1+jx_1)\times l=(27+j40)\,\Omega$，$X_T=\dfrac{u_k\%}{100}\times\dfrac{U_N^2}{S_N}=\dfrac{10.5}{100}\times\dfrac{110^2}{30}\Omega=42.35\Omega$

低压侧母线归算到高压侧的电压为

$$U'_{2\max}=U_1-\Delta U_{\max}=116-\frac{P_{\max}R+Q_{\max}X}{116}=116\text{kV}-\frac{21\times27+14\times(40+42.35)}{116}\text{kV}=101.173\text{kV}$$

$$U'_{2\min}=U_1-\Delta U_{\min}=116-\frac{P_{\min}R+Q_{\min}X}{116}=116\text{kV}-\frac{10\times27+7\times(40+42.35)}{116}\text{kV}=108.703\text{kV}$$

按最小负荷时低压侧母线电压为$U_{\min}=10.5\text{kV}$。

则分接头电压为$U_{f\min}=\dfrac{U'_{2\min}}{U_{2\min}}U_{2N}=\dfrac{108.703}{10.5}\times11\text{kV}=113.879\text{kV}$。

选择最接近的分接头电压为$U_f=110\times1.025\text{kV}=112.75\text{kV}$。

变压器的电压比为$K_T=\dfrac{U_f}{U_{2N}}=\dfrac{112.75}{11}$。

按最大负荷时的调压要求确定

$$Q_C=\frac{U_{2\max}}{X_\Sigma}\left(U_{2\max}-\frac{U'_{2\max}}{K_T}\right)K_T^2=\frac{10.5}{82.35}\times\left(10.5-\frac{101.173}{112.75/11}\right)\times\left(\frac{112.75}{11}\right)^2\text{Mvar}=8.432\text{Mvar}$$

答案：B

8.（2016） 输电系统如图 4.4–8 所示，线路和变压器参数为归算到高压侧的参数，变压器容量为 31.5MVA，额定变比为（110±2×2.5%）kV/11kV，送端电压固定在 112kV，忽略电压降横分量及功率损耗，变压器低压侧母线要求恒调压$U_2=10.5\text{kV}$时，末端应并联的电容器容量为（　　）。

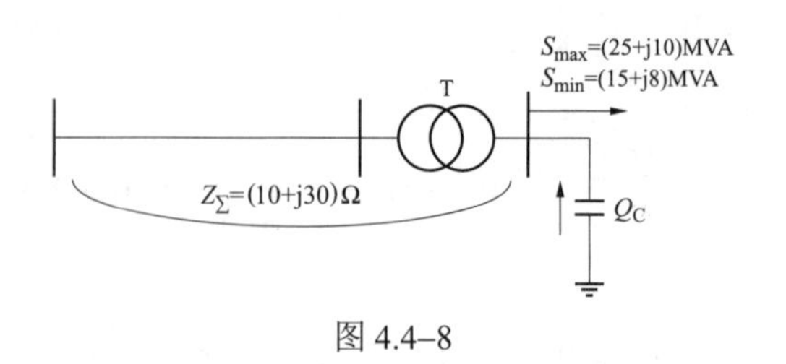

图 4.4–8

A. 1.919Mvar　　B. 19.19Mvar　　C. 1.5152Mvar　　D. 15.12Mvar

分析：做出相应的等效电路如图 4.4–9 所示。

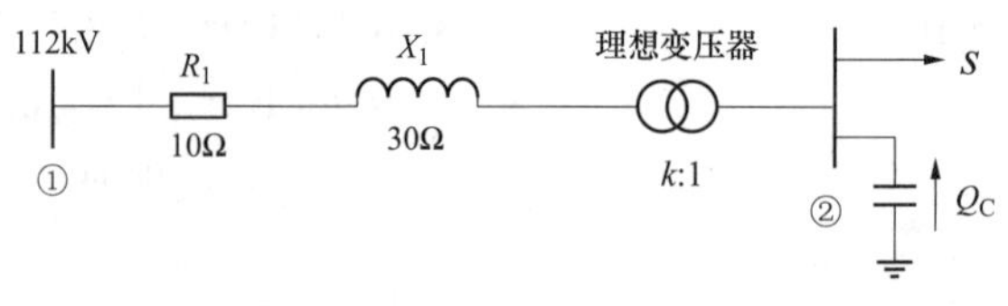

图 4.4–9

题目为已知首端电压 112kV 和末端功率不同端的情况，严格来讲，应该先假设全网电压为额定电压 110kV 由末往首推算功率，再由首往末推算电压，但由于本题已经说明可忽略功率损耗，故就直接以末端功率来计算电压降落的纵分量。

（1）补偿前末端低压母线归算到高压侧的电压：

$$U'_{2\max}=U_1-\frac{P_{\max}R+Q_{\max}X}{U_1}=112\text{kV}-\frac{25\times10+10\times30}{112}\text{kV}=107.09\text{kV}$$

$$U'_{2\min}=U_1-\frac{P_{\min}R+Q_{\min}X}{U_1}=112\text{kV}-\frac{15\times10+8\times30}{112}\text{kV}=108.52\text{kV}$$

（2）按最小负荷无补偿确定变压器的分接头电压：

$$U_{\text{f}}=\frac{U_{2\text{N}}U'_{2\min}}{U_{2\min}}=\frac{11\times108.52}{10.5}\text{kV}=113.69\text{kV}$$

选择一个最接近的分接头电压 112.75kV，即+2.5%分接头，由此可确定变压器的变比为 $k=\frac{112.75}{11}=10.25$。

（3）求补偿容量：

$$Q_{\text{C}}=\frac{U_{2\text{C}\max}}{X}\left(U_{2\text{C}\max}-\frac{U'_{2\max}}{k}\right)k^2=\frac{10.5}{30}\times\left(10.5-\frac{107.09}{10.25}\right)\times10.25^2\text{Mvar}=1.919\text{Mvar}$$

答案：A

9.（2018）　某配电所，低压侧有计算负荷为 880kW，功率因数为 0.7，欲使功率因数提高到 0.98，则并联的电容器容量是（　　）。

A. 880kvar　　B. 120kvar　　C. 719kvar　　D. 415kvar

分析：需要补偿的无功功率为

$$Q_{\text{CC}}=P_{\text{C}}(\tan\varphi_1-\tan\varphi_2)$$

式中：P_{C} 为有功计算负荷，补偿前后不变；φ_1 为补偿前的功率因数角；φ_2 为补偿后的功率因数角。

由题意，得到

$$Q_{CC}=P_C(\tan\varphi_1-\tan\varphi_2)=880\times[\tan(\arccos 0.7)-\tan(\arccos 0.98)]\text{kvar}=719.09\text{kvar}$$

答案：C

【4. 了解变压器分接头进行调压时，分接头的选择计算】

10.（供 2006，发 2008） 已知某变压器变比为$110(1\pm2\times2.5\%)\text{kV}/11\text{kV}$，容量为 20MVA，低压母线最大负荷为 18MVA，$\cos\varphi=0.6$，最小负荷为 7MVA，$\cos\varphi=0.7$，归算到高压侧的变压器参数为$(5+\text{j}60)\ \Omega$，变电所高压母线在任何情况下均维持电压为 107kV，为了使低压侧母线保持顺调压，该变压器的分接头为（　　）。

A. 主接头挡，$U_t=110\text{kV}$　　B. $110(1-5\%)\ \text{kV}$，$U_t=104.5\text{kV}$

C. $110(1+2.5\%)\ \text{kV}$，$U_t=112.75\text{kV}$　　D. $110(1-2.5\%)\ \text{kV}$，$U_t=107.25\text{kV}$

分析：顺调压：max：$\geqslant1.025U_N=1.025\times10\text{kV}=10.25\text{kV}$；min：$\leqslant1.075U_N=1.075\times10\text{kV}=10.75\text{kV}$。

$$S_{max}=18\cos\varphi+\text{j}18\sin\varphi=[18\times0.6+\text{j}18\times\sin(\arccos 0.6)]\text{MVA}=(10.8+\text{j}14.4)\text{MVA}$$

$$S_{min}=7\cos\varphi+\text{j}7\sin\varphi=(7\times0.7+\text{j}5)\text{MVA}=(4.9+\text{j}5)\text{MVA}$$

最大时：$\left(107-\dfrac{10.8\times5+14.4\times60}{107}\right)\times\dfrac{11}{U_{fmax}}=10.25\Rightarrow U_{fmax}=105.622\text{kV}$。

最小时：$\left(107-\dfrac{4.9\times5+5\times60}{107}\right)\times\dfrac{11}{U_{fmin}}=10.75\Rightarrow U_{fmin}=106.385\text{kV}$。

求平均值：$U_f=\dfrac{1}{2}(U_{fmax}+U_{fmin})=\dfrac{1}{2}(105.622+106.385)\text{kV}=106.00\text{kV}$。

选择最接近的分接头电压 107.25kV，即选择–2.5%分接头。

答案：D

11.（供 2008、2018，发 2020） 某变电站有一台变比为$(110\pm2\times2.5\%)\text{kV}/6.3\text{kV}$，容量为 31.5MVA 的降压变压器，归算到高压侧的变压器阻抗为$Z_T=(2.95+\text{j}48.8)\Omega$，变电站低压侧最大负荷为$(24+\text{j}18)\text{MVA}$，最小负荷为$(12+\text{j}9)\text{MVA}$，变电站高压侧电压在最大负荷时保持 110kV，最小负荷时保持 113kV，变电所低压母线要求恒调压，保持 6.3kV，满足该调压要求的变压器分接头电压为（　　）。

A. 110kV　　B. 104.5kV　　C. 114.8kV　　D. 121kV

分析：max：$\left(110-\dfrac{24\times2.95+18\times48.8}{110}\right)\times\dfrac{6.3}{U_{fmax}}=6.3\Rightarrow U_{fmax}=101.371\text{kV}$

min：$\left(113-\dfrac{12\times2.95+9\times48.8}{113}\right)\times\dfrac{6.3}{U_{fmin}}=6.3\Rightarrow U_{fmin}=108.8\text{kV}$

求平均值：$U_f=\dfrac{1}{2}(101.371+108.8)\text{kV}=105.09\text{kV}$，选最接近的–5%分接头，即 104.5kV。

答案：B

12.（2010） 如图 4.4–10 所示，某变电所装有一变比为 $(110\pm5\times2.5\%)\text{kV}/11\text{kV}$，$S_{TN}=$ 31.5MVA 的降压变压器，变电所高压母线电压、变压器归算到高压侧的阻抗及负载均标在图中，若欲保证变电所低压母线电压 $U_{max}=10\text{kV}$，$U_{min}=10.5\text{kV}$，在忽略变压器功率损耗和电压降横分量的情况下，变压器分接头为（　　）。

A. $110(1+2.5\%)\text{kV}$　　B. $110(1-2.5\%)\text{kV}$

C. $110(1-5\%)\text{kV}$　　D. $110(1+5\%)\text{kV}$

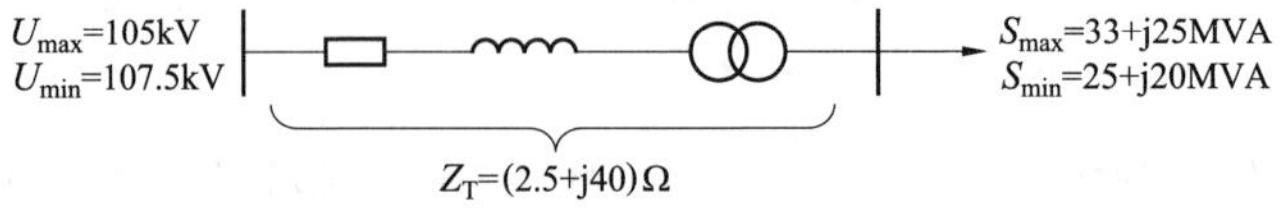

U_{max}=105kV　U_{min}=107.5kV　Z_T=(2.5+j40)Ω　S_{max}=33+j25MVA　S_{min}=25+j20MVA

图 4.4–10

分析：max：$\left(105-\dfrac{33\times2.5+25\times40}{105}\right)\times\dfrac{11}{U_{fmax}}=10\Rightarrow U_{fmax}=104.16\text{kV}$

min：$\left(107.5-\dfrac{25\times2.5+20\times40}{107.5}\right)\times\dfrac{11}{U_{fmin}}=10.5\Rightarrow U_{fmin}=104.213\text{kV}$

求平均值：$U_f=\dfrac{1}{2}(104.16+104.213)\text{kV}=104.186\,5\text{kV}$，选最接近的–5%分接头，即 104.5kV。

答案：C

13.（供 2012，发 2012） 一降压变电所，变压器归算到高压侧的参数如图 4.4–11 所示，最大负荷时变压器高压母线电压维持在 118kV，最小负荷时变压器高压母线电压维持在 110kV，若不考虑功率损耗，变电所低压母线逆调压，变压器分接头电压应为（　　）。

A. 109.75kV　　B. 115.5kV　　C. 107.25kV　　D. 112.75kV

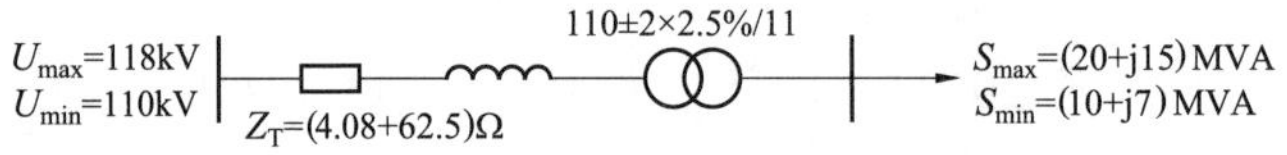

U_{max}=118kV　U_{min}=110kV　Z_T=(4.08+62.5)Ω　110±2×2.5%/11　S_{max}=(20+j15)MVA　S_{min}=(10+j7)MVA

图 4.4–11

分析：max：$\left(118-\dfrac{20\times4.08+15\times62.5}{118}\right)\times\dfrac{11}{U_{fmax}}=1.05\times10$，可得 $U_{fmax}=114.571\,3\text{kV}$。

min：$\left(110-\dfrac{10\times4.08+7\times62.5}{110}\right)\times\dfrac{11}{U_{fmin}}=10$，可得 $U_{fmin}=116.217\text{kV}$。

故 $U_f=\dfrac{1}{2}\times[114.571\,3+116.217]\text{kV}=115.39\text{kV}$，取最接近的+5%分接头电压为 115.5kV。

答案：B

14.（2013） 在一降压变电所中，装有两台变比为 $(110\pm2\times2.5\%)\text{kV}/11\text{kV}$ 的相同变压器并联运行，两台变压器归算到高压侧的并联等效阻抗 $Z_T=(2.04+\text{j}31.76)\,\Omega$，高压母线最大负荷时的运行电压 U 是115kV，最小负荷时的运行电压 U 是108kV，变压器低压母线负荷为$S_{max}=(20+j15)$ MVA，$S_{min}=(10+j7)$ MVA，若要求低压母线逆调压，且最小负荷时切除一台变压器，则变压器分接头的电压应该为（　　）。

A. 110kV　　B. 115.5kV　　C. 114.8kV　　D. 121kV

分析： max：$\left(115-\dfrac{20\times2.04+15\times31.76}{115}\right)\times\dfrac{11}{U_{fmax}}=10.5$，可得$U_{fmax}=115.765\text{kV}$

min：$\left(108-\dfrac{10\times2.04\times2+7\times31.76\times2}{108}\right)\times\dfrac{11}{U_{fmin}}=10$，可得$U_{fmin}=113.856\text{kV}$

故$U_f=\dfrac{1}{2}\times(115.765+113.856)\text{kV}=114.81\text{kV}$，取最接近的+5%分接头电压为115.5kV。

本题关键点是在最小负荷条件下计算时，注意变压器阻抗乘以2的变化。

捷径： 选项C、D不属于分接头电压。

答案： B

15.（供2014，发2014）某发电厂有一台升压变压器，变比为$(121\pm2\times2.5\%)\text{kV}/10.5\text{kV}$，变电站高压母线电压最大负荷时为118kV，最小负荷时为115kV，变压器最大负荷时电压损耗为9kV，最小负荷时电压损耗为6kV（由归算到高压侧参数算出），根据发电厂地区负荷的要求，发电厂母线逆调压且在最大、最小负荷时与发电机的额定电压有相同的电压偏移，变压器分接头电压为（　　）。

A. 121kV　　B. $121(1-2.5\%)$kV

C. $121(1+2.5\%)$kV　　D. $121(1+5\%)$kV

分析： 选择升压变压器分接头的方法与选择降压变压器分接头的方法基本相同，唯一不同之处在于变压器高压侧分接头电压公式$U_{fmax}=(U_1+\Delta U_T)\times\dfrac{U_{2N}}{U_2}$中由降压的“−”变为“+”，原因是升压变压器推导时是逆着电能传输的方向推导的，而降压变压器是顺着电能传输的方向推导的。

题目告知发电厂母线逆调压，也即最大负荷时为$1.05\times10\text{kV}=10.5\text{kV}$，最小负荷时为10kV。

最大负荷时：$(118+9)\times\dfrac{10.5}{U_{fmax}}=10.5\Rightarrow U_{fmax}=127\text{kV}$。

最小负荷时：$(115+6)\times\dfrac{10.5}{U_{fmin}}=10\Rightarrow U_{fmin}=127.05\text{kV}$。

求平均值：$U_{fav}=\dfrac{1}{2}\times(U_{fmax}+U_{fmin})=\dfrac{1}{2}\times(127+127.05)\text{kV}=127.025\text{kV}$。

+5%分接头电压$121\times1.05\text{kV}=127.05\text{kV}$与127.025kV最接近，故选择$121(1+5\%)$kV分接头。

答案： D

16.（2017）需要断开负荷的条件下，才能对变压器进行分接头的调整，这是什么变压器？

(　　)

A. 变压器的合闸操作　　B. 有载调压变压器

C. 无载调压变压器　　D. 变压器的分闸操作

答案：C

4.4.4 【发输变电专业基础】历年真题详解

【2. 了解系统中各无功电源的调节特性】

1.（2013） 发电机以低于额定功率因数运行时，（　　）。

A. P_G 增大，Q_G 减小，S_N 不变　　B. P_G 增大，Q_G 减小，S_N 减小

C. P_G 减小，Q_G 增大，S_N 不变　　D. P_G 减小，Q_G 增大，S_N 减小

分析：当发电机低于额定功率因数运行时，输出的无功功率将增加，但发电机的视在功率因取决于励磁电流不超过额定值的条件，将低于其额定值，Q 增大，S 减小，故 $P=\sqrt{S^2-Q^2}$ 肯定减小。

答案：D

2.（2017） 电力系统中基本无功功率电源是（　　）。

A. 调相机　　B. 电容器

C. 静止无功补偿器　　D. 同步发电机

分析：参见 4.4.2 节“注意：发电机是系统唯一的有功功率电源，又是最基本的无功功率电源”。

答案：D

【3. 了解利用电容器进行补偿调压的原理与方法】

3.（2011） 简单系统如图 4.4–12 所示，送端电压始终保持 113kV，变电所低压侧母线要求最大负荷保持 10.5kV，最小负荷保持 10.25kV，在满足以上条件时，应安装静止电容器的容量为（　　）。（忽略功率损耗和电压降横分量）

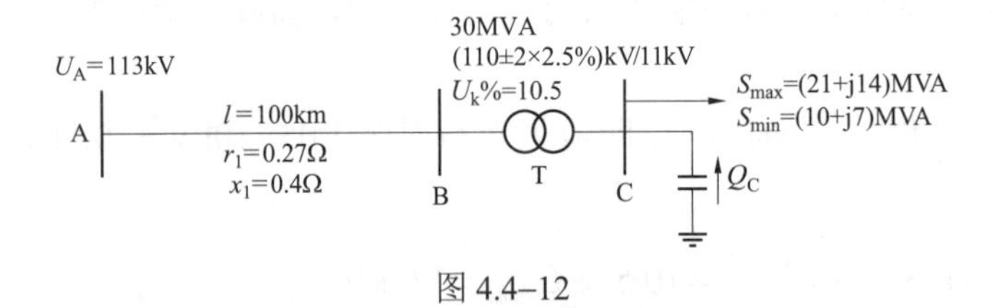

图 4.4–12

A. 5.67Mvar　　B. 12.87Mvar

C. 1.79Mvar　　D. 6.51Mvar

分析：max：10.5kV；min：10.25kV。$R_1=r_1l=0.27\times100\Omega=27\Omega$，$X_1=x_1l=0.4\times100\Omega=40\Omega$。

归算到高压侧的变压器 T 的参数为 $X_T=\frac{U_k\%}{100}\times\frac{U_N^2}{S_N}=\frac{10.5}{100}\times\frac{110^2}{30}\Omega=42.35\Omega$。

做出相应的等效电路如图 4.4–13 所示。

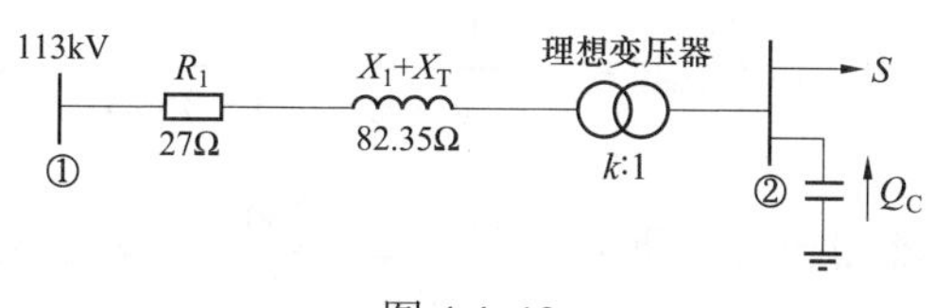

图 4.4–13

题目为已知首端电压 113kV 和末端功率不同端的情况，严格来讲，应该先假设全网电压为额定电压 110kV 由末往首推算功率，再由首往末推算电压，但由于本题已经说明可忽略功率损耗，故就直接以末端功率来计算电压降落的纵分量。

补偿前末端低压母线归算到高压侧的电压

$$U'_{2\max}=U_1-\frac{P_{\max}R+Q_{\max}X}{U_1}=113-\frac{21\times27+14\times82.35}{113}\text{kV}=97.78\text{kV}$$

$$U'_{2\min}=U_1-\frac{P_{\min}R+Q_{\min}X}{U_1}=113-\frac{10\times27+7\times82.35}{113}\text{kV}=105.51\text{kV}$$

按最小负荷无补偿确定变压器的分接头电压

$$U_f=\frac{U_{2N}U'_{2\min}}{U_{2\min}}=\frac{11\times105.51}{10.25}\text{kV}=113.23\text{kV}$$

选择一个最接近的分接头电压 112.75kV，即+2.5%分接头，由此可确定变压器的变比为 $k=\frac{112.75}{11}=10.25$。

求补偿容量

$$Q_C=\frac{U_{2C\max}}{X}\left(U_{2C\max}-\frac{U'_{2\max}}{k}\right)k^2=\frac{10.5}{82.35}\times\left(10.5-\frac{97.78}{10.25}\right)\times10.25^2\,\text{Mvar}=12.87\text{Mvar}$$

答案：B

4.（2012） 一条 35kV 供电线路，输送有功功率为 12MW，功率因数为 0.75，线路设串联电容器使末端电压从 33.5kV 提高到 37.5kV，选用电容器额定电压为 0.66kV，额定容量为 40kvar，应安装的静止电容器的个数和总容量为（　　）。

A. 60 个，5.67Mvar　　B. 90 个，3.6Mvar

C. 30 个，1.79Mvar　　D. 105 个，6.51Mvar

分析：线路串联电容补偿调压属于改变线路参数调压措施，其不同于在末端并联电容的无功补偿调压措施。

$$P=12\text{MW},\ \cos\varphi=0.75\Rightarrow Q=P\tan\varphi=12\times\tan(\arccos0.75)=10.583\text{Mvar}$$

$$\Delta U-\Delta U_C=(U_{首}-33.5)-(U_{首}-37.5)=37.5\text{kV}-33.5\text{kV}=4\text{kV}$$

$$X_C=\frac{U_1(\Delta U-\Delta U_C)}{Q}=\frac{35\times(37.5-33.5)}{10.583}\Omega=13.229\Omega$$

每个电容器的额定电流为 $I_{GN}=\frac{Q_{GN}}{U_G}=\frac{40}{0.66}\text{A}=60.606\text{A}$。

该线路通过的最大负荷电流为$I_{\text{Cmax}}=\dfrac{P}{\sqrt{3}U\cos\varphi}=\dfrac{12}{\sqrt{3}\times35\times0.75}\text{kA}=0.264\text{kA}$。

设 m 为所需并联的电容器台数，则$m\geqslant\dfrac{I_{\text{Cmax}}}{I_{\text{NC}}}=\dfrac{264}{60.606}$台$=4.356$台，故取 m=5 台。

设 n 为所需串联的电容器台数，则$n\geqslant\dfrac{I_{\text{Cmax}}X_{\text{C}}}{U_{\text{NG}}}=\dfrac{264\times13.229}{0.66\times10^3}$台$=5.29$台，故取 n=6 台。

三相总共需要的电容器台数为$3mn=3\times5\times6$台$=90$台。

故三相需要的电容器总容量为$Q_{\text{C}}=3mn\times Q_{\text{GN}}=90\times40\text{kvar}=3.6\text{Mvar}$。

每个电容器的电抗为$X_{\text{NC}}=\dfrac{U_{\text{NC}}}{I_{\text{NC}}}=\dfrac{0.66\times10^3}{60.606}\Omega=10.89\Omega$。

实际的补偿容抗为$X_{\text{C}}=\dfrac{6\times X_{\text{NC}}}{5}=\dfrac{6\times10.89}{5}\Omega=13.068\Omega$。

答案：B

5.（2013） 如图 4.4–14 所示输电系统，送端母线电压在最大、最小负荷时均保持 115kV，系统元件参数均标在图中，当变压器低压母线要求逆调压时，变压器变比及应安装的静电电容器容量为（　　）。（忽略功率损耗和电压降横分量）

A. k=11/115.5，$Q_{\text{C}}=12.55\text{Mvar}$　　B. k=11/121，$Q_{\text{C}}=24.67\text{Mvar}$

C. k=10.5/110，$Q_{\text{C}}=27.73\text{Mvar}$　　D. k=10/115.5，$Q_{\text{C}}=31.56\text{Mvar}$

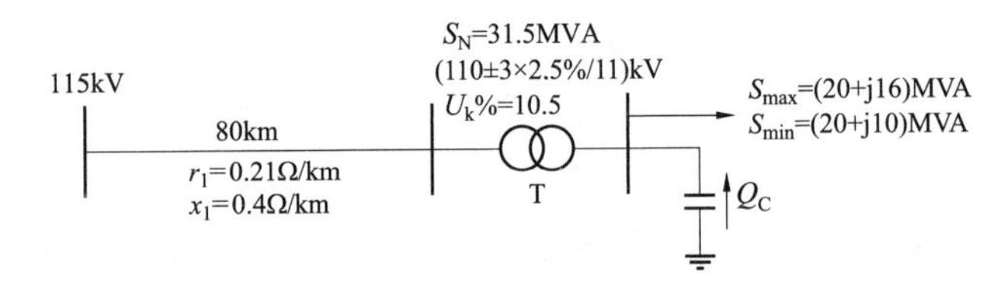

图 4.4–14

分析：逆调压：max：$1.05\times10=10.5\text{kV}$；min：10kV。$R_1=r_1l=0.21\times80\Omega=16.8\Omega$，$X_1=x_1l=0.4\times80\Omega=32\Omega$。

归算到高压侧的变压器 T 的参数为$X_{\text{T}}=\dfrac{U_{\text{k}}\%}{100}\times\dfrac{U_{\text{N}}^2}{S_{\text{N}}}=\dfrac{10.5}{100}\times\dfrac{110^2}{31.5}\Omega=40.33\Omega$。

做出相应的等效电路如图 4.4–15 所示。

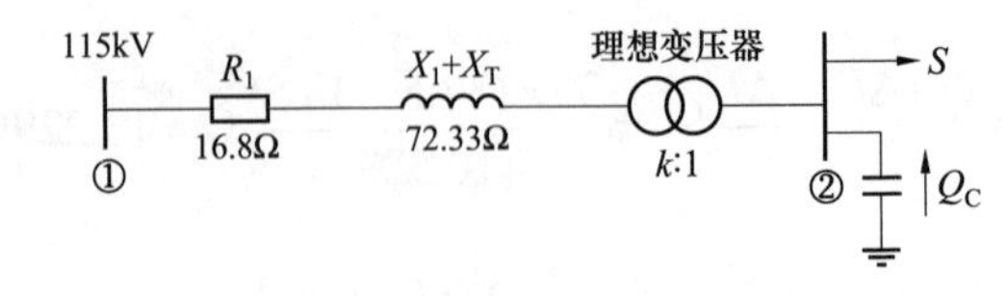

图 4.4–15

题目为已知首端电压 115kV 和末端功率不同端的情况，严格来讲，应该先假设全网电压为额定电压 110kV 由末往首推算功率，再由首往末推算电压，但由于本题已经说明可忽略功率损耗，故就直接以末端功率来计算电压降落的纵分量。

补偿前末端低压母线归算到高压侧的电压

$$U'_{2\max}=U_1-\frac{P_{\max}R+Q_{\max}X}{U_1}=115\text{kV}-\frac{20\times16.8+16\times72.33}{115}\text{kV}=102.015\text{kV}$$

$$U'_{2\min}=U_1-\frac{P_{\min}R+Q_{\min}X}{U_1}=115\text{kV}-\frac{20\times16.8+10\times72.33}{115}\text{kV}=105.789\text{kV}$$

按最小负荷无补偿确定变压器的分接头电压

$$U_{\text{f}}=\frac{U_{2\text{N}}U'_{2\min}}{U_{2\min}}=\frac{11\times105.789}{10}\text{kV}=116.367\,9\text{kV}$$

选择一个最接近的分接头电压 115.5kV，即+5%分接头，由此可确定变压器的变比为 $k=\frac{115.5}{11}=10.5$。

求补偿容量，得

$$Q_{\text{C}}=\frac{U_{2\text{Cmax}}}{X}\left(U_{2\text{Cmax}}-\frac{U'_{2\max}}{k}\right)k^2=\frac{10.5}{72.33}\times\left(10.5-\frac{102.015}{10.5}\right)\times10.5^2\,\text{Mvar}=12.55\text{Mvar}$$

捷径：题目已知变压器的二次侧额定电压为 11kV，所以 C、D 选项肯定错误；B 选项变比为 k=11/121，而根据表 4.4–4 变压器的分接头计算结果，显然 121kV 没有，即不属于其分接头电压值，故排除 B。这样只有 A 选项正确。

表 4.4–4　　变压器分接头计算结果

主抽头	110kV
+2.5%	$110\text{kV}\times1.025=112.75\text{kV}$
+5%	$110\text{kV}\times1.05=115.5\text{kV}$
+7.5%	$110\text{kV}\times1.075=118.25\text{kV}$

答案：A

6.（2016）简单电力系统接线如图 4.4–16 所示，变压器变比为 $110(1\pm2\times2.5\%)\text{kV}/11\text{kV}$，线路和变压器归算到高压侧的阻抗为 $27+\text{j}82.4\Omega$，母线 i 电压恒等于 116kV，变压器低压母线最大负荷为 $20+\text{j}14\text{MVA}$，最小负荷为 $10+\text{j}7\text{MVA}$，母线 j 常调压保持 10.5kV，满足以上要求时接在母线 j 上的电容器及变压器 T 的变比分别为下列哪项数值？（　　）（不考虑电压降横分量和功率损耗）。

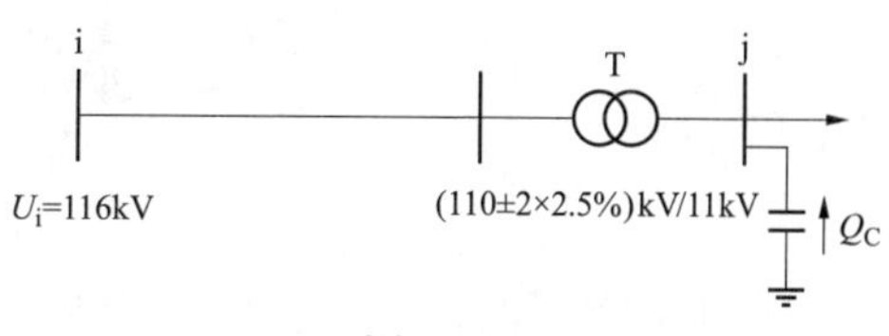

图 4.4–16

A. 9.76Mvar，115.5/11kV　　B. 8.44Mvar，121/11kV

C. 9.76Mvar，121/10.5kV　　D. 8.13Mvar，112.75/11kV

分析：低压侧母线归算到高压侧的电压为

$$U'_{2\max}=U_1-\Delta U_{\max}=116-\frac{P_{\max}R+Q_{\max}X}{116}=116\text{kV}-\frac{20\times27+14\times82.4}{116}\text{kV}=101.4\text{kV}$$

$$U'_{2\min}=U_1-\Delta U_{\min}=116-\frac{P_{\min}R+Q_{\min}X}{116}=116\text{kV}-\frac{10\times27+7\times82.4}{116}\text{kV}=108.7\text{kV}$$

按最小负荷时低压侧母线电压：$U_{\min}=10.5\text{kV}$

则分接头电压：$U_{\text{f}\min}=\dfrac{U'_{2\min}}{U_{2\min}}U_{2\text{N}}=\dfrac{108.7}{10.5}\times11\text{kV}=113.876\text{kV}$

选择最接近的分接头电压：$U_{\text{f}}=110\times1.025\text{kV}=112.75\text{kV}$

变压器的电压比：$K_{\text{T}}=\dfrac{U_{\text{f}}}{U_{2\text{N}}}=\dfrac{112.75}{11}$

按最大负荷时的调压要求确定：

$$Q_{\text{C}}=\frac{U_{2\max}}{X_{\Sigma}}\left(U_{2\max}-\frac{U'_{2\max}}{K_{\text{T}}}\right)K_{\text{T}}^2=\frac{10.5}{82.4}\times\left(10.5-\frac{101.4}{112.75/11}\right)\times\left(\frac{112.75}{11}\right)^2\text{Mvar}=8.13\text{Mvar}$$

答案：D

捷径：变压器二次侧额定电压为 11kV，选项 C 为 10.5kV，故可以排除选项 C。根据变比 $110(1\pm2\times2.5\%)/11\text{kV}$ 可知分接头电压分别为 115.5kV、112.75kV、110kV、107.25kV、104.5kV，显然选项 B 的 121kV 不属于，故可以排除选项 B。

7.（2016） 在高压电网中线路串联电容器的目的是（　　）。

A. 补偿线路容性无功调压　　　　B. 补偿线路感性无功调压

C. 通过减少线路电抗调压　　　　D. 通过减少线路电抗提高输送容量

分析：参见 4.4.2 节电压调整的基本原理，线路通过串联电容以减小其电抗值，是实现调压的措施之一。

答案：C

8.（供 2019，发 2018） 一 35kV 的线路阻抗为（10+j10）Ω，输送功率为（7+j6）MVA，线路始端电压为 38kV，要求线路末端电压不低于 36kV，其补偿容抗为（　　）。

A. 10.08Ω　　　B. 10Ω　　　C. 9Ω　　　D. 9.5Ω

分析：依题意，作图如 4.4–17 所示。

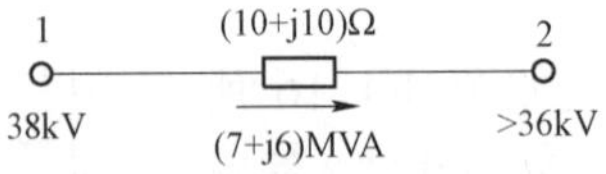

图 4.4–17

未加电容 C 时，$U_1=38\text{kV}$，$\Delta U_{12}=\dfrac{PR+QX}{U_1}=\dfrac{7\times10+6\times10}{38}\text{kV}=3.421\text{kV}$

$U_2=U_1-\Delta U_{12}=38\text{kV}-3.421\text{kV}=34.579\text{kV}<36\text{kV}$

现在要求线路末端电压不低于 36kV，意味着 $\Delta U_{12}<2\text{kV}$

$\Delta U_{12}=\dfrac{PR+Q(X-X_{\text{C}})}{U_1}=\dfrac{7\times10+6\times(10-X_{\text{C}})}{38}<2\text{kV}$，可得 $X_{\text{C}}>9\Omega$

答案：C

【4. 了解变压器分接头进行调压时，分接头的选择计算】

9.（2009）某变电站有一台容量为240MW的变压器，电压为（242±2×2.5%）kV / 11kV，变电站高压母线电压最大负荷时为235kV，最小负荷为226kV，变电站归算到高压侧的电压损耗最大负荷时为8kV，最小负荷时为4kV，变电站低压侧母线要求为逆调压，该变压器的分接头为（　　）。

A. 242kV　　　　B. 242(1−2.5%)kV

C. 242(1+2.5%)kV　　　　D. 242(1−5%)kV

分析：由题知道变电站低压侧母线要求为逆调压，即最大负荷时低压侧母线电压为 $1.05U_{\rm N}=1.05\times10{\rm kV}=10.5{\rm kV}$，最小负荷时低压侧母线电压为 $U_{\rm N}=10{\rm kV}$。

max：$(235-8)\times\dfrac{11}{U_{\rm fmax}}=10.5\Rightarrow U_{\rm fmax}=237.81{\rm kV}$

min：$(226-4)\times\dfrac{11}{U_{\rm fmin}}=10\Rightarrow U_{\rm fmin}=244.2{\rm kV}$

求平均值为 $U_{\rm f}=\dfrac{1}{2}\times(237.81+244.2){\rm kV}=241{\rm kV}$，选最接近的主抽头电压，即242kV。

点评：240MW应该改为240MVA；掌握逆调压的电压取值。

答案：A

4.5 短路电流计算

4.5.1 考试大纲要求及历年真题统计分析（供配电、发输变电）

历年真题按照考试大纲考点归类总结见表4.5–1和表4.5–2（说明：1、2、3、4道题分别对应1、2、3、4颗★，≥5道题对应5颗★）。

表4.5–1　　供配电专业基础考试大纲及历年真题统计表

4.5 短路电流计算 考试大纲	2005	2006	2007	2008	2009	2010	2011	2012	2013	2014	2016	2017	2018	2019	2020	2021	汇总统计
1. 了解实用短路电流计算的近似条件																	0
2. 了解简单系统三相短路电流的实用计算方法★★★★★	2	1	1	1	1	1	1	1	1	1	1	1	1	1	1	1	17★★★★★
3. 了解短路容量的概念																	0
4. 了解冲击电流、最大有效值电流的定义和关系★★		1	1														2★★

续表

4.5 短路电流计算 考试大纲	2005	2006	2007	2008	2009	2010	2011	2012	2013	2014	2016	2017	2018	2019	2020	2021	汇总统计
5. 了解同步发电机、变压器、单回、双回输电线路的正、负、零序等效电路★★											1	1					2★★
6. 掌握简单电网的正、负、零序序网的制定方法																	0
7. 了解不对称短路的故障边界条件和相应的复合序网																	0
8. 了解不对称短路的电流、电压计算★★★★★	1	1		1		1		1	1	1	2	1	2	2	1	2	17★★★★★
9. 了解正、负、零序电流、电压经过 Yd11 变压器后的相位变化★★★★★	1	1	1		1		1			1			1		1		8★★★★★
汇总统计	4	4	3	2	2	2	2	2	2	3	4	3	4	3	3	3	46

表 4.5–2　　发输变电专业基础考试大纲及历年真题统计表

4.5 短路电流计算 考试大纲	2005（同供配电）	2006（同供配电）	2007	2008	2009	2010	2011	2012	2013	2014	2016	2017	2018	2019	2020	2021	汇总统计
1. 了解实用短路电流计算的近似条件★													1				1★
2. 了解简单系统三相短路电流的实用计算方法★★★★★	2	1	1	1	1	1	1		1	1	2	1	2	1	1	1	18★★★★★
3. 了解短路容量的概念																	0
4. 了解冲击电流、最大有效值电流的定义和关系★★★★★		1			1	1		1		1	1						6★★★★★
5. 了解同步发电机、变压器、单回、双回输电线路的正、负、零序等效电路★★★★					1			1	1				1				4★★★★

续表

4.5 短路电流计算 考试大纲	2005（同供配电）	2006（同供配电）	2007	2008	2009	2010	2011	2012	2013	2014	2016	2017	2018	2019	2020	2021	汇总统计
6. 掌握简单电网的正、负、零序序网的制定方法★★★★						1			1	1		1					4★★★★
7. 了解不对称短路的故障边界条件和相应的复合序网																	0
8. 了解不对称短路的电流、电压计算★★★★★	1	1	1	1		1	1	1		1	2	2		2	2	2	18★★★★★
9. 了解正、负、零序电流、电压经过 Yd11 变压器后的相位变化★★★★★	1	1	1		1				1								5★★★★★
汇总统计	4	4	3	2	4	4	2	3	4	4	5	4	4	3	3	3	56

对比以上供配电专业基础和发输变电专业基础历年真题统计表，可看到：尽管专业方向不同，但专业基础的考试两个方向的侧重点相似度很高，见表 4.5–3。

表 4.5–3　　专业基础供配电、发输变电两个专业方向侧重点对比

4.5 短路电流计算	历年真题汇总统计	
考试大纲（取供配电、发输变电两个方向中多的★值标注）	供配电	发输变电
1. 了解实用短路电流计算的近似条件★	0	1★
2. 了解简单系统三相短路电流的实用计算方法★★★★★	17★★★★★	18★★★★★
3. 了解短路容量的概念	0	0
4. 了解冲击电流、最大有效值电流的定义和关系★★★★★	2★★	6★★★★★
5. 了解同步发电机、变压器、单回、双回输电线路的正、负、零序等效电路★★★★	2★★	4★★★★
6. 掌握简单电网的正、负、零序序网的制定方法★★★★	0	4★★★★
7. 了解不对称短路的故障边界条件和相应的复合序网	0	0
8. 了解不对称短路的电流、电压计算★★★★★	17★★★★★	18★★★★★
9. 了解正、负、零序电流、电压经过 Yd11 变压器后的相位变化★★★★★	8★★★★★	5★★★★★
汇总统计	46	56

4.5.2 重要知识点复习

结合前面 4.5.1 节的历年真题统计分析（供配电、发输变电）结果，可以看到，在历年考题中“4.5 短路电流计算”部分以大纲 2、8、9 为重点，题型多数为计算题，概念题较少，需要说明的是，尽管汇总表看大纲 3、6、7 点题量不大，但却涉及很多基本概念，是完成相应计算考题的基础，下面将一一介绍。

1. 了解实用短路电流计算的近似条件

2018 年发输变电专业基础首次出现考题。

2. 了解简单系统三相短路电流的实用计算方法★★★★★

短路电流的工程实用计算，在多数情况下只要求计算短路电流周期分量的起始值，即短路瞬间短路电流的周期分量（基频分量）的初始有效值，一般称起始次暂态电流。电力系统三相短路的实用计算通常采用标幺值进行，其实用计算步骤如下：

（1）取基准 S_B、$U_B = U_{av}$。注意两点：① 在参数计算时，要将以自身额定容量、额定电压为基准的标幺值参数换算为统一基准容量、基准电压下的标幺值参数；② 选取各级平均额定电压 U_{av} 作为基准电压时，忽略各元件（电抗器除外）的额定电压和相应电压级平均额定电压的差别，认为变压器变比等于其对应侧平均额定电压之比，即所有变压器的标幺变比都等于 1。

（2）求各元件的电抗标幺值。详见 4.2.3 节。

（3）化简电路，求出短路回路总电抗标幺值，即从电源点到短路点前的所有元件电抗标幺值之和 $x_{\Sigma *}$。

（4）计算短路点 f 三相短路电流周期分量初始有效值的标幺值为 $I_{f*}^{(3)} = \dfrac{1}{x_{\Sigma *}}$，换算为有名值为 $I_f^{(3)} = I_{f*}^{(3)} \times I_B = \dfrac{I_B}{x_{\Sigma *}} = \dfrac{1}{x_{\Sigma *}} \times \dfrac{S_B}{\sqrt{3} U_B}$。

3. 了解短路容量的概念

短路容量 S_k 的定义为 $S_k = \sqrt{3} U_{av} I_f^{(3)}$，式中，$S_k$ 为系统中某一点的短路容量；U_{av} 为短路点所在电网的平均额定电压；$I_f^{(3)}$ 为短路点的三相短路电流周期分量有效值。

短路容量的标幺值为 $S_{k*} = \dfrac{S_k}{S_B} = \dfrac{\sqrt{3} U_{av} I_f^{(3)}}{\sqrt{3} U_B I_B} = \dfrac{I_f^{(3)}}{I_B} = I_{f*}^{(3)} = \dfrac{1}{x_{\Sigma *}}$。

4. 了解冲击电流、最大有效值电流的定义和关系★★★★

（1）冲击电流 i_{sh}：是指短路电流最大可能的瞬时值。它出现在短路后 0.01s 的时刻，其计算公式为

$$i_{sh} = K_{sh} I_{fm} = K_{sh} \sqrt{2} I_f \tag{4.5-1}$$

式中：K_{sh} 为冲击系数；I_{fm} 为三相短路电流周期分量幅值，单位 A；I_f 为三相短路电流周期分量有效值，A。

式（4.5–1）中 $1 \leqslant K_{sh} \leqslant 2$，工程上对 K_{sh} 的取值通常为：中、高压系统，取 $K_{sh} = 1.8$，则 $i_{sh} = 1.8 \times \sqrt{2} \times I_f = 2.55 I_f$；低压系统，取 $K_{sh} = 1.3$，则 $i_{sh} = 1.3 \times \sqrt{2} \times I_f = 1.84 I_f$。

（2）最大有效值电流 I_{sh}：是指短路全电流的最大有效值。其计算公式为 $I_{sh} = \sqrt{I_f^2 + [(K_{sh} - 1)\sqrt{2} I_f]^2} = I_f \sqrt{1 + 2(K_{sh} - 1)^2}$。当 $K_{sh} = 1.8$ 时，$I_{sh} = 1.52 I_f$；当 $K_{sh} = 1.3$ 时，$I_{sh} = 1.09 I_f$。

5. 了解同步发电机、变压器、单回、双回输电线路的正、负、零序等效电路★★★

对于静止元件，如变压器和输电线路，有 $Z_{(1)} = Z_{(2)} \neq Z_{(0)}$；对于旋转元件，如发电机和电动机，有 $Z_{(1)} \neq Z_{(2)} \neq Z_{(0)}$。其中 $Z_{(1)}$、$Z_{(2)}$、$Z_{(0)}$ 分别代表正、序、零序阻抗值。

6. 掌握简单电网的正、负、零序序网的制定方法★★

对称分量法：在三相电路中，任意一组不对称的三相相量可以分解成三组对称的三相相量，有 $U_U = U_U^+ + U_U^- + U_U^0$，$U_V = U_V^+ + U_V^- + U_V^0$，$U_w = U_w^+ + U_w^- + U_w^0$。

各序分量具有如下特征：

（1）正序分量：三相大小相等，相位 U 超前于 V 相 120°，V 超前于 W 相 120°。

（2）负序分量：三相大小相等，相位 U 超前于 W 相 120°，W 超前于 V 相 120°。

（3）零序分量：三相大小相等，且相位相同。

正、负、零序序网的制定方法如下：

（1）正序网络：与三相短路的等效电路相同，注意中性点接地阻抗和空载线路不计入。

（2）负序网络：与正序网络基本相同。不同之处：发电机等旋转元件用负序电抗代替正序电抗；将电源点接地。

（3）零序网络：从短路点开始寻找零序电流的通路，流得通的地方画下来，流不通的地方去掉。注意：当变压器中性点采用 YN 接线时，中性点接地电抗 x_n 接在哪一侧，就将 $3x_n$ 值与该侧漏抗串联。零序网络的制定：零序网络的绘制从故障点开始画，总结见表 4.5–4。表 4.5–4 中“先”表示从故障点开始画时“首先”碰到的绕组接线形式，“后”表示“其次”碰到的绕组接线形式。

表 4.5–4　　零序网络的绘制原则

先	D，Y	开路	
	YN	能流通	
后	D	直接接地	
	Y	开路	
	YN	外电路有另一个接地点 YN	能流通
		外电路无另一个接地点 D，Y	开路

7. 了解不对称短路的故障边界条件和相应的复合序网

此部分记住复合序网，一切公式也就都记住了！说明：以下分析均以 A 相作为特殊相。

（1）单相短路 $f^{(1)}$：对应的复合序网是正、负、零序网三个网络的串联，如图 4.5–1 所示。

（2）两相短路 $f^{(2)}$：对应的复合序网是正、负序网络的并联，并且没有零序网络，如图 4.5–2 所示。

（3）两相短路接地 $f^{(1,1)}$：对应的复合序网是正、负、零序三个网络的并联，如图 4.5–3 所示。

以上所得的三种简单不对称短路时短路电流正序分量 $\dot{I}_{fa(1)}$ 的算式可以统一写成

$$\dot{I}_{fa(1)}^{(n)} = \frac{\dot{U}_f^{(0)}}{j(x_{\Sigma(1)} + x_{\Delta}^{(n)})} \tag{4.5–2}$$

式中，$x_{\Delta}^{(n)}$ 表示附加电抗，其值随着短路类型不同而不同，上角标（n）是代表短路类型的符号（表 4.5–5）。

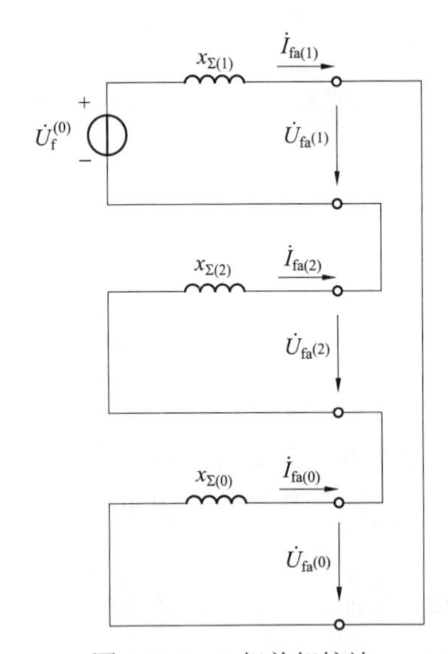

图 4.5–1 A 相单相接地短路时的复合序网

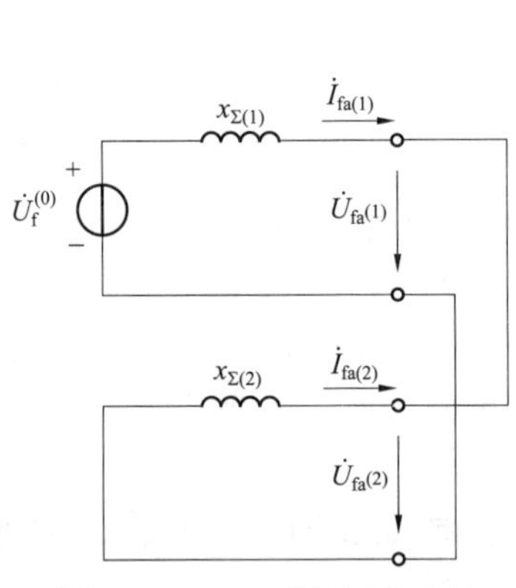

图 4.5–2 BC 两相短路时的复合序网

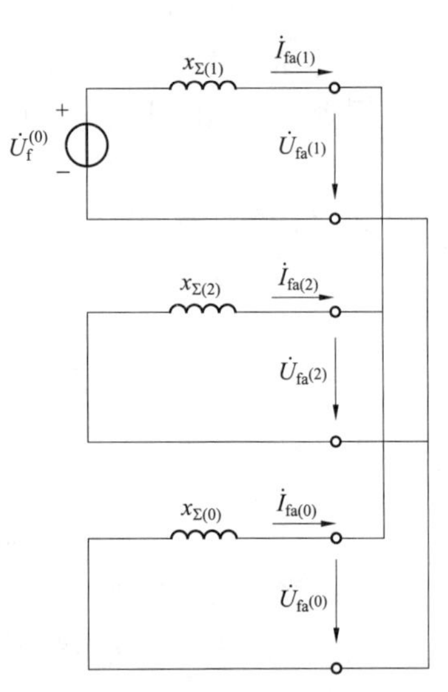

图 4.5–3 BC 两相短路接地时的复合序网

表 4.5–5　　简单短路时的 $x_{\Delta}^{(n)}$

短路形式	$x_{\Delta}^{(n)}$	短路形式	$x_{\Delta}^{(n)}$
单相接地 $k^{(1)}$	$x_{\Sigma2}+x_{20}$	两接接地 $k^{(1,1)}$	$x_{\Sigma2}//x_{\Sigma0}$
两相短路 $k^{(2)}$	$x_{\Sigma2}$	三相短路 $k^{(3)}$	0

8. 了解不对称短路的电流、电压计算★★★★★

不对称短路的电流、电压计算的步骤如下：

（1）计算各元件的正、负、零序参数。

（2）做出系统的正、负、零等效电路，并化简。

（3）根据故障边界条件做出复合序网。

（4）在复合序网中求出电压、电流的各序分量。

（5）根据对称分量法由各序分量求出各相分量。

9. 了解正、负、零序电流、电压经过 Yd11 变压器后的相位变化★★★★★

掌握"正前负后 30°"的原则，即△侧的正序分量超前于 Y 侧的正序分量 30°，△侧的负序分量滞后于 Y 侧的负序分量 30°。

4.5.3 【供配电专业基础】历年真题详解

【2. 了解简单系统三相短路电流的实用计算方法】

1.（2005） 网络接线和元件参数如图 4.5–4 所示，当 f 处发生三相短路时，其短路电流是（　　）。

A. 32.992 5kA　　B. 34.640 0kA

C. 57.142 9kA　　D. 60.000 0kA

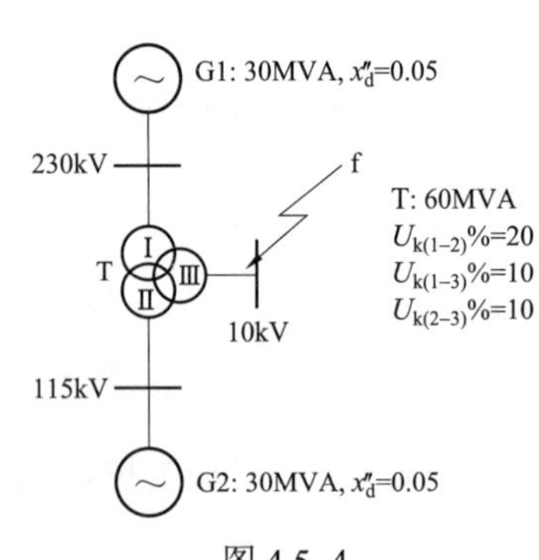

图 4.5–4

分析：取 $S_B=30\text{MVA}$，$U_B=U_{av}$，即 $U_{BI}=230\text{kV}$，

$U_{\mathrm{BII}}=115\mathrm{kV}$，$U_{\mathrm{BIII}}=10.5\mathrm{kV}$。

先计算各元件的电抗标幺值，得

G1、G2：$x''_{\mathrm{d}*}=0.05\times\dfrac{S_{\mathrm{B}}}{S_{\mathrm{N}}}=0.05\times\dfrac{30}{30}=0.05$

变压器 T：先计算短路电压百分数，得

$$U_{\mathrm{k1}}\%=\frac{1}{2}[U_{\mathrm{k(1-2)}}\%+U_{\mathrm{k(1-3)}}\%-U_{\mathrm{k(2-3)}}\%]=\frac{1}{2}\times(20+10-10)=10$$

$$U_{\mathrm{k2}}\%=\frac{1}{2}[U_{\mathrm{k(1-2)}}\%+U_{\mathrm{k(2-3)}}\%-U_{\mathrm{k(1-3)}}\%]=\frac{1}{2}\times(20+10-10)=10$$

$$U_{\mathrm{k3}}\%=\frac{1}{2}[U_{\mathrm{k(1-3)}}\%+U_{\mathrm{k(2-3)}}\%-U_{\mathrm{k(1-2)}}\%]=\frac{1}{2}\times(10+10-20)=0$$

再求得电抗值，得

$$x_{\mathrm{I}*}=\frac{U_{\mathrm{k1}}\%}{100}\times\frac{S_{\mathrm{B}}}{S_{\mathrm{N}}}=\frac{10}{100}\times\frac{30}{60}=0.05,\quad x_{\mathrm{II}*}=\frac{U_{\mathrm{k2}}\%}{100}\times\frac{S_{\mathrm{B}}}{S_{\mathrm{N}}}=\frac{10}{100}\times\frac{30}{60}=0.05$$

$$x_{\mathrm{III}*}=\frac{U_{\mathrm{k3}}\%}{100}\times\frac{S_{\mathrm{B}}}{S_{\mathrm{N}}}=\frac{0}{100}\times\frac{30}{60}=0$$

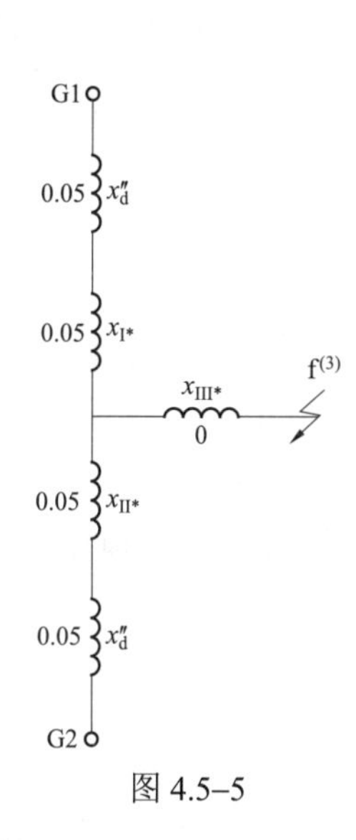

图 4.5–5

标幺值等效电路如图 4.5–5 所示。

$$x_{\Sigma*}=[(x''_{\mathrm{d}}+x_{\mathrm{I}*})//(x''_{\mathrm{d}}+x_{\mathrm{II}*})]+x_{\mathrm{III}*}=[(0.05+0.05)//(0.05+0.05)]+0$$
$$=0.1//0.1=0.05$$

$$I_{\mathrm{f(3)}}=\frac{1}{x_{\Sigma*}}\times\frac{S_{\mathrm{B}}}{\sqrt{3}U_{\mathrm{B}}}=\frac{1}{0.05}\times\frac{30}{\sqrt{3}\times10.5}\mathrm{kA}=32.99\mathrm{kA}$$

答案：A

2. （供 2005、2006，发 2021） 系统如图 4.5–6 所示，已知：T1、T2：100MVA，$u_{\mathrm{k}}\%=10$；l：$S_{\mathrm{B}}=100\mathrm{MVA}$ 时的标幺值电抗为 0.03。当 f1 点三相短路时，短路容量为 1000MVA，当 f2 点三相短路时，短路容量为 833MVA，则当 f3 点三相短路时的短路容量为（　　）。

A. 222MVA　　B. 500MVA　　C. 900MVA　　D. 1000MVA

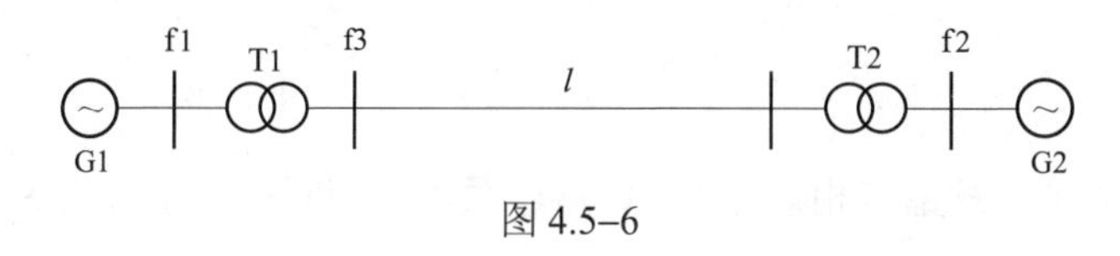

图 4.5–6

分析：本题需利用公式 $x_*=\dfrac{S_{\mathrm{B}}}{S_{\mathrm{d}}}$，式中，$x_*$ 表示系统的电抗标幺值，S_{B} 为基准容量，S_{d} 为系统短路容量。

当 f1 点三相短路时：$x_{\mathrm{G1}*}=\dfrac{S_{\mathrm{B}}}{S_{\mathrm{d1}}}=\dfrac{100}{1000}=0.1$。

当 f2 点三相短路时：$x_{G2*}=\dfrac{S_B}{S_{d2}}=\dfrac{100}{833}=0.12$ 。

变压器 T1、T2：$x_{T1*}=x_{T2*}=\dfrac{u_k\%}{100}\times\dfrac{S_B}{S_N}=\dfrac{10}{100}\times\dfrac{100}{100}=0.1$ 。

标幺值等效电路如图 4.5–7 所示。

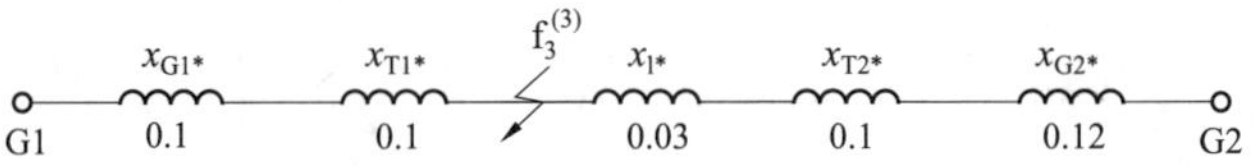

图 4.5–7

$$x_{\Sigma*}=(0.1+0.1)//(0.03+0.1+0.12)=0.2//0.25=0.111$$

$$S=S_*\times S_B=\frac{1}{x_{\Sigma*}}\times S_B=\frac{1}{0.111}\times100\text{MVA}=900\text{MVA}$$

答案：C

3.（2007） 系统如图 4.5–8 所示，原来出线 1 的断路器容量是按一台发电机考虑的，现在又装设一台同样的发电机，电抗器 X_R 应选择（　　），使 f 点发生三相短路时，短路容量不变。

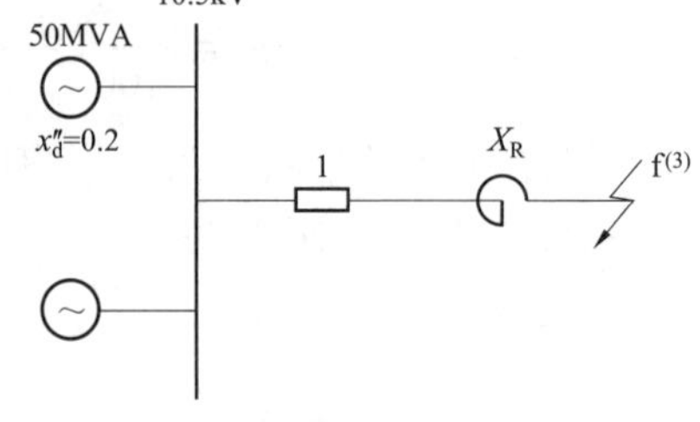

图 4.5–8

A. 0.10Ω　　B. 0.220 5Ω

C. 0.20Ω　　D. 0.441Ω

分析：第一步：先理解题意，原来接线如图 4.5–9 所示，可得 $x''_{d1}=\dfrac{S_{B1}}{S_{d1}}=0.2$ 。

第二步：现在变成题目接线形式如图 4.5–10 所示，有 $0.2//0.2+x_{R*}=\dfrac{S_{B2}}{S_{d2}}$ 。

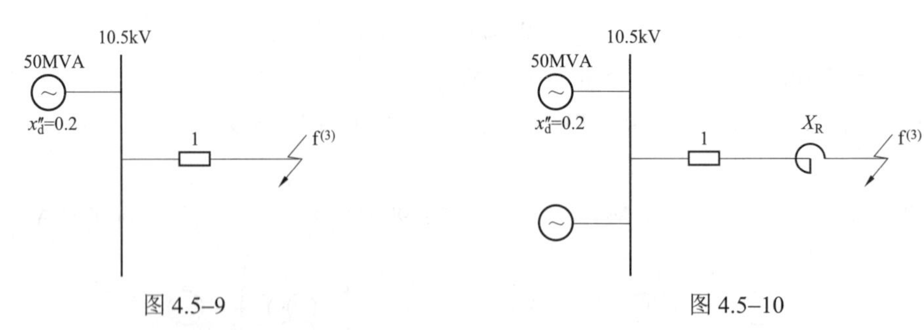

图 4.5–9　　图 4.5–10

第三步：由题意，f 点发生三相短路时，短路容量不变，即 $S_{d1}=S_{d2}$，又 $S_{B1}=S_{B2}=50\text{MVA}$，所以有 $0.2=0.2//0.2+X_{R*}$，计算得 $X_{R*}=0.1$ 。

第四步：换算成有名值：$X_R=X_{R*}\times\dfrac{U_B^2}{S_B}=0.1\times\dfrac{10.5^2}{50}\Omega=0.220\,5\Omega$

注：本题图中保留了原真题的符号表示方法。

答案：B

4.（2008） 图 4.5–11 中系统 f 点发生三相短路瞬间时次暂态电流有效值为（　　）。（取

$S_B = 100\text{MVA}$，G1 的容量为 15MVA，$x''_d = 0.125$）

A. 20kA　　B. 27.74kA　　C. 54.83kA　　D. 39.39kA

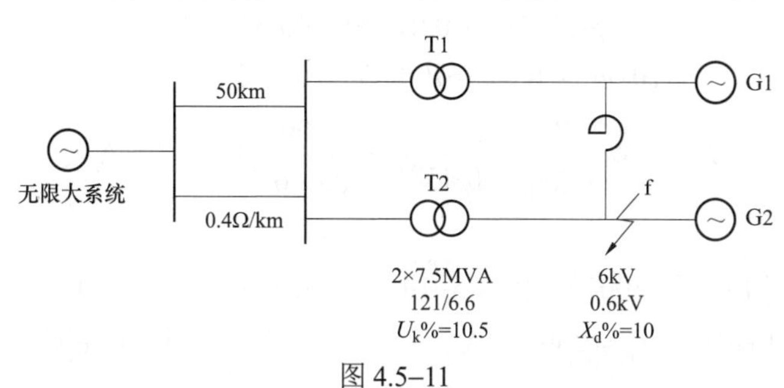

图 4.5–11

分析：本题是要求用发电机的次暂态电抗 x''_d（计及转子阻尼绕组的影响）计算得到的次暂态电流。

取 $S_B = 100\text{MVA}$，$U_B = U_{av}$，即 $U_{BI} = 115\text{kV}$，$U_{BII} = 6.3\text{kV}$。

无限大系统：$x_{\infty *} = 0$

50km 长线路：$x_{l*} = \dfrac{1}{2} \times 50 \times 0.4 \times \dfrac{S_B}{U_{BI}^2} = \dfrac{1}{2} \times 50 \times 0.4 \times \dfrac{100}{115^2} = 0.0756$

变压器 T1、T2：$x_{T1*} = x_{T2*} = \dfrac{U_k\%}{100} \times \dfrac{S_B}{S_N} = \dfrac{10.5}{100} \times \dfrac{100}{7.5} = 1.4$

电抗器：$x_{d*} = \dfrac{x_d\%}{100} \times \dfrac{U_N}{\sqrt{3} I_N} \times \dfrac{S_B}{U_{BII}^2} = \dfrac{10}{100} \times \dfrac{6}{\sqrt{3} \times 0.6} \times \dfrac{100}{6.3^2} = 1.455$

发电机 G1、G2：$x''_{d*} = 0.125 \times \dfrac{S_B}{S_N} = 0.125 \times \dfrac{100}{15} = 0.833$

标幺值等效电路如图 4.5–12 所示。

将图 4.5–12 中的 x_{T1*}、x''_{d*}、x_{d*} 组成的 Y 联结等效变换成△联结，如图 4.5–13 所示。

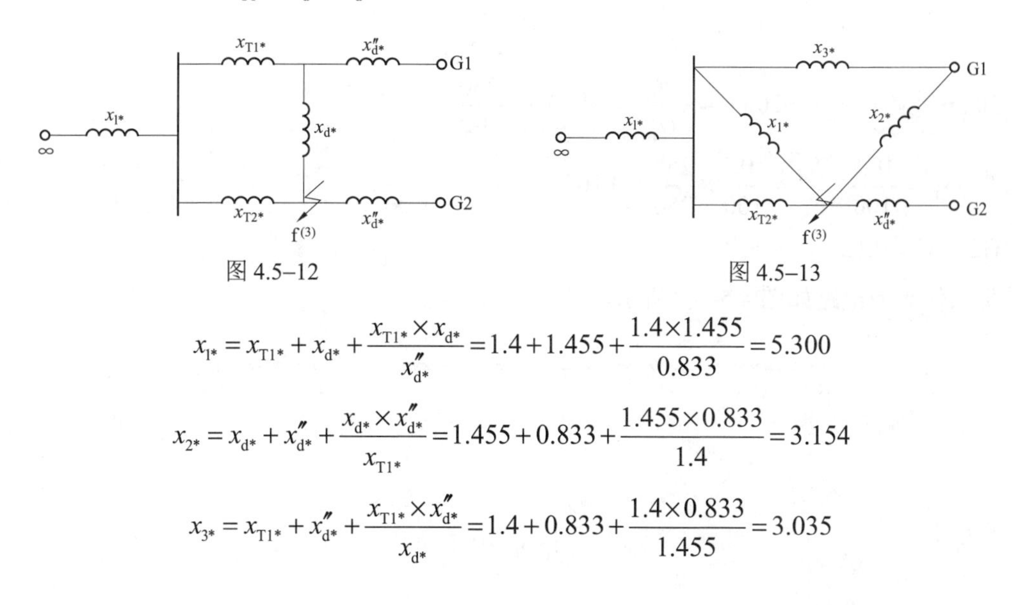

图 4.5–12　　　　图 4.5–13

$$x_{1*} = x_{T1*} + x_{d*} + \frac{x_{T1*} \times x_{d*}}{x''_{d*}} = 1.4 + 1.455 + \frac{1.4 \times 1.455}{0.833} = 5.300$$

$$x_{2*} = x_{d*} + x''_{d*} + \frac{x_{d*} \times x''_{d*}}{x_{T1*}} = 1.455 + 0.833 + \frac{1.455 \times 0.833}{1.4} = 3.154$$

$$x_{3*} = x_{T1*} + x''_{d*} + \frac{x_{T1*} \times x''_{d*}}{x_{d*}} = 1.4 + 0.833 + \frac{1.4 \times 0.833}{1.455} = 3.035$$

所以 $x_{*\Sigma}=\{[(x_{3*}+x_{2*})//x_{1*}//x_{T2*}]+x_{l*}\}//x''_{d*}$

$=\{[(3.305+3.154)//5.3//1.4]+0.075\,6\}//0.833$

$=(6.459//1.107+0.075\,6)//0.833$

$=(0.945+0.075\,6)//0.833=0.458\,7$

短路电流为 $I=\dfrac{1}{x_{*\Sigma}}\times\dfrac{S_B}{\sqrt{3}U_B}=\dfrac{1}{0.458\,7}\times\dfrac{100}{\sqrt{3}\times6.3}\text{kA}=20\text{kA}$

答案：A

5.（供 2009、2014，发 2007） 图 4.5–14 所示系统 f 处发生三相短路，各线路电抗均为 $0.4\Omega/\text{km}$，长度标在图中，$S_B=250\text{MVA}$，f 处短路电流周期分量起始值及冲击电流分别为（　　）。

A. 2.677kA，6.815kA　　B. 2.132kA，3.838kA

C. 4.636kA，6.815kA　　D. 4.636kA，7.786kA

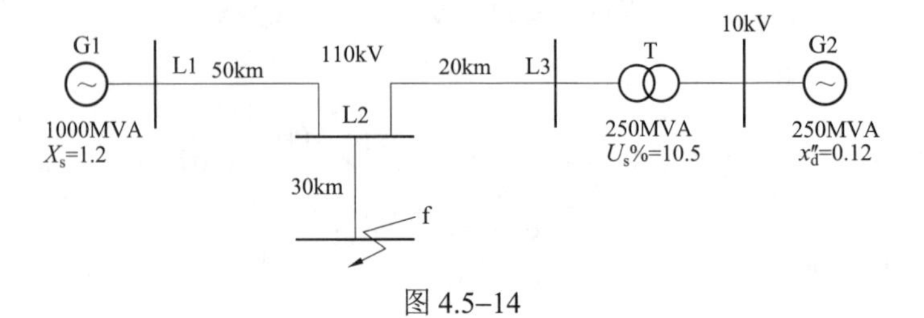

图 4.5–14

分析：取 $S_B=250\text{MVA}$，$U_B=U_{av}$，即 $U_{BI}=115\text{kV}$，$U_{BII}=10.5\text{kV}$。

G1：$x_{s*}=1.2\times\dfrac{S_B}{S_N}=1.2\times\dfrac{250}{1000}=0.3$

50km 线路：$x_{L1*}=50\times0.4\times\dfrac{S_B}{U_{BI}^2}=50\times0.4\times\dfrac{250}{115^2}=0.378$

30km 线路：$x_{L2*}=30\times0.4\times\dfrac{S_B}{U_{BI}^2}=30\times0.4\times\dfrac{250}{115^2}=0.227$

20km 线路：$x_{L3*}=20\times0.4\times\dfrac{S_B}{U_{BI}^2}=20\times0.4\times\dfrac{250}{115^2}=0.151$

T：$x_{T*}=\dfrac{10.5}{100}\times\dfrac{S_B}{S_N}=\dfrac{10.5}{100}\times\dfrac{250}{250}=0.105$

G2：$x''_d=0.12$

标幺值等效电路如图 4.5–15 所示。

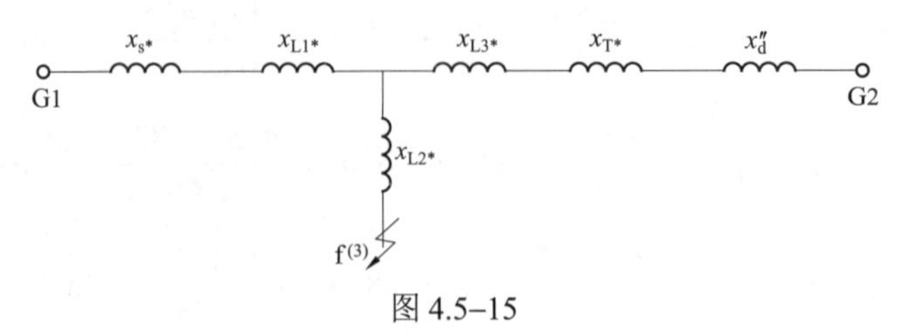

图 4.5–15

$$x_{\Sigma*}=[(x_{s*}+x_{L1*})//(x_{L3*}+x_{T*}+x''_{d})]+x_{L2*}=[(0.3+0.378)//(0.151+0.105+0.12)]+0.227=0.468\,9$$

$$I_{f}^{(3)}=\frac{1}{x_{\Sigma*}}\times\frac{S_{B}}{\sqrt{3}U_{BI}}=\frac{1}{0.468\,9}\times\frac{250}{\sqrt{3}\times115}\text{kA}=2.677\text{kA}$$

冲击电流：$i_{sh}=1.8\sqrt{2}\times I_{f}^{(3)}=1.8\sqrt{2}\times2.677\text{kA}=6.815\text{kA}$

捷径：将选项中的两个电流相除，只有选项 A 满足 2.55 的倍数关系，故为正确答案。选项 A：$\frac{6.815}{2.677}=2.55$。选项 B：$\frac{3.838}{2.132}=1.8$。选项 C：$\frac{6.815}{4.636}=1.47$。选项 D：$\frac{7.786}{4.636}=1.679$。

答案：A

6.（2010） 如图 4.5–16 所示为某系统等效电路，各元件参数标幺值标在图中，f 点发生三相短路时，短路点的总短路电流及各电源对短路点的转移阻抗分别为（　　）。

A. 1.136、0.25、0.033　　B. 2.976、9.72、1.930

C. 11.360、9.72、0.993　　D. 1.136、7.72、0.993

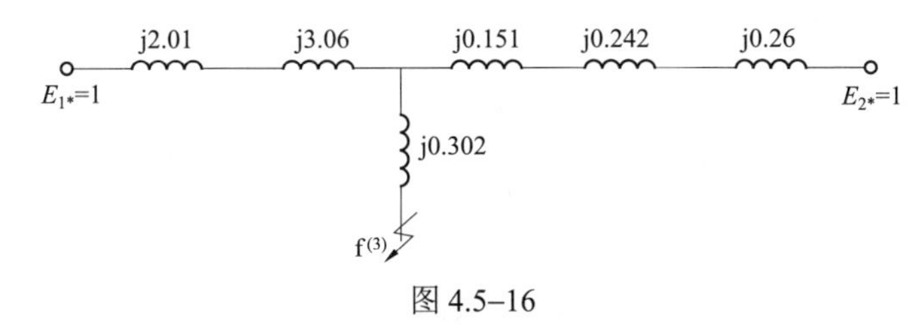

图 4.5–16

分析：　$x_{*\Sigma}=[(j2.01+j3.06)//(j0.151+j0.242+j0.26)]+j0.302=j5.07//j0.653+j0.302$
$=j0.88$

$$I_{f*}^{(3)}=\frac{1}{x_{*\Sigma}}=\frac{1}{0.88}=1.136$$

再来求转移阻抗，转移阻抗是指消去除电源节点和短路点以外的所有中间节点后，各电源点与短路点的直接联系阻抗。将原接线图进行简化，并利用星形—三角形等效变换公式，将 Y 联结变成△联结，如图 4.5–17 中虚线所示。

所以

$$x_{1}=j5.07+j0.653+\frac{j5.07\times j0.653}{j0.302}=j16.686$$

$$x_{2}=j5.07+j0.302+\frac{j5.07\times j0.302}{j0.653}=j7.717$$

$$x_{3}=j0.302+j0.653+\frac{j0.302\times j0.653}{j5.07}=j0.994$$

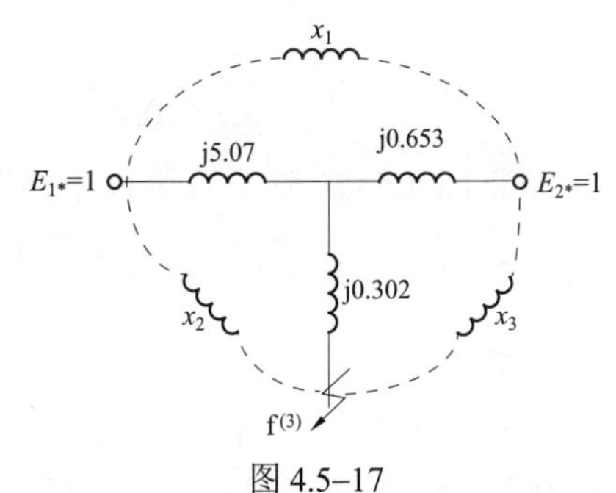

图 4.5–17

答案：D

7.（2011） 下列网络接线如图 4.5–18 所示，元件参数标幺值示于图中，f 点发生三相短路时各发电机对短路点的转移阻抗及短路电流标幺值分别为（　　）。

A. 0.4，0.4，5　　B. 0.45，0.45，4.44

C. 0.35，0.35，5.71　　D. 0.2，0.2，10

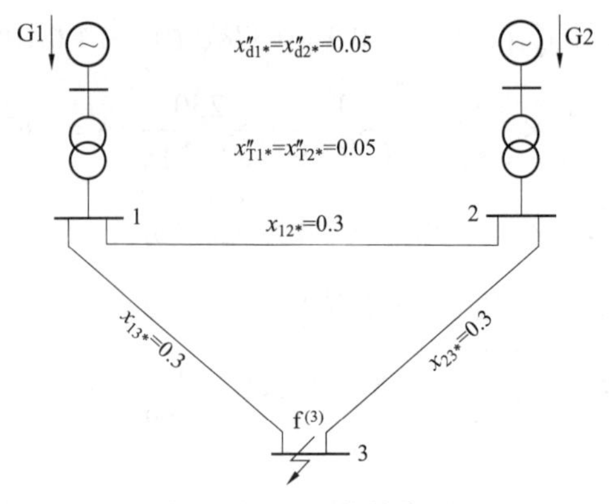

图 4.5–18　网络接线图

分析：等效电路图变换过程如图 4.5–19～图 4.5–21 所示。

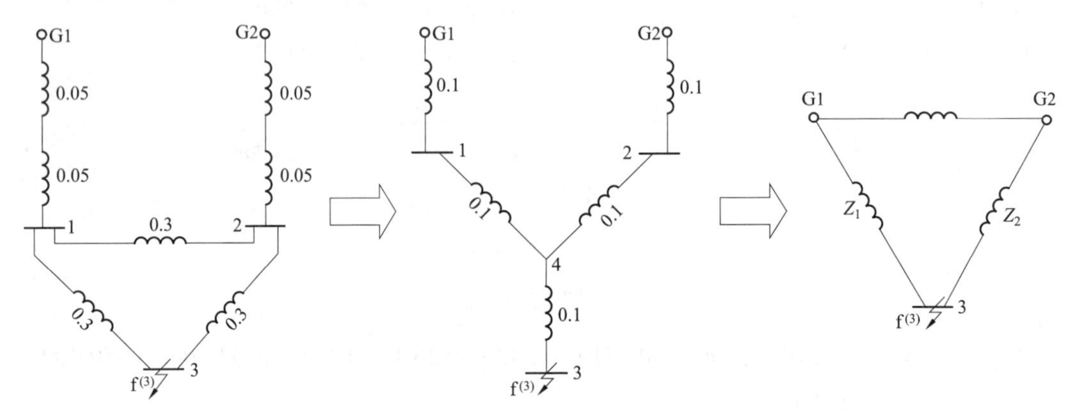

图 4.5–19　对应图 4.5–18 的等效电路图　　图 4.5–20　△→Y 后等效电路图　　图 4.5–21　消去中间节点 4 后

图 4.5–19 是对应图 1 的标幺值等效电路，将 1、2、3 节点间的三角形接法等效变换成星形接法后的等效电路如图 4.5–20 所示，此时对应多增加了一个节点 4，根据图 4.5–20 很容易求得电源点到短路点间的等效阻抗为：$x_{*\Sigma}=(0.1+0.1)//(0.1+0.1)+0.1=0.2$，故三相短路电流的标幺值为 $I_f^{(3)}=\dfrac{1}{x_{*\Sigma}}=\dfrac{1}{0.2}=5$。

将图 4.5–20 的星形等效电路图变为三角形等效电路图，从而消去中间节点 4 后，得到图 4.5–21，则 $Z_1=0.2+0.1+\dfrac{0.2\times0.1}{0.2}=0.4$，$Z_2=0.2+0.1+\dfrac{0.2\times0.1}{0.2}=0.4$。

答案：A

8.（2012）网络接线如图 4.5–22 所示，元件参数示于图中，系统 S 的短路容量为 1200MVA，取 S_B=60MVA，当图示 f 点发生三相短路时，短路点的短路电流（kA）及短路冲击电流（kA）分别为（　　）。

A. 6.127kA，14.754kA　　B. 6.127kA，15.57kA

C. 5.795kA，15.574kA　　D. 5.795kA，14.754kA

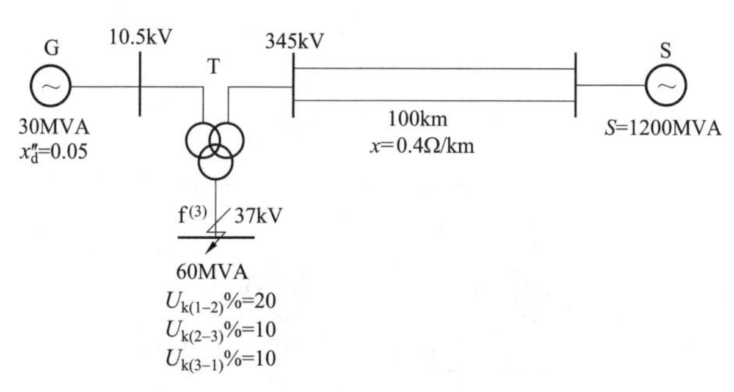

图 4.5–22

分析：计算各元件在 S_B=60MVA 统一基准下的标幺值，有

发电机 G：$x_{G*}=0.05\times\dfrac{S_B}{S_N}=0.05\times\dfrac{60}{30}=0.1$

系统 S：$x_{S*}=\dfrac{60}{1200}=0.05$

线路 L：$x_{L*}=0.5\times0.4\times100\times\dfrac{S_B}{U_B^2}=0.5\times0.4\times100\times\dfrac{60}{345^2}=0.01$

变压器 T：$U_{k1}\%=\dfrac{1}{2}(20+10-10)=10$，$U_{k2}\%=\dfrac{1}{2}(20+10-10)=10$

$$U_{k3}\%=\frac{1}{2}(10+10-20)=0\text{；}\quad x_{T(1)*}=\frac{U_{k1}\%}{100}\times\frac{S_B}{S_N}=\frac{10}{100}\times\frac{60}{60}=0.1$$

$$x_{T(2)*}=\frac{U_{k2}\%}{100}\times\frac{S_B}{S_N}=\frac{10}{100}\times\frac{60}{60}=0.1\text{，}\quad x_{T(3)*}=\frac{U_{k3}\%}{100}\times\frac{S_B}{S_N}=\frac{0}{100}\times\frac{60}{60}=0$$

做出标幺值等效电路如图 4.5–23 所示，则

$$x_{\Sigma*}=[(0.1+0)//(0.05+0.01+0.1)]+0.1$$

短路点的短路电流有名值：$I_f^{(3)}=I_{f*}^{(3)}\times\dfrac{S_B}{\sqrt{3}U_B}=\dfrac{1}{x_{\Sigma*}}\times\dfrac{S_B}{\sqrt{3}U_B}=\dfrac{1}{x_{\Sigma*}}\times\dfrac{60}{\sqrt{3}\times37}=5.795\text{kA}$

短路点的短路冲击电流：$i_{sh}^{(3)}=1.8\times\sqrt{2}\times I_f^{(3)}=1.8\times\sqrt{2}\times5.795\text{kA}=14.754\text{kA}$

答案：D

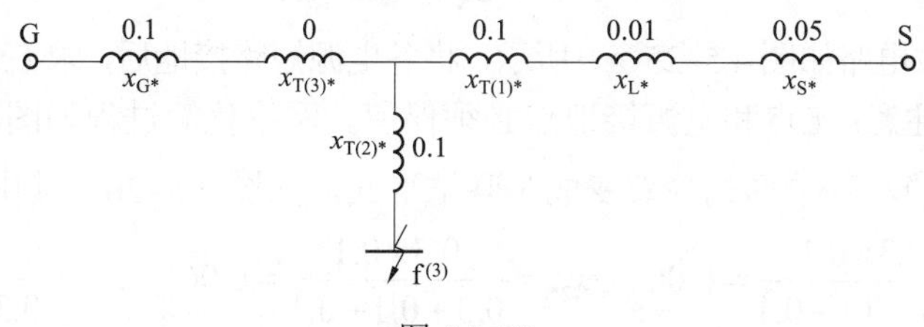

图 4.5–23

9.（2013）某发电厂有两组相同的发电机、变压器及电抗器，系统接线及元件参数如图 4.5–24 所示，当 115kV 母线发生三相短路时，短路点的短路电流有名值为（　　）。（S_B= 60MVA）

A. 1.506kA　　B. 4.681kA　　C. 3.582kA　　D. 2.463kA

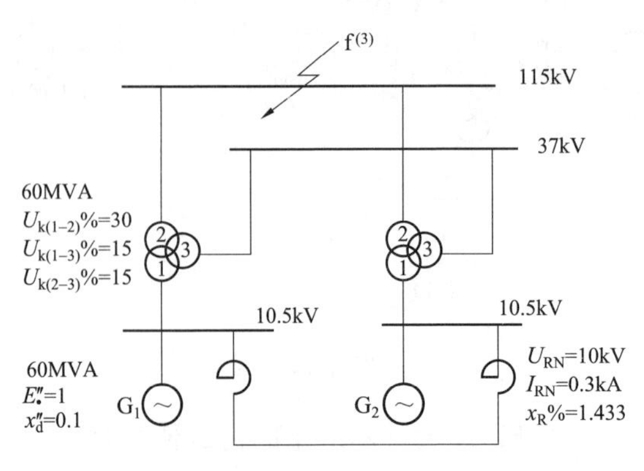

图 4.5–24

分析：取 $S_{\mathrm{B}}=60\mathrm{MVA}$，$U_{\mathrm{B}}=U_{\mathrm{av}}$，即 $U_{\mathrm{BI}}=10.5\mathrm{kV}$，$U_{\mathrm{BII}}=115\mathrm{kV}$，$U_{\mathrm{BIII}}=37\mathrm{kV}$，

G1、G2：$x''_{\mathrm{d}*}=0.1\times\dfrac{S_{\mathrm{B}}}{S_{\mathrm{N}}}=0.1\times\dfrac{60}{60}=0.1$

电抗器：$x_{\mathrm{R}*}=\dfrac{x_{\mathrm{R}}\%}{100}\times\dfrac{U_{\mathrm{N}}}{\sqrt{3}I_{\mathrm{N}}}\times\dfrac{S_{\mathrm{B}}}{U_{\mathrm{BI}}^{2}}=\dfrac{1.433}{100}\times\dfrac{10}{\sqrt{3}\times0.3}\times\dfrac{60}{10.5^{2}}=0.15$

变压器：

先计算短路电压百分数，得

$$U_{\mathrm{k1}}\%=\frac{1}{2}[U_{\mathrm{k(1-2)}}\%+U_{\mathrm{k(1-3)}}\%-U_{\mathrm{k(2-3)}}\%]=\frac{1}{2}\times(30+15-15)=15$$

$$U_{\mathrm{k2}}\%=\frac{1}{2}[U_{\mathrm{k(1-2)}}\%+U_{\mathrm{k(2-3)}}\%-U_{\mathrm{k(1-3)}}\%]=\frac{1}{2}\times(30+15-15)=15$$

$$U_{\mathrm{k3}}\%=\frac{1}{2}[U_{\mathrm{k(1-3)}}\%+U_{\mathrm{k(2-3)}}\%-U_{\mathrm{k(1-2)}}\%]=\frac{1}{2}\times(15+15-30)=0$$

再求得电抗值，得

$$x_{\mathrm{T1}*}=\frac{U_{\mathrm{k1}}\%}{100}\times\frac{S_{\mathrm{B}}}{S_{\mathrm{N}}}=\frac{15}{100}\times\frac{60}{60}=0.15\text{，}\quad x_{\mathrm{T2}*}=\frac{U_{\mathrm{k2}}\%}{100}\times\frac{S_{\mathrm{B}}}{S_{\mathrm{N}}}=\frac{15}{100}\times\frac{60}{60}=0.15$$

$$x_{\mathrm{T3}*}=\frac{U_{\mathrm{k3}}\%}{100}\times\frac{S_{\mathrm{B}}}{S_{\mathrm{N}}}=\frac{0}{100}\times\frac{60}{60}=0$$

做出标幺值等效电路如图 4.5–25（a）所示，将各电源短路接地后，求 f 点与电源接地点之间的网络等效电抗，注意：f 点和电源接地点必须保留。网络化简过程如图 4.5–25（b）所示。

将节点①②③的△联结形式等效变成Y联结形式，如图 4.5–26，其中，

$$\triangle\Rightarrow\mathrm{Y}：x_{1*}=\frac{0.3\times0.1}{0.3+0.1+0.1}=0.06\text{，}\quad x_{2*}=\frac{0.3\times0.1}{0.3+0.1+0.1}=0.06\text{，}\quad x_{3*}=\frac{0.1\times0.1}{0.3+0.1+0.1}=0.02$$

显然 $x_{\Sigma*}=0.2$，所以 $I_{\mathrm{f}}^{(3)}=\dfrac{1}{x_{\Sigma*}}\times\dfrac{S_{\mathrm{B}}}{\sqrt{3}U_{\mathrm{BII}}}=\dfrac{1}{0.2}\times\dfrac{60}{\sqrt{3}\times115}\mathrm{kA}=1.506\mathrm{kA}$。

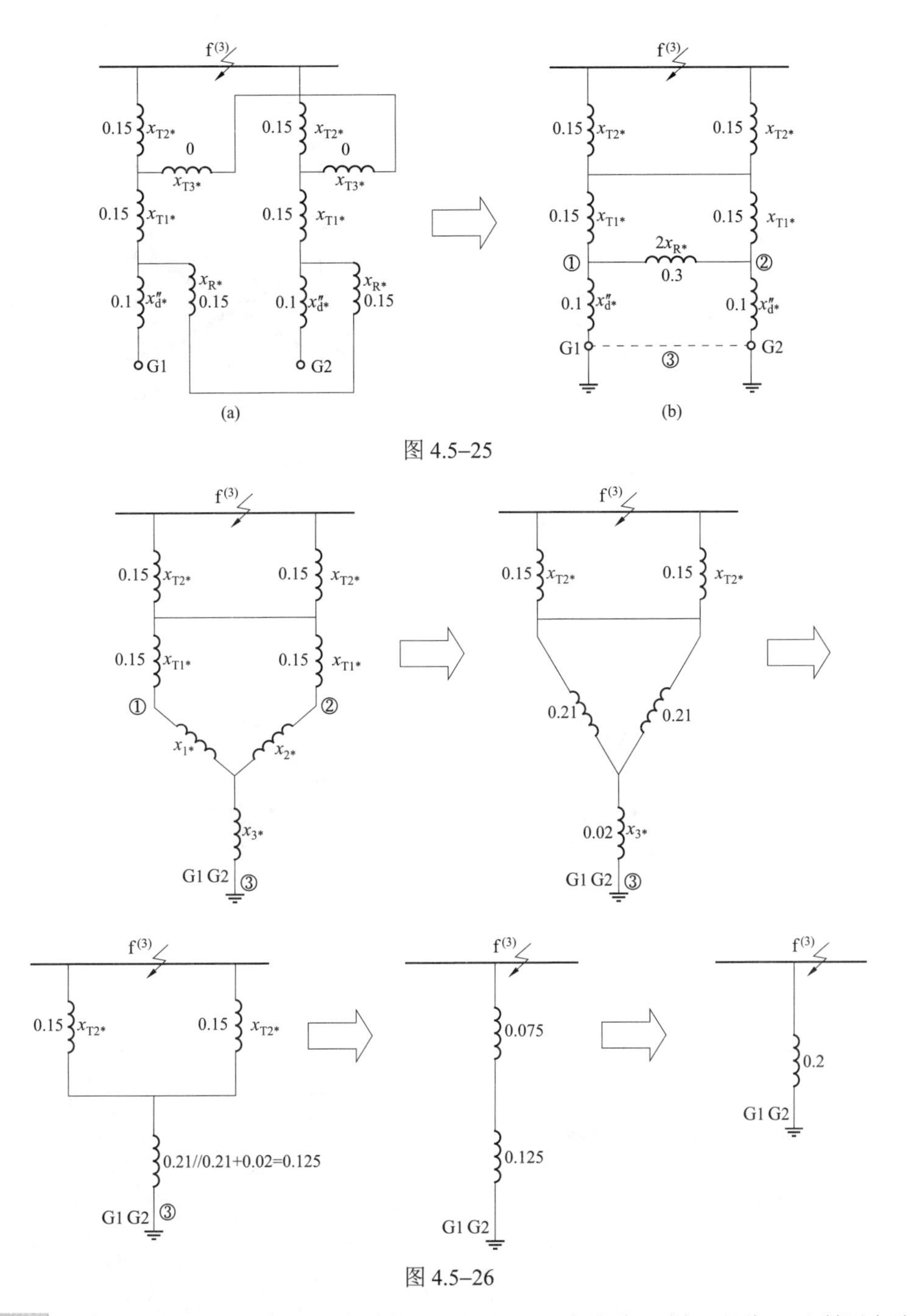

图 4.5–25

图 4.5–26

捷径：因为题目已知发电机、变压器和电抗器两组设备完全一样，因此可以利用交流电桥平衡的知识来求解。已知某交流电桥如图 4.5–27 所示，其平衡的条件是 $\dot{Z}_1\dot{Z}_3=\dot{Z}_2\dot{Z}_4$，注意包括大小和相位关系的相等，即满足方程组$\begin{cases}Z_1Z_3=Z_2Z_4\text{（模平衡条件）}\\ \varphi_1+\varphi_3=\varphi_2+\varphi_4\text{（相位平衡条件）}\end{cases}$，电桥平衡时，中间 cd 支路 $I_{\text{cd}}=0$，即 cd 支路可以开路处理；$U_{\text{cd}}=I_{\text{cd}}Z_{\text{cd}}=0$，即 cd 支路也可以短路处理。

如图 4.5–28 所示，显然电桥平衡，所以 $2x_{\text{R*}}$ 支路既可以开路处理，也可以短路处理，分别讨论如下：

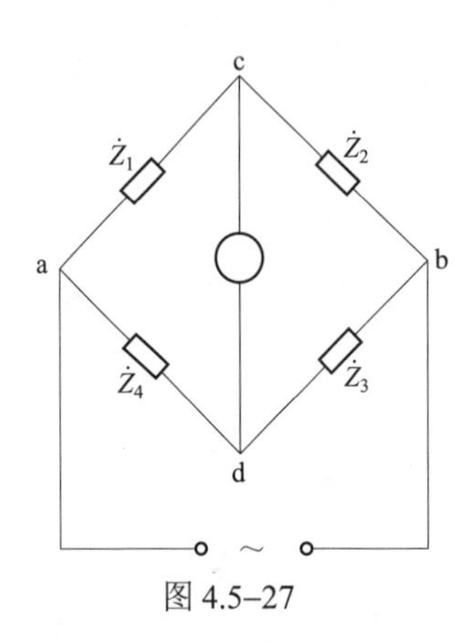

图 4.5–27

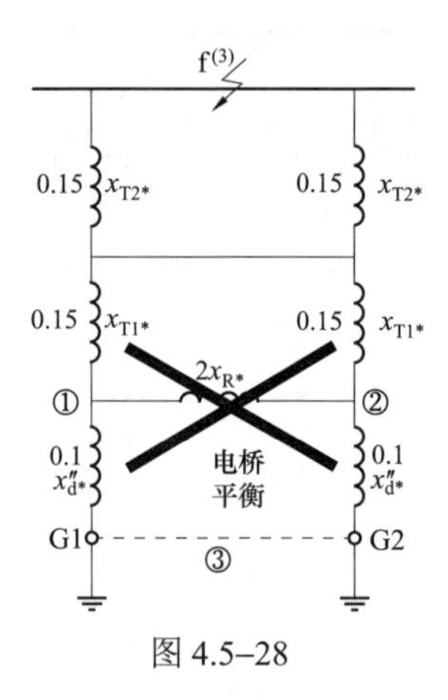

图 4.5–28

（1）$2x_{R*}$ 支路可以开路处理（图 4.5–29）：

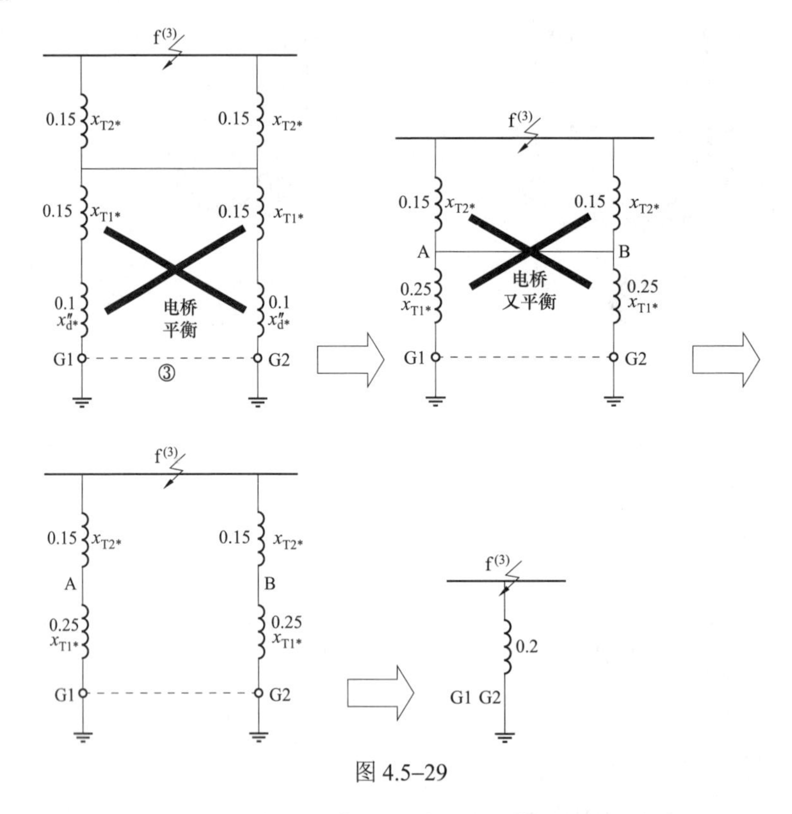

图 4.5–29

显然，$x_{\Sigma*}=0.2$，所以 $I_f^{(3)}=\dfrac{1}{x_{\Sigma*}}\times\dfrac{S_B}{\sqrt{3}U_{BII}}=\dfrac{1}{0.2}\times\dfrac{60}{\sqrt{3}\times115}\text{kA}=1.506\text{kA}$ 。

（2）$2x_{R*}$ 支路可以短路处理（图 4.5–30）：

显然，$x_{\Sigma*}=0.2$，所以 $I_f^{(3)}=\dfrac{1}{x_{\Sigma*}}\times\dfrac{S_B}{\sqrt{3}U_{BII}}=\dfrac{1}{0.2}\times\dfrac{60}{\sqrt{3}\times115}\text{kA}=1.506\text{kA}$ 。

答案：A

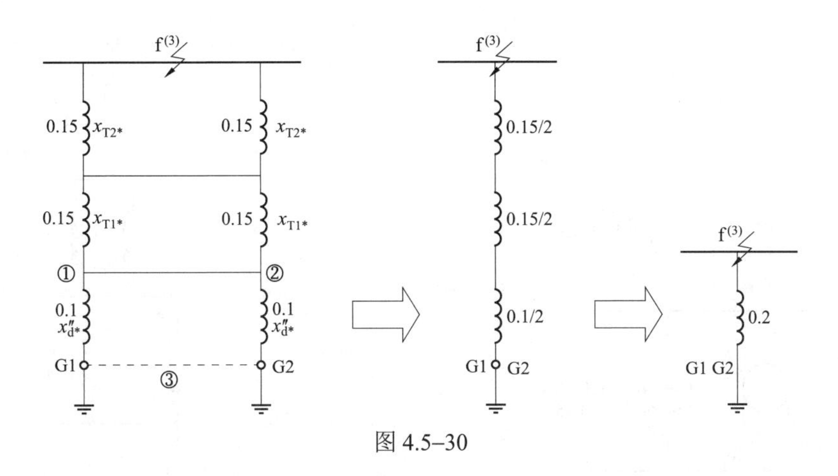

图 4.5–30

10.（2016） 一台额定功率为 200MW 的汽轮发电机，额定电压 10.5kV，$\cos\varphi_N = 0.85$，其有关电抗标幺值为 $x_d = x_q = 2.8$，$x'_d = x'_q = 0.3$，$x''_d = x''_q = 0.17$，参数为以发电机额定容量为基准的标幺值。发电机在额定电压下空载运行时，端部突然三相短路，I''_m 为（ ）kA。

A. 107.6　　B. 91.48　　C. 76.1　　D. 60.99

分析：$I''_{m*} = \dfrac{1}{x''_d} = \dfrac{1}{0.17} = 5.88$，换算成有名值为 $I''_m = 5.88\times\dfrac{200}{\sqrt{3}\times10.5\times0.85}\text{kA} = 76.1\text{kA}$。

答案：C

11.（2016）已知图 4.5–31 所示系统中开关 B 的遮断容量为 2500MVA，取 $S_B = 100\text{MVA}$，求 f 点三相短路时的冲击电流为（ ）kA。

A. 13.49　　B. 17.17　　C. 24.28　　D. 26.51

分析：取 $S_B = 100\text{MVA}$，$U_B = U_{av}$，计算各标幺值如下：

$$x_{S*} = \frac{S_B}{S_{OC}} = \frac{100}{2500} = 0.04$$

$$x_{L*} = 40\times0.4\times\frac{100}{115^2} = 0.12$$

$$x_{T*} = \frac{u_k\%}{100}\times\frac{S_B}{S_N} = \frac{10.5}{100}\times\frac{100}{120} = 0.087\,5$$

做出对应标幺值等效电路如图 4.5–32 所示，从而得到

$$x_{\Sigma*} = \left(0.04+\frac{1}{2}\times0.12\right) // \left(\frac{1}{2}\times0.087\,5+\frac{1}{2}\times0.12\right) = 0.050\,9$$

$$I_* = \frac{1}{x_{\Sigma*}} = \frac{1}{0.050\,9} = 19.646$$

考虑到短路点距发电机出口很近，故冲击系数取 1.9，故冲击电流为

$$i_{sh} = 1.9\sqrt{2}\times19.646\times\frac{100}{\sqrt{3}\times115}\text{kA} = 26.5\text{kA}$$

答案：D

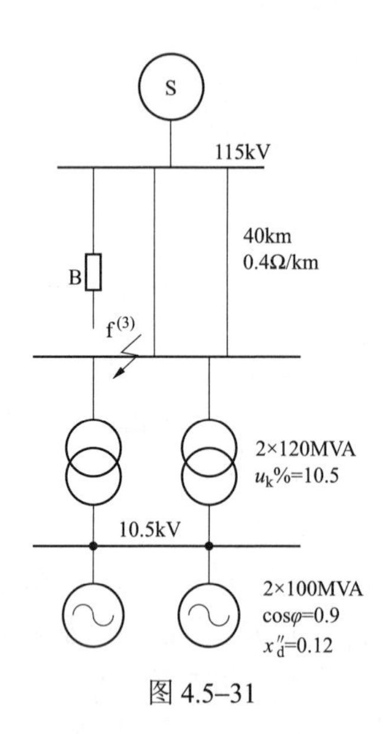

图 4.5–31

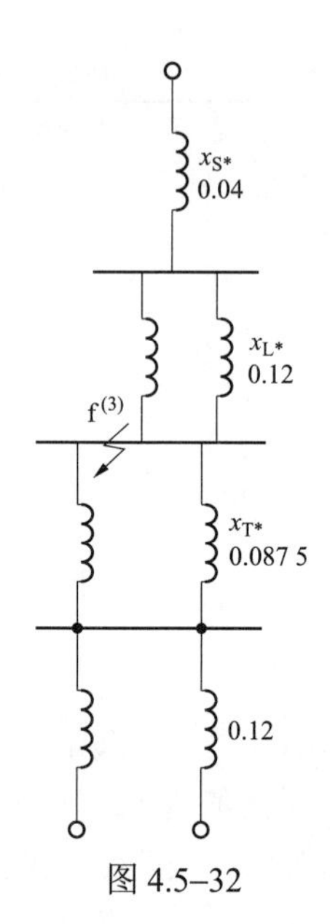

图 4.5–32

12.（2017） 如图 4.5–33 所示，已知 QF 的额定断开容量为 500MVA，变压器的额定容量为 10MVA，短路电压 $u_k\%=7.5$，输电线路 $x_s=0.4\Omega/\text{km}$，以 $S_B=100\text{MVA}$，$U_B=U_{av}$ 为基值，求出 f 点发生三相短路时起始次暂态电流和短路容量的有效值为（　　）。

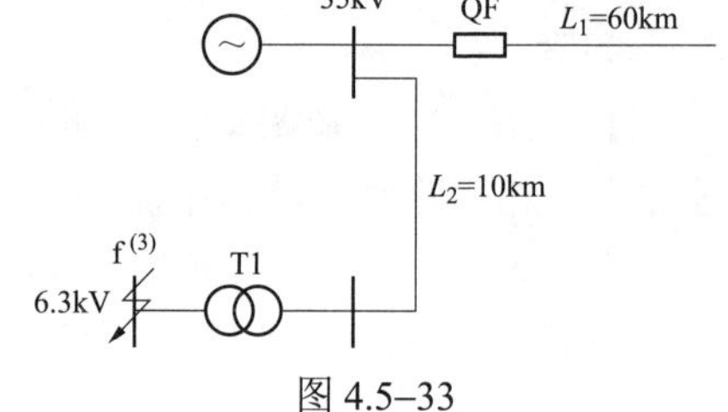

图 4.5–33

A. 7.179kA，78.34MVA

B. 8.789kA，95.95MVA

C. 7.377kA，80.50MVA

D. 7.377kA，124.6MVA

分析：短路容量 $S=\sqrt{3}U_{av}I_f^{(3)}=\sqrt{3}\times 6.3I_f^{(3)}=10.911\,92I_f^{(3)}$

四个选项后者比前者比值分别为：

A：78.34/7.179=10.912 38；B：95.95/8.789=10.917 0；C：80.50/7.377=10.912 29；D：124.6/7.377=16.89

据此可以排除选项 D，甚至可以排除选项 B。

$$x_{S*}=\frac{S_B}{S_{OC}}=\frac{100}{500}=0.2$$

$$x_{L2*}=0.4\times 10\times\frac{S_B}{U_{B2}^2}=4\times\frac{100}{37^2}=0.292\,2$$

$$x_{T1*}=\frac{u_k\%}{100}\times\frac{S_B}{S_N}=\frac{7.5}{100}\times\frac{100}{10}=0.75$$

$$x_{\Sigma*}=x_{S*}+x_{L2*}+x_{T1*}=0.2+0.292\,2+0.75=1.242\,2$$

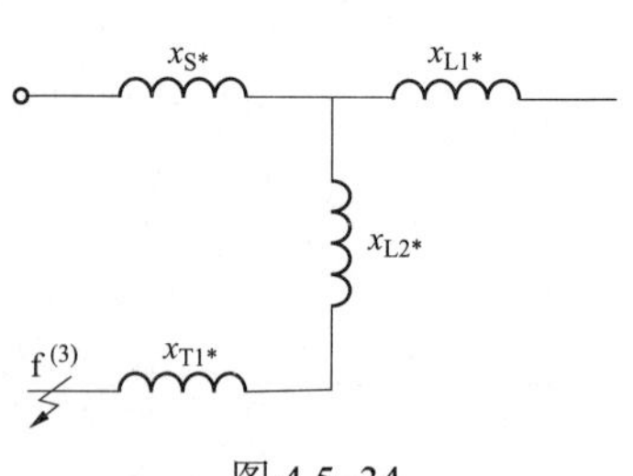

图 4.5–34

对应的标幺值等效电路如图 4.5–34 所示。

$$I_{f}^{(3)}=I_{f*}^{(3)}\times\frac{S_B}{\sqrt{3}U_{B1}}=\frac{1}{x_{\Sigma*}}\times\frac{S_B}{\sqrt{3}U_{B1}}=\frac{1}{1.242\ 2}\times\frac{100}{\sqrt{3}\times6.3}\text{kA}=7.377\ 5\text{kA}$$

$$S=\sqrt{3}U_{av}I_{f}^{(3)}=\sqrt{3}\times6.3\times7.377\ 5\text{MVA}=80.502\ 7\text{MVA}$$

答案：C

13.（2018） 图 4.5–35 所示为某无穷大电力系统，$S_B=100\text{MVA}$，两台变压器并联运行下 k–2 点的三相短路电流的标幺值为（　　）。

A. 0.272　　B. 0.502　　C. 0.302　　D. 0.174

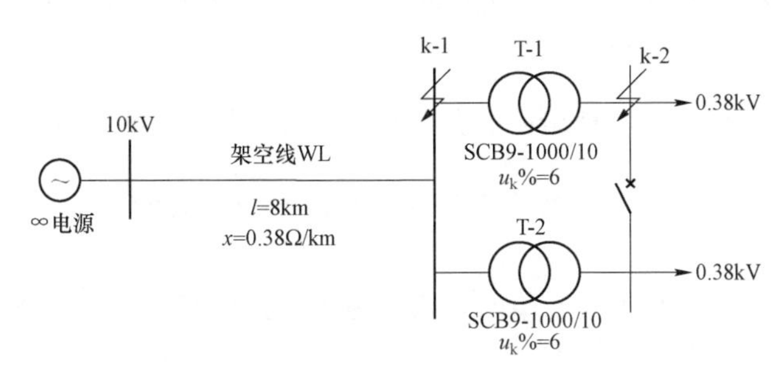

图 4.5–35

分析：取 $S_B=100\text{MVA}$，$U_{B1}=10.5\text{kV}$，$U_{B2}=0.4\text{kV}$，题中已知两台变压器并联运行，可推断图中断路器为闭合状态。

$$x_{l*}=0.38\times8\div\frac{U_{B1}^2}{S_B}=0.38\times8\div\frac{10.5^2}{100}=2.757$$

$$x_{T-1*}=x_{T-2*}=\frac{u_k\%}{100}\times\frac{S_B}{S_N}=\frac{6}{100}\times\frac{100\times10^3}{1000}=6$$

$$x_{\Sigma*}=x_{l*}+x_{T-1*}//x_{T-2*}=2.757+6//6=5.757$$

$$I_{f(k-2)*}^{(3)}=\frac{1}{x_{\Sigma*}}=\frac{1}{5.757}=0.174$$

答案：D

14.（供 2019，发 2020） 发电机、电缆和变压器归算至 $S_B=100\text{MVA}$ 的电抗标幺值如图 4.5–36 所示，试计算图示网络中 k_1 点发生短路时，短路点的三相短路电流为（　　）。

A. 15.88kA　　B. 16.21kA　　C. 0.64kA　　D. 0.6kA

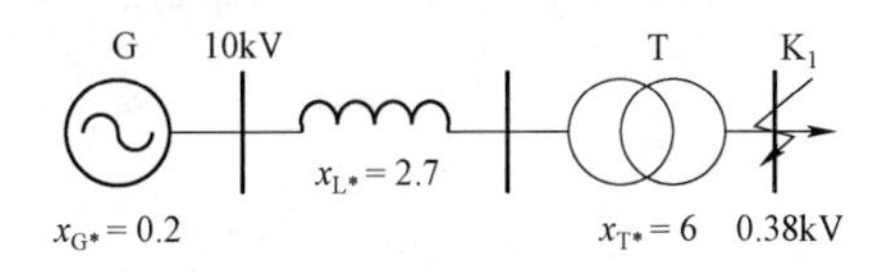

图 4.5–36

分析：$x_{\Sigma*}=x_{G*}+x_{L*}+x_{T*}=0.2+2.7+6=8.9$

$$I_{K1}^{(3)}=I_{*K1}^{(3)}I_B=\frac{1}{x_{\Sigma*}}\times\frac{S_B}{\sqrt{3}U_B}=\frac{1}{8.9}\times\frac{100}{\sqrt{3}\times0.4}\text{kA}=16.218\text{kA}$$

答案：B

【4. 了解冲击电流、最大有效值电流的定义和关系】

15.（2006、2007） 短路电流冲击值在（　　）情况下最大。

A. 短路前负载，电压初相相位为0°　　B. 短路前负载，电压初相相位为90°

C. 短路前空载，电压初相相位为0°　　D. 短路前空载，电压初相相位为90°

分析：对于一个感性系统，当短路前空载，且相电压过零时发生短路，其短路电流将达到最大值。

答案：C

16.（2016） 同步发电机的暂态电势在短路瞬间如何变化（　　）。

A. 为零　　B. 变大　　C. 不变　　D. 变小

分析：暂态电势的概念在2012年考过一次，发电机暂态电势的计算公式为$E_q' = \dfrac{x_{ad}}{x_f}\Psi_f$，由于磁链在短路前后不突变，所以暂态电势在短路瞬间也不突变。

答案：C

【5. 了解同步发电机、变压器、单回、双回输电线路的正、负、零序等效电路】

17.（2017）平行架设双回输电的每一回路的等效阻抗与单回输电线路相比，不同在于（　　）。

A. 正序阻抗减小，零序阻抗增大　　B. 正序阻抗增大，零序阻抗减小

C. 正序阻抗不变，零序阻抗增大　　D. 正序阻抗减小，零序阻抗不变

分析：平行架设的双回无架空地线电力线路的零序阻抗计算包含两部分：单回路的零序阻抗和第二回对第一回的互阻抗，零序阻抗进一步增大。双回并联正序阻抗减小，但每一回的正序阻抗值与单回是一样的。

答案：C

【8. 了解不对称短路的电流、电压计算】

18.（2005） 系统如图4.5–37所示，各元件标幺值参数为：G：$x_d''=0.1$, $x_{(2)}=0.1$，$E''=1.0$；T：$x_T=0.2$，$x_p=0.2/3$。当在变压器高压侧的B母线发生A相接地短路时，变压器中性线中的电流为（　　）。

A. 1　　B. $\sqrt{3}$

C. 2　　D. 3

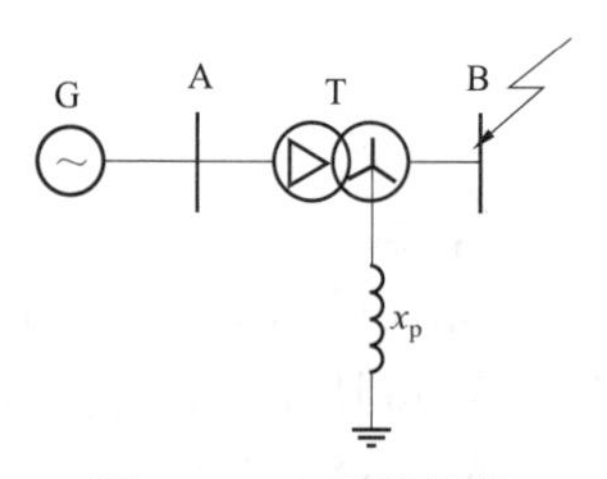

图4.5–37　系统接线

分析：发生A相接地短路时，正、负、零序各序网串联，其复合序网如图4.5–38所示。

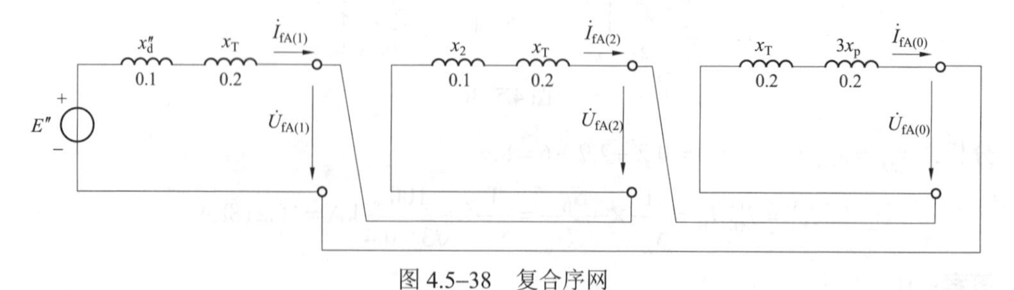

图4.5–38　复合序网

$$\dot{I}_{fA(1)}=\dot{I}_{fA(2)}=\dot{I}_{fA(0)}=\frac{1}{j0.3+j0.3+j0.4}=-j1$$

变压器中性线中的电流为$\dot{I}=\dot{I}_{fA}+\dot{I}_{fB}+\dot{I}_{fC}=3\dot{I}_{fA(0)}=-j3$

答案：D

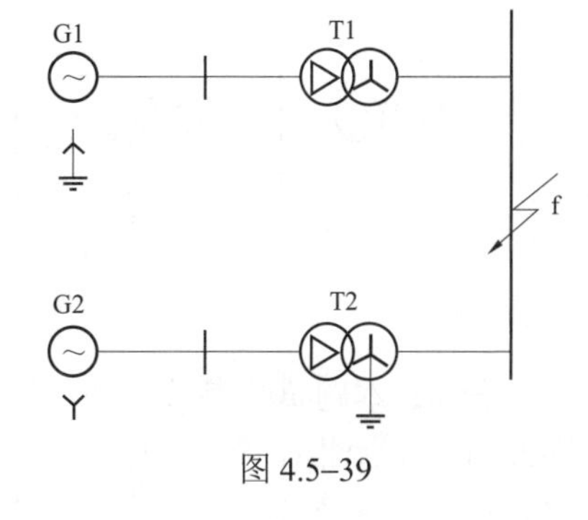

图 4.5–39

19.（2006） 如图 4.5–39 所示，G1、G2：30MVA，$x_d''=x_{(2)}=0.1$，$E''=1.1$。T1、T2：30MVA，$U_k\%=10$，10.5/121kV，当 f 处发生 A 相接地短路，其短路电流值为（　　）kA。

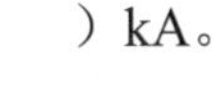

A. 1.657　　　　B. 0.524 9

C. 0.552 3　　　　D. 0.662 8

分析：取$S_B=30\text{MVA}$，$U_B=U_{av}$，$x_{T1*}=x_{T2*}=\frac{U_k\%}{100}\times\frac{S_B}{S_N}=\frac{10}{100}\times\frac{30}{30}=0.1$。

做出正、负、零序网络分别如图 4.5–40～图 4.5–42 所示。

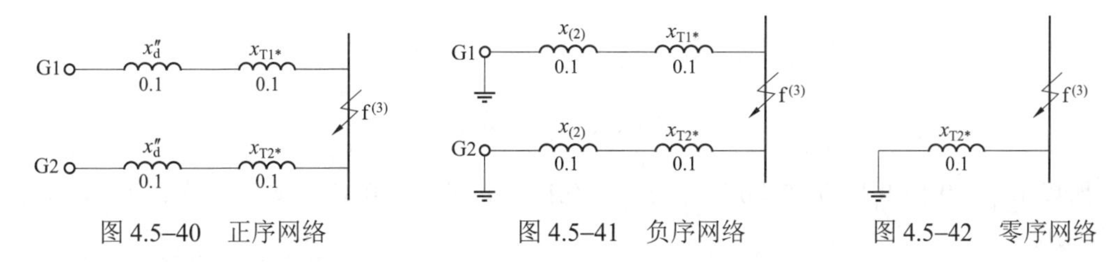

图 4.5–40　正序网络　　图 4.5–41　负序网络　　图 4.5–42　零序网络

所以$x_{\Sigma(1)}=(0.1+0.1)//(0.1+0.1)=0.1$，$x_{\Sigma(2)}=(0.1+0.1)//(0.1+0.1)=0.1$，$x_{\Sigma(0)}=0.1$。

A 相单相接地的复合序网是正、负、零序网串联，如图 4.5–43 所示。

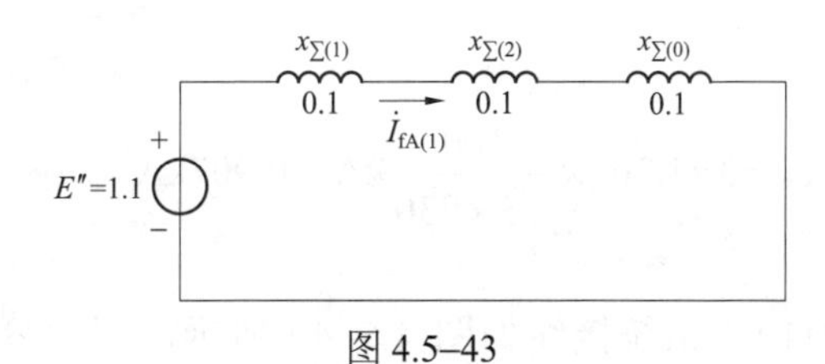

图 4.5–43

$$I_{fA(1)}=\frac{E''}{x_{\Sigma(1)}+x_{\Sigma(1)}+x_{\Sigma(1)}}=\frac{1.1}{0.1+0.1+0.1}=\frac{11}{3}$$

$$I_{fA*}=3I_{fA(1)}=3\times\frac{11}{3}=11$$

换算成有名值：$I_{fA}=I_{fA*}\times\frac{S_B}{\sqrt{3}U_B}=11\times\frac{30}{\sqrt{3}\times115}\text{kA}=1.657\text{kA}$

答案：A

20.（2008） 如图 4.5–44 所示系统在基准功率 100MVA 时，元件各序的标幺值电抗标在图中，f 点发生单相接地短路时，短路点的短路电流为（　　）。

A. 1.466kA　　B. 0.885kA　　C. 1.25kA　　D. 0.907kA

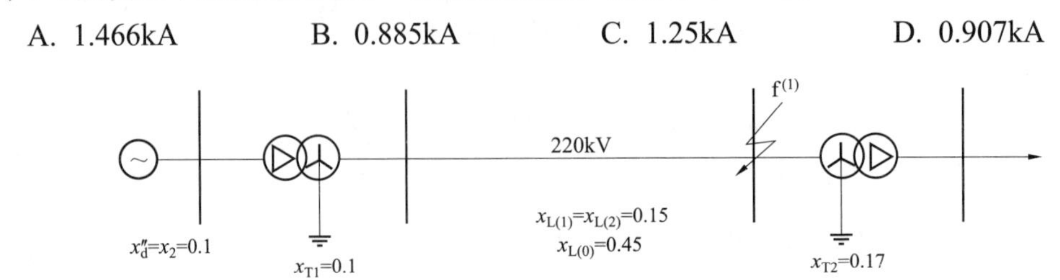

图 4.5–44

分析：本题负载参数未知，对于 220kV 中性点直接接地的系统，其单相接地短路电流大，因此负荷电流相比很小可略去，即在作正序网络时，负载支路可开路处理。做出对应的正、负、零序网如图 4.5–45～图 4.5–47 所示。

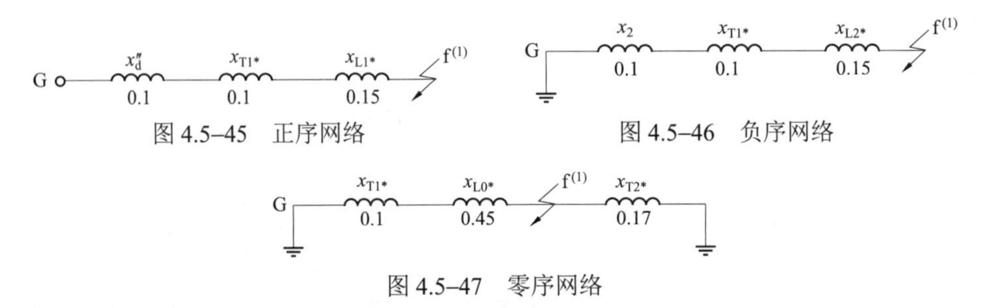

图 4.5–45　正序网络　　图 4.5–46　负序网络

图 4.5–47　零序网络

所以 $x_{\Sigma(1)}=0.1+0.1+0.15=0.35$，$x_{\Sigma(2)}=0.1+0.1+0.15=0.35$，$x_{\Sigma(0)}=(0.1+0.45)//0.17=0.55//0.17=0.13$。

复合序网为如图 4.5–48 所示。

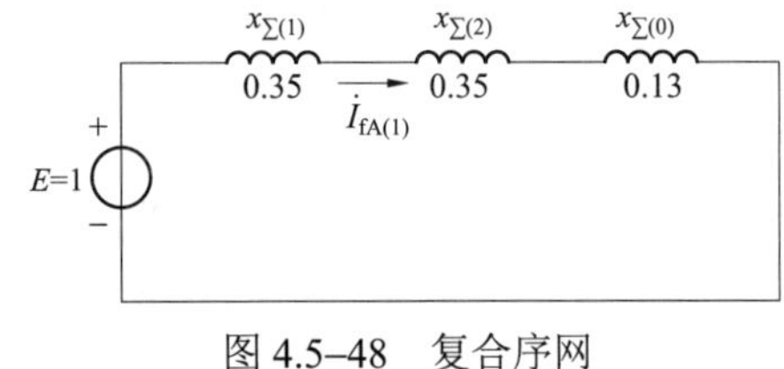

图 4.5–48　复合序网

$$I_{\text{fA}(1)}=\frac{E}{x_{\Sigma(1)}+x_{\Sigma(1)}+x_{\Sigma(1)}}=\frac{1}{0.35+0.35+0.13}$$

$$=\frac{1}{0.83}=1.205$$

短路点的短路电流为 $I_{\text{f}}=3\times1.205\times\dfrac{100}{\sqrt{3}\times230}\text{kA}=0.907\text{kA}$。

答案：D

21.（供 2010，发 2011） 系统接线如图 4.5–49 所示，图中参数均为归算到统一基准之下（$S_{\text{B}}=50\text{MVA}$）的标幺值。系统在 f 点发生 A 相接地，短路处短路电流及正序相电压有名值为（　　）。（变压器联结组别 Yd11）。

A. 0.238kA，58.16kV

B. 0.316kA，100.74kV

C. 0.412kA，58.16kV

D. 0.238kA，52.11kV

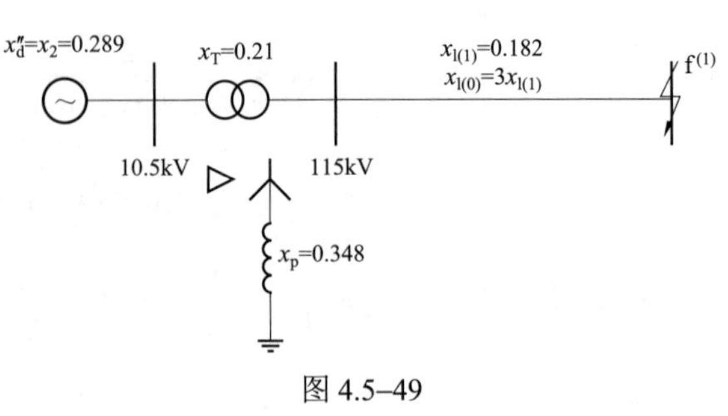

图 4.5–49

分析：做出复合序网如图 4.5–50 所示。

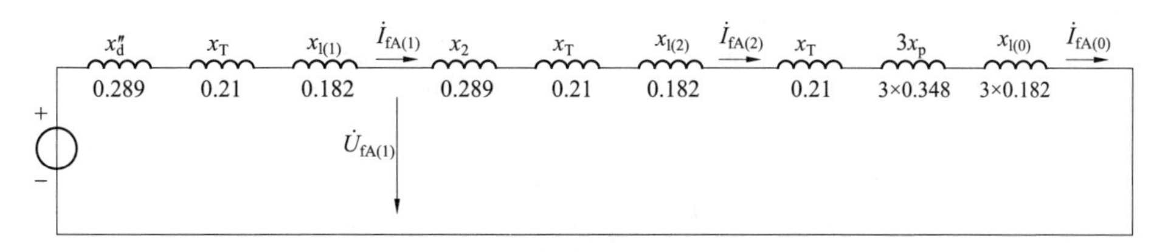

图 4.5–50

$$\dot{I}_{fA(1)}=\frac{1}{(j0.289+j0.21+j0.182)+(j0.289+j0.21+j0.182)+(j0.21+j3\times0.348+j3\times0.182)}A$$
$$=-j0.316A$$

短路处短路电流为 $\dot{I}_{fA}=3\dot{I}_{fA(1)}\times I_B=3\times0.316\times\frac{50}{\sqrt{3}\times115}kA=0.238kA$ 。

短路处正序相电压标幺值为 $\dot{U}_{fA(1)*}=1-(-j0.316\times j0.681)=0.784\,804$ 。

短路处正序相电压有名值为 $\dot{U}_{fA(1)}=0.784\,804\times\frac{115}{\sqrt{3}}kV=52.11kV$ 。

答案：D

22.（2012） 系统接线如图 4.5–51 所示，各元件参数为 G1、G2：30MVA，$x''_d=x_2=0.1$；T1、T2：30MVA，$U_k\%=10$，选 $S_B=30MVA$ 时，线路标幺值为 $x_1=0.3$，$x_0=3x_1$，当系统在 f 点发生 A 相接地短路时，短路点短路电流为（　　）。

A. 2.21kA　　　B. 1.199kA　　　C. 8.16kA　　　D. 9.48kA

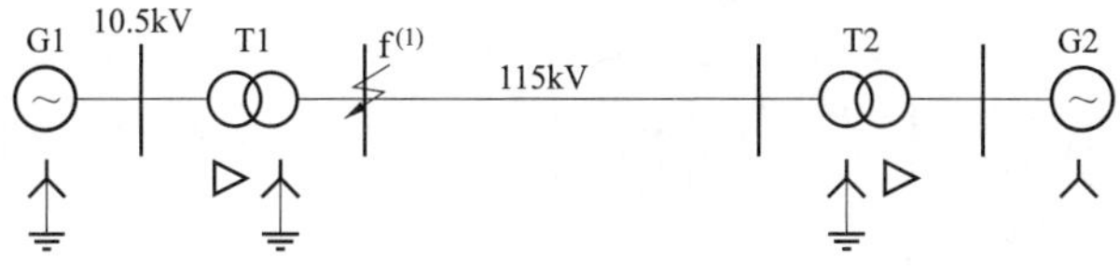

图 4.5–51

分析：做出对应的正、负、零序网如图 4.5–52～图 4.5–54 所示。

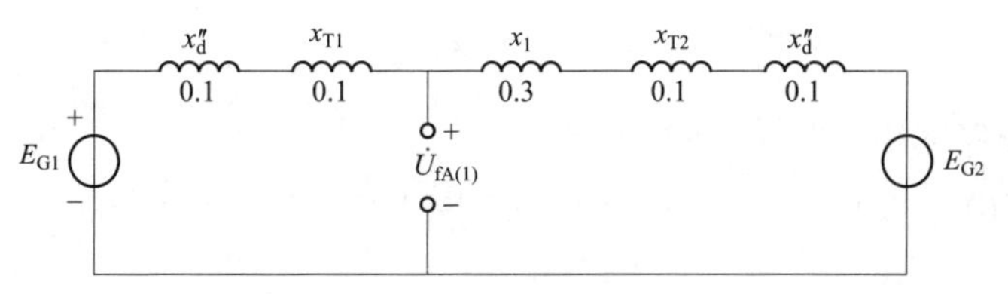

图 4.5–52　正序网络

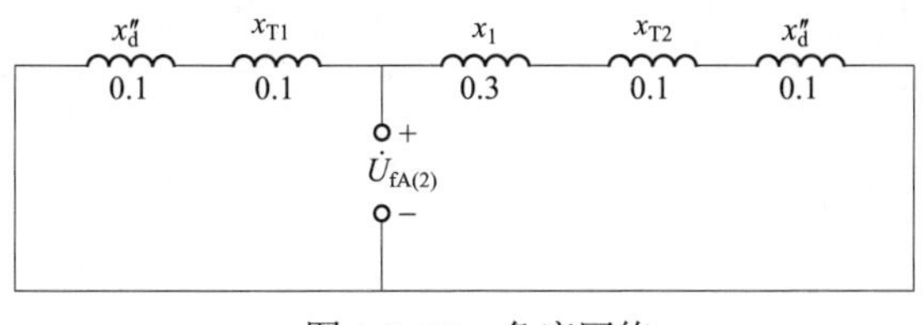

图 4.5–53　负序网络

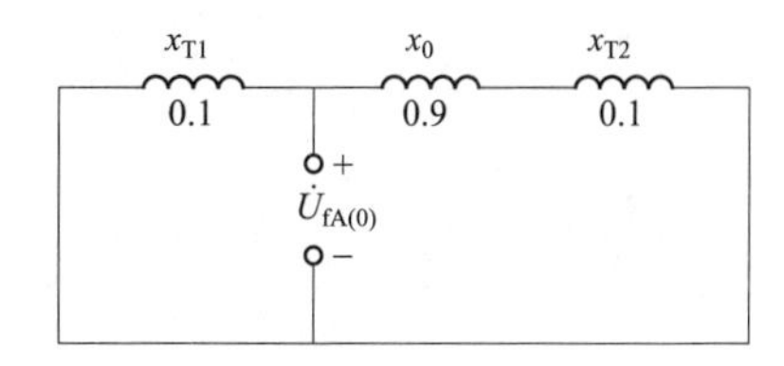

图 4.5–54　零序网络

所以，$x_{\Sigma(1)}=0.2//0.5=1/7$，$x_{\Sigma(2)}=0.2//0.5=1/7$，$x_{\Sigma(0)}=0.1//1=1/11$。

f 点发生 A 相接地短路的复合序网为正、负、零序网的串联，如图 4.5–55 所示。

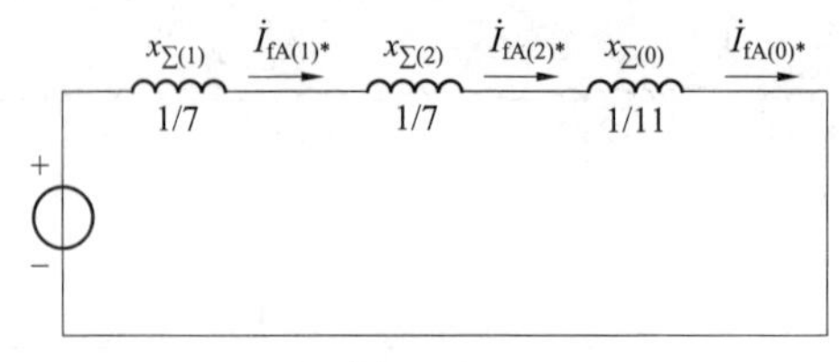

图 4.5–55

求得 $\dot{I}_{fA(1)*}=\dot{I}_{fA(2)*}=\dot{I}_{fA(0)*}=\dfrac{1}{1/7+1/7+1/11}$ 。

换算为有名值为

$$\dot{I}_{fA}=\dot{I}_{fA*}\times\frac{S_B}{\sqrt{3}U_B}=3\dot{I}_{fA(1)*}\times\frac{S_B}{\sqrt{3}U_B}=3\times\frac{1}{1/7+1/7+1/11}\times\frac{30}{\sqrt{3}\times115}\text{kA}=1.199\text{kA}$$

答案：B

23.（2013）系统如图 4.5–56 所示，系统中各元件在统一基准功率下的标幺值电抗为 G1：$x''_d=x_{(2)}=0.1$，G2：$x''_d=x_{(2)}=0.2$；T1：YNd11，$x_{T1}=0.1$，中性点接地电抗 $x_{p1}=0.01$；T2：YNynd，$x_1=0.1$，$x_2=0$，$x_3=0.2$，$x_{p2}=0.01$；T3：Yd11，$x_{T3}=0.1$；L1：$x_1=0.1$，$x_{l0}=3x_1$，L2：$x_1=0.05$，$x_{l0}=3x_1$；电动机 M：$x''_M=x_{M(2)}=0.05$。当图示 f 点发生 A 相接地短路时，其零序网等效电抗及短路点电流标幺值分别为（　　）。

A. 0.196，11.1　　B. 0.697，3.7　　C. 0.147，8.65　　D. 0.969，3.5

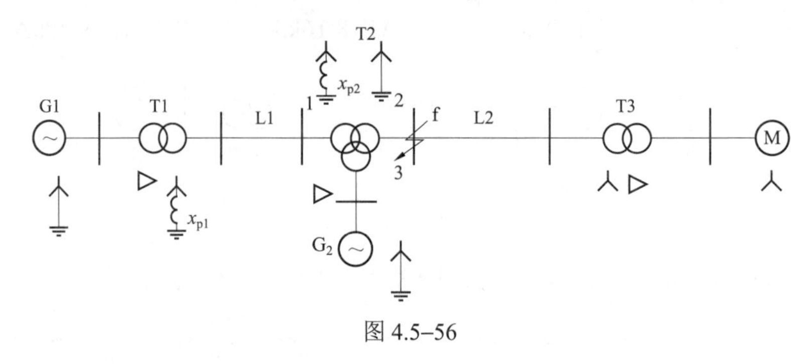

图 4.5–56

分析：做出正序网络如图 4.5–57 所示。

$$x_{\Sigma(1)}=[(0.1+0.1+0.1+0.1)//(0.2+0.2)]//[0.05+0.1+0.05]=0.2//0.2=0.1$$

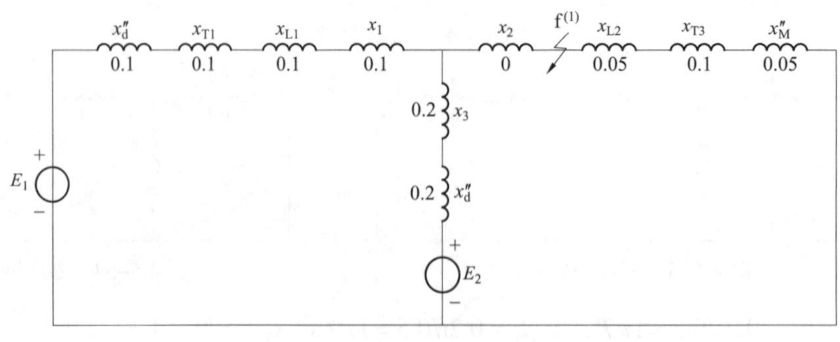

图 4.5–57

由于旋转元件 G1、G2 和 M 的负序电抗参数值题目已知，均等于其正序电抗参数值，故 $x_{\Sigma(2)}=x_{\Sigma(1)}=0.1$。

做出零序网络如图 4.5–58 所示。

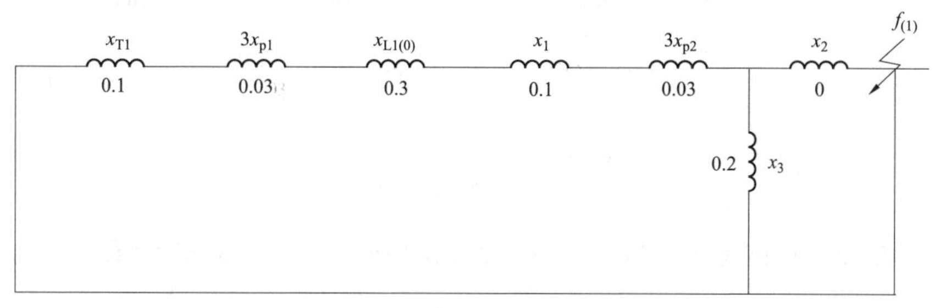

图 4.5–58

$$x_{\Sigma(0)}=(0.1+0.03+0.3+0.1+0.03)//0.2=0.56//0.2=0.147\,4$$

故障点的 A 相正序电流标幺值为 $I_{fA(1)}=\dfrac{1}{0.1+0.1+0.147\,4}=\dfrac{1}{0.347\,4}$。

故障点的 A 相短路电流标幺值为 $I_{fA}=3I_{fA(1)}=3\times\dfrac{1}{0.347\,4}=8.64$。

点评：此题零序网络的绘制还是有一定难度的，必须熟记零序网络的绘制原则。

答案：C

24.（2014） 系统如图 4.5–59 所示，各元件电抗标幺值为：G1、G2：$x_d=0.1$，T1：Yd11，$x_{T1}=0.1$，三角形绕组接入电抗 $x_{p1}=0.27$，T2：Yd11，$x_{T2}=0.1$，$x_{p2}=0.01$，l：$x_1=0.04$，$x_{l(0)}=3x_1$。当线路 1/2 处发生 A 相短路时，短路点的短路电流标幺值为（　　）。

A. 7.087　　B. 9.524　　C. 3.175　　D. 10.637

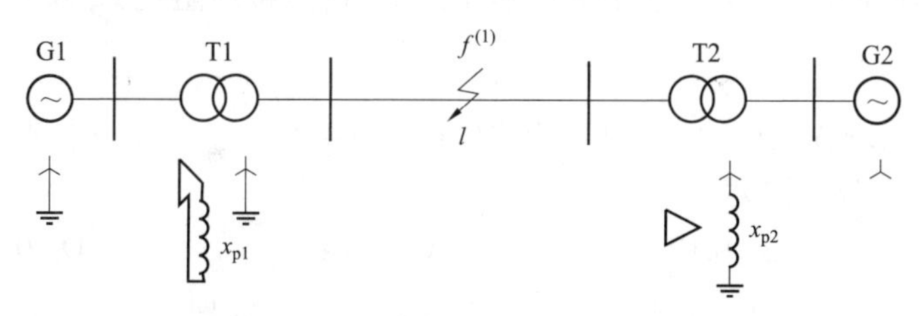

图 4.5–59

分析：做出正、负、零序网分别如图 4.5–60～图 4.5–62 所示。

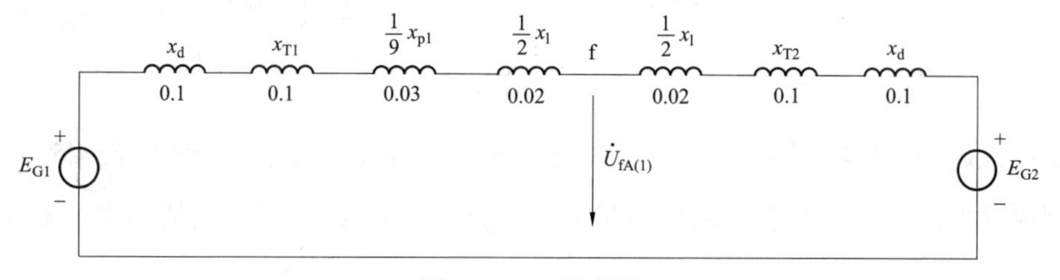

图 4.5–60　正序网

所以，$x_{\Sigma(1)}=(0.1+0.1+0.03+0.02)//(0.02+0.1+0.1)=0.25//0.22=0.117$，$x_{\Sigma(2)}=(0.1+$

$0.1+0.03+0.02)//(0.02+0.1+0.1)=0.25//0.22=0.117$，$x_{\Sigma(0)}=(0.1+0.03+0.06)=0.19$。

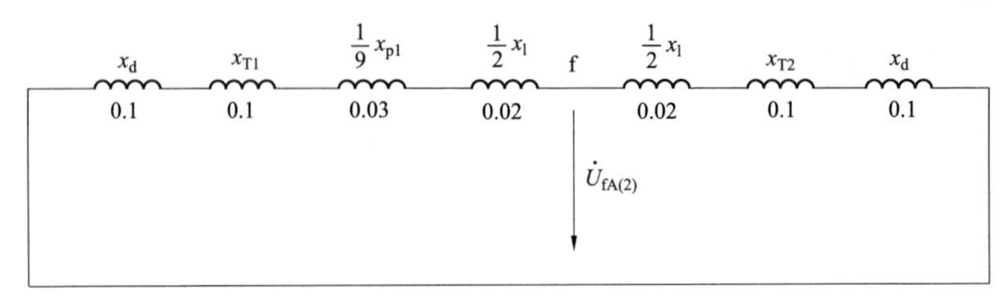

图 4.5–61　负序网

单相接地的复合序网是正、负、零序三个序网串联，如图 4.5–62 所示。

$$I_{fA(1)}=\frac{1}{x_{\Sigma(1)}+x_{\Sigma(2)}+x_{\Sigma(0)}}=\frac{1}{0.117+0.117+0.19}=\frac{1}{0.424}$$

短路点的短路电流标幺值：$I_{fA}=3I_{fA(1)}=3\times\frac{1}{0.424}=7.1$

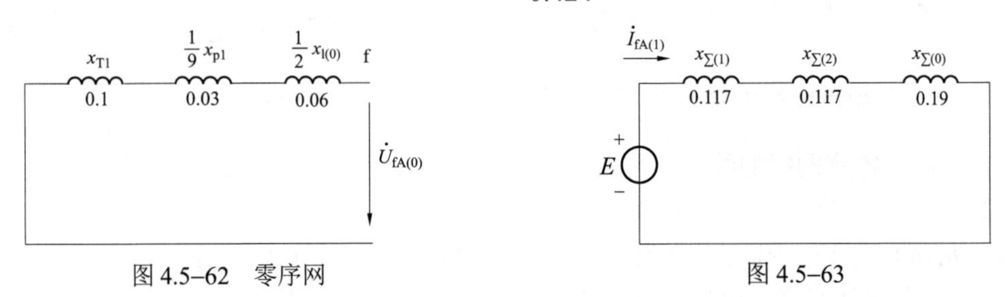

图 4.5–62　零序网　　　　图 4.5–63

注意：① 三角形绕组中串入阻抗 x_p 的处理原则：该阻抗在正、负、零（如果存在的话）序网中均以 $\frac{1}{9}x_p$ 的值出现。② 本题中变压器 T2 的中性点接地阻抗 x_{p2} 为多余干扰条件。

答案：A

25.（2016） 系统各元件的标幺值电抗如图 4.5–64 所示，当线路中部 f 点发生不对称短路故障时，其零序等效电抗为（　　）。

A. 0.09　　B. 0.12　　C. 0.14　　D. 0.186

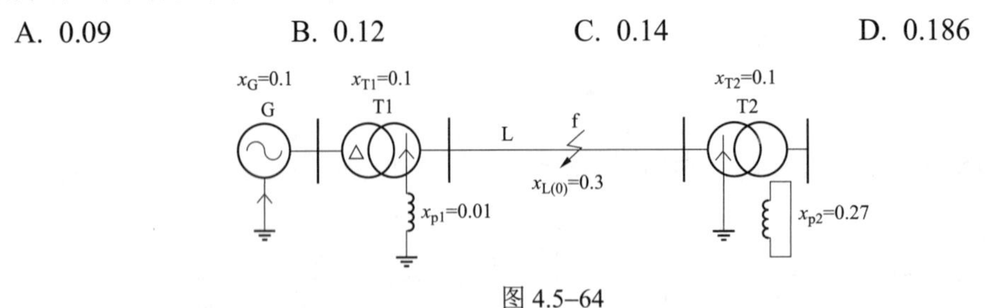

图 4.5–64

分析：此题与 2014 年的一道不对称短路电流计算的真题很相似。依据表 4.5–4“零序网络的绘制原则”做出对应的零序网络如图 4.5–65 所示，注意 x_{p1} 以 3 倍值出现，x_{p2} 以 $\frac{1}{9}$ 倍值出现。

显然，其零序等效电抗为 $x_{(0)}=(0.1+0.03+0.15)//(0.15+0.1+0.03)=0.14$。

答案：C

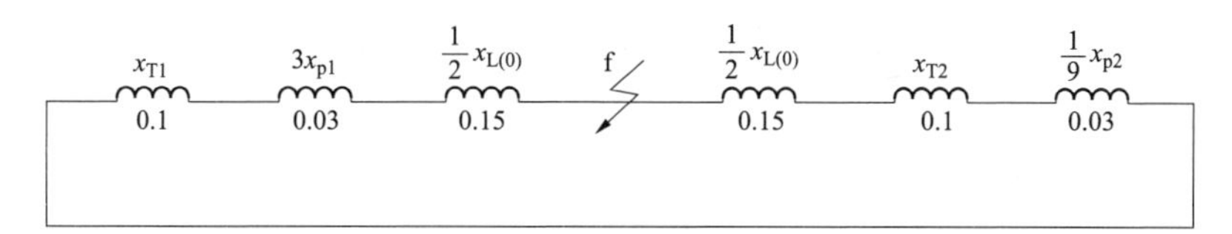

图 4.5–65

26.（2016） 系统如图 4.5–66 所示，各元件电抗标幺值为：G1、G2：$x''_d=0.1$；T1：Yd11，$x_{T1}=0.104$；T2： Yd11，$x_{T2}=0.1$，$x_p=0.01$；线路 L：$x_L=0.04$，$x_{L(0)}=3x_L$；当母线 A 发生单相短路时，短路点的短路电流标幺值为（　　）。

A. 3.175　　B. 7.087　　C. 9.524　　D. 10.239

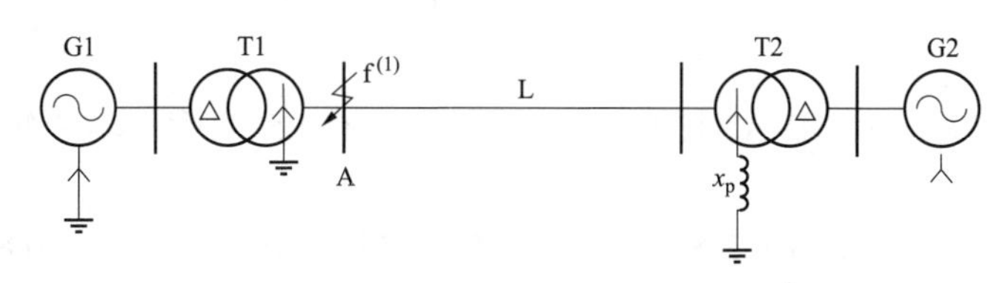

图 4.5–66

分析：做出对应的正、负、零序网如图 4.5–67～图 4.5–69 所示。

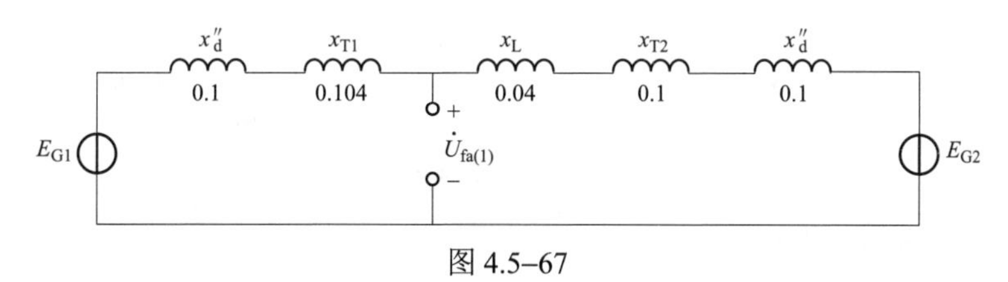

图 4.5–67

$$x_{\Sigma(1)}=(0.1+0.104)//(0.04+0.1+0.1)=0.204//0.24=0.11$$

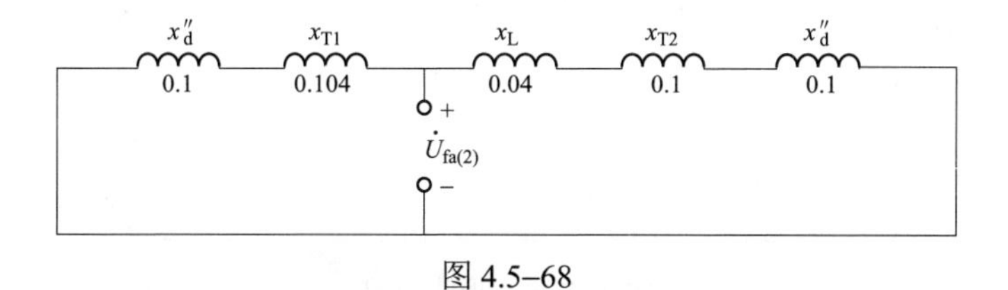

图 4.5–68

$$x_{\Sigma(2)}=(0.1+0.104)//(0.04+0.1+0.1)=0.204//0.24=0.11$$

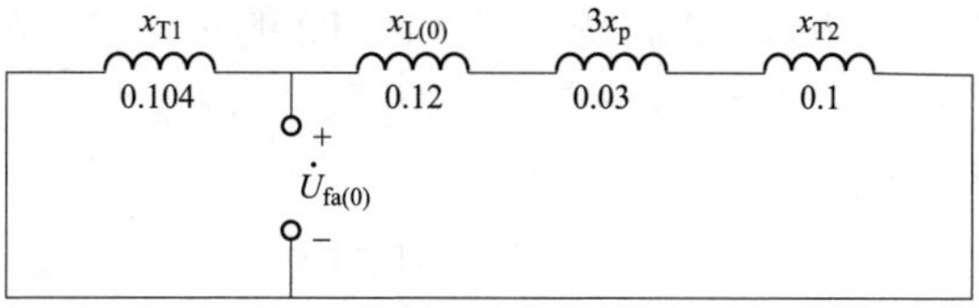

图 4.5–69

$$x_{\Sigma(0)}=0.104//(0.12+0.03+0.1)=0.104//0.25=0.073$$

f 点发生 A 相接地短路的复合序网为正、负、零序网的串联，如图 4.5–70 所示。

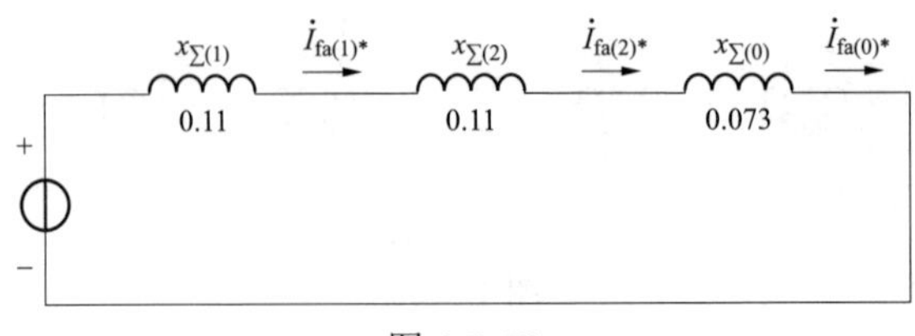

图 4.5–70

求得 $\dot{I}_{fa(1)*}=\dot{I}_{fa(2)*}=\dot{I}_{fa(0)*}=\dfrac{1}{0.11+0.11+0.073}=\dfrac{1}{0.293}$。

短路点的短路电流标幺值为 $\dot{I}_{fa*}=3\dot{I}_{fa(1)*}=\dfrac{3}{0.293}=10.239$。

答案：D

27.（2017） 取 $S_B=100\text{MVA}$ 时的各元件标幺值如图 4.5–71 所示，求短路点 A 相单相短路电流有名值为（　　）。

A. 0.235 0kA　　B. 0.313 8kA　　C. 0.470 7kA　　D. 0.815 2kA

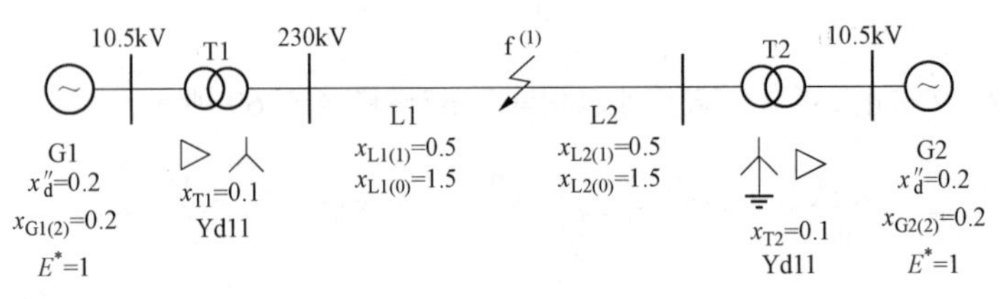

图 4.5–71　系统接线

分析：正序网络如图 4.5–72 所示。

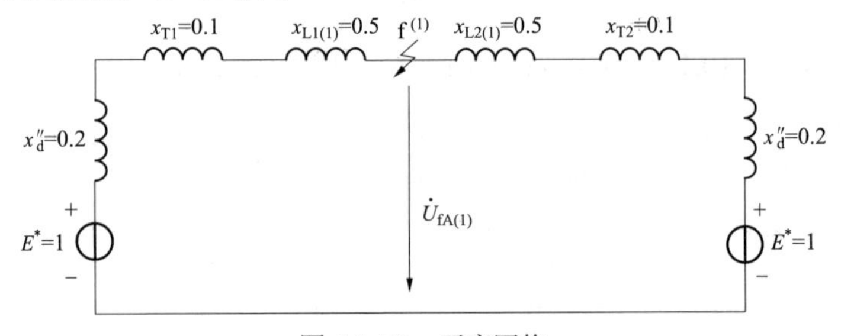

图 4.5–72　正序网络

$$x_{\Sigma(1)}=(0.2+0.1+0.5)//(0.2+0.1+0.5)=0.8//0.8=0.4$$

负序网络：静止元件线路 L1、L2 和变压器 T1、T2 的负序参数与正序参数相同。旋转元件发电机 G1、G2 题目给的负序参数与正序参数相同。所以 $x_{\Sigma(2)}=0.4$。

零序网络如图 4.5–73 所示。

$$x_{\Sigma(0)}=1.5+0.1=1.6$$

做出复合序网，如图 4.5–74 所示。

$$I_{fA(1)*}=\frac{1}{0.4+0.4+1.6}=\frac{5}{12}$$

$$I_{fA*}=I_{fA(1)*}+I_{fA(2)*}+I_{fA(0)*}=3\times\frac{5}{12}=\frac{5}{4}$$

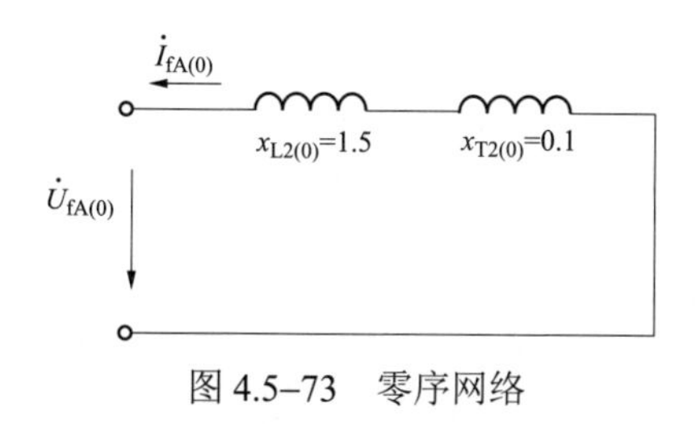

图 4.5–73　零序网络

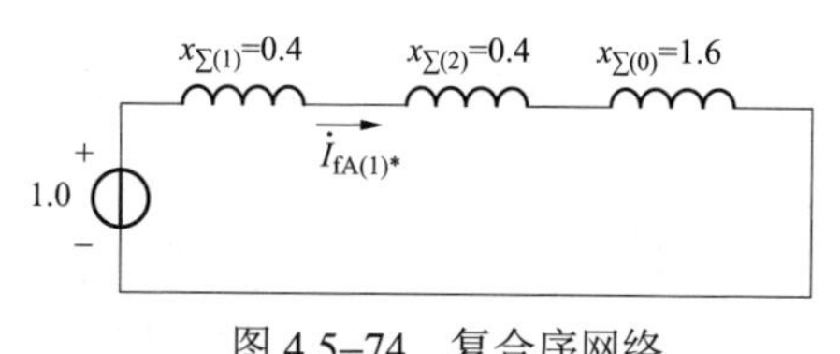

图 4.5–74　复合序网络

换算成有名值，得 $I_{fA}=I_{fA*}\times\dfrac{S_B}{\sqrt{3}U_B}=\dfrac{5}{4}\times\dfrac{100}{\sqrt{3}\times 230}\text{kA}=0.313\,8\text{kA}$

答案：B

28.（2018）　在大接地电流系统中，故障电流中含有零序分量的故障类型是（　　）。

A. 两相短路　　B. 两相短路接地　　C. 三相短路　　D. 三相短路接地

分析：因为三相短路是对称短路，所以故障电流中只会含有正序分量，可以排除 C、D 选项。参见复合序网部分，可知两相短路没有零序网络。

答案：B

29.（2020）　可用于判断三相线路是否漏电的是（　　）。

A. 正序电流　　B. 负序电流　　C. 零序电流　　D. 都需要

答案：C

【9. 了解正、负、零序电流、电压经过 YNd11 变压器后的相位变化】

30.（2005）　系统如图 4.5–75 所示，在取基准功率 100MVA 时，各元件的标幺值电抗分别是：G：$x''_d=x_{(2)}=0.1$，$E''_{|0|}=1.0$；T：$x_T=0.1$，YNd11 接线。则在母线 B 发生 BC 两相短路时，变压器三角形接线侧 A 相电流为下列何值？（　　）

A. 0　　B. 1.25　　C. $\sqrt{3}\times1.25$　　D. 2.5

分析：首先做出各序网络如图 4.5–76～图 4.5–78 所示。

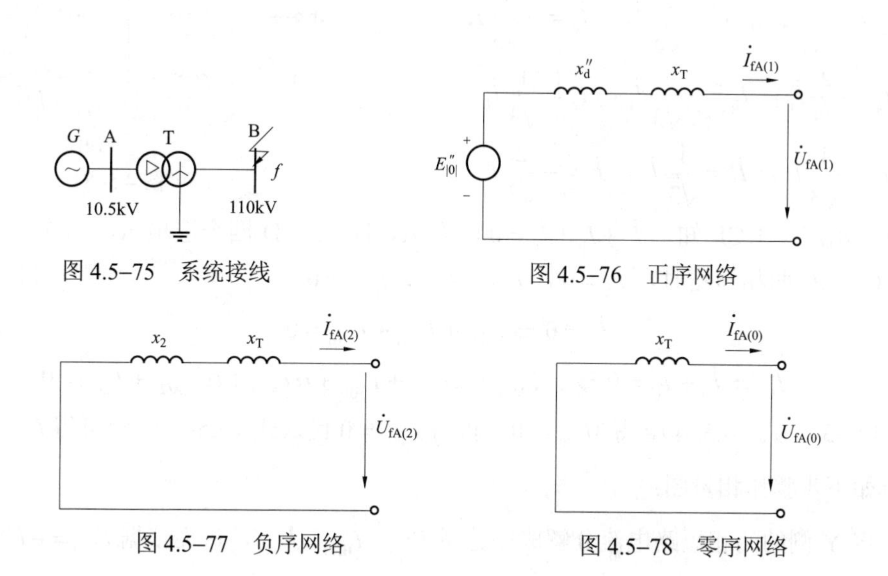

图 4.5–75　系统接线

图 4.5–76　正序网络

图 4.5–77　负序网络

图 4.5–78　零序网络

BC 两相短路时复合序网为正序网络与负序网络并联，如图 4.5–79 所示。其相量图如图 4.5–80 所示。

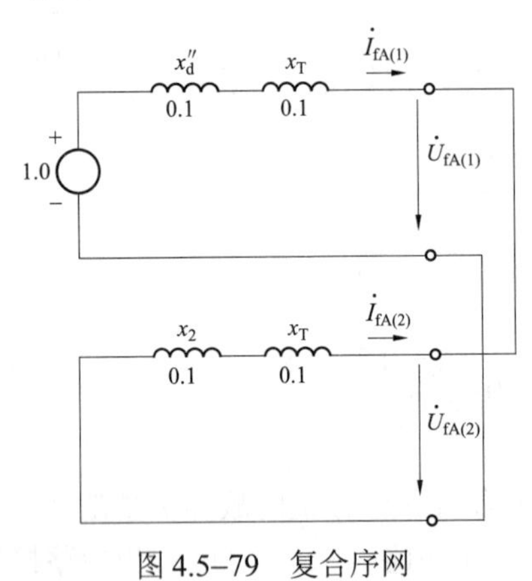

图 4.5–79　复合序网

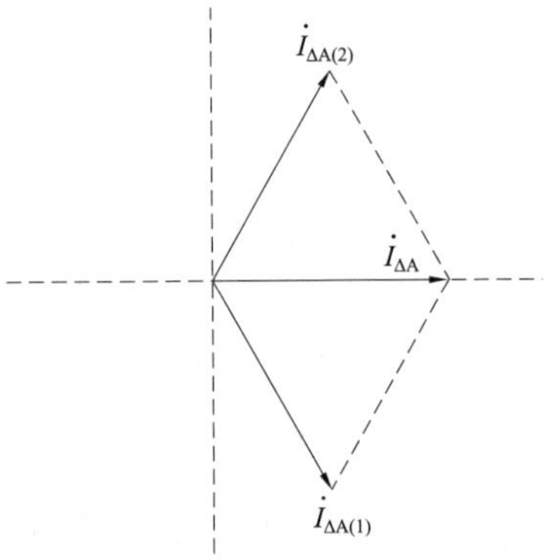

图 4.5–80　相量图

故障处母线 B 的 $\dot{I}_{fA(1)}=\dfrac{1}{j0.2+j0.2}=-j2.5$，$\dot{I}_{fA(2)}=-\dot{I}_{fA(1)}=j2.5$

经变压器 T 变换后，三角形接线侧 A 相电流序分量为

$$\dot{I}_{\Delta A(1)}=\dot{I}_{fA(1)}\times e^{j30^\circ}=-j2.5\times e^{j30^\circ}，\ \dot{I}_{\Delta A(2)}=\dot{I}_{fA(2)}\times e^{-j30^\circ}=j2.5\times e^{-j30^\circ}$$

所以变压器三角形接线侧 A 相电流为 $\dot{I}_{\Delta A}=\dot{I}_{\Delta A(1)}+\dot{I}_{\Delta A(2)}+\dot{I}_{\Delta A(0)}=-j2.5\times e^{j30^\circ}+j2.5\times e^{-j30^\circ}=2.5$，见相量图 4.5–80。

答案：D

31.（供 2006，发 2013、2016） 如图 4.5–81 所示电路中，Y 侧 BC 两相短路时，短路电流为 $\dot{I}_f$，则△侧三相线路上电流为（　　）。

A. $\dot{I}_a=-\dfrac{1}{\sqrt{3}}\dot{I}_f$，$\dot{I}_b=-\dfrac{1}{\sqrt{3}}\dot{I}_f$，$\dot{I}_c=\dfrac{1}{\sqrt{3}}\dot{I}_f$

B. $\dot{I}_a=-\dfrac{1}{\sqrt{3}}\dot{I}_f$，$\dot{I}_b=\dfrac{2}{\sqrt{3}}\dot{I}_f$，$\dot{I}_c=-\dfrac{1}{\sqrt{3}}\dot{I}_f$

C. $\dot{I}_a=\dfrac{2}{\sqrt{3}}\dot{I}_f$，$\dot{I}_b=-\dfrac{1}{\sqrt{3}}\dot{I}_f$，$\dot{I}_c=\dfrac{1}{\sqrt{3}}\dot{I}_f$

D. $\dot{I}_a=\dfrac{1}{\sqrt{3}}\dot{I}_f$，$\dot{I}_b=\dfrac{1}{\sqrt{3}}\dot{I}_f$，$\dot{I}_c=-\dfrac{2}{\sqrt{3}}\dot{I}_f$

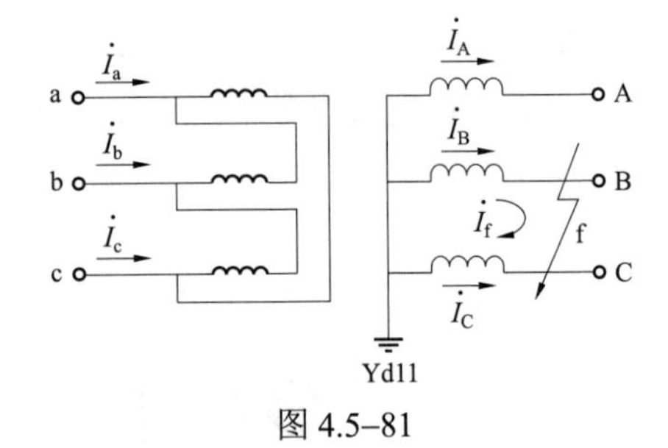

图 4.5–81

分析：由广义 KCL 知，$\dot{I}_a+\dot{I}_b+\dot{I}_c=0$，看 A、B、C、D 四个选项 A、C 均不满足，故排除 A、C。BC 两相短路时，$\dot{I}_A=0$，$\dot{I}_B=-\dot{I}_C\Rightarrow\dot{I}_{A(0)}=0$，$\dot{I}_{A(1)}=-\dot{I}_{A(2)}$，推导过程如下

$$\dot{I}_A=0\Rightarrow\dot{I}_{A(1)}+\dot{I}_{A(2)}+\dot{I}_{A(0)}=0 \tag{4.5–3}$$

$$\dot{I}_B=-\dot{I}_C\Rightarrow\dot{I}_B+\dot{I}_C=0\Rightarrow\alpha^2\dot{I}_{A(1)}+\alpha\dot{I}_{A(2)}+\dot{I}_{A(0)}+\alpha\dot{I}_{A(1)}+\alpha^2\dot{I}_{A(2)}+\dot{I}_{A(0)}=0 \tag{4.5–4}$$

式（4.5–3）+式（4.5–4），得 $3\dot{I}_{A(0)}=0$，再将 $\dot{I}_{A(0)}=0$ 代入式（4.5–3），即可得 $\dot{I}_{A(1)}=-\dot{I}_{A(2)}$。

按照如下步骤作相量图：

（1）将 Y 侧的两相短路电流分解成序分量 $\dot{I}_{A(1)}$、$\dot{I}_{B(1)}$、$\dot{I}_{C(1)}$，进而依据 $\dot{I}_{A(2)}=-\dot{I}_{A(1)}$，做出

$\dot{I}_{A(2)}$、$\dot{I}_{B(2)}$、$\dot{I}_{C(2)}$ 的相量图。

（2）对于 Yd11 组别变压器，三角形侧的线电流"正序分量超前 30°，负序分量滞后 30°"Y 侧的线电流，依此将 Y 侧的正序和负序分量按"+前–后"的 30°原则分别变换到△侧，做出 $\dot{I}_{a(1)}$、$\dot{I}_{b(1)}$、$\dot{I}_{c(1)}$ 和 $\dot{I}_{a(2)}$、$\dot{I}_{b(2)}$、$\dot{I}_{c(2)}$ 相量图。

（3）再将△侧的各序分量电流按照对称分量法合成，求得 $\dot{I}_a$、$\dot{I}_b$、$\dot{I}_c$。

（4）最后来分析 $\dot{I}_b$ 与 $\dot{I}_f$ 的关系：$\dot{I}_B = \dot{I}_f = \dot{I}_{B(1)} + \dot{I}_{B(2)}$

$$\Rightarrow \text{大小：} I_B = I_f = I_{B(1)}\cos 30°\times 2 = I_{B(1)}\times\sqrt{3} = I_{b(1)}\times\sqrt{3} = \frac{1}{2}\times I_b\times\sqrt{3} = \frac{\sqrt{3}}{2}I_b \Rightarrow I_b = \frac{2}{\sqrt{3}}I_f$$

写成相量形式，$\dot{I}_b$ 与 $\dot{I}_f$ 同相位，故 $\dot{I}_b = \frac{2}{\sqrt{3}}\dot{I}_f \Rightarrow \dot{I}_a = \dot{I}_c = -\frac{1}{2}\dot{I}_b = -\frac{1}{\sqrt{3}}\dot{I}_f$，如图 4.5–82 所示。

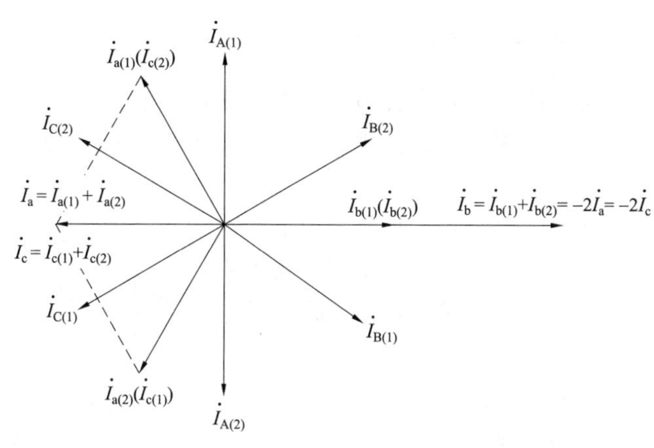

图 4.5–82

答案：B

32.（供 2009，发 2007、2020）发电机和变压器归算至 $S_B = 100\text{MVA}$ 的电抗标幺值标在图 4.5–83 中，试计算该图网络中 f 点发生 BC 两相短路时，短路点的短路电流及发电机母线 B 相电压为（　　）。（变压器联结组 YNd11）。

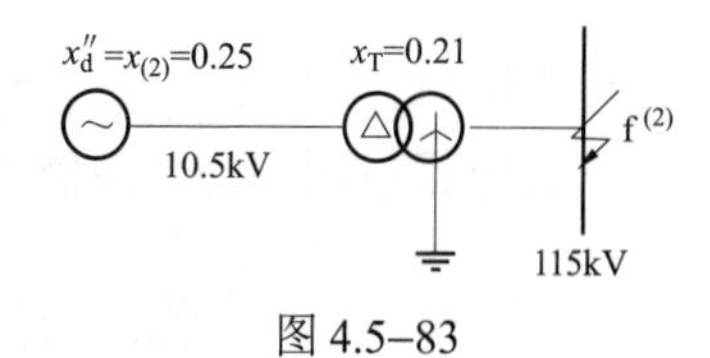

图 4.5–83

A. 0.945kA，10.5kV　　B. 0.546kA，6.06kV

C. 0.945kA，6.06kV　　D. 1.637kA，10.5kV

分析：BC 两相短路时的复合序网如图 4.5–84 所示。

f 点的 A 相电流的各序分量为

$$\dot{I}_{fA(1)} = \frac{1}{j0.25 + j0.21 + j0.25 + j0.21} = -j1.087，\quad \dot{I}_{fA(2)} = -\dot{I}_{fA(1)} = j1.087，\quad \dot{I}_{fA(0)} = 0$$

f 点的短路电流为

$$\dot{I}_{fB*} = \dot{I}_{fB(1)} + \dot{I}_{fB(2)} + \dot{I}_{fB(0)} = \dot{I}_{fA(1)}\times e^{j240°} + \dot{I}_{fA(2)}\times e^{j120°} + \dot{I}_{fA(0)} = -1.087\times\cos 30°\times 2 = -1.882\ 7$$

相应的相量图如图 4.5–85 所示。

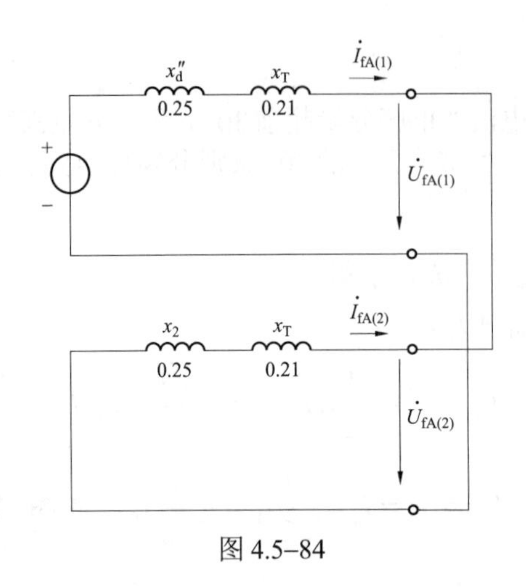

图 4.5–84

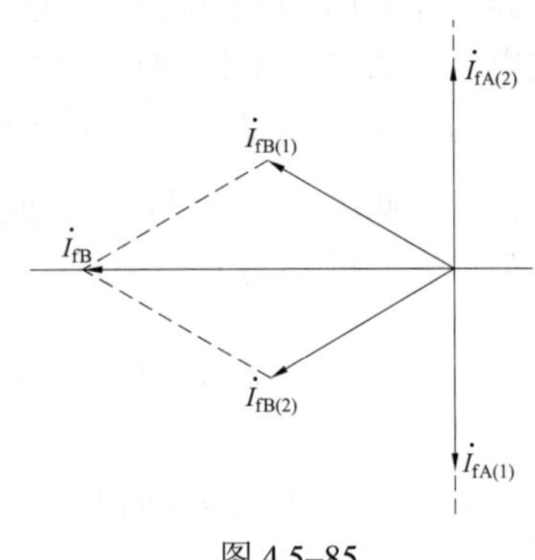

图 4.5–85

对应的有名值为 $\dot{I}_{fB}=1.882\times\dfrac{100}{\sqrt{3}\times115}\text{kA}=0.945\text{kA}$ 。

为防止形成环流而使绕组发热，因此发电机绕组一般都不接成三角形接线形式，故根据星形接线的相、线电压之间关系，很容易得到题目要求的发电机母线 B 相电压为 $10.5/\sqrt{3}\text{kV}=6.06\text{kV}$ 。

答案：C

33.（2011） 系统接线如图 4.5–86 所示，图中参数均为归算到统一基准值 $S_B=100\text{MVA}$ 的标幺值。变压器接线方式为 Yd11，系统在 f 点发生 BC 两相短路，发电机出口 M 点 A 相电流为（　　）。

A. 18.16kA　　　　B. 2.0kA

C. 12.21kA　　　　D. 9.48kA

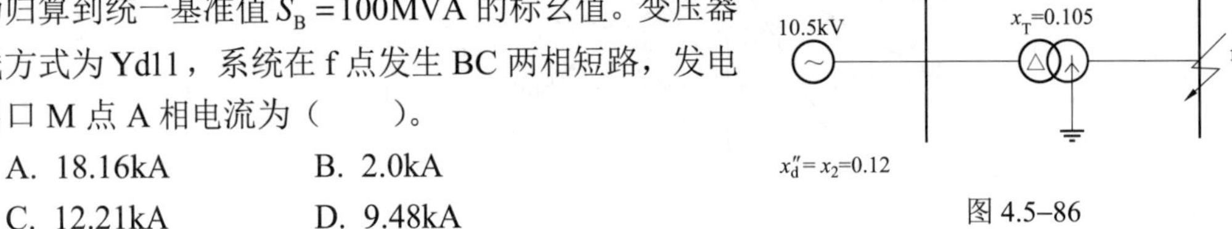

图 4.5–86

分析：做出复合序网如图 4.5–87 所示。

故障点 f 处： $\dot{I}_{fA(1)}=-\dot{I}_{fA(2)}=\dfrac{1}{\text{j}0.12\times2+\text{j}0.105\times2}=-\text{j}2.22$ ， $\dot{I}_{fa(0)}=0$ 。

发电机出口 M 点处： $\dot{I}_{MA(1)}=\dot{I}_{fA(1)}\times e^{\text{j}30^\circ}$ ， $\dot{I}_{MA(2)}=\dot{I}_{fA(2)}\times e^{-\text{j}30^\circ}$ 。

画出相量图如图 4.5–88 所示。

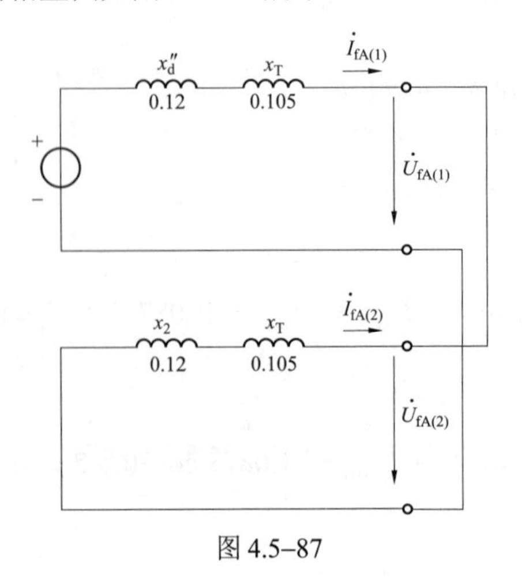

图 4.5–87

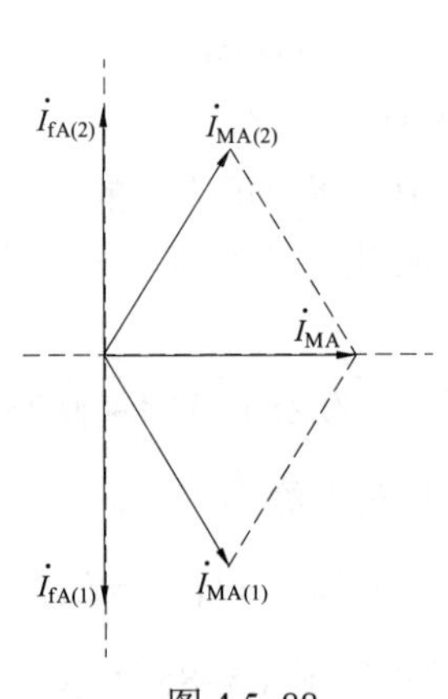

图 4.5–88

M 点 A 相电流标幺值为 $\dot{I}_{MA*}=\dot{I}_{MA(1)}+\dot{I}_{MA(2)}+\dot{I}_{MA(0)}=2.22$ 。

M 点 A 相电流换算为有名值为 $\dot{I}_{MA}=\dot{I}_{MA*}\times I_B=2.22\times\dfrac{S_B}{\sqrt{3}U_B}=2.22\times\dfrac{100}{\sqrt{3}\times10.5}\text{kA}=12.21\text{kA}$ 。

答案：C

34.（2018）图 4.5–89 所示的变压器联结组别为 YNd11，发电机和变压器归算至 $S_B=100\text{MVA}$ 的电抗标幺值分别为 0.15 和 0.2，网络中 f 点发生 bc 两相短路时，短路点的短路电流为（　　）。

A. 1.24kA　　B. 2.48kA　　C. 2.15kA　　D. 1.43kA

分析：与 33 题类似考题 2018 年再次出现，区别在于 2018 年是求短路点的短路电流，解题思路参见 33 题。

答案：A

35.（2014）已知图 4.5–90 所示系统变压器星形侧发生 B 相短路时的短路电流为 $\dot{I}_f$，则三角形侧的三相线电流为（　　）。

A. $\dot{I}_a=-\dfrac{\sqrt{3}}{3}\dot{I}_f$，$\dot{I}_b=\dfrac{\sqrt{3}}{3}\dot{I}_f$，$\dot{I}_c=0$

B. $\dot{I}_a=-\dfrac{\sqrt{3}}{3}\dot{I}_f$，$\dot{I}_b=0$，$\dot{I}_c=\dfrac{\sqrt{3}}{3}\dot{I}_f$

C. $\dot{I}_a=\dfrac{\sqrt{3}}{3}\dot{I}_f$，$\dot{I}_b=0$，$\dot{I}_c=-\dfrac{\sqrt{3}}{3}\dot{I}_f$

D. $\dot{I}_a=0$，$\dot{I}_b=-\dfrac{\sqrt{3}}{3}\dot{I}_f$，$\dot{I}_c=\dfrac{\sqrt{3}}{3}\dot{I}_f$

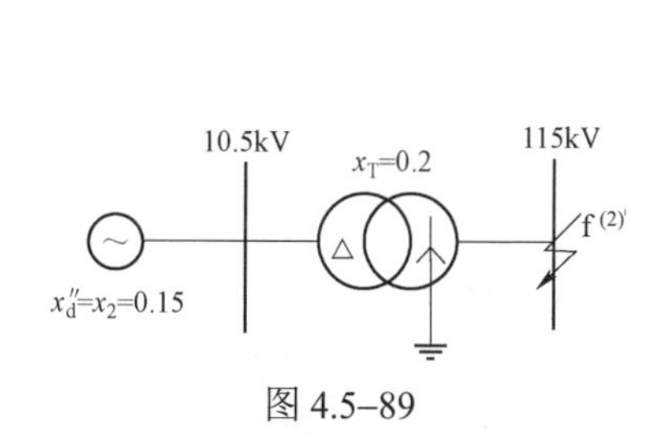

图 4.5–89

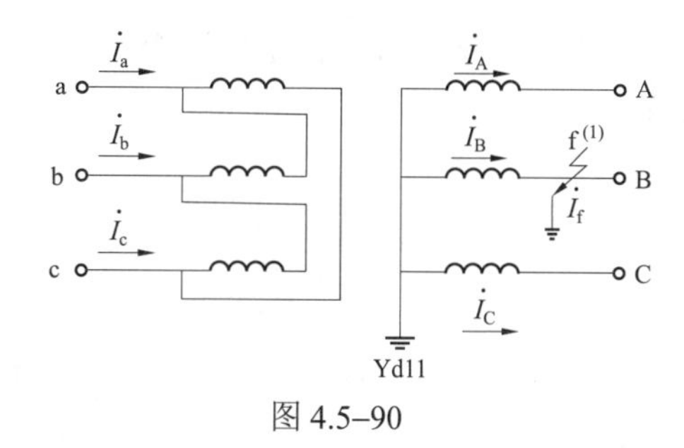

图 4.5–90

分析：此题与 2006 年考题相似，2006 年是星形侧发生 BC 两相短路，本题是星形侧发生 B 相短路，分析思路是完全一样的。B 相单相接地短路时，变压器星形侧 $\dot{I}_A=0$，$\dot{I}_C=0$ 。

$$\dot{I}_A=0\Rightarrow\dot{I}_A=\dot{I}_{A(1)}+\dot{I}_{A(2)}+\dot{I}_{A(0)}=\alpha\dot{I}_{B(1)}+\alpha^2\dot{I}_{B(2)}+\dot{I}_{B(0)}=0 \tag{4.5–5}$$

$$\dot{I}_C=0\Rightarrow\dot{I}_C=\dot{I}_{C(1)}+\dot{I}_{C(2)}+\dot{I}_{C(0)}=\alpha^2\dot{I}_{B(1)}+\alpha\dot{I}_{B(2)}+\dot{I}_{B(0)}=0 \tag{4.5–6}$$

式（4.5–5）和式（4.5–6）相等，可得

$$\alpha\dot{I}_{B(1)}+\alpha^2\dot{I}_{B(2)}+\dot{I}_{B(0)}=\alpha^2\dot{I}_{B(1)}+\alpha\dot{I}_{B(2)}+\dot{I}_{B(0)}$$

$$\Rightarrow(\alpha-\alpha^2)\dot{I}_{B(1)}=(\alpha-\alpha^2)\dot{I}_{B(2)}$$

$$\Rightarrow\dot{I}_{B(1)}=\dot{I}_{B(2)} \tag{4.5–7}$$

将式（4.5–7）代入式（4.5–6）中，有 $\alpha^2\dot{I}_{B(1)}+\alpha\dot{I}_{B(1)}+\dot{I}_{B(0)}=0$，故有 $\dot{I}_{B(1)}=\dot{I}_{B(2)}=\dot{I}_{B(0)}$ 。

按照如下步骤作相量图：

（1）将 Y 侧的单相短路电流分解成序分量，依据 $\dot{I}_{B(1)}=\dot{I}_{B(2)}=\dot{I}_{B(0)}$，做出 $\dot{I}_{A(1)}$、$\dot{I}_{C(1)}$，$\dot{I}_{A(2)}$、$\dot{I}_{C(2)}$，$\dot{I}_{A(0)}$、$\dot{I}_{C(0)}$ 。

（2）对于 Yd11 组别变压器，三角形侧的线电流“正序分量超前 30°负序分量滞后 30°”Y 侧的线电流，依此将 Y 侧的正序和负序分量按“+前–后”的 30°原则分别变换到△侧，做出相量 $\dot{I}_{a(1)}$、$\dot{I}_{b(1)}$、$\dot{I}_{c(1)}$ 和 $\dot{I}_{a(2)}$、$\dot{I}_{b(2)}$、$\dot{I}_{c(2)}$，△侧的线路上不会有零序电流流过，即 $\dot{I}_{a(0)}=\dot{I}_{b(0)}=\dot{I}_{c(0)}=0$。

（3）再将△侧的各序分量电流按照对称分量法合成，求得 $\dot{I}_a$、$\dot{I}_b$、$\dot{I}_c$。

（4）最后来分析 $\dot{I}_a$、$\dot{I}_b$、$\dot{I}_c$ 与 $\dot{I}_f$ 的关系

$$\dot{I}_f=\dot{I}_B=\dot{I}_{B(1)}+\dot{I}_{B(2)}+\dot{I}_{B(0)}=3\dot{I}_{B(1)}\Rightarrow\dot{I}_{B(1)}=\frac{1}{3}\dot{I}_f$$

$$\dot{I}_a=\dot{I}_{a(1)}+\dot{I}_{a(2)}=2\dot{I}_{a(1)}\cos30°=\sqrt{3}\dot{I}_{a(1)}$$

大小：$I_a=\sqrt{3}I_{a(1)}=\sqrt{3}I_{B(1)}=\sqrt{3}\times\frac{1}{3}I_f$，看相量图考虑相位，$\dot{I}_a=-\frac{\sqrt{3}}{3}\dot{I}_f$。

同理，$\dot{I}_b=\dot{I}_{b(1)}+\dot{I}_{b(2)}=2\dot{I}_{b(1)}\cos30°=\sqrt{3}\dot{I}_{b(1)}$。

大小：$I_b=\sqrt{3}I_{b(1)}=\sqrt{3}I_{B(1)}=\sqrt{3}\times\frac{1}{3}I_f$，看相量图考虑相位，$\dot{I}_b=\frac{\sqrt{3}}{3}\dot{I}_f$。

如相量图 4.5–91 所示，得 $\dot{I}_c=\dot{I}_{c(1)}+\dot{I}_{c(2)}=0$。

说明： 看本题选项答案，是假设变压器变比 $k=1$ 进行计算的。

答案： A

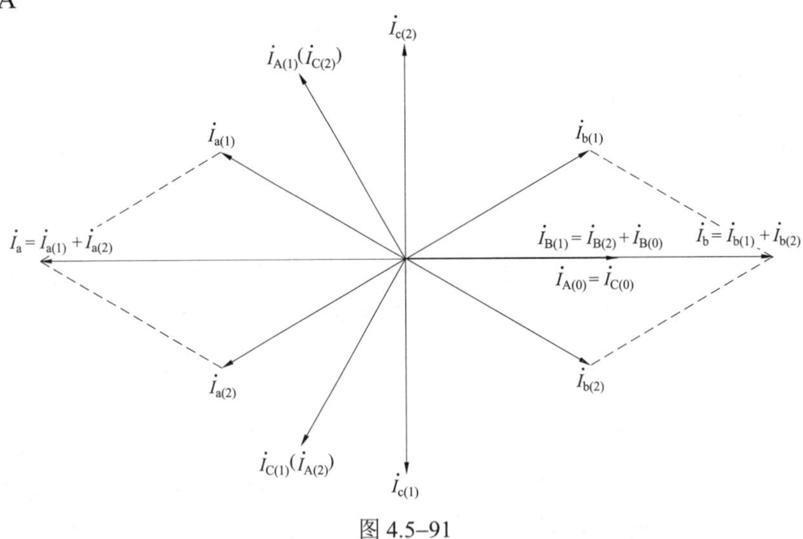

图 4.5–91

4.5.4 【发输变电专业基础】历年真题详解

【1. 了解实用短路电流计算的近似条件】

1.（2018） 在短路电流计算中，为简化分析通常会做假定，下列不符合假定的是（　　）。

A. 不考虑磁路饱和，认为短路回路各元件的电抗为常数

B. 不考虑发电机间的摇摆现象，认为所有发电机电动势的相位都相同

C. 不考虑发电机转子的对称性

D. 不考虑线路对地电容、变压器的励磁支路和高压电网中的电阻，认为等效电路中只有

各元件的电抗。

分析：简化计算时，常忽略同步发电机次暂态参数的不对称，故选项 C 错误。

答案：C

【2. 了解简单系统三相短路电流的实用计算方法】

2.（2009） 图 4.5–92 参数均为标幺值，若母线 a 处发生三相短路，网络对故障点的等效阻抗和短路电流标幺值分别为（　　）。

A. 0.358，2.793　　B. 0.278，3.591　　C. 0.358，2.591　　D. 0.397，2.519

分析：将题图中的△联结等效变成 Y 联结，如图 4.5–93 所示。其中：

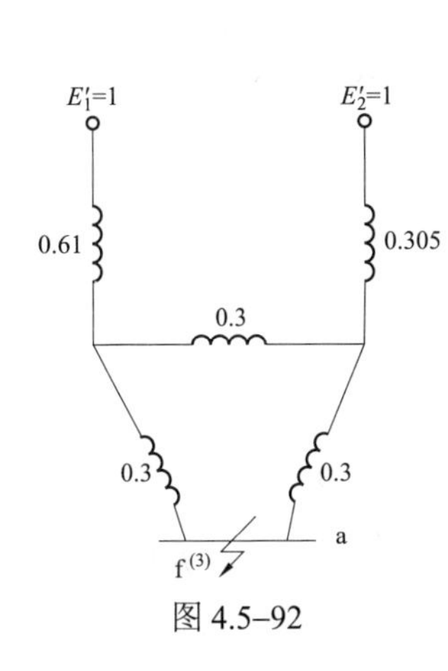

图 4.5–92

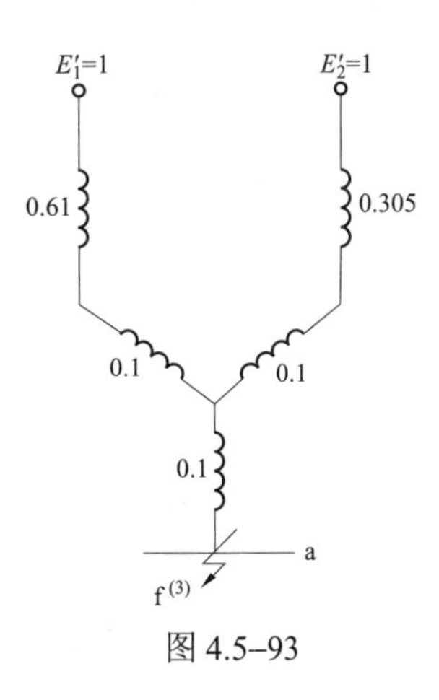

图 4.5–93

Y 联结的等效阻抗标幺值为 $\dfrac{0.3\times0.3}{0.3+0.3+0.3}=0.1$ 。

网络对故障点的等效阻抗为 $x_{\Sigma}=(0.61+0.1)//(0.305+0.1)+0.1=0.71//0.405+0.1=0.358$ 。

三相短路电流标幺值为 $I_{\mathrm{f}}^{(3)}=\dfrac{1}{x_{\Sigma}}=\dfrac{1}{0.358}=2.793$ 。

答案：A

3.（2011） 已知某电力系统如图 4.5–94 所示，各线路电抗均为 $0.4\Omega/\text{km}$ ，$S_{\mathrm{B}}=250\text{MVA}$ ，如果 f 处发生三相短路，短路点等效阻抗标幺值及短路点短路电流分别为（　　）。

A. 0.29，2.395kA　　B. 2.7，5.82kA

C. 0.435，2.174kA　　D. 2.1，5.82kA

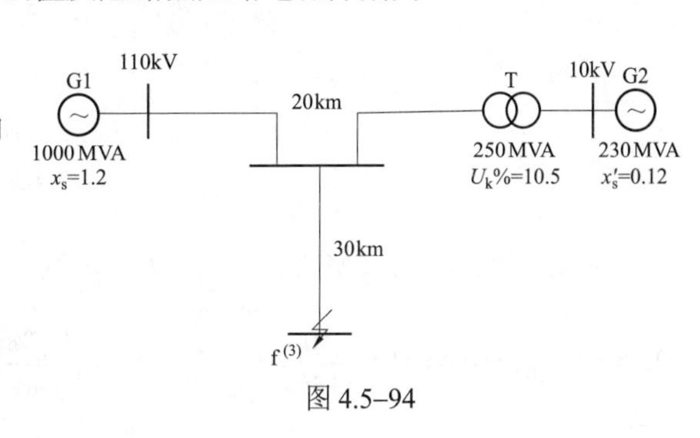

图 4.5–94

分析：取 $S_{\mathrm{B}}=250\text{MVA}$ ，$U_{\mathrm{B}}=U_{\mathrm{av}}$ ，即 $U_{\mathrm{BI}}=115\text{kV}$ ，$U_{\mathrm{BII}}=10.5\text{kV}$ 。

G1：$x_{\mathrm{s*}}=1.2\times\dfrac{S_{\mathrm{B}}}{S_{\mathrm{N}}}=1.2\times\dfrac{250}{1000}=0.3$

20km 线路：$x_{\mathrm{L1*}}=20\times0.4\times\dfrac{S_{\mathrm{B}}}{U_{\mathrm{BI}}^2}=20\times0.4\times\dfrac{250}{115^2}=0.151$

30km 线路：$x_{L2*}=30\times0.4\times\frac{S_B}{U_{BI}^2}=30\times0.4\times\frac{250}{115^2}=0.227$

20km 线路：$x_{L3*}=20\times0.4\times\frac{S_B}{U_{BI}^2}=20\times0.4\times\frac{250}{115^2}=0.151$

T：$x_{T*}=\frac{10.5}{100}\times\frac{S_B}{S_N}=\frac{10.5}{100}\times\frac{250}{250}=0.105$

G2：$x'_{s*}=0.12\times\frac{S_B}{S_N}=0.12\times\frac{250}{230}=0.13$

标幺值等效电路如图 4.5–95 所示。

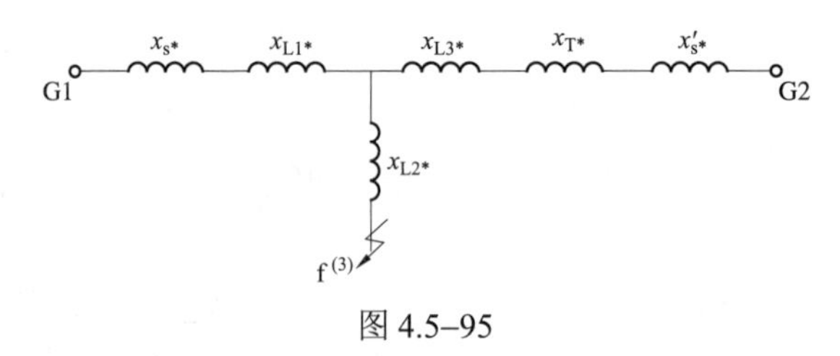

图 4.5–95

$$\begin{aligned}x_{\Sigma*}&=[(x_{s*}+x_{L1*})//(x_{L3*}+x_{T*}+x'_{s*})]+x_{L2*}\\&=[(0.3+0.151)//(0.151+0.105+0.13)]+0.227=0.435\end{aligned}$$

$$I_f^{(3)}=\frac{1}{x_{\Sigma*}}\times\frac{S_B}{\sqrt{3}U_{BI}}=\frac{1}{0.435}\times\frac{250}{\sqrt{3}\times115}\text{kA}=2.174\text{kA}$$

答案：C

4.（2013） 系统接线如图 4.5–96 所示，系统等效机参数不详，已知∞系统相接变电站的断路器的开断容量是 1000MVA，求 f 点发生三相短路后的短路点的冲击电流为（　　）。（取 $S_B=250\text{MVA}$）

A. 7.25kA　　B. 6.86kA　　C. 7.44kA　　D. 10.11kA

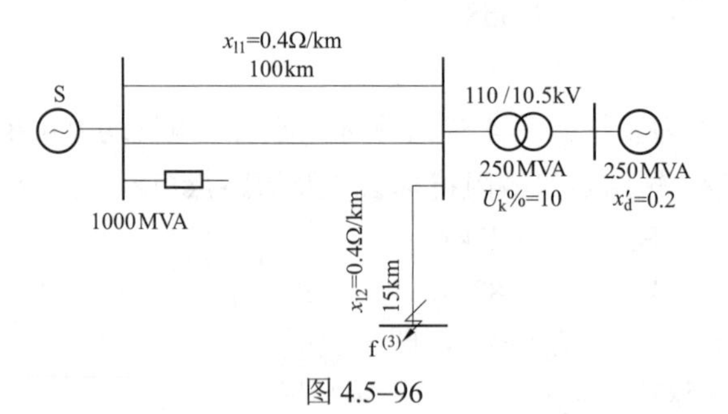

图 4.5–96

分析：取 $S_B=250\text{MVA}$，$U_B=U_{av}$，则 $x_{s*}=\frac{S_B}{S_{oc}}=\frac{250}{1000}=0.25$；$x_{l1*}=0.4\times100\times\frac{250}{115^2}=0.756$；$x_{l2*}=0.4\times15\times\frac{250}{115^2}=0.113$；$x_{T*}=\frac{U_k\%}{100}\times\frac{S_B}{S_N}=\frac{10}{100}\times\frac{250}{250}=0.1$；$x''_{d*}=0.2\times\frac{S_B}{S_N}=0.2\times\frac{250}{250}=0.2$。

做出标幺值等效电路如图 4.5–97 所示。

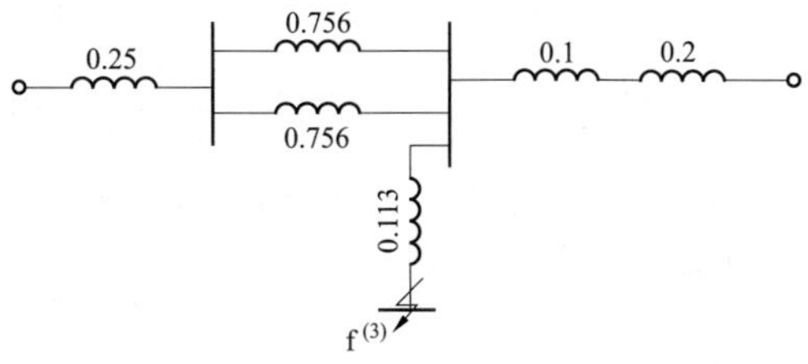

图 4.5–97

$$x_{\Sigma *}=\left[\left(0.25+\frac{1}{2}\times 0.756\right)//(0.1+0.2)\right]+0.113=0.316$$

所以 f 点发生三相短路后的短路点的冲击电流为 $i_{sh}^{(3)}=1.8\sqrt{2}\times\frac{1}{0.316}\times\frac{250}{\sqrt{3}\times 115}\text{kA}=10.11\text{kA}$。

答案：D

5.（2014） 某一简单系统如图 4.5–98 所示，变电所低压母线接入系统，系统的等效电抗未知，已知接到母线的断路器 QF 的额定切断容量为 2500MVA，当变电所高压母线发生三相短路时，短路点的短路电流和冲击电流分别为（　　）。（取冲击系数为 1.8，S_B=1000MVA）

A. 31.154kA，12.24kA　　　　B. 3.94kA，10.02kA

C. 12.239kA，31.15kA　　　　D. 12.93kA，32.92kA

分析：三相短路时的等效电路如图 4.5–99 所示。

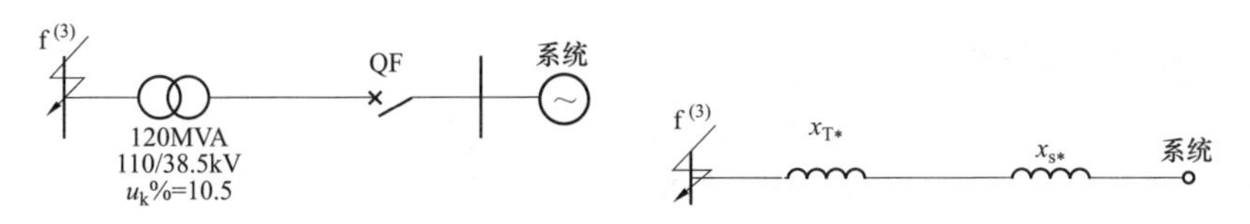

图 4.5–98　　　　图 4.5–99

$$x_{s*}=\frac{S_B}{S_{OC}}=\frac{1000}{2500}=0.4\text{；}\quad x_{T*}=\frac{u_k\%}{100}\times\frac{S_B}{S_N}=\frac{10.5}{100}\times\frac{1000}{120}=0.875$$

$$x_{\Sigma *}=x_{s*}+x_{T*}=0.4+0.875=1.275$$

短路点的短路电流：$I=\frac{1}{x_{\Sigma *}}\times\frac{S_B}{\sqrt{3}U_B}=\frac{1}{1.275}\times\frac{1000}{\sqrt{3}\times 115}\text{kA}=3.94\text{kA}$。

冲击电流：$i_{sh}=1.8\sqrt{2}\times 3.94\text{kA}=10.02\text{kA}$。

答案：B

6.（2016） 图 4.5–100 中系统 S 参数不详，已知开关 B 的短路容量 2500MVA，发电厂 G 和变压器 T 额定容量均为 100MVA，$x_d''=0.195$，$x_{T*}=0.105$，三条线路单位长度电抗均为 $0.4\Omega/\text{km}$，线路长度均为 100km，若母线 A 处发生三相短路，短路点冲击电流和短路容量分别为（　　）。（$S_B=100\text{MVA}$）

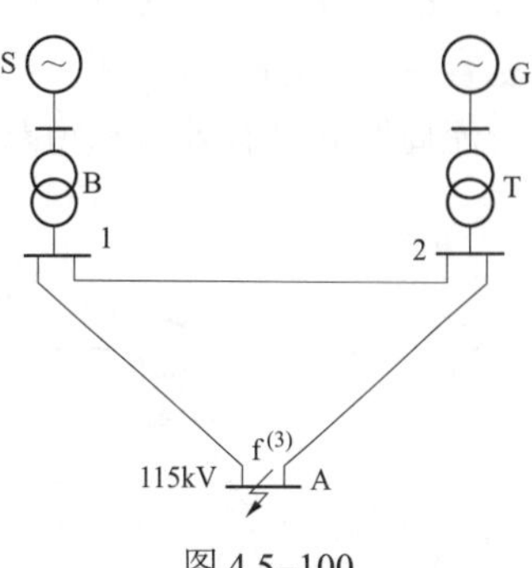

图 4.5–100

A. 4.91kA，542.2MVA　　　　B. 3.85kA，385.4MVA

C. 6.94kA，542.9MVA　　　　　D. 2.72kA，272.6MVA

捷径：参考 4.5.2 节知识点复习。短路容量 S、短路电流周期分量有效值 I_f、冲击电流 i_{sh} 三者之间的关系为 $S=\sqrt{3}U_{av}I_f=\sqrt{3}U_{av}\dfrac{i_{sh}}{1.8\sqrt{2}}=\sqrt{3}\times115\times\dfrac{i_{sh}}{1.8\sqrt{2}}=78.247\,6i_{sh}$，四个选项两个值的比值分别为：542.2/4.91=110.427 7、385.4/3.85=100.103 9、542.9/6.94=78.227 7、272.6/2.72=100.220 6，显然只有选项 C 满足所推论的比值关系。

答案：C

详细的计算过程，请读者自行完成，此处略。

7.（2018） 远端短路时，变压器 35/10.5（6.3）kV，容量 1000kVA，阻抗电压 6.5%，高压侧短路容量为 30MVA，其低压侧三相短路容量为（　　）。

A. 30MVA　　　B. 1000kVA　　　C. 20.5MVA　　　D. 10.17MVA

分析：取 $S_B=100\text{MVA}$，依题意，做出系统接线图（图 4.5–101）和对应的标幺值等效电路图（图 4.5–102）。

图 4.5–101　　　　　　　　图 4.5–102

$$x_{s*}=\frac{S_B}{S_{OC}}=\frac{100}{30}=\frac{10}{3}$$

式中，S_{OC} 为系统的短路容量。

$$x_{T*}=\frac{u_k\%}{100}\times\frac{S_B}{S_N}=\frac{6.5}{100}\times\frac{100}{1}=6.5$$

$$x_{\Sigma*}=x_{s*}+x_{T*}=\frac{10}{3}+6.5=9.833$$

低压侧短路容量 $S_*=\dfrac{1}{x_{\Sigma*}}=\dfrac{1}{9.833}$，换算成有名值得到

$$S=S_*\times S_B=\frac{1}{9.833}\times100\text{MVA}=10.17\text{MVA}$$

答案：D

8.（2019） 无限大功率电源供电系统如图 4.5–103 所示，已知电力系统出口断路器的断流容量为 600MVA，架空线路 $x=0.38\Omega/\text{km}$，用户配电所 10kV 母线上 k_1 点短路的三相短路电流周期分量有效值和短路容量分别为（　　）。

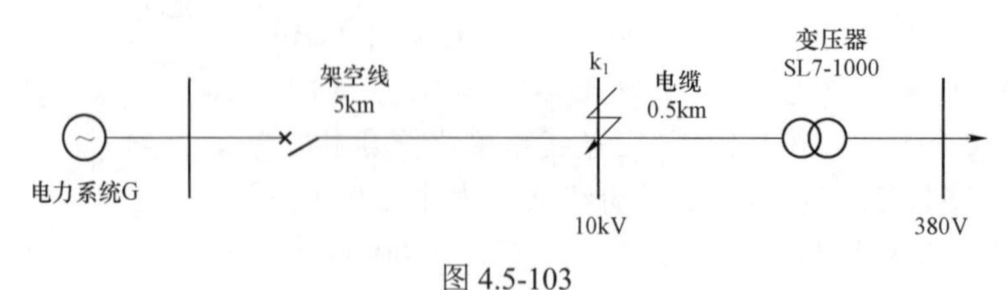

图 4.5-103

A. 7.29kA，52.01MVA　　B. 4.32kA，52.01MVA

C. 2.91kA，52.9MVA　　D. 2.86kA，15.5MVA

分析： 取 $S_B = 100\text{MVA}$。

$$U_B = U_{av}$$

$$x_{G*} = \frac{S_B}{S_{OC}} = \frac{100}{600} = \frac{1}{6}$$

$$x_{L*} = 0.38 \times 5 \times \frac{S_B}{U_B^2} = 0.38 \times 5 \times \frac{100}{10.5^2} = 1.723$$

$$x_{\Sigma*} = x_{G*} + x_{L*} = \frac{1}{6} + 1.723 = 1.89$$

$$I_{f(k1)}^{(3)} = \frac{1}{x_{*\Sigma}} \times \frac{S_B}{\sqrt{3}U_B} = \frac{1}{1.89} \times \frac{100}{\sqrt{3} \times 10.5}\text{kA} = 2.91\text{kA}$$

$$S = \sqrt{3}UI_{f(k1)}^{(3)} = \sqrt{3} \times 10.5 \times 2.91\text{MVA} = 52.92\text{MVA}$$

本题捷径判断：题目所要求的短路容量 S 和短路电流 I 应该满足以下关系，即 $\frac{S}{I} = \sqrt{3}U = \sqrt{3} \times 10.5 = 18.186\ 5$。A、B、C、D 四个选项两个值的比值分别为 52.01/7.29=7.134、52.01/4.32=12.039、52.9/2.91=18.179、15.5/2.86=5.42，显然选项 C 正确。

答案： C

【4. 了解冲击电流、最大有效值电流的定义和关系】

9.（2009）冲击电流是指短路前空载、电源电压过零发生三相短路时全短路电流的（　　）。

A. 有效值　　B. 一个周期的平均值

C. 最大瞬时值　　D. 一个周期的均方根值

分析： 短路冲击电流 i_{sh} 是指短路电流最大可能的瞬时值，其在短路发生后 $t = 0.01\text{s}$ 时刻出现。

答案： C

10.（2012）系统发生三相短路后，其短路点冲击电流和最大有效值电流计算公式为（　　）。

A. $K_M I_f''$ 和 $I_f''\sqrt{1+2(K_M-1)^2}$　　B. $K_M I''$ 和 $I_f''\sqrt{1+2(K_M-1)^2}$

C. $I_f''\sqrt{1+2(K_M-1)^2}$ 和 $K_M I_f''$　　D. $I_f''\sqrt{1+2(K_M-1)^2}$ 和 $K_M I''$

分析： 只需要记住公式即可。

答案： A

11.（2014） 同步发电机突然发生三相短路后定子绕组中的电流分量有（　　）。

A. 基波周期交流、直流、倍频分量　　B. 基波周期交流、直流分量

C. 基波周期交流、非周期分量　　D. 非周期分量、倍频分量

答案： A

12.（2016） 同步发电机突然发生三相短路后励磁绕组中的电流分量有（　　）。

A. 直流分量，周期交流　　B. 倍频分量，直流分量

C. 直流分量，基波交流分量　　D. 周期分量，倍频分量

答案： C

【5. 了解同步发电机、变压器、单回、双回输电线路的正、负、零序等效电路】

13.（2009） 变压器的负序阻抗与正序阻抗相比，其值（ ）。

A. 比正序阻抗大　　B. 与正序阻抗相等

C. 比正序阻抗小　　D. 由变压器接线方式决定

分析：变压器为静止元件，所以正序阻抗与负序阻抗是相等的。注意此题不要错选 D，变压器的零序阻抗会受其接线方式的影响。

答案：B

14.（2012） 发电机的暂态电动势与励磁绕组的关系为（ ）。

A. 正比于励磁电流　B. 反比于励磁磁链　C. 反比于励磁电流　D. 正比于励磁磁链

分析：发电机暂态电动势的计算公式为$E_q' = \dfrac{x_{ad}}{x_f}\psi_f$。

答案：D

15.（2013） 在短路瞬间，发电机的空载电动势将（ ）。

A. 反比于励磁电流而增大　　B. 正比于阻尼绕组磁链不变

C. 正比于励磁电流而突变　　D. 正比于励磁磁链不变

分析：同步电机与理想电源的区别就在于空载电动势正比于励磁绕组中的电流。突然短路时，定子电流交流分量突变，电枢反应磁通发生变化，要在转子绕组中感应电流，使得空载电动势发生变化。

答案：C

16.（2018）TN 接地系统低压网络的相线零序阻抗为 10Ω，保护线 PE 的零序阻抗为 5Ω，TN 接地系统低压网络的零序阻抗为（ ）。

A. 15Ω　　B. 5Ω　　C. 20Ω　　D. 25Ω

分析：参见《工业与民用配电设计手册》，第 4 章短路电流计算的第 5 节低压网络电路元件阻抗的计算中，TN 接地系统低压网络的零序阻抗等于相线的零序阻抗与三倍保护线的零序阻抗之和，故本题答案是$10\Omega + 3\times 5\Omega = 25\Omega$。

答案：D

【6. 掌握简单电网的正、负、零序序网的制定方法】

17.（2013） 系统和各元件的标幺值电抗如图 4.5–104 所示，当 f 处发生不对称短路故障时，其零序等效电抗为（ ）。

A. $X_{L(0)} = x_{l(0)} + (x_{G(0)} + x_p)//(x_T + 3x_{PT})$

B. $X_{L(0)} = x_{l(0)} + (x_{G(0)} + 3x_p)//\left(x_T + \dfrac{1}{3}x_{PT}\right)$

C. $X_{L(0)} = x_{l(0)} + (x_{G(0)} + x_p)//\left(x_T + \dfrac{1}{9}x_{PT}\right)$

D. $X_{L(0)} = x_{l(0)} + (x_{G(0)} + 3x_p)//\left(x_T + \dfrac{1}{9}x_{PT}\right)$

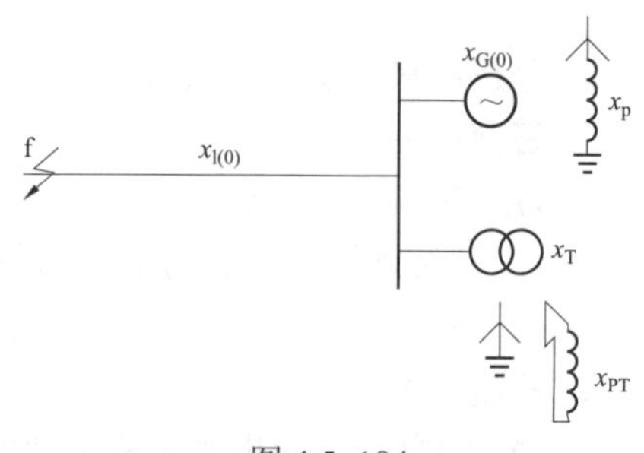

图 4.5–104

分析：变压器三角绕组中没有串入x_{PT}前，其等效阻抗如图 4.5–105 所示。

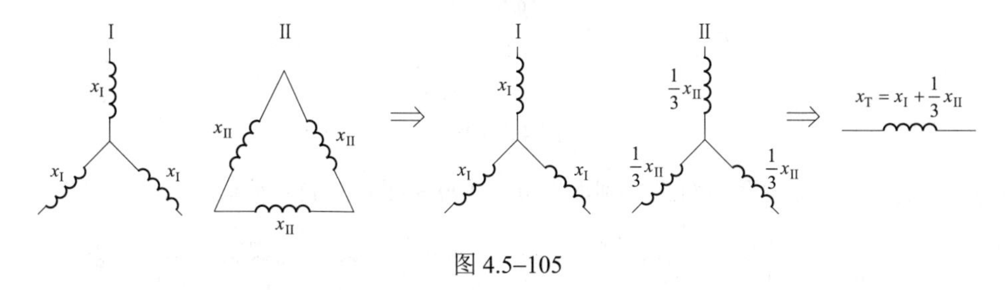

图 4.5–105

变压器三角绕组中串入 x_{PT} 后，其等效阻抗如图 4.5–106 所示。

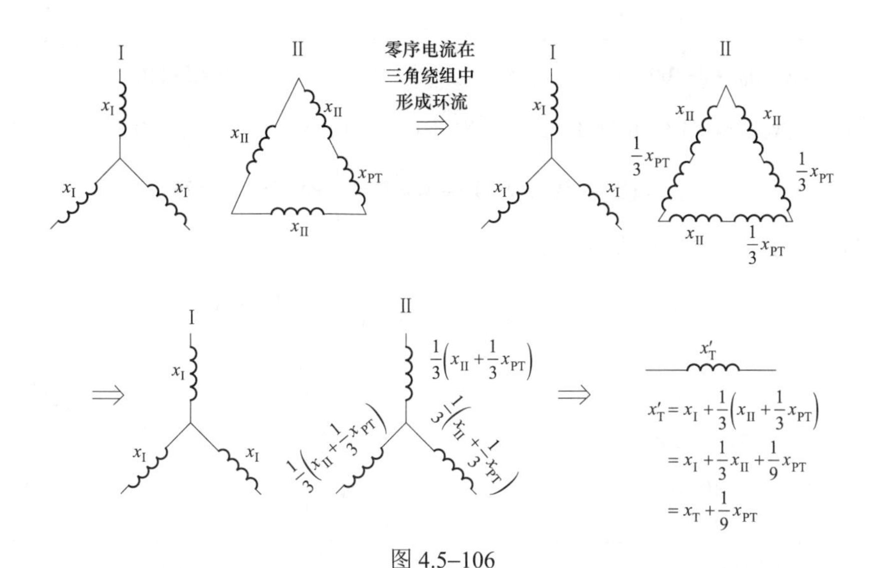

图 4.5–106

本题对应的零序等效网络图如图 4.5–107 所示。

其零序等效电抗为

$$X_{L(0)} = x_{l(0)} + (x_{G(0)} + 3x_p)//\left(x_T + \frac{1}{9}x_{PT}\right)$$

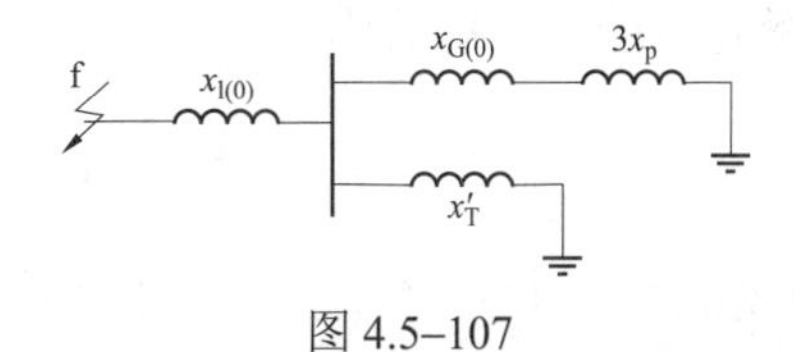

图 4.5–107

答案：D

18.（2014） 某简单系统其短路点的等效正序电抗为 $X_{(1)}$，负序电抗为 $X_{(2)}$，零序电抗 $X_{(0)}$，利用正序等效定则求发生单相接地短路故障处正序电流，在短路点加入的附加电抗为（　　）。

A. $\Delta X = X_{(1)}+X_{(2)}$　　B. $\Delta X = X_{(2)}+X_{(0)}$　　C. $\Delta X = X_{(1)}//X_{(0)}$　　D. $\Delta X = X_{(2)}//X_{(0)}$

答案：B

提示：参见表 4–6 的“正序等效定则”。

【8. 了解不对称短路的电流、电压计算】

19.（2007、2008） 简单电力系统如图 4.5–108 所示，取基准功率 $S_B = 100\text{MVA}$ 时，f 点发生 A 相接地短路时短路点的短路电流及短路点正序电压为（　　）。

A. 0.846kA，131.79kV　　B. 2.676 7kA，76.089kV

C. 0.727 6kA，84.06kV　　D. 2.789kA，131.79kV

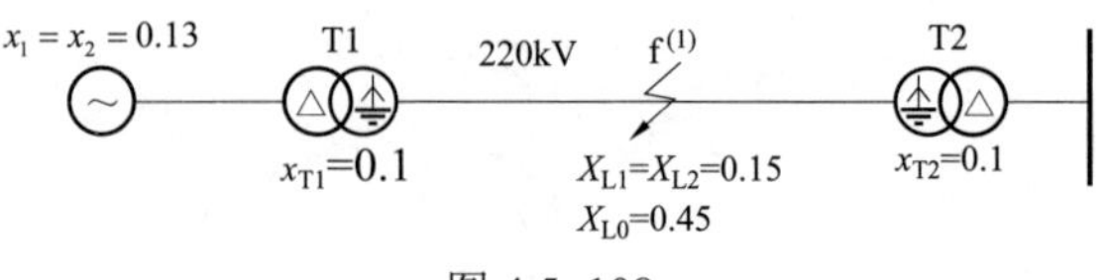

图 4.5–108

分析：做出正、负、零序网络分别如图 4.5–109～图 4.5–111 所示。

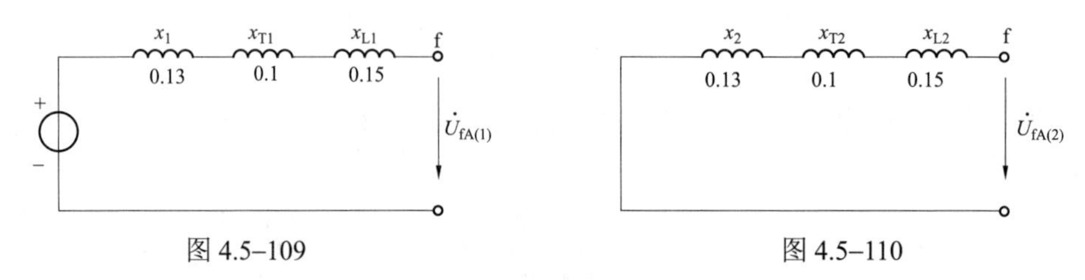

图 4.5–109　　　　图 4.5–110

$$x_{\Sigma(1)}=0.13+0.1+0.15=0.38\text{，}\quad x_{\Sigma(2)}=0.13+0.1+0.15=0.38$$

$$x_{\Sigma(0)}=(0.1+0.45)//(0.1+0.45)=\frac{1}{2}\times 0.55=0.275$$

做出单相接地时的复合序网如图 4.5–112 所示，可求得

$$\dot{I}_{*\mathrm{fA}(1)}=\frac{1}{\mathrm{j}(0.38+0.38+0.275)}=-\mathrm{j}0.966\,18$$

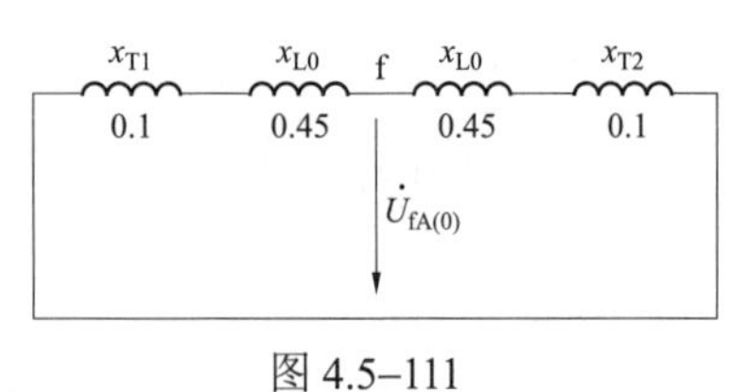

图 4.5–111

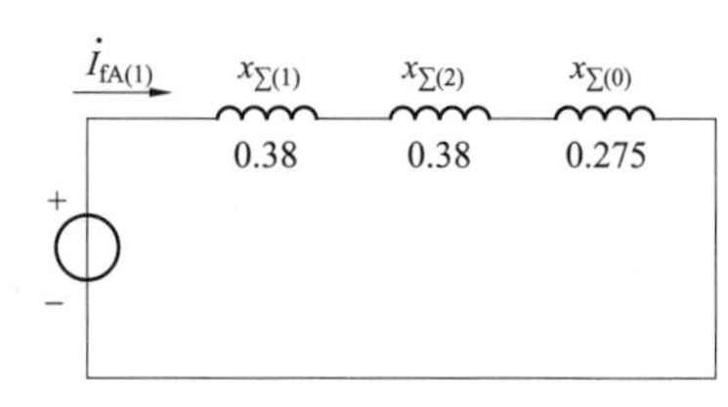

图 4.5–112

短路点的短路电流为

$$\dot{I}_{\mathrm{fA}}=3\dot{I}_{\mathrm{fA}(1)}=3\times 0.966\,18\times\frac{100}{\sqrt{3}\times 230}\mathrm{kA}=0.727\,6\mathrm{kA}$$

$\dot{U}_{*\mathrm{fA}(1)}=1-\mathrm{j}x_{\Sigma(1)}\times\dot{I}_{*\mathrm{fA}(1)}=1-\mathrm{j}0.38\times(-\mathrm{j}0.966\,18)=1-0.367=0.633$，换算成有名值，得短路点正序电压为 $\dot{U}_{\mathrm{fA}(1)}=0.633\times\dfrac{230}{\sqrt{3}}\mathrm{kV}=84.06\mathrm{kV}$。

答案：C

20.（2012） 系统如图 4.5–113 所示，系统中各元件在统一基准功率下的标幺值电抗：G：$X''_{\mathrm{d}}=X_{(2)}=0.1$，$E''=1$；$\mathrm{T_1}$：Yd11，$X_{\mathrm{T1}}=0.1$，中性点接地电抗 $X_{\mathrm{p}}=0.01$；$\mathrm{T_2}$：Yd11，$X_{\mathrm{T2}}=0.1$，三角绕组中接入电抗 $X_{\mathrm{PT}}=0.18$；L： $X_1=0.01$， $X_{10}=3X_1$。当图示 f 点发生 A 相短路接地时，其零序网等效电抗及短路点电流标幺值分别为（　　）。

A. 0.069 6，10.5　　B. 0.069 7，3.7　　C. 0.096 9，4　　D. 0.096 9，3.5

分析：本题需要注意"变压器 T2 三角绕组中的接入电抗 $X_{\mathrm{PT}}=0.18$"的处理，在序网等效电路中它将以 $\frac{1}{9}\times 0.18=0.02$ 出现，所以 $X'_{\mathrm{T2}}=X_{\mathrm{T2}}+\frac{1}{9}X_{\mathrm{PT}}=0.1+\frac{1}{9}\times 0.18=0.12$。

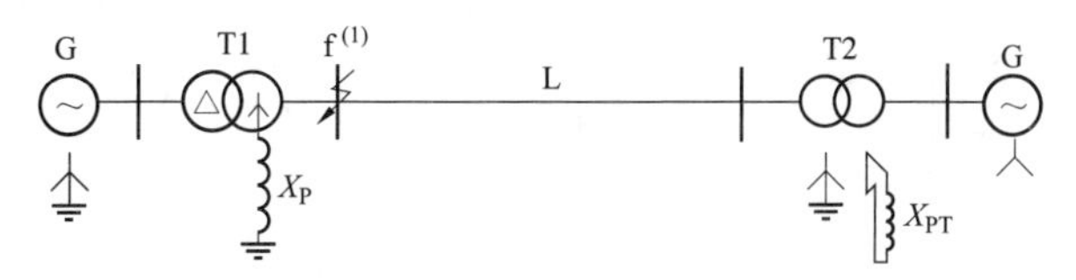

图 4.5–113

正、负、零序网分别如图 4.5–114～图 4.5–116 所示。

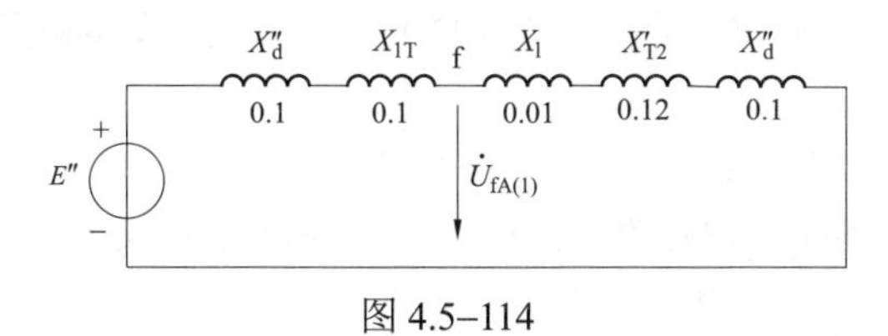

图 4.5–114

$$X_{\Sigma(1)}=(0.1+0.1)//(0.01+0.12+0.1)=0.2//0.23=0.107$$

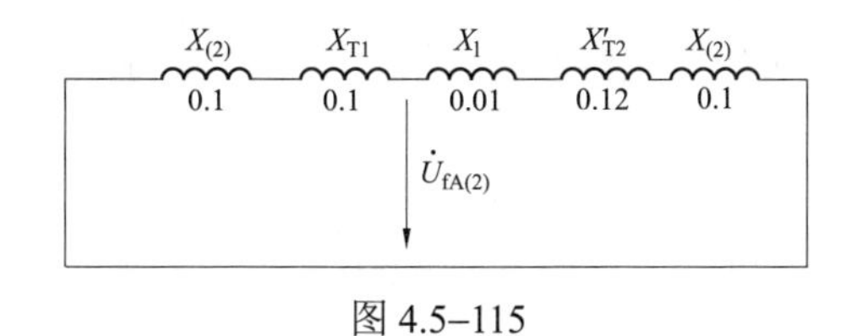

图 4.5–115

$$X_{\Sigma(2)}=(0.1+0.1)//(0.01+0.12+0.1)=0.2//0.23=0.107$$

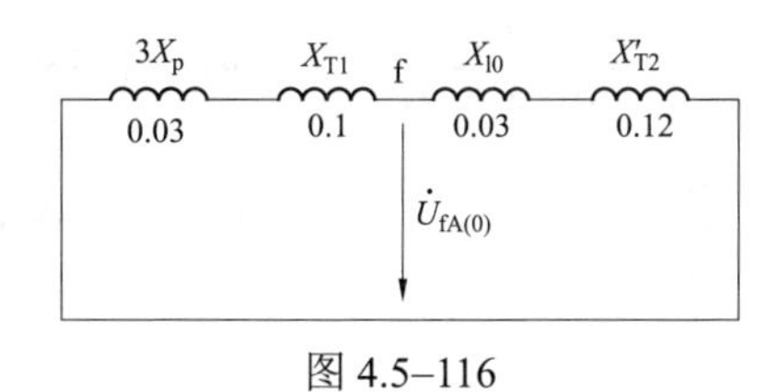

图 4.5–116

$$X_{\Sigma(0)}=(0.03+0.1)//(0.03+0.12)=0.13//0.15=0.069\ 6$$

复合序网如图 4.5–117 所示。

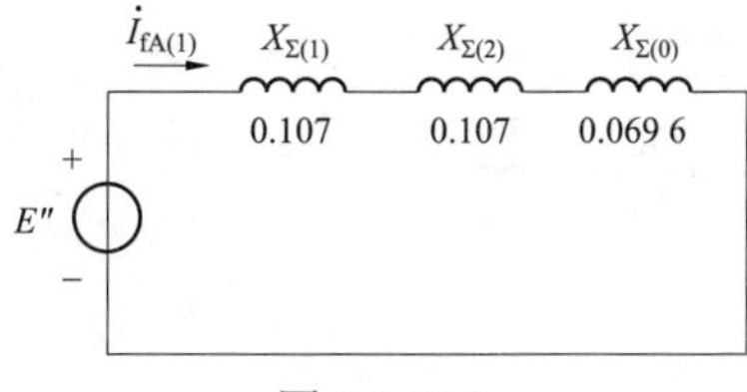

图 4.5–117

$$I_{\mathrm{fA}}=3I_{\mathrm{fA(1)}}=\frac{3}{0.107+0.107+0.069\ 6}=10.57$$

答案： A

21.（2014） 系统如图 4.5–118 所示，母线 B 发生两相接地短路时，短路点短路电流标幺值为（不计负荷影响）（　　）。

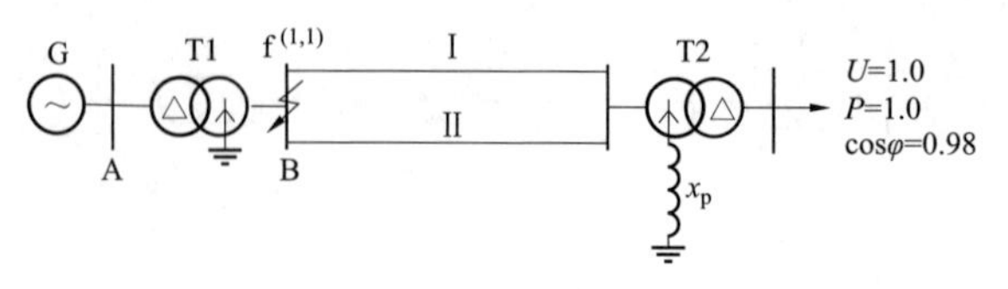

图 4.5–118

各元件标幺值参数：G：$x_d'=0.3$，$x_d=0.1$，$x_{(2)}=x_d'$，$x_{(0)}=0.8$；T1、T2 相同：$x_{T(1)}=x_{T(2)}=x_{T(0)}=0.1$，$x_p=0.1/3$，Yd11（原题为 Y/△-11）；Ⅰ、Ⅱ回线路相同，每回 $x_{(1)}=x_{(2)}=0.6$，$x_{(0)}=2x_{(1)}$。

A. 3.39　　B. 2.93　　C. 5.85　　D. 6.72

分析：题目已知不计负荷影响，做出正、负、零序网分别如图 4.5–119～图 4.5–121 所示。

从正序网络得到 $x_{\Sigma(1)}=0.1+0.1=0.2$。

从负序网络得到 $x_{\Sigma(2)}=0.3+0.1=0.4$。

从零序网络得到 $x_{\Sigma(0)}=0.1//(0.6+0.1+0.1)=0.1//0.8=0.09$。

两相接地短路的复合序网如图 4.5–122 所示，从中可求得故障点 A 相的正、负、零序电流分量分别为

$$\dot{I}_{fA(1)}=\frac{1}{j(0.2+0.4//0.09)}=-j3.66$$

$$\dot{I}_{fA(2)}=-\frac{0.09}{0.4+0.09}\times(-j3.66)=j0.67$$

$$\dot{I}_{fA(0)}=-\frac{0.4}{0.4+0.09}\times(-j3.66)=j2.99$$

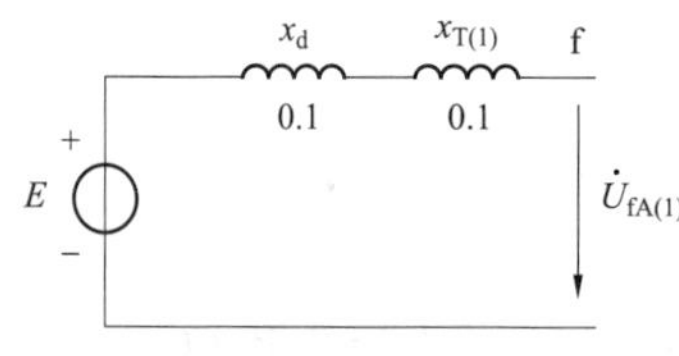

图 4.5–119

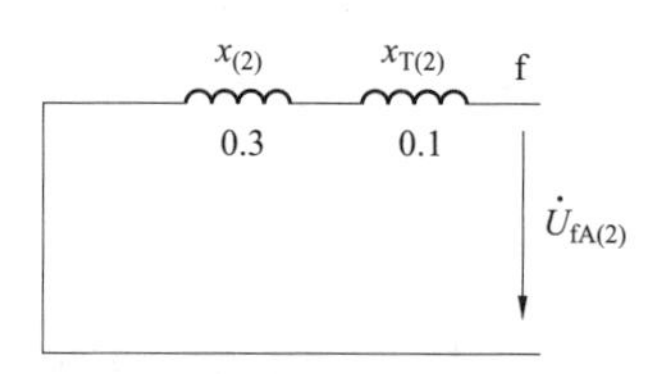

图 4.5–120

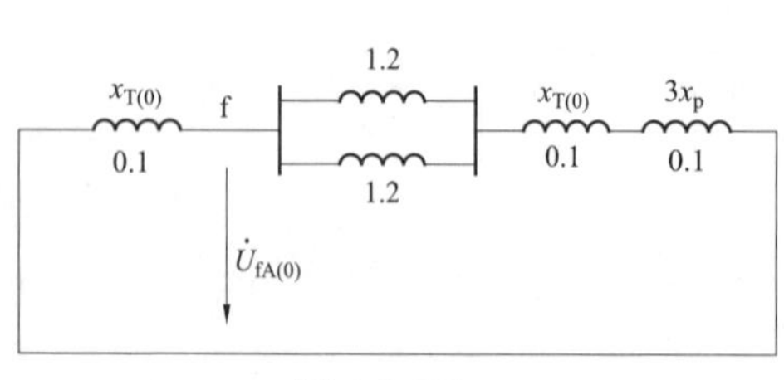

图 4.5–121

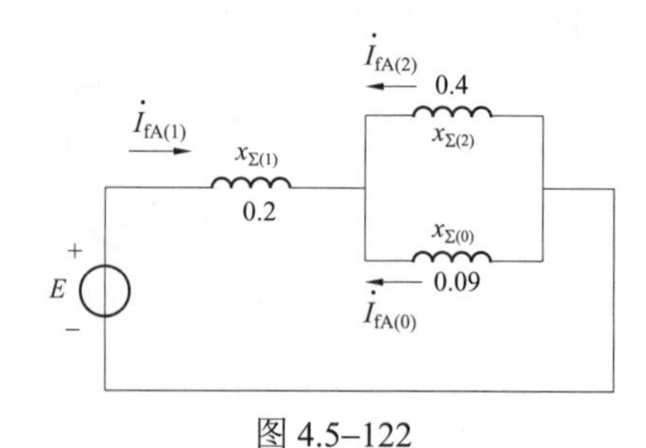

图 4.5–122

短路点 B 相短路电流为

$$\dot{I}_{fB}=\dot{I}_{fB(1)}+\dot{I}_{fB(2)}+\dot{I}_{fB(0)}=\alpha^2\dot{I}_{fA(1)}+\alpha\dot{I}_{fA(2)}+\dot{I}_{fA(0)}=3.66\angle 150^\circ+0.67\angle -150^\circ+j2.99$$
$$=(-3.17+j1.83)+(-0.58-j0.33)+j2.99=-3.75+j4.49=5.85\angle 130^\circ$$

答案：C

22.（2016） 发电机、变压器和负荷阻抗标幺值在图 4.5–123 中（$S_B = 100\text{MVA}$），试计算图示网络中 f 点发生两相短路接地时，短路点 A 相电压和 B 相电流分别为（　　）。

A. 107.64kV，4.94kA

B. 107.64kV，8.57kA

C. 62.15kV，8.57kA

D. 62.15kV，4.94kA

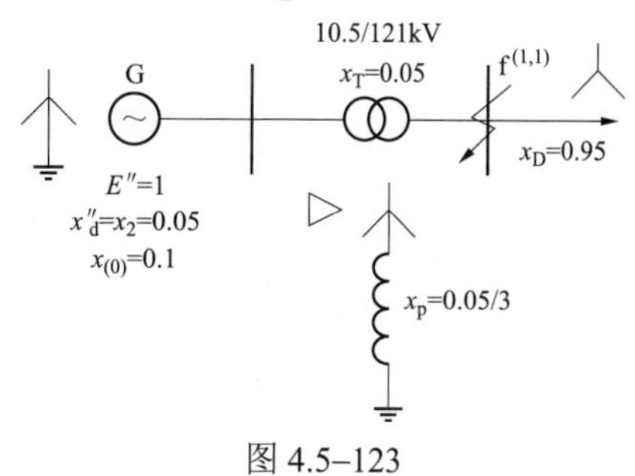

图 4.5–123

分析：做出正、负、零序网分别如图 4.5–124～图 4.5–126 所示。

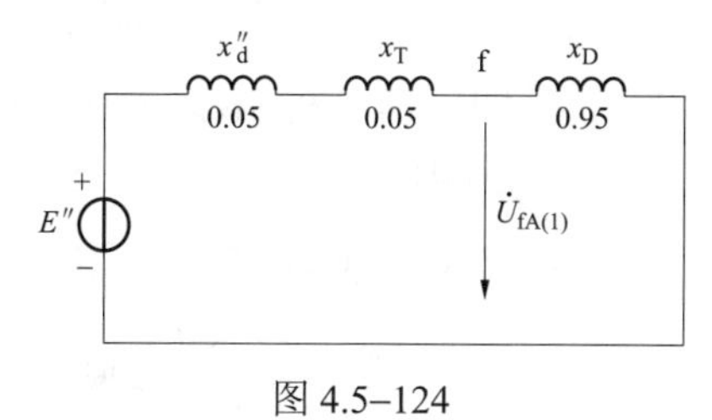

图 4.5–124

$$x_{\Sigma(1)} = (0.05 + 0.05) \,//\, 0.95 = 0.09$$

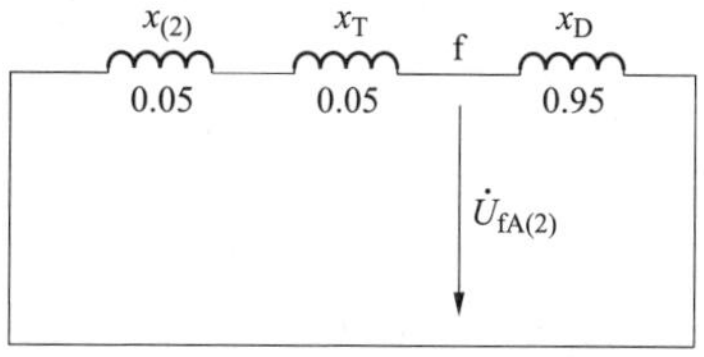

图 4.5–125

$$x_{\Sigma(2)} = (0.05 + 0.05) \,//\, 0.95 = 0.09$$

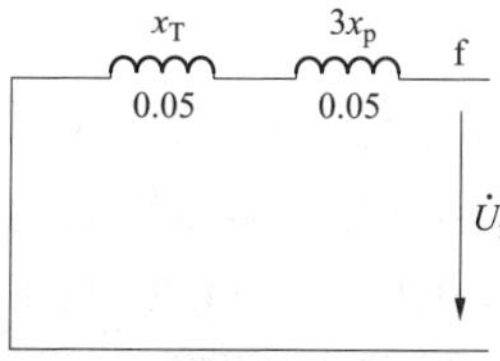

图 4.5–126

$$x_{\Sigma(0)} = 0.05 + 0.05 = 0.1$$

两相短路接地的复合序网是正、负、零序网的并联，如图 4.5–127 所示。

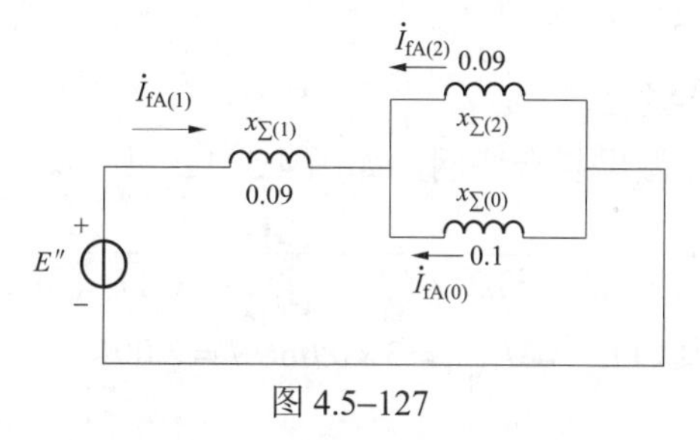

图 4.5–127

$$\dot{I}_{fA(1)}=\frac{1}{j0.09+(j0.09//j0.1)}=-j7.28,\quad \dot{I}_{fA(2)}=-\frac{j0.1}{j0.09+j0.1}\times(-j7.28)=j3.8316$$

$$\dot{I}_{fA(0)}=-\frac{j0.09}{j0.09+j0.1}\times(-j7.28)=j3.448$$

$$\dot{U}_{fA(1)}=\dot{U}_{fA(2)}=\dot{U}_{fA(0)}=-x_{\Sigma(0)}\dot{I}_{fA(0)}=-j0.1\times j3.448=0.3448$$

所以 A 相电压为：$\dot{U}_{fA*}=\dot{U}_{fA(1)}+\dot{U}_{fA(2)}+\dot{U}_{fA(0)}=3\dot{U}_{fA(1)}=3\times0.3448=1.0344$

换算成有名值得到：$=U_{fA}=U_{fA*}\times U_B=1.0344\times115/\sqrt{3}kV=68.68kV$

再来求 B 相电流，有

$$\begin{aligned}\dot{I}_{fB*}&=\dot{I}_{fB(1)}+\dot{I}_{fB(2)}+\dot{I}_{fB(0)}=\alpha^2\dot{I}_{fA(1)}+\alpha\dot{I}_{fA(2)}+\dot{I}_{fA(0)}\\&=-j7.28\angle240^\circ+j3.8316\angle120^\circ+j3.448\\&=(-6.305+j3.64)+(-3.318-j1.9158)+j3.448\\&=(-9.623+j5.1722)=10.925\angle-28.26^\circ\end{aligned}$$

换算成有名值，得 $\dot{I}_{fB}=\dot{I}_{fB*}\times\frac{S_B}{\sqrt{3}U_B}=10.925\times\frac{100}{\sqrt{3}\times115}kA=5.48kA$。

答案：D

23.（2019） 中性点不接地系统中，正常运行时，三相对地电容电流均为 15A，当 A 相发生接地故障时，A 相故障电流属性为（　　）。

A. 感性　　B. 容性　　C. 阻性　　D. 无法判断

答案：B

24.（2020） 单相短路的电流值为 30A，则其正序分量的大小为（　　）。

A. 30A　　B. 15A　　C. 0　　D. 10A

分析：由 $\dot{I}_A=\dot{I}_{A(1)}+\dot{I}_{A(2)}+\dot{I}_{A(0)}=3\dot{I}_{A(1)}$，得 $\dot{I}_{A(1)}=\frac{1}{3}\dot{I}_A=10A$。

答案：D

【9. 了解正、负、零序电流、电压经过 Yd11 变压器后的相位变化】

25.（2009） 系统如图 4.5–128 所示，变压器联结组为 YNd11，各元件标幺值参数为，G：$X''_d=0.1$，$X_{(2)}=0.1$，$E''=1$；T：$X_T=0.2$，$X_p=0.2/3$；L：$X_L=0.2$，$X_{(2)}=0.1$，$X_{(0)}=0.2$。母线 C 发生 A 相接地短路时，短路点短路电流和发电机 A 母线 A 相电压标幺值分别为（　　）。

A. 1.873，$0.833\angle46.1^\circ$

B. 1.9，$0.833\angle46.1^\circ$

C. 1.873，$0.907\angle33.3^\circ$

D. 2.001，$0.9017\angle33.6^\circ$

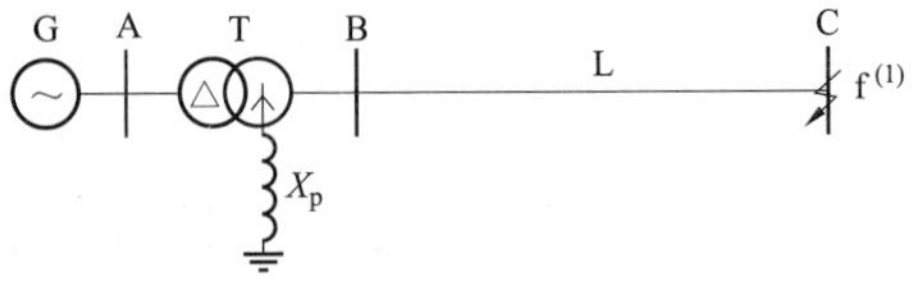

图 4.5–128

分析：不对称短路首先做出复合序网，如图 4.5–129 所示。

$$\dot{I}_{fA(1)}=\dot{I}_{fA(2)}=\dot{I}_{fA(0)}=\frac{1}{(j0.1+j0.2+j0.2)+(j0.1+j0.2+j0.1)+(j0.2+j0.2+j0.2)}=-j0.6667$$

短路点短路电流标幺值为 $I_{fA}=3I_{fA(1)}=3\times0.6667=2.001$。

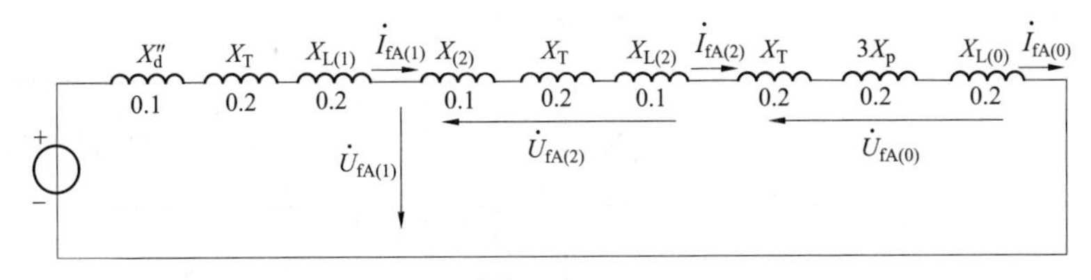

图 4.5–129

短路点处 A 相正、负、零序电压标幺值分别为

$$\dot{U}_{fA(1)} = 1 - (-j0.666\ 7 \times j0.5) = 0.666\ 6$$

$$\dot{U}_{fA(2)} = -(-j0.666\ 7 \times j0.4) = -0.266\ 7$$

$$\dot{U}_{fA(0)} = -(-j0.666\ 7 \times j0.6) = -0.4$$

△侧发电机的 A 母线 A 相电压的正、负序分量分别为

$$\dot{U}_{\Delta A(1)} = [\dot{U}_{fA(1)} + j(X_T + X_L) \times (-j0.666\ 7)] \times e^{j30^\circ}$$

$$= [0.666\ 6 + j(0.2 + 0.2) \times (-j0.666\ 7)] \times e^{j30^\circ} = 0.933\ 28\ \angle 30^\circ$$

$$\dot{U}_{\Delta A(2)} = [\dot{U}_{fA(2)} + j(X_T + X_{L(2)}) \times (-j0.666\ 7)] \times e^{-j30^\circ}$$

$$= [-0.266\ 7 + j(0.2 + 0.1) \times (-j0.666\ 7)] \times e^{-j30^\circ} = -0.066\ 69\ \angle -30^\circ$$

△侧发电机的 A 母线 A 相电压为

$$\dot{U}_{\Delta A} = \dot{U}_{\Delta A(1)} + \dot{U}_{\Delta A(2)} = 0.933\ 28\ \angle 30^\circ + (-0.066\ 69\ \angle -30^\circ)$$

$$= (0.808\ 2 + j0.466\ 64) + (-0.057\ 8 + j0.033\ 345) = 0.750\ 4 + j0.5 = 0.901\ 7\ \angle 33.676^\circ$$

答案：D

4.6 变压器

4.6.1 考试大纲要求及历年真题统计分析（供配电、发输变电）

历年真题按照考试大纲考点归类总结见表 4.6–1 和表 4.6–2（说明：1、2、3、4 道题分别对应 1、2、3、4 颗★，≥5 道题对应 5 颗★）。

表 4.6–1 供配电专业基础考试大纲及历年真题统计表

4.6 变压器 考试大纲	2005	2006	2007	2008	2009	2010	2011	2012	2013	2014	2016	2017	2018	2019	2020	2021	汇总统计
1. 了解三相组式变压器及三相心式变压器结构特点																	0
2. 掌握变压器额定值的含义及作用★														1			1★
3. 了解变压器变比和参数的测定方法★★★★★	2	3			2	1			2	1	0			1	2		14★★★★★
4. 掌握变压器工作原理													1				1★
5. 了解变压器电动势平衡方程式及各量含义★★			1									1					2★★

续表

4.6 变压器 考试大纲	2005	2006	2007	2008	2009	2010	2011	2012	2013	2014	2016	2017	2018	2019	2020	2021	汇总统计
6. 掌握变压器电压调整率的定义★★★★★				1						1	1	2			1		6★★★★★
7. 了解变压器在空载合闸时产生很大冲击电流的原因★											1						1★
8. 了解变压器的效率计算及变压器具有最高效率的条件★★★★			1				1	1			1					1	5★★★★
9. 了解三相变压器联结组和铁心结构对谐波电流、谐波磁通的影响★	1																1★
10. 了解用变压器组接线方式及极性端判断三相变压器联结组别的方法★★	1					1											2★★
11. 了解变压器的绝缘系统及冷却方式、允许温升																	0
汇总统计	4	3	2	1	2	2	1	1	2	2	3	3	1	2	3	1	33

表 4.6–2　　发输变电专业基础考试大纲及历年真题统计表

4.6 变压器 考试大纲	2005（同供配电）	2006（同供配电）	2007（同供配电）	2008（同供配电）	2009	2010	2011	2012	2013	2014	2016	2017	2018	2019	2020	2021	汇总统计
1. 了解三相组式变压器及三相心式变压器结构特点																	0
2. 掌握变压器额定值的含义及作用																	0
3. 了解变压器变比和参数的测定方法★★★★★	2	3			1	1				1	2	1	1		3	1	16★★★★★
4. 掌握变压器工作原理																	0
5. 了解变压器电动势平衡方程式及各量含义★			1														1★
6. 掌握变压器电压调整率的定义★★★★★				1				1	1			1		1	1	1	7★★★★★
7. 了解变压器在空载合闸时产生很大冲击电流的原因★★						1		1									2★★
8. 了解变压器的效率计算及变压器具有最高效率的条件★★★★★			1				1		1	1	1			1		1	7★★★★★

续表

4.6 变压器 考试大纲	2005（同供配电）	2006（同供配电）	2007（同供配电）	2008（同供配电）	2009	2010	2011	2012	2013	2014	2016	2017	2018	2019	2020	2021	汇总统计
9. 了解三相变压器联结组和铁心结构对谐波电流、谐波磁通的影响★★★	1				1		1										3★★★
10. 了解用变压器组接线方式及极性端判断三相变压器联结组别的方法★★	1													1			2★★
11. 了解变压器的绝缘系统及冷却方式、允许温升★★													1	1			2★★
汇总统计	4	3	2	1	2	2	2	2	2	27	3	2	2	4	4	3	40

对比以上供配电专业基础和发输变电专业基础历年真题统计表，可看到：尽管专业方向不同，但专业基础的考试两个方向的侧重点几乎一样，见表 4.6–3。

表 4.6–3　　专业基础供配电、发输变电考试两个专业方向侧重点对比

4.6 变压器	历年真题汇总统计	
考试大纲（取供配电、发输变电两个方向中多的★值标注）	供配电	发输变电
1. 了解三相组式变压器及三相心式变压器结构特点	0	0
2. 掌握变压器额定值的含义及作用★	1★	0
3. 了解变压器变比和参数的测定方法★★★★★	14★★★★★	16★★★★★
4. 掌握变压器工作原理★	1★	0
5. 了解变压器电动势平衡方程式及各量含义★★	2★★	1★
6. 掌握变压器电压调整率的定义★★★★★	6★★★★★	7★★★★★
7. 了解变压器在空载合闸时产生很大冲击电流的原因★★	1★	2★★
8. 了解变压器的效率计算及变压器具有最高效率的条件★★★★★	5★★★★★	7★★★★★
9. 了解三相变压器联结组和铁心结构对谐波电流、谐波磁通的影响★★★	1★	3★★★
10. 了解用变压器组接线方式及极性端判断三相变压器联结组别的方法★★	2★★	2★★
11. 了解变压器的绝缘系统及冷却方式、允许温升★★	0	2★★
汇总统计	33	40

4.6.2 重要知识点复习

结合前面 4.6.1 节的历年真题统计分析（供配电、发输变电）结果，对“4.6 变压器”部分的 3、5、6、8、9、10 大纲点深入总结，其他大纲点从略。

1. 了解三相组式变压器及三相心式变压器结构特点

历年无考题，略。

2. 掌握变压器额定值的含义及作用

历年无考题，略。

3. 了解变压器变比和参数的测定方法

变压器的T型等效电路如图4.6–1所示，图中R_m为励磁电阻，是对应于铁损耗的等效电阻；X_m为励磁电抗，是反映铁心磁路性能的等效电抗；R_1为一次绕组电阻；$X_{1\sigma}$为一次绕组漏电抗，$X_{1\sigma}=\omega L_{1\sigma}$；$R_2'$为二次绕组电阻归算到一次侧的值；$X_{2\sigma}'$为二次绕组漏电抗归算到一次侧的值，$X_{2\sigma}=\omega L_{2\sigma}'$；$Z_L'$为二次侧负载阻抗归算到一次侧的值。

考虑到$\dot{I}_1 \gg \dot{I}_0$，电力变压器中，空载电流很小，一般$I_0 \approx (0.02 \sim 0.1)I_{1N}$，故忽略励磁支路，得到变压器的简化等效电路如图4.6–2所示，R_k称为短路电阻，X_k称为短路电抗。

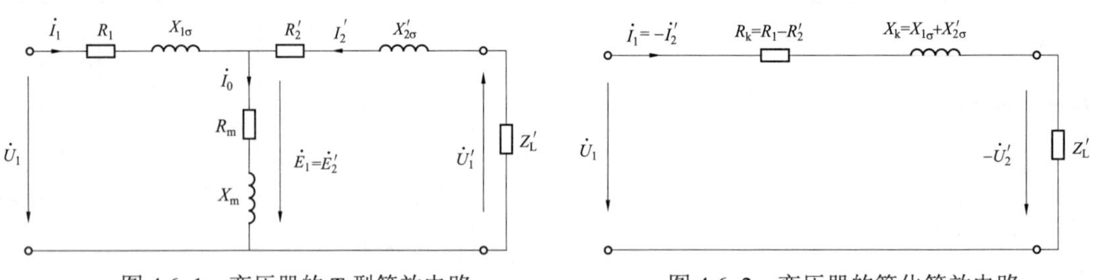

图4.6–1　变压器的T型等效电路　　　　图4.6–2　变压器的简化等效电路

在图4.6–2所示$\dot{U}_1$、$\dot{I}_1$、$\dot{U}_2'$、$\dot{I}_2'$的参考方向下，变压器的变比$k=\dfrac{N_1}{N_2}=-\dfrac{U_1}{U_2}=-\dfrac{I_2}{I_1}$，式中，$N_1$、$N_2$分别为变压器一、二次侧绕组的匝数。

等效电路中的各阻抗参数常根据空载试验和短路试验得到。

（1）空载试验。

1）试验前提。空载试验若将低压侧开路、在高压侧测量，则所测数据为高压侧的值，依此计算的励磁阻抗便为归算到高压侧的实际值；若将高压侧开路、在低压侧测量，则所测数据为低压侧的值，依此计算的励磁阻抗便为归算到低压侧的实际值。尽管实际有名值不同，但无论在哪侧测量，所得标幺值相同。

记忆口诀：“哪侧加电压，有名为哪侧，标幺均一样”。

2）接线图及测量过程。为便于测量和安全起见，空载试验一般在低压侧加电压、高压侧开路。试验接线图如图4.6–3所示，空载试验时，调整外加电压为额定电压U_{1N}，测得电流为空载电流I_0、输入功率为空载损耗P_0，由于空载电流很小，所以绕组铜耗很小，空载损耗近似等于变压器的铁耗，即$P_0 \approx P_{Fe}$。

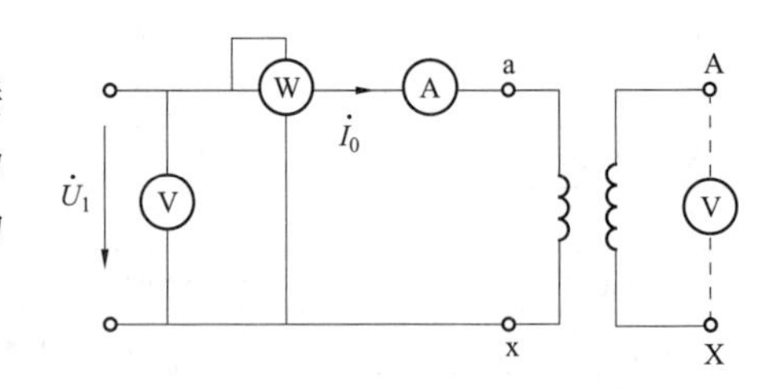

图4.6–3　变压器空载试验接线图

3）重要结论公式。

变比$k=\dfrac{U_{20}}{U_{1N}}$；励磁电阻$R_m=\dfrac{P_0}{I_0^2}$；励磁阻抗$Z_m=\dfrac{U_{1N}}{I_0}$；励磁电抗$X_m=\sqrt{Z_m^2-R_m^2}$。

（2）短路试验。

1）试验前提。短路试验既可低压短路高压测量，也可高压短路低压测量，其“记忆口诀”同空载试验。

2）接线图及测量过程。为了便于测量，通常是在高压侧加电压，将低压侧短路。试验接线图如图4.6–4所示，调节外加电压使得短路电流为额定值，测得电压为短路电压U_k，测得

电流为短路电流 I_k，测得短路时输入功率 P_k。由于短路试验时外加电压很低，铁心磁路不饱和，励磁电流很小，依据变压器等效电路可知，所测得的短路功率几乎都消耗在两侧绕组电阻的铜耗上，即 $P_k \approx P_{Cu}$。

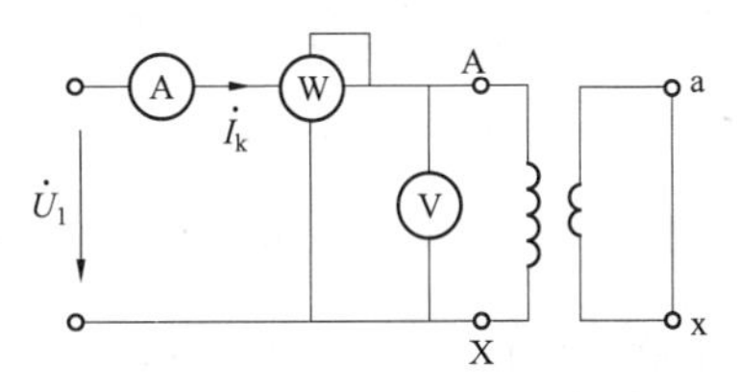

图 4.6–4　变压器短路试验接线图

3）重要结论公式。

短路电阻 $R_k = \dfrac{P_k}{I_k^2}$；短路阻抗 $Z_k = \dfrac{U_k}{I_k}$；短路电抗 $X_k = \sqrt{Z_k^2 - R_k^2}$。

4. 掌握变压器工作原理

电磁感应定律是变压器工作原理的基础。一、二次绕组之间只有磁的耦合而没有电的联系，当一次绕组中通以交流电流时，将在铁心中产生交变的磁通，这个交变磁通同时交链一、二次绕组，就会在一、二次绕组中感应出电动势，感应电动势的大小与绕组的匝数成正比，改变匝数就改变了二次输出电压的值，实现了不同电压等级电能的传递。

5. 了解变压器电动势平衡方程式及各量含义

变压器的主磁通 $\dot{\Phi}_m$ 同时交链一、二次绕组，使其分别感应电动势 $\dot{E}_1$、$\dot{E}_2$，三者的关系用复数形式表示为 $\dot{E}_1 = -\mathrm{j}4.44 f N_1 \dot{\Phi}_m$，$\dot{E}_2 = -\mathrm{j}4.44 f N_2 \dot{\Phi}_m$，此式表明，感应电动势频率与主磁通频率相等，电动势相位滞后于主磁通 90°。

6. 掌握变压器电压调整率的定义

变压器一次侧接额定电压，二次侧开路时，二次侧的空载电压 $U_{20} = U_{2N}$。负载后，负载电流在变压器内产生阻抗压降，使二次侧端电压发生变化，变化大小用电压调整率表示。当一次电压保持为额定，负载功率因数为常值，从空载到负载时二次电压变化的百分数值，称为电压调整率，用 ΔU 表示为

$$\Delta U\% = \frac{U_{20} - U_2}{U_{2N}} \times 100\% = \frac{U_{2N} - U_2}{U_{2N}} \times 100\% = \frac{U_{1N} - U_2'}{U_{1N}} \times 100\%$$

式中，U_2' 表示负载时二次侧电压 U_2 归算至一次侧后的值，即 $U_2' = U_2 \times k = U_2 \times \dfrac{U_{1N}}{U_{2N}}$。

电压调整率反映了变压器供电电压的稳定性，它与变压器的参数和负载大小与性质有关。利用简化等效电路和相应的相量图可进一步推导得到

$$\Delta U\% = \frac{U_{1N} - U_2'}{U_{1N}} \times 100\% \approx I_{2*}(R_{k*}\cos\varphi_2 + X_{k*}\sin\varphi_2) \times 100\%$$

式中：$I_{2*} = \dfrac{I_2}{I_{2N}}$，$R_{k*}$、$X_{k*}$ 为等效漏阻抗的标幺值，φ_2 为负载阻抗角。

可见电压调整率随负载电流的增加而正比增大，此外还与负载性质和等效漏阻抗有关，下面针对负载的三种情况进行讨论：

（1）$\varphi_2 = 0$ 纯电阻性负载（电压电流同相位）：$\varphi_2 = 0 \Rightarrow \cos\varphi_2 = 1$，$\sin\varphi_2 = 0$，代入上式得 $\Delta U\% = I_{2*}R_{k*} \times 100\%$，由于一般 R_{k*} 值较小，故 $\Delta U\%$ 为一较小的正值，又根据电压调整率的定义 $\Delta U\% = \dfrac{U_{20} - U_2}{U_{2N}} \times 100\% > 0 \Rightarrow U_{20} > U_2$，这说明当变压器接纯电阻性负载时的二次

电压U_2将略低于空载时的电压U_{20}。

（2）$\varphi_2>0$感性负载（电压超前于电流）：$\varphi_2>0 \Rightarrow \cos\varphi_2>0$，$\sin\varphi_2>0$，代入上式得$\Delta U\% \approx I_{2*}(R_{k*}\cos\varphi_2+X_{k*}\sin\varphi_2)\times100\%>0$，又根据电压调整率的定义$\Delta U\%=\dfrac{U_{20}-U_2}{U_{2N}}\times100\%>0 \Rightarrow U_{20}>U_2$，这说明变压器接感性负载时的二次电压$U_2$总比空载时的电压$U_{20}$低。

（3）$\varphi_2<0$容性负载（电压滞后于电流）：$\varphi_2<0 \Rightarrow \cos\varphi_2>0$，$\sin\varphi_2<0$，代入上式并考虑到电力变压器中$R_{k*}\ll X_{k*}$，得$\Delta U\% \approx I_{2*}(R_{k*}\cos\varphi_2+X_{k*}\sin\varphi_2)\times100\% \approx I_{2*}X_{k*}\sin\varphi_2\times100\%<0$，又根据电压调整率的定义$\Delta U\%=\dfrac{U_{20}-U_2}{U_{2N}}\times100\%<0 \Rightarrow U_{20}<U_2$，这说明变压器接容性负载时的二次电压$U_2$可能比空载时的电压$U_{20}$高。

7. 了解变压器在空载合闸时产生很大冲击电流的原因

变压器二次侧空载，把一次绕组接入电源，称为变压器的空载合闸。当变压器空载合闸到电网的瞬间，由于铁心存在饱和现象，励磁电流可能急剧增加为正常励磁电流的几十倍，甚至上百倍，空载合闸出现的瞬态电流冲击，可能引起系统跳闸，以致变压器不能顺利投入电网。设电网电压为$u_1=\sqrt{2}U_1\sin(\omega t+\alpha)$，经过推导，可得到如下结论：

（1）初相角$\alpha=90°$时合闸：暂态分量为零，合闸后立即进入稳态，没有过渡过程，避免了冲击电流的产生，也就是说，变压器在这种情况下合闸最为有利。

（2）初相角$\alpha=0°$时合闸：在空载合闸后半个周期$t=\pi/\omega$瞬间，磁通达到最大值，为正常励磁磁通的两倍，这个两倍的磁通将使铁心处于严重过饱和，从而导致励磁电流急剧增加。

解决措施：为避免因空载合闸电流而导致的保护装置跳闸，需要设法加速合闸电流的衰减，常在变压器一次侧串联一个合闸附加电阻，以减小合闸电流幅值并加快衰减，合闸结束后将该电阻切除。

8. 了解变压器的效率计算及变压器具有最高效率的条件

变压器效率的实用公式为

$$\eta=\left(1-\frac{\beta^2P_{kN}+P_0}{\beta S_N\cos\varphi_2+\beta^2P_{kN}+P_0}\right)\times100\%$$

式中：β为负载系数，$\beta=\dfrac{I_2}{I_{2N}}$；$P_{kN}$为额定电流下的短路损耗；$P_0$为额定电压下的空载损耗；$S_N$为变压器三相总的额定容量；$\varphi_2$为负载的功率因数。

在负载性质一定的情况下（$\cos\varphi_2=$常数），效率η仅随β变化，取$\dfrac{d\eta}{d\beta}=0$，就可求得出现最高效率η_{max}时候的负载系数β_m，经过计算得到$\beta_m^2P_{kN}=P_0$，即$\beta_m=\sqrt{\dfrac{P_0}{P_{kN}}}$，最高效率出现在铁耗和铜耗相等时，又铜耗随负载而变化，铁耗是常数，所以最高效率η_{max}出现在$P_{kN}=P_0$可变损耗等于不变损耗时。

补充电压比和组号相同，漏阻抗不同时的负载分配分析如下：

若并联的两台变压器的电压比相等，联结组的组号也相同，则两台变压器中的环流为零，只剩下负载分量，如图 4.6–5 所示，此时两台变压器所担负的负载电流 $\dot{I}_{L1}$ 和 $\dot{I}_{L2}$ 分别为

$$\dot{I}_{L1}=\frac{Z_1}{Z_1+Z_2}\dot{I}_L，\ \dot{I}_{L2}=\frac{Z_1}{Z_1+Z_2}\dot{I}_L，由此可得\frac{\dot{I}_{L1}}{\dot{I}_{L2}}=\frac{Z_2}{Z_1}。$$

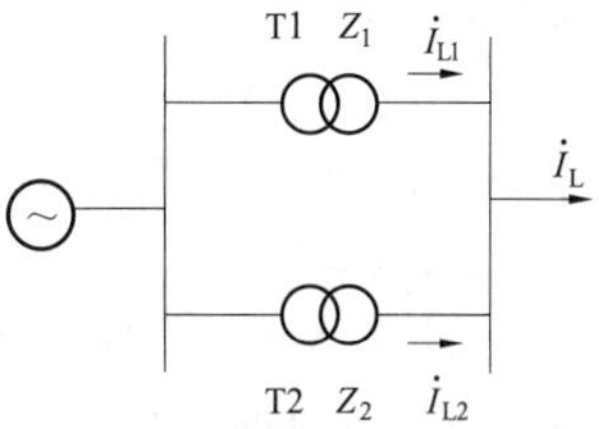

图 4.6–5

这说明，在并联变压器之间，负载电流按其漏阻抗值成反比分配。另一方面，由于两台变压器的额定电流不一定相等，所以只有使 $\dot{I}_{L1}$ 和 $\dot{I}_{L2}$ 按照各台变压器的额定电流成比例的分配，即使 $\frac{\dot{I}_{L1}}{\dot{I}_{N1}}=\frac{\dot{I}_{L2}}{\dot{I}_{N2}}$，也就是使 $\dot{I}_{L1*}=\dot{I}_{L2*}$，这样才是合理的。

把 $\frac{\dot{I}_{L1}}{\dot{I}_{L2}}=\frac{Z_2}{Z_1}$ 左右两边均乘以 $\frac{\dot{I}_{N2}}{\dot{I}_{N1}}$，并考虑到两台并联的变压器具有同样的额定电压，可得用标幺值表示时负载电流的分配为 $\frac{\dot{I}_{L1*}}{\dot{I}_{L2*}}=\frac{Z_{2*}}{Z_{1*}}$，左式中电流、阻抗的标幺值，均以各变压器自身的额定值作为基准，该式表明，并联变压器所分担的负载电流的标幺值与漏阻抗的标幺值成反比。

9. 了解三相变压器联结组和铁心结构对谐波电流、谐波磁通的影响

当主磁通随时间正弦变化时，由于磁路饱和所引起的磁化曲线的非线性，将导致励磁电流 i_μ 成为尖顶波，如图 4.6–6 所示。按照傅里叶级数分解，可将尖顶的 i_μ 分成基波和三次谐波，在三相变压器中，各相励磁电流中的三次谐波可以表示为：$i_{3A}=I_3\sin3\omega t$，$i_{3B}=I_3\sin3(\omega t-120°)=I_3\sin3\omega t$，$i_{3C}=I_3\sin3(\omega t-240°)=I_3\sin3\omega t$，可见三次谐波 A、B、C 三相大小相等、相位相同，属于“零序”性质。

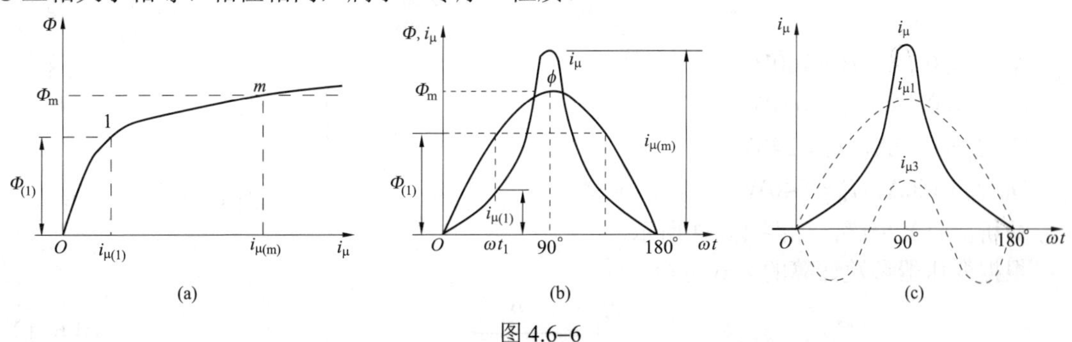

图 4.6–6

（a）铁心的磁化曲线；（b）磁路饱和时励磁电流 i_μ 成为尖顶波；（c）把尖顶的 i_μ 分成基波和三次谐波

（1）Yy 联结组。Y 接法三次谐波分量无法流通，励磁电流接近正弦波形，正弦的励磁电流将产生平顶的磁通。

对于三相组式变压器：三次谐波磁通在各自铁心磁路闭合流通 Φ_3 较大 ⇒ 感应的三次谐波电动势 e_3 较大 ⇒ 相电动势成为尖顶波（线电动势仍为正弦波）⇒ 危及相绕组绝缘 ⇒ 三相组式变压器不宜采用 Yy 联结。

对于三相心式变压器：三次谐波磁通只能通过油和油箱壁形成闭合回路 ⇒ 磁阻较大，使得三次谐波电动势 e_3 很小 ⇒ 相电动势成为正弦波 ⇒ 三次谐波磁通经过油箱壁等钢制

构件时，将在其中引起涡流杂质损耗⇒三相心式变压器可采用Yy联结但容量不宜过大（S_N≤1600kVA）。

（2）Yd 联结组。三次谐波电动势将在闭合三角形内产生环流⇒主磁通和相电动势波形接近于正弦波。

结论：为使相电动势的波形接近正弦波，一次或者二次侧中最好有一侧为三角形联结。例如 Yy 联结时，可另加一个三角形联结的绕组，目的是给三次谐波电流提供通路，改善电动势波形之用。

10. 了解用变压器组接线方式及极性端判断三相变压器联结组别的方法

详见真题分析总结的“五步法”。

11. 了解变压器的绝缘系统及冷却方式、允许温升

2018 年出现考题。

4.6.3 【供配电专业基础】历年真题详解

【1. 了解三相组式变压器及三相心式变压器结构特点】

历年无考题，略。

【2. 掌握变压器额定值的含义及作用】

历年无考题，略。

【3. 了解变压器变比和参数的测定方法】

1.（供 2005、2006，发 2020） 一台变压器的高压绕组由两个完全相同可以串联也可以并联的绕组组成。当它们同绕向串联并施以 2200V、50Hz 的电压时，空载电流为 0.3A，空载损耗为 160W；如果它们改为并联施以 1100V、50Hz 的电压时，此时的空载电流和空载损耗为下列哪组数值（电阻损耗忽略不计）？（　　）

A. $I_0=0.3\text{A}$，$P_0=160\text{W}$

B. $I_0=0.6\text{A}$，$P_0=160\text{W}$

C. $I_0=0.15\text{A}$，$P_0=240\text{W}$

D. $I_0=0.6\text{A}$，$P_0=240\text{W}$

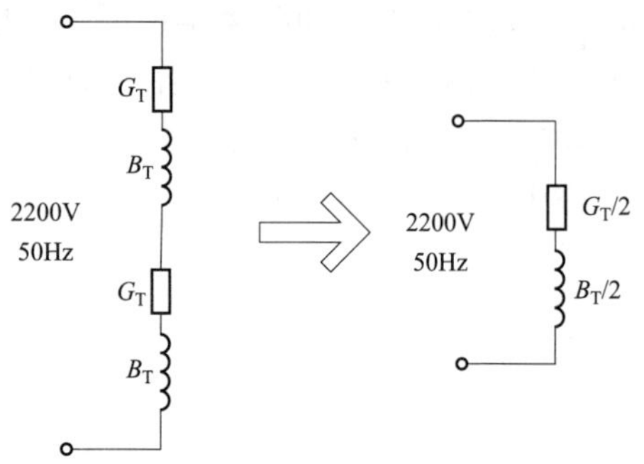

图 4.6–7

分析：（1）串联，如图 4.6–7 所示。

根据变压器参数计算的公式可得

$$\frac{G_T}{2}=\frac{P_{01}}{1000U_{N1}^2} \tag{4.6–1}$$

$\dfrac{B_T}{2}=\dfrac{I_{01}\%}{100}\times\dfrac{S_N}{U_{N1}^2}$，又 $I_0\%=\dfrac{I_0}{I_N}\times100$，故有

$$\frac{B_T}{2}=\frac{I_{01}\%}{100}\times\frac{S_N}{U_{N1}^2}=\frac{I_{01}}{I_N}\times\frac{S_N}{U_{N1}^2} \tag{4.6–2}$$

（2）并联，如图 4.6–8 所示。根据变压器参数计算的公式可得

$$2G_T=\frac{P_{02}}{1000U_{N2}^2} \tag{4.6–3}$$

$2B_{\mathrm{T}}=\dfrac{I_{02}\%}{100}\times\dfrac{S_{\mathrm{N}}}{U_{\mathrm{N2}}^2}$，又 $I_0\%=\dfrac{I_0}{I_{\mathrm{N}}}\times100$，故有

$$2B_{\mathrm{T}}=\frac{I_{02}\%}{100}\times\frac{S_{\mathrm{N}}}{U_{\mathrm{N2}}^2}=\frac{I_{02}}{I_{\mathrm{N}}}\times\frac{S_{\mathrm{N}}}{U_{\mathrm{N2}}^2} \tag{4.6–4}$$

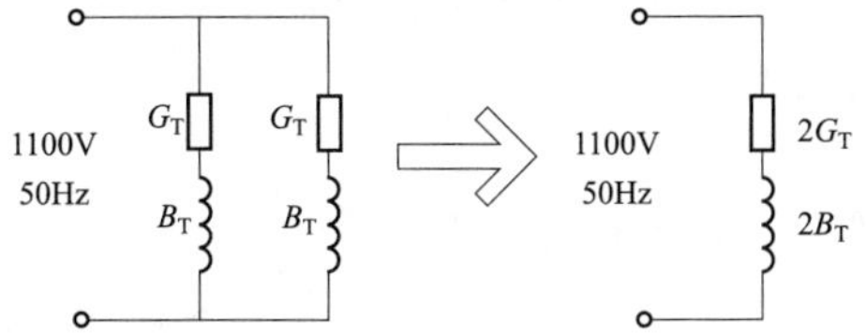

图 4.6–8

将上述式（4.6–3）除以式（4.6–1），得 $\dfrac{2G_{\mathrm{T}}}{\dfrac{G_{\mathrm{T}}}{2}}=\dfrac{\dfrac{P_{02}}{1000U_{\mathrm{N2}}^2}}{\dfrac{P_{01}}{1000U_{\mathrm{N1}}^2}}\Rightarrow 4=\dfrac{P_{02}U_{\mathrm{N1}}^2}{P_{01}U_{\mathrm{N2}}^2}$。由题目已知 $P_{01}=160\mathrm{W}=0.16\mathrm{kW}$，$U_{\mathrm{N1}}=2200\mathrm{V}=2.2\mathrm{kV}$，$U_{\mathrm{N2}}=1100\mathrm{V}=1.1\mathrm{kV}$，代入得到 $4=\dfrac{P_{02}\times2.2^2}{0.16\times1.1^2}$。所以求得并联测得的空载损耗为 $P_{02}=160\mathrm{W}$。

将上述式（4.6–4）除以式（4.6–2），得 $\dfrac{2B_{\mathrm{T}}}{\dfrac{B_{\mathrm{T}}}{2}}=\dfrac{\dfrac{I_{02}}{I_{\mathrm{N}}}\times\dfrac{S_{\mathrm{N}}}{U_{\mathrm{N2}}^2}}{\dfrac{I_{01}}{I_{\mathrm{N}}}\times\dfrac{S_{\mathrm{N}}}{U_{\mathrm{N1}}^2}}\Rightarrow 4=\dfrac{I_{02}U_{\mathrm{N1}}^2}{I_{01}U_{\mathrm{N2}}^2}$。将 $I_{01}=0.3\mathrm{A}$，$U_{\mathrm{N1}}=2200\mathrm{V}=2.2\mathrm{kV}$，$U_{\mathrm{N2}}=1100\mathrm{V}=1.1\mathrm{kV}$ 代入得到 $4=\dfrac{I_{02}\times2.2^2}{0.3\times1.1^2}$。所以求得并联时候测得的空载电流为 $I_{02}=0.3\mathrm{A}$。

答案：A

2.（供 2005，发 2020） 变压器的其他条件不变，电源频率增加 10%，则一次漏抗 x_1，二次漏抗 x_2 和励磁电抗 x_{m} 会发生下列哪种变化（分析时假设磁路不饱和）？（　　）

A. 增加 10%　　B. 不变　　C. 增加 21%　　D. 减少 10%

分析：一次漏抗 $x_1=\omega L_1=2\pi fL_1$，二次漏抗 $x_2=\omega L_2=2\pi fL_2$，当电源频率增加10%，即 $f'=1.1f$ 时，代入 x_1、x_2 的公式，$x_1'=\omega' L_1=2\pi f' L_1=2\pi1.1fL_1=1.1x_1$，$x_2'=\omega' L_2=2\pi f' L_2=2\pi1.1fL_2=1.1x_2$ 显然一次漏抗 x_1 和二次漏抗 x_2 也都增加 10%。

励磁电抗 x_{m} 是表征铁心磁化性能的一个等效参数，$x_{\mathrm{m}}\propto f$，故电源频率增加 10%时，励磁电抗 x_{m} 也增加 10%。

捷径：此题要想选对答案，只需要分析 x_1、x_2 即可，可不考虑 x_{m}。

答案：A

3.（2006、2010） 三绕组变压器数学模型中的电抗反应变压器绕组的（　　）。

A. 铜耗　　B. 铁耗　　C. 等效漏磁通　　D. 漏磁通

分析：铜耗一般用等效的短路电阻来表示；铁耗一般用等效的励磁电阻来表示；漏磁通主要沿非铁磁材料闭合，其影响一般用电抗来表示。

答案：C

4.（2009） 变压器负序阻抗与正序阻抗相比，有（　　）。

A. 比正序阻抗大　　　　　　B. 与正序阻抗相等

C. 比正序阻抗小　　　　　　D. 由变压器连接方式决定

分析：因变压器为静止设备，故其正序阻抗与负序阻抗相等。变压器的零序阻抗将与变压器的接线方式和结构密切相关。

答案：B

5.（2009） 变压器短路试验的目的主要是测量（　　）。

A. 铁耗和铜耗　　　　　　B. 铜耗和阻抗电压

C. 铁耗和阻抗电压　　　　D. 铜耗和励磁电流

分析：短路试验时的输入功率可近似认为全部消耗在一次和二次绕组的电阻损耗上，即为铜耗；短路试验时，使电流达到额定值时所加的电压称为阻抗电压，其百分值是变压器铭牌数据之一。

答案：B

6.（2013） 变压器的额定容量$S_N = 320\text{kVA}$，额定运行时空载损耗为$P_0 = 21\text{kW}$，如果电源电压下降10%，变压器的空载损耗将为（　　）。

A. 17.01kW　　　B. 18.9kW

C. 23.1kW　　　D. 25.41kW

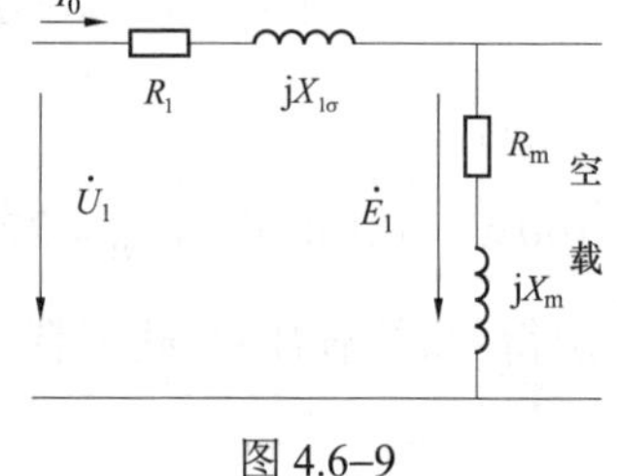

图 4.6–9

分析：变压器空载时的等效电路如图 4.6–9 所示。

若电源电压U_1下降 10%，则空载电流I_0也下降 10%，即现在$I_0' = 0.9I_0$，又空载损耗$P_0 = I_0^2 R_m$，故$P_0' = I_0'^2 R_m = (0.9I_0)^2 R_m = 0.81 I_0^2 R_m = 0.81 \times P_0 = 0.81 \times 21\text{kW} = 17.01\text{kW}$。

答案：A

7.（2013） 现有 A、B 两台单相变压器，均为$U_{1N}/U_{2N} = 220/110\text{V}$，两变压器一次、二次绕组匝数分别相等，假定磁路均不饱和，如果两台变压器一次侧分别接到 220V 电源电压，测得空载电流$I_{0A} = 2I_{0B}$。今将两台变压器的一次侧顺极性串联后接到 440V 的电源上，此时 B 变压器二次侧的空载电压为（　　）。

A. 73.3V　　　B. 110V　　　C. 146.7V　　　D. 220V

分析：A、B两台变压器空载时的等效电路如图4.6–10所示，因为$Z_m \gg Z_1$，所以$Z_A \approx Z_{Am}$，$Z_B \approx Z_{Bm}$。

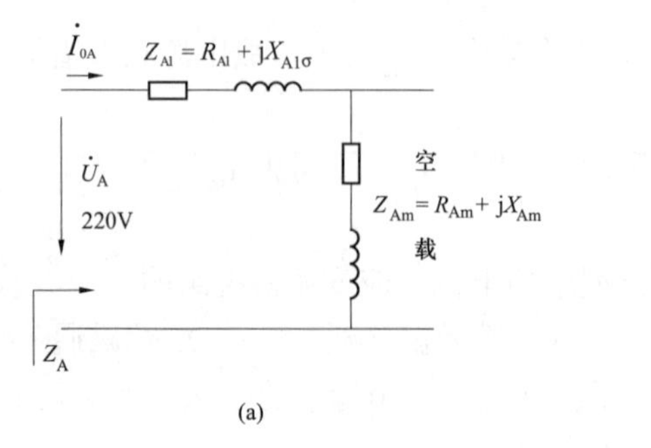

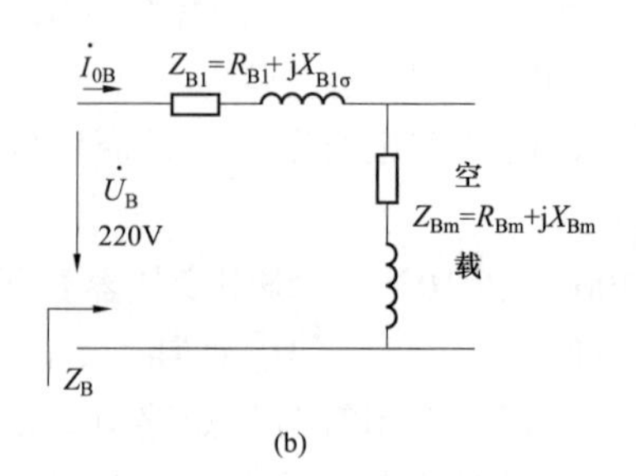

图 4.6–10

由题目知当$U_A = U_B = 220V$时，有$I_{0A} = 2I_{0B}$，又$|Z_A| = \frac{U_A}{I_{0A}}$，$|Z_B| = \frac{U_B}{I_{0B}}$，故$Z_B = 2Z_A$。

将两台变压器的一次侧顺极性串联后接到 440V 的电源上对应的等效电路如图4.6–11所示，则图中$U_B = \frac{Z_B}{Z_A + Z_B} \times 440 = \frac{2Z_A}{Z_A + 2Z_A} \times 440 = \frac{2}{3} \times 440V = 293.33V$，按变比$k = U_{1N} / U_{2N} = 220V / 110V = 2$，归算到B变压器的二次侧，则所要求的空载电压为$\frac{U_B}{k} = \frac{293.3}{2}V = 146.67V$。

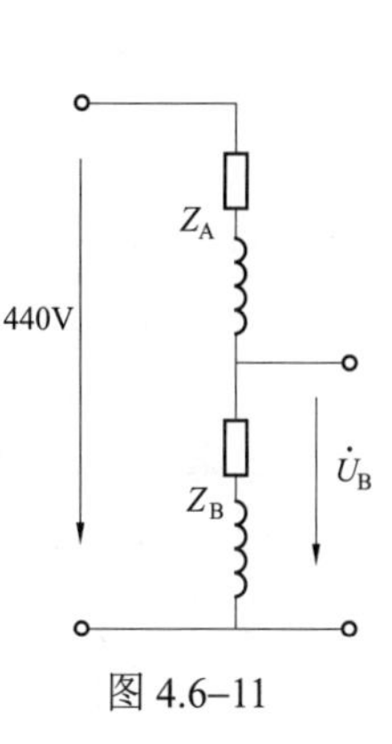

图 4.6–11

答案：C

8.（2014） 有一变压器能将 100V 电压升高到 3000V，现将一导线绕过其铁心，两端连接到电压表上（图 4.6–12）。此电压表的读数是 0.5V，则此变压器一次绕组的匝数n_1和二次绕组的匝数n_2分别为（　　）。（设变压器是理想的）

A. 100，3000　　B. 200，6000

C. 300，9000　　D. 400，12 000

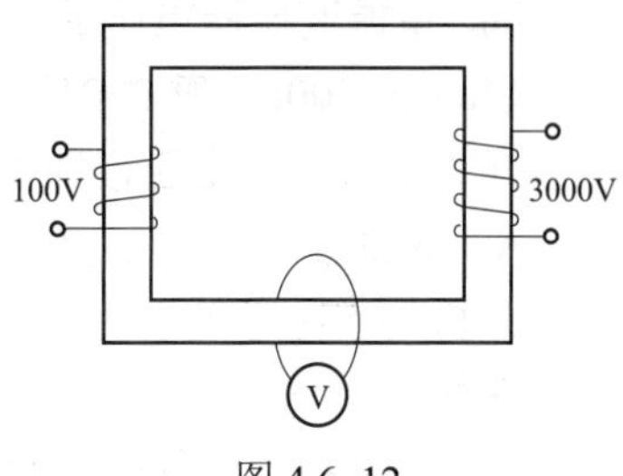

图 4.6–12

分析：变压器的电压与绕组匝数是成正比的。因为一匝对应0.5V，所以一次侧 100V 对应$\frac{100}{0.5} = 200$（匝），二次侧 3000V 对应$\frac{3000}{0.5} = 6000$（匝）。

答案：B

9.（2019） 变压器空载电流小的原因是（　　）。

A. 一次绕组匝数多，电阻很大　　B. 一次绕组的漏抗很大

C. 变压器的励磁阻抗大　　D. 变压器铁心的电阻很大

分析：参见变压器 T 型等效电路。

答案：C

【4. 掌握变压器工作原理】

10.（2018） 变压器的基本工作原理是（　　）。

A. 电磁感应　　B. 电流的磁效应

C. 能量平衡　　D. 电流的热效应

分析：参见 4.6.2 节第 4 点变压器的工作原理。

答案：A

【5. 了解变压器电动势平衡方程式及各量含义】

11.（2007） 一台变压器，额定频率为 50Hz，如果将其接到 60Hz 的电源上，电压的大小仍与原值相等，那么此时变压器铁心中的磁通与原来相比将（　　）。

A. 为零　　B. 不变　　C. 减少　　D. 增加

分析：熟记变压器常用的最基本公式

$$U_1 \approx E_1 = 4.44 f N_1 \Phi_m$$

式中：U_1为变压器一次侧所加电压；E_1为主磁通在一次绕组中感应电动势幅值；f为频率；Φ_m为同时链着一、二次绕组的主磁通幅值。

由题目已知外加电压的大小与原值相等，即U_1不变，f从50Hz增加为60Hz，由基本公式显然Φ_m将减少。

答案：C

12.（2017） 若电源电压不变，变压器在空载和负载两种运行情况时的主磁通幅值大小关系为（　　）。

A. 完全相等　　B. 基本相等　　C. 相差很大　　D. 不确定

分析：因为电源电压保持不变，根据$U_1 \approx E_1 = 4.44 fN\varphi_m$，所以主磁通幅值$\varphi_m$基本不变。

答案：B

【6. 掌握变压器电压调整率的定义】

13.（供2008、发2021） 变压器运行时，当二次侧电流增加到额定值，若此时二次侧电压恰好等于其开路电压，即$\Delta U\% = 0$，那么二次侧阻抗的性质为（　　）。

A. 感性　　B. 纯电阻性　　C. 容性　　D. 任意

分析：本题考关于变压器电压调整率的知识。

答案：C

14.（2014） 一台单相变压器，$S_N = 20\,000\text{kVA}$，$U_{1N}/U_{2N} = 127/11\text{kV}$，短路实验在高压侧进行，测得$U_k = 9240\text{V}$，$I_k = 157.5\text{A}$，$p_k = 129\text{kW}$，在额定负载下，$\cos\varphi_2 = 0.8$（$\varphi_2 < 0$）时的电压调整率为（　　）。

A. 4.984%　　B. 4.86%　　C. −3.704%　　D. −3.828%

分析：高压侧短路阻抗：$Z_k = \dfrac{U_k}{I_k} = \dfrac{9240}{157.5}\Omega = 58.67\Omega$。

高压侧短路电阻：$R_k = \dfrac{P_k}{I_k^2} = \dfrac{129\,000}{157.5^2}\Omega = 5.2\Omega$。

高压侧短路电抗：$X_k = \sqrt{Z_k^2 - R_k^2} = \sqrt{58.67^2 - 5.2^2}\Omega = 58.44\Omega$

换算成标幺值：$R_{k*} = R_k \times \dfrac{S_N}{U_N^2} = 5.2 \times \dfrac{20}{127^2} = 0.006\,448$

$$X_{k*} = X_k \times \frac{S_N}{U_N^2} = 58.44 \times \frac{20}{127^2} = 0.072\,5$$

在额定负载下，负载系数$\beta = 1$，$\cos\varphi_2 = 0.8$（$\varphi_2 < 0$）得$\sin\varphi_2 = -0.6$，代入电压调整率公式，可得$\Delta U\% = \beta(R_{k*}\cos\varphi_2 + X_{k*}\sin\varphi_2) \times 100\% = 1 \times (0.006\,448 \times 0.8 - 0.072\,5 \times 0.6) \times 100\% = -3.83\%$。

注意易错之处：若没有注意$\varphi_2 < 0$，误将$\sin\varphi_2 = 0.6$代入，则

$$\Delta U\% = \beta(R_{k*}\cos\varphi_2 + X_{k*}\sin\varphi_2) \times 100\% = 1 \times (0.006\,448 \times 0.8 + 0.072\,5 \times 0.6) \times 100\% = 4.86\%$$

故会错选B。

捷径：题目已知$\varphi_2 < 0$，说明所接负载为容性负载（电压滞后于电流），$\varphi_2 < 0 \Rightarrow \cos\varphi_2 > 0, \sin\varphi_2 < 0$，代入公式并考虑到电力变压器中$R_{k*} \ll X_{k*}$，得$\Delta U\% \approx I_{2*}(R_{k*}\cos\varphi_2 +$

$X_{k*}\sin\varphi_2)\times100\% \approx I_{2*}X_{k*}\sin\varphi_2\times100\% < 0$，从而可以排除 A、B 选项。

答案：D

15.（2017） 一台单相变压器，额定容量 $S_N = 1000\text{kVA}$，额定电压 $U_N = 100/6.3\text{kV}$，额定频率 $f_N = 50\text{Hz}$，短路阻抗 $Z_k = (74.9 + \text{j}315.2)\ \Omega$，该变压器负载运行时电压变化率恰好等于零，则负载性质和功率因数 $\cos\varphi_2$ 为（　　）。

A. 感性负载，$\cos\varphi_2 = 0.973$　　B. 感性负载，$\cos\varphi_2 = 0.8$

C. 容性负载，$\cos\varphi_2 = 0.973$　　D. 容性负载，$\cos\varphi_2 = 0.8$

分析：$\Delta U\% \approx I_{2*}(R_{k*}\cos\varphi_2 + X_{k*}\sin\varphi_2)\times100\% = 0$

$$\Rightarrow (R_{k*}\cos\varphi_2 + X_{k*}\sin\varphi_2) = 0$$

$$\Rightarrow \tan\varphi_2 = -\frac{R_{k*}}{X_{k*}} = -\frac{74.9}{315.2} = -0.2376 < 0$$

$$\Rightarrow \varphi_2 < 0$$

$\Rightarrow$ 为容性负载

答案：C

【7. 了解变压器在空载合闸时产生很大冲击电流的原因】

历年无考题，略。

【8. 了解变压器的效率计算及变压器具有最高效率的条件】

16.（2007） 一台三相变压器，$S_N = 31\,500\text{kVA}$，$U_{1N}/U_{2N} = 110/10.5\text{kV}$，$f_N = 50\text{Hz}$，Yd 接线，已知空载试验（低压侧）$U_0 = 10.5\text{kV}$，$I_0 = 46.76\text{A}$，$P_0 = 86\text{kW}$；短路试验（高压侧）时 $U_k = 8.29\text{kV}$，$I_k = 165.33\text{A}$，$P_k = 198\text{kW}$。当变压器在 $\cos\varphi_2 = 0.8$（滞后）时的最大效率为（　　）。

A. 0.993 2　　B. 0.989 7　　C. 0.972 2　　D. 0.8

分析：根据题目已知条件，计算 $\beta_m = \sqrt{\dfrac{P_0}{P_{kN}}} = \sqrt{\dfrac{86}{198}} = 0.659$，代入变压器效率的实用公式，可计算得到最大效率为 $\eta_{max} = \left(1 - \dfrac{0.659^2\times198 + 86}{0.659\times31\,500\times0.8 + 0.659^2\times198 + 86}\right)\times100\% = 98.975\%$。

答案：B

17.（2011） 一台 $S_N = 5600\text{kVA}$，$U_{1N}/U_{2N} = 6000/330\text{V}$，Yd 联结的三相变压器，其空载损耗 $P_0 = 18\text{kW}$，短路损耗 $P_{kN} = 56\text{kW}$，当负载的功率因数 $\cos\varphi_2 = 0.8$（滞后）保持不变，变压器的效率达最大值时，变压器一次边输入电流为（　　）。

A. 305.53A　　B. 529.2A　　C. 538.86A　　D. 933.33A

分析：由 $S_N = \sqrt{3}U_{2N}I_{2N} \Rightarrow 5600 = \sqrt{3}\times330\times I_{2N} \Rightarrow I_{2N} = \dfrac{5600}{\sqrt{3}\times330}\text{kA} = 9.797\text{kA}$

当效率达最大值时，$\beta_m = \sqrt{\dfrac{P_0}{P_{kN}}} = \sqrt{\dfrac{18}{56}} = 0.567$。又 $\beta = \dfrac{I_2}{I_{2N}}$，所以当效率达最大值时，$I_2 = \beta_m I_{2N} = 0.567\times9.797\text{kA} = 5.555\text{kA}$。再将 I_2 归算至一次侧的值 $I_1 = \dfrac{I_2}{\dfrac{U_{1N}}{U_{2N}}} = \dfrac{5.555}{\dfrac{6000}{330}}\text{A} =$

305.53A

答案：A

18.（2012） 一台 $S_{\mathrm{N}}=63\,000\mathrm{kVA}$，50Hz，$U_{1\mathrm{N}}/U_{2\mathrm{N}}=220\mathrm{kV}/10.5\mathrm{kV}$，YNd 联结的三相变压器，在额定电压下，空载电流为额定电流的1%，空载损耗 $P_0=61\mathrm{kW}$，其阻抗电压 $u_{\mathrm{k}}=12\%$，当有额定电流时的短路铜损耗 $P_{\mathrm{kN}}=210\mathrm{kW}$，当一次边保持额定电压，二次边电流达到额定的80%且功率因数为0.8（滞后）时效率为（　　）。

A. 99.47%　　B. 99.49%　　C. 99.52%　　D. 99.55%

分析：由题知要求当 $\beta=\dfrac{I_2}{I_{2\mathrm{N}}}=0.8$ 时候的效率，将题目已知参数代入效率计算公式，有

$$\eta=\left(1-\frac{\beta^2P_{\mathrm{kN}}+P_0}{\beta S_{\mathrm{N}}\cos\varphi_2+\beta^2P_{\mathrm{kN}}+P_0}\right)\times100\%=\left(1-\frac{0.8^2\times210+61}{0.8\times63\,000\times0.8+0.8^2\times210+61}\right)\times100\%=99.52\%。$$

答案：C

【9. 了解三相变压器联结组和铁心结构对谐波电流、谐波磁通的影响】

19.（2005） 若外加电压随时间正弦变化，当磁路饱和时，单相变压器的励磁磁动势随时间变化的波形是（　　）。

A. 尖顶波　　B. 平顶波　　C. 正弦波　　D. 矩形波

分析：当磁路饱和时，磁化特性（即励磁电流和主磁通的关系）为非线性，主磁通增加时，励磁电流增加更多。当外加电压随时间正弦变化时，主磁通也为正弦，在主磁通大的区域，空载电流更大，空载电流为非正弦波形，而呈尖顶波。励磁磁动势等于空载电流乘以匝数，所以励磁磁动势为尖顶波。

答案：A

【10. 了解用变压器组接线方式及极性端判断三相变压器联结组别的方法】

20.（2005） 如图4.6–13所示，此台三相变压器的联结组应属于（　　）。

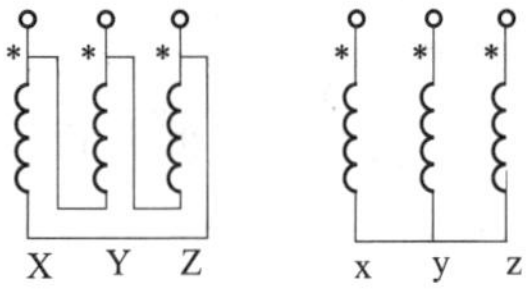

X　Y　Z　　x　y　z

图 4.6–13

A. Dy11　　B. Dy5　　C. Dy1　　D. Dy7

分析：三相变压器的联结组别就是要找出高、低压侧线电压的相位关系。采用“相同首端标志法”标记出高、低压绕组的相电动势相量分别为 $\dot{E}_{\mathrm{AX}}$、$\dot{E}_{\mathrm{BY}}$、$\dot{E}_{\mathrm{ax}}$、$\dot{E}_{\mathrm{by}}$，如图4.6–14所示，关键就是要找出高压侧线电压 $\dot{E}_{\mathrm{AB}}$ 和低压侧线电压 $\dot{E}_{\mathrm{ab}}$ 之间的相位关系，将三相变压器组别判定的五步走方法总结如下：

（1）做出一次侧 $\dot{E}_{\mathrm{AX}}$、$\dot{E}_{\mathrm{BY}}$、$\dot{E}_{\mathrm{CZ}}$。

（2）做出二次侧 $\dot{E}_{\mathrm{ax}}$、$\dot{E}_{\mathrm{by}}$、$\dot{E}_{\mathrm{cz}}$。

注意：若采用“相同首端标志” $\overset{A*}{\downarrow}_{\dot{E}_{\mathrm{AX}}}$、$\overset{a*}{\downarrow}_{\dot{E}_{\mathrm{ax}}}$，即高低压侧的电压参考方向都是从同名端标出，则 $\dot{E}_{\mathrm{AX}}$ 与 $\dot{E}_{\mathrm{ax}}$ 同相位；若采用“相异首端标志” $\overset{A*}{\downarrow}_{\dot{E}_{\mathrm{AX}}}$、$\overset{a*}{\uparrow}_{\dot{E}_{\mathrm{ax}}}$，即高低压侧的电压参考方向是从异名端标出，则 $\dot{E}_{\mathrm{AX}}$ 与 $\dot{E}_{\mathrm{ax}}$ 相位相反。

（3）根据给定的绕组接线形式做出 $\dot{E}_{\mathrm{AB}}$。

（4）根据给定的绕组接线形式做出 $\dot{E}_{ab}$。

（5）将高压线电压 $\dot{E}_{AB}$ 看作时钟的长针，固定指向时钟 12 点，低压线电压 $\dot{E}_{ab}$ 看作时钟的短针，则低压线电压短针所指时数即为绕组的组号。

按“五步走”方法做出相应的相量图如图 4.6–15 所示，据此可以判断该变压器的联结组别为 Dy1。

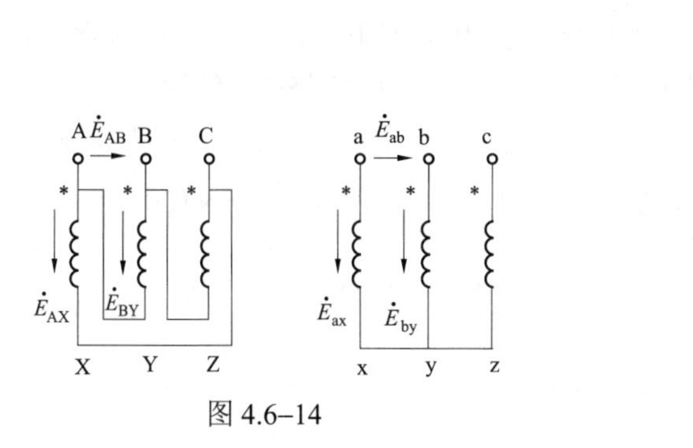

图 4.6–14

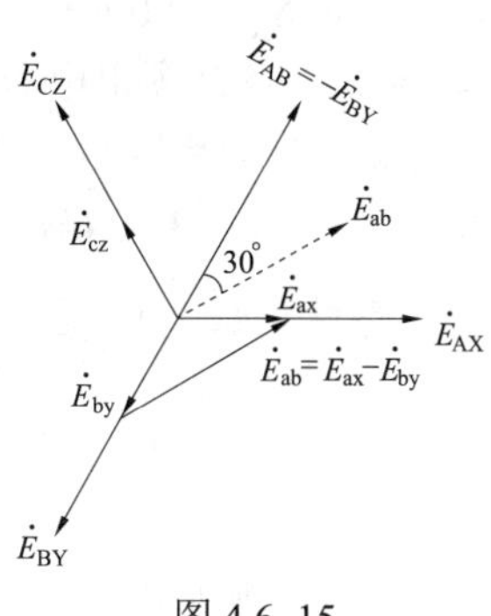

图 4.6–15

答案：C

21.（2010） 一台三相变压器的联结组为Yd5，其含义表示此变压器一次侧的线电压滞后二次侧对应的线电压（　　）。

A. 30° B. 150° C. 210° D. 330°

分析：此题关键点：① 需要弄清楚变压器联结组别的定义；② 注意相量是按逆时针方向判定超前滞后的相位关系。

由已知的变压器联结组Yd5，可知道一次侧线电压 $\dot{E}_{AB}$ 与二次侧对应的线电压 $\dot{E}_{ab}$ 之间的相位关系如图4.6–16所示，故按逆时针方向 $\dot{E}_{AB}$ 滞后 $\dot{E}_{ab}$ 为 $180°+30°=210°$。

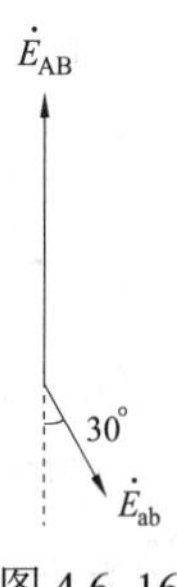

图 4.6–16

答案：C

【11. 了解变压器的绝缘系统及冷却方式、允许温升】

历年无考题，略。

4.6.4 【发输变电专业基础】历年真题详解

【3. 了解变压器变比和参数的测定方法】

1.（2014） 在电源电压不变的情况下，增加变压器二次绕组匝数，将二次侧归算到一次侧，则等效电路的励磁电抗 X_m 和励磁电阻 R_m 将（　　）。

A. 增大、减小 B. 减小、不变 C. 不变、不变 D. 不变、减小

分析：励磁电抗 X_m 和励磁电阻 R_m 不受二次侧绕组匝数的影响，当一次侧电源电压不变的情况下，主磁通近似不变，因此励磁阻抗近似为一常值。

答案：C

2.（2018） 变压器在做短路实验时，（　　）。

A. 低压侧接入电源，高压侧开路 B. 低压侧接入电源，高压侧短路

C. 低压侧开路，高压侧接入电源 D. 低压侧短路，高压侧接入电源

答案：D

3.（2020） 某变压器的额定电压为35kV/6.3kV，接在34.5kV的交流电源上，变压器二次实际电压为（　　）。

A. 6kV　　B. 6.21kV　　C. 6.3kV　　D. 6.5kV

答案：B

【6. 掌握变压器电压调整率的定义】

4.（2012） 一台$S_N = 1800kVA$，$U_{2N}/U_{1N} = 10\ 000/400V$，Yyn联结的三相变压器，其阻抗电压$u_k = 4.5\%$，当有额定电流时的短路损耗$P_N = 22\ 000W$，当一次侧保持额定电压，二次侧电流达到额定且功率因数为0.8（滞后）时，其电压调整率ΔU为（　　）。

A. 0.98%　　B. 2.6%　　C. 3.23%　　D. 4.46%

分析：对于感性负载，电压调整率ΔU近似为$\Delta U\% = \frac{U_{1N} - U_2'}{U_{1N}} \times 100\% \approx I_{2*}(R_{k*}\cos\varphi_2 + X_{k*}\sin\varphi_2) \times 100\%$。式中，$I_{2*} = \frac{I_2}{I_{2N}}$，$R_{k*}$、$X_{k*}$是等效漏阻抗的标幺值，$\varphi_2$为负载阻抗角。短路试验通常在高压侧加电压，由此所得的参数值为归算到高压侧的值。$R_{k*} = \frac{P_k}{1000} = \frac{22}{1000} = 0.022$，$X_{k*} = 0.045$。已知二次边电流达到额定，所以$I_{2*} = 1$。代入公式，可得电压调整率为$\Delta U\% \approx I_{2*}(R_{k*}\cos\varphi_2 + X_{k*}\sin\varphi_2) \times 100\% = 1 \times (0.022 \times 0.8 + 0.045 \times 0.6) \times 100\% = 4.46\%$。

答案：D

5.（2013） 某三相电力变压器带电阻电感性负载运行时，在负载电流相同的情况下，$\cos\varphi$越高，则（　　）。

A. 二次侧电压变化率ΔU增大，效率越高

B. 二次侧电压变化率ΔU增大，效率越低

C. 二次侧电压变化率ΔU减小，效率越高

D. 二次侧电压变化率ΔU减小，效率越低

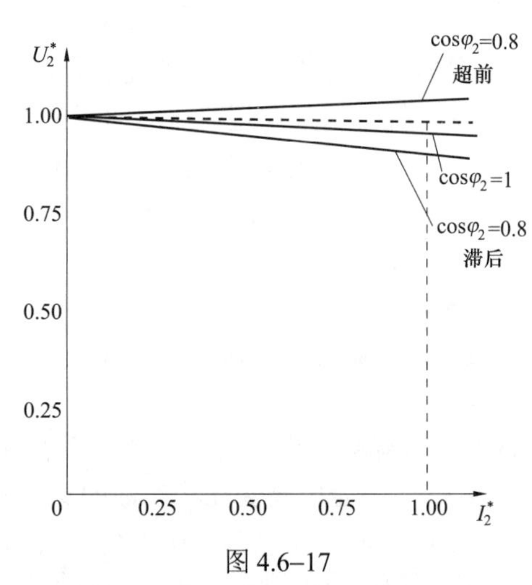

图4.6–17

分析：变压器的外特性是指变压器的一次绕组接至额定电压、二次侧负载的功率因数保持一定时，二次绕组的端电压与负载电流之间的关系，即$U_1 = U_{1N}$，$\cos\varphi_2 = $常值，$U_2 = f(I_2)$，外特性是一条反映负载变化时，变压器二次侧的供电电压能否保持恒定的特性。图4.6–17表示负载的功率因数分别为0.8（滞后）、1和0.8（超前）时，用标幺值表示的变压器外特性$U_2^* = f(I_2^*)$，从图可见，当负载为纯电阻负载或电感性负载时，随着负载电流的增大，二次端电压将逐步下降；当负载为电容性负载时，随着负载电流的增大，二次端电压将逐步上升；负载时二次电压变化的大小，可以用前述的电压调整率来衡量。

本题变压器带电阻电感性负载运行时，在负载电流相同的情况下，即横坐标相同，$\cos\varphi$越高，显然U_2越大，故电压调整率$\Delta U\% = \frac{U_{2N} - U_2}{U_{2N}} \times 100\%$越小。

变压器的效率η等于输出功率P_2与输入功率P_1之比，即$\eta = \frac{P_2}{P_1}$，式中$P_2 = \sqrt{3}U_2 I_2 \cos\varphi_2$，

本题中，I_2不变、$\cos\varphi_2$增大、U_2增大，从而P_2增大，故效率η也越高。

答案：C

6.（2016） 一台单相变压器$S_N = 3\text{kVA}$，$U_{1N} / U_{2N} = 230\text{kV} / 115\text{kV}$，一次绕组漏阻抗$Z_{1\sigma} = (0.2 + \text{j}0.6)\,\Omega$，二次绕组漏阻抗$Z_{2\sigma} = (0.05 + \text{j}0.14)\,\Omega$，当变压器输出电流$I_2 = 21\text{A}$，功率因数$\cos\varphi_2 = 0.75$（滞后）负载时的二次电压为（　　）。

A. 108.04V　　B. 109.4V　　C. 110V　　D. 115V

分析：参见 4.6.2 节的要点复习 3“变压器的简化等效电路”，同时需注意此题涉及变压器两个不同电压等级的参数归算问题，具体公式参见 4.2.2 节的第 3 点要点复习。

先来计算负载阻抗的值，

$$Z_L = \frac{P + \text{j}Q}{I^2} = \frac{S_N\cos\varphi_N + \text{j}S_N\sin\varphi_N}{I^2} = \frac{3000\times 0.75 + \text{j}3000\times 0.66}{21^2}\,\Omega = (5.10 + \text{j}4.49)\,\Omega =$$

$6.795\angle 41.36^\circ\,\Omega$再将一次绕组漏阻抗归算到低压侧，其值为

$$Z_{1\sigma(低)} = Z_{1\sigma}\times\left(\frac{115}{230}\right)^2 = (0.2 + \text{j}0.6)\times\left(\frac{115}{230}\right)^2\,\Omega = (0.05 + \text{j}0.15)\,\Omega$$

做出归算至低压侧的变压器等效电路如图 4.6–18 所示。

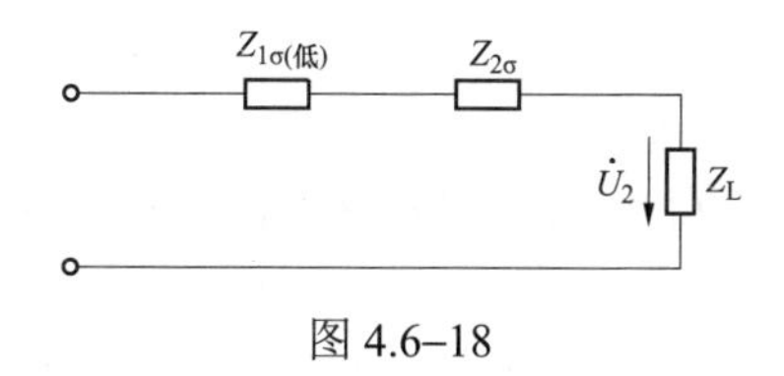

图 4.6–18

二次侧总等效阻抗值为

$$Z = Z_{1\sigma(低)} + Z_{2\sigma} + Z_L = (0.05 + \text{j}0.15)\,\Omega + (0.05 + \text{j}0.14)\,\Omega + (5.10 + \text{j}4.49)\,\Omega = (5.2 + \text{j}4.78)\,\Omega =$$

$7.063\angle 42.59^\circ\,\Omega$故二次电压为：$U_2 = \left|\frac{Z_L}{Z}\right|\times 115 = \left|\frac{6.795\angle 41.36^\circ}{7.063\angle 42.59^\circ}\right|\times 115\text{kV} = 110.64\text{kV}$

答案：C

7.（2017） 一台变压器工作时额定电压调整率等于零，此负载为（　　）。

A. 电阻性负载　　B. 电阻电容性负载　　C. 电感性负载　　D. 电阻电感性负载

分析：参见 4.6.2 节第 6 点电压调整率的复习要点。

$$\begin{cases}\varphi_2 = 0 \Rightarrow 纯电阻 \Rightarrow \Delta U\% > 0\\ \varphi_2 > 0 \Rightarrow 感性负载 \Rightarrow \Delta U\% > 0\\ \varphi_2 < 0 \Rightarrow 容性负载 \Rightarrow \Delta U\% > 0\end{cases}$$

现在要求$\Delta U\% = 0$，显然 B 选项正确。

答案：B

8.（2020） 变压器的电压变比为 35kV/10.5kV，满载时二次电压为 10.1kV，则其电压调整率为（　　）。

A. 0.15　　B. 0.015　　C. 0.38　　D. 0.038

答案：D

【7. 了解变压器在空载合闸时产生很大冲击电流的原因】

9.（供 2012、2016） 一台单相变压器二次边开路，若将其一次边接入电网运行，电网电压的表达式为$u_1 = U_m \sin(\omega t + \alpha)$，$\alpha$为$t = 0$合闸时电压的初相角，试问$\alpha$为何值时合闸电流最小？（ ）

A. 0° B. 45° C. 90° D. 155°

分析：此题考变压器空载投入电网时的瞬态过程。初相角$\alpha = 90°$时合闸最为有利。

答案：C

【8. 了解变压器的效率计算及变压器具有最高效率的条件】

10.（2011） 设有两台三相变压器并联运行，额定电压均为 6300/400kV，联结组相同，其中 A 变压器额定容量为 500kVA，阻抗电压$U_{KA} = 0.056\ 8$，B 变压器额定容量为 1000kVA，阻抗电压$U_{KB} = 0.053\ 2$。在不是任何一台变压器过载的情况下，两台变压器并联运行所能供给的最大负荷为（ ）。

A. 1200kVA B. 1468.31kVA C. 1500kVA D. 1567.67kVA

分析：由题目知，$Z_{A*} = U_{KA} = 0.056\ 8$，$Z_{B*} = U_{KB} = 0.053\ 2$。两台变压器所担负的负载电流标幺值之比为$\dfrac{\dot{I}_{LB*}}{\dot{I}_{LA*}} = \dfrac{Z_{A*}}{Z_{B*}} = \dfrac{0.056\ 8}{0.053\ 2} = 1.067\ 67$。由于 B 变压器的漏阻抗标幺值较小，故先达到满载。当$\dot{I}_{LB} = 1$时，$\dot{I}_{LA} = \dfrac{1}{1.067\ 67} = 0.936\ 62$。不计阻抗角的差别时，两台变压器所组成的并联组其最大容量为$S_{max} = 1000\text{kVA} + 500 \times 0.936\ 62\text{kVA} = 1468.31\text{kVA}$。

答案：B

11.（2013） 某线电压为 66kV 的三相电源，经 A、B 两台容量均为 1500kVA、△/Y 联结的三相变压器二次降压后供给一线电压为 400V 的负载，A 变压器的额定电压为 66/6.3kV，空载损耗为 10kW，额定短路损耗为 15.64kW；B 变压器的额定电压为 6300/400V，空载损耗为 12kW，额定短路损耗为 14.815kW。在额定电压下的条件下，两台变压器在总效率为最大时的负载系数β_{max}为（ ）。

A. 0.8 B. 0.85 C. 0.9 D. 0.924

分析：最高效率时的负载系数为$\beta_m = \sqrt{\dfrac{P_0}{P_{kN}}}$。两台变压器在总效率为最大时的负载系数为$\beta_{max} = \sqrt{\dfrac{P_{0A} + P_{0B}}{P_{kNA} + P_{kNB}}} = \sqrt{\dfrac{10 + 12}{15.64 + 14.815}} = 0.85$。

答案：B

12.（供 2014、2016）两台变压器 A 和 B 并联运行，已知$S_{NA} = 1200\text{kVA}$，$S_{NB} = 1800\text{kVA}$，阻抗电压$u_{kA} = 6.5\%$，$u_{kB} = 7.2\%$，且已知变压器 A 在额定电流下的铜耗和额定电压下的铁耗分别为$p_{CuA} = 1500\text{W}$和$p_{FeA} = 540\text{W}$，那么两台变压器并联运行，当变压器 A 运行在具有最大效率的情况下，两台变压器所能供给的总负载为（ ）。

A. 1695kVA B. 2825kVA C. 3000kVA D. 3129kVA

分析：当变压器 A 效率达到最大值时，对应的负载系数为$\beta_A = \sqrt{\dfrac{p_{FeA}}{p_{CuA}}} = \sqrt{\dfrac{540}{1500}} = 0.6$，此时变压器 A 所带负载为$S_A = \beta_A S_{NA} = 0.6 \times 1200\text{kVA} = 720\text{kVA}$，电流为$I_A = \beta_A I_{NA}$，两边同时

除以 I_{NA}，可变成标幺值的形式为 $I_{A*}=\beta_A=0.6$。两台变压器所担负的负载电流标幺值 I_{A*}、I_{B*} 之比为 $\frac{I_{A*}}{I_{B*}}=\frac{Z_{B*}}{Z_{A*}}=\frac{0.072}{0.065}=1.107\,7$。

当变压器 A 运行在最大效率，即 $I_{A*}=\beta_A=0.6$ 时，可计算得到 $I_{B*}=\frac{I_{A*}}{1.107\,7}=\frac{0.6}{1.107\,7}=0.541\,7$，故 $\beta_B=I_{B*}=0.541\,7$。此时两台变压器所能供给的总负载为 $S_{总}=S_A+S_B=\beta_A S_{NA}+\beta_B S_{NB}=0.6\times1200\text{kVA}+0.541\,7\times1800\text{kVA}=1695\text{kVA}$。

答案：A

13.（2016） 有两台连接组别相同，额定电压相同的变压器并联运行，其额定容量分别为 $S_{N1}=3200\text{kVA}$，$S_{N2}=5600\text{kVA}$，短路阻抗标幺值为 $Z_{k1}^*=0.07$，$Z_{k2}^*=0.075$，不计阻抗角的差别，当第一台满载，第二台所供负载为（　　）。

A. 3428.5kVA　　B. 5226.67kVA　　C. 5600.5kVA　　D. 5625.5kVA

分析：参见 4.6.2 节考点 8 的要点复习，知负载率 β、电流 I 和阻抗标幺值 Z^* 之间关系为：$\beta\propto I\propto\frac{1}{Z^*}$，故 $\frac{\beta_1}{\beta_2}=\frac{Z_{k2}^*}{Z_{k1}^*}$，第一台满载，即 $\beta_1=1$，求得 $\beta_2=\beta_1\times\frac{Z_{k1}^*}{Z_{k2}^*}=1\times\frac{0.07}{0.075}=0.933\,3$。

第二台变压器实际所供负载为 $S=\beta_2 S_{N2}=0.933\,3\times5600\text{kVA}=5226.67\text{kVA}$

答案：B

14.（2019） 一变压器容量为 10kVA，铁耗为 300W，满载时铜耗为 400W，变压器在满载时向功率因数为 0.8 的负载供电时的效率为（　　）。

A. 0.8　　B. 0.97　　C. 0.95　　D. 0.92

分析：将已知参数 $P_0=P_{Fe}=300\text{W}$，$P_{kN}=P_{Cu}=400\text{W}$，$\cos\varphi=0.8$，$S_N=10\text{kVA}$，$\beta=\frac{I_2}{I_{2N}}=1$，代入下面的计算公式，有

$$\eta=\left(1-\frac{\beta^2P_{kN}+P_0}{\beta S_N\cos\varphi+\beta^2P_{kN}+P_0}\right)\times100\%=\left(1-\frac{0.4+0.3}{1\times10\times0.8+1^2\times0.4+0.3}\right)\times100\%=92\%$$

答案：D

已知参数变化后，类似题 2021 年再次出现。

【9. 了解三相变压器联结组和铁心结构对谐波电流、谐波磁通的影响】

15.（2011） 由三台相同的单相变压器组成 YNy0 联结的三相变压器，相电动势的波形是（　　）。

A. 正弦波　　B. 方波　　C. 平顶波　　D. 尖峰波

分析：由三台相同的单相变压器组成的三相变压器，其各相磁路是独立的，磁通可以在各自的铁心内形成闭合磁路。

答案：A

【10. 了解用变压器组接线方式及极性端判断三相变压器联结组别的方法】

16.（2019） 图 4.6–19 所示绕组接法是（　　）。

A. Y 型，d 型逆接，d 型顺接　　B. d 型顺接，Y 型，d 型逆接

C. Y 型，d 型顺接，d 型逆接　　D. Y 型，d 型顺接，d 型顺接

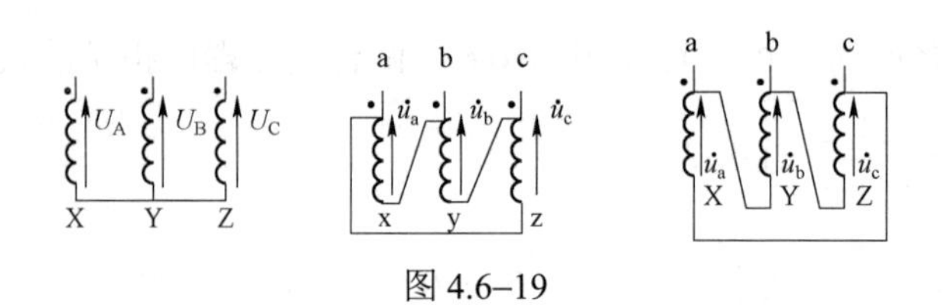

图 4.6–19

分析：变压器绕组最常用的连接方式有星形、三角形联结，而三角形联结又有逆接和顺接两种，即 ax 绕组的 x 端可以和 b 连接，也可以与 c 连接，按照 ax—by—cz—ax 顺序接线的称为顺接，按照 ax—cz—by—ax 顺序接线的称为逆接。星形联结用 Y 表示；三角形联结用 D 表示，大写字母表示高压绕组接法，小写字母表示低压绕组接法。

答案：C

【11. 了解变压器的绝缘系统及冷却方式、允许温升】

17.（2018） 变压器冷却方式代号 ONAF，具体冷却方式是（　　）。

A. 油浸自冷　　B. 油浸风冷　　C. 油浸水冷　　D. 符号标志错误

分析：变压器的冷却方式是由冷却介质和循环方式决定的，由于油浸式变压器还分为油箱内部冷却和油箱外部冷却方式，因此油浸式变压器的冷却方式是由四个字母代号表示的。

第一个字母：与绕组接触的冷却介质，O—矿物油或燃点大于 300℃的绝缘液体，K—燃点大于 300℃的绝缘液体，L—燃点不可测出的绝缘液体。第二个字母：内部冷却介质的循环方式，N—流经冷却设备和绕组内部的油流是自然的热对流循环，F—冷却设备中的油流是强迫循环，流经绕组内部的油流是热对流循环，D—冷却设备中的油流是强迫循环。第三个字母：外部冷却介质，A—空气，W—水。第四个字母：外部冷却介质的循环方式，N—自然对流，F—强迫循环。

冷却方法：油浸自冷（ONAN）、油浸风冷（ONAF）、强迫油循环冷却（强迫导向油循环风冷或水冷）（ODAF 或 ODWF）。

答案：B

18.（2019）变压器冷却方式代号 ONAN，具体冷却方式为（　　）。

A. 油浸自冷　　B. 油浸风冷　　C. 油浸水冷　　D. 符号标志错误

答案：A

4.7 感应电动机

4.7.1 考试大纲要求及历年真题统计分析（供配电、发输变电）

历年真题按照考试大纲考点归类总结见表 4.7–1 和表 4.7–2（说明：1、2、3、4 道题分别对应 1、2、3、4 颗★，≥5 道题对应 5 颗★）。

表 4.7–1　　供配电专业基础考试大纲及历年真题统计表

4.7 感应电动机 考试大纲	2005	2006	2007	2008	2009	2010	2011	2012	2013	2014	2016	2017	2018	2019	2020	2021	汇总统计
1. 了解感应电动机的种类及主要结构★★				1				1									2★★

续表

4.7 感应电动机 考试大纲	2005	2006	2007	2008	2009	2010	2011	2012	2013	2014	2016	2017	2018	2019	2020	2021	汇总统计
2. 掌握感应电动机转矩、额定功率、转差率的概念及其等效电路★★★★★	1	1			1	1						2	1				7★★★★★
3. 了解感应电动机三种运行状态的判断方法																	0
4. 掌握感应电动机的工作特性★★★★★		1	1				1		1		1	1	2	2	1	1	12★★★★★
5. 掌握感应电动机的起动特性★							1										1★
6. 了解感应电动机常用的起动方法★★								1					1				2★★
7. 了解感应电动机常用的调速方法																	0
8. 了解转子电阻对感应电动机转动性能的影响★★★★★				1	1	1			1	1		1		1	1	3	11★★★★★
9. 了解电机的发热过程、绝缘系统、允许温升及其确定、冷却方式																	0
10.了解感应电动机拖动的形式及各自的特点																	0
11.了解感应电动机运行及维护工作要点																	0
汇总统计	1	2	1	2	2	2	2	2	2	1	1	4	4	3	2	4	35

表 4.7–2　　发输变电专业基础考试大纲及历年真题统计表

4.7 感应电动机 考试大纲	2005（同供配电）	2006（不全）	2007（同供配电）	2008	2009	2010	2011	2012	2013	2014	2016	2017	2018	2019	2020	2021	汇总统计
1. 了解感应电动机的种类及主要结构★				1													1★
2. 掌握感应电动机转矩、额定功率、转差率的概念及其等效电路★★★★★	1			1	1	1		1		1	1	1	1				9★★★★★
3. 了解感应电动机三种运行状态的判断方法★														1			1★
4. 掌握感应电动机的工作特性★★★★★			1		1	1	2	1	1	1	1	1	1	1	1	2	15★★★★★

续表

4.7 感应电动机 考试大纲	2005（同供配电）	2006（不全）	2007（同供配电）	2008	2009	2010	2011	2012	2013	2014	2016	2017	2018	2019	2020	2021	汇总统计
5. 掌握感应电动机的起动特性																	0
6. 了解感应电动机常用的起动方法																1	1★
7. 了解感应电动机常用的调速方法																	0
8. 了解转子电阻对感应电动机转动性能的影响★★★★★		1		1			1		1			1	1		2	1	9★★★★★
9. 了解电机的发热过程、绝缘系统、允许温升及其确定、冷却方式																	0
10.了解感应电动机拖动的形式及各自的特点																	0
11.了解感应电动机运行及维护工作要点																	0
汇总统计	1	1	1	3	2	2	3	2	2	2	2	3	3	2	3	4	36

对比以上供配电专业基础和发输变电专业基础历年真题统计表，可看到：尽管专业方向不同，但专业基础的考试两个方向的侧重点相似度很高，见表 4.7–3。

表 4.7–3　　供配电、发输变电专业基础两个专业方向侧重点对比

4.7 感应电动机	历年真题汇总统计	
考试大纲（取供配电、发输变电两个方向中多的★值标注）	供配电	发输变电
1. 了解感应电动机的种类及主要结构★★	2★★	1★
2. 掌握感应电动机转矩、额定功率、转差率的概念及其等效电路★★★★★	7★★★★★	9★★★★★
3. 了解感应电动机三种运行状态的判断方法★	0	1★
4. 掌握感应电动机的工作特性★★★★★	12★★★★★	15★★★★★
5. 掌握感应电动机的起动特性★	1★	0
6. 了解感应电动机常用的起动方法★★	2★★	1★
7. 了解感应电动机常用的调速方法	0	0
8. 了解转子电阻对感应电动机转动性能的影响★★★★★	11★★★★★	9★★★★★
9. 了解电机的发热过程、绝缘系统、允许温升及其确定、冷却方式	0	0
10. 了解感应电动机拖动的形式及各自的特点	0	0
11. 了解感应电动机运行及维护工作要点	0	0
汇总统计	35	36

注：转子串电阻调速真题归到大纲第 8 点内。

4.7.2 重要知识点复习

结合前面 4.7.1 节的历年真题统计分析（供配电、发输变电）结果，对“4.7 感应电动机”部分的 1、2、4、5、6、8 大纲点深入总结，其他大纲点从略。

1. 了解感应电动机的种类及主要结构

感应电动机因转子电磁是靠感应产生而得名，又称异步电机。按照定子相数分为单相异步电动机、两相异步电动机、三相异步电动机；按照转子结构分为绕线转子异步电动机、笼型异步电动机，其中笼型异步电动机又分为单笼型、双笼型和深槽型异步电动机。

异步电动机的结构主要包括静止不动的定子和旋转的转子，以及定、转子之间的气隙，还有机座、端盖、轴承、风扇等部件。异步电机的定子由定子铁心、定子绕组和机座三部分组成；异步电机的转子主要包括转子铁心、转子绕组和轴三部分。

先介绍几个基本概念如下：

（1）电角度和机械角度：转子铁心的横截面是一个圆，其机械（几何）角度是360°。若磁场在空间按照正弦分布，导体切割磁场，经过一对N、S磁极时，导体中所感应的正弦电动势变化一个周期即为360° 电角度。若电机有 p 对磁极，则电角度和机械角度的关系为：电角度$=p\times$机械角度。

（2）极距：极距τ是沿电机定子铁心内圆的相邻两个异性磁极之间的距离，可用每个磁极下所占的定子槽数表示，如定子槽数为Z，则$\tau=\dfrac{Z}{2p}$。

（3）节距：线圈的两个有效边在定子圆周上的距离（所跨占的槽数）称为节距y。当$y=\tau$时称为整距，当$y<\tau$时称为短距，当$y>\tau$时称为长距。为了使每个线圈能获得最大电动势，节距 y 一般应接近极距τ；长距绕组因端接线较长，因而很少采用；利用短距绕组能削弱谐波电动势或磁动势。

（4）槽距角：相邻两个槽之间的电角度称为槽距角α，有公式$\alpha=\dfrac{p\times 360^\circ}{Z}$。

（5）每极每相槽数：每相绕组在每个磁极下平均占有的槽数，称为每极每相槽数q，有公式$q=\dfrac{Z}{2pm}$（m 表示相数，通常取 m=3）。

在历年考题中，此部分主要是考基本公式的记忆应用，主要体现在以下两点：

一是利用短距消除υ次谐波：使υ次谐波的短距系数$k_{p\upsilon}=\sin\upsilon\dfrac{y}{\tau}90^\circ=0$从而就可以消除$\upsilon$次谐波，$k_{p\upsilon}=\sin\upsilon\dfrac{y}{\tau}90^\circ=0\Rightarrow\upsilon\dfrac{y}{\tau}=2m\Rightarrow\dfrac{y}{\tau}=\dfrac{2m}{\upsilon}$，取$2m=\upsilon-1$，则$y=\dfrac{\upsilon-1}{\upsilon}\tau$，此式即为$\tau$一定时，要消除$\upsilon$次谐波，$y$的取值计算式。

二是求绕组的基波绕组因数：基波绕组因数$k_{w1}=k_{p1}k_{d1}=\sin\dfrac{y_1}{\tau}90^\circ\times\dfrac{\sin q\dfrac{\alpha}{2}}{q\sin\dfrac{\alpha}{2}}$，式中$k_{p1}$为基波节距因数，$k_{d1}$为基波分布因数，$y_1$为节距，$\tau$为极距，每极每相槽数$q$，$\alpha$为槽距角。

2. 掌握感应电动机转矩、额定功率、转差率的概念及其等效电路

三相感应电动机的工作原理：当向三相定子绕组通入对称三相交流电后，将产生一个以

同步转速 n_1 沿定子和转子内圆空间旋转的旋转磁场，转子导体开始时是静止的，故该旋转磁场切割转子绕组，从而在转子绕组中产生感应电动势，由于转子导体两端被短路环短接形成闭合通路，因而在转子绕组中产生感应电流，载流的转子导体在定子旋转磁场中受到电磁力的作用，该电磁力对转子轴产生电磁转矩，驱动转子沿着旋转磁场方向旋转。

以一台二极感应电动机为例说明，如图 4.7–1 所示。n_1 为定子旋转磁场的方向，为逆时针 $\overset{\text{右手定则}}{\Rightarrow}$ 转子中的感应电流方向为上进⊗下出⊙ $\overset{\text{左手定则}}{\Rightarrow}$ 转子所受电磁力方向如图中直线箭头所标示上左下右 ⇒ 在力的作用下转子以转速 n 逆时针旋转起来。只要 $n < n_1$，转子绕组与气隙旋转磁场之间有相对运动，转子绕组里就会有电流，也就有电磁转矩作用在转子上，转子就会转动起来，

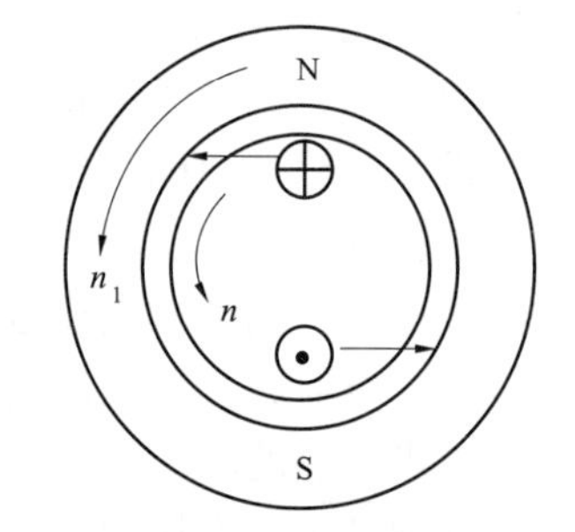

图 4.7–1　二极感应电动机原理示意图

因此感应电动机运行时，转子的转速总是小于 n_1。为此引入转差率的概念，转差率 $s=\dfrac{n_1-n}{n_1}$，其中同步转速 $n_1=\dfrac{60f}{p}$（r/min）。

经过归算，感应电动机的 T 型等效电路如图 4.7–2 所示，将转子侧各物理量折算到定子侧，折算后的量用上标加“ ′ ”表示。

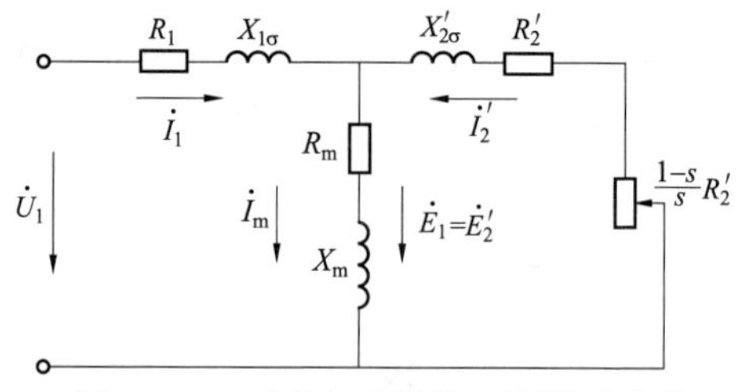

图 4.7–2　感应电动机的 T 型等效电路

$\dot{U}_1$、$\dot{E}_1$、$\dot{I}_1$—定子绕组的相电压、相电动势、相电流；R_1、$X_{1\sigma}$—定子绕组的电阻和漏电抗；R_m、X_m—励磁电阻和电抗；R'_2、$X'_{2\sigma}$—折算后转子绕组的电阻和漏电抗；$\dot{E}'_2$—折算后转子绕组的相电动势

3. 了解感应电动机三种运行状态的判断方法

感应电机的转子可以带负载，也可以由原动机驱动，在不同的转子外部条件下，感应电机将运行于不同的转速和不同的转差率，对应不同的运行状态，对三种运行状态归纳总结见表 4.7–4。

表 4.7–4　　感应电机的三种运行状态

状　态	电　动　机	发　电　机	电磁制动
实现方法	定子接于对称电源	原动机驱动转子	负载使转子反方向旋转
n 与 s 关系	$n<n_1$，$0<s<1$	$n>n_1$，$s<0$	n 与 n_1 反向，$n<0$，$s>1$
E_1	反电动势	电源电动势	反电动势
T	驱动	制动	制动
能量转换	电能→机械能	原动机机械能→电能	电能+机械能→内部损耗

4. 掌握感应电动机的工作特性

大纲的这一考点无论是在供配电专业基础还是在发输变电专业基础的历年考题中，都是出现概率很高的，且与大纲的“第 2 点：掌握感应电动机转矩、额定功率、转差率的概念及其等效电路”（大纲第 2 点题虽然也多，但考点重复性高，很集中）相比较，大纲第 4 点题型较多样，考点较分散，根据对历年考题的分析，历年考题主要集中在以下四个方面：

考点一：电动势

设 E_{2S} 为主磁通为 Φ_m 且转子以转差率 s 旋转时的转子相电动势，则有 $E_{2S}=4.44f_2N_2k_{dp2}\Phi_m$，其中 N_2 为转子绕组的每相串联匝数；k_{dp2} 为基波绕组因数；f_2 为转子频率，当三相感应电动机以转速 n 即转差率 s 稳态运行时，转子频率 f_2 等于定子频率 f_1 与转差率 s 乘积，即 $f_2=sf_1$，代入 E_{2S} 公式有 $E_{2S}=4.44f_2N_2k_{dp2}\Phi_m=4.44sf_1N_2k_{dp2}\Phi_m=sE_2$，式中 E_2 为主磁通为 Φ_m，且转子频率为 f_1 即转子静止时的转子相电动势。历年考题中，常考 $E_{2S}=sE_2$ 这个公式，必须记住！

考点二：磁动势

三相对称电流流过三相对称绕组，各相产生形式相同、空间位置不同、沿气隙阶梯形分布的单相脉振磁动势，各相绕组的基波磁动势分量表达式分别为

$$f_A(x,t)=F_{p1m}\sin\omega t\cos x$$
$$f_B(x,t)=F_{p1m}\sin(\omega t-120^\circ)\cos(x-120^\circ)$$
$$f_C(x,t)=F_{p1m}\sin(\omega t+120^\circ)\cos(x+120^\circ)$$

其中，各相的时间 ωt 相位取决于电流相位，位置 x 相位取决于绕组轴线的空间相位，F_{p1m} 为每相磁动势基波的最大幅值。

利用三角公式将每相脉振磁动势分解为两个旋转磁动势，得

$$f_A(x,t)=\frac{F_{p1m}}{2}\sin(\omega t-x)+\frac{F_{p1m}}{2}\sin(\omega t+x)$$
$$f_B(x,t)=\frac{F_{p1m}}{2}\sin(\omega t-x)+\frac{F_{p1m}}{2}\sin(\omega t+x-240^\circ)$$
$$f_C(x,t)=\frac{F_{p1m}}{2}\sin(\omega t-x)+\frac{F_{p1m}}{2}\sin(\omega t+x-120^\circ)$$

把以上三式相加，由于后三项代表的三个旋转磁动势空间互差 120°，故其和为零，于是三相合成磁动势的基波为 $f(x,t)=\frac{3}{2}F_{p1m}\sin(\omega t-x)=F_1\sin(\omega t-x)$，式中 F_1 为三相基波合成磁动势最大幅值，其值为 $F_1=\frac{3\sqrt{2}}{\pi}\frac{N_1k_{w1}}{p}I$，式中，$N_1$ 为定子绕组的每相串联匝数，k_{w1} 为基波绕组因数，p 为极对数，I 为定子绕组的相电流。

综上，三相基波合成磁动势有以下特点：

（1）三相对称绕组加上三相对称电流时，三相基波合成磁动势为一个旋转磁动势。

（2）幅值：旋转磁动势的幅值 F_1 不变，为单相磁动势幅值的 $\frac{3}{2}$ 倍。

（3）转向：旋转磁动势的转向决定于电流的相序，由超前相向滞后相旋转。

（4）转速：旋转磁动势相对于定子绕组的转速为同步转速。

（5）瞬间位置：当某相电流值达到最大值时，旋转磁动势的幅值就落在该相绕组的轴线上。

考点三：电动机运行的三个特殊工作点（图 4.7–3）

（1）额定运行工作点 T_N：电动机运行在额定电压下，转速为额定转速 n_N，输出额定功率时候，电机转轴上输出的电磁转矩，用 T_N 表示。

（2）最大转矩工作点 T_m：从 $T\text{–}s$ 机械特性曲线，令 $\frac{dT}{ds}=0$，可以求出产生最大转矩 T_m 时的临界转差率为 $s_m=\frac{R_2'}{\sqrt{R_1^2+(X_{1\sigma}+X_{2\sigma}')^2}}$，对应的最大转矩为 $T_{max}=\frac{3pU_1^2}{4\pi f_1[R_1+\sqrt{R_1^2+(X_{1\sigma}+X_{2\sigma}')^2}]}$。

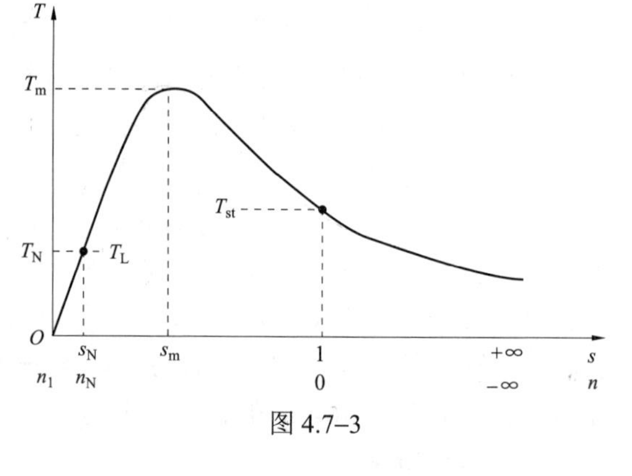

图 4.7–3

最大转矩具有以下特点：

当电源频率 f_1 不变时，有 $T_{max}\propto U_1^2$；T_{max} 值与转子电阻无关。

当 f_1 和 U_1 一定时，近似有 $T_{max}\propto\frac{1}{X_{1\sigma}+X_{2\sigma}'}$。当 U_1 和电机参数一定时，$T_{max}\propto\frac{1}{f_1}$；对应于最大转矩时的 $s_m\propto R_2'$，$s_m\propto\frac{1}{X_{1\sigma}+X_{2\sigma}'}$，$s_m$ 与电源电压 U_1 的大小无关。

（3）起动转矩工作点 T_{st}：是指电动机在起动瞬间 $n=0$，$s=1$ 时的电磁转矩。可以推导得到其表达式为 $T_{st}=\frac{3pU_1^2R_2'}{2\pi f_1[(R_1+R_2')^2+(X_{1\sigma}+X_{2\sigma}')^2]}$，据此可得到 T_{st} 与电压、频率、电机参数等的关系，略。

考点四：功率关系

利用三相异步电动机的 T 型等效电路，来分析电动机稳态运行时的功率关系。从图 4.7–4 可见，三相感应电动机从电源输入的电功率为 P_1，其中一小部分将消耗于定子绕组的电阻而变成定子铜耗 P_{Cu1}，一小部分由于磁滞、涡流而消耗于定、转子铁心中的铁耗 P_{Fe}，由于转子铁心中磁通变化频率很低，转子铁耗很小，所以铁耗主要是定子铁耗，输入的功率扣除定子铜耗和铁耗后，余下的大部分功率将借助于气隙旋转磁场的作用，从定子通过气隙传送到转子，这部分功率是借助电磁感应作用实现传递的，故称为电磁功率，用 P_e 表示，写成方程式

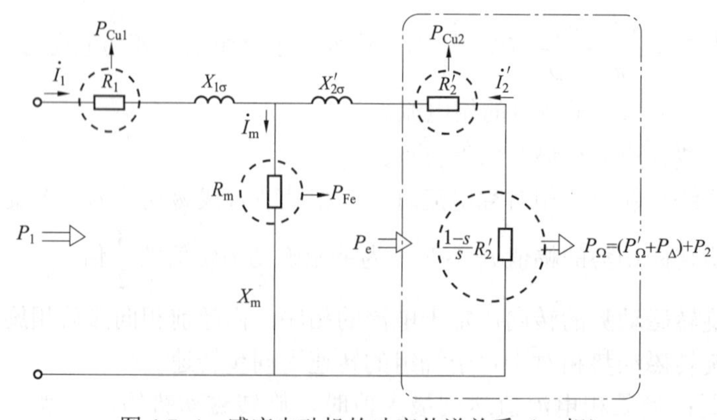

图 4.7–4　感应电动机的功率传递关系（一相）

有 $P_1 = P_{Cu1} + P_{Fe} + P_e$，式中，$P_1 = m_1 U_1 I_1 \cos\varphi_1$，$P_{Cu1} = m_1 I_1^2 R_1$，$P_{Fe} = m_1 I_m^2 R_m$，$P_e = m_1 I_2'^2 \dfrac{R_2'}{s}$，$m_1$ 表示相数，一般取 3。

从传送到转子的电磁功率 P_e 中扣除转子铜耗 P_{Cu2}，即可以得到转换为机械能的总机械功率 P_Ω，如图 4.7–3 所示，其中 $P_{Cu2} = m_1 I_2'^2 R_2'$，$P_\Omega = P_e - P_{Cu2} = m_1 I_2'^2 \dfrac{1-s}{s} R_2'$，用电磁功率表示时，也可写成 $P_{Cu2} = sP_e$，$P_\Omega = (1-s)P_e$，这说明，传送到转子的电磁功率中，sP_e 部分变成了转子铜耗，$(1-s)P_e$ 部分转换为总机械功率。由于正常运行时，s 很小，为 0.02～0.05，所以转子铜耗仅占电磁功率很小的一部分。需要注意的是，总机械功率 P_Ω 并不是电动机转轴上的输出功率，必须从中扣除机械损耗 P_Ω' 和杂散损耗 P_Δ 后，剩余部分才是轴上输出的机械功率 P_2，即 $P_2 = P_\Omega - (P_\Omega' + P_\Delta)$。相应的功率流程图如图 4.7–5 所示。

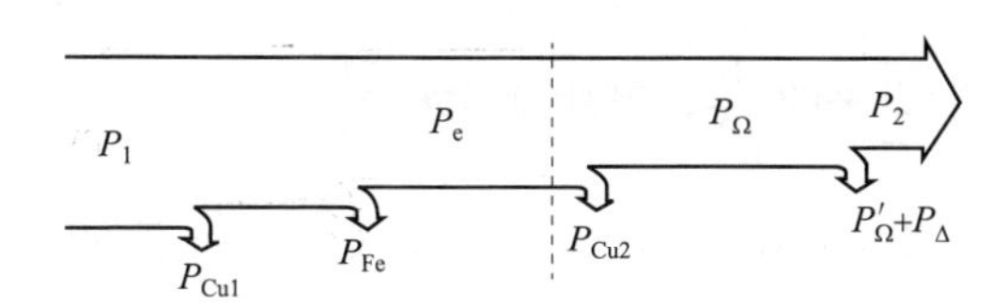

图 4.7–5　功率流程图

将转子的输出功率方程式两端同除以机械角速度，便得到电动机的转矩方程

$$T_e = T_0 + T_2$$

式中：T_e 为电磁转矩，$T_e = \dfrac{P_\Omega}{\Omega}$；$T_0$ 为空载转矩，$T_0 = \dfrac{P_\Omega' + P_\Delta}{\Omega}$；$T_2$ 为输出转矩，$T_2 = \dfrac{P_2}{\Omega}$。由于总机械功率 $P_\Omega = (1-s)P_e$，转子的机械角速度 $\Omega = (1-s)\Omega_1$，Ω_1 为同步角速度，其值为 $\Omega_1 = \dfrac{2\pi n}{60}$，所以电磁转矩也可写成 $T_e = \dfrac{P_\Omega}{\Omega} = \dfrac{P_e}{\Omega_1}$，该式表明，电磁转矩既可以用机械功率 P_Ω 除以转子角速度 Ω 来计算，也可以用电磁功率 P_e 除以同步角速度 Ω_1 来计算，其计算结果是一样的。

5. 掌握感应电动机的起动特性

感应电动机无论空载还是满载，起动瞬间对于电机的工况是一样的，转子转速近似为零，转差率近似为 1，起动电流的大小为

$$I_{st} = \frac{U_1}{\sqrt{(R_1 + R_2')^2 + (X_{1\sigma} + X_{2\sigma}')^2}}$$

式中：U_1 为定子绕组相电压；R_1、$X_{1\sigma}$ 为定子绕组的电阻和漏电抗；R_2'、$X_{2\sigma}'$ 为折算到定子侧后转子绕组的电阻和漏电抗；

6. 了解感应电动机常用的起动方法

感应电动机常用的起动方法如图 4.7–6 所示，分别叙述如下，其中以 Y–△起动为重点。

（1）直接起动：因起动电流很大，故笼型电动机功率小于 7.5kW 时方可直接起动。

（2）定子串接电抗器起动：增大了定子电抗，减小了起动电流，但同时起动转矩降低得更多，故此方式只能用于空载和轻载起动。

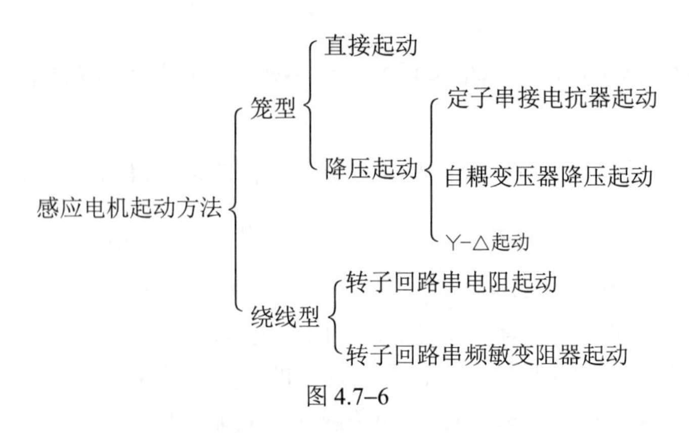

图 4.7–6

（3）自耦变压器降压起动：与直接起动相比，供给电动机的电压降低为原来的$\frac{1}{k}$倍，起动电流和起动转矩均降低为原来的$\frac{1}{k^2}$，其中变比$k=\frac{U_1}{U_2}$。

（4）Y–△起动：在起动过程中采用Y联结，正常运行时定子绕组为△联结。

△直接起动时［图 4.7–7（a）］：每一相绕组的起动电压$U_1=U_N$；每一相的起动电流为$\dot{I}_\Delta$，电源提供的起动线电流为$I_{st}=\sqrt{3}I_\Delta$。

Y–△起动时［图 4.7–7（b）］：每一相绕组的起动电压$U_1'=\frac{U_N}{\sqrt{3}}$；每一相的起动电流为$\dot{I}_Y$，电源提供的起动线电流为$I_{st}'=I_Y$。

综上，则起动电流$\frac{I_{st}'}{I_{st}}=\frac{I_Y}{\sqrt{3}I_\Delta}=\frac{U_1'}{\sqrt{3}U_1}=\frac{U_N/\sqrt{3}}{\sqrt{3}U_N}=\frac{1}{3}$，起动转矩$\frac{T_{st}'}{T_{st}}=\left(\frac{U_1'}{U_1}\right)^2=\left(\frac{U_N/\sqrt{3}}{U_N}\right)^2=\frac{1}{3}$。

这说明起动线电流和起动转矩均降为直接起动时的$\frac{1}{3}$。Y–△起动方法简单，只需一个Y–△转换开关，价格便宜，因此在轻载起动情况下，应该优先采用。

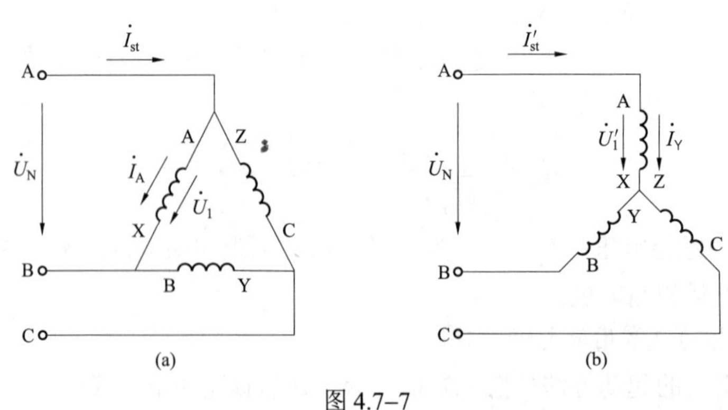

图 4.7–7

（a）直接起动；（b）Y–△起动

（5）转子回路串电阻起动：可在整个起动过程中均得到较大的起动转矩。

（6）转子回路串频敏变阻器起动：可在整个起动过程中保持转矩基本恒定，适用于频繁起动的场合。

7. 了解感应电动机常用的调速方法

由异步电动机转速公式$n=\dfrac{60f}{p}(1-s)$，可知常用的调速方法有变极（改变p）调速、变频调速（改变f）调速、变转差率（改变s）调速三种。

8. 了解转子电阻对感应电动机转动性能的影响

改变转子回路串入电阻值的大小，例如分别串入电阻R_{c1}、R_{c2}、R_{c3}时，相应的机械特性如图4.7–8所示。当拖动恒转矩负载，由于$T_L=T_N$，转子电流I_2可以维持在它的额定值工作，即$I_2=I_{2N}=\dfrac{E_2}{\sqrt{\left(\dfrac{R_2}{s_N}\right)^2+x_{2\sigma}^2}}=\dfrac{E_2}{\sqrt{\left(\dfrac{R_2+R_c}{s}\right)^2+x_{2\sigma}^2}}$，转子串电阻调速时，如果保持电机转子电流为额定值，必有$\dfrac{R_2}{s_N}=\dfrac{R_2+R_c}{s}=$常数，式中$R_c$是转子回路所串联的电阻。此公式必须记住！

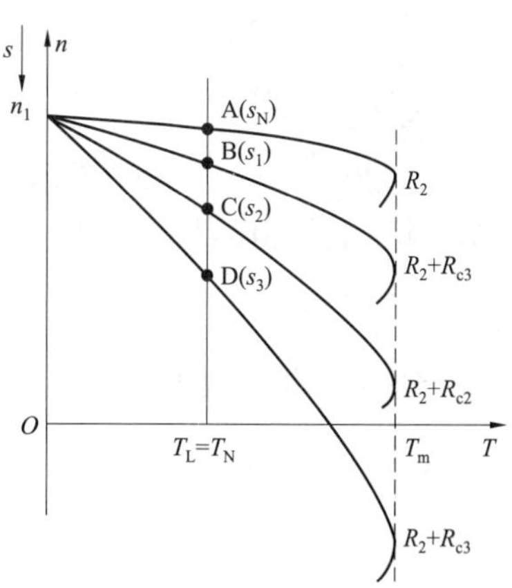

图4.7–8　转子串电阻调速

再来分析串入电阻前后功率因数的变化情况：

转子回路串入电阻前的功率因数为$\cos\varphi_N=\dfrac{\dfrac{R_2}{s_N}}{\sqrt{\left(\dfrac{R_2}{s_N}\right)^2+x_{2\sigma}^2}}$；转子回路串入电阻后的功率因数为$\cos\varphi_2=\dfrac{\dfrac{R_2+R_c}{s}}{\sqrt{\left(\dfrac{R_2+R_c}{s}\right)^2+x_{2\sigma}^2}}$。由于$\dfrac{R_2}{s_N}=\dfrac{R_2+R_c}{s}=$常数，所以$\cos\varphi_N=\cos\varphi_2$，即转子回路串入电阻前后功率因数不变。

最后来分析一下这种调速方法的效率：

转子回路串入电阻$\Rightarrow$转速n下降$\Rightarrow$转差率s增大$\Rightarrow$转子铜耗$P_{Cu2}=sP_e$增大$\Rightarrow$效率较低。

另外，从图中还可以看到，最大转矩T_m并不受所串电阻的影响，而是保持不变。

9. 了解电机的发热过程、绝缘系统、允许温升及其确定、冷却方式

历年无考题，略。

10. 了解感应电动机拖动的形式及各自的特点

历年无考题，略。

11. 了解感应电动机运行及维护工作要点

历年无考题，略。

4.7.3 【供配电专业基础】历年真题详解

【1. 了解感应电动机的种类及主要结构】

1.（供2008，发2008）　已知一双层交流绕组的极距$\tau=15$槽，今欲利用短距消除5次谐

波电动势，其线圈节距 y 应设计为（　　）。

A. y=12　　B. y=11

C. y=10　　D. $y<10$ 的某个值

分析：参见极距 τ 和节距 y 的定义。本题要消除 5 次谐波，将 $v=5$ 代入，得到 $y=\frac{v-1}{v}\tau=\frac{5-1}{5}\times15=12$。此部分记住公式即可。

答案：A

2.（2012）一台三相交流电机定子绕组，极数 $2p=6$，定子槽数 $z_1=54$ 槽，线圈节距 $y_1=9$ 槽，那么此绕组的基波绕组因数 k_{w1} 为（　　）。

A. 0.945　　B. 0.96　　C. 0.94　　D. 0.92

分析：根据题目已知条件，进行计算：$\tau=\frac{Q}{2p}=\frac{54}{6}=9$，$q=\frac{Q}{2pm}=\frac{54}{6\times3}=3$，$\alpha=\frac{p\times360^\circ}{Q}=\frac{3\times360^\circ}{54}=20$，$y_1=9$。将所有参数代入计算得到

$$k_{w1}=k_{p1}k_{d1}=\sin\frac{y_1}{\tau}90^\circ\times\frac{\sin q\frac{\alpha}{2}}{q\sin\frac{\alpha}{2}}=\sin\frac{9}{9}\times90^\circ\times\frac{\sin3\times\frac{20}{2}}{3\sin\frac{20}{2}}=0.96$$

此题没有难度，关键在于记住公式即可。

答案：B

【2. 掌握感应电动机转矩、额定功率、转差率的概念及其等效电路】

3.（2005、2006）一台三相绕线转子异步电动机，若定子绕组为四极，转子绕组为六极，定子绕组接到频率为 50Hz 的三相额定电压时，此时转子的转速应为下列哪项？（　　）

A. 接近于 1500r/min　　B. 接近于 1000r/min

C. 转速为零　　D. 转速为 2500r/min

分析：先求同步转速 $n=\frac{60f}{p}=\frac{60\times50}{4/2}\text{r/min}=1500\text{r/min}$，左式中 p 为定子绕组的极对数，注意是定子而不是转子，是极对数而不是极数，三相异步电动机的实际转速 $n=\frac{60f(1-s)}{p}$，其中转差率 s 随负载大小而变化，根据国家和 IEC 标准规定，一般异步电动机的满载转差率为 1.5%～5%，也就是说，本题转子的转速应接近于同步转速 1500r/min。

答案：A

4.（2009）三相异步电动机的旋转磁动势的转速为 n_1，转子电流产生的磁动势相对定子的转速为 n_2，则有（　　）。

A. $n_1<n_2$　　B. $n_1=n_2$

C. $n_1>n_2$　　D. n_1 与 n_2 的关系不能确定

分析：三相异步电动机的工作原理：当电动机的三相定子绕组通入三相对称交流电后，将产生一个旋转磁场，该旋转磁场以 n_1 转速旋转，切割转子绕组，从而在转子绕组中产生感应电流，载流的转子导体在定子旋转磁场作用下将产生电磁力，从而在电机转轴上形成电磁

转矩，驱动电动机旋转，其转速大小为n_2并且电机旋转的方向与旋转磁场方向相同。只要$n_2 < n_1$，转子绕组与气隙旋转磁场之间就存在相对运动，转子绕组里就会有电流，也就有电磁转矩作用在转子上，转子就会转动起来，因此，感应电动机运行时，转子的转速n_2总是小于定子旋转磁场的转速n_1。

答案：C

5.（2010） 一台绕线转子三相异步电动机，如果将其定子绕组短接，转子绕组接至频率为$f_1 = 50\text{Hz}$的三相交流电源，在气隙中产生顺时针方向的旋转磁场，设转子的转速为n，那么转子的转向是（　　）。

A. 顺时针　　B. 不转　　C. 逆时针　　D. 不能确定

分析：转子电流在气隙中产生顺时针方向的旋转磁场$\Rightarrow$切割定子绕组，从而在定子中产生感应电动势$\Rightarrow$由于定子绕组短接，该感应电动势在定子绕组中产生电流$\Rightarrow$该电流受气隙磁场的作用形成顺时针方向的电磁转矩$\Rightarrow$但由于定子不动，该电磁转矩反作用于转子上，对转子形成一个逆时针的转矩$\Rightarrow$故转子逆时针旋转。

答案：C

6.（2017、2018） 要改变异步电动机的转向，可以采取（　　）。

A. 改变电源的频率　　B. 改变电源的幅值

C. 改变电源三相的相序　　D. 改变电源的相位

答案：C

【4. 掌握感应电动机的工作特性】

7.（2006、2007） 一台三相绕线转子感应电动机，额定频率$f_N = 50\text{Hz}$，额定转速$n_N = 980\text{r/min}$，当定子接到额定电压、转子不转且开路时，每相感应电动势为110V，那么电动机在额定运行时转子每相感应电动势E_2为下列何值？（　　）

A. 0　　B. 2.2V　　C. 38.13V　　D. 110V

分析：根据公式$E_{2S} = sE_2$，现本题已知$E_2 = 110\text{V}$，再来求转差率s，由于感应电动机正常运行时，s很小，实际转速接近同步转速，由表 4.7–5 可知，本题感应电动机的同步转速$n = 1000\text{r/min}$，所以$s = \dfrac{n - n_N}{n} = \dfrac{1000 - 980}{1000} = 0.02$，故$E_{2S} = sE_2 = 0.02 \times 110\text{V} = 2.2\text{V}$。

表 4.7–5　　感应电动机同步转速

极对数 p	同步转速 $n = \dfrac{60f}{p}$	极对数 p	同步转速 $n = \dfrac{60f}{p}$
1	3000r/min	3	1000r/min
2	1500r/min	4	750r/min

答案：B

8.（2011） 三相感应电动机定子绕组，Y 接法，接在三相对称交流电源上，如果有一相断线，在气隙中产生的基波合成磁动势为（　　）。

A. 不能产生磁动势　　B. 圆形旋转磁动势

C. 椭圆形旋转磁动势　　D. 脉振磁动势

分析：若在三相对称绕组中通以三相对称电流时，则 A、B、C 三相的磁动势分别为 $f_A(x,t)=F_{p1m}\sin\omega t\cos x$，$f_B(x,t)=F_{p1m}\sin(\omega t-120°)\cos(x-120°)$，$f_C(x,t)=F_{p1m}\sin(\omega t+120°)\times\cos(x+120°)$。

现在一相断线，假设 A 相断线，则 $i_A=0$，$i_B=-i_C$，取 A 相绕组的轴线位置作为空间坐标 x 的原点，以相序的方向作为 x 的正方向，取 A 相电流的时间初相位角为零，则有 $f_A(x,t)=0$，$f_B(x,t)=F_{p1m}\sin(\omega t-120°)\cos(x-120°)$，$f_C(x,t)=F_{p1m}[-\sin(\omega t-120°)]\cos(x+120°)$。

则合成基波磁动势为

$$\begin{aligned}
f &= f_A(x,t)+f_B(x,t)+f_C(x,t)=f_B(x,t)+f_C(x,t)\\
&=F_{p1m}\sin(\omega t-120°)\cos(x-120°)+F_{p1m}[-\sin(\omega t-120°)]\cos(x+120°)\\
&=F_{p1m}\sin(\omega t-120°)[\cos(x-120°)-\cos(x+120°)]\\
&=F_{p1m}\sin(\omega t-120°)\left(-2\sin\frac{x-120°+x+120°}{2}\sin\frac{-240°}{2}\right)\\
&=2F_{p1m}\sin(\omega t-120°)\times0.866\sin x\\
&=1.732F_{p1m}\sin(\omega t-120°)\sin x\\
&=1.732F_{p1m}\sin(\omega t-120°)\cos\left(x-\frac{\pi}{2}\right)
\end{aligned}$$

故合成磁动势为一脉动磁动势。

答案：D

9.（2013） 一台三相六级感应电动机接于工频电网运行，若转子绕组开路时，转子每相感应电动势为 110V，当电机额定运行时，转速 $n_N=980\text{r/min}$，此时转子每相电动势 E_{2S} 为（　　）。

A. 1.47V　　B. 2.2V　　C. 38.13V　　D. 110V

分析：此题与 2006、2007 年考题类似，解法同前题，$E_{2S}=sE_2=\dfrac{1000-980}{1000}\times110\text{V}=2.2\text{V}$。

答案：B

10.（2017）一台 Y 联结的三相感应电动机，额定功率 $P_N=15\text{kW}$，额定电压 $U_N=380\text{V}$，电源频率 $f_N=50\text{Hz}$，额定转速 $n_N=975\text{r/min}$，额定运行的效率 $\eta_N=0.88$，功率因数 $\cos\varphi=0.83$，电磁转矩 $T_e=150\text{N}\cdot\text{m}$，该电动机额定运行时电磁功率和转子铜耗为（　　）。

A. 15kW，392.5W　　B. 15.7kW，392.5W

C. 15kW，100W　　D. 15.7kW，100W

分析：额定转速 $n_N=975\text{r / min}$ 对应的同步转速为 $n=1000\text{r / min}$，电磁转矩 $T_e=\dfrac{P_e}{\Omega_1}$，式中，$\Omega_1=\dfrac{2\pi n}{60}=\dfrac{2\pi\times1000}{60}$，$P_e=T_e\Omega_1=150\times\dfrac{2\pi\times1000}{60}\text{kW}=15.707\text{kW}$。

转差率：$s=\dfrac{1000-975}{1000}=0.025$。

转子铜耗：$P_{Cu2}=sP_e=0.025\times15.707\text{W}=392.68\text{W}$。

答案：B

11.（2018） 电动机在运行中，从系统吸收无功功率，其作用是（　　）。

A. 建立磁场　　B. 进行电磁能量转换

C. 既建立磁场，又进行能量转换　　　　D. 不建立磁场

答案：C

12.（2019）三相异步电动机等效电路中的等效电阻$\frac{1-s}{s}R_2'$上消耗的功率为（　　）。

A. 气隙功率　　B. 转子损耗　　C. 电磁功率　　D. 总机械功率

分析：参见 4.7.2 节知识点复习的第 4 点考点四。

答案：D

13.（2019）一台额定功率为 60Hz 的三相感应电动机，用频率为 50Hz 的电源对其供电，供电电压为额定电压，起动转矩变为原来的（　　）倍。

A. $\frac{5}{6}$　　B. $\frac{6}{5}$　　C. 1　　D. $\frac{25}{36}$

分析：$T_{st}\propto\frac{1}{f}$。

答案：B

14.（2021） 异步电动机在运行中，当电动机上的负载增加时（　　）。

A. 转子转速下降，转差率增大　　B. 转子转速下降，转差率不变

C. 转子转速上升，转差率减小　　D. 转子转速上升，转差率不变

答案：A

【5. 掌握感应电动机的起动特性】

15.（2011） 一台三相感应电动机在额定电压下空载起动与在额定电压下满载起动相比，两种情况下合闸瞬间的起动电流（　　）。

A. 前者小于后者　　B. 相等

C. 前者大于后者　　D. 无法确定

分析：依据$I_{st}=\frac{U_1}{\sqrt{(R_1+R_2')^2+(X_{1\sigma}+X_{2\sigma}')^2}}$的公式可见，对于感应电动机，起动电流$I_{st}$的大小与负载无关，当同在额定电压下起动时即$U_1=U_N$，$I_{st}$的值是一样的。负载的不同主要是影响起动持续时间的长短。

答案：B

【6. 了解感应电动机常用的起动方法】

16.（2012） 一台三相笼型感应电动机，额定电压为 380V，定子绕组△接法，直接起动电流为I_{st}，若将电动机定子绕组改为 Y 接法，加线电压为 220V 的对称三相电源直接起动，此时的起动电流为I_{st}'，那么I_{st}'与I_{st}相比，将如何变化？（　　）

A. 变小　　B. 不变　　C. 变大　　D. 无法判断

分析：感应电动机起动电流的公式为$I_{st}=\frac{U_1}{\sqrt{(R_1+R_2')^2+(X_{1\sigma}+X_{2\sigma}')^2}}$，注意$U_1$是加在定子绕组上的相电压。

定子绕组△接法时，相电压等于线电压，即U_1=380V，所以$I_{st}=\frac{U_1}{\sqrt{(R_1+R_2')^2+(X_{1\sigma}+X_{2\sigma}')^2}}=$

$\dfrac{380}{Z}$；定子绕组 Y 接法时，相电压等于线电压的$1/\sqrt{3}$，即$U_1'=\dfrac{1}{\sqrt{3}}\times 220\text{V}=127\text{V}$，所以$I_{st}'=\dfrac{U_1'}{\sqrt{(R_1+R_2')^2+(X_{1\sigma}+X_{2\sigma}')^2}}=\dfrac{127}{Z}$。显然外加电压降低，而绕组阻抗不变，故$I_{st}'$比$I_{st}$变小了。

答案：A

【8. 了解转子电阻对感应电动机转动性能的影响】

17.（供 2008，发 2008、2011）一台绕线式感应电动机拖动额定的恒转矩负载运行时，当转子回路串入电阻，电动机的转速将会改变，此时与未串电阻时相比，会出现下列（　　）情况。

A. 转子回路的电流和功率因数均不变　　B. 转子电流变化而功率因数不变

C. 转子电流不变而功率因数变化　　D. 转子回路的电流和功率因数均变化

分析：电磁转矩公式为$T=C_T\Phi_m I_2\cos\varphi_2$，式中，$C_T$对于已经制成的感应电动机，为一个常数；当电源电压不变时，主磁通Φ_m是不变的；$I_2\cos\varphi_2$为转子相电流I_2的有功分量；由于拖动的是恒转矩负载，故负载转矩不变，根据转矩平衡关系，电磁转矩T也不变，显然I_2和$\cos\varphi_2$均不变。

答案：A

18.（2009、2021） 一台绕线式异步电动机运行时，如果在转子回路串入电阻使R_s增大一倍，则该电动机的最大转矩将（　　）。

A. 增大 1.21 倍　　B. 增大 1 倍

C. 不变　　D. 减小 1 倍

分析：图 4.7–9 描述了电动机的机械特性与转子电阻之间的关系，图中$R_2 < R_2'$，显然，转子外接电阻越大，机械特性越软、转差率越大、起动转矩T_{st}也增大，但最大转矩并不变。

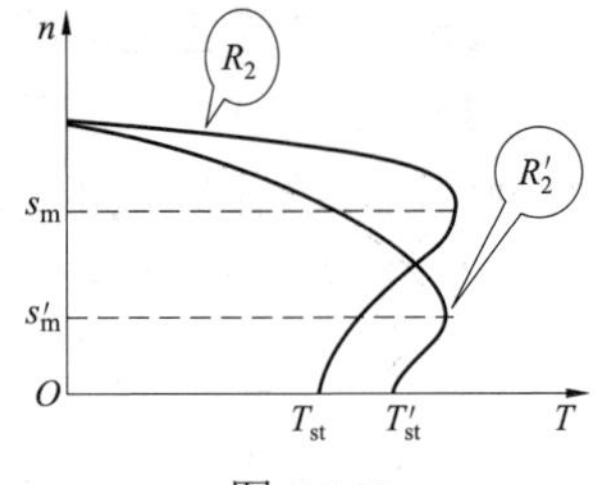

图 4.7–9

答案：C

19.（供 2010，发 2020） 绕线式异步电动机拖动恒转矩负载运行，当转子回路串入不同电阻，电动机转速不同。而串入电阻与未串电阻相比，对转子的电流和功率因数的影响是（　　）。

A. 转子的电流大小和功率因数均不变

B. 转子的电流大小变化，功率因数不变

C. 转子的电流大小不变，功率因数变化

D. 转子的电流大小和功率因数均变化

分析：与 2008 年考题基本相同，只是表述上稍有差别。

答案：A

20.（2013）一台三相四极绕线式感应电动机，额定转速$n_N=1440\text{r/min}$，接在频率为 50Hz 的电网上运行，当负载转矩不变，若在转子回路中每相串入一个与转子绕组每相电阻阻值相同的附加电阻，则稳定后的转速为（　　）。

A. 1500r/min　　B. 1440r/min　　C. 1380r/min　　D. 1320r/min

分析：设转子绕组每相电阻阻值为r_2，未串电阻前的转差率$s_2=\dfrac{1500-1440}{1500}=0.04$，串入附加电阻$r_2$后，有$\frac{r_2}{s_2}=\frac{r_2+r_2}{s_2'}\Rightarrow s_2'=2s_2=2\times0.04=0.08$，串入附加电阻后，根据$s_2'=\frac{1500-n}{1500}=0.08\Rightarrow n=1380\text{r/min}$即为稳定后的转速。

熟记串电阻调速的公式$\frac{R_2}{s_2}=\frac{R_2'}{s_2'}$。

答案：C

21.（2014、2021） 一台三相4极绕线转子感应电动机，定子绕组星形接法，$f_1=50\text{Hz}$，$P_N=150\text{kW}$，$U_N=380\text{V}$，额定负载时测得其转子铜耗$P_{Cu2}=2210\text{W}$，机械损耗$P_\Omega=2640\text{W}$，杂散损耗$P_\Delta=1000\text{W}$。已知电机的参数为：$R_1=R_2'=0.012\Omega$，$X_1=X_2'=0.06\Omega$，忽略励磁电流，当电动机运行在额定状态，电磁转矩不变时，在转子每相绕组回路中串入电阻$R'=0.1\Omega$（已经归算到定子侧）后，转子回路的铜耗为（　　）。

A. 2210W　　B. 18 409W　　C. 20 619W　　D. 22 829W

分析：额定运行时，$P_{em}=P_N+P_{Cu2}+P_\Omega+P_\Delta=150\,000\text{W}+2210\text{W}+2640\text{W}+1000\text{W}=155\,850\text{W}$，$s_N=\frac{P_{Cu2}}{P_{em}}=\frac{2210}{155\,850}=0.014\,18$。

电磁转矩不变，则$\frac{R_2'}{s_N}=\frac{R_2'+R'}{s}\Rightarrow\frac{0.012}{0.014\,18}=\frac{0.012+0.1}{s}\Rightarrow s=0.132\,3$。电磁转矩不变，故电磁功率不变，所以$P_{Cu2}=sP_{em}=0.132\,3\times155\,850\text{W}=20\,619\text{W}$。

答案：C

22.（2019、2021） 绕线转子异步电机起动时，起动电压不变的情况下，在转子回路接入适量三相阻抗，此时产生的起动转矩将（　　）。

A. 不变　　B. 减小　　C. 增大　　D. 不确定

答案：C

4.7.4 【发输变电专业基础】历年真题详解

【1. 了解感应电动机的种类及主要结构】

1.（2017） 一台单叠绕组交流电机的并联支路对数a与极对数p的关系是（　　）。

A. $a=2$　　B. $a=p$　　C. $a=1$　　D. $a=p/2$

答案：B

【2. 掌握感应电动机转矩、额定功率、转差率的概念及其等效电路】

2.（2008） 一台4极三相感应电机，接在频率为50Hz的电源上，当转差率$s=0.05$时，定子电流发生的旋转磁动势相对于转子转速为（　　）。

A. 0r/min　　B. 75r/min　　C. 1425r/min　　D. 1500r/min

分析：三相感应电动机通入三相对称电流，在电动机内部可产生一个圆形旋转磁动势，该定子旋转磁动势的转速即为同步转速$n=\frac{60f}{p}=\frac{60\times50}{2}\text{r/min}=1500\text{r/min}$，又根据转差率的定义$s=\frac{n-n_{转子}}{n}=\frac{1500-n_{转子}}{1500}=0.05\Rightarrow n_{转子}=1425\text{r/min}$，故题目所要求的定子电流发生的旋转磁动势相对于转子转速为1500r/min−1425r/min=75r/min。

点评：此题在弄清楚同步转速和转差率定义的基础上，没有难度，只需要注意所求的是

“相对转速”即可。

答案：B

3.（2012） 一台感应电动机空载运行时，转差率为0.01，当负载转矩增大，引起转子转速下降，转差率变为0.05，那么此时此电机转子电流产生的转子基波磁动势的转速将（ ）。

A. 下降4%　　B. 不变　　C. 上升4%　　D. 不定

分析：无论转子的实际转速是多少，转子磁动势在空间的转速总是等于同步转速，并与定子磁动势保持相对静止。

答案：B

4.（2014） 一台三相绕线转子感应电动机，如果定子绕组中通入频率为f_1的三相交流电，其旋转磁场相对定子以同步速n_1逆时针旋转，同时向转子绕组通入频率为f_2、相序相反的三相交流电，其旋转磁场相对于转子以同步速为n_2顺时针旋转。转子相对定子的转速和转向为（ ）。

A. n_1+n_2，逆时针　　B. n_1+n_2，顺时针

C. n_1-n_2，逆时针　　D. n_1-n_2，顺时针

分析：由于定子和转子同时通电，已经不是异步电动机而是同步电动机了，必须使定子磁场和转子磁场都以同步速旋转而保持相对静止，也即定、转子基波磁动势仍须保持相对静止，否则无法产生平衡电磁转矩。由于定子磁场相对定子以转速n_1逆时针旋转，转子绕组通入相序相反的电流使转子磁场相对转子以转速n_2顺时针旋转，所以，转子必须以转速n_1+n_2向逆时针方向转，才能使定、转子磁场相对于定子都以转速n_1逆时针同步速旋转。

答案：A

5.（2017） 一台运行于50Hz交流电网的三相感应电机的额定转速为1440r/min，其极对数必为（ ）。

A. 1　　B. 2　　C. 3　　D. 4

分析：$n=\frac{60f}{p}\Rightarrow 1440=\frac{60\times 50}{p}\Rightarrow p=2.083$

$$p=1\Rightarrow n=\frac{60f}{p}=\frac{60\times 50}{1}\text{r/ min}=3000\text{r/ min}$$

$$p=2\Rightarrow n=\frac{60f}{p}=\frac{60\times 50}{2}\text{r/ min}=1500\text{r/ min}$$

$$p=3\Rightarrow n=\frac{60f}{p}=\frac{60\times 50}{3}\text{r/ min}=1000\text{r/ min}$$

1440r/min最接近1500r/min，故$p=2$。

答案：B

【3. 了解感应电动机三种运行状态的判断方法】

6.（2019） 交流三相异步电动机中的转差率大于1的条件是（ ）。

A. 任何情况下都没有可能　　B. 变压调速时

C. 变频调速时　　D. 反接制动时

答案：D

【4. 掌握感应电动机的工作特性】

7.（2018） 一台 50Hz 的感应电动机，其额定转速 n=730r/min，该电动机的额定转差率为（　　）。

A. 0.037 5　　B. 0.026 7　　C. 0.375　　D. 0.267

分析：根据给定的转速 n=730r/min，可以推断该电动机的同步转速应该为 750r/min，故转差率 $s=\dfrac{750-730}{750}=0.0267$。

答案：B

8.（2011） 三相笼型电动机，$P_N=10\text{kW}$，$U_N=380\text{V}$，$n_N=1455\text{r/min}$，定子△接法，等效电路参数如下：$R_1=1.375\Omega$，$R_2'=1.047\Omega$，$X_{1\sigma}=2.43\Omega$，$X_{2\sigma}'=4.4\Omega$，则最大电磁转矩的转速为（　　）。

A. 1455　　B. 1275　　C. 1260　　D. 1250

分析：最大转矩时相应的临界转差率为

$$s_m=\frac{R_2'}{\sqrt{R_1^2+(X_{1\sigma}+X_{2\sigma}')^2}}=\frac{1.047}{\sqrt{1.375^2+(2.43+4.4)^2}}=0.15$$

由题目已知的 $n_N=1455\text{r/min}$ 可知，同步转速 $n=1500\text{r/min}$，又 $s_m=\dfrac{n-n_1}{n}=\dfrac{1500-n_1}{1500}$，两式相等，得到 $\dfrac{1500-n_1}{1500}=0.15\Rightarrow n_1=1275\text{r/min}$。

答案：B

9.（供2012、2016） 一台三相六极感应电动机，额定功率 $P_N=28\text{kW}$，$U_N=380\text{V}$，频率 50Hz，$n_N=950\text{r/min}$，额定负载运行时，机械损耗和杂散损耗之和为 1.1kW，此时转子的铜耗为（　　）。

A. 1.532kW　　B. 1.474kW　　C. 1.455kW　　D. 1.4kW

分析：同步转速 $n_1=\dfrac{60f}{p}=\dfrac{60\times50}{3}\text{r/min}=1000\text{r/min}$，转差率 $s=\dfrac{n_1-n_N}{n_1}=\dfrac{1000-950}{1000}=0.05$。

由题目知道，$P_\Omega=P_2+(P_\Omega+P_\Delta)=28\text{kW}+1.1\text{kW}=29.1\text{kW}$，又 $P_\Omega=(1-s)P_e$，得 $P_e=\dfrac{P_\Omega}{1-s}=\dfrac{29.1}{1-0.05}\text{kW}=30.63\text{kW}$，故转子的铜耗为 $P_{Cu2}=sP_e=0.05\times30.63\text{kW}=1.532\text{kW}$。

答案：A

10.（2013） 一台三相感应电动机，定子△联结，$U_N=380\text{V}$，$f_1=50\text{Hz}$，$P_N=7.5\text{kW}$，$n_N=960\text{r/min}$，额定负载时 $\cos\varphi_1=0.824$，定子铜耗 474W，铁耗 231W，机械损耗 45W，附加损耗 37.5W，则额定负载时转子铜耗为 P_{Cu2} 为（　　）。

A. 315.9W　　B. 329.1W　　C. 312.5W　　D. 303.3W

分析：此题还是考“三相感应电动机的内部功率关系”。总机械功率 $P_\Omega=(P_\Omega+P_\Delta)+P_N=(45+37.5)\text{W}+7500\text{W}=7582.5\text{W}$，转差率 $s=\dfrac{1000-960}{1000}=0.04$，又 $P_\Omega=(1-s)P_e\Rightarrow P_e=$

$\frac{P_\Omega}{1-s}=\frac{7582.5}{1-0.04}=7898.44\text{W}$，所以$P_{\text{Cu2}}=sP_e=0.04\times7898.44\text{W}=315.9\text{W}$。

答案： A

11.（2014、2020） 一台三相六极绕线转子感应电动机，额定转速$n_N=980\text{r/min}$，当定子施加频率为 50Hz 的额定电压、转子绕组开路时，转子每相感应电动势为 110V，已知转子堵转时的参数为$R_2=0.1\Omega$，$X_{2\sigma}=0.5\Omega$，忽略定子漏阻抗的影响，该电机额定运行时转子的相电动势E_{2s}为（　　）。

A. 1.1V　　B. 2.2V　　C. 38.13V　　D. 110V

分析： 此题与 2007 年供配电专业基础第 42 题和 2013 年供配电专业基础第 40 题一样。极对数$p=\frac{6}{2}=3$，同步转速$n=\frac{60f}{p}=\frac{60\times50}{3}\text{r/min}=1000\text{r/min}$，故转差率$s=\frac{n-n_N}{n}=\frac{1000-980}{1000}=0.02$，电机额定运行时转子的相电动势$E_{2s}=sE=0.02\times110\text{V}=2.2\text{V}$。

答案： B

12.（2016） 一台三相 4 极 Y 联结的绕线转子感应电动机，$f_N=50\text{Hz}$、$P_N=150\text{kW}$、$U_N=380\text{V}$，额定负载时测得其转子铜耗$P_{\text{Cu2}}=2210\text{W}$，机械损耗$P_\Phi=2640\text{W}$，杂散损耗$P_z=1000\text{W}$，额定运行时的电磁转矩为（　　）。

A. 955N • m　　B. 958N • m　　C. 992N • m　　D. 1000N • m

分析： 参见 4.7.2 节“考点四：功率关系”的相关公式。

电磁功率：$P_e=2210\text{W}+2640\text{W}+1000\text{W}+150\,000\text{W}=155\,850\text{W}$。

转速：$n=\frac{60f}{p}=\frac{60\times50}{2}\text{r/min}=1500\text{r/min}$。

同步角速度：$\Omega_1=\frac{2\pi n}{60}=\frac{2\pi\times1500}{60}\text{rad/s}=157.08\text{rad/s}$。

电磁转矩：$T_e=\frac{P_e}{\Omega_1}=\frac{155\,850}{157.08}\text{N}\cdot\text{m}=992.17\text{N}\cdot\text{m}$。

答案： C

13.（2018）在额定电压附近，三相异步电动机无功功率与电压的关系是（　　）。

A. 与电压升降方向一致　　B. 与电压升降方向相反

C. 电压变化时，无功不变　　D. 与电压无关

答案： A

14.（2019） 感应电动机的电磁转矩与电机输入端电压之间的关系，以下说法正确的是（　　）。

A. 电磁转矩与电压成正比　　B. 电磁转矩与电压成反比

C. 没有关系　　D. 电磁转矩与电压的二次方成正比

答案： D

15.（2021） 异步电动机空载运行时，其定子电路的功率因数为（　　）。

A. 1，超前　　B. 1，滞后　　C. ≪1，滞后　　D. ≪1，超前

分析： 电动机在运行中，功率因数是变化的，其变化大小与负载大小有关，电动机空载运行时，定子绕组的电流基本上是产生旋转磁场的无功电流分量，有功电流分量很小。此时，

功率因数很低。

答案：C

16.（2021） 异步电动机的临界转差率对应的转矩为（　　）。

A. 额定转矩　　B. 最小转矩

C. 最大转矩　　D. 负载转矩

答案：C

【8. 了解转子电阻对感应电动机转动性能的影响】

17.（2006、2020） 电动机转子绕组接入 $2r_2$，转差率为（　　）。

A. s　　B. $2s$　　C. $3s$　　D. $4s$

分析：此题实际是考电动机串电阻调速的问题，设串入电阻前后的转差率分别为 s_2 和 s_2'，前后所对应转子电阻值分别为 R_2 和 R_2'，则由机械特性公式可以推导出如下重要结论：$\frac{R_2}{s_2}=\frac{R_2'}{s_2'}$，记 $R_2'=R_2+R_s$，则 R_s 就表示将转差率由 s_2 增大到 s_2' 时，每相需要串入的电阻值。

由题目已知，可得 $\frac{r_2}{s}=\frac{r_2+2r_2}{s'}\Rightarrow s'=3s$。

答案：C

18.（2013） 一台Y联结三相四极绕线转子感应电动机，$f_1=50\text{Hz}$，$P_N=150\text{kW}$，$U_N=380\text{V}$，额定负载时测得 $P_{Cu2}=2210\text{W}$，$P_\Omega+P_\Delta=3640\text{W}$，已知电机参数 $R_1=R_2'=0.012\Omega$，$X_{1\sigma}=X_{2\sigma}'=0.06\Omega$，当负载转矩不变，电动机转子回路每相串入电阻 $R'=0.1\Omega$（已折算到定子边），此时转速为（　　）。

A. 1301r/min　　B. 1350r/min

C. 1479r/min　　D. 1500r/min

分析：此题是将“感应电动机的功率关系”与“转子串电阻调速”两个知识点综合起来进行考的。首先需要根据功率关系推导出额定情况时候的转差率。同步转速为

$$n_1=\frac{60f_1}{p}=\frac{60\times 50}{2}\text{r/min}=1500\text{r/min}$$

$$P_e=P_{Cu2}+(P_\Omega+P_\Delta)+P_N=2210\text{W}+3640\text{W}+150\,000\text{W}=155\,850\text{W}$$

由 $P_{Cu2}=sP_e$，可推得 $s_N=\frac{P_{Cu2}}{P_e}=\frac{2210}{155\,850}=0.014\,18$。

额定转速为 $n_N=(1-s_N)n_1=(1-0.014\,18)\times 1500\text{r/min}=1479\text{r/min}$，因负载转矩不变，故

$$\frac{R_2'}{s_N}=\frac{R_2'+R'}{s}\Rightarrow\frac{0.012}{0.014\,18}=\frac{0.012+0.1}{s}\Rightarrow s=0.132\,3$$

所以串入电阻后的转速为 $n=(1-s)n_1=(1-0.132\,3)\times 1500\text{r/min}=1301\text{r/min}$。

答案：A

19.（2018） 交流异步电动机转子串电阻调速，以下错误的是（　　）。

A. 只适用于绕线式　　B. 适当调整电阻后可调速超过额定转速

C. 串电阻转速降低后，机械特性变软　　D. 在调速过程中，消耗一定的能量

答案：B

4.8 同步电机

4.8.1 考试大纲要求及历年真题统计分析（供配电、发输变电）

历年真题按照考试大纲考点归类总结见表 4.8–1 和表 4.8–2（说明：1、2、3、4 道题分别对应 1、2、3、4 颗★，≥5 道题对应 5 颗★）。

表 4.8–1　　供配电专业基础考试大纲及历年真题统计表

4.8 同步电机 考试大纲	2005	2006	2007	2008	2009	2010	2011	2012	2013	2014	2016	2017	2018	2019	2020	2021	汇总统计
1. 了解同步电机额定值的含义★★				1									1	1	1	1	5★★★★
2. 了解同步电机电枢反应的基本概念★	1																1★
3. 了解电枢反应电抗及同步电抗的含义																	0
4. 了解同步发电机并入电网的条件及方法★★	1												1				2★★
5. 了解同步发电机有功功率及无功功率的调节方法★★★★			2		1		1			1			1	1	1	2	10★★★★★
6. 了解同步电动机的运行特性★★★★★		2		1		1	1	2	1	1	1	2		1	1	1	15★★★★★
7. 了解同步发电机的绝缘系统、温升要求、冷却方式																	0
8. 了解同步发电机的励磁系统																	0
9. 了解同步发电机的运行和维护工作要点																	0
汇总统计	2	2	2	2	1	1	2	2	1	2	1	2	3	3	3	4	33

表 4.8–2　　发输变电专业基础考试大纲及历年真题统计表

4.8 同步电机 考试大纲	2005（同供配电）	2006（同供配电）	2007	2008	2009	2010	2011	2012	2013	2014	2016	2017	2018	2019	2020	2021	汇总统计
1. 了解同步电机额定值的含义★★★				1										2	1	1	5★★★★
2. 了解同步电机电枢反应的基本概念★★★★★	1		1			1	1						1			1	6★★★★★

续表

4.8 同步电机 考试大纲	2005（同供配电）	2006（同供配电）	2007	2008	2009	2010	2011	2012	2013	2014	2016	2017	2018	2019	2020	2021	汇总统计
3. 了解电枢反应电抗及同步电抗的含义★										1							1★
4. 了解同步发电机并入电网的条件及方法★★★★	1				1				1					1			4★★★★
5. 了解同步发电机有功功率及无功功率的调节方法★													1				1★
6. 了解同步电动机的运行特性★★★★★		2		1	1	1	1	2	1	2	2	2	1	1	2		19★★★★★
7. 了解同步发电机的绝缘系统、温升要求、冷却方式																	0
8. 了解同步发电机的励磁系统																	0
9. 了解同步发电机的运行和维护工作要点																	0
汇总统计	2	2	1	2	2	2	2	2	2	3	2	2	3	4	3	2	36

对比以上供配电专业基础和发输变电专业基础历年真题统计表，可看到：尽管专业方向不同，但专业基础的考试两个方向的侧重点相似度很高，见表 4.8–3。

表 4.8–3　　专业基础供配电、发输变电两个专业方向侧重点对比

4.8 同步电机	历年真题汇总统计	
考试大纲（取供配电、发输变电两个方向中多的★值标注）	供配电	发输变电
1. 了解同步电机额定值的含义★★★★★	5★★★★★	5★★★★★
2. 了解同步电机电枢反应的基本概念★★★★★	1★	6★★★★★
3. 了解电枢反应电抗及同步电抗的含义★	0	1★
4. 了解同步发电机并入电网的条件及方法★★★★	2★★	4★★★★
5. 了解同步发电机有功功率及无功功率的调节方法★★★★★	10★★★★★	1★
6. 了解同步电动机的运行特性★★★★★	15★★★★★	19★★★★★
7. 了解同步发电机的绝缘系统、温升要求、冷却方式	0	0
8. 了解同步发电机的励磁系统	0	0
9. 了解同步发电机的运行和维护工作要点	0	0
汇总统计	33	36

4.8.2 重要知识点复习

结合前面 4.8.1 节的历年真题统计分析（供配电、发输变电）结果，对“4.8 同步电机”部分的 2、4、5、6 大纲点深入总结，其他大纲点从略。

1. 了解同步电机额定值的含义

在稳定运行时，同步电机转子转速与定子电流产生的旋转磁场转速严格同步，其同步速 $n=\dfrac{60f}{p}$(r/min)。

同步电机的额定容量 S_N(kVA)、额定功率 P_N(kW)、额定电压 U_N(kV)、额定电流 I_N(A)之间的关系是 $P_N=S_N\cos\varphi_N=\sqrt{3}U_N I_N\cos\varphi_N$，式中 $\cos\varphi_N$ 为电枢绕组侧的额定功率因数，电压、电流均指线值。

同步电机主要用作发电机，同步发电机的基本工作原理：励磁绕组通入直流电流后建立恒定磁场，原动机拖动转子以转速 n 旋转，其磁场切割定子绕组而感应交流电动势，在其引出端就有了三相对称交流电压输出。对于发电机，额定效率 η_N 是额定运行时电枢绕组输出的电功率（即额定功率）与转轴输入的机械功率（即额定输入功率）的比值。

2. 了解同步电机电枢反应的基本概念

电枢反应：若负载为三相对称，则同步发电机带上负载后，电枢三相绕组中将流过一组对称的三相电流，此时电枢绕组就会产生电枢磁动势 F_a 及相应的电枢磁场，其基波为一以同步速度旋转的磁动势和磁场，并与转子的主磁场保持相对静止。负载时，气隙内的合成磁动势 F_δ 由电枢磁动势 F_a 和主极磁动势 F_f 的共同作用产生，电枢磁动势的基波在气隙中所产生的基波电枢磁场就称为电枢反应。电枢反应的性质（增磁、去磁或交磁）取决于电枢磁动势与主磁场在空间的相对位置，而此相对位置取决于励磁电动势 $\dot{E}_0$ 和负载电流 $\dot{I}$ 之间的相角差 ψ_0，ψ_0 称为内功率因数角。

（1）$\dot{I}$ 与 $\dot{E}_0$ 同相位时的时–空统一矢量图如图 4.8–1 所示，由此可见，$\psi_0=0°$ 时，F_a 是一个交轴磁动势。

（2）$\dot{I}$ 滞后于 $\dot{E}_0$ 时的时–空统一矢量图如图 4.8–2 所示，由此可见，$\psi_0>0°$ 时，直轴电枢反应是去磁性。

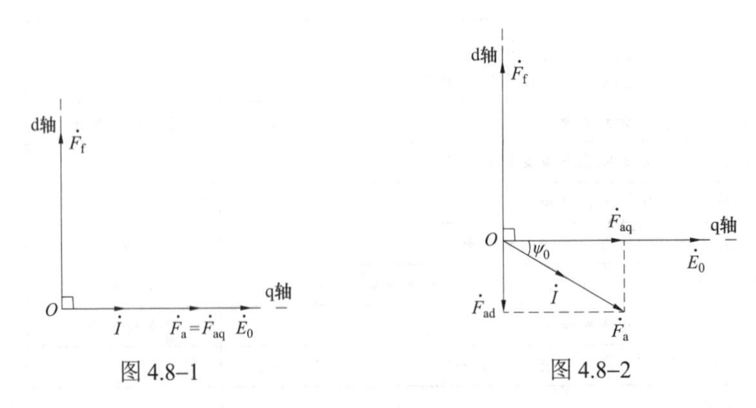

图 4.8–1　　图 4.8–2

（3）$\dot{I}$ 超前于 $\dot{E}_0$ 时的时–空统一矢量图如图 4.8–3 所示，由此可见，$\psi_0<0°$ 时，直轴电枢反应是增磁性。

3. 了解电枢反应电抗及同步电抗的含义

（1）电枢反应电抗的含义。对于隐极机：电枢反应电抗 X_a 是与电枢反应磁通 $\boldsymbol{\Phi}_a$ 相对应的电抗，而 $\boldsymbol{\Phi}_a$ 是由三相电枢绕组的合成磁动势 F_a 产生的，因此 X_a 是决定同步电机性能的一个重要参数，电枢反应电动势与电枢反应电抗数值上成正比，因此 X_a 的大小反映了电枢反应的强弱。

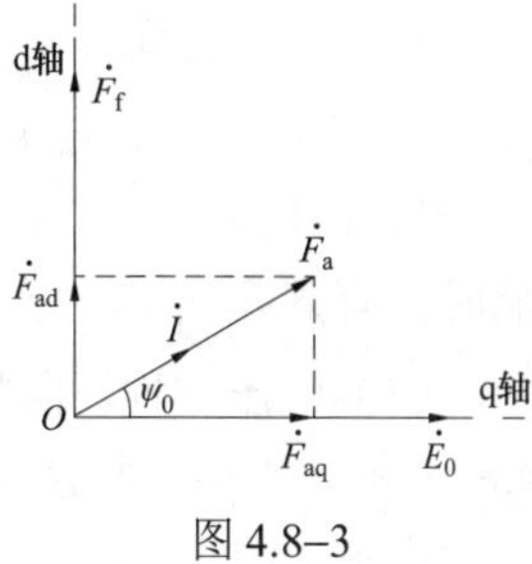

图 4.8–3

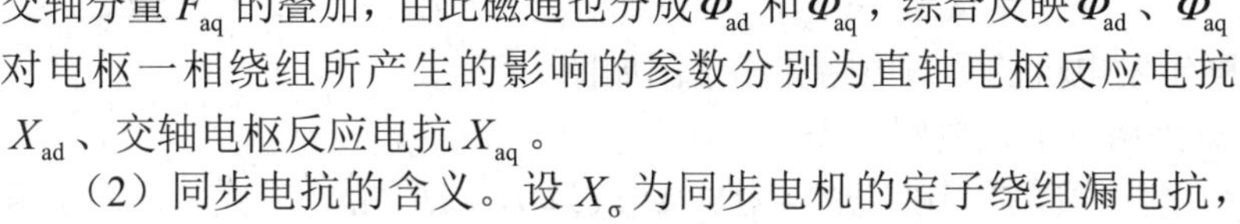

对于凸极机：由于气隙不均匀，可将 F_a 看成是直轴分量 $\dot{F}_{ad}$ 和交轴分量 $\dot{F}_{aq}$ 的叠加，由此磁通也分成 $\dot{\boldsymbol{\Phi}}_{ad}$ 和 $\dot{\boldsymbol{\Phi}}_{aq}$，综合反映 $\dot{\boldsymbol{\Phi}}_{ad}$、$\dot{\boldsymbol{\Phi}}_{aq}$ 对电枢一相绕组所产生的影响的参数分别为直轴电枢反应电抗 X_{ad}、交轴电枢反应电抗 X_{aq}。

（2）同步电抗的含义。设 X_σ 为同步电机的定子绕组漏电抗，则有：

隐极同步电机的同步电抗 X_s 为 $X_s = X_\sigma + X_a$，它是对称稳态运行时表征电枢反应和电枢漏磁这两个效应的一个综合参数，不计磁饱和时，X_s 为一常数。

凸极同步电机的直轴同步电抗 X_d 和交轴同步电抗 X_q 分别为 $X_d = X_\sigma + X_{ad}$、$X_q = X_\sigma + X_{aq}$，X_d 和 X_q 是对称稳态运行时表征电枢漏磁和直轴或交轴电枢反应的一个综合参数。

4. 了解同步发电机并入电网的条件及方法

此部分主要是考并网的条件，并网方法（有准同步法和自同步法两种）在历年考题中还没有出现过。

把同步发电机并联至电网的过程称为投入并联。为避免发电机和电网中产生冲击电流，投入并联时，同步发电机应当满足下列条件：

（1）发电机的电压相序应与电网的电压相序相同。

（2）发电机的频率应与电网的频率相同。

（3）发电机的电压幅值应与电网的电压幅值相同。

（4）发电机的电压相位应与电网的电压相位相同。

上述条件中，除相序相同是绝对条件外，其他条件都是相对的，因为通常电机可以承受一些小的冲击电流。

5. 了解同步发电机有功功率及无功功率的调节方法

调节同步发电机的有功功率是通过调节原动机的驱动转矩实现的，具体来说，可以通过调节水轮机的进水量或汽轮机的气门来达到。

调节同步发电机的无功功率是通过调节励磁电流实现的。

此部分需要重点掌握以下关系：

（1）功角特性。凸极同步发电机的功角特性 $P_e = m\dfrac{E_0U}{X_d}\sin\delta + m\dfrac{U^2}{2}\left(\dfrac{1}{X_q}-\dfrac{1}{X_d}\right)\sin 2\delta$，第一项 $m\dfrac{E_0U}{X_d}\sin\delta$ 称为基本电磁功率；第二项 $m\dfrac{U^2}{2}\left(\dfrac{1}{X_q}-\dfrac{1}{X_d}\right)\sin 2\delta$ 称为附加电磁功率，仅当 $X_q \neq X_d$ 时才存在，故也称磁阻功率。

隐极同步发电机的功角特性 $P_e = m\dfrac{E_0U}{X_d}\sin\delta = P_{M\max}\sin\delta$，此公式必须记住！

上两式中 P_e 为同步发电机发出的电磁功率，E_0 为励磁电动势，U 为端电压，功角 δ 为 $\dot{E}_0$ 超前于 $\dot{U}$ 的角度，X_d 直轴同步电抗，X_q 交轴同步电抗，相数 $m=3$，$P_{M\max}$ 为功率极限。

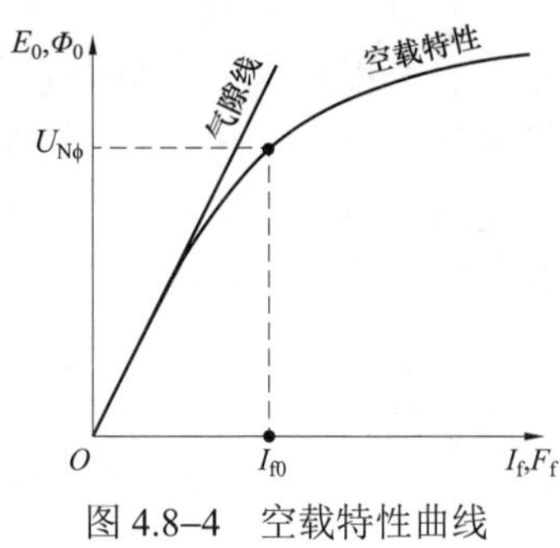

图 4.8–4　空载特性曲线

（2）空载特性。$E_0=4.44fN_1k_{w1}\Phi_0$，改变直流励磁电流 I_f，便可得到不同的主磁通 Φ_0 和对应的励磁电动势 E_0，从而得到空载特性曲线 $E_0=f(I_f)$ 如图 4.8–4 所示，可见不考虑饱和影响时，有 $E_0 \propto I_f$。

（3）电压方程。隐极同步发电机的等效电路和相量图如图 4.8–5 和图 4.8–6 所示，注意采用发电机惯例，以输出电流作为电枢电流 $\dot{I}$ 的正方向，可得电压方程 $\dot{E}_0=\dot{U}+\dot{I}R_a+j\dot{I}X_\sigma+j\dot{I}X_a=\dot{U}+\dot{I}R_a+j\dot{I}X_s$，式中，同步电抗 X_s；R_a 为电枢绕组的电阻值；励磁电动势 $\dot{E}_0$ 和电枢反应电动势 $\dot{E}_a$ 合成得到气隙电动势 $\dot{E}$；$\dot{U}$ 为电枢绕组的端电压。忽略 R_a 时，常用公式 $\dot{E}_0=\dot{U}+j\dot{I}X_s$，此公式必须记住！

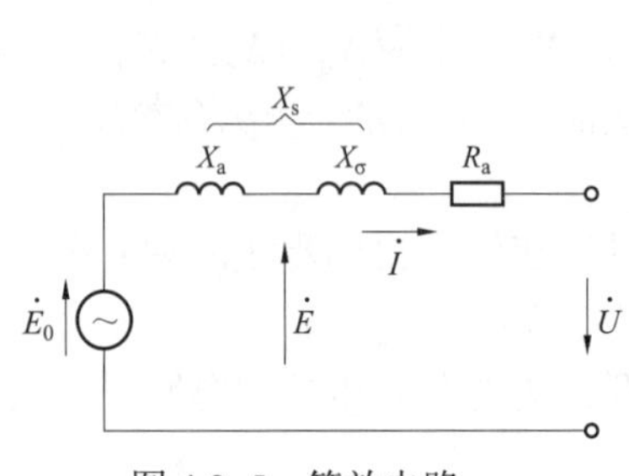

图 4.8–5　等效电路

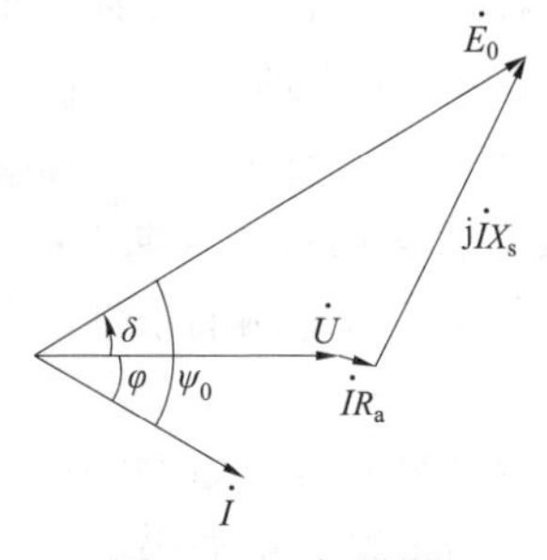

图 4.8–6　相量图

（4）V 形曲线。电枢电流随励磁电流变化的关系如图 4.8–7 所示，此关系曲线称为 V 形曲线。显然，V 形曲线是一簇曲线，每一条 V 形曲线对应一定的有功功率，随着输出有功功率 P_2 的增大，曲线往上抬；V 形曲线上都有一个最低点，对应 $\cos\varphi=1$ 的情况，将所有的最低点连接起来，将得到与 $\cos\varphi=1$ 对应的曲线，该线左边为欠励状态，功率因数超前，右边为过励状态，功率因数滞后；随着励磁电流 I_f 减小，功角 δ 增加，当 I_f 减小到一定值时，$\delta=90°$，发电机将失去稳定，所以欠励部分有不稳定区。V 形曲线可以通过计算得到，也可通过负载试验得到。

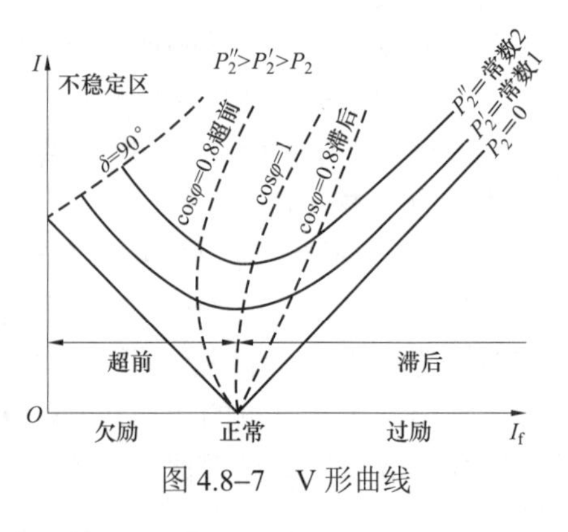

图 4.8–7　V 形曲线

注意：针对大纲第 5 点的这部分考题，都可以运用 V 形曲线得到答案，换句话说，V 形曲线是求解这部分题的万能模板。

6. 了解同步电动机的运行特性

从前表的统计结果可以看到，同步电机的运行特性是历年供配电和发输变电专业基础的绝对重要考点，同步电机的考题主要集中在此大纲考点，需要重点掌握的知识点总结如下：

（1）同步电机运行状态（过励或欠励）的判断。与电网并联运行的同步发电机，不仅要向电网输出有功功率，通常还要输出无功功率，调节发电机的励磁即可调节其无功功率大小。为简单化，忽略电枢电阻和磁饱和的影响，若调节励磁时原动机的输入有功功率保持不变，则根据功率平衡关系知，在调节励磁前后，发电机的电磁功率和输出的有功功率也应保持不变，即 $P_e = m\dfrac{E_0 U}{X_s}\sin\delta =$ 常值， $P_2 = mUI\cos\varphi =$ 常值，式中电网电压 U 和发电机的同步电抗 X_s 均为定值，所以可以进一步写成 $E_0\sin\delta =$ 常值， $I\cos\varphi =$ 常值 。

1）正常励磁。如图 4.8–8 所示，当励磁电动势为 $\dot{E}_0$ 、电枢电流为 $\dot{I}$ 、功率因数 $\cos\varphi = 1$ 时，此时的励磁电流 I_f 称为“正常励磁电流”，此时发电机的输出功率全部为有功功率。

2）若增加励磁电流。使得 $I_f' > I_f$ ，发电机将在“过励”状态下运行。

励磁电流增加 ⇒ 励磁电动势增加为 $\dot{E}_0'$ ⇒ 由于 $E_0\sin\delta =$ 常值 ，故 $\dot{E}_0'$ 的端点应该落在水平线 AB 上 ⇒ 根据 $\dot{E}_0' = \dot{U} + \mathrm{j}\dot{I}'X_s$ 可得同步电抗压降 $\mathrm{j}\dot{I}'X_s$ ⇒ 确定电枢电流 $\dot{I}'$ ⇒ 又因 $I\cos\varphi =$ 常值 ，故 $\dot{I}'$ 的端点应落在垂线 CD 上 ⇒ 由图可见，此时电枢电流 $\dot{I}'$ 将滞后于电网电压 $\dot{U}$ ⇒ 结论：过励磁运行时，发电机除向电网输出一定的有功功率外，还将输出滞后的无功功率。

利用磁动势平衡关系来解释励磁电流的这一无功调节作用。发电机与无穷大电网并联时，其端电压恒为常值，所以无论主极的励磁如何变化，电枢绕组的合成磁通将始终保持不变。当增加励磁电流成为过励时，主磁通增多，为维持电枢绕组的合成磁通不变，发电机将输出滞后电流，使去磁性的电枢反应增加以抵消过多的主磁通。

3）若减小励磁电流，使得 $I_f'' < I_f$ ，发电机将在“欠励”状态下运行。

励磁电流减小 ⇒ 励磁电动势减小为 $\dot{E}_0''$ ⇒ 由于 $E_0\sin\delta =$ 常值 ，故 $\dot{E}_0''$ 的端点应该落在水平线 AB 上 ⇒ 根据 $\dot{E}_0'' = \dot{U} + \mathrm{j}\dot{I}''X_s$ 可得同步电抗压降 $\mathrm{j}\dot{I}''X_s$ ⇒ 确定电枢电流 $\dot{I}''$ ⇒ 又因 $I\cos\varphi =$ 常值 ，故 $\dot{I}''$ 的端点应落在垂线 CD 上 ⇒ 由图可见，此时电枢电流 $\dot{I}''$ 将超前于电网电压 $\dot{U}$ ⇒ 结论：欠励磁运行时，发电机除向电网输出一定的有功功率外，还将输出超前的无功功率。

利用磁动势平衡关系来解释励磁电流的这一无功调节作用，当减少励磁电流成为欠励时，主磁通减小，为维持电枢绕组的合成磁通不变，发电机必须输出超前电流，以减小去磁性的电枢反应，甚至使电枢反应变为增磁性以补偿主磁通的不足。

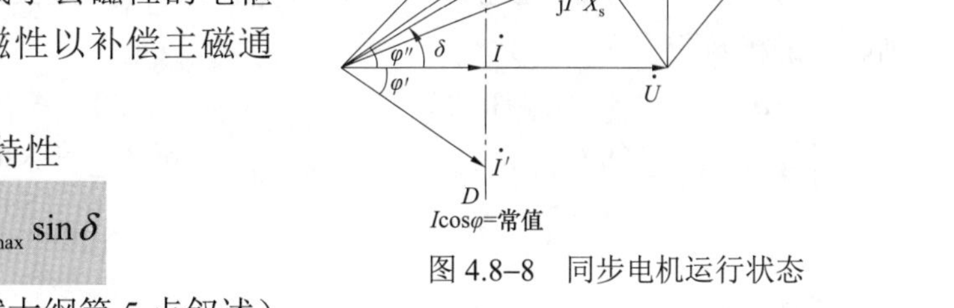

图 4.8–8　同步电机运行状态

（2）隐极同步发电机的功角特性

$$P_e = m\frac{E_0 U}{X_d}\sin\delta = P_{\mathrm{M\,max}}\sin\delta$$

此公式必须记住！（详见考试大纲第 5 点叙述）

（3） 隐极同步发电机的电压方程 $\dot{E}_0 = \dot{U} + \mathrm{j}\dot{I}X_s$ ，此公式必须记住！（详见考试大纲第 5 点叙述）

（4）凸极同步发电机中有关虚拟电动势的知识点：凸极同步电机的气隙通常是不均匀的，极面下气隙较小，两极之间气隙较大，对凸极同步发电机有电压方程 $\dot{E}_0 = \dot{U} + \dot{I}R_a + \mathrm{j}\dot{I}_d X_d + \mathrm{j}\dot{I}_q X_q$ ，式中， X_d 、 X_q 分别是直轴同步电抗和交轴同步电抗，与此方程对应的相量图如图 4.8–9 所示，需要注意的是，要画出如图 4.8–10 所示的凸极发电机的相量图，除需给定端电压$\dot{U}$、负载电流$\dot{I}$、功率因数角φ以及电机的参数R_a、X_d、X_q之外，还必须先把电枢电流分解成直轴和交轴两个分量，否则整个相量图就画不出来，为此首先需要确定内功率因数角ψ_0。引入虚拟电动势$\dot{E}_Q$，使$E_Q = E_0 - j\dot{I}_d(X_d - X_q)$，则不难导出$\dot{E}_Q = (\dot{U}+\dot{I}R_a+j\dot{I}_dX_d+j\dot{I}_qX_q)-j\dot{I}_d(X_d-X_q)=\dot{U}+\dot{I}R_a+ j\dot{I}X_q$，因为相量$\dot{I}_d$与$\dot{E}_0$相垂直，故$j\dot{I}_d(X_d-X_q)$应与$\dot{E}_0$同相位，因此$\dot{E}_Q$与$\dot{E}_0$应是同相位的。将端电压$\dot{U}$沿着$\dot{I}$和垂直于$\dot{I}$的方向分成$U\cos\varphi$和$U\sin\varphi$两个分量，如图 4.8–10 中虚线所示，可知$\psi_0 = \arctan\dfrac{U\sin\varphi + IX_q}{U\cos\varphi + IR_a}$。

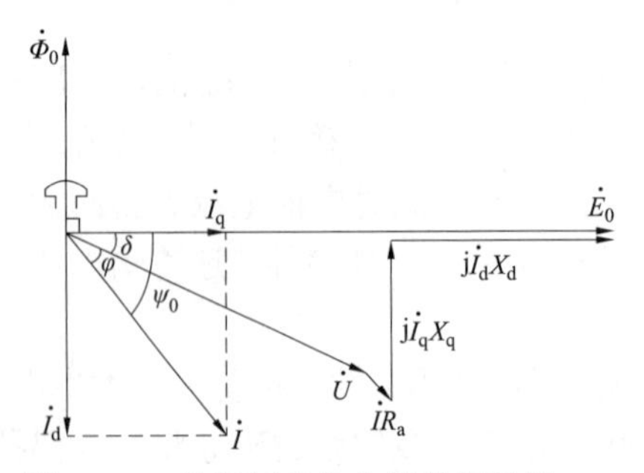

图 4.8–9　凸极同步发电机的相量图

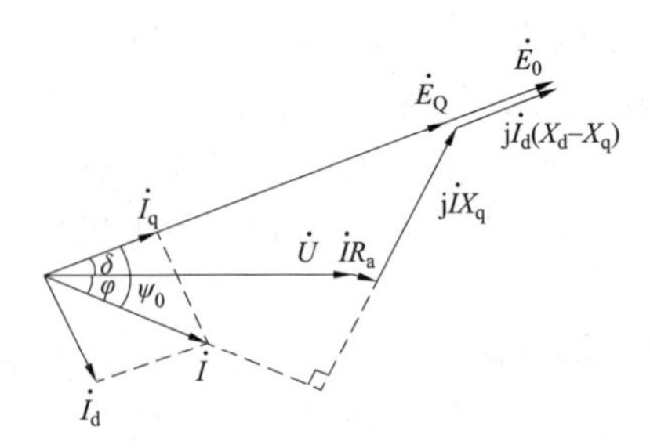

图 4.8–10　ψ_0的确定

7. 了解同步发电机的绝缘系统、温升要求、冷却方式

历年无考题，略。

8. 了解同步发电机的励磁系统

同步电机工作时必须供给励磁绕组直流电流，以便建立励磁磁场，向同步发电机的转子励磁绕组供给励磁电流的整套装置叫作励磁系统。按供电电源的方式分，可分为他励和自励两大类。

历年无考题，略。

9. 了解同步发电机的运行和维护工作要点

历年无考题，略。

4.8.3 【供配电专业基础】历年真题详解

【1. 了解同步电机额定值的含义】

1.（供 2008，发 2008、2020）某水轮发电机的转速为 150r/min，已知电网频率为$f = 50\text{Hz}$，则其主磁极数应为（　　）。

A. 10　　B. 20　　C. 30　　D. 40

分析：由$n = \dfrac{60f}{p}$可推出磁极对数为$p = \dfrac{60f}{n} = \dfrac{60\times50}{150} = 20$，故主磁极数为$2p = 2\times20 = 40$。

答案：D

2.（2018、2021）某发电机的主磁极数为 4，已知电网频率为$f = 50\text{Hz}$，则其转速应该为（　　）。

A. 1500r/min　　B. 2000r/min　　C. 3000r/min　　D. 4000r/min

分析：已知主磁极数为 4，则极对数$p = 2$，故转速$n = \dfrac{60f}{p} = \dfrac{60\times50}{2}\text{r/min} = 1500\text{r/min}$。

将频率改成 60Hz，相似题 2019 年、2020 年再次出现。

答案：A

【2. 了解同步电机电枢反应的基本概念】

3.（供 2005，发 2005、2007、2021） 同步发电机单机运行供给纯电容性负载，当电枢电流达到额定值时，电枢反应的作用使其端电压比空载时（　　）。

A. 不变　　B. 降低　　C. 增高　　D. 不能确定

分析：本题供给纯电容性负载，显然电枢反应的性质为增磁性质，故其端电压较空载时候是升高的。

答案：C

4.（2017） 一台凸极同步发电机的直轴电流 $I_d^* = 0.5$，交轴电流 $I_q^* = 0.5$，此时内功率因数角为（　　）。

A. 0°　　B. 45°

C. 60°　　D. 90°

分析：参见 4.8.2 节 6 的（4）点。做出相量图如图 4.8–11 所示。

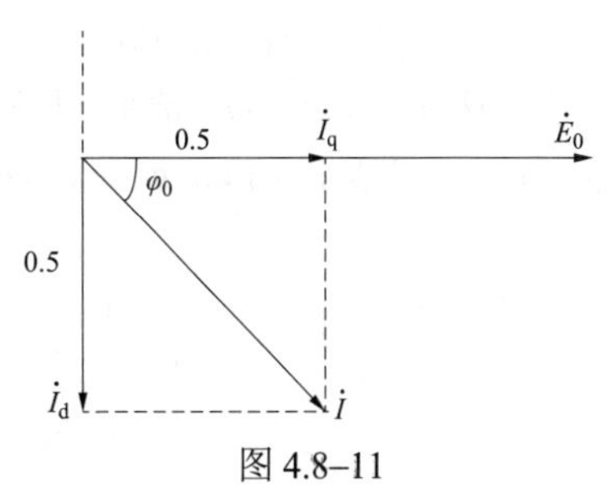

图 4.8–11

励磁电动势 $\dot{E}_0$ 和负载电流 $\dot{I}$ 之间的相角差 φ_0 即为内功率因数角。

$$\tan\varphi_0 = \frac{I_d^*}{I_q^*} = \frac{0.5}{0.5} = 1 \Rightarrow \varphi_0 = 45^\circ$$

答案：B

【4. 了解同步发电机并入电网的条件及方法】

5.（2005） 三相同步发电机在与电网并联时，必须满足一些条件，在下列条件中，必须先绝对满足的条件是（　　）。

A. 电压相等　　B. 频率相等　　C. 相序相同　　D. 相位相同

分析：在发电机并网的四个条件中，相序相同的条件是必须满足的，其他条件允许稍有出入。

答案：C

6.（供 2018，发 2019） 发电机并列运行过程中，当发电机电压与系统电压相位不一致时，将产生冲击电流，冲击电流最大值发生在两个电压相差为（　　）。

A. 0°　　B. 90°　　C. 180°　　D. 270°

答案：C

【5. 了解同步发电机有功功率及无功功率的调节方法】

7.（2007、2021） 一台并联在电网上运行的同步发电机，若要在保持其输出的有功功率不变的前提下，增大其感性无功功率的输出，可以采用方法是（　　）。

A. 保持励磁电流不变，增大原动机输入，使功角增加

B. 保持励磁电流不变，减小原动机输入，使功角减小

C. 保持原动机输入不变，增大励磁电流

D. 保持原动机输入不变，减小励磁电流

分析：方法 1，题目已知保持输出的有功功率不变，因为系统有功功率平衡，故原动机

输入不变，排除 A、B 选项。要增大感性无功功率的输出，则励磁电流需要增加。

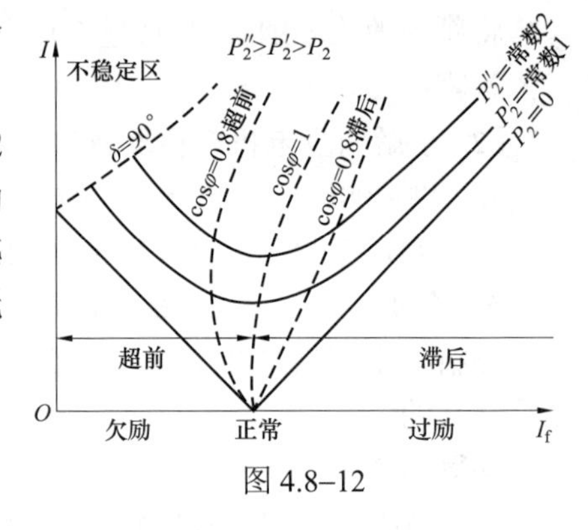

图 4.8–12

方法 2，利用 V 形曲线万能模板求解。如图 4.8–12 所示，题目已知保持输出的有功功率不变（意味着原动机输入不变），即对应“某一条固定”的 V 形曲线；感性无功意味着 $\cos\varphi$ “滞后”，处于右边区域；要增大无功功率，意味着 $\cos\varphi$ 减小，由 V 形曲线显然 I_f 增大。

答案：C

8.（2007）一台隐极同步发电机，分别在 U、I、$\cos\varphi_1$（滞后）和 U、I、$\cos\varphi_2$（滞后）两种情况下运行，其中 U、I 大小保持不变，而 $\cos\varphi_1>\cos\varphi_2$，那么两种情况所需的励磁电流相比为下列哪种情况？（　　）

A. $I_{f1}>I_{f2}$　　B. $I_{f1}=I_{f2}$　　C. $I_{f1}<I_{f2}$　　D. 无法相比

分析：方法 1，因为 $\cos\varphi_1>\cos\varphi_2\Rightarrow\varphi_1<\varphi_2$，根据隐极同步发电机的电压平衡方程 $\dot{E}_0=\dot{U}+\mathrm{j}\dot{I}X_s$ 作相量图如图 4.8–13 所示（因为题目已知 $\dot{I}_1$ 和 $\dot{I}_2$ 大小相等，故相量图中 $\dot{I}_1$ 和 $\dot{I}_2$ 线段长度相等），显然 $E_{01}<E_{02}$，故 $I_{f1}<I_{f2}$。也就是说，在保持同样的 U、I 的情况下，φ 越大，所需励磁电流 I_f 也越大。

本质原因深入分析：当带有感性负载时，φ 越大，电枢反应去磁作用越强，要想保持端电压 U 不变，则励磁电流 I_f 就需要增大。

基于此题的推广分析：

（1）容性负载：$\cos\varphi_1>\cos\varphi_2\Rightarrow\varphi_1<\varphi_2$，根据 $\dot{E}_0=\dot{U}+\mathrm{j}\dot{I}X_s$ 作相量图如图 4.8–14 所示，显然 $E_{01}>E_{02}$，故 $I_{f1}>I_{f2}$。也就是说，在保持同样的 U、I 的情况下，φ 越大的，所需励磁电流 I_f 越小。

本质原因深入分析：当带有容性负载时，φ 越大，电枢反应增磁作用越强，要想保持端电压 U 不变，则励磁电流 I_f 就需要减小。

（2）纯阻性负载：$\cos\varphi_1=\cos\varphi_2\Rightarrow1\Rightarrow\varphi_1\Rightarrow\varphi_2=0°$，根据 $\dot{E}_0=\dot{U}+\mathrm{j}\dot{I}X_s$ 作相量图如 4.8–15 所示，显然 E_{01}=E_{02}，故 I_{f1}=I_{f2}。

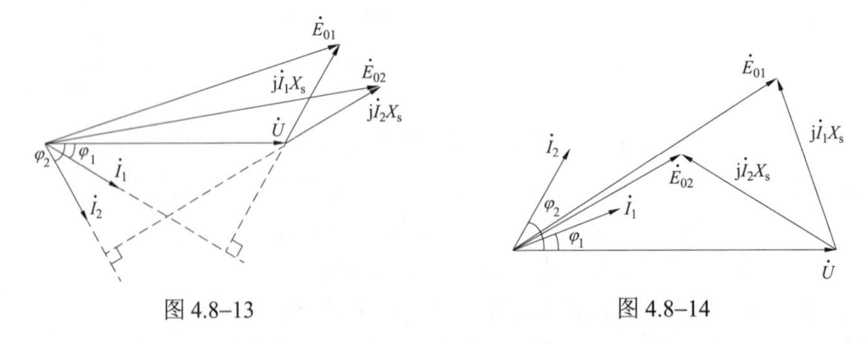

图 4.8–13　　图 4.8–14

方法 2，利用 V 形曲线万能模板求解。如图 4.8–16 所示，$P_1=UI\cos\varphi_1$，$P_2=UI\cos\varphi_2$，题目已知 U、I 大小保持不变，而 $\cos\varphi_1>\cos\varphi_2$，故 $P_1>P_2$，综合已知条件知道，相当于 V 形曲线上从①点变到②点，显然励磁电流 I_f 增大，即 $I_{f1}<I_{f2}$。

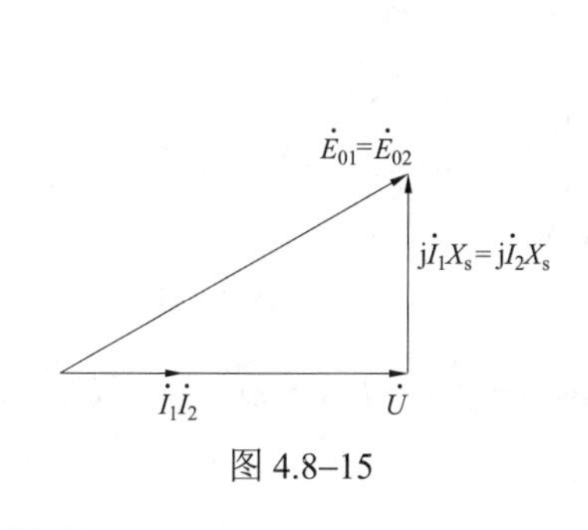

图 4.8–15

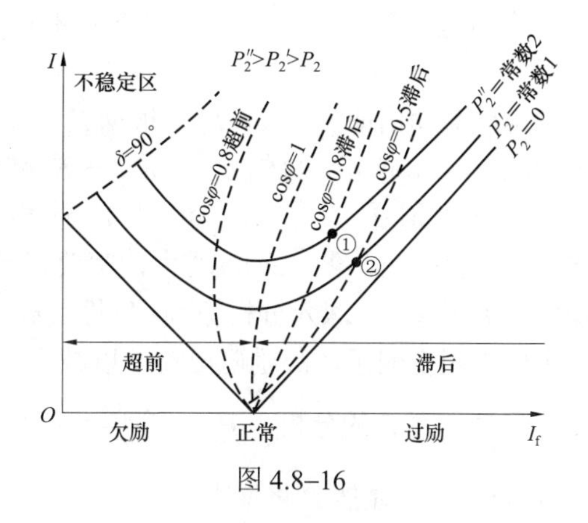

图 4.8–16

答案：C

9.（2009） 一台隐极同步发电机并网运行时，如果不调节原动机，仅减少励磁电流 I_f，将引起（　　）。

A. 功角 δ 减小，电磁功率最大值 $P_{M\max}$ 减小

B. 功角 δ 减小，电磁功率最大值 $P_{M\max}$ 增大

C. 功角 δ 增大，电磁功率最大值 $P_{M\max}$ 减小

D. 功角 δ 增大，电磁功率最大值 $P_{M\max}$ 增大

分析：方法 1，减少直流励磁电流 I_f，根据空载特性曲线 ⇒ 则 E_0 将减小；该发电机并网运行 ⇒ 故其端电压 U 保持不变。综上，依据 $P_{M\max}=m\dfrac{E_0U}{X_d}$，显然 $P_{M\max}$ 将减小。

再根据 $P_e=P_{M\max}\sin\delta$，题目已知不调节原动机，这意味着 P_e 不变，前面已经推出 $P_{M\max}$ 减小，故 $\sin\delta$ 将增加，进而功角 δ 将增大。

方法 2，利用 V 形曲线万能模板求解。如图 4.8–17 所示，题目已知不调节原动机，则对应“某一条固定”的 V 形曲线；I_f 减小，由 V 形曲线显然 δ 将增大；又 I_f 减小会使得 E_0 减小；E_0 减小则 $P_{M\max}=m\dfrac{E_0U}{X_d}$ 也将减小。

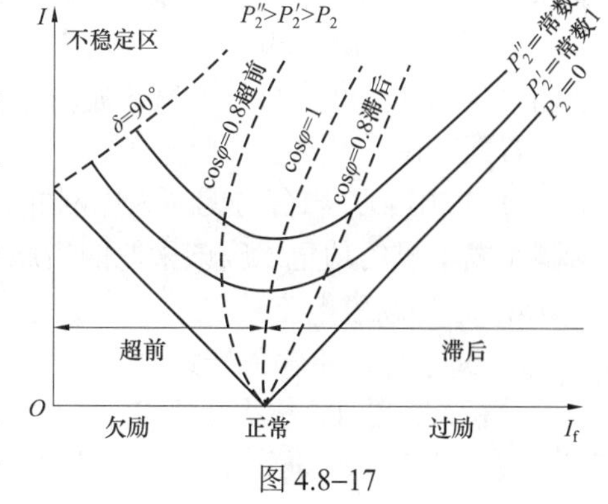

图 4.8–17

答案：C

10.（2011） 一台并网运行的三相同步发电机，运行时输出 $\cos\varphi=0.5$（滞后）的额定电流，现在要让它输出 $\cos\varphi=0.8$（滞后）的额定电流，可采取的办法是（　　）。

A. 输入的有功功率不变，增大励磁电流

B. 增大输入的有功功率，减小励磁电流

C. 增大输入的有功功率，增大励磁电流

D. 减小输入的有功功率，增大励磁电流

分析：方法 1，

（1）励磁电流 I_f 的分析：$\cos\varphi_1 = 0.5$（滞后）↑ $\cos\varphi_2 = 0.8$（滞后），则 $\varphi_1 > \varphi_2$，并网运行保持 U 不变，不同 $\cos\varphi$ 时均为额定电流输出即 $I_1 = I_2 = I_N$，根据 $\dot{E}_0 = \dot{U} + \mathrm{j}\dot{I}X_s$ 做出相量图如图 4.8–18 所示，显然 $E_{01} > E_{02} \Rightarrow E_0$ 减小，根据空载特性曲线知道 $I_{f1} > I_{f2} \Rightarrow I_f$ 减小，看相量图知道 $\delta_1 < \delta_2 \Rightarrow \delta$ 增大。结论：$\cos\varphi$ 增大，都要保持 I_N 运行，则励磁电流 I_f 要减小。深入分析原因：感性负载，当 $\cos\varphi$ 增大时，去磁作用变弱了，故励磁电流可以减小。

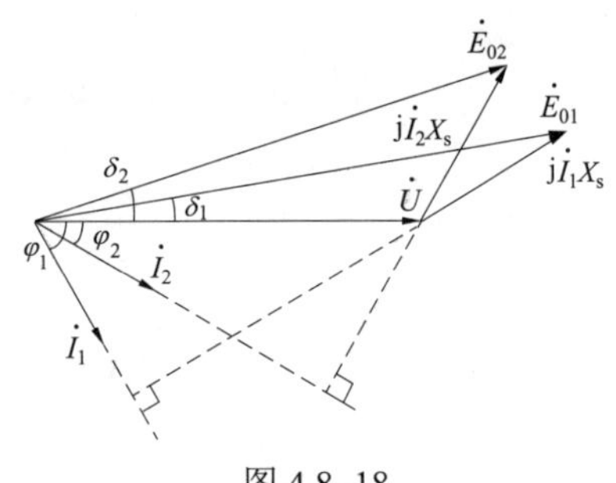

图 4.8–18

（2）有功功率 P 的分析：$P_e = m\dfrac{E_0U}{X_d}\sin\delta = 3U_{相}I_{相}\cos\varphi = \sqrt{3}U_{线}I_{线}\cos\varphi$，现在 $U_{相}$、$I_{相}$ 均不变，$\cos\varphi$ 变大，显然 P 将增大。

方法 2，利用 V 形曲线万能模板求解。如图 4.8–19 所示，题目现在要求从 $\cos\varphi = 0.5$（滞后）变成 $\cos\varphi = 0.8$（滞后）。

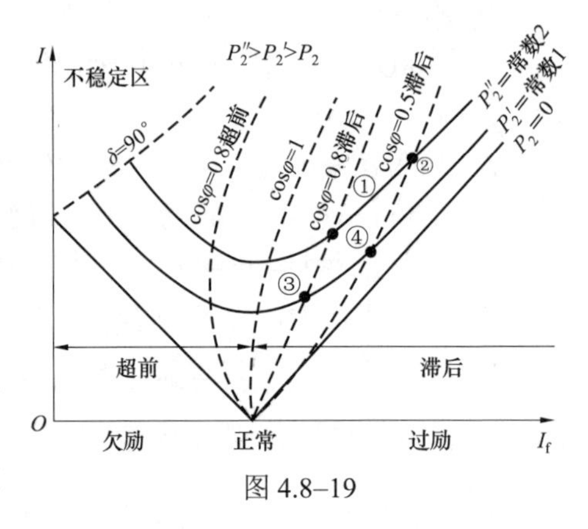

图 4.8–19

选项 A：若输入的有功功率不变，即某一条曲线固定，题目现在要求从 $\cos\varphi = 0.5$（滞后）变成 $\cos\varphi = 0.8$（滞后），相当于图中从②变到①，显然要减小励磁电流，故 A 选项中的增大励磁电流错误。

选项 B：若增大输入的有功功率，要求从 $\cos\varphi = 0.5$（滞后）变成 $\cos\varphi = 0.8$（滞后），相当于图中从④变到①，显然要减小励磁电流，故 B 减小励磁电流正确。

选项 C：若增大输入的有功功率，要求从 $\cos\varphi = 0.5$（滞后）变成 $\cos\varphi = 0.8$（滞后），相当于图中从④变到①，显然要减小励磁电流，故 C 增大励磁电流错误。

选项 D：若减小输入的有功功率，要求从 $\cos\varphi = 0.5$（滞后）变成 $\cos\varphi = 0.8$（滞后），相当于图中从②变到③，显然要减小励磁电流，故 D 增大励磁电流错误。

答案：B

11.（2014） 一台与无穷大电网并联运行的同步发电机，当原动机输出转矩保持不变时，若减小发电机的功角，应该采取的措施是（　　）。

A. 增大励磁电流　　　　B. 减小励磁电流

C. 减小原动机输入转矩　　　　D. 保持励磁电流不变

分析：方法 1，根据 $P_e = P_{M\max}\sin\delta$，题目已知原动机输出转矩保持不变，这意味着 P_e 不变，减小功角 δ，$\sin\delta$ 将减小，故 $P_{M\max}$ 将增大。

依据 $P_{M\max}=m\dfrac{E_0U}{X_d}$，该发电机并网运行 ⇒ 故其端电压 U 保持不变，$m=3$ 不变，X_d 不变，现要 $P_{M\max}$ 增大，则 E_0 必将增大。

根据下面的空载特性曲线（图 4.8–20），E_0 增大 ⇒ 励磁电流 I_f 增大。

方法 2，利用 V 形曲线万能模板求解。如图 4.8–21 所示，题目已知原动机输出转矩保持不变，即对应某一条固定的 V 形曲线，若功角 δ 减小，显然励磁电流 I_f 增大。

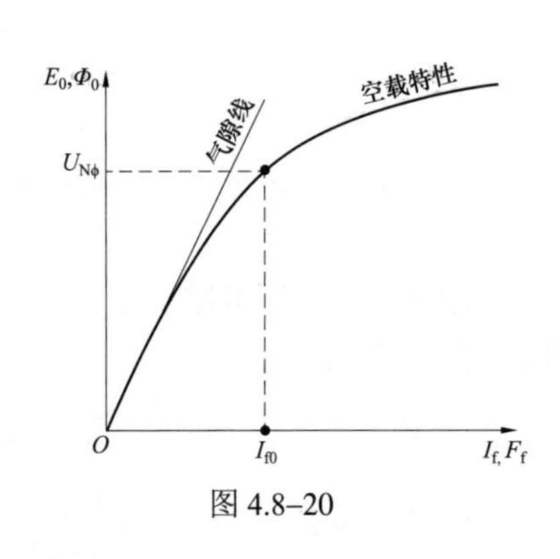

图 4.8–20

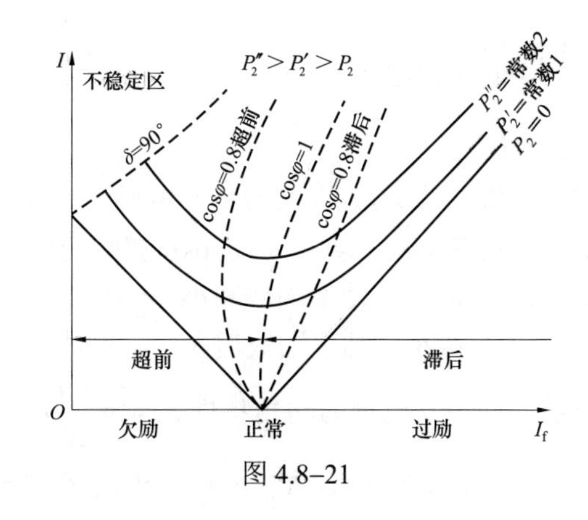

图 4.8–21

答案：A

12.（2018）一台并联在电网上运行的同步发电机，若要在保持其输出的有功功率不变的前提下，减小其感性无功功率的输出，可以采用的方法是（　　）。

A. 保持励磁电流不变，增大原动机输入，使功角增加

B. 保持励磁电流不变，减小原动机输入，使功角减小

C. 保持原动机输入不变，增大励磁电流

D. 保持原动机输入不变，减小励磁电流

答案：D

13.（2019）同步电机输出的有功功率恒定，可以调节其无功功率的方式是（　　）。

A. 改变励磁阻抗　　B. 改变励磁电流　　C. 改变输入电压　　D. 改变输入功率

答案：B

14.（2021）　同步发电机与外部电源系统连到一起，则（　　）。

A. 功角为正值时，功率流向发电机　　B. 功角为负值时，功率流向发电机

C. 功角为零时，功率流向发电机　　D. 功角取任意值时，功率都从发电机流出

分析：功角是励磁电动势领先于端电压相量的角度，常用δ表示。若$\delta>0$，功率从发电机流向系统；若$\delta<0$，功率从系统流向发电机。

答案：B

【6. 了解同步电动机的运行特性】

15.（2012）　三相同步电动机运行在过励磁状态，它从电网吸收（　　）。

A. 感性电流　　B. 容性电流　　C. 纯有功电流　　D. 直流电流

分析：过励磁是指实际励磁电流大于额定励磁电流，此时同步电动机（调相机）作为无功功率电源使用，将发出感性无功，即吸收容性无功。

答案：B

16.（2006）　增加并联电网上运行的同步发电机的有功输出可采取的办法是（　　）。

A. 输入的有功功率不变，增大励磁电流　　B. 增大输入的有功功率，减小励磁电流

C. 增大输入的有功功率，增大励磁电流　　D. 减小输入的有功功率，增大励磁电流

分析：系统的有功功率是守恒的，所以选项 A“输入的有功功率不变”和选项 D“减小输入的有功功率”都不正确，首先排除。I_f增加$\Rightarrow E_0$增加，又m、U、X_d均不变$\Rightarrow$

$P_e = m\dfrac{E_0U}{X_d}\sin\delta$ 将增加。

答案： C

17.（2006） 无穷大电网同步发电机在 $\cos\varphi=1$ 下运行，保持励磁电流不变，减小输出有功，将引起功率角 θ、功率因数 $\cos\theta$ 哪些变化？（　　）

A. 功率角减小，功率因数减小　　B. 功率角增大，功率因数减小

C. 功率角减小，功率因数增大　　D. 功率角增大，功率因数增大

分析： 同步发电机的功角特性 $P_e = m\dfrac{E_0U}{X_d}\sin\theta = P_{M\max}\sin\theta$。$I_f$ 不变 $\Rightarrow E_0$ 不变，又并网运行 U 也不变，另外 m、X_d 不变 $\Rightarrow P_{M\max}$ 不变 $\Rightarrow$ 若减小 $P_e \Rightarrow \theta$ 减小 $\Rightarrow \cos\theta$ 增大。

答案： C

18.（供 2008，发 2020） 一台并联于无穷大电网的同步发电机，在 $\cos\varphi=1$ 的情况下运行，此时，若保持励磁电流不变，减小输出的有功功率，将引起（　　）。

A. 功角减少，功率因数下降　　B. 功角增大，功率因数下降

C. 功角减少，功率因数增加　　D. 功角增大，功率因数增加

分析： 同步发电机的功角特性 $P_e{=}m\dfrac{E_0U}{X_d}\sin\delta = P_{M\max}\sin\delta$。$I_f$ 不变 $\Rightarrow E_0$ 不变，又并网运行 U 也不变，另外 m、X_d 不变 $\Rightarrow P_{M\max}$ 不变 $\Rightarrow$ 若减小 $P_e \Rightarrow \delta$ 减小。

为更好地分析功率因数的变化情况，先搞清楚以下三个角的关系：负载的功率因数角 $\varphi=\widehat{\dot U,\dot I}$，功角 $\delta=\widehat{\dot E_0,\dot U}$，内功率因数角 $\varPsi_0=\widehat{\dot E_0,\dot I}$，三者之间用相量表示如图 4.8–22 所示，显然 $\varphi=\varPsi_0-\delta$。

根据 $\dot E_0=\dot U+\mathrm{j}\dot I X_s$ 作相量图如图 4.8–23 所示，前已推出 δ 减小，即 $\dot E_{01}$ 顺时针转动到 $\dot E_{02}$，且仍然要求保持数值大小相等 $E_{01}=E_{02}$，即 $\dot E_{01}$ 与 $\dot E_{02}$ 线段长度相等，并网运行 U 也不变，看相量图，只有电流 I 顺时针转动，才能满足，故 φ 增大，$\cos\varphi$ 减小。

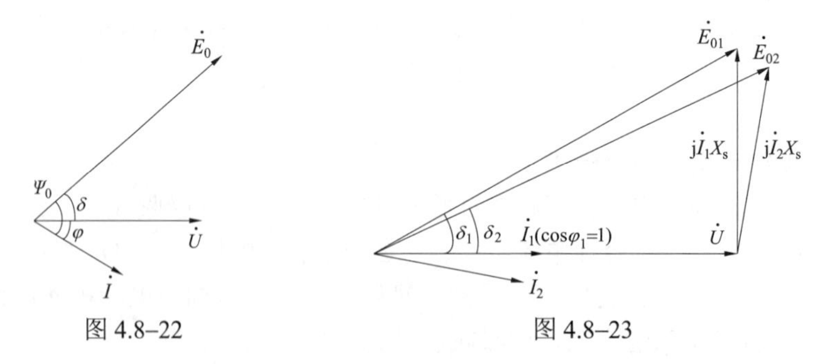

图 4.8–22　　图 4.8–23

捷径： $\cos\varphi=1$ 已经达到最大值 1 了，不可能再增加，故选项 C、D 肯定错误。

补充说明：此题与 2006 年考题相似度极高，需要注意的是 2006 年问的是功角的 $\cos\varphi$ 值如何变化，2008 年问的是负载角的 $\cos\varphi$ 值如何变化。

答案： A

19.（2010） 一台汽轮发电机并联于无穷大电网，额定负载时功角 $\delta=20°$，现因故障电网电压降为 $60\%U_N$。则当保持输入的有功功率不变继续运行时，且使功角 δ 保持在 $25°$，应

加大励磁 E_0 使其上升约为原来的（　　）倍。

A. 1.25　　　　B. 1.35　　　　C. 1.67　　　　D. 2

分析：此题考同步发电机与无穷大电网并联时的功角特性，本题没有给出 X_q 和 X_d 的具体参数，可认为该汽轮发电机为隐极式，即 $X_q = X_d$，故电磁功率公式变成 $P_e = m\dfrac{E_0U}{X_d}\sin\delta$。

当 $\delta = 20°$ 时，有 $P_e = m\dfrac{E_0U_N}{X_d}\sin 20°$；当电压降为 $60\%U_N$ 时，有 $P_e' = m\dfrac{E_0'0.6U_N}{X_d}\sin 25°$。由题知保持输入的有功功率不变，所以 $P_e' = P_e$。两式相等，推得 $E_0\sin 20° = E_0'0.6\sin 25° \Rightarrow \dfrac{E_0'}{E_0} = \dfrac{\sin 20°}{0.6\sin 25°} = 1.35$。

答案：B

20.（2011）　一台隐极同步发电机并网运行，额定容量为 7500kVA，$\cos\varphi_N = 0.8$（滞后），$U_N = 3150\text{V}$，Y 联结，同步电抗 $X_s = 1.6\Omega$，不计定子电阻。该机的最大电磁功率约为（　　）。

A. 6000kW　　　　B. 8750kW　　　　C. 10 702kW　　　　D. 12 270kW

分析：Y 联结，设 $\dot{U}_{相} = \dfrac{U_N}{\sqrt{3}}\angle 0° = \dfrac{3150}{\sqrt{3}}\angle 0°\text{V}$，$I_{相} = I_{线} = \dfrac{S_N}{\sqrt{3}U_N} = \dfrac{7500}{\sqrt{3}\times 3150}\text{kV} = 1.375\text{kA}$，

又 $\cos\varphi_N = 0.8 \Rightarrow \varphi_N \Rightarrow 36.87°$，故 $\dot{I}_{相} = 1.375\angle -36.87°\text{kA}$。所以 $\dot{E}_0 = \dot{U}_{相} + \text{j}\dot{I}_{相}X_s = \dfrac{3150}{\sqrt{3}}\angle 0°\text{V} +$ $\text{j}1.375\angle -36.87° \times 10^3 \times 1.6\text{V} = 3138.65\text{V} + \text{j}1760\text{V} = 3598.43\angle 29.28°\text{V}$。

该机的最大电磁功率为 $P_{M\max} = m\dfrac{E_0U}{X_d} = 3\times\dfrac{3598.43\times\dfrac{3150}{\sqrt{3}}}{1.6}\text{kW} = 12\,270.6\text{kW}$。

答案：D

21.（2012）　有一台 $P_N = 72\,500\text{kW}$，$U_N = 10.5\text{kV}$，Y 联结，$\cos\varphi_N = 0.8$（滞后）的水轮发电机，同步电抗标幺值 $X_d^* = 1$，$X_q^* = 0.554$，忽略电枢电阻，额定运行时的每相空载电动势 E_0 为（　　）。

A. 6062.18V　　　　B. 9176.69V　　　　C. 10 500V　　　　D. 10 735.1V

分析：$I_N = \dfrac{P_N}{\sqrt{3}U_N\cos\varphi_N} = \dfrac{72\,500}{\sqrt{3}\times 10.5\times 0.8}\text{A} = 4983.08\text{A}$，$\cos\varphi_N = 0.8$（滞后）$\Rightarrow \varphi_N = 36.87°$。

Y 联结，设 $\dot{U} = \dfrac{10.5}{\sqrt{3}}\angle 0°\text{kV}$，所以 $\dot{I} = 4983.08\angle -36.87°\text{A}$。换算成标幺值为 $\dot{U}^* = 1\angle 0°$，$\dot{I}^* = 1\angle -36.87°$，虚拟电动势为 $\dot{E}_Q^* = \dot{U}^* + \text{j}\dot{I}^*X_q^* = 1\angle 0° + \text{j}\times 1\angle -36.87° \times 0.554 = 1.332\,4 + \text{j}0.443\,2 = 1.404\angle 18.4°$，故 $\delta = 18.4°$。于是 Ψ_0 即可确定 $\Psi_0 = \delta + \varphi = 18.4° + 36.87° = 55.27°$。

Ψ_0 的另外一种计算方法是

$$\Psi_0 = \arctan\frac{U^*\sin\varphi + I^*X_q^*}{U^*\cos\varphi + I^*R_a^*} = \arctan\frac{1\times 0.6 + 1\times 0.554}{1\times 0.8 + 0}\arctan 1.442\,5 = 55.27°$$

由此可得电枢电流的直轴分量和交轴分量分别为

$I_d^* = \dot{I}^* \sin\Psi_0 = 1\times\sin 55.27° = 0.8218$，$I_q^* = \dot{I}^* \cos\Psi_0 = 1\times\cos 55.27° = 0.5697$

由于$\dot{E}_0$、$\dot{E}_Q$和$j\dot{I}_d(X_d - X_q)$均为同相位，故E_0^*为

$$E_0^* = E_Q^* + I_d^*(X_d^* - X_q^*) = 1.404 + 0.8218\times(1-0.554) = 1.77$$

换算成有名值为$E_0 = E_0^* \times \frac{10.5}{\sqrt{3}} = 1.77\times\frac{10.5}{\sqrt{3}}\text{kV} = 10.73\text{kV}$。

答案：D

22.（2013） 一台三相隐极式同步发电机，并联在大电网上运行，Y联结，$U_N = 380\text{V}$，$I_N = 84\text{A}$，$\cos\varphi_N = 0.8$（滞后），每相同步电抗$X_s = 1.5\Omega$，当发电机运行在额定状态，不计定子电阻，此时功角δ的值为（　　）。

A. 53.13°　　B. 49.345°　　C. 36.87°　　D. 18.83°

分析：Y 联结，$U_N = 380\text{V}$，故$\dot{U} = \frac{380}{\sqrt{3}}\angle 0°\ \text{V} = 220\angle 0°\ \text{V}$。$\cos\varphi_N = 0.8$（滞后）$\Rightarrow$ $\varphi_N = 36.87°$，Y联结，$I_N = 84\text{A}$，故$\dot{I} = 84\angle -36.87°\ \text{A}$。

题目已知不计定子电阻R_a，故$\dot{E}_0 = \dot{U} + j\dot{I}X_s = (200\angle 0° + j84\times\angle -36.87°\times 1.5)\text{V} = (295.6 + j100.8)\text{V} = 312.31\angle 18.83°\ \text{V}$。$\dot{E}_0$超前于$\dot{U}$的角度即为功角$\delta$的值，显然$\delta = 18.83°$。

答案：D

23.（2014） 一台三相汽轮发电机，电枢绕组星形联结，额定容量$S_N = 15000\text{kVA}$，额定电压$U_N = 6300\text{V}$，忽略电枢绕组电阻，当发电机运行在$U^* = 1$，$I^* = 1$，$X^* = 1$负载功率因数角$\varphi = 30°$（滞后）时，功角δ为（　　）。

A. 30°　　B. 45°　　C. 60°　　D. 15°

分析：按有名值来进行计算。因为电枢绕组星形联结，故端电压$U = \frac{6300}{\sqrt{3}}\text{V} = 3637.3\text{V}$，取为参考相量$\dot{U} = 3637.3\angle 0°\ \text{V}$，$I_N = \frac{S_N}{\sqrt{3}S_N} = \frac{15000\times 10^3}{\sqrt{3}\times 6300}\text{A} = 1374.6\text{A}$，又负载功率因数角$\varphi = 30°$（滞后），从而$\dot{I}_N = 1374.6\angle -30°\ \text{A}$。因已知$X^* = 1$，故

$$X = X^* \times \frac{U_N^2}{S_N} = 1\times\frac{6300^2}{15000\times 10^3}\Omega = 2.646\Omega$$

$\dot{E}_0 = \dot{U}_N + j\dot{I}_N X = 3637.3\angle 0°\ \text{V} + j1374.6\angle -30°\times 2.646\text{V} = 5455.9\text{V} + j3149.9\text{V} = 6299.9\angle 30°\ \text{V}$

答案：A

24.（2017） 一台三角形联结的汽轮发电机并联在无穷大电网上运行，电机额定容量$S_N = 7600\text{kVA}$，额定电压$U_N = 3.3\text{kV}$，额定功率因数$\cos\varphi_N = 0.8$（滞后），同步电抗$x_0 = 1.7\Omega$。不计定子电阻及磁饱和，该发电机额定运行时内功率因数角为（　　）。

A. 36.87°　　B. 51.2°　　C. 46.5°　　D. 60°

分析：注意因为是三角形联结，所以$U_N = 3.3\text{kV}$。

$$I_{相} = \frac{S}{3U_N} = \frac{7600}{3\times 3.3}\text{A} = 767.68\text{A}$$

$$\varphi_0 = \arctan\frac{U\sin\varphi + Ix_q}{U\cos\varphi + IR_a} = \arctan\frac{3300\sin(\arccos 0.8) + 767.68\times 1.7}{3300\times 0.8 + 767.68\times 0} = \arctan\frac{3285.056}{2640} = 51.21^\circ$$

答案：B

25.（2019）励磁电流小于正常励磁电流时，同步电动机相当于（　　）。

A. 线性负载　　　　B. 感性负载

C. 容性负载　　　　D. 具有不确定的负载特性

分析：小于时，处于“欠励”状态，为感性负载。

答案：B

26.（2021）同步发电机（　　）。

A. 只产生感应电动势，不产生电磁转矩　　B. 只产生电磁转矩，不产生感应电动势

C. 不产生感应电动势和电磁转矩　　D. 产生感应电动势和电磁转矩

答案：D

4.8.4 【发输变电专业基础】历年真题详解

【1. 了解同步电机额定值的含义】

1.（2019）一台汽轮发电机极数为 2，$P_N = 300\text{MW}$，$U_N = 18\text{kV}$，$\cos\varphi = 0.85$，额定频率为 50Hz，发电机的额定电流和额定功率是（　　）。

A. 11.32kA, 186kvar　　　　B. 11.32kA, 186Mvar

C. 14.36kA, 352.94Mvar　　　　D. 14.36kA, 186Mvar

分析：$P_N = \sqrt{3}U_N I_N\cos\varphi \Rightarrow 300 = \sqrt{3}\times 18\times I_N\times 0.85 \Rightarrow I_N = 11.32\text{kA}$

$Q_N = P_N\tan\varphi = 300\times\tan(\arccos 0.85) = 186\text{Mvar}$

答案：B

2.（2021）一台汽轮发电机，极数为 2，额定无功功率为 186Mvar，额定电流为 11.32kA，功率因数为 0.85，额定频率为 50Hz，则发电机的额定电压和额定有功功率分别为（　　）。

A. 11.8kV，286MW　B. 18kV，300MW　C. 18kV，300Mvar　D. 14.36kV，186MW

捷径：$P = \sqrt{3}UI\cos\varphi \Rightarrow P = \sqrt{3}\times U\times 11.32\times 0.85 \Rightarrow \frac{P}{U} = 16.66$。

选项 A，$\frac{286}{11.8} = 24.24$；选项 B，$\frac{300}{18} = 16.66$；选项 C，单位错误；选项 D，$\frac{186}{14.36} = 12.95$。

答案：B

【2. 了解同步电机电枢反应的基本概念】

3.（2018）同步发电机不对称运行时，在气隙中不产生磁场的是（　　）。

A. 正序电流　　B. 负序电流　　C. 零序电流　　D. 以上都不是

分析：根据对称分量法，不对称三相系统可以分解成正、负、零序系统。当正序电流流过三相绕组时，产生正向旋转磁动势；当负序电流流过三相绕组时，产生负向旋转磁动势；三相零序基波磁动势合成为零，在气隙中不产生零序磁动场。

答案：C

【3. 了解电枢反应电抗及同步电抗的含义】

4.（2014、供 2016）有两台隐极同步电机，气隙长度分别为 δ_1 和 δ_2，其他结构诸如绕

组、磁路等都完全一样，已知$\delta_1=2\delta_2$，现分别在两台电机上进行稳态短路试验，转速相同，忽略定子电阻，如果加同样大的励磁电流，哪一台的短路电流比较大？（　　）

A. 气隙大电机的短路电流大　　B. 气隙不同无影响

C. 气隙大电机的短路电流小　　D. 一样大

分析：短路试验时，气隙磁通密度很小，因此可以认为磁路是线性的。这时，电枢反应电抗X_a与气隙大小成反比，即$X_a \propto \frac{1}{\delta}$；在同样的励磁电流$I_f$下，因为气隙增大一倍，气隙磁导就减小一半，气隙磁通密度就减小一半，所以空载电动势E_0也与气隙大小成反比，即$E_0 \propto \frac{1}{\delta}$。

忽略电枢绕组电阻，则短路电流$I_k = \frac{E_0}{X_s} = \frac{E_0}{X_a + X_\sigma}$。

（1）不计漏电抗X_σ：则气隙增大一倍时，E_0和X_a都减小一半，故I_k不变。

（2）计及漏电抗X_σ：由于气隙增大后，谐波漏磁通也减小，使与之相应的差漏电抗减小，于是漏电抗X_σ也有所减小，但减小的幅度不到一半，因而同步电抗减小的幅度就略小于一半，所以气隙大的同步电机的短路电流I_k要略小一些，如果不考虑这部分漏电抗的变化，认为X_σ不变，则气隙大的同步电机的短路电流I_k也比气隙小的要稍小一些。

答案：C

【4. 了解同步发电机并入电网的条件及方法】

5.（2009、2013）一台三相同步发电机与电网并联时，并网条件除发电机电压小于电网电压10%外，其他条件均已经满足，若在两电压同相时合闸并联，发电机将出现下列哪种现象？（　　）

A. 产生很大的冲击电流，使发电机不能并网

B. 产生不大的冲击电流，发出的此电流是电感性电流

C. 产生不大的冲击电流，发出的此电流是电容性电流

D. 产生不大的冲击电流，发出的电流是纯有功电流

分析：发电机并网应该满足如下的四个条件：① 发电机的频率与系统频率相同；② 发电机出口电压与系统电压相同；③ 发电机相序与系统相序相同；④发电机电压相位与系统电压相位一致。其中相序条件必须满足，其他条件允许稍有出入。

对于本题，由于其他条件均已经满足，且是在两电压同相时合闸并联，所以将会产生不大的冲击电流。

又由于发电机电压小于电网电压，所以感性无功功率将从电压幅值高的电网侧流向电压幅值低的发电机侧，此时发电机吸收感性的无功功率，即相当于发出容性的无功功率。

答案：C

【6. 了解同步电动机的运行特性】

6.（2008）判断并网运行的同步发电机处于过励运行状态的依据是（　　）。

A. $\dot{E}_0$超前$\dot{U}$　　B. $\dot{E}_0$滞后$\dot{U}$

C. $\dot{I}_a$超前$\dot{U}$　　D. $\dot{I}_a$滞后$\dot{U}$

分析：参见图4.8–24。

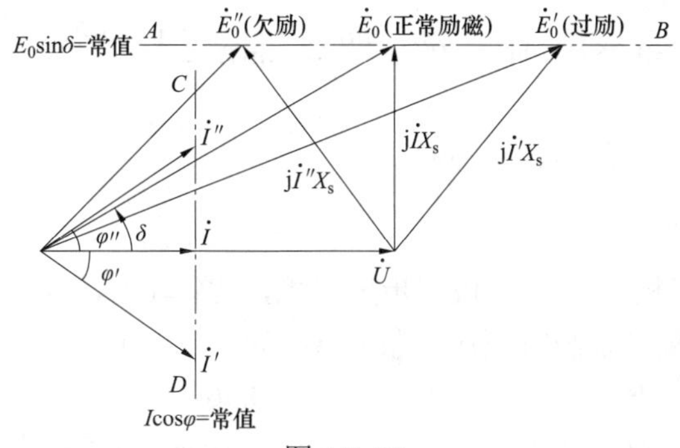

图 4.8–24

答案：D

7.（2009） 一台额定功率为 $P_N = 75\text{kW}$，额定电压 $U_N = 380\text{V}$，定子绕组为 Y 接法的三相隐极同步发电机并网运行，已知发电机的同步电抗 $X_s = 1.0\Omega$，每相空载电动势 $E_0 = 270\text{V}$，不计饱和及电枢绕组的电阻，此时发电机额定运行时的功角 δ 为（　　）。

A. 14.10°　　B. 24.89°　　C. 65.11°　　D. 75.90°

分析：根据三相隐极同步发电机的功角特性公式 $P = m\dfrac{E_0 U}{X_s} = \sin\delta$，将题目已知数据代入公式，可得 $75\times10^3=3\times\dfrac{270\times380}{1.0}\sin\delta \Rightarrow \delta \Rightarrow 14.10°$。

答案：A

8.（2011） 一台隐极式同步发电机，忽略电枢电阻，同步电抗的标幺值为 $X_{s*} = 1.0$，端电压 U 保持在额定值不变，当负载电流为额定值且功率因数为 1，功角 δ 为（　　）。

A. 0°　　B. 36.87°　　C. 45°　　D. 90°

分析：内功率因数角 $\psi_0 = \arctan\dfrac{U\sin\varphi + IX_q}{U\cos\varphi + IR_a}$，对于隐极机，因气隙为均匀的，故 $X_d \approx X_q = X_s$，由题已知有 $\cos\varphi = 1$，故 $\sin\varphi = 0$，忽略电枢电阻，即 $R_a = 0$，代入可得 $\psi_0 = \arctan\dfrac{U\sin\varphi + IX_q}{U\cos\varphi + IR_a} = \arctan\dfrac{U\times0 + I\times1.0}{U\times1} = \arctan\dfrac{I}{U}$。根据隐极同步发电机的电压平衡方程 $\dot{E}_0 = \dot{U} + \mathrm{j}\dot{I}X_s$ 作相量图知，选项 A、D 肯定错误。

答案：C

9.（2012） 一台三相隐极同步发电机并网运行，已知电网电压 $U_d = 400\text{V}$，发电机每相同步电抗 X_d=1.2Ω，电枢绕组 Y 联结，当发电机在输出功率为 80kW 且 $\cos\varphi = 1$ 时，若保持励磁电流不变，减少原动机的输出，使发电机的输出功率减少到 20kW，不计电阻压降，此时发电机的功角 δ 为（　　）。

A. 90°　　B. 46.21°　　C. 30.96°　　D. 7.389°

分析：当 P_{em}=80kW，$\cos\varphi = 1$ 时，$I_a = \dfrac{P_{em}}{\sqrt{3}U_N} = \dfrac{80\,000}{\sqrt{3}\times400} = 115.47(\text{A})$，$U = \dfrac{U_N}{\sqrt{3}} = \dfrac{400}{\sqrt{3}} =$ 230.9(V)，$\dot{E}_0 = \dot{U} + \mathrm{j}\dot{I}_a X_s$ =(230.9+ j115.47 $\angle 0°$ ×1.2) V =(230.9+j138.56) V = 269.286 $\angle 30.97°$ (V)，则功角 $\delta = 30.97°$。

当 P'_{em}=20kW， P'_{em}=0.25P_{em} 时， $P'_{em}=\dfrac{mE_0U}{X_s}\sin\delta'=\dfrac{1}{4}\times\dfrac{mE_0U}{X_s}\sin\delta$ ，则 $\sin\delta'=\dfrac{1}{4}\sin\delta=\dfrac{1}{4}\sin 30.97°=0.129$。求得功角为 $\delta=7.39°$。

答案：D

10.（2012） 一台三相Y联结凸极同步发电机， $X'_d=0.8$ ， $X'_q=0.55$ ，忽略电枢电阻， $\cos\varphi_N=0.85$（滞后），额定负载时电压调整率 ΔU 为（　　）。

A. 0.572　　B. 0.62　　C. 0.563　　D. 0.74

分析：以端电压作为参考相量 $\dot{U}^*=1\angle 0°$， $\cos\varphi_N=0.85$（滞后）$\Rightarrow\varphi_N=31.788°$，故 $\dot{I}^*=1\angle -31.788°$， $\tan\psi=\dfrac{I^*X_q^*+U^*\sin\varphi}{U^*\cos\varphi}=\dfrac{1\times0.55+1\times0.52678}{1\times0.85}=1.2668$，求得 $\psi=51.713°$， $E_0^*=U^*\cos(\psi-\varphi)+I^*X_d^*\sin\psi=1\times\cos(51.713°-31.788°)+1\times0.8\times0.785=1.568$ ，电压调整率为 $\Delta U=\dfrac{E_0^*-U^*}{U^*}=\dfrac{1.568-1}{1}=0.568$。

答案：C

11.（2013） 三相凸极同步发电机，$S_N=1000\text{kVA}$，$U_N=400\text{V}$，$X'_d=1.075$，$X'_q=0.65$，不计定子绕组电阻，接在大电网上运行，当其输出电枢电流为额定，输出功率为500kW，功角为 $\delta=11.75°$，此时该发电机的空载电动势标幺值 E'_0 为（　　）。

A. 0.5　　B. 1.484　　C. 1.842　　D. 2

分析：此题与2012年供配电专业基础第43题相似。先计算功率因数角 $\varphi_N=\arccos\dfrac{P_N}{S_N}=\arccos\dfrac{500}{1000}=60°$。

设 $\dot{U}^*=1\angle 0°$，则 $\dot{I}^*=1\angle -60°$。虚拟电动势为 $\dot{E}_Q^*=\dot{U}^*+\text{j}\dot{I}^*X_q^*$=$1\angle 0°+\text{j}\times1\angle -60°\times0.65=1.563+\text{j}0.325$=$1.596\angle 11.75°$。

于是 Ψ_0 即可确定： $\Psi_0=\delta+\varphi=11.75°+60°=71.75°$。

由此可得电枢电流的直轴分量为 $I_d^*=\dot{I}^*\sin\Psi_0=1\times\sin71.75°$=0.9497。

由于 $\dot{E}_0$ 、 $\dot{E}_Q$ 和 $\text{j}\dot{I}_d(X_d-X_q)$ 均为同相位，故 $E_0'^*=E_Q^*+I_d^*(X_d^*-X_q^*)=1.596+0.9497\times(1.075-0.65)=2$。

答案：D

12.（2014） 一台汽轮发电机， $\cos\varphi=0.8$（滞后）， $X_s^*=1.0$ ， $R_a\approx0$ ，并联运行于额定电压的无穷大电网上，不考虑磁路饱和的影响，当其额定运行时，保持励磁电流 I_{fN} 不变，将输出有功功率减半，此时 $\cos\varphi$ 变为（　　）。

A. 0.8　　B. 0.6　　C. 0.473　　D. 0.223

分析：令 $\dot{U}^*=1\angle 0°$， $\dot{I}^*=0.8-\text{j}0.6$ ， $P_{emN}^*=0.8$ ， $X_s^*=1.0$ 。保持励磁电流 I_{fN} 不变，输出有功功率减半时，有

$$\dot{E}_0^*=\dot{U}^*+\text{j}\dot{I}^*X_s^*=1+\text{j}(0.8-\text{j}0.6)=1.6+\text{j}0.8=1.79\angle 26.56°$$

$$P_{em}^*=0.8\times\frac{1}{2}=0.4$$

$$\sin\theta=\frac{P_{em}^*X_s^*}{E_0^*U^*}=\frac{0.4\times1}{1.79\times1}=0.223,\quad \theta=12.89°$$

$$(X_s^*I^*)^2=E_0^{*2}+U^{*2}-2E^*U^*\cos\theta=1.79^2+1^2-2\times1.79\times1\times0.975=0.714$$

定子电流：$I^*=\frac{\sqrt{0.714}}{X_s^*}\times\frac{0.845}{1}=0.845$

功率因数：$\cos\varphi=\frac{P^*}{I^*}=\frac{0.4}{0.845}=0.473$

答案：C

13.（2014） 一台有阻尼绕组同步发电机，已知发电机在额定电压下运行$U_{GN}=1.0\angle0°$，带负荷$S=0.850+j0.425$，$R_a=0$，$X_d=1.2$，$X_q=0.8$，$X_d'=0.3$，$X_d''=0.15$，$X_q''=0.165$。E_q''、E_d''分别为（　　）。（参数为以发电机额定容量为基准的标幺值）

A. 1.01，0.36　　　　B. $1.01\angle26.91°$，$0.36\angle-63.09°$

C. $1.121\angle24.4°$，$0.539\angle-65.6°$　　　　D. 1.121，0.539

分析：根据题目已知条件，用标幺值进行计算。

$$S=0.850+j0.425\Rightarrow S=0.95\angle26.565°\Rightarrow\varphi=26.565°$$

因为$U_{GN}=1.0\angle0°$，所以

$$\dot I=\frac{\dot S^*}{U}=\frac{0.95\angle-26.565°}{1.0\angle0°}=0.95\angle-26.565°$$

$$\dot E_Q=\dot U+jx_q\dot I=1.0\angle0°+j0.8\times0.95\times\angle-26.565°=1.34+j0.68=1.503\angle26.906°$$

$$\delta=26.906°$$

$$\begin{aligned}E_q&=E_Q+(x_d-x_q)I_d\\&=E_Q+(x_d-x_q)I\sin(\delta+\varphi)\\&=1.503+(1.2-0.8)\times0.95\times\sin(26.906°+26.565°)\\&=1.808\end{aligned}$$

$$\dot E_q=1.808\angle26.906°$$

$$\begin{aligned}E_q''&=U_q+x_d''I_d=U\cos\delta+x_d''I\sin(\delta+\varphi)\\&=1.0\times\cos26.906°+0.15\times0.95\times\sin(26.906°+26.565°)\\&=1.01\end{aligned}$$

所以

$$\dot E_q''=1.01\angle26.906°$$

$$\begin{aligned}E_d''&=U_d+x_q''I_q=U\sin\delta-x_q''I\cos(\delta+\varphi)\\&=1.0\times\sin26.906°-0.165\times0.95\times\cos(26.906°+26.565°)\\&=0.36\end{aligned}$$

$$\dot E_d''=0.36\angle-63.094°$$

答案：B

14.（2016） 一台汽轮发电机，额定功率$P_N=15MW$，额定电压$U_N=10.5kV$（Y联结），额定功率因数$\cos\varphi_N=0.85$（滞后），当其在额定状态下运行时，输出的无功功率$Q=$（　　）。

A. 9296kvar　　B. 11 250kvar　　C. 17 647kvar　　D. 18 750kvar

分析：$Q_N = P_N \tan\varphi_N = 15 \times \tan(\arccos 0.85)\text{Mvar} = 9.296\text{Mvar} = 9296\text{kvar}$

答案：A

15.（2016）一台汽轮发电机，额定容量 $S_N = 31\,250\text{kVA}$，额定电压 $U_N = 10.5\text{kV}$（星形联结），额定功率因数 $\cos\varphi_N = 0.8$（滞后），定子每相同步电抗 $X_s = 7\Omega$（不饱和值），此发电机并联于无限大电网运行，在额定运行状态下，将其励磁电流加大 10%，稳定后功角 δ 将变为（　　）。

A. 30.43°　　B. 35.93°　　C. 36.87°　　D. 53.13°

分析：星形联结，设 $\dot{U}_{相} = \dfrac{U_N}{\sqrt{3}} \angle 0° = \dfrac{10.5}{\sqrt{3}} \angle 0° \text{kV} = 6.06 \angle 0° \text{kV}$

$$I_{相} = I_{线} = \frac{S_N}{\sqrt{3}U_N} = \frac{31\,250}{\sqrt{3} \times 10.5}\text{A} = 1718.3\text{A} \approx 1.72\text{kA}$$

又 $\cos\varphi_N = 0.8 \Rightarrow \varphi_N = 36.87°$，所以

$$\dot{I}_{相} = 1.72 \angle -36.87° \text{kA}$$

$$\dot{E}_O = \dot{U}_{相} + \text{j}\dot{I}_{相}X_s = (6.06\angle 0° + \text{j}1.72\angle -36.87° \times 7)\text{kV}$$

$$=(6.06+9.632-\text{j}7.224)\text{kV}=(15.692-\text{j}7.224)\text{kV}=17.275\angle -24.72° \text{kV}$$

现将其励磁电流加大 10%，由于 $E_0 \propto I_f$，所以 E_0 也将增大 10%，即变为原来的 1.1 倍，从而有

$$P_e = m\frac{E_0 U}{X_d}\sin\delta \Rightarrow 31.25 \times 0.8 = 3 \times \frac{17.275 \times 1.1 \times 6.06}{7} \times \sin\delta \Rightarrow \sin\delta = 0.506\,5 \Rightarrow \delta = 30.435°$$

注意：一般均以电压作为参考相量，即电压相位取为 0°。

答案：A

4.9 过电压及绝缘配合

4.9.1 考试大纲要求及历年真题统计分析（供配电、发输变电）

历年真题按照考试大纲考点归类总结见表 4.9–1 和表 4.9–2（说明：1、2、3、4 道题分别对应 1、2、3、4 颗★，≥5 道题对应 5 颗★）。

表 4.9–1　　供配电专业基础考试大纲及历年真题统计表

4.9 过电压及绝缘配合 考试大纲	2005	2006	2007	2008	2009	2010	2011	2012	2013	2014	2016	2017	2018	2019	2020	2021	汇总统计
1. 了解电力系统过电压的种类★★★★★	1	1	1	2	1	1		1	3	2	1	1	1		1	1	18★★★★★
2. 了解雷电过电压特性★★★★			1			1		1		1							4★★★★
3. 了解接地和接地电阻、接触电压和跨步电压的基本概念★★	1											1					2★★
4. 了解氧化锌避雷器的基本特性★★★★			1	1			1							1			4★★★★

续表

4.9 过电压及绝缘配合 考试大纲	2005	2006	2007	2008	2009	2010	2011	2012	2013	2014	2016	2017	2018	2019	2020	2021	汇总统计
5. 了解避雷针、避雷线保护范围的确定★★★★			1			1	1					1					4★★★★
汇总统计	2	1	4	3	1	3	2	2	3	3	1	3	1	1	1	1	32

表 4.9–2　　发输变电专业基础考试大纲及历年真题统计表

4.9 过电压及绝缘配合 考试大纲	2005（同供配电）	2006（同供配电）	2007（同供配电）	2008	2009	2010	2011	2012	2013	2014	2016	2017	2018	2019	2020	2021	汇总统计
1. 了解电力系统过电压的种类★★★★★	1	1	1	2	3	2	2	2	2	3	3	2	1		1		26★★★★★
2. 了解雷电过电压特性★★★★★			1	1			1	1		2	1					1	8★★★★★
3. 了解接地和接地电阻、接触电压和跨步电压的基本概念★★★	1							1				1					3★★★
4. 了解氧化锌避雷器的基本特性★★★			1			1							1				3★★★
5. 了解避雷针、避雷线保护范围的确定★★			1											1			2★★
汇总统计	2	1	4	3	3	3	3	4	2	5	4	3	2	1	1	1	42

对比以上供配电专业基础和发输变电专业基础历年真题统计表，可看到：尽管专业方向不同，但专业基础的考试两个方向的侧重点相似度很高，见表 4.9–3。

表 4.9–3　　专业基础供配电、发输变电两个专业方向侧重点对比

4.9 过电压及绝缘配合	历年真题汇总统计	
考试大纲（取供配电、发输变电两个方向中多的★值标注）	供配电	发输变电
1. 了解电力系统过电压的种类★★★★★	18★★★★★	26★★★★★
2. 了解雷电过电压特性★★★★★	4★★★★	8★★★★★
3. 了解接地和接地电阻、接触电压和跨步电压的基本概念★★★	2★★	3★★★
4. 了解氧化锌避雷器的基本特性★★★★	4★★★★	3★★★
5. 了解避雷针、避雷线保护范围的确定★★★★	4★★★★	2★★
汇总统计	32	42

4.9.2 重要知识点复习

结合前面 4.9.1 节的历年真题统计分析（供配电、发输变电）结果，对“4.9 过电压及绝缘配合”部分的第 1 大纲点深入总结，其他大纲点简要介绍。

1. 了解电力系统过电压的种类

从上述表格统计结果，显而易见，考题主要集中在大纲第 1 点，这里需要说明的是，在分类统计填写上述表格时，将所有不明确属于大纲所规定点的内容都归在了第 1 点。

此部分考题一般都是考概念，知识点相对比较分散，将部分常考知识点总结如下，其他知识点在考题的分析中给出详细解答过程。

（1）过电压的种类。过电压是指在电气设备或线路上出现的超过正常工作要求并对其绝缘构成威胁的电压，按产生的原因分类如图 4.9–1 所示。

内部过电压是由于系统的操作、故障和某些不正常运行状态，使系统电磁能量发生转换而产生的过电压，内部过电压的能量来自电力系统本身。

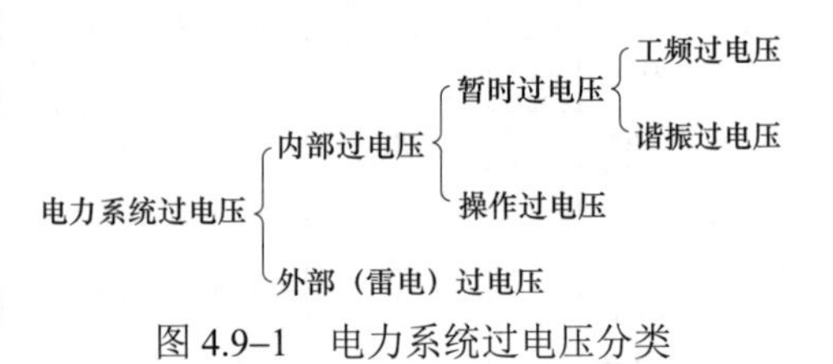

图 4.9–1　电力系统过电压分类

常见的内部过电压有：

1）工频过电压：是由于电网运行方式的突然改变，引起某些电网工频电压的升高。常见形式有：① 由长线路电容效应造成的末端电压升高；② 不对称接地带来的健全相对地电压升高；③ 突然甩负荷造成的电压升高；④ 中性点位移造成的电压升高；⑤ 共用接地体的高压接地电压窜入低压系统造成的过电压等。

2）谐振过电压：产生于系统中电感与电容组合构成的振荡回路。常见形式有：① 铁磁谐振过电压；② 各相不对称断开时的过电压；③ 在中性点绝缘系统中，电磁式电压互感器引起的铁磁谐振过电压；④ 开关断口电容与母线电压互感器之间的串联谐振过电压；⑤ 传递过电压等。

3）操作过电压：是指由于开关分、合闸操作或事故状态而引起的过电压。常见形式有：① 切断小电感电流时的过电压，如切除空载变压器、切除电抗器等；② 切断电容性负载时的过电压，如切除空载长线，电容器等；③ 中性点不接地系统的弧光接地过电压等。

（2）波传播的物理概念。假设有一无限长的均匀无损单导线，如图 4.9–2 所示，$t=0$ 时刻合闸直流电源，形成无限长直角波，单位长度线路的电容、电感分别为 C_0、L_0，线路参数看成是由无数很小的长度单元 Δx 构成，如图 4.9–3 所示。合闸后，电源向线路电容充电，在导线周围空间建立起电场，形成电压。靠近电源的电容立即充电，并向相邻的电容放电，由于线路的电感作用，较远处的电容要间隔一段时间才能充上一定数量的电荷，并向更远处的电容放电。这样电容依次充电，沿线路逐渐建立起电场，将电场能储存于线路对地电容中，也就是说电压波以一定的速度沿线路 x 方向传播。随着线路的充放电将有电流流过导线的电感，即在导线周围空间建立起磁场，因此和电压波对应，还有电流波以同样的速度沿 x 方向流动。综

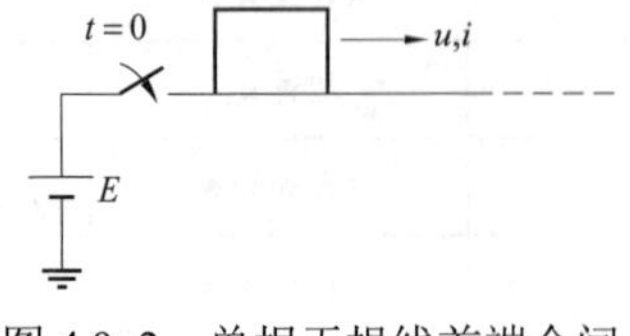

图 4.9–2　单根无损线首端合闸

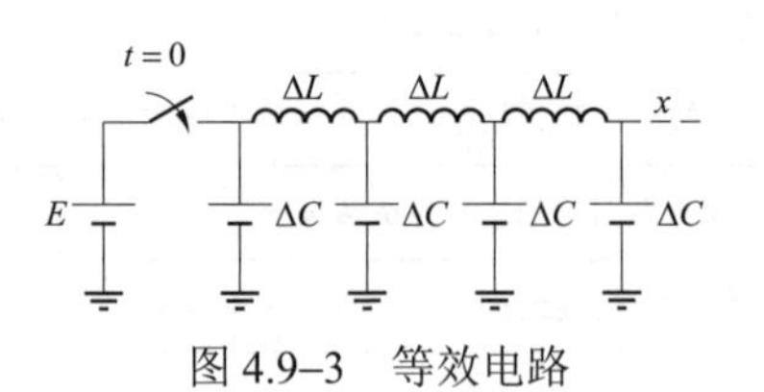

图 4.9–3　等效电路

上所述，电压波和电流波沿线路的传播过程实质上就是电磁波沿线路传播的过程，电压波和电流波是在线路中传播的伴随而行的统一体。

（3）行波的折射和反射。波阻抗的定义：$Z=\dfrac{u_f}{i_f}=-\dfrac{u_b}{i_b}=\sqrt{\dfrac{L_0}{C_0}}$，式中，$u_f$、$i_f$分别为电压前行波和电流前行波，$u_b$、$i_b$分别为电压反行波和电流反行波。一般对单导线架空线而言，Z为500Ω左右，考虑电晕影响时取400Ω左右。由于分裂导线和电缆的L_0较小而C_0较大，故分裂导线架空线和电缆的波阻抗都较小，电缆的波阻抗约为十几欧姆至几十欧姆不等。

如图4.9–4所示，设无限长直角波u_{1q}、i_{1q}沿z_1向A点传播，其前行功率为$P_{1q}=u_{1q}i_{1q}=\dfrac{u_{1q}^2}{z_1}$，当波到达节点A时，将有能量继续向前传播，在$z_2$上产生折射波$u_{2q}$、$i_{2q}$，相对应的功率为$P_{2q}=u_{2q}i_{2q}=\dfrac{u_{2q}^2}{z_2}$，多余的能量必须通过反射波$u_{1f}$、$i_{1f}$返回给电源，以使A点处功率平衡，即$\dfrac{u_{1q}^2}{z_1}-\dfrac{u_{1f}^2}{z_1}=\dfrac{u_{2q}^2}{z_2}\Rightarrow(u_{1q}+u_{1f})\dfrac{u_{1q}-u_{1f}}{z_1}=u_{2q}\dfrac{u_{2q}}{z_2}$，其中，$u_{1q}+u_{1f}=u_1$，当在线路2上无反行波或者虽有反行波但尚未到达节点A的情况下$u_2=u_{2q}$，节点A既是线路1上的点又是线路2上的点，其电压值应该只有一个，即$u_1=u_2$。代入前式化简可得

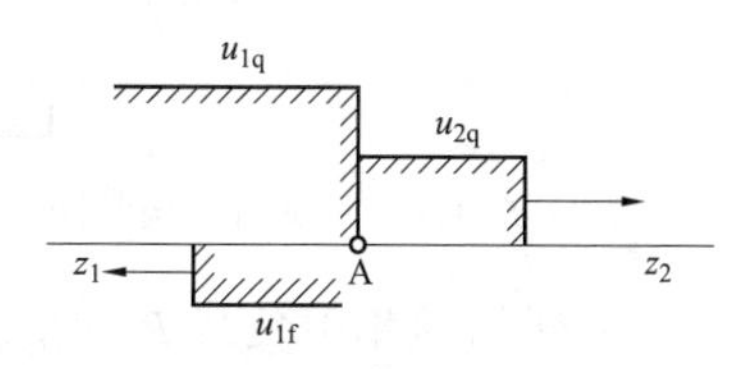

图4.9–4　行波在节点A的折射与反射

$u_{2q}=\dfrac{2z_2}{z_1+z_2}u_{1q}=\alpha_u u_{1q}$，$\alpha_u$为电压折射系数；（注意：此公式必须记住!!）

$u_{1f}=\dfrac{z_2-z_1}{z_1+z_2}u_{1q}=\beta_u u_{1q}$，$\beta_u$为电压反射系数；

$i_{2q}=\dfrac{2z_1}{z_1+z_2}i_{1q}=\alpha_i i_{1q}$，$\alpha_i$为电流折射系数；

$i_{2f}=-\dfrac{u_{1f}}{z_1}=\dfrac{z_1-z_2}{z_1+z_2}i_{1q}=\beta_i i_{1q}$，$\beta_i$为电流反射系数。

分如下几种情况讨论：

1）末端开路的情况（图4.9–5）。当末端开路时，$z_2=\infty$，则电压为

$u_{2q}=\dfrac{2z_2}{z_1+z_2}u_{1q}=\dfrac{2}{\dfrac{z_1}{z_2}+1}u_{1q}=2u_{1q}$，$u_{1f}=\dfrac{z_2-z_1}{z_1+z_2}u_{1q}=\dfrac{1-\dfrac{z_1}{z_2}}{\dfrac{z_1}{z_2}+1}u_{1q}=u_{1q}$。电流为$i_{2q}=0$，$i_{1f}=-\dfrac{u_{1f}}{z_1}=-\dfrac{u_{1q}}{z_1}=-i_{1q}$。

2）末端短路的情况（图4.9–6）。当末端短路时，$z_2=0$，则电压为$u_{2q}=\dfrac{2z_2}{z_1+z_2}u_{1q}=0$，

$u_{1f}=\dfrac{z_2-z_1}{z_1+z_2}u_{1q}=-u_{1q}$。电流为$i_{2q}=\dfrac{2z_1}{z_1+z_2}i_{1q}=2i_{1q}$，$i_{1f}=\dfrac{z_1-z_2}{z_1+z_2}i_{1q}=i_{1q}$。

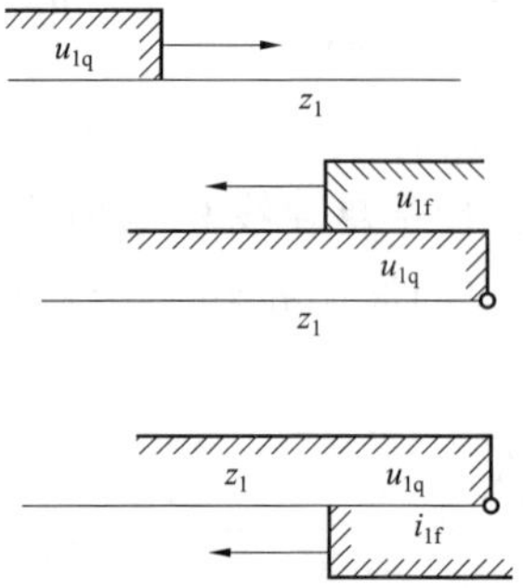

图 4.9–5　线路末端开路时波的折反射 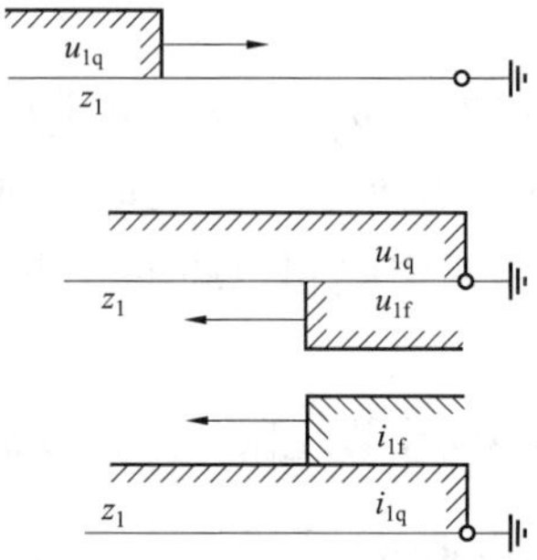　　图 4.9–6　线路末端短路时波的折反射

3）末端接集中负载 R 的情况（图 4.9–7 和图 4.9–8）。当线路上的入射波u_{1q}到达电阻 R 时将发生折、反射，电阻上的电压u_R为$u_R=\dfrac{2z_2}{z_1+z_2}u_{1q}=\dfrac{2R}{z_1+R}u_{1q}$。当$R=z_1$时，$u_R=u_{1q}$，这表明$u_{1q}$到达 R 时将不发生反射波，不会发生波的畸变，入射波能量被 R 全部消耗掉。

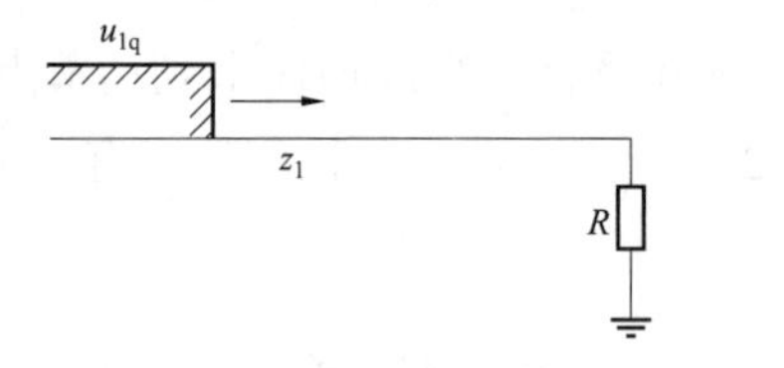

图 4.9–7　线路末端接有电阻 R

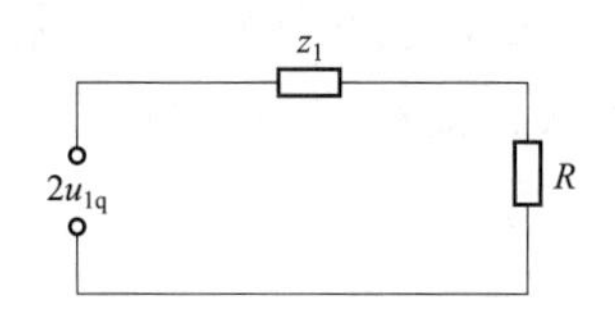

图 4.9–8　等效电路

（4）行波的多次折、反射。以两条无限长线路之间接入一段有限长线路的情况为例，根据相邻两线路的波阻抗，求出节点的折、反射系数为$\alpha_1=\dfrac{2Z_0}{Z_0+Z_1}$，$\alpha_2=\dfrac{2Z_2}{Z_0+Z_2}$，$\beta_1=\dfrac{Z_1-Z_0}{Z_1+Z_0}$，$\beta_2=\dfrac{Z_2-Z_0}{Z_2+Z_0}$。

计算多次折、反射的网格图如图 4.9–9 所示。

根据图 4.9–9 利用网格法分析，知道，经过 n 次折射后，进入Z_2线路的电压波，即节点 2 上的电压$u_2(t)$是所有这些折射波的叠加，但要注意它们到达时间的先后，其数学表达式是

$$u_2(t)=\alpha_1\alpha_2u(t-\tau)+\alpha_1\alpha_2\beta_2\beta_1u(t-3\tau)+\alpha_1\alpha_2(\beta_2\beta_1)^2u(t-5\tau)+\cdots+\alpha_1\alpha_2(\beta_2\beta_1)^{n-1}u[t-(2n-1)\tau]$$

式中，$\tau=\dfrac{l}{v}$，其中 l 为中间线段 1、2 的长度，v 为波速。

若外加电压 $u(t)$ 是幅值为 E 的无限长直角波，则经过 n 次折射后，线路Z_2的电压波为

$$U_2=E\alpha_1\alpha_2[1+\beta_2\beta_1+(\beta_2\beta_1)^2+\cdots+(\beta_2\beta_1)^{n-1}]=E\alpha_1\alpha_2\frac{1-(\beta_2\beta_1)^{n-1}}{1-\beta_2\beta_1}\underset{(\beta_2\beta_1)^n\to0}{\overset{t\to\infty}{=}}E\alpha_1\alpha_2\frac{1}{1-\beta_2\beta_1}$$。

以入射波 E 到达 1 点的瞬间作为时间的起算点 $t=0$，则节点 2 在不同时刻的电压为：当$0\leqslant t<\tau$时，$u_2=0$；当$\tau\leqslant t<3\tau$时，$u_2=\alpha_1\alpha_2E$；当$3\tau\leqslant t<5\tau$时，$u_2=\alpha_1\alpha_2E+\alpha_1\alpha_2\beta_1\beta_2E$；

做出相应的波形如图 4.9–10 所示。

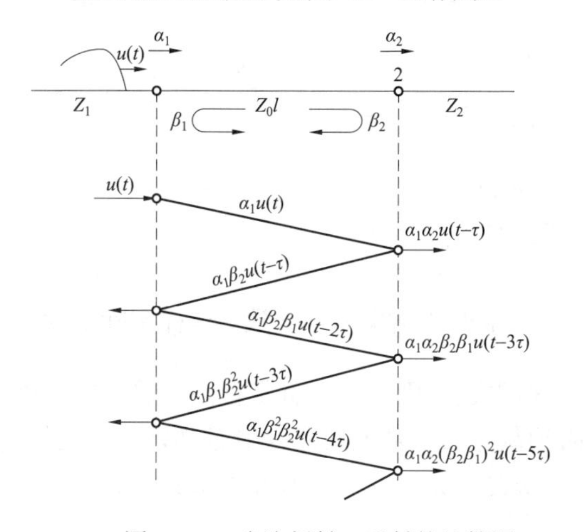

图 4.9–9 多次折射、反射的计算图

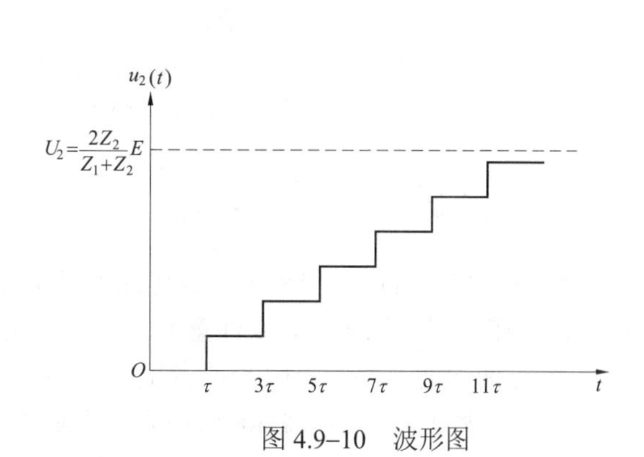

图 4.9–10 波形图

将α_1、α_2、β_1、β_2、值代入得到$U_2=\dfrac{2Z_2}{Z_1+Z_2}E=\alpha_{12}E$，这说明在无限长直角波的作用下，经过多次折、反射后，最终达到的稳态值点由线路 1 和线路 2 的波阻抗决定，和中间线段的存在与否无关。

（5）绝缘配合的概念及其原则。所谓绝缘配合，就是综合考虑电气设备在电力系统中可能承受的各种电压（工作电压和过电压）、保护装置的特性和设备绝缘对各种作用电压的耐受特性，合理地确定设备必要的绝缘水平，以使设备的造价、维修费用和设备绝缘故障引起的事故损失，达到在经济上和安全运行上总体效益最高的目的。

对于不同电压等级的系统，绝缘配合的具体原则是不同的：

1）220kV 及以下的系统。一般以雷电过电压决定电气设备的绝缘水平，这是因为要求把雷电电压限制到低于操作过电压是不经济的。

2）330kV 及以上的超高压系统。随着电压等级的提高，操作过电压的幅值将随之增大，所以在 330kV 及以上的超高压系统中，操作过电压将起主导作用，一般都采用专门的限制内部过电压的措施，如并联电抗器、带有并联电阻的断路器及氧化锌避雷器等。

3）特高压电网：在特高压电网中，由于限压措施的不断完善，过电压可降低到 1.6～1.8p.u.或更低，电网的绝缘水平可能由工频过电压及长时间工作电压决定。

4）关于谐振过电压：在绝缘配合中是不考虑谐振过电压的，因此，在电网设计和运行中都应当避开谐振过电压的产生。

2. 了解雷电过电压特性

对历年考题分析结果显示，此部分除考一些基本概念外，最重要的是要记住以下两点：

（1）彼得逊法则。在波阻抗分别为 z_1 和 z_2 的两条线路相连的情况下，波阻抗为 z_1 的线路上有一电压行波 u_{1q}（假定为无限长直角波电压）向连接点 A 传播，若求折射波电压，可以将一个内阻为 z_1，电源为入射波电压两倍的 $2u_{1q}$ 与波阻抗 z_2 相连，这个等效电路叫作彼得逊等效电路，如图 4.9–11 所示。

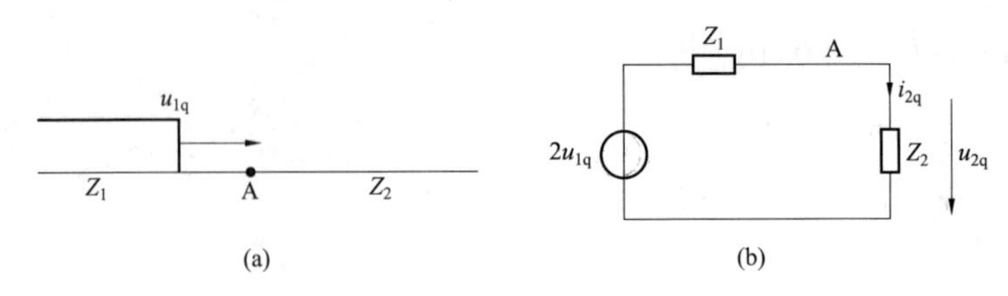

图 4.9–11　彼得逊等效电路

（a）u_{1q} 向 A 点传播；（b）计算折射波的等效电路

由图很容易求得 $u_{2q}=\dfrac{2z_2}{z_1+z_2}u_{1q}$，这与用折射规律求得的结果完全一致。这样实际上就把原来分布参数的折反射用集中参数电路来计算了，彼得逊法则实际上就是行波计算时的戴维南定理，在应用该法则时，要注意两点：一是波必须从分布参数的线路入射且必须是流动的；二是 A 点两边的线路为无限长或者虽为有限长，但来自其另一端的反射波尚未到达 A 点；如果不满足这些条件，那么彼得逊法则就不成立。

（2）最大雷电过电压。当避雷器与被保护设备相隔一定电气距离 l 时，避雷器工作后，被保护设备上出现的电压最大值为 $U=U_{\mathrm{r}}+\dfrac{2al}{v}$。其中 U_{r} 为避雷器残压，a 为侵入波陡度，l 为被保护设备与避雷器的电气距离，v 为波速。

3. 了解接地和接地电阻、接触电压和跨步电压的基本概念

（1）接地：电气设备的某部分与大地之间作良好的电气连接称接地。接地可分为工作接地和保护接地两种形式。

工作接地：为保证电力系统和设备达到正常工作的要求而进行的接地叫工作接地。例如变压器中性点接地是工作接地，电压互感器一次侧线圈的中性点接地能保证一次系统中相对地电压测量的准确度，这也是工作接地。

保护接地：为保障人身安全防止间接触电而进行的接地叫保护接地。例如互感器二次侧端子接地、设备外壳接地为保护接地。

（2）接地电阻：接地体与土壤之间的接触电阻以及土壤的电阻之和称为散流电阻，散流电阻加接地体和接地线本身的电阻称接地电阻。试验表明，在接地故障点 20m 远处，实际散流电阻已趋近于零，这电位为零的地方，称为电气上的“地”或“大地”。

（3）接触电压：当电气设备绝缘损坏时，人站在地面上接触该电气设备，人体所承受的电位差称接触电压 U_{tou}。例如，当设备发生接地故障时，以接地点为中心的地表约 20m 半径的圆形范围内，便形成了一个电位分布区。这时如果有人站在该设备旁边，手触及带电外壳，那么手与脚之间所呈现的电位差，即为接触电压。

（4）跨步电压：在接地故障点附近行走，人的双脚之间所呈现的电位差称跨步电压 U_{step}。跨步电压的大小与离接地点的远近及跨步的长短有关，离接地点越近，跨步越长，跨步电压就越大，离接地点达 20m 时，跨步电压通常为 0。

4. 了解氧化锌避雷器的基本特性

本部分主要需要清楚掌握避雷器的有关技术参数，无计算。

（1）额定电压。是指正常运行时避雷器两端之间允许施加的最大工频电压有效值，即在

系统短时工频过电压直接加在 ZnO 阀片上时，避雷器仍允许吸收规定的雷电及操作过电压能量，特性基本不变，不会发生热击穿。

（2）最大持续运行电压。允许持续加在避雷器两端之间的最大工频电压有效值。其值一般等于或大于系统运行最大工作相电压，该电压决定了避雷器长期工作的老化性能。

（3）参考电压。包含工频参考电压和直流参考电压。它是指避雷器通过 1mA 工频电流阻性分量峰值或者 1mA 直流电流时，其两端之间的工频电压峰值或直流电压。

（4）残压。是当避雷器动作时，避雷器两端的残余电压，也即放电电流流过避雷器时，在其端子间的电压峰值。

（5）压比。是指避雷器通过大电流时的残压与通过 1mA 直流电流时电压之比。压比越小，意味着通过大电流时之残压越低，则 ZnO 避雷器的保护性能越好。目前，此值约为 1.6～2.0。

5. 了解避雷针、避雷线保护范围的确定

对历年考题分析结果显示，一般避雷针考计算、避雷线考概念。

（1）避雷针。避雷针的保护范围以它能够防护直击雷的空间来表示，现行国家标准《建筑物防雷设计规范》规定采用 IEC 推荐的“滚球法”来确定，不同防雷等级的滚球半径见表 4.9–4。

表 4.9–4　　不同防雷等级的滚球半径

建筑物的防雷类别	滚球半径 h_r/m
一类	30
二类	45
三类	60

单支避雷针的保护范围（图 4.9–12）按下面方法确定：

当避雷针高度 $h \leqslant h_r$ 时：① 在距离地面 h_r 处作一平行地面的平行线；② 以避雷针的针尖为圆心，h_r 为半径作弧线，交于平行线的 A、B 两点；③ 以 A、B 为圆心，h_r 为半径作弧线，该弧线与针尖相交并与地面相切，则从此弧线起到地面上的整个锥形空间就是避雷针的保护范围；④ 避雷针在被保护物高度 h_x 的 xx' 平面上的保护半径，按下式计算 $r_x = \sqrt{h(2h_r - h)} - \sqrt{h_x(2h_r - h_x)}$。式中，$r_x$ 为避雷针在 h_x 高度的 xx' 平面上的保护半径，m；h_r 为滚球半径，m，按表 4.9–4 确定；h_x 为被保护物的高度，m。

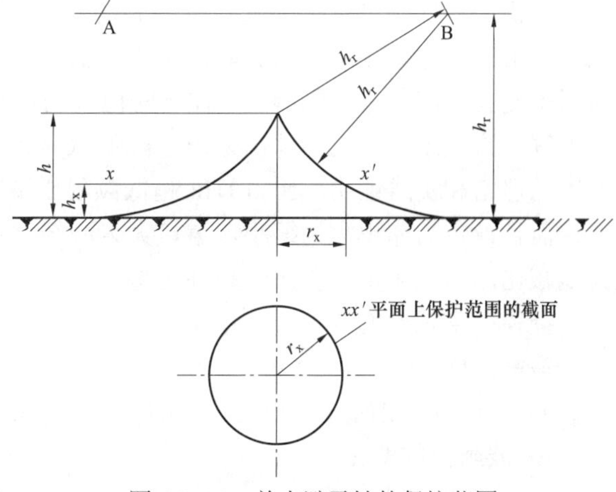

图 4.9–12　单支避雷针的保护范围

（2）避雷线。避雷线的功能和原理也与避雷针的基本相同。避雷线一般采用截面不小于 $35mm^2$ 的镀锌钢绞线，架设在架空线路的上方，以保护架空线路和其他物体免遭直接雷击，由于避雷线既是架空又要接地，因此它又称为架空地线。

4.9.3 【供配电专业基础】历年真题详解

【1. 了解电力系统过电压的种类】

1.（供 2005，发 2020） 断路器开断空载变压器发生过电压的主要原因是下列哪项？（　　）

A. 断路器的开断能力不够　　　　B. 断路器对小电感电流的截流

C. 断路器弧隙恢复电压高于介质强度　　　　D. 三相断路器动作不同期

分析：$u=L\dfrac{\mathrm{d}i}{\mathrm{d}t}$，变压器为一感性负载，电流的突变必然造成过电压。

答案：B

2.（2006） 下列说法中正确的是（　　）。

A. 电网中性点接地方式对架空线过电压没有影响

B. 内部过电压就是操作过电压

C. 雷电过电压可分为感应雷过电压和直击雷过电压

D. 间歇电弧接地过电压是谐振过电压中的一种

分析：选项 A：电网中性点接地方式对架空线过电压是有影响的，例如在 3～35kV 的配电系统中，中性点一般采用不接地方式，当发生单相接地故障时，非故障相电压会升高为原来的$\sqrt{3}$倍。选项 B：内部过电压包括工频过电压、操作过电压和谐振过电压，操作过电压只是内部过电压的一种而已。选项 D：常见的操作过电压有切除空载线路引起的过电压、切除空载变压器的过电压、电弧接地过电压、电感性负载的拉闸过电压、空载线路合闸时的过电压，显然间歇电弧接地过电压是操作过电压中的一种。

答案：C

3.（2007） 用超低频（0.1Hz）对大电机进行绝缘试验时，所需试验设备容量仅为工频试验设备的（　　）。

A. 1/50　　B. 1/100　　C. 1/250　　D. 1/500

分析：超低频绝缘耐压试验实际上是工频耐压试验的一种替代方法。在对大型发电机、电缆等试品进行工频耐压试验时，由于它们的绝缘层呈现较大的电容量，所以需要很大容量的试验变压器或谐振变压器，这样一些巨大的设备，不但笨重，造价高，而且使用十分不便，为了解决这一矛盾，电力部门采用了降低试验频率，从而降低了试验电源的容量。从国内外多年的理论和实践证明，用 0.1Hz 超低频耐压试验替代工频耐压试验，不但能有同样的等效性，而且设备的体积大为缩小，重量大为减轻 ，理论上容量约为工频的 1/500，试验程序大大地减化，与工频试验相比优越性更多。

捷径：常识性的题，选一最小的。

答案：D

4.（2008） 电磁波传播过程中的波反射是由下列哪项原因引起的？（　　）。

A. 波阻抗的变化　　　　B. 波速的变化

C. 传播距离　　　　D. 传播媒质的变化

分析：参见前面“（2）波传播的物理概念”，在实际线路上，常常会遇到线路均匀性遭到破坏的情况，例如一条架空线与一根电缆相连、在两段架空线之间插接某些集中参数电路元件等，均匀性开始遭到破坏的点称为节点。当波沿传输线传播，遇到波阻抗发生突变的节点时，必然会出现电压、电流、能量重新调整分配的过程，即会在波阻抗发生突变的节点上产生折射和反射。

答案：A

5.（2008） 一幅值为U_0的无限长直角行波沿波阻抗为 Z 的输电线路传播至开路的末端时，末端节点上的电压值是（　　）。

A. $\frac{1}{2}U_0$　　B. U_0　　C. 0　　D. $2U_0$

分析：参加前面“（3）行波的折射和反射”中的公式即可。本题中末端开路，末端节点上的电压值$u_{2q}=2u_{1q}=2U_0$。

答案：D

6.（2010） 线路上装设并联电抗器的作用是（　　）。

A. 降低线路末端过电压　　B. 改善无功平衡

C. 提高稳定性　　D. 提高线路功率因数

分析：空载输电线路末端在对地导纳的作用下，末端电压会升高，出现过电压，并联电抗器可以吸收过剩的感性无功功率，是抑制此过电压的有效措施。

答案：A

7.（2012） 冲击电压波在 GIS 中传播出现折反射的原因是（　　）。

A. 机械振动　　B. GIS 波阻抗小　　C. GIS 内部节点　　D. 电磁振荡

分析：GIS 是 Gas Insulated Switchgear 的英文缩写，即指“气体绝缘金属封闭开关设备”，它是将一座变电站中除变压器以外的一次设备，包括断路器、隔离开关、接地开关、电压互感器、电流互感器、避雷器、母线、电缆终端、进出线套管等，经过优化设计有机地组合成一个整体。GIS 的优点在于占地面积小，可靠性高，安全性强，维护工作量小。

冲击电压波即指一个或一连串的高电压短脉冲，显然当它在 GIS 中传播时，GIS 内部由大量不同设备组成，GIS 内部的节点会引起波的折反射。

答案：C

8.（2013） 高频冲击波在分布参数元件与集中参数元件中传播特性不同之处在于（　　）。

A. 波在分布参数元件中传播速度更快

B. 波在集中参数元件中传播无波速

C. 波在分布参数元件中传播消耗更多的能量

D. 波在集中参数元件中传播波阻抗更小

分析：参数的分布性指电路中同一瞬间相邻两点的电位和电流都不相同。这说明分布参数电路中的电压和电流除了是时间的函数外，还是空间坐标的函数。若实际电路的尺寸远小于其工作频率所对应的波长，我们就说它满足集中化条件，其模型就称为集中参数电路，与分布参数比较，集中参数模型中模型的各变量与空间位置无关，而把变量看作在整个系统中是均一的。集中参数元件中的传播不考虑波过程。

答案：B

9.（2013） 减小电阻分压器方波响应时间的措施是（　　）。

A. 增大分压器的总电阻　　B. 减小泄漏电流

C. 补偿杂散电容　　D. 增大分压比

分析：电阻分压器的方波响应时间为$T=\frac{1}{6}RC$，式中，R 为分压器的总电阻，C 为分压器对地总杂散电容。选项 A：增大分压器的总电阻 R，则 T 增加。选项 B：减小泄漏电流将意味着 C 值增大。选项 C：补偿杂散电容可让 C 值减小，进而 T 减小，故正确。选项 D：增大分压比，总电阻 R 并没有改变，故 T 不变。

答案：C

10.（2013） 如图 4.9–13 所示电压幅值为 E 的直角电压波在两节点无限长线路上传播时，当 $Z_2>Z_1$，Z_3时，在 B 点的折射电压波是（　　）。

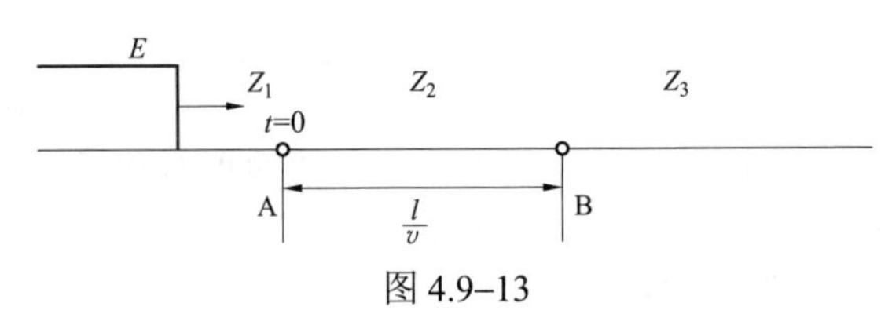

图 4.9–13

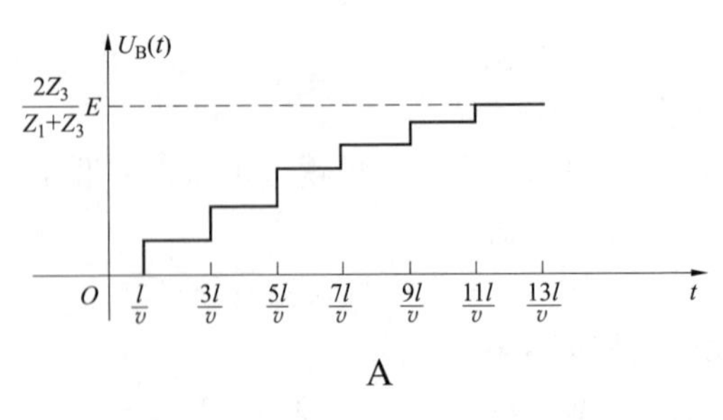

A

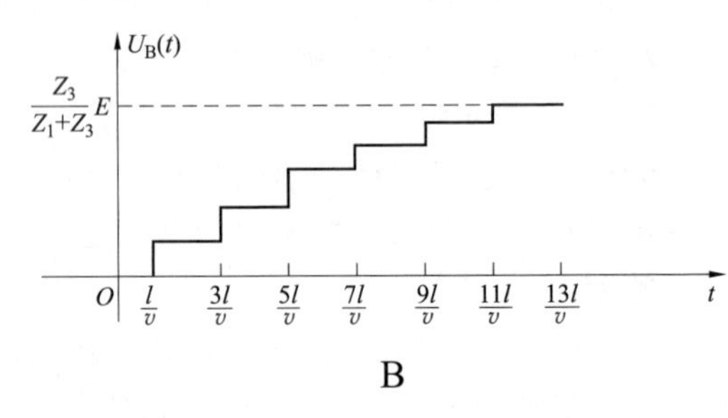

B

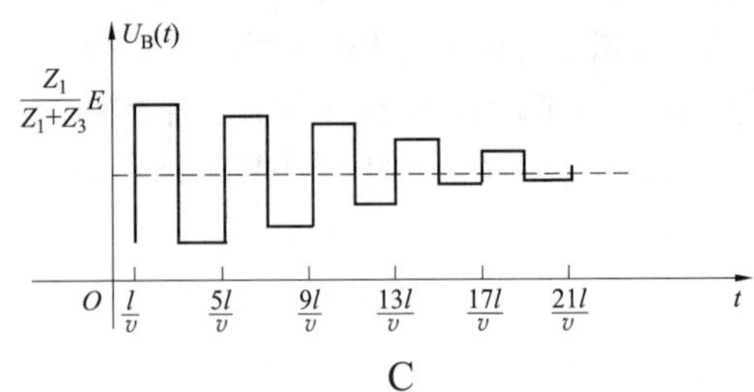

C

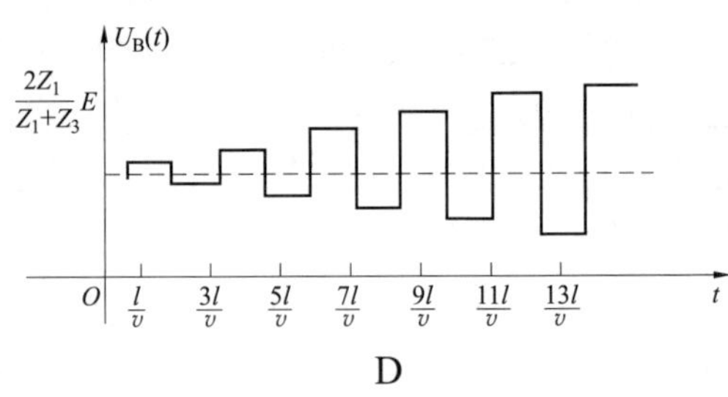

D

分析：本题考波的多次折反射问题。参见“（4）行波的多次折、反射”，已知节点的折、反射系数如下：$\alpha_1=\frac{2Z_0}{Z_0+Z_1}$，$\alpha_2=\frac{2Z_2}{Z_0+Z_2}$，$\beta_1=\frac{Z_1-Z_0}{Z_1+Z_0}$，$\beta_2=\frac{Z_2-Z_0}{Z_2+Z_0}$，达到稳态值后，$U_B=\frac{2Z_3}{Z_1+Z_3}E$，看 A、B、C、D 四个选项的纵坐标幅值，只有 A 选项满足，故选 A。

本题推广：不同波阻抗组合下的$u_2(t)$波形分析。

（1）$Z_0>Z_1$，$Z_2\Rightarrow\beta_1\beta_2>0\Rightarrow u_2$ 逐次叠加增大，u_2 的最终稳态值为$U_2=\frac{2Z_2E}{Z_1+Z_2}$。

（2）$Z_0<Z_1$，$Z_2\Rightarrow\beta_1\beta_2>0\Rightarrow u_2$ 逐次叠加增大，u_2 的最终稳态值为$U_2=\frac{2Z_2E}{Z_1+Z_2}$。

（3）$Z_1<Z_0<Z_2\Rightarrow\beta_1<0$，$\beta_2>0\Rightarrow\beta_1\beta_2<0\Rightarrow u_2$ 的波形是振荡的，u_2 的最终稳态值为$U_2=\frac{2Z_2E}{Z_1+Z_2}\overset{Z_1<Z_2}{\Rightarrow}U_2>E$。

（4）$Z_1>Z_0>Z_2\Rightarrow\beta_1>0$，$\beta_2<0\Rightarrow\beta_1\beta_2<0\Rightarrow u_2$ 的波形是振荡的，u_2 的最终稳态值为

$$U_2=\frac{2Z_2E}{Z_1+Z_2}\overset{Z_1>Z_2}{\Rightarrow}U_2<E。$$

答案：A

11.（2014） 提高液体电介质击穿强度的方法是（ ）。

A. 减少液体中的杂质，均匀含杂质液体介质的极间电场分布

B. 增加液体的体积，提高环境温度

C. 降低作用电压幅值，减小液体密度

D. 减少液体中悬浮状态的水分，去除液体中的气体

分析：杂质对击穿电压有较大影响，减少杂质是提高液体电介质击穿电压的主要方法。

答案：A

12.（2014） 工频试验变压器输出波形畸变的主要原因是（ ）。

A. 磁化曲线的饱和　　B. 变压器负载过小

C. 变压器绕组的杂散电容　　D. 变压器容量过大

分析：造成试验变压器输出波形畸变的最主要原因是试验变压器的铁心在使用到磁化曲线的饱和段时，励磁电流呈非正弦波的缘故。

答案：A

13.（2016） 电磁式电压互感器引发铁磁谐振的原因是（ ）。

A. 非线性元件　　B. 热量小　　C. 故障时间长　　D. 电压高

分析：非线性元件的存在会引起铁磁谐振。

答案：A

14.（2017） 下面操作会产生谐振过电压的是（ ）。

A. 突然甩负荷　　B. 切除空载线路

C. 切除接有电磁式电压互感器的线路　　D. 切除有载变压器

分析：参见 4.9.2 节第 1 点过电压种类的知识点复习。

A 属于工频过电压，B、D 属于操作过电压，C 属于谐振过电压。

答案：C

15.（2018、2021）电力系统内部过电压不包括（ ）。

A. 操作过电压　　B. 谐振过电压　　C. 雷电过电压　　D. 工频电压升高

分析：参见 4.9.2 节知识点复习中的系统过电压的种类，雷电过电压属于外部过电压。

答案：C

【2. 了解雷电过电压特性】

16.（2007） 绝缘子污秽闪络等事故主要发生在（ ）。

A. 下雷阵雨时　　B. 下冰雹时　　C. 雾天　　D. 刮大风时

分析：污染绝缘子表面上的污层在干燥状态下一般不导电，在出现疾风骤雨时将被冲刷干净，但在遇到毛毛雨、雾、露等不利天气时，污层将被水分所湿润，电导大增，在工作电压下的泄漏电流大增，在一定电压下能维持的局部电弧长度也不断增加，绝缘子表面上这种不断延伸发展的局部电弧现象俗称爬电。一旦局部电弧达到某一临界长度时，弧道温度已很高，弧道的进一步伸长就不再需要更高的电压，而是自动延伸直至贯通两极，完成沿面闪络。

污层受潮或湿润主要取决于气象条件，例如在多雾、常下毛毛雨、容易凝露的地区，容易发生污闪。不过有些气象条件也有有利的一面，例如风既是绝缘子表面积污的原因之一，也是吹掉部分已积污秽的因素；大雨更能冲刷上表面的积污，反溅到下表面的雨水也能使附着的可溶盐流失一部分，此即绝缘子的“自清洗作用”。长期干旱会使得积污严重，一旦出现不利的气象条件（雾、露、毛毛雨等）就易引起污闪。

答案：C

17.（2014） 一幅值为 I 的雷电流绕击输电线路，雷电通道波阻抗为 Z_0，输电线路波阻抗为 Z，雷击点可能出现的最大雷电过电压 U 为（　　）。

A. $U = I \times \dfrac{Z_0 \times Z/2}{Z_0 + Z/2}$　　　　B. $U = \dfrac{2ZI}{Z_0 + Z}$

C. $U = \dfrac{ZI}{Z_0 + Z}$　　　　D. $U = \dfrac{2IZZ_0}{Z_0 + Z}$

分析：此题与 2008 年发输变电 55 题相似，与 2012 年发输变电 60 题相似。运用彼得逊法则求解本题，做出相应的彼得逊等效电路如图 4.9–14 所示。雷击点的电压幅值为$U = \dfrac{Z}{Z_0 + Z} \times 2IZ_0$。

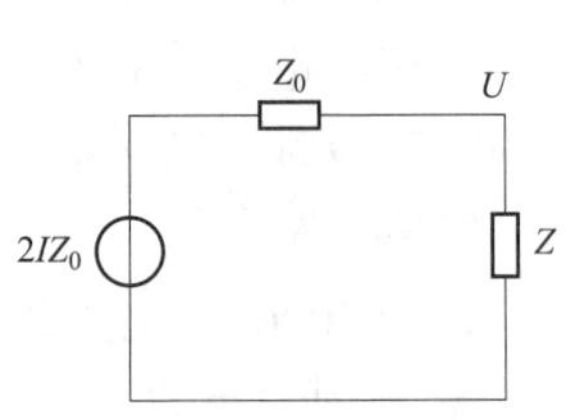

图 4.9–14　彼得逊等效电路

答案：D

18.（2012） 某 220kV 变电所一路出线，当有一电流幅值为 10kA，陡度为300kV/μs 的雷电波侵入，母线上采用 10kA 的雷电保护残压为 196kV 的金属氧化物避雷器保护变压器，避雷器距变压器的距离为 75m。问变压器节点上可能出现的最大雷电过电压幅值为（　　）。

A. 666kV　　B. 650kV　　C. 496kV　　D. 646kV

分析：当避雷器与被保护设备相隔一定电气距离 l 时，避雷器工作后，被保护设备上出现的电压最大值$U = U_r + \dfrac{2al}{v}$，其中U_r为避雷器残压，α为侵入波陡度，l为被保护设备与避雷器的电气距离，v为波速。

雷电波在不同导线上传播速度不同，雷电在电缆中的速度为150m/μs，在架空线路中的速度为光速300m/μs。将题目已知数值代入公式计算，可得

$$U = U_r + \frac{2al}{v} = 196\text{kV} + \frac{2 \times 300 \times 10^6 \times 75}{1.5 \times 10^8}\text{kV} = 496\text{kV}$$

答案：C

【3. 了解接地和接地电阻、接触电压和跨步电压的基本概念】

19.（2017） 电气设备工作接地电阻值（　　）。

A. ＜0.5Ω　　B. 0.5～10Ω　　C. 10～30Ω　　D. ＞30Ω

分析：标准接地电阻规范要求：① 独立的防雷保护接地电阻应小于或等于 10Ω；② 独立的安全保护接地电阻应小于或等于 4Ω；③ 独立的交流工作接地电阻应小于或等于 4Ω；④ 独立的直流工作接地电阻应小于或等于 4Ω。

答案：B

【4. 了解氧化锌避雷器的基本特性】

20.（2008） 避雷器的额定电压是依据下列哪项电压值选定的？（ ）

A. 预期的操作过电压幅值　　B. 系统的标称电压

C. 预期的雷电过电压幅值　　D. 预期的工频过电压

分析：此题需要弄清楚避雷器的额定电压的含义，额定电压是指正常运行时避雷器两端之间允许施加的最大工频电压有效值，即在系统短时工频过电压直接加在 ZnO 阀片上时，避雷器仍允许吸收规定的雷电及操作过电压能量，特性基本不变，不会发生热击穿。

答案：D

21.（2011） 避雷器保护变压器时规定避雷器距变压器的最大电气距离，其原因是（ ）。

A. 防止避雷器对变压器反击　　B. 增大配合系数

C. 减小雷电绕击频率　　D. 满足避雷器残压与变压器的绝缘配合

分析：变电所中限制雷电侵入波过电压的主要措施是安装避雷器，变电所中有许多电气设备，不可能在每个设备旁边装设一组避雷器，这样，避雷器与各个电气设备之间就不可避免地要沿连接线分开一定的距离，这段距离称为电气距离。根据交流电气装置的过电压和绝缘配合规程，避雷器保护变压器时规定避雷器距变压器的最大电气距离应考虑 3 个要素，系统标称电压，进线长度和进线路数。避雷器距变压器的最大电气距离就是考虑了不同电压等级下，避雷器残压与变压器的绝缘配合问题，避雷器与被保护变压器只有满足最大电气距离时，被保护变压器所承受的雷电过电压才会高于避雷器的残压，使其免受雷击。

答案：D

22.（2019）避雷器的作用是（ ）。

A. 建筑物防雷　　B. 将雷电流引入大地

C. 限制过电压　　D. 限制雷击电磁脉冲

答案：C

【5. 了解避雷针、避雷线保护范围的确定】

23.（2007） 避雷针高 20m，变电所离它 10m，变电所高 4m，则（ ）。

A. 能被保护　　B. 不能被保护

C. 防雷级别未知，无法计算　　D. 滚球半径未知，无法计算

分析：此题很容易错选为 C 或 D，但因为单选，故需要进行进一步的计算来判断。已知 $h=20\text{m}$，$r_x=10\text{m}$，$h_x=4\text{m}$，根据 $r_x=\sqrt{h(2h_r-h)}-\sqrt{h_x(2h_r-h_x)}$，若 $h_r=30\text{m}$，则带入计算 $r_x=\sqrt{20\times(2\times30-20)}-\sqrt{4\times(2\times30-4)}\text{m}=13.31\text{m}>10\text{m}$；若 $h_r=45\text{m}$，则代入计算 $r_x=\sqrt{20\times(2\times45-20)}-\sqrt{4\times(2\times45-4)}\text{m}=18.87\text{m}>10\text{m}$；若 $h_r=60\text{m}$，则代入计算 $r_x=\left[\sqrt{20\times(2\times60-20)}-\sqrt{4\times(2\times60-4)}\right]\text{m}=23.18\text{m}>10\text{m}$。

答案：A

24.（2010） 35kV 及以下输电线路一般不采取全线假设避雷线的原因是（ ）。

A. 感应雷过电压超过线路耐雷水平　　B. 线路杆塔档距小

C. 线路短　　D. 线路输送容量小

分析：35kV为中性点不接地系统，即使发生雷击单相接地的情况下，线路仍然可以带故障运行约2h，不会立即跳闸，所以如果是临时性故障并不影响线路稳定运行，不会造成故障，因此可不全线架设避雷线。

答案：D

25.（2011） 35kV及以下中性点不接地系统架空输电线路不采取全线架设避雷线方式的原因之一是（　　）。

A. 设备绝缘水平低　　B. 雷电过电压幅值低

C. 系统短路电流小　　D. 设备造价低

分析：35kV及以下配电系统采用中性点不接地方式运行，发生雷击单相接地故障后，规程规定仍然可以带故障运行1～2h，最本质的原因是因为其接地短路电流小。

答案：C

26.（2017） 避雷线架设原则正确的是（　　）。

A. 330kV及以上架空线必须全线装设双避雷线进行保护

B. 110kV及以上架空线必须全线装设双避雷线进行保护

C. 35kV线路需全线装设避雷线进行保护

D. 220kV及以上架空线必须全线装设双避雷线进行保护

分析：避雷线的重要作用是使线路雷击跳闸率降低，所以110kV线路一般沿全线架设避雷线，在雷电特别强烈地区，宜装设双避雷线。220kV线路宜沿全线架设双避雷线，以降低其雷击跳闸率。而对35kV及以下线路，考虑到感应过电压及架设避雷线对整个线路造价的影响，一般不沿全线架设避雷线。必须装设双避雷线的应该是330kV。

答案：A

4.9.4 【发输变电专业基础】历年真题详解

【1. 了解电力系统过电压的种类】

1.（2008） 电力系统中绝缘配合的目的是（　　）。

A. 确定绝缘串中绝缘子的个数　　B. 确定设备的试验电压值

C. 确定空气间的距离　　D. 确定避雷器的额定电压

分析：绝缘配合的最终目的就是确定电气设备的绝缘水平，所谓电气设备的绝缘水平是指该电气设备能承受的试验电压值。

答案：B

2.（2008） 下列哪种方式能够有效地降低线路操作过电压（　　）。

A. 加串联电抗器　　B. 增加线路间距离

C. 断路器加装合分闸电阻　　D. 增加绝缘子片数

分析：选项A：加串联电抗器是限制短路电流的措施。选项B，增加线路间距离并不能有效地降低线路操作过电压。选项D，增加绝缘子片数是为了提高线路的绝缘水平。选项C，切除空载线路是电力系统中常见操作之一，这时引起的操作过电压幅值大、持续时间也较长，断路器加装并联分闸电阻能有效抑制过电压。为了说明其原理，参见图4.9–15并联分闸电阻的接法。

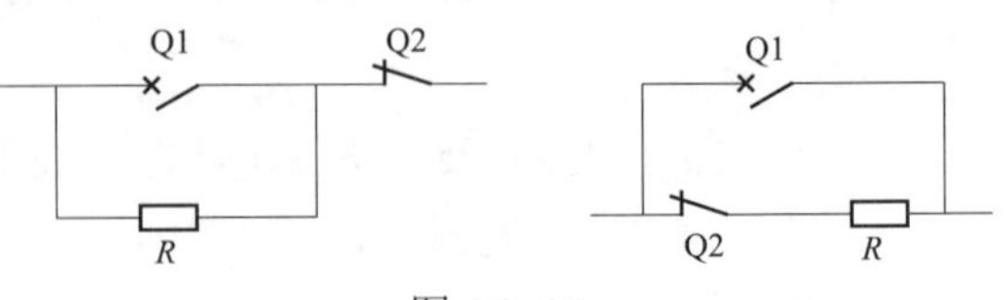

图4.9–15

在切断空载线路时，应先打开主触头 Q1，使并联电阻 R 串联接入电路，然后经过 1.5～2 个周期后再将辅助触头 Q2 打开，完成整个拉闸操作。分闸电阻 R 的降压作用主要包括：① 在打开主触头 Q1 后，线路仍通过 R 与电源相连，线路上的剩余电荷可通过 R 向电源释放，这时 Q1 上的恢复电压就是 R 上的压降，只要 R 值不太大，主触头间就不会发生电弧的重燃。② 经过一段时间后再打开 Q2 时，恢复电压已经较低，电弧一般也不会重燃，即使发生了重燃，由于 R 上有压降，沿线传播的电压波远小于没有 R 时的数值；此外，R 还能对振荡起阻尼作用，因而也能减小过电压的最大值，实测表明，当装有分闸电阻时，这种过电压的最大值不会超过 $2.28U_{\varphi}$。为了兼顾降低两个触头恢复电压的需要，并考虑 R 的热容量，这种分闸电阻应为中值电阻，其阻值一般处于 1000～3000Ω 的范围内。

装设并联合闸电阻是限制合闸过电压的最有效的措施。并联合闸电阻的接法与上图中的分闸电阻相同，不过这时应先合 Q2（辅助触头）、后合 Q1（主触头）。整个合闸过程的两个阶段对阻值的要求是不同的：在合 Q2 的第一阶段，R 对振荡起阻尼作用，使过渡过程中的过电压最大值有所降低，R 值越大，阻尼作用越大、过电压就越小，所以希望选用较大的阻值，大约经过 8～15ms，开始合闸的第二阶段，Q1 闭合，将 R 短接，使线路直接与电源相连，完成合闸操作。在第二阶段，R 值越大，过电压也越大，所以希望选用较小的阻值。在同时考虑两个阶段互相矛盾的要求后，可找出一个适中的阻值，以便同时照顾到两方面的要求，这个阻值一般处于 400～1000Ω 的范围内，与前面的分闸电阻（中值）相比，合闸电阻应属于低值电阻。

答案：C

3.（2009） 影响远距离输电线路传输容量的约束条件是（　　）。

A. 线路功率损耗　　B. 稳定性　　C. 电压降落　　D. 线路改造

分析：线路传输容量的制约因素有：① 热极限：功率损耗导致过度发热，造成弧垂无法恢复性延展或接头融化。② 电压约束：为保持线路的电压降在允许范围内，必须限制线路上流过的功率。③ 稳定性约束：维持线路两端的电力系统同步运行，有静态稳定和暂态稳定约束。

考虑约束条件，一般来讲，交流短线受热极限限制，交流长线受稳定性约束，直流输电受热极限限制。本题是远距离输电线路，其最主要的约束条件是稳定性约束，故应选 B。

答案：B

4.（2009） 决定超高压电力设备绝缘配合的主要因素是（　　）。

A. 工频过电压　　B. 雷电过电压　　C. 谐振过电压　　D. 操作过电压

分析：此题考绝缘配合的原则，参见前面“（5）绝缘配合”，对于不同电压等级的系统，绝缘配合的具体原则是不同的，在 330kV 及以上的超高压系统中，操作过电压将起主导作用。

答案：D

5.（2009） 一波阻抗为 $Z_1=300\Omega$ 的架空线路与一波阻抗为 $Z_2=60\Omega$ 的电缆线路相连，当幅值为 300kV 的无限长直角行波沿 Z_2 向 Z_1 传播时，架空线中的行波幅值为（　　）。

A. 500kV　　B. 50kV　　C. 1000kV　　D. 83.3kV

分析：本题要求架空线中的行波也即是要求折射波，参见前面“（3）行波的折射和反射”，代入相应公式可得 $u_{2q}=\dfrac{2\times300}{300+60}\times300\text{kV}=500\text{kV}$。

答案：A

6.（2011） 提高悬式绝缘子耐污秽性能的方法是（　　）。

A. 改善绝缘子电位分布　　B. 涂憎水性涂料

C. 增加绝缘子爬距　　D. 增加绝缘子片数

分析：绝缘子污闪是导致供电发生跳闸故障的主要因素，频繁的污闪跳闸给正常的供电带来不良影响，严重时还能引起断线事故的发生，给安全供电带来极大的隐患。目前，在供电运营中防治污闪的方法很多，经归纳主要有以下五种：① 定期清扫绝缘子。② 更换不良和零值绝缘子。③ 增加绝缘子串的单位泄漏比距。④ 采用防污涂料：对污秽严重地区的绝缘子，可采取定期在表面涂憎水性防污涂料的方法，增强其抗污能力。⑤ 采用合成绝缘子。

答案：B

7.（2011） 雷电冲击电压在线路中传播，为什么会出现折射现象？（　　）

A. 线路阻抗大　　B. 线路阻抗小

C. 线路有节点　　D. 线路容量大

分析：与供配电专业基础 2008 年考题相似。

答案：C

8.（2012） 架空输电线路在雷电冲击电压作用下出现的电晕对波的传播有什么影响？（　　）。

A. 传播速度加快，波阻抗减小　　B. 波幅降低陡度增大

C. 波幅降低陡度减小　　D. 传播速度减缓，波阻抗增加

分析：行波在有损线路上传播时会衰减和变形，导线电阻和导线对地的漏电导会使行波消耗一部分能量，但使行波发生衰减和变形的最重要的因素是冲击电晕引起的损耗。冲击电晕使导线的有效半径增大，从而使导线的对地电容增大，但电晕层中无轴向电流，所以线路的电感没发生什么变化，因此行波过电压引起冲击电晕后波阻抗、波速都会发生变化。

（1）波阻抗的变化：出现冲击电晕后的波阻抗 Z' 为 $Z'=\sqrt{\dfrac{L_0}{C_0+\Delta C}}$，可见，$Z'<Z=\sqrt{\dfrac{L_0}{C_0}}$，通常 $Z'/Z=0.7\sim0.8$。

（2）波速的变化：出现冲击电晕后的波速 v' 为 $v'=\dfrac{1}{\sqrt{L_0(C_0+\Delta C)}}$，可见 $v'<v=\dfrac{1}{\sqrt{L_0C_0}}$，出现强烈冲击电晕时，架空线上波速仅为光速的 0.75 倍。由于当行波电压高于电晕起始电压后波速减小，且电压越高时波速越小，所以冲击电晕不仅使行波衰减（幅值减小），而且使行波变形，即将行波的波头拉长（波头的陡度减小），这对变电所防雷是很有利的。

答案：C

9.（2012） 极不均匀电场中操作冲击电压击穿特性具有的特点是（　　）。

A. 放电分散性小　　B. 随间隙距离增大放电电压线性提高

C. 饱和特性　　D. 正极性放电电压大于负极性放电电压

分析：极不均匀电场长气隙的操作冲击击穿特性具有显著的“饱和特性”，除了负极性“棒–棒”气隙外，其他棒间隙的操作冲击击穿特性的“饱和”特征都十分明显，而它们的雷电冲击击穿特性却基本上都是线性的，电气强度最差的正极性“棒–板”气隙的“饱和”现象也最为严重，尤其是在气隙长度大于 5～6m 以后，这对发展特高压输电技术来说，是一个极

其不利的制约因素。操作冲击电压下的气隙击穿电压和放电时间的分散性都要比雷电冲击电压下大得多，即前者的伏秒特性带较宽。

答案：C

10.（2013） 测量冲击电流通常采用下列哪一种方法？（　　）

A. 高阻串微安　　B. 分压器

C. 罗戈夫斯基线圈　　D. 测量小球

分析：冲击电流的幅值一般在几十至几百千安，波头长度为几微秒，更陡的达纳秒级，所以测量十分困难。一般可用 Rogowski 罗戈夫斯基线圈来进行测量，它是利用被测电流产生的磁场在线圈内感应的电压来测量电流的一种线圈。

答案：C

11.（2013） 如下直流电压合闸于末端开路的有限长线路，波在线路上传播时线路末端的电压波形为（　　）。

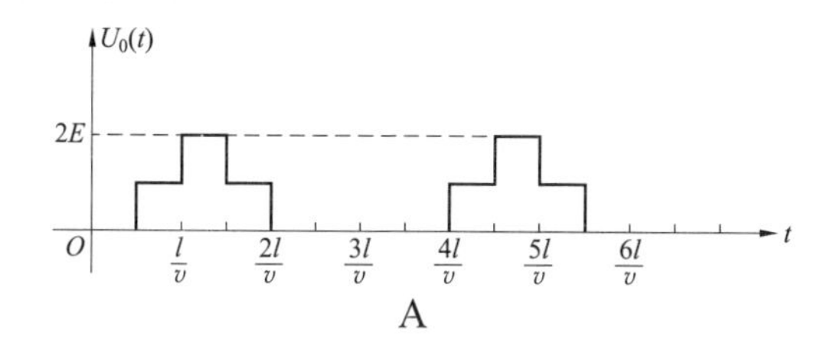

A

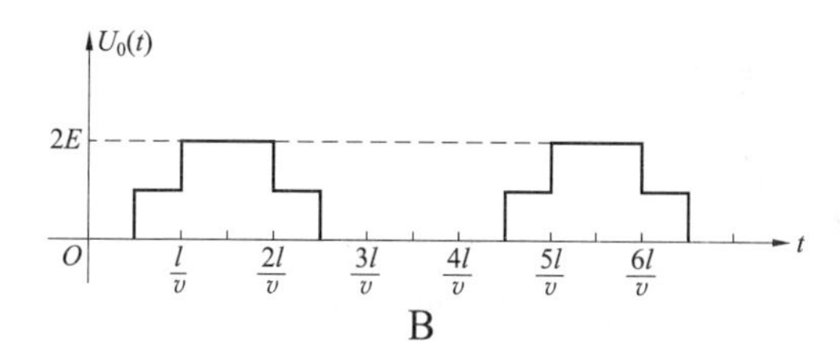

B

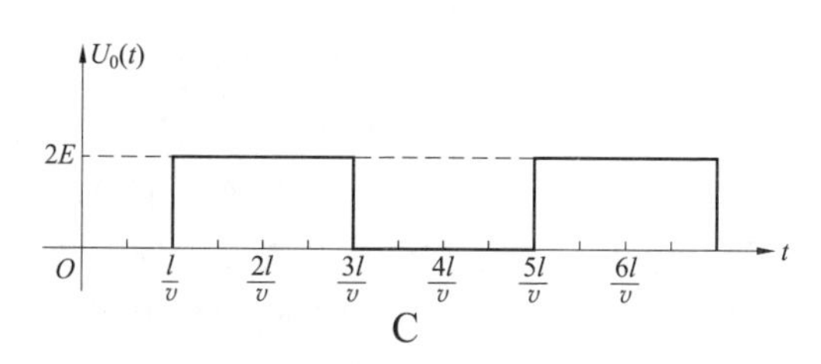

C

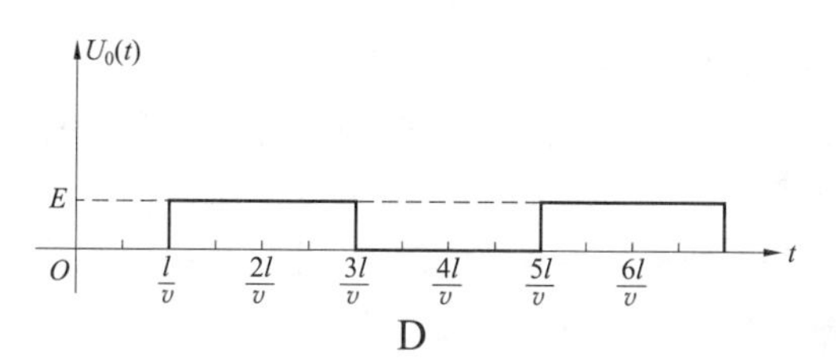

D

分析：此题与 2008 年供配电专业基础第 56 题相似。

答案：C

12.（2014） 高阻尼电容分压器中阻尼电阻的作用是（　　）。

A. 减小支路电感　　B. 改变高频分压特性

C. 降低支路电压　　D. 改变低频分压特性

答案：B

提示：高阻尼电容分压器在测量高频信号时，利用电阻的特性转换；而在测量低频信号时，则是利用电容的转换特性。

13.（2014） 长空气间隙在操作冲击电压作用下的击穿具有何种特性？（　　）

A. 击穿电压与操作冲击电压波尾有关　　B. 放电 V–S 特性呈现 U 形曲线

C. 击穿电压随间隙距离增大线性增加　　D. 击穿电压高于工频击穿电压

分析：选项 A：研究表明，长空气间隙的操作冲击击穿通常发生在波前部分，因而其击穿电压与波前时间有关，而与波尾时间无关，故 A 错误。选项 B：正确。选项 C：长空气间隙在操作冲击电压作用下将呈现出显著的饱和现象，因此击穿电压与气隙距离呈非线性关系，故 C 错误。选项 D：操作冲击电压作用下，当波前时间为 100～300μs 时，击穿场强出现极小值，其值比工频击穿场强要低，故 D 错误。

答案：B

14.（2014） 一幅值为U_0的无限长直角电压波在 t=0 时刻沿波阻抗为Z_1的架空输电线路侵入至 A 点并沿两节点线路传播，如图 4.9–16 所示，两节点距离为 S，波在架空输电线路中的传播速度为v，在$t=\infty$时 B 点电压值为（　　）。

A. $U=\dfrac{2U_0Z_1}{Z_1+Z_2}$　　B. $U=\dfrac{2U_0}{Z_2+Z_3}$

C. $U=\dfrac{2U_0Z_1}{Z_1+Z_2+Z_3}$　　D. $U=\dfrac{2U_0Z_3}{Z_1+Z_3}$

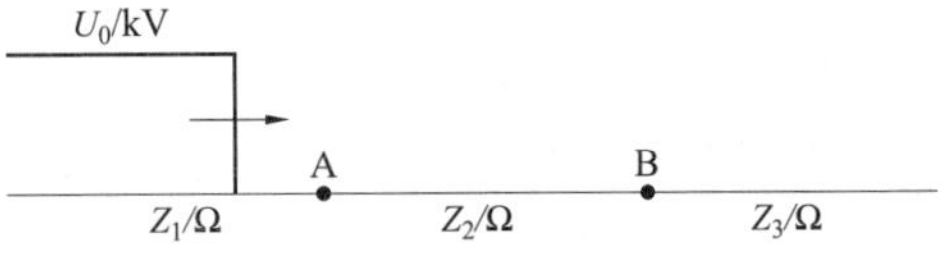

图 4.9–16

分析：与 2013 年供配电专业基础第 60 题相似。

本题考波的多次折反射问题，在无限长直角波U_0的作用下，经过多次折、反射后，最终达到的稳态值点由线路 1 和线路 3 的波阻抗决定，和中间线段 2 的存在与否无关，其稳态电压值为$U_B=\dfrac{2Z_3}{Z_1+Z_3}U_0$。

答案：D

15.（2016） 影响气体中固体介质沿面闪络电压的主要因素是（　　）。

A. 介质表面平行电场分量　　B. 介质厚度

C. 介质表面粗糙度　　D. 介质表面垂直电场分量

分析：实验表明：沿固体介质表面的闪络电压不但要比固体介质本身的击穿电压低得多，而且也比极间距离相同的纯气隙的击穿电压低不少。可见，一个绝缘装置的实际耐压能力并非取决于固体介质部分的击穿电压，而取决于它的沿面闪络电压，所以后者在确定输电线路和变电所外绝缘的绝缘水平时起着决定性作用。应该注意的是，这不仅涉及表面干燥、清洁时的特性，还应考虑表面潮湿、污染时的特性。显然，在后一种情况下的沿面闪络电压必然降得更低。在设计工作中，往往需要知道各种绝缘子的干闪络电压（包括在雷电冲击、操作冲击和运行电压下）、湿闪络电压（包括在操作冲击和运行电压下）和污秽闪络电压（主要指运行电压下）。

答案：C

16.（2016） 气体中固体介质表面滑闪放电的特征是（　　）。

A. 碰撞电离　　B. 热电离

C. 阴极发射电离　　D. 电子崩电离

分析：从辉光放电转变到滑闪放电的机理如下：辉光放电时的火花细线中因碰撞电离而存在大量带电粒子，它们在很强的电场垂直分量的作用下，将紧贴着固体介质表面运动，从而使某些地方发生局部的温度升高。当电压增大到足以使局部温升引起气体分子的热电离时，火花通道内的带电粒子数剧增、电阻骤降、亮度大增，火花通道头部的电场强度变得很大，火花通道迅速向前延伸，这就是滑闪放电，它以气体分子的热电离作为特征，只发生在具有强垂直分量的极不均匀电场的情况下。当滑闪放电火花中的一支短接了两个电极时，即出现沿面闪络。

答案：B

17.（2016） 下列哪种方法会使电场分布更加劣化？（　　）

A. 采用多层介质并在电场强的区域采用介电常数较小的电介质

B. 补偿杂散电容

C. 增设中间电极

D. 增大电极曲率半径

分析：A 项采用不同的电介质也可以调整电场，例如，高压电力电缆的分阶绝缘结构就是采用介电常数 ε 不同的电介质来调整电场分布，调整的方法是在原电场强度 E 较大的强电场区采用介电常数 ε 较大的电介质，而在原弱电场区采用介电常数较小的电介质。B 项杂散电容的存在会造成电极周边的电荷分布不均匀，更容易发生放电或击穿，故补偿杂散电容有助于改善电场分布。C 项在电极间增设一定数量的中间电极，可以调节轴向和径向电场，改善电极间电容分布，从而达到调整电场的目的。D 项电场分布越均匀，气隙的平均击穿场强也就越大，因此可以通过改进电极形状（增大电极曲率半径、消除电极表面的毛刺、尖角等）的方法来减小气隙中的最大电场强度、改善电场分布、提高气隙的击穿电压。

答案：A

18.（2016） 提高不均匀电场中含杂质低品质绝缘油工频击穿电压的有效方法是（　　）。

A. 降低运行环境温度　　B. 减小气体在油中的溶解量

C. 改善电场均匀程度　　D. 油中设置固体绝缘屏障

分析：保持油温不变，而改善电场的均匀度，能使优质油的工频击穿电压显著增大，也能大大提高其冲击击穿电压。

答案：C

19.（2018） 110kV 系统的工频过电压一般不超过标幺值的（　　）。

A. 1.3　　B. 3　　C. $\sqrt{3}$　　D. $1.1\sqrt{3}$

分析：工频过电压的允许水平：

110kV 及以下电力系统的工频过电压一般不超过下列数值：

110kV 系统：1.3（p.u.）。

35～66kV 系统：$\sqrt{3}$（p.u.）。

3～10kV 系统：$1.1\sqrt{3}$（p.u.）。

答案：A

【2. 了解雷电过电压特性】

20.（2008） 某变电站母线上带有三条波阻抗为 $Z=400\Omega$ 的无限长输电线，当幅值为 750kV 的行波沿着其中一条出线传至母线时，此母线的电压值为（　　）kV。

A. 500　　B. 750　　C. 375　　D. 250

分析：运用彼得逊法则求解本题，由题意知变电站母线上（图 4.9-17）共带有 n=3 条线路，而幅值为 750kV 的行波是沿着其中一条出线传来，故并联等效波阻抗为 $\frac{Z}{n-1}=\frac{Z}{3-1}=\frac{Z}{2}$，在这些线路上的反行波尚未到达母线时，做出相应的彼得逊等效电路如图 4.9–18 所示，母线上的电压幅值为 $U_2=\dfrac{\dfrac{Z}{n-1}}{Z+\dfrac{Z}{n-1}}\times 2U_0=\dfrac{\dfrac{Z}{2}}{Z+\dfrac{Z}{2}}\times 2U_0=\dfrac{2}{3}U_0=\dfrac{2}{3}\times 750\text{kV}=500\text{kV}$。

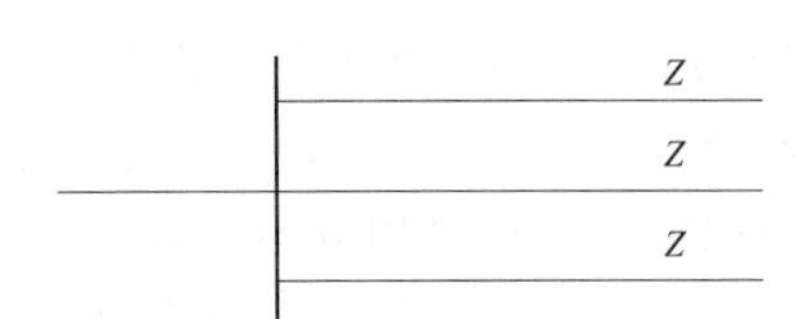

图 4.9–17　波侵入变电所母线接线图

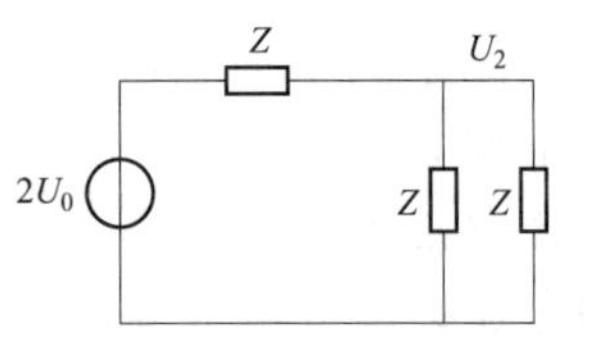

图 4.9–18　彼得逊等效电路

答案：A

21.（2011）　一幅值为 $U_0=1200\text{kV}$ 的直角雷电波击中波阻抗为 250Ω、150km 长的无损空载输电线路的首端，波传播到达线路末端，末端电压为（　　）kV。

A. 1200　　B. 2400　　C. 1600　　D. 1800

分析：已知末端空载，$u_{2q}=\dfrac{2z_2}{z_1+z_2}u_{1q}=\dfrac{2}{\dfrac{z_1}{z_2}+1}u_{1q}=2u_{1q}$，故末端电压为 $2U_0=2\times 1200\text{kV}=2400\text{kV}$。

答案：B

22.（2012）　母线上有波阻抗分别为 50Ω、100Ω、300Ω 的三条出线，一幅值为 U_0 的无穷长直角雷电波击中其中某条线路，依据过电压理论求母线上可能出现的最大电压值？（　　）。

A. $\dfrac{6}{5}U_0$　　B. $\dfrac{1}{5}U_0$　　C. $\dfrac{4}{7}U_0$　　D. $\dfrac{8}{5}U_0$

分析：此题与 2008 年发输变电 55 题相似。运用彼得逊法则求解本题，由题意知变电站母线（图 4.9–19）上共带有 n=3 条线路，而幅值为 U_0 的行波是沿着其中一条出线传来，在这些线路上的反行波尚未到达母线时，做出相应的彼得逊等效电路如图 4.9–20～图 4.9–22 所示。

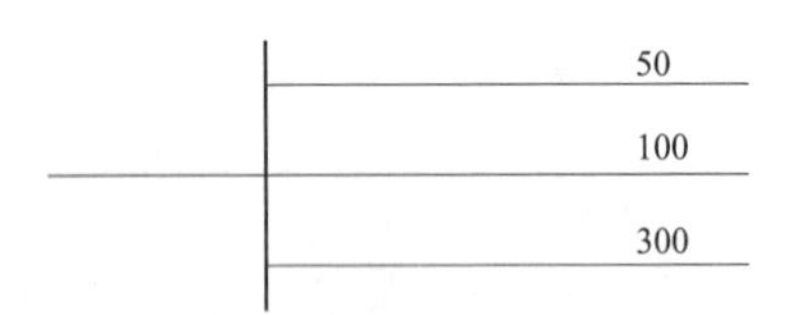

图 4.9–19　波侵入变电所母线接线图

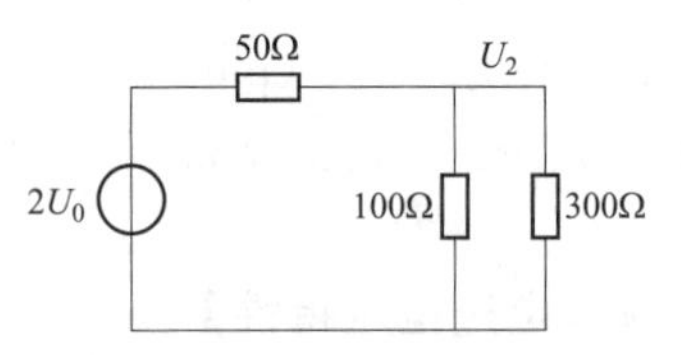

图 4.9–20　雷电波击中 50Ω 的出线彼得逊等效电路

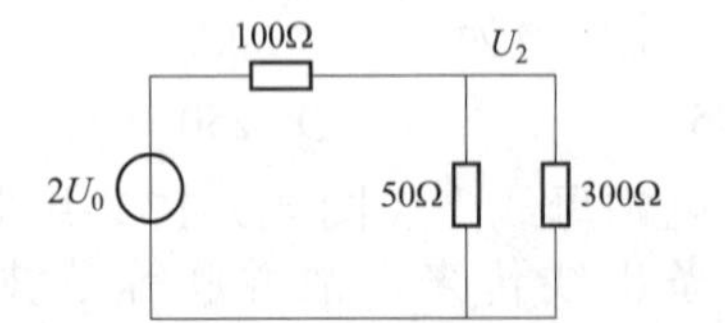

图 4.9–21　雷电波击中 100Ω 的出线彼得逊等效电路

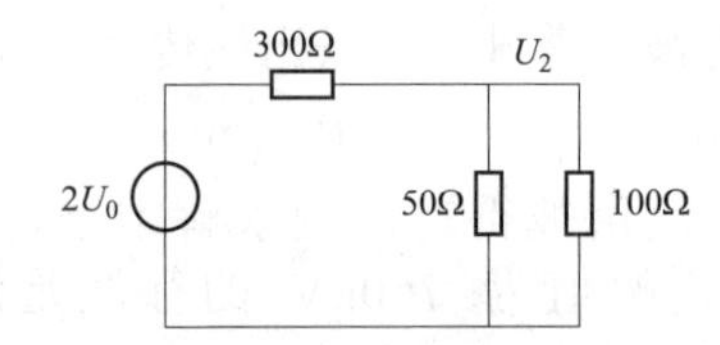

图 4.9–22　雷电波击中 300Ω 的出线彼得逊等效电路

（1）若雷电波击中 50Ω 出线，则母线上的电压幅值为

$$U_2 = \frac{100//300}{50+100//300} \times 2U_0 = \frac{75}{125} \times 2U_0 = \frac{6}{5}U_0$$

（2）若雷电波击中100Ω 出线，则母线上的电压幅值为

$$U_2 = \frac{50//300}{100+50//300} \times 2U_0 = \frac{300/7}{1000/7} \times 2U_0 = \frac{3}{5}U_0$$

（3）若雷电波击中300Ω 出线，则母线上的电压幅值为

$$U_2 = \frac{50//100}{300+50//100} \times 2U_0 = \frac{100/3}{1000/3} \times 2U_0 = \frac{1}{5}U_0$$

综上可见，当雷电波击中50Ω 出线时，母线上的电压幅值最大，其值为$\frac{6}{5}U_0$。

答案：A

23.（2014） 在直配电机防雷保护中电机出线上敷设电缆段的主要作用是（　　）。

A. 增大线路波阻抗　　　　B. 减小线路电容

C. 利用电缆的集肤效应分流　　　　D. 减小电流反射

答案：C

24.（2014） 如图 4.9–23 所示变电站中采用避雷器保护变压器免遭过电压损坏，已知避雷器的 $V\text{–}A$ 特性满足$U_f = f(t)$，避雷器距变压器间的距离为l，当$U(t)=\alpha t$，斜角雷电波由避雷器侧沿波阻抗为 Z 的架空输电线路以波速 v 传入时，变压器 T 节点处的最大雷电过电压是（　　）。

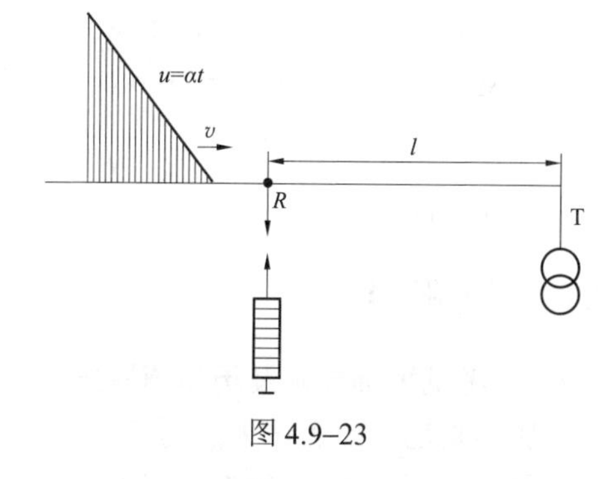

图 4.9–23

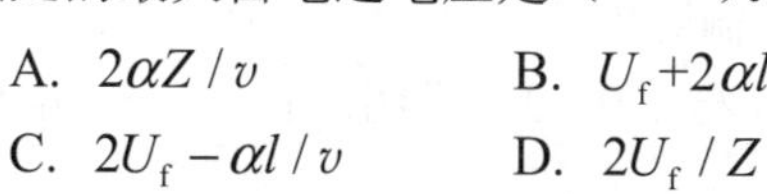

A. $2\alpha Z/v$　　　　B. $U_f + 2\alpha l/v$

C. $2U_f - \alpha l/v$　　　　D. $2U_f/Z$

分析：此题与 2012 年供配电专业基础第 60 题相似。当避雷器与被保护设备相隔一定电气距离l时，避雷器工作后，被保护设备上出现的电压最大值$U = U_r + \frac{2\alpha l}{v}$，其中$U_r$为避雷器残压，$\alpha$为侵入波陡度，$l$为被保护设备与避雷器的电气距离，$v$为波速。

答案：B

【3. 了解接地和接地电阻、接触电压和跨步电压的基本概念】

25.（2012） 某一变电站地网面积为 S，工频接地电阻为 R，扩建后地网面积增大为 $2S$，扩建后变电站地网工频接地电阻为（　　）。

A. $2R$　　　　B. $\frac{1}{4}R$　　　　C. $\frac{1}{2}R$　　　　D. $\frac{1}{\sqrt{2}}R$

分析：发电厂和变电所的接地，一般采用以水平接地体为主组成的接地网，接地网的接地电阻可用下式估算：$R = 0.5\frac{\rho}{\sqrt{S}}$，式中，$S$ 为接地网的总面积，m^2；ρ 为土壤电阻率，$\Omega \cdot m$。此公式计算出的是工频电流下的接地电阻值。

未扩建面积为 S 时：$R = 0.5\frac{\rho}{\sqrt{S}}$。扩建面积为 $2S$ 时：$R' = 0.5\frac{\rho}{\sqrt{S'}} = 0.5\frac{\rho}{\sqrt{2S}} = \frac{1}{\sqrt{2}}R$。

答案：D

【4. 了解氧化锌避雷器的基本特性】

26.（2018）关于氧化锌避雷器说法错误的是（　　）。

A. 可做无间隙避雷器　　B. 通流容量大

C. 不可用于直流避雷器　　D. 适用于多种特殊需要

答案：C

【5. 了解避雷针、避雷线保护范围的确定】

27.（2016）电力系统中输电线路架空地线采用分段绝缘方式的目的是（　　）。

A. 减少零序阻抗　　B. 提高输送容量　　C. 增强诱电效果　　D. 降低线路损耗

分析：架空地线采用分段绝缘方式，可以有效地减小地线上的感应电流，进而降低线路损耗。

答案：D

28.（2019）一类防雷建筑物的滚球半径为30m，单根避雷针高度为25m，则地面上的保护半径为（　　）m。

A. 30.5　　B. 25.8　　C. 28.5　　D. 29.6

分析：由题意，将 $h_r = 30\text{m}$、$h = 25\text{m}$、$h_x = 0\text{m}$ 代入公式，得

$$r_x = \sqrt{h(2h_r - h)} - \sqrt{h_x(2h_r - h_x)} = \sqrt{25(2\times30-25)}\text{m} - 0\text{m} = 29.6\text{m}$$

答案：D

4.10 断路器

4.10.1 考试大纲要求及历年真题统计分析（供配电、发输变电）

历年真题按照考试大纲考点归类总结见表 4.10–1 和表 4.10–2（说明：1、2、3、4 道题分别对应 1、2、3、4 颗★，≥5 道题对应 5 颗★）。

表 4.10–1　　供配电专业基础考试大纲及历年真题统计表

4.10 断路器 考试大纲	2005	2006	2007	2008	2009	2010	2011	2012	2013	2014	2016	2017	2018	2019	2020	2021	汇总统计
1. 掌握断路器的作用、功能、分类★★												1	1				2★★
2. 了解断路器的主要性能与参数的含义★		1															1★
3. 了解断路器常用的熄弧方法★★★★★	2			1	1	1		1	1					1	1	1	10★★★★★
4. 了解断路器的运行和维护工作要点																	0
汇总统计	2	1	0	1	1	1	0	1	1	0	0	1	1	1	1	1	13

表 4.10–2　　　　　　　　发输变电专业基础考试大纲及历年真题统计表

4.10　断路器 考试大纲	2005（同供配电）	2006（同供配电）	2007（同供配电）	2008	2009	2010	2011	2012	2013	2014	2016	2017	2018	2019	2020	2021	汇总统计
1.掌握断路器的作用、功能、分类★													1				1★
2. 了解断路器的主要性能与参数的含义★★		1											2			1	3★★★
3. 了解断路器常用的熄弧方法★★★★★	2			1	1		2	2	1	1	1	1		1	1		14★★★★★
4. 了解断路器的运行和维护工作要点																	0
汇总统计	2	1	0	1	1	0	2	2	1	1	1	1	2	1	1	1	18

对比以上供配电专业基础和发输变电专业基础历年真题统计表，可看到：尽管专业方向不同，但专业基础的考试两个方向的侧重点完全一样，见表 4.10–3。

表 4.10–3　　　　　　专业基础供配电、发输变电两个专业方向侧重点对比

4.10　断路器	历年真题汇总统计	
考试大纲（取供配电、发输变电两个方向中多的★值标注）	供配电	发输变电
1. 掌握断路器的作用、功能、分类★★	2★★	1★
2. 了解断路器的主要性能与参数的含义★★	1★	3★★★
3. 了解断路器常用的熄弧方法★★★★★	10★★★★★	14★★★★★
4. 了解断路器的运行和维护工作要点	0	0
汇总统计	13	18

4.10.2　重要知识点复习

结合前面 4.10.1 节的历年真题统计分析（供配电、发输变电）结果，对“4.10 断路器”部分的 3 大纲点深入总结，其他大纲点简要介绍。

1. 掌握断路器的作用、功能、分类

2018 年出现考题。

2. 了解断路器的主要性能与参数的含义★

断路器的主要性能中常考的是操作性能。

（1）分闸时间 t_{off}。分闸时间也称全开断时间，是指断路器从接到分闸命令瞬间起（即跳闸线圈加上电压）到三相电弧完全熄灭所经过的时间。分闸时间由固有分闸时间和燃弧时间两部分组成。固有分闸时间是指从断路器接到分闸命令瞬间起，到触头刚刚分离为止的一段时间；燃弧时间是指从触头刚分离瞬间起，到各相电弧均熄灭为止的时间间隔。

（2）合闸时间t_{on}。是指断路器从接到合闸命令瞬间起（即合闸线圈加上电压）到各相触头完全接通为止的一段时间。

3. 了解断路器常用的熄弧方法★★★★★

（1）交流电弧熄灭的条件。交流电弧每半周期自然熄灭是熄灭交流电弧的最佳时机，实际上，在电流过零后，弧隙中存在着两个恢复过程。一方面由于去游离作用的加强，弧隙间的介质逐渐恢复其绝缘性能，称为介质强度恢复过程，以耐受的电压$U_d(t)$表示。另一方面，电源电压要重新作用在触头上，弧隙电压将逐渐恢复到电源电压，称为弧隙电压恢复过程，用$U_r(t)$表示。电弧过零后，如果弧隙电压恢复过程上升速度较快，幅值较大，弧隙电压恢复过程大于弧隙介质强度恢复过程，介质被击穿，电弧重燃；反之，则电弧熄灭。因此，交流电弧熄灭的条件是$U_d(t) > U_r(t)$。如果能够采取措施，防止$U_r(t)$振荡，将周期性振荡特性的恢复电压转变为非周期性恢复过程，电弧就更容易熄灭。

（2）断路器开断短路电流时的弧隙电压恢复过程。断路器开断短路电流时的电路如图 4.10–1（a）所示，其等效电路如图 4.10–1（b）所示。*R*、*L* 为电源和变压器的电阻和电感，*C* 可以认为是变压器绕组及连接线对地的分布电容，*r* 为断路器触头并联电阻，由于电源电压和电流不同相位，开断瞬间电源电压的瞬时值为U_0。熄弧后，从瞬态恢复电压过渡到电源电压的时间很短，一般不超过几百微秒，可近似认为U_0不变，故电源用直流电源来替代。断路器开断短路电流时的弧隙电压恢复过程相当于二阶电路过渡过程中，电容 *C* 两端的电压变化过程u_c，即$u_c = u_r$。

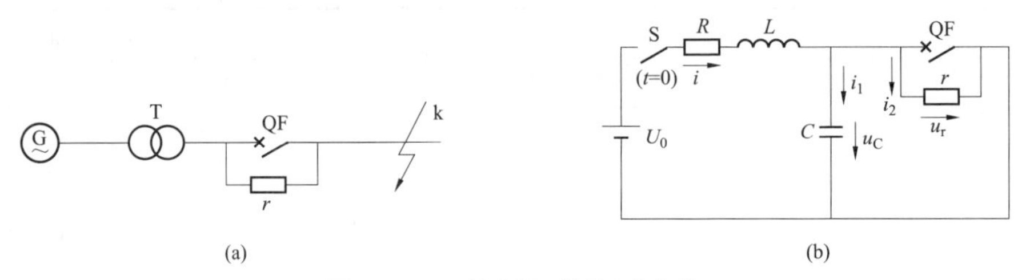

图 4.10–1　断路器开断短路电流

（a）开断电路；（b）等效电路

如图 4.10–1（b）所示，当$t = 0$，开关 S 闭合时，得方程$LC\dfrac{d^2u_c}{dt^2}+\left(RC+\dfrac{L}{r}\right)\dfrac{du_c}{dt}+\left(\dfrac{R}{r}+1\right)u_c = U_0$，其特征根为$\alpha_{1,2}=-\dfrac{1}{2}\left(\dfrac{R}{L}+\dfrac{1}{rC}\right)\pm\sqrt{\dfrac{1}{4}\left(\dfrac{R}{L}-\dfrac{1}{rC}\right)^2-\dfrac{1}{LC}}$，分析可得如下重要结论：

1）触头并联电阻 *r* 可以降低恢复电压的上升速度，*r* 越小，恢复电压的上升速度越低。

2）当$\dfrac{1}{4}\left(\dfrac{R}{L}-\dfrac{1}{rC}\right)^2 < \dfrac{1}{LC}$时，$\alpha_{1,2}$为共扼复根，弧隙电压恢复过程为衰减的周期性振荡过程，周期性振荡过程的恢复电压上升速度较快，幅值较大，给电弧的熄灭带来困难。如果断路器触头没有装设并联电阻，即$r = \infty$，则周期性振荡过程中的弧隙恢复电压最大值可达到$2U_0$，如图 4.10–1 中曲线 1 所示，实际上由于 *R* 及弧隙电阻的存在，弧隙恢复电压最大值在$(1.3 \sim 1.6)U_0$。

3）当$\frac{1}{4}\left(\frac{R}{L}-\frac{1}{rC}\right)^2=\frac{1}{LC}$时，$\alpha_{1,2}$为相等的负实根。此时，弧隙电压恢复过程仍是非周期性的，但处在临界情况。忽略R，临界并联电阻值为

$$r_{cr}=\frac{1}{2}\sqrt{\frac{L}{C}}$$

当$r\leqslant r_{cr}$时，弧隙电压恢复过程为非周期性；当$r>r_{cr}$时，弧隙电压恢复过程为衰减周期性。由以上分析可知，弧隙电压恢复过程由电路参数决定，在断路器触头间并联低值电阻（几欧至几十欧），可以改变弧隙电压恢复过程的上升速度和幅值，当$r\leqslant r_{cr}$时，可以将弧隙恢复电压由周期性振荡特性恢复电压转变为非周期性恢复电压，大大降低了恢复电压的上升速度和幅值，改善了断路器的灭弧条件。

（3）断路器常用的熄弧方法。断路器常用的熄弧方法有以下几种，其中，在历年考题中，出现概率最高的就是多断口灭弧，故重点介绍。

1）吹弧灭弧法。

2）提高断路器触头分离速度。

3）长弧切短灭弧法。

4）利用固体介质的狭缝狭沟灭弧。

5）在断路器的主触头两端加装低值并联电阻。

6）采用多断口灭弧。

在许多高压断路器中，常采用每相两个或多个断口相串联的方式，如图4.10–2所示。熄弧时，利用多断口把电弧分解为多个相串联的短电弧，使电弧的总长度加长，弧隙电导下降；在触头行程、分闸速度相同的情况下，电弧被拉长的速度成倍增加，促使弧隙电导迅速下降，提高了介质强度的恢复速度；另一方面，加在每一断口上的电压减小数倍、输入电弧的功率和能量减小，降低了弧隙电压的恢复速度，缩短了灭弧时间。多断口比单断口具有更好的灭弧性能。

采用多断口的结构后，每一个断口在开断时电压分布不均匀，下面以两个断口的断路器为例加以说明。图4.10–3所示为单相断路器在开断接地故障时的电路图，U为电源电压，U_1和U_2分别为两个断口的电压。电弧熄灭后，每个断口可用一等效电容C_d代替，中间的导电部分与底座和大地间可看作一个对地电容C_0，那么可由图4.10–4所示电路图来计算每个断口上的电压，即$U_1=U\frac{C_d+C_0}{2C_d+C_0}$，$U_2=U\frac{C_d}{2C_d+C_0}$，在少油断路器中，$C_d$和$C_0$一般都是几十皮法，现假定$C_d=C_0$，可计算得到$U_1=2U/3$，$U_2=U/3$，可见两个断口上的电压相差很大。第一个灭弧室的工作条件显然要比第二个灭弧室恶劣很多。为使两个灭弧室的工作条件相接近，通常采用断口并联电容的方法。一般在每个灭弧室的外边并联一个比C_d、C_0大得多的电容C，称为均压电容，其容量一般为1000～2000pF，接有均压电容后的等效电路如图4.10–5所示，由于C值比C_d和C_0大得多，C_0可忽略不计，则断口电压分布为$U_1=U_2\approx U\frac{C_d+C}{2(C_d+C)}=\frac{1}{2}U$，由此可知，当在断口上并联足够大的电容后，电压将平均分布在每一个断口上，从而提高了断路器的灭弧能力。

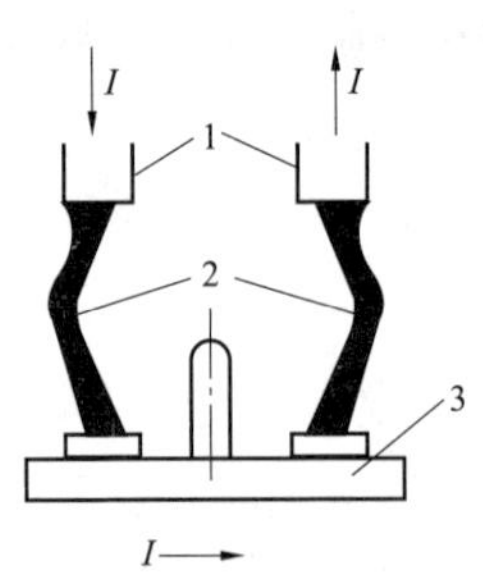

图 4.10–2　每相有两个断口的断路器

1—静触头；2—电弧；3—动触头

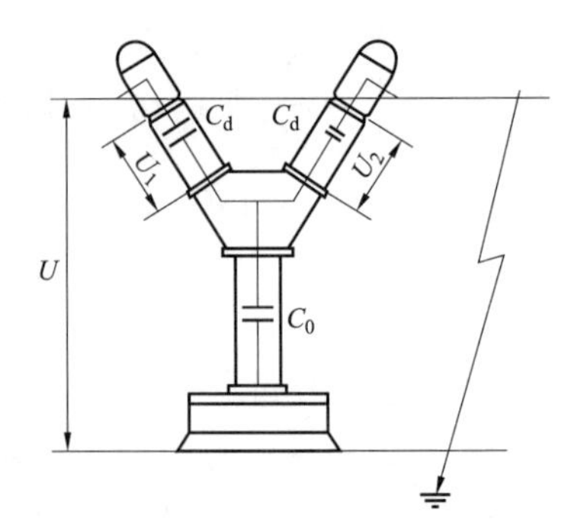

图 4.10–3　断路器开断单相接地故障时的电路图

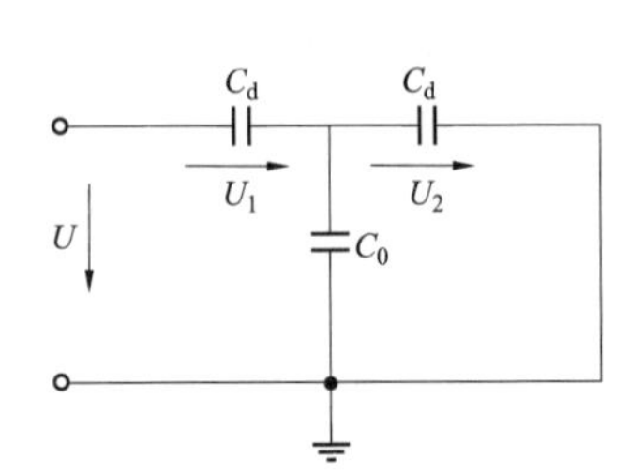

图 4.10–4　断口电压分布计算图

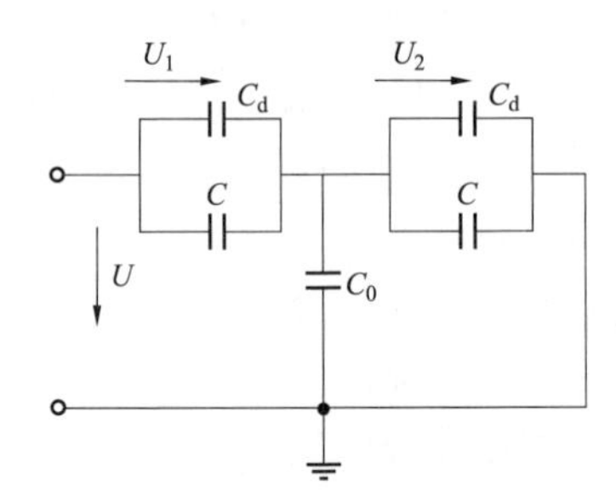

图 4.10–5　有均压电容时断口电压分布计算图

7）采用耐高温金属材料制作灭弧触头。

8）采用优质的灭弧介质。

（4）不同的短路形式对断路器的开断能力有着明显的影响。

1）断路器开断单相短路电流。开断相的起始工频恢复电压近似为 1 倍相电压，即 $U_0=U_m$。

推导：当电流过零时，工频恢复电压瞬时值为 $U_0=U_m\sin\varphi$，通常短路时，功率因数很低，一般 $\cos\varphi<0.15$，所以 $\sin\varphi\approx1$，此时 $U_0=U_m\sin\varphi\approx U_m$。

2）断路器开断中性点不直接接地系统中的三相短路电流。首先开断相的工频恢复电压为 1.5 倍相电压。

“首先开断相”的概念：三相交流电路中，各相电流过零时间不同，因此，断路器在开断三相电路时，电弧电流过零便有先后，电弧电流先过零，电弧先熄灭的相，称为“首先开断相”。

如图 4.10–6 所示发生短路后，A 相首先开断，电流过零后电弧熄灭，此时 B、C 相仍由电弧短接，A 相断路器靠近短路侧触头的电位，此时仍相当于 B、C 两相线电压的中点电位，由相量图（图 4.10–7）可知，$\dot{U}_{ab}=\dot{U}_{AO'}=\dot{U}_{AB}+\frac{1}{2}\dot{U}_{BC}=1.5\dot{U}_A$，这说明 A 相开断后断口上的工频恢复电压为相电压的 1.5 倍。经过 0.005s（电角度 90°）后，B、C 两相的短路电流同时过零，电弧同时熄灭，电源电压加在 B、C 两相弧隙上，每个断口将承受 1/2 电压值，即 $\frac{1}{2}U_{BC}=\frac{\sqrt{3}}{2}U_A=0.866U_A$。

可见，断路器开断三相电路时，其恢复电压通常是首先开断相为最大，所以断口电弧的熄灭关键在于首先开断相，但是，后续断开相燃弧时间将比首先开断相延长 0.005s，相对来讲，电弧能量又较大，因而可能使触头烧坏，喷油喷气等现象比首先开断相更为严重。

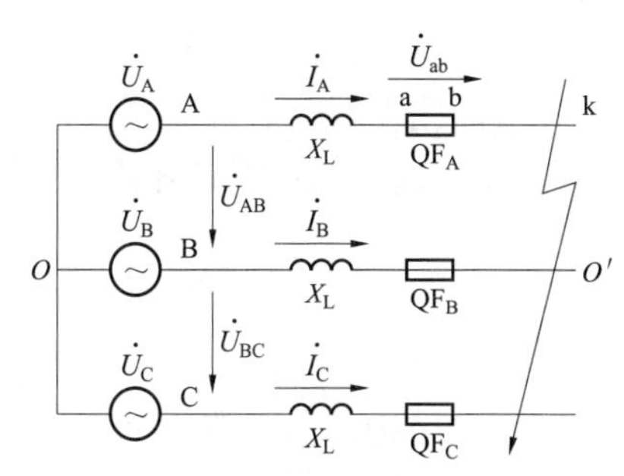

图 4.10–6 中性点不直接接地系统发生短路

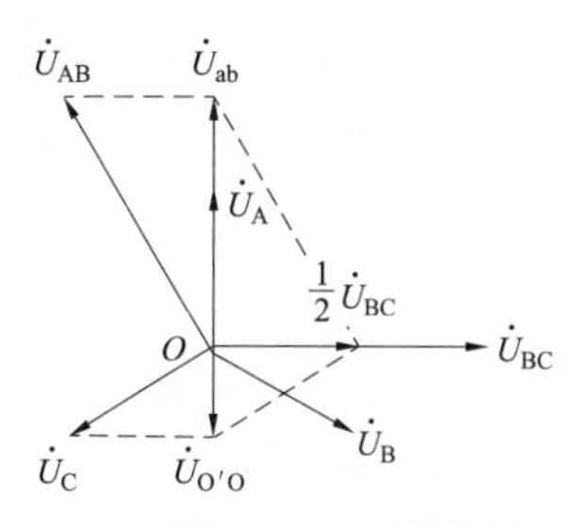

图 4.10–7 相量图

3）断路器开断中性点直接接地系统中的三相短路电流。

① 三相接地短路：当系统零序阻抗与正序阻抗之比不大于 3 时，首先开断相恢复电压的工频分量为相电压的 1.3 倍；第二开断相恢复电压的工频分量为相电压的 1.25 倍；最后开断相就变为单相情况，最后开断相恢复电压的工频分量为相电压。

② 三相直接短路：各相工频恢复电压与中性点不直接接地系统中的三相短路分析结果相同，即首先开断相恢复电压的工频分量为相电压的 1.5 倍。

4）断路器开断两相短路电流。

① 中性点直接接地系统：两相短路发生在中性点直接接地系统中最为严重，工频恢复电压可达相电压的 1.3 倍。

② 其余情况：工频恢复电压为相电压的 0.866 倍。

综上所述，中性点接地方式、短路故障类型和三相开断顺序都是影响工频恢复电压的因素。为方便记忆，列表 4.10–4。

表 4.10–4　　不同的短路形式对断路器开断能力的影响

首先开断相	开断单相短路	开断中性点不直接接地系统中的三相短路	开断中性点直接接地系统中的三相接地短路	开断两相短路
	1 倍相电压	1.5 倍相电压	1.3 倍相电压	1.3 倍相电压

4. 了解断路器的运行和维护工作要点

历年无考题，略。

4.10.3 【供配电专业基础】历年真题详解

【2. 了解断路器的主要性能与参数的含义】

1.（2006） 为了保证断路器在关合短路电流时的安全性，其关合电流满足条件（　　）。

A. 应不小于短路冲击电流　　B. 应不大于短路冲击电流

C. 只需大于长期工作电流　　D. 只需大于通过断路器的短路稳态电流

分析：此题搞清楚额定关合电流 I_{Ngh} 的定义即可。额定关合电流是指在规定的使用条件下，断路器能可靠关合的最大电流峰值，一般取额定开断电流的 $1.8\sqrt{2}$ 倍，该参数表征断路器关合电流的能力，即断路器关合预伏故障的短路电流时，其触头不应因最大短路电流的电动力使之分开、引起跳动而使触头被电弧熔焊。

答案：A

2.（2017）在断路器和隔离开关配合接通电路正确的操作是（　　）。

A. 先合断路器，后合隔离开关　　B. 先合隔离开关，后合断路器

C. 随便先合断路器、隔离开关都行　　D. 先合断路器或先合隔离开关都一样

分析：断路器具有可靠的灭弧装置，可以关合、开断短路电流；隔离开关没有灭弧装置，其作用只是形成一个明显的断开点。

答案：B

【3. 了解断路器常用的熄弧方法】

3.（2005、2009、2012） 高压断路器一般采用多断口结构，通常在每个断口并联电容，并联电容的作用是（　　）。

A. 使弧隙电压的恢复过程由周期性变为非周期性

B. 使得电压能均匀地分布在每个断口上

C. 可以增大介质强度的恢复速度

D. 可以限制系统中的操作过电压

分析：参见“断路器常用的熄弧方法”的第⑥小点，多断口灭弧。没有并联电容前，可计算得到$U_1 = 2U/3$，$U_2 = U/3$，可见两个断口上的电压相差很大，第一个灭弧室的工作条件显然要比第二个灭弧室恶劣很多。

为使两个灭弧室的工作条件相接近，通常采用断口并联电容的方法，断口电压分布为$U_1 = U_2 \approx U\dfrac{C_d + C}{2(C_d + C)} = \dfrac{1}{2}U$，由此可知，当在断口上并联足够大的电容后，电压将平均分布在每一个断口上，从而提高了断路器的灭弧能力。

答案：B

4.（供 2005，发 2012） 断路器开断交流电路的短路故障时，弧隙电压恢复过程与电路的参数等有关，为了把具有周期性振荡特性的恢复过程转变为非周期性的恢复过程，可在断路器触头两端并联一只电阻 r，其值一般取下列哪项？（　　）（C、L 为电路中的电容、电感）

A. $r \leqslant \dfrac{1}{2}\sqrt{\dfrac{C}{L}}$　　B. $r \geqslant \dfrac{1}{2}\sqrt{\dfrac{C}{L}}$　　C. $r \leqslant \dfrac{1}{2}\sqrt{\dfrac{L}{C}}$　　D. $r \geqslant \dfrac{1}{2}\sqrt{\dfrac{L}{C}}$

分析：参见“断路器开断短路电流时的弧隙电压恢复过程”的第③小点，当$\dfrac{1}{4}\left(\dfrac{R}{L} - \dfrac{1}{rC}\right)^2 = \dfrac{1}{LC}$时，$\alpha_{1,2}$为相等的负实根。此时，弧隙电压恢复过程仍是非周期性的，但处在临界情况。忽略 R，临界并联电阻值为 $r_{cr} = \dfrac{1}{2}\sqrt{\dfrac{L}{C}}$。

当$r \leqslant r_{cr}$时，弧隙电压恢复过程为非周期性；当$r > r_{cr}$时，弧隙电压恢复过程为衰减周期性。

答案：C

5.（供 2008，发 2011） 为使断路器的弧隙电压恢复过程为非周期性的，可在断路器触头两端（　　）。

A. 并联电阻　　　　B. 并联电容　　　　C. 并联电感　　　　D. 并联辅助触头

分析：参见 4 题的解答分析过程，由以上分析可知，弧隙电压恢复过程由电路参数决定，在断路器触头间并联低值电阻（几欧至几十欧），可以改变弧隙电压恢复过程的上升速度和幅值，当 $r \leqslant r_{cr}$ 时，可以将弧隙恢复电压由周期性振荡特性恢复电压转变为非周期性恢复电压，大大降低了恢复电压的上升速度和幅值，改善了断路器的灭弧条件。

答案：A

6.（2010） 为了使断路器各断口上的电压分布接近相等，常在断路器多断口上加装（　　）。

A. 并联电抗　　　　B. 并联电容　　　　C. 并联电阻　　　　D. 并联辅助断口

分析：同前题分析。

答案：B

7.（2013） 断路器中交流电弧熄灭的条件是（　　）。

A. 弧隙介质强度恢复速度比弧隙电压的上升速度快

B. 触头间并联电阻小于临界并联电阻

C. 弧隙介质强度恢复速度比弧隙电压的上升速度慢

D. 触头间并联电阻大于临界并联电阻

分析：参见前面“交流电弧熄灭的条件”，电弧过零后，如果弧隙电压恢复过程上升速度较快，幅值较大，弧隙电压恢复过程大于弧隙介质强度恢复过程，介质被击穿，电弧重燃；反之，则电弧熄灭。

答案：A

4.10.4 【发输变电专业基础】历年真题详解

【1. 掌握断路器的作用、功能、分类】

1.（2018） 下列 4 种型号的高压断路器中，额定电压为 10kV 的高压断路器是（　　）。

A. SN10–10Ⅰ　　　　B. SN10–Ⅱ　　　　C. ZW10–Ⅱ　　　　D. ZW10–100Ⅰ

分析：此题只需要搞清楚高压断路器型号的表示方法： 1 2 3—4 5 / 6 7 8

1——表示断路器的字母代号，S—少油，D—多油，Z—真空，K—空气，L—SF_6；

2——安装场所代号，N—屋内型，W—屋外型；

3——设计序列号；

4——额定电压，kV；

5——其他标志，如 G—改进型，F—分相操作；

6 ——额定电流，A；

7——额定开断能力（kA 或 MVA）；

8——特殊环境代号。

答案：A

【3. 了解断路器常用的熄弧方法】

2.（2008、2009、2011） 断路器开断中性点不直接接地系统中的三相短路电流时，首先开断相开断后的工频恢复电压为（　　）。（U_{ph} 为相电压）

A. U_{ph}　　　　B. $0.866U_{ph}$　　　　C. $1.5U_{ph}$　　　　D. $1.3U_{ph}$

分析：参见前面“不同的短路形式对断路器的开断能力有着明显的影响”，中性点接地方式、短路故障类型和三相开断顺序都是影响工频恢复电压的因素，为方便记忆，列表 4.10–5 中。

表 4.10–5　　不同的短路形式对断路器开断能力的影响

短路形式 / 开断能力	开断单相短路	开断中性点不直接接地系统中的三相短路	开断中性点直接接地系统中的三相接地短路	开断两相短路
首先开断相	1 倍相电压	1.5 倍相电压	1.3 倍相电压	1.3 倍相电压

答案：C

3.（2012） 断路器开断中性点直接接地系统中的三相接地短路电流，首先开断相恢复电压的工频分量为（　　）。（U_{ph} 为相电压）

A. U_{ph}　　B. $1.25U_{ph}$　　C. $1.5U_{ph}$　　D. $1.3U_{ph}$

分析：注意 2012 年此题考的是中性点直接接地系统，与 2011 年考题考的是不直接接地系统，有所区别。

参见前面“不同的短路形式对断路器的开断能力有着明显的影响”，中性点接地方式、短路故障类型和三相开断顺序都是影响工频恢复电压的因素，为方便记忆，列表 4.10–6。

表 4.10–6　　不同的短路形式对断路器开断能力的影响

短路形式 / 开断能力	开断单相短路	开断中性点不直接接地系统中的三相短路	开断中性点直接接地系统中的三相接地短路	开断两相短路
首先开断相	1 倍相电压	1.5 倍相电压	1.3 倍相电压	1.3 倍相电压

答案：D

4.（2013） 以下关于断路器开断能力的描述正确的是（　　）。

A. 断路器开断中性点直接接地系统单相短路电路时，其工频恢复电压近似地等于电源电压最大值的 0.866 倍

B. 断路器开断中性点不直接接地系统单相短路电路时，其首先断开相工频恢复电压为相电压的 0.866 倍

C. 断路器开断中性点直接接地系统三相短路电路时，其首先断开相起始工频恢复电压为相电压的 0.866 倍

D. 断路器开断中性点不直接接地系统三相短路电路时，首先断开相电弧熄灭后，其余两相电弧同时熄灭，且其工频恢复电压为相电压的 0.866 倍

分析：此题与 2008 年发输变电专业基础 56 题相似。参见前面“不同的短路形式对断路器的开断能力有着明显的影响”。断路器开断中性点不直接接地系统中的三相短路电流，如图 4.10–8 所示发生短路后，A 相首先开断，电流过零后电弧熄灭，此时 B、C 相仍由电弧短接，A 相断路器靠近短路侧触头的电位，此时仍相当于 B、C 两相线电压的中点电位，由相量图 4.10–9 可知，$\dot{U}_{ab}=\dot{U}_{AO'}=\dot{U}_{AB}+\frac{1}{2}\dot{U}_{BC}=1.5\dot{U}_{A}$，这说明 A 相开断后断口上的工频恢复电压为相电压的 1.5 倍。经过 0.005s（电角度 90°）后，B、C 两相的短路电流同时过零，电弧同时熄灭，

电源电压加在 B、C 两相弧隙上，每个断口将承受 1/2 电压值，即 $\frac{1}{2}U_{\text{BC}}=\frac{\sqrt{3}}{2}U_{\text{A}}=0.866U_{\text{A}}$。

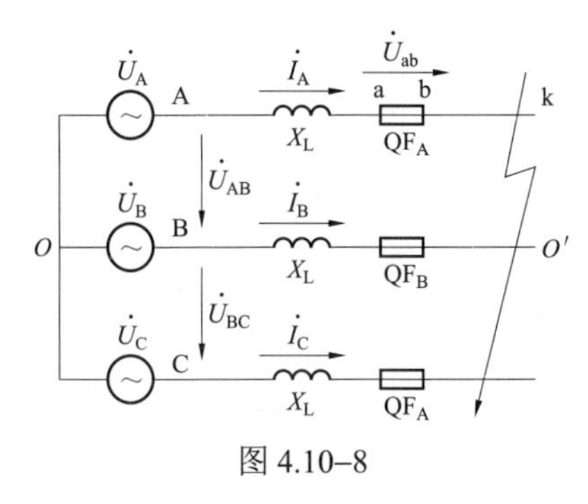

图 4.10–8

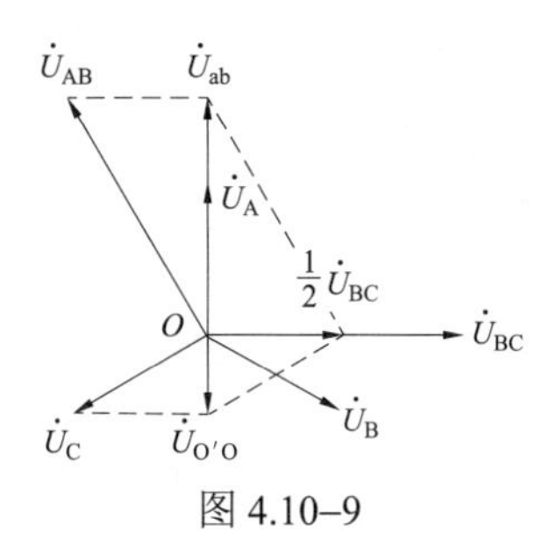

图 4.10–9

答案：D

5.（2014） 以下关于电弧的产生与熄灭的描述中，正确的是（　　）。

A. 电弧的形成主要是碰撞游离所致

B. 维持电弧燃烧所需的游离过程是碰撞游离

C. 空间电子主要是由碰撞游离产生的

D. 电弧的熄灭过程中空间电子数目不会减少

分析：从阴极表面发射出来的自由电子，在触头间电场力的作用下，向阳极加速运动，途中与中性粒子碰撞时，若电子有足够的动能，将是中性粒子游离为正离子和自由电子，这个过程叫碰撞游离，电弧的形成主要是碰撞游离所致。电弧形成后，弧隙温度很高，此时处于高温下的触头间隙中分子和原子产生强烈的布朗运动，质点运动加速，动能增加，质点相互碰撞，其结果可使中性粒子游离成电子和正离子，这个过程叫热游离，维持电弧燃烧所需的游离过程是热游离。带电质点相互中和为不导电的中性质点，使带电质点减少的现象叫作去游离。如果去游离过程强于游离过程，电弧便会越来越弱，最后熄灭。显然电弧熄灭过程中的去游离会使得电子数目减少。

答案：A

6.（2016）关于交流电弧熄灭后的弧隙电压恢复过程，以下描述正确的是（　　）。

A. 当触头间并联电阻小于临界电阻时，电压恢复过程为周期性的

B. 当触头间并联电阻大于临界电阻时，电压恢复过程为非周期性的

C. 开断中性点不直接接地系统三相短路时，首先开断的工频恢复电压为相电压的 1.5 倍

D. 开断中性点不直接接地系统三相短路时，首先开断相熄弧后，其余两相电弧同时熄灭，每一相工频恢复电压为相电压的 1.732 倍

分析：参见表 4.10–4。

答案：C

4.11　互感器

4.11.1　考试大纲要求及历年真题统计分析（供配电、发输变电）

历年真题按照考试大纲考点归类总结见表 4.11–1 和表 4.11–2（说明：1、2、3、4 道题分别对应 1、2、3、4 颗★，≥5 道题对应 5 颗★）。

表 4.11–1　　　　　　　　供配电专业基础考试大纲及历年真题统计表

4.11　互感器 考试大纲	2005	2006	2007	2008	2009	2010	2011	2012	2013	2014	2016	2017	2018	2019	2020	2021	汇总统计
1. 掌握电流、电压互感器的工作原理、接线形式及负载要求★★★★★	2	2		1	1	1	2		2	1		1	3	2	2	2	22★★★★★
2. 了解电流、电压互感器在电网中的配置原则及接线形式																	0
3. 了解各种形式互感器的构造及性能特点★★			1			1									2		4★★★★
汇总统计	2	2	1	1	1	2	2	0	2	1	0	1	3	2	4	2	26

表 4.11–2　　　　　　　　发输变电专业基础历年真题统计表

4.11　互感器 考试大纲	2005（同供配电）	2006（同供配电）	2007（同供配电）	2008	2009	2010	2011	2012	2013	2014	2016	2017	2018	2019	2020	2021	汇总统计
1. 掌握电流、电压互感器的工作原理、接线形式及负载要求★★★★★	2	2		1	2	1	1	2	1		2	2	2	2	2	2	24★★★★★
2. 了解电流、电压互感器在电网中的配置原则及接线形式																	0
3. 了解各种形式互感器的构造及性能特点★★★			1		1		1										3★★★
汇总统计	2	2	1	1	3	1	2	2	1	0	2	2	2	2	2	2	27

对比以上供配电专业基础和发输变电专业基础历年真题统计表，可看到：尽管专业方向不同，但专业基础的考试两个方向的侧重点完全一样，见表 4.11–3。

表 4.11–3　　　　　　供配电、发输变电专业基础两个专业方向侧重点对比

4.11　互感器	历年真题汇总统计	
考试大纲（取供配电、发输变电两个方向中多的★值标注）	供配电	发输变电
1. 掌握电流、电压互感器的工作原理、接线形式及负载要求★★★★★	22★★★★★	24★★★★★
2. 了解电流、电压互感器在电网中的配置原则及接线形式	0	0
3. 了解各种形式互感器的构造及性能特点★★★★	4★★★★	3★★★
汇总统计	26	27

4.11.2　重要知识点复习

结合前面 4.11.1 节的历年真题统计分析（供配电、发输变电）结果，对“4.11 互感器”部分的 1 大纲点深入总结，其他大纲点简要介绍。

1. 掌握电流、电压互感器的工作原理、接线形式及负载要求★★★★★

（1）电流互感器的工作原理、接线形式及负载要求。

1）工作原理。电流互感器的工作特点：① 一次线圈串联于主电路中，由于一、二次侧线圈的安匝数要相等，即 $I_1N_1 = I_2N_2$，故电流互感器的一次侧匝数少，二次侧匝数多。② 二次侧近似短路，这是因为电流互感器二次侧所串接的为测量仪表、继电器等的电流线圈，其阻抗值很小。③ 电流互感器的二次线圈不允许开路。一旦开路，磁通密度将过度增大，铁心剧烈发热导致电流互感器损坏，同时很高的开路电压对人员安全和仪器绝缘都是很大的威胁。

2）接线形式。电流互感器的接线方式是指电流互感器与电流继电器之间的连接形式，有三相三继电器式接线、两相两继电器式接线、两相三继电器式接线、两相一继电器式接线和一相式接线。

3）负载要求。

① 电流互感器的误差及影响因素。电流误差为二次电流的测量值乘以互感器额定变比所得的值 K_iI_2 与实际一次电流 I_1 之差，以后者的百分数来表示，即 $f_i = \dfrac{K_iI_2 - I_1}{I_1} \times 100\%$。电流互感器的误差与二次负载阻抗、一次电流的大小等因素有关：当一次侧电流越大时，铁心饱和越严重，电流误差越大；二次负载阻抗越大时，则电流互感器内阻抗的分流作用越大，误差越大。

复合误差 ε 是指在稳态情况下，一次电流瞬时值与二次电流瞬时值乘以 k_i（$k_i = I_{N1} / I_{N2} = N_2 / N_1$）两者之差的方均根值。保护用电流互感器按照用途分为稳态保护用（P）和暂态保护用（TP）两类，稳态保护用电流互感器规定有 5P 和 10P 两种准确度等级，其误差限值见表 4.11–4。

表 4.11–4　　稳态保护电流互感器的准确度等级

准确度等级	额定一次电流下的电流误差（±%）	额定一次电流下的相位误差（±′）	在额定准确限值一次电流下的复合误差（%）
5P	1	60	5
10P	3	无规定	10

用于保护的电流互感器，要求一次绕组流过超过额定电流许多倍的短路电流时，互感器应有一定的准确度，即复合误差不超过限值。保证复合误差不超过限值的最大一次电流就叫作额定准确限值一次电流，即一次短路电流为额定一次电流的倍数，也称为额定准确限值系数。习惯上往往把保护用电流互感器的准确度等级与准确限值系数连在一起标注，例如，10P20，这表示互感器为 10P 级，准确限值因数为 20，只要电流不超过 $20I_{1N}$，互感器的复合误差不会超过 10%。

② 电流互感器的额定容量。电流互感器的额定容量 S_{N2} 是指电流互感器在额定二次电流 I_{N2} 和额定二次阻抗 Z_{N2} 下运行时，二次线圈输出的容量，即 $S_{N2} = I_{N2}^2 Z_{N2}$。由于电流互感器的二次电流为标准值（5A 或 1A），故其容量也常用额定二次阻抗来表示。电流互感器对负载的要求就是负载阻抗之和不能超过互感器的额定二次阻抗值。

（2）电压互感器的工作原理、接线形式及负载要求。

1）工作原理。电压互感器的工作特点：① 二次侧近似开路，因为电压互感器二次侧所接的都是电压线圈，其阻抗很大，从而电流很小。② 二次侧正常工作时不允许短路，否则会流过很大的短路电流烧毁设备。

2）接线形式。接线形式常见的有单相电压互感器接线、V–V 接线、一台三相五柱式电压互感器接线和三台单相电压互感器接线等多种形式。三台单相电压互感器构成的二次侧开口三角形接线，其绕组的额定相电压与中性点接地方式有关。

① 中性点直接接地系统：额定相电压为 100V。

当发生单相接地故障后，如 A 相接地则 $U_{\mathrm{A}}=0\mathrm{V}$，由于二次每相电压都是 100V，故 $U_{\mathrm{B(相)}}=100\mathrm{V}$，$U_{\mathrm{C(相)}}=100\mathrm{V}$，开口三角电压 $\dot{U}_{开口}=\dot{U}_{\mathrm{A}}+\dot{U}_{\mathrm{B}}+\dot{U}_{\mathrm{C}}\overset{U_{\mathrm{A}}=0}{=}\dot{U}_{\mathrm{B}}+\dot{U}_{\mathrm{C}}$，对应的相量图如图 4.11–1 所示，由相量图合成，知道 $\dot{U}_{开口}=100\mathrm{V}$。

② 中性点不接地系统：额定相电压为 $\frac{100}{3}\mathrm{V}$。

当发生单相接地故障后，如 A 相接地则 $U_{\mathrm{A}}=0\mathrm{V}$，非故障相电压 B、C 会升高为原来的 $\sqrt{3}$ 倍，见相量图合成（图 4.11–2），知道 $U_{开口}=2\times\sqrt{3}U_{\mathrm{B}}\cos30^{\circ}=2\times\sqrt{3}U_{\mathrm{B}}\frac{\sqrt{3}}{2}=3U_{\mathrm{B}}=100\mathrm{V}$，故 $U_{\mathrm{B}}=\frac{100}{3}\mathrm{V}$。

综合①、②，原因就是当一次系统中发生单相接地故障时，无论中性点直接接地系统还是中性点不接地系统，开口三角两端输出电压都是 100V。

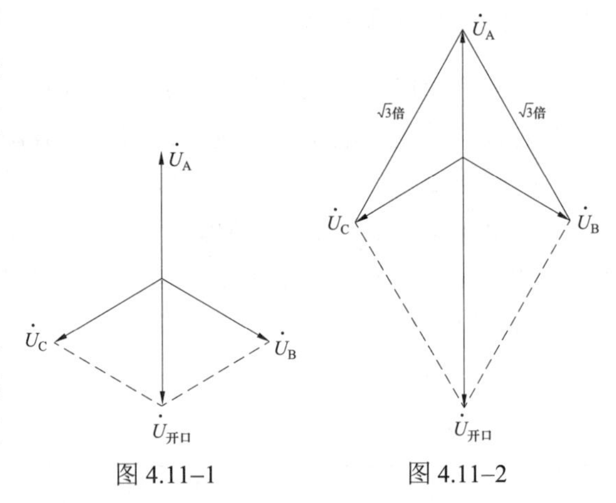

图 4.11–1　　图 4.11–2

（3）负载要求：

1）电压互感器的误差及影响因素。电压误差为二次电压的测量值与额定变比的乘积，与实际一次电压之差，以后者的百分数表示，即 $f_{\mathrm{u}}=\frac{K_{\mathrm{u}}U_{2}-U_{1}}{U_{1}}\times100\%$。电压互感器的误差与二次负载、功率因数和一次电压等运行参数有关：① 励磁电流越大，误差也越大。② 二次侧所并联的仪表越多，由于 PT 内阻抗的分压作用越大，误差越大。

2）PT 的额定容量。PT 的额定容量是指与最高准确度等级对应的额定容量。电压互感器的负载要求就是负载容量之和不能超过互感器的额定二次容量值。

2. 了解电流、电压互感器在电网中的配置原则及接线形式

历年无考题，略。

3. 了解各种形式互感器的构造及性能特点★★★

此部分历年考题常考的就是三相式结构的电压互感器，有三相三柱式和三相五柱式两种结构，如图 4.11–3 所示。

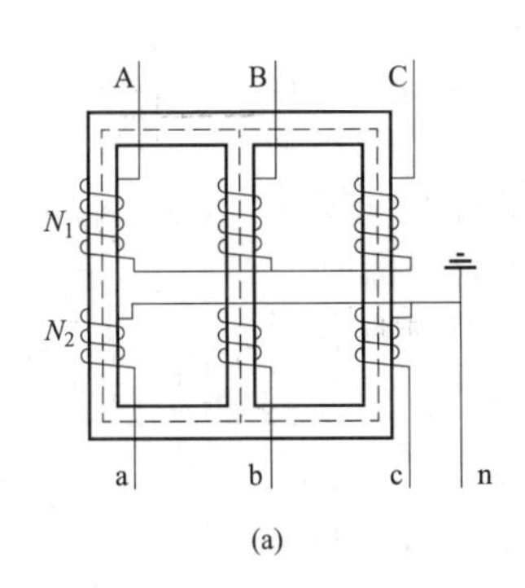

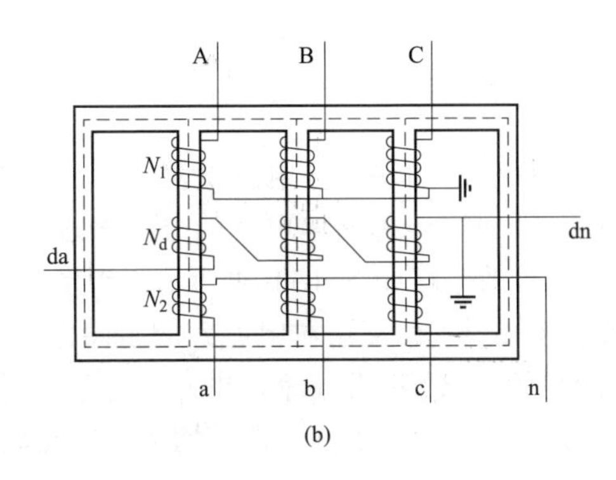

图 4.11–3　三相式电压互感器结构原理示意图

（a）三相三柱式结构；（b）三相五柱式结构

三相三柱式电压互感器为三相、双绕组、油浸式屋内产品。其一次绕组只能 Y 联结，不能 YN 联结，这是因为若中性点接地，当系统发生接地故障时，三相绕组中的零序电流同时流向中性点，并通过大地构成回路。但是，在同一时刻，零序磁通在三柱中上下方向相同，不能在铁心中构成零序磁通回路，只能通过气隙和铁外壳构成回路，由于磁阻很大，使得零序电流比正常励磁电流大很多倍，从而使得互感器绕组过热甚至烧毁。一次绕组 Y 联结而中性点不接地，当系统发生单相接地故障时，接地相对中性点的电压不变，加在电压互感器一次线圈上的电压并未改变，互感器的每相二次绕组指示的还为相电压，即反应不出接地故障相，故三相三柱式电压互感器不能用作绝缘监视。

三相五柱式电压互感器为三相、三绕组、油浸式屋内产品。由于两个边柱为零序磁通提供了通路，其一次绕组可以采用 YN 接法，它可用来向系统绝缘监视装置的三只电压表供电，系统某相接地时，接地相电压表指示下降，非接地相电压表指示上升。正常开口三角电压为零，故障时，可发出预警信号。

4.11.3 【供配电专业基础】历年真题详解

【1. 掌握电流、电压互感器的工作原理、接线形式及负载要求】

1.（供 2005、2008、2019，发 2009、2012、2016、2020） 中性点不接地系统中，三相电压互感器作绝缘监视用的附加二次绕组的额定电压应该选择为（　　）。

A. $\frac{100}{\sqrt{3}}$V　　B. 100V　　C. $\frac{100}{3}$V　　D. $100\sqrt{3}$V

分析：由 3 台单相电压互感器构成的 YNynd 接线，这种接线既可用于小电流接地系统，也可用于大电流接地系统，但应注意两者附加二次绕组的额定电压不同，用在前者应为 $\frac{100}{3}$V，用在后者则为 100V，原因是当一次系统中一相完全接地时，两种情况下开口三角形绕组两端的电压均为 100V。

答案：C

2.（供 2005、发 2012）电流互感器的误差（电流误差 f_i 和相位误差 δ_i）与二次负荷阻抗 z_{2f} 的关系是下列哪组？（　　）。

A. $f_i \propto z_{2f}^2, \delta_i \propto z_{2f}^2$　　B. $f_i \propto \frac{1}{z_{2f}^2}, \delta_i \propto \frac{1}{z_{2f}^2}$

C. $f_{\mathrm{i}} \propto z_{2\mathrm{f}}, \delta_{\mathrm{i}} \propto z_{2\mathrm{f}}$　　D. $f_{\mathrm{i}} \propto \frac{1}{z_{2\mathrm{f}}}, \delta_{\mathrm{i}} \propto \frac{1}{z_{2\mathrm{f}}}$

分析：电流互感器的误差（电流误差 f_{i} 和相位误差 δ_{i}）推导过程过于繁琐，下面用一种简单可行的办法来进行分析。电流互感器的误差分析等效电路如图 4.11–4 所示。当电流 $\dot{I}_1$ 流至节点 A 时，若负载 Z_2 越大，则 Z_2 支路对电流 $\dot{I}_1$ 的阻碍作用就越强，那么将会有更多的电流被 Z_{m} 支路分流，即 $\dot{I}_{\mathrm{m}}$ 会增大，这意味着用于励磁的电流增大，铁心饱和加深，误差增大。据此显然选项 B、D 错误。

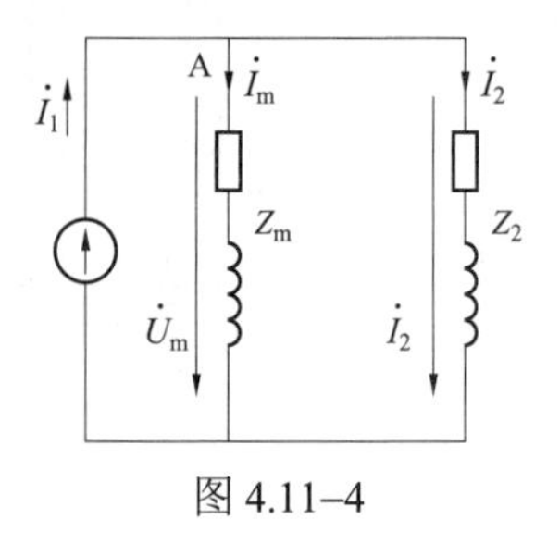

图 4.11–4

电流互感器的电流误差 $f_{\mathrm{i}} = \frac{k_{\mathrm{i}} I_2 - I_1}{I_1} \times 100\% \approx \frac{I_{\mathrm{m}}}{I_2} \times 100\% = \frac{U_{\mathrm{m}} / Z_{\mathrm{m}}}{U_2 / Z_2} = \frac{Z_2}{Z_{\mathrm{m}}}$，显然电流互感器的电流误差与二次负载阻抗的大小成正比。

答案：C

3.（2006、2010、2021） 电流互感器二次绕组在运行时，（　　）。

A. 允许短路不允许开路　　B. 允许开路不允许短路

C. 不允许短路不允许开路　　D. 允许短路也允许开路

分析：电流互感器的二次侧串接了很多测量仪表的电流线圈，正常运行时相当于短路状态；其二次侧在使用时绝对不允许开路，否则会产生过电压，危及设备和人身安全。

答案：A

4.（2006、2021） 选择 10kV 馈线上的电流互感器时，电流互感器的接线方式为不完全星形接线，若电流互感器与测量仪表相距 40m，其连接线长度计算 L_{js} 应该为（　　）m。

A. 40　　B. 69.3　　C. 80　　D. 23.1

分析：R_1 为二次回路中导线电阻，其值为 $R_1 = L_{\mathrm{c}} / (\gamma s)$，式中，$\gamma$ 为导线的电导率［铜：$53\,\mathrm{m} / (\Omega \cdot \mathrm{mm}^2)$；铝：$32\,\mathrm{m} / (\Omega \cdot \mathrm{mm}^2)$］；$s$ 为导线截面积，mm^2；L_{c} 为导线的等效长度，计算方法为

$$L_{\mathrm{c}} = \begin{cases} l, & \text{三相星形接线} \\ \sqrt{3}l, & \text{两相不完全星形} \\ 2l, & \text{一相式接线} \end{cases}$$

本题已知电流互感器的接线方式为不完全星形接线，故套用公式 $L_{\mathrm{js}} = \sqrt{3} \times l = \sqrt{3} \times 40\mathrm{m} = 69.3\mathrm{m}$。

答案：B

提示：2020 年考了三相星形接线时的接线系数。

5.（供 2008，发 2009、2011） 电流互感器的额定容量为（　　）。

A. 正常发热允许的容量　　B. 短路发热允许的容量

C. 额定二次负荷下的容量　　D. 满足动稳定要求的容量

分析：电流互感器的额定容量 S_{N2} 是指电流互感器在额定二次电流 I_{N2} 和额定二次阻抗 Z_{N2} 下运行时，二次线圈输出的容量，即 $S_{\mathrm{N2}} = I_{\mathrm{N2}}^2 Z_{\mathrm{N2}}$，由于电流互感器的二次电流为标准值（5A 或 1A），故其容量也常用额定二次阻抗来表示。

答案：C

6.（2009） 电压互感器二次侧开口三角形（　　）。

A. 消除三次谐波

B. 测量零序电压

C. 测量线电压

D. 测量相电压

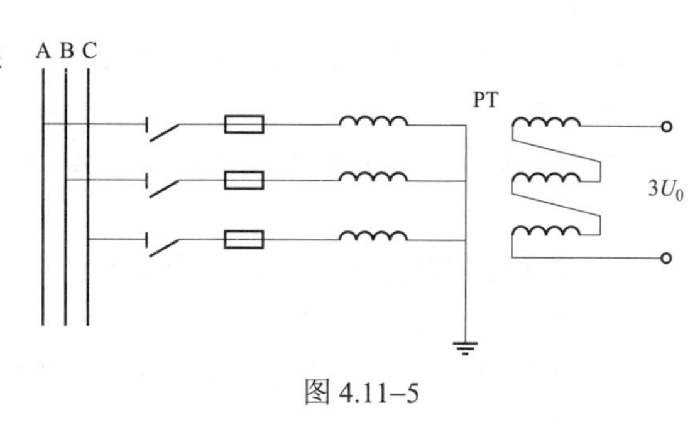

图 4.11–5

分析：电压互感器 PT 开口三角接线如图 4.11–5 所示，PT 开口三角所测得的电压为

$$\dot{U}_{A}+\dot{U}_{B}+\dot{U}_{C}=(\dot{U}_{A+}+\dot{U}_{A-}+\dot{U}_{A0})+(\dot{U}_{B+}+\dot{U}_{B-}+\dot{U}_{B0})+(\dot{U}_{C+}+\dot{U}_{C-}+\dot{U}_{C0})=3\dot{U}_{0}$$

此信号可以作为单相接地的故障报警启动信号或者说绝缘监视信号。

答案：B

7.（2011） 对于电压互感器以下叙述不正确的是（　　）。

A. 接地线必须装熔断器　　B. 接地线不准装熔断器

C. 二次绕组应装熔断器　　D. 电压互感器不需要校验热稳定

分析：选项 A：电压互感器铁心及二次绕组一端必须接地，接地的目的是为了防止一、二次绕组绝缘被击穿时，一次侧的高电压窜入二次侧危及工作人员人身和二次设备的安全。电压互感器接地线不能接熔断器，原因是当发生电压互感器一次侧与二次侧击穿事故时，熔断器将会熔断，那么接地线就无法提供保护作用，不但是电压互感器接地线不能接熔断器，任何设备的接地线都不能接熔断器，故 A 错误。选项 B：正确。选项 C：电压互感器二次侧不得短路，因为电压互感器一次绕组是与被测电路并联接于高压电网中，二次绕组匝数少、阻抗小，如发生短路，将产生很大的短路电流，有可能烧坏电压互感器，甚至影响一次电路的安全运行，所以电压互感器的一、二次侧都应装设熔断器。选项 D：电压互感器将一次侧的高电压变成二次侧的低电压，反应电压相当于伏特表，其与系统是并联连接的，因此不用承载短路电流的流过，故不需要校验热稳定。

答案：A

8.（2011） 中性点接地系统中，三相电压互感器二次侧开口三角形绕组的额定电压应等于（　　）。

A. 100V　　B. $\frac{100}{\sqrt{3}}$V

C. $\frac{100}{3}$V　　D. $3U_0$（U_0为零序电压）

分析：三台单相电压互感器构成的二次侧开口三角接线，其绕组的额定相电压与中性点接地方式有关。在中性点直接接地系统，其额定相电压为 100V。当发生单相接地故障后，如 A 相接地则$U_{A}=0V$，由于二次每相电压都是 100V，故$U_{B(相)}=100V$，$U_{C(相)}=100V$，开口三角电压$\dot{U}_{开口}=\dot{U}_{A}+\dot{U}_{B}+\dot{U}_{C}\overset{U_{A}=0}{=}\dot{U}_{B}+\dot{U}_{C}$，对应的相量图如图 4.11–6 所示，见相量图合成，知道$\dot{U}_{开口}=100V$。

答案：A

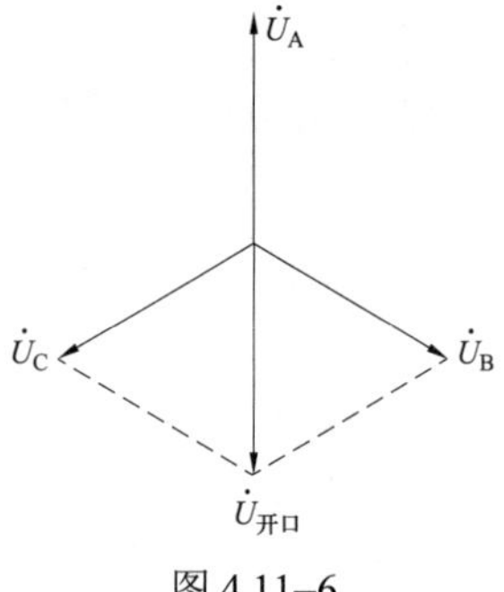

图 4.11–6

9.（2013） P 类保护用电流互感器的误差要求中规定，在额定准确限值一次电流下的复合误差不超过规定限值，则某电流互感器的额定一次电流为 1200A，准确级为 5P40。以下描述正确的是（　　）。

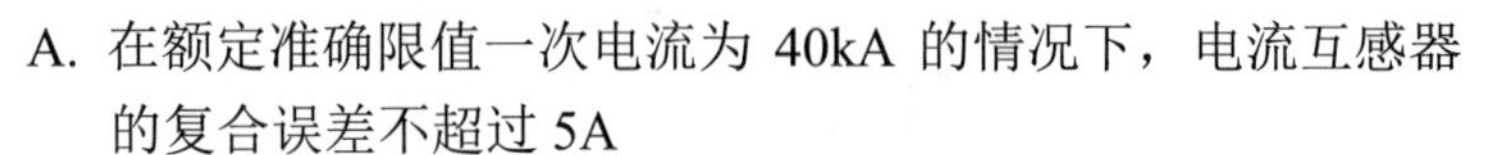
A. 在额定准确限值一次电流为 40kA 的情况下，电流互感器的复合误差不超过 5A

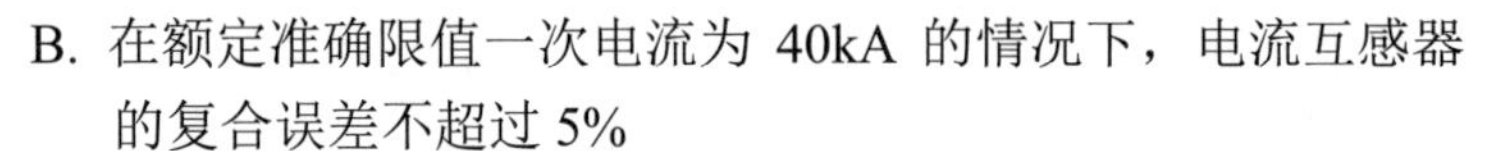
B. 在额定准确限值一次电流为 40kA 的情况下，电流互感器的复合误差不超过 5%

C. 在额定准确限值一次电流为 40 倍额定一次电流的情况下，电流互感器的复合误差不超过 5A

D. 在额定准确限值一次电流为 40 倍额定一次电流的情况下，电流互感器的复合误差不超过 5%

分析：参见电流互感器误差的内容介绍。题目中互感器标注 5P40，这表示互感器为 5P 级，准确限值因数为 40，即在一次电流为 40 I_{1N}，互感器的复合误差不会超过 5%。

答案：D

10.（2013、2018） 对于采用单相三绕组接线形式的电压互感器，若其被接入中性点直接接地系统中，且一次侧接于相电压，设一次系统额定电压为 U_N，则其三个绕组的额定电压应分别选定为（　　）。

A. $\frac{U_N}{\sqrt{3}}V, 100V, 100V$　　B. $\frac{U_N}{\sqrt{3}}V, \frac{100}{\sqrt{3}}V, 100V$

C. $U_N V, 100V, 100V$　　D. $\frac{U_N}{\sqrt{3}}V, \frac{100}{\sqrt{3}}V, \frac{100}{\sqrt{3}}V$

分析：YNynd 接线。① YN 绕组：一次侧接于相电压，且一次系统额定电压为 U_N，故绕组的相电压为 $\frac{U_N}{\sqrt{3}}$ V。② yn 绕组：电压互感器二次侧额定线电压为 100V，故绕组的相电压为 $\frac{100}{\sqrt{3}}$ V。③ d 绕组：在中性点直接接地系统中，绝缘监视辅助绕组额定电压为 100V。

答案：B

11.（2014） 以下关于运行工况对电流互感器传变误差的描述正确的是（　　）。

A. 在二次负荷功率因数不变的情况下，二次负荷增加时电流互感器的幅值误差和相位误差均减小

B. 二次负荷功率因数角增大，电流互感器的幅值误差和相位误差均增大

C. 二次负荷功率因数角减小，电流互感器的幅值误差和相位误差均减小

D. 电流互感器铁心的磁导率下降，幅值误差和相位误差均增大

分析：电流互感器的等效电路如图 4.11–7 所示，R_1、X_1 为电流互感器一次绕组的电阻和电抗；R_2'、X_2' 为电流互感器二次绕组的电阻和电抗归算到一次侧的值；R_0、X_0 为电流互感器励磁电阻和电抗；$\dot{E}_2'$ 为二次绕组感应电动势归算到一次侧的值。

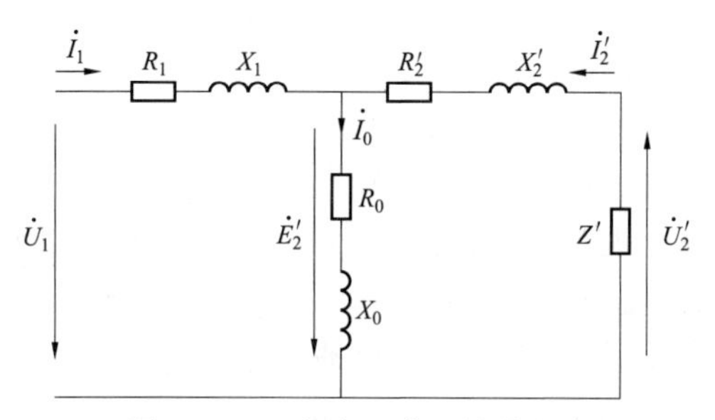

图 4.11–7 电流互感器等效电路

简化推导过程，直接给出计算公式如下：

电流互感器的幅值误差为：$f_{\mathrm{i}}=\dfrac{I_2(N_2/N_1)-I_1}{I_1}\times 100\%=-\dfrac{I_0}{I_1}\sin(\alpha+\varphi)\times 100\%$

电流互感器的相位误差为：$\delta_{\mathrm{i}}\approx\sin\delta_{\mathrm{i}}=\dfrac{I_0}{I_1}\cos(\alpha+\varphi)\times 3440$

上两式中，φ为二次负荷的阻抗角（功率因数角）；α为$\dot{E}_2'$超前于$\dot{I}_2'$的角度。

选项 A：φ不变、二次负荷增加时，I_0将增大，则f_{i}、δ_{i}也增大，故 A 错误。选项 B：φ增大，则$\sin(\alpha+\varphi)$增大，故f_{i}也增大；φ增大，则$\cos(\alpha+\varphi)$减小，故δ_{i}也减小；故 B 错误。选项 C：φ减小，则$\sin(\alpha+\varphi)$减小，故f_{i}也减小；φ减小，则$\cos(\alpha+\varphi)$增大，故δ_{i}也增大；故 C 错误。选项 D：铁心的磁导率下降，则I_0将增大，从而f_{i}、δ_{i}也增大，故 D 正确。

答案：D

12.（2017）下列说法正确的是（　　）。

A. 电磁式电压互感器二次侧不允许开路

B. 电磁式电流互感器测量误差与二次负载大小无关

C. 电磁式电流互感器二次侧不允许开路

D. 电磁式电压互感器测量误差与二次负载大小无关

答案：C

13.（2018） 某型电流互感器的额定容量S_{2r}为 20VA，二次电流为 5A，准确度等级为 0.5，其负载阻抗的上限和下限分别为（　　）。

A. 0.6Ω，0.3Ω　　B. 1Ω，0.4Ω　　C. 0.8Ω，0.2Ω　　D. 0.8Ω，0.4Ω

分析：由$S_{2\mathrm{N}}=I_{\mathrm{N}}^2Z_{2\mathrm{N}}$，可得二次额定负荷阻抗为$Z_{2\mathrm{N}}=\dfrac{S_{2\mathrm{N}}}{I_{\mathrm{N}}^2}=\dfrac{20}{5^2}\Omega=0.8\Omega$。按照 JJG 313—2010《测量用电流互感器》相关要求，二次回路阻抗应该满足二次负荷不低于额定负荷 25%的要求，故下限为 0.2Ω。二次负载阻抗不能超过二次额定负荷，故上限为 0.8Ω。

答案：C

【3. 了解各种形式互感器的构造及性能特点】

14.（供 2007、2010，发 2009、2011、2020） 在 3～20kV 电网中，为了测量相对地电压通常采用（　　）。

A. 三相五柱式电压互感器

B. 三相三柱式电压互感器

C. 两台单相电压互感器接成不完全星形联结

D. 三台单相电压互感器接成 Y/Y 联结

分析：选项 A：参见前面三相五柱式电压互感器图，由于两个边柱能为零序磁通提供通路，因此可用来向系统绝缘监视装置提供报警信号。选项 B：三相三柱式电压互感器无法检测零序分量，故三相三柱式电压互感器不能用作绝缘监视。选项 C：不完全星形接法即 V–V 接线形式，如图 4.11–8 所示，其无法测量相对地电压。选项 D 的 Y/Y 联结中性点不接地，也无法测量相对地的电压。

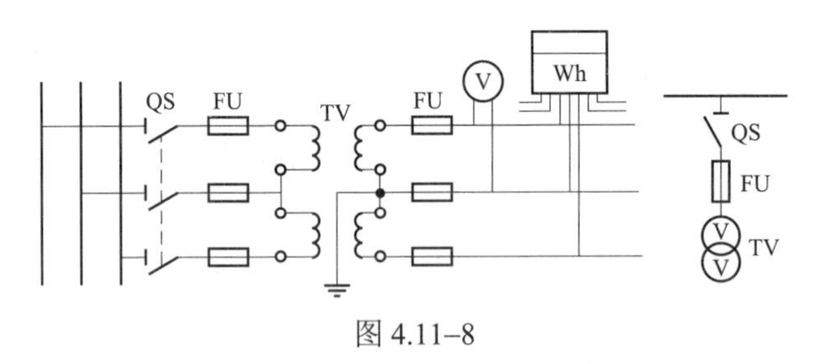

图 4.11–8

答案：A

15.（2020） 电压互感器采用 V–V 接线形式，所测量的电压值为（　　）。

A. 一个线电压　　B. 一个相电压　　C. 两个线电压　　D. 两个相电压

答案：C

4.11.4 【发输变电专业基础】历年真题详解

【1. 掌握电流、电压互感器的工作原理、接线形式及负载要求】

1.（2013） 在进行电流互感器选择时，需考虑在满足准确级及额定容量要求下的二次导线的允许最小截面。用 L_c 表示二次导线的计算长度，用 L 表示测量仪器仪表到互感器的实际距离。当电流互感器采用不完全星形接线时，以下关系正确的是（　　）。

A. $L_c = L$　　B. $L_c = \sqrt{3}L$

C. $L_c = 2L$　　D. 两者之间无确定关系

分析：此题与供配电专业基础 2006 年考题一样。本题中，电流互感器采用不完全星形联结，所以 $L_c = \sqrt{3}L$。

答案：B

2.（2016）以下关于电流互感器的描述中，正确的是（　　）。

A. 电流互感器的误差仅与二次负荷有关，与一次电流无关

B. 电流互感器的二次侧短路运行时，二次绕组将在磁通过零时感应产生很高的尖顶波电流，危及设备及人身安全

C. 某电流互感器的准确级和额定准确限制系数分别为 5P 和 40，则表示在电力系统一次电流为 40 倍额定电流时，其电流误差不超过 5%

D. 电流互感器的误差仅与一次电流有关，与二次负荷无关

分析：电流互感器的误差与二次负载阻抗、一次电流大小等因素有关。

答案：C

3.（2018） 电流互感器的二次侧额定电流为 5A，二次侧阻抗为 2.4Ω，其额定容量为（　　）。

A. 12VA　　　　　B. 24VA　　　　　C. 25VA　　　　　D. 60VA

分析：参见 4.11.2 节电流互感器二次侧额定容量的计算公式，有 $S_{N2}=I_{N2}^2 Z_{N2}=5^2\times 2.4\text{VA}=60\text{VA}$。

答案：D

4.（2018、2020）以下关于互感器的正确的说法是（　　）。

A. 电流互感器其接线端子没有极性　　　　B. 电流互感器二次侧可以开路

C. 电压互感器二次侧可以短路　　　　D. 电压电流互感器二次侧有一端必须接地

答案：D

5.（2021）电压互感器采用 Y0/Y0 接线方式，所测量的电压为（　　）。

A. 一个线电压和两个相电压　　　　B. 一个相电压和两个线电压

C. 三个线电压　　　　D. 三个相电压

答案：D

【3. 了解各种形式互感器的构造及性能特点】

真题见供配电部分。

4.12　直流电机

4.12.1　考试大纲要求及历年真题统计分析（供配电、发输变电）

历年真题按照考试大纲考点归类总结见表 4.12–1 和表 4.12–2（说明：1、2、3、4 道题分别对应 1、2、3、4 颗★，≥5 道题对应 5 颗★）。

表 4.12–1　　　　供配电专业基础考试大纲及历年真题统计表

4.12　直流电机 考试大纲	2005	2006	2007	2008	2009	2010	2011	2012	2013	2014	2016	2017	2018	2019	2020	2021	汇总统计
1. 了解直流电机的分类																	0
2. 了解直流电机的励磁方式																	0
3. 掌握直流电动机及直流发电机的工作原理★★★★★	2			1			1	1			2	1	1	1	1		11★★★★★
4. 了解并励直流发电机建立稳定电压的条件																	0
5. 了解直流电动机的机械特性（他励、并励、串励）																	0
6. 了解直流电动机稳定运行条件																	0
7. 掌握直流电动机的起动、调速及制动方法★★★★★		2	1		1	1			1	1			1			1	9★★★★★
汇总统计	2	2	1	1	1	1	1	1	1	1	2	1	2	1	1	1	20

表 4.12–2　　　　　　　　发输变电专业基础考试大纲及历年真题统计表

4.12 直流电机 考试大纲	2005（同供配电）	2006（同供配电）	2007（同供配电）	2008（同供配电）	2009	2010	2011	2012	2013	2014	2016	2017	2018	2019	2020	2021	汇总统计
1. 了解直流电机的分类																	0
2. 了解直流电机的励磁方式																	0
3. 掌握直流电动机及直流发电机的工作原理★★★★★	2			1	1	1		1			1	1	1		1	1	11★★★★★
4. 了解并励直流发电机建立稳定电压的条件																	0
5. 了解直流电动机的机械特性（他励、并励、串励）																	0
6. 了解直流电动机稳定运行条件																	0
7. 掌握直流电动机的起动、调速及制动方法★★★★★		2	1		1			1	1	1		1		1			9★★★★★
汇总统计	2	2	1	1	2	1	0	2	1	1	1	2	1	1	1	1	20

对比以上供配电专业基础和发输变电专业基础历年真题统计表，可以看到：尽管专业方向不同，但专业基础的考试两个方向的侧重点完全一样，见表 4.12–3。

表 4.12–3　　　　　　专业基础供配电、发输变电两个专业方向侧重点对比

4.12 直流电机	历年真题汇总统计	
考试大纲（取供配电、发输变电两个方向中多的★值标注）	供配电	发输变电
1. 了解直流电机的分类	0	0
2. 了解直流电机的励磁方式	0	0
3. 掌握直流电动机及直流发电机的工作原理★★★★★	11★★★★★	11★★★★★
4. 了解并励直流发电机建立稳定电压的条件	0	0
5. 了解直流电动机的机械特性（他励、并励、串励）	0	0
6. 了解直流电动机稳定运行条件	0	0
7. 掌握直流电动机的起动、调速及制动方法★★★★★	9★★★★★	9★★★★★
汇总统计	20	20

4.12.2 重要知识点复习

结合前面 4.12.1 节的历年真题统计分析（供配电、发输变电）结果，对 4.12 直流电机部分的 3、7 大纲点深入总结，其他大纲点简要介绍。

1. 了解直流电机的分类

直流电机按照能量转换形式可以分为直流电动机和直流发电机，前者将电能转换成机械

能，后者将机械能转换成电能。

直流电机按照励磁方式可以分为他励、并励、串励、复励四种类型。

2. 了解直流电机的励磁方式

直流电机运行时，必须先建立气隙磁场，多数直流电机都采用在主极励磁绕组中通以直流励磁电流的方式来产生气隙磁场。直流电机在不同的励磁方式下，运行特性会有明显的差别，图 4.12–1 是直流电动机的四种励磁方式，图中 U 为电机端电压，I 为线路输入电流，I_a 为电枢电流，I_f 为励磁电流。若励磁绕组、电枢绕组由两个相互独立的直流电源供电则称为他励式；若励磁绕组、电枢绕组在电路上有联系，则称为自励式，根据励磁绕组和电枢绕组间连接方式的不同，自励式又分为并励、串励、复励。将不同励磁方式下负载电流 I、电枢电流 I_a、励磁电流 I_f 的关系总结见表 4.12–4，需要理解记忆。

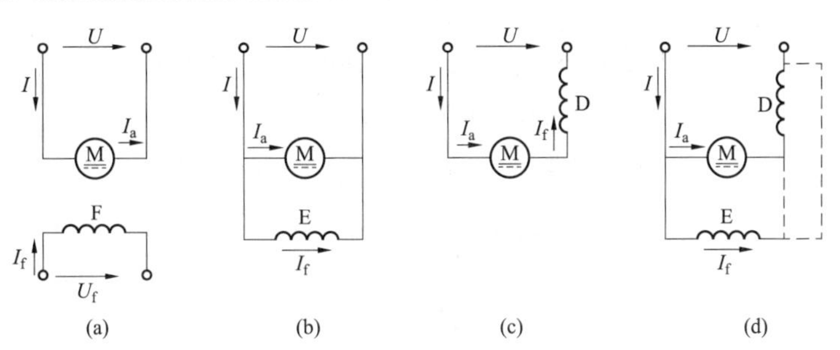

图 4.12–1　直流电机的励磁方式（以直流电动机为例）

（a）他励；（b）并励；（c）串励；（d）复励

表 4.12–4　　不同励磁方式下负载电流 I、电枢电流 I_a、励磁电流 I_f 的关系

种类＼励磁方式	他励	并励	串励	复励
电动机	$I = I_a$，I_f 独立	$I = I_a + I_f$	$I = I_a + I_f$	$I = I_a + I_f$
发电机		$I_a = I + I_f$		$I_a = I + I_f$

3. 掌握直流电动机及直流发电机的工作原理★★★★★

（1）工作原理简介。直流电动机的工作原理（电能⇒机械能）：将直流电源通过电刷与换向器接通电枢绕组，使电枢导体有电流流过，电机内部有磁场存在，载流的转子（即电枢）导体将受到电磁力的作用，方向由左手定则判断，形成电磁转矩，所有导体产生的电磁转矩作用于转子，使得转子旋转，从而拖动机械负载。

直流发电机的工作原理（机械能⇒电能）：原动机拖动转子旋转，电机内部有磁场存在，转子导体切割磁力线，在电枢线圈中产生电动势，靠换向器配合电刷的作用，就可以从电刷端引出直流电动势而作为直流电源对负载供电。

（2）四个重要公式。直流电机部分的几个重要公式总结如下，必须牢记！

1）$E_a = C_e n \Phi$，式中，E_a 为电枢电动势；C_e 为电动势常数，与绕组和磁极有关；Φ 表示每极的总磁通量；n 是转速。该式表明：只要有 Φ 和 n，电枢内就有电动势 E_a。

2）$T_e = C_T \Phi I_a$，式中，T_e 为电磁转矩；C_T 为转矩常数；Φ 表示每极的总磁通量；I_a 为

电枢电流。该式表明：只要有Φ和I_a，就有电磁转矩T_e。

3）若为发电机，感应电动势E_a必定大于端电压U，采用发电机惯例，即以输出电流作为电枢电流的正方向，如图 4.12–2(a) 所示，则有电压方程$E_a = U + I_a R_a$。

4）若为电动机，端电压U必定大于电枢的感应电动势E_a，采用电动机惯例，即以输入电流作为电枢电流的正方向，如图 4.12–2(b) 所示，则有电压方程$U = E_a + I_a R_a$。

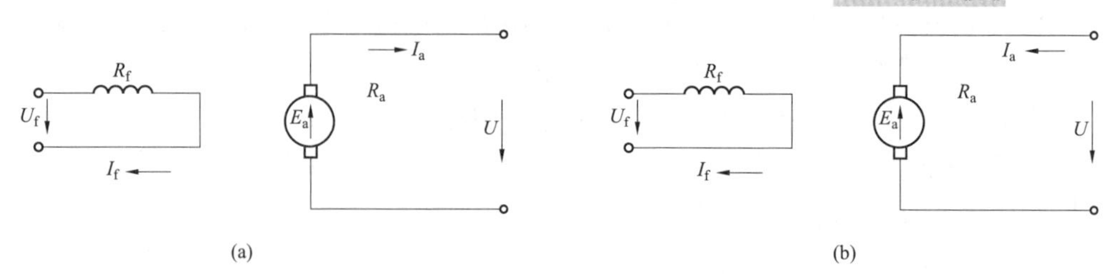

图 4.12–2　稳态运行时直流电机的电路图

(a) 发电机；(b) 电动机

(3) 电磁功率。负载运行时，电枢绕组的感应电动势E_a和电枢电流I_a的乘积，称为电磁功率P_e，即$P_e = E_a I_a$，可以证明，就数值而言$E_a I_a = T_e \Omega$，式中$\Omega = \dfrac{2\pi n}{60}(\mathrm{rad/s})$。对于电动机，$E_a I_a$为电枢中的感应电动势从电源所吸收的电功率，$T_e \Omega$为作用在电枢上的电磁转矩对机械负载所做的机械功率，由于能量守恒，两者相等；对于发电机，$T_e \Omega$是原动机为克服电磁转矩而输入电枢的机械功率，$E_a I_a$为电枢发出的电功率，两者也相等。所以在直流电机中，电磁功率就是能量转换过程中电能转换成机械能或者相反转换的转换功率。

4. 了解并励直流发电机建立稳定电压的条件

并励直流发电机建立稳定电压的条件是：① 磁路中必须有剩磁；② 励磁回路的总电阻应小于发电机该转速时的临界电阻；③ 励磁电流产生的磁通方向必须与剩磁方向一致。

5. 了解直流电动机的机械特性（他励、并励、串励）

直流电动机的机械特性是指电动机的端电压$U = U_N$、励磁电流$I_f = I_{fN}$、电枢回路电阻$R_a =$常数时，转速与转矩之间的关系曲线$n = f(T)$，故又称转矩–转速特性，其表达式为$n = \dfrac{U}{C_e \Phi} - \dfrac{R_a}{C_e C_T \Phi^2} T$。

6. 了解直流电动机稳定运行条件

电动机的稳定问题是指由于某种原因（如电网电压波动、负载转矩波动等）产生扰动，引起电动机的转速发生变化，当扰动消失后若电动机能够恢复到原先的运行状态，则其运行就是稳定的，若不能复原而引起飞转或停转则为不稳定。电动机和被它拖动的负载在一起，构成电动机组，机组稳定运行时，既要满足电动机的机械特性$n = f(T_e)$，又要满足负载的机械特性$n = f(T_L)$，能够同时满足这两个特性的运行点，一定是两特性的交点，判断稳定运行的条件是在电动机和负载的机械特性交点上，若$\dfrac{\mathrm{d}T_e}{\mathrm{d}n} < \dfrac{\mathrm{d}T_L}{\mathrm{d}n}$，则机组是稳定的；反之不稳定。

7. 掌握直流电动机的起动、调速及制动方法★★★★★

(1) 直流电动机的起动。直流电动机开始起动时，转速$n \approx 0$，电枢的感应电动势

$E_a = C_e n\Phi \approx 0$，又$U = E_a + I_a R_a \overset{E_a=0}{\approx} I_a R_a$，可推得起动电流$I_{st} = I_a = \dfrac{U}{R_a}$，由于电枢电阻$R_a$很小，故起动电流将达到很大的数值，常需要加以限制。另一方面，起动转矩$T_e = C_T \Phi I_a$，减小起动电流将使起动转矩随之减少，这时互相矛盾的。通常采用保证足够的起动转矩下尽量减小起动电流的方法，使电动机起动。常用的起动方法有三种：

1）直接起动：操作简单，无须其他设备，但起动时冲击电流较大。

2）电枢回路接入变阻器起动：为了限制起动电流，起动时可在电枢回路中接入起动电阻R_{st}，待转速上升后再逐步将起动电阻切除，接入变阻器后起动电流为$I_{st} = \dfrac{U}{R_a + R_{st}}$。

3）降压起动：降压起动时，加于电动机电枢的端电压开始时调得很低，随着转速的上升，逐步增高电枢电压，以使电枢电流限制在一定范围之内。

（2）直流电动机的调速。直流电动机常用的调速方法有调节励磁电流、调节外施电压、电枢回路中串电阻。在历年考题中，无论供配电专业基础还是发输变电专业基础，“电枢回路中串电阻”这一调速方式都是常考点，出现概率相当之高。下面将应对这类考题的基本解题思路总结如下：

未串电阻前：$E_a = U_N - I_a R_a \Rightarrow C_e \Phi = \dfrac{E_a}{n_N}$。

电枢回路中串入电阻$R_串$后：因为仍在额定状态下运行，故U仍为U_N；一般已知是拖动额定的恒转矩负载运行，因而负载转矩不变，所以电磁转矩$T_e = C_T \Phi I_a$也不变，其中C_T是常数，Φ不变，故串入电阻后电枢电流不变，即$I'_a = I_a$。设n'为电枢回路串入电阻后稳定后的转速，其求解方法如下

$$E'_a = U - I'_a R'_a = U_N - I_a R'_a = U_N - I_a (R_a + R_串) \Rightarrow n' = \frac{E'_a}{C_e \Phi}$$

对于“电枢回路中串电阻调速”这一考点，在历年考题中还会有各种小技巧在其中，通过对历年考题的分析，主要出现的小技巧总结如下(具体还可参见后面的考题详细分析过程)：

1）题目引入效率η_N这一参数：额定效率是电机在额定工况下，输出功率与输入功率之比的百分值，即有$U_N I_N \eta_N = P_N$，故根据$I_N = \dfrac{P_N}{U_N \eta_N}$可以计算得到额定输出电流$I_N$。

2）题目没有直接告知电枢电流I_a的大小：已知的是I_N或者I_f，需要利用并励直流电动机的电流关系求得电枢电流$I_a = I_N - I_f$，或者题目已知的是R_f，需要先求得$I_f = \dfrac{U_N}{R_f}$，再利用$I_a = I_N - I_f$求得电枢电流。

3）题目“单独”给出电刷接触压降$\Delta U_s = 2\text{V}$，则计及电刷压降的直流电动机电压方程应为$E_a = U - I_a R_a - \Delta U_s$。

4）当电动机作为起重机的动力时，需要注意提升和下降时候电机的转向相反，反转时转速n前加负号。

（3）直流电动机的制动。直流电动机的制动方法有能耗制动、反接制动、回馈制动三种。

4.12.3 【供配电专业基础】历年真题详解

【3. 掌握直流电动机及直流发电机的工作原理】

1.（供 2005、发 2021） 已知并励直流发电机的数据为：$U_N = 230\text{V}$，$I_{aN} = 15.7\text{A}$，$n_N = 2000\text{r/min}$，$R_a = 1\Omega$(包括电刷接触电阻)，$R_f = 610\Omega$，已知电刷在几何中性线上，不考虑电枢反应的影响，今将其改为电动机运行，并联于220V电网，当电枢电流与发电机在额定状态下的电枢电流相同时，电动机的转速为（　　）。

A. 2000r/min　　B. 1831r/min　　C. 1739r/min　　D. 1663r/min

分析：先分析发电机运行状态下的情况

$$E_a = U + I_a R_a = 230\text{V} + 15.7 \times 1\text{V} = 245.7\text{V}$$

$$E_a = C_e n \Phi \Rightarrow C_e \Phi = \frac{E_a}{n} = \frac{245.7}{2000}\text{V} \cdot \text{min/r} = 0.122\,85\text{V} \cdot \text{min/r}$$

再分析电动机运行状态下的情况

$$E_a' = U - I_a R_a = 220\text{V} - 15.7 \times 1\text{V} = 204.3\text{V}$$

$$n = \frac{E_a'}{C_e \Phi} = \frac{204.3}{0.122\,85}\text{r/min} = 1663\text{r/min}$$

答案：D

2.（2005） 一台积复励直流发电机与直流电网连接向电网供电，欲将它改为积复励直流电动机运行，若保持电机原转向不变，设电网电压极性不变，需要采取下列哪项措施？（　　）

A. 反接并励绕组　　B. 反接串励绕组

C. 反接电枢绕组　　D. 所有绕组接法不变

分析：复励直流电机有并励和串励两个励磁绕组，若串励绕组产生的磁通势与并励绕组产生的磁通势方向相同称为积复励，若两个磁通势方向相反，则称为差复励。

复励发电机通常采用积复励，其中，并励绕组磁动势起主要作用，使空载时能产生额定电压，串励绕组磁动势则用于补偿电枢回路电阻压降和电枢反应的去磁作用。

复励直流电动机接线图如图 4.12–3 所示。

答案：B

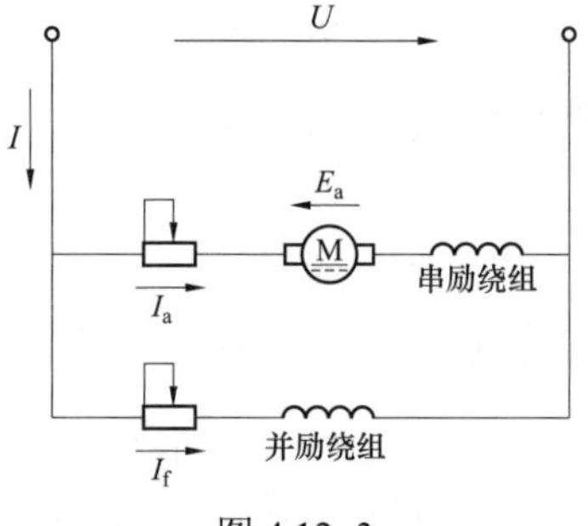

图 4.12–3

3.（2008） 一台正向旋转的直流并励发电机接在直流电网上运行，若撤掉原动机，则发电机将（　　）。

A. 停转

B. 作为电动机反向运行

C. 作为电动机正向运行

D. 不能继续运行

分析：撤掉原动机后，转速将下降，发电机将作电动机运行，电磁转矩变成驱动转矩，电机仍将按原来方向运行。

答案：C

4.（2011） 一台并励直流电动机拖动一台他励直流发电机，当电动机的电压和励磁回路的电阻均不变时，若增加发电机输出的功率，此时电动机的电枢电流 I_a 和转速 n 将（　　）。

A. I_a 增大，n 降低　　B. I_a 减小，n 增高

C. I_a增大，n增高　　　　　　　　　　D. I_a减小，n降低

分析：发电机输出的功率$P=\sqrt{3}UI\cos\varphi$，U恒定，负载一定时$\cos\varphi$一定，若P增加，根据公式有I_a增加。再来看$U=E_a+I_aR_a=C_en\Phi+I_aR_a$，其中$U$恒定，$C_e\Phi$恒定，$R_a$不变，前面已经推出$I_a$增加，故$n$降低。

答案：A

5.（2012）一台他励直流电动机，额定运行时电枢回路电阻压降为外加电压的5%，此时，若突将励磁回路电流减小，使每极磁通降低20%，若负载转矩保持额定不变，那么改变瞬间电动机的电枢电流为原值的（　　）。

A. 4.8倍　　　　B. 2倍　　　　C. 1.2倍　　　　D. 0.8倍

分析：励磁电流没有减小时，$U=E_a+I_aR_a=E_a+5\%U\Rightarrow E_a=95\%U$，此时电枢电流为$I_a=\dfrac{U-E_a}{R_a}=\dfrac{0.05U}{R_a}$。励磁电流减小，$\Phi'=0.8\Phi$，$E_a'=C_en\Phi'=C_en0.8\Phi=0.8E_a$，励磁电流改变瞬间，转子的惯性使得$n$不变。$I_a'=\dfrac{U-E_a'}{R_a}=\dfrac{U-0.8E_a}{R_a}=\dfrac{U-0.8\times0.95U}{R_a}=0.24\dfrac{U}{R_a}$，所以$\dfrac{I_a'}{I_a}=\dfrac{0.24\dfrac{U}{R_a}}{0.05\dfrac{U}{R_a}}=\dfrac{0.24}{0.05}倍=4.8倍$。

答案：A

6.（2016）一台并励直流发电机，$U_N=230V$，$R_a=0.1\Omega$，$I_{aN}=15.7A$，$R_f=610\Omega$，$n_N=2000r/min$，把它并入无限大电网，改为电动机，接入220V电压，使电枢电流等于额定电枢电流，则转速为（　　）。

A. 1748r/min　　　　B. 1812r/min　　　　C. 1886r/min　　　　D. 2006r/min

分析：参见4.12.2的要点总结和重要公式，特别注意作为发电机和电动机运行时电压方程的区别。

先分析发电机运行状态下的情况

$$E_a=U+I_aR_a=230V+15.7\times0.1V=231.57V$$

$$E_a=C_en\Phi\Rightarrow C_e\Phi=\frac{E_a}{n}=\frac{231.57}{2000}=0.115\,79$$

再分析电动机运行状态下的情况

$$E_a'=U-I_aR_a=220V-15.7\times0.1V=218.43V$$

$$n=\frac{E_a'}{C_e\Phi}=\frac{218.43}{0.115\,79}r/min=1886r/min$$

此题与2005年真题相似，仅仅电阻参数变化而已。

答案：C

7.（2017）一台他励直流电动机，额定电压$U_N=110kV$，额定电流$I_N=28A$，额定转速$n_N=1500r/min$，电枢回路总电阻$R_a=0.15\Omega$，现将该电动机接入电压$U_N=110kV$的直流稳压电源，忽略电枢反应影响，理想空载转速为（　　）r/min。

A. 1500　　B. 1600　　C. 1560　　D. 1460

分析：电枢电势 $\left.\begin{aligned}E&=U-I_aR_a\\E&=C_e\varphi n\end{aligned}\right\}\Rightarrow C_e\varphi n=U-I_aR_a$

额定状态下，$C_e\varphi\times1500=110-28\times0.15\Rightarrow C_e\varphi=0.0705$

现在空载，即 $I_a=0$，从而有：$0.0705n=110-0\Rightarrow n=110/0.0705\text{r/min}=1560\text{r/min}$

答案：C

【7. 掌握直流电动机的起动、调速及制动方法】

8.（2006） 一台并励直流电动机，$U_N=110\text{V}$，$n_N=1500\text{r/min}$，$I_N=28\text{A}$，$R_a=0.15\Omega$（含电刷的接触压降），$R_f=110\Omega$。当电动机在额定状态下运行，突然在电枢回路串入一个 0.5Ω 的电阻，若负载转矩不变，则电动机稳定后的转速为（　　）r/min。

A. 1220　　B. 1255　　C. 1309　　D. 1500

分析：$I_f=\dfrac{U_N}{R_f}=\dfrac{110}{110}\text{A}=1\text{A}$，则 $I_a=I_N-I_f=28\text{A}-1\text{A}=27\text{A}$。又 $E_a=C_en_N\varPhi$，将上述 I_a、E_a 的值代入并励直流电动机电动势方程中，得到

$$U_N=E_a+I_aR_a=C_en_N\varPhi+27\times0.15\Rightarrow C_e\varPhi=\frac{110-27\times0.15}{1500}=0.071$$

当串入 0.5Ω 的电阻后，若负载转矩不变，则 I_N 不变，设电动机稳定后的转速为 n'，则

$$U_N=E_a'+I_a(R_a+0.5)=C_en'\varPhi+27\times(0.15+0.5)$$

$$\Rightarrow n'=\frac{110-27\times(0.15+0.5)}{C_e\varPhi}\text{r/min}=\frac{110-27\times(0.15+0.5)}{0.071}\text{r/min}=1309\text{r/min}$$

答案：C

9.（2006） 直流电动机起动电流，半载起动电流与空载启动电流相比较，哪个起动电流大？（　　）。

A. 空载＞半载　　B. 空载=半载　　C. 空载＜半载　　D. 不确定

分析：直流电动机起动电流与负载无关。直流电动机开始起动时，转速 n=0，$E_a=C_en\varPhi\approx0$，又 $U=E_a+I_aR_a\overset{E_a=0}{\approx}I_aR_a$，可推得 $I_a=\dfrac{U}{R_a}$，当电压 U 和电枢电阻 R_a 一定的情况下，I_a 是一定的，其值与负载大小无关。

答案：B

10.（2007、2021） 一台并励直流电动机 P_N=17kW，U_N=220V，$n_N=3000\text{r/min}$，$I_{aN}=87.7\text{A}$，电枢回路总电阻为 0.114Ω，拖动额定的恒转矩负载运行时，电枢回路串入 0.15Ω 的电阻，忽略电枢反应的影响，稳定后电动机的转速为（　　）r/min。

A. 1295　　B. 2812　　C. 3000　　D. 3947

分析：未串入 0.15Ω 电阻时，

$$E_a=U-I_aR_a=220\text{V}-87.7\times0.114\text{V}=210\text{V}$$

$$C_e\varPhi=\frac{E_a}{n}=\frac{210}{3000}=0.07$$

电枢回路串入0.15Ω电阻后，$T_e = C_T\Phi I_a$，由于题目已知是拖动额定的恒转矩负载运行，故T_e不变，又C_T是常数，Φ不变，故串入电阻后电枢电流不变，即$I_a' = I_a$。

$$E_a' = U - I_a' R_a' = 220\text{V} - 87.7\times(0.114+0.15)\text{V} = 196.85\text{V}$$

$$n' = \frac{E_a'}{C_e\Phi} = \frac{196.85}{0.07}\text{r/min} = 2812\text{r/min}$$

答案：B

11.（2009） 一台并励直流电动机，$P_N = 7.2\text{kW}$，$U_N = 110\text{V}$，$n_N = 900\text{r/min}$，$\eta_N = 85\%$，$R_a = 0.08\Omega$（含电刷接触电压降），I_f=2A，当电动机在额定状态下运行，若负载转矩不变，在电枢回路中串入一电阻，使电动机转速下降到450r/min，那么此电阻的阻值为（　　）。

A. 0.693 3Ω　　B. 0.826 7Ω

C. 0.834Ω　　D. 0.912Ω

分析：此题与前第6题相似，注意以下两点不同即可。

① 多引入了效率η_N这一参数。额定效率是电机在额定工况下，输出功率与输入功率之比的百分值。② 题目并没有直接告知电枢电流I_a的大小。并励直流电动机的电路图如图4.12–4所示，显然，利用KCL有：$I_a = I_N - I_f$，其中，I_N为输出电流，I_f为励磁电流。

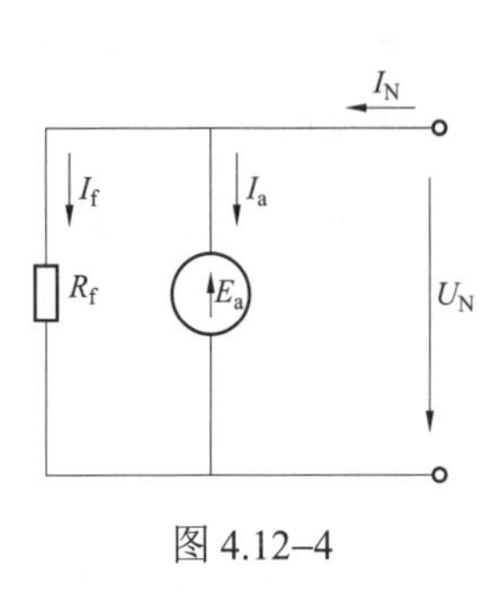

图4.12–4

未串电阻时的分析：$U_N I_N \eta_N = P_N$，故$I_N = \dfrac{P_N}{U_N\eta_N} = \dfrac{7.2\times10^3}{110\times0.85}\text{A} = 77\text{A}$

$$I_a = I_N - I_f = 77\text{A} - 2\text{A} = 75\text{A}$$

$$E_a = U - I_a R_a = 110\text{V} - 75\text{A}\times0.08\Omega = 104\text{V}$$

$$C_e\Phi = \frac{E_a}{n} = \frac{104}{900} = 0.115\,6$$

串电阻后的分析：$E_a' = C_e n' \Phi = 450\times0.115\,6\text{V} = 52\text{V}$

$$E_a' = U' - I_a' R_a' \Rightarrow 52 = 110 - 75\times(0.08 + R_{串}) \Rightarrow R_{串} = 0.693\,3\Omega$$

答案：A

12.（2010） 一台并励直流电动机，$U_N = 110\text{V}$，$n_N = 1500\text{r/min}$，$I_N = 28\text{A}$，$R_a = 0.15\Omega$（含电刷接触压降），$R_f = 110\Omega$。当电动机在额定状态下运行，突然在电枢回路中串入一0.5Ω的电阻，若负载转矩不变，则电动机稳定后的转速为（　　）r/min。

A. 1220　　B. 1225　　C. 1309　　D. 1500

分析：此题与前面第6和7题两题相似，不同之处在于已知的是I_N和R_f，要先计算出I_f。参见并励直流电动机的电路图可知$I_f = \dfrac{U_N}{R_f} = \dfrac{110}{110}\text{A} = 1\text{A}$，所以$I_a = I_N - I_f = 28\text{A} - 1\text{A} = 27\text{A}$。

未串电阻前：$E_a = U_N - I_a R_a = 110\text{V} - 27\text{A}\times0.15\Omega = 105.95\text{V}$，$C_e\Phi = \dfrac{E_a}{n_N} = \dfrac{105.95}{1500} = 0.070\,6$。

串电阻后：$E_a' = U - I_a' R_a' = 110\text{V} - 27\text{A}\times(0.15+0.5)\Omega = 92.45\text{V}$（说明：因为仍在额定状态下

运行，故 U 仍为 U_N，即 110V；因为负载转矩不变，所以电磁转矩也不变，$T_e = C_T\Phi I_a$，故 $I'_a = I_a = 27\text{A}$），$n' = \frac{E'_a}{C_e\Phi} = \frac{92.45}{0.0706}\text{r/min} = 1309.5\text{r/min}$。

答案：C

13.（2013） 一台并励直流电动机，$U_N = 220\text{V}$，电枢回路电阻 $R_a = 0.026\Omega$，电刷接触压降 2V，励磁回路电阻 $R_f = 27.5\Omega$。该电动机装于起重机作动力，在重物恒速提升时测得电机端电压为 220V，电枢电流 350A，转速为 795r/min。在下放重物时（负载转矩不变，电磁转矩也不变），测得端电压和励磁电流均不变，转速变为 100r/min。不计电枢反应，这时电枢回路应串入的电阻值为（　　）Ω。

A. 0.724　　B. 0.704 4　　C. 0.696　　D. 0.67

分析：与前面题目相似，不同之处在于已知电刷接触压降 $\Delta U_s = 2\text{V}$。

计及电刷压降的直流电动机电压方程为 $U = E_a + I_a R_a + \Delta U_s$。

未串电阻时：$E_a = U - I_a R_a - \Delta U_s = 220\text{V} - 350\text{A} \times 0.026\Omega - 2\text{V} = 208.9\text{V}$，$C_e\Phi = \frac{E_a}{n_N} = \frac{208.9}{795} = 0.2628$。

串电阻后：$E'_a = n'C_e\Phi = -100 \times 0.2628\text{V} = -26.28\text{V}$（注意：下放重物时，电动机将反转，故 $n' = -100\text{r/min}$），$E'_a = U - I_a(R_a + R_{串}) - \Delta U_s \Rightarrow -26.28 = 220 - 350 \times (0.026 + R_{串}) - 2 \Rightarrow R_{串} = 0.672\Omega$。

答案：D

14.（2014） 一台并励直流电动机，额定数据如下：$U_N = 110\text{V}$，$I_N = 28\text{A}$，$n_N = 1500\text{r/min}$，励磁回路总电阻 $R_f = 110\Omega$，电枢回路总电阻 $R_a = 0.15\Omega$。在额定负载的情况下，突然在电枢回路内串入 $R_t = 0.5\Omega$ 的调节电阻，若总制动转矩减少一半，忽略电枢反应的作用，则串入电阻后的稳定转速为（　　）r/min。

A. 1260　　B. 1433

C. 1365　　D. 1560

分析：电枢回路未串入电阻前：$I_f = \frac{U_N}{R_f} = \frac{110}{110}\text{A} = 1\text{A}$

所以：$I_a = I_N - I_f = 28\text{A} - 1\text{A} = 27\text{A}$

$E_a = U_N - I_a R_a = 110\text{V} - 27\text{A} \times 0.15\Omega = 105.95\text{V}$

$C_e\Phi = \frac{E_a}{n_N} = \frac{105.95}{1500}\text{V} \cdot \text{min/r} = 0.0706\text{V} \cdot \text{min/r}$

根据电磁转矩 $T = C_T\Phi I_a$，题目已知现在总制动转矩减少一半，故 $I'_a = \frac{1}{2}I_a = \frac{1}{2} \times 27\text{A} = 13.5\text{A}$，$E'_a = U_N - I'_a R'_a = 110\text{V} - 13.5\text{A} \times (0.15 + 0.5)\Omega = 101.225\text{V}$。

稳定后的转速为：$n' = \frac{E'_a}{C_e\Phi} = \frac{101.225}{0.0706}\text{r/min} = 1433\text{r/min}$。

答案：B

15.（2018） 他励直流电动机拖动恒转矩负载进行串联电阻调速，设调速前、后的电枢电流分别为I_1和I_2，那么（ ）。

A. $I_1 < I_2$　　B. $I_1 = I_2$　　C. $I_1 > I_2$　　D. $I_1 = -I_2$

分析：参见 4.12.2 节第 7 点的（2）小点“直流电动机的调速”。

答案：B

4.12.4 【发输变电专业基础】历年真题详解

【3. 掌握直流电动机及直流发电机的工作原理】

1.（2009） 一台并励直流电动机，$P_N = 35kW$，$U_N = 220V$，$I_{aN} = 180A$，$n_N = 1000r/min$，电枢回路总电阻（含电刷接触压降）$R_a = 0.12\Omega$，不考虑电枢反应，额定运行时候的电磁功率P_e为（ ）W。

A. 36 163.4　　B. 31 563.6　　C. 31 964.5　　D. 35 712

分析：额定状态下的电枢电动势为$E_{aN} = U_N - I_{aN}R_a = 220V - 180A \times 0.12\Omega = 198.4V$。

电磁功率为$P_e = E_{aN}I_{aN} = 198.4V \times 180A = 35\,712W$。

捷径：根据电磁功率P_e应大于额定输出功率P_N，故可以直接排除选项 B 和选项 C。

答案：D

2.（供 2012、2016） 一台并励直流电动机，$P_N = 96kW$，$U_N = 440V$，$I_N = 255A$，$I_{fN} = 5A$，$n_N = 500r/min$，$R_a = 0.078\Omega$（包括电刷接触电阻），其在额定运行时的电磁转矩为（ ）。

A. 1991N • m　　B. 2007.5N • m　　C. 2046N • m　　D. 20 014N • m

分析：本题中的$P_N = 96kW$为输出额定功率，其值小于电磁功率。根据并励直流电动机电流关系可得：$I_N = I_a + I_{fN} \Rightarrow 255A = I_a + 5 \Rightarrow I_a = 250A$。又$E_a = U_N - I_aR_a = 440 - 250 \times 0.078 = 420.5V$，对于电动机，$E_aI_a$为电枢中的感应电动势从电源所吸收的电功率，$T_e\Omega$为作用在电枢上的电磁转矩对机械负载所做的机械功率，由于能量守恒，两者相等，即有$E_aI_a = T_e\Omega$，式中，$\Omega = \frac{2\pi n}{60}$rad/s，代入数值，可得：$420.5 \times 250 = T_e \times \frac{2\pi \times 500}{60} \Rightarrow T_e = 2007.7N \cdot m$。

答案：B

3.（2016） 一台并励直流电动机，额定电压为 110V，电枢回路电阻（含电刷接触电阻）为 0.045Ω，当电动机加上额定电压并带一定负载转矩T_1时，其转速为 1000r/min，电枢电流为 40A，现将负载转矩增大到原来的 4 倍（忽略电枢反应），稳定后电动机的转速为（ ）。

A. 250r/min　　B. 684r/min　　C. 950r/min　　D. 1000r/min

分析：$E_a = U - I_aR_a = 110V - 40 \times 0.045V = 108.2V$，$E_a = C_e n\Phi \Rightarrow C_e\Phi = \frac{E_a}{n} = \frac{108.2}{1000} = 0.108\,2$。由于负载转矩增大到原来的 4 倍，故电枢电流也应增大到原来的 4 倍，故有

$$E_a' = U - I_a'R_a = 110V - 4 \times 40 \times 0.045V = 102.8V$$

$$n = \frac{E_a'}{C_e\Phi} = \frac{102.8}{0.108\,2}r/min = 950r/min$$

答案：C

【7. 掌握直流电动机的起动、调速及制动方法】

4.（2013） 一台并励直流电动机，$U_N = 220V$，$P_N = 15kW$，$\eta_N = 85.3\%$，电枢回路总电阻（包括电刷接触电阻）$R_a = 0.2\Omega$。现在采用电枢回路串联电阻起动，限制起动电流为 $1.5I_N$，忽略励磁电流，所串电阻阻值为（　　）。

A. 1.63Ω　　B. 1.76Ω　　C. 1.83Ω　　D. 1.96Ω

分析：根据直流电动机额定功率 $P_N = U_N I_N \eta_N$，可得 $15\,000 = 220 \times I_N \times 0.853$，则 $I_N = 79.93A$。

并励直流电动机电流关系有：$I_N = I_a + I_f \overset{忽略励磁电流}{=} I_a$。

电枢回路串入电阻 R 后起动电流 I_{st} 为

$$I_{st} = \frac{U}{R_a + R} \Rightarrow 1.5I_N = \frac{U}{R_a + R} \Rightarrow 1.5 \times 79.93 = \frac{220}{0.2 + R} \Rightarrow R = 1.63\Omega$$

答案：A

5.（2014） 一台他励直流电动机，$U_N = 220V$，$I_N = 100A$，$n_N = 1150r/min$，电枢回路总电阻 $R_a = 0.095\Omega$，若不计电枢反应的影响，忽略空载转矩，其运行时，从空载到额定负载的转速变化率 Δn 为（　　）。

A. 3.98%　　B. 4.17%　　C. 4.52%　　D. 5.1%

分析：电枢电势　$E = U - I_a R_a = 220V - 100A \times 0.095\Omega = 210.5V$

根据 $E = C_e \Phi n$ 知道，$C_e \Phi$ 一定时，$E \propto n$，故有 $\frac{220}{210.5} = \frac{n}{1150} \Rightarrow n = 1202r/min$。所以从空载到额定负载的转速变化率 $\Delta n = \frac{1202 - 1150}{1150} \times 100\% = 4.52\%$。

答案：C

6.（2018）改变直流发电机端电压极性，可以通过（　　）。

A. 改变磁通方向，同时改变转向　　B. 电枢绕组上串接电阻

C. 改变转向，保持磁通方向不变　　D. 无法改变直流发电机端电压

答案：C

4.13 电气主接线

4.13.1 考试大纲要求及历年真题统计分析（供配电、发输变电）

历年真题按照考试大纲考点归类总结见表 4.13–1 和表 4.13–2（说明：1、2、3、4 道题分别对应 1、2、3、4 颗★，≥5道题对应 5 颗★）。

表 4.13–1　　供配电专业基础考试大纲及历年真题统计表

4.13 电气主接线 考试大纲	2005	2006	2007	2008	2009	2010	2011	2012	2013	2014	2016	2017	2018	2019	2020	2021	汇总统计
1. 掌握电气主接线的主要形式及对电气主接线的基本要求★★★★★		2	1	1	1	1	1	1	1	1	1	1	3	2	1	1	19★★★★★

续表

4.13 电气主接线 考试大纲	2005	2006	2007	2008	2009	2010	2011	2012	2013	2014	2016	2017	2018	2019	2020	2021	汇总统计
2. 了解各种主接线中主要电气设备的作用和配置原则																	0
3. 了解各种电压等级电气主接线限制短路电流的方法★★★★★	1	1		1				1			1					1	6★★★★★
汇总统计	1	3	1	2	1	1	1	2	1	1	2	1	3	2	1	2	25

表 4.13–2　　发输变电专业基础考试大纲及历年真题统计表

4.13 电气主接线 考试大纲	2005（同供配电）	2006（同供配电）	2007（同供配电）	2008	2009	2010	2011	2012	2013	2014	2016	2017	2018	2019	2020	2021	汇总统计
1. 掌握电气主接线的主要形式及对电气主接线的基本要求★★★★★		2	1	1		2	1	1	1	2	2	2		2	1	1	19★★★★★
2. 了解各种主接线中主要电气设备的作用和配置原则																	0
3. 了解各种电压等级电气主接线限制短路电流的方法★★★	1	1				1										1	4★★★
汇总统计	1	3	1	1	0	3	1	1	1	2	2	2	0	2	1	2	23

对比以上供配电专业基础和发输变电专业基础历年真题统计表，可看到：尽管专业方向不同，但专业基础的考试两个方向的侧重点完全一样，见表 4.13–3。

表 4.13–3　　专业基础供配电、发输变电两个专业方向侧重点对比

4.13 电气主接线	历年真题汇总统计	
考试大纲（取供配电、发输变电两个方向中多的★值标注）	供配电	发输变电
1. 掌握电气主接线的主要形式及对电气主接线的基本要求★★★★★	19★★★★★	19★★★★★
2. 了解各种主接线中主要电气设备的作用和配置原则	0	0
3. 了解各种电压等级电气主接线限制短路电流的方法★★★★★	6★★★★★	4★★★★
汇总统计	25	23

4.13.2 重要知识点复习

结合前面 4.13.1 节的历年真题统计分析（供配电、发输变电）结果，对“4.13 电气主接线”部分的 1、3 大纲点深入总结，其他大纲点简要介绍。

1. 掌握电气主接线的主要形式及对电气主接线的基本要求★★★★★

电气主接线一般按照有、无汇流母线可分为有母线和无母线两大类，具体形式如图 4.13–1 所示。

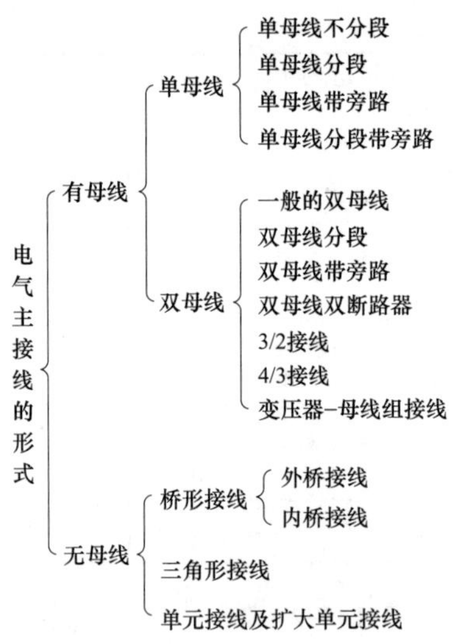

图 4.13–1 电气主接线的主要形式

诸多接线方式中，历年考题出现概率最高的是内、外桥接线的特点和适用情况，必须理解记忆！常考的几种介绍如下：

（1）单母线带旁路。旁路母线的作用是：检修任一出线断路器时，不会中断对该回路的供电。

（2）3/2 接线。两组母线之间接有若干串断路器，每一串有 3 台断路器，每两台之间接一条回路，每串共有两条回路，平均每条回路装设一台半（3/2）断路器，故又称一个半断路器接线。优点是：由于形成多环形，故具有高度的供电可靠性；运行调度十分灵活；操作检修方便。缺点是继电保护和二次接线复杂。它用于大型发电厂和 330kV 及以上、进出线回路数 6 回及以上的高压、超高压配电装置中。

（3）桥形接线。当发电厂和变电所中只有 2 台变压器和 2 回线路时，可以采用桥形接线，它分为外桥接线和内桥接线两种形式。

1）外桥接线：桥断路器在进线断路器的外侧，即进线侧，如图 4.13–2 所示。

外桥接线的特点如下：① 变压器操作方便：如变压器发生故障时，仅故障变压器支路的断路器自动跳闸，其余三条支路可以继续工作，并保持相互联系。② 线路投入与切除时，操作复杂：如线路检修或故障时，需断开两台断路器，并使该侧变压器停止运行，需经倒闸操作恢复变压器工作，造成变压器短时停电。③ 桥回路故障或检修时全厂分列为两部分，使两个单元之间失去联系；同时，出线侧断路器故障或检修时，造成该回路停电。

基于以上分析，故外桥接线适用于两回进线两回出线且线路较短、故障可能性小和变压器需要经常切换、线路有穿越功率通过的发电厂和变电所中。

2）内桥接线：桥断路器在进线断路器的内侧，即出线侧，如图 4.13–3 所示。

内桥接线的特点如下：① 线路操作方便：如线路故障，仅故障线路的断路器跳闸，其余三条支路可以继续工作。② 正常运行时，变压器操作复杂：如变压器 1T 检修时，需要断开断路器 1QF、3QF，使未故障线路 L1 供电受到影响，需经倒闸操作，拉开隔离开关 QS1 后，再合入 1QF、3QF 才能恢复线路 L1 工作，因此将造成该侧线路的短时停电。③ 运行方式不灵活。

基于以上分析，故内桥接线适用于线路较长、故障可能性较大、变压器不需要经常切换运行方式的发电厂和变电所中。

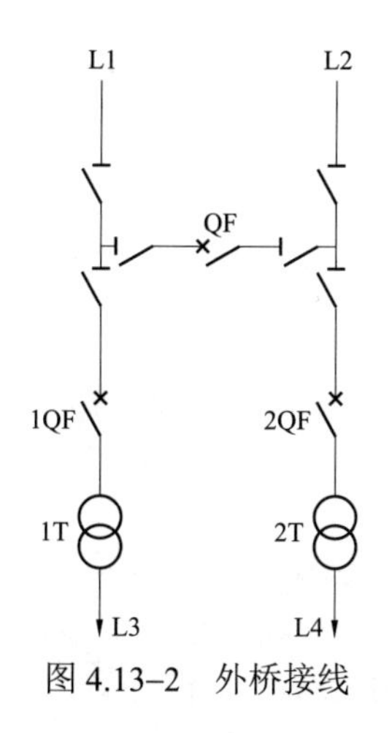

图 4.13–2　外桥接线

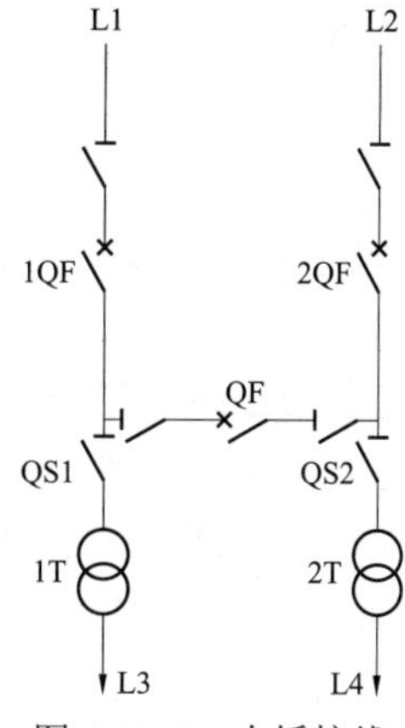

图 4.13–3　内桥接线

2. 了解各种主接线中主要电气设备的作用和配置原则

历年无考题，略。

3. 了解各种电压等级电气主接线限制短路电流的方法★★★★

（1）选择适当的主接线形式和运行方式。

（2）装设限流电抗器。

1）装设普通电抗器。① 装设母线分段电抗器。母线分段电抗器装设在发电机电压的 6～10kV 母线分段处，它能限制来自另一母线的发电机所提供的短路电流，对发电厂内部的短路电流限流作用较大，对系统提供的短路电流也能起到一定的限制作用。② 装设线路电抗器。线路电抗器安装在 6～10kV 母线上的每条电缆出线回路，架空线路因其电抗较大，故不需要限流。线路电抗器的额定电抗百分值常取 3%～6%，为保证电压质量，正常运行时其电压损失不得超过 5%。

2）装设分裂电抗器。分裂电抗器在线圈中间有一个抽头作为公共端，将线圈分成两个分支即两臂，两臂有互感耦合，而且在电气上也是连通的。一般中间抽头用来连接电源，两臂用来连接大致相等的两组负荷。

优点：① 正常运行时的电压损失小。② 短路时限流作用较强。③ 比普通电抗器多供一倍的出线，减少了电抗器的数目。

缺点：① 正常运行中，当一臂的负荷变动时，会引起另一臂电压波动。② 一臂短路、另一臂接有负荷时，由于互感电动势的作用，将在另一臂产生感应过电压。

（3）采用低压分裂绕组变压器。低压分裂绕组变压器是一种将低压绕组分裂成为相同容量的两个绕组的变压器，它用于发电机–主变扩大单元接线，以限制发电机出口短路时的短路电流；用作高压厂用变压器，两个分裂绕组分别接至两组不同的厂用母线段，以限制厂用电系统的短路电流。

4.13.3 【供配电专业基础】历年真题详解

【1. 掌握电气主接线的主要形式及对电气主接线的基本要求】

1.（供 2006、2007、2010，发 2008、2016）　内桥形式的主接线适用于（　　）。

A. 出线线路较长，主变压器操作较少的电厂

B. 出线线路较长，主变压器操作较多的电厂

C. 出线线路较短，主变压器操作较多的电厂

D. 出线线路较短，主变压器操作较少的电厂

分析：内桥接线即指桥断路器在进线断路器的内侧。

答案：A

2.（供 2006，发 2020） 主接线中，旁路母线的作用是（　　）。

A. 作备用母线

B. 不停电检修出线断路器

C. 不停电检修母线隔离开关

D. 母线或母线隔离开关故障时，可以减少停电范围

分析：旁路母线的作用是：检修任一出线断路器时，不会中断对该回路的供电。

答案：B

3.（供 2008、2018，发 2013） 外桥形式的主接线适用于（　　）。

A. 出线线路较长，主变压器操作较少的电厂

B. 出线线路较长，主变压器操作较多的电厂

C. 出线线路较短，主变压器操作较多的电厂

D. 出线线路较短，主变压器操作较少的电厂

分析：外桥接线即指桥断路器在进线断路器的外侧。

答案：C

4.（2009） 发电厂厂用电系统接线通常采用（　　）。

A. 双母线接线形式　　B. 单母线带旁母接线形式

C 一个半断路器接线　　D. 单母线分段接线形式

分析：厂用电通常采用单母线接线形式，火电厂一般都采用“按炉分段”的接线原则，即将厂用电母线按照锅炉的台数分成若干独立段，凡属同一台锅炉及同组的汽轮机的厂用电负荷均接于同一段母线上，这样既便于运行、检修，又能使事故影响范围局限在一机一炉，不致过多干扰正常运行的完好机炉。

答案：D

5.（供 2011、2012，发 2011） 下列哪种主接线，在出线断路器检修时，会暂时中断该回路供电？（　　）。

A. 三分之四　　B. 双母线分段带旁路

C. 二分之三　　D. 双母线分段

分析：选项 A、C：三分之四和二分之三接线因形成多环状供电，因此具有很高的可靠性和灵活性。选项 B：旁路的作用就能保证在检修出线断路器时不中断该回路供电。

答案：D

6.（2013） 以下描述，符合一台半断路器接线基本原则的是（　　）。

A. 一台半断路器接线中，同名回路必须接入不同侧的母线

B. 一台半断路器接线中，所有进出线回路都必须装设隔离开关

C. 一台半断路器接线中，电源线应与负荷线配对成串

D. 一台半断路器接线中，同一个“断路器串”上应同时配置电源或负荷

分析：电源线宜与负荷线配对成串，以避免在联络断路器发生故障时，使两条电源回路或两条负荷回路同时被切除。

答案：D

7.（2014） 当发电厂仅有两台变压器和两条线路时，宜采用桥形接线，外桥接线适合用于以下哪种情况？（ ）

A. 线路较长，变压器需要经常投切

B. 线路较长，变压器不需要经常投切

C. 线路较短，变压器需要经常投切

D. 线路较短，变压器不需要经常投切

分析：“外桥接线”是指桥断路器在进线断路器的外侧，如图 4.13–4 所示。

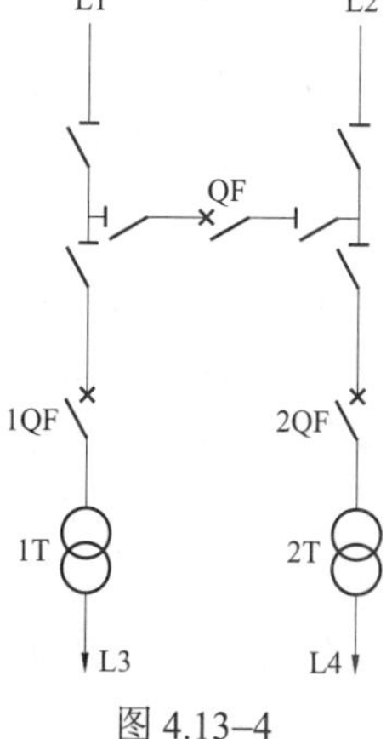

图 4.13–4

答案：C

8.（2018） 主接线在检修出线断路器时，不会暂时中断该回路供电的是（ ）。

A. 单母线不分段接线
B. 单母线分段接线
C. 双母线分段接线
D. 单母线带旁路母线

分析：参见 4.13.2 节重要知识点复习中“旁路母线的作用是：检修任一出线断路器时，不会中断对该回路的供电”。

答案：D

9.（2018） 用隔离开关分段单母线接线，“倒闸操作”是指（ ）。

A. 接通两段母线，先闭合隔离开关，后闭合断路器

B. 接通两段母线，先闭合断路器，后闭合隔离开关

C. 断开两段母线，先断开隔离开关，后断开负荷开关

D. 断开两段母线，先断开负荷开关，后断开隔离开关

分析：负荷开关通常与熔断器配合使用，断路器通常与隔离开关配合使用。

答案：A

10.（2020） 装有两台主变压器的小型变电所，关于低压侧采用单母线分段主接线的说法正确的是（ ）。

A. 为了满足负荷的供电灵敏性要求
B. 为了满足负荷的供电可靠性要求
C. 为了满足负荷的供电经济性要求
D. 为了满足负荷的供电安全性要求

答案：B

【3. 了解各种电压等级电气主接线限制短路电流的方法】

11.（2005、2012） 下列哪项叙述是正确的？（ ）

A. 为了限制短路电流，通常在架空线路上装设电抗器

B. 母线电抗器一般装设在主变压器回路和发电机回路中

C. 采用分裂低压绕组变压器主要是为了组成扩大单元接线

D. 分裂电抗器两个分支负荷变化过大将造成电压波动，甚至可能出现过电压

分析：选项 A：电缆的 I_c 较大，一般加装 L，但架空线路本身电抗值就比较大了。选项 B：母线电抗器装在母线分段处。选项 C：采用分裂低压绕组变压器主要目的是为了限制短

路电流。

答案：D

12.（2006） 如图 4.13−5 所示，分裂电抗器中间抽头 3 接电源，两个分支 1 和 2 接相等的两组负荷，两个分支的自感电抗相同，均为 X_k，耦合系数 K 取 0.5，下列表达正确的是（　　）。

A. 正常运行时，电抗器的电抗值为 $0.25X_k$

B. 当分支 1 出现短路时，电抗器的电抗值为 $2X_k$

C. 当分支 1 出现短路时，电抗器的电抗值为 $1.5X_k$

D. 正常运行时，电抗器的电抗值为 X_k；当分支 1 出现短路时，电抗器的电抗值为 $3X_k$

分析：分裂电抗器在线圈中间有一个抽头作为公共端，将线圈分成两个分支即两臂，两臂有互感耦合，而且在电气上也是连通的。做出其消除互感后的等效电路图如图 4.13−6 所示。

正常运行时，电抗器的电抗值为：$[(1+K)X_k]//[(1+K)X_k]+(-KX_k)=\frac{1}{2}(1+K)X_k-KX_k\overset{K=0.5}{=}$ $0.25X_k$。当分支 1 出现短路时，电抗器的电抗值为 $[(1+K)X_k]+(-KX_k)\overset{K=0.5}{=}X_k$。

答案：A

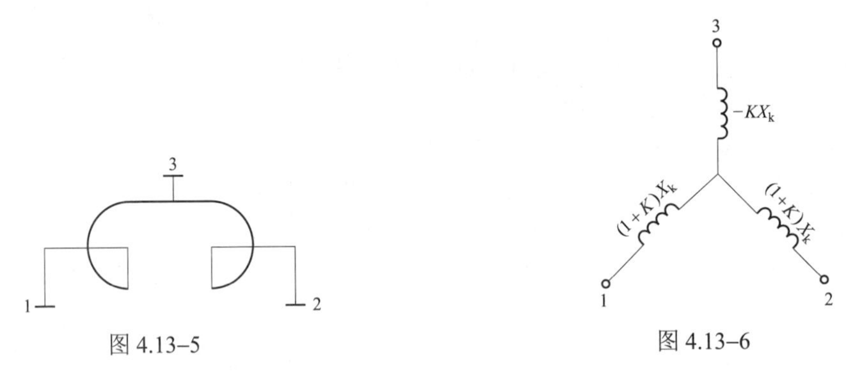

图 4.13−5　　　　图 4.13−6

13.（2008） 普通电抗器在运行时，其电压损失不应大于额定电压的（　　）。

A. 5%　　B. 10%　　C. 15%　　D. 25%

分析：线路电抗器的额定电抗百分值常取 3%～6%，为保证电压质量，正常运行时其电压损失不得超过 5%。

答案：A

4.13.4 【发输变电专业基础】历年真题详解

【1. 掌握电气主接线的主要形式及对电气主接线的基本要求】

1.（2012） 某 220kV 系统的重要变电站，装设两台 120MVA 的主变压器，220kV 侧有 4 回进线，110kV 侧有 10 回出线且均为Ⅰ、Ⅱ类负荷，不允许停电检修出线断路器，应采用何种接线方式？（　　）。

A. 220kV 母线采用一个半断路器接线，110kV 母线采用单母线接线

B. 220kV 母线采用一个半断路器接线，110kV 母线采用双母线接线

C. 220kV 母线采用双母线接线，110kV 母线采用双母线带旁母接线

D. 220kV 母线和 110kV 母线均采用双母线接线

分析：掌握旁路母线的作用是：检修任一出线断路器时，不会中断对该回路的供电。由于 110kV 侧不允许停电检修出线断路器，所以应该带旁母。

答案：C

2.（2014） 以下关于一台半断路器接线的描述中，正确的是（　　）

A. 任何情况下都必须采用交叉接线以提高运行的可靠性

B. 当仅有两串时，同名回路宜分别接入同侧母线，且需装设隔离开关

C. 当仅有两串时，同名回路宜分别接入不同侧母线，且需装设隔离开关

D. 当仅有两串时，同名回路宜分别接入同侧母线，且无须装设隔离开关

答案：C

3.（2014） 根据运行状态，电动机的自起动可以分为三类（　　）。

A. 受控自起动，空载自起动，失电压自起动

B. 带负荷自起动，空载自起动，失电压自起动

C. 带负荷自起动，受控自起动，失电压自起动

D. 带负荷自起动，受控自起动，空载自起动

分析：根据电动机运行状态的不同，自起动可以分为三种类型：① 失电压自起动。当运行中突然出现事故，造成电压降低，在事故消除电压恢复时形成的自起动。② 空载自起动。备用电源处于空载状态时，自动投入失去电源的工作段所形成的自起动。③ 带负荷自起动。备用电源已经带有一部分负荷，又自动投入失去电源的工作段时形成的自起动。

答案：B

4.（2017）环网供电的缺点是（　　）。

A. 可靠性差　　　　B. 经济性差

C. 故障时电压质量差　　　　D. 线损大

分析：环网供电可以提高供电可靠性，经济，但接线复杂、调度保护难度增大，故障时电压质量差。

答案：C

5.（2019）如图 4.13–7 所示单母线接线，L1 线断电的操作顺序为（　　）。

A. 断 QS11，QS12，断 QF1

B. 断 QS11，QF1，断 QS12

C. 断 QF1，断 QS11，QS12

D. 断 QS12，断 QF1，QS11

分析：先断断路器，再拉隔离开关。

答案：C

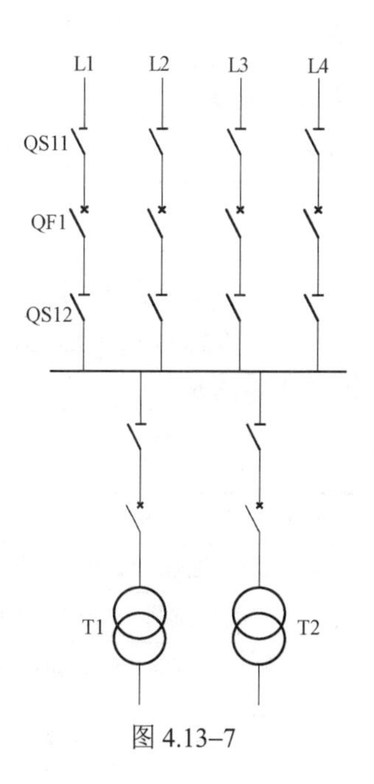

图 4.13–7

4.14　电气设备选择

4.14.1　考试大纲要求及历年真题统计分析（供配电、发输变电）

历年真题按照考试大纲考点归类总结表 4.14–1 和表 4.14–2（说明：1、2、3、4 道题分

别对应 1、2、3、4 颗★，≥5 道题对应 5 颗★）。

表 4.14–1　　　　供配电专业基础考试大纲及历年真题统计表

4.14　电气设备选择 考试大纲	2005	2006	2007	2008	2009	2010	2011	2012	2013	2014	2016	2017	2018	2019	2020	2021	汇总统计
1. 掌握电器设备选择和校验的基本原则和方法★★★★★	1	1	2		1		1	1		1	2	4	2	3	2	2	23★★★★★
2. 了解硬母线的选择和校验的原则和方法																	0
汇总统计	1	1	2	0	1	0	1	1	0	1	2	4	2	3	2	2	23

表 4.14–2　　　　发输变电专业基础考试大纲及历年真题统计表

4.14　电气设备选择 考试大纲	2005（同供配电）	2006（同供配电）	2007	2008	2009	2010	2011	2012	2013	2014	2016	2017	2018	2019	2020	2021	汇总统计
1. 掌握电器设备选择和校验的基本原则和方法★★★★★	1	1	1	1	1	1			1	1		1	1	2	2	1	15★★★★★
2. 了解硬母线的选择和校验的原则和方法★					1												1★
汇总统计	1	1	1	1	2	1	0	0	1	1		1	1	2	2	1	16

对比以上供配电专业基础和发输变电专业基础历年真题统计表，可看到：尽管专业方向不同，但专业基础的考试两个方向的侧重点完全一样，见表 4.14–3。本章在历年考题中题量不大，基本保持在 1 道题，有时没有，且本章考题的重复性是相当高的，所以很有必要把往年考题弄清楚。

表 4.14–3　　　　专业基础供配电、发输变电两个专业方向侧重点对比

4.14　电气设备选择	历年真题汇总统计	
考试大纲（取供配电、发输变电两个方向中多的★值标注）	供配电	发输变电
1. 掌握电器设备选择和校验的基本原则和方法★★★★★	23★★★★★	15★★★★★
2. 了解硬母线的选择和校验的原则和方法★	0	1★
汇总统计	23	16

4.14.2　重要知识点复习

结合前面 4.14.1 节的历年真题统计分析（供配电、发输变电）结果，对“4.14 电气设备选择”部分的1大纲点深入总结，其他大纲点简要介绍。

1. 掌握电器设备选择和校验的基本原则和方法★★★★★

（1）按正常工作条件选择。

1）额定电压：$U_r=U_N$，式中，U_r为电气设备的额定电压；U_N为系统的标称电压。

2）额定电流：电器设备的额定电流是指其在额定环境温度下的长期允许电流，为满足长期发热条件，按照下述原则选择：$I_r \geqslant I_c$，式中，I_r为开关电器额定电流；I_c为开关电器装设处的计算电流。

（2）按短路情况校验设备的动、热稳定和开断能力。

1）动稳定校验：动稳定是指电气设备承受短路电流产生的电动力效应而不损坏的能力。满足动稳定的条件是：$i_{max} \geqslant i_{sh}$或者$I_{max} \geqslant I_{sh}$，式中，i_{max}为开关电器的极限通过电流峰值；i_{sh}为开关电器安装处的三相短路冲击电流；I_{max}为开关电器的极限通过电流有效值；I_{sh}为开关电器安装处的三相短路冲击电流有效值。

2）热稳定校验：热稳定是指电气设备承受短路电流热效应而不损坏的能力。满足热稳定的条件是：$I_t^2 t \geqslant I_\infty^2 t_{im}$，式中，$I_t$为开关电器的$t_s$热稳定电流有效值；$I_\infty$为开关电器安装处的三相短路电流有效值；$t_{im}$为假想时间，它是继电保护动作时间和断路器全开断时间之和。

（3）开断能力校验。对于断路器应该能分断最大短路电流，满足下式：$I_{br} \geqslant I_{k\max}^{(3)}$，式中，$I_{br}$为断路器的额定分断电流；$I_{k\max}^{(3)}$为断路器安装处最大运行方式下三相短路电流有效值。

（4）几种特殊情况说明。由于回路的特殊性，对下列几种情况可不校验热稳定或动稳定：

1）用熔断器保护的电器，其热稳定由熔体的熔断时间保证，故可不校验热稳定。

2）采用限流熔断器保护的设备可不校验动稳定。

3）在电压互感器回路中的裸导体和电器可不校验动、热稳定。

4）对于电缆，因其内部为软导线，外部机械强度很高，不必校验其动稳定。

2. 了解硬母线的选择和校验的原则和方法★

母线的截面积选择有两种方法：① 按最大长期工作电流选择；② 按经济电流密度选择。除配电装置的汇流母线及较短导体（20m以下）按最大长期工作电流选择截面外，其余导体的截面一般按经济电流密度选择。

4.14.3 【供配电专业基础】历年真题详解

【1. 掌握电器设备选择和校验的基本原则和方法】

1.（2005、2007） 判断下列哪种情况或设备应校验热稳定以及动稳定？（　　）

A. 装设在电流互感器回路中的裸导体和电器

B. 装设在电压互感器回路中的裸导体和电器

C. 用熔断器保护的电器

D. 电缆

分析：选项B：电压互感器测量电压，与系统是并联的连接关系，装设在其中的导体和电器不会承载短路电流的流过，故不用校验动、热稳定。选项C：熔断器本身就是利用短路电流流过时的发热来切断电路，进而起到保护的作用。选项D：电缆具有一定的挠性，所以不用校验动稳定。

答案：A

2.（2006、2007、2012） 充填石英砂有限流作用的高压熔断器使用的条件为（　　）。

A. 电网的额定电压小于或等于其额定电压的电网中

B. 电网的额定电压大于或等于其额定电压的电网中

C. 电网的额定电压等于其额定电压的电网中

D. 其所在电路的最大长期工作电流大于其额定电流

分析：熔断器选择的条件是其额定电压等于系统标称电压。

答案：C

3.（供 2009、2011、2018、2019，发 2008） 下列叙述正确的是（　　）。

A. 验算热稳定的短路计算时间为继电保护动作时间与断路器全开断时间之和

B. 验算热稳定的短路计算时间为继电保护动作时间与断路器固有分闸时间之和

C. 电气的开断计算时间应为后备保护动作时间与断路器固有分闸时间之和

D. 电气的开断计算时间应为主保护动作时间与断路器全开断时间之和

分析：选项 B：断路器部分少了燃弧时间。分闸时间也称全开断时间，是指断路器从接到分闸命令瞬间起（即跳闸线圈加上电压）到三相电弧完全熄灭所经过的时间。分闸时间由固有分闸时间和燃弧时间两部分组成。固有分闸时间是指从断路器接到分闸命令瞬间起，到触头刚刚分离为止的一段时间；燃弧时间是指从触头刚分离瞬间起，到各相电弧均熄灭为止的时间间隔。选项 C：如果主保护不拒动，后备保护就不会动作；断路器部分少了燃弧时间。选项 D：如果主保护拒动，那么开断计算时间还应该要计及后备保护动作的时间。

答案：A

4.（2014） 电气设备选择的一般条件是（　　）。

A. 按正常工作条件选择，按短路情况校验

B. 按设备使用寿命选择，按短路情况校验

C. 按正常工作条件选择，按设备使用寿命校验

D. 按短路工作条件选择，按设备使用寿命校验

分析：电气设备一般按照正常工作电压、电流来进行选择，而按照短路情况来检验其动、热稳定性。

答案：A

5.（2016） 关于布置在同一平面内的三相导线短路时的电动力，以下描述正确的是（　　）。

A. 三相导体的电动力是固定的，且外边相电动力最大

B. 三相导体的电动力是时变的，且外边相电动力最大

C. 三相导体的电动力是固定的，且中间相电动力最大

D. 三相导体的电动力是时变的，且中间相电动力最大

分析：同样知识点在 2013 年考过。配电装置中导体均为三相，而且大都布置在同一平面内，计算表明位于中间的 B 相受力峰值最大，此电动力会随短路电流的大小而变化。

答案：D

6.（2016） 运行中，单芯交流电力电缆不采取两端接地方式的原因是（　　）。

A. 绝缘水平高　　B. 接地阻抗大　　C. 集肤效应弱　　D. 电缆外层温度高

分析：单芯电缆两端直接接地，电缆的金属屏蔽层可能产生环流，这既降低了电缆的载流量，又浪费电能形成损耗，并加速了电缆绝缘老化，因此单芯电缆不应两端接地。

答案：D

7.（2017） 选择电气设备除了满足额定电压、电流外，还需校验的是（ ）。

A. 设备的动稳定和热稳定　　B. 设备的体积

C. 设备安装地点的环境　　D. 周围环境温度的影响

分析：参见 4.14.2 节第 1 点知识点复习。

答案：A

8.（2017） 发电机与变压器连接导体的截面选择，主要依据是（ ）。

A. 导体的长期发热允许电流　　B. 经济电流密度

C. 导体的材质　　D. 导体的形状

分析：《电力工程电气设计手册 电气一次部分》

配电装置的汇流母线及较短导体（20m 以下）一般按最大长期工作电流选择截面。除配电装置的汇流母线外，对于全年负荷利用小时数较大，母线较长（长度超过 20m），传输容量较大的回路（如发电机至变压器和发电机至主配电装置的回路），均应按照经济电流密度选择导体截面，当无合适规格导体时，导体截面可小于经济电流密度的计算截面。

答案：B

9.（2018） 熔断器的选择和校验条件不包括（ ）。

A. 额定电压　　B. 动稳定　　C. 额定电流　　D. 灵敏度

分析：选择熔断器时，应该满足下列条件：

1）熔断器的额定电压应不低于线路的额定电压。

2）熔断器的额定电流应不小于它所装熔体的额定电流。

3）熔断器还必须进行断流能力的校验：

对限流式熔断器：因其能在短路电流达到冲击值之前完全熔断并熄灭电流、切除短路故障，故满足的条件是：$I_{OC} \geqslant I''^{(3)}$。式中，$I_{OC}$ 为熔断器的最大分断电流；$I''^{(3)}$ 为熔断器安装地点的三相次暂态短路电流有效值，在无限大容量系统中，$I''^{(3)} = I_f^{(3)}$。

对非限流式熔断器：因其不能在短路电流达到冲击值之前熄灭电弧、切除短路故障，故满足的条件是：$I_{OC} \geqslant I_{sh}^{(3)}$。式中，$I_{sh}^{(3)}$ 为熔断器安装地点的三相短路冲击电流有效值。

4）为了保证熔断器在其保护区内发生短路故障时可靠地熔断，熔断器保护的灵敏度应满足下面的条件：$\dfrac{I_{k \cdot min}}{I_{N \cdot FE}} \geqslant K$。式中，$I_{N \cdot FE}$ 为熔断器熔体的额定电流；$I_{k \cdot min}$ 为熔断器所保护线路末端在系统最小运行方式下的最小短路电流；K 为灵敏系数的最小比值。

答案：B

10.（2019） 电流互感器的选择和校验条件不包括（ ）。

A. 额定电压　　B. 开断能力　　C. 额定电流　　D. 动稳定

答案：B

11.（2019） 高压负荷开关不具备（ ）。

A. 继电保护功能　　B. 切断短路电流的能力

C. 切断正常负荷的能力　　D. 过负荷操作能力

分析：高压负荷开关具有简单的灭弧装置，因此能通断一定的负荷电流和过负荷电流，但是它不能断开短路电流，而切断过负荷电流本身就是针对系统的不正常运行状态实施的一种保护。

答案：B

12.（2020） 电流互感器的校验条件为（　　）。

A. 只需要校验热稳定性，不需要校验动稳定性

B. 只需要校验动稳定性，不需要校验热稳定性

C. 不需要校验热稳定性和动稳定性

D. 热稳定性和动稳定性都需要校验

答案：D

13.（2020、2021） 选高压负荷开关时，校验动稳定的电流为（　　）。

A. 三相短路冲击电流　　B. 三相短路稳态电流

C. 三相短路稳态电流有效值　　D. 计算电流

答案：A

14.（2021） 隔离开关的校验条件是（　　）。

A. 只需要校验热稳定性，不需要校验动稳定性

B. 只需要校验动稳定性，不需要校验热稳定性

C. 不需要校验热稳定性和动稳定性

D. 热稳定性和动稳定性都需要校验

分析：因为在断路器没有断开电路之前，隔离开关是会流过短路电流的。

答案：D

4.14.4 【发输变电专业基础】历年真题详解

【1. 掌握电器设备选择和校验的基本原则和方法】

1.（2007） 充填石英砂有限流作用的高压熔断器使用的条件为（　　）。

A. 电网的额定电压小于或等于其额定电压的电网中

B. 电网的额定电压大于或等于其额定电压的电网中

C. 电网的额定电压等于其额定电压的电网中

D. 其所在电路的最大长期工作电流大于其额定电流

分析：与2007年供配电专业基础考题一样。

答案：C

2.（2009） 影响远距离输电线路传输容量的约束条件是（　　）。

A. 线路功率损耗　　B. 稳定性　　C. 电压降落　　D. 线路造价

分析：远距离输电线路传输容量最主要的约束条件是稳定性。

答案：B

3.（2013） 在导体和电气设备选择时，除了检验其热稳定性，还需要进行电动力稳定性校验，以下关于三相导体短路时最大电动力的描述正确的是（　　）。

A. 最大电动力出现在三相短路时中间相导体，其数值为 $F_{max}=1.616\times10^{-7}\dfrac{L}{a}[i_{sh}^{(3)}]^2(N)$

B. 最大电动力出现在两相短路时外边两相导体，其数值为$F_{max}=2\times10^{-7}\dfrac{L}{a}[i_{sh}^{(3)}]^2$(N)

C. 最大电动力出现在三相短路时中间相导体，其数值为$F_{max}=1.73\times10^{-7}\dfrac{L}{a}[i_{sh}^{(3)}]^2$(N)

D. 最大电动力出现在三相短路时外边两相导体，其数值为$F_{max}=2\times10^{-7}\dfrac{L}{a}[i_{sh}^{(3)}]^2$(N)

分析：配电装置中导体均为三相，而且大都布置在同一平面内，计算表明位于中间的B相受力峰值最大，因此应用B相的电动力进行动稳定校验，在短路发生后最初半个周期，短路电流的幅值最大，此时B相所受的最大电动力为$F_{Bmax}=1.73\times10^{-7}\dfrac{L}{a}[i_{sh}^{(3)}]^2$(N)，式中，$L$为导体长度，$a$为导体中心距离。

答案：C

4.（2014） 在分析汽轮发电机安全运行极限时，以下因素中不需要考虑的是（　　）。

A. 端部漏磁的发热　　B. 发电机的额定容量

C. 原动机输出功率极限　　D. 可能出现的最严重的故障位置及类型

答案：D

5.（2017） 下列哪种说法正确？（　　）

A. 设计配电装置时，只要满足安全净距即可

B. 设计配电装置时，最重要的是要考虑经济性

C. 设计配电装置时，高型广泛用于220kV电压系统

D. 设计配电装置时，分相中型是220kV电压系统的典型布置方式

答案：D

6.（2017） 下列说法不正确的是（　　）。

A. 熔断器可以用于过电流保护　　B. 电流越小熔断器断开的时间越长

C. 高压熔断器由熔体和熔丝组成　　D. 熔断器在任何电压等级都可以用

答案：D

【2. 了解硬母线的选择和校验的原则和方法】

7.（2009） 配电装置的汇流母线，其截面选择应按（　　）。

A. 经济电流密度　　B. 导体长期的发热允许电流

C. 导体短时发热允许电流　　D. 导体的机械强度

分析：母线的截面积选择有两种方法：① 按最大长期工作电流选择；② 按经济电流密度选择。除配电装置的汇流母线及较短导体（20m以下）按最大长期工作电流选择截面外，其余导体的截面一般按经济电流密度选择。

答案：B

参 考 文 献

［1］邱关源. 电路［M］. 5版. 北京：高等教育出版社，2015.

［2］梁贵书，董华英，王涛. 电路理论基础［M］. 北京：中国电力出版社，2020.

［3］阎石，王红. 数字电子技术基础［M］. 6版. 北京：高等教育出版社，2016.

［4］Thomas，L.Floyd. 数字电子技术［M］. 11版. 余璆，熊洁，译. 北京：电子工业出版社，2019.

［5］童诗白，华成英. 模拟电子技术基础［M］. 6版. 北京：高等教育出版社，2015.

［6］徐立勤，曹伟. 电磁场与电磁波理论［M］. 3版. 北京：科学出版社，2018.

［7］柯亨玉. 电磁场理论基础［M］. 3版. 武汉：华中科技大学出版社，2020.

［8］陈衍，陈怡，万秋兰，等. 电力系统稳态分析［M］. 4版. 北京：中国电力出版社，2018.

［9］方万良，李建华，王建学. 电力系统暂态分析［M］. 4版. 北京：中国电力出版社，2018.

［10］何仰赞，温增银. 电力系统分析（上、下册）［M］. 4版. 武汉：华中科技大学出版社，2016.

［11］韩祯祥. 电力系统分析［M］. 5版. 杭州：浙江大学出版社，2019.

［12］汤蕴璆. 电机学［M］. 5版. 北京：机械工业出版社，2015.

［13］汤天浩，谢卫. 电机与拖动基础［M］. 3版. 北京：机械工业出版社，2018.

［14］赵智大. 高电压技术［M］. 3版. 北京：中国电力出版社，2018.

［15］施围，邱毓昌，张乔根. 高电压工程基础［M］. 2版. 北京：机械工业出版社，2017.

［16］刘宝贵，叶鹏，马仕海. 发电厂变电所电气部分［M］. 3版. 北京：中国电力出版社，2017.

［17］陈志新. 2021注册电气工程师执业资格考试专业基础辅导教程［M］. 北京：中国电力出版社，2021.

［18］熊永前. 电机学学习指导与习题解答［M］. 4版. 武汉：华中科技大学出版社，2018.